白鹤滩水电站
巨型地下洞室群围岩稳定
分析与设计方法

中国电建集团华东勘测设计研究院有限公司
张春生　侯靖　徐建荣　陈建林　等　著

中国水利水电出版社
www.waterpub.com.cn
·北京·

内 容 提 要

本书围绕巨型地下洞室群围岩稳定分析和支护设计问题，以世界规模最大的白鹤滩水电站巨型地下洞室群为工程依托，对大型地下洞室群建设过程中出现的关键技术难题和研究方法进行了系统总结。全书共8章，包括绪论、工程区域地应力、岩体主要力学特性与数值描述、巨型地下洞室群布置研究、巨型地下洞室群支护设计、围岩变形机制与破坏特征、巨型地下洞室群监测设计、巨型地下洞室群动态反馈分析等。

本书可供从事大型地下洞室群研究、设计和施工的相关技术人员借鉴，也可供高等院校水电、水利、地质、土木工程等相关专业师生参考。

图书在版编目（CIP）数据

白鹤滩水电站巨型地下洞室群围岩稳定分析与设计方法 / 张春生等著. -- 北京 : 中国水利水电出版社, 2019.12
ISBN 978-7-5170-7927-9

Ⅰ. ①白… Ⅱ. ①张… Ⅲ. ①水电站厂房－地下洞室－围岩稳定性－研究 Ⅳ. ①TV731.6

中国版本图书馆CIP数据核字(2019)第185596号

书　　名	**白鹤滩水电站巨型地下洞室群围岩稳定分析与设计方法** BAIHETAN SHUIDIANZHAN JUXING DIXIA DONGSHI QUN WEIYAN WENDING FENXI YU SHEJI FANGFA
作　　者	中国电建集团华东勘测设计研究院有限公司 张春生　侯靖　徐建荣　陈建林　等　著
出版发行	中国水利水电出版社 （北京市海淀区玉渊潭南路1号D座　100038） 网址：www.waterpub.com.cn E-mail：sales@waterpub.com.cn 电话：(010) 68367658（营销中心）
经　　售	北京科水图书销售中心（零售） 电话：(010) 88383994、63202643、68545874 全国各地新华书店和相关出版物销售网点
排　　版	中国水利水电出版社微机排版中心
印　　刷	北京印匠彩色印刷有限公司
规　　格	184mm×260mm　16开本　34.75印张　846千字
版　　次	2019年12月第1版　2019年12月第1次印刷
印　　数	0001—1000册
定　　价	**288.00**元

前言

进入21世纪以来，随着西部大开发的深入开展，一大批巨型水电站开工建设。这些电站单机容量大、洞室跨度大、开挖规模大，与地质环境互馈作用机制复杂，围岩稳定控制难度高，建设难度超越以往同类工程，已有工程实践及相关理论、方法、技术、标准等难以满足如此复杂地质环境下巨型地下洞室的建设需求，亟待从实践到理论、从经验估计到定量分析、从摸索试探到标准规范等方面的创新和发展。

西部地区复杂的地质环境，使得水电工程地下洞室群的建设、规模及难度也越来越大，呈现出“单机大容量、洞室大跨度、施工高风险、技术高难度”等突出特点，白鹤滩水电站工程是突出体现以上特点的典型代表性工程。白鹤滩水电站装机容量16000MW，是仅次于三峡的世界第二大水电站，最大单机容量达到1000MW，采用左右岸地下式引水发电系统对称布置，地下厂房长度438m，高度88.7m，跨度34m，左右岸各设4个圆筒型尾水调压室，直径42～49m，地下厂房洞室群总长可达210km，尾水调压井最大尺寸为48m，总开挖量达1500万m^3，地下洞室群规模、地下厂房跨度、调压室直径和数量均居世界水电工程之首。同时，白鹤滩地下洞室群地质条件复杂，最大实测主应力达到33MPa，左岸最大主应力走向与洞轴线近乎垂直，建设过程中同时遭遇了软弱结构面控制型破坏、柱状节理岩体松弛、脆性玄武岩应力型破坏等问题，在地下洞室群建设领域极具代表性，工程建设难度世界罕见。

中国电建集团华东勘测设计研究院有限公司作为白鹤滩水电工程的设计单位，在工程建设预可行性研究阶段及可行性研究阶段，便投入了巨大的人力和物力，历经十余年的不懈努力，共完成地质勘探钻孔超过10万m、地质探洞超过5万m，以及大量的现场试验，开展了系统的专题科学研究和技术攻关。在工程施工阶段，工程现场面临了普遍揭露的脆性岩体的高应力破坏、软弱层间带导致的非连续变形、柱状节理玄武岩的破裂松弛三类典型岩石力学问题对巨型地下洞室群围岩稳定分析和设计工作带来的重大挑战。中国电建集团华东勘测设计研究院有限公司面对以上挑战，在充分吸收国内外类似工程技术经验的基础上，围绕这一世界级工程开展了大量卓有成效的岩石力学科研工作，注重科研新成果、新技术的研发和应用，不仅在基本理论认识上取得了关键性的突破，而且形成了一整套行之有效的工作方法和馈控技术。这些认识和方法对支撑白鹤滩的工程实践发挥了重要的作用。

随着白鹤滩地下洞室群工程施工期的结束，全程参与工程建设的设计人员和科研人员对围岩稳定分析与设计方面的重要技术成果进行了系统总结归纳，将实践经验上升到理论认识层面，对其中的创新性研究成果进行提炼升华，形成了大型地下洞室群稳定分析与支护设计的方法及理论体系。作者将主要研究成果编写成书，希望能够对巨型地下洞室群工程建设技术发展尽绵薄之力。

本书第1章由张春生、侯靖、陈建林编写，第2章由徐建荣、陈建林、陈平志编写，第3章由侯靖、褚卫江、刘宁编写，第4章由张春生、侯靖、徐建荣编写，第5章由张春生、刘宁、陈平志编写，第6章由陈建林、孟国涛、吴家耀编写，第7章由侯靖、徐建荣、孟国涛编写，第8章由张春生、褚卫江、孟国涛编写，全书由张春生统稿。书中引用了大量的勘察、设计、科研等文献资料，在此表示感谢，同时向参与研究工作的相关单位、专家和学者表示衷心的感谢！

由于研究工作周期长，数据和资料众多，加之作者水平有限，书中难免有不妥之处，敬请读者斧正。

编者

2019年1月

目　录

第1章 绪论

1.1 工程概况

应对全球气候变化的《巴黎协定》于2016年11月4日正式生效。中国政府积极应对气候变化，印发《“十三五”控制温室气体排放工作方案》，清洁可再生水电资源对能源结构调整与节能减排作用巨大。水能资源是可再生能源中能形成供给规模、改善能源结构、保障能源安全、改善生态环境、实现可持续发展的优质能源，利用好丰富的水能资源是解决我国能源问题的有效措施，也是中国能源政策的必然选择。

金沙江水电基地是我国十三大水电基地中最大的一个。白鹤滩水电站为金沙江下游四个水电梯级——乌东德、白鹤滩、溪洛渡、向家坝中的第二个梯级，坝址位于四川省宁南县和云南省巧家县内。电站装机容量16000MW，多年平均年发电量625.21亿kW·h，每年可节约标准煤消耗量约1968万t，环境效益显著，为仅次于三峡工程的世界第二大水电工程。由于白鹤滩水库具有巨大的调节作用，电站建成后可明显改善下游溪洛渡、向家坝、三峡、葛洲坝等梯级电站的供电质量，使下游各梯级电站保证出力增加853MW，平均年发电量增加24.3亿kW·h，枯水期电量增加92.1亿kW·h。

白鹤滩水电站枢纽由混凝土双曲拱坝、泄洪消能建筑物、左右岸地下引水发电系统等建筑物组成，见图1.1-1。工程规模、技术综合难度位居世界前列，主要工程特性如下：

(1) 装机规模：白鹤滩水电站总装机容量为16000MW，总装机容量位列世界第二。电站多年平均年发电量625.21亿kW·h，占2013年全社会用电量的1.17%。电站两岸各布置了8台1000MW的立轴混流式水轮发电机组，为当前世界上最大单机功率的水轮发电机组。

(2) 水库库容：白鹤滩水库总库容206.27亿m^3，居我国高拱坝库容第一；防洪库容75亿m^3，仅次于三峡和丹江口工程，位列第三，防洪库容规模巨大。

（3）拦河拱坝：白鹤滩坝址地形地质条件复杂，拱坝最大坝高289m，仅次于305m高的锦屏一级拱坝和292m高的小湾拱坝，位列世界第三。总水推力仅次于小湾高拱坝。

（4）泄洪消能：白鹤滩水电站最大泄洪量为42300m³/s，泄洪功率达90000MW，位居中国第三，仅次于三峡工程的116110m³/s和溪洛渡水电站的50100m³/s。

（5）地下洞室群：白鹤滩水电站地下洞室群规模、地下厂房的跨度、调压室数量和直径均居世界已建、在建水电工程之首。

（6）建筑物抗震：白鹤滩水电站与溪洛渡水电站、小湾水电站、大岗山水电站同处高地震区，其工程挡水建筑物抗震设防类别为甲类，高拱坝设计抗震强度处于我国前五位。

（7）地形地质条件：白鹤滩坝址区地震基本烈度为Ⅷ度，峡谷地形不对称，岩性复杂，地质构造发育，软弱结构面性状差，且坝基下发育密聚的柱状节理，岸坡发育深卸荷拉裂缝，地应力高。电站高地震烈度问题、高边坡稳定问题、拱坝坝肩稳定问题、坝基柱状节理玄武岩松弛和变形问题、大跨度地下洞室围岩稳定问题、滑坡及泥石流地质灾害问题等突出。

图1.1-1　白鹤滩水电站枢纽布置图

白鹤滩水电站工程规模巨大，地质条件复杂，技术难度大。中国电建集团华东勘测设计研究院有限公司投入了巨大的人力和物力，组建了勤奋敬业、管理高效的勘测设计科研队伍，历经十余年的不懈努力，共完成地质勘探钻孔超过10万m，地质探洞超过5万m，以及大量的现场试验；联合国内外科研机构和高等院校40余家共开展了150余项专题科学研究和技术攻关，在充分吸收国内外类似工程技术经验的基础上，注重科研新成果、新技术的采用，努力实现“水平一流、技术创新”的目标，取得了丰硕的研究成果，为保证白鹤滩水电站的顺利完建奠定了坚实的技术基础。

在工程可研阶段和施工阶段，项目组围绕这一世界级的工程开展了大量卓有成效的岩石力学科研工作，不仅在基本理论认识层面取得了关键性突破，并且在一些技术环节形成了有效的工作方法，这些认识和方法对支撑白鹤滩的工程实践发挥了重要作用。项目组对其中的重要技术成果进行了总结归纳，将实践经验上升到理论认识层面，对其中的创新性研究成果进行提炼升华，形成了大型地下洞室群稳定性及支护设计的方法及理论体系，希望能够为后续类似工程建设提供经验借鉴和技术支撑。

1.2 白鹤滩巨型地下洞室群

1.2.1 地下洞室群布置

白鹤滩水电站左右岸地下洞室群主要包括引水系统、地下厂房系统、尾水系统、导流系统、泄洪系统、交通系统、通风系统、出线系统及防渗排水系统等，洞室数量多，平面空间交叉多，布置复杂，是国内外水电工程中最大的地下厂房洞室群，见图 1.2－1 和图 1.2－2。左右岸各 8 条输水发电系统呈基本对称布置，地下厂房采用首部开发。四大洞室主副厂房洞、主变洞、尾水管检修闸门室（尾闸室）、尾水调压室（尾调室）呈平行布置。白鹤滩水电站地下厂房长 438m，岩梁以上宽 34m，岩梁以下宽 31m，高 88.7m，为世界上已建水电工程中跨度最大的地下厂房；两岸各布置 4 个圆筒型阻抗式尾水调压室，直径为 43～48m，直墙高度为 57.93～93m，也为世界上已建水电工程中跨度最大的调压室。地下洞室总长 217km，洞室开挖量达 1500 万 m^3。

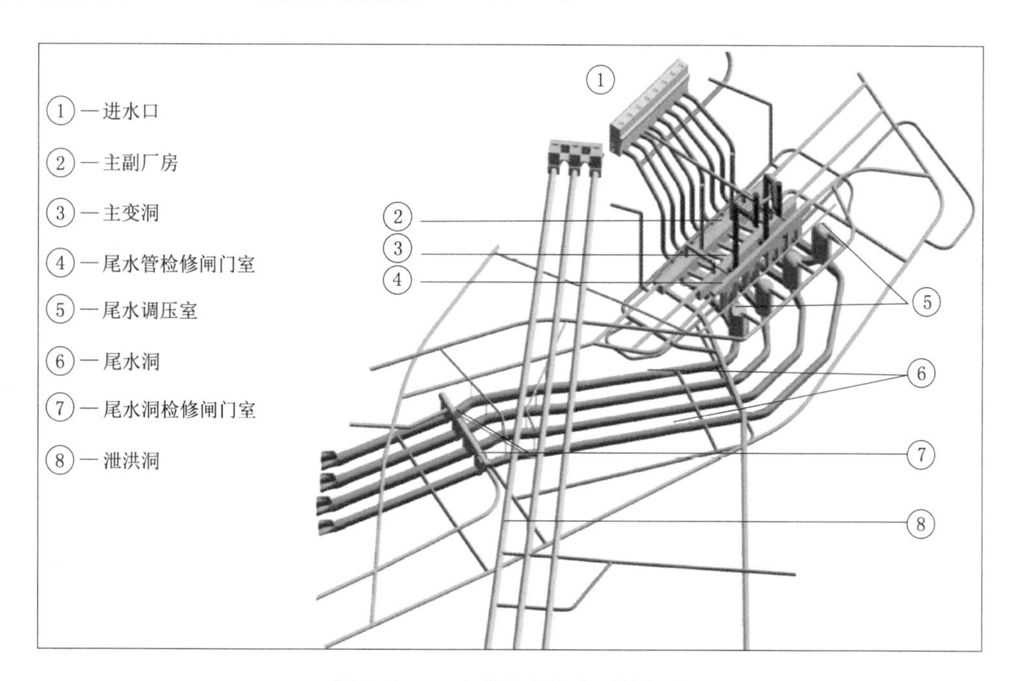

图 1.2－1 白鹤滩左岸地下洞室群

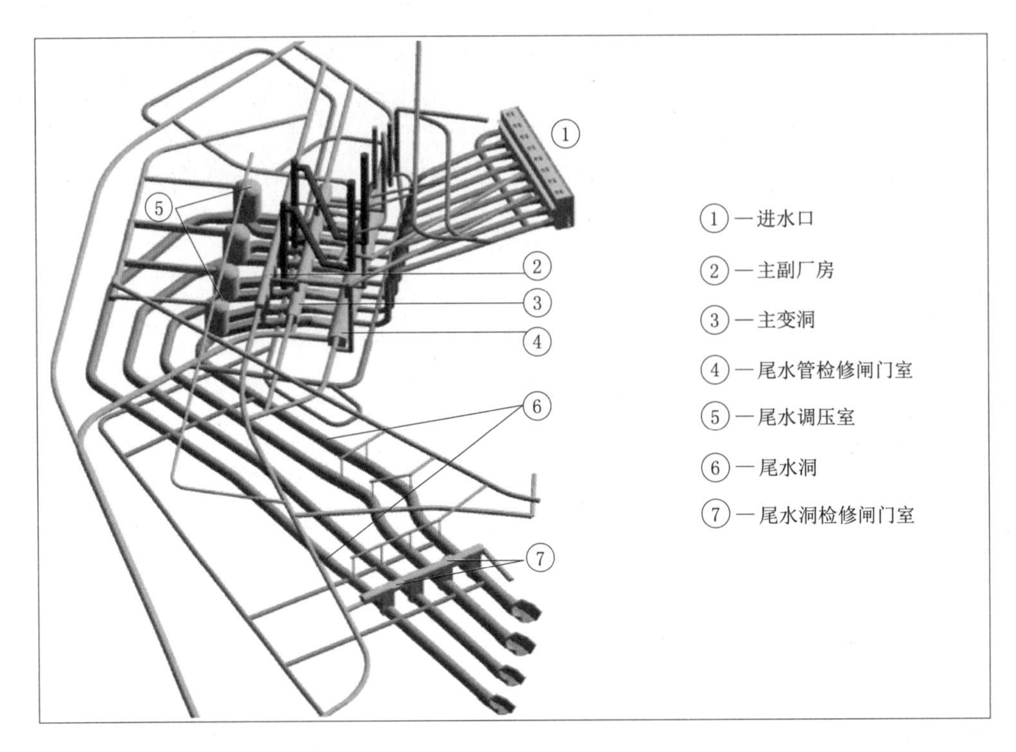

图 1.2-2 白鹤滩右岸地下洞室群

白鹤滩地下洞室群地形、地质条件复杂，具有地应力高、层间（内）错动带及柱状节理玄武岩发育的特点。出露于巨型穹顶（拱顶）、边墙的错动带易形成较大范围的坍塌，易卸荷松弛的柱状节理玄武岩影响高边墙围岩稳定，高应力区脆性岩石岩体易产生轻微或中等岩爆。在如此复杂的地质条件下建设巨型地下洞室群，其设计技术难度和实施的困难程度无疑均是世界级的。

1.2.2 基本地质条件

左岸地下厂房洞室的顶拱布置在层间错动带 C_2 上盘，地下厂房与进水口距离约 280m，垂直埋深 260～330m，左岸厂区以构造应力为主，水平应力大于垂直应力。第一和第二主应力基本水平，第三主应力大致垂直。第一主应力方向为 N30°～50°W，近水平，量值为 19～23MPa；第二主应力方向为 N30°～60°E，近水平，量值为 13～16MPa；第三主应力近垂直，量值相当于上覆岩体自重，一般为 8～12MPa。地下厂房部位为单斜岩层，岩层总体产状为 N42°～45°E，SE∠15°～20°。围岩岩性主要为 $P_2\beta_2^3$、$P_2\beta_3^1$ 及 $P_2\beta_3^2$ 层隐晶质玄武岩、斑状玄武岩、杏仁状玄武岩及角砾熔岩等，岩体新鲜坚硬，完整性较好，多呈块状、次块状结构，少量的块裂结构，围岩以 Ⅲ_1 类、Ⅱ类围岩为主，局部分布少量Ⅳ类围岩，成洞条件较好，具备开挖大型地下洞室群的地质条件。左岸地下厂房纵轴线为 N20°E 方向，与厂区陡倾角优势节理夹角为 75°，与小规模断层夹角为 80°，与初始地应力第一主应力夹角 50°～70°，见图 1.2-3 和图 1.2-4。

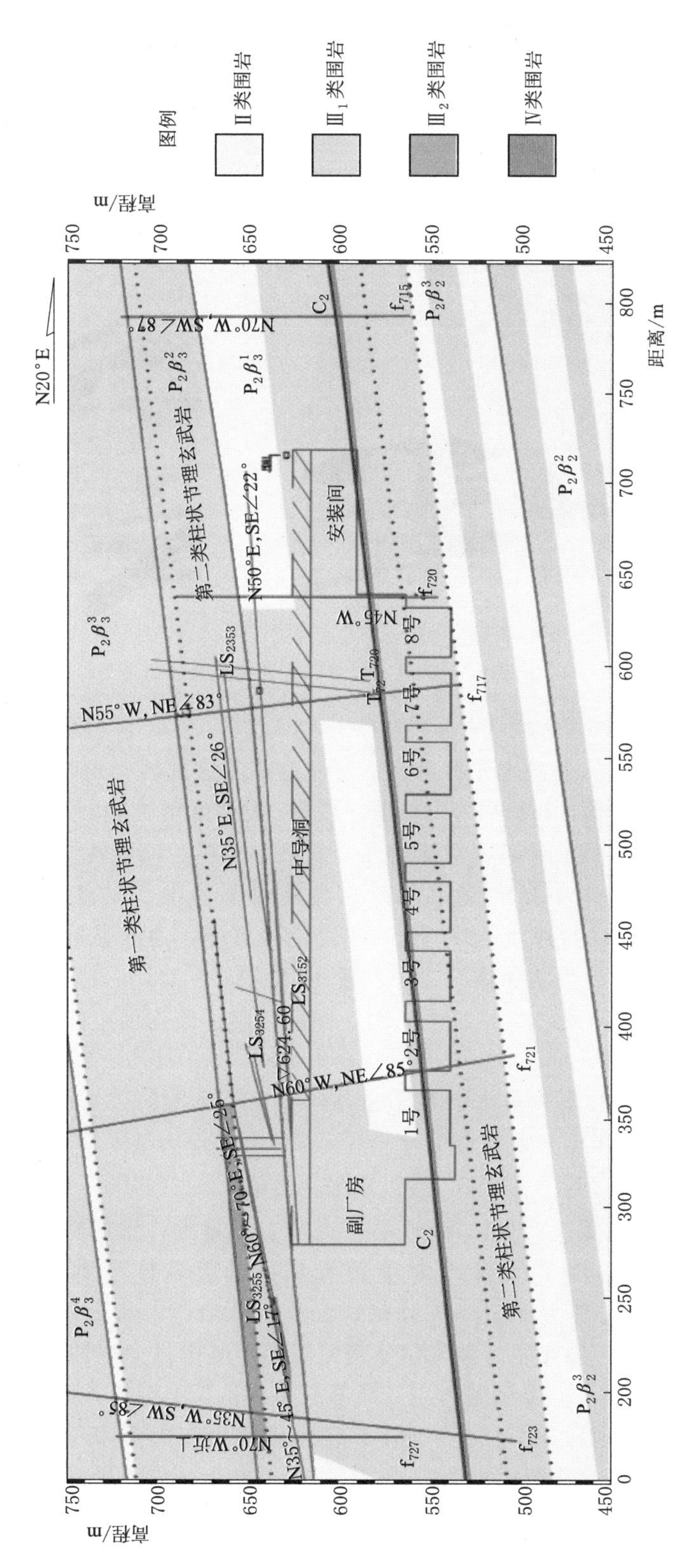

图 1.2-3　左岸主副厂房轴线工程地质剖面图

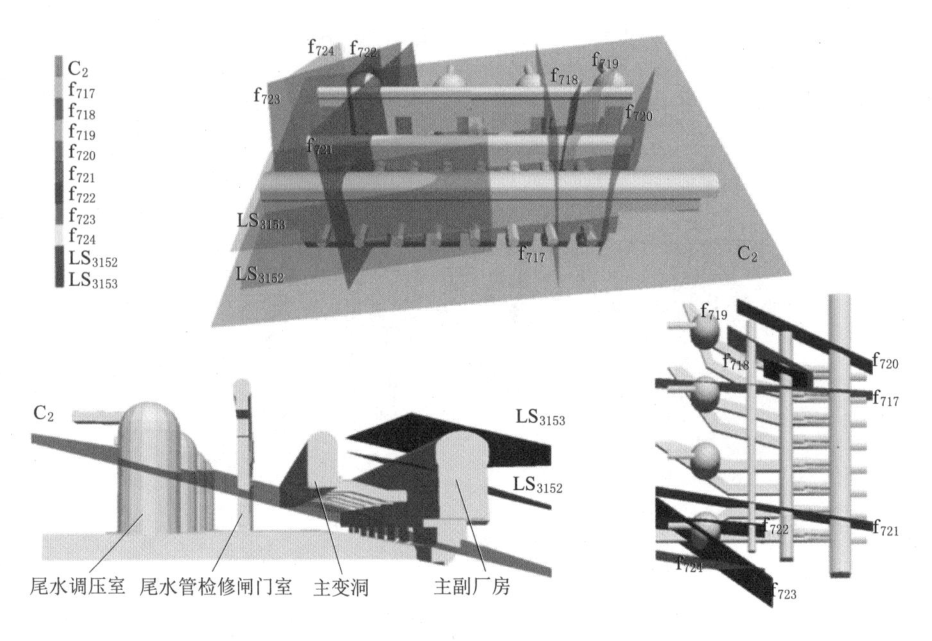

图 1.2－4　白鹤滩左岸地下洞室群主要构造展布特征

左岸尾水调压室岩层总体产状为 N42°～45°E，SE∠15°～20°，为单斜岩层，主要由 $P_2\beta_3^1$ 和 $P_2\beta_2^3$ 层新鲜的隐晶质玄武岩、斜斑玄武岩、杏仁状玄武岩、角砾熔岩等组成，岩质坚硬。左岸尾水调压室埋深 287～337m。围岩以Ⅲ$_1$ 类、Ⅱ类为主，在 C_2 层间错动带发育部位为Ⅳ类围岩。左岸尾水调压室部位发育 6 条小断层，以硬性结构面或岩块岩屑型充填为主；C_2 层间错动带斜穿洞室边墙，沿 $P_2\beta_2^1$ 凝灰岩中部发育，产状为 N42°～45°E，SE∠14°～17°，错动带厚度 10～30cm，岩块岩屑型，遇水易软化，出露于尾水调压室的直立边墙。长大裂隙共揭露 8 条，长度基本为 30～100m，层内错动带未见发育。此外，厂区的优势节理为 NW—NWW 向，倾角较陡。结构面空间展布见图 1.2－4 和图 1.2－5。

右岸地下厂房与进水口水平距离 230～450m，垂直埋深 420～520m。右岸厂区以构造应力场为主，水平应力明显大于垂直应力。第一和第二主应力基本水平，第三主应力大致垂直。第一主应力方向为 N0°～20°E，接近水平，量值 22～26MPa；第二主应力方向为 N70°～90°W，近水平，量值 14～18MPa；第三主应力近垂直，量值相当于上覆岩体自重，一般为 13～16MPa。地下厂房区为单斜岩层，岩层总体产状为 N48°～50°E，SE∠15°～20°。围岩岩性主要为 $P_2\beta_3^3$～$P_2\beta_6^1$ 层隐晶质玄武岩、斑状玄武岩、杏仁状玄武岩、角砾熔岩及凝灰岩等，岩体多为微风化或新鲜状态，坚硬且完整性较好，多呈块状、次块状结构，围岩以Ⅲ$_1$ 类、Ⅱ类围岩为主，局部分布少量Ⅳ类围岩，成洞条件较好，具备开挖大型地下洞室群的地质条件。右岸地下厂房纵轴线为 N10°W 方向，与厂区陡倾角优势节理夹角为 43°，与小规模断层夹角为 40°～60°，与初始地应力第一主应力夹角 10°～30°，层间错动带 C_3 斜切地下厂房下部边墙对厂房洞室围岩稳定的影响相对较小，见图 1.2－6 和图 1.2－7。

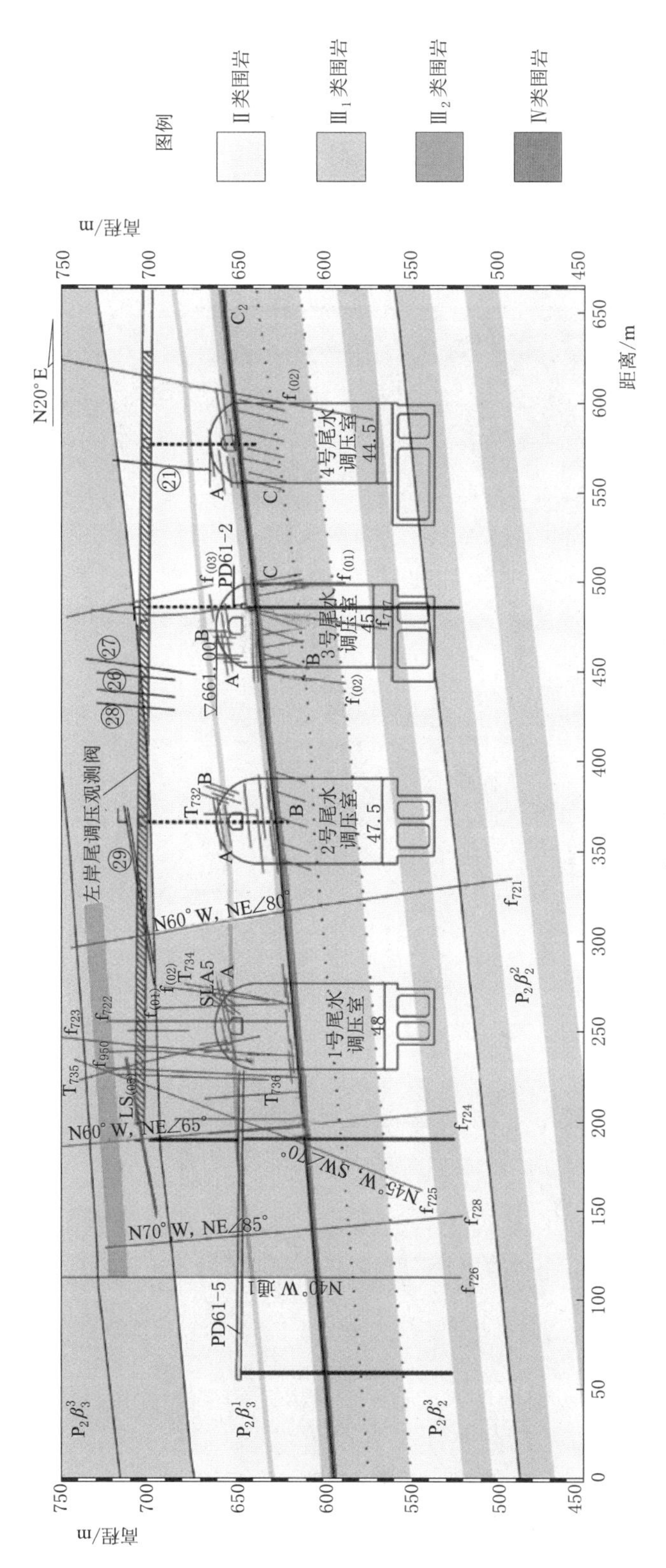

图 1.2-5 左岸尾水调压室工程地质剖面图

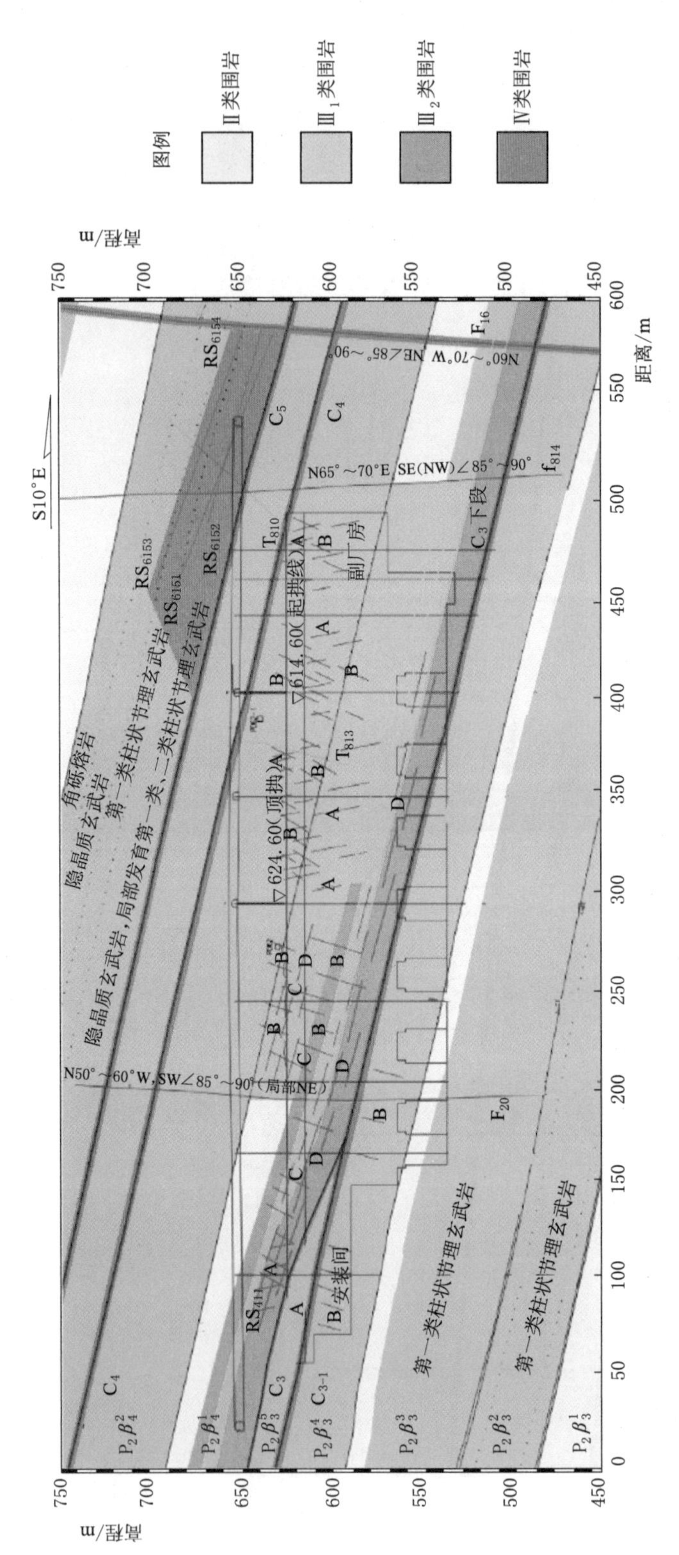

图 1.2-6　右岸地下厂房轴线工程地质剖面图

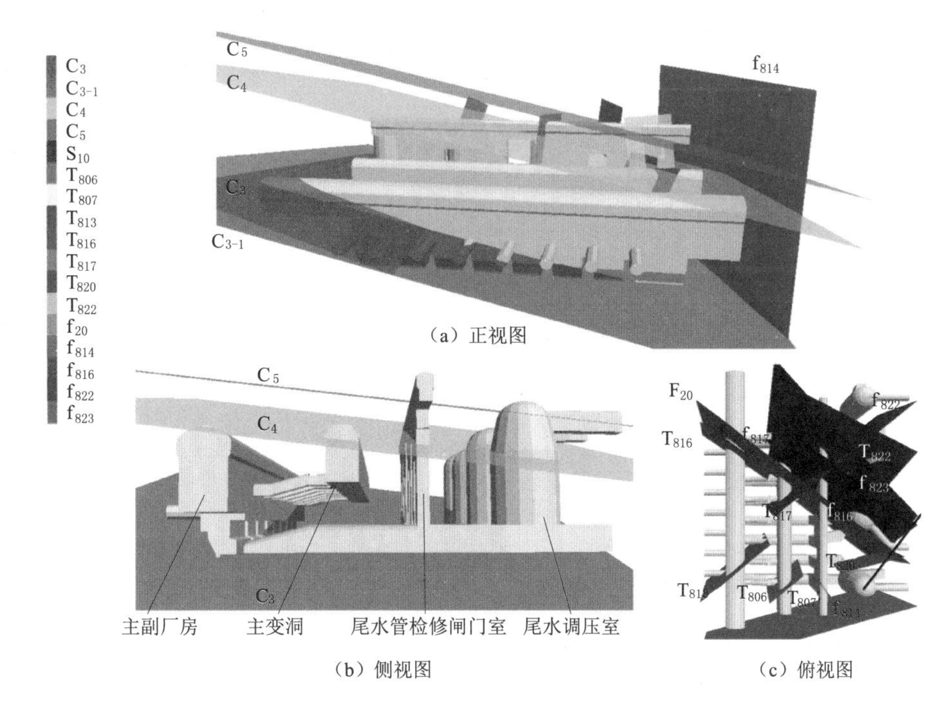

(a) 正视图

(b) 侧视图

(c) 俯视图

图 1.2-7 白鹤滩右岸地下洞室群主要构造展布特征

右岸尾水调压室岩层总体产状为 N48°～50°E，SE∠15°～20°，为单斜岩层，岩层走向与洞室轴线大角度相交，交角 60°～70°。该部位地层主要为 $P_2\beta_3^4$、$P_2\beta_3^6$、$P_2\beta_4^1$、$P_2\beta_4^2$、$P_2\beta_4^3$、$P_2\beta_5^1$、$P_2\beta_5^2$ 及 $P_2\beta_6^1$ 隐晶质玄武岩、斑状玄武岩、杏仁状玄武岩、角砾熔岩、凝灰岩等，岩体为新鲜状态。$P_2\beta_3^6$、$P_2\beta_4^3$、$P_2\beta_5^2$ 分布有 0.05～1.3m 厚的凝灰岩或凝灰质角砾熔岩，岩质软弱，遇水易软化，多发育层间错动带，岩体破碎，性状较差。$P_2\beta_4^1$ 层底部发育厚 15～28m 第三类柱状节理玄武岩，岩体呈块状结构，较完整。右岸尾水调压室埋深 438～508m。围岩以Ⅲ$_1$ 类为主，占 70%；少量Ⅱ类，占 10%；Ⅳ类围岩以条带形式分布于层间错动带附近。右岸尾水调压室部位发育 7 条小断层，其中 f_{813} 规模相对较大，断层带内见 1～2cm 的断层泥；长大裂隙及层内错动带未见揭露；四条层间错动带 C_3、C_{3-1}、C_4、C_5，沿凝灰岩层发育，交切四个调压室顶拱及边墙，见图 1.2-7 和图 1.2-8。

白鹤滩水电站工程区地质条件十分复杂，区围岩主要由隐晶质玄武岩、杏仁状玄武岩、角砾熔岩等组成，岩体多为微风化或新鲜状态，岩石强度极高且脆。其中地下厂房和主变室处于块状玄武岩地层，调压室则主要位于柱状节理玄武岩地层中。由于岩体内发育大量不同尺度的裂隙、密集柱状节理、隐节理等不利构造，导致岩体的强度和变形特性与岩块存在巨大差别，岩体尺寸效应显著。在高应力开挖卸荷过程中，揭露出了一系列严重影响工程安全性的岩体破坏现象，诸如高应力下玄武岩的脆性破坏和时效破坏、卸荷作用下柱状节理岩体的破裂松弛现象、高密度洞室群开挖引起的围岩破裂空间效应等，体现了极高岩石强度与现场岩体较低的损伤启裂强度之间的突出矛盾，给工程设计与施工提出了巨大挑战。另外，工程区岩体内发育有多条软弱层间（内）错动带、陡倾断层等大型结构

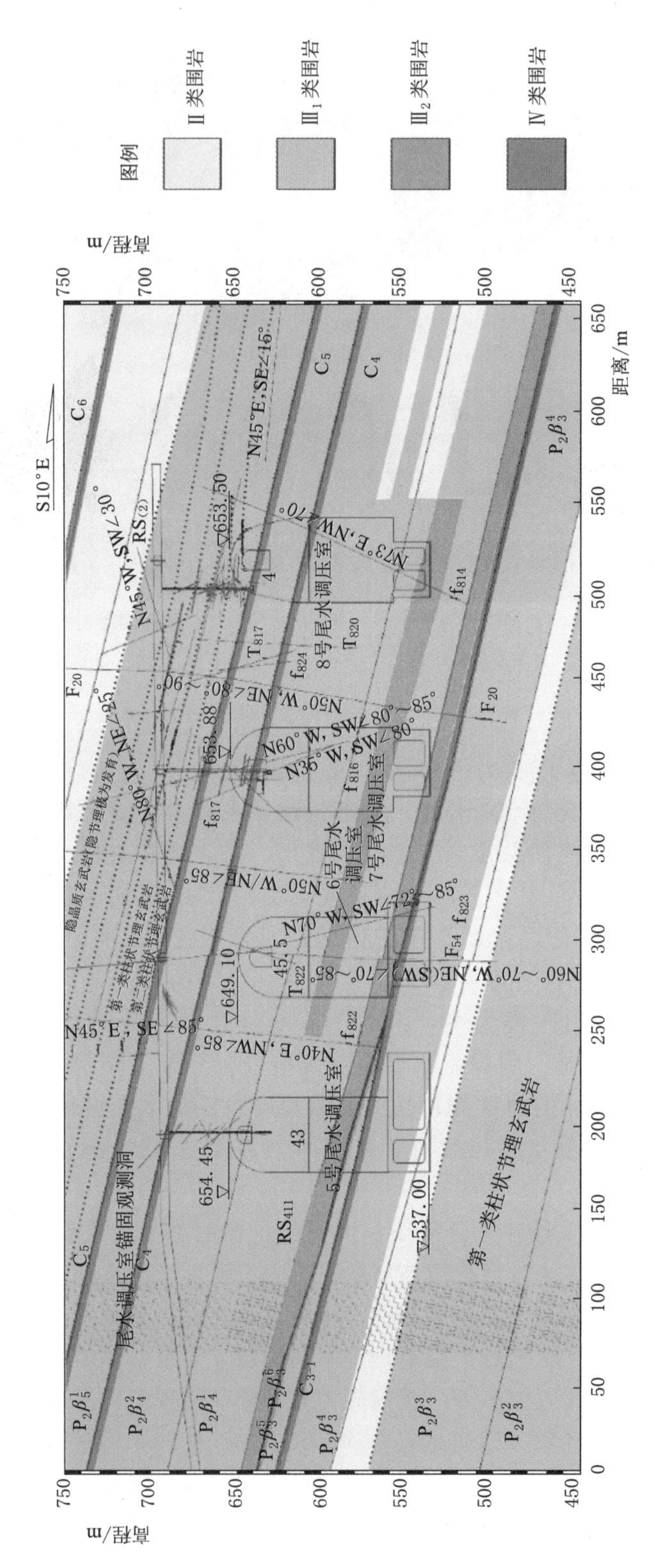

图1.2-8 右岸尾水调压室轴线工程地质剖面图

面，在工程开挖过程中，层间错动带影响下的围岩深层变形问题给工程整体安全带来重大影响。另外，揭露出的层间错动带遇水劣化现象突出，但劣化程度与含水量的关系、劣化程度与洞室安全的关系、外水渗入通道和渗入量等关键问题均处于不完全确定状态，在长期高应力作用下，层间错动带的流变特性也是影响洞室长期安全的重要问题。

1.3 地下洞室群建设现状

由于我国水能资源主要集中在云、贵、川、藏等地，西南三江流域的河流谷深坡陡，构造应力大，卸荷作用强，地震烈度高。地下洞室因其占地少、适应地形条件能力强、抗震性能好以及环境友好等特点，在国内外水电站中得到普遍应用。我国自20世纪50年代以来，陆续有水电工程采用地下厂房方式。但是，水电地下工程是一个十分庞大的系统工程，包括压力管道、主厂房、主变室、尾水调压室、尾水连接洞、尾水洞等，洞室断面相异，长短不一，空间布置异常复杂。从工程规模、技术难度等方面综合分析，我国的水电站地下厂房大致经历了艰难起步、曲折发展、借鉴突破以及引领发展四个阶段。第一阶段为50年代以前为艰难起步阶段，以古田溪一级地下厂房为代表，这个阶段的特点表现为发展特别缓慢，电站规模小、数量少。第二个阶段为50—70年代，建成了以刘家峡、白山等几个电站为代表的地下厂房，其特点为规模不大、数量不多且技术落后。第三个阶段为80年代至20世纪末，建成了以二滩、天荒坪等为代表的地下厂房，其特点为规模较大，技术上已经紧跟国际领先技术，并逐渐形成了自己的理论技术体系。第四个阶段为进入21世纪以来，随着西部大开发的深入进展，建成了以向家坝、溪洛渡、三峡、锦屏（一、二级）、小湾等一大批巨型地下水电工程，其单机大容量、洞室大跨度、开挖大规模、结构超复杂、稳定高难度等特点，标志着我国的水电站地下厂房设计技术已居于世界领先地位，引领着世界水电站地下工程技术的发展。

1.3.1 代表性工程

据不完全统计，全世界已建成地下厂房超过600座，其中我国至2017年年底已建成120余座地下式水电站厂房。代表性水电工程地下厂房洞室见表1.3-1。经过多年工程实践及技术积累，我国地下厂房建设技术已趋成熟，并逐渐引领技术发展。截至2018年，我国已经完建的地下厂房最大单机容量达到800MW，跨度超过33m，高度超过85m。我国水电站地下厂房建设技术已开始实践“走出去”以及“一带一路”发展倡议，向发展中国家，甚至是发达国家输送成熟的水电站建设技术。

与采矿巷道、公路铁路隧道相比，水电站地下洞室具有大断面、大跨度、高边墙的特点，其中，采矿巷道断面在10m^{2}左右，公路、铁路交通隧道断面在100m^{2}左右，而目前的水电站地下洞室主厂房面积普遍大1～2个数量级，大小为1000～3000m^2。随着技术的进步，地下厂房的洞室高度急剧增大，高度超过80m的地下厂房有：三峡（87.3m）、向家坝（88.2m）、乌东德（89.8m）、白鹤滩（88.7m）等。与断面面积和洞室高度的变化类似，地下厂房的洞室跨度也在不断增大，跨度超过30m的地下厂房有：小湾（30.6m）、

表 1.3-1　代表性水电工程地下厂房洞室

序号	电站名称	装机容量/MW	单机容量/MW×台数/台	厂房尺寸（长×宽×高）/(m×m×m)	主变室尺寸（长×宽×高）/(m×m×m)	调压室尺寸（长×宽×高）/(m×m×m)	岩性	建成年份
1	向家坝	3200	800×4	255.4×33.4×88.2	192.3×26.3×23.9	—	砂岩夹少量泥岩	2014
2	溪洛渡	13860	770×18	L：439.74×31.9×75.6 R：443.34×31.9×75.6	349.3×33.32×19.8	317.0×95.0×25.0	玄武岩	2014
3	龙滩	6300	700×9	388.5×30.3×74.5	397×19.5×22.5	95.3×21.6×89.7	砂岩/泥板岩	2009
4	三峡右岸	4200	700×6	311.3×32.6×87.3	—	—	花岗岩	2009
5	小湾	4200	700×6	298.4×30.6×79.3	257.0×22.0×32.0	2ϕ38×91.02	片麻岩	2012
6	拉西瓦	4200	700×6	311.7×30.0×73.8	354.75×29×53.0	2ϕ32×69.3	花岗岩	2011
7	糯扎渡	6300	650×9	418.0×29.0×79.6	348.0×19.0×22.6	3ϕ38×94.0	花岗岩	2014
8	大岗山	2600	650×4	226.5×30.8×73.7	144.0×18.8×25.6	132.0×24.0×75.08	花岗岩	2015
9	长河坝	2600	650×4	228.80×30.8×73.35	150.0×19.3×25.8	162.0×22.5×79.5	花岗岩	2017
10	锦屏二级	4800	600×8	352.4×28.3×72.2	374.6×19.8×31.4	4ϕ23.6×129.8	大理岩	2014
11	锦屏一级	3600	600×6	277.0×29.6×68.8	201.6×19.3×32.5	ϕ41×80.5/ϕ37×79.5	大理岩	2014
12	构皮滩	3600	600×6	230.4×27.0×75.3	207.1×15.8×21.3	—	灰岩	2011
13	官地	2400	600×4	243.4×31.1×76.3	197.3×18.8×25.2	205.0×21.5×72.5	玄武岩	2013
14	瀑布沟	3300	550×6	294.1×30.7×70.1	250.3×18.3×25.6	178.87×17.4×54.15	花岗岩	2010
15	二滩	3300	550×6	280.3×30.7×65.3	214.9×18.3×25.0	203×19.8×69.8	正长岩、玄武岩	2000
16	猴子岩	1700	425×4	219.5×29.2×68.7	139.0×18.8×25.2	140.5×23.5×75.0	灰岩	2017
17	水布垭	1600	400×4	168.5×23.0×67.0	—	—	灰岩/页岩	2009
18	鲁地拉	2160	360×6	267.0×29.8×77.2	203.4×19.8×24.0	184.0×24.0×75.0	变质砂岩	2014
19	彭水	1750	350×5	252.0×30.0×76.5	—	—	灰岩/灰质页岩	2008
20	小浪底	1200	300×4	251.5×26.2×61.44	174.7×14.4×17.85	175.8×16.6/6.0×20.6	砂岩/黏土岩	2007

三峡（35.6m）、瀑布沟（30.7m）、向家坝（33.4m）、官地（31.1m）、拉西瓦（30m）、长河坝（30.8m）、乌东德（31.5m）、白鹤滩（34m）等。

水电站地下厂房洞室群主要有首部式、中部式和尾部式三种主要布置型式，主要由地质条件、枢纽布置、施工条件及工程投资等因素综合确定。近年来，三种典型的布置型式均有代表性工程在建或完建，代表性工程如下：

（1）白鹤滩水电站地下厂房。采用首部式开发方案，地下厂房洞室群布置在坝体上游库区两岸山体内，左右岸各布置8台单机容量1000MW水轮发电机组。采用岸塔式进水口、单机单洞引水、两机一洞尾水结合导流洞布置。地下厂房洞室群开挖总里程约210km，总开挖量达1500万m^3。地下厂房洞室群布置以不设置引水调压室为原则，平行布置地下厂房、主变洞、尾水管检修闸门室、尾水调压室等四大洞室。地下厂房长438m、高88.7m、跨度34m，是已建、在建水电工程中跨度最大的地下厂房。主变洞布置在地下厂房下游侧，主变洞长368m、宽21m、高39.5m，主变洞与地下厂房间岩柱厚度60.65m。尾水管检修闸门室布置于主变洞与尾水调压室之间。左右岸各布置4个圆筒型尾水调压室，最大开挖直径48m，竖井最大开挖高度93m。

（2）向家坝右岸地下厂房。采用中部式开发方案，地下厂房洞室群布置在坝肩上游山体内，布置4台单机容量800MW水轮发电机组。采用岸塔式进水口、单机单洞引水、两机一洞变顶高尾水布置。地下厂房与主变洞平行布置，地下厂房长255.4m、高85.5m、跨度33.4m，变顶高尾水隧洞开挖尺寸38.2m×24.3m。

（3）锦屏二级地下厂房。采用尾部式开发方案，地下厂房布置8台单机容量600MW水轮发电机组，是一低闸、长隧洞、大容量高水头引水式电站。采用进水口与闸坝分离、单机单洞引水、单机单洞尾水布置。洞室群以不设置尾水调压室为原则，布置引水调压室、地下厂房、主变洞等三大洞室。地下厂房长352.4m、高72.2m、跨度28.3m，主变洞布置在地下厂房下游侧，主变洞长374.6m、宽19.8m、高31.4m，主变洞与地下厂房间岩柱厚度45m。

1.3.2 主要研究进展

由于我国超过70%的水电资源都集中在地面空间有限的西部高山峡谷地区，地下空间的利用既有利于解决枢纽布置问题，又可以回避复杂高边坡带来的边坡稳定问题，随着我国水电工程建设水平的提高，地下式厂房越来越多被采用，推动了地下洞室尺度向着大跨度、高边墙的方向发展，并在高地应力地区成功兴建了多座巨型地下厂房，也同步带动了在岩体力学特性、围岩破坏模式、支护设计、动态反馈分析及数值分析方法的进步。

1.3.2.1 岩体力学特性

岩体力学特性主要取决于岩石（块）力学特性和结构面网络，在结构面不发育时，岩石力学特性往往对岩体的力学特性起到决定性作用。因此，研究岩石基本力学特性是认识岩体力学特性的基础，而岩石力学特性的室内试验研究是岩石力学发展初期的主要工作内容，也是目前岩体工程实践中最常见的基础性工作内容之一。

然而，即便在没有任何宏观结构面的情况下，岩体力学特性也不等同于岩石力学特性，二者之间还可以存在很大的差别。除结构面以外，岩体力学特性还受到应力条件（如围压水平）、试样大小、时间等因素的影响。在一些条件下，这些影响可以非常突出。

应力（荷载）—应变（变形）关系是岩石力学特性的最基本描述方式之一，图1.3-1以硬质岩石为例给出了经典的应力—变形曲线和对应的岩石力学意义，将硬质岩石的基本力学特性划分成5个区。

①区：弹性区。虽然开始加载阶段岩石往往存在一个压密过程，但从工程设计和实践的角度，这一阶段并不产生明显影响。在民用工程设计中，最大设计荷载往往低于弹性极限，以维持围岩的安全性。在弹性阶段，岩石总体上遵循线弹性行为，因此也可以采用连续介质力学方法描述岩石的基本力学特性。

②区：损伤区。当荷载超过岩石弹性极限时，岩石内部开始较多地出现细小的损伤，并开始改变岩石的宏观力学特性。从本质上讲，这一阶段岩石的力学行为不再服从经典的连续介质理论，破裂损伤的出现代表了非连续力学行为，因此往往需要采用细观非连续力学理论描述岩石的损伤特性。

③区：破坏区。当荷载水平达到峰值强度时，岩石开始出现严重的局部破损或解体破坏，也称非线性阶段。注意这种破坏和解体并非均匀，而是在不同部位存在较大的差别，称之为局部化现象。

④区和⑤区：划分出这两个区的目的在于说明岩石的力学特性不仅取决于岩石自身的材料组成，还与加卸载条件密切相关。在试验室，在荷载达到岩石峰值强度以后，加载系统开始卸荷。当采用刚性加载系统时，加载系统的卸荷刚度大于岩石试样的刚度，此时加载系统释放的能量低于试件可以消耗的能量，岩石出现渐进式破坏；反之，如果采用柔性加载系统，加载系统快速释放的能量大于岩石试件可以消耗的量值，岩石产生剧烈的破坏。现场岩爆破坏就是后一种形式的表现，即岩爆不仅和岩石自身特性相关，还与所处应力环境相关，后者可以随开挖过程不断变化。

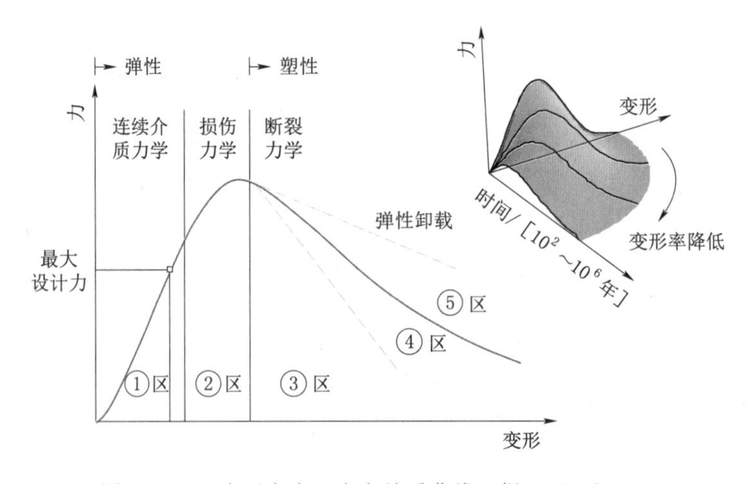

图1.3-1 岩石应力—应变关系曲线（据C. Fairhurst）

当从三轴压缩试验的角度讨论岩石的上述基本力学特性时，上面讨论的应力将对应于最大（轴力）和最小（围压）主应力之差，当围压为零时，即为单轴压缩情况。然而，当围压水平不断增加时，岩石的基本力学特性特别是峰后曲线形态可能出现显著的变化，基本规律是从相对较陡的脆性转化为相对较缓的延性，即脆-延转换特性。

从理论上讲，脆-延转换是几乎所有中等强度以上岩石所具有的共同特征，最能引起工程界关注的实例是页岩气开采。一般而言，带有脆性特征的页岩不仅具备更好的储存条件，也具备更好的开采条件，开采过程中需要采用的压裂技术就利用了页岩的脆性特征，在压裂过程中井壁围岩产生破裂而不是塑性变形。然而，这种脆性是有条件的，围压的增高脆性特征会不断降低，这是岩石力学特性围压效应的一般规律。

与岩石力学特性的尺寸效应和围压效应相比，对岩石基本力学特性的时间效应及其机理的认识相对较少。这一问题的提出源于核废料深埋封存的需要，核废料封存场地安全要求以万年计算，设计到场地未来长期安全问题，而回答这一问题的关键是岩石力学特性的时间效应，比如强度如何随时间衰减。

在锦屏二级深埋隧洞的实践过程中出现了围岩“松弛变形”不断发展的现象，其实质是破裂扩展时间效应，即松弛或变形是围岩脆性破裂随时间不断扩展的结果（图 1.3－2）。虽然这一现象早在 20 世纪 70 年代左右即在实践中观察到（图 1.3－3），但真正引起工程问题需要特别关注的实例非常罕见，研究工作因此也主要限于试验室水平。

图 1.3－2 锦屏二级引水隧洞围岩时效破裂特征

图 1.3－3 瑞典 Furka 隧道 Bedretto 施工支洞破裂扩展特征

以上的叙述介绍了不考虑结构面条件下岩石基本力学特性及其变化性，在考虑现实中存在的结构面以后，岩体力学特性会更加复杂，这是岩石力学基本知识。现实工作中可以采用试验的方法认识岩石力学特性和变化特征，在考虑结构面以后，开展大尺度试验的难度直接限制了人类对岩体力学特性的认识，近年发展起来的数值计算技术弥补了这方面的不足。

在考虑结构面以后，岩体力学特性的尺寸效应、各向异性和不均匀性都会增强，图 1.3－4 表示了节理岩体基本力学特性尺寸效应的研究成果。图 1.3－4 左侧为不同尺寸的节理岩体试件大小，它采用了 SRM 技术，即采用 PFC 的有黏结颗粒模型模拟岩块，结构面网络则直接模拟。右侧曲线是以最基本的应力—应变关系曲线表示的 20m、50m 和 100m 尺度岩体试件基本力学特性的数值试验结果。数值试验结果显示，20m 尺度的岩体仍然具备良好的强度和脆性特征。当试件尺度增加到50m以后，岩体表现出显著的延性特征，同时峰值强度也显著下降。岩体脆-延特性随试件尺寸的变化揭示了非常有意义的信息。试件尺寸对应于工程中围岩工程应力影响的范围，与开挖尺寸直接相关，而脆性特征往往决定了围岩潜在破坏方式，如破裂和岩爆等。随着开挖洞径的增大，岩体受力体积范围也相应增大，此时岩体的脆性特征会不断减弱，岩爆风险因此而降低。这印证了现实中的现象，岩爆风险并不总是和开挖尺寸成正相关关系，过大的开挖尺度会抑制开挖面一带围岩风险，此时的问题转变为承载力降低、塑性增强的变形和变形稳定问题。

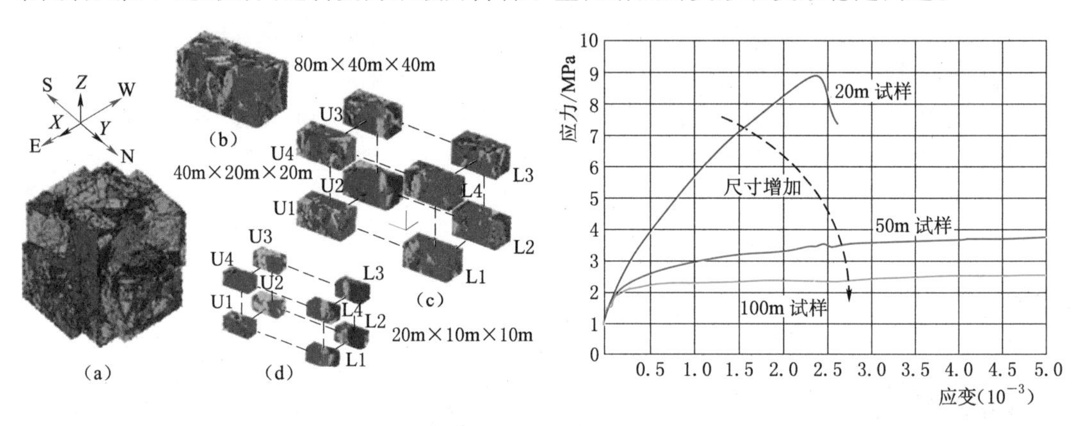

图1.3-4 节理岩体基本力学特性的各向异性特征（据 Mas Ivars 等）

结构面是控制岩体力学特性的基本因素，长期以来，也是阻碍岩石力学向前发展的关键性因素。图1.3-4所描述的结构面对岩体力学的不均匀性、各向异性和尺寸效应普遍存在于深埋工程实践中，如何定量地描述结构面对岩体力学特性的影响，并形成可行的技术手段用于解决工程中的具体问题是目前岩石力学研究的热点。针对这一复杂问题，本章最后一节叙述了岩体力学特性数值试验的概念及其结合具体工程的应用成果。

1.3.2.2 围岩破坏模式

岩石工程建设中遇到的岩石力学问题可以大体分成三类，即软岩问题、结构面控制型问题和高应力问题。目前已经对软岩问题和结构面控制问题有了较深入认识，其中前者通常表现为典型的长期大变形，后者则以地质结构面切割块体失稳为主要特征。高应力问题的工程表现则主要有两种方式：一是完整脆性岩体的剧烈型破坏如岩爆；二是高应力环境下的岩体非线性大变形。

岩体是一种比较特殊的固体材料，其力学性质很大程度上受到岩体所处应力环境的影响。深埋条件下岩体受到较高围压水平的作用，围压的增加可以改变岩体基本力学特性，高围压条件下的工程开挖使围岩的应力水平和围压状态发生显著变化，从而表现出复杂的工程特征。

岩体的基本力学特征通常可以用岩体的本构关系和强度特征来描述，图1.3-5表示了硬岩和软岩的本构特征以及围压条件对岩体本构特征的影响，岩体本构决定的岩体基本特性和工程表现形式可以概述如下。

坚硬岩体受到高应力作用达到极限强度时的岩体产生的变形并不突出，此前的弹性状态主要表现为应力增高和能量的不断积聚，破坏发生后伴随能量的快速释放。这一过程在现场表现为岩体中微破裂的发生、发展和积聚，并形成宏观的破裂（如应力裂缝和片状破坏现象）。破坏时的能量释放以波动方式在岩体中传播，弹射性的岩爆即是这种波动作用的结果之一。因此，深埋高应力条件下工程实践中通常采用接收动力波的方式监测岩体内的能量积累和释放情况（而不是变形监测），大量小规模的能量释放通常预示着这一区域能量在不断积累而可能形成具有破坏性的能量释放（导致岩爆）。

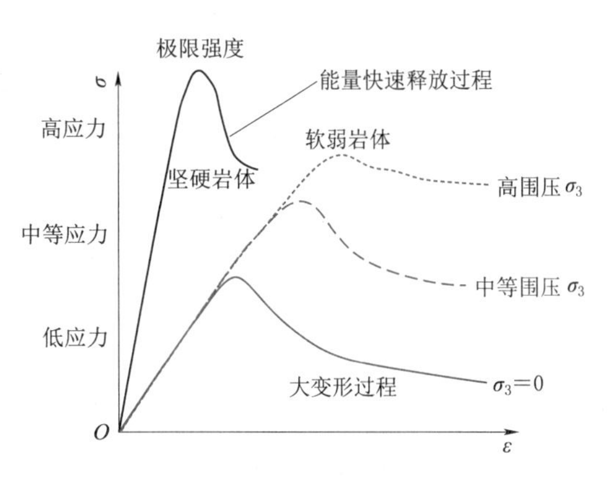

图 1.3-5　岩体应力—应变关系的一般特征

当应力达到峰值强度以后岩体的性状随即发生显著变化（一些研究成果认为中等应力条件下岩体形状已经发生变化，但从工程角度看这些变化并不重要），主要体现在岩体的强度可能显著降低，岩石性质越脆，这种降低就越快，释放的能量也相应越高。从理论上讲，这是应变软化过程；在工程现实中是岩体丧失部分承载能力，其强度参数也发生了变化。另外，硬岩条件出现的较大变形只会出现在破坏以后的应变软化阶段，换言之，如果深埋现场观测到较大的变形现象，一般表明该部位岩体已经经历过高应力的作用，且高应力还可能在其附近存在。

相对而言，软弱岩体的柔性变形特征在深埋条件下可以表现得更充分，这不仅仅是因为软弱岩体的变形模量低，更因为软弱岩体的强度低，高应力环境下容易进入屈服状态而发生塑性变形，塑性变形成为深埋软弱岩体变形的主要组成部分，可以给工程支护带来很大困难。

深埋条件下由于较高的围压水平，软弱岩体中也可能承受比较高的应力水平，显然，这种较高的应力水平只可能存在于离开挖面一定范围以外的较高围压条件下。同时也说明，深埋条件岩体开挖以后，在从开挖面到深部围岩中由于围压状态的变化，岩体的强度特征也在不断发生变化，岩体强度参数不再维持为恒量。

岩体强度随围压变化的特征在深埋地下工程问题分析和支护设计中显得非常重要，例如图 1.3-5 中描述的软弱岩体可以承担比较高的应力只有在较高的围压条件下才成立。图 1.3-6 则描述了岩体强度（σ_1）与围压水平（σ_3）之间的关系，由于激发岩体破坏过程中围压条件的不同，岩体发生破坏时的特征也因此可以有显著的差别。

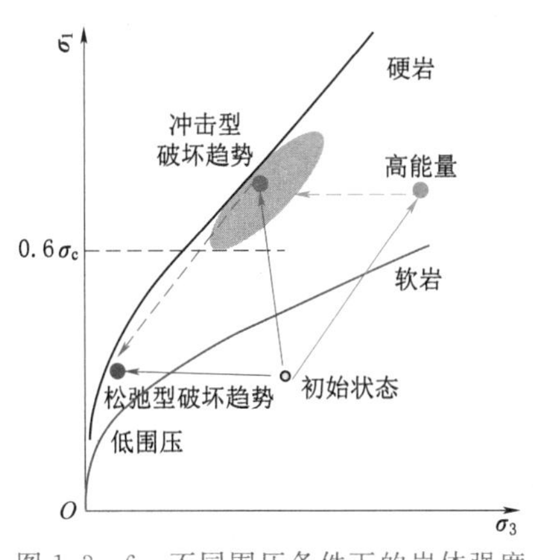

图 1.3-6　不同围压条件下的岩体强度特征和围压状态决定的破坏特征

根据图 1.3-6，岩体的屈服可以发生在低围压条件下。也可以发生在较高的围压条件下。假设图中的“初始状态”表示深埋地下工程开挖前的原始地应力状态，开挖后这一部位的应力状态会受因为它所代表的具体部位（如顶拱、边墙等）而呈现不同的变化特征。如果该部位在洞室开挖以后以经历应力松弛为主，即处于应力释放区，开挖引起的应力变化过程是促使该部位岩体围压水平不断降低，最后可能发生低围压条件下的屈服（图1.3-6中的蓝色线条）。这一过程实际上体现了一个能量不断损失的过程，破坏发生时岩体中积聚的能量处于一个相对低水平，因此潜在的破坏方式中不可能有强的能量释放，即不可能产生岩爆等方式的破坏，而是表现为块体塌落、结构面张开或滑动等松弛型破坏。

如果所考察的部位在岩体开挖以后处于应力集中区，则可能经历一个最大主应力不断上升的过程，最大主应力能够上升到相当水平的一个基本条件是围压水平不能太低，否则岩体可能产生破坏而丧失承载能力，这一过程中岩体积聚的能量会不断增高。如果岩体应力水平达到岩体强度发生屈服，这种相对高围压条件下的屈服则伴随着能量释放，可能表现或诱发出高应力条件的剧烈型破坏特征（图1.3-6中的红色线条）。

上述的简单描述透露出两条基本信息，即在利用围岩屈服破坏来预测和分析实际工程问题时，需要注意：①围岩发生屈服时的应力状态；②围岩屈服破坏前的应力变化路径。换言之，屈服区对应的现实围岩破坏可以是多种方式，具体取决于发生屈服前的应力演变过程和屈服时的应力状态。

描述岩体强度特征的参数黏聚力（C）和摩擦角（f）也可以因为埋深增大而发生变化，并和浅埋条件下形成很大的差别。大量岩石三轴试验已经证实了围压条件对岩体基本强度参数的影响，与浅埋低围压条件相比，在高围压条件下表现为岩体可以获得较高的黏结强度（C值高）和较低的摩擦强度（f值低）。因此，深埋条件下的岩体取值方法应与浅埋条件下显著不同。更复杂的，深埋地下工程开挖以后从开挖面到深部岩体中的围压条件在不断变化，岩体处于不同的围压条件下，相关计算分析需要正确反映围压变化造成的岩体强度参数变化特征。

1.3.2.3 地下洞室群支护设计

支护设计理论的发展至今已有百余年的历史，并与岩土力学的发展有着密切关系。土力学的发展促使着松散地层围岩稳定和围岩压力理论的发展，而岩石力学的发展促使围岩压力和地下工程支护理论的进一步飞跃。随着新型支护设计方法的出现，岩石力学、测试仪器及计算机技术和数值分析方法的发展，地下工程的支护设计理论正在逐渐进步完善。

在地下洞室群开挖支护阶段，围岩的不同开挖方式、步骤会导致围岩经历不同的应力路径，对不同岩性的围岩采用不同爆破参数会引起围岩产生不同程度的损伤，开挖、支护工序的衔接，以及不同围岩条件不同的支护参数对围岩承载力的维持作用等均会对围岩的稳定产生影响。由于围岩赋存环境的复杂性、岩性条件的多样性，应研究采用不同的开挖方式以及支护参数，尽可能地减少对围岩的扰动，用最优最经济的支护参数保证施工安全、围岩稳定。

长廊型洞室（如地下厂房）一般跨度大、边墙高，其开挖一般采用竖直向自上而下分层开挖，水平向分序施工的方法。对于圆筒型地下洞室，一般先用反井钻机开挖溜渣井，再采用正井法开挖的方式。大跨度地下厂房的顶拱，一般采用中导洞开挖先行，两侧扩挖跟进的方式；岩梁高程围岩的开挖则一般采用中间抽槽、两侧预留保护层的开挖方式；地下厂房中母线洞与尾水管间下游边墙，机坑隔墩，以及厂房边墙与引水洞、其他交通洞等的交叉部位，一般采用先洞后墙的开挖方式。在厂房开挖过程中合理安排开挖施工程序、做好开挖支护作业衔接，可以预防围岩产生有害变形，有利于围岩稳定。尤其在高地应力环境下，当开挖通过较大地质结构面的过程中，需要认真研究开挖方向以及开挖分层分块方案，以通过施工手段避免围岩经历不利的应力状态而引起围岩的应力型破坏。

地下工程支护的目的是充分维持和发挥围岩的自承载能力，支护体系与围岩共同承载来维持洞室稳定。在地下工程中，喷锚支护仍是支护设计中的重要组成部分，喷混凝土＋锚杆（锚索）支护被普遍采用，其中喷素混凝土、喷钢纤维混凝土或挂钢筋网喷混凝土，可以有效对围岩开挖表面快速封闭并提供一定支撑力，再加上预应力锚杆（锚索）支护，对围岩提供一定的围压，限制围岩深部变形对围岩表层的挤压破损，从而限制表层松动圈发展深度，控制在浅层支护圈深度范围，围岩表层不会掉块塌落，从而维持深部岩体的围压。

随着国内水电站地下工程的大规模开发，岩体地质条件越来越趋于复杂，洞群规模也越来越大，地下厂房围岩变形的“时间效应”“空间效应”和“洞群效应”随之突出。不同施工工序下地下洞室围岩合理的支护时机和支护参数，需要结合对围岩变形及力学特征分析、围岩破坏规律及支护结构锚固机理的分析来做出合适的选择。在实际工程中，支护设计参数要根据施工中围岩变形和围岩稳定状态而不断进行调整，只有动态地评价地下洞室围岩稳定状态和分析预判围岩变形的发展趋势，适时调整支护参数、开挖步序，才能达到安全可靠、经济合理的目的。

大断面地下厂房顶拱的开挖支护在各层开挖施工中难度最大，占用工期最多。尤其当顶拱部位若发育有断层、节理裂隙、软弱夹层等不利地质构造，则可能会削弱顶拱的拱效应，在开挖过程中顶拱可能会出现超挖、掉块，甚至是顶拱深部大变形的现象。对厂房顶拱一般采取喷锚支护，预应力锚杆、锚索，钢筋拱肋，喷钢纤维，固结灌浆等支护方案，约束顶拱变形，限制围岩松弛，维持顶拱拱效应，使支护体系和围岩形成联合承载拱圈。

岩壁吊车梁是通过锚杆、梁体和围岩共同承载的结构，围岩稳定是岩梁稳定的基石。因此，在地下厂房岩梁层开挖过程中，要选择合理的开挖分层分块方案，通过生产性试验获取最优爆破参数以控制开挖爆破对围岩的损伤，必要时可以进行预锚预灌等超前加固或处理措施。在由不利地质条件造成岩壁超挖、壁座角缺失，不宜作为岩壁吊车梁基础时，需要进行专门补强处理。对于超挖较少的情况，可以采用混凝土修补至设计断面后再浇筑岩壁吊车梁，对于超挖较大的情况，可以采用预应力附壁墙加固处理。

厂房高边墙中部的变形和松弛控制是厂房开挖支护的重点之一。地下厂房高边墙中部一般与多个洞室交叉，上游边墙一般有压力管道和快速浇筑通道，下游边墙一般有母线洞及交通廊道等。为了限制高边墙围岩出现过大的变形，一般采用先洞后墙、分层开挖方案，及时进行支护，先实施的喷混凝土＋锚杆支护体系限制围岩浅层松弛，又让围岩有适当的变形释放，后实施的锚索与浅层支护体系形成整体支护结构体系，可有限控制深层变形发展。

在高地应力环境和复杂地质条件下，地下厂房机坑隔墙的开挖成型及防松弛也是地下厂房开挖支护的重点之一。在机坑隔墙的上一层开挖前，可以采用预锚措施对机坑隔墙进行超前支护和加固，机坑隔墙顶面出露后，再实施混凝土盖板覆盖＋锚固措施对机坑隔墙进行二次加固。

对于复杂地质条件或高地应力环境，地下厂房围岩变形时效性特征明显，较早实施的锚杆和锚索可能出现较大范围的超限现象。针对这种现象，需要合理确定预应力锚索的初始张拉锁定吨位，并有必要制订合适的补强加固预案，以保证最终的支护结构体系具有足够的安全裕度。

1.3.2.4 围岩稳定动态反馈分析

对水电站地下工程而言，地质条件与岩体赋存环境的复杂性及不确定性、洞室群结构的大规模及大尺度，决定了水电站地下工程问题的复杂性和挑战性，导致水电站地下工程的开挖施工过程控制困难，甚至可能导致工程长期稳定性问题。随着西南地区水电工程的开发进展，动态设计施工的理念和技术被越来越多地应用于地下工程的过程控制中。如小湾水电站、拉西瓦水电站、锦屏一、二级水电站、溪洛渡水电站、向家坝水电站、三峡水电站、乌东德水电站、白鹤滩水电站等地下厂房，这些工程的支护设计及开挖过程都体现出了“动态设计施工”的理念，支护设计和开挖过程相辅相成，初步设计指导初步开挖施工，根据开挖揭示地质现象和监测成果进行反馈分析，反过来修正支护设计和施工过程（如开挖层高、爆破药量和施工进度等），“设计→施工→监测→反馈→预测→设计变更→指导施工”的循环工作模式贯穿始终。实际工程中，上述支护设计流程需要设计、承包商、科研机构等各单位的通力协作，设计单位内部也需要各专业部门相互配合、协作。围岩稳定分析及支护设计技术路线见图1.3-7。

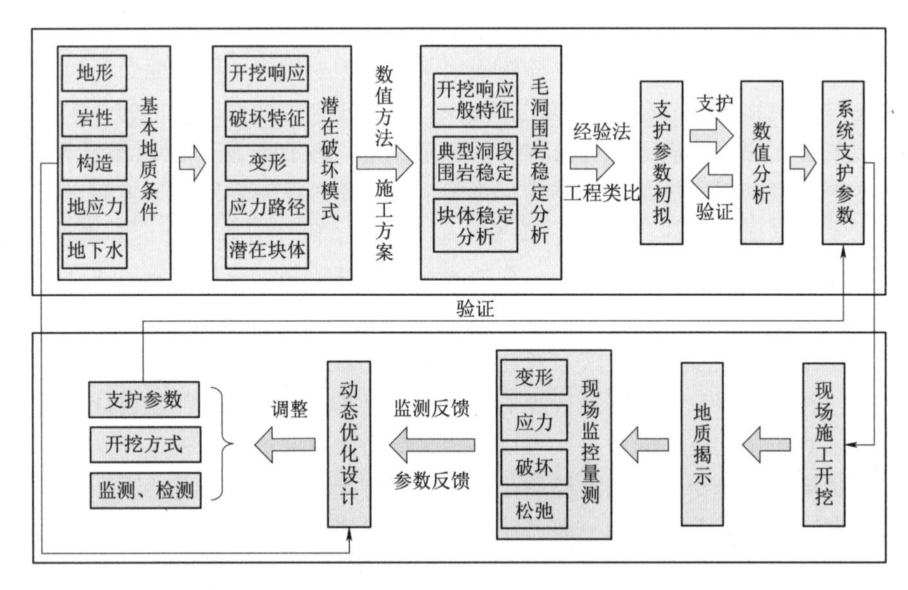

图1.3-7 围岩稳定分析及支护设计技术路线

动态反馈分析与闭环设计的重点包括以下四点：

(1) 多源信息的获取和分析。收集地质资料、监测信息，对监测数据的合理性进行宏观分析，找出施工和其他条件变化导致的监测检测数据异常所在断面，整体把握监测数据所解释的围岩变形和稳定特征；分析监测仪器所在断面位置处的地质条件和结构面等可能对监测成果产生影响的程度和范围，分析当前开挖步导致的围岩响应特征（变形大小、应力状态、松弛区深度、支护系统受力等），在此基础上对地下洞室开挖过程中的潜在围岩稳定问题进行宏观评价并分析控制性影响因素。

(2) 数值分析及参数反演。在建立的数值分析模型中考虑实际的支护手段和施工方案等，分析该层开挖过程中数值模型所揭示的围岩稳定特征以及支护系统的受力特征，并与现场实际的围岩开挖响应特征进行对比。在此过程中可能需要对地应力以及岩体力学参数进行多次调整，最终目标是使得数值分析所获得的相关成果与现场实际围岩破坏特征以及监测检测数据所揭示的规律一致。分析方法要耗时少，能快速分析，能适应现场快速施工的要求。

（3）预测后续开挖响应。根据反演获得的地应力以及围岩力学参数、围岩开挖影响特征，对开挖支护方案、监测方案布置以及局部需要加强支护的深度和范围进行评价；结合现场施工条件，提出有利于围岩稳定的开挖施工顺序，并对相关开挖顺序进行优化；针对优化后的开挖施工顺序，对锚杆、锚索间距等围岩支护参数进行优化；通过不同开挖和支护方案的比较，对存在局部围岩稳定问题的洞段进行加强支护设计，提出具体的加强支护深度和需要加强支护的范围。

（4）围岩稳定管理标准。地下洞室群的围岩稳定管理标准是动态反馈分析与闭环设计的主线，反馈分析、动态支护均是依据和围绕围岩稳定管理标准进行。溪洛渡、锦屏一、二级及白鹤滩水电站等地下厂房的动态设计施工实践表明，围岩稳定管理控制标准制定需要综合参考同类工程经验、现场实测数据及数值分析成果，每个开挖阶段洞室各部位的管理标准也应区别对待。

1.3.2.5 数值分析方法

在一段时期内研究人员普遍希望岩石力学数值计算能够模拟更多和更具体的地质条件，其结果是导致计算模型非常复杂和计算过程冗长，计算结果因此难以解释和应用。使用岩石力学数值计算技术的正确方法是将计算融入到设计过程中，用来验证某种设计思想或方案的合理性。数值计算是一种辅助性手段，可以帮助验证和深化某种设想，但不能取代人的思考。

数值计算是工程设计的一个环节，建立在对现场条件理解和把握的基础上，针对设计过程的某个特定问题，这非常重要。数值模型不同于地质模型，试图把地质模型直接转化为数值计算模型可能是行不通的，至少对于复杂问题是这样。比如，对于位于节理岩体中的某个地下工程，如果设计中关心的是地下工程围岩的整体稳定性，此时的数值计算可以不直接模拟结构面，而是通过岩体质量编录手段将结构面密度和性状的影响借助某个岩体质量指标（如 GSI）体现在岩体宏观力学特性上，并通过建立连续力学数值模型回答这个问题。在明确岩体具备良好整体稳定性条件下，结构面切割导致的块体稳定性、或潜在不稳定块体的分布特征则成为设计关心的主要问题，也是数值计算需要针对的对象。针对这一设计要求，数值计算需要关注结构面网络及结构面力学特性的模拟，因此与此前的模型几乎完全不同。

岩石领域常用数值方法包括有限元、有限差分、离散元和颗粒流方法。当前每种数值方法都有其相应的商业软件，其中常用的有限元商业软件包括 ABAQUS、ANSYS 等，有限差分商业软件主要是 FLAC，离散元商业软件主要是 UDEC/3DEC，颗粒流商业软件主要是 PFC。目前在岩土工程领域应用最为广泛的主要是 FLAC 和 UDEC/3DEC。

拉格朗日方法是一种数学方法，与传统有限元程序中采用大型线性方程组求解偏微分方程不同，FLAC 采用了拉格朗日逼近方法求解岩土介质的力学关系。FLAC 的基本原理即是通过几何拓扑理论将二维、三维空间内的岩土体结构离散成由四边形或者六面体单元组成的差分网格集合，并利用高斯积分、线性插值方法将每个差分网格的质量（m）、内部应力和外部荷载形成的不平衡力（F）向相邻网格点平均，由此便可以在每个网格节点处建立牛顿第二定律控制性方程 $F=ma$（其中 a 为网格节点加速度），再基于微分算法对加速度 a 项进行离散化，以单位时间内网格节点的速度变化率来表示，最终将网格节点处的牛顿第二定律转化成由网格节点速度所表达的中心差分型（显式）控制性方程。FLAC系列软件对这些节点差分型控制性方程进行迭代求解过程中，为了保证数值算法的完备性，程序强制求解过程中每隔一定迭代步即进行一次网格单元之间内部变量信息的传递，完成不平衡力和网格位置更新，进入下一轮循环。

离散元的概念最早由 Cundall 在 1971 年提出，它是一种非连续力学方法，提出离散元方法的最初意图是在二维空间内描述节理岩体的力学行为，Cundall 等在 1980 年开始又把这一方法思想延伸到研究颗粒状物质的微破裂、破裂发展和颗粒流动问题。

与连续力学方法相比，离散元同时描述连续体的连续力学行为和接触的非连续力学行为。以岩体为例，它是把岩体处理成岩块（连续体）和结构面（接触）两个基本对象，其中的接触（结构面）是连续体（岩块）的边界，这样每个连续体在力学求解过程中可以被处理成独立对象，即离散的概念；而连续体之间的力学关系通过边界（接触）的非力学行为实现。从这个角度讲，离散元并不是理论上的创新，理论上可以引用现成的连续介质和非连续介质理论，离散元主要体现在方法上的创新，即采用什么方式描述由接触和连续体构成的系列。

一些连续力学方法中也可以处理一些非连续面，比如有限元中的节理单元和 FLAC 中的界面，后者实际采用了离散元求解方法，但包含了节理单元和界面单元的这些连续介质力学方法仍然与离散元存在质的差别，离散元的定义中体现了这种差别。

中文翻译的离散元实际包含两层意义，分别对应于英文中的“discrete”和“distinct”，二者之间存在一定的差别。具备同时采用连续和非连续力学行为的很多方法都可以成为“discrete”方法，而 distinct 被定义成一种计算机程序时，该程序必须同时具备允许离散块体发生有限位移和转动（包括完全脱离），和计算过程中可以自动识别接触时才称为 distinct 方法。

后者是区分 distinct 和 discrete 的重要标志，它包括了离散块体之间接触关系的变化及其带来的力学关系的差别。比如，当一个块体脱离某个块体与另一个块体发生接触时，程序能正确描述这一过程该块体受力条件的变化。

离散元是一种方法，体现这一方法的载体是计算机程序，所以离散元的诞生和发展是伴随着离散元程序的出现和丰富完善，即这些程序的发展历史反过来反映了离散元的发展历程。利用离散元方法实现数值计算时需要解决的一个重要问题是接触，即岩体中的结构面，离散元中把这些接触处理成块体的边界。这就是说，在计算过程中每个块体都是独立的，块体内部单元的力学响应取决于这些边界所受的荷载条件。与离散元的这一特点相比，传统有限元主要是对离散元内部块体进行连续力学计算，由于如边坡等工程岩体变形过程中块体的接触关系和受力状态不断发生变化，而离散元的提出主要是针对了岩体内部块体边界（结构面）力学条件（接触方式和受力状态）的变化，因此对这类问题更具有适应性。

鉴于离散元的上述基本特点和开发意图，Cundall 在 1971 年提出离散元概念时的主要工作集中在如何描述离散体的几何形态、判断和描述接触状态及其变化等方面，并有效地解决了其中的一些问题，使得离散元方法实现了计算机程序化，成为解决实际工程问题的有效手段。从某个角度讲，离散元的力学理论并不复杂，甚至缺乏基础理论上的创新，这表现在块体沿用了传统连续力学介质理论，接触也直接引用了直观的非连续力学理论如牛顿第二定律、运动方程等，Cundall 的突出贡献在于把这些成熟理论方法化，解决了计算机程序化过程中的很多问题。这些问题概括在接触形态描述、计算中的接触判断、数据存储技术等若干环节。

平面离散元程序 UDEC 中采用了角点圆弧化了的凸多边形来描述结构面，即块体形态由这些封闭的凸多边形来表示，角点圆弧化的目的是避免计算过程中在尖端出现数值上的应力异常影响计算结果。块体的凹形边界则由与之相接触的另一接触块体的凸形边来定义，这决定了建模过程中需要使用凸形来定义凹形。

平面离散元中边界的接触方式有：边-边接触、边-点接触和点-点接触。接触方法的不同决定了块体边界上受力状态和传递方式的差别，因此也要求计算过程中不断判断和更新块体接触状态，并根据这些接触状态判断块体之间的荷载传递方式和为接触选择对应的本构关系和强度准则。这一特点和要求更体现了 UDEC 与任何有限元程序的差别，即 UDEC 中多出了一整套为接触设计的内容，与有限元计算相似的块体连续力学计算成为确定接触关系和接触受力状态以后的延续，成为解决问题时一个相对简单的部分。

在确定了接触方式以后，可以选用现成的界面力学关系式来描述接触的力学行为，其中最基本的描述方式包括切向和法向荷载—位移关系和强度—应力关系，接触上的法向荷载等于法向刚度和法向位移之积，法向应力超过了抗拉强度时即发生张拉破坏，块体可能处于力学上的不平衡状态。对于这种情形，UDEC 和 3DEC 中通过牛顿第二定律转化成运动方程进行求解，因此可以模拟结构面的张开和块体的完全脱离及脱离以后的运动。当无厚度的结构面受压时，UDEC 和 3DEC 程序允许块体发生重叠，进行法向位移计算和法向荷载计算，同时使得有厚度结构面的张开和压缩行为能够不通过模拟结构面厚度实现，解决了很多程序中在这种情况下可能遇到的单元奇异问题。接触的切向方向上的力学行为也可以通过类似的方式实现，且 UDEC 和 3DEC 中提供了大量的结构面强度准则，可以反映结构面起伏、剪切过程中强度变化等复杂状况下的力学行为。

1.4 关键技术难题

白鹤滩水电站是目前在建的世界最大水电站，也是仅次于三峡的世界第二大水电站，地下洞室群规模、洞室跨度等均居世界水电工程第一。地下洞室群工程规模宏大，工程地质条件复杂，洞段出露长大的层间（层内）错动带、软弱断层，柱状节理玄武岩发育，中高地应力水平，这些都使本工程建设难度加大，对岩石力学问题的认识和应对措施均提出了许多新的挑战。

1.4.1 脆性玄武岩高应力破裂

白鹤滩玄武岩脆性特征显著且初始应力水平较高，实测地应力最高达 33.39MPa，围岩的应力强度比为0.19～0.29，大于0.15，小于0.4，具备应力型破坏的发生条件，并且以中等程度的应力型破坏为主。在地下洞室群开挖过程中，广泛出现了片帮、破裂、弱岩爆等应力型破坏现象（图1.4-1）。

这些在白鹤滩地下洞室群出现的应力型破坏主要有以下几个共同点：

（1）破坏形式属于缓和型。即破坏发生时总体上缺乏突然性和剧烈性的特点，虽然破坏可以发生在掌子面附近，但不限于在掌子面一带，甚至多数不发生在掌子面附近。缓和型破坏指示了应力水平和岩体强度的矛盾程度相对不是很突出，或者说相对突出的矛盾主要出现在岩体强度并不很高的部位。缓和型破坏对施工安全的影响相对较小，其工程影响主要是支护系统的长期安全性，对支护类型和时机的选择有着比较苛刻的要求，具体在后文中叙述。

图1.4-1 脆性玄武岩高应力破裂特征

（2）存在明显的时间效应。时间效应是缓和型应力破坏的共同特点，在具备发生破坏的条件以后，破坏并非瞬时完成（如块体滑移），而是往往延续一个时间段，从理论上讲，这个时间可以长达数十年，形如软岩流变。缓和型应力破坏的工程影响因此较多出现在开挖以后的一个时间段，成为设计上需要关心、在施工阶段需要解决的问题。

（3）破坏程度与开挖尺寸相关。白鹤滩地下厂房出现的应力型破坏，无论是普遍性还是严重程度，都明显强于相似地质条件下的前期建设的施工支洞和勘探平洞，开挖洞径的影响已经在现场体现出来，前期工程建设已经出现的破坏现象及其揭示的规律对评价工程大规模开挖后的破坏特征，特别是潜在破坏范围有着重要的指导性意义。

当地应力达到一定水平以后，地下洞室群开挖以后脆性围岩的破裂现象往往不可避免，其关键是将围岩破裂控制在工程可以接受的水平。合理和必要的喷锚支护是控制围岩破裂的有效手段。即便喷锚支护是施工效率相对很高的加固措施，但仍然需要施作时间，虽然支护要求和掘进进度之间的矛盾将不可避免地会出现在白鹤滩地下工程施工全过程中。尽管破裂还不足以导致工程问题，但考虑到地下洞室群的地应力水平和开挖规模，这一矛盾不可避免，因此需要采取合理的支护设计方案最大程度抑制脆性玄武岩的高应力破裂。

1.4.2 软弱错动带

由于地层内部存在软弱的凝灰质岩层，在构造作用下形成一系列分布于各岩流层顶部凝灰岩层内的缓倾角、贯穿性的层间错动带，用符号“C”表示，见图1.4-2和图1.4-3。在峨眉山组玄武岩各个旋回层内部广泛发育的一系列延伸长短不一的缓倾角错动构造，称为层内错动带，用符号“S”表示（左岸为“LS”，右岸为“RS”）。其中，以层间错动带规模最大且影响最为突出。

左、右岸地下厂房洞室群分别受层间错动带C_2和C_3、C_{3-1}、C_4、C_5的影响。由于两者在成因上的差异，使其在空间分布上亦有区别。其中层间错动带产状基本与岩流层一致，总体上平直，小尺度上略有起伏，其厚度5～60cm不等，见图1.4-4和图1.4-5。层间带C_2产状为N40°～50°E，SE∠15°～20°，厚度约为60cm的凝灰岩夹层，带内存在泥化特征。

图1.4-2 左岸层间错动带分布图

图1.4-3 右岸层间错动带分布图

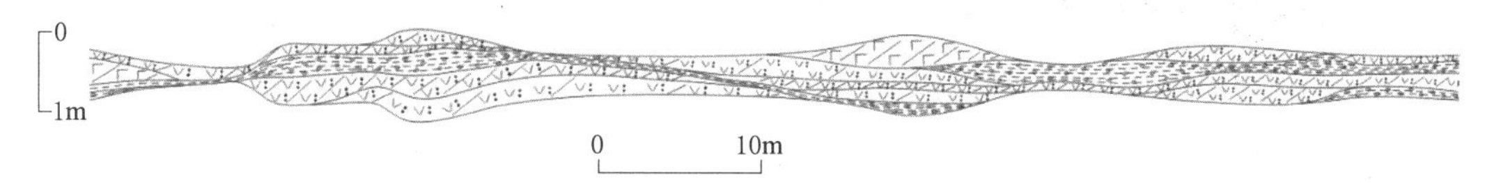

图1.4-4 层间错动带C_2实测剖面图

(a) C_2结构

(b) C_2充填物性状

图1.4-5 层间错动带C_2结构与充填物性状特征

白鹤滩层间错动带是横贯地下洞室群的大型软弱构造，在高应力条件下，其对巨型洞室围岩的变形稳定及影响突出，且主要取决于错动带与洞室的交切关系。由于错动带工程类型主要为泥夹岩屑型和岩块岩屑型，部分错动带出露于洞室边墙及顶拱部位，可构成块体底滑面，对洞室稳定不利；错动带变形模量较小，洞室开挖后，易产生一定程度的塑性变形和剪切变形。另外，错动带多为中等透水，在高水头作用下不仅存在渗漏问题，且易产生渗透变形。

1.4.3　柱状节理松弛解体破坏

柱状节理是玄武岩特有的构造，广泛分布于白鹤滩工程岩体中，它往往将玄武岩切割成六棱柱状或其他形状不规则的棱柱状。白鹤滩水电站玄武岩部分岩层中不仅发育柱状节理，而且在柱状节理切割的柱体内发育不规则的纵向（平行柱体）与横向（垂直柱体）微裂隙，岩体中还发育较多的缓倾角裂隙，见图1.4-6。柱状节理玄武岩的单轴饱和抗压强度达90MPa，属坚硬岩类，其特点是岩石脆性突出，隐节理发育，各向异性突出。

(a) 洞室

(b) 边坡

图1.4-6　白鹤滩电站工程区柱状节理玄武岩

岩体特性主要受3个方面因素的影响，即岩石条件、岩体中结构面条件、岩体所处的应力环境，柱状节理破坏模式也主要表现为以下三种。

1.4.3.1　松弛破坏

柱状节理玄武岩在未受扰动时柱体镶嵌紧密，岩体承载力较高，但在高地应力作用下易发生岩石破裂或沿柱状节理及微裂隙开裂，继而松弛，尤其是在开挖围压解除后易松弛（图1.4-7），原嵌合紧密的柱体产生松弛而掉块。

图1.4-8为导流洞在不同时间测得的围岩边墙松弛深度的演化过程。4号导流洞K1+040m断面中层在2012-12-02下挖，2012-12-04进行第一次测试，2012-12-10进行第二次测试，2012-12-24进行第三次测试。由图1.4-8可见，导流洞中层开挖第二天时左边墙松弛深度在1m左右，右边墙松弛深度在2.7m左右；在开挖后约7天时松弛深度增长明显，左边墙松弛深度增长至3m左右，右边墙增长至4m左右。但在开挖7天后，松弛深度增长明显减缓，随后15天内最大增长了0.3m左右。

(a) 边墙

(b) 墙角

图 1.4-7 柱状节理玄武岩松弛破坏

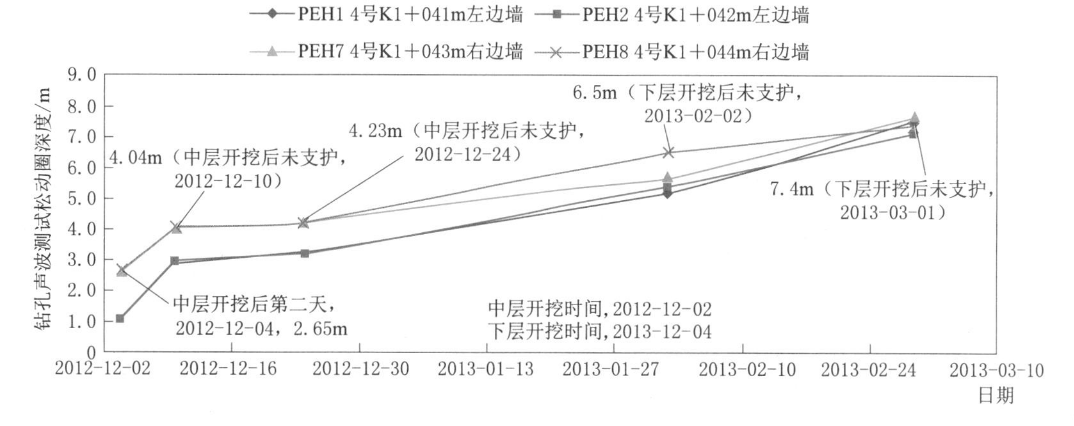

图 1.4-8 围岩松弛深度随时间的演化

1.4.3.2 解体破坏

柱状节理玄武岩内部发育有平缓的微裂隙，方向多为近似水平，一般为隐性，以肉眼不可见的方式存在，这也可能是导致变形模量存在各向异性的原因之一。微裂隙主要是由玄武岩冷凝收缩而成的，除在形成过程中受到受力不均、形态不够光滑、应力集中等因素影响外，其本身细观尺度上的非均匀性，即岩石力学性质在空间上分布的非连续性，以及由此导致的时间上的非连续性，也是重要的原因。如果把外力作用在岩石试样上，由于内部结构的非均匀性，在岩石试样内部出现的应力分布是相当复杂的，使岩体自身的力学属性比完整岩块出现了较大程度的弱化，并且表现出明显的各向异性特征。

由于柱状节理岩体具有明显的松弛效应，内部又富含隐性节理，同时被多组结构面和错动带切割，破坏了柱体的镶嵌结构和整体性，因此，虽然在开挖扰动前的整体咬合性较好，但是在开挖后松弛现象明显加剧，容易出现破碎，围岩自稳能力降低，与开挖面组合会构成较大范围的松散小块体，见图 1.4-9。

1.4.3.3 坍塌

工程区层间层内错动带产状平缓，在隧洞顶拱出现时会沿洞线展布较长距离。当错动带距洞顶拱较近时，切割破坏了柱状节理柱体的镶嵌结构和整体性，错动带下部的岩体受

(a) 边墙

(b) 洞室交叉口

图 1.4-9 柱状节理玄武岩解体破坏

松弛、自身重力作用、爆破及其他结构面切割等因素影响，易发生坍塌或构成局部的不稳定块体，对隧洞顶拱局部稳定性影响较大。若喷锚支护不及时，柱状节理逐步松弛坍塌，最大坍塌深度可达3～5m，见图1.4-10。

(a) 隧洞顶拱

(b) 中导洞顶拱

图 1.4-10 柱状节理松弛坍塌破坏

1.5 主要研究路线及内容

1.5.1 研究路线

本书以解决大型地下洞室群围岩稳定性控制这一长期困扰大型水电地下工程设计的难题为突破口，通过有机融合工程区地应力场反演分析→岩体力学特性认识→围岩破坏模式识别→洞群开挖与支护设计优化→动态反馈分析→安全评价的全过程闭环分析，实现了工程现场多元信息（地质、监测、施工等）、岩石力学理论分析、开挖与支护优化设计的有机融合，形成了复杂巨型地下洞室群围岩稳定动态反馈分析设计方法。

该方法充分结合现场实际的地质信息、实际开挖支护方案、监测方案建立反馈分析模型，同时在模型中考虑布置与实际监测方案一致的监测点，支护方案以及岩性和结构面信息，进行开挖支护分析，通过后处理模块对比数值模型所获得的信息与现场监测检测信息和围岩破坏特征，根据对比情况，调整地应力与岩体力学参数，最终标定相关参数，预测下一层的开挖，同时根据数值分析以及现场监测成果和围岩实际的开挖响应，建立并更新围岩稳定分级预警系统，整合了岩石力学的最新研究成果、采用离散元三维数值分析技术、三维信息可视化等手段，以现场监测、检测数据为根本，结合地质条件、施工信息、支护设计等形成了一个完整的监测反馈方法体系。

在研究过程中，通过对脆性玄武岩、大型结构面（如层间错动带）和柱状节理的基本力学特性研究，建立了反映其力学特征的综合分析模型，解译了大型地下洞室围岩破裂及变形机理，提出了针对性的支护优化设计方法，为后续开挖响应预测提供重要依据。其中部分内容在国内外尚处于起步阶段，主要以调研、国际合作、专家邀请并结合原理分析、研究计算、工程应用、验证反馈等手段综合进行。在研究过程中与ITASCA国际集团公司、中国科学院武汉岩土力学研究所等知名研究机构进行合作，借助国内外专家的研究经验积累提高技术研发能力，保障了本项目研究方向正确、研究方法合理、研究成果可靠，为白鹤滩工程实际提供良好的技术支持，并且形成了具有国际先进水平的研究成果。

1.5.2 主要研究内容

1.5.2.1 脆性岩体高应力条件下破裂机理研究

白鹤滩地下洞室群围岩岩性主要为玄武岩，具有明显的硬脆特性，在高地应力的作用下，含隐裂隙的结晶玄武岩会产生破裂，并随着洞室的开挖和地应力的调整，围岩的破裂不断发展，对地下洞室群的围岩稳定产生较大影响。

为研究白鹤滩脆性岩体在高地应力条件下的破裂机理和岩体的损伤规律，主要研究内容如下：

（1）室内岩体破裂过程试验。对现场岩体进行取样，并进行室内破裂过程试验，记录试样在高围压下微裂纹发展直至岩体破裂的全过程，研究岩体的启裂条件、岩体破裂与高围压之间的关系、岩体破裂的时间效应、岩体破裂后的岩石力学特性等。

（2）现场综合监测方法。除常规的多点位移计、锚杆锚索测力计等监测仪器外，辅以针对性的围岩声波测试、光纤光栅、滑动测微计等综合监测方法，监测数据与现场围岩破裂现象、室内试验相验证。

（3）数值模拟分析。针对脆性岩体破裂特性，利用颗粒流（PFC）数值分析方法，从微细观结构角度研究介质的力学特性和行为，模拟脆性岩体的破裂过程，完善计算的本构模型。

（4）在上述室内试验、综合监测和数值计算的基础上，解释地下洞室群的硬脆性岩体在高地应力条件下的破裂机理，对地下洞室群的围岩稳定进行综合分析。

1.5.2.2 软弱层间错动带对围岩稳定影响的研究

软弱层间错动带是影响洞室群围岩稳定的主要因素之一，需要重点开展研究，主要研究内容如下：

（1）层间错动带本构模型的选取和参数的确定。层间错动带为带内夹泥的软弱结构面，两侧劈理化构造发育，影响带较厚，结构面上下盘围岩的变形存在不连续性，采用何种本构模型直接决定了能否真实准确地反映层间错动带的影响。本书比选了采用等效连续介质和非连续介质方法模拟的区别，最后选用 Goodman 模型进行模拟，并结合层间错动带的结构组成、力学试验成果、颗粒分析成果等，确定合适的本构模型参数。

（2）层间错动带对地下厂房高边墙围岩稳定的影响。层间错动带在地下厂房高边墙出露，厂房开挖后，沿层间错动带将产生明显的不连续变形，导致高边墙的围岩稳定问题突出。采取置换洞和深浅结合锚固技术等综合措施后，取得明显的效果，有效地减小了层间错动带的不连续变形。

（3）层间错动带对大跨度圆筒型尾水调压室穹顶的围岩稳定影响。层间错动带在尾水调压室顶拱出露，洞室开挖后，沿层间错动带产生明显的不连续变形，尾水调压室顶拱的围岩稳定问题突出。应对措施是顶拱采用合适的穹顶体型，并在顶部 30m 处设置锚固洞，开挖后立即进行对穿锚索施工，有效地减小了层间错动带的不利影响。

1.5.2.3　柱状节理玄武岩特性研究

柱状节理玄武岩对白鹤滩水电站地下洞室群的围岩稳定影响较大，为了系统研究大跨度地下洞室柱状节理玄武岩的成洞条件和围岩松弛特征，在右岸开挖了模拟试验洞，试验洞总长 70m，断面为城门洞形，尺寸 13m×6.5m（高×宽），在试验洞开挖过程中对岩体进行岩体松弛特性的测试，取得丰富的成果，并在地下厂房洞室群开挖期间得到了应用，为电站顺利建设提供了可靠的技术保障。

柱状节理玄武岩的主要研究内容如下：

（1）柱状节理玄武岩的室内试验，各种常规的三轴压缩试验、三轴卸载试验等，研究柱状节理玄武岩在加载、卸载情况下，岩体松弛的时间效应、岩体松弛后的岩石力学特性等。

（2）现场综合监测方法。在试验洞开挖期间，对岩体进行了大量的声波测试、变形监测、岩体锚固效果试验、岩体松弛特性测试等，取得了丰富的成果，且在导流洞、地下厂房洞室群开挖期间得到了应用，并不断完善测试成果。

（3）数值模拟计算。结合各向异性弹性理论和各向异性破坏准则，考虑相关联的塑性势函数，建立各向异性弹塑性本构模型，提升对各向异性岩体材料的认识和理论水平。

（4）在上述室内试验、综合监测和数值计算的基础上，研究柱状节理围岩在卸载过程中的松弛特性，对地下洞室群的围岩稳定进行综合分析。

1.5.2.4　巨型地下洞室群围岩稳定支护研究

白鹤滩水电站地下洞室群属巨型地下洞室群，单洞尺寸大、洞室多，地质条件复杂，洞室群围岩稳定问题突出，针对性开展了大量的研究工作和现场应用实践，主要研究内容如下：

（1）洞室群布置研究。主要研究了洞室规模、尺寸大小、洞室间距、厂房位置选择和轴线选择、尾水调压室体型等。

（2）洞室群围岩稳定及支护措施研究。根据白鹤滩地下厂房所在区域的基本地质条件，经工程类比，初拟几种不同的系统支护设计参数，建立数值计算模型进行计算，分析洞室群的整体稳定性，评价系统支护的有效性和安全性；针对不良地质条件部位，建立局部数值模型进行更精确的计算；最后根据计算成果，确定系统支护和局部加强支护的设计参数。

(3) 洞室群开挖期间的动态支护设计。洞室群开挖期间，结合科研单位工作，进行了现场洞室群围岩稳定的反馈分析，模拟现场实际揭露的地质条件、洞室群施工顺序、开挖支护进度等，解释现场开挖过程中的围岩破坏现象，对比监测数据，不断完善数值计算模型，指导支护设计参数的动态调整，建立白鹤滩地下洞室群的围岩稳定判断标准，帮助现场准确判断围岩稳定状态，实现安全生产。

第2章 工程区域地应力

2.1 概述

岩体工程实践中的核心岩石力学问题是应力和岩体力学（尤其是强度）特性之间的关系。地应力是岩体工程开挖以后应力集中的主要来源，直接影响到岩体的开挖响应，也是围岩产生变形破坏等稳定问题的根本。因此，针对大型地下工程而言，首要工作是开展工程区岩体初始应力场研究。

中国西部水电工程的绝大部分地下洞室群虽然通常位于地表以下数百米的深度范围内，但应力型破坏却成为西部水电工程建设中需要普遍关注的问题，甚至是对工程建设周期和运行安全占据重要地位的关键性问题之一。其主要原因是，受青藏高原近百万年来持续隆升的影响，中国西部地区岩石圈动力环境特殊，具备断裂活动强、地震烈度高、地壳应力大等特征，区域构造应力量级可达10MPa左右。而白鹤滩水电工程选址在深切河谷地区，使得该地下洞室群围岩普遍存在高应力现象，同时，与之相伴的开挖卸荷松弛变形问题也较为突出，因此，深入开展地应力研究工作非常必要。

鉴于岩体特性受到环境因素的影响，岩体力学参数的选择、岩体破坏准则的应用等都直接与初始地应力场条件有关。因此，确定岩体地应力场特征成为了白鹤滩巨型地下洞室群围岩稳定研究工作的重要基础。

2.1.1 地应力研究方法

目前地下工程实践中获得岩体地应力的方法主要是三大类，即经验估计、地应力测量和数值方法。经验估计在生产实践中应用非常普遍，前期工程一般需要采用地质分析手段进行地应力的经验估计，这种工作思路已被国际岩石力学学会所推荐，作为地应力测量所需要完成的准备工作，并且可以利用施工期揭露的高应力破坏迹象反过来判断地应力状态，从而获得可靠的宏观判断。而地应力测量是定量地获得地应力数据的唯一直接方法，已经于2003年编写进“国际岩石力学学会建议测试方法”中，其应用也相对普及。数值方法是伴随着计算机技术在岩体工程中越发普遍的应用而兴起的一种综合方法，这种方法建立在已经获得的经验估计认识和有限的测试数据资料基础上，采用基于数值模拟的反演分析构建整个工程区的地应力场，其优势主要体现在两方面：一方面可以为围岩稳定数值分析提供必要的初始应力条件；另一方面，还可以在施工期利用岩体的开挖响应（如应力型破坏分布与深度、监测位移等）结合数值模拟成果反过来验证地应力状态，从而建立符合工程实际的总体和局部初始应力场。

2.1.1.1 岩体地应力场特征的经验估计

地应力场特征的经验估计要求充分利用过去积累的认识和经验、充分理解场址区地质条件和有关现象，并利用这些条件和现象获得对地应力场分布特征的认识。一般来说，现场估计是定性和半定量的结果，体现对地应力状态或某些要素的宏观把握。获得定量和完整的岩体地应力场分布特征往往需要依托现场测量结果，问题关键在于如何选择性地采用测量结果。

采用不同信息源、依据和思路进行地应力场估计的具体方法有很多，具体需要根据地应力研究的目的、可资利用的信息而定。例如，世界地应力图是地球构造地应力分布的一个全球数据库，德国卡尔斯鲁厄大学公布的一项公开资源，到2016年为止，一共收集了全世界范围内的21750组地应力资料，其中的15698组来自震源机制解，4436组来自对钻孔破裂的解译成果，960组来自地应力测量（水压致裂和解除法），以及其他来自于构造解译等成果。除少数地应力测量结果来自地壳浅层、受局部地形影响以外，这些数据成果主要反映了目前状态下构造应力的分布特征，具有比较高的参考价值。

世界地应力图还将地应力资料按可靠程度分成了A、B、C、D、E共5级，各级别内地应力数据总数和所占比例见表2.1-1。

表2.1-1　不同成因类型岩石中地应力分布特征值统计

可靠程度	A	B	C	D	E
地应力数据总数（所占比例）	1443（7%）	1242（6%）	14284（66%）	3199（15%）	1367（6%）

建立世界地应力图的工作最早开始于1985年，最开始是国际岩石圈研究计划的一项任务，后来得到其他一些机构的资助和参与，包括国际地震与地球内层物理协会，目前在岩体工程界也被广泛地引用，具有良好的国际权威性。查阅世界地应力图获得研究区域构造地应力场方位的一般认识以后，还可以根据研究区域的地质构造特征进一步分析不同历史时期的构造地应力场特点，以及构造地应力演变到目前阶段的特征，进一步了解三个主应力的方位特征。

世界地应力图一般只能作为参考使用，比地应力图更有使用价值的是通过GPS测量获得的地表运动状态，它清楚地揭示了目前状态下地表浅层岩体的运动以及导致这种运动的构造应力，即最大水平主应力方位。

地质学研究成果认为，目前板块格局、特别是造山运动是水平挤压的结果，例如，金沙江河谷地区的构造应力可达10MPa水平。因此，大部分地区最大水平应力会高于自重应力（垂直应力）。同时，构造应力还是一个随深度显著增加的量。大地构造地质学说认为，地壳运动的内在动力在深部，与地幔中塑性介质的流动有关。因此，引起地壳运动的构造应力是来自地壳的深部甚至地壳以下，是一个自下而上的发展过程。所以，深部的构造应力要比浅部大。

自然地震是构造应力引起岩体破坏能量释放引起的自然地质现象，也是构造应力集中的标志。自然地震的震源出现地表数千米到数十千米的范围以内，也表明深部的构造应力比浅部要大。

从基本力学原理和基本地质现象的角度也能说明构造应力不是一个常量，而是一个随深度显著变化的变量。如果假设构造应力是一个不随深度变化的常量，那么构造应力引起的地质现象应该都集中地表附近而不是深部，或者说浅部的构造现象要比深部强烈得多，因为浅部岩体中的围压要比深部小得多，应力比状态相对更差，更容易引起岩体变形和破坏。但是，自然界很多事实并不是这样，一些强烈的地质构造现象更多的是在深部形成，通过地表剥蚀被揭露出来。

总体上，一个区域的基本构造格局和地壳运动特征决定了地应力方位及其随深度变化的特征。当采用地应力随深度变化梯度大小来描述一个地区的地应力水平时，工程实践结果也揭示了地应力大小的区域性变化特征，其内在本质也是地质背景条件的区域性变化。在岩石力学理论中，一般认为自然界的初始地应力组成主要包括构造应力和岩体的自重应力。当然，正如许多科学认识都是有条件和适用范围一样，这种认识也是有条件的。

在水电工程建设的深切河谷地区，工程建筑物一般都布置在岸坡范围内，此时还需要特别注意近代地表剥蚀和河流侵蚀作用的影响，正是这一原因导致了深切河谷坝址区地应力场分布的高度空间变异性。

在不考虑构造应力分量情况下，地表以下的岩体可以看成一个空间半无限体，某一深度处的岩体自重引起的水平应力分量可以写为

$$\sigma_x=\sigma_y\approx\frac{\mu}{1-\mu}\gamma h \tag{2.1-1}$$

式中：σ_x为x向地应力，MPa；σ_y为y向地应力，MPa；μ为岩体的泊松比；γ为岩体的容重，kN/m^3；h为埋深，m。

如果按一般情形考虑，μ和γ这两个参数取值分别为0.25和$27kN/m^3$，那么，重力引起的水平应力分量为

$$\sigma_x=\sigma_y\approx 0.009h \tag{2.1-2}$$

如果地形起伏程度相对所考察问题涉及的深度可以忽略不计，岩体地应力的主应力分量可以近似地认为随深度线性增加。朱焕春和陶振宇等曾对世界上332组实测地应力资料进行了统计，在地表以下6000m的范围内，不同成因类型岩石中地应力分布特征值统计见表2.1-2。

表 2.1-2　不同成因类型岩石中地应力分布特征值统计

岩类	最大水平主应力			铅直应力			最小水平主应力		
	K /(MPa/m)	T /MPa	N	K /(MPa/m)	T /MPa	N	K /(MPa/m)	T /MPa	N
岩浆岩	0.031	13.65	98	0.024		53	0.016	7.27	86
沉积岩	0.022	7.89	112	0.018		62	0.016	4.02	79
变质岩	0.021	12.00	83	0.025		70	0.018	6.29	62

注　K 为应力随深度分布的斜率；T 为截距；N 为统计样本数。

表 2.1-2 中最大和最小水平主应力的 K 值包括了自重应力水平分量的梯度大小(0.009)。显然，最大水平主应力的 K 值大小与自重水平分量中的梯度值之差成为反映构造应力大小的一个重要指标。在沉积岩地区的人类工程活动涉及的深度范围内，这个差值一般在 0.013MPa/m 左右，而岩浆岩地区的差值达 0.022MPa/m 左右，在一定程度上说明岩浆岩地区的构造应力水平相对较高。

除构造背景以外，一个地区的地应力分布还受到其他一些地质因素的影响，比如岩性组成和地表改造（剥蚀和沉积)。即便是在地形平坦的条件下，表 2.1-1 中 T 的意义是双重的，它既包含了构造应力分量，又可能反映了地表地质作用（如剥蚀）的影响。

假设地形平坦，历史上某个时期两个地区的地应力分布特征完全相同，在以后的地质演变过程中，一个地区没有发生任何地质变动使得其地应力状态保持至今［图 2.1-1 (a)]，而另外一个地区则因为地表抬升遭受了厚度为 Δh 的剥蚀［图 2.1-1 (b)]。因此，可以比较这两个地区现今状态同一深度条件下的应力大小。

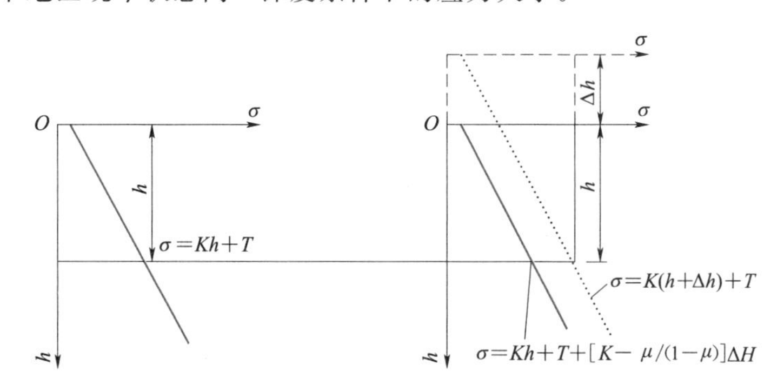

(a) 历史上没有发生地表剥蚀　　(b) 历史上曾发生地表剥蚀

图 2.1-1　地表剥蚀作用对地应力水平分量的改造作用

受剥蚀地区目前深度为 h 处的地应力由剥蚀前深度为 $h+\Delta h$ 处的应力变化而来，在剥蚀前的某个水平地应力分量可以写为

$$\sigma=K(h+\Delta h)+T \tag{2.1-3}$$

剥蚀作用使得铅直应力和水平应力的减少量分别为 $\gamma\Delta h$ 和 $[\mu/(1-\mu)]\gamma\Delta h$，剥蚀以后这一点（此时的深度为 h）对应的应力大小则改变为

$$\sigma = Kh + T + \left(K - \frac{\mu}{1-\mu}\gamma\right)\Delta h \tag{2.1-4}$$

比较式（2.1-3）和式（2.1-4）可知，在地表保持平坦条件下的剥蚀作用不改变地应力随深度的变化梯度，其改造作用表现在线性分布的常数项上，改变量为 $\left(K - \frac{\mu}{1-\mu}\gamma\right)\Delta h$。

同样，如果假设 μ 和 γ 的大小分别为 0.25kN/m³ 和 27kN/m³，以沉积岩中的最大水平主应力为例，取 K 为 0.022MPa/m，那么 $\left(K - \frac{\mu}{1-\mu}\gamma\right)\Delta h$ 的大小为 $0.013\Delta h$(MPa)，是一个大于零的常量。

由此可见，与地表没有遭受剥蚀的地区相比，在同样的深度条件下，受剥蚀作用地区的水平应力可能会相对高一些。受剥蚀的程度越大，这种差别可能会越突出，譬如，白鹤滩左岸剥蚀程度大于右岸，故其主应力比会大于右岸。因此，在剥蚀地区，即便是地形平坦，岩体地应力组成也不能简单地看成是构造应力与自重应力的叠加，地表地质作用的改造可能会显著地反映在地应力组成上，这在近代地质历史上剥蚀作用比较强烈的地区更为突出。

一般情况下，河谷结构特征对深切河谷地区地应力分布的影响主要表现在“量”的方面，如应力集中和松弛程度和范围的差异，并不改变深切河谷地区地应力分布的基本规律，如河床会出现应力集中和岸坡上部存在一定的应力松弛。图 2.1-2 以横向河谷地区为例表示了河谷地区地应力场分布的一般特征。

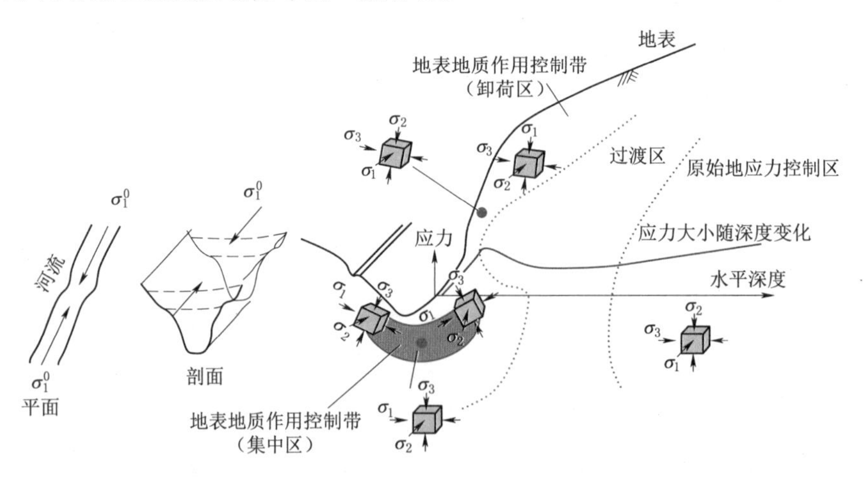

图 2.1-2　河谷地区地应力场分布的一般特征

可见，受地表侵蚀和河流剥蚀作用的改造，河谷地区地应力场一般表现出显著的分区特征（图 2.1-2），这种分区特征沿地表到深部可以描述为：①地表附近的河流地质作用控制区（卸荷区）；②深部基本不受河流地质作用影响的原始地应力控制区；③二者之间的过渡区。

其中的卸荷区代表了河谷地应力场的基本特征，一般原始地应力越高、原始最大主应力与河流走向的角度越大、河谷越深越狭窄，这个区也表现得越突出；反之则不突出。

卸荷区区内自上至下又可以大体地分成三个带，即上部的应力松弛带、下部尤其是谷底附近的应力集中带（忽略了靠近岸坡风化等现象导致的近地表应力降低现象）以及二者之间的过渡地带。在应力松弛带内，岩体的最大主应力基本上表现为自重应力场的特征，而在应力集中带内，特别是在河床，最大主应力以与河谷走向垂直的水平状为主，从坡脚向上最大主应力的方位也顺应地形特征发生变化。

正是河谷地区特定的近代地表地质作用的改造作用，在深切河谷地区开展相关工作（不仅仅只是地应力研究）时，往往要求建立起河谷地区地应力场分布的概念，即在河谷不同部位的地应力分布一般特征，这是在深切河谷地区开展工作的一项基本要求。

在建立这种概念以后，可以进一步粗略估算出典型部位的垂直应力大小，即进行地应力量值的估计。显然，在深切河谷地区除岸坡坡顶和远离岸坡的深部以外，其余部位的垂直应力与自重可能存在较大的差别，特别是在河谷底部一带突出。鉴于应力集中带的应力水平和应力比均相对较高，在深切河谷地区一般不建议将地下厂房洞室群布置在该区域以内，避免出现普遍性的应力型问题。

以上的叙述表明，即便不进行地应力测量，也可以利用各种信息和对应的方法对岩体地应力特征取得一定程度的认识。特别是当现场出现了高应力破坏现象，如岩芯饼化、钻孔破裂、平洞片帮时，利用这些信息获得的相关结果有时非常可靠。比如，关于地应力方位的解译成果的精度会普遍高于应力解除法测量结果，因此而被工程界广泛利用，并被作为地应力成果录入到世界地应力图数据库中。同时，利用上述相关分析方法获得的地应力场分布的认识对选择地应力测量方法和制订地应力测量实施方案也是相当重要的，比如，水压致裂方法要求测孔与其中的一个主应力平行，经验分析显然可以对测孔布置等工作起到良好的指导作用。

2.1.1.2 地应力测量

地应力测量是目前世界上定量地获得地应力数据资料的唯一直接方法，其中最常用的方法包括水压致裂法（Hydro-fracturing）和应力解除法（Overcoring），这两类测试方法都被国际岩石力学学会所推荐，是目前国际上应用最广泛的方法。

不论采取哪种测量方式，事先对测试区域的地质条件进行调查和地应力状态的判断显得非常重要。在总结世界上地应力测量实践活动以后，在国际岩石力学学会于2003年公布的建议方法中，把现场调查和判断作为任何测量工作的第一步工作，并专门制定了现场调查和判断的工作方法与程序。换言之，不论地应力测量技术含量多高，地应力测量毕竟是一项工程测试技术，理解这些技术的要求和恰当地应用好这些技术手段也显得非常重要。由于目前的一些地应力测量方法经过了数以百计的工程实践检验，从某种程度上讲，用好这些技术可能比寻求新的技术更重要，即按规程和要求进行准备、测试、成果整理，都是非常值得关注的环节。

1. 水压致裂法地应力测量

水压致裂法最早被应用于石油开采行业，是利用在钻孔内注入高压水劈裂岩石进入含油层内，以获得更高的石油开采产量。在20世纪60年代，这一方法被引用和扩展到地应力测量，其原理相对简单，见图2.1-3，假设钻孔与中间主应力平行，此时钻孔断面上的平面主应力分别为 σ_1 和 σ_3 [图2.1-3 (a)]，钻孔以后在 σ_1 方向的孔壁形成的切向应力大小为（$3\sigma_3-\sigma_1$），显然是孔壁上最小的切向应力。

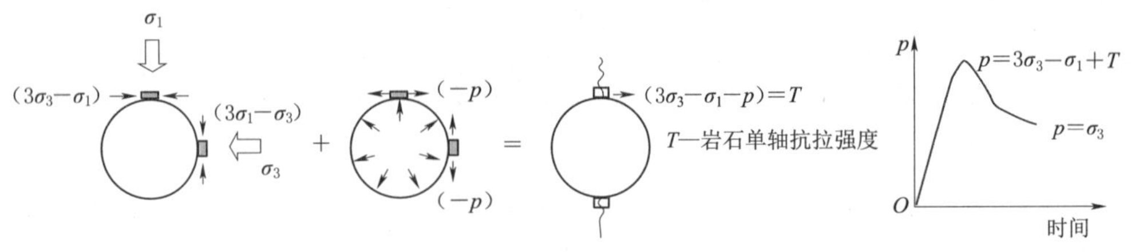

（a）孔壁的应力状态　（b）孔内水压力影响　（c）破裂发生时的应力关系　（d）确定关键压力值的方法

图 2.1-3　水压致裂法地应力测量基本原理图

当在钻孔内注入压力为 p 的水体时，劈裂效应使得孔壁的切向应力减小（图 2.1-3），此时切向应力最小值为（$3\sigma_3-\sigma_1-p$）。如果这个值与岩石抗拉强度一致，理论上该部位的岩石将会开始被拉裂［图 2.1-3（c）］，此时得到的破裂开始的应力平衡方程为

$$p=3\sigma_3-\sigma_1+T \tag{2.1-5}$$

其中的 p 值可以在测试过程中获得，如图 2.1-3 所示曲线的峰值。T 是岩石单轴抗拉强度，可以通过室内劈裂试验获得。

显然，上述一个方程不足以获得两个未知量 σ_1 和 σ_3，为获得这两个参数的大小，还需要从测试中获得其他的信息。

当孔壁破裂以后孔内的水流会进入到裂缝内继续劈裂裂缝，即现实中孔壁破裂以后有一个发展过程，这样会有一部分的水流流入到裂缝中。当孔内水压力逐渐降低时，裂缝在逐渐闭合过程中也不断将裂缝内的水压入到孔内。当孔壁处裂缝刚好处于闭合状态时，此时裂缝的法向应力与水压力达到平衡状态，而这个法向应力就是 σ_3，此时的水压力称为封闭压力。当孔内水流不渗向岩体内时，测试过程中可以通过同时记录流量变化情况可靠地获得封闭压力大小。

测试过程中在获得峰值压力以后，一般需要减压获得封闭压力大小。并且，实际操作中为控制误差一般在破裂以后进行几个加-卸载循环测试过程，以获得可靠的封闭压力值。

如图 2.1-3（c）所示，裂缝对应在孔壁的方位就是最小主应力方向。上述试验过程中强调了以下两点：①钻孔必须与其中的一个主应力平行；②压水试验段岩体需要完整，不存在结构面。

如果钻孔不与其中的某一个主应力平行，则孔壁因为剪切应力的存在，劈裂产生的裂缝方向就不与最小主应力方向一致。显然，这就要求在进行水压致裂地应力测量之前就比较可靠地判断主应力方位，使得布置的钻孔与其中一个主应力充分接近。

压水试验段是否存在结构面，一方面可以从钻孔岩芯得到判断，也可以利用孔内成像技术获得信息。不过，最重要的还是记录测试过程中水压力、流量等相关数据资料，这些资料可以帮助准确地判断压水试验过程中是否出现渗漏现象，即判断测试段是否与结构面相连。

现实中或许会不可避免地存在某些结构面的影响。针对这一情况，Cornet 等提出了适合于这种条件下的测试方法，即含结构面的水劈裂（HTPF）测试方法。现实中利用这种方法时通常是与传统的水压致裂同时使用，这两种测试方法的设备要求完全相同，只存在解译上的差别。与传统水压致裂方法只获得与钻孔垂直平面上的两个主应力相比，HTPF 方法可以获得全应力状态，即获得应力张量的 6 个分量。

传统水压致裂法测量的一个关键是要保证试验段内的压力水流不出现明显的渗漏现象，否则会影响到压力读数的可靠性，也难以保证获得的破裂主要是应力作用的结果，即难以保证地应力方位测量结果的可靠性。此外，为保证获得良好的破裂效果，测试过程中也要求加载过程均匀和相对缓慢，一般一个加载循环需要 3～5 分钟。测试过程中记录流量变化情况显得非常重要，它有助于有效判断测试过程中是否出现渗漏和渗漏量的大小，从而帮助判断测试数据是否有效。

2. 应力解除法地应力测量

基于应力解除原理的测试方法有很多，最常用的是套钻方式的解除法（图 2.1－4）。其基本过程是先在一个小钻孔孔壁粘贴预制的应变花，如安置 USBM、CSIRO 或 CCBO 等应变计包，然后进行套钻，解除原来小钻孔外围岩石中的应力，套钻导致的应力变化会被应变计所记录，进而可以利用弹性理论换算成应力得到全应力张量。

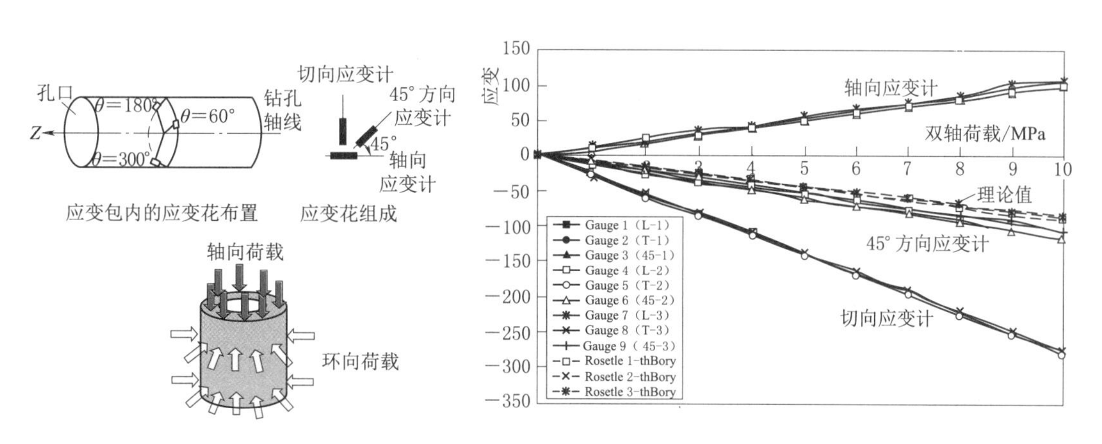

图 2.1－4 应力解除法测试过程中对套钻岩芯的双轴试验及其成果曲线

这一方法的理论基础是弹性理论，因此要求测试段岩石满足连续、均质、各向同性、理想线弹性等方面的假设。同时，与水压致裂相比，该方法要求获得测试段岩体的弹性模量和泊松比，作为从测量到的应变计算应力所需要的参数。但是，即便测试段岩石非常接近理想线弹性材料，不同应力解除方法获得的成果之间总是存在一定的系统误差，相对误差值一般会在 20%以上。主应力方位因此也不可避免地存在误差，相关统计显示，当两个主应力大小比较接近时，最好的测试结果也出现不小于 15°的误差。由于绝对的地应力状态是一个未知量，因此几乎不可能评价某个测值的准确度。

通常情况下，双轴试验是对测试段岩芯施加轴向荷载和环向荷载（一般不超过 10MPa）。由于环向荷载的均匀性，内孔壁的应变计测得的应变读数应具有高度的一致性：应变计读数大小与其方位相关，沿轴向、切向和斜向在三个不同部位布置的共 9 个应变计按其布置方位呈三种响应方式，测试结果与如图 2.1－4 所示的预期成果的差别可以帮助检验测试数据的可靠性。一般来说，现实中很难得到理想的结果，20%的离散误差被认为是可以接受的。

对测试段岩石是理想弹性材料和需要获得这些材料的相关参数成为应力解除法地应力测量的一个非常重要的问题，测试成果可靠性往往取决于这种假设条件与现实的差别程度。不过，实践表明，即便是在最理想的情况下，非常接近的测点地应力测量结果也总会存在比较明显的差别。正是由于系统误差的存在，现实中一般需要对测量成果进行取舍，考虑到真实地应力状态是未知量，取舍过程需要特别谨慎，因此一般要求测试以后对岩芯进行现场双轴试验，检验各应变计的响应是否正常，作为取舍测试数据的重要依据。

总之，水压致裂和应力解除法都可以应用于白鹤滩的地应力测试，但都存在各自的优势和缺陷。就方法本身而言，水压致裂测量只能可靠地获得钻孔横断面上的最小主应力；而应力解除法可以获得全应力张量，但系统误差的检验和控制是需要特别注意的环节。就方法的适应性而言，水压致裂方法具有更大范围的适应性；而应力解除法更适合于微破裂不发育的地层中。

2.1.1.3 岩体地应力场的数值模拟

概括地讲，地应力数值分析方法包括：趋势分析、多项式回归分析和数值模拟分析。

趋势分析和多项式回归分析具有基本相同的思路，它们都是利用测试成果进行数学回归，利用各测试结果与回归计算结果之间的方差大小判别测试成果的代表性和可靠性。这两种方法的基础是实测资料，如果测试成果很多，且从统计学角度讲测试数据可靠时，这种方法就可以比较可靠地利用测试点资料获得全场的地应力分布。因此，一般地讲，这两种方法适合于地应力在空间上变化不大、测试数据相对较多、测试成果可靠性相对较高的情形。

地应力数值模拟方法出现在20世纪90年代初，主要是针对水电站建设河谷地区测点数量相对较少、河谷区地应力场变化较大（图2.1-2）的特点。其基本思路是等效模拟河谷下切过程，即假设河谷形成前具备相对平坦的地形条件和相对简单的原始地应力场条件，然后模拟河谷下切过程，通过不断改变河谷形成前的原始地形特征和原始地应力场特征，使得最后获得的地应力场符合要求为止。

随着数值分析技术的发展，河谷演变过程地应力场的研究方法已趋于自成体系且可以考虑复杂的地质历史与地质条件。其基本工作流程和涉及的主要技术环节如下：

（1）通过地质分析了解工程区近代构造应力方向和基本地应力状态，即河谷下切侵蚀前最大主应力方向，其大小待定，可以采用正交设计方法反算出来。

（2）拟定计算模拟的原始地形面，计算模型模拟的是河谷下切演变的历史过程，这就涉及原始地形面问题，即以哪个地质时期作为起点、对应的地表高程如何？这一环节实际上还涉及时间效应和剥蚀效应，也是一个重要的技术环节。

（3）在模型中预设历史演变过程中的河谷形态，这涉及应力路径的影响。如若需要深入探讨边坡在局部应力集中过程导致的深部裂缝等问题，此时河谷历史形态（河床位置的演化过程）成为需要注意的具体问题之一。

（4）计算过程采取的本构模型和参数需要体现河谷演化对岸坡岩体力学特性的影响。以岸坡卸荷带为例，历史上为新鲜完整的岩体，是在河流发育演变过程中逐步弱化和出现应力松弛，岩体参数的改变反过来又将引起应力的调整。

以上四个环节中不确定性最突出的是原始地形面（图 2.1-5）的模拟。由于假设河谷形成前的地表相对平坦，因此其原始地应力场可以假设为两个水平一个垂直，其中一个水平主应力与区域构造应力方向一致，大小随深度呈线性分布，分布参数的大小特别是梯度大小可以参阅表 2.1-2 统计结果。注意，这里并没有直接将初始应力分解为自重应力和构造应力，这是因为即便地形平坦，并不一定就能够确定构造应力的大小。

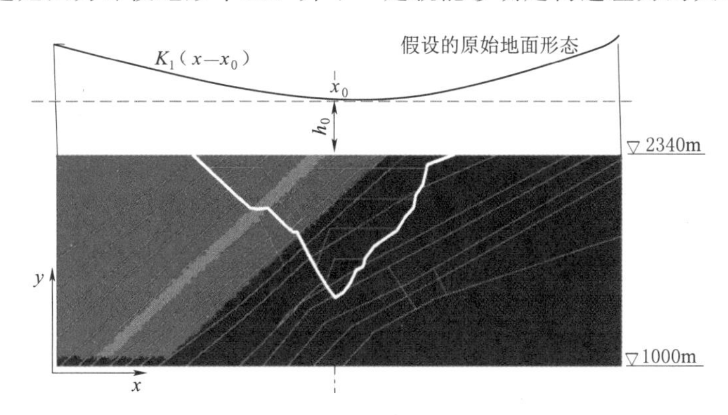

图 2.1-5　河谷初始地应力场模拟的概化模型

需要特别说明的是，地表剥蚀和河流侵蚀形成现今的深切河谷地形往往经历了数十万年的历程，这一漫长过程中岩体特性和地应力状态随时间的变化性可能相对很突出，基本影响是地应力值不断减小和应力比不断降低，但具体无从考究。以深切河谷河床应力集中为例，近代地质历史上的河谷下切形成高陡岸坡和狭窄的河谷使得河床应力集中水平不断升高，但考虑到时间因素导致的“松弛”，实际应力水平可以明显降低。

因此，鉴于在数值计算中目前还无法可靠地体现岩体力学特性和地应力随时间的变化关系，即时间效应无法直接模拟，需要采用某种等效方式处理。最简单的等效处理方式是降低原始地形高程，使得模拟的河流下切深度小于实际深度，河床一带地应力集中程度因此而有所减缓，等效体现时间效应导致的松弛。这一假设保证模型的原始地面低于实际位置，但不能确定其具体位置，即图 2.1-5 中的 h_0 是一个待定参数。

可见，如果上述 5 个方面（原始地应力、原始地形、河谷发育过程、岩体力学特征变化）的假设合理，按上述思路和方法获得的现今地应力场特征就应该能与现场观察到的工程地质现象、测试成果等相符，并帮助加深对现场现象形成过程力学原理的认识。因此，模型计算获得的成果与现实现象之间的一致性就成为检验上述假设和相关参数取值合理性的最强有力依据。

通过不停地变化上述因素的参数组合，把计算结果与现实条件进行比较是获得合理结果的方式之一，甚至是不可缺少的方式。每一次对河谷发育形态的调整都意味着重新建立几何模型和进行相应的单元划分，因此是一项非常费时费力的工作。快捷地完成上述试算和试算结果的优化过程，实际上是依靠良好和宽广的专业知识以及把这些知识融于数值计算过程中的能力，同时需要对数值计算程序有良好（甚至是超强）的把握能力。

由于模拟河谷演变过程的计算量一般较大，为避免盲目试算造成的计算工作量的不可确定性，使用这种方法时实际上采用了二次正交试验技术。此外，采用数值拟合方法时还需要事先确定一些标准，当数值模拟获得的结果符合这些标准时才认为满足要求。而这些标准包括了地质上的合理性，即如果强迫某个点的计算值与实测值充分接近时对应的构造地应力场特征和河谷下切过程是否符合地质认识，从而可以对实测结果的可靠性进行判断。

在完成实测值所反映的地质合理性判断以后，再利用相对合理的实测值所对应的地质条件（构造应力场、河谷演化条件）进行河谷地应力场模拟，即可以获得既满足合理地应力测试资料、又符合地质过程的河谷地应力场。由此可见，数值模拟方法具有其他两种方法所不同的思路，其理论依据不是统计学，而是地质学。但是，数值模拟的计算过程很复杂，计算量也很大。

总体上，河谷演变过程数值模拟方法主要用来判断河谷地应力场分布，对于某个特定的水电工程建筑物而言，获得的成果有可能偏于宏观。为更具体地体现工程区地应力场分布，数值模拟还可以根据现场现象进行，即通过力学上再现某些现象来获得初始地应力场的认识，具体包括力学上再现平洞片帮、钻孔破裂等方式。当模型中获得的这些现象与现场具有力学上的一致性时，一般即可以获得导致这些现象的初始地应力场特征。由于这些破坏范围都相对不大，因此，获得的地应力成果具有明显的局部特征。

2.1.2 地应力研究技术路线

就白鹤滩地下洞室群而言，首先采用什么样的方法估计地应力场需要视具体工作目标而定。比如，预可行性研究阶段的一般性目的和要求是把握坝址区地应力场的总体方位特征和量级，这时的经验估计可以引用世界地应力图和地质分析法；如果是配合地应力测量进行测试点布置时，则需要了解具体部位的地质条件和勘探过程中暴露的现象。换言之，这里存在一个看问题的尺度问题。事实上，这一点在白鹤滩尤其突出，因为白鹤滩地应力特点具有鲜明的“宏观统一、细观分散”的特点，即以建筑物布置的尺度看待地应力场时，坝址、左右两岸地下厂房区地应力场的总体规律性非常突出和明确，但如果是进行地应力场测量或研究局部破坏时，地应力的变异性又凸显出来。

考虑到地应力测量方法的特点，在传统水压致裂测量基础上补充开展应力解除法测量和/或改进的水压致裂法是适合于白鹤滩的地应力测试方法。2003—2009年，在白鹤滩中坝址区即完成了42孔845段水压致裂法和31点应力解除法的测试工作。两种测试方法可以实现互补，即可以利用专业知识对测试资料（测试过程和测试数据）质量进行评估，实现数据质量本身的“去伪存真”，从而有效避免有问题的数据被用来进行地应力计算，造成不必要的成果分散性。

在岩体地应力场特征的经验估计和地应力测量基础上，采用数值模拟探讨构造运动作用、构造控制和河谷下切对深切河谷地应力的影响（图2.1-6），能够建立符合地质分析且吻合测试成果的总体初始应力分布和局部地应力特征。

以大量采用数值计算方式开展研究工作的总体思路是从全局到局部，全局性模型分析结果为局部模型提供边界条件。这项研究的目的主要是了解白鹤滩地应力分布差异性和分散性的原因和机理（图2.1-6），实际执行的具体工作包括以下四点：

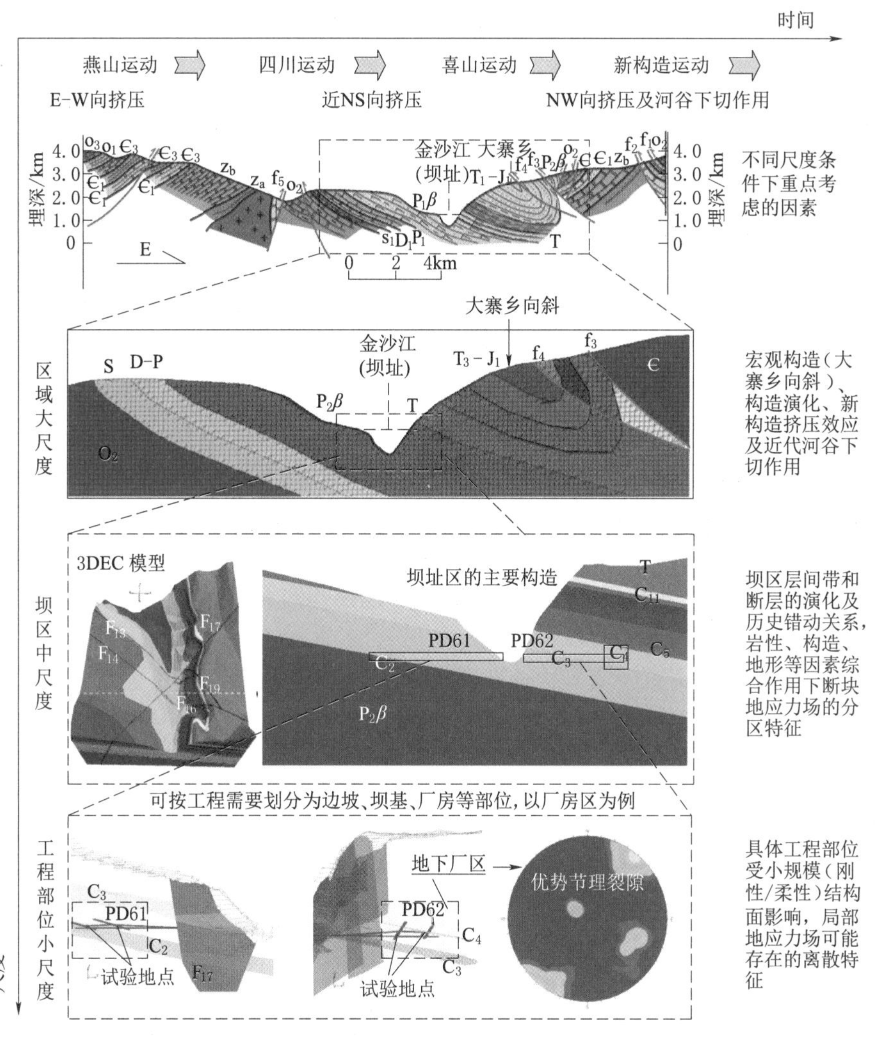

图 2.1-6 坝址区地应力演变过程的数值分析工作路线

（1）建立区域地质模型，包括主要断层、右岸褶皱等宏观地质条件，研究历史上历次地质构造运动对坝址区地应力场可能产生的影响，了解历史构造运动期地应力残留的基本状态。

（2）建立坝址区工程规模的数值计算模型，重点考虑地表剥蚀、地形、断块等对地应力的影响，构建坝址区地应力分布基本框架，同时了解左右岸地形地质条件差异对地应力影响程度。

（3）针对地下洞室群建立工程区的计算模型，研究左右岸给定背景（地形地质条件）下两岸地下厂房区给定地质条件（如层间带影响）下地应力场的分布。

（4）针对平洞、钻孔规模开展小尺度模型的计算分析，帮助理解节理等小规模结构面被揭露时对测量结果可能造成的影响。同时，以数值再现现场现象说明局部应力场的分布特征。

2.2 区域地应力场宏观分析

2.2.1 区域构造运动作用

地应力是岩体赋存的基本环境条件之一，因此在研究岩体地应力时，不能把它作为脱离地质体的单独因素考虑。这是因为地应力和地形地貌、岩组结构、地质构造条件之间存在高度互存关系，这种互存关系决定了从具体地区的一些地质条件可以判断地应力场分布的基本特征。反过来，一些地质条件（特别是构造条件）的形成是地应力作用的结果。

在影响地应力分布的众多因素当中，最基本的因素应当是近代地壳活动条件和大地构造条件。从大的方面讲，一个地区的基本构造格局和地壳运动特征决定了地应力方位和量级（如随深度的变化梯度）。因此，从宏观角度看，地应力分布呈现区域性特征。

从地质历史来看，印度板块与欧亚板块于始新世末，即大约 3800 万年前相互碰撞，此后印度板块仍以每年约 5cm 的速度向 NNE 方向推进，强力地推挤着欧亚板块，板块接触带的两个端点位于察隅和伊斯兰堡附近。在碰撞挤压过程中欧亚板块内产生了塑性或黏性流动变形。

图 2.2-1 是青藏高原及其周边地区 GPS 监测到的地表位移速度矢量，图中箭头的长短表示了运动速率，箭头指示了位移方向。这一运动方向指示了地应力场中最大主应力的基本分布特征，如中国西南三江并流地区（含白鹤滩所在的区域）都受到 NW 方向的推挤作用。

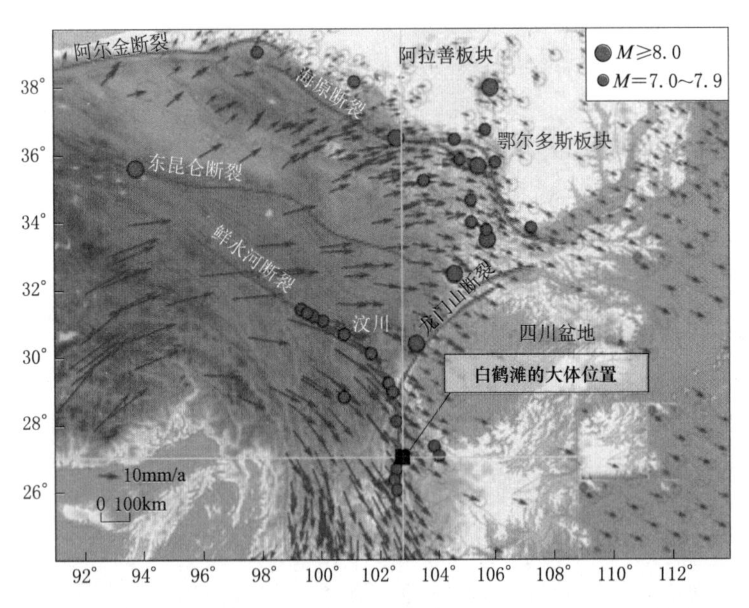

图 2.2-1　青藏高原及其周边 GPS 监测到的地表位移速度矢量

地应力的区域性分布特征可以从世界地应力图得到充分体现。WSM 汇总了全世界不同地区的地应力测试和研究成果，其中的数据库按照对地应力数据的来源方式（测试、震源机制解等）和数据的质量等级进行了分类。WSM数据显示的一条基本规律是岩体地应力分布和现今构造活动情况密切相关，在现今构造运动相对活跃的地区，比如欧亚板块和印度板块接触的西藏高原一带，地应力方位和构造挤压方向呈现很好的一致性关系，且地应力水平相对要高一些。

中国地应力场分布的基本特征表明，中国中部和东部地区构造活动相对微弱，这些地区地应力方位相对稳定，总体保持近EW向。在华南地区，受到环太平洋断裂带的影响，主应力方位发生变化，以近NS向为主。而在西南地区，由于断块之间的挤压关系相对复杂，地应力方位变化十分显著。西藏高原内部以NNE向为主，而高原边界及其影响区域内的变化相对较大。

总体上，图2.2-1都揭示了白鹤滩所在区域地应力场以NW向挤压为主的基本特征，而白鹤滩水电站左岸厂区地应力测试和工程实践结果也揭示了NW向挤压占主导地位的基本规律，明确指示了地应力场分布的区域背景特征。

2.2.2　区域构造控制作用

地应力和地质构造是地质演变过程中紧密联系、相互影响的两个方面。简单地说，地壳运动的区域构造挤压应力造就了区域构造迹象的基本格局，而这些构造迹象的形成又反过来影响到其周边岩体地应力分布，因此有必要在区域构造格局基础上探讨工程区受区域构造（如大断裂、褶皱等）影响的局部地应力场特征。

从区域地质历史看，随着印度板块与欧亚板块的接撞和持续向北推挤，2000万年前后青藏高原南部喜马拉雅地体率先向东挤出，500万年前后，中甸-大具断裂的出现使主要沿金沙江-红河断裂的左行位移向东转移到鲜水河-小江断裂，持续的向东挤出作用导致川滇地体最终从扬子陆块分离，并发生向南的运动和刚体转动，见图2.2-1。第四纪以来，川滇块体东缘地区主压应力场的最大主压应力方向为NW向，至今应力场没有发生明显的改变。

白鹤滩坝址区在玄武岩喷发后，其周缘地区的印支运动主要表现为上升运动，构造运动相对较弱。侏罗纪末期的燕山运动和新近纪的喜山运动较强，后二期构造运动（以NW向的挤压为主）直接控制和影响了工程区的构造活动。鉴于工程区位于大寨乡向斜（图2.2-2和图2.2-3）西翼，需要探讨向斜构造对区域地应力的影响。

图2.2-4为NW向挤压效应下的地应力分布特征，可见除了大断裂端部（或锁固端）存在明显的应力增高区域以外，大寨乡向斜西翼地层的应力集中也很明显。总体地，NW向挤压效应在大寨乡向斜一带可以造成不同的地应力分布，并且使得向斜核部一带导致的应力调整相对大一些，即容易在褶皱附近形成一个局部地应力场。

但是，由于白鹤滩工程区整体远离大寨乡向斜核部，受宏观褶皱的影响总体上不是很突出。如若进一步考察现今河谷左右岸岩体初始应力的比较关系，显然右岸距大寨乡向斜更近，加上工程区右岸存在从坚硬的玄武岩组（$P_2\beta$）向相对软弱的T_1f地层过渡的地层分界面，右岸整体受褶皱影响程度必然大于左岸，体现出越靠近向斜核部NS向挤压效应的残余构造应力条件越得到保留的总体特征，即现今河谷右岸区域的主应力有向NS向偏转的趋势。但是，由于金沙江河谷距离向斜影响区域已经足够远，因此，白鹤滩坝址区的地应力场总体保持着较强的整体统一性。

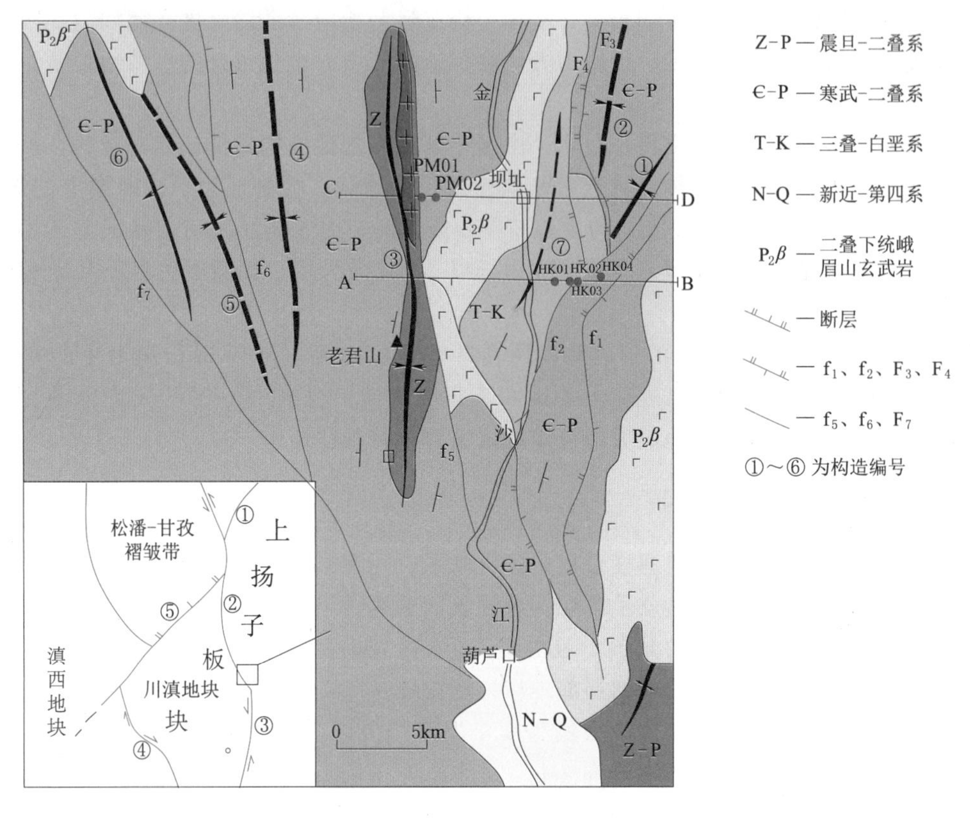

图 2.2-2 白鹤滩工程区域受EW向挤压的构造格局特征

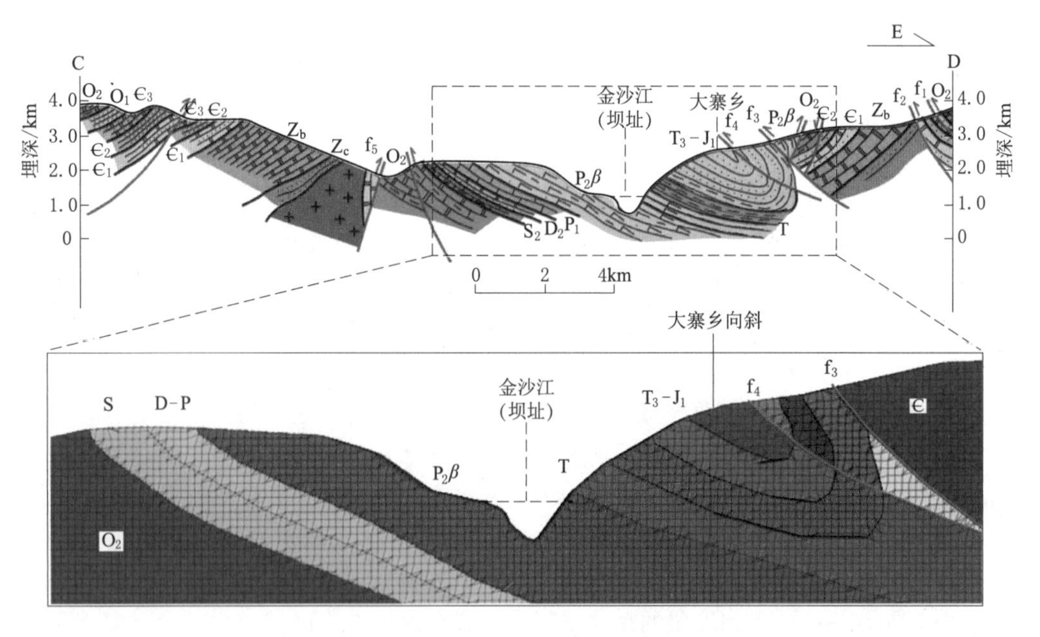

图 2.2-3 白鹤滩区域构造特征及数值模型

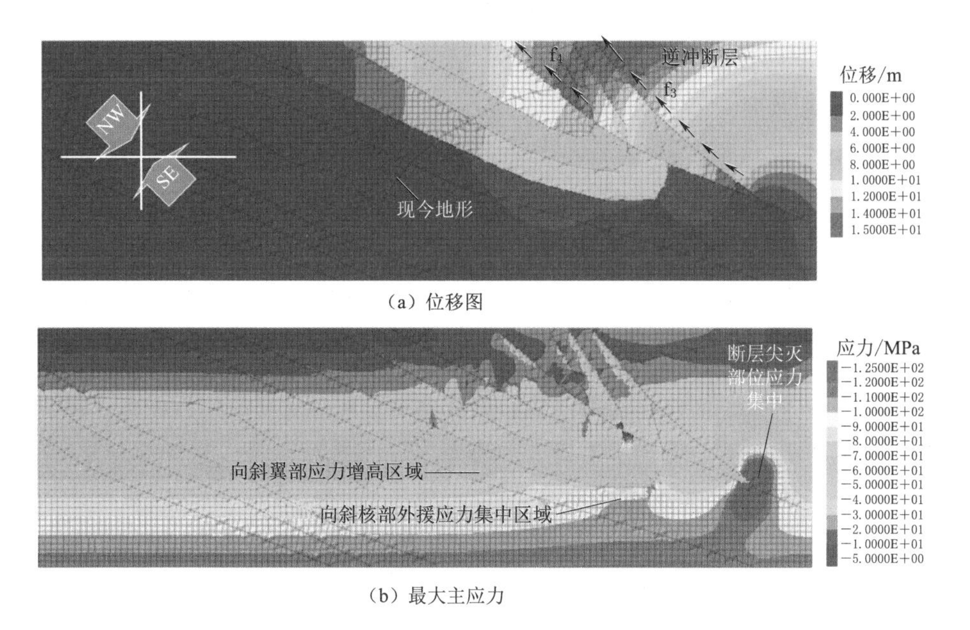

（a）位移图

（b）最大主应力

图 2.2-4　新构造运动 NW 向挤压效应下向斜对地应力分布的影响

客观地讲，研究工作目前还无从准确地评价地质历史时期的构造运动形成的残余构造应力对现今地应力场的影响。不过，仅就新构造运动在大寨乡向斜构造一带，特别是西翼形成的地应力场状态与现今地应力场之间的相似性而言，似乎以 NW 向挤压占据更重要的地位。这可以作为从宏观到局部分析思路下的应力背景条件之一，譬如，研究工作可以基本确定统一的区域构造应力方向和量级，进而叠加其他地应力影响因素（如后期河谷下切、软弱构造等）进行局部地应力场的综合分析。

2.2.3　河谷下切作用

除新构造运动强烈的地区以外，一个地区岩体的构造形迹一般都形成在新生代以前，而河谷一般都主要形成在第四纪最后的 50 万年以内（甚至最近的 20 万年内）。换言之，河谷发育是在构造运动格局基本确定以后的地表地质作用，因此河谷地应力场也是在数十万年前原始地应力场的基础上受河谷发育强烈改造的结果，并不一定保留原始地应力场的形象特征（如两个主应力近似水平、另一个垂直）。

一般深切河谷地区在现代地质历史上不仅遭受了强烈的地表剥蚀（夷平）作用，而且还受到强烈的侵蚀作用，形成急剧起伏的地形。因此，与地形平坦地区相比，现代地质历史上的这种地表地质作用对地应力的改造更加突出，甚至可以在河谷一定范围内完全改变原来的地应力状态，形成一个特殊的局部地应力场。

从研究应力分布的角度，可以把河谷地形的演变过程看成一个“开挖”形成边坡的过程。“开挖”前地表接近水平，地应力状态基本满足平坦地形条件下的基本特征——两个主应力近似水平，另一个基本垂直。但当一个大型的陡峭边坡（河谷岸坡）开挖形成以后，在开挖面一定范围内，这种应力特征就不复存在，甚至基本不可能直接从边坡开挖形成以后周边岩体的应力状态去恢复原始应力场的样子，当然就更不适宜根据边坡应力大小来判断哪一部分是构造应力、哪一部分是自重应力。

总而言之，河谷边坡中的地应力场是一个形如岩体开挖以后的二次应力场，不适宜用一般地形条件下获得的对地应力概念（如构造应力分量与自重应力分量的叠加）来认识河谷地应力场的基本特征。

当然，在河谷下切过程中，新构造运动作用也是没有间断的。新构造运动的主要特点是引起这些地区的快速抬升和河谷的快速下切，并因此实现对河谷地区地应力场的改造。这种形式说明了新构造运动对河谷地应力场的一种间接形式的影响，并且体现在河谷发育对河谷地应力场的改造。新构造运动对这些地区地应力场的直接影响，特别是直接导致水平应力分量的变化有多大，仍然是一个不清楚的问题。但是，从深切河谷所在山区地貌特征看，从深部向上部影响的水平构造应力，到底有多少能够直接作用在山体之中是值得考虑的，因为高出的山体缺乏施加水平应力的边界条件（图2.2-5）。

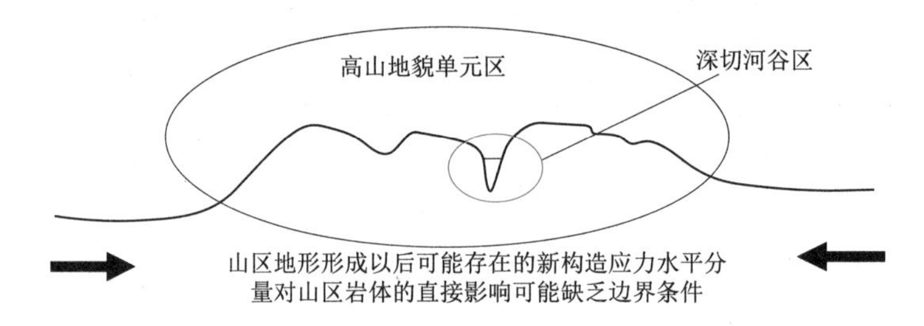

图2.2-5 新构造应力场对深切河谷区地应力场造成持续影响示意图

此外，水电工程关心的河谷地应力场一般仅在河谷表面地形数百米的范围，这个尺寸与构造应力的作用范围是不对称的，这种大尺度单位的应力作用对地表临空面附近的影响一般不会太大。总体上，新构造运动的影响作为构造应力背景值考虑，而在工程活动期间由新构造运动导致的区域构造应力增量可以予以忽略。

以上的论述可以得出一个基本结论：深切河谷地区的地应力场可以看成是在原始一般地应力场基础上随河谷发育过程不断改造的局部地应力场，与人工边坡开挖形成边坡应力场的过程相似；二者的最大差别在于时间因素，但一般不改变地应力分布的基本规律，如不同位置上地应力大小和方向的相对关系。参照人工边坡地应力形成过程和分布特征的认识，现今河谷地应力场状态受以下三个主要因素的影响：

（1）河谷形成前原始地应力场的大小（等同于边坡开挖前的地应力大小）。

（2）原始地应力场方位与河谷走向的相对关系（等同于开挖轴线与最大主应力方位的关系）。

（3）河谷的形态特征（等同于开挖规模和形态等）。

上述三个基本因素中的第一个和第三个因素已经得到了普遍的认识，即原始地应力越高、河谷边坡越高越狭窄，河谷地应力分布的差异性（松弛和集中都很显著）就越大。

事实上，第二个因素的作用也是非常重要的。具体而言，当原始地应力场中的最大主应力与河谷近似于垂直时（通常等同于顺向河谷），河谷发育引起的应力调整最突出，在这种条件下，河谷边坡应力松弛区的松弛现象以及应力集中区的应力集中现象都可以表现得很突出。反之，当河谷走向和原始地应力场中最大主应力平行时（等同于横向河谷），河谷改造的影响程度相对最弱，河床应力集中和岸坡松弛现象都不如顺向河谷时明显。由白鹤滩坝址区金沙江河谷由NS向偏至NW向的特征，与区域NW向最大主应力的关系可见，白鹤滩河谷走向与原始地应力场中最大主应力呈斜交（等同于斜向河谷），因此，白鹤滩坝址区河谷改造的影响程度处于中等水平。

综合中更新世以来的地质历史来看，新构造运动的NW向挤压及河流下切作用都对金沙江河谷地应力存在显著的影响。特别地，由于白鹤滩存在多次构造抬升与河流下切的交替过程，因此形成了巧家—华弹一带的金沙江沿岸的多级冲积阶地，这体现了西部深切河谷地表地质作用的典型特征。

为了模拟近代NW向构造运动的挤压效应及强烈的河流下切作用对应力场的改造，建立了如图2.2-6所示的数值模拟，其中，该数值模型无意于也显然不可能精确确定地质整个历史过程中的地表剥蚀量及进程特征，但是依据区域内存在自NW向SE的掀斜式整体抬升特点，可以推断左岸在抬升过程中将遭受更强烈的地表侵蚀，由此即可以初步确定上覆地层剥蚀的差异特征，同时，从阶地的发育可粗略判断河流下切过程的强弱交替特征。因此，据地质分析确定几何和时间条件可实施河流下切模拟，进而分别以地表地质作用总体特征、坝址区岩体主应力比以及方向变化等指标来评价河谷下切影响下的具体工程部位应力条件的差异。

（a）河谷下切模型（NW向挤压作用）

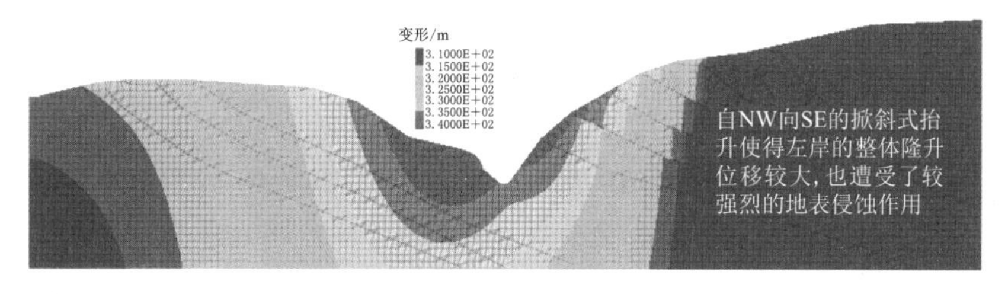

（b）河谷下切的位移分布特征

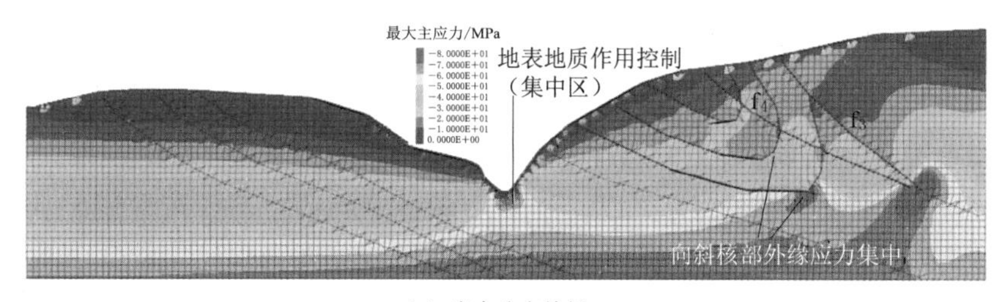

（c）应力分布特征

图2.2-6　区域模型及河流下切模拟得到的位移和应力分布特征

图 2.2-6（b）和图 2.2-6（c）分别说明了采用数值模拟得出的位移和应力分布特征：

（1）由图 2.2-6（b）的河谷下切的位移分布特征可见，自喜马拉雅运动以来自 NW 向 SE 的掀斜式的整体抬升过程中，左岸整体遭受到比右岸更强的地表侵蚀，这间接决定了坝址区河谷东西岸特别是上浅层岩体地应力的分异特征。

（2）大寨乡向斜远离河流下切作用控制领域，受地表地质作用影响不显著。

（3）坝址区岩体应力条件受河流下切影响显著，在河床部位形成最大主应力呈近 EW 向分布的应力集中区，并且河谷地形的不对称条件决定了应力集中区位置偏向于右岸一侧，即中间偏右一带的应力水平一般更高一些。

（4）坝址区左右岸岩体由于上部侵蚀量的差异，相同高程的左岸岩体的整体主应力量级小于右岸，左右岸厂房区最大主应力值差值 5～10MPa。

由图 2.2-7 可以依据主应力比和主应力方向等指标考察受地质构造和地表地质综合作用的影响如下。

（1）图 2.2-7（a）为不同地质历史时期受不同方向的挤压作用下的（σ_1/σ_3）主应力比，远离大寨乡向斜的坝址区在燕山期、喜山期和构造运动时期的主应力比保持在 1.25～1.34 的范围。此外，就工程关心的坝址区部位而言，由于右岸厂区更靠近向斜核部，主应力比略大，但左右岸主应力比的差值一般都小于 0.1，这说明了坝址区整体受区域构造影响不明显。不过，鉴于右岸地应力水平更高一些的特点，这种应力比的细小差别也可以是导致左右两岸岩体地应力差不同的原因之一。

（2）在不考虑时间效应和局部地形特征情况下进行河流下切模拟，可见地表地质作用可以显著改变近河岸坡谷浅层岩体的主应力比，由图 2.2-7（a）红色曲线可见，在河谷边坡部位主应力比大于 5，而在左右岸厂房区主应力比一般也增大至 2～3。因此，相比于宏观构造（大寨乡向斜）影响而言，坝区岩体初始应力比受河流下切的改造作用更为显著。

（3）图 2.2-7（b）表示了不同地质历史时期应力方向的特征，可见，从燕山期间 EW 向挤压转变为喜山期 NS 向挤压后，由于两期挤压方向两相垂直，前期的残余应力显然难以得到保留；与此不同的是，随后从喜山期 NS 向挤压转变为新构造运动的 NW-SE 向挤压后，由于两期的挤压方向夹角相对较小，前期的残余构造应力，特别是大寨乡向斜（NS 向走向）核部的残余 NS 向应力能够得到明显保留。

（4）由于大寨乡向斜这一宏观构造的存在，整体呈现出越靠近（NS）向斜核部，NS 向的残余构造应力越可能被保留的特点，因此，变换边界条件为 NW 向的挤压后，受大寨乡向斜的影响，远离褶皱的右岸厂房区向北偏转 5°～8°，而左岸厂房区仅为 2°～5°，这是造成左右岸地下厂房区地应力方向存在一定差异的影响因素之一。

综合而言，由于白鹤滩坝址区附近不存在大的区域构造，初步判断左右岸应当属同一宏观构造应力单元，然而，坝址区河谷下切和大型构造等因素致使左右岸地下厂房区地应力大小和方向呈现较为明显的差异。2.3 节中的地应力测量资料将进一步表明，左右岸地下厂房区最大主应力方向的测试结果存在较大差异，而 2.4 节考虑坝址区大型构造控制和地表地质作用两方面因素的综合数值模拟将对地应力分布及其形成机制予以揭示，即在反

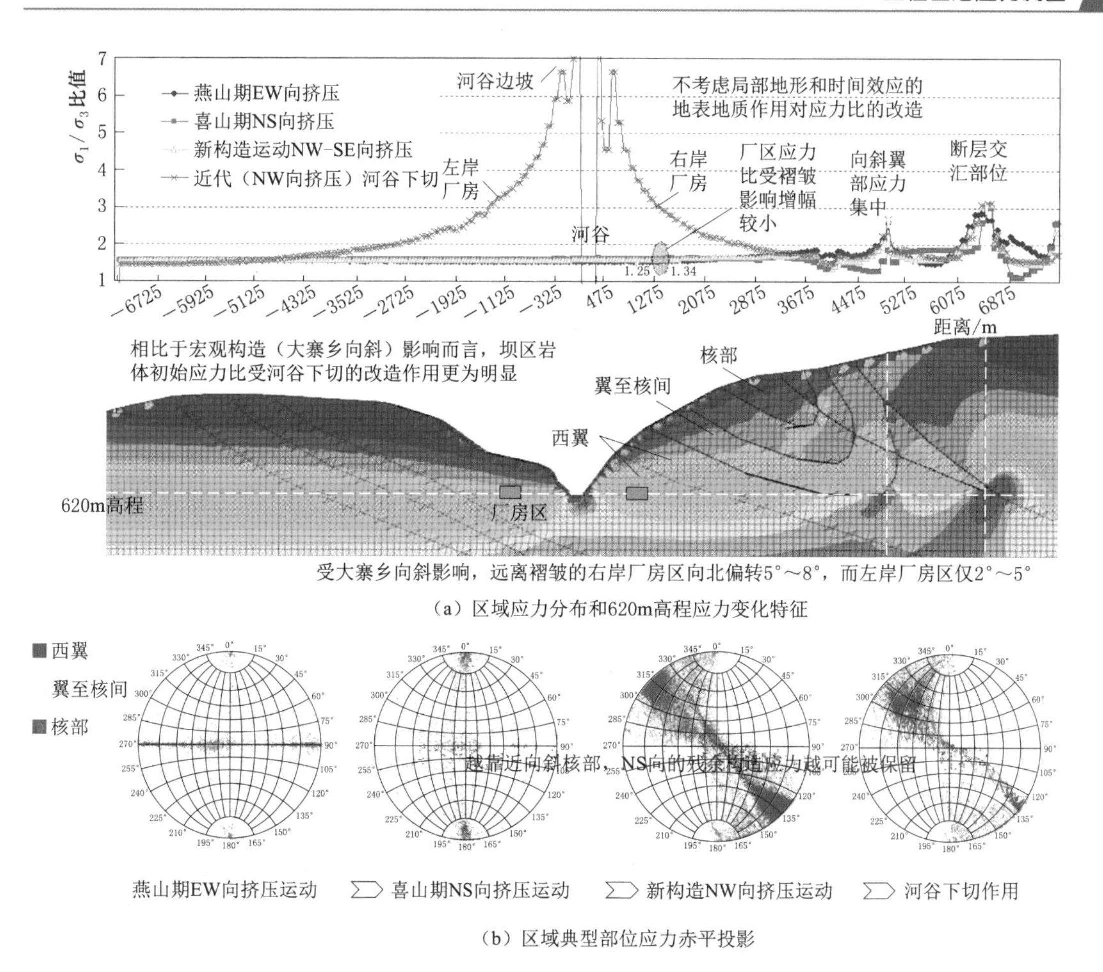

（a）区域应力分布和620m高程应力变化特征

（b）区域典型部位应力赤平投影

图 2.2-7 宏观构造与河流下切对不同部位岩体应力比及应力方向偏转的作用

映构造作用引起的断块地应力分区的基础上考虑河流下切地质作用，以说明工程区地应力场的总体和局部分布特征。

2.3 工程区地应力测量

白鹤滩水电站前期勘察过程中在左右两岸和坝基河床岩体中开展了大量的地应力测量工作，仅 2003—2009 年，就在白鹤滩水电站坝址区左右岸地下厂房区、边坡区以及河床进行了 42 孔 845 段水压致裂法和 31 点应力解除法的测试工作。所获得的地应力测量结果并没有显示良好的规律性，相反，这些测试成果之间存在一定的矛盾，主要表现为左右两岸最大主应力方位存在比较明显的差别，总体而言，左岸多为 NW 向，而右岸以 NNE 和 NEE 向为主。

客观地讲，完全依赖直接的测量方法了解深切河谷地应力场特征存在很大的难度。白鹤滩地应力测量采用了传统的水压致裂和应力解除两种方法，这两种方法的理论基础都是线弹性理论，即假设所测试的岩体（水压致裂法的钻孔围岩和应力解除法的岩芯）为均匀、连续、各向同性线弹性材料。这一理论基础决定了地应力测量工作有如下特点。

（1）地应用测量工作以在厚层均匀的块状玄武岩特别是隐晶质玄武岩中最合适，柱状节理玄武岩最差，具有角砾、杏仁结构的一些岩性层的适用性相对较差。

（2）测孔布置需要注意与大型结构面的空间关系，即明确测孔针对哪个地质单元。此外，在某个地质单元内布置测孔时，还需要尽量避开长大节理和微破裂发育的岩性层等，以满足测试点岩体连续性的要求。

由于水压致裂测试段长度一般在0.8m左右，而应力解除法测试“点”的尺寸仅数厘米（多在2cm左右），使得岩石构造如杏仁和微裂隙等对应力解除法的影响要大于水压致裂法。鉴于白鹤滩坝址区大部分岩性层如斜斑玄武岩、杏仁状玄武岩和角砾熔岩都发育这种构造特征，且部分隐晶质玄武岩的微破裂也相对发育，因此，总体来讲，水压致裂测量在白鹤滩具有更好的适应性。

水压致裂方法的最大优势是直接，且对岩体力学参数的依赖性较小；缺点是只能直接测量钻孔横断面上的最小应力，不能获得全应力张量。并且，采用传统水压致裂方法时，要求钻孔必须与其中的一个主应力平行，即要求测试之前至少能判断一个主应力的方位，如果水压致裂孔与主应力方位呈较大的交角（如超过20°）时，测试过程劈裂形成的裂纹往往呈斜列式排列，而不是一条与钻孔平行的连续裂纹，这一特点可以反过来利用测试获得的印模图像鉴别测孔布置是否满足要求。

水压致裂法地应力测量弹性理论假设和测孔与主应力基本平行的要求使得现实中进行近水平孔测试非常困难，这是因为即便是在开展了2.2节宏观地应力分析情况下，也很难事先准确判断“局部化”测点部位的近水平主应力的方向，加之河谷岸坡一带地应力变化较大，因此在进行岸坡地应力测量时，一个深孔深度范围内的主应力方位可以发生显著偏转，这是水压致裂法测量时需要注意的环节，而取得的测量成果也需要加以甄别。

总体上，虽然白鹤滩坝址区相当数量的水压致裂测试段内没有取得裂纹或者裂纹质量相对较差，但仍然获得了很多质量满足要求的裂纹资料，特别是在重要部位都进行了三孔交汇测试。虽然众多岩石力学专家并不推荐采用三孔交汇测试数据联合求解全应力张量，但三个不同方位钻孔的裂纹资料可以可靠地判断三个主应力的相对大小和方位。以下分别以白鹤滩河床、左岸岸坡和地下厂房区、右岸岸坡和地下厂房区为例，在进行测试数据质量评价基础上，对河谷地应力场的总体分布特征进行解译。

2.3.1　河床测试成果解译

2.3.1.1　裂纹形态

白鹤滩河床只进行了垂直孔的水压致裂地应力测量，水压致裂测量的裂纹资料提供了可靠的信息，也是白鹤滩全部地应力测试工作中最值得信赖并满足要求的信息，图2.3-1表示了河床钻孔内获得的所有裂纹形态。从这些裂纹形态可以看出：①大部分情况下垂直应力分量为主应力之一，表现为大多数裂纹形态连续完整，多呈直线状。②河床部位局部地段岩体地应力状态沿铅直方向可以发生变化，ZK202孔深度121m处测试段裂纹状态显示三个主应力方向都显著与垂直方向偏离，该测试段位于厚度约3m的角砾熔岩层中，其上为杏仁状玄武岩、下为隐晶质玄武岩，层厚都相对较大，不同岩性条件下地应力状态可以发生变化。

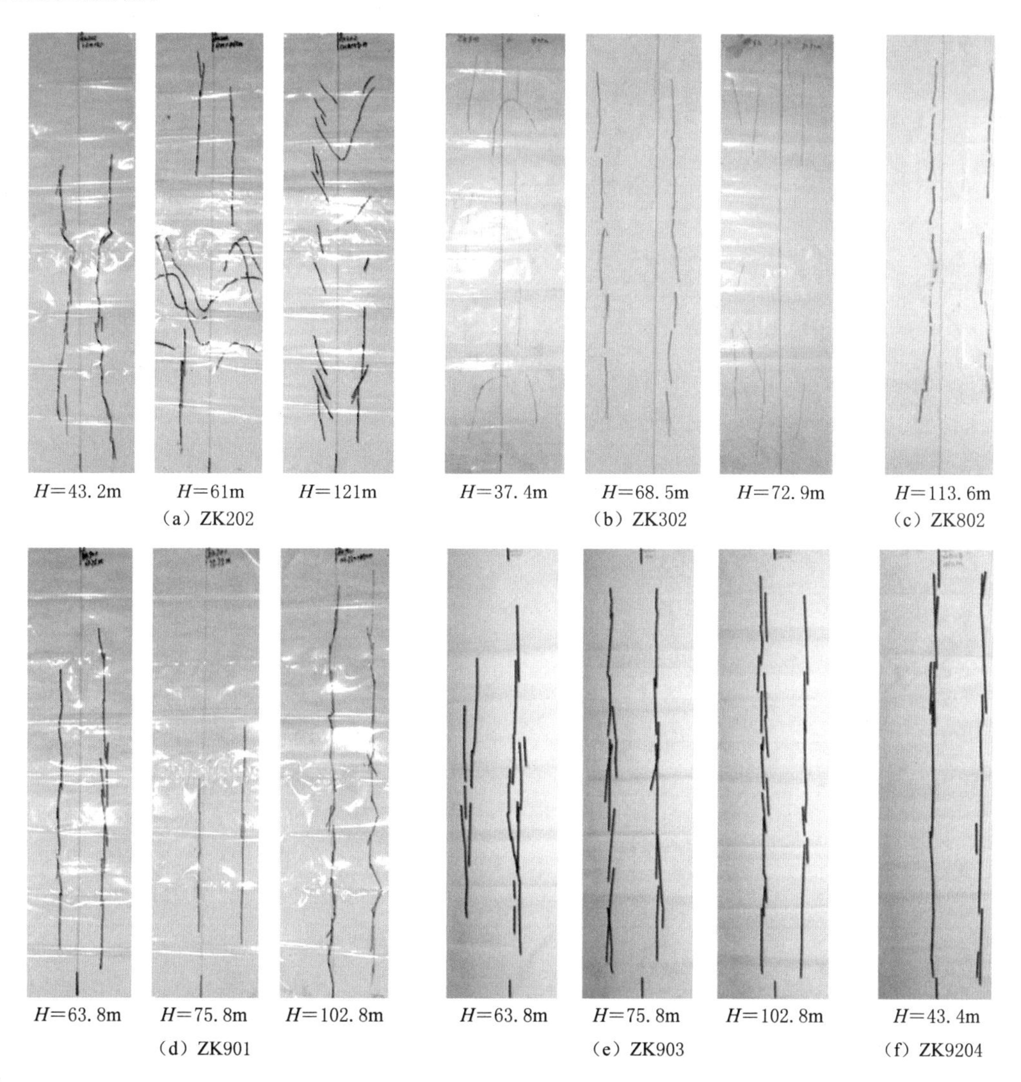

图 2.3-1　河床地应力测试孔获得的代表性的裂纹形态

2.3.1.2　应力大小

表 2.3-1 给出了所有河床孔地应力方位（裂纹质量）和最小地应力大小测量结果，表中列出的邻段间距评价结果作为间接性指标用于评估最小主应力测试结果的可靠性，其中的优、良、差分别指下段与上段的间距大于 2m、介于 1m 至 2m 之间和小于 1m。在剔除了裂纹质量差和较差的测试段结果以后，中等及中等以上质量的裂纹指示了河床最大主应力方向近于 EW 向的特点，与河谷地形的影响结果一致，具有良好的可靠性。

实际上，只有裂纹质量优良的测试段才具备解译地应力大小的意义，而测试过程中获得的压力读数质量可以间接地利用测试段间距进行评价。在剔除了裂纹质量差和较差的测试结果以后，中等及中等以上质量的裂纹指示了河床最大主应力方向近于 EW 向的特点，与河谷地形的影响结果一致，也印证了图 2.3-2 的正确性。

表 2.3-1　河床孔水压致裂测量结果汇总

钻孔编号	孔口高程 /m	埋深 /m	最大水平主应力 S_H		最小水平主应力 S_h/MPa	裂纹质量	邻段间距评价
			大小/MPa	方位			
ZK202	581.80	43.2	6.14	N25°E	5.74	较差	
		61.0	5.72	N47°E	5.22	较差	优
		121.0	7.12	N57°E	6.92	差	良
ZK302	578.60	37.4	4.89	N75°W	3.37	差	
		68.5	7.20	N78°W	5.69	优	良
		72.9	8.74	N80°W	7.73	良	差
ZK802	579.90	113.6	7.15	N80°W	6.14	中等	差
ZK901	584.40	63.8	4.65	N70°E	4.64	中等	优
		75.8	9.17	N66°E	7.76	良	良
		102.8	13.04	N56°E	9.03	良	良
ZK9103	579.80	63.75	6.60	N75°E	6.10	良	优
		117.75	17.10	N58°E	11.00	优	良
		156.75	23.10	N61°E	15.60	优	良
ZK9206	578.93	85.1	21.40	N78°E	13.40	优	良
		91.1	14.20	N87°E	10.90	优	良
		106.1	16.60	N75°E	11.10	优	良
		112.1	12.60	N74°E	10.10	优	良
ZK9204	580.21	43.35	3.90	N80°W	3.50	优	差
ZK910	622.70	67.7	7.20	N79°W	5.70	中等	
		91.3	8.00	N73°W	4.90	中等	
		114.5	14.90	N77°W	10.30	中等	
		135.0	12.90	N82°W	7.40	中等	

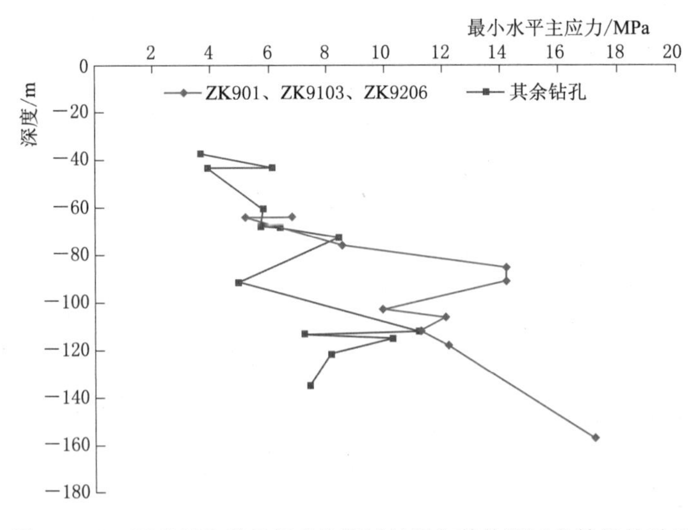

图 2.3-2　河床部位质量优良的测试结果与其他测试段结果的对比

图 2.3-2 表示质量优良的测试结果与其他测试段结果的对比，其中，ZK901、ZK9103 等钻孔测试成果为裂纹和间距都满足要求的钻孔内获得最小水平应力随深埋变化的关系曲线，可见其应力大小普遍偏高。这种概要性的分析在一定程度上证实了“测试质量不满足要求时，获得的地应力大小往往偏低”的认识，这或许宏观上也印证了关于白鹤滩水压致裂地应力测量获得的应力大小普遍偏低原因的推测，以及局部地应力也可能被低估。

(a) 白鹤滩电站勘Ⅸ线河中901号钻孔第九箱岩芯

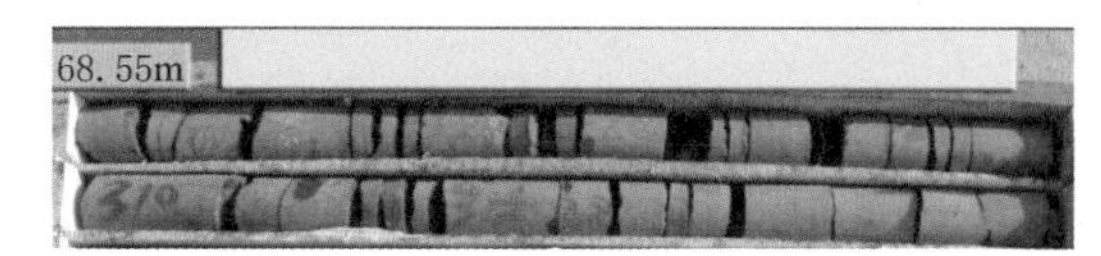

(b) 白鹤滩电站ZK251钻孔第十二箱岩芯

图 2.3-3 河床部位钻孔岩芯饼化现象

如图 2.3-2 所示，单从最小水平主应力大小随深度分布的统计结果看，在河床深度为 70～100m 似乎存在一个应力增高带，考虑到大约 30m 厚的覆盖层，该应力增高带位于基岩面以下 40～70m 深度范围内，与图 2.3-3 揭露的饼状岩芯现象也相吻合，也符合图 2.1-3 所示河谷地应力场分布的一般特征。

2.3.2 左岸测试成果解译

图 2.3-4 将白鹤滩左岸地应力测点、建筑物位置、地形和地质条件等信息综合在一起，较为直观地帮助了解各测点对应的地形和地质背景。当然，由于开展了三孔交汇测试，平切图只标识了代表性铅直孔的编号，其中布置在 PD61 勘探平洞内的 DK3-1 更多位于岸坡区，DK2-1 则大体位于岸坡到厂房区之间的过渡地带，而 DK1-1、CZK3、CZK1、CZK6、CZK8 等位于地下厂房区。DK3-1、DK2-1 和 DK1-1 测点全部位于 PD61 主洞内，距离岸坡的距离分别为 267m、400m 和 525m。总体上，左岸测点的分布可以分成两个区域，即岸坡测点和左岸厂房区域的测点，前者受地形的影响相对更大一些。

2.3.2.1 裂纹形态

如图 2.3-5 所示，岸坡区垂直交汇的 DK3-1、DK3-2 和 DK3-3 中累计获得了六段裂纹，除 DK3-1 中的第一段最为稳定以外，其余裂纹形态和方面变化都相对比较大，总体上显示了地应力变化明显的特点。

铅直布置的 DK3-1 孔在深度 15～17.2m 为角砾熔岩，上下均为柱状节理玄武岩，仅从测试成果看，角砾熔岩的存在对附近岩体地应力造成相对明显的影响。总体上，该测孔内最可靠的信息是最大水平主应力为 N52°W、角砾熔岩层对地应力分布形成显著影响。

如果认为 N53°W 的最大水平主应力具有相对代表性，则 DK3-2 和 DK3-3 方位分别与最小和最大水平主应力近于平行，钻孔方位布置合理。但这两个水平孔内测试段似乎都存在结构面，裂纹质量都相对不高，其中以 DK2-2 孔第一段的裂纹略好一些，指示的 NW 向水平应力大于垂直应力。

概括地讲，这一组钻孔所在部位以柱状节理玄武岩为主，裂纹质量普遍较差是共同的

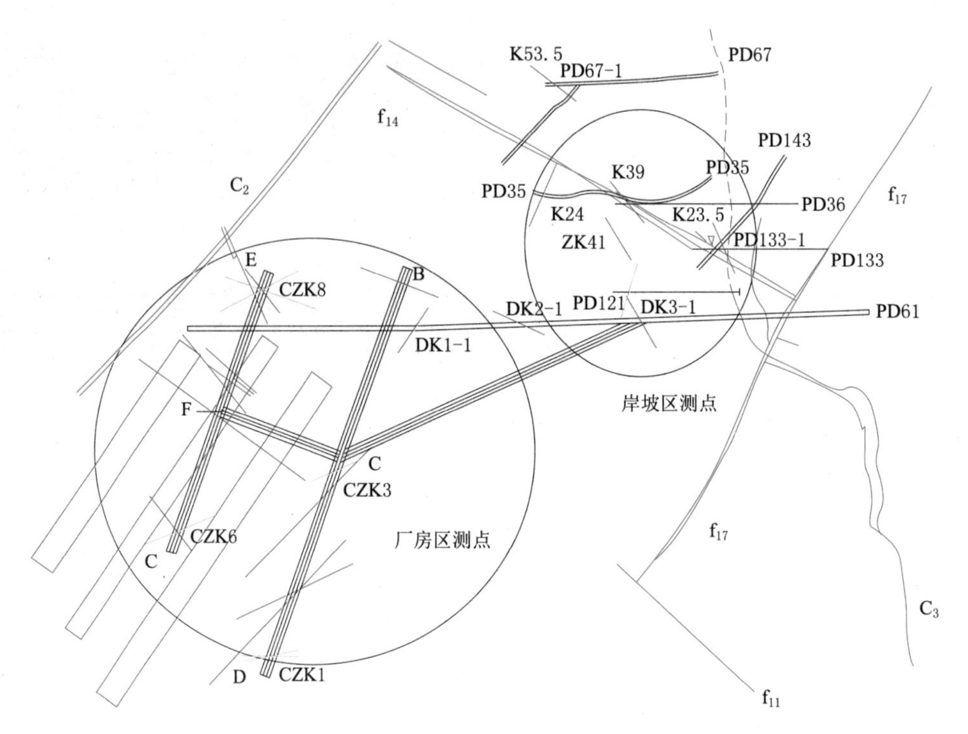

图 2.3-4　左岸测点布置平面位置和对应的地质条件

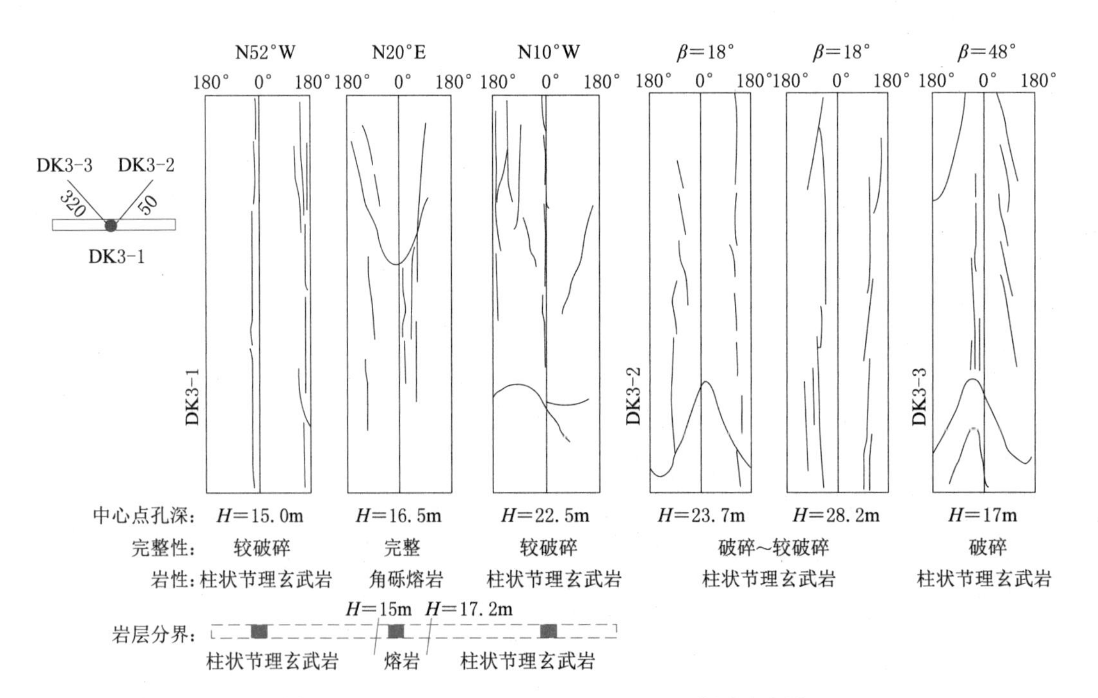

图 2.3-5　DK3-1、DK3-2、DK3-3 孔测试成果

特点，测试成果受到这种岩性层的具体影响程度还不得而知。仅就测试成果而言：地应力场NW向水平应力为主，角砾熔岩对地应力分布影响明显。

图2.3-6给出了过渡地带DK2-1、DK2-2和DK2-3三个钻孔内获得的测试成果，应该说所有的裂纹质量都一般甚至较差，直接影响了依据测试资料进行地应力解译的可靠性。

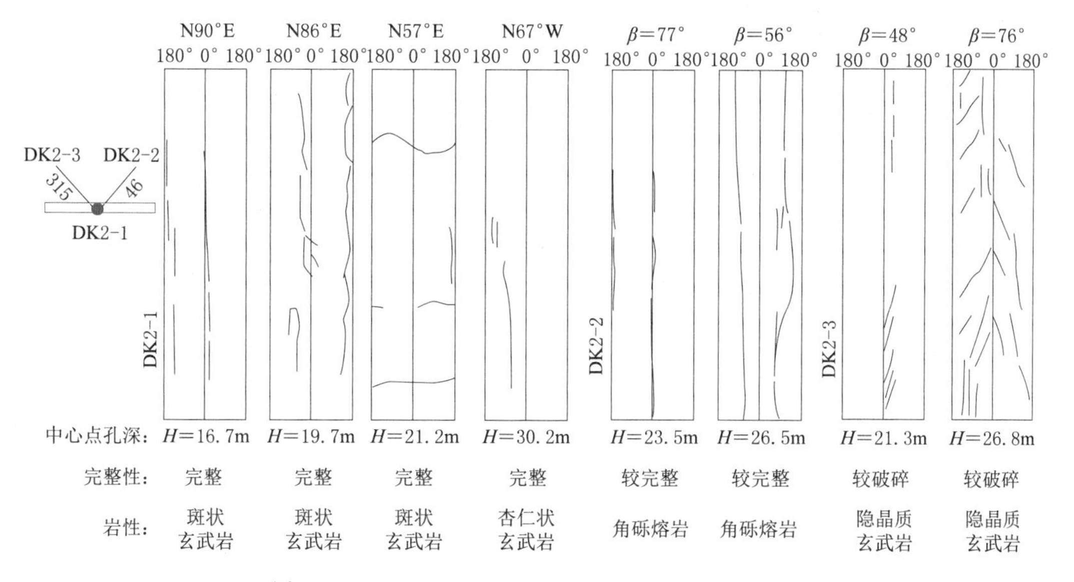

图2.3-6 DK2-1、DK2-2、DK2-3孔测试成果

垂直孔DK2-1内共在四个测试段内获得了裂纹资料，其中第一段、第二段具备一定的解译价值，后两段不宜采用。单纯根据这两个测试段的成果，最大水平主应力接近正EW方向，与左岸上述所有测试结果存在显著差别。注意到这两个测试段位于斑状玄武岩中，根据图2.3-7所示的研究成果，数厘米直径大小的斑晶即可以对周边数十厘米范围内的地应力场形成明显的影响。DK2-1测孔内获得的这种异常是否体现了斑状玄武岩中地应力分布的异常性，是值得注意的一个问题。

从沿N46°E向布置的DK2-2孔内获得的两段裂纹均位于角砾熔岩中，相对良好的裂纹形态和相对较大的破裂角说明角砾熔岩中地应力场明显不同于DK3-2的柱状节理玄武岩。综合分析DK2-1和DK2-2孔的裂纹资料可以揭示两种情形：

（1）两个测孔不同岩性层的地应力存在显著差别：DK2-1孔揭示了最大主应力近EW向，而DK2-2揭示角砾熔岩中以垂直应力为主，最大水平主应力为NE向，与钻孔方向近于一致。

（2）如果两个钻孔所在部位岩体地应力相对均匀，则只能说明该部位水平和垂直应力水平相当，接近静水压力状态。

结合前面其他部位的测试资料，上述两种解释中显然以第一种可能性最大，即测试结果揭示了斑状玄武岩和角砾熔岩中地应力场分布的显著差别。

类似的，图2.3-7给出了距离岸坡更远、左岸位于厂房区部位DK1-1、DK1-2和DK1-3孔的地应力测试成果，其中DK1-1的第二段裂纹揭示了测试段内存在缓倾结构

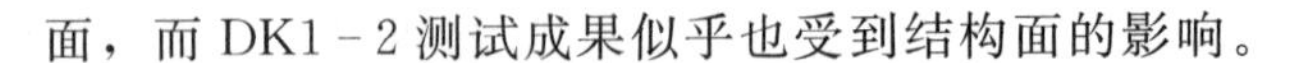

面，而 DK1－2 测试成果似乎也受到结构面的影响。

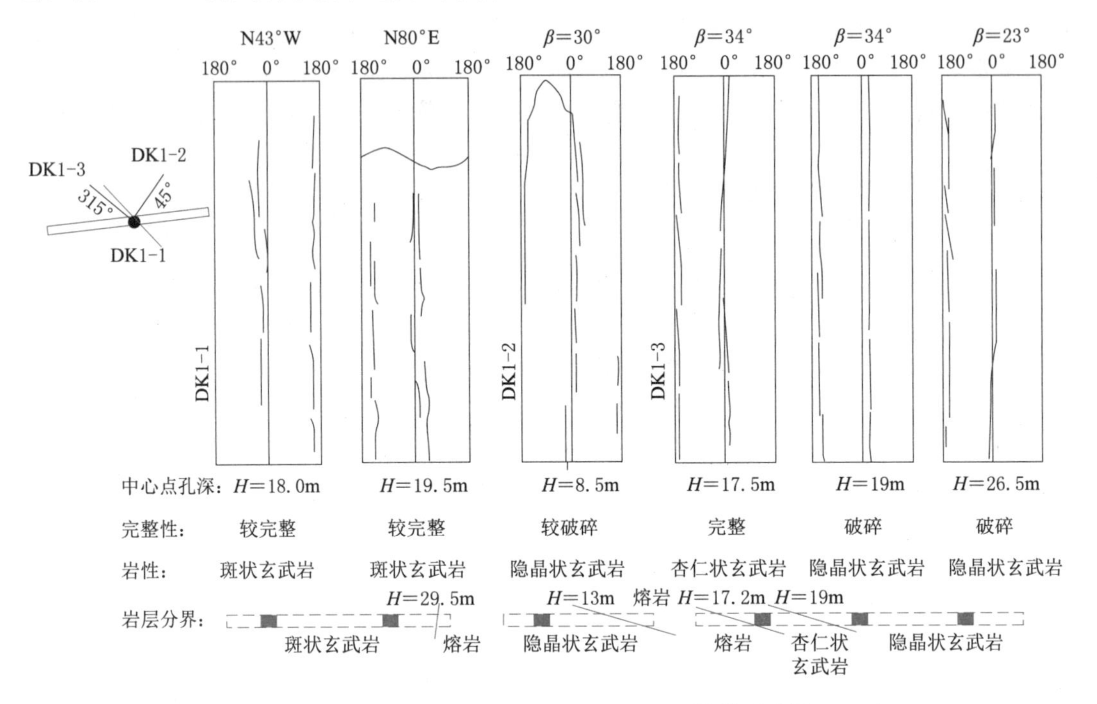

图 2.3－7　DK1－1、DK1－2、DK1－3 孔测试成果

仅从裂纹资料看，DK1－1 孔的第一段具有良好的可靠性，揭示了最大水平主应力方位为 N43°W，与其他大部分测试成果相符。注意测试段也位于斑状玄武岩中，斑晶的影响与测试段周边斑晶的大小和发育程度密切相关。第二段裂纹指示的最大主应力方向为 N80°E，与相距仅 1.5m 的上一测试段存在明显差别，潜在原因有两个方面：①测试孔内的缓倾结构面；②斑晶的影响。

显然地，沿 N45°W 方向布置的 DK1－3 孔内质量良好的裂纹指示了其中一个主应力指向 NW 方位，这与垂直孔中第一测试段裂纹指示的结果吻合，即该部位最大水平主应力为 NW 向。不过，DK1－3 孔内裂纹都呈一定倾角且裂纹形态良好的特点说明水平应力与垂直应力差别不是很突出，即应力比相对不高。

综合而言，水压致裂法测试成果表明：如果忽略岩性的影响，地下厂区部位最大主应力仍然以 NW 向为主，中间主应力近水平，为 NE 向，并且这两个水平主应力之间差别相对较小，与垂直应力差别也相对不大。

此外，CZK1、CZK6 和 CZK8 孔的应力解除法揭示的最大水平主应力方向分别为 N91°E、N70°E 和 N90°E，与水压致裂法取得的成果差异悬殊。考虑到水压致裂测试获得的最大主应力方位的可靠性，特别是与其他可靠测试资料及区域地质分析结果的一致性，可以认为，左岸应力解除测试结果没有正确揭示岩体地应力状况。

2.3.2.2　应力大小

表 2.3－2 和表 2.3－3 分别表示了左岸垂直和水平钻孔内裂纹质量优良段的压力读数，同时给出了其与相邻测试段之间的距离。

表 2.3-2　　左岸垂直孔内水压致裂压力测量结果

钻孔编号	孔口高程/m	孔深/m	劈裂压力/MPa	封闭压力/MPa	σ_h/MPa	邻段间距/m	
						上	下
ZK412	877.65	279.8	15.30	6.80	9.60	1.70	1.70
		284.8	15.80	7.35	10.20	1.70	1.70
		287.3	17.40	7.37	10.30	1.70	1.70
		297.3	17.47	8.97	12.00	1.70	0.70
		303.8	14.50	—	—	4.20	1.70
		306.4	13.10	—	—	—	—
		308.9	14.90	—	—	1.70	1.70
CZK6	642.96	9.3	13.90	5.60	5.70	2.20	3.80
		34.8	12.85	4.35	4.70	1.20	2.20
CZK8	642.9	6.2	12.76	4.56	4.70	—	2.20
PD67-1-1	807	18.3	13.70	6.70	6.90	0.80	0.70
PD143-1	723.8	6.2	12.06	4.36	4.40	—	2.20
		21.2	9.21	3.51	3.70	8.20	0.70
		27.2	10.30	3.70	4.00	0.70	3.80
		34.8	11.85	4.35	4.70	2.20	0.70
PD36-2-1	675.7	9.2	—	5.60	5.70	0.70	0.70
		13.8	13.30	5.14	5.20	0.70	0.70
		15.3	13.30	5.15	5.30	0.70	0.70
PD-133	651.6	17.7	13.40	5.18	5.40	0	0
		19.1	15.50	5.19	5.40	0	0
DK2-1	625	18.0	17.20	8.18	8.40	0.70	0.70
DK-3-1	627	15.0	12.15	5.15	5.30	5.20	0.70
CZK3-3	640.9	4.5	17.05	7.55	7.60	4.21	4.36
		16.7	18.87	10.67	10.80	6.26	0.76

表 2.3-3　　左岸水平孔内水压致裂压力测量结果

钻孔编号	孔口高程/m	孔深/m	劈裂压力/MPa	封闭压力/MPa	S_h/MPa	邻段间距/m	
						上	下
PD67-1-2	807	20.0	9.50	4.00	4.00		
		21.0	13.00	3.00	3.00		
PD67-1-3	807	6.0	13.00	4.50	4.50		
		14.0	11.70	5.50	5.50		
PD143-3	724	12.0	10.50	3.50	3.50		
		27.0	8.60	3.50	3.50		
		38.0	8.80	3.50	3.50		

续表

钻孔编号	孔口高程/m	孔深/m	劈裂压力/MPa	封闭压力/MPa	S_h/MPa	邻段间距/m	
						上	下
PD143-4	724	21.0	16.30	7.50	7.50		
		32.0	14.50	4.30	4.30		
PD36-2-2	675	18.0	13.83	6.00	6.00		
		30.0	12.70	5.50	5.50		
		8.0	11.50	3.60	3.60		
PD36-2-3	675	11.0	10.20	4.00	4.00		
CZK3-1	641	9.5	20.50	7.60	7.60	4.51	5.56
		20.0	12.10	5.00	5.00	3.76	—
CZK3-2	641	6.0	11.90	4.50	4.50	5.38	19.30
		29.0	13.70	6.00	6.00	2.26	—
DK1-2	627	8.5	11.50	5.50	5.50	8.10	0.76
DK1-3	627	17.5	14.50	9.50	9.50	0.76	0.76
		19.0	—	6.50	6.50	0.76	0.76
		26.5	13.00	5.50	5.50	0.76	0.76
DK2-2	625	23.5	9.20	2.50	2.50	2.76	2.26
DK3-2	623	23.7	15.20	8.50	8.50	2.76	3.74

根据表2.3-2中ZK412孔一些测试段与相邻段的间距均为1.7m，相对于其他绝大多数情况而言，压水劈裂过程中出现向邻段渗漏的可能性略低一些，获得的最小水平应力水平为10～12MPa，显著大于自重的水平分量。注意这些测试段的高程在600m以下，大体已经位于河水位以下的低高程。低高程部位最小水平主应力显著大于自重水平分量的可能性包括地表剥蚀作用的影响，除此之外，河床应力集中区潜在影响也是值得考察的环节。

所有岸坡垂直孔内相邻测试段之间的间距均较小，其中PD143-1孔内两个测试段与上一段的间距相对较大，获得的最小主应力大小为3.7～4.7MPa的水平，应大于自重应力的水平分量。

厂房区垂直钻孔中以CZK3-3获得的测值最大，最高为10.8MPa，高于自重（7～8MPa的水平），可以理解为厂房区最小水平主应力所具备的水平。

表2.3-3给出了左岸水平钻孔内裂纹质量优良测试段的相关结果。可见，岸坡一带应力水平绝对值不高属于基本事实。此外，岸坡一带所有沿NE向布置的测孔内获得的应力大小都高于同一部位沿NW布置的钻孔，如PD67-1-3高于PD67-1-2、PD143-4高于PD143-3、PD36-2-2高于PD36-2-3。沿NE和NW向布置的水平孔内获得的地应力大小分别反映了最大和最小水平主应力的贡献，因此，这种差别大体上反映了最大、最小主应力的差值大小，二者的差别很小，一般在1～2MPa的水平，印证了根据裂纹形态的解译结果。

地下厂房区水平孔的地应力测值（垂直断面上的最小主应力）主要体现了垂直应力的贡献，根据测试段间距相对合理的测试结果，垂直应力在2.5～8.5MPa范围内，在剔除量值显著偏低的2.5MPa以后，其算术平均值为6.2MPa，与经验估计结果大体相当。

综上左岸地应力场的分析，仅仅依据测试成果，左岸岸坡区和厂房区地应力场状态可以概括为岸坡区和厂房区两部分。

（1）岸坡区：

1）岸坡区显示出最大主应力近垂直、其余两个主应力近水平的特点，即具备以自重为主、地应力水平不高的基本特征。

2）相对较大的水平主应力方位多在N40°W±15°的范围内。

3）裂纹特性和压力读数都揭示了两个水平主应力之间的差别相对不大的特征。

（2）厂房区：

1）厂房区显示出最小主应力近垂直、最大和中间主应力近水平的特点。总体而言，三个主应力大小的差别较突出，反映了地表剥蚀的影响。

2）相对较大的水平主应力方位多在N40°W±15°的范围内。

3）最小主应力在7.6～10.8MPa的水平、垂直应力在6.2～8.5MPa范围内，但其可靠性不如对地应力方位的认识。

此外，测试成果还揭示斑状玄武岩中地应力方位变化可能很大，具体可能与斑晶的分布密切相关。

2.3.3 右岸测试成果解译

白鹤滩右岸各测点空间位置及其与岸坡地形的相对关系为：PD58－1位于岸坡中上部区域；PD102和PD103位于高程相对不高的岸坡表层区域，譬如，沿平洞PD102在距离洞口大约30m和160m处各布置了两组三向水压致裂地应力测孔，平洞高程大致为683m，略高于厂房PD62平洞620m高程；DK4－1、DK5－1、DK6－1和CZK12位于地下厂房区域；其余均位于高程相对较低且距离岸坡有一定距离的区域。

2.3.3.1 裂纹形态

距离岸坡仅30m的PD102－1孔所在部位地应力显然会受到地形的影响，自重为主的特点非常典型。即便是距离岸坡160m的PD102－2孔，由于岸坡高度大，仍然可能处于岸坡地形的明显影响之下。以下通过这种典型案例的分析可以揭示在高程683m一带岸坡地形的影响方式。

PD102－1三向孔分别由垂直布置的PD102－1－1孔和两个水平布置的PD102－1－2、PD102－1－3孔组成。由于平洞仅东西向布置，为使得水平孔进入到远离平洞的围岩内，两个水平孔都与平洞轴线保持40°～45°的交角。换言之，水平孔方向的布置并非遵照“与主应力平行”的原则布置，而是根据现场实际条件布置。显然，如果岩体处于静水压力状态，这种布置也是可行的，否则，测试的裂纹质量相对不高。因此，从不同方向钻孔内获得的裂纹质量可以反过来了解地应力状态。

图2.3－8给出了PD102－1三向孔内所有裂纹和测试段对应的条件，其中铅直布置的PD102－1孔内获得的两个测试段裂纹指示了水平面上最大主应力方向为近SN—NNE，

即与岸坡走向基本保持一致，这符合一般认识和一般力学原理。

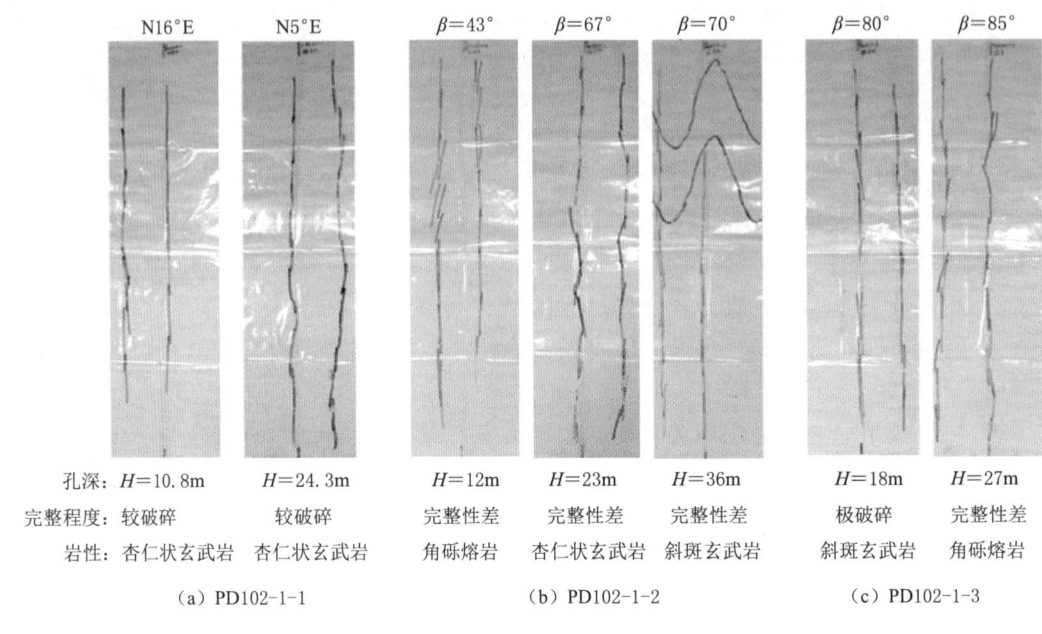

图 2.3-8　PD102-1 三向孔内所有裂纹和测试段对应的条件

尽管两个水平孔 PD102-1-2 和 PD102-1-3 的方向与平面主应力差异很大，但这两个水平孔中5个测试段内的裂纹并没有出现明显的羽状排列现象，说明沿钻孔方向的剪切应力分量相对较小，即两个水平主应力大小比较接近。综合 PD102-1-1 的测试成果，沿河流岸坡方向的水平主应力略高一些。

图 2.3-8 中的 β 表示水平钻孔中水压致裂破裂面的倾角，除 PD102-1-2 孔第一测试段中裂纹倾角中等以外，其余测试段裂纹均呈陡倾状，指示了在与这两个钻孔垂直的断面上都存在自重应力明显高于水平应力的特点。

因此，综合这三个钻孔的裂纹资料，PD102-1 三向孔所在部位岩体地应力总体上以垂直应力显著大于水平应力、两个水平应力分量接近且以顺河向者略高一些的特点，即总体上表现为以自重为主的特点。

这种近岸坡部位岩体一般都比较破碎，岩芯记录也揭示了这一特点，岩体完整性往往会严重影响到测试成果。不论是从工程应用价值还是从测试看，可以将该部位的岩体看作为自重应力控制区域。

图 2.3-9 表示了距离岸坡 160m 的三个测孔中的垂直孔（PD102-2-1）和与层面走向近于平行的水平孔（PD102-2-2）的测试成果和测试段条件。根据垂直孔内的测试成果，不论是在角砾熔岩还是在玄武岩中，裂纹质量均相对较好，表明垂直应力与其中的一个主应力近于平行。这三个测试段内裂纹出现的方位指示了水平面上的最大主应力均为 NNE 方向，两个水平孔均明显偏离水平主应力方位。

不过，即便水平孔偏离垂直钻孔内裂纹指示的水平主应力方位，但除少数几个部位的裂纹有呈现羽裂状趋势以外，两个水平孔内的裂纹分布也均相对正常。这似乎与垂直孔内

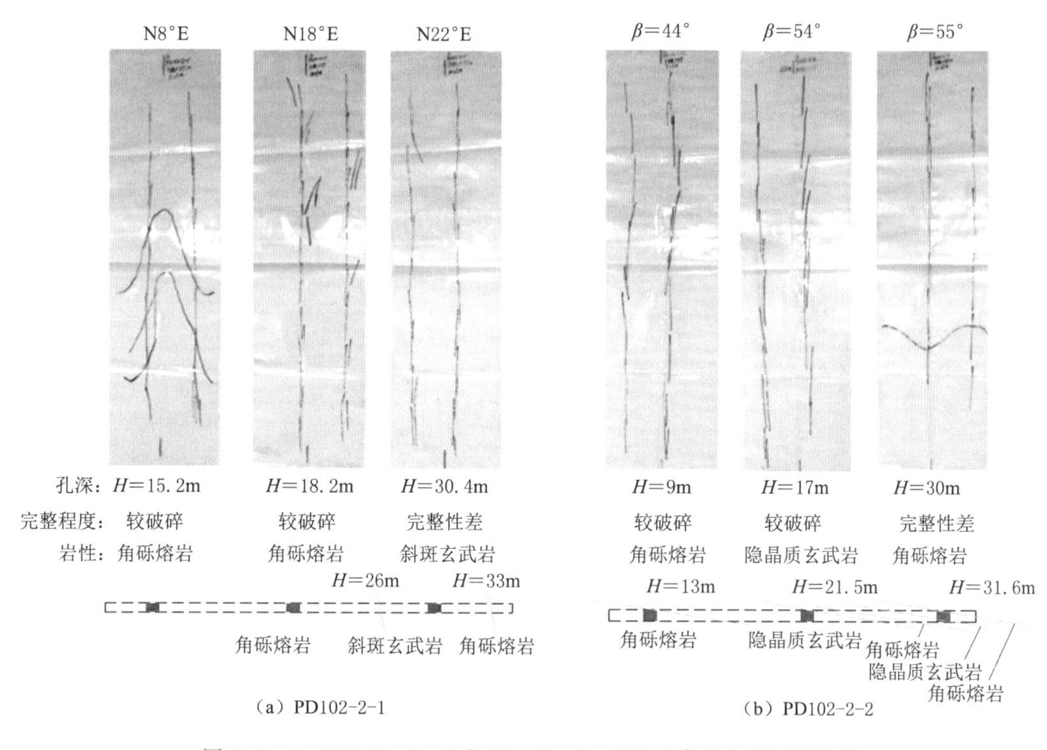

图 2.3-9　PD102-2-1 和 PD102-2-2 测试成果和测试段条件

获得的成果相矛盾。与层面走向相对平行的钻孔 PD102-2-2 内裂纹均呈中等程度倾角，结合垂直钻孔内裂纹状态揭示垂直应力接近主应力的结论，这种中等程度倾角的破裂面预示着水平主应力和垂直主应力接近，相当于静水压力状态。

图 2.3-10 所示的水平钻孔方向与岩层倾向方向接近一致，两个岩性层分界线分别在孔深 7.1m 和 35.3m 左右被揭露，获得裂纹的 5 段测孔有两段位于角砾熔岩中，其余三段位于玄武岩内。两段位于角砾熔岩中的破裂角均相对较大，揭示在垂直钻孔平面上垂直应力更高一些的特点。但是，考虑到裂纹质量仍然相对较好的特征，结合垂直孔的解译结果，可以认为角砾熔岩中地应力总体接近静水压力状态，但垂直应力略高一些。玄武岩中三个测试段中两个测试段破裂角中等，结合 PD102-2-2 的解译结果，揭示了玄武岩中垂直应力和水平应力更接近。

根据上述解译，地应力在岸坡附近以自重场为主，沿 PD102 平洞从岸坡到 160m 深度处，水平应力增大更快一些，达到与垂直应力接近的水平。特别地，玄武岩中的这种变化似乎更突出，而角砾熔岩中则相对缓和一些。如果按照这种变化趋势，在更水平深度更大一些的部位，水平应力可以超过垂直应力，且以玄武岩中较突出。

换言之，岸坡一带的地应力总体上取决于岸坡地形，从岸坡到山体内水平应力不断增大，在 PD102 平洞高程上在距离岸坡 160m 处水平应力逐渐上升到垂直应力的水平。不过，这些变化与岩性似乎有关，在玄武岩中较典型，而角砾熔岩中相对不明显。

沿 PD102 平洞从岸坡到 160m 深度处，岩体中两个水平主应力差别相对不大，因此，当利用水平孔进行水压致裂地应力测试时，裂纹质量对钻孔方位布置的要求实际不是很高。按

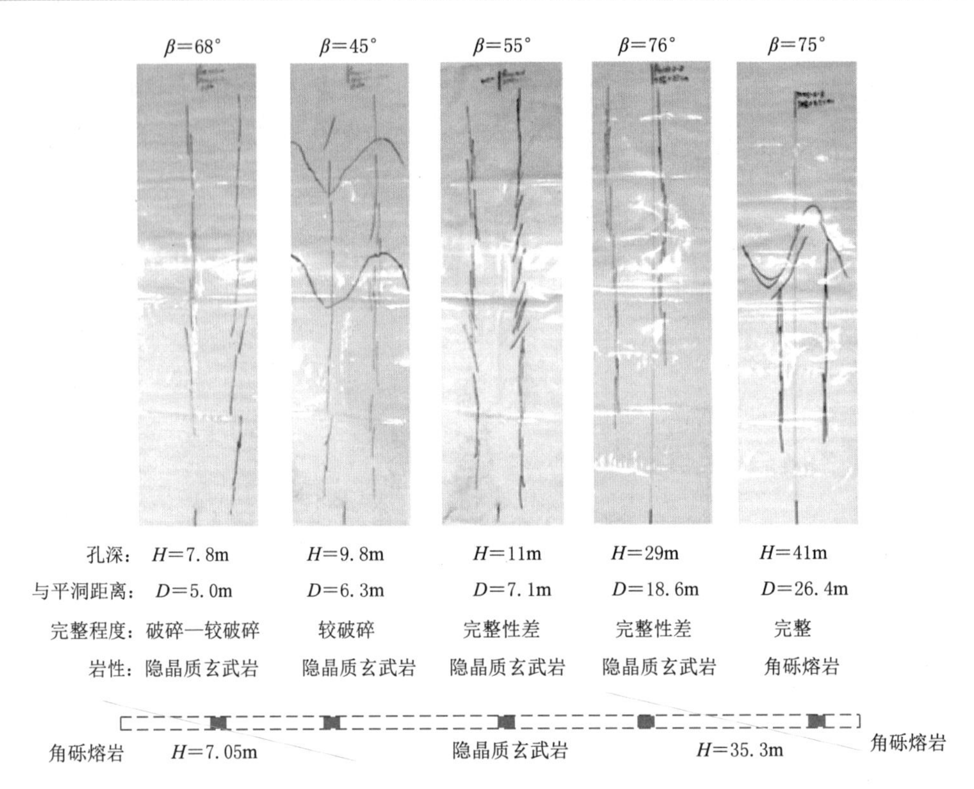

图 2.3-10　PD102-2-3 测试成果和测试段条件

照沿 PD102 从岸坡到山体的水平应力不断增高的变化规律推测，厂房区很可能以水平应力为主，当两个水平应力之间存在明显差别时，对水平测孔方位选择的要求即显现出来。反过来，通过对不同方位水平孔中获得的裂纹的分析，也可以获得地应力状态的可靠信息。

图 2.3-11 表示了右岸地下厂房区几个地应力测点的布置，其中的 DK6-1、DK5-1 和 DK4-1 均位于主洞内，其中的 DK4-1 位于厂房区范围内，而 DK6-1 和 DK5-1 也相对接近厂房区，沿 PD62 平洞距离岸坡分别为 262m 和 383m。这几个测试点均进行了三孔交汇水压致裂地应力测量，测试资料相对完善，可作为地应力解译的重点。

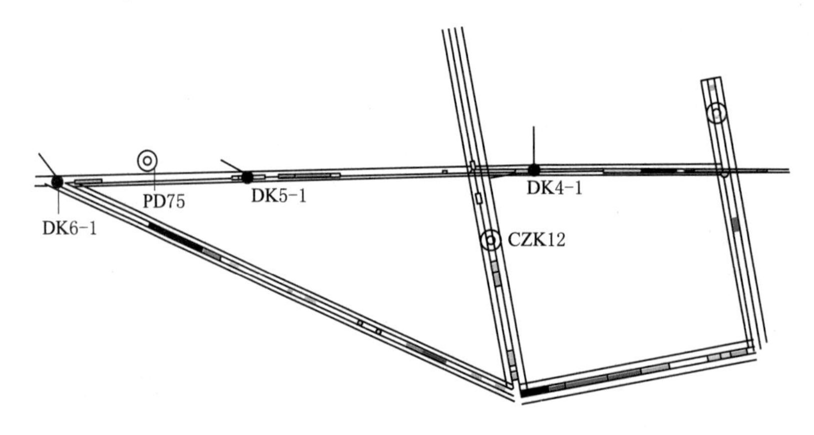

图 2.3-11　右岸地下厂房区主要地应力测点位置

图 2.3-12 给出了在 DK6-1 测点处的测试成果，其中的 DK6-1 垂直、DK6-2 为 N45°W 方向布置的水平孔，另一个水平孔内未获得裂纹资料，不予分析。

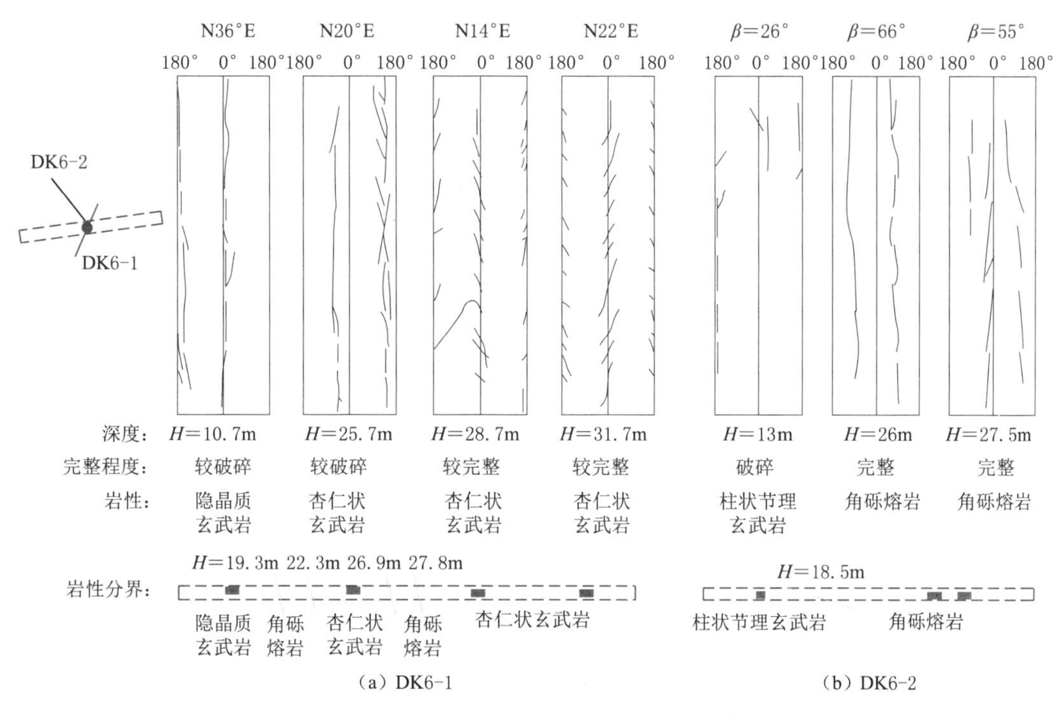

图 2.3-12 右岸地下厂房区 DK6-1、DK6-2 测试成果

从垂直孔 DK6-1 内获得的四段裂纹的分布特征看，在孔深 10.7m 处获得的裂纹质量相对最好，而后几个测试段的裂纹羽状排列特征逐渐增强，表明沿该垂直孔从上至下主应力逐渐偏离垂直方向，该测试孔内获得的可以信赖的最大水平主应力方向大致为 N20°E～N36°E。

垂直布置的 DK6-1 孔揭露在孔深 19.3～22.3m 和 26.9～27.8m 存在两个厚度不大的角砾熔岩段，根据测试成果，这两个角砾熔岩段所隔离的玄武岩中主应力状态存在比较明显的差别，第二个熔岩段以下的主应力之一偏离铅直方向，这一特点清楚地揭示了白鹤滩地应力场受到岩性层的影响。特别是相对软弱岩层隔离的硬岩中的地应力场状态可以发生比较明显的变化，但难以确定这种影响所波及的范围。

在假设平洞高程附近的最大水平主应力方向大致在 N30°E 时，DK6-2 钻孔 N45°W 的方位大体可以满足要求，所获得的裂纹质量总体一般，其中第三段也开始出现羽状排列的迹象，表明该钻孔也或多或少地偏离主应力方位。

获得了裂纹的三个测试段中的第一段位于柱状节理玄武岩内，较小的破裂面倾角说明该测试段内 NE 向的水平主应力高于垂直应力。不过，鉴于柱状节理玄武岩的特殊性，这种结论一般只适用于该测试段。根据目前获得的资料看，可能不宜外推到厂房整个柱状节理玄武岩中，这是因为起伏的柱状节理面的接触状态对柱体的地应力状态可能有显著影响。

DK6-2 孔内另外两个获得裂纹的测试段均位于角砾熔岩内，裂纹的倾角要大一些，这与PD102-2-3中揭示的情况相符，但倾角总体小于PD102-2-3，表明此时角砾熔岩中水平和垂直应力总体更接近一些。

由此可见，从岸坡沿水平方向到160m和大约260m深度处：①玄武岩中的地应力状态大致经历了自重、相对均匀、水平应力为主的转化；②角砾熔岩中则经历了自重、自重为主和相对均匀的转化特征。

换言之，在一定水平深度处的同一部位，角砾熔岩和玄武岩中的地应力状态存在明显差别，说明了岩性的影响。

图2.3-13给出了水平深度更大一些的三个测试孔DK5-1、DK5-2和DK5-3内获得的测试结果，其中DK5-1铅直，DK5-2和DK5-3分别沿N60°W和N30°E方向布置。

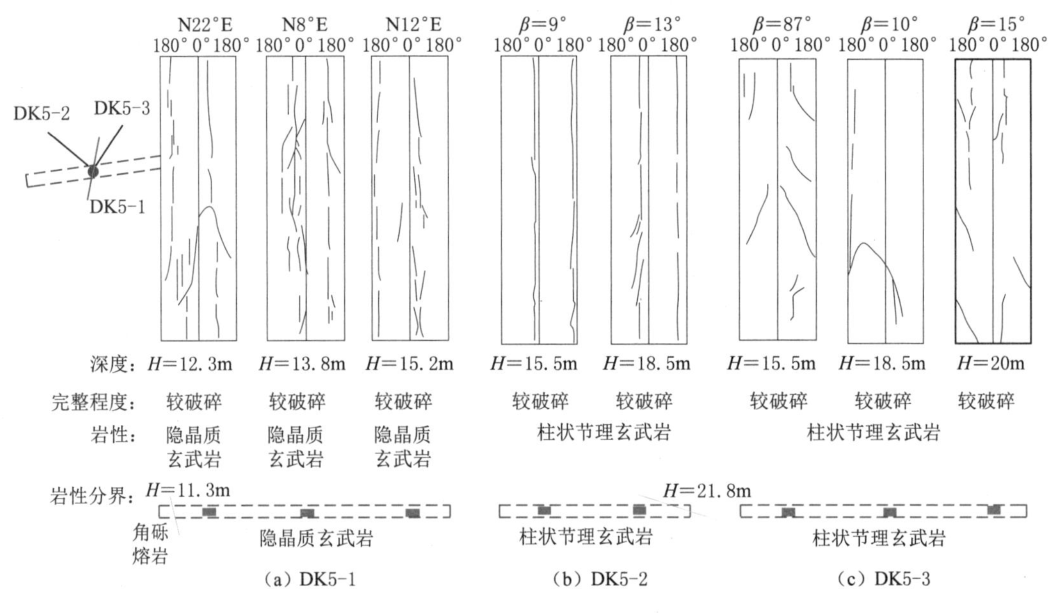

图2.3-13 右岸地下厂房区DK5-1、DK5-2、DK5-3测试成果

铅直孔内获得的裂纹均位于隐晶质玄武岩中，其中，中心深度位于12.3m测试段内明显存在一结构面，结构面上下两侧裂纹方位存在明显差别，清楚地指示了小型结构面导致的地应力分布局部异常现象。垂直孔裂纹指示的最大水平主应力方位为N8°E～N22°E，水平钻孔布置方位基本满足要求。

两个水平孔均位于柱状节理玄武岩内，除DK5-3孔第一段测试裂纹不具备解译条件以外，其他裂纹特别是DK5-2孔内质量良好的裂纹近水平或与岩层倾角相当，揭示该部位柱状节理玄武岩中两个水平应力均高于垂直应力的特点。由此可见，尽管柱状节理玄武岩中的柱状节理发育，但由于这些节理以刚性为主的特点，在山体内一定深度处仍然可以维持较高的水平主应力。

相比较而言，与DK6-1所在部位相比，DK5-1处水平应力更突出一些，表现为水平测试孔内的裂纹更平缓。

然而，当把上述认识（从岸坡沿水平方向到山体内的地应力变化）与图2.3-14所示的 DK4－1 测试成果相比时，二者之间似乎存在一定差异，如 DK4－1 水平孔内的裂纹以中等—陡倾为主，与此前揭示的近水平状为主形成明显差别。这里首先分析测试结果可能指示的真实意义，以帮助理解这种异常现象。

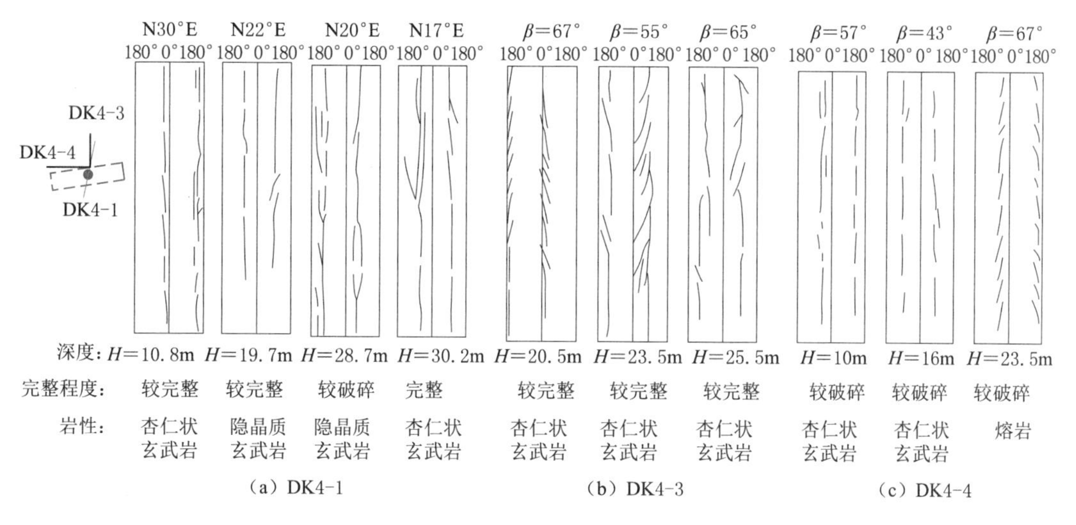

图 2.3－14 右岸地下厂房区 DK4－1、DK4－3、DK4－4 测试成果

垂直孔 DK4－1 内获得的四段裂纹仍然指示了 NNE 向的最大水平主应力，这一特征与此前的测试成果基本相同。这几个测试段均位于玄武岩中（分别为杏仁状玄武岩和隐晶质玄武岩），中等裂纹没有出现角砾熔岩分割现象，裂纹质量总体可靠，相对较破碎一些的第三段裂纹分布略嫌不够整齐，可能受到岩体完整性的影响。

DK4－4 沿 260°的方位水平布置，与 PD62 平洞轴线方位非常接近，二者之间的交角仅在 10°以内，孔深 10m、16m 和 23.5m 处与平洞壁的距离分别不超过 1.7m、2.8m 和 4.1m，按平洞开挖以后应力强烈扰动区和影响区分别为 1.5 倍和 3 倍平洞直径估计，这两个区的深度分别为 3m 和 6m 左右，因此，DK4－4 因为布置方面的问题，所有这些测试成果特别是前两个测试段的成果不能直接反应初始地应力场特征。

即便是 DK4－4 第三个测试段裂纹受平洞的影响不大，但由于 DK4－4 孔 260°的方位与垂直孔 DK4－1 测试成果揭示的水平主应力方位差别相对较大（27°～40°），测试成果的可靠性也可能受到影响。事实上，第三个测试段的裂纹也确实呈典型的羽裂状排列，也表明钻孔方位明显偏离主应力方向，同时说明两个水平主应力之间存在相对明显的差别。

向正北方向布置的 DK4－3 孔与垂直孔揭示的最大水平主应力方向的夹角为 17°～30°，获得的裂纹均呈现不同程度的羽状排列现象。相比较 PD102－2 部位的水平测试孔和 DK6－2而言，该钻孔方位的偏离现象并不严重，但裂纹的羽列状特征更明显一些，表明该部位两个水平主应力之间的差别更突出一些。由此可见，从岸坡沿水平向山体内，水平应力不断增大的同时，两个水平主应力之间的差别也逐渐增大。

右岸地下厂房区共进行了 CZK12、CZK9、CZK14 和 CZK16 等 4 个测孔的应力解除法地应力测量，其中 CZK12 测孔揭露的最大主应力近垂直、中间和最小主应力近水平，地应力状态与厂房区可靠的水压致裂测试成果不符，也不同于片帮破坏揭示了最大和中间主应力近水平、最小主应力近垂直状态相一致。可以判断，CZK12 测试成果没有正确可靠地指示三个主应力状态。其余应力解除法孔 CZK9、CZK14 和 CZK16 测试结果获得的最大水平主应力方向为 N60°W 左右，考虑到右岸厂房区所有可靠的水压致裂测试结果都显示最大水平应力在 NNE 方位，与应力解除测试获得的最大水平主应力基本垂直。此外，应力解除法获得的其余两个主应力呈倾斜状，明显不同于平洞片帮指示的应力状态，也不同于可靠的水压致裂测试成果。因此，右岸地下厂区的应力解除测试结果也没有正确揭示岩体地应力状况。

右岸地应力场特征可以概括叙述如下：

（1）在厂房平洞高程及其以上、水平深度数十米范围的岸坡区域，岩体地应力以自重场起到主导性作用，但在水平面上，顺河流岸坡方向的水平主应力略高一些。

（2）在该高程距离岸坡大约 160m 部位，玄武岩中水平应力与垂直应力大体相当，而水平面上也以 NNE 向的应力略高一些。但在角砾熔岩中，仍然以垂直应力明显大于水平应力。

（3）在该高程距离岸坡大约 260m 部位，玄武岩中两个水平应力均高于垂直应力，即转化为水平应力为主的状态，其中以 NNE 方向水平应力更高一些。角砾熔岩中水平应力也不断增大，上升到接近垂直应力的水平。

（4）该高程水平深部的水平应力大小和差异程度进一步增大，由于高水平应力的存在及其对柱状节理所起到的约束作用，柱状节理玄武岩中也表现出了水平应力占据优势地位的特点。

（5）当性质坚硬的玄武岩被相对软弱的角砾熔岩所分割时，玄武岩中的地应力状态可以发生明显变化，主应力甚至可以偏离铅直方向。由此推测，C_4、C_5 等大型软弱剪切带附近的坚硬玄武岩中可能存在一个局部地应力分布区。

（6）即便是规模较小的结构面也可以明显地导致其上下两盘地应力方位的偏转，造成地应力局部异常现象。当这种异常程度足以突出时，当开挖面逐渐逼近这些结构面时，可能出现新的破坏现象。

（7）测试成果揭示了主应力方位和相对大小，但没有十分可靠地指示厂房区地应力值的绝对大小。

2.3.3.2　应力大小

总体上，从岸坡沿水平向山体内，水平应力不断增大的同时，两个水平主应力之间的差别也逐渐增大，后者增加的幅度更大一些，使得从岸坡到厂房区岩体地应力总体上经历了以自重为主、三向等压状态、水平应力为主的变化过程。

表 2.3－4 给出了裂纹质量优良的右岸所有垂直孔测试段的相关资料，表中除给出了劈裂压力和封闭压力读数以外，还给出了邻段间距。根据测试结果，ZK425 孔在 88～137m 深度范围进行的两段测试中，其测试段相隔距离相对较大，大约 12.4MPa 的劈裂压力和大约 7.4MPa 的封闭压力代表了该部位相对可靠的读数，由此获得的最小水平主应力大约为 8.3MPa，可能大于自重的水平分量大小。

更靠近岸坡一些的 PD102－1－1 也获得了三段裂纹质量、邻段间距均满足要求的测试结果，根据这三段测试段获得的结果，最小水平主应力大致在 2.8～4.3MPa 的水平内(方向 N70°W 左右)。与上述 ZK425 孔内成果相比，这两个部位的测试成果之间具有定性上的相对合理性。

表 2.3-4　　右岸水压致裂法垂直测孔压力读数及其解译结果

钻孔编号	孔口高程/m	孔深/m	劈裂压力/MPa	封闭压力/MPa	σ_h/MPa	邻段间距/m	
						上	下
ZK425	826	51.2	8.51	—	—	0.76	0.68
		52.8	11.73	5.53	6.0	0.68	0.76
		66.2	8.36	3.66	4.3	0.76	0.66
		88.7	12.39	—	—	6.16	5.26
		136.8	12.37	7.37	8.7	2.26	5.26
		163.8	13.20	—	—	0.70	0.70
PD71-3	735	24.37	12.24	4.24	4.4	—	0.76
PD102-1-1	684	10.8	—	2.81	2.9	0.70	5.30
		24.3	10.70	2.94	3.1	0.70	8.20
PD102-2-1	683	15.2	12.45	2.65	2.8	3.76	2.16
		18.2	11.68	4.18	4.3	2.16	3.76
		30.4	9.30	2.80	3.1	6.76	2.26
PD103-2-3	779.28	7.8	9.08	3.60	3.7	0.70	0.70
		9.3	6.60	3.09	4.0	0.70	3.70
DK4-1	628.4	10.8	9.11	3.60	3.7	0.70	0.70
		19.7	14.4	5.20	5.4	2.20	0.80
		30.2	9.80	4.80	5.1	0.70	—
DK6-1	625	10.7	14.11	6.11	6.2	—	0.80

而布置在厂房一带的垂直测孔所有获得裂纹资料测试段的间距显然都过小，获得的压力数据也无一例外地偏低，最小水平主应力的最大值为 6.2MPa，远小于自重大小，不符合根据钻孔裂纹的判断结果。因此，厂房区垂直孔的测试结果都没有可靠地揭示地应力水平。

表 2.3-5 表示了右岸水平布置、获得裂纹资料的各测试段水压致裂测试资料。因为岸坡一带测孔的裂纹陡倾，获得的断面最小主应力大致代表了某个水平主应力的大小，具体与钻孔布置方位有关。钻孔沿最大水平应力方向分布时，测量结果更多反映了最小水平主应力；反之，则代表了最大水平主应力。

测值最大的 PD102-2-3 沿 N40°W 布置，与最小水平主应力方位可能更接近一些，因此，6.3MPa 的测量结果可能更多地反映了最大水平主应力的作用。不过，上下段测值大小的强烈变化性、加上缺乏其他信息资料，使得利用压力读数大小对地应力量值的解译远不如对方位的解译准确可靠。

表 2.3-5　　右岸水压致裂法水平测孔压力读数及其解译结果

钻孔编号	孔口高程 /m	孔深 /m	劈裂压力 /MPa	封闭压力 /MPa	σ_h /MPa	邻段间距/m	
						上	下
PD102-1-2	684	12.0	10.8	4.0	4.0		
		23.0	12.0	3.5	3.5		
PD102-1-3	684	18.0	10.3	4.5	4.5		
PD102-2-2	684	30.0	11.6	5.0	5.0		
PD102-2-3	684	9.8	6.5	2.4	2.4		
		29.0	14.0	6.3	6.3		
		41.0	12.2	3.7	3.7		
PD71-1	735	6.0	16.0	4.0	4.0		
		15.0	12.5	4.5	4.5		
PD71-2	735	12.0	13.5	3.5	3.5	0.80	0.80
		20.0	13.5	4.5	4.5	0.80	0.40
DK5-2	625	15.5	14.0	7.0	7.0	0.80	0.80
		28.5	12.5	5.0	5.0	0.80	1.00
DK5-3	623	18.5	20.0	15.5	15.5	2.26	0.76
		20.0	18.5	16.0	16.0	0.76	4.06

地下厂房一带水平孔内的劈裂面多呈近水平状，测试获得的封闭压力更多地体现了垂直地应力分量的大小。地下厂房区水平钻孔中仅DK5-2的两个测试段裂纹质量满足要求，但这两个测试段的间距显著偏小，难以保证压力读数的可靠性。DK5-3孔两个测试段的致裂数略少一些，但测试段间距相对更合理，大约16MPa左右的封闭压力主要体现了垂直应力的作用，与近600m埋深下的自重相当。DK5-3沿NE方向布置，测试断面的最大主应力与三维地应力场中的最小水平主应力接近，根据20MPa的劈裂压力估计出的最小水平主应力应达到大约24MPa的水平。

综合地看，右岸坝肩一带浅层岩体水压致裂获得的裂纹状态揭示了自重占主导地位的基本特征，即岸坡地应力可以被处理成自重场。右岸厂房区所有可靠的水压致裂测试结果都显示最大水平应力在NS至NNE方位，地应力测试结果并没有十分可靠地获得厂房所在部位的岩体地应力大小，其主要原因可能来源于两个方面：一方面是测试过程存在两个连续压裂段的间距过短的情况，从而可能导致出现渗漏且干扰到测试结果；另一方面是白鹤滩岩体微裂隙、杏仁体、斑晶等发育，不满足测试孔段内均匀、连续、各向同性线弹性材料的要求，从而造成地应力测量获得的应力大小普遍偏低且局部地应力可能被明显低估的情形，后续的基于可靠测试成果的数值模拟反演分析将有利于建立工程区的应力场。

2.4 工程区地应力场数值模拟

如前所述，地应力测试成果表明左右岸地下厂房区和河床地应力场状态存在明显差别，其中河床部位最大主应力近EW向分布的特点取决于河谷地形，左岸地下厂房区最大水平主应力近NW方向，右岸为近NNE或近NS方向。可见，导致两岸厂房区水平主应力方位差别的原因是研究工作需要优先探讨的问题。

2.2节揭示了区域内大寨乡向斜对坝址区应力比和应力方向的影响较小，其作用小于区域内部地表地质作用的影响。因此，本节以大尺度宏观模型结果为边界条件，建立并且实施针对坝址区的河流下切模拟分析，充分反映构造、地形、岩组等因素的综合叠加影响，构建地下工程部位的“整体”应力场。

2.4.1 坝址区构造作用分析

与2.2节区域构造运动分析类似，坝址区数值分析首先也需要基于图2.4-1所示的模型再现地质演化过程中断层的相对错动关系，进而判断不同断块地质单元在最近历史时期的残余构造应力特征。

由坝址区基本地质条件可知，白鹤滩水电站坝址位于大寨乡向斜西翼，坝区地层出露较为简单，主要出露二叠系上统峨眉山组玄武岩。工程地质勘察结果说明，玄武岩以岩浆喷溢和火山爆发交替为特征，根据喷溢间断和爆发次数共分为11个岩流层，如图2.4-1（c）所示，总厚度约1489m。每一个岩流层的下部为熔岩，中间为角砾熔岩，上部为凝灰岩，显示了溢流与喷发的交替形成过程。

图2.4-1（b）说明坝址区以玄武岩层为主的岩层向SE倾斜，玄武岩层与上部沉积岩层产状一致，N30°～60°E，SE∠17°～26°，总体呈单斜构造。玄武岩流层下伏地层为二叠系下统茅口组灰岩，上覆地层为三叠系下统飞仙关组砂页岩，向上为上统须家河组砂岩、泥岩、白云岩。上下地层与玄武岩呈假整合接触。第四系松散堆积物主要分布于河床、阶地及缓坡台地上。熔岩层和茅口组、飞仙关组岩层均向SE方向缓倾，倾角18°～25°。

坝址区主要构造类型为断层、层间错动带、层内错动带、裂隙和节理，构造组合与构造变形形式相对简单。坝区内未见区域性断层，图2.4-1（a）勾画了发育规模相对较小的NE向、NW向、NNW向和近NS向四组断层，其中，以N60°W向最为发育，包括F_{13}、F_{14}、F_{16}和F_{18}等。

除了断层具备的成组共轭展布特征外，断层性质主要体现在断层平面延伸长度多小于1km，仅有F_3和F_{17}控制性断层出露长度在1～3km。断层全部发育在浅层环境，深度小于3km，以脆性错动为特点，断层面一般倾角陡，以平移错动和正向滑动为主，错距一般小于2m，逆冲运动较少。断层带内以发育多种脆性构造岩为特点，如面理化构造岩、断层角砾岩、断层泥以及复式构造岩等，显示了断层多期活动的特点。

采用图2.4-1所示的数值模型，在忽略河谷影响下的模拟结果见图2.4-2。由于喜山期（NS）到新构造运动时期（NW-SE）造成了挤压作用方向的变化，坝址区大型断层

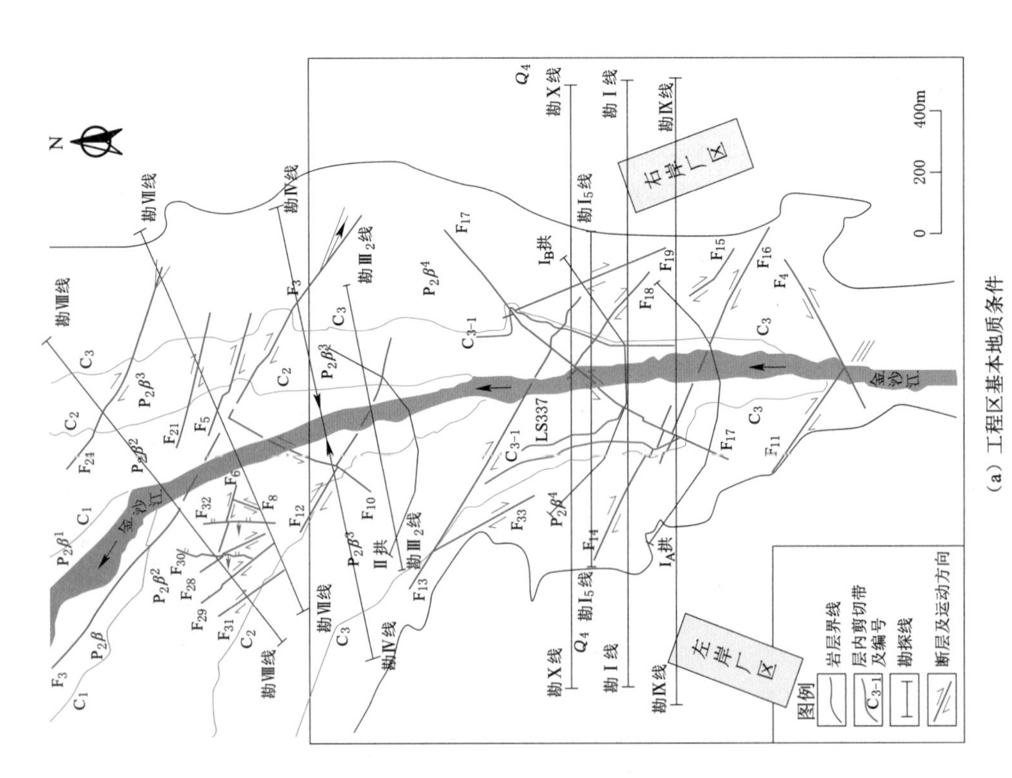

（a）工程区基本地质条件

（b）工程区三维地质模型

（c）A—A剖面

图 2.4-1 坝址区的构造特征及数值模型

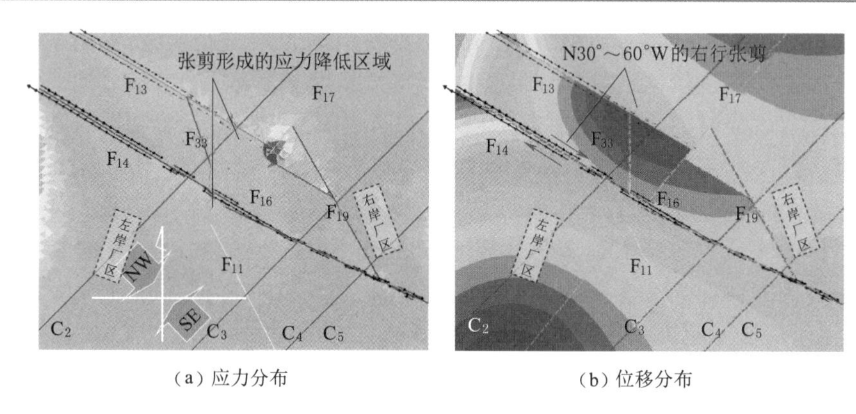

(a) 应力分布 (b) 位移分布

图 2.4-2 新构造运动 NW-SE 向挤压作用下的各断块的相对错动关系

组表现出了不同的响应特征，N30°～60°W（F_{13}、F_{14}、F_{16}、F_{18}）断层整体表现为右行张剪特征，并且形成局部应力降区域；N0°～30°W（F_{33}、F_{19}）同样表现为右行张剪性质，但运动量较小；N30°～60°E（F_{17}）则表现为左行剪切，体现出运动量较小的斜冲特征。

以上数值模拟再现了复杂的相对错动关系，并且与图 2.4-1（a）所示的构造解译构造相一致。研究工作一方面说明了数值分析对构造运动（结构面相对错动关系本身）解译的直观性，另一方面还主要体现了区内不同部位所属断块的应力和位移等对区域挤压效应的差异响应特征。换言之，即便小区域范围内存在如 NW 向挤压作用形成的统一宏观地应力背景，坝区构造切割所构成的断块在受挤压作用而产生相应错动的同时，也会在一定范围和程度上形成地应力的分区特征，即反过来造成了对地应力场的改造作用，这正是左右岸地应力产生差异的主要因素之一，所以，还需要将结构面对地应力的整体分区与局部影响再加以细化分析。

从白鹤滩坝址区的地质来看，大型结构面切割事实上已经构成了明显的断块岩体，图 2.4-3 各断块在构造作用下已经历过多期相对错动，势必在不同断块岩体形成了相对独立的地应力单元分区。据此，左右岸地下厂房区是否位于不同的断块地应力单元，从而致使左右岸地下厂区拥有不同的构造应力背景而表现出最大主应力方向存在较大差异，这显然是一个需要结合地表地质作用予以探讨的问题。

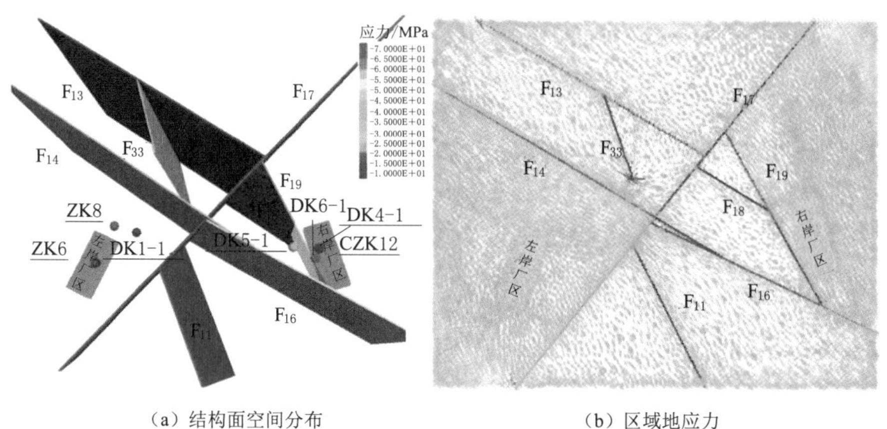

(a) 结构面空间分布 (b) 区域地应力

图 2.4-3 坝址区大型结构面切割形成的断块地应力特征

由构造演化历史可知，影响坝址区的最主要的构造作用是新构造运动以来的NW向挤压，这一时期的构造运动使得坝址区整体产生了自NW向SE的掀斜式抬升就是一直接证据，挤压过程也同时使得N30°～60°W（F_{13}、F_{14}、F_{16}、F_{18}）断层整体表现为右行张剪特征，并且形成了局部应力降低区域和断块应力分区，见图2.4-3（b）。

由图2.4-4高程620m的平切图可见，各断块发生了相对错动关系，左右岸厂房区所属断块岩体的主应力方向有所差异。进一步由地下厂房区岩体地应力的赤平投影图可见，左岸厂房区岩体的最大主应力方向维持在NW向，而右岸厂房区最大主应力方向在NNW，显然，断块地应力特征影响是十分显著的。

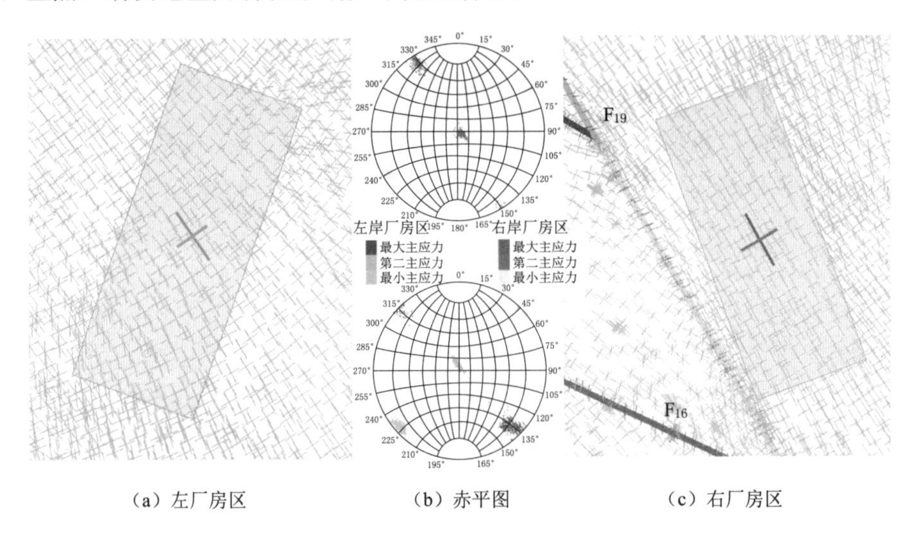

（a）左厂房区　　（b）赤平图　　（c）右厂房区

图2.4-4　左、右岸地下厂区所属断块的地应力分布特征

造成左右岸厂房区最大主应力方位差异的主要原因不仅在于块体相对运动过程中的“刚体”转动，而且在于左、右岸厂区部位局部受结构面的影响程度也存在明显差异，如图2.4-4右岸厂房区紧临规模较大的F_{19}、F_{16}断层，甚至于地应力测点DK5-1、DK6-1［图2.4-3（a）］即位于F_{19}两侧，因此，使得右岸地下厂房区最大主应力趋于平行NNW结构面；相比于右岸地下厂房区受大型断层影响突出外，左岸远离控制性结构面，所受影响较小。

以上完成了区域以及坝址区模型对构造运动在响应分析，说明了新构造运动以来的NW向挤压效应所保留的残余构造应力是影响坝址区整体应力条件的主要构造因素。即地壳运动的区域构造挤压应力造就了区域构造迹象的基本格局，而这些构造迹象的形成又反过来影响到其周边岩体地应力分布，从而形成宏观尺度的局部地应力场。特别是单纯由大型结构面切割即可构成断块地应力分区特征，并形成左右岸地下厂房区最大主应力方向的差异，使得右岸地下厂区最大主应力方向从NW向偏转NNW，而左岸保持在NW向，主应力方向差异达5°～10°。

由图2.4-3和图2.4-4可见，陡倾角大型结构面切割构成了明显的断块地应力分区，即在构造运动发生后即奠定了此基础，此后近现代的地表地质作用更多地体现在对此残余构造应力的改造。由于新构造运动以来的近代河流下切对深切河谷地区的应力改造作用会异常显著，即各断块岩体内保留的残余构造应力特征将进一步受到地表地质作用的影响，所以，以上完成的地质构造演化为主的分析工作仅仅为河流下切模拟分析提供了初始应力条件，还需要进行类似图 2.2-6 在考虑构造和精细地形特征下的坝址区地表地质作用的模拟。

2.4.2 坝址区河谷下切作用模拟

由近代地质历史分析可知，金沙江河谷地貌是在青藏高原隆升最快的500万年以来形成的，在此背景下坝区所在的断块整体表现为抬升环境，巧家-宁南地区新构造运动主要特点是以上升为主，伴随着强烈的河流下切作用，形成了 V 形谷。而金沙江水系的贯通、发育应是自中更新世以来的。可见，白鹤滩地区除了受现代构造挤压作用外，同时受到强烈的地表地质作用，显然，坝址区地应力场分布特征是包括地质构造演化历史、地表侵蚀作用、内在地质条件等诸多因素共同作用的结果。

总的来说，河谷演变过程模拟的地应力分析方法主要针对地质历史演变过程，涉及很多不确定性因素。采用确定性的数值模拟方法研究这一问题时，如何合理处理好这些不确定性因素，成为保证成果可靠的关键性环节，并非一项简单、容易的工作。针对地形影响，研究工作既需要简化和弱化其他因素的作用，又不脱离白鹤滩的基本现实，因此，以考察地表地质作用为目标的工作从以下几个方面着手：

(1) 依据 2.2 节中的宏观区域概化数值模型模拟，白鹤滩坝址区不对称河谷地形的河谷底部、两岸岸坡内部、两岸近地表一带的总体应力分布规律，实现模拟所得的左右岸的地应力量级与实际基本相当，但不刻意追求与白鹤滩现实地形的一致性符合，简化所有其他因素以迅速了解不对称河谷地形对现今地表地质作用的响应方式，并确定对坝址区总体地应力条件起显著作用的起始剥蚀面。

(2) 在上述概化模型基础上着重反映接近现实地形条件的地应力分布，并与概化模型相比，该模型更准确地反映了白鹤滩地形，但忽略地质条件以实现模型几何形态复杂性的可控性，以此反映微地貌的模型检验概化模型中原始地应力边界条件的适应性，同时深化“地形因素”条件下地表地质作用对坝址区应力集中、主应力比值和方向影响等宏观认识。

(3) 采用反映白鹤滩精细地形的模型，分别进行以自重应力和构造应力两种不同初始条件的分析，说明考虑残余构造应力场的前提作用。

(4) 在反映白鹤滩地形模型中分别增加模拟岩组、层间（内）错动带和主要断层，使得总体地质条件不断接近白鹤滩实际情形，见图 2.4-5。开展这种条件下的 NW 向挤压作用及河流下切两种荷载条件下的数值模拟，从而从地形、岩组、断层这种综合层面上了解白鹤滩坝址区地应力宏观分布。

总之，白鹤滩坝址区左右岸地应力测值方向差异是区域性残余构造应力受到具体局部地质构造、地形、岩组和结构面等综合影响的结果，而数值模型旨在从历史演变的角度分析坝址区地应力场受构造和地表地质综合作用下的整体应力分布特征。

在实际数值模拟工作中，原始地形的考察采用了图 2.4-5 所示的方式，假设在河谷形成前的地表相对平坦，沿河谷剖面方向只出现小幅度变化（变化幅度由边界条件差异实现），并且其最低点可以不同于模型的顶面（高差待定）。

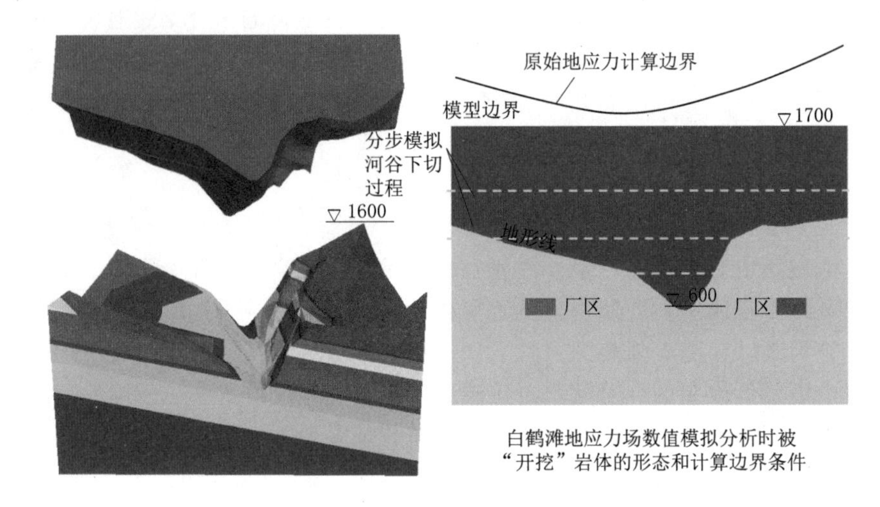

图 2.4-5 白鹤滩坝址区河流下切数值模型（单位：m）

鉴于起始剥蚀面这一边界条件成为了整个分析的关键环节之一，显然，具体的模拟分析过程需要同时在小区域模型和坝址区模型中以不同的原始地应力边界条件进行多次重复，以得出与2.3节甄别获得的坝区可靠的地应力特征接近的结果，其中涉及正交设计与三维离散元3DEC相结合的多次逼近过程。

图2.4-6表示了NW向挤压条件下考虑岩组条件、构造条件、地表地质作用组合的计算结果。在NW向挤压和构造条件下，河流下切导致应力重分布也具有明显的非均匀性，如河床部位的应力集中区即受到断层的影响；此外，地表剥蚀后左右岸厂区主应力比与方向发生显著变化，最小主应力方向近铅直向。

总体上，与构造应力提供原始地应力条件（即计算初始条件）不同的是，地表侵蚀更多地体现在对工程区不同部位岩体地应力的改造作用，从而形成典型的河谷应力场分区特征。在地表地质作用过程中，由于左右岸河谷的非对称性，纯地形条件因素即可以使得左右最大主应力方向产生10°左右的差别。

考虑大型结构面的存在，地下厂房区局部主应力方位受层间带的影响有所偏转。对于工程所重点关注的地下厂区最大主应力方位而言，如图2.4-6（c）所示，左岸最大主应力方向由NW偏转至N35°～40°W，而右岸的最大主应力由NW偏转至N0°～15°W，可见，在考虑构造应力背景和地形条件的基础上，地质条件因素的叠加（特别是结构面的影响）使得左右岸的最大主应力方向产生进一步差异，差值达30°，与实际地应力测量结果总体相符。此外，在河谷下切地形控制作用下，左右岸地下厂区的中间主应力都倾向河谷5°～15°，这对于地下洞室群开挖后的应力集中位置和集中程度的差异存在明显的影响，2.5节将进一步分析初始地应力条件对围岩开挖响应特征的制约作用，也以现场揭示的片帮破坏现象验证地应力场的合理性。

2.4.3 工程区应力分布特征

2.4.2节的数值分析考虑了构造运动、地表地质作用和地质条件的综合影响，一定程

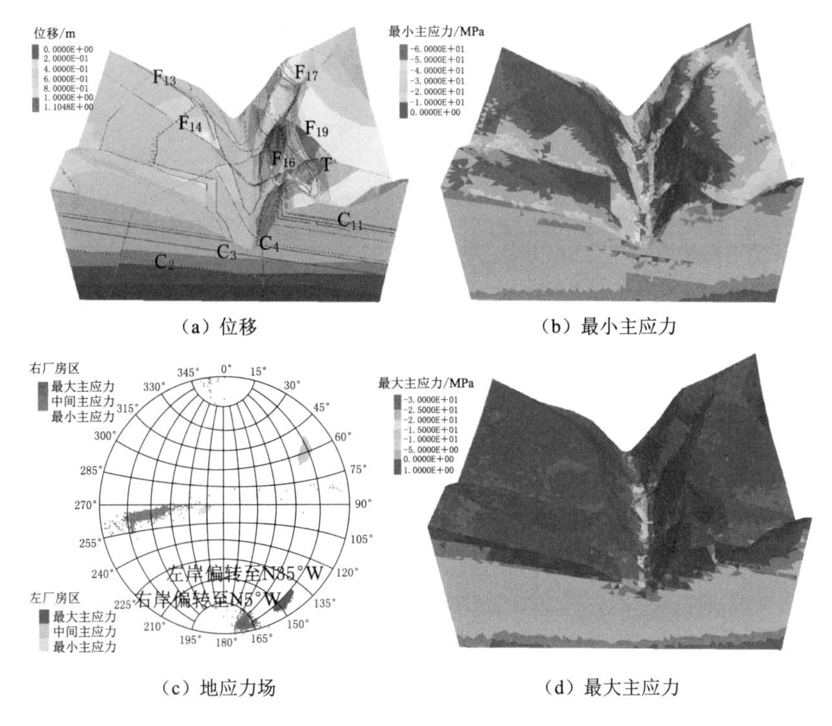

(a) 位移　　(b) 最小主应力

(c) 地应力场　　(d) 最大主应力

图 2.4-6　地形与构造条件下河流下切导致的应力重分布

度上已经达到针对坝区地应力场的综合分析目标。

图 2.4-7 是综合模拟整个坝址区宏观地质条件和河谷演化所得出的总体应力分布特征。总体上，右岸由于边坡高陡，边坡卸荷松弛区域也较大，而左右岸相同高程的地下厂房区以右岸的初始应力更高，体现出了与埋深条件、现场破坏现象、地应力测试成果相一致的合理性。

就坝基初始应力分布而言，在以探讨工程区总体地应力分布特征为目标的计算成果中，同时揭示了图 2.4-7 所示的特征：

(1) 图 2.4-7 (b) 说明坝基岩体的应力分布方向较为统一，即最大主应力方向基本为近 EW 向，但应力值存在显著差异，特别是还存在应力集中区域；图 2.4-7 (d) 说明河谷应力集中区域位于基岩面以下，应力集中区域在高程 525m 附近，距离河床约 50m，与地应力测试成果和河床岩性饼化现象具有一致性。

(2) 图 2.4-7 (c) 说明右岸坝肩岩体的初始应力分布存在较大分散特征，并与高程密切相关。具体而言，在高程 720m 以下，基本上为河谷应力分布特征，在高程 720m 以上部位逐渐转变为自重应力的边坡岩体应力分布特征，甚至在高陡边坡的突出部位形成拉应力区域；高高程部位的坝肩边坡的最大主应力方向总体呈铅直向，接近于自重应力场分布条件；而低高程坝肩部位的最大主应力方向为近 EW 向，与坝基的应力方向接近。同时，大寨沟的存在使得靠大寨沟一侧的岩体最大主应力方向出现一定的离散性，甚至接近 NS 向。

(3) 与右岸边坡类似，图 2.4-7 (a) 说明左岸高高程坝肩边坡最大主应力方向同样呈垂直向，而低高程坝肩的最大主应力方向为近 EW 向。当然，由于左岸坝肩不存在如大寨沟等地形因素的影响，因此，应力分布总体规律性较好。

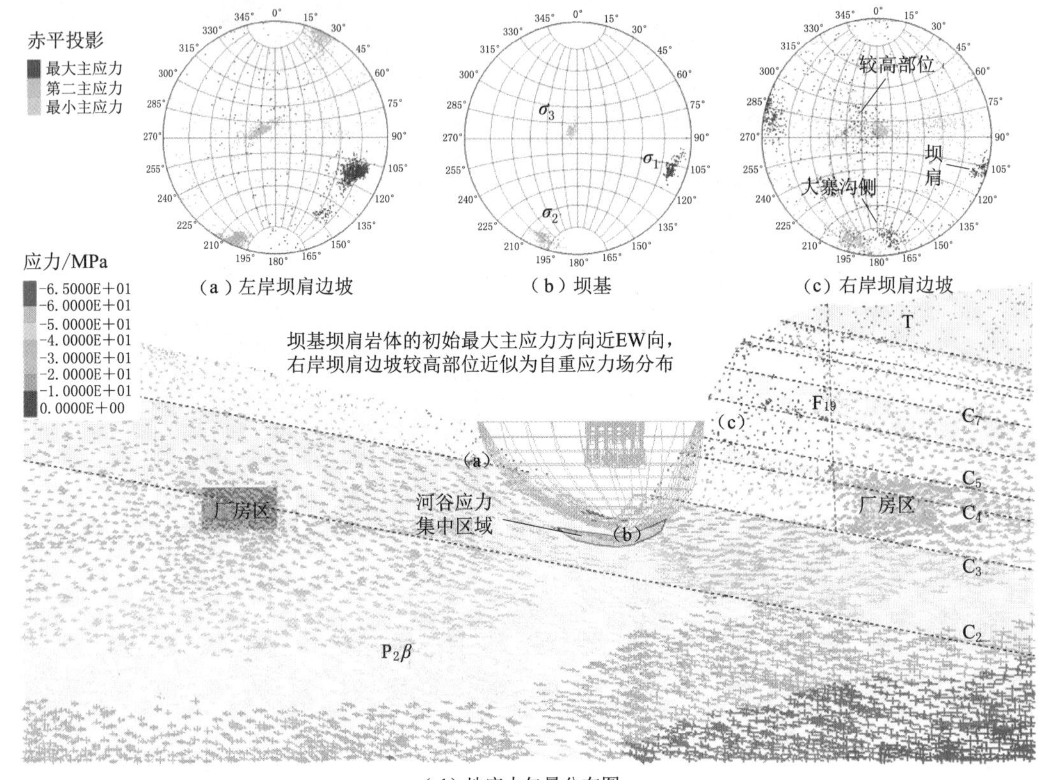

图 2.4-7 白鹤滩典型坝基剖面最大主应力分布特征

白鹤滩水电站地下洞室群规模宏大，包括地下厂房、主变洞、尾闸、尾水调压室、导流洞、泄洪洞、引水洞、母线洞、尾水洞等建筑物，由于这些线状布置建筑物的地层岩性、埋深和展布方位等都不尽相同，因此，不同断面上的地应力场差别可能相对较大。

图 2.4-8 为典型平切面的地应力分布特征，可见概括出以下基本规律。

(1) 近岸坡的地应力场受地形影响分散性较强，右岸导流洞进口段岩体初始应力方向为 NNE 向，右岸导流洞出口段为 NNW 向，而左岸导流洞出口段为近 EW 向。

(2) 水平埋深较大的围岩初始应力方向较为统一，即右岸总体呈 NS 向，而左岸总体呈 NW 向。同时，不同洞段最大主应力方向的差异主要体现出构造作用形成的断块地应力单元和河谷下切所造成的差异。

由 2.4.2 节坝址区地应力场模拟成果可知，在考虑新构造运动的 NW 向挤压效应和地形影响基础上，叠加地质条件的模拟结果还揭示，地质条件包括大型结构面控制的断块、岩组、优势结构面等因素对左右岸厂房区应力场分布起着关键作用。如图 2.4-9 所示，考虑地质条件后，右岸最大主应力方向偏转至近 NS 向，造成左右岸厂区最大主应力方向差别近 30°，并且进一步叠加层内带等地质因素后可以使得右岸厂区岩体最大主应力

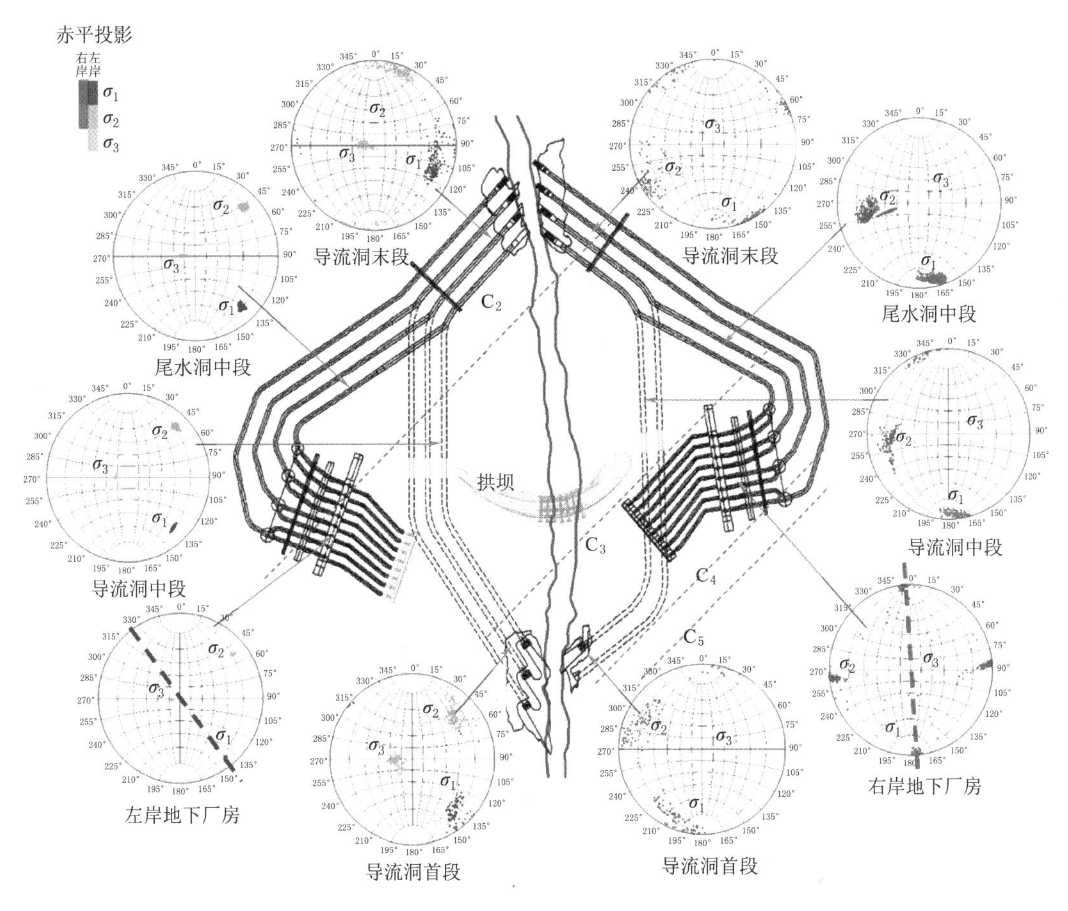

图 2.4-8 白鹤滩地下洞室群分部地应力特征

方向产生明显的离散，甚至偏转至 NNE 方向。

总体上，相比于导流洞、引水洞、尾水洞等建筑物线型分布而言，两岸地下厂房区基本不跨越不同的断块地应力单元，初始地应力状态较为统一；同时，由于左右岸地下厂房区埋深较大，受地形因素影响产生的差异也相对较小。

左岸地下厂房的初始应力大小总体随深度变化，基本保持在 19～23MPa 范围。地质因素的考虑使得最大主应力方向产生了一定的离散性，但是仍然集中在 NW 向。类似的，右岸地下厂房的初始应力大小总体随深度变化，基本保持在 23～27MPa。地质因素的考虑使得最大主应力方向产生了一定的离散性，但是仍然集中在 NS 向。

基于综合数值模拟获得的厂房区特征点地应力特征，结合 2.1.1 小节河谷地应力场分布规律（岩体地应力组成也不能简单地看成是构造应力与自重应力的叠加），考虑构造应力随深度变化后，地下厂房区地应力表达式，可以拆分为表 2.4-1 所示的各分项。

其中，剥蚀量对线性分布常数 $\Delta Th+T'$ 的增大远小于 $\left(K-\dfrac{\mu}{1-\mu}\gamma\right)\Delta h$。考虑到河谷下切的时间效应，取 $m=\left(K-\dfrac{\mu}{1-\mu}\gamma\right)/10$，那么右岸的剥蚀量比左岸小 220m 的条件下，地表地质作用对常数项 K 的改造差别为右岸（1.155）小于左岸（1.617），即左岸由于地

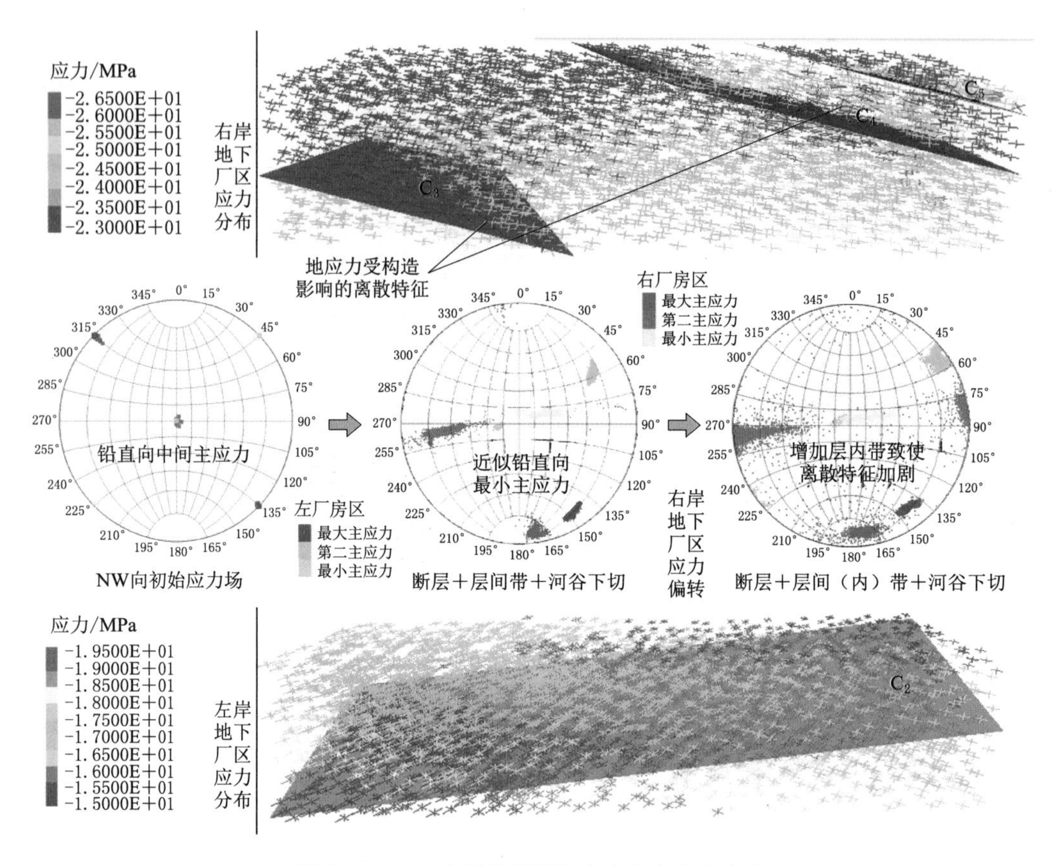

图 2.4-9 左右岸地下厂区主应力方向和大小

表侵蚀量较大，其残余构造应力水平也相对较高且变化梯度也较大，这点与超固结土的侧应力系数一般相对较高具有相似原理。

表 2.4-1 左、右岸地下厂区地应力组成

部位		斜率 K	埋深 h/m	构造应力分项		地表侵蚀		总和 σ/MPa
				ΔTh	T	m	ΔH/m	
左岸	σ_1	0.0304	280	6	3	0.0021	770	19.1
	σ_2	0.0255	280	4.5	1.5	0.0021	770	14.8
	σ_3	0.028	280	—	—	—	—	7.8
右岸	σ_1	0.0304	500	6	3	0.0021	550	25.4
	σ_2	0.0268	500	4.5	1.5	0.0021	550	20.6
	σ_3	0.028	500	—	—	—	—	14

工程界通常假定地应力为构造应力与自重应力的叠加。如果不存在断块地应力单元影响，在理想的均质河谷下切作用改造下，左右岸地下厂区的地应力分布总体具有较好的线性关系，因此，可以将表 2.4-1 的各分项予以合并，得出左右岸地下厂房区地应力简化

表达式如下：

左岸：

$$\left.\begin{aligned}\sigma_1&=0.0304h+10.5\\\sigma_2&=0.0255h+7.6\\\sigma_3&=0.0280h\end{aligned}\right\}\qquad(2.4-1)$$

右岸：

$$\left.\begin{aligned}\sigma_1&=0.0304h+10.2\\\sigma_2&=0.0268h+7.5\\\sigma_3&=0.0280h\end{aligned}\right\}\qquad(2.4-2)$$

总之，数值模拟分析成果解释了左右岸地下厂房区最大主应力方向产生差异的主要原因。同时，基于综合数值模拟获得的坝址区地应力分布符合河谷地区应力场特征，并且，左右岸地下厂房区的主应力方向、大小与可靠的实测成果基本一致，一定程度上证明了综合数值模拟成果的可靠性。

需要注意的是，鉴于白鹤滩地应力特点具有鲜明的“宏观统一、细观分散”的特点，以上两个表达形式只满足对于地下厂房区一般性研究的需要，针对具体工程部位需要重点关注局部地应力场特征（见2.6节），同时，该应力分布也不能够简单地推及其他部位。这是由于坝址区总体体现了深切河谷地区复杂的地应力分布特点，应当说不具备良好的线性规律，也肯定不可能得出适于大区域（如整个左岸或右岸）的统一表达式，此外，即使在左右岸随深度变化方向上，也需要针对不同高程部位确定不同的表达式。

2.5 工程区地应力分布验证

2.4节数值模拟过程中，实际上是以地应力测值为反演目标，即在数值模拟成果以满足计算值与实测值充分接近为检验标准，但其前提条件是测量成果的可靠性和代表性。考虑到2.3节阐述的地应力测量可能引起较大误差，因此，仅采用计算值与实测值的比较尚不能充分验证地应力场的合理性，而需要同时考虑采用现场的围岩破坏现象反过来验证地应力的准确性。

2.5.1 现场现象的经验分析

众所周知，地应力测试是评估地应力水平的重要方法，也是唯一的直接方法，但并不是唯一方法。事实上，很多地应力测试方法都建立在对测试区地应力状态经验判断的基础上。比如水压致裂测试要求钻孔方位和一个主应力大致平行，这就要求在测试前对主应力方位有一个基本判断，其依据就是现场条件和现象，特别是当地下工程开挖以后围岩出现了应力型破坏时，破坏现象可以反过来可靠地指示初始地应力状态，帮助把握场址区地应力特征。同时破坏现象还清楚地指示了地应力对工程的影响程度及重要性，否则，当工程开挖没有揭示任何应力型破坏时，地应力对工程的影响一般处于次要地位。

如前所述，世界地应力图、大地构造和地表地质作用的研究成果等都可以帮助判断一个地区地应力总体状态。而具体工程场址的岩性组成和构造特征是影响地应力分布的重要因素，相关研究和实践积累也可以帮助认识和判断场址范围内的地应力状态。在工程勘探之前即可以获得这些信息，因此也可以对地应力状态作出基本判断。这里所讨论的地应力现场判断的基本依据是勘探或施工期现场所揭露的一些现象，特别是洞室开挖以后高应力破坏的分布和形态等。

在硬质岩石地区进行勘探和地下工程开挖时，如果地应力水平足够高，开挖过程中或者是开挖以后围岩中会出现一些浅埋工程所不具备的现象，最常见的现象是围岩出现规模不等的破裂，其产状和形态特征显著区别于节理等构造现象。比如这些破裂面呈新鲜状，往往相对密集出现，与开挖面平行分布，空间形态上呈弧形等。虽然破坏的规模不等，但一般相对较小，多在数十厘米的水平。这类破裂一般属于程度相对较弱的应力型破坏，指示应力水平和岩体强度的矛盾并不突出，应力强度比不是很高。

按照勘探和开挖过程中揭露的应力型破坏程度，可以对地应力量值水平进行大体判断，这方面的既往成果很多，主要认识如下：

（1）低地应力水平：指勘探和开挖过程中不产生应力型破坏现象，一般认为最大初始地应力量值不超过25%的岩石单轴抗压强度。

（2）中等地应力水平：开挖以后出现程度相对不高的应力型破坏。比如滞后掌子面一段距离出现的围岩破裂现象、围岩的片状破坏等，此时最大初始地应力和岩石单轴抗压强度之比为25%～40%。一般开始观察到应力型破坏现象（如滞后掌子面一段距离的破裂）时，该比值大致在30%～33%的水平，当接近到40%时，即可观察到比较明显的片状破坏，掌子面一带开始出现声响现象。

（3）高地应力水平：开挖以后出现普遍的应力型破坏，破坏位置不仅出现在掌子面以后一段距离的围岩中，还普遍出现在掌子面，形式上也可以比较强烈，如出现强烈的声响现象和破坏岩块的弹射等。此时对应的应力强度比一般在40%以上，如果钻孔内揭露饼化现象，饼化岩芯对应部位初始地应力水平一般可以达到60%的岩石单轴抗压强度。

以上的经验认识可以帮助通过现场现象判断地应力量值水平，但是它们之间并不存在绝对性关系。现实中的应力型破坏程度不仅和应力强度比有关，还受到二次应力场中三个主应力比特别是开挖断面上主应力比值大小的影响。但这并不意味着上述经验判断就失去了工程适用价值，而是强调实际工作中不要过于单一地依赖某一个方面的经验依据和准则，而是要综合考虑。垂直地应力大小往往可以通过自重估算，因此也可以估算出给定埋深条件下应力强度比大致水平。当估计的结果和现场实际破坏条件存在差异时，断面应力比则很可能是需要考虑的原因。当现场的破坏条件弱于估计结果时，则可能指示断面应力比较小；反之断面应力比较大。

利用现场现象还可以比较可靠地判断主应力方位和三个主应力的比值关系。前者依据的是应力型破坏出现的位置，后者则依据破坏形态以及不同轴线方位洞室围岩应力型破坏程度的差异。

2.5.2　基于片帮破坏的验证

白鹤滩左右岸地下厂房勘探平洞（图2.5-1）开挖过程中，在4个不同方位的支洞内出现了不同程度的片帮破坏，由于左岸地下厂房最大主应力为19～23MPa，低于右岸最大主应力（约26MPa左右），因此左岸勘探平洞片帮破坏不明显，而右岸各个方向的勘探平洞都不同程度的产生了片帮破坏现象。

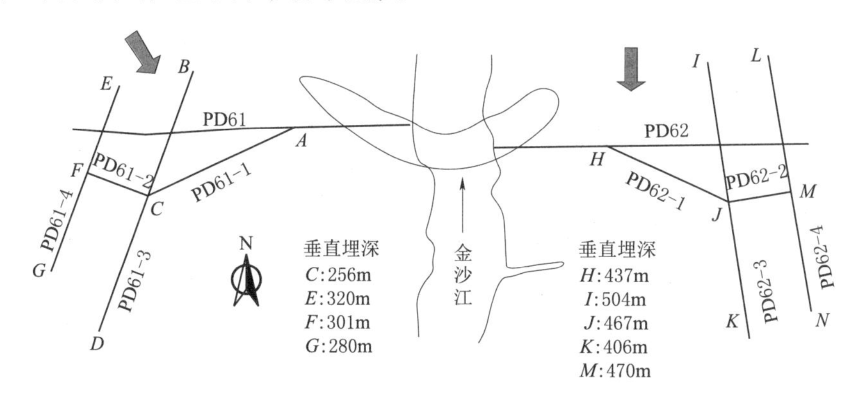

图 2.5-1　左右岸厂房区的勘探平洞展布图

图 2.5-2 表示了右岸勘探平洞各不同方位支洞内的典型片帮破坏形态，包括破坏形态现场量测结果和照片。由图 2.5-2 可见，大量迹象显示隧洞沿线最大主应力近于水平，顶部中等程度应力型破坏普遍。

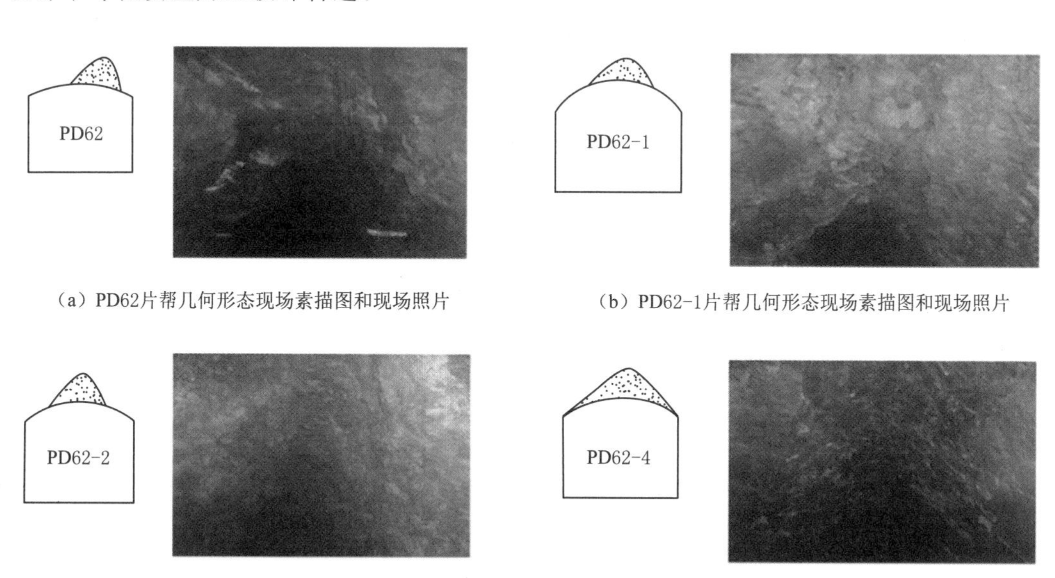

（a）PD62片帮几何形态现场素描图和现场照片

（b）PD62-1片帮几何形态现场素描图和现场照片

（c）PD62-2片帮几何形态现场素描图和现场照片

（d）PD62-4片帮几何形态现场素描图和现场照片

图 2.5-2　右岸勘探平洞顶拱片帮发育特征

四个平洞片帮形态存在一定差别，PD62-2 和 PD62 平洞的典型片帮都呈典型的 V 形特征，V 形尖端挤压出明显的破裂状，破裂深度也较大。PD62-1 平洞的片帮总体上也呈比较典型的 V 形，但尖端形态相对于前两个方位的平洞要差一些，略显平缓。与这几个方位平洞的片帮破坏形态不同，尽管 PD62-4 段的最强烈片帮破坏深度也较大，但形态上要舒缓得多。考虑到 PD62-4 平洞 MJ 段 56m 处一带的片帮深度受到结构面影响，则可以认为在同等条件下，PD62-4 的片帮显著地弱于其他方位的支洞。

总体上，各支洞内片帮强弱程度的相对关系可以概括为以下 4 方面。

（1）NEE 向的 PD62－2 平洞中片帮最突出。

（2）近 EW 向的 PD62 平洞中片帮严重程度居次位，总体上仅略弱于 PD62－2 支洞。

（3）NW 向的 PD62－1 平洞内片帮要相对比较明显地较 PD62 和 PD62－2 平洞中弱，但明显要比 NNW 向的 PD62－3 和 PD62－4 平洞中强。

（4）NNW 向的 PD62－3 和 PD62－4 中也出现了片帮，但总体强度最弱。

鉴于上述位于 4 个不同方位平洞的 4 处典型片帮破坏发生部位的岩体质量特征接近，片帮破坏程序的差异实质上是这些支洞与三维初始地应力场中最大主应力方位的不同。与最大主应力交角越大，片帮破坏程度越强。据此判断最大主应力方位应接近 NS 向，与 PD62－2 交角最大，其次分别为 PD62、PD62－1、PD63－3 和 PD63－4 交角最小。

现场还统计了各支洞片帮破坏的频度，即片帮段总长度占洞室长度的比值。图 2.5－3 结果显示以 PD62－2 最突出，其次为 PD62 洞，再次为 PD62－1，最后为 NNW 方位的 PD62－3 和 PD62－4。根据图 2.5－3 中资料获得的在这 4 个不同方位平洞的比值分别为 83%、49%、35%和 30%，从一个方面说明了最大主应力和这四个支洞轴向方位之间的交角关系。

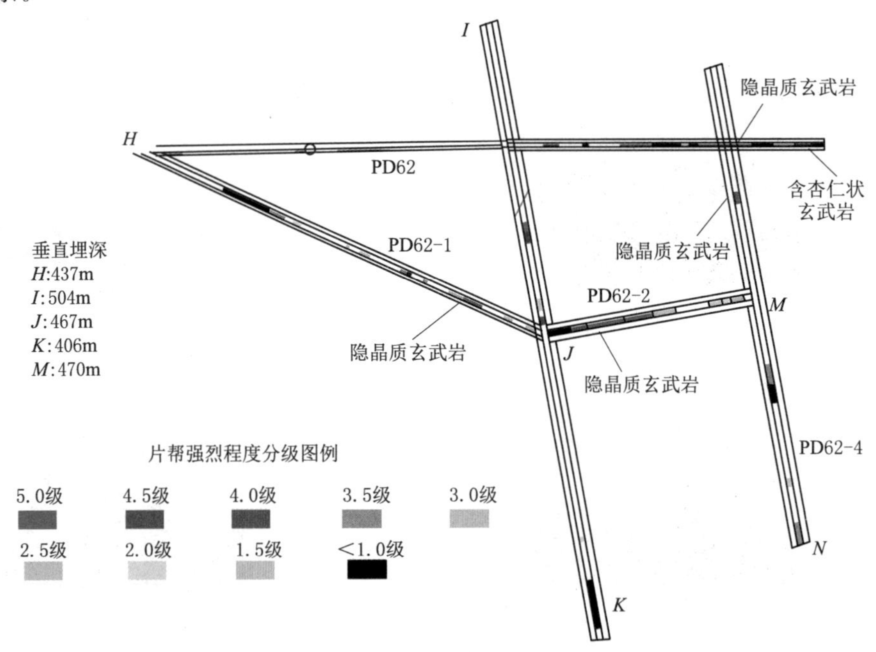

图 2.5－3 右岸不同方位平洞片帮破坏强弱统计成果

所有支洞内片帮都出现在顶拱一带，明确指示了三个主应力中两个接近水平方向、一个接近铅直方向的特点，且两个水平应力分量均大于垂直应力。考虑到即便是和最大主应力交角最小的 PD62－3 和 PD62－4 支洞内也出现了片帮破坏，判断最大主应力与中间主应力（水平状）量值相对接近，与最小主应力的差值相对较大。

2.5.3 基于数值模拟的验证

现场经验判断和地应力测试是相互补充的两种工作方式，并且现场经验判断的优点在于宏观性，能够反映大尺度岩体地应力的基本特征，缺点是定量程度不高。因此引入数值计算以后可以提高分析结果的定量化水平，作为对测试工作的补充，同时，也能够依据现场的破裂深度对岩体参数进行反演。

为进一步检验数值模拟获得的初始地应力场的合理性，研究工作建立了包含图2.5-4右下图所示4个不同方位勘探平洞的三维模型并进行了平洞开挖的数值模拟，旨在基于统一地应力场和完全相同的岩体力学参数探讨不同方位勘探平洞中二次围岩应力状态所揭示的工程意义，从而对前述经验分析进行验证。

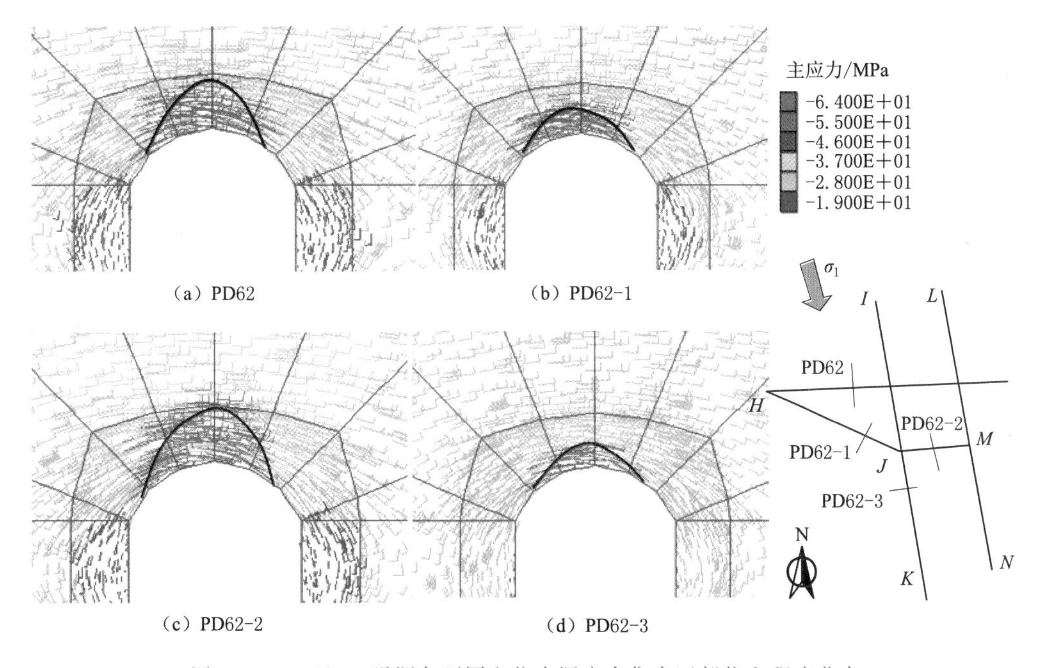

图2.5-4 PD62平洞各不同方位支洞应力集中区部位和程度分布

图2.5-4给出了平洞开挖围岩的弹性计算应力分析特征。

(1) 4个不同方位平洞的应力集中区全部位于顶拱，与现场观察到的片帮位置相同，证明模型中初始地应力场中三个主应力的倾角与实际非常接近，即最大和中间主应力近水平，最小主应力近铅直。

(2) 应力集中区深度在PD62-2、PD62、PD62-1和PD62-3等4个不同方位的平洞中呈逐渐降低的特点，且PD62-2和PD62比较接近，PD62-1与前两者的差别小于与PD62-3的差别，符合现场特征，证明模型中选取的三个主应力的方位正确，三个主应力之间的相对大小也与实际比较接近，总体上证明了上述经验分析成果的可靠性。

(3) 应力集中区大体呈倒立的V形，且也以PD62-3更舒缓一些，与片帮破坏形态具有一致性。

对应力集中区位置和深度是否能与片帮对应还需要看这种应力集中是否能导致围岩的屈服，同时围岩在什么样的应力状态下屈服是建立应力集中区和片帮区一致性关系时需要考察的内容。为此，图2.5-5列出了这4个不同方向的勘探平洞采用弹塑性模型计算时V形破坏区单元屈服时的应力状态。

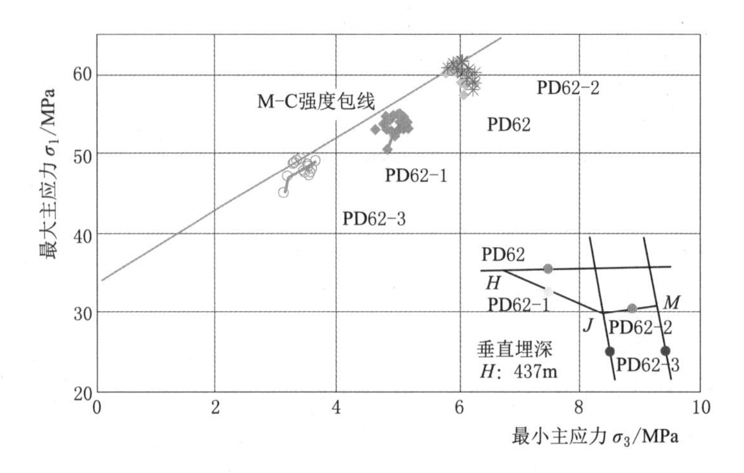

图 2.5-5 PD62 平洞各不同方位支洞应力集中区部位屈服时的应力状态

图 2.5-5 中 4 个不同方位平洞在开挖应力调整达到稳定时的应力状态都达到了围岩的峰值强度，即图中最大-最小主应力坐标下的应力点位于峰值强度包线上，表明应力集中导致了岩体的屈服。并且这种屈服发生时最小主应力仍然维持一定的水平（最高为 6MPa 左右），即破坏时围岩积累了一定的能量，说明应力集中区导致岩体破坏时可以伴随一定的能量释放，符合片帮破坏的力学特点。上述的应力集中特征可以对应于现场的片帮。

另外，图 2.5-5 还从能量角度显示了这 4 个不同方位勘探平洞片帮破坏程度的差异，PD62-2 和 PD62 发生屈服（片帮）时对应的应力状态很接近，说明片帮发生时的能量积累水平和释放水平相当，以 PD62-2 略高（图中 PD62-2 的应力状态点略靠右侧一些）。因此这两个方位的片帮破坏程度也应基本相当，以 PD62-2 略强一些，与现实吻合。

与 PD62-2 和 PD62 相比，PD62-1 屈服（片帮）时对应的应力状态是，最大和最小主应力均要低一些，表明破坏前的能量积累水平相对要低，其中 PD62-3 破坏前的能量积累水平最低。

图 2.5-6 给出了弹塑性计算的屈服区深度，在假设岩体均质的条件下，PD62-2、PD62、PD62-1 和 PD62-4 这 4 个不同方位平洞的片帮破坏深度分别为 0.89m、0.87m、0.81m 和 0.20m，其相对顺序关系与现场调查结果一致。在剔除 PD62-4 内因为结构面导致的强烈片帮破坏以后，计算指示的破坏深度也与现场统计结果保持良好的吻合性。

总体上，数值模拟的初始地应力场特征采用的地应力场假设条件可以可靠地描述了现场实际情况，各不同方向勘探平洞应力集中区围岩破坏前能量积累水平的差异与现场各平洞片帮程度的差异具有定量规律上的一致性，从能量积累水平的角度验证了模型中选择的初始地应力场特征的正确性和可靠性，各不同方位勘探平洞应力集中程度的差别反映了片帮破坏程度的差别，并与现场应力破坏特征吻合。

以上充分依托现场勘探平洞的围岩破坏现象，借助数值模拟技术分析了白鹤滩右岸地下厂房的地应力状态（最大主应力呈 NS 展布），提高了分析结果的定量化水平，是对测试工作的重要补充。此外，数值模拟的成果也不一定是最终结果，其中的重要原因是平洞

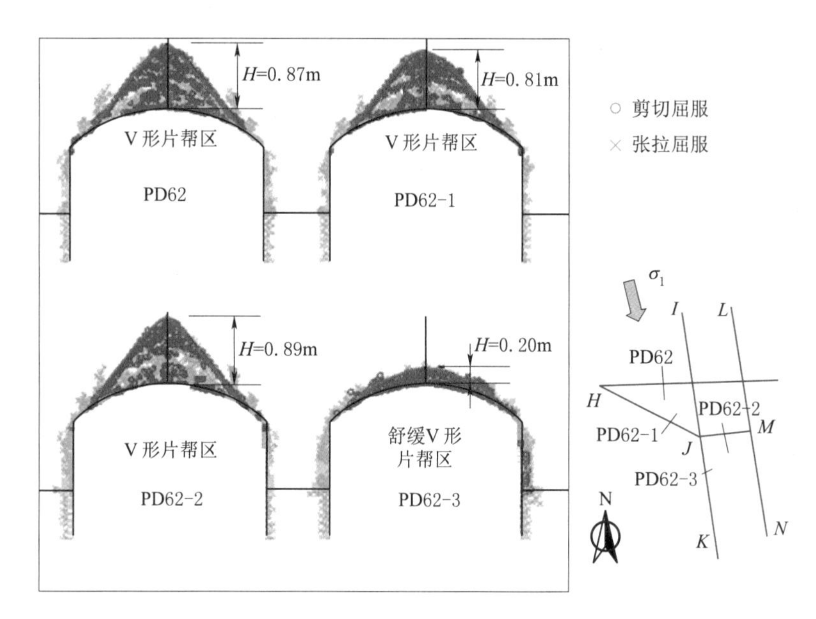

图 2.5-6 PD62 平洞各不同方位支洞屈服区深度对比

片帮与地应力局部异常密切相关，岩组和构造都可能对地应力条件造成影响，因此，实际工程中需要重点关注局部地应力场特征。

2.6 工程区局部地应力场分布

当局部地应力导致一些工程现象时往往能引起注意，在白鹤滩前期勘探中最常见的工程现象为钻孔岩芯饼化和隧洞片帮破坏现象。一方面，现实中的岩饼往往只在某一个孔深段出现，除少数极端情况外，很少出现全孔饼化的现象，并且一个钻孔内不同段的饼化程度往往并非随孔深增大而加剧，饼化往往是局部孔段的局部现象，在岩性条件保持稳定的情况下，饼化可以指示出地应力局部异常现象。另一方面，前期勘探平洞内也会出现片帮破坏，片帮并非随平洞埋深的增大而不断加剧，而是出现在局部的几个洞段，即这些应力型破坏并非总是和埋深呈单调增长关系，而往往是一种局部现象，是局部地应力场作用的结果。可见，白鹤滩地应力局部异常现象十分明显，并且将对工程造成影响，因此有必要对岩体局部应力的控制性因素进行探讨。

2.6.1 局部应力分布的一般特征

2.6.1.1 局部地应力影响因素

影响岩体地应力局部化的因素很多，局部分布形式也非常复杂多样。目前的认识水平主要是处于积累阶段，即了解导致局部化的主要因素和局部化分布的基本特征，这方面的积累也相对有限，更难以定量掌握不同条件下地应力的定量化分布。本小节主要介绍到目前为止取得的一些认识和成果，以测试成果为主，包括部分分析成果和实践认识。

影响地应力局部异常的主要因素和作用结果主要包括以下4个方面。

（1）岩组条件：在软硬相间岩组条件下，硬岩往往承担较高的应力和具备较高的应力比。

（2）褶皱条件：由于褶皱的规模一般相对较大，规模相对较小的褶皱宽度也可以达到数百米，褶皱构造因此往往可以在较大范围内引起地应力异常。一般来说，向斜核部地层地区应力水平和应力比呈现增高的趋势，而背斜似乎相反，因此向斜核部更容易导致应力型破坏问题。

（3）断裂条件：由于断裂的性质和形成机制差别较大，断裂附近岩体地应力异常程度和表现方式也可以差异悬殊，是工程中最难事先把握和判断的环节。断裂构造是否导致明显的地应力异常以及异常区的基本特征如何，往往需要在开挖揭露以后通过一些现象进行判断。

（4）剧烈起伏的地形条件：以深切河谷地区最具有代表性，其所导致的地应力分布相对复杂。

2.2.1小节已经以白鹤滩工程所在区域为例介绍了褶皱（大寨乡向斜）导致的局部应力场特征，2.2.3小节和2.4.2小节也详细说明了深切河谷地区的应力分布特征。以下侧重介绍更为普遍的岩组条件和构造因素导致的局部地应力分布。

2.6.1.2 岩组导致的局部地应力

就岩组条件而言，软弱岩层因为刚度低、变形性好，在构造运动和河谷下切改造过程中，软弱岩层对应力变化的响应是变形，使得软弱岩性层内最大、最小主应力的差别减小，即处于一种相对良好的地应力状态。而与软弱岩性层相邻的硬质岩层起到了“承载层的作用”，由于岩体刚度大、变形小，构造运动和河谷下切等外界环境变化在这类岩性层中直接表现为应力的变化，一个普遍的现象是最大、最小主应力差值增大，这在软弱互层岩体中可能更突出一些。

图2.6-1是某一地区灰岩和页岩中的实测地应力成果。根据这一互层条件下的测试成果，页岩中最小水平主应力和垂直应力非常接近，一般在12MPa左右，最大水平主应力的平均值不足14MPa，二者之间的比值仅为1.17左右，具有接近静水压力状态的特征。该测试成果证明了软硬相间岩层中硬质岩层应力水平相对较高的特征。

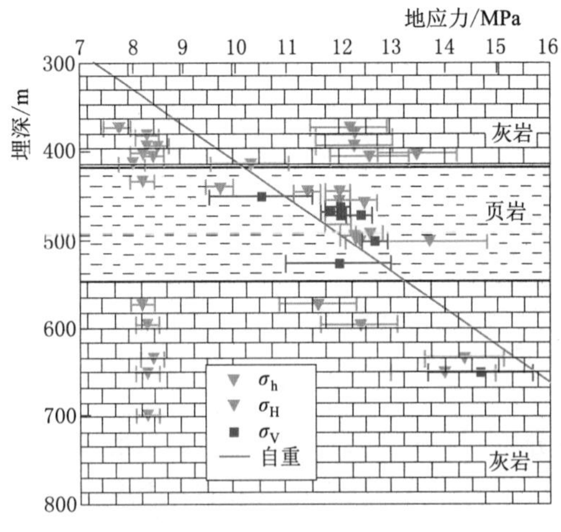

图2.6-1 石灰岩和页岩中的实测地应力分布及其反映的界面影响（据Fairhurst，2004）

2.6.1.3 构造导致的局部地应力

大型构造通常导致结构面附近岩体地应力产生异常，并且表现为应力水平、应力方向和应力比出现异常，从而可能导致围岩开挖响应和局部稳定性的差异。

加拿大地下研究实验室建设中一共进行了1000次解除法和80次水压致裂地应力测量。该地区的花岗岩中发育一组近水平的结构面，这一组结构面将地应力大小随深度的变化分为如图 2.6-2 所示的三个带。在大约 270m 以下的深度，实际最大主应力水平大大超过了加拿大地盾最大主应力的平均水平，特别是在破裂区 2 附近，最大主应力显著增高，形成局部的最大主应力异常。

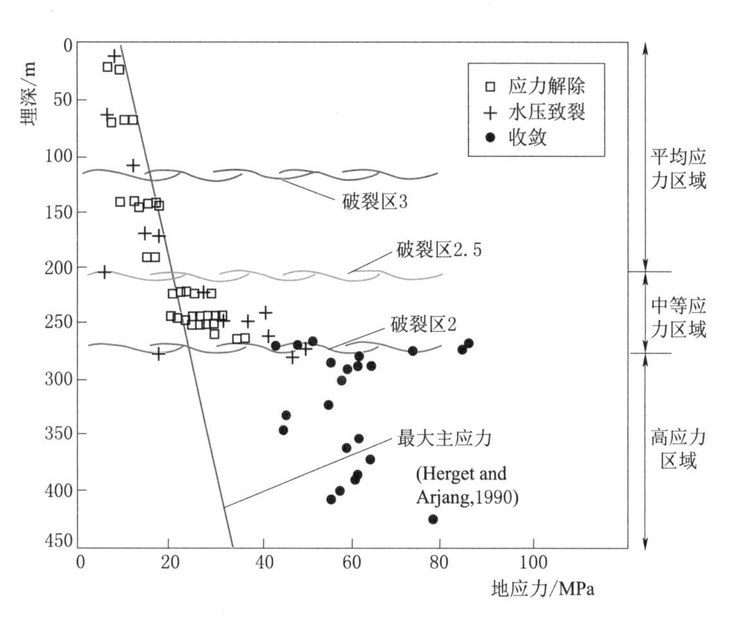

图 2.6-2 加拿大地下研究实验室揭示的地应力与埋深的关系

此外，由图 2.6-3 可见，大型软弱构造还可能导致应力方向的偏转和主应力比的增大。具体而言，构造在使得垂直于结构面方向应力水平降低的同时，在构造附近形成平行于构造方向的应力增大，即主应力比相应最大，表现为构造附近的岩体可能承担更高的荷载而出现局部高应力。

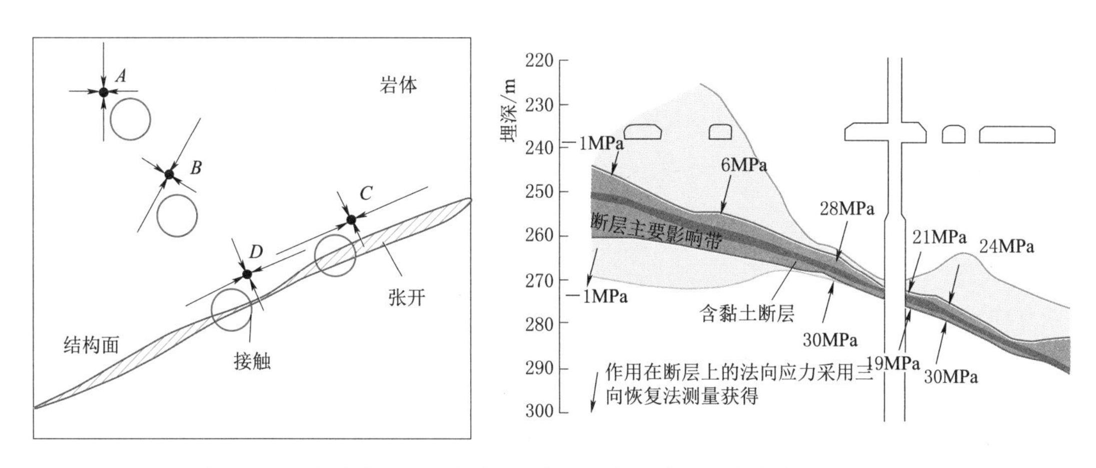

图 2.6-3 加拿大地下研究实验室揭示的断层附近法向应力大小的变化

上述测量成果仅为一特例，重在说明构造可以导致局部应力场的参数变化。但由于实际构造性状差异明显，比如粗糙度和岩桥连通性存在差异，都可能导致沿构造带的局部应力集中与偏转特征，因此，当测试段位于邻近构造部位，测量结果则可能更多地体现局部应力条件。要获取构造影响下的全场应力分布必然需要大量的测试，十分困难。

2.6.2 基于测试成果的验证

虽然加拿大URL的实例不能直接帮助了解白鹤滩坝址区地应力状态，但该实例揭示的规律却是有价值的。白鹤滩坝址区发育平缓的层间错动带和层面构造，这些普遍发育的结构面可以明显地改变岩体地应力状态。地下工程区域可研阶段和施工期的地应力测试成果都揭示层间带（如左岸 C_2、右岸 C_4 和 C_5）两侧的应力分布异常复杂。

2.6.2.1 左岸层间带 C_2 附近的局部地应力场

可行性研究阶段在左岸布置了地应力测点，其中CZK29号地应力测点穿过了层间错动带 C_2。

表2.6-1给出了CZK29号钻孔不同深度的地应力测试成果，其中 C_2 位于CZK29号钻孔590m高程附近，可以看到钻孔在孔深约76～95m段，水压致裂方法测得的最大水平主应力存在一个明显增高段，即距离 C_2 大约20m处存在20m宽度的范围，其局部应力出现了30%～50%的增幅。

表2.6-1　　CZK29号孔水压致裂测试成果

岩　性	测试段	破裂压力/MPa	高程/m	最大水平主应力/MPa	最小水平主应力/MPa	最大水平主应力/垂直主应力
隐晶质玄武岩	25.38～26.12	18.26	621.4	5.76	4.26	0.43
隐晶质玄武岩	28.38～29.12	20.19	618.4	23.29	13.79	1.72
隐晶质玄武岩	31.38～32.12	—	615.4	18.32	13.82	1.35
隐晶质玄武岩	34.38～35.12	—	612.4	17.35	13.35	1.27
隐晶质玄武岩	37.38～38.12	—	609.4	26.38	16.38	1.92
杏仁状玄武岩	52.38～53.12	19.03	594.4	18.53	11.53	1.31
杏仁状玄武岩	55.38～56.12	17.06	591.4	19.56	11.56	1.37
隐晶质玄武岩	58.36～59.12	24.59	588.4	25.59	16.09	1.78
隐晶质玄武岩	61.38～62.12	—	585.8	26.12	14.62	1.81
隐晶质玄武岩	64.38～65.12	—	518.8	20.15	14.65	1.39
隐晶质玄武岩	67.38～68.12	29.68	579.4	22.68	14.68	1.55
隐晶质玄武岩	70.38～71.12	22.21	576.4	14.21	10.71	0.97
隐晶质玄武岩	73.38～74.12	—	573.4	22.24	15.74	1.50
隐晶质玄武岩	76.38～77.12	—	570.4	31.77	19.77	2.14
隐晶质玄武岩	79.38～80.12	—	567.4	25.80	18.80	1.73
隐晶质玄武岩	82.38～83.12	26.83	564.4	20.83	13.80	1.39
隐晶质玄武岩	85.38～86.12	25.86	561.4	31.86	17.86	2.11
隐晶质玄武岩	88.38～89.12	25.89	558.4	33.39	19.39	2.20

续表

岩 性	测试段	破裂压力/MPa	高程/m	最大水平主应力/MPa	最小水平主应力/MPa	最大水平主应力/垂直主应力
隐晶质玄武岩	94.38～95.12	—	552.4	29.95	18.95	1.95
隐晶质玄武岩	97.38～98.12	19.48	549.4	17.48	11.48	1.13
杏仁状玄武岩	100.38～101.12	16.31	546.4	13.51	9.01	0.87
隐晶质玄武岩	103.38～104.12	16.54	543.4	13.54	9.54	0.87
隐晶质玄武岩	106.38～107.12	18.07	560.8	19.57	11.57	1.25
隐晶质玄武岩	109.38～110.12	14.1	537.4	20.1	11.1	1.27

2.6.2.2 右岸层间带 C_4、C_5 附近的局部地应力场

如 2.3 节所述，地应力测量是一项非常专业的工作，需要一定的岩石力学知识，才能较好甄别试验数据和开展相关分析工作，其中特别需要重视采用印模成果来评估钻孔与主应力的角度。

进入施工期以后，针对 C_4 与 C_5 的局部应力场分布特征，补充开展了一些地应力测试工作。在厂房南侧交通洞布置了 3 组地应力测点，其中 CZK92 与 CZK94 均穿过层间错动带 C_4（图 2.6-4）。

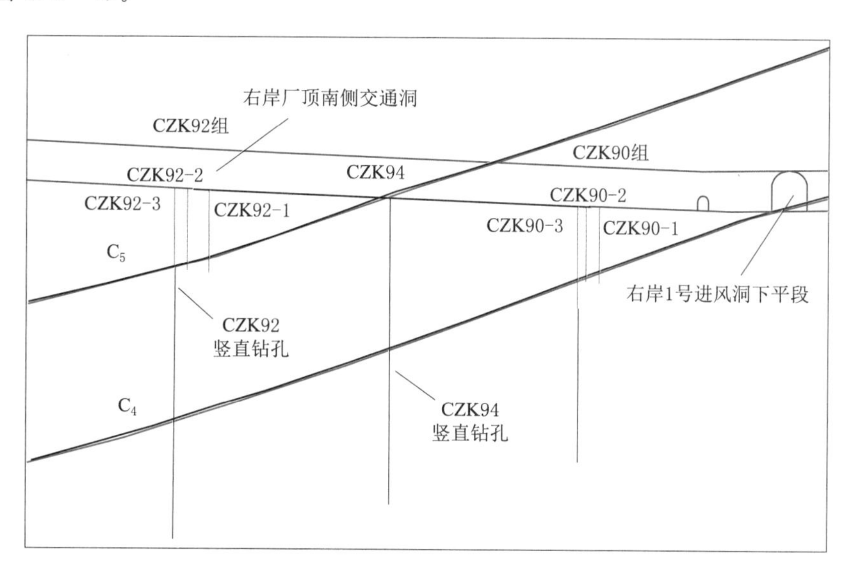

图 2.6-4 右岸厂顶南侧交通洞补充地应力测点 CZK92 与 CZK94

图 2.6-5 给出了 CZK94 竖直孔的印模结果，地应力测试的原则，是需要假定钻孔方向与地应力某一个大主应力的夹角小于 15°，一旦该假定不满足，则水压致裂过程中所劈裂的封隔断可能会出现羽状裂隙 [图 2.6-5 (d)]，地应力钻孔与主应力方向的偏差越大，则印模结果越杂乱 [图 2.6-5 (a) 和图 2.6-5 (b)]。结合 CZK94 垂直孔的印模结果来看，C_4 两侧的一定范围的地应力方向可能发生了偏转，这一认识与加拿大 URL 在断裂附近的密集地应力测试成果所获得的认识相一致。

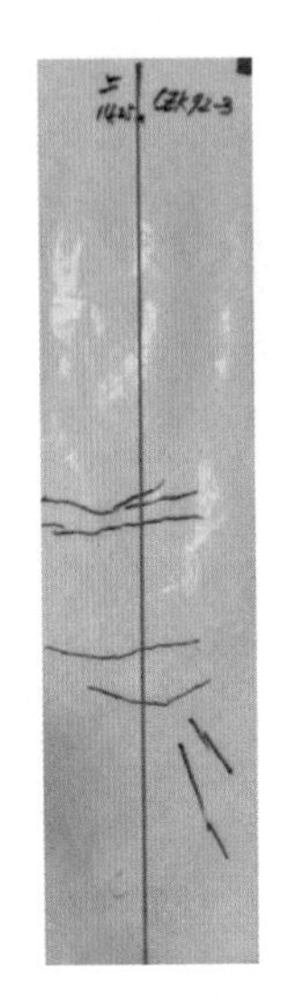

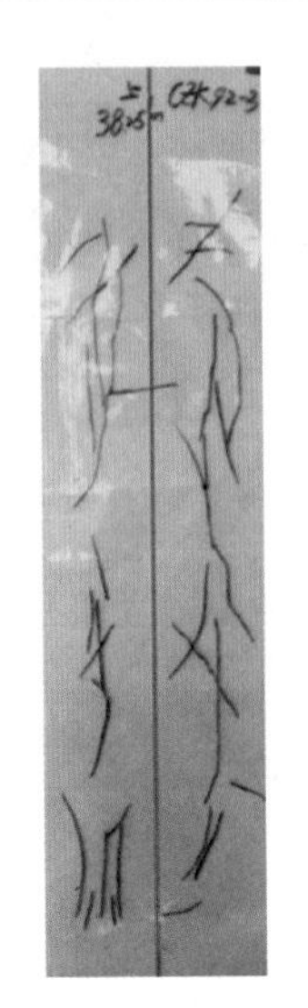

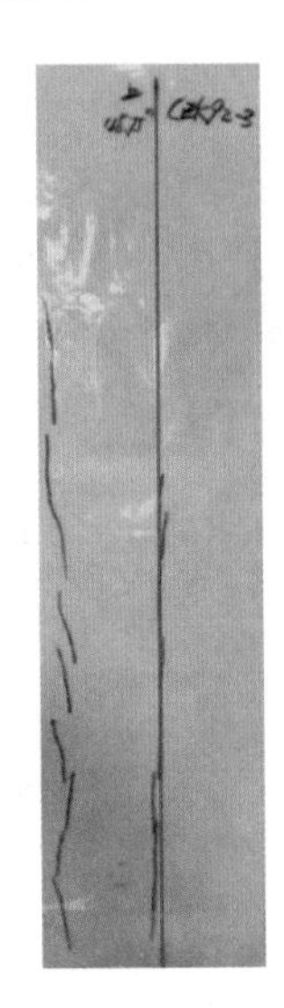

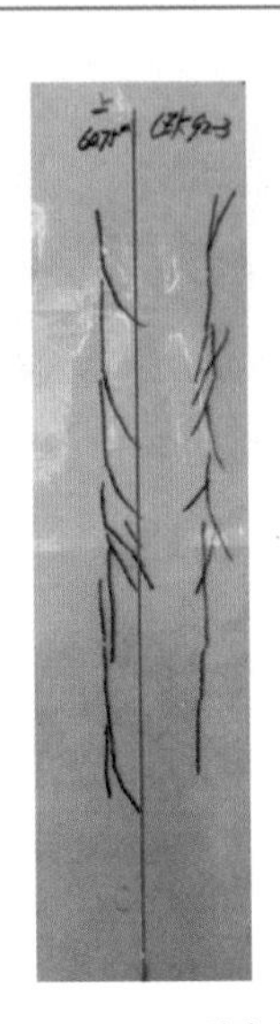

（a）14.25～38.25m　（b）38.25～45.75m　（c）45.75～60.75m　（d）60.75m至孔底

图 2.6-5　CZK92 竖直孔的印模成果

图 2.6-6 给出了 CZK94 和 CZK92-3 孔岩体水平主应力—波速—深度分布曲线，由图可见，CZK94 钻孔在 0～15m 深度与 35～55m 深度测试的水平应力明显小于自重，而 CZK92-3 同样存在地应力被明显低估的情形。可以说，测试结果并没有十分可靠地获得岩体地应力大小，其原因与 2.3 节地应力测试成果类似，可能受到了测试环节或者白鹤滩

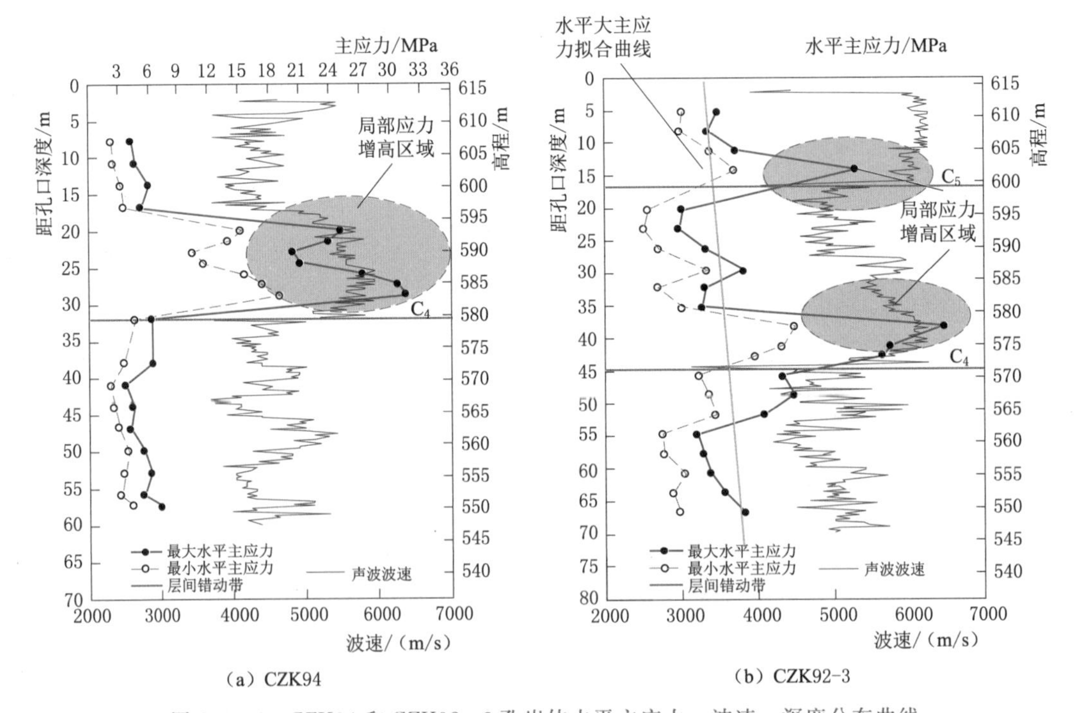

（a）CZK94　（b）CZK92-3

图 2.6-6　CZK94 和 CZK92-3 孔岩体水平主应力—波速—深度分布曲线

岩体特性（如微裂隙、杏仁体、斑晶等发育）的影响。不过，各封闭段的相对量值对分析局部地应力场仍具有参考价值。

总体上，地应力测量成果证明大型软弱构造确实会显著改造该结构附近的应力场特征，形成与远场应力区别显著的局部地应力场。从针对 C_2、C_4 与 C_5 的地应力测试成果来看，局部应力场的分布特征如下：

（1）层间错动带两侧数十米范围存在一个局部地应力场，即层间错动带两侧的地应力场具有强烈的空间变异性，该范围地应力的量值和方向均可以发生较大的变化。

（2）距离层间错动带一定距离，可能会出现一个局部的应力增高区域，该应力增高区沿着层间错动带的产状展布，测试表明应力增高区的厚度可能达到 20m。需要指出的是该应力增高区的厚度在层间错动带不同部位可能是变化的。

（3）层间错动带应力增高区所积聚的地应力量值较远场应力会提高 30%～50%（据测试结果统计），按照右岸地下厂房最大主应力一般为 26MPa 左右，可以估计局部应力的峰值可能达到 35MPa 乃至更高的水平。

2.6.3 基于现场片帮破坏现象的验证

地应力局部化及其导致的空间变化性在白鹤滩水电站坝址区表现得非常突出和普遍，在工程勘探阶段的一些工程现象即揭示了这一特点。对于地下工程而言，白鹤滩复杂的地质条件使得很多因素可以导致地应力异常和空间变化。但是所有这些因素中，层间错动带的影响似乎最普遍和最突出。研究表明，层间错动带周边地应力异常不仅表现为其周边一定范围内地应力测试值的变化，而且还表现为埋深较大的地下厂房勘探平洞内片帮破坏与层间错动带存在一定的空间关系。

图 2.6-7 表示了右岸地下厂房勘探平洞 PD62 内的地应力测试成果和片帮分布。与

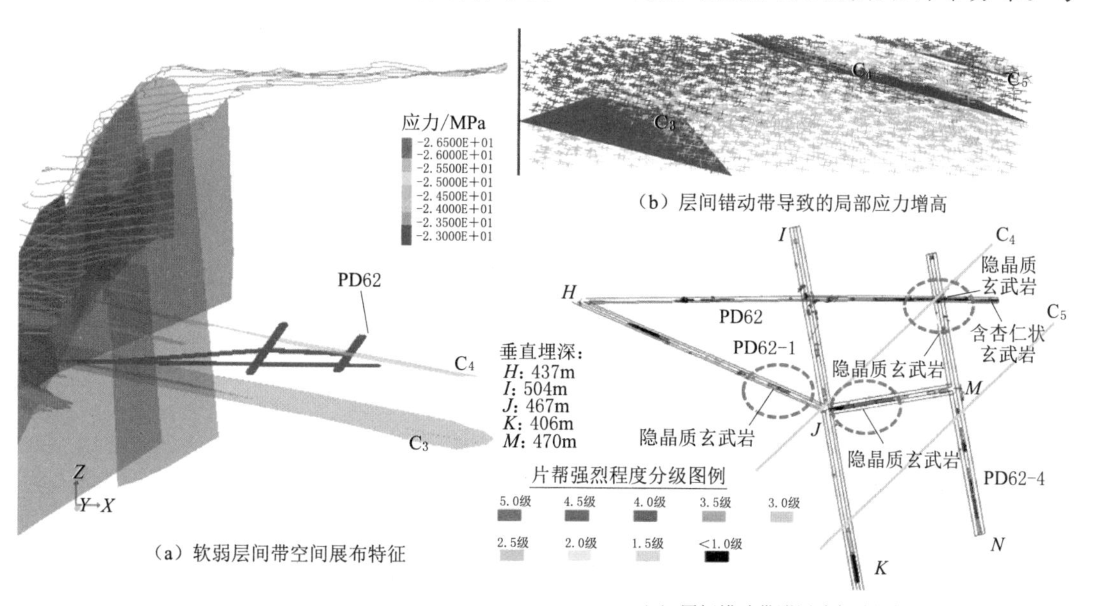

（a）软弱层间带空间展布特征

（b）层间错动带导致的局部应力增高

（c）层间错动带附近片帮破坏加剧现象

图 2.6-7 层间带附近的局部高应力及其导致的片帮破坏

C_4 接近的两个测点均指示最大水平主应力与 C_4 走向相近；而其他测点指示的右岸最大主应力方向为近 NS 向，C_4 对其周边一定范围内最大主应力方向造成了显著影响。

PD62 平洞内的片帮破坏也倾向于指示 C_4 造成的地应力局部异常现象。一个基本特征是几乎所有强烈的片帮破坏都位于 C_4 两侧一定距离的范围内，指示 C_4 周边存在的地应力量值或比例的异常。特别是图 2.6－7（c）中 JK 段普遍存在的严重片帮，现场几乎没有观察到其他构造可能造成的影响，明确指示了 C_4 可能导致的地应力异常。

2.6.4　局部地应力场的工程意义

在工程领域中，通常采用回归统计方法描述工程区岩体的地应力场分布特征。应该说，国际上使用最广泛的统计方法是地应力随深度的变化，但极少进行大范围的回归分析，原因是地应力分布与地质条件密切相关，很难用同一个回归公式描述不同地质单元内的地应力分布，且这种表达方式缺乏地质意义，甚至从某种意义上讲是试图脱离地质背景，这显然是不可取的。

任何回归分析都需要有一定数量的样本，即需要有一定量的已知地应力测量结果。尽管白鹤滩开展了大量的地应力测量工作，但由于种种原因（详见 2.3 节），真正可靠的测试结果并不多，因此，回归分析方法缺乏应用条件。

白鹤滩地应力场的另一个特点是变化性大，除断块和河谷地形以外，岩性和结构面对地应力分布影响也非常普遍。应该说，从这些基本地质条件着手研究地应力分布是白鹤滩最需要遵循的工作思路。回归分析一般只建立地应力和空间坐标值的关系，而忽略了影响地应力的内在因素。并且，这种回归分析不可避免地要均化地应力在空间上的分布，使得工程中关心的地应力分布异常现象得不到真实反映。

图 2.6－8 中的点即为已知的“样本”，用这些样本回归得到的曲线为对数关系，这就是回归结果。显然，样本突变形成的“异常”在回归结果中得不到反映，这就是当样本规律性差时回归统计分析的不足。白鹤滩地应力场变化性显著，总体上讲，针对局部岩体工程问题而言，回归统计的工程适用性较差。

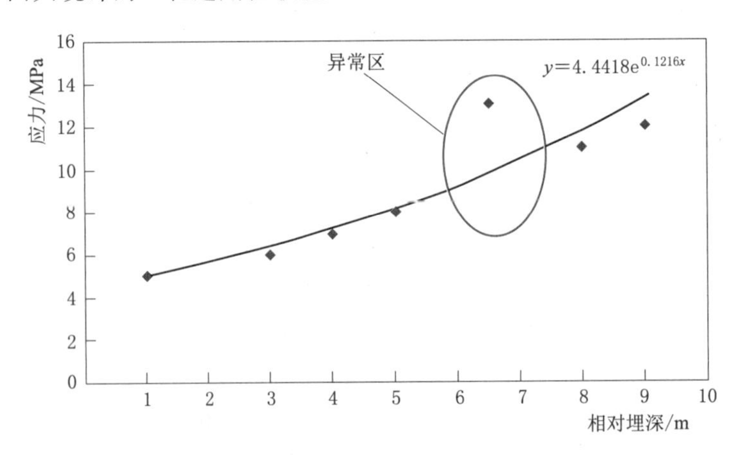

图 2.6－8　回归统计对异常区的“忽视”作用

研究地应力分布的主要目的是在一些计算分析中提供初始条件，即计算开始前需要模拟研究区域地应力分布，在初始地应力场达到平衡以后再开始模拟工程活动及其导致的荷载变化。初始平衡的计算是一个力学过程，地应力的回归分析是一个纯粹的数学过程，二者之间普遍存在不协调的地方。当按回归分析结果输入到计算模型后，完成条件力学初始平衡计算结果可能出现严重偏离。

鉴于地应力研究的目的是为工程问题分析计算提供初始资料，特别是希望计算模型达到初始平衡以后的地应力分布与实际情形充分接近。因此，研究白鹤滩的地应力场描述和模拟方法，应该比回归统计更有实际价值。

对于白鹤滩左右岸地下厂房而言，由于水平和垂直埋深的加大，地形的影响因素相对较小，因此，对于整体围岩开挖响应特征分析时候，可以采用 2.4.3 节的地应力分布公式近似估算。但是，由于白鹤滩岩组和软弱层间带导致的局部应力场特征明显，对于工程中一些差异化现象还需要重视局部地应力特征，宜采用数值模拟方法构建包含局部应力差异的初始地应力场，如图 2.6-7（b）所示。

2.7 本章小结

本章在概括经验估计、地应力测量和数值模拟三大岩体地应力分析方法的适用性和特点基础上，结合世界地应力图、GPS 测量的新构造运动和河谷下切理论，采用地质分析对白鹤滩坝址区地应力进行了宏观分析与经验估计，进而在介绍地应力测量方法基础上，对地应力测试成果进行了甄别，并依据可靠的地应力测试成果作为反演目标，采用数值模拟计算构建了工程区的总体地应力场。

研究成果表明，白鹤滩坝址区地应力场分布首先受到断块及断块在河谷发育过程中错动特征的影响，这决定了左、右两岸地下厂房区最大主应力方向的差别。同时，河谷下切改造使得河床、岸坡和厂房区地应力状态差异悬殊，使得左岸厂房区的水平构造应力呈 NW 向，而右岸近 NS 向。左岸地下厂房区最大主应力集中在 19～23MPa 范围内，右岸地下洞室群由于埋深相对较大，最大主应力基本保持在 23～27MPa。

在坝址区总体地应力分布格局背景条件下，岩组和软弱结构面还可以显著影响地应力的分布，形成地应力分布的局部化现象。地应力测量、数值模拟分析和现场片帮破坏现象都一致揭示，在大型软弱层间带附件存在一个应力增高带，呈现为局部地应力绝对值和主应力比的增高，使得局部地应力量值较远场应力会提高 30%～50%。

总体上，针对白鹤滩坝址区深切河谷应力场特征，在进行地下洞室群围岩稳定分析时，对于地应力场模拟需要分为两个层次，分别体现总体地应力分布和地应力分布的局部异常化。其中前一种方式可以满足一般性研究的需要，特别是方案比选等方面的工作；后者则是定量化评价围岩稳定、帮助确定工程处理方案和支护参数、进行开挖监测反馈分析时需要采用的方式，这是因为施工期围岩应力型破坏和大变形问题多与这种局部异常密切相关。

第3章 岩体主要力学特性与数值描述

白鹤滩水电站地下洞室群规模宏大、围岩地质条件复杂且地应力水平较高，前期勘探过程已经充分揭示了硬脆性玄武岩的高应力破裂破坏、软弱层间带导致顶拱和高边墙的非连续变形、柱状节理玄武岩的破裂松弛与解体破坏三类主要岩石力学问题，是直接影响地下洞室群开挖的围岩变形与破坏特征的关键，因此整个研究工作的重点环节是对玄武岩脆性特征、层间带宏观力学参数、柱状节理各向异性进行深入分析。

本章针对隐晶质、杏仁状等玄武岩开展单轴、三轴、CT、声发射等室内岩石力学试验，以揭示玄武岩的启裂强度、损伤强度、峰值强度和残余强度特征，并基于Hoek-Brown模型开发脆性玄武岩本构模型，实现玄武岩脆性破坏的数值描述。针对大型软弱层间错动带开展现场取样、成分和微结构特征分析、剪切试验，确定层间物质的力学特性；进而采用三维数码摄影技术确定层间带的宏观粗糙度系数，在考虑尺寸效应的基础上基于颗粒流程序PFC的数值试验获得层间带的宏观力学参数。针对高度节理化的柱状节理岩体，开展原位承压板和三轴等试验，揭示柱状节理岩体的各向异性特征；研发柱状节理各向异性弹塑性本构模型，实现柱状节理各向异性力学性质的定量描述。

3.1 硬脆性玄武岩

3.1.1 玄武岩力学特性试验研究

为分析隐晶质和杏仁状玄武岩在加载过程中的力学响应特征，对玄武岩开展常规单轴、三轴压缩试验，试验分别在岩石力学试验系统RMT-150C和岩石刚性压力机MTS815.03上进行，为分析不同应力条件下玄武岩破裂扩展的规律，同时进行声发射信号采集，试验设备见图3.1-1。

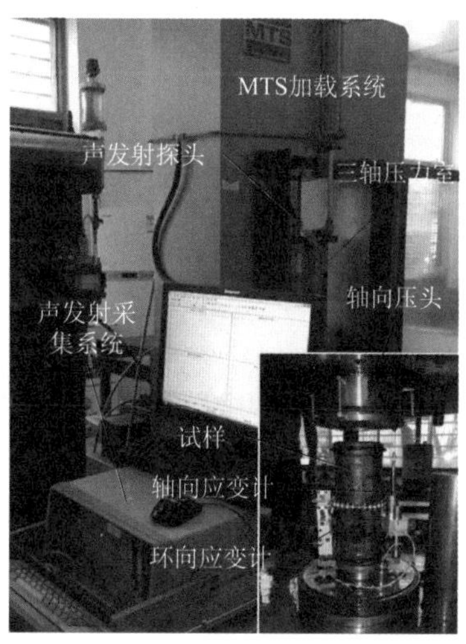

(a) 岩石力学试验系统RMT-150C　　(b) 岩石刚性压力机MTS815.03

(c) 单轴压缩试验声发射探头　　(d) 三轴压缩试验声发射探头

图 3.1-1　试验设备

在单轴压缩试验中，将四个声发射探头按照垂直对称的布置方式通过橡胶套固定在试样表面，测试前通过断铅法检验探头灵敏度。在常规三轴试验中，由于在液压环境内进行声发射测试的技术尚不成熟，按照常规方法，将声发射探头安装在轴力推杆上。由于声发射探头直接接触设备部件，在试验过程中不可避免地捕捉到较多的噪声信号，因此，在声发射采集软件设置中，将信号门槛值设置为单轴 45dB 和三轴 60dB，低于门槛值的声发射信号被自动过滤，如此设置既能保证采集到的噪声信号较少，也不会导致试样破裂关键信号的丢失。

在试验之前，先对典型试样进行 CT 扫描（图 3.1-2），以观察其内部的初始缺陷赋存情况，典型隐晶质和杏仁状玄武岩试样的 CT 扫描结果见图 3.1-3。

可以看出，隐晶质和杏仁状玄武岩内部普遍赋存着各种充填体和隐微裂隙，充填体在

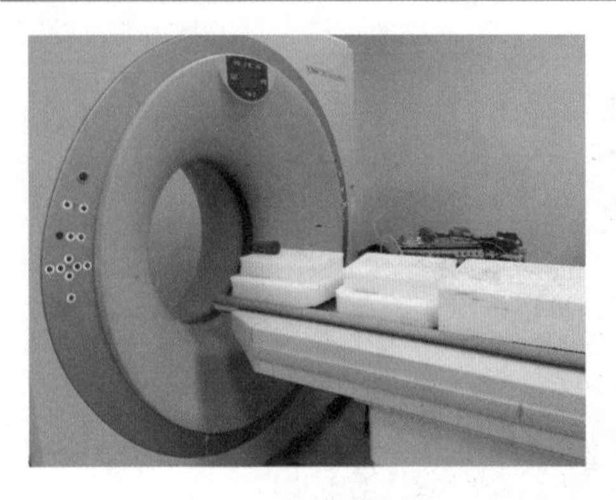

图 3.1-2 岩样CT扫描

隐晶质试样中分布相对较少，在杏仁状玄武岩中较多，而且可能呈不均匀分布形态，且充填体体积也不尽相同，这种外观无法观察到的缺陷直接导致了玄武岩试样力学过程和测试结果的离散性。

3.1.1.1 隐晶质玄武岩

1. 应力应变特征分析

对应力—应变关系曲线特征进行分析，一方面是确定试样在不同条件下的特征强度及力学参数，并分析其随着围压变化的规律；另一方面是对试样在加载过程中的力学响应特征进行分析研究。

对于硬脆性岩石的特征强度，Martin（2003）等进行过系统的试验研究及归纳总结，对脆性岩石而言，其应力—应变关系曲线可以分为5个阶段（图3.1-4）。

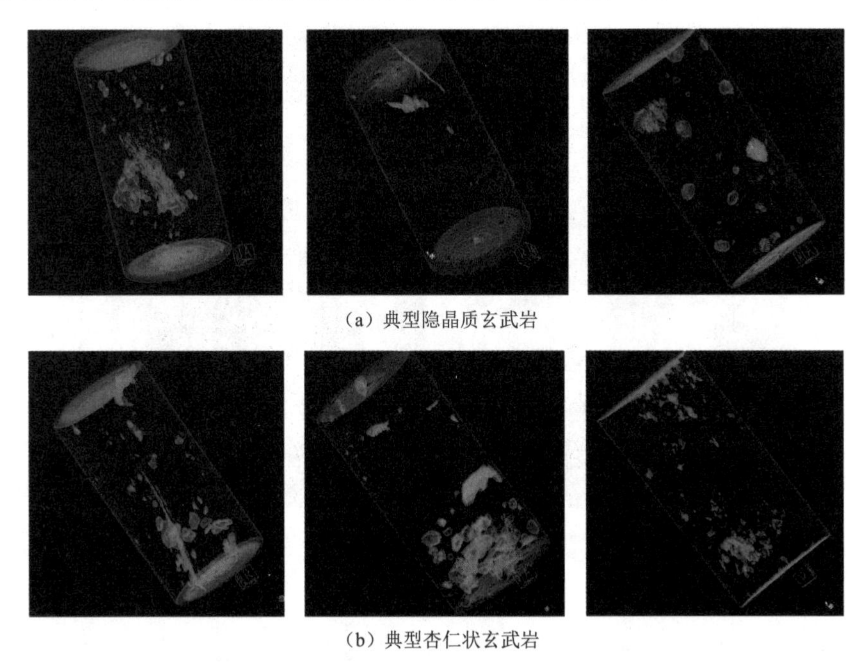

(a) 典型隐晶质玄武岩

(b) 典型杏仁状玄武岩

图 3.1-3 典型玄武岩试样CT扫描结果

Ⅰ：裂纹闭合段，该段应力—应变关系曲线呈上凹状，其斜率逐渐增大，岩样的刚度逐渐增加，这主要是由于在外载荷作用下，岩样内部裂隙、裂纹、孔洞等初始缺陷闭合，因而岩样初期加载出现非线性变形。该段也有可能不太明显，取决于岩石初始裂纹分布情况和裂纹的赋存状态。

Ⅱ：弹性段，该段轴向应力—应变关系近似呈线性关系，变形主要为弹性变形，但也包含有少量不可恢复的塑性变形，应力—应变关系近似服从虎克定律。在这一阶段，裂隙面闭合后，微裂隙面之间的摩擦力抑制了其相互错动，使得变形主要为弹性。该段可用于确定材料的弹性参数。

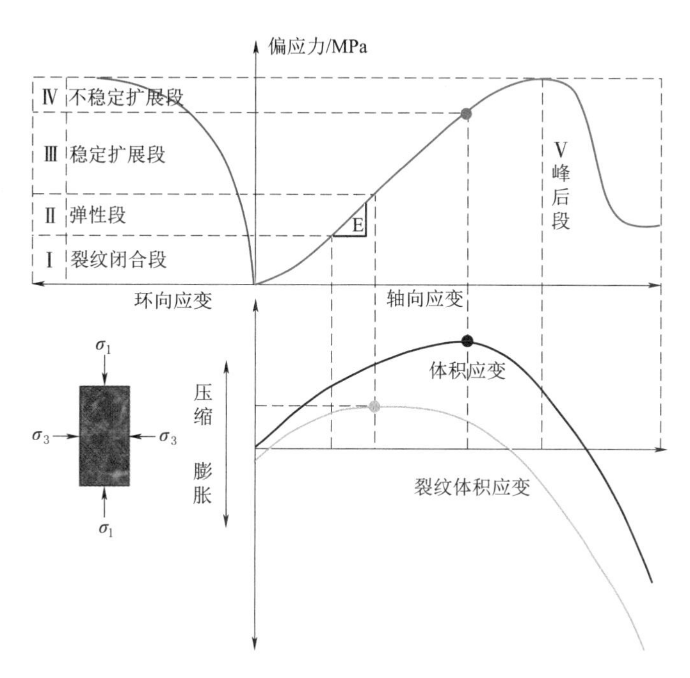

图 3.1-4 硬岩典型应力—应变关系曲线

Ⅲ：稳定扩展段，该段起始点是开始引起体积膨胀的应力点（启裂应力 σ_{ci}），约为峰值强度的 30%～50%，在启裂应力下裂纹开始逐步扩展，导致应力引起的体积压缩速率减小，裂纹体积应变由压缩变为膨胀。在此阶段，当应力保持不变时，微裂纹停止扩展，岩石强度不会损失。

Ⅳ：不稳定扩展段，该段起始点是体积应变拐点，标志着裂纹开始不稳定扩展，失稳扩展应力 σ_{cd} 约为短期峰值强度的 70%～85%，该应力常被用于评价材料的长期强度。在该段，轴向应变表现出非线性，原因在于试样内出现了斜向剪切破裂，导致横向应变速率明显高于轴向应变，宏观表现为体积应变由压缩变为膨胀，裂纹由随机分布逐渐向宏观裂纹过渡。尽管在失稳扩展应力后还有短暂的应变强化段，但由于裂纹应力集中明显，导致即使应力不增加，裂纹也会不断扩展，因此，后续强化段应力并不能用于评价材料在长期荷载条件下的安全性。

Ⅴ：峰后段，岩石内部的微破裂面发展为贯通性破坏面，岩体强度迅速减弱。岩样应力—应变关系曲线的斜率为负值。此时，由于宏观裂纹带的形成，岩石的承载骨架总体已经破坏，岩样主要依靠裂隙面之间的摩擦力来承载，而且内部能够承载的有效面积也随着裂纹的扩展而逐渐减小，因而其承载能力越来越低，由于岩样非均匀颗粒分布的原因，曲线上可能穿插有几个短暂的强化小台阶。

可以看出，裂纹起裂强度 σ_{ci}、非稳定扩展强度（损伤强度、长期强度）σ_{cd} 以及峰值强度 σ_f 三个特征应力在研究岩石内部裂纹扩展机制或破坏机理分析中具有重要作用。下面将结合本次试验具体论述。

隐晶质玄武岩的典型应力—应变关系曲线见图 3.1-5。

由应力—应变关系曲线可以看出，在不同围压下，隐晶质玄武岩表现出显著的脆性特

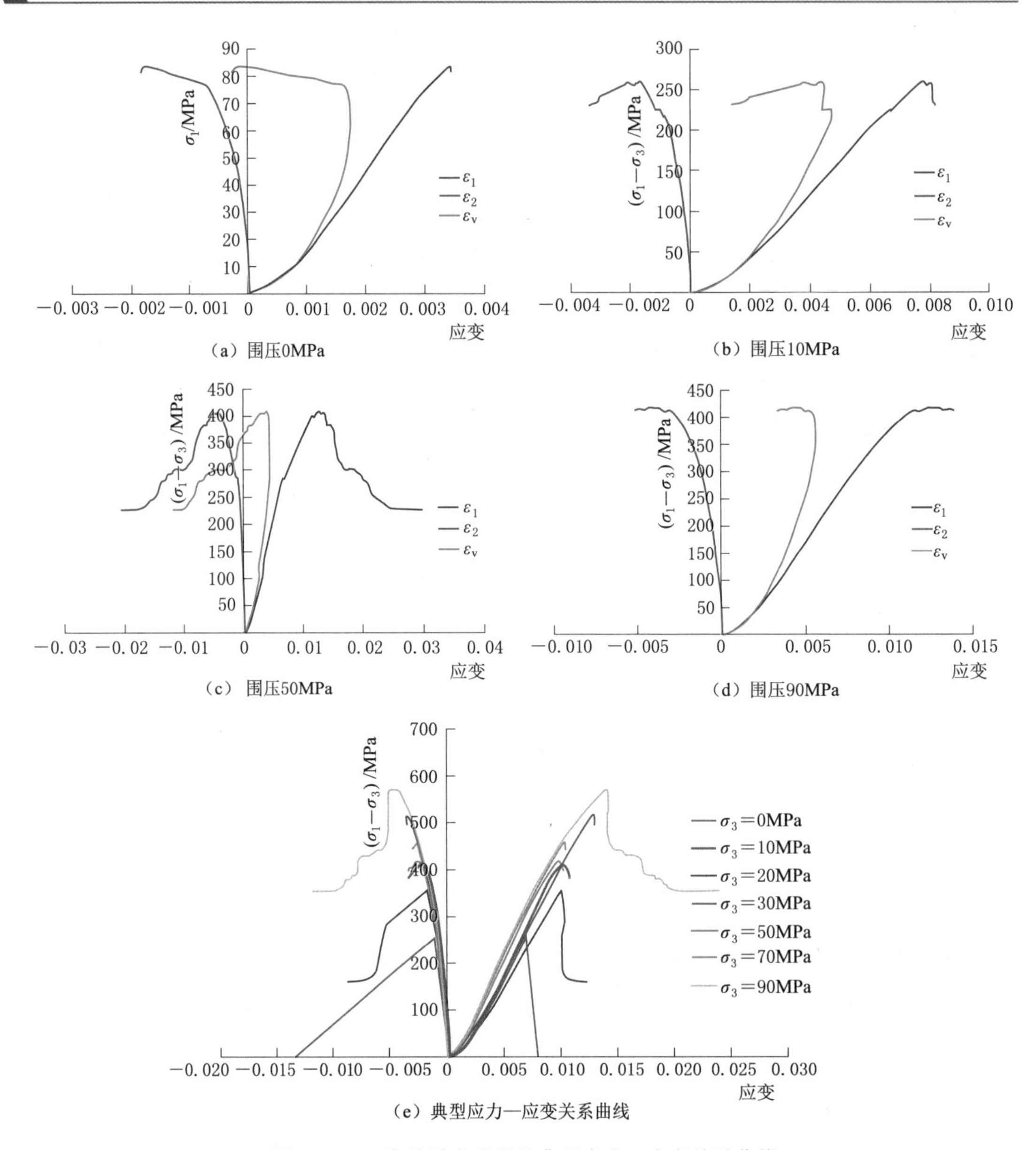

图 3.1-5　隐晶质玄武岩的典型应力—应变关系曲线

征，前四个阶段（Ⅰ—裂纹闭合段、Ⅱ—弹性段、Ⅲ—裂纹稳定扩展段和Ⅳ—裂纹不稳定扩展段）在应力—应变关系曲线上都有表现，但第五个阶段（Ⅴ—峰后段）并不明显，加载达到峰值强度后，大多数试样发生突发的剧烈的脆性破坏，试样整体性无法维持，即应力—应变关系曲线突变跌落或试样破坏导致传感器崩落而造成数据丢失。

对不同试样的力学参数和特征强度进行计算：其中，弹性模量 E 和泊松比 ν 采用轴向应力—应变关系曲线和轴向应变—环向应变曲线的弹性段分别进行线性拟合计算；启裂强度 σ_{ci} 通过试样裂纹体积应变曲线的拐点确定，非稳定扩展强度 σ_{cd} 通过试样体积应变曲线的拐点确定。

试样裂纹体积应变采用式（3.1－1）计算：

$$\varepsilon_{cv}=\varepsilon_{v}-\varepsilon_{v}^{e}=\varepsilon_{v}-\frac{\sigma_{m}}{K} \tag{3.1-1}$$

式中：σ_m 为平均应力，$\sigma_m=\frac{\sigma_1+\sigma_2+\sigma_3}{3}$；$K$ 为试样体积模量，$K=\frac{E}{3(1-2\nu)}$。

隐晶质玄武岩试样力学参数和特征应力平均值见表3.1－1。

表3.1－1　隐晶质玄武岩试样力学参数和特征应力平均值

围　压 /MPa	峰值强度 /MPa	弹性模量 /GPa	泊松比	启裂强度 /MPa	损伤强度 /MPa	残余强度 /MPa
0	197.00	45.82	0.19	87.80	142.77	
10	311.25	46.05	0.17	155.68	293.65	151.10
20	381.55	46.15	0.20	220.73	364.55	180.70
30	429.23	45.13	0.21	227.15	401.23	229.20
50	525.87	49.18	0.24	247.13	486.02	359.86
60	491.93	50.17	0.23	238.20	468.93	349.90
70	548.45	42.70	0.20	284.73	516.42	388.12
90	657.00	50.33	0.23	346.50	638.03	445.20

由表3.1－1可以看出，隐晶质玄武岩启裂强度占峰值强度的40%～60%，损伤强度约占峰值强度的80%～98%，相较于大理岩（启裂强度40%～50%，损伤强度64%～88%）略高，尤其是隐晶质玄武岩的损伤强度基本接近峰值强度，说明在荷载临近峰值强度时，试样内部才出现突发性的大规模裂缝扩展，此时，由于能量释放过于集中和剧烈，导致试样处于濒临失稳的状态，因此，峰值后呈现出显著的脆性应力跌落，有的岩样甚至出现碎块状的炸裂破坏，而没有出现残余强度。

根据试验结果，对隐晶质玄武岩的各特征应力求取平均值并进行摩尔-库仑强度准则（Mohr－Coulomb强度准则，简称M－C强度准则）和Hoek－Brown强度准则（简称H－B强度准则）拟合，结果见图3.1－6和表3.1－2。

表3.1－2　特征应力强度准则拟合结果

特征强度	线性M－C强度准则		H－B强度准则			
	C/MPa	φ/(°)	σ_{ci}	m_b	s	a
峰值强度	61.0	39.4	217.0	13.96	1	0.5
启裂强度	42.8	23.4	111.1	4.83	1	0.5
损伤强度	52.3	40.0	179.6	15.98	1	0.5
残余强度	30.3	36.0	46.6	32.24	1	0.5

由线性M－C强度准则拟合结果可以看出，对不同的特征应力有：峰值C>损伤C>启裂C>残余C，内摩擦角有：峰值φ≈损伤φ>残余φ>启裂φ，根据线性M－C强度准则的基本理论假设可知，材料的强度可以被分为黏结强度和摩擦强度两部分，结合拟合结

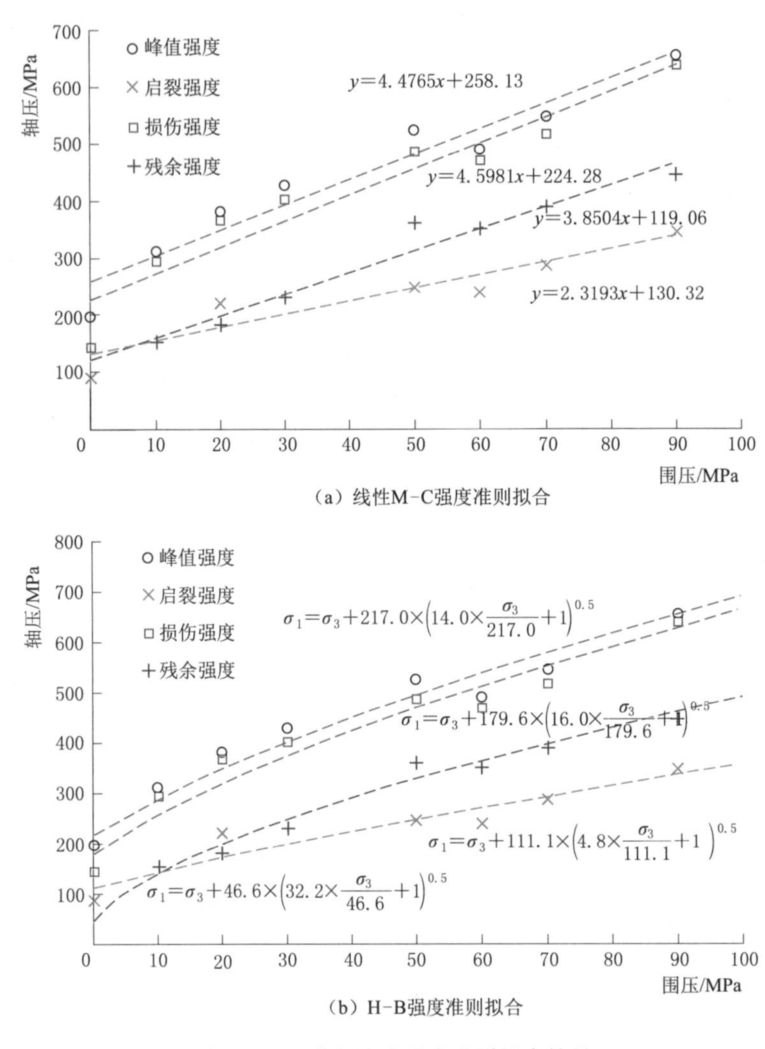

（a）线性M-C强度准则拟合

（b）H-B强度准则拟合

图3.1-6　特征应力强度准则拟合结果

果可以分析得出岩样加载过程中的破坏机制和力学参数演化规律：

（1）当加载到启裂应力时，岩样内部微裂纹逐渐萌生扩展，内部微裂隙的张开并未伴随裂隙面的大规模相对滑移，因此，摩擦强度并未起到明显的作用（内摩擦角φ值较小），其强度主要来源在于裂隙面张开所需要的黏聚力丧失，且由于启裂初期裂纹规模不大，其黏聚力C值也处于较小的水平。

（2）当加载到损伤应力时，岩样体积变形由压缩转为膨胀，表明岩样内部微裂纹已经开始大规模扩展，且伴随着裂隙面的相对滑移，造成环向变形的迅速发展，此时，摩擦强度发挥较为充分（内摩擦角φ值较大），且由于损伤应力较高，裂纹密度达到较高水平，丧失的黏聚强度也达到一定规模，因此，C值达到较大的水平。

（3）由于损伤应力下岩样裂纹扩展处于不稳定的状态，因此，从损伤应力到峰值应力的加载过程也是裂纹迅速发展的过程，直到裂纹相互贯通形成宏观破坏面，导致峰值应力下岩样的脆性破坏，因此，达到峰值应力时，岩样内部裂纹规模达到加载过程中的最大值，其黏聚强度和摩擦强度均得到最大限度发挥，C 值和 φ 值均处于最高水平。

（4）达到峰值应力后，内部微裂纹逐渐贯通，形成宏观裂缝，隐晶质玄武岩应力—应变关系曲线正式步入峰后段，此时不在宏观破坏面上的裂纹不再进一步变化，岩样承载也不再产生影响，其基本承载模式转变为宏观破坏面两侧岩体的相对摩擦错动，并在残余应力下达到运动平衡状态，因此，残余应力下，试样的黏聚强度基本丧失，C 值最小，但由于此时仅宏观破坏面上的摩擦强度得以充分发挥，相对于损伤应力和峰值应力时的裂纹密度，其内摩擦角 φ 值达到相当的水平。

由于试验采用试样均为外观无明显裂隙的完整岩样，因此，在进行 H－B 强度准则拟合时，取 $s=1$，$a=0.5$。由 H－B 强度准则拟合结果可以看出，对不同的特征应力有：峰值强度 σ_{ci}＞损伤强度 σ_{ci}＞启裂强度 σ_{ci}＞残余强度 σ_{ci}，残余强度 m_b＞峰值强度 m_b≈损伤强度 m_b＞启裂强度 m_b。根据相关研究成果，σ_{ci}表征岩块的单轴抗压强度，而 m_b 对岩体强度的影响与 φ 类似，m_b 的取值关系到强度包络线的陡缓以及抗拉强度的大小，m_b 越大，强度曲线越陡，抗拉强度越小。对比 M－C 强度准则中 φ 值取值规律，残余应力对应的 m_b 值明显偏大，这是由于在单轴条件下，试样表现出明显的脆性破坏特征，没有出现峰后段，也没有捕捉到残余强度，而由图 3.1－6（b）可以看出，随着围压的增大，其数据点规律吻合较好，且趋势较缓，中高围压条件下曲线斜率规律与 M－C 强度准则一致。

可以看出，大多数岩样在试验加载到峰值后出现显著的脆性破坏特征，峰后段表现为明显的应力跌落，并未出现与锦屏大理岩类似的随着围压而增大的脆-延转换现象。因此，对隐晶质玄武岩的脆性程度进行分析，结合不同学者对岩石脆性指标的定义，对隐晶质玄武岩的脆性进行定量评价。

根据岩石的单轴抗压强度和抗拉强度以及内摩擦角来评价岩石脆性的指标 B_1、B_2 和 B_3，分别表述如下：

$$B_1=\frac{\sigma_c}{\sigma_t} \tag{3.1-2}$$

$$B_2=\frac{\sigma_c\sigma_t}{2} \tag{3.1-3}$$

$$B_3=\sin\varphi \tag{3.1-4}$$

为了考虑应力—应变关系曲线的整体变化趋势，有研究者提出了考虑峰后模量的脆性指标 k_1，定义如下：

$$k_1=\frac{M-E}{M} \tag{3.1-5}$$

由隐晶质玄武岩单轴压缩试验结果可知，隐晶质玄武岩平均单轴抗压强度为 197.0MPa；由隐晶质玄武岩巴西劈裂试验（装置见图 3.1－7）可知，隐晶质玄武岩平均抗拉强度为 18.5MPa。

分别计算隐晶质玄武岩的脆性指标可得：$B_1=10.65$、$B_2=1822.25$、$B_3=0.63$，对比锦屏大理岩数据（$\sigma_c=93.1$MPa，$\sigma_t=6.3$MPa，$\varphi=32.4°$）：$B_1=14.78$、$B_2=293.27$、$B_3=0.54$，隐晶质玄武岩 B_1 指标略小于大理岩，而 B_2、B_3 指标大于大理岩，但由于 B_1、B_2 的取值完全依赖于单轴抗压强度和抗拉强度的取值大小，对于不同种类岩石或强

图 3.1-7 巴西劈裂试验装置

度数值差别较大的岩石可比性较差，因此，更倾向于采用 B_3 进行脆性程度评价，可以看出隐晶质玄武岩的脆性程度相比锦屏大理岩更大。

此外，由于采用单轴强度和峰值内摩擦角计算脆性指标无法体现不同围压条件下脆性程度的改变，而不同围压下应力—应变关系曲线走势不同，尤其是峰后模量发生变化，因此，对隐晶质玄武岩可以采用式（3.1-5）计算 k_1 指标，以反映不同围压条件下隐晶质玄武岩脆性程度的变化。

根据隐晶质玄武岩的试验应力应变曲线，计算其脆性指标结果见表 3.1-3。

锦屏大理岩在 0MPa、10MPa、20MPa、30MPa、40MPa 围压下，计算其 k_1 指标分别为 1.05、5.82、11.18、8.86 和 19.46，均远大于隐晶质玄武岩对应围压下的 k_1 取值，结合图 3.1-8 的脆性分级标准，可以看出隐晶质玄武岩的脆性程度要远大于锦屏大理岩，这也说明了其脆性破坏程度显著的特点，且随着围压增大，隐晶质玄武岩 k_1 指标有增大趋势，但增加幅度并不明显，可见高围压条件下隐晶质玄武岩的脆性程度并未明显改变。

表 3.1-3　　隐晶质玄武岩脆性指标计算结果

围压/MPa	10	20	30	50	60	70	90
k_1	1.71	1.23	1.92	2.80	1.92	2.47	2.52

2. 声发射特征分析

由于在试样加载过程中，微裂隙的萌生、扩展都会将储存的弹性能以波的形式释放出来，进而形成超声信号，声发射采集仪可以有效捕捉这些信号，因此，在试验过程中全程记录了岩样的声发射信号，隐晶质玄武岩典型声发射测试结果见图 3.1-8。

由图 3.1-8 可以看出，对隐晶质玄武岩，单轴压缩条件下，声发射探头直接固定在试样表面，与岩样直接接触，信号较为丰富，在压密段有明显的声发射信号，且在启裂强度出现信号的小高峰，并在随后的加载过程中不断有信号发出；加载到峰值应力附近时，出现声发射信号的急剧释放，试样内部裂隙迅速扩展贯通形成宏观裂纹，并出现峰后的应力跌落。对于三轴压缩试验，在加载初期和中期，并未出现明显的声发射信号，甚至在启裂强度后也没有捕捉到明显的声发射信号，其原因可能是由于声发射探头固定在轴向加载推杆上，未与岩样直接接触，导致捕捉到的信号较少。当加载到损伤应力或峰值应力附近时，释放出幅值较大的声发射信号，表明岩样内部出现了明显的局部破坏，并在随后的加载过程中不断有声发射信号释放出来，岩样宏观裂纹逐渐扩展，导致试样的最终破坏。

3. 破坏模式及破坏机制分析

对岩样的破坏模式进行分析，不仅可以揭示加载过程中试样的破坏过程，而且可以用于分析岩样的破坏机制。典型隐晶质玄武岩试样的破坏结果见图 3.1-9。

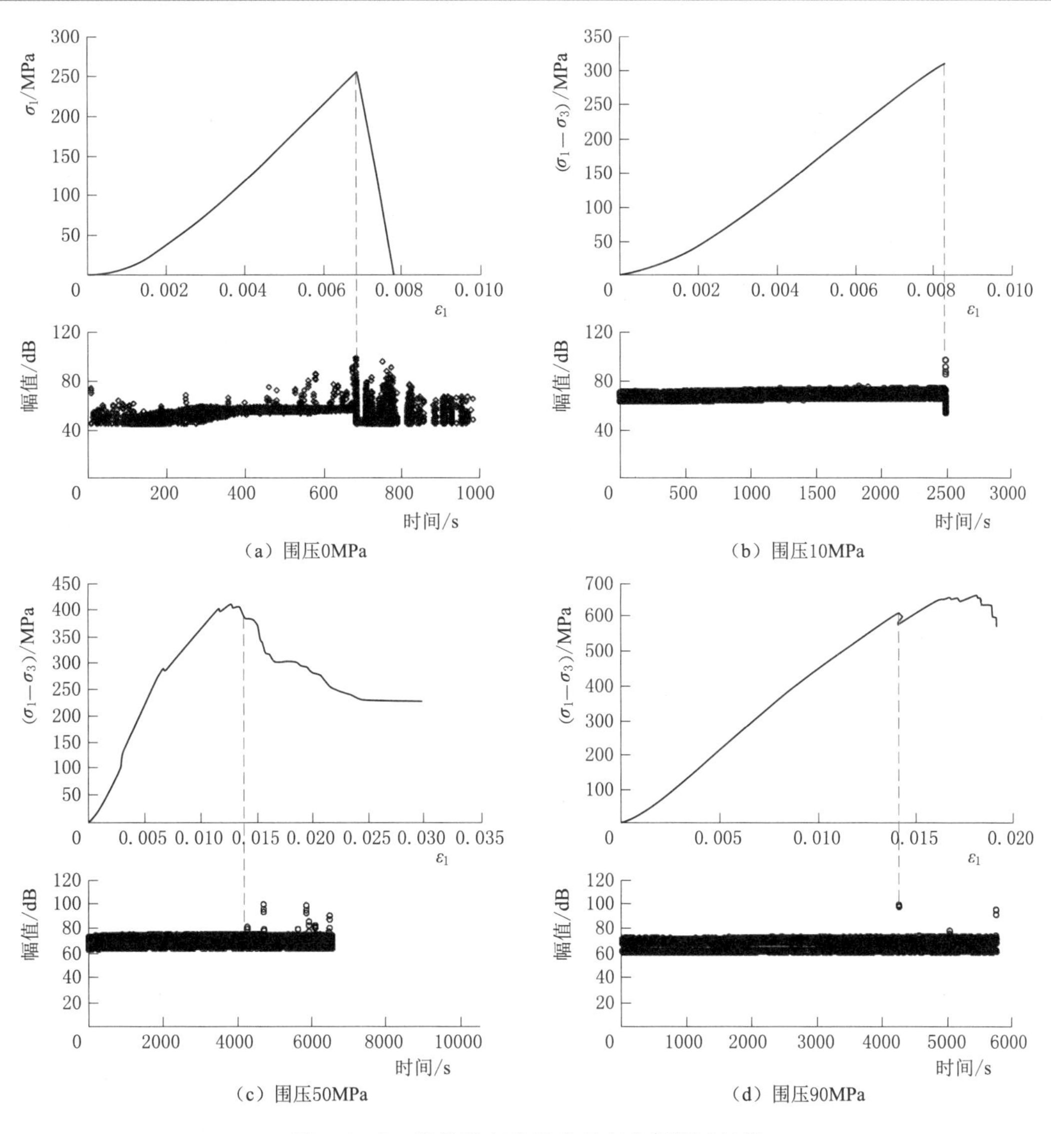

(a) 围压0MPa　　(b) 围压10MPa

(c) 围压50MPa　　(d) 围压90MPa

图 3.1-8　隐晶质玄武岩典型声发射测试结果

(a) 围压0MPa　　(b) 围压10MPa

图 3.1-9 (一)　典型隐晶质玄武岩试样的破坏结果

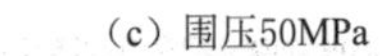

(c) 围压50MPa

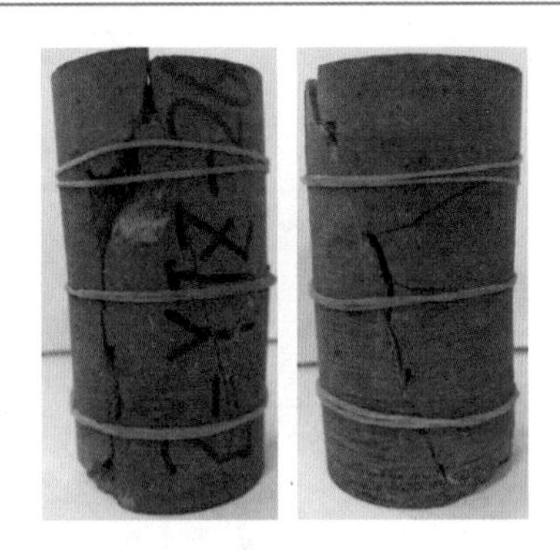

(d) 围压90MPa

图 3.1-9（二）　典型隐晶质玄武岩试样的破坏结果

由试样破坏结果可以看出，单轴条件下，部分隐晶质玄武岩岩样破坏后可以形成竖向主裂纹，但其完整性仍很差，伴随很多碎块出现，在加载过程中、前期均未看到明显的裂纹，在峰值应力附近，多条竖向宏观裂纹迅速出现，并发生明显的脆性破坏，甚至呈碎块状爆裂破坏，并导致加载压头崩落，脆性破坏特征异常显著。

三轴压缩条件下，试样主要表现为一条斜向宏观主裂纹伴随多条近垂直次裂纹的破坏模式，且随着围压的增大，斜向主裂纹并未表现出明显的角度变化，高围压下仍是大角度斜向剪切破坏，在破坏过程中，往往发出剧烈清脆的声响。可见，在三轴加载过程中，岩样仍然是在峰值应力附近发生剧烈迅速的裂纹扩展，并在宏观剪切裂纹两帮岩块突发的相对运动过程中造成两侧近乎垂直的次生张拉裂纹，并伴随巨大声响。

选取破坏断面上的典型部位进行电镜扫描分析，可以对其破坏机制进行分析，隐晶质玄武岩典型试样的电镜扫描结果见图 3.1-10。

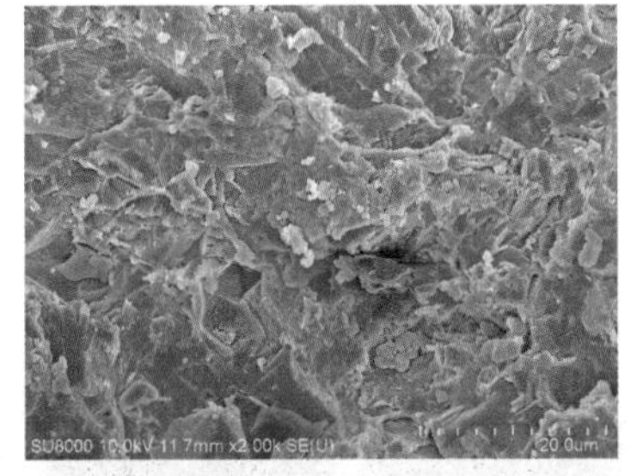

(a) 围压0MPa

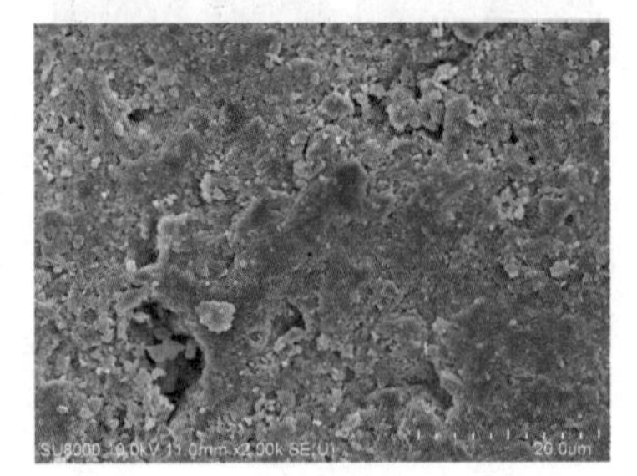

(b) 围压50MPa

图 3.1-10（一）　隐晶质玄武岩典型试样的电镜扫描结果

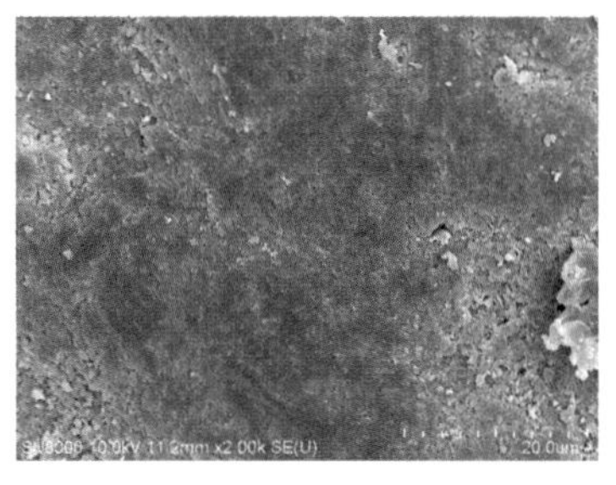

(c) 围压90MPa

图 3.1-10（二） 隐晶质玄武岩典型试样的电镜扫描结果

由电镜扫描结果可以看出，试样破坏面表面形貌随着围压的增大逐渐趋于平滑，在单轴条件下，破坏面表面干净无岩粉，放大后可看出破坏面微观结构层次分明，粗糙度显著，可以表明单轴条件下，试样破坏机制为典型的拉伸破坏。随着围压的增大，破坏面表面逐渐平缓，甚至出现剪切擦痕，且破坏面表面遍布岩粉，放大后可以看出破坏面微观结构层次感逐渐减弱，表明随着围压的增大，试样的剪切破坏特征逐渐明显，且随着围压的增大，剪切破坏强度提高，破坏面岩粉颗粒减小，破坏面表面趋于光滑。

3.1.1.2 杏仁状玄武岩

1. 应力应变特征分析

对杏仁状玄武岩开展常规单、三轴压缩试验，其典型应力—应变关系曲线见图 3.1-11。

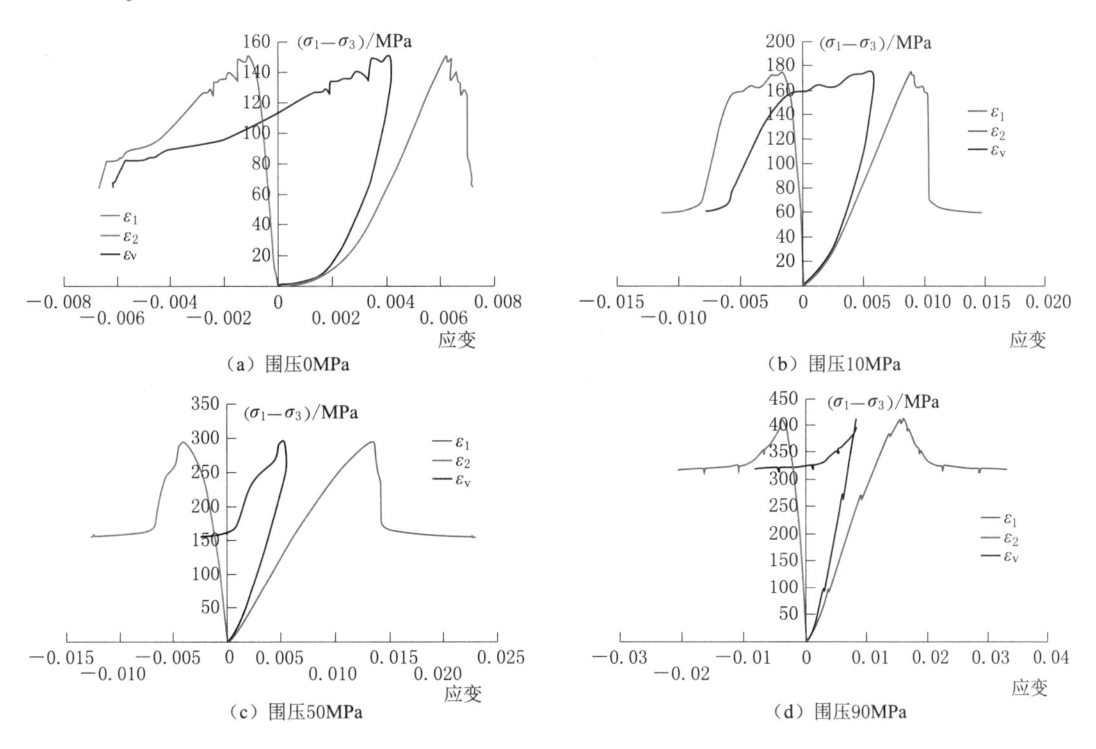

图 3.1-11（一） 杏仁状玄武岩典型应力—应变关系曲线

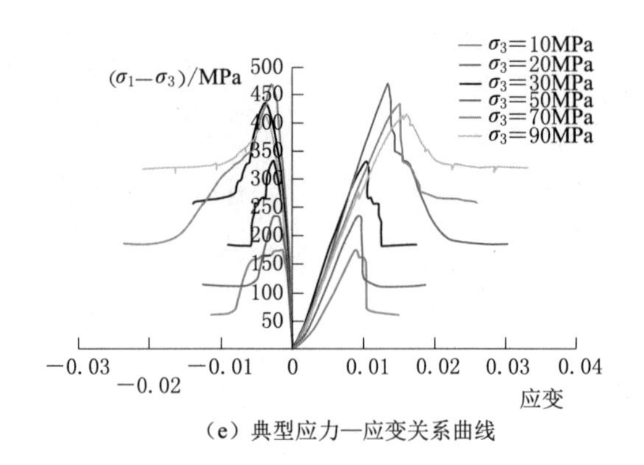

(e) 典型应力—应变关系曲线

图 3.1-11 (二)　杏仁状玄武岩典型应力—应变关系曲线

由应力—应变关系曲线可以看出，杏仁状玄武岩较隐晶质玄武岩有较明显的峰后段，随着围压的增大，峰后段变形能力逐渐提高，低围压条件下，加载到峰值应力后，出现明显的应力跌落，高围压条件下，峰后的脆性应力跌落逐渐减弱，并有较大的残余承载能力，对不同试样的力学参数和特征强度进行计算，计算方法与隐晶质玄武岩一致，计算结果见表 3.1-4。

表 3.1-4　　杏仁状玄武岩力学参数及特征应力平均值

围压 /MPa	峰值强度 /MPa	弹性模量 /GPa	泊松比	启裂强度 /MPa	损伤强度 /MPa	残余强度 /MPa
0	130.44	36.30	0.18	55.35	102.18	
10	190.17	26.45	0.23	122.07	178.73	77.20
20	230.80	31.27	0.20	143.77	243.63	140.43
30	401.43	42.24	0.17	186.60	387.81	201.12
50	388.41	37.23	0.19	190.24	369.71	226.25
70	511.75	38.08	0.21	256.78	503.05	299.72
90	512.28	36.18	0.19	278.05	478.92	410.85

由表 3.1-4 可以看出，杏仁状玄武岩启裂强度约占峰值强度的 35%～64%，损伤强度约占峰值强度的 76%～98%，相较于隐晶质玄武岩数据离散性更大。这说明杏仁状玄武岩内杏仁体分布的随机性显著影响了杏仁状玄武岩的力学性能。从应力—应变关系曲线也可以看出，在峰值附近，曲线并不光滑，而是呈现出锯齿状的波动，表明在接近峰值应力的过程中，试样内部陆续出现了杏仁体的局部破坏，这在一定程度上释放了岩样积累的部分能量，也导致杏仁状玄武岩并未出现与隐晶质玄武岩类似的碎块状炸裂破坏，而是出现较明显的峰后和残余段。

同样，对杏仁状玄武岩的各特征应力求取平均值并进行 M-C 强度准则和 H-B 强度准则拟合，结果见图 3.1-12 和表 3.1-5。

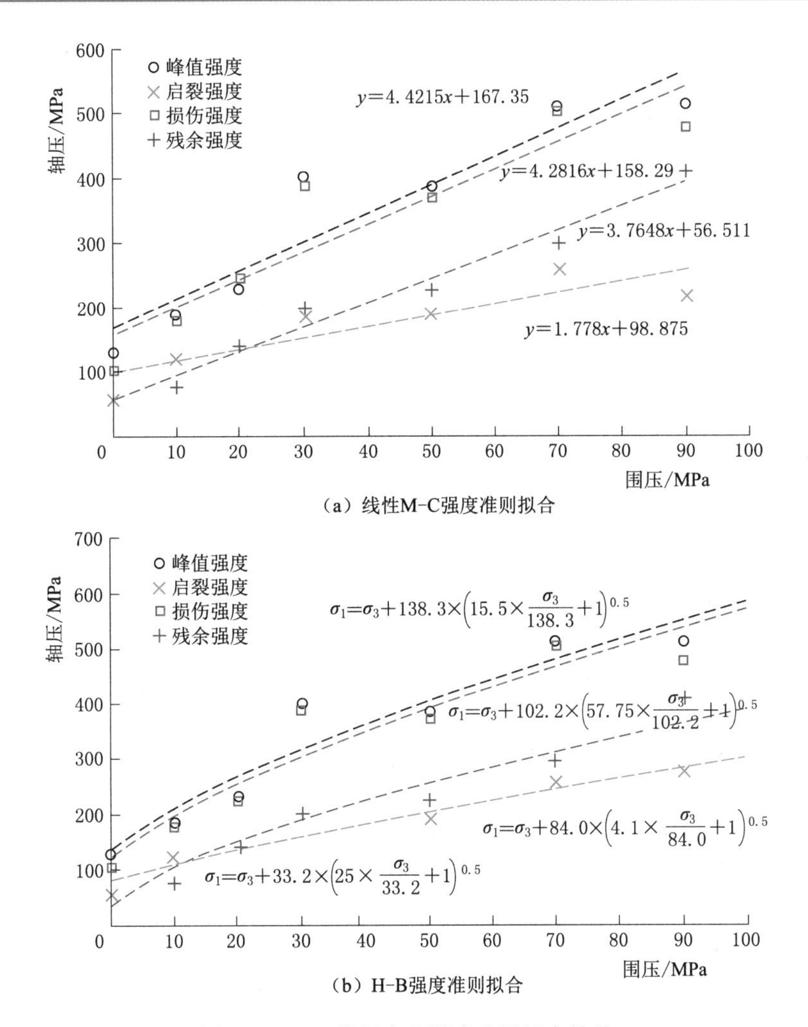

图 3.1-12 特征应力强度准则拟合结果

表 3.1-5 **特征应力强度准则拟合结果**

特征强度	线性 M-C 强度准则		H-B 强度准则			
	C/MPa	φ/(°)	σ_{ci}	m_b	s	a
峰值强度	39.8	39.1	138.26	15.53	1	0.5
启裂强度	37.1	16.3	84.02	4.12	1	0.5
损伤强度	38.2	38.4	121.68	16.72	1	0.5
残余强度	14.6	35.5	33.23	25.00	1	0.5

由拟合结果可以看出，线性 M-C 强度准则和 H-B 强度准则各参数的取值规律与隐晶质玄武岩均一致，表明杏仁状玄武岩在加载过程中受力与变形机制、内部裂纹萌生扩展过程与隐晶质玄武岩基本一致，只是在加载至峰值应力后，杏仁状玄武岩并没有因为裂纹的迅速不稳定扩展而导致突发性的失稳破坏，而是在失稳扩展阶段不断有杏仁体的局部破坏释放能量，因此其脆性程度比隐晶质玄武岩弱，因此需对杏仁状玄武岩的脆性指标进行

计算。

根据试验结果，杏仁状玄武岩的平均单轴抗压强度为130.44MPa，由巴西劈裂试验结果可知其平均抗拉强度为9.58MPa，峰值内摩擦角为39.1°，因此，计算得到杏仁状玄武岩的脆性指标为：$B_1=13.92$，$B_2=624.81$，$B_3=0.63$。

根据不同围压下的应力—应变关系曲线，计算得到杏仁状玄武岩脆性指标计算结果如表3.1-6所示。

表3.1-6　杏仁状玄武岩脆性指标计算结果

围压/MPa	0	10	20	30	50	70	90
k_1	2.75	2.09	3.46	2.70	4.29	1.93	5.33

对比隐晶质玄武岩相同围压下的 k_1 指标可以看出，杏仁状玄武岩的脆性指标显著大于隐晶质玄武岩，且随着围压的增大，杏仁状玄武岩脆性指标明显增大，表明杏仁状玄武岩的脆性程度小于隐晶质玄武岩，这点从二者应力—应变关系曲线的峰后段特征也可以看出；且随着围压增大，杏仁状玄武岩岩样变形能力逐渐提高，有由脆性向塑性转变的趋势。

2. 声发射特征分析

杏仁状玄武岩加载过程中的典型声发射测试结果及对应的应力—应变关系曲线结果见图3.1-13。

由声发射结果可以看出，单轴压缩条件下，杏仁状玄武岩也捕捉到了较为丰富的声发射信号，在压密阶段，岩样内部初始裂隙在轴向压力下逐渐闭合，释放出较多的声发射信号，对比图3.1-9中初始压密段的声发射信号幅值可以看出，杏仁状玄武岩相对于隐晶质玄武岩岩样内部存在更多的初始缺陷，非线性压密段也更长；随着轴压的增大，在达到启裂应力时出现声发射信号的小高峰，并在随后的加载过程中不断有信号发出，加载到损伤强度时，出现声发射信号的急剧释放，并一直持续，试样内部裂隙迅速扩展贯通形成宏观裂纹。但是，由于杏仁状玄武岩内部结构的不均匀性，在峰值应力附近，岩样内部不断发生局部破坏并释放声发射信号，造成应力—应变关系曲线在峰值附近的锯齿状分布，经过局部破坏的不断发展，试样承载能力逐渐下降，并出现峰后的应力跌落。对于三轴压缩试验加载初期和中期，试样内部破裂信号强度较弱，且由于声发射探头未与岩样直接接触，导致杏仁状玄武岩也未捕捉到明显的声发射信号，直到加载至损伤应力或峰值应力附近时，释放出幅值较大的声发射信号，并一直持续到残余阶段。这表明加载强度达到损伤和峰值应力附近时，岩样内部由于其不均匀性出现了明显的局部破坏，不断释放出声发射信号，随着加载的持续，岩样内部的局部破坏不断发展，试样承载能力逐渐降低，并导致试样的最终破坏和残余变形。

3. 破坏模式及破坏机制分析

典型杏仁状玄武岩试样的破坏结果见图3.1-14。

由图3.1-15可以看出，有别于隐晶质玄武岩，单轴条件下，杏仁状玄武岩岩样破坏后形成竖向主裂纹，但其整体性基本都能保证，不呈现碎块状破坏，且由于岩样基质（除杏仁体以外的部分）力学性质与隐晶质玄武岩类似，宏观张拉裂隙的出现往往伴随清脆、剧烈的声响。

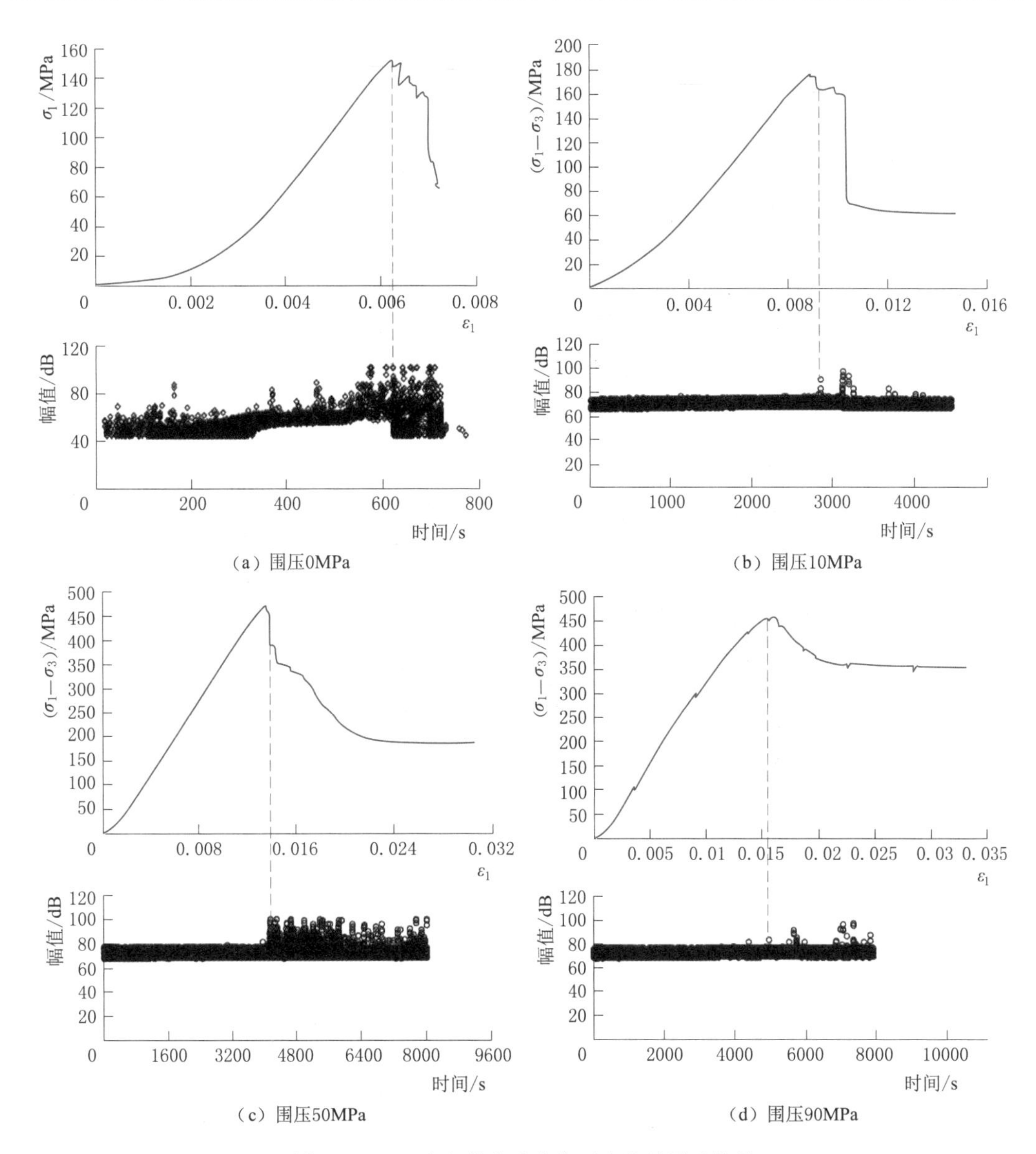

图 3.1-13 杏仁状玄武岩典型声发射测试结果

三轴压缩条件下，杏仁状玄武岩表现为一条宏观剪切裂纹的破坏模式，其破坏模式与锦屏大理岩类似但也有区别。杏仁状玄武岩高围压条件下并未表现出鼓胀的延性破坏特征，但根据应力—应变关系曲线的峰后段变化趋势来看，随着围压继续增大，杏仁状玄武岩的峰后变形段有可能出现脆-延转换的现象。

选取破坏断面上的典型部位进行电镜扫描分析，可以对其破坏机制进行研究。典型杏仁状玄武岩试样的电镜扫描结果见图 3.1-15。

由图 3.1-16 可以看出，随着围压的增大，破坏面表面形貌趋于光滑、平缓，单轴条件下，试样破坏面形貌略显粗糙，但表面较干净；中高围压条件下，试样破坏面形貌层次感逐渐减弱，逐渐趋于平滑，但表面开始出现岩粉颗粒，放大后可以看出，随着围压的增大，破坏面微观结构层次感逐渐减弱，且岩粉颗粒逐渐增多，表明试样随着围压的增大逐渐由拉伸破坏转变为剪切破坏。

(a) 围压0MPa　　(b) 围压10MPa

(c) 围压50MPa　　(d) 围压90MPa

图 3.1-14　典型杏仁状玄武岩试样的破坏结果

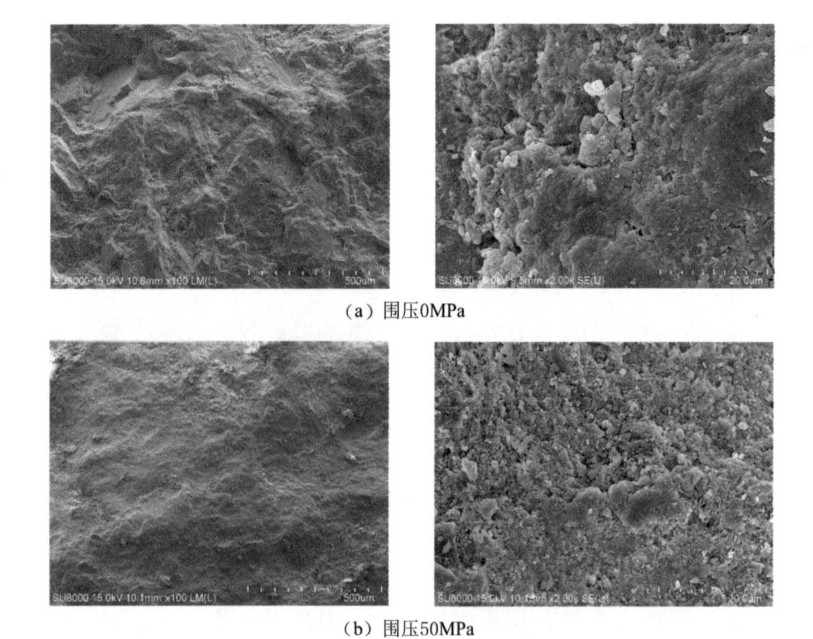

(a) 围压0MPa

(b) 围压50MPa

图 3.1-15（一）　典型杏仁状玄武岩试样的电镜扫描结果

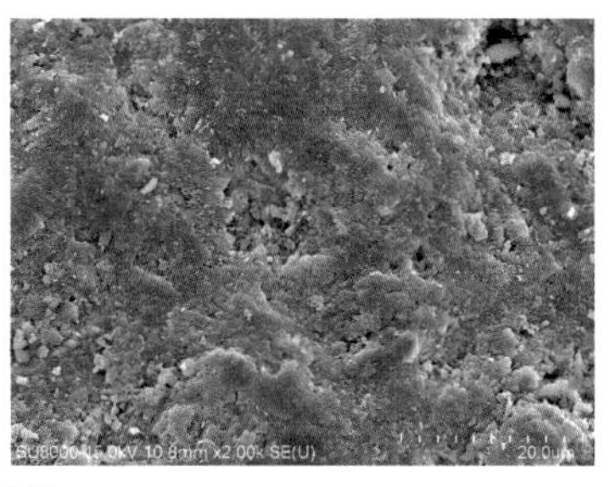

(c) 围压90MPa

图 3.1-15（二） 典型杏仁状玄武岩试样的电镜扫描结果

3.1.2 脆性玄武岩本构模型

从上述试验可以看出，隐晶质玄武岩在常见的工程围压范围（0～50MPa）内，几乎呈现出理想脆性特征，其应力—应变关系曲线达到峰值强度后发生快速跌落。

硬岩的峰后特征较为复杂，但总体而言可以划分成 3 种：①显著的脆-延转换特征，典型岩体是大理岩；②脆性特征，典型岩体是花岗岩；③理想脆性特征，具有该种特征的岩体较少，如白鹤滩隐晶质玄武岩。图 3.1-16 给出了 3 种典型岩体的试验曲线，关于峰后特征更为详细的描述见表 3.1-7。

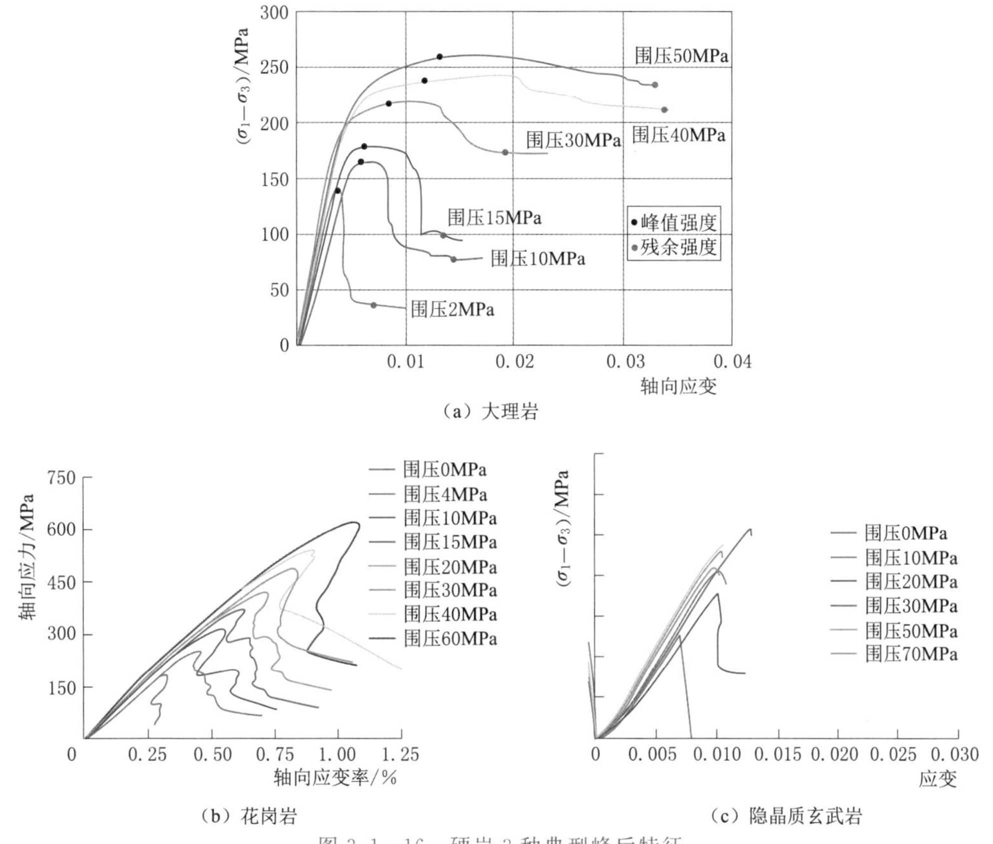

(a) 大理岩

(b) 花岗岩

(c) 隐晶质玄武岩

图 3.1-16 硬岩 3 种典型峰后特征

表 3.1-7 硬岩3种典型峰后特征描述

项目	显著脆-延转换特征	脆性特征	理想脆性特征
峰后特征	(1) 残余强度随着围压的增高，而显著提高； (2) 应力—应变关系曲线向残余强度跌落的斜率随着围压的增大而趋缓； (3) 峰残差随着围压的增大而减小； (4) 在30MPa的围压条件，延性破坏特征显著	(1) 残余强度随着围压的增高而增大； (2) 峰残差随着围压的增大而增大； (3) 高围压条件下，破坏过程仍具有一定的脆性特征	即便是20～50MPa的高围压条件下，到达峰值强度后仍快速跌落；破坏后迅速解体，在工程围压范围内无法测出残余强度
典型岩体	大理岩，杏仁状玄武岩，凝灰岩，砂岩，灰岩	花岗岩，黑云母花岗岩，正长岩	隐晶质玄武岩

围岩发生片帮等高应力破坏过程，峰值强度和峰后力学特征共同起作用。换言之，即便峰值强度相同，上述3种峰后强度的差异也可以导致高应力破坏出现显著的不同。图3.1-17是3种峰后强度特征对高应力破坏的影响示意图，若假设峰值强度相同，则洞室开挖后具有脆-延转换特征的破损深度最小，具有脆性特征的次之，具有理想脆性特征的破损深度最大。

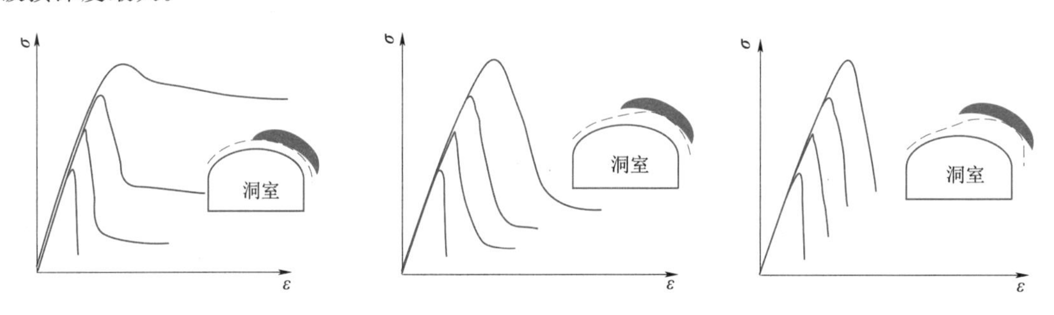

图 3.1-17 硬岩3种典型峰后特征对应的高应力破坏

显然3种不同的峰后特征，围压对峰后强度影响具有根本性的差异，进而控制围岩破坏的发展深度，表3.1-8给出了围岩破损深度差异的原因。由于围压对峰后强度具有直接的影响，以及3种峰后特征对支护也有不同的要求，表3.1-8同时给出了支护环节的要求。

表 3.1-8 硬岩3种典型峰后特征描述

类别	显著脆-延转换特征	脆性特征	理想脆性特征
应力破坏深度	同等条件下（地应力、峰值强度、岩体质量）应力型破损深度最小	同等条件下（地应力、峰值强度、岩体质量）应力型破损深度大于“左侧”，而小于“右侧”	同等条件下（地应力、峰值强度、岩体质量）应力型破损深度最大
原因	岩体强度随着围压的增加而显著增加，并且进入屈服后在中高围压条件下，残余强度衰减不明显，因此总体开挖后破损深度浅	维持围压水平是持围岩强度和安全性的有效途径，因为围岩屈服后仍具备一定的承载能力。支护设计相对困难，对支护压力要求高	屈服后围岩强度完全丧失，破坏区较深、支护设计很困难，对支护压力要求极高

续表

类别	显著脆-延转换特征	脆性特征	理想脆性特征
支护要求	提高围压水平，围岩承载力即显著提高，因此主动支护效果明显强于被动支护，对支护及时性要求高	提高支护围压水平，围岩屈服后的残余强度同样会提高，但不具备脆-延转换特征，因此对支护压力有较高的要求，否则不足以控制应力型破坏	对支护围压水平要求极高，否则难以控制破坏区扩展，支护困难，并且对支护及时性要求最高

H－B强度准则在国际范围的岩石工程界均得到普遍的应用，主要原因在于该强度准则可以较为方便地确定不同质量的岩体强度。Cundall院士基于该准则开发了H－B本构模型，可以用于描述复杂的峰后特征，下面介绍基于H－B本构模型的理想脆性特征描述方法。

H－B强度准则在历史上也经历过多次版本升级，较为常用的版本为2002年版，即

$$\sigma_1 = \sigma_3 + \sigma_c (m_b \sigma_3 / \sigma_c + s)^a \tag{3.1-6}$$

$$m_b = m_i e^{\left(\frac{GSI-100}{28-14D}\right)}$$

$$S = e^{\left(\frac{GSI-100}{9-3D}\right)}$$

$$a = \frac{1}{2} + \frac{1}{6}(e^{-GSI/15} - e^{-20/3})$$

式中：σ_1、σ_3分别为岩石破坏时的最大、最小有效应力；σ_c为完整岩块的单轴抗压强度；m_b、s、a均为H－B强度准则经验参数，其中m反映了岩石的岩性与材质，取值范围为0.007～25，s则用于描述岩体破碎程度，其取值范围为0～1，对破碎岩体取0，完整岩块s=1.0，H－B本构模型基于该版本研发。

本构关系即为应力—应变关系，定义已知应变条件如何求得应力的大小。当采用增量法作为数学求解方法时，本构关系一般采用式（3.1－7）进行描述：

$$\Delta\sigma_i = S_i(\Delta\varepsilon_i^e) \quad i=1, \cdots, n \tag{3.1-7}$$

式中：函数$S_i(\Delta\varepsilon_i^e)$表示用以描述应力—应变关系的本构方程；$\Delta\varepsilon_i^e$、$\Delta\sigma_i$分别为当前迭代步内弹性应变增量和相应的应力增量。

在实际增量法求解过程中，当前时间步内迭代初期不尝试区分应变具体构成，而是假定应变增量全部为弹性成分，采用式（3.1－8）求解应力增量：

$$\Delta\sigma_i = S_i(\Delta\varepsilon_i) \quad i=1, \cdots, n \tag{3.1-8}$$

当岩体中裂隙发育、其力学性质满足各向同性条件时，H－B本构模型采用广义虎克定律描述式（3.1－9）所表达的应力—应变关系：

$$\Delta\sigma_i = E_1 \Delta e_i + E_2 \sum \Delta e_j \tag{3.1-9}$$

式中：$i,j \in [1,3]$，$j \neq i$；E_i为由弹性模量E和泊松比ν所定义的常数。

由此，进一步得到迭代更新后当前时间步最初应力状态：

$$\sigma_i^t = \sigma_i^{t-1} + \Delta\sigma_i \tag{3.1-10}$$

式中：σ_i^{t-1} 为上一时间步应力状态。

当由式（3.1-10）得到的应力状态满足由式（3.1-6）定义的屈服条件时，当前时间步内单元实际应力则需要通过流动法则进行进一步迭代修正。

在应力空间内，屈服准则表现为某一曲面即屈服面，根据应力状态与屈服面的位置关系，岩体受力区分为两种状态，当应力点处于屈服面范围以内时意味着处于弹性状态，若应力点位于屈服面上则指示岩体已出现屈服，岩体这一状态及其后续力学行为的变化则采用流动法则进行描述。

将式（3.1-10）所定义的主应力状态代入 H-B 强度准则，得到

$$F=\sigma_1^t-\sigma_3^t-\sigma_{ci}\left(m_b\frac{\sigma_3^t}{\sigma_{ci}}+s\right)^a \tag{3.1-11}$$

式（3.1-11）用以判断单元的屈服条件，$F\geqslant 0$ 指示单元应力处于屈服状态，$F<0$ 表示单元尚为弹性。若单元已屈服，则意味着单元在当前时间步中所发生的应变增量同时含有弹性、塑性应变成分，即

$$\Delta\varepsilon_i=\Delta\varepsilon_i^e+\Delta\varepsilon_i^p \tag{3.1-12}$$

式中：$\Delta\varepsilon_i^p$ 表示单元塑性应变增量，且满足定义：

$$\Delta\varepsilon_i^p=\lambda\frac{\partial g}{\partial\sigma_i} \tag{3.1-13}$$

式（3.1-13）即为所谓的流动法则，建立起塑性应变与能量势与应力状态之间的联系。其中，$g(\sigma_i)$ 为常数称为势函数，是流动法则的重要构成；λ 为由岩体性质所决定的常数，是其他已知参数的导出量。在应变构成得以有效区分的前提下，当前时间步单元应力增量采用式（3.1-14）进行修正：

$$\Delta\sigma_i'=\Delta\sigma_i-\lambda S_i\left(\frac{\partial g}{\partial\sigma_i}\right) \tag{3.1-14}$$

式中：$\Delta\sigma_i'$ 为当前时间步经修正后的应力增量，Cundall 进一步引入假定关系式 $\Delta e_1^p=-\gamma\Delta e_3^p$ 得到式（3.1-14）第二项及其当前时间步修正后应力状态的量化定义：

$$\left.\begin{aligned}\lambda S_1(\partial g/\partial\sigma_1)&=\Delta e_3^p(\gamma E_1+E_2)\\\lambda S_2(\partial g/\partial\sigma_2)&=\Delta e_3^p E_2(1+\gamma)\\\lambda S_3(\partial g/\partial\sigma_3)&=\Delta e_3^p(E_1+\gamma E_2)\end{aligned}\right\} \tag{3.1-15}$$

$$\sigma_i^f=\sigma_i^t-\Delta\sigma_i' \tag{3.1-16}$$

式中：γ 为由流动法则确定的参数，称之为塑性流动系数；σ_i^f 即为修正后的应力状态。

在连续介质力学方法中，依据势函数与屈服准则在形式上是否具有一致性，本构模型的流动法则可区分为关联和非关联两种类型，其中关联型流动法则指势函数的定义与屈服准则一致。室内试验揭示岩石在屈服过程中的体变特征与围压水平密切相关，因此，Cundall 基于 H-B 强度准则建立了非固定流动法则，即塑性流动系数 γ 可以因围压水平的不同有以下几种定义形式。

（1）关联流动法则，适用于岩石在低围压（围压近似为 0）条件下轴向压缩受力状态及其导致的体变行为，流动法则具体满足式（3.1-17）定义：

$$\Delta e_i^{p} = -\gamma \frac{\partial F}{\partial \sigma_i} \tag{3.1-17}$$

代入式(3.1-6)及假定关系式 $\Delta e_1^{p} = \gamma \Delta e_3^{p}$,得

$$\gamma_{af} = -\frac{1}{1 + a\sigma_{ci}(m_b\sigma_3/\sigma_c + s)^{a-1}(m_b/\sigma_c)} \tag{3.1-18}$$

(2)常体积流动法则,岩石剪胀行为的发生具有条件性,要求围压水平低于一定水平,即 $\sigma_3 < \sigma_3^{cv}$,否则岩体在外力作用下体积恒定为常量,此即为常体积流动法则。依据 $\Delta e_1^{p} = \gamma \Delta e_3^{p}$ 及岩体屈服后体积恒定原则($\Delta e_1^{p} + \Delta e_2^{p} + \Delta e_3^{p} = 0$)得到不同受力状态条件下的塑性流动系数:

$$\left.\begin{array}{lll} \text{当 } \sigma_3 < \sigma_2 < \sigma_1 \text{ 时:} & \Delta e_2^{p} = 0, & \gamma_{cv} = -1 \\ \text{当 } \sigma_3 = \sigma_2 < \sigma_1 \text{ 时:} & \Delta e_2^{p} = \Delta e_3^{p}, & \gamma_{cv} = -2 \end{array}\right\} \tag{3.1-19}$$

(3)径向流动法则,该法则适用于岩体单纯受拉情况,包括单向受拉和三向等值受拉,这种受力状态的基本特征是塑性流动与主应力方向相同即满足共轴条件,因此得到塑性流动系数:

$$\gamma_{rf} = \frac{\sigma_1}{\sigma_3} \tag{3.1-20}$$

(4)复合型流动法则,以上三种情况分别针对某一特定情形进行力学定义,而复合型流动法则尝试将这些情形进行统一。当围压为 $0 \sim \sigma_3^{cv}$ 时,岩石屈服后体变性质应介于关联流动和常体积流动之间,因此定义复合型塑性流动系数:

$$\gamma = \frac{1}{1/\gamma_{af} + (1/\gamma_{cv} - 1/\gamma_{af})\sigma_3/\sigma_3^{cv}} \tag{3.1-21}$$

由此可见,H-B本构模型综合体现了围压水平对塑性流动性质的影响:①当 $\sigma_3 < 0$ 时(压力为正),$\gamma = \gamma_{rf}$;②当 $\sigma_3 = 0$ 时,$\gamma = \gamma_{af}$;③当 $0 < \sigma_3 \leqslant \sigma_3^{cv}$ 时,γ 的取值满足式(3.1-21)定义;④当 $\sigma_3^{cv} < \sigma_3$ 时,$\gamma = \gamma_{cv}$。

在某一时间步内,式(3.1-15)求解实际采用迭代方法计算得到。具体计算过程为:

(1)由围压水平求解得到塑性流动系数 γ;定义临时应变变量 Δe_0、Δe_1,$\Delta e_0 = 0$、Δe_1 取各方向正应变、剪应变增量最大值。

(2)分别令 Δe_3^{p} 等于 Δe_0 和 Δe_1,依次代入式(3.1-15)、式(3.1-11)得到 F_0、F_1,插值获得中间迭代应变参数:

$$\Delta e_2 = \frac{F_1 \Delta e_1 - F_0 \Delta e_0}{F_1 - F_0} \tag{3.1-22}$$

(3)令 $\Delta e_0 = \Delta e_1$、$F_0 = F_1$、$\Delta e_1 = \Delta e_2$,将 $\Delta e_3^{p} = \Delta e_1$ 再次代入(3.1-16)、式(3.1-11)更新得到 F_1(图3.1-18中绿色标识点)。

(4)若 $|F_0 - F_1|$ 不大于指定容差,迭代结束,否则返回第(2)步重复执行迭代求解判断。

H-B本构模型残余强度的描述采用了与峰值强度式(3.1-6)一致的表达方式,峰值强度由 σ_c、m_b、s 和 a 定义,残余强度也支持将这些参数视为软化参数,即残余强度依据下式定义:

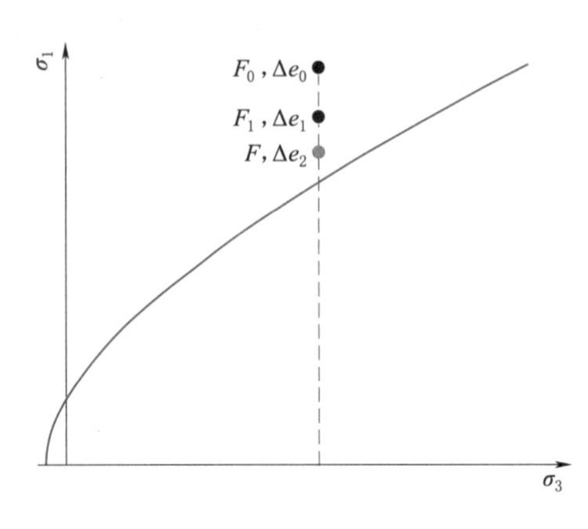

图 3.1-18　应力修正迭代方法

$$\sigma_1 = \sigma_3 + \sigma_c^R (m_b^R \sigma_3 / \sigma_c^R + s^R)^{a^R} \tag{3.1-23}$$

式中：σ_c^R、m_b^R、s^R、a^R 对应于残余强度的 H-B 本构模型参数。除此之外，引入极限塑性应变 e_{cr}^p 用于描述岩体屈服后强度参数软化过程特征，特别是软化梯度性质。由此实现岩体屈服后在自峰值强度至残余强度的过渡过程中，屈服面方程由上述 5 个参数调整变化。

除极限塑性应变 e_{cr}^p 外，H-B 本构模型还进一步引入一个与最小主应力 σ_3 相关联、对最大塑性应变响应 e_{max}^p 的缩放因子 μ，调整不同围压水平下塑性应变及由此决定的残余强度取值，弥补单一 e_{cr}^p 参数对复杂岩石峰后性质的力学描述可能存在的不足。

从简单实用角度，强度参数软化特征通常采用多段线来描述，在前述已获得塑性应变 e_{max}^p 的前提下，即可通过插值得到任意应力状态强度参数和相应的屈服面方程。以图 3.1-19（a）所示针对 m_b 强度参数的双线段定义方式为例，对应于实际求解得到最大塑性应变 e_{max}^p 的峰后强度 m_b' 按式（3.1-24）取值：

$$\left.\begin{array}{ll} \text{当 } \mu e_{max}^p < e_{cr}^p \text{ 时：} & m_b' = m_b - \mu e_{max}^p / e_{cr}^p \cdot (m_b - m_b^R) \\ \text{当 } \mu e_{max}^p \geqslant e_{cr}^p \text{ 时：} & m_b' = m_b^R \end{array}\right\} \tag{3.1-24}$$

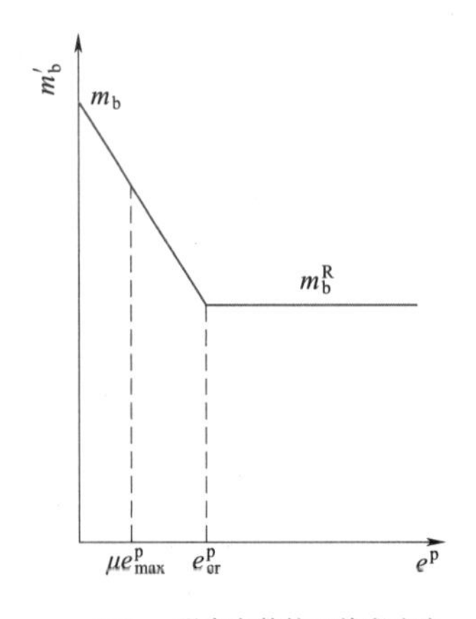

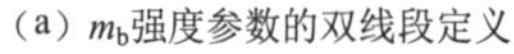
（a）m_b强度参数的双线段定义

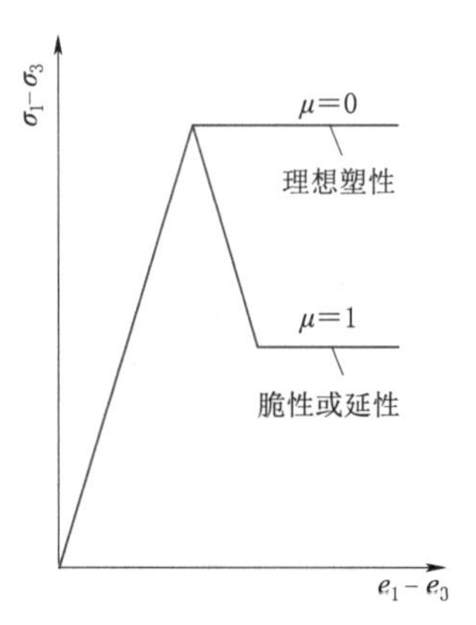

（b）岩石的峰后应力—应变关系

图 3.1-19　本构模型的强度软化过程定义

可以看出，在围压水平 σ_3、e_{cr}^p 给定，且 e_{max}^p 已知的前提下，由于 μ 取值的不同可以改变岩体的峰后力学性质。如图 3.1-19（b）所示，当 $\mu=1$ 时，岩石峰后应力—应变关系可以表现为脆性或延性，若 $\mu=0$，按式（3.1-24）求得的残余强度实际与峰值强度相同，峰后应力—应变关系体现为理想弹塑性。

以上简要地介绍了 H-B 本构的主要思想和实现方法，下面对该本构的两个关键参数即极限塑性应变和塑性流动系数展开讨论。

1. 极限塑性应变 e_{cr}^{p}

对脆性岩石试样而言，极限塑性应变 e_{cr}^{p} 一般为 0～0.01，Cundall 建议按式（3.1-25）量化：

$$e_{cr}^{p}=(12.5-0.125\times GSI)/100 \tag{3.1-25}$$

式（3.1-25）将 e_{cr}^{p} 取值方法拓展至原位岩体，GSI 合理取值范围为 0～98。

e_{cr}^{p} 和塑性应变缩放因子 μ 综合反映了岩石屈服后的软化特征，依据 H-B 本构模型定义，当 $\mu=1$ 即塑性应变 e_{max}^{p} 不受该因子影响时，在图 3.1-20 所示 $(\sigma_1-\sigma_3)$—e 应力应变空间内，e_{cr}^{p} 的力学意义定义为

$$\left.\begin{array}{ll}\text{当加载条件为 } \sigma_3<\sigma_2<\sigma_1 \text{ 时：} & e_{cr}^{p}=e_3' \\ \text{当加载条件为 } \sigma_3=\sigma_2<\sigma_1 \text{ 时：} & e_{cr}^{p}=2e_3'\end{array}\right\} \tag{3.1-26}$$

依据流动法则中引入的假定 $\Delta e_1^{p}=-\gamma\Delta e_3^{p}$，可以看出，最大、最小主应力方向在软化阶段产生的总塑性应变满足：

$$e_1'=-\gamma e_3' \tag{3.1-27}$$

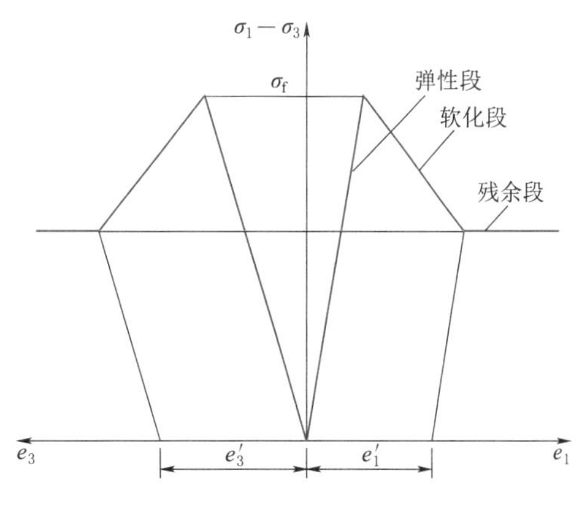

图 3.1-20　参数 e_{cr}^{p} 的定义

2. 塑性流动系数 γ

由式（3.1-26）可见，塑性流动系数 γ 定义了岩石出现屈服后发生在最大、最小主应力方向上塑性应变的量化关系，从而决定不同围压条件压缩导致的体变性质。

依据流动法则的定义，参数 γ 与围压水平密切相关，此外，还受到岩石力学性质 σ_c、m_b、s 和 a 等的影响，后三个参数可通过 H-B 强度准则参数 GSI、m_i 和 D 换算得到。因此，在 $0<\sigma_3\leqslant\sigma_3^{cv}$ 围压作用区间内，γ 实际是根据 σ_3 与岩石力学性质所定义的函数：

$$\gamma=f(\sigma_c, \text{GSI}, m_i, D, \sigma_3, \sigma_{cv}) \tag{3.1-28}$$

在 $\sigma_3=\sigma_2<\sigma_1$ 受力条件及其他参数恒定的前提下，分别视岩体质量条件 GSI 和岩石材质指标 m_i 为敏感性指标，图 3.1-21 给出了对应于不同围压条件下的参数 γ 取值并由此反映敏感性指标对其的影响规律。具体取值条件及规律表现为以下 4 方面。

（1）σ_{cv}、σ_c、D 分别统一取值为 20MPa、100MPa 和 0；图 3.1-21（a）和图 3.1-21（b）中 m_i、GSI 则分别恒定为 9 和 60。

（2）γ 总体呈随 σ_3 增加而变大的非线性、单调关系。

（3）参考图 3.1-21（a），在 σ_3 恒定的前提下，不同 GSI 取值对 γ 的影响规律还与 σ_3 的具体大小有关。在 σ_3 自 0 至 σ_{cv} 的变化过程中，γ 与 GSI 起初表现为正比关系，随 σ_3 增大，γ 取值规律逐渐过渡为随 GSI 增加而降低的反比关系，揭示 GSI 对 γ 的复杂影响。

（4）依据图 3.1-21（b），在代表性岩石材质指标 m_i 取值条件下，γ 变化规律相对简

单。当围压给定时，两者呈反比关系。

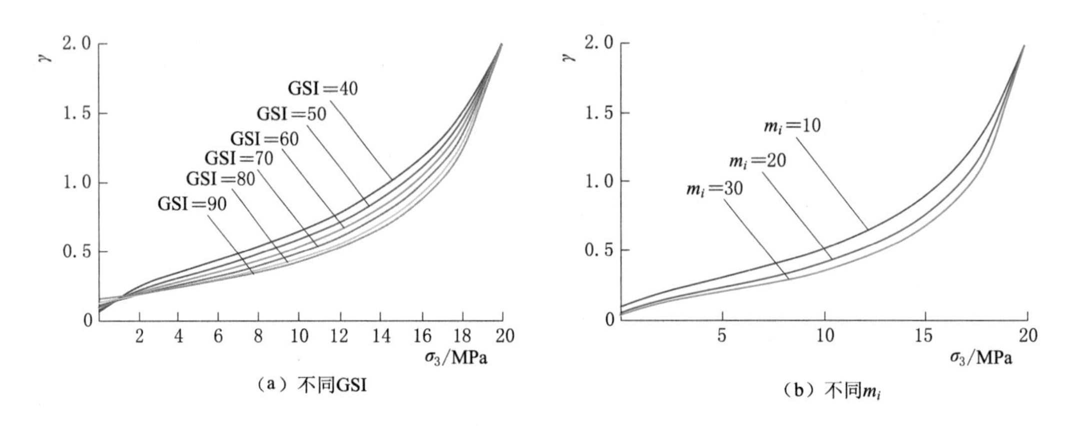

图 3.1-21 H-B本构模型的强度软化过程定义

与其他岩石力学本构模型参数标定内容一致，变形参数和强度参数的合理校核也是 H-B本构模型工程应用需要解决的关键环节之一。以前述分析作为背景，这里先总结归纳 H-B本构模型所体现的岩石力学机理，为提出参数标定工作方法形成理论依据。

在不考虑塑性应变缩放因子 μ 的前提下，H-B本构模型的其他参数决定了变形和强度性质的基本特征，见图 3.1-22。

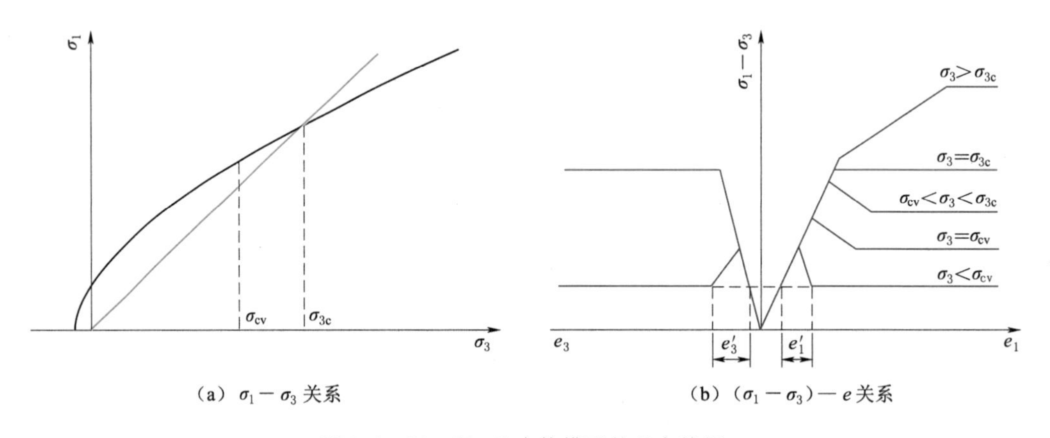

图 3.1-22 H-B本构模型的基本特征

图 3.1-22 (a) 表示该模型在主应力平面内所描述的峰值强度和残余强度曲线的代表性形态，其反映的主要特点在于，峰值强度和残余强度包络线会在某一围压水平（σ_{3c}，假定 $\sigma_{cv}<\sigma_{3c}$）处形成相交关系。

图 3.1-22 (b) 给出了对应于不同围压条件，H-B本构模型所决定的典型应力—应变关系概念图，以进一步说明峰值、残余强度包线在应力平面内不同相对关系所指示的岩石力学意义：①当围压 $\sigma_3<\sigma_{3v}$ 时，残余强度低于峰值强度，应力—应变关系表现为脆性或延性性质；②当围压 $\sigma_3=\sigma_{3c}$ 时，峰值强度与残余强度相同，应力—应变关系也由此表现为理想弹塑性性质；③当围压 $\sigma_3>\sigma_{3c}$ 时，峰值强度低于残余强度，此时岩石出现强度

硬化现象，显然，这一模型特点有悖于残余强度应不高于峰值强度的一般性认识。

图 3.1-22 应力—应变关系概化图同时反映了参数 σ_{cv} 和 γ 对岩石屈服后软化性质和剪胀性质导致体变特征的影响：

（1）软化性质：在 σ_3 自 0 至 σ_{cv} 的变化过程中，由于参数 γ 随围压 σ_3 增加总体呈单调变大的基本特点，因此，$(\sigma_1-\sigma_3)$—e_1 平面内应力—应变关系曲线软化段梯度呈现为由大至小的变化规律，岩石自脆性和延性之间过渡；当 σ_3 介于 σ_{cv} 和 σ_{3c} 之间变化时，岩石屈服后体积恒定即参数 γ 为定值，因此，软化段梯度也维持为常量；当 $\sigma_3=\sigma_{3c}$ 时，软化梯度为 0，软化性质在该点处不具有数学意义上的连续性。

（2）剪胀性质：岩石在围压区间 0～σ_{cv} 内具有剪胀现象，且剪胀程度随 σ_3 增大而减小，当 $\sigma_3\geqslant\sigma_{cv}$ 时，剪胀现象消失。

因此，在不考虑塑性应变缩放因子 μ 前提下，在围岩不超过 σ_{cv} 时，H-B 本构模型基本特征也能在一定意义上反映岩石峰后力学性质的变化特点，如自脆性至延性变化，当 $\sigma_3=\sigma_{3c}$ 时，应力—应变关系还可以呈现为理想塑性。不过，当围压 σ_3 等于或大于 σ_{3c} 时，分别存在非连续性软化梯度过渡和残余强度大于峰值强度的不合理现象，无法满足对诸如锦屏大理岩或白鹤滩隐晶质玄武岩峰后力学特性的描述要求。

塑性应变缩放因子 μ 的引入弥补了上述 H-B 本构模型基本力学特征描述能力存在的不足，其工作原理在于，当岩石屈服后，峰后强度取值采用经调整后的塑性应变 μe^{p}_{max}（e^{p}_{max} 为实际塑性应变响应）进行取值，从而起到改造后续屈服面及峰后软化性质的效果。纳入 μ 参数作用时，依据式（3.1-26）、式（3.1-27），图 3.1-22 所示软化阶段在主应力方向发生的塑性主应变实际存在如下关系：

（1）加载条件为 $\sigma_3<\sigma_2<\sigma_1$ 时：

$$\left.\begin{array}{ll}\text{当 } 0\leqslant\sigma_3<\sigma_{cv}\text{ 时：} & e'_3=e^{p}_{cr}/\mu \\ & e'_1=\gamma e^{p}_{cr}/\mu \\ \text{当 } \sigma_{cv}\leqslant\sigma_3\text{ 时：} & e'_1=e^{p}_{cr}/\mu\end{array}\right\}\tag{3.1-29}$$

（2）加载条件为 $\sigma_3=\sigma_2<\sigma_1$ 时：

$$\left.\begin{array}{ll}\text{当 } 0\leqslant\sigma_3<\sigma_{cv}\text{ 时，} & e'_3=e^{p}_{cr}/\mu \\ & e'_1=\gamma e^{p}_{cr}/\mu \\ \text{当 } \sigma_{cv}\leqslant\sigma_3\text{ 时：} & e'_1=2e^{p}_{cr}/\mu\end{array}\right\}\tag{3.1-30}$$

在 H-B 本构模型参数定义环节，μ 与 σ_3 通过多段式定义进行关联，当 σ_3 已知时，对应的 μ 取值可通过插值获得。显然地，通过调整 μ 可实现对任意围压处岩石屈服后包括脆性、延性和理想塑性在内的软化方式的调整。

图 3.1-23 是采用 H-B 本构模型模拟单轴试验所获得的应力—应变关系曲线，加压过程仅针对 1 个单元进行，因此消除了应变局部化对应力—应变关系曲线的影响，计算获得的是本构模型本身的响应。由图 3.1-23 可见，通过合理设置峰后参数即可准确地描述复杂峰后力学特征，包括理想脆性特征。

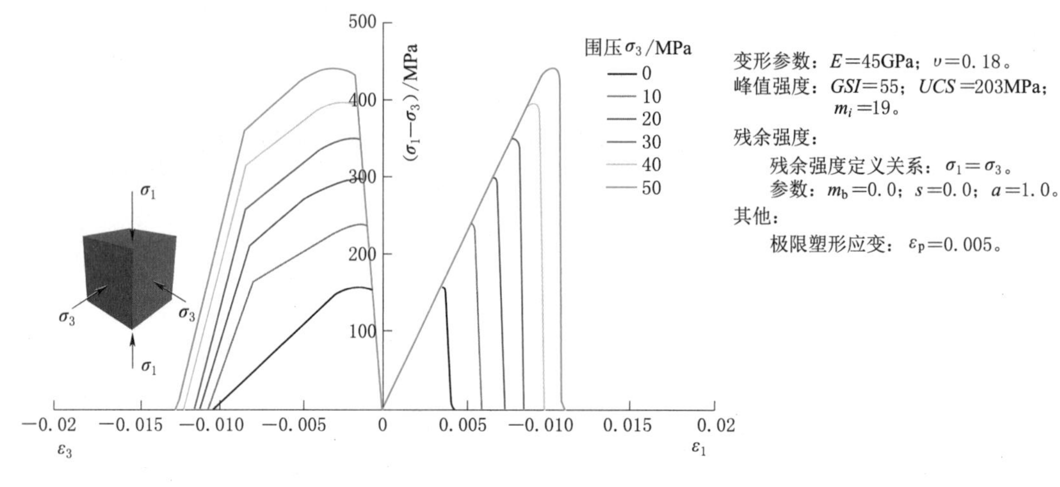

图 3.1-23　H-B本构模型描述峰后理想脆性特征

3.2 层间错动带

白鹤滩坝址区及地下洞室群共发育 11 条层间错动带，分别为 C_2、C_{3-1}、C_3、C_4～C_{11}。作为主体工程的坝基边坡、地下厂房都不同程度受到层间错动带的影响，对于地下厂房洞室群而言，可以说层间错动带制约着厂房围岩稳定和围岩破坏。

中国水电工程界针对长大软弱结构面力学参数取值的工作思路为：通常强调在试验研究基础上，参考经验方法进行综合取值。白鹤滩层间错动带延伸规模巨大，通常超过1000m，而现场剪切试验的尺寸为 0.5m。考虑到层间错动带是起伏粗糙的，一般起伏波长 3～4m，起伏高度 15～20cm，因此 0.5m 现场剪切试验尺寸无法涵盖实际起伏波长对强度参数的影响，理论上这种起伏波长会对层间错动带的摩擦角有贡献，即理论上如果忽略错动带起伏对强度参数的影响，可能会低估实际的摩擦角。

应该说，层间错动带的研究对白鹤滩工程而言意义突出，厂房洞室群在顶拱与边墙部位均揭露层间错动带，错动带力学参数是否精准，显然对支护设计与反馈分析有直接的影响。

本节针对层间错动带所开展的研究是以现场取样、室内试验、现场试验的成果为基础，通过三维数码照相技术对层间错动带起伏“包体”的空间形态进行采集，并通过基于颗粒流 PFC 的数值方法，对层间错动带的力学参数进行深入分析，最终获得关于层间错动带力学参数的深入认识。

3.2.1 层间错动带力学特性试验研究

3.2.1.1 层间错动带现场取样制样方法

白鹤滩水电站地下洞室群围岩发育大型软弱层间（内）错动带、小断层、随机裂隙、密集柱状节理等不利构造，其中，以层间错动带规模最大且影响最为突出。受围压和先期构造运动的影响，层间错动带在天然状态下形成了一种特有的结构状态：干容重大，明显的节理、劈理、泥化层分带性，颗粒定向分布，内部往往存在多个剪切滑移面（图 3.2-2）等。原状试样能最大限度地保留层间错动带特有的结构特征，通过试验可以揭示层间错动带在天然状态下的力学特性，试验结果对于岩土工程的设计与施工具有较强的指导意义。但由于层间错动带内软弱破碎岩屑、碎石含量高，大块岩样不易成型，如何在现场制取非扰动原状试样一直是困扰岩土工程界同仁的难题，地质工作者和科研人员对此进行了大量努力与尝试。目前，纵观国内外相关领域内原状试样取样方法主要有：贯入式取土器法，回转式取土器法，探井、探槽取样法，机械切割法等。

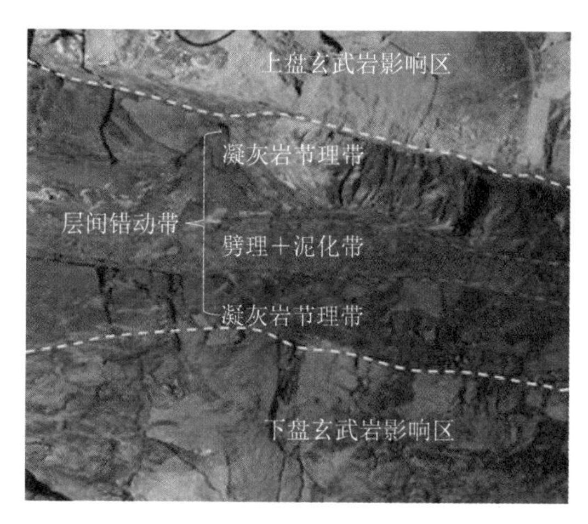

图 3.2-1　白鹤滩层间错动带的典型结构

图 3.2-2　泥化带中的剪切滑移面

在地下洞室内进行层间错动带的原状试样取样时，先后采用了云石切割机切割取样法和人工刻切土块（图 3.2-3）、土工环刀和洛阳铲贯入式取样法（图 3.2-4）、小型水钻机［图 3.2-5（a）］及重型地质钻机回转式取样法［图 3.2-5（b）］等方法。实践结果表明：采用人工刻切大块取样法能够最有效地取出非扰动原状试样。

图 3.2-3　人工刻切土块

图 3.2-4　洛阳铲贯入式取样法

对于其他取样方法，目前主要存在以下问题：

（1）贯入式取样法。由于层间错动带内岩屑、角砾含量较高，硬度较大，使用环刀或

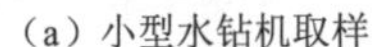
(a) 小型水钻机取样　　(b) 重型地质钻机回转式取样

图 3.2-5　回转式取土器法

是洛阳铲时难以贯入到土体中或是取出的土样完整性差，而且在锤击过程中对筒内土体扰动很大，导致土样无法成形；如果现场有条件施加液压静载，将环刀或洛阳铲压入土层内，也不失为一种取样方法。

(2) 回转式取土器法。小型水钻机或重型地质钻机在钻进的过程中，由于钻筒与岩土体摩擦生热，需要持续加水降温润滑，钻筒内的土样在加水过程中回转扰动，土的结构破坏，黏粒流失，最终只剩下碎屑、角砾等硬块；若不加水，钻头损耗大，而且钻筒内的土芯由于摩擦力较大，极易出现断芯现象，钻头难以推进。通过降低钻机转速、控制进水量，对取样效果有一定的改善，但是对于层间错动带这种特殊岩土材料来说收效甚微。目前，有施工技术人员采用植物胶代替水作为钻井液，并辅以双套管钻筒取得了较好的效果。

此外，在采用小型水钻机取样时，尝试了一种原位冻结取样法，即取样之前，先用液氮将软弱破碎的层间错动带冻结为一体，再采用钻机进行钻芯取样。该方法能够最大限度地保持层间错动带的原始结构，取出完整的试样；但也有其局限性：低温冻结需要有充足的水作为冻结介质，在含水量较少的层间错动带区域，需要提前注水使其达到饱和状态，这就使层间错动带内的含水率发生了较大变化，对试样产生了一定的扰动，由此引起的扰动是否会对试样的力学性质产生较大的影响，还需要进一步研究。

3.2.1.2　层间错动带成分及微观结构特征

对取回的层间错动带试样进行物相分析，辨别其矿物组成，对比不同带区层间错动带岩样的矿物特征，量化主要矿物的含量，能够说明层间错动带的碎裂、泥化程度。图3.2-6～图3.2-9分别给出了C_2截渗洞同一取样点制取泥化带、劈理带、节理带和凝灰岩母岩岩样的四组X射线衍射（XRD）试验结果。

试验结果表明：四组代表性试样中，测得的矿物成分主要包括伊利石（含量大于50%）、钙铝榴石和正长石。其中泥化带岩样中伊利石特征峰最为明显，伊利石纯度高，估算最高相对含量达77.37%；劈理带岩样中伊利石的特征峰较为明显，估算最高相对含量为62.68%；节理带岩样和凝灰岩母岩岩样中伊利石的特征峰比较平缓，说明这两组试样中矿物含量的离散性较大，伊利石的纯度较低，估算最高相对含量分别为55.85%和52.48%。

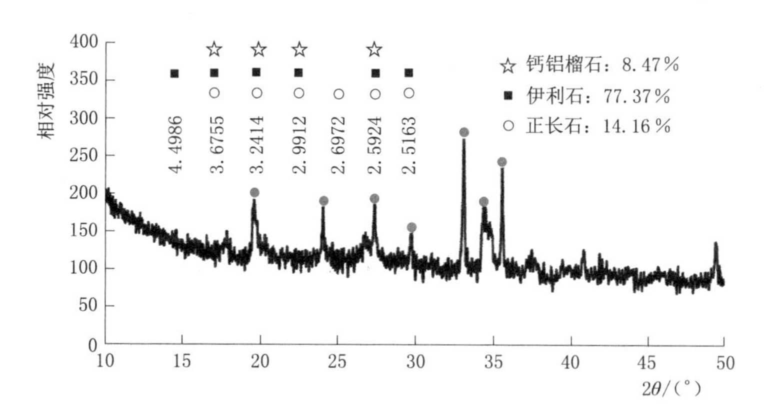

图 3.2-6 泥化带代表样品 X 衍射图谱

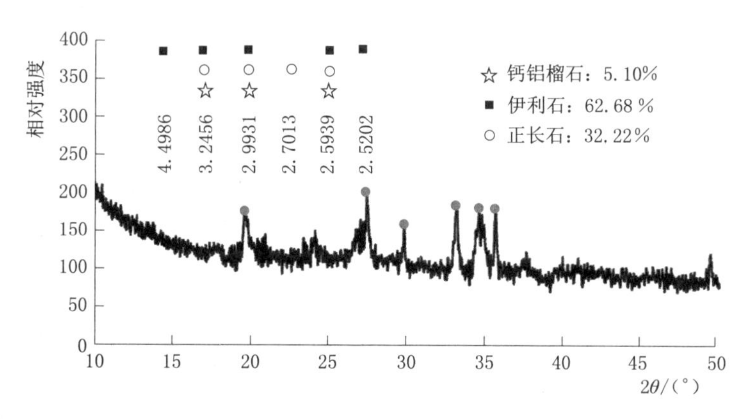

图 3.2-7 劈理带代表样品 X 衍射图谱

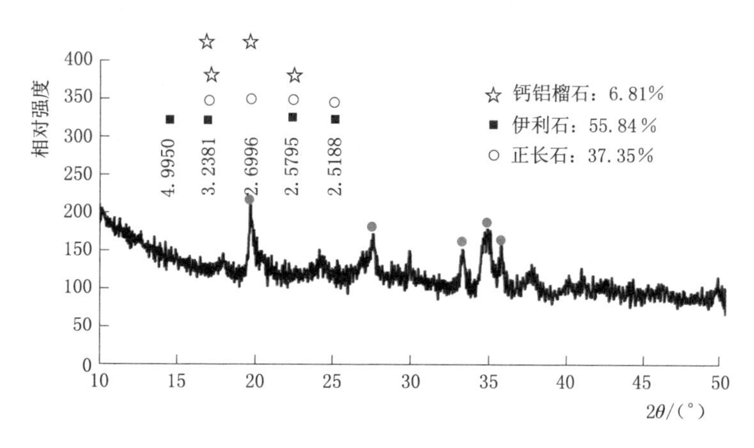

图 3.2-8 节理带代表样品 X 衍射图谱

由上述试验结果可知，层间错动带不同带区中黏土矿物（主要为伊利石）含量的基本规律为：泥化带＞劈理带＞节理带≈凝灰岩母岩。黏土矿物含量的高低与不同带区岩土体经历地质改造的强弱程度正相关：节理带岩体呈软岩状态，受地质改造的影响最小，其黏土矿物含量最低，接近凝灰岩母岩；劈理带土体呈鳞片堆叠状态，受地质改造的影响较

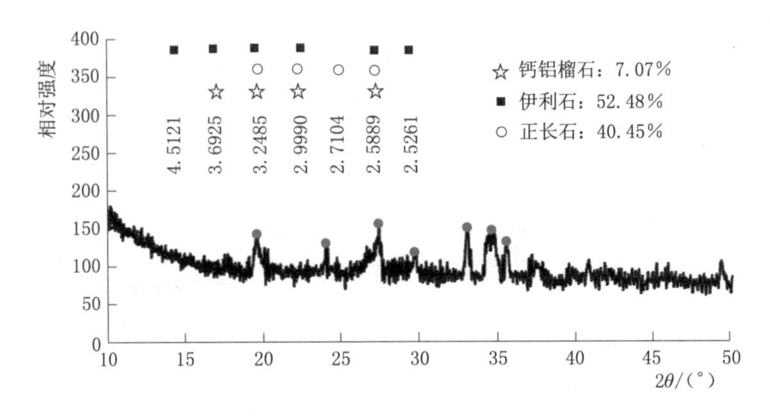

图3.2-9　凝灰岩母岩代表样品X衍射图谱

大，其黏土矿物含量较高；泥化带土体受地质改造及水化作用的影响最大，其黏土矿物含量最高。

剪切、错动等地质作用，使凝灰岩岩层发生破裂、泥化形成错动带，实质上改变了原岩的微观结构及矿物组成。为获得不同带区层间错动带岩样的微观结构，评价不同带区的微观结构特征，分别针对泥化带、劈理带和节理带试样进行电镜扫描试验，每组试验都从平行于和垂直于带区延展方向进行微观结构扫描，图3.2-10～图3.2-12分别为不同带区岩样断口的微观结构扫描图。

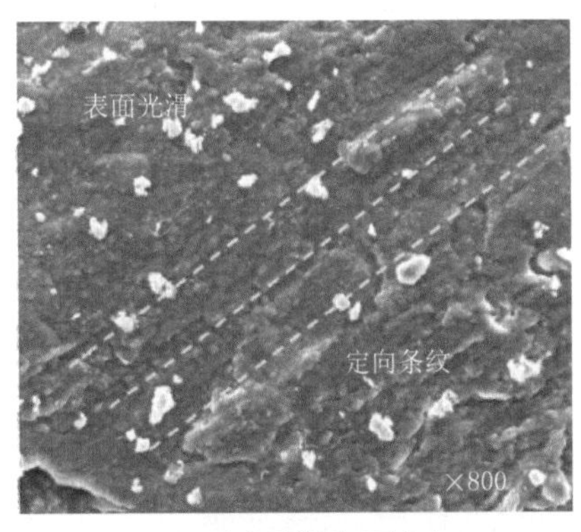

(a) 垂直于带区延展方向

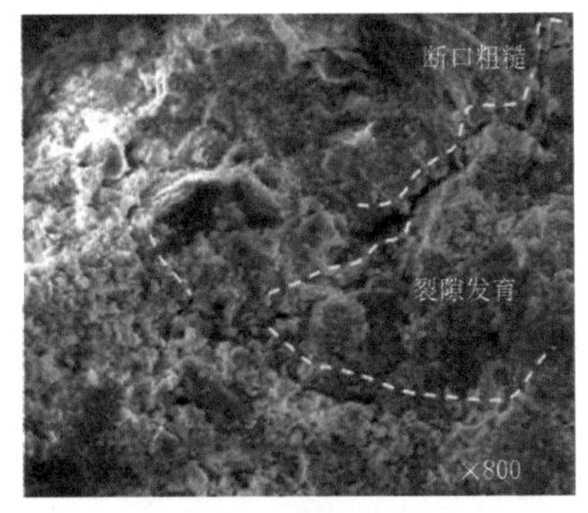

(b) 平行于带区延展方向

图3.2-10　泥化带岩样的断面扫描图

由电镜扫描结果可以看出，不同带区错动带岩样微观结构的总体特征为：垂直于带区延展方向，泥化带、劈理带和节理带岩样表面都比较光滑，且分布有定向条纹；在高倍镜下，泥化带和劈理带可见大量微孔隙和微裂隙。平行于带区延展方向，不同带区岩样的微观结构特征差异较大。其中泥化带岩样断口表面粗糙，黏附大量无定向排列黏土颗粒，微裂隙较为发育，岩样整体上呈层叠分布；劈理带岩样断口表面粗糙，且有明显的分层；节理带岩样断口表面较泥化带和劈理带光滑，黏附少量杂乱黏土颗粒，裂隙发育，未观察到岩样层叠分布。

上述微观特征表明，沿延展方向，错动带内部各带区表面光滑，历史上发生过较大范

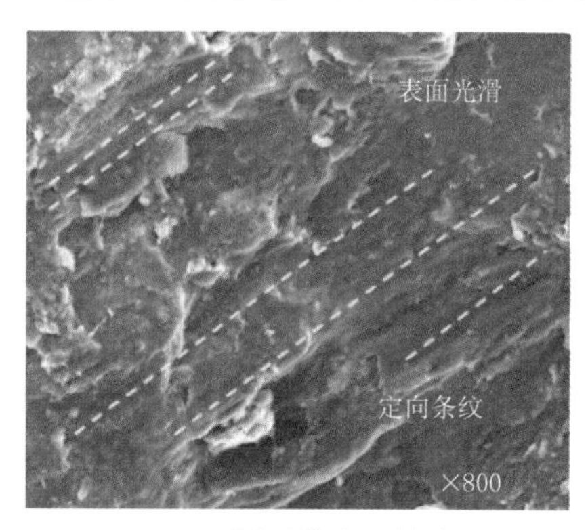

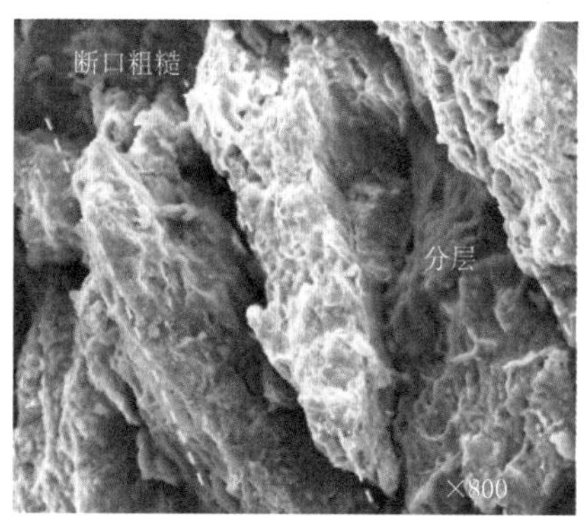

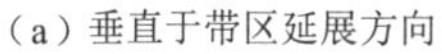
(a) 垂直于带区延展方向

(b) 平行于带区延展方向

图 3.2-11 劈理带岩样的断面扫描图

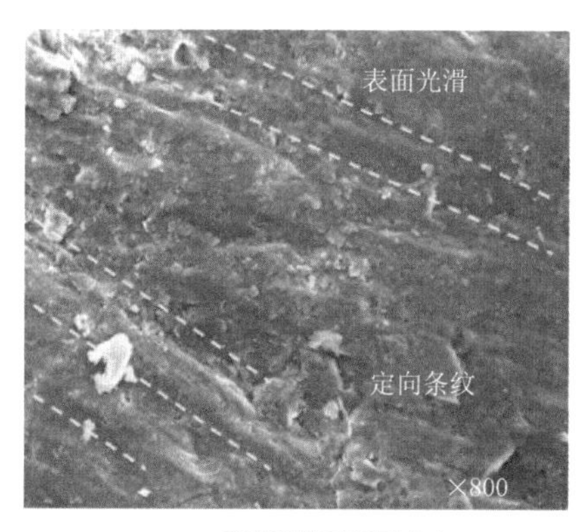

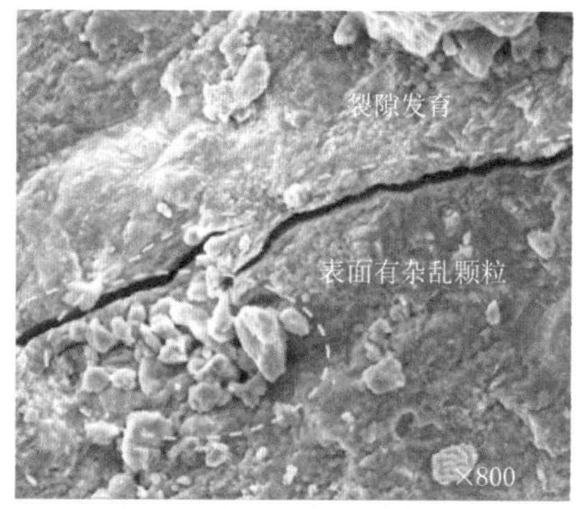

(a) 垂直于带区延展方向

(b) 平行于带区延展方向

图 3.2-12 节理带岩样的断面扫描图

围的滑移运动；沿垂直方向，泥化带的颗粒层叠和劈理带的劈理分层证明错动带在较大的挤压应力作用下发生过多期错动，使破碎泥化的错动带发生塑性挤压变形。此外，节理带和劈理带裂隙较为发育，提供了地下水在错动带中的渗流通道。根据上述微观特征，可以将错动带成因简化为图 3.2-13 所示的力学模型。

3.2.1.3 层间错动带剪切力学特性分析

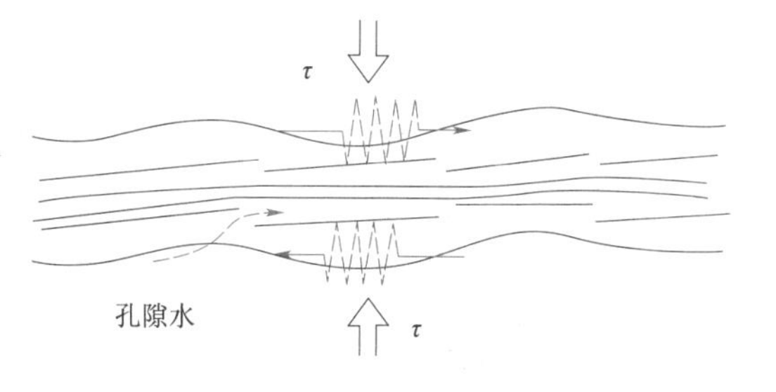

图 3.2-13 简化的错动带成因力学模型

白鹤滩水电站工程区地层中，层间错动带斜切地下厂房及洞室群，属于岩体中的弱结构面，是围岩体失稳破坏的主要控制因素。在工程施工期间，层间错动带上下盘岩体极易发生剪切滑移、塑性挤出及塌方破坏等；在水电站运营期，错动带附近岩体存在蠕变破坏的隐患。因此，有必要对错动带试样在剪切试验中的变形、强度及破坏特征进行研究。层间错动带的室内力学特性研究主要针对重塑试样和原状试样开展。重塑样属于完全扰动试样，它破坏了层间错动带所特有的结构形态，试验结果的合理性有待商榷；但重塑样的均质性较原状试样好，且其各种物理参数（含水率、颗粒级配等）便于人为控制，因此可以用来研究层间错动带某些特定的力学特征，如层间错动带的遇水劣化特征，剪切强度的敏感性分析等。因此，根据试验需要，分别制备原状试样和重塑试样开展室内试验研究。

不同法向力下层间错动带复合试样剪切试验是在岩石结构面剪切试验仪（RJST－616）上进行的，试验仪见图3.2－14。剪切系统的垂直和水平加载均可采用力和位移控制模式，其中垂直加载油缸最大加载力200kN，水平加载油缸最大加载力300kN。

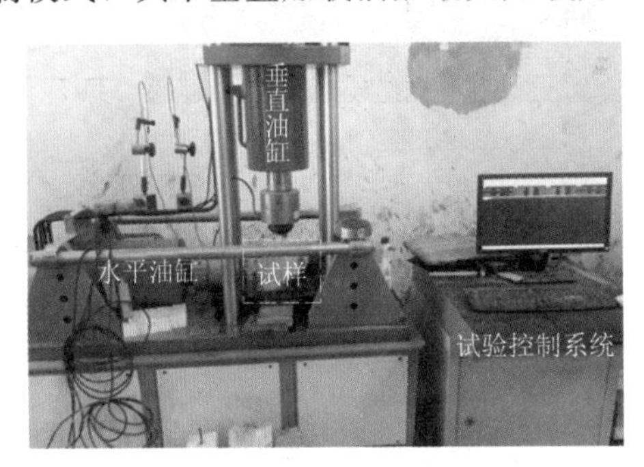

图3.2－14 岩石结构面剪切试验仪（RJST－616）

在现场取样过程中，由于层间错动带受开挖卸荷和取样扰动的影响，其节理带呈破碎状态，裂隙十分发育，无法将节理带、泥化带和劈理带一体取出，所取试样主要为类土体材料的泥化带和劈理带。室内直剪试验采用50mm×50mm×50mm和150mm×150mm×150mm两种尺寸的原状复合试样，利用石膏对原状土试样进行复合，试样整体分为石膏上盘、原状土夹层和石膏下盘三部分。中间部位的原状土夹层的平均厚度分别约为15mm和40mm，以确保剪切试验时破坏面在其内部产生。石膏上下盘中石膏与水的配比为3∶1，在该配比下，经两周养护期，测得50mm×100mm圆柱形标准试样的单轴抗压强度19～23MPa，与现场层间错动带上下盘微风化的凝灰岩单轴抗压强度大体相当。

复合原状样制备过程见图3.2－15。首先将取回的层间错动带岩样用台锯进行切割，将其制成大概尺寸为150mm×150mm×150mm的块状体备用。由于层间错动带岩样结构复杂且易破碎，切割过程中无法完全保证其完整性，故切割过程中务必减小对岩样的扰动。在模具中将配置好的石膏拌和物倒入，倒入高度为30～40mm（根据错动带块体大小调整，保证中间原状土夹层的出露厚度），在振动台上充分振捣后将切好的错动带块体轻放入模具中，并居中安放，静置至石膏初步凝固；待石膏凝固后，在试样四周铺洒35～40mm厚的粗砂，继续浇筑上盘石膏拌和物并振捣充分，表面抹平后覆盖保鲜膜静置，养护两周后拆模取样。

图3.2－15 复合原状样制备过程

50mm×50mm×50mm的原状土复合试样的制备方法与150mm×150mm×150mm的复合试样一致。

层间错动带室内快速直剪试验采用多试样法，现场测得层间错动带周围岩体内的平均地应力在10MPa左右，因此，本次试验中试样的法向力分别设置为2.0MPa、5.0MPa、7.0MPa、9.0MPa、10.0MPa，剪切方向加载速率为0.05mm/min。剪切过程中，下剪切盒只能沿水平剪切方向运动，而上剪切盒只能沿竖直方向运动。

绘制剪切力—剪切位移曲线（图3.2-16），表明不同法向力下的剪切试验曲线总体表现为理想弹塑性。以法向力$\sigma_n=10$MPa的切向力—剪切位移曲线为例，曲线总体可分为三个阶段：OA直线段，应力—应变主要近似表现为线弹性关系，曲线较陡，以弹性变形为主，塑性变形很小；AB段为曲线段，曲线斜率逐渐减小，B点为屈服点，对应的剪切强度τ_P为峰值强度；BC段基本处于平稳阶段，应力变化率几乎为零，对应的剪切强度接近残余强度τ_R。

图3.2-17中不同法向力下的法向位移—剪切位移曲线显示出，在剪切过程中，法向位移一直在增加，表明层间错动带由于其内部结构非均匀性明显，且未充分压密，在剪切过程中表现出明显的剪缩特征。

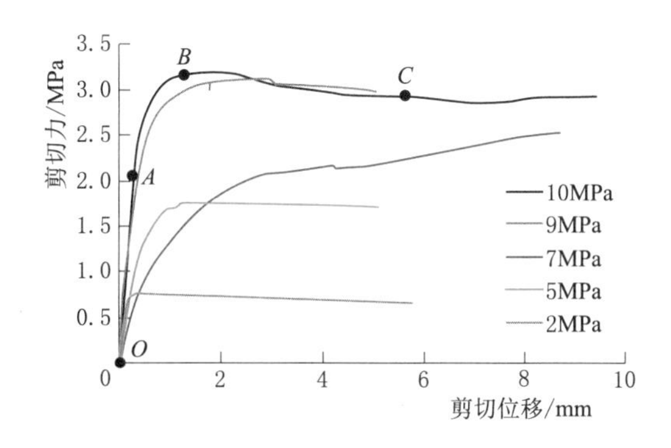

图3.2-16　C_2层间错动带典型剪切滑移曲线

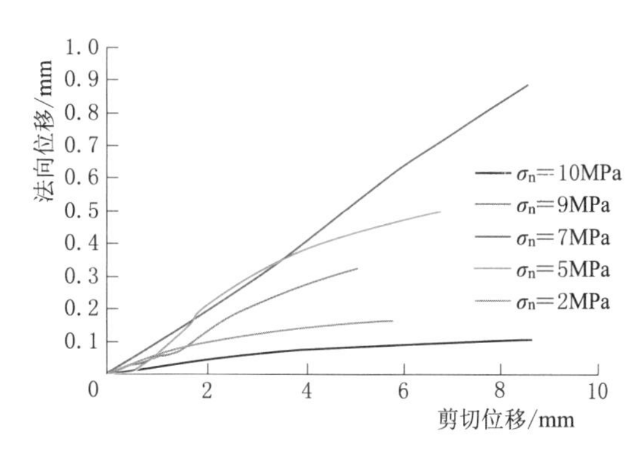

图3.2-17　C_2层间错动带法向位移—剪切位移曲线

对剪切试验峰值强度进行拟合，结果见图3.2-18，可以看出错动带试样剪切强度比较符合线性M-C准则，峰值剪切强度随法向应力逐渐增大，拟合结果可以表述为

$$\tau=\sigma\tan 18.7°+0.023 \tag{3.2-1}$$

由拟合结果可以计算得到层间错动带原状岩体黏聚力$C=0.023$MPa，内摩擦角$\varphi=18.7°$。

对剪切试验残余强度进行拟合，结果见图3.2-19，可以看出错动带的残余剪切强度符合M-C强度准则，且残余强度要低于屈服强度，拟合结果可以表述为

$$\tau=\sigma\tan 17.3°+0.0099 \tag{3.2-2}$$

由拟合结果可以计算得到层间错动带原状岩体残余黏聚力$C_R=0.0099$MPa，残余内摩擦角$\varphi_R=17.3°$。

通过拟合结果可以看出错动带的峰值黏聚力和残余黏聚力均较小，而且C_R明显小于C。这是由于本次试验采用的原状夹层试样为泥化带和劈理带岩样，试验中的剪切方向顺错动带延展方向。根据3.2.1.2小节的微观结构观察，沿延展方向，带区颗粒主要呈层状堆叠，层与层之间一般存在比较光滑的滑移面，颗粒之间的胶结力很弱，因此，宏观上表

现为错动带的黏聚力较小。C_R 明显小于 C 值，是由于屈服破坏后，剪切面上颗粒之间的胶结结构遭到剪坏，在法向力的挤压及剪切作用下，剪切面上的颗粒主要表现为摩擦作用，因此，残余强度下的黏聚力 C_R 值接近于 0。

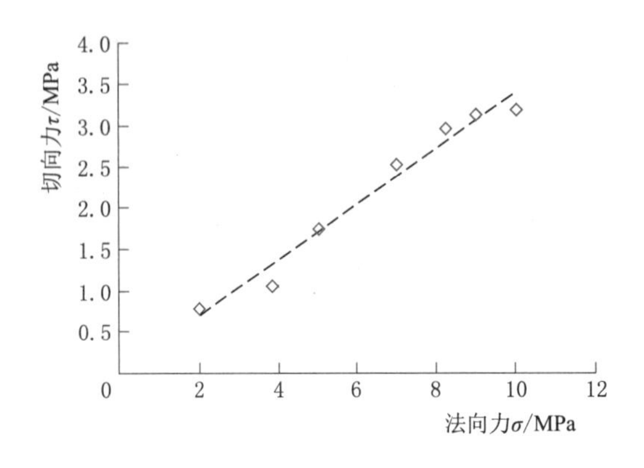

图 3.2-18 C_2 层间错动带剪切强度拟合曲线

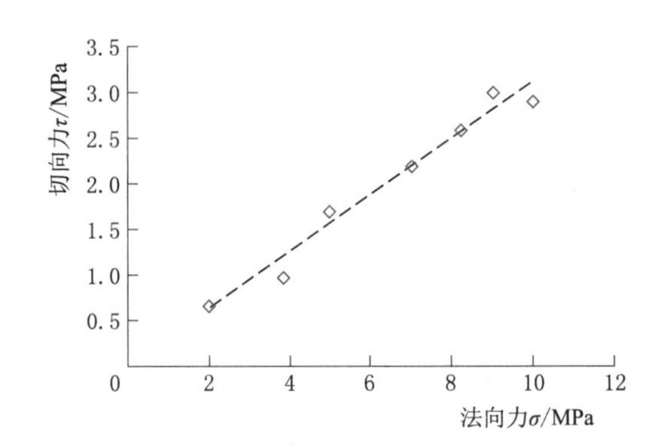

图 3.2-19 C_2 层间错动带残余剪切强度拟合曲线

3.2.1.4 水对层间错动带力学特性的影响

由于在层间错动带延展方向上，围岩内地下水条件并不一致，直观体现在错动带的出露状态（图 3.2-20），C_2 截渗洞不同桩号位置处层间错动带的含水状态差别明显，有表面干燥状态、表面湿润状态，甚至出现滴水或流水状态。由 3.2.1.3 小节中错动带的物相分析结果可知，错动带中黏土矿物含量较多，不同的含水状态下，错动带的力学性质也会不同，因此，需要针对地下水对层间错动带力学性质的影响开展研究。

图 3.2-20 C_2 截渗洞层间错动带出露状态

该试验仪由围压室、大吨位偏压加载框架、高精度围压、偏压、孔压伺服控制模块、变形测量模块、温控模块和油路旁路过滤模块等部分组成，可以实现温度-渗流-应力-化学（THMC）全耦合的岩石力学试验，并可进行岩土介质温度-渗流-应力-化学全耦合或局部耦合下的常规三轴力学试验及流变试验。

试验系统的偏压加载模块，最大输出力达 1500kN，机架刚度 3000kN/mm，控制精度高于 0.01MPa；孔压加载模块，最大渗透压力 60MPa，控制精度高于 0.01MPa；围压加载模块，工作范围 0～60MPa，控制精度高于 0.01MPa；温度控制模块，工作范围 20～95℃，控制精度±0.5℃。THMC 耦合多功能试验仪及三轴围压室见图 3.2-21。

对取回的层间错动带试样进行烘干，敲碎、过筛之后，按照不同的颗粒粒径分开放置备用。将筛分好的不同粒径的错动带土样进行重塑，放进专门的加压设备内加压至 25MPa，直至无压力降时为止，一般为两天时间。土工筛及重塑样的制备设备见图 3.2-22。为保证试样制备的均一性，避免试验之前含水率的不同对试样结构及黏聚力造成影响，统一制备成饱和含水率的试样，再根据实际试验时所需含水率，将试样自然风干至所需含水率。试样制备结束后，对其进行密度及波速测试。错动带重塑样密度、波速与含水率的关系见图3.2-23。

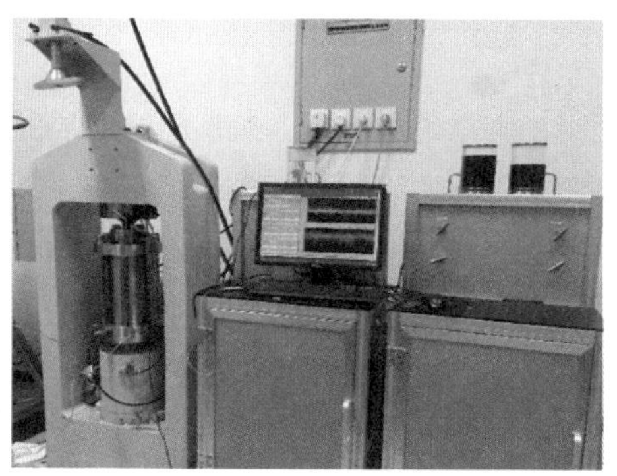

（a）THMC耦合多功能试验仪　　（b）三轴围压室

图3.2-21　THMC耦合多功能试验仪及三轴围压室

（a）土工筛　　（b）重塑样的制备设备

图3.2-22　土工筛及重塑样的制备设备

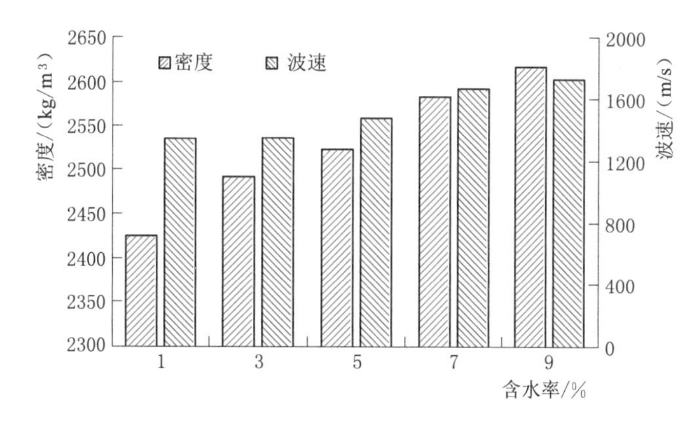

图3.2-23　错动带重塑样密度、波速与含水率的关系

可以看出，波速和密度随着含水率的增加而增加。这表明在制样固结的过程中，水的存在使得错动带试样内部孔隙更容易被压密，也说明不同含水率条件下试样内部赋存着不同的储水空间或裂隙分布。因此可以预见，在进行三轴压缩试验时，试样的应力—应变关系曲线前期会表现出与岩石一样的特性，即存在“裂隙闭合”的非线性压密阶段。

为分析层间错动带在地下水的作用下的力学响应特征，对层间错动带试样开展固结不排水三轴压缩试验，将层间错动带按含水率分为1%、3%、5%、7%和9%五组，按围压分为2MPa、5MPa、7MPa、10MPa、15MPa和20MPa六组。

1. 不同围压下错动带力学响应及分析

9%含水率错动带典型应力—应变关系曲线见图3.2-24。

从应力—应变关系曲线可以看出，随着围压增大，屈服后应力—应变关系曲线斜率略有增长，低围压（2MPa）条件下，应力—应变关系曲线基本表现为理想弹塑性特征，中高围压（5～50MPa）条件下，应力—应变关系曲线在屈服后强度仍然有所提升，表现出显著的应变硬化特征。根据应力—应变关系曲线，分别确定错动带试样在不同围压条件下的屈服强度及相应力学参数取值（表3.2-1）。

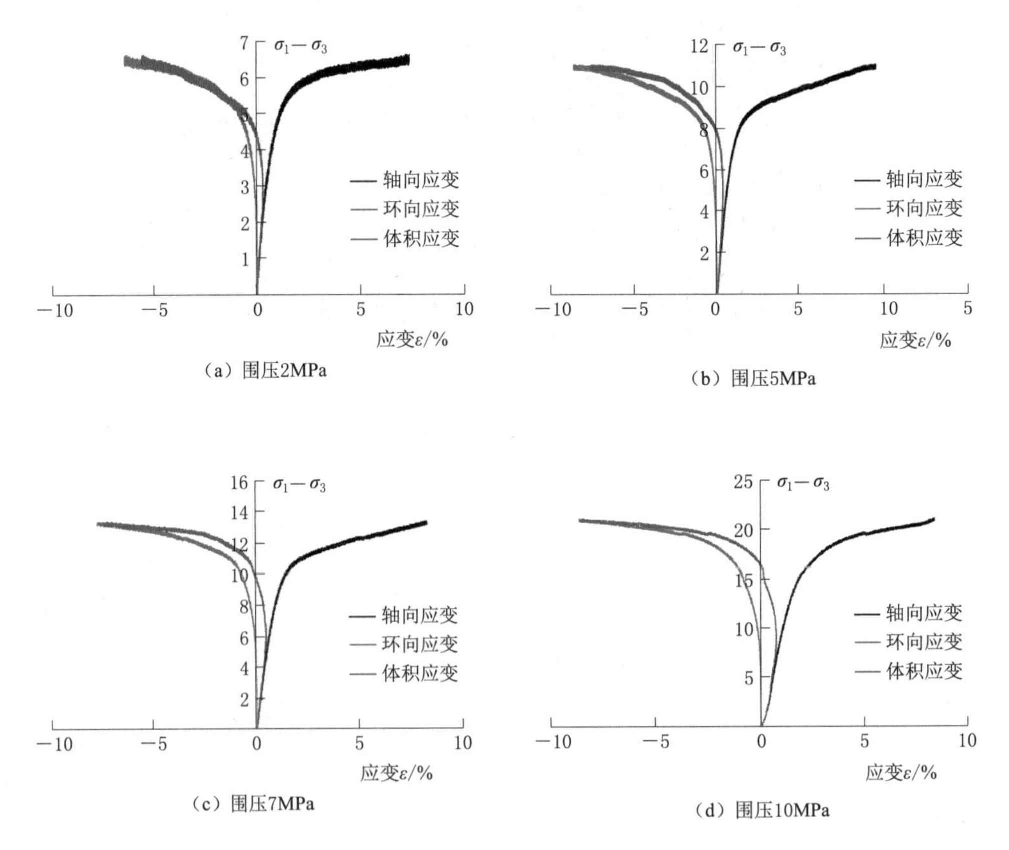

图3.2-24（一）　9%含水率错动带典型应力—应变关系曲线

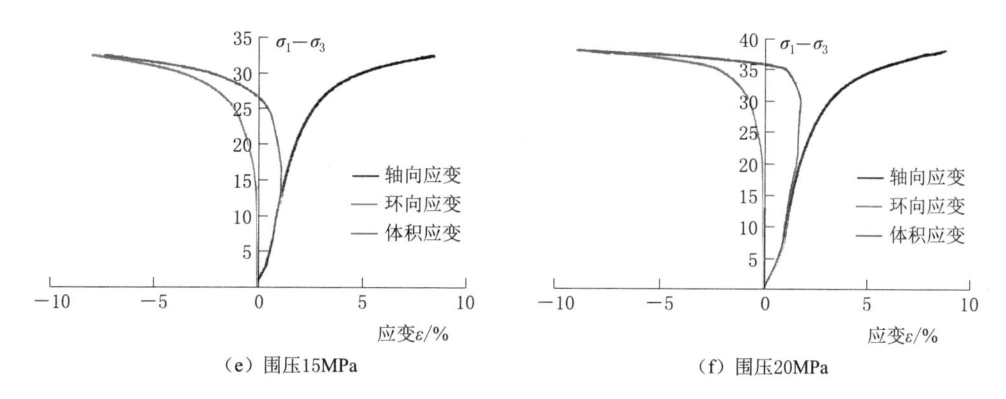

（e）围压15MPa　　（f）围压20MPa

图 3.2-24（二）　9%含水率错动带典型应力—应变关系曲线

表 3.2-1　　9%含水率错动带试样典型力学参数

围压/MPa	屈服强度/MPa	弹性模量/MPa	泊松比
2	8.4	4.0	0.018
5	15.9	7.1	0.287
7	20.2	7.9	0.299
10	30.8	9.1	0.405
15	47.1	12.5	0.147
20	57.7	15.2	0.064

由力学参数结果可以看出，随着围压的增大，弹性模量逐渐增加。其原因在于围压在发生偏应力之前，以静水压力的方式作用在试样上，围压越大，表明试样前期所受静水压力越大，围压作用下试样内部固结程度提高，颗粒之间连接更加紧密，试样抵抗变形的能力提高。此外，随着围压的增大，泊松比呈减小趋势，其原因也是由于围压增大导致的试样抵抗变形能力提高。

由图 3.2-25 不同围压下错动带试样破坏形态可以看出，在 9%含水率条件下，试样并未表现出典型的剪切破坏特征，没有出现明显的宏观破坏面，在低围压（2MPa）条件下表现出的也是鼓胀的破坏模式。分析其原因可以看出，9%含水率相对较高，颗粒之间有充分的润滑作用，颗粒之间的受力变形会趋于更均匀的分布，而宏观的剪切破坏面破坏模式，是典型的变形局部化表现，因此未表现出明显的剪切破坏。对比 3%含水率试样在低围压（2MPa）条件下的破坏模式（图 3.2-26）可以看出，低含水率低围压条件下，试样内部水分提供的颗粒间润滑不足，导致变形局部化，表现出宏观剪切破坏的破坏模式。

对 9%含水率试样的试验结果进行拟合，可以得到错动带试样在 9%含水率条件下的屈服强度（图 3.2-27）。

根据 M-C 强度准则，可以计算得到 9%含水率条件下错动带重塑样的强度参数：$C=0.59$MPa、$\varphi=28.7°$。

图 3.2-25　不同围压下错动带试样破坏形态

图 3.2-26　3%含水率错动带试样在 2MPa 围压下的破坏形态

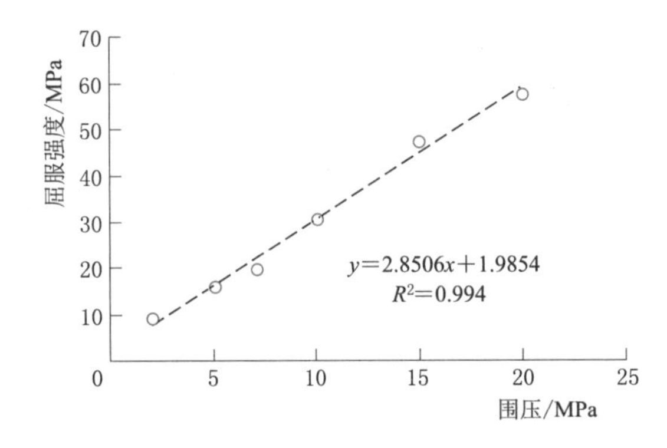

图 3.2-27　9%含水率错动带试样屈服强度拟合结果

2. 不同含水率对错动带力学强度的影响

针对不同含水率条件下的重塑试样分别进行三轴压缩试验，试样含水率分别设置为 1%、3%、5%和 9%，其在不同围压下的应力—应变关系曲线见图 3.2-28。

从应力—应变关系曲线可以看出，在相同围压下，不同含水率错动带试样表现出明显的不同：在低围压条件（2～5MPa）下，相对较低含水率（1%和 3%）的错动带试样表现出明显的脆性特征，其应力—应变关系曲线在达到峰值强度后逐渐降低，并在形成宏观裂纹后破坏；随着含水率的增大，伴随的是强度的降低和变形能力的提高。其原因是在较低含水率下，颗粒之间润滑作用很弱，颗粒之间无法平缓均匀地相对运动，在应力增大的

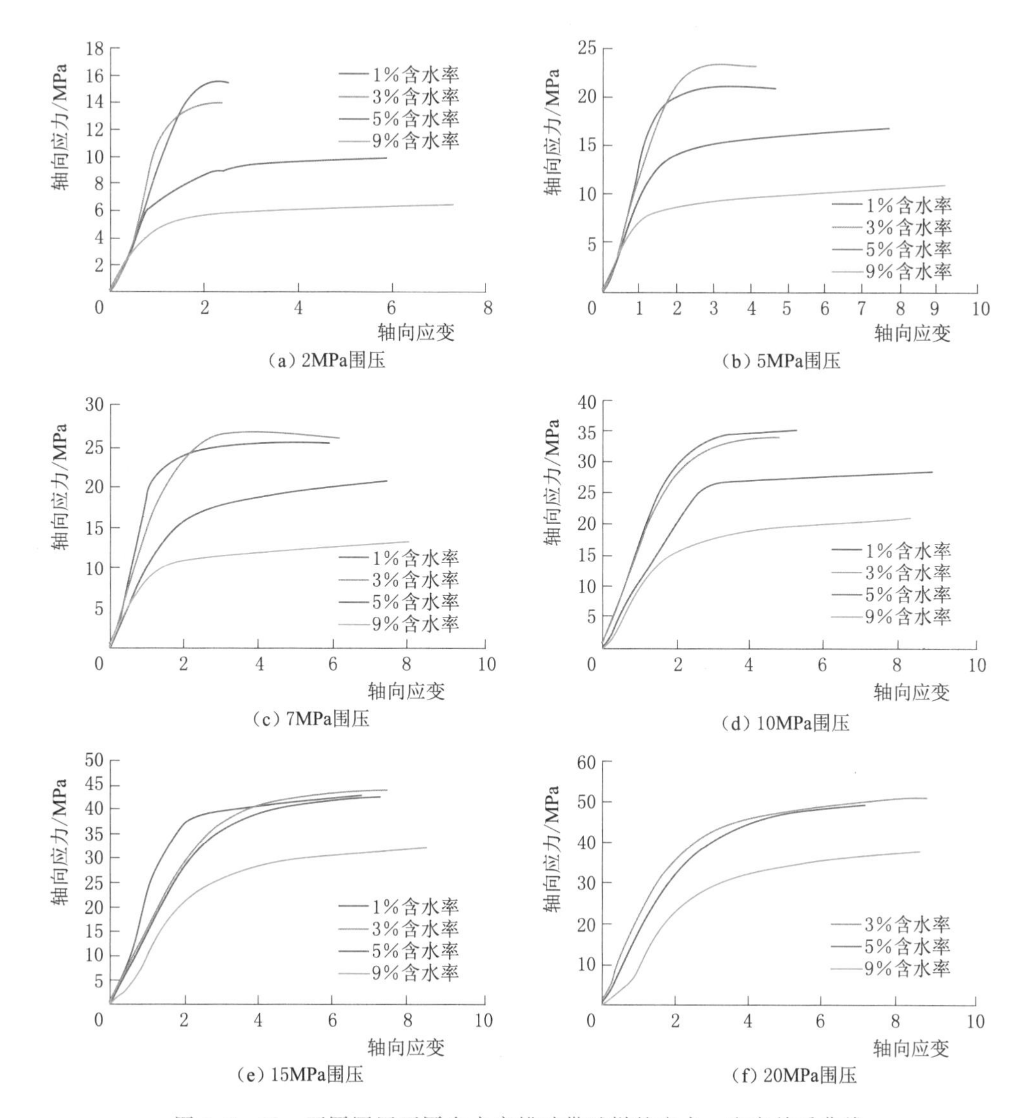

图 3.2-28 不同围压不同含水率错动带试样的应力—应变关系曲线

过程中，颗粒之间逐渐发生翻滚和错动，导致颗粒之间的脱离甚至颗粒的破碎等局部化的变形和破坏，并逐渐发展成为宏观的剪切破坏面；而随着含水率的提高，颗粒之间润滑作用加强，更倾向于平缓均匀的变形模式，因此不会再出现剪切破坏面等局部化的变形和破坏模式；而且，由于颗粒之间更容易相对运动，更大范围的颗粒参与到变形过程中，导致变形能力的提高和变形量的增加。

在高围压下，错动带试样含水率无论高低，其试样变形能力和承载能力都有了显著的提高。这是由于在围压作用下，试样的固结程度提高，试样之间的黏结强度和摩擦强度都有所增大，且在围压作用下，试样的侧向变形受到限制，导致承载能力和轴向变形能力的提高。

对不同含水率条件下错动带重塑样的力学参数进行计算，结果见表 3.2-2。

表 3.2-2　　各含水率下错动带重塑样力学参数取值

围压/MPa		2	5	7	10	15	20
1%含水率	屈服强度/MPa	17.5	25.0	33.1	45.1	57.9	
	弹性模量/MPa	14.5	17.1	20.8	17.5	22.2	
3%含水率	屈服强度/MPa	15.9	28.3	33.9	43.8	58.6	71.2
	弹性模量/MPa	10.0	13.7	15.0	15.3	14.8	21.0
5%含水率	屈服强度/MPa	11.9	21.7	27.8	38.5	57.5	69.3
	弹性模量/MPa	9.2	10.7	9.8	11.1	14.7	19.3
9%含水率	屈服强度/MPa	8.4	15.9	20.2	30.8	47.2	57.8
	弹性模量/MPa	4.0	7.1	7.9	9.1	12.5	15.2

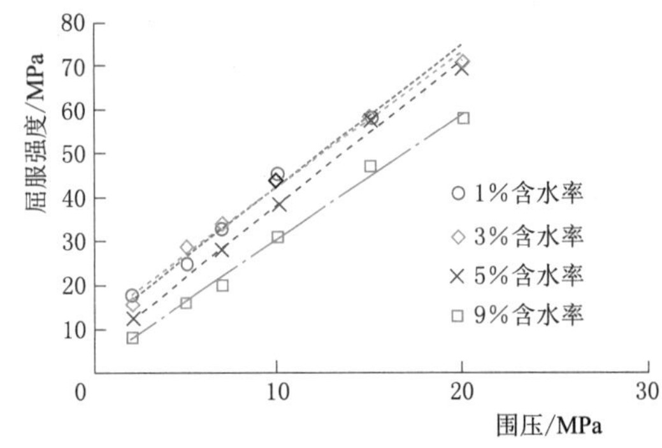

图 3.2-29　不同含水率错动带重塑样强度线性拟合

由计算结果可以看出，错动带试样的弹性模量随着含水率的增加而降低。其主要原因是随着含水率的增大，错动带试样颗粒之间的润滑作用更加充分，颗粒之间更容易发生相对运动而产生变形，从而表现出弹性模量的降低；而泊松比是试样横向变形与轴向变形的比值，由于试样各向同性较好，试样变形并无明显方向性。

此外还可以看出，由于水的润滑作用，试样含水率和错动带强度负相关。对不同含水率条件下试样的强度进行线性拟合，并根据 M-C 强度准则，可以得到不同含水率条件下的屈服强度，结果见图 3.2-29 和表 3.2-3。

表 3.2-3　　不同含水率错动带重塑样强度参数

含水率/%	1	3	5	9
C/MPa	2.96	3.470	1.52	0.59
φ/(°)	31.74	30.30	32.20	28.72

从结果可以看出，随着含水率的增大，内摩擦角 φ 以及黏聚力 C 均有所下降，特别是黏聚力下降较为明显，这是由于错动带内部黏土颗粒含量较多，遇水弱化，使得错动带胶结结构遭到破坏，进而使黏聚力下降。因此，为了保持错动带具有良好的稳定性和较高的强度，需要做好防水排水工作，防止水渗入错动带，降低错动带的抗剪性能。

随着围压的增大，错动带的强度也会随之增加，且基本符合线性规律，可以用线性 M-C 强度准则来描述层间错动带的力学行为。

3.2.2　长大结构面的尺寸效应问题

在过去的半个世纪里，国际岩石力学界对结构面强度特征、影响因素和参数确定方法进行了广泛研究，并编制了一些技术文件，用于指导工程应用。在忽略结构面填充物的情况下，可以采用起伏程度和粗糙程度两方面的指标来描述结构面几何特征，这两方面的特征可以明显地影响结构面的变形和强度特征，而且，它们的影响方式和程度还与结构面的法向应力状态密切相关。结构面特征的一般描述见图 3.2-30。

结构面的强度准则中最常用的准则为 M-C强度准则和 Barton-Bandis 准则。考虑结构面的起伏以后，结构面的直剪试验具有以下特征：

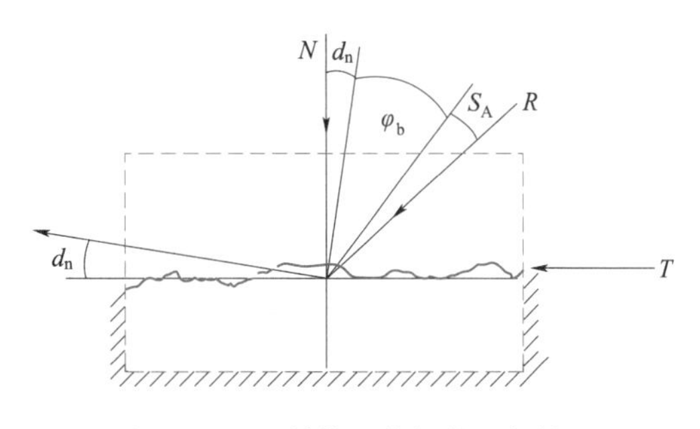

图 3.2-30 结构面特征的一般描述

（1）结构面上下盘岩块可能不再 100％接触而存在脱空现象，接触状态和接触面积大小与结构面受力状态有关。比如，当法向应力增加时，起伏体被压缩、接触面积可能增大，结构面的法向刚度也随着起伏体压缩和接触状态的变化而变化，即起伏结构面的刚度可以不再是一个常量，与受力条件相关。此外，接触状态和接触面积的变化直接影响到结构面实际应力状态的分布，即便在理想加载条件下，起伏结构面上的切向和法向应力也不再均匀地分布。

（2）在剪切过程中，由于结构面优先在起伏部位出现接触，因此变形也优先在起伏体部位出现，变形方向因此不再完全水平，而是出现“爬坡”和产生法向变形分量，即出现剪胀现象。结构面法向和切向变形分量之比的正切值被定义为剪胀角，是结构面总摩擦角（基本摩擦角＋剪胀角）的组成部分，因此影响到结构面的强度特征。

（3）当法向应力水平相对较高时，结构面上下盘岩块通过起伏体可以有效地咬合在一起，从而有效地抑制剪切过程中的“爬坡”效应，即剪胀角的作用被抑制，结构面的摩擦强度相对降低。此时结构面剪切变形需要“啃断”起伏体，不仅改变结构面的强度特性，而且改变了破坏机理，即结构面的潜在破坏方式和强度特征与法向应力水平密切相关。

（4）当剪切变形发生时，结构面上往往是一些小的起伏体产生破坏，形成细小的物质乃至粉末，在后续剪切变形过程中起到降低结构面摩擦角的作用，使得剪切强度随剪切变形不断衰减，出现“软化”现象。不过，弱化程度也与围压（法向应力）水平相关，低围压条件下弱化相对更强一些。

试验研究显示结构面具有以下特征：

（1）结构面的剪切变形和法向变形具有非线性特征。

（2）结构面的剪切响应存在尺寸效应，即大试样的剪切强度往往更小。

室内试验和原位试验都反映出结构面的变形具有非线性的特征。

最早的非线性结构面模型由 Goodman（1974）提出，然而目前应用比较广泛的结构面模型由 Bandis（1983）提出，形式如下：

$$\delta=\frac{\sigma_n'}{k_{n0}+\sigma_n'/\delta_{max}} \tag{3.2-3}$$

其中表示 δ_{max} 和 k_{n0} 模型的两个基本参数，分别代表结构面的最大闭合隙宽和初始法向刚度，它们可以根据结构面粗糙度系数（JRC_0）和结构面抗压强度（JCS_0）和通过经验公式得到。另外一个常用的结构面模型由 Evans（1992）提出，形式如下：

$$\Delta u_n = -(\mathrm{d}k_n/\mathrm{d}\sigma_n')^{-1}\ln\frac{\sigma_n'}{\sigma_{n0}'} \tag{3.2-4}$$

这两个模型表达形式简单并且模型参数可以根据节理表面的特征估算得到。两个模型均被大量的试验所证实，根据一些学者的意见，Bandis 模型适用于咬合（mated）结构面，Evans 适用于非咬合（unmated）结构面。另外在高应力（大于 10MPa）的情况下，Bandis 模型表现更佳。

结构面对剪切响应存在着明显的尺寸效应（Barton et al.，1994；Bandis et al.，1983），大试样的剪切强度更小，而且到达抗剪强度前往往会积累更大的剪切位移。抗剪强度和剪切位移与结构面法向应力相关，当结构面法向应力超过 100MPa 时抗剪强度和法向应力之比恒等于 0.85。在工程应力范围，Barton（1994）推荐抗剪强度与法向应力存在如下经验关系：

$$\frac{\sigma_{sc}^{mob}}{\sigma_n} = \tan[\mathrm{JRC}_{mob}\lg(\mathrm{JCS}/\sigma_n) + \varphi_r] \tag{3.2-5}$$

式中：σ_{sc}^{mob} 可视作结构面抗剪强度；φ_r 是结构面的残余摩擦角。

由于结构面是粗糙的，剪切位移必然引起法向膨胀 Δu_n，Barton（1983）给出如下形式的 Δu_n：

$$\left.\begin{aligned}\Delta u_n &= \Delta u_s \tan d_{mob}\\ d_{mob} &= \frac{1}{m}\mathrm{JRC}_{mob}\lg(\mathrm{JCS}/\sigma_n)\end{aligned}\right\} \tag{3.2-6}$$

式中：m 是损伤系数，在低应力情况下取 1，高应力情况下取 2。

尽管实际结构面的力学行为比较复杂，但我国水电界常用的结构面模型仍为线性的 M－C 强度模型，模型中的 C 和 φ 分别表示结构面的黏聚力和内摩擦角。

由于结构面通常并不是平直的，起伏结构面在剪切过程中的强度特征和甚至破坏方式都可能发生变化，在大量试验基础上，相关研究者提出了锯齿状规则起伏无充填结构面抗剪（摩擦）强度的表达式：

$$\tau = \sigma_n \tan(\varphi_b + i) \tag{3.2-7}$$

式中：τ 和 σ_n 分别是结构面发生破坏时的剪切应力和法向应力；φ_b 为结构面的基本摩擦角；i 为锯齿状起伏体的起伏角（图 3.2－31）。

该式成立的一个条件是法向应力 σ_n 相对不高，剪切变形过程中块体能沿起伏体产生剪胀变形（即剪切过程中的法向变形，导致体积增大）。

作用在结构面上法向应力的增加致使剪切过程中的剪胀变形（或爬坡效应）得到抑制（图 3.2－32）。当法向应力增加到一定程度以后，起伏的咬合作用加强，起伏体的强度发挥作用，剪切过程中的爬坡效应转化为剪断起伏体的剪断效应，结构面强度特征也会发生显著变化。这一特点同时说明了结构面强度特征也会显著地受到围压的影响。

在广泛地研究了结构面强度及其影响因素以后，Barton 等于 1973 年首次提出了下述结构面强度表达式：

$$\tau = \sigma_n \tan[\varphi_b + \mathrm{JRC}\lg(\mathrm{JCS}/\sigma_n)] \tag{3.2-8}$$

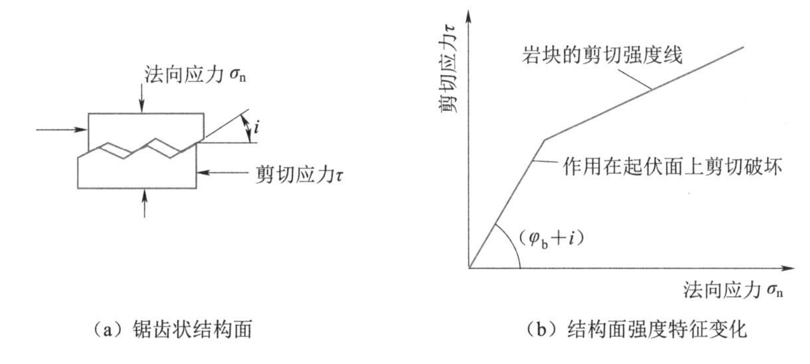

图 3.2-31 法向应力增高时锯齿状结构面强度特征的变化

式中：JRC为结构面粗糙度系数；JCS为结构面（壁）单轴抗压强度。显然，如何确定这两个参数指标值成为该抗剪强度公式实际应用的重要环节。

粗糙度系数主要用来反映结构面上任意不规则起伏现象对结构面强度的影响，其大小为0～20。开始时Barton等提出了如图3.2-32（a）表示的方法，即建立了10种标准的剖面形态用于现场比较，实际工作中很难使用这一方法，并且不同露头上结构面出露长度和具备的起伏特征也可能不一致。为更客观准确地确定JRC，自20世纪80年代甚至到90年代的相当长一段时间内，很多研究人员都开展了这方面的工作，包括国内所熟知的分形测量方法。1992年，Barton等定义了图3.2-32所描述的结构面形态参数和图3.2-32的JRC换算方法，确定JRC具有更好的可操作性和可靠性。

现场测量图3.2-32（a）所示的结构面起伏高度显然是确定JRC最重要也是最困难的一个环节，过去的人工测量显然受较大限制，效率和精度都可能受到现场条件的严重影响。对这种不确定环境下的小尺度对象的几何测量，三维数码照相技术具有比激光扫描更好的测量精度，毫米级的采样精度可以满足结构面起伏高度测量的精度要求，该技术已经被一些研究人员用来进行结构面起伏程度测量和JRC计算。

在很多情况下，结构面（壁）的单轴抗压强度与岩石单轴抗压强度相当，不同的情况出现在结构面存在渲染、膜状充填、风化等情形。在这种条件下，国际岩石力学学会建议采用施密特锤击测量方法测试JCS，具体见相关文献。

取结构面基本摩擦角为30°（硬质岩石地区绝大部分新鲜节理的基本摩擦角都可以取为30°）、JCS=120MPa、JRC=10，此时结构面的Barton强度包线如图3.2-33的实线所描述，它是一条通过原点的曲线。对应于某一法向应力条件下的切线则代表了结构面在该法向应力（围压）条件下的M-C强度，当围压越低时，切线的截距越小（C值越低）、而斜率（内摩擦系数f）越高，这也说明了结构面强度参数C和f也是随围压水平变化的变量（图3.2-33），对于本例中的结构面，结构面特性发生明显变化的围压水平为法向应力等于大约0.5MPa，与岩体强度特征的围压效应相比，结构面强度特征的围压效应显然要更容易发生一些。

结构面M-C强度参数随围压变化的特征说明，即便是同样一条结构面，在处于边坡表面的浅部低围压和处于边坡一定深度围压增高的环境下，其强度参数取值可以不一致。理论上，那些处于地表附近的结构面，其黏聚力较低而内摩擦角可以高一些；反之，黏聚

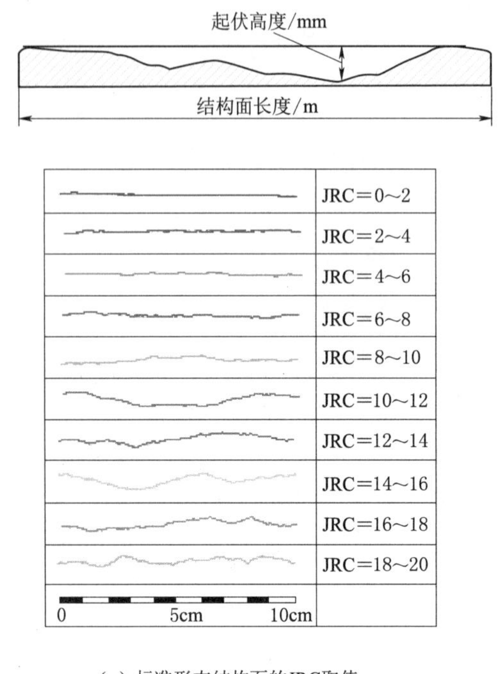

(a) 标准形态结构面的JRC取值

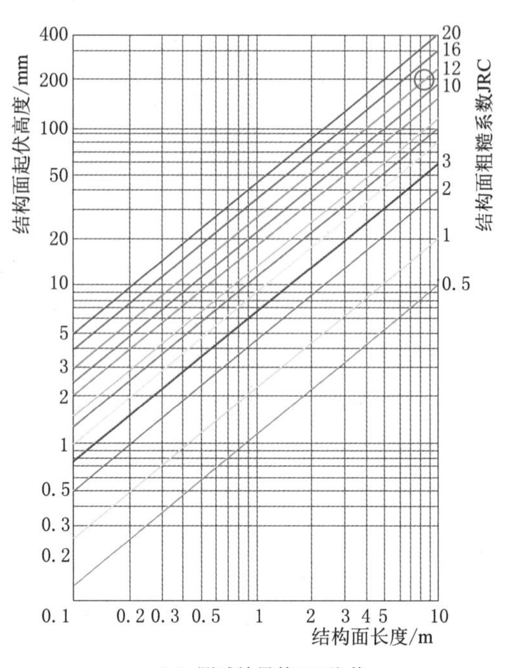

(b) 测试结果的JRC取值

图 3.2-32　JRC 的确定方法（据 Barton）

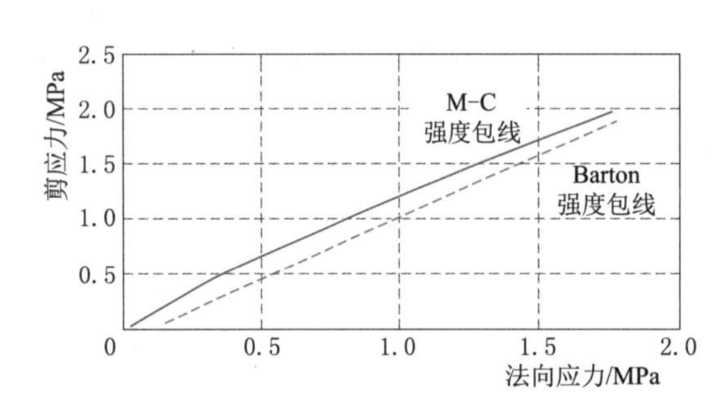

图 3.2-33　结构面强度 M-C 强度准则和 Barton 准则的比较

力可以相对高一些而内摩擦角要低一些。从本质上讲，这种取值方式反映了岩体结构面的固有力学特点，即岩体结构面摩擦角度和黏结强度的激发方式的不同。从工程效果上讲，这种取值方式是安全的，因为摩擦角还需要有围压条件下才能起作用，浅部岩体围压水平低，即便高一些的内摩擦角，对强度的总贡献也不会高估。相反，如果采用低围压条件下的强度参数区估计相对高一些围压条件的结构面强度时，其结果是高估结构面强度，在图 3.2-34 中表现为结构面强度与围压的关系呈现不同递减路径的特征。

图 3.2-34 是采用上述结构面、假设其粗糙程度不同时、在法向应力为 1MPa 条件下 M-C 强度参数 C 和 φ 的变化特征，当 JRC 为 2～18 时，结构面的 C 和 φ 大小分别为 0.022～1.153MPa 和 33.3°～52.6°。如果该组结构面为一个块体的滑动面时，结构面起伏程度的差别对块体的抗滑稳定会起到非常显著的影响。

白鹤滩边坡中的许多结构面都具有程度不同的起伏特征，其中最典型的层间错动带，根据现场观察和测量，剪切带的起伏体的起伏波长一般为 2～2.5m，起伏高度一般在 20cm 左右，取结构面长度 8m，JRC 值为 11 左右。

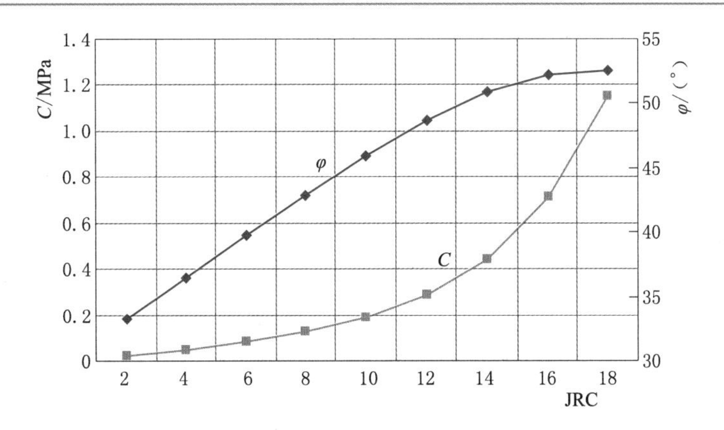

图 3.2-34 不同起伏条件下结构面 M-C 强度参数值的变化特征

如果取充填剪切带的基本摩擦角为 18°（充填物的摩擦角），JCS＝10MPa，当缓倾剪切带的起伏能发挥作用，在 1MPa 的围压水平下，JRC＝11 时可以将缓倾剪切带的摩擦角提高 8°达到 24°，黏聚力也可以提高 0.11MPa。显然，该量值提高对边坡或地下洞室围岩稳定影响巨大。

结构面对地下洞室和边坡的影响是显而易见的，在过去的水电工程建设中，实际工作中偏向于把对结构面强度起有利贡献的一些特性如起伏等作为安全储备而一般没有去挖掘和深入探讨，在深切河谷地区的地下厂房和边坡开挖过程中，按这种传统思维方式和工作方式获得的成果进行洞室或边坡稳定性评价时，洞室或边坡的稳定特征可能和监测数据有一定的出入。在这种条件下，理解结构面可能具备的真实强度、或者说了解到底有多少可以利用的空间，成为施工期反馈分析和优化设计的重要研究内容。

3.2.3 错动带起伏特征与现场剪切试验

白鹤滩 11 条层间错动带产状基本与岩流层一致，总体上平直，小尺度上略有起伏。其厚度 5～60cm 不等，层间错动带 C_3 厚度相对较小，表 3.2-4 汇总了白鹤滩坝区 11 条层间错动带的基本特征。

表 3.2-4　白鹤滩层间错动带基本特征一览表

错动带编号	产　状	厚度/cm	特　征
C_2	N40°～50°E，SE∠15°～20°	8～60	凝灰岩的厚度 0.3～1.75m 不等，错动带位于凝灰岩中部，厚度 8～60cm（平均 26cm），变化较大。两侧为劈理化构造岩，中部厚度 2～5cm 为断层泥
C_{3-1}	N40°～50°E，SE∠15°～20°	10～40	位于第三岩流层上部，C_3 下面，并于 C_3 相交于勘 $Ⅰ_1$ 线附近。凝灰岩厚度 0.1～0.3m，不稳定，破碎带厚度变化大，局部达 70cm，主要由角砾化构造岩组成，部分地段有厚 1～5cm 的断层泥，多分布于破碎带的上界面
C_3	N40°～55°E，SE∠15°～20°	5～30	凝灰岩厚度 0.3～1.3m，错动带位于凝灰岩的中上部，主要由角砾化构造岩及碎裂岩组成，错动带中部 1～5cm 的断层泥。右岸勘Ⅸ线上游无错动迹象

续表

错动带编号	产 状	厚度/cm	特 征
C_4	N44°～67°E，SE∠17°～24°	20～30	凝灰岩厚度较稳定，为0.3～0.5m，错动带位于中上部，主要由碎裂岩、断层泥组成，断层泥分布于错动带中上部，厚度1～3cm
C_5	N49°E，SE∠16°	10～30	凝灰岩厚度0.2～0.5m，错动带位于顶部，主要为劈理化构造岩
C_6	N40°～55°E，SE∠15°～20°	10～30	凝灰岩厚度0.5～0.8m，错动带位于顶部，主要为劈理化构造岩
C_7	N40°～55°E，SE∠15°～20°	10～60	分布于右岸高程950m以上，凝灰岩厚度0.2～0.3m，错动带分布于中上部，主要为角砾化构造岩、劈理化构造岩
C_8	N40°～55°E，SE∠15°～20°	10～17	凝灰岩厚度0.5～1.25m，错动带位于中上部，主要为劈理化构造岩
C_9	N40°～55°E，SE∠15°～20°	20～30	凝灰岩厚度4.5～7.0m，错动带位于顶部，主要为劈理化构造岩
C_{10}	N40°～55°E，SE∠15°～20°	30	凝灰岩厚度4.7～9.3m，错动不明显，主要为劈理化构造岩
C_{11}	N40°～55°E，SE∠15°～20°	10	凝灰岩厚度0.3～3.2m，错动带发育凝灰岩顶部，主要为劈理化构造岩

白鹤滩坝区共进行错动带现场常规抗剪试验34组，各类错动带现场常规抗剪试验点布置见表3.2-5。

表3.2-5　　各类错动带现场常规抗剪试验点布置

规模	错动带类型	错动带编号	组数	取样位置
$Ⅱ_1$	泥夹岩屑型	C_2、C_4、C_5	7	PD41、PD41-1、PD301、PD61-2
	岩屑夹泥B型	C_3、C_5	3	PD73、PD72
	岩屑夹泥A型	C_{3-1}、C_3	5	PD57-1、PD67-1
	岩块岩屑A型	C_3	1	PD54
$Ⅲ_1$	岩屑夹泥B型	LS_{337}、LS_{3319}	5	PD157、PD157-1、PD931
	岩屑夹泥A型	LS_{337}、LS_{3319}	3	PD36
	岩块岩屑B型	LS_{3318}、RS_{336}、RS_{621}	4	PD61、PD75
	岩块岩屑A型	LS_{331}、LS_{3318}、LS_{3251}	4	PD111、PD61-6、PD61-3
	节理化构造岩	LS_{331}、LS_{411}	2	PD937、PD73

结构面剪切试验采用双千斤顶平推法（图3.2-35）。试验过程中，最大法向应力以不挤出结构面充填物质为宜，推力方向与层间错动带平行。在确保每级法向应力不变的条件下，不断增大剪切向应力，直至错动带剪切破坏（剪切荷载趋于稳定），记录试验点的垂直向及水平向变形，绘制剪切向应力与垂直向及水平向变形关系曲线。

软弱结构面的剪切破坏型式以塑性破坏为主，硬质结构面的剪切破坏包括啃断破坏以及摩擦破坏。各错动带抗剪断试验的典型剪切应力与剪切位移曲线见图3.2-36。

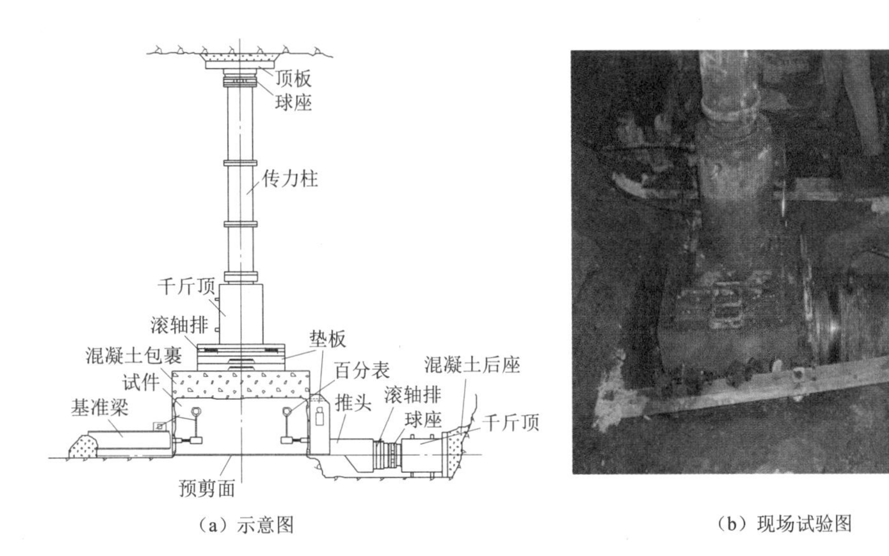

(a) 示意图　　(b) 现场试验图

图 3.2-35　现场剪切试验设备

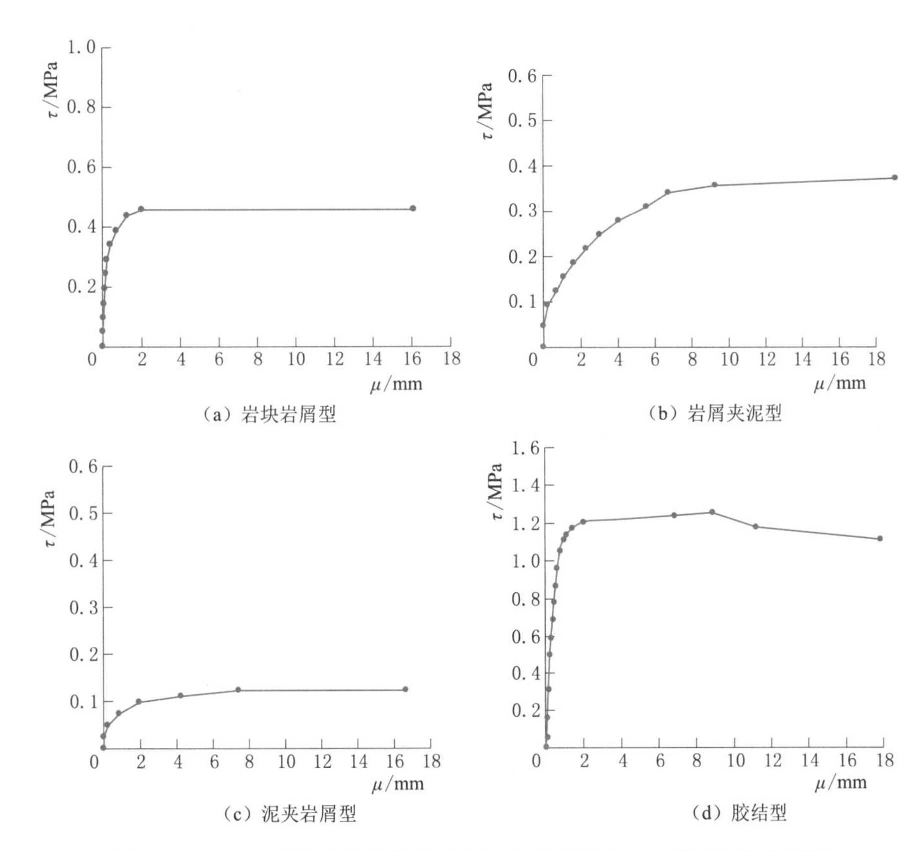

(a) 岩块岩屑型　　(b) 岩屑夹泥型

(c) 泥夹岩屑型　　(d) 胶结型

图 3.2-36　各类错动带抗剪断试验的典型剪切应力—剪切位移曲线图

由于各类型错动带现场剪切试验较少，仅统计各类型错动带抗剪强度的平均值，见表3.2-6。从统计结果看，Ⅱ$_1$级和Ⅲ$_1$级错动带均表现出随性状变好参数提高的规律，同类型Ⅱ$_1$级和Ⅲ$_1$级错动带抗剪强度较接近，除岩屑夹泥A型外，Ⅱ$_1$级错动带略高于Ⅲ$_1$级错动带。

表3.2-6 各类错动带抗剪强度参数标准值

规模	类型	抗剪断参数		抗剪参数	
		f'	C'/MPa	f'	C'/MPa
Ⅱ$_1$	泥夹岩屑型	0.26	0.03	0.24	0
	岩屑夹泥B型	0.41	0.04	0.36	0
	岩屑夹泥A型	0.36	0.04	0.33	0
	岩块岩屑A型	—	—	—	—
Ⅲ$_1$	岩屑夹泥B型	0.32	0.05	0.28	0
	岩屑夹泥A型	0.41	0.07	0.37	0
	岩块岩屑B型	0.42	0.11	0.40	0
	岩块岩屑A型	0.44	0.11	0.42	0
	节理化密集带	0.41	0.09	0.38	0

3.2.4 基于数码摄像技术的错动带起伏特征调查

以上介绍了采用常规的现场剪切试验所获得的强度试验成果，正如本小节开始所指出的常规的小尺寸现场剪切试验无法考虑结构面起伏对强度的贡献，因此需要借助于数值方法研究层间错动带强度的尺寸效应。

层间错动带强度尺寸效应的研究，首先需要获得层间错动带起伏特征的统计信息，下面介绍以数码摄像为基础的错动带起伏特征的调查成果。白鹤滩C_4层间错动带出露地表，因此采用数码摄像选择了4个具有代表性的区域对该层间错动带进行精细调查。应用三维数码摄像技术开展层间错动带起伏度特征调查的基本步骤如下：

（1）现场踏勘选点确定三维数码照相的对象，并开展拍摄工作，获得层间错动带起伏“包体”的空间形态特征。

（2）对现场获得的照片进行照片匹配、照片合成、信息运用与处理，合成三维照片和获取相关信息进行精度评估。

（3）解译生成数字模型（DTM和DEM），并根据结构面表面起伏体分布特征和统计需要，选择并生成各剖面。

（4）将剖面信息的表面三维数字模型转化为AutoCAD格式，根据表面轮廓曲线的起伏特征，确定量测基线与起伏高度线。

（5）采用一维、二维、三维多种描述方法进行结构面起伏体高度和长度的量测，起伏包体的长、宽及凸起包体走向（长轴走向）量测，并记录相关信息。

（6）对结构面起伏体高度和起伏长度（波长）进行统计分析，得出结构面起伏高度（高差）和起伏长度（波长）的最大可靠分布区域。

三维数码照相技术基本原理与航拍技术类似，可以通过从两个不同部位拍摄对象，然后进行数学计算，获得对象的三维形态的数字信息，并合成三维照片。利用数字化的三维照片，便可以获得结构面的位置、产状、长度和空间分布等，高质量的三维照片可以准确地获得地表坐标信息；同时，还可利用不同时间拍摄的照片来获得某些部位的位置变化，进行对象的变形监测。基本解析应用的理论方法包括基于空间射影理论的直接线性变换算法（Direct Linear Transformation，DLT 算法）、单像空间后方交会、双像空间前方交会、像对的相对定向和绝对定向、光线束法等。为便于解译过程理解，以下简要阐释 DLT 算法、光线束法，以及三维数码照相技术内外方位元素测定和影像立体匹配基本理论知识。

基于空间射影理论的直接线性变换算法是专门的非量测相机照片处理算法，即建立像点坐标系与相应物方空间坐标之间直接的线性关系的方法。该解法是从共线条件方程式演绎而来，解析方程式（共线条件方程）为

$$\left.\begin{aligned} x-x_0+\Delta x+f\frac{a_1(X-X_S)+b_1(Y-Y_S)+c_1(Z-Z_S)}{a_3(X-X_S)+b_3(Y-Y_S)+c_3(Z-Z_S)}=0 \\ y-y_0+\Delta y+f\frac{a_2(X-X_S)+b_2(Y-Y_S)+c_2(Z-Z_S)}{a_3(X-X_S)+b_3(Y-Y_S)+c_3(Z-Z_S)}=0 \end{aligned}\right\} \tag{3.2-9}$$

式中：Δx、Δy 表示像点坐标纠正值；a_i、b_i、$c_i(i=1,2,3)$ 表示像空间坐标系相对此物方空间坐标系的方向余弦；X、Y、Z 表示目标点物方空间坐标；X_S、Y_S、Z_S 表示摄站点的物方空间坐标。

通过拍摄区域照片中均匀分布在物方空间的控制点便可解算出 11 个参数，即相当于确定该张照片的 9 个内、外方位元素及 2 个（x、y 方向）照片线性误差。

光线束法在量测照片处理中是精度最高的一种算法，多照片构成区域网平差时还可减少照片控制点数量，理论上是一种既适合于量测照片又适合于非量测相片的算法，普通数码照片使用光束法处理，就是利用自检校光线束法来抵偿照片系统误差的影响，提高未知数解算精度。光线束法数学模型（共线条件方程）：

$$\left.\begin{aligned} x=-f\frac{a_1(X-X_S)+b_1(Y-Y_S)+c_1(Z-Z_S)}{a_3(X-X_S)+b_3(Y-Y_S)+c_3(Z-Z_S)} \\ y=-f\frac{a_2(X-X_S)+b_2(Y-Y_S)+c_2(Z-Z_S)}{a_3(X-X_S)+b_3(Y-Y_S)+c_3(Z-Z_S)} \end{aligned}\right\} \tag{3.2-10}$$

式中：x、y 为以像主点为原点的像点坐标；X、Y、Z 为相应的地面点坐标；f 为照片主距及外方位元素。

由共线条件方程可得到待定点的误差方程式：

$$V=[A \vdots B]\begin{bmatrix} t \\ X \end{bmatrix}-L \tag{3.2-11}$$

用矩阵表示的某一像点的误差方程为

$$\begin{bmatrix} V_1 \\ V_2 \end{bmatrix}=\begin{bmatrix} A_1 & 0 & B_1 \\ 0 & A_2 & B_2 \end{bmatrix}\begin{bmatrix} t_1 \\ t_2 \\ X \end{bmatrix}-\begin{bmatrix} l_1 \\ l_2 \end{bmatrix} \tag{3.2-12}$$

某一像对上的同名点的误差方程为

$$V_1=[v_{x1} \quad v_{y1}]^T \tag{3.2-13}$$

通过绝对控制点或者相对控制点代入共线条件方程式（通常包括12个数据），最终求出照片的外方位元素和所求点的坐标。

数码相机提供了像方度量单位像元（即像素概念），因此数码照片的像平面坐标系、像空间坐标系、像空间辅助坐标系及内方位元素等均使用像元为度量尺度。当数码相机的变焦和对焦位置固定时，相机具有基本稳定的内方位元素，构像畸变校正后，即可以测定相机内方位元素，精密三维控制场的检测方法仍是最佳选择，其解析计算的数学模型为共线条件方程，算法为单像的前后方交会，对共线条件方程线性化后可得平差计算的误差方程式：

$$\left.\begin{aligned}V_x=&\frac{\partial x}{\partial X_S}\Delta X_S+\frac{\partial x}{\partial Y_S}\Delta Y_S+\frac{\partial x}{\partial Z_S}\Delta Z_S+\frac{\partial x}{\partial \varphi}\Delta\varphi+\frac{\partial x}{\partial w}\Delta\varphi+\frac{\partial x}{\partial k}\Delta k\\&+\frac{\partial x}{\partial f}\Delta f+\frac{\partial x}{\partial x_0}\Delta x_0+\frac{\partial x}{\partial y}\Delta y_0-[x-x_0]\\V_y=&\frac{\partial y}{\partial X_S}\Delta X_S+\frac{\partial y}{\partial Y_S}\Delta Y_S+\frac{\partial y}{\partial Z_S}\Delta Z_S+\frac{\partial y}{\partial \varphi}\Delta\varphi+\frac{\partial y}{\partial w}\Delta\varphi+\frac{\partial y}{\partial k}\Delta k\\&+\frac{\partial y}{\partial f}\Delta f+\frac{\partial y}{\partial x_0}\Delta x_0+\frac{\partial y}{\partial y}\Delta y_0-[y-y_0]\end{aligned}\right\}\tag{3.2-14}$$

利用三维控制场中密集的控制点即可列出误差方程组求解出相机内方位元素 x_0、y_0、f，其中（x_0、y_0）是像主点在以像幅中心为原点的像平面坐标系中的坐标；解算内方位元素的方程系数矩阵 A^TA 求逆得到权倒数矩阵 $\boldsymbol{Q}$，精度有 $m_i=m_0\sqrt{Q_n}$（Q_n 为矩阵 $\boldsymbol{Q}$ 的主对角线某元素），单位权重误差为 $m_0=\pm\sqrt{\frac{\mathbf{V}^T\mathbf{V}}{n-9}}$。

照片立体匹配是计算机进行立体像对的同名像点自动观测过程，立体匹配方法为同名核线生成，是数字化过程的关键技术。普通数码照片立体匹配，常采用最小二乘匹配算法或者整像元的二维相关系数匹配法，保证核线有效搜索，以提高匹配的可靠性。在地面坐标系中，照片的内外方位元素确定后，像点所在的投影光线在空间的方位亦即确定，地面摄影的投影转绘物点空间定位公式由中心投影构像方程变形得到

$$\left.\begin{aligned}X&=X_S+(Y-Y_S)\frac{\overline{X}}{\overline{Y}}\\Z&=Z_S+(Y-Y_S)\frac{\overline{Z}}{\overline{Y}}\end{aligned}\right\}\tag{3.2-15}$$

$$\left.\begin{aligned}\overline{X}&=a_1+a_2f+a_3z\\\overline{Y}&=b_1+b_2f+b_3z\\\overline{Z}&=c_1+c_2f+c_3z\end{aligned}\right\}\tag{3.2-16}$$

式中：x、z 为像点的像平面坐标；f 为照片主距；X、Y、Z 为像点所对应的物点物方坐标；X_S、Y_S、Z_S 为投影中心的物方坐标；$a_1\sim a_3$、$b_1\sim b_3$ 和 $c_1\sim c_3$ 为照片的方向余弦。解算过程采用迭代计算收敛的算法保证计算的收敛特性。

由于 C_4 延伸范围较大，选择了4个具有典型特征露头，开展三维数码拍摄工作。为获得较好的解译精度，现场对所选区域内部的水进行了处理、杂草进行了铲除，同时架设

了一个约 2m 高的台架进行拍摄工作，保证现场拍摄质量。图 3.2-37～图 3.2-40 为处理合成的一个整体照片，所选 A1 区域面积约 $7.0m \times 6.0m = 42.0m^2$，A2 区域面积约 $6.5m \times 5.5m = 35.75m^2$，A3 区域面积约 $8.5m \times 7.0m = 59.5m^2$，A4 区域面积约 $6.5m \times 5.0m = 32.5m^2$，每个区域选择布置 3 站点拍照，成果选取匹配较好的两站生成的模型进行分析。

图 3.2-37 选择的 A1 区域面积约 7.0m×6.0m（24mm 镜头合成照片）

图 3.2-38 选择的 A2 区域面积约 6.5m×5.5m（24mm 镜头合成照片）

图 3.2-39 选择的 A3 区域面积约 8.5m×7.0m（24mm 镜头合成照片）

图 3.2-40 选择的 A4 区域面积约 6.5m×5.0m（24mm 镜头合成照片）

三维数码照相的解译过程主要是对现场获得的照片合成三维照片和获取信息，主要环节包括照片匹配、照片合成、信息运用与处理。具体操作流程这里不详述，主要阐述三维数码照相解译过程中逻辑关系理解与问题处理。

照片（影像）匹配是计算机进行三维立体像对的同名像点自动观测过程，普通数码照片立体匹配方法为同名核线生成，是数字化过程的关键技术，采用最小二乘匹配算法或者整像元的二维相关系数匹配法，保证核线有效搜索，以提高匹配的可靠性。通俗地说，就是寻找不同站点拍摄到的照片之间的相互匹配关系，包括宏观上说的照片的相互位置和同一位置出现在不同照片上时寻找出特征点（匹配点）；在完成匹配以后，各照片中的相同点被自动鉴别出来，即寻找到了照片的匹配点。通常照片质量好时，系统可以很容易地自动寻找出合成三维照片需要的匹配点，否则，需要在配对的照片中人工辨认特征点和进行人工配对。也就是说，在大地坐标系中，照片的内外方位元素确定后，像点所在的投影光线在空间的方位亦即确定，其在地面摄影投影转绘物点空间的定位公式，可以由中心投影构像方程变形得到（前面已阐述）。照片的匹配可以不需要控制点，即进行相对坐标下的匹配，研究工作采用正北方向为 X 轴的相对控制坐标系统，在相对坐标系下匹配的照片同样可以进行照片的拼接和三维照片合成，唯一的不同是坐标信息不具备绝对意义。增加控制点以后的照片合成也需要进行相对坐标下的匹配，在完成匹配以后通过控制点将坐标转换成真实坐标系。

完成照片匹配以后，系统可根据照片之间匹配点的关系进行照片自动拼接，即把同一区域的照片拼接成为一张或几张照片，这样的拼接精度很高，同时自动进行色彩平衡处理。图 3.2-41 就是将 24mm 镜头的 12 张照片完成拼接前后的过程对比情况，拼接以后的照片依然保留原始照片的全部信息，甚至是匹配信息，因此可以用于三维照片合成。

(a) 处理前

(b) 处理后

图 3.2-41　在 3DM CaliCam 程序中照片完成自动拼接后色差处理前和处理后的对比

合成三维照片的实质是以匹配点为特征点，生成三维地形坐标点，系统会自动用三维网格把这些点连接起来，形成三维数据化地形模型（即 DTM 模型），这也控制着三维照片的精度。三维地形坐标点的数量主要取决于照片的像素，同一照片中三维地形点的疏密主要受到照片匹配程度的影响，影响照片质量的因素，一般只会导致局部精度问题。当不同站点拍摄的照片中同一部位清晰且保持不变时，这些部位地形点的数量就多且均匀。

A1 区域为所选 4 个区域中最低高程部位，该区域面积约 $7.0\text{m}\times 6.0\text{m}=42.0\text{m}^2$。为了直观表达所选区域结构面起伏度情况，拍摄工作共设 3 个站点拍摄，每站点间距 0.6m，每站拍摄 12 张照片，拍摄过程尽可能保证完整包体且更多的包体含在照片内，且两两照片的重叠率达 60%以上。由于降雨地表较湿，拍摄的照片局部有一定反光。为高效解译照片，采用 3 个站点所有照片同时解译，每站合成一张区域照片，从而对该区域开展整体分析。通过站点 1 与站点 2、站点 1 与站点 3、站点 2 与站点 3 多种组合生成 DTM 模型，比较 DTM 模解译精度情况，本书选择了解译精度最高的站点 2 与站点 3 生成的 DTM 模型。

高精度的合并照片可用来描述的区域内包体分布情况。图 3.2-42 为 A1 区域层间错动带起伏包体分布情况（DTM 模型）。A1 区域相对较明显起伏包体约 7 个，区域内仍有一些起伏不显著的包体，具体的起伏状态以生成的三维地形模型为准。

图 3.2-42　A1 区域层间错动带起伏包体分布情况（DTM 模型）

3.2.4.1　照片数字化过程中产生的数据点的数量

如图 3.2-43，A1 区域模型照片数字化过程产生的数据点 119484 个，3342 个/m^2，区域数据点密集而均匀，该区域照片的数字化精度较高，满足解译要求。

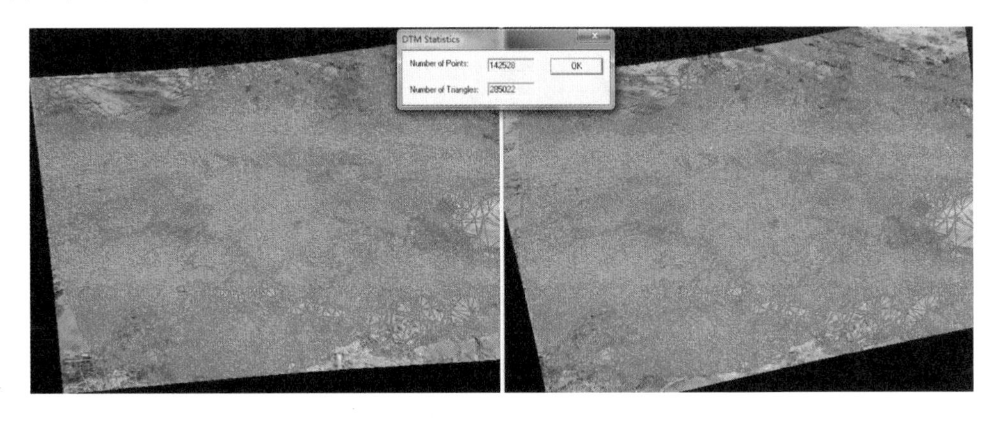

图 3.2-43　A1 区域模型照片数字化过程产生的数据点

3.2.4.2　DTM 量测长度和方位与实际的差别

为有效控制模型尺寸和提高照片合成精度，照片合成选用了 3 个控制比例尺，4 个参考检验比例尺。A1 区域合成后 DTM 量测的比例尺长度与实际长度对比情况见表 3.2-7，与实际长度相差最大为±0.009m，即 9mm 的误差；同时为检验方位，设置了参考检验方位，DTM 测得的方位为 334°∠20.5°，实际地质罗盘测得方位为 335°∠18.0°。

3.2.4.3　层间错动带起伏信息统计

图 3.2-44 和图 3.2-45 为 A1 区域模型切割的剖面及结构面起伏度形态情况，由 A1 区域 DTM 模型可看出，区域总体精度和清晰度很好，受现场拍摄角度影响，模型上部最边缘局部的精度受到了一定的影响，但不影响分析，A1 区域模型满足分析要求。

表 3.2-7　A1 区域合成后 DTM 量测的比例尺长度与实际长度对比情况

类　别	第一个控制点	第二个控制点	距离/m	实测值/m	差值/m
控制模型比例尺	点 1	点 2	0.539	0.530	0.009
	点 1	点 3	0.491	0.500	−0.009
	点 1	点 4	0.079	0.080	−0.001
参考检验比例尺	点 3	点 5	0.476	0.480	−0.004
	点 3	点 6	0.111	0.110	0.001
	点 3	点 7	0.294	0.300	−0.006
	点 8	点 9	0.586	0.590	−0.004

图 3.2-44　A1 区域模型切割各包体的剖面情况

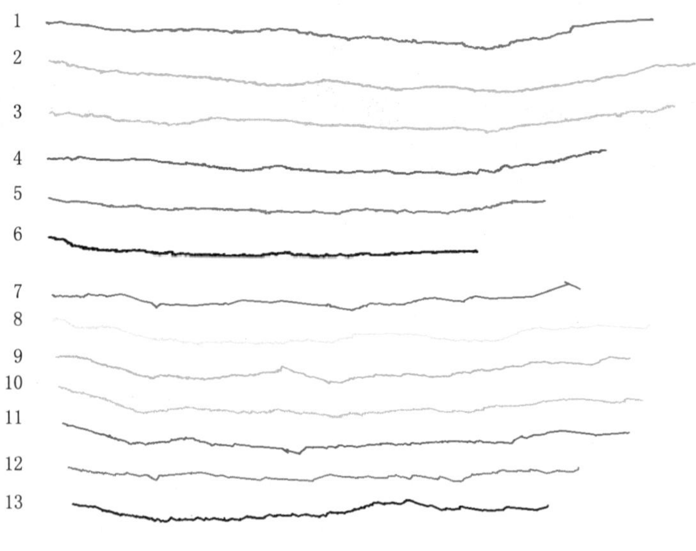

图 3.2-45　A1 区域模型 13 条剖面层间错动带起伏形态

表 3.2-8 和图 3.2-46、图 3.2-47 为 A1 区域结构面起伏波长和起伏高度统计结果，由统计结果可知：

(1) A1 区域结构面包体间起伏波长主要分布区段为 1.5～2.5m，占总数 34.6%；最大起伏高度主要分布区段为 10～15cm，占总数的 42.3%。

(2) A2 区域结构面包体间起伏波长主要分布区段为 2.5～3.5m，占总数 44.0%；最大起伏高度主要分布区段为 20～25cm，占总数的 36.0%。

(3) A3 区域结构面包体间起伏波长主要分布区段为 2.0～3.0m，占总数 38.2%；最大起伏高度主要分布区段为 5～15cm，占总数的 58.8%。

表 3.2-8　　A1 区域层间错动带起伏度统计情况

剖面序号	A1 区域层间错动带沿包体切割剖面的起伏形态	起伏波长/m	最大起伏高度/cm
1	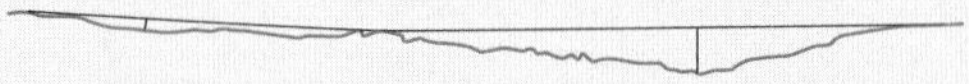	2.67	11.42
		4.51	37.68
2		3.38	14.78
		1.54	9.78
		2.49	17.06
3		2.13	13.83
		5.43	31.91
4		1.62	10.03
		3.98	25.85
5	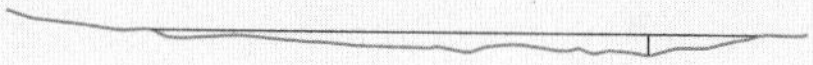	4.71	17.81
6		5.23	19.36
7		1.82	13.22
		3.25	14.62
8		3.40	21.08
		2.72	13.47
9	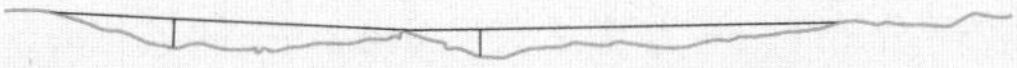	2.45	19.80
		3.70	19.65
10		2.48	19.57
		3.37	11.02
11		1.49	14.77
		4.19	19.47
12		1.55	11.35
		1.41	8.73
13	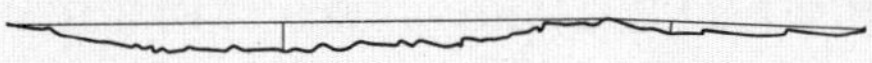	2.80	11.80
		3.80	20.25

（4）A4区域结构面包体间起伏波长主要分布区段为1.5～2.5m，占总数42.2%；最大起伏高度主要分布区段为15～20cm，占总数的26.3%。

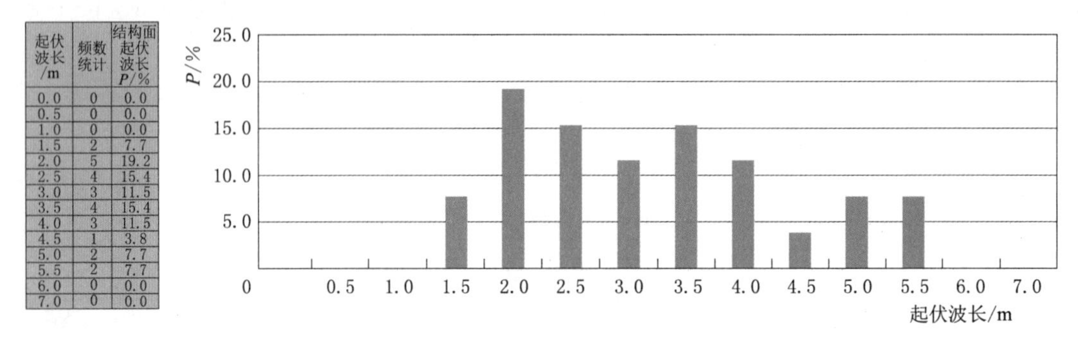

起伏波长/m	频数统计	结构面起伏波长 P/%
0.0	0	0.0
0.5	0	0.0
1.0	0	0.0
1.5	2	7.7
2.0	5	19.2
2.5	4	15.4
3.0	3	11.5
3.5	4	15.4
4.0	3	11.5
4.5	1	3.8
5.0	2	7.7
5.5	2	7.7
6.0	0	0.0
7.0	0	0.0

图3.2-46 白鹤滩左岸边坡出露的层间错动带A1区域起伏波长统计

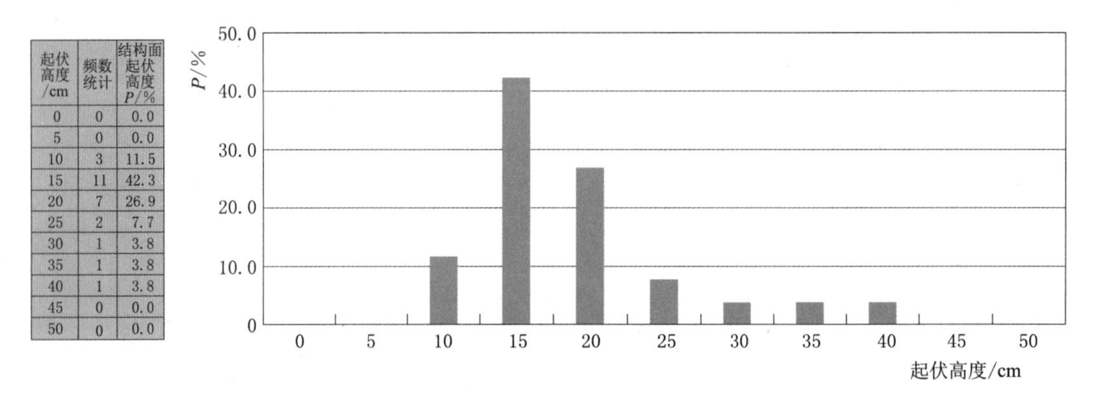

起伏高度/cm	频数统计	结构面起伏高度 P/%
0	0	0.0
5	0	0.0
10	3	11.5
15	11	42.3
20	7	26.9
25	2	7.7
30	1	3.8
35	1	3.8
40	1	3.8
45	0	0.0
50	0	0.0

图3.2-47 白鹤滩左岸边坡出露的层间错动带A1区域起伏高度统计

以上以A1区域为例介绍了结构面起伏波长和高度的统计结果。图3.2-48和图3.2-49为4个区域的结构面起伏波长和起伏高度统计结果，起伏波长每0.5m作为统计分段，起伏高度每5cm作为统计分段；进一步了解起伏高度分布特征，细化起伏高度为每2.5cm作为统计分段，图3.2-50为细化后汇总4个区域的结构面起伏高度统计分段数的统计结果，由统计结果可知：

（1）区域结构面起伏波长主要分布区段为1.5～3.5m，占总数63.5%；其中，最主要分布区段为2.0～3.0m，占1.5～3.5m统计分段的54.5%，占总数的34.6%。

（2）区域结构面起伏高度主要分布区段为10～25cm，占总数64.4%；其中，最主要分布区段为10～15cm，占10～25cm统计分段的41.8%，占总数的26.9%；由图进一步细分为每2.5cm统计分段可知，区域结构面起伏高度主要分布两个区段，即12.5～15cm和22.5～25cm；为此，可考虑起伏高度选取10～25cm区间各区段统计平均值进行加权求值作为其较可靠统计应用结果。

（3）综合前两点分析统计结果可得，区域包体间起伏波长长度主要分布区段为2.0～3.0m，起伏波长长度应用时可取其平均值为2.5m；区域包体间起伏高度应用时可考虑选取10～25cm三个统计分段平均值的加权平均值，即12.99×28/67+18.36×20/67+

21.64×19/67≈17.05（cm），而全部起伏高度平均值为17.54cm，分段平均值的加权平均值可作为可靠的统计应用结果。

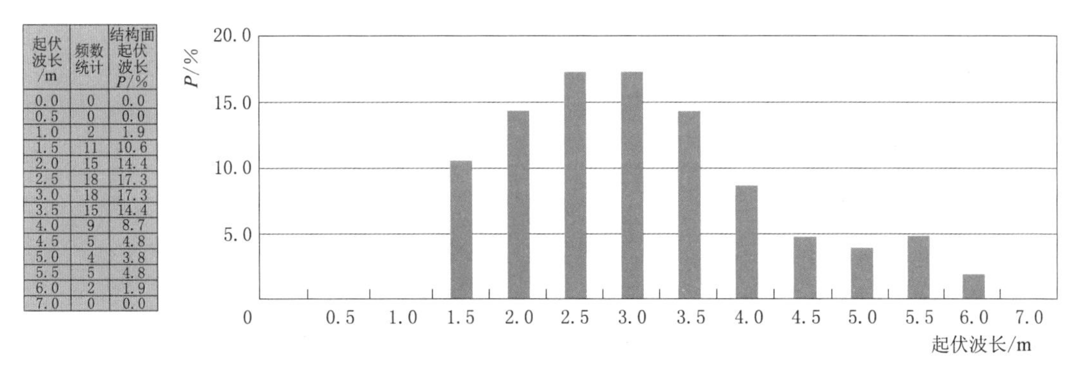

起伏波长/m	频数统计	结构面起伏波长 P/%
0.0	0	0.0
0.5	0	0.0
1.0	2	1.9
1.5	11	10.6
2.0	15	14.4
2.5	18	17.3
3.0	18	17.3
3.5	15	14.4
4.0	9	8.7
4.5	5	4.8
5.0	4	3.8
5.5	5	4.8
6.0	2	1.9
7.0	0	0.0

图3.2-48　白鹤滩左岸边坡出露的层间错动带C_4起伏波长汇总统计

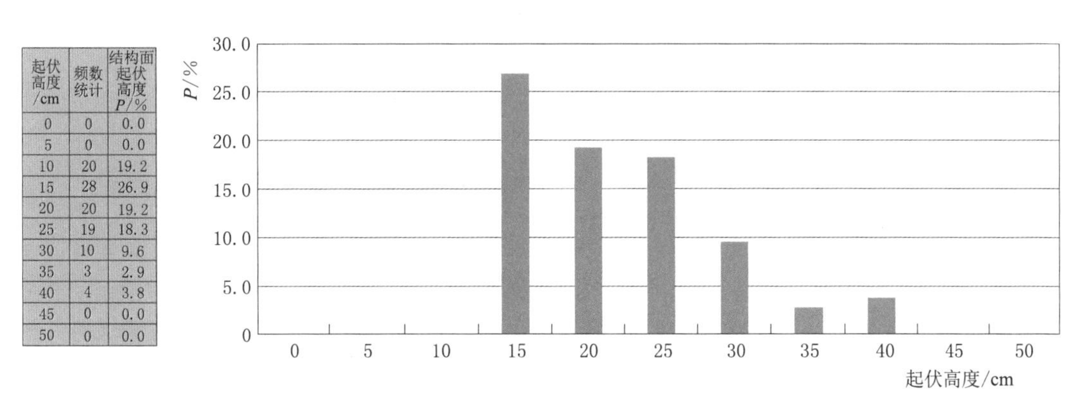

起伏高度/cm	频数统计	结构面起伏高度 P/%
0	0	0.0
5	0	0.0
10	20	19.2
15	28	26.9
20	20	19.2
25	19	18.3
30	10	9.6
35	3	2.9
40	4	3.8
45	0	0.0
50	0	0.0

图3.2-49　白鹤滩左岸边坡出露的层间错动带C_4起伏高度汇总统计

前面介绍了根据数码拍照技术获得的层间错动带的起伏特征，下面介绍根据Barton的方法确定层间错动带C_4的粗糙度系数JRC（图3.2-50）。由前面统计成果可以知道，层间错动带C_4的平均起伏高差可以取17.05cm，而C_4的起伏波长一般为1.5～2.5m，确定JRC时，结构面的长度可以按照3个起伏波长确定，即按照7.5m的长度确定JRC取值，此时JRC的数值约为11。

本节介绍了运用三维数码照相技术，对白鹤滩工程左岸边坡层间错动带C_4的起伏度进行测量的相关成果，主要认识如下：

（1）三维照片的合成过程和结果来看，照片合成的模型精度（即均方差）在毫米级别，满足粗糙度JRC分析的要求，后续采用数值方法研究层间错动带力学参数的精度要求。

（2）层间错动带C_4表面包体实际起伏波长主要分布区段为2.0～3.0m，平均值可以取为2.5m；包体起伏高度主要分布区段为10～25cm；平均值为17.54cm。

（3）根据Barton的结构面粗糙度统计方法，层间错动带C_4的粗糙度系数JRC可以取11。

3.2.5　层间错动带尺寸效应 PFC 方法研究

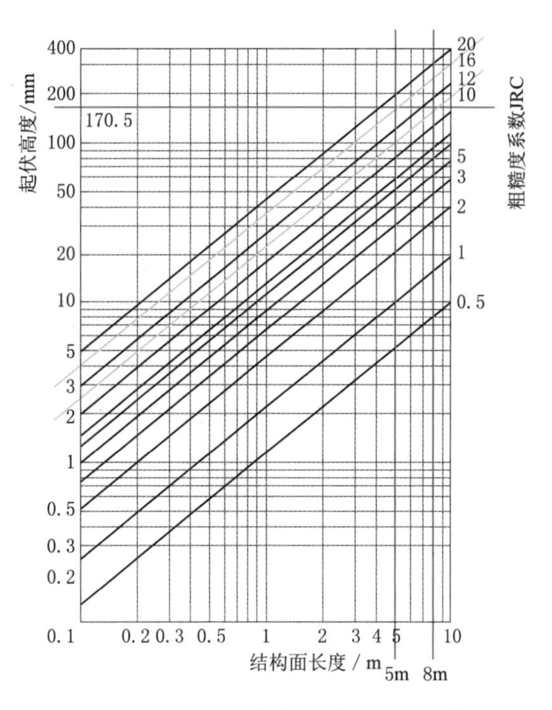

图 3.2-50　层间错动带 C_4 粗糙度系数估计

无论是试验方法还是经验方法，均无法定量获得层间错动带力学性质随着考察尺寸增大的变化特征，因此本节介绍采用数值方法针对层间错动带开展数值试验研究，重点在于：

(1) 根据现场试验成果反演错动带充填物的岩体力学参数。

(2) 采用 PFC 方法根据现场数码照相技术获得的层间错动带起伏特征和反演的层间错动带充填物的力学参数，开展层间错动带力学参数的研究，研究粗糙度、软弱充填物厚度、考察尺寸等因素对错动带力学参数的定量影响。

现场剪切试验过程遵循《工程岩体试验方法标准》(GB/T 50266—2013)。首先在错动带出露的试验支洞内采用手工方法于泥化夹层上盘岩体切出一个立方体试件，试件剪切面约 0.5m×0.5m，高约 0.3m，然后用铁模固定，用钢筋混凝土包裹成型，天然养护。最后安装试验加载设备和测量仪器并进行剪切试验。试验开始时，首先在预剪面上施加一定的法向荷载，待变形稳定后（每隔 5min 测读一次），逐渐施加剪切荷载直至破坏，法向荷载分级情况按 0.3MPa、0.6MPa、0.9MPa、1.2MPa、1.5MPa 五级进行，获得剪切应力—剪切变形曲线，进而确定错动带的力学参数。

白鹤滩对层间错动带 C_2～C_5 进行了 16 组现场剪切试验，其中针对 PD41、PD41-1、PD301、PD61-2 等平洞所揭露的 C_2 共进行了 4 组现场直剪试验。在 C_2 的现场直剪试验中，所取试件在 0.5m 范围内最大起伏差 8～25cm，剪断面位于错动带内部，顺剪切方向。由于每块试件接触面的凸凹情况不同，导致抗剪试验曲线略有差异，为了降低数据离散性对反演分析的影响，选择接触面起伏不大且抗剪试验曲线理想的试件作为研究对象。

图 3.2-51 所示为现场 PD41-1 平洞深 95～100m 处和 PD301 平洞深 165m 处的揭露错动带 C_2 的现场照片。

图 3.2-52 是层间错动带 C_2 的一组现场剪切试验成果图，由于充填厚度较大，未见明显的残余强度。

表 3.2-9 是层间错动带 C_2 的 4 组剪切试验成果，按带内物质组成，C_2 属于泥夹岩屑型，现场剪切试验得出的 C_2 层间错动带的强度参数中摩擦角为 14.4°～15.1°，黏聚力为 0.03～0.07MPa。

（a）PD4-1平洞深95~100m

（b）PD301平洞深约165m

图 3.2-51 PD41-1 和 PD301 平洞揭露的 C_2 错动带特征

从数值模拟角度，最适合层间错动带剪切试验模拟的数值方法是颗粒流方法（即 PFC 方法），因为从机理角度，结构面剪切试验过程非常复杂，涉及充填物的变形与破碎、结构面面壁起伏包体的变形等现象。传统的连续方法并不适合模拟这种剪切大变形过程中伴随的充填物破碎现象，而 PFC 的特点决定了该数值方法在模拟结构面剪切试验方法具有巨大的优势。

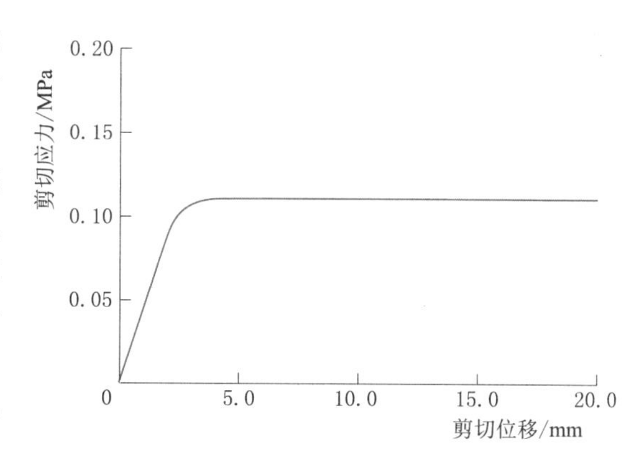

图 3.2-52 C_2 错动带抗剪试验的典型剪切应力—剪切位移曲线（法向应力为 0.3MPa）

采用 PFC 方法模拟现场直剪试验，需要反演玄武岩参数与充填物参数，具体思路如下：

（1）玄武岩参数按照岩块单轴试验成果反演，现场测试成果，其单轴抗压强度平均取 100.0MPa，启裂强度为单轴抗压强度的 0.4～0.5，弹性模量平均取 50.0GPa，泊松比系数取 0.20。则将这些宏观力学参数作为 PFC 细观颗粒集合体的目标，通过模拟单轴压缩试验，不断调整颗粒的细观参数，获得与试验成果相一致的弹性模量和单轴抗压强度等参数。

（2）层间错动带充填物的反演，通过采用 PFC 方法模拟现场直剪试验，通过调整不同充填物的 PFC 细观参数以吻合剪切变形—剪切应力的曲线。

表 3.2-9　　层间错动带 C_2 现场抗剪试验成果表

试验编号	洞深/m	抗剪断参数		抗剪参数		试点地质条件
		f'	C'/MPa	f	C/MPa	
τ41-1-105	28～36 (PD41-1)	0.25	0.02	0.26	0.03	剪切面基本上沿预剪面上盘剪断，剪切面不平整；试验点黏粒含量偏高，试验值偏低。黏粒含量 9.9%～13%
τ41-02	140.2～144.0	0.39	0.13	0.26	0.06	剪切面大部分发生在预剪面上盘，大部分为光滑面，较平整；试验点黏粒含量与结构面整体相近，试验值较符合结构面指标。黏粒含量 9.9%～11%
τ301-1-08	154m 试验支洞	0.28	0.09	0.26	0.06	沿 C_2 顶部连续错动面破坏。面平直，下盘表层为 1～2cm 厚泥，其下为厚度大于 10cm 岩屑。黏粒含量 7.3%～17.5%
τ61-2-09	距岸坡 700m	0.28	0.08	0.27	0.07	泥夹岩屑厚度 2～5cm 不等，试验面沿泥夹岩屑面剪断，试验面平整

3.2.5.1 玄武岩 PFC 细观参数反演

根据上述思路获得白鹤滩二叠系玄武岩细观物理力学性质参数见表 3.2-10，需要指出的是鉴于 PFC 中的 BPM 模型存在介质内摩擦角偏低等固有问题，PFC 模拟中采用簇单元模型（CPM）模拟完整岩体，而层间带 C_2 采用未经黏结的自由圆颗粒模拟，PFC 中的簇单元模型（CPM）颗粒之间的咬合及摩擦效应大于圆形颗粒，克服了 BPM 颗粒形状失真的问题，而其所遵循的受力—位移关系则与 BPM 完全相同。其中，用于替换 BPM 圆颗粒的簇单元形态特征及几何尺寸如图 3.2-53 所示。参数校核过程中在 CPM 模型中预留了部分接触处于未黏结状态，以反映天然岩石材料的初始缺陷状态。

表 3.2-10　　白鹤滩二叠系玄武岩细观物理力学性质参数

细观参数	最小粒径 /mm	颗粒粒径比	体积密度 /(kg/m)	颗粒模量 /GPa	摩擦系数	平行黏结模量 /GPa	平行黏结半径因子
参数值	0.22	1.42	2650	25	0.53	25	1.2

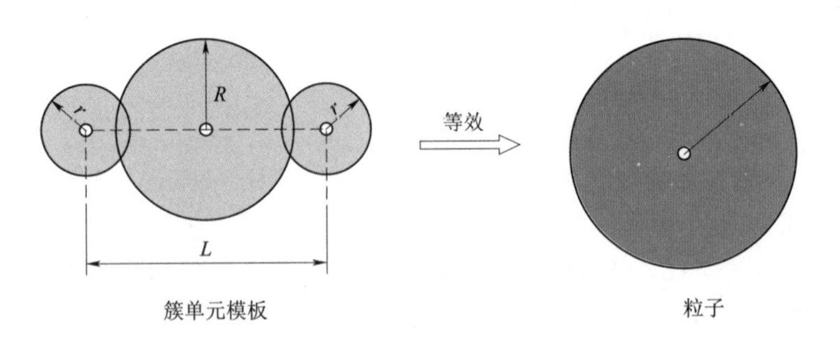

图 3.2-53　PFC 中簇单元模板示意图

3.2.5.2 充填物 PFC 细观参数反演

充填物的细观参数反演，需要采用 PFC 程序内置的 FISH 语言生成尺寸为 0.5m×

0.6m的直剪试验模型，包括模型试件及剪切盒两部分。C_2层间带直剪PFC2D数值试验模型见图3.2-54。其中，模型试件由软弱充填物、凝灰岩及其层间带两侧的壁岩共同构成，总计包含6864个细观颗粒，层间带C_2由未经黏结的自由圆颗粒构成，以红色表示，按现场实际素描层间错动带结构面厚度为0.20m；层间带两侧的壁岩则由CPM颗粒相互黏结在一起构成，以橙色表示；边界颗粒被单独识别出来，并以黑色表示。而模型外部的剪切盒由墙单元组合构成，其中，3号墙单元作为剪切加载墙，而2号、3号、4号墙单元共同构成上部主动剪切盒，使得模型试件上部块体可以在垂直及水平方向运动；1号、5号、6号墙单元共同构成下部被动剪切盒，其中，5号、6号墙单元固定，以滚支方式与试件接触，使得模型试件下部块体可以在垂直方向运动，但水平方向运动受到约束，数值模型建立的过程中层间带的起伏度曲线按现场实际情况拟合，试件中层间带最大起伏差约0.25m。

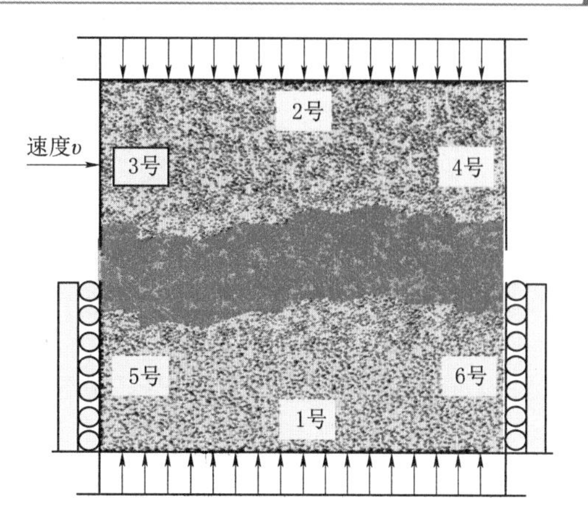

图3.2-54 C_2层间带直剪PFC2D数值试验模型（试样尺寸0.5m×0.6m）

数值模型试验采用伺服加载、应变控制的方式进行，在整个剪切试验过程中，模型上下两侧的1号、2号墙单元通过载荷伺服控制方式始终保持恒定的法向应力，并以其相对位移作为法向位移；模型上部块体左端的3号墙单元通过变位伺服控制的方式始终保持恒定的加载速率，并以其水平变位作为剪切位移。以3号、4号墙单元受到的水平方向的不平衡力除以层间带面的水平投影面积作为平均剪切应力；当试件的剪切位移达到预设值时试验终止。数值计算中选择较低的水平加载速率，为防止模型边界在加载过程中产生非正常破坏影响试验结果，在试验开始之前，与边界颗粒对应的黏结强度进行了提高。

图3.2-55是PFC数值模拟的直剪试验曲线与现场试验曲线的对比，二者的峰值强度和峰前强度是一致的。

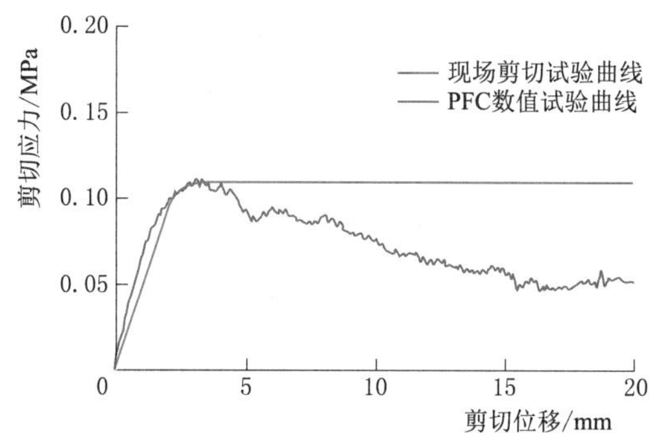

图3.2-55 PFC数值试验与现场试验剪切应力—剪切位移结果比较

数值试验模拟了另外6级法向荷载条件下的剪切试验，即与现场试验相一致，涵盖了0.3MPa、0.6MPa、0.9MPa、1.2MPa、1.5MPa、1.8MPa、3.0MPa七级法向应力。图3.2-56是不同法向应力条件下的剪切应力—剪切位移曲线。

不同法向应力条件下的剪切强度见图3.2-57。由图3.2-57中拟合曲线可得结构面的黏聚力和摩擦角。基于PFC的数值试验所获得的层间错动带C_2的摩擦角为14.88°，黏聚力为 0.062MPa。

以上简要地介绍了 PFC 数值方法，并采用该方法反演了玄武岩和层间错动带充填物的 PFC 细观力学参数。下面介绍采用数值模拟的方法开展不同尺寸的现场剪切试验，工作流程如下：

（1）根据三维数码照相的成果（以 A3 区域为研究对象），采用 PFC 生成不同尺寸直剪试验试样，试样尺寸涵盖 0.5m×0.5m、1.0m×1.0m、2.0m×2.0m、4.0m×4.0m、8.0m×8.0m 这 5 组不同尺度。

（2）针对每组试样，采用 PFC 方法模拟不同法向应力条件下的剪切试验，法向应力包括 4 个等级，即 0.6MPa、0.9MPa、1.2MPa、1.5MPa。

（3）监测剪切试验中的剪切位移和剪切应力，将不同法向应力条件下的成果绘制在“法向压力-峰值剪切应力”平面，从而获得不同尺寸条件下的层间错动带的摩擦角和黏聚力。

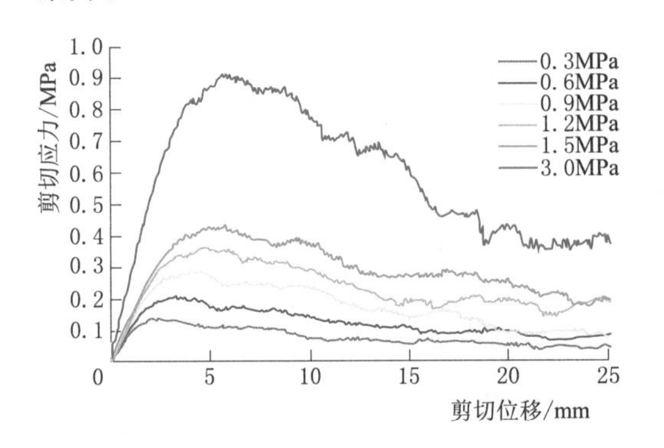

图 3.2-56 数值试验的各级加载下剪切应力—剪切位移曲线

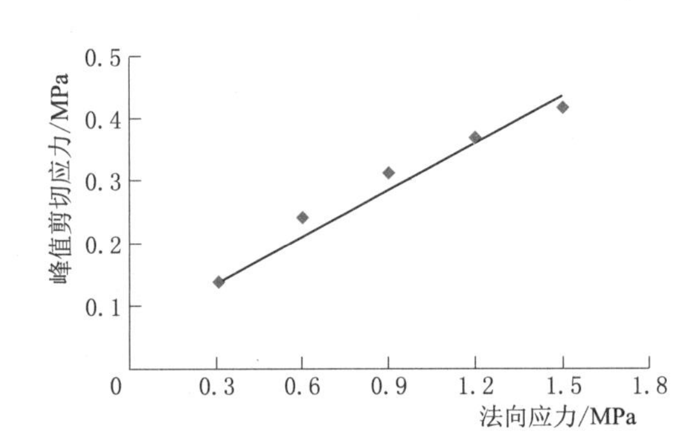

图 3.2-57 不同法向应力条件下的剪切强度（线性拟合可获得 C_2 的摩擦角与黏聚力）

不同尺寸条件下 C_4 的现场剪切试验模型，包括了 0.5m×0.5m、1.0m×1.0m、2.0m×2.0m、4.0m×4.0m、8.0m×8.0m 这 5 组不同尺度，其中前 4 组尺度模拟情况见图 3.2-58。

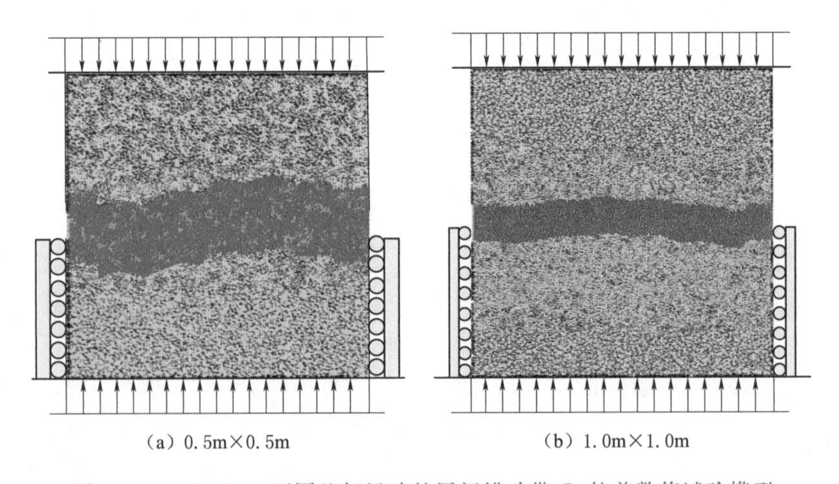

（a）0.5m×0.5m　　（b）1.0m×1.0m

图 3.2-58（一） 不同几何尺寸的层间错动带 C_4 抗剪数值试验模型

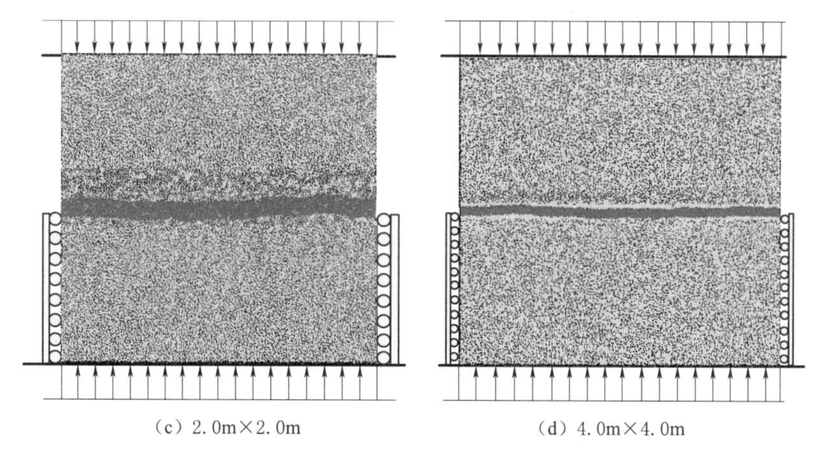

图 3.2-58(二) 不同几何尺寸的层间错动带 C_4 抗剪数值试验模型

图 3.2-59～图 3.2-63 是 5 组不同尺寸层间错动带 C_4 的在不同法向应力条件下的剪切试验成果，图中左侧是不同法向应力条件下的"剪切应力—剪切位移曲线"，右侧对峰值剪切应力作线性拟合，即可得到不同尺度层间错动带的摩擦角和黏聚力。

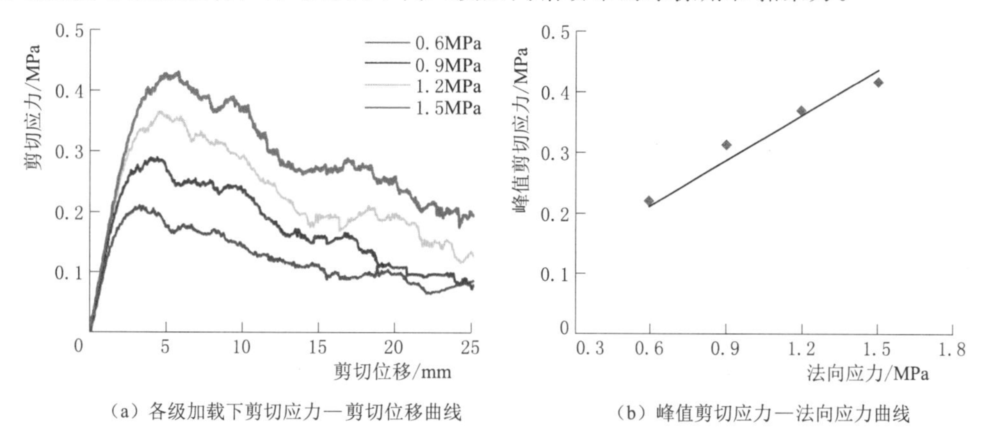

图 3.2-59 数值试验中试件尺寸为 0.5m×0.5m 时层间错动带强度参数计算成果

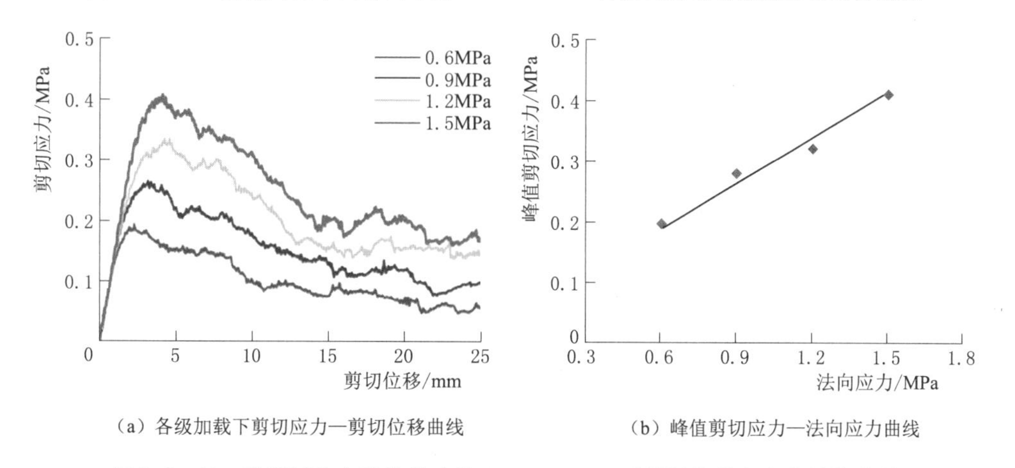

图 3.2-60 数值试验中试件尺寸为 1.0m×1.0m 时层间带强度参数计算成果

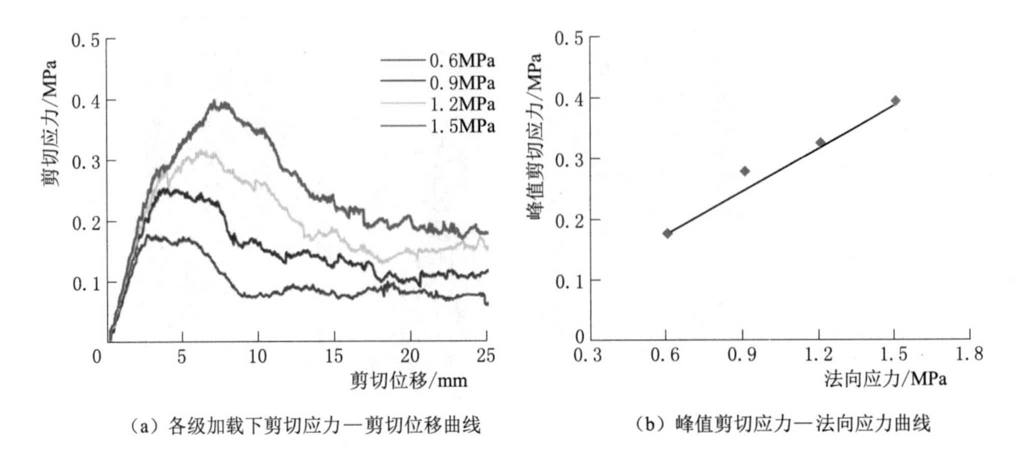

（a）各级加载下剪切应力—剪切位移曲线　　（b）峰值剪切应力—法向应力曲线

图 3.2-61　数值试验中试件尺寸为 2.0m×2.0m 时层间带强度参数计算成果

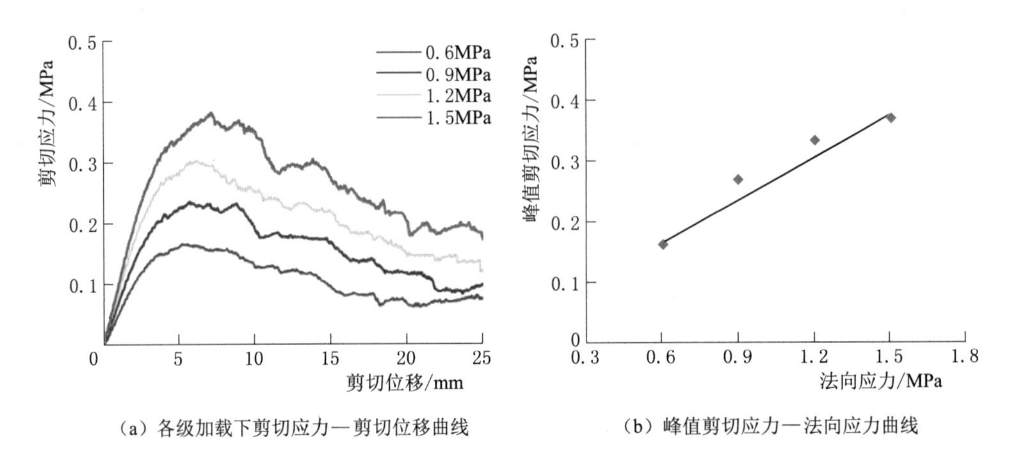

（a）各级加载下剪切应力—剪切位移曲线　　（b）峰值剪切应力—法向应力曲线

图 3.2-62　数值试验中试件尺寸为 4.0m×4.0m 时层间带强度参数计算成果

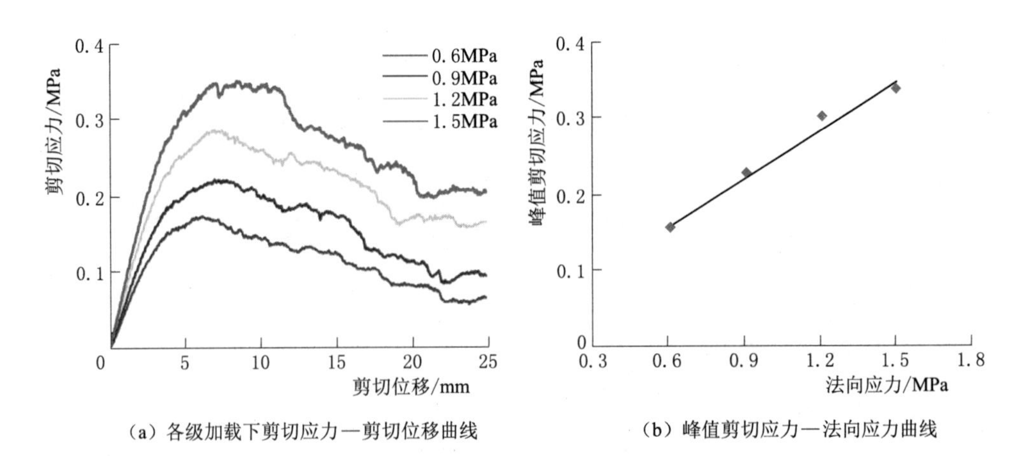

（a）各级加载下剪切应力—剪切位移曲线　　（b）峰值剪切应力—法向应力曲线

图 3.2-63　数值试验中试件尺寸为 8.0m×8.0m 时层间带强度参数计算成果

表 3.2-11 是不同尺寸层间错动带 C_4 的数值剪切试验的汇总成果，总体上，随着试验尺寸的增大，黏聚力和摩擦角呈降低趋势，并趋于平稳。

表 3.2-11 不同尺寸层间错动带剪切试验试验成果（数值模拟）

试件尺寸/(m×m)	摩擦角/(°)	黏聚力/MPa	试件尺寸/(m×m)	摩擦角/(°)	黏聚力/MPa
0.5×0.5	14.88	0.062	4.0×4.0	12.82	0.032
1.0×1.0	14.12	0.044	8.0×8.0	12.56	0.030
2.0×2.0	13.43	0.036			

图 3.2-64 绘制了层间错动带 C_4 的黏聚力和摩擦角随着试验尺寸的变化特征，从图中可以看到以下规律。

(1) 当层间错动带的试验尺寸在 2m 以内时，黏聚力和摩擦角的变化比较明显，并且都随着试验尺寸的增加而呈现降低趋势；当层间错动带的试验尺寸达到 4m 时，黏聚力和摩擦角趋于稳定，可以认为泥夹岩屑型层间错动带代表 REV 尺寸为 4m。

(2) 引入考虑尺寸效应后，当试验尺寸由 0.5m 增大至 8m 时，摩擦角由 14.88°降低为 12.56°，降低幅度 15.6%；黏聚力由 0.062MPa 降低至 0.030MPa，降低幅度 51.6%。

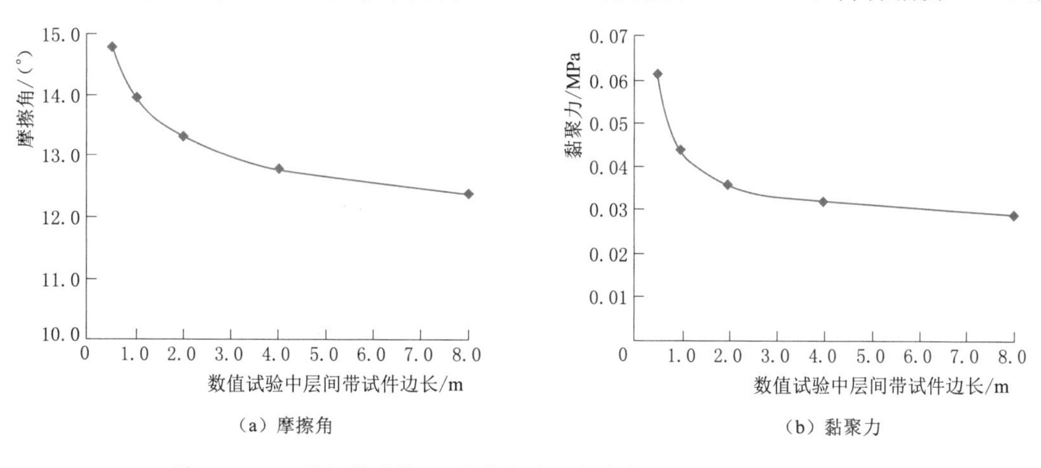

图 3.2-64 层间错动带 C_4 的黏聚力和摩擦角随着试验尺寸变化规律

以上内容以现场剪切试验（0.5m×0.5m）成果和三维数码照相成果为基本资料，采用细观离散元的数值方法，较为系统地分析了软弱充填物为泥夹岩屑型层间错动带的力学参数，得到以下认识。

(1) 颗粒流方法是研究层间错动带力学参数较为理想的工具，该方法可以较为准确地体现层间错动带粗糙度、软弱充填物厚度以及尺寸效应的影响，具有传统连续方法所不具备的优势。

(2) 即便 C_2 和 C_4 这类层间错动带的软弱充填物厚度达到 20cm，层间错动带两侧面壁的起伏特征，仍会影响层间错动带的强度参数取值：总体规律是层间错动带摩擦角随着粗糙度系数的增大而呈现增大趋势；层间带黏聚力随着粗糙度系数的增大而呈现减小趋势；层间错动带 C_4 的粗糙度一般在 8～12 的范围为变化，该范围内粗糙度的变化可以导致摩擦角发生 27%左右的变化，黏聚力发生 11%左右的变化。

(3) 对于泥夹岩屑型层间错动带，错动带物质的充填厚度的变化也会影响错动带力学参数取值：当错动带物质的充填厚度超过10cm后，随着软弱充填厚度的增大，摩擦角普遍呈降低趋势，而黏聚力变化不大；对于C_2、C_4等泥夹岩屑型层间错动带，当软弱充填物厚度由20cm变化到15cm时，摩擦角可以增大21%，黏聚力减小7%左右。

（4）当层间错动带的试验尺寸在2m以内时，黏聚力和摩擦角的变化比较明显，并且都随着试验尺寸的增加而呈现降低趋势；当层间错动带的试验尺寸达到4m时，黏聚力和摩擦角趋于稳定，泥夹岩屑型层间错动带代表REV尺寸为4m。

（5）考虑尺寸效应后，当试验尺寸由0.5m增大至8m时，摩擦角由14.88°降低至12.56°，降低幅度15.6%；黏聚力由0.062MPa降低至0.030MPa，降低幅度51.6%。

（6）综合基于数码照相和颗粒流PFC方法的研究成果，层间C_2、C_4这类泥夹岩屑型层间错动带的力学参数取值可参考表3.2-12。

表3.2-12 白鹤滩层间错动带力学参数取值（根据数值模拟成果）

结构面类型	软弱充填物厚度/cm	抗剪断参数	
		f'	C'/MPa
泥夹岩屑型	10～20	0.22～0.27	0.03～0.06

3.2.6 错动带力学参数研究成果验证与应用

白鹤滩地下厂房洞室群开挖过程中，右岸主厂房和主变顶拱部位出露层间错动带C_4，根据主厂房和主变第一层开挖过程的监测数据，对层间错动带C_4的力学参数进行反演分析，在此基础上复核3.2.5小节关于泥夹岩屑型层间错动带力学参数的分析成果。

右岸主变洞第Ⅰ层开挖期间一般围岩洞段开挖过程主要在顶拱和开挖分界交接部位均不同程度发生了应力集中片帮破坏，是主变洞较普遍的破坏形式，片帮破坏一般深度约10～40cm，局部达到30～60cm。右岸主变洞南侧层间错动带C_4影响洞段围岩破坏相对突出，在中导洞开挖和第Ⅰ层下游侧扩挖及上游侧扩挖过程均不同程度发生了受层间带控制的塌落破坏和局部应力集中造成的应力集中片帮破坏；在下游侧扩挖期间右岸主变洞南侧位置C_4下盘岩体中导洞位置顶拱—上游侧拱肩位置喷层出现了较多的裂缝，喷层裂缝位置距离右岸主变洞上下游侧扩挖掌子面的距离为0～5m，距离主变洞4号排风竖井中心线的距离为20～25m，裂缝位置主要在中导洞顶拱至上游侧拱肩。图3.2-65和图3.2-66是右岸主变洞层间带C_4影响洞段第Ⅰ层开挖过程围岩破坏特征。

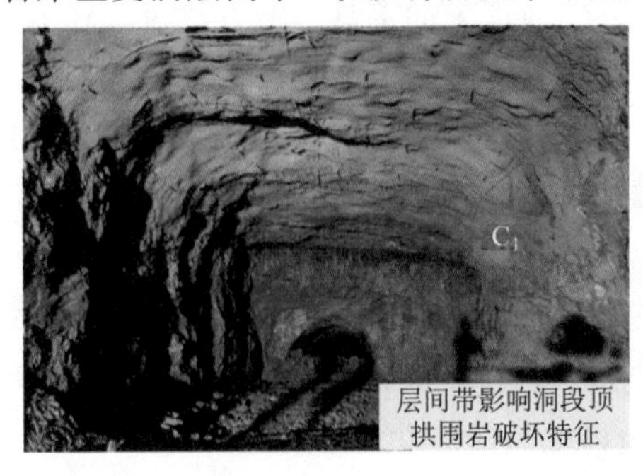

图3.2-65 右岸主变洞开挖期间层间错动带C_4影响洞段顶拱及边墙围岩破坏特征

图 3.2-66 主变洞南侧受层间带 C_4 影响洞段第Ⅰ层扩挖期间围岩破坏特征

右岸主变洞层间错动带 C_4 影响洞段典型断面监测仪器布置见图 3.2-67。

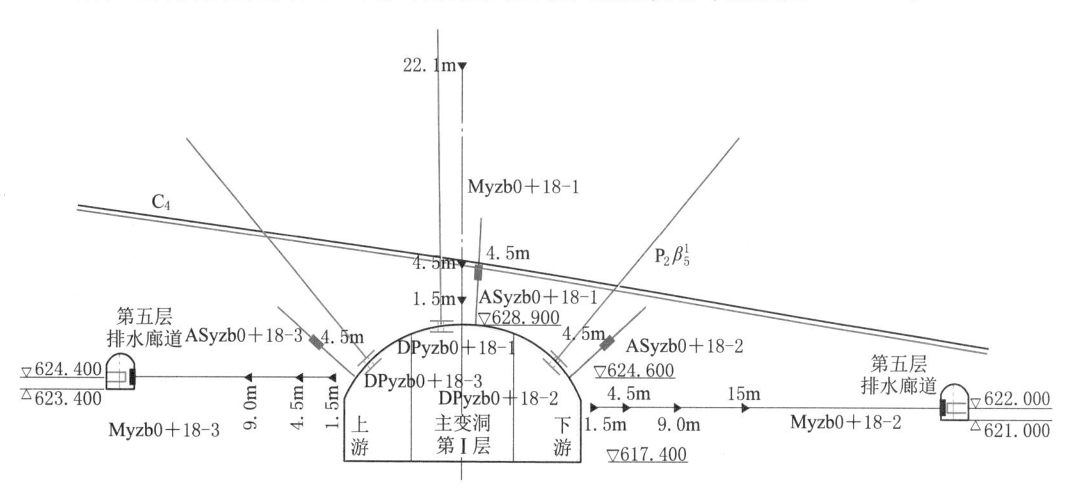

图 3.2-67 右岸主变洞右厂 0+018.05m 断面监测仪器布置图

图 3.2-68 及图 3.2-69 分别给出了主变洞受层间带 C_4 影响洞段右厂 0+018m 断面拱顶和拱肩部位实测监测数据时程过程线。C_4 层间带影响洞段受上下游侧扩挖影响，主变 0+018.05m 顶拱围岩位移变化明显，实测拱顶位移达 33.49mm，拱肩部位位移为 4.12mm，围岩的变形深度为 0～5.0m；同部位锚索测力计实测荷载达 2018.22kN，较锁定值 1561.9kN 增长约 29.2%。围岩的变形和锚索荷载的增长与第Ⅰ层扩挖时空上存在明显相关性，该断面监测仪器安装埋设时下游侧扩挖刚通过断面，右厂 0+018.05m 断面监测仪器仅监测到了下游侧扩挖后的部分响应特征，上游侧扩挖时，监测仪器较好地监测到

了上游侧 0+020～0+016m 扩挖围岩响应特征。了解这些与监测数据的相关性信息，可以开展 C_4 力学参数的反演分析工作。

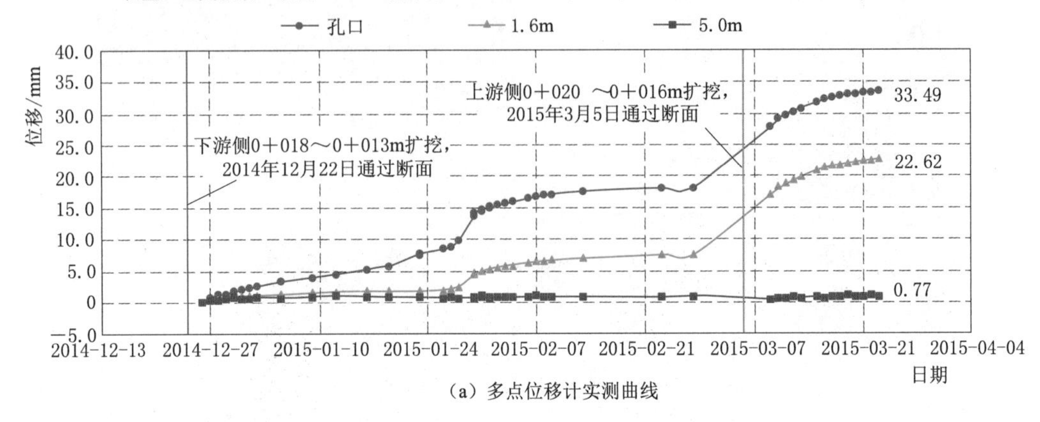

(a) 多点位移计实测曲线

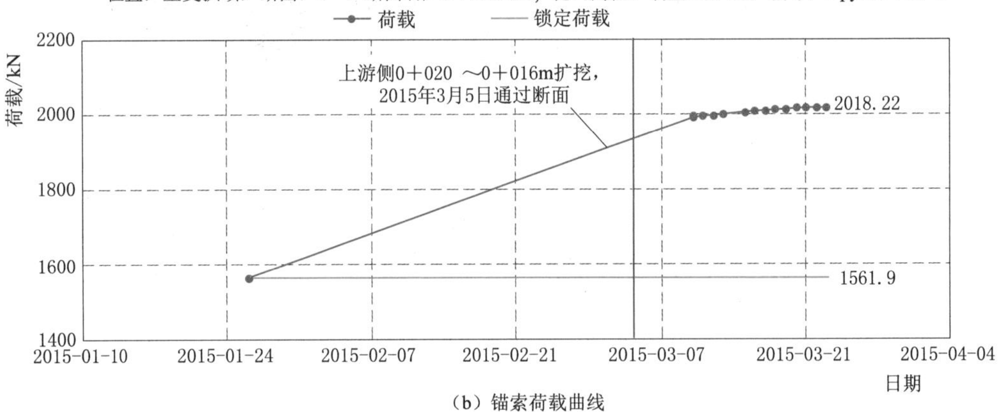

(b) 锚索荷载曲线

图 3.2-68 主变洞 C_4 影响洞段右厂 0+018m 拱顶部位实测围岩变形和锚索荷载过程线

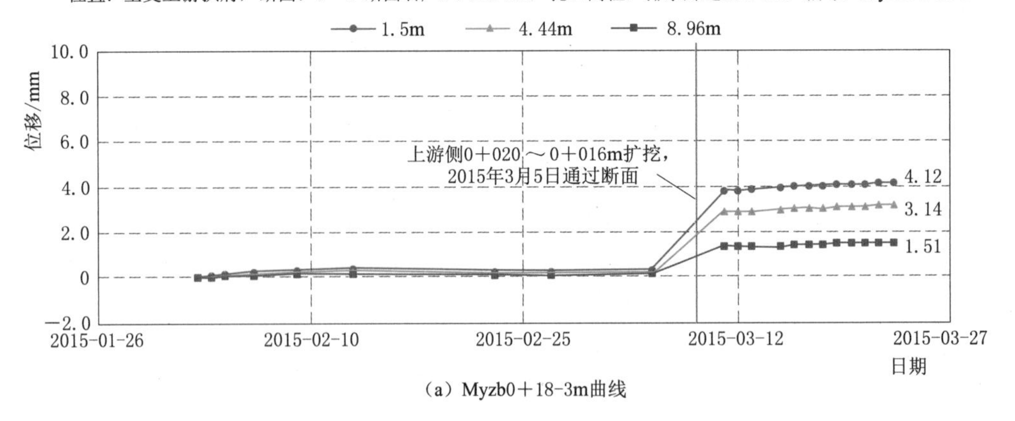

(a) Myzb0+18-3m曲线

图 3.2-69（一） 主变洞 C_4 影响洞段右厂 0+018m 拱肩部位实测围岩变形过程线

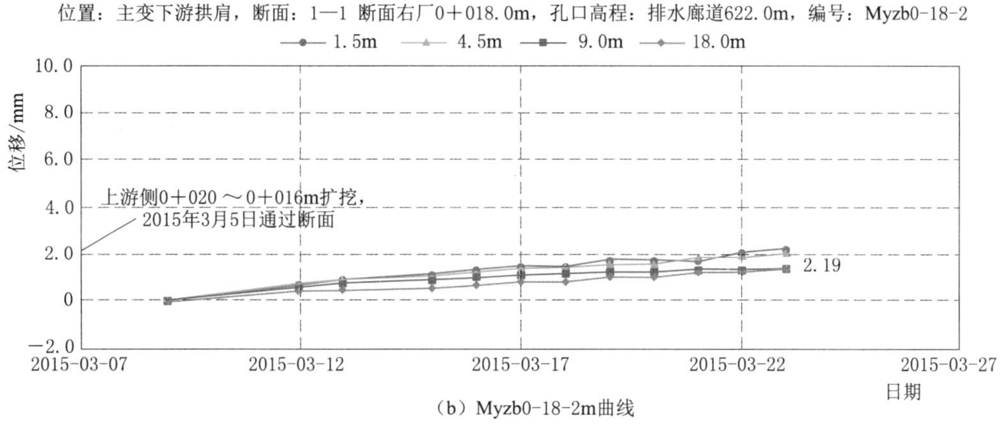

（b）Myzb0-18-2m曲线

图 3.2-69（二） 主变洞 C_4 影响洞段右厂 0+018m 拱肩部位实测围岩变形过程线

根据前面监测数据分析时掌握的开挖支护与安装埋设相关信息可知，右厂 0+018m 断面拱顶实测围岩变形为第Ⅰ层下游侧扩挖部分变形和第Ⅰ层上游侧扩挖的全部变形，因此数值反馈分析时的对应变形总量取第Ⅰ层下游侧开挖变形增量的 40%～60%和上游侧扩挖的变形增量之和。

图 3.2-70 和图 3.2-71 分别给出了主变洞受层间带 C_4 影响洞段右厂 0+018m 断面拱顶和两侧拱肩围岩变形反馈成果。右厂 0+018.05m 断面拱顶洞壁孔口和距洞壁 1.6m 实测位移分别为 33.49mm 和 22.62mm，监测反馈分析获得成果分别为 36.82mm 和 24.95mm，误差率在 10%附近。反分析获得的层间错动带 C_4 的岩体力学参数见表 3.2-13。

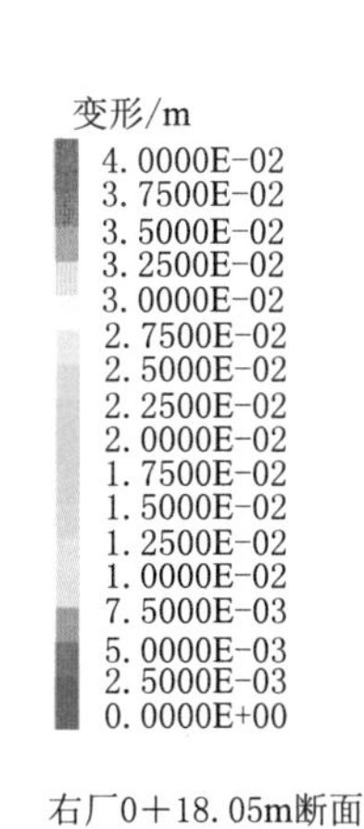

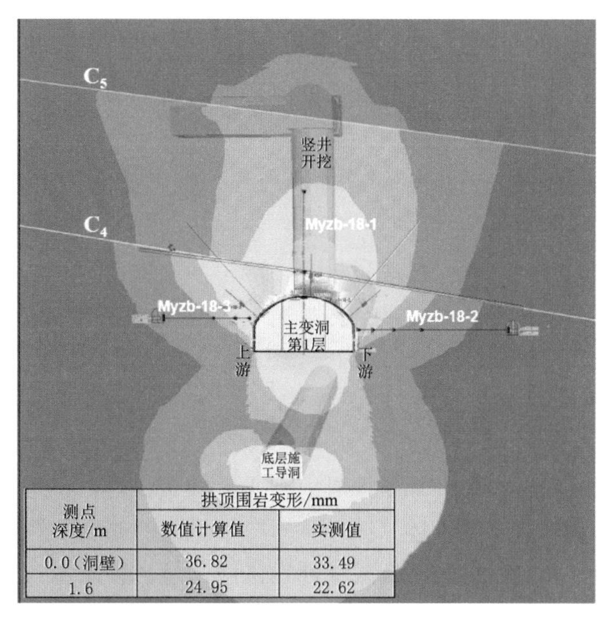

测点深度/m	拱顶围岩变形/mm	
	数值计算值	实测值
0.0（洞壁）	36.82	33.49
1.6	24.95	22.62

图 3.2-70 右岸主变洞右厂 0+018.05m 断面拱顶围岩变形反馈成果

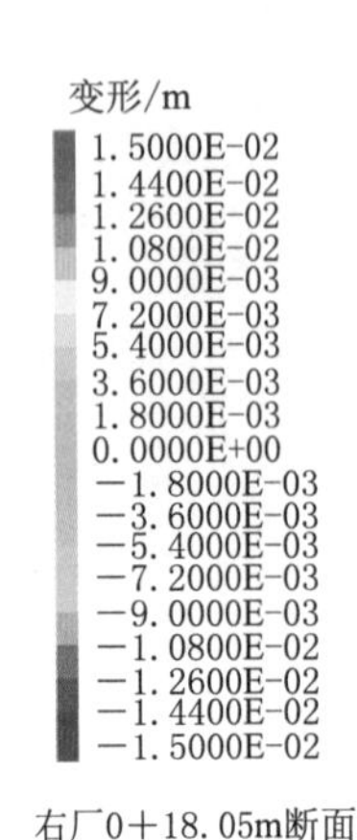

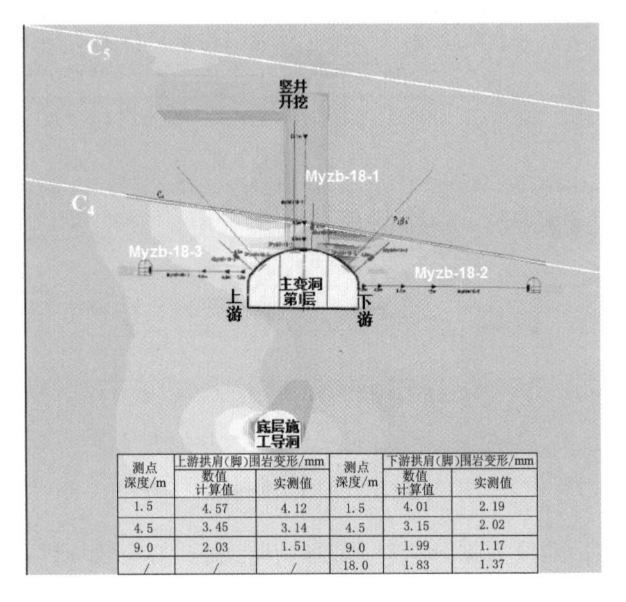

图 3.2-71 右岸主变洞右厂 0+018.05m 断面上下游拱肩（脚）围岩变形反馈成果

表 3.2-13 根据主变顶拱实测变形反演的 C_4 岩体力学参数

层间错动带	结构面类型	法向刚度 K_n/GPa	剪切刚度 K_s/GPa	抗剪断参数	
				f	C'/MPa
C_4	泥夹岩屑型	0.33	0.19	0.25	0.03

总体上，根据监测数据反演获得的层间错动带强度参数具有较高的可信度。反演获得的层间错动带 C_4 的力学参数与考虑尺寸效应的层间错动带参数的分析成果相比，具有如下特点：

（1）根据地下洞室群监测数据反演获得层间错动带 C_4 的强度参数，落在基于 PFC 数值方法推荐值的范围内。

（2）反演获得的层间错动带 C_4 的摩擦角与 PFC 的分析成果相比，接近其平均值；反演获得的层间错动带 C_4 的黏聚力接近 PFC 分析成果的下限值。

3.3 柱状节理玄武岩

3.3.1 柱状节理岩体的发育层位与特点

由于中国新生代和二叠系峨眉山玄武岩分布广泛，在西部巨型水电工程建设中，不可避免地会遇到柱状节理岩体（图 3.3-1）问题，如铜街子、金安桥、白鹤滩、溪洛渡等水电工程等，其中以白鹤滩柱状节理岩体问题最为突出。

在白鹤滩坝址区的 11 层玄武岩层中，柱状节理的发育是不均匀的，主要在 $P_2\beta^2$、$P_2\beta^3$、$P_2\beta^6$、$P_2\beta^7$、$P_2\beta^8$ 等 5 个层内比较发育，如图 3.3-2 所示。通过实际观察测量，各

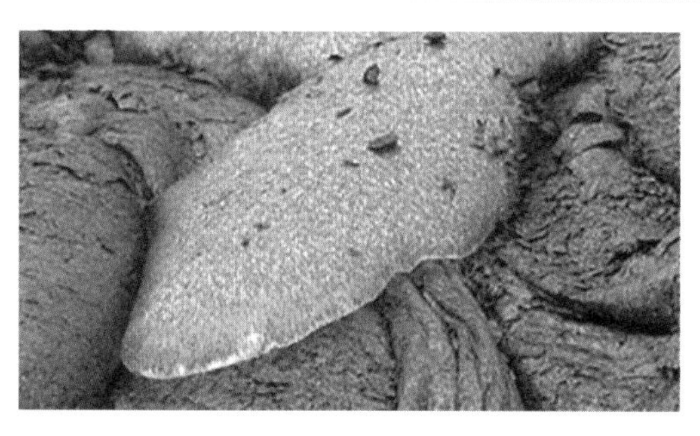

(a) 岩浆喷发形成

(b) 典型柱状节理特点

图 3.3-1 柱状节理岩体成因与特点

层柱状节理的发育情况列在表 3.3-1 中。

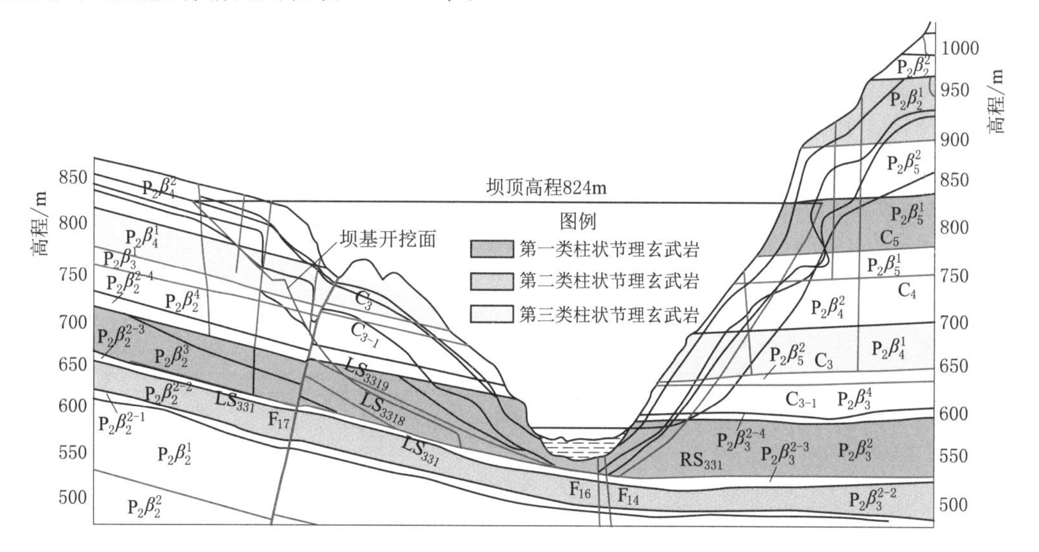

图 3.3-2 白鹤滩柱状节理岩层的分布特征

表 3.3-1　　白鹤滩玄武岩柱状节理特征表

地层	厚度/m	柱状节理发育特征描述
$P_2\beta^2$	290～327	在此层中发育有3层柱状节理，底部柱状节理柱高为3～4m，柱体最大直径在1m以上；此层中部发育的柱状节理，柱高1.5～2m；上部发育柱状节理层总厚度15～20m，柱体发育不规则，截面形态发育不完整，有时仅发育一侧柱面。此层柱体平均倾伏：N50°E，NW∠70°
$P_2\beta^3$	207～250	柱状节理位于此层中部、中上部，中部柱体较小、短，直径20～40cm，柱高40～100cm，总厚10～12m（数据采集地点为左岸，老桥南约150m）。向北行进约50m，可见中上部柱体截面呈五边形多，直径小（10～20cm），柱体高3～4m。此层柱体平均倾伏：N30°E，NW∠71°
$P_2\beta^6$	102～120	柱状节理在此层中不连续，其中至少发育二层柱状节理。此层柱体平均倾伏：S80°E，NW∠70°
$P_2\beta^7$	70～84	柱状节理不太发育，仅局部可见，最厚约4.5m，柱状节理发育不够完整。此层柱体平均倾伏：N80°E，NW∠65°
$P_2\beta^8$	67～70	柱状节理不太发育，发育在中下部。此层柱体平均倾伏：N35°E，NW∠60°

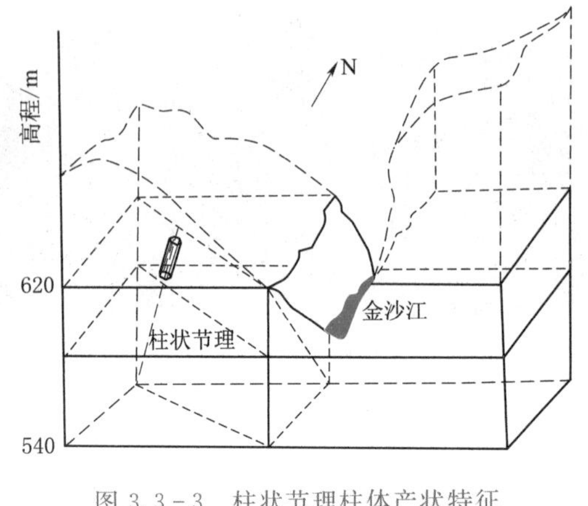

图 3.3-3　柱状节理柱体产状特征

如图 3.3-3 所示，白鹤滩坝址区发育多层高度节理化的柱状节理岩体，柱体基本垂直于熔岩层的延伸方向，即柱体基本垂直于区内层间错动带延伸方向，说明柱体是在基本完全凝固硬化后，整体受区域构造运动影响，从而与铅直方向有 15°左右的夹角，即柱体倾角 dip 为 75°左右。

柱体断面主要以五边形及不规则四边形为主，柱面大多起伏，较粗糙，部分柱体柱面不完整，柱体扭曲。从白鹤滩柱状节理岩体结构特征看，可以将柱状节理分为三类（图 3.3-4）：

（1）Ⅰ类：柱状节理发育的密度较大，柱体细长，长度一般 2～3m，直径 13～25cm，岩石呈灰黑色，其内微裂隙发育，切割岩体块度为 5cm 左右。

（2）Ⅱ类：柱状节理发育不规则，未切割成完整的柱体，柱体长度一般为 0.5～2.0m，直径 25～40cm。其内微裂隙较发育，但相互咬合，块度在 10cm 左右。

（3）Ⅲ类：柱状节理发育不规则，柱体粗大，直径 0.5～2.5m，长度 1.5～5m 不等，切割不完全，嵌合紧密。

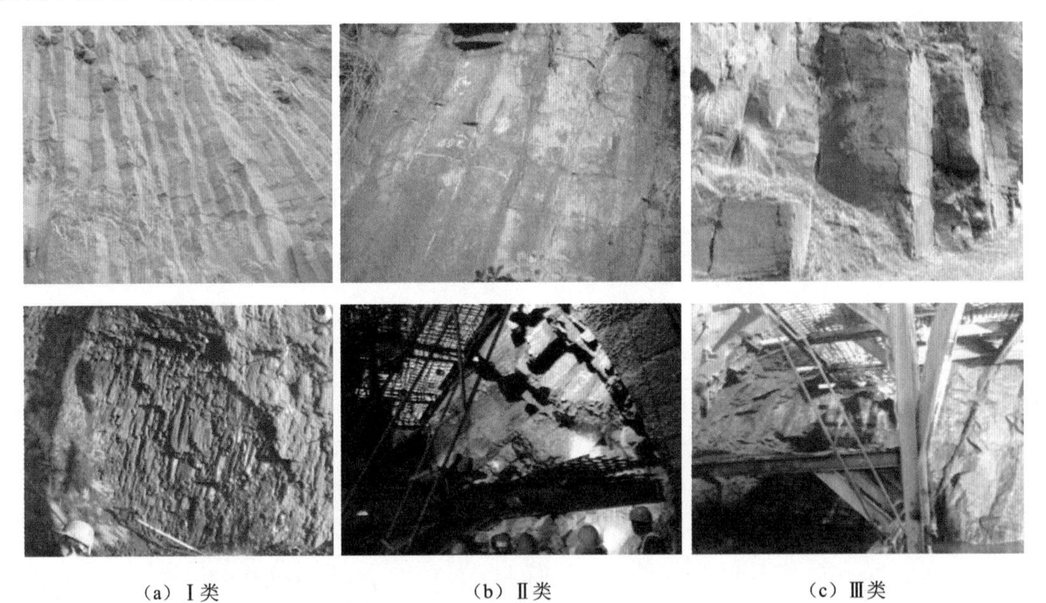

(a) Ⅰ类　　(b) Ⅱ类　　(c) Ⅲ类

图 3.3-4　白鹤滩柱状节理岩体分类

3.3.2　柱状节理的成因和结构特征

柱状节理是常见发育于玄武岩中的一种原生张性破裂构造，它的形态往往呈一种规则的多边形长柱体，且常以六边形为主。一个世纪以来，许多学者均以泥裂成因作类比，持传统的冷却收缩作用假说。20 世纪 70 年代，Ryan 和 Sammis（1978）提出了柱状节理形成机制的新模式——引张扭旋性旋回力学成因模式；80 年代，相关研究者提出了双扩散对流作用假说。90 年代，Muller（1998）又进一步用实验的方式证明传统冷却收缩说这一传统观点。总之，对于玄武岩柱状节理的成因众说纷纭，不过上述三种观点互相补充，能够比较好地解释野外玄武岩柱状节理的成因。

3.3.2.1 传统冷却收缩说

众多学者认为，玄武岩熔中柱状节理的理想生成方式总是以两个冷凝面作为其发育的基础。一个为顶部冷凝面，即熔岩流顶部与大气之间的接触界面；另一个为底部冷凝面，即为熔岩流底部与下伏基岩的界面。首先，从平行于柱轴的纵剖面分析，熔浆溢出地表后在流动过程中逐渐冷却，它总是分别从顶部、底部逐渐通过这两个界面向外发散。因此，固结成岩后形成的原生裂隙就从顶部、底部冷凝面往中心延伸，直至岩浆全部固结成岩，这时上、下两套柱列在岩流中部偏下处相会，形成柱顶线盘，这就是冷却收缩说关于柱状节理形成的理想模型。其次，从垂直于柱轴底横断面分析，岩流冷却过程中，在平坦的熔岩冷凝面上形成许多收缩中心。体积收缩引起岩石物质向固定的内部中心聚集，从而使岩石裂开，形成多面柱体。如果岩石是均质的，则收缩中心的距离相等，且相互间呈等腰三角形排列，在平面上呈现六边形图案。实际上，柱体形成时由于受到各种环境条件的影响，特别是岩体表层的局部非均质结构，会加长或缩短各收缩中心的距离，因而在柱列断面上就形成不规则的多边形图案。

传统的冷却收缩说以泥裂成因作类比，这是一个比较使人信服的证据，但是有研究认为泥裂只具有较低的纵横比（aspect ratio），它们的宽度通常超过深度，同时纵横比基本不会超过 1，而玄武岩柱列具有很高的纵横比，甚至会超过 100。所以这种简单的成因类比可能存在着缺陷，从而使人们不得不进一步思考其他的成因模式。以 Muller（1998）为代表的学者又重新用实验方法证明了传统冷却收缩这一观点。他们以不同比例的面粉与水混合，然后在一定的条件下让其干化，观察到一系列类似于玄武岩柱列的条状体出现（图 3.3-5），而且形态控制因子的作用类似，如面粉中的水分含量因子类似于玄武岩柱列的温度因子，都同时服从于扩散定律，水分含量的降低相当于温度的耗散，收缩应力都相似的依赖于作用的时间与柱体深度等，用这种实验结论说明玄武岩柱状节理冷却收缩说是成立的。

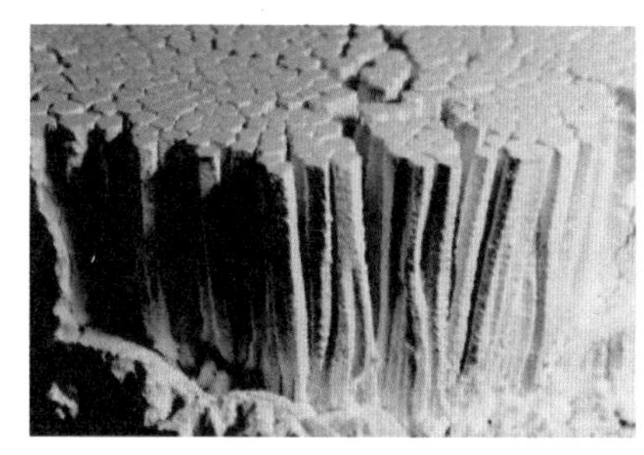

(a) 柱体侧视图

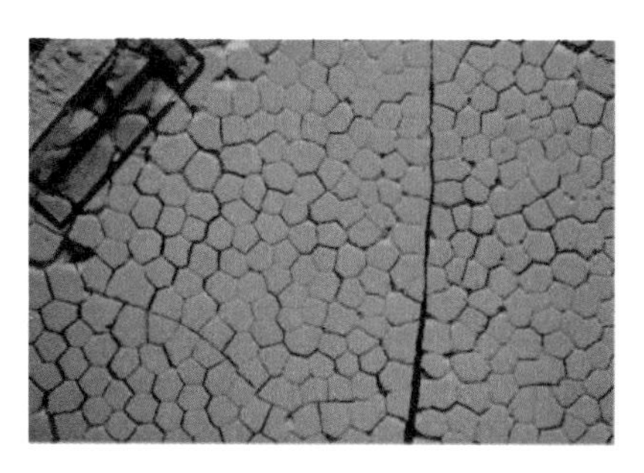

(b) 底部视图

图 3.3-5 面粉干化后和视图（据 Muller，1998）

3.3.2.2 引张-扭旋力学旋回成因模式

在研究夏威夷州 Boiling Pots 与新泽西州 First Watchung 等地玄武岩柱状节理构造时，研究者发现了旋回条纹。同时，还发现，在玄武岩下部柱列裂隙面光滑条纹带上，存在着一系列呈微突起的斜向线状构造。

通过断裂力学模拟试验，产生了破裂板或破裂片，后来，进一步提出了引张—扭旋变形条件下柱状节理面裂隙矛（fracture lance）形成的力学模型。该力学模型认为，首先在单纯性的张性裂隙面上，不可能形成凿痕构造，因为张性裂隙面往往沿着岩石的原生或次生构造的脆性部位裂开，其形态总是参差不齐的，同时从玄武岩本身固有的力学性质分析，其内部也根本不存在岩石裂开时能赖以作为岩石破裂基础、导致在节理面上产生凿痕图案的那种结构或构造；其次，从表面看，凿痕似乎是一个朝一定方向开口的弧，但经分解，它却是由以弧的等分线为轴、互呈镜像对称的两个翼所组成。在此基础上，徐松年（1995）提出凿痕是裂隙矛在引张—扭旋性旋回裂隙面上的一种特殊的组合形式。

3.3.2.3 双扩散对流作用说

Kantha（1981）认为，高度规则的玄武岩柱状节理是由熔融岩浆在冷却期的双扩散对流作用所引起的。这种对流作用同海洋物理学家 Shirtcliff 等（1970）在实验室与大洋中所观测到的盐指作用相类似。在稳定成层的大洋含盐水体中，由于其顶部、底部的热量与含盐量这两种组分多寡不一，遂导致水体发生差异性的扩散作用，从而驱使流体运动。这种由流体（盐水）双扩散作用所形成的高度规则的构造，即为盐指构造，它在大洋盐水体中是一种海洋显微构造。

Kantha 由此类推，在熔融的玄武岩岩浆中，黏滞岩浆顶、底部的温度与化学成分这两种组分的差异性也能产生高度规则的柱指运动，从而形成玄武岩指构造，他认为岩指的双扩散对流作用不仅能产生岩指构造，而且在实验室中还可以用好几种方法产生两种扩散组分的相反梯度，以形成界线明显的双扩散界面或指体界面。他试图以此为类比，用来阐述玄武岩双层柱列剖面中的上部柱列、下部柱列以及柱顶线盘的形成机理。Kantha 对传统冷却收缩说以泥裂成因为类比解释柱状节理形成机制的观点，提出了不同的看法。他认为泥裂只有较低的纵横比，泥裂的宽度通常超过深度，所以其纵横比很少超过 1。但柱状节理却具有较高的纵横比，可达 100。因此，很难设想当裂隙从底部或顶部往岩体内部延伸时，会在这样大的深度范围内，自始至终保持均一性。除非在岩浆固结与产生收缩作用以前，在熔融岩浆内部已经存在着裂隙传播的路径。这样，岩浆一旦开始固结，裂隙就会沿着固有的、预先建立的路径传播到内部，由此岩体被这些原生裂隙切割导致在玄武岩中形成十分规则的柱状构造。

3.3.2.4 白鹤滩玄武岩柱状节理成因

20 世纪 90 年代前，众多学者认为西南地区峨眉山玄武岩为大陆裂谷成因，但是随着研究思路和方法等的改进，何斌等认为西南地区峨眉山玄武岩为地幔柱成因，并且找到了地幔柱活动的中心地带位于上扬子西部边缘云南大理、米易一带，因此，白鹤滩玄武岩形成时期具备产生双扩散对流作用的前提条件。

相关研究者认为柱状节理一般具有较高的纵横比，有些甚至可达到 100。传统的冷却收缩说很难解释纵横比大而且纵向破裂面发育比较规则的柱状节理，因为裂隙从底部或顶部往岩体内部延伸时，很难在很大的深度范围内，自始至终保持均一性，除非在岩浆固结与产生收缩作用以前，在熔融岩浆内部已经存在着裂隙传播的预先路径，即双扩散对流作用所强调的玄武岩指构造。白鹤滩坝址区不同分区柱状节理的纵横比（纵横比＝柱长/柱宽）统计如图 3.3-6 所示，主要集中于 2～10，而最密集区为 2～5，纵横比值已较大于 1，并且形成的有些破裂面也相当光滑，所以推测双扩散对流作用可能是白鹤滩柱状节理的成因。

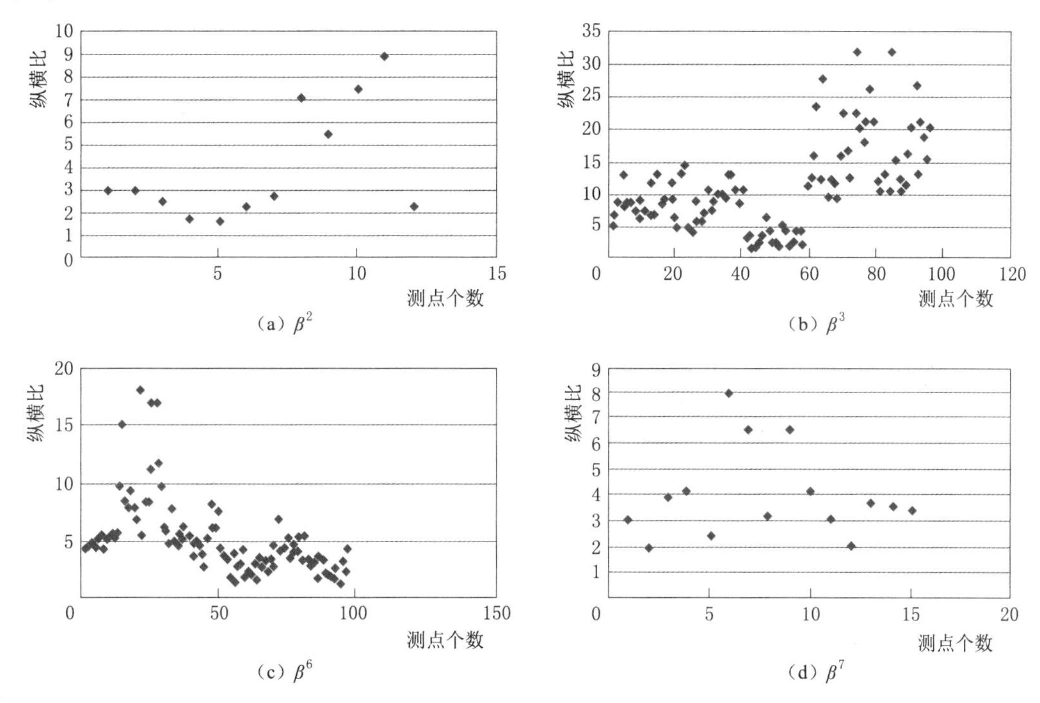

图 3.3-6　白鹤滩坝址不同分区柱状节理的纵横比统计图

图 3.3-7 给出了柱状节理玄武岩平行于柱轴方向的切片，薄片中长石朝着一个方向近于平行排列，显示出定向特征。矿物定向运动的微痕迹是玄武岩进行双扩散对流的一个佐证，由薄片玄武岩中斜长石具有定向排列的构造特征推断白鹤滩柱状节理双扩散对流作用成因是合理的。

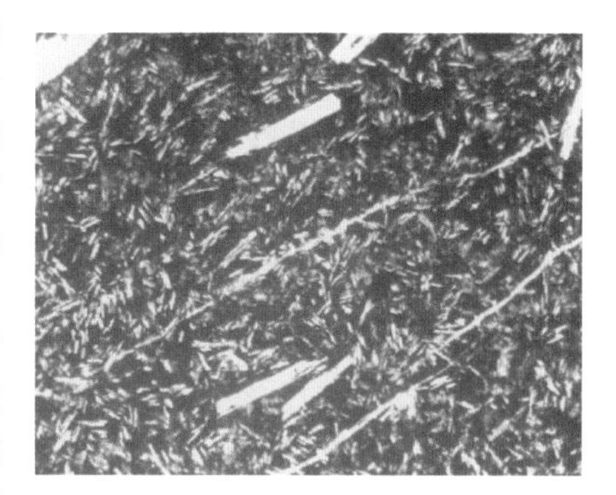

图 3.3-7　$P_2\beta^3$ 层玄武岩柱状节理平行于柱轴方向的切片（单偏光，长边 1.7mm）

双扩散对流作用说虽然强调"双扩散"指的是热量与化学成分的扩散，但实际上由于化学成分的梯度改变值较小（Kantha，1981），所以很难通过化学测试来反映局部成分的突变。白鹤滩玄武岩成分的分析数据可知，$P_2\beta^2$、$P_2\beta^3$、$P_2\beta^4$ 与 $P_2\beta^5$ 的化学成分没有很大的变化，这是比较合乎实际的，以此来说明双扩散对流作用不适合解释白鹤滩柱状节理的成因的理由是不充分的。

传统冷却收缩说很难解释玄武岩柱状节理柱体边缘构造的突然改变这一现象，但是双扩散对流作用说很容易对其作出解释，特别是双层柱状节理现象。如图3.3-8反映出柱体边缘部位结构构造的突变现象就是白鹤滩的一大典型特征。

图3.3-8（a）红线所夹的部分是完好的玄武岩柱状节理，柱体发育比较规则，而且柱面也比较光滑，所夹部分之外却是比较破碎的杂乱无章的玄武岩；图3.3-8（b）刚好相反，红线所夹的部分为杂乱无章的玄武岩，所夹区域之外为玄武岩柱状节理，两红线所夹部分之上的柱状节理称为上部玄武岩柱列，之下的柱状节理称为下部玄武岩柱列，两红线所夹部分称为柱顶线盘（entablature），整个结构称为玄武岩双层柱状节理（two-tier columnar joints）。图3.3-8（a）则可称为单层柱状节理。

（a）单层柱状节理

（b）双层柱状节理

图3.3-8　柱状节理柱体边缘构造的突变现象

对于柱状节理柱列发育相对较好，柱顶线盘发育不规则，没有规律，有混乱突变现象，难用冷却收缩说来解释，而双扩散对流作用则可以较好作出解释。

对于坝址区类似于图3.3-8（a）的单层柱状节理现象，可以采用图3.3-9予以解释：玄武岩层的上部和下部存在着A、B两种因子的差异，同时A区和B区相对较厚，且A向下扩散，B向上扩散，则可知在A、B之间的C区双扩散作用是最强的，A区和B区相对弱一些。而双扩散过程需达到一定强度时才会形成玄武岩指，所以当C区形成玄武岩指时，A区和B区很可能形成不了。玄武岩指可理解为在岩浆固结与产生收缩作用以前，在熔融岩浆内部已经存在的裂隙传播的预先路径。当后期岩浆继续发生固结作用时，由冷却期收缩作用所产生的张裂隙就沿着互相毗连的玄武岩指的接洽处，即沿着由对流作用所形成的路径，从表层传播，深入到岩体内部，从而导致C区完整的玄武岩柱列的形成。而A区和B区没形成玄武岩指，则当玄武岩浆冷却收缩时，缺乏预先的路径，裂隙发育就会缺乏规律性，所以会形成杂乱无章的较破碎的玄武岩带。

对于玄武岩柱列上下面比较平整的现象，进一步解释如下：A、B两种因子在垂向上具有最大的梯度，而水平向是等值的，所以扩散的路径会顺着最大的梯度移动（即垂向运动）。同时只有当双扩散强度超过某个值时才会形成玄武岩指，故会形成上下两个较平整的玄武岩指临界面，于是柱状节理从此界面处开始形成。

对于图3.3-8（b）双层柱状节理的成因，则可采取图3.3-10的描述予以解释：A区和B区相对较薄，同理A区向下扩散，B区向上扩散。由于A区和B区之间的区域相

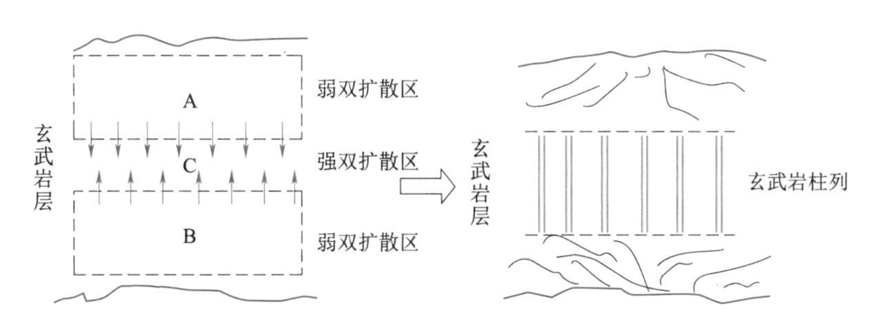

图 3.3-9 单层柱状节理形成模式图

对较厚，则会导致 A 区、C 区之间的区域以及 B 区、C 区之间的区域双扩散作用很强，而 C 区则会由于双扩散强度过大出现紊乱，即 C 区会变成一个无序的状态，这类似于当水流速度过大时，平稳的水流会变成湍流一样。那么玄武岩指只会分别在 A 区、C 区之间与 B 区、C 区之间的区域形成，所以在玄武岩浆后期冷却过程中，裂隙会顺着预先形成的路径延伸，形成上部玄武岩柱列与下部玄武岩柱列。由于 C 区没有形成玄武岩指，裂隙传播到时会形成无序的、较混乱的柱顶线盘。

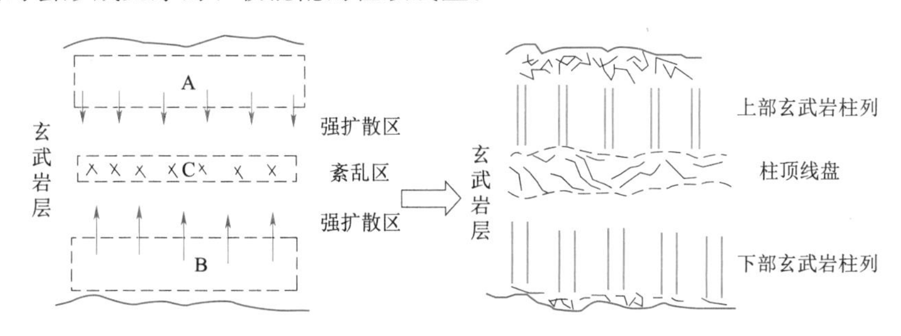

图 3.3-10 双层柱状节理形成模式图

此外，一般认为，玄武岩双扩散的影响因子为温度与化学成分，它们所引起的双扩散对流是一种比较特殊的对流，可认为是两种反方向单向流的合成，这样就使得玄武岩熔浆处于一种动态的平衡，同时玄武岩指就是伴随着这种动态的平衡而形成的。

总体上，白鹤滩地区玄武岩早期岩浆喷溢作用很强，故可推断形成的玄武岩熔岩层的厚度应该很大。同时，由于其顶部与空气接触，而下部由于岩浆活动活跃的影响可继续保持较高的温度，所以当熔岩层快速冷却时，上部形成固体的外壳而内部依旧是熔融状态，玄武岩指就会形成。当岩浆继续发生固结作用，由冷却期收缩作用所产生的张裂隙就沿着互相毗连的玄武岩指由对流作用所形成的路径，从表层传播，深入到岩体内部，从而导致柱体节理的形成。所以，白鹤滩柱状节理应为双扩散对流作用成因说。当然，也不完全排除传统的冷却收缩成因说的存在，因为在一些局部的地点，所形成的玄武岩层比较薄，双扩散对流作用不太发育，玄武岩柱状节理也可能为传统的冷却收缩成因。

3.3.3 柱状节理岩体力学试验

玄武岩作为一种浅层喷发岩，在成岩过程中，常常发育一种呈五边形或六边形的收缩性节理，形成具有较高旅游价值的柱状节理景观，因此，在成因机制方面得到了广泛研究。而当柱状节理玄武岩作为工程岩体时，这类岩体岩芯破碎，RQD值普遍较低，完整性较差，变形模量等力学指标相对较低，特殊的岩体结构致使其不连续性和各向异性尤为突出，所以，柱状节理岩体力学性质的复杂性远超一般层状结构或者碎裂结构岩体，表现出强烈的各向异性，并且会对地下工程局部围岩稳定造成显著影响。

由岩石力学基本理论可知，由于不同建造的岩体在漫长的地质历史时期经历了多期构造改造，以及表生演化作用，使得岩体中广泛发育复杂形式的不连续面。Müller 指出："岩体力学特性，尤其是它的强度，主要取决于单元岩块之间接触面上的强度；对于岩体变形，主要或者可以说90%～95%的变形产生于节理（裂隙），而不是岩块的变形。"因此，正是由于节理面的存在，使得岩体远比一般均质、连续、各向同性材料的力学行为复杂，具有显著的结构特性，从而表现为非均质、不连续和各向异性，以及力学响应的非线性特性。其中，如同层状节理分布的显著方向性会导致岩体力学性质的强烈各向异性，已受到了岩石力学界的普遍重视和长期研究。

岩体的各向异性变形破坏机理首先可以由试验加以直观揭示。Hoek 等采用预制节理面的巴黎石膏模型研究了单组结构面影响的破坏特征、图 3.3－11 采用三轴压缩试验对单组、多组不同倾角节理岩体的强度各向异性特性进行了研究。

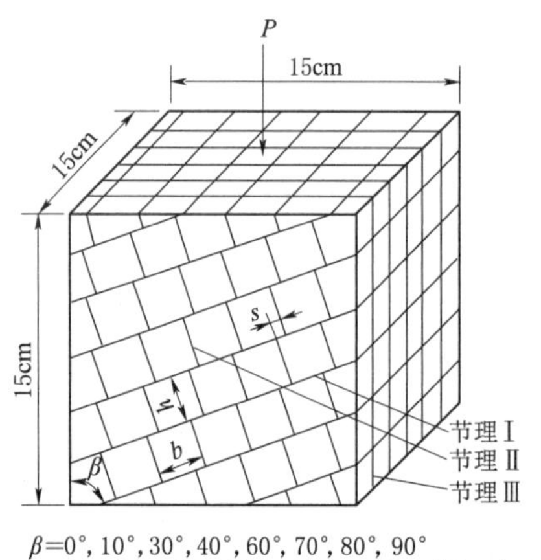

（a）交叉节理示意

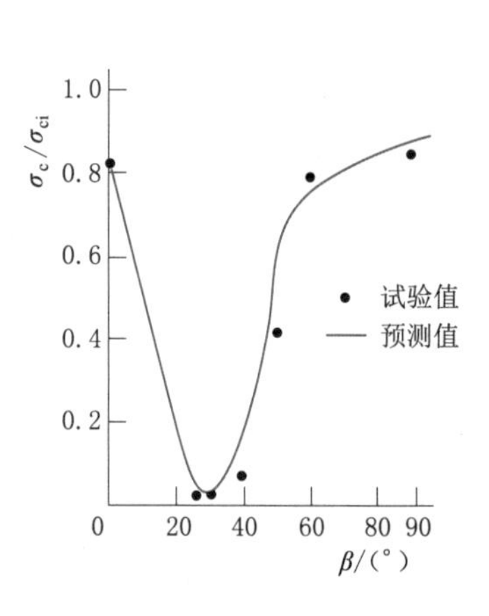

（b）不同方向加载的强度特征

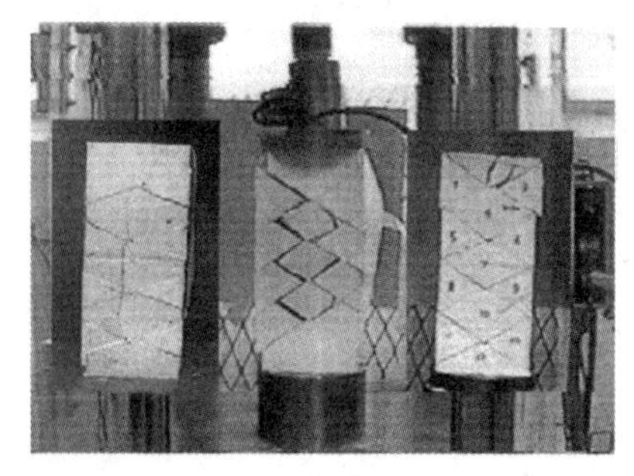

（c）室内试验

图 3.3－11　两组交叉节理导致的强度各向异性

图 3.3-11 的试验研究针对小尺度的岩样，而如图 3.3-4 所示的柱状节理岩体显然属于更大尺度的结构性岩体，难以采样（破坏岩体结构特征）开展室内试验。因此，为了研究白鹤滩柱状节理玄武岩的力学性质，在左岸坝基高程 650m 的 PD119-1 勘探平洞，针对 Ⅲ_1 类柱状节理玄武岩进行 2 组 14 点真三轴试验（图 3.3-12）并且配套进行试样声波测试、声波 CT 测试和声发射测试。旨在研究柱状节理岩体的变形和强度特性，其中，变形特性包括变形模量、各向异性、应力非线性及卸荷变形；而强度特性包括破坏模式和强度参数。

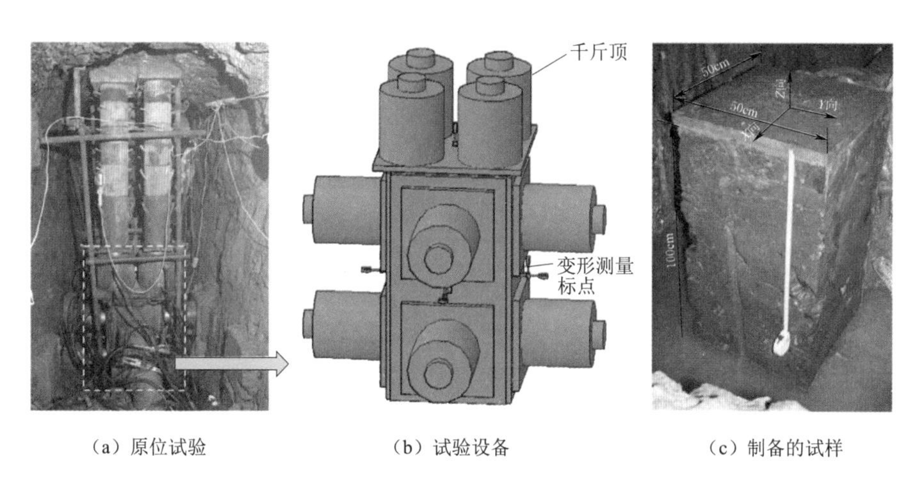

（a）原位试验　　（b）试验设备　　（c）制备的试样

图 3.3-12　柱状节理岩体原位三轴试验安装和试样

试验岩体为第Ⅰ类柱状节理玄武岩，柱体倾伏产状 N43°W∠73°～80°，微裂隙较发育，切割岩体块度以 4～12cm 为主。试样为 50cm×50cm×100cm 长方形柱体，底面与原岩相连，如图 3.3-12（c）所示。试样 3 个正交表面的法向分别以 X、Y、Z 表示：X 方向水平近平行坝轴线（N65°W），Y 方向水平近垂直坝轴线（N25°E），轴向铅直。

试样顶面贴合 50cm×50cm 钢板、4 侧面贴合 50cm×100cm 钢板，钢板与试样的接触面涂抹黄油以消除端面摩擦。

千斤顶作为出力设备，通过钢板传力于试样表面。水平 4 侧面各安装 2 台 300t 千斤顶，加载 σ_x、σ_y，顶面安装 4 台 500t 千斤顶，加载 σ_z。可以实现 σ_x、σ_y、σ_z 的不同应力路径的加卸载模式。

采用机械千分表测量变形。在试样顶面及 4 侧面中心安装变形测量标点，测量 5 个标点的轴向变形，以及 4 个侧面标点垂直侧面方向的横向变形。

3.3.3.1　各向异性应力应变关系

三轴试样 3 个正交表面的法向分别以 X、Y、Z 表示，X 方向水平近平行坝轴线（N65°W），Y 方向水平近垂直坝轴线（N25°E），轴向铅直。试样表面没有剪切应力，其正应力即为主应力，以压缩为正。视岩体为弹性体，本构关系表示为

$$\begin{Bmatrix}\varepsilon_x\\\varepsilon_y\\\varepsilon_z\end{Bmatrix}=\begin{bmatrix}\frac{1}{E_x} & -\frac{\nu_{yx}}{E_y} & -\frac{\nu_{zx}}{E_z}\\ -\frac{\nu_{xy}}{E_x} & \frac{1}{E_y} & -\frac{\nu_{zy}}{E_z}\\ -\frac{\nu_{xz}}{E_x} & -\frac{\nu_{yz}}{E_y} & \frac{1}{E_z}\end{bmatrix}\begin{Bmatrix}\sigma_x\\\sigma_y\\\sigma_z\end{Bmatrix} \tag{3.3-1}$$

式中：ε_x、ε_y、ε_z 分别为 X、Y、Z 方向的正应变；σ_x、σ_y、σ_z 分别为 X、Y、Z 方向的正应力，MPa；E_x、E_y、E_z 分别为 X、Y、Z 方向的弹性模量；ν_{xy}、ν_{yx}、ν_{xz}、ν_{zx}、ν_{yz}、ν_{zy} 为泊松比。

为简化问题，试验采用2个主应力恒定、仅加（卸）载1个主应力的载荷方式。假定 σ_x、σ_y 不变，σ_z 单独加载，将式（3.3-1）中的应力 σ、应变 ε 用应力增量 $\Delta\sigma$、应变增量 $\Delta\varepsilon$ 代替，则可简化该式，得到 σ_z 单独加载的应力—应变关系式为

$$\left.\begin{aligned}\Delta\sigma_z&=E_z\Delta\varepsilon_z\\\Delta\varepsilon_x&=-\nu_{zx}\Delta\varepsilon_z\\\Delta\varepsilon_y&=-\nu_{zy}\Delta\varepsilon_z\end{aligned}\right\}\quad(\Delta\sigma_x=\Delta\sigma_y=0) \tag{3.3-2}$$

同理可得到 σ_x、σ_y 单独加载的应力—应变关系式。

3.3.3.2　各向异性变形特征

根据式（3.3-2），综合变形模量 E_d 按式（3.3-3）拟合正应力 σ 与正应变 ε 关系曲线得到

$$\sigma_i=E_{di}\varepsilon_i+b\quad(i\text{ 为 }X、Y、Z\text{ 方向}) \tag{3.3-3}$$

分级变形模量按计算公式为

$$E_{di}=\frac{\Delta\sigma_i}{\Delta\varepsilon_i}\quad(i\text{ 为 }X、Y、Z\text{ 方向}) \tag{3.3-4}$$

式中：σ_i 为正应力，MPa；ε_i 为正应变；E_{di} 为变形模量，MPa；b 为拟合参数；$\Delta\sigma_i$、$\Delta\varepsilon_i$ 分别为分级正应力增量及其对应的应变增量。

弹性模量 E_e 按下式计算：

$$E_{ei}=\frac{\sigma_i}{\varepsilon_i} \tag{3.3-5}$$

式中：E_{ei} 为弹性模量，MPa；σ_i 为正应力增量，MPa；ε_i 为回弹正应变（加载应变减去卸载后的残余应变）。

三轴试验获得的各向异性变形参数如图3.3-13所示，E_x 与 E_y 值无明显差异；围压小于2MPa时，E_z 与 E_x、E_y 值无明显差异；围压为4～8MPa时，E_z 值大于 E_x、E_y 值，且差值随围压增加；围压为8MPa时，E_z 比 E_x、E_y 高约7GPa。

总体上，试样成型后均已卸荷，上端部部分裂隙微张开，呈碎裂结构，试样为卸荷松弛岩体。三轴试验的水平向变形模量低于铅直向，且差值随围压增加。铅直向、水平向变形模量均与围压水平正相关，铅直向变形模量受围压水平影响更显著。其原因在于：水平围压使柱状节理闭合，导致铅直向变形模量提高；而对于水平向变形模量，其围压由1个水平方向的压力和1个铅直方向的压力构成，其中铅直向的压力并无使柱状节理闭合的作用。

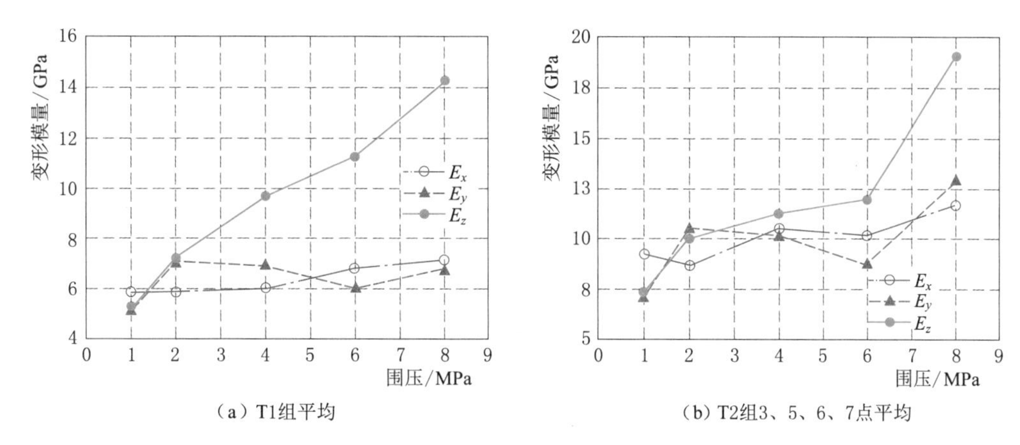

（a）T1组平均　　（b）T2组3、5、6、7点平均

图 3.3-13　三轴试验获得的各向异性变形参数

3.3.3.3　声发射试验与启裂强度特征

固体物质在外界条件作用下，其内部将产生局部应力集中现象。由于应力集中区的高能状态是不稳定的，它必将向稳定的低能状态过渡。在此过渡过程中，应变能以弹性波的方式快速释放，此即声发射现象。

通过对三轴试验过程进行声发射测试，根据声发射信号的特征参数，可了解试样的变形破坏过程。测试仪器为美国物理声学公司生产的 SAMOS 声发射系统，传感器为 R6I-AST 前放一体化传感器，频率范围为 1～120kHz，中心频率为 60 kHz。声发射探头共 4 个，分别布置于 4 个侧面的不同位置，使探头连线两两交叉。

三轴试验过程的典型声发射监测成果如图 3.3-14 所示，每个传感器所接受到的声发射信号强弱和数量并不相同，但随着试验荷载的增加或降低表现出类似的变化规律。偏应力（$\sigma_1-\sigma_3$）加载的初始阶段，声发射信号处于一个相对较高的水平，这一阶段的声发射信号多由试样应力调整、裂纹闭合所引起。偏应力（$\sigma_1-\sigma_3$）加载至 30MPa，试样大体处于弹性变形阶段，试样内部储存的弹性应变能增大，但尚未增大到引起内部微裂纹的开裂，因而弹性应变能对外释放也很少，声发射信号处于一个较低的水平。由于 σ_3 卸载，导致偏应力（$\sigma_1-\sigma_3$）大于 30MPa 后，试样声发射信号逐渐增多，表明岩体内部开始有微裂纹出现；随着偏应力（$\sigma_1-\sigma_3$）的进一步增大，声发射信号突增至高水平，表明前一阶段在岩体内部累积的能量引起微裂纹迅速扩展、贯通，从而岩体试样达到峰值强度后而发生破坏。

总体上，柱状节理岩体微裂隙的启裂强度在 30MPa 的水平，同时，由于柱状节理岩体结构面发育且呈镶嵌结构，因此，柱状节理岩体试样在卸荷条件下的破坏强度一般在 40～60MPa 水平。

3.3.3.4　破坏模式

在原位真三轴试验过程中，随 σ_x 卸载，ε_x 加速发展，垂直 X 方向的裂隙张开，X 方向持续加速膨胀；ε_y 较小，屈服阶段 Y 方向开始膨胀；ε_z 加速发展，量值小于 ε_x，Z 方向持续压缩；体积持续膨胀，起始阶段体应变较小，屈服阶段加速发展。直至试样上部具有临空面的块体沿陡倾角柱状节理面剪切破坏。

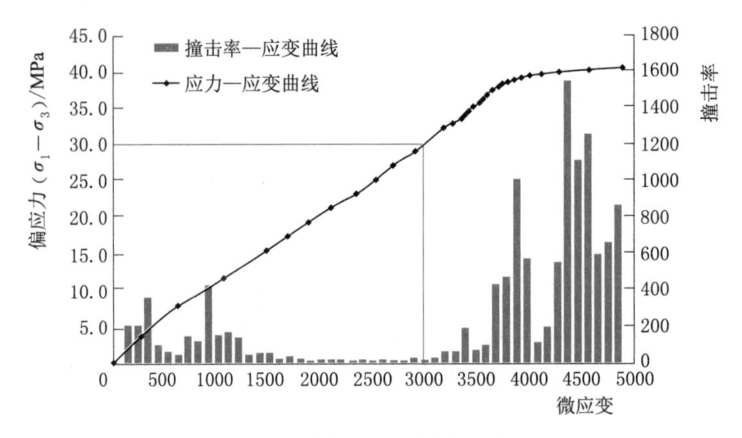

（a）2-4声发射信号撞击率柱状图

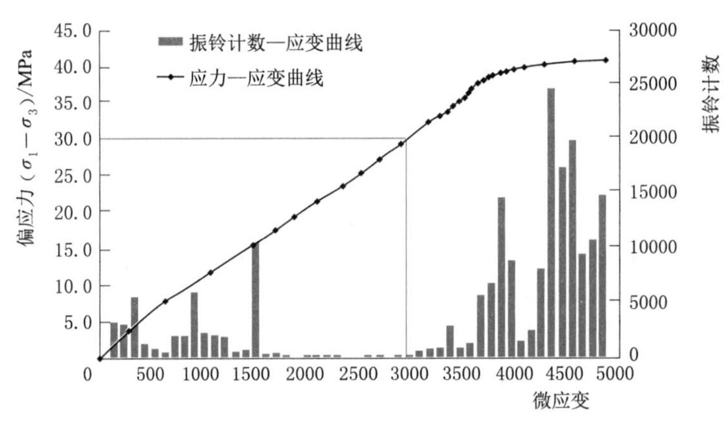

（b）2-6声发射信号振铃计数时序特征

图 3.3-14　三轴试验过程的声发射监测成果

试验前柱状节理岩石如图 3.3-15（a），为Ⅰ类柱状节理玄武岩，微新，柱状镶嵌结构。缓倾角短小裂隙发育，块度 8～10cm。缓倾角裂隙，贯穿试样。其余所示陡倾角结构面多为柱状节理。

对破坏后的试样进行拆解，描述其内部结构及破坏后形态［图 3.3-15（b)]。根据试样破坏形态及变形特征，判定试样破坏模式。

破坏后，试样上部岩体碎裂松散；试样中部岩体四侧部分块体剥落，柱状节理张开明显；试样下部岩体侧面角点出部分块体剥落，岩体中部柱状节理无明显张开。试样中部块体柱状节理张开明显，依据柱状节理在顶部以及侧面迹线的走势判断，中部块体由 12 个柱体组成，如图 3.3-15 所示，其中 5、6、7、8、9 柱体完整，1、2、3、4、10、11、12 受试样侧面切割只有部分保留，完整柱体断面径长为 15～30cm。从外到内依次拆解试样中部柱体，柱体轴线与构造结构面垂直，侧面平直粗糙，均有铁锰质晕染呈黄褐色，试样侧面柱状节理之间张开度 1～3mm，内部柱体完整性较好，柱内结构面部分张开并有扩展。下部试样主要由 6 个柱体组成，无完整的柱体，从柱体部分变长数值可估算柱体断面直径为 30～60cm；下部柱体结合紧密，部分结构面之间有绿色泥膜覆盖，柱体轴线垂直

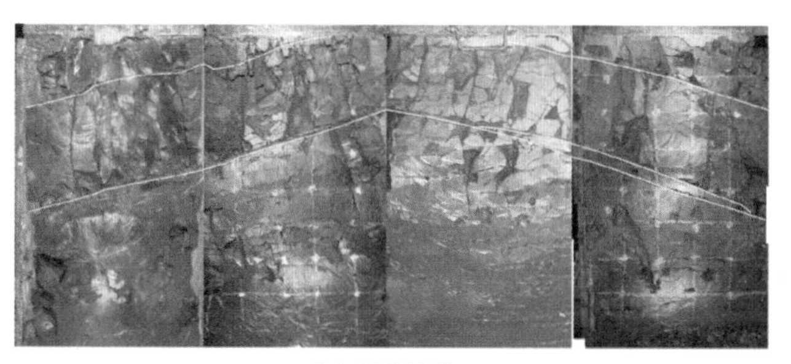

(a) 原位试样

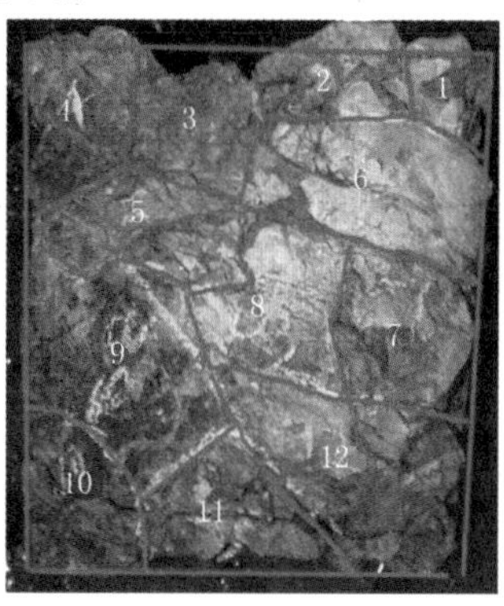

(b) 破坏后试样

图 3.3-15 柱状节理岩体原位试样破坏试验

于构造结构面，柱状节理的形貌与中部有所区别，呈光滑曲面与平整粗糙面旋回出现。

总体上，柱状节理岩样的破坏，以上部具有临空面的块体沿陡倾角柱状节理面剪切破坏为主。

3.3.3.5 强度特征

按照 M-C 强度准则，当岩体内某一平面的应力状态满足式（3.3-6）时，即产生沿该平面的剪切破坏：

$$\tau = f\sigma + C \tag{3.3-6}$$

式中：f 为内摩擦系数；C 为黏聚力，MPa；二者为 M-C 强度参数；τ 为平面剪切应力，MPa；σ 为平面法向应力，MPa。

在试样内任取一个单元体，按照三轴试验的方向规定，其大、中、小主应力分别为 σ_z、σ_y、σ_x。破坏面为该单元体的最大剪切应力面，该面平行于中主应力 σ_y，平面剪切应力 τ、法向应力 σ 与 σ_y 无关，仅由 σ_x、σ_z 决定。将式（3.3-6）中的 τ、σ 代换为 σ_x、σ_z，并变换等式，得到

$$\sigma_z = F\sigma_x + R \tag{3.3-7}$$

式中：F 为围压系数；R 为单轴抗压强度，MPa。

F、R 由 f、C 决定，已知 F、R 时，则可按式（3.3-8）反算 f、C：

$$\left.\begin{aligned} f &= \frac{F-1}{2\sqrt{F}} \\ C &= \frac{R}{2\sqrt{F}} \end{aligned}\right\} \tag{3.3-8}$$

因此，通过三轴试验确定M－C强度参数f、C的步骤为：

(1) 进行三轴强度试验，得到多点破坏临界应力(σ_x，σ_z)；

(2) 按式(3.3－7)拟合σ_x与σ_z关系曲线，得到F、R值；

(3) 按式(3.3－8)计算f、C。

以峰值应力状态作为破坏强度，以体应变开始加速发展的应力状态作为屈服强度，成果见表3.3－2。以声发射特征作为判断依据的破坏强度、屈服强度亦列于表3.3－2。

表3.3－2　　三轴强度试验结果

岩性	载荷方式	试点编号	破坏极限/MPa				屈服极限/MPa			
			判断标准：峰值应力		判断标准：声发射特征		判断标准：体应变		判断标准：声发射特征	
			σ_x	σ_z	σ_x	σ_z	σ_x	σ_z	σ_x	σ_z
弱风化岩体	卸载σ_x	T11	1.28	47.98			3.04	47.98		
		T14	1.37	41.94	1.40	41.94	2.55	41.94	3.30	41.94
	加载σ_z	T12	0.49	42.19			0.49	30.62		
		T13	2.44	48.63	2.44	46.20	2.44	38.33	2.44	38.50
		T15	0.88	38.33	0.88	38.33	0.88	30.62	0.88	34.90
		T16	1.96	43.48	1.96	43.48	1.96	31.9	1.96	31.90
		T17	2.95	49.91			2.95	39.62		
微新岩体	卸载σ_x	T21	0.51	44.38			1.89	44.38		
		T22	0.59	41.16	0.80	41.16	1.67	41.16	3.70	41.16
		T23	2.55	58.53	2.55	58.53	4.71	58.53	4.80	58.53
		T24	1.77	55.32	3.34	55.32	4.52	55.32		
		T25	1.18	50.17	1.20	50.17	2.36	50.17	4.70	50.17
		T26	0.39	42.19		42.19	1.77	42.19		
		T27	1.18	52.74			2.36	52.74		

依据声发射特征确定的破坏强度接近峰值应力。在卸载破坏条件下，分别依据声发射特征、体应变拐点确定的屈服强度相近，在加载破坏条件下，前者低于后者。

以峰值应力作为破坏极限、体变拐点对应的应力作为屈服极限确定岩体强度参数。

绘制T1、T2组σ_x与σ_z关系曲线，并且按式(3.3－7)拟合得到F、R值，按式(3.3－8)计算得M－C强度参数f、C，见表3.3－3。

表3.3－3　　M－C强度参数

岩性	载荷方式	编号	破坏极限				屈服极限			
			F	R/MPa	f'	C'/MPa	F	R/MPa	f	C/MPa
弱风化岩体	加载σ_z	T1	5.93	33.00	1.01	6.78	5.68	25.67	0.98	5.39
微新岩体	卸载σ_x	T2	8.20	39.64	1.26	6.92	5.84	32.50	1.00	6.72

可见，T1 组抗剪断峰值强度参数 $f'=1.01$、$C'=6.78\text{MPa}$，屈服度参数 $f=0.98$、$C=5.39\text{MPa}$；T2 组抗剪断峰值强度参数 $f'=1.26$、$C'=6.83\text{MPa}$，屈服度参数 $f=1.00$、$C=6.72\text{MPa}$。显然，T2 微新岩体的强度高于 T1 弱风化岩体。

总体上，尽管原位试验揭示了柱状节理岩体的各向异性变形和强度特征，但是，由于试样尺度相对较小，可能不能避免尺寸效应的影响，同时，设计的试验只能进行铅直和水平方向的加载或卸载，实际上，并不能充分地揭示柱状节理岩体的各向异性特征。

3.3.4 柱状节理岩体各向异性力学特性

鉴于柱状节理存在节理面定向排列的特征，致使柱状节理岩体存在明显的各向异性特性。针对柱状节理岩体的各向异性力学特性，已受到许多研究者的关注。20 世纪初，国内相关学者针对柱状节理岩体力学性质开展系统研究，建立了柱状节理岩体的三维离散元模拟方法，并且推导了可应用于大尺度柱状节理岩体的等效连续弹性本构模型，解释了原位承压板试验特殊现象的产生机制。此后，石安池等（2008）对白鹤滩水电站柱状节理岩体进行了精细的地质编录和分类。刘海宁等（2010）、张宜虎等（2010）完成了地下试验洞的开挖松弛监测和现场三轴试验等工作，并进行了柱状节理卸荷力学行为和破坏特征的深化研究。

柱状节理玄武岩的力学特性总体上是“柱体＋柱面节理”的组合，其中的柱体具有前述玄武岩的脆性特征。正是由于“柱体＋柱面”效应的存在，柱状节理玄武岩力学特性具有典型的非连续性和各向异性。因此，针对柱状节理玄武岩的研究需要同时把握柱状节理玄武岩的宏观（各向异性）和微观（破裂）特性。

由于白鹤滩柱状节理玄武岩断面以不规则五边形（图 3.3-16）为主，引入计算几何空间划分数据结构 Voronoi 技术，可以保证柱状节理岩体结构的准确性。此时基于 3DEC 的柱状节理岩体模型被视为岩块与结构面的组合，其中，岩块参数可以由室内岩石试验获取，而结构面参数可以由现场剪切试验、细观力学数值试验或者原位试验的反分析获取。

图 3.3-16 基于 3DEC 的柱状节理岩体结构数值模拟

采用离散元方法模拟复杂的岩体结构，能够自然反映岩体的非连续性、尺寸效应和各向异性特征，能够形成直接应用于工程实际的可行技术手段，并且相比于连续力学方法而言，非连续方法对岩体破坏机理性描述具有独到的优势，是研究中小尺度柱状节理工程岩体各向异性力学特性的首选方法。以下介绍基于离散元方法的柱状节理岩体的尺寸效应、剪胀特性和各向异性特征。

3.3.4.1　尺寸效应

工程中涉及的岩体一般都是大尺度的岩体，然而受试验技术的限制，室内试验和现场原位试验一般都只能获取中小尺度岩块（体）的参数，通常不能直接应用于计算分析和设计。

不同尺度岩体的力学性质与岩体结构密切相关，反映在室内与原位试验结果随岩体尺度的增大，岩体的综合参数产生波动、降低，而当尺度增大到某一值后，参数逐渐稳定为一常数，其中的临界尺寸即为岩体的表征单元体积（REV）。可以说，节理岩体的尺寸效应是岩石力学分析的前提。

针对岩体 REV 的研究方法主要包括能量叠加法、地质统计法和数值模拟法。其中，数值模拟法能够较为逼真地模拟岩体结构的实际情况，如图 3.3-17 所示的不同方向、不同尺度的单轴压缩数值试验结果，同时，针对岩块和结构面都可以考虑不同的本构模型、赋存环境和耦合作用等，能够弥补解析法和经验方法难以定量处理复杂（不规则）结构面的不足，因此，近年来得到了较为广泛的研究和应用。

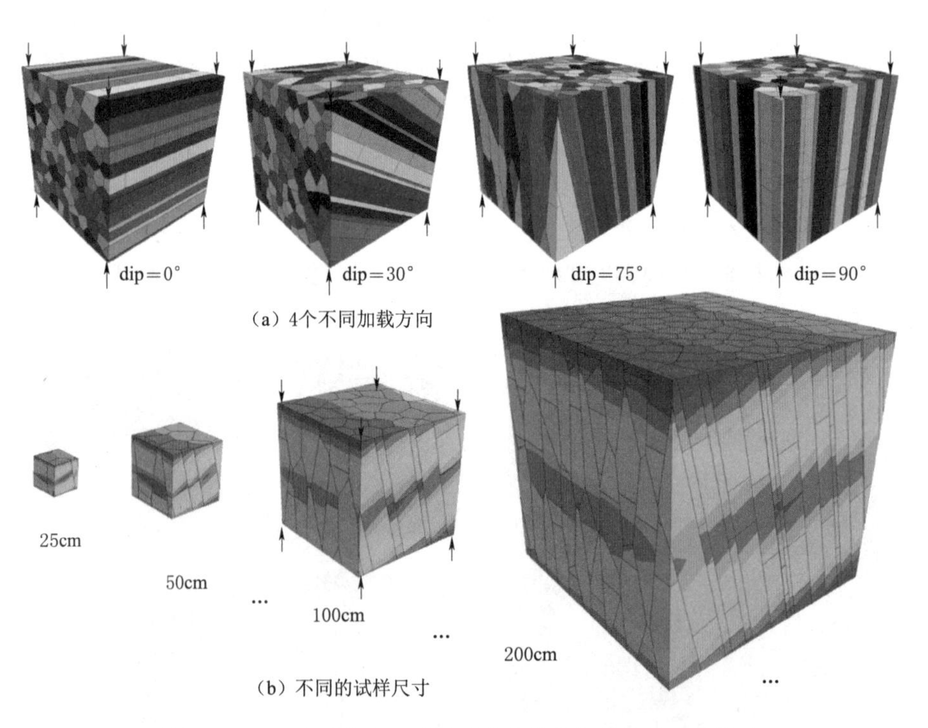

(a) 4个不同加载方向

(b) 不同的试样尺寸

图 3.3-17　不同方向、不同尺度的单轴压缩数值试验结果

采用数值模拟方法开展柱状节理岩体尺寸效应研究时，考虑到柱状节理岩体在不同方向的节理间距有所不同，因此，各个方向的 REV 应当也存在差异。譬如，数值模拟针对

第Ⅰ类柱状节理岩体，选取了 dip 为 0°、30°、60°和 90°共 4 个方向，尺寸从 25cm 到 300cm 共 9 个不同尺寸，累计 36 个模型（图 3.3-17）进行了单轴压缩试验，并且得出了图 3.3-18 所示的应力—应变关系曲线，从而可以反算出岩体的弹性模量和峰值强度等。

由图 3.3-18 可见，当 dip=0°时，垂直于柱轴加载导致柱体间以张性破坏为主，岩体的弹性模量和强度随尺寸变化的规律性较差。当 dip=30°～75°时，加载方向与柱体斜交，柱体间以剪切破坏为主，岩体的弹性模量和强度随尺寸增大而减小的特征明显。当 dip=90°时，加载方向顺柱体方向，岩体仅在柱体内部横节理部位受压缩，结构面无明显张剪破坏，因此，岩体在该方向的强度接近于岩石的强度。

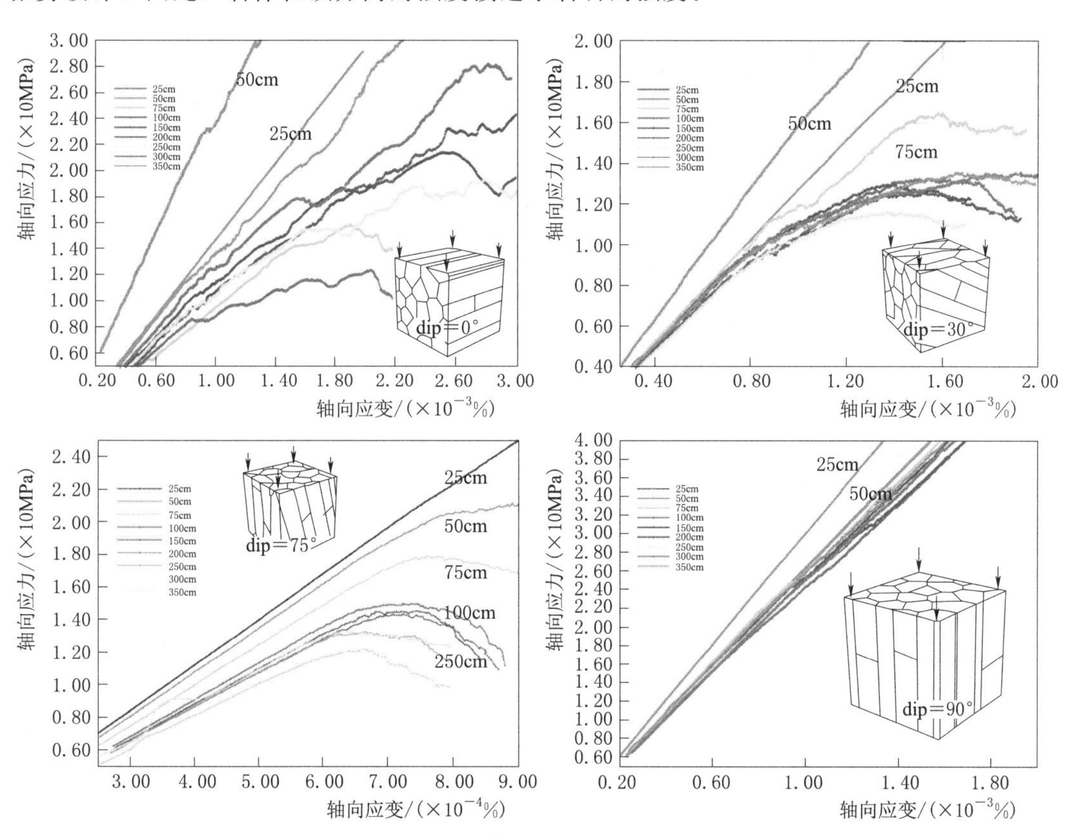

图 3.3-18 不同方向、不同尺度单轴压缩应力—应变关系曲线特征

总体上，随着试样尺度的增大，柱状节理岩体各个方向的弹性模量和单轴抗压强度逐步减小，并且趋于稳定。当然，由于柱状节理岩体存在固有的各向异性特征，各个方向的 REV 值也有所不同。由图 3.3-19 可见，对于柱体单元直径为 0.2m、纵横比是 2～5 的Ⅰ类柱状节理岩体而言，即柱体的长度集中在 0.6m 情况下，当尺度达 2m 时候，岩体的力学性质就趋于稳定，因此，可以将 REV 为 2m，即 10 倍于柱体单元直径、3 倍于柱状节理的长度时，定义为柱状节理岩体的 REV 值。而针对于柱状节理岩体的宏观各向异性特征均应在大于 REV 的尺度前提下予以探讨。

3.3.4.2 剪胀特性

由图 3.3-18 和图 3.3-19 右图所示，当垂直于柱轴（dip=0°）加载时，柱状节理岩

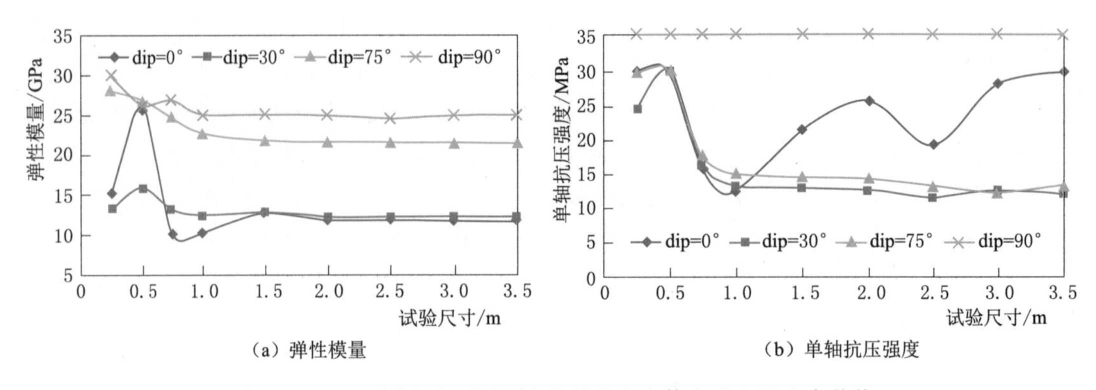

图 3.3-19　不同方向不同尺度柱状节理岩体变形和强度参数值

体的变形模量和强度都呈现一定的波动体征，峰后延续特征更为明显；而当斜交于柱轴（dip＝30°～75°）加载时，岩体的峰后强度表现出了显著的脆性特征。造成此类各向异性的根本原因在于柱状节理岩体的各向异性剪胀特性（图 3.3-20），当顺柱轴剪切时，剪胀角 θ=0°；而随着剪切方向与柱轴夹角 θ 的增大，剪胀角从 0°（剪切方向 A）增加至 41°（剪切方向 C）左右，并且，剪胀角可能存在一定的波动变化。由岩石力学理论可知，剪胀角将直接影响岩体的摩擦角和剪切强度，因此，正是柱状节理岩体的各向异性剪胀特征，造成了岩体的峰值与峰后强度的各向异性特征。

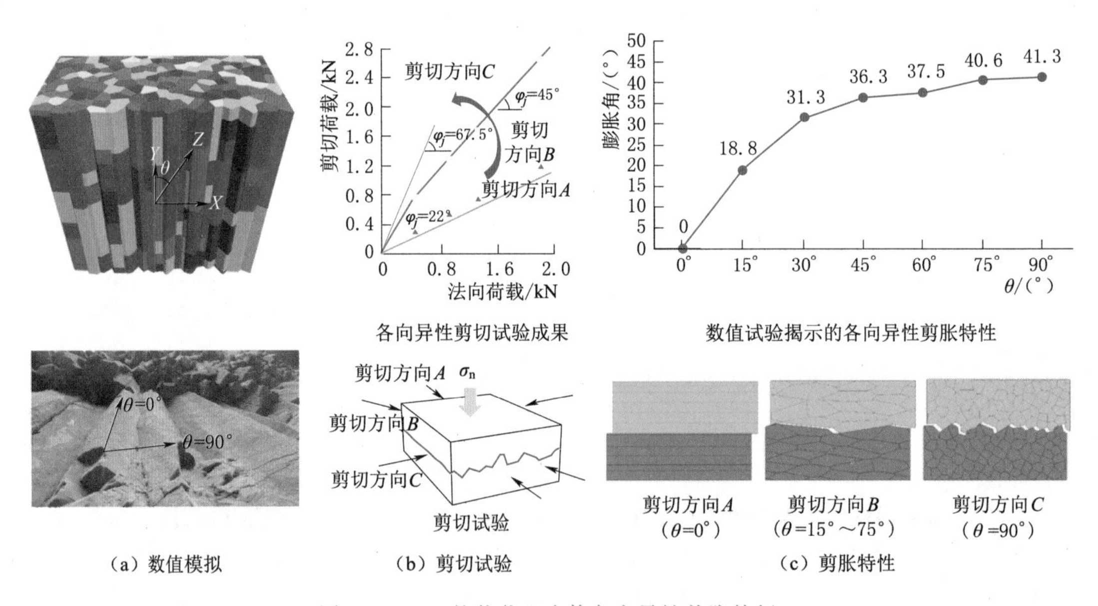

图 3.3-20　柱状节理岩体各向异性剪胀特征

3.3.4.3　各向异性

在大于岩体的 REV 尺度上进行各个方向的数值试验能够更为直接地说明岩体的各向异性特征。图 3.3-21 中，岩体试样的长宽高尺寸为 2m×2m×3m，均大于 REV＝2m 的最低要求。鉴于柱状节理在横切面内为近似各向同性，仅需要与柱轴呈不同夹角进行数值试验即可，因此，开展单轴压缩试验从 dip＝0°至 dip＝90°共 10 个模型。

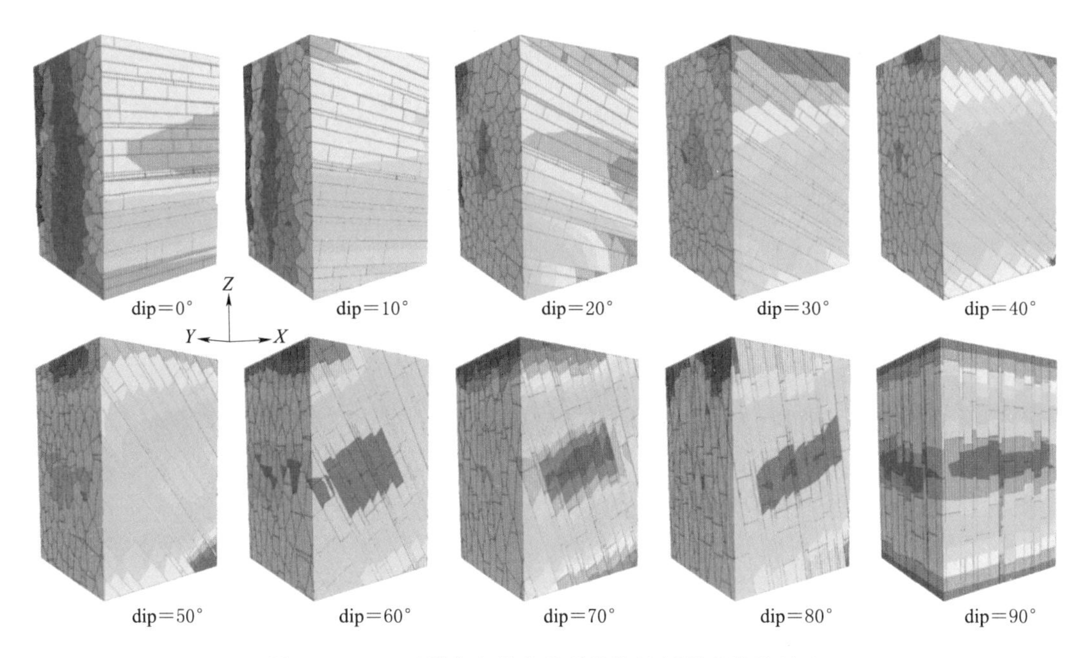

图 3.3-21　不同方向柱状节理岩体抗压强度数值试验

数值试验结果（图 3.3-21）表明，当近乎于垂直柱轴加载（dip=0°～20°）时，岩体的弹性模量最低，柱状节理面以张剪性变形破坏为主，且因剪胀角大，致使岩体延性特征较明显；当加载方向与柱轴斜交（dip=30°～80°）时，柱状节理面以剪切变形破坏为主，岩体的强度相对较低，且脆性特征较为明显；当加载方向与柱轴方向平行（dip=90°）时，岩体的弹性模量和强度都为最高，且岩体强度接近于岩块的强度。

应用单轴抗压数值试验的应力—应变关系曲线可以反算出岩体的弹性模量和单轴抗压强度，如图 3.3-22 所示，柱状节理岩体的弹性模量随加载方向与柱轴夹角呈单调变化，即顺柱轴方向的弹性模量最高，而垂直于柱轴方向最低，各个方向弹性模量的差异主要受控于柱状节理间距以及结构面的 K_n 和 K_s 参数的取值。另外，柱状节理岩体的峰值强度随倾角不同呈现 U 形特征，并且在与柱轴斜交 50°～60°方向的剪切强度最低（图 3.3-23）。

此外，由于数值试验仅为单轴抗压试验，显然不能获取柱状节理岩体的抗拉强度，实际工作中也可以根据需要开展抗拉试验，以探讨抗拉强度的各向异性特征。

3.3.5　柱状节理岩体专用本构模型

图 3.3-24 为 Hoek 和 Brown（1980）对岩体宏观各向异性强度特征的经典描述。

其中，图 3.3-24（a）表示了含单一结构面的岩块强度特征，此时与结构面呈不同夹角 β 的不同方位加载获得的“岩体”强度峰值强度取决于岩块与结构面强度的小值，并且在与结构面 $45°\sim\varphi/2$ 方向为强度凹陷的最低值，这也是岩体最容易破坏的方向；图 3.3-24（b）代表含两条大角度相交的结构面的情况，此时不同方位的岩体强度取决于两条结构面中强度较低者，表示该结构面成为了控制性结构面；图 3.3-24（c）说明了含二、三、四组结构面的岩体强度特征，此时各个方位的岩体强度同样受制于在该方位最低

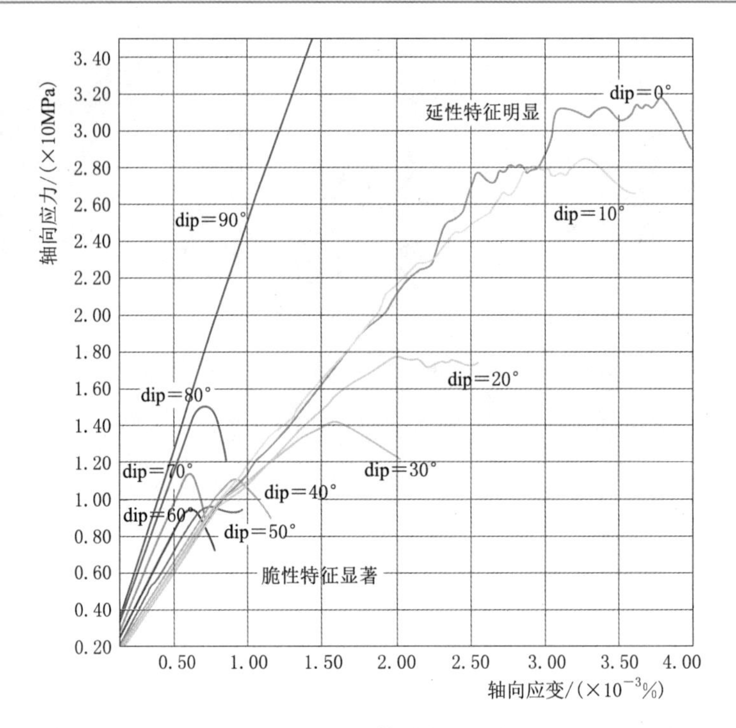

图 3.3-22 不同方向柱状节理岩体单轴压缩应力—应变关系曲线

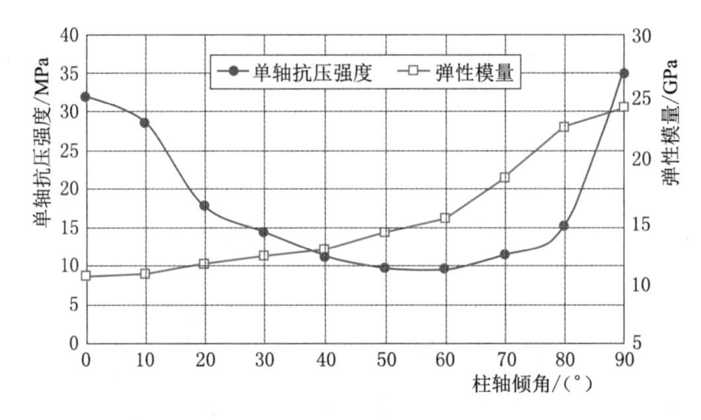

图 3.3-23 柱状节理岩体变形和强度各向异性特征

强度的结构面。总体上，含两组结构面的情况下，岩体的强度各向异性仍然较为突出，只有含3组以上的大角度相交的结构面时，岩体才趋于各向同性。

以上正是Hoek建议对完整岩石、多组（平切面内3组以上）节理发育和高度节理化碎裂结构岩体直接应用GSI进行岩体质量评价的理论基础，而对于一、二组节理发育的岩体，如层状节理岩体只发育一组优势节理，而柱状节理岩体在顺柱轴方向仅有2组交叉节理切割，这两种岩体的各向异性特征十分突出，此时，用各向同性的本构模型和各个方向同等弱化参数的描述方法可能造成较大误差。

Hoek等说明了大尺度工程岩体的各向异性特征，也说明了地质强度指标GSI和H-B强度准则的适用范围。但从根本上来讲，经数值实现的H-B本构模型仍然是各向同性

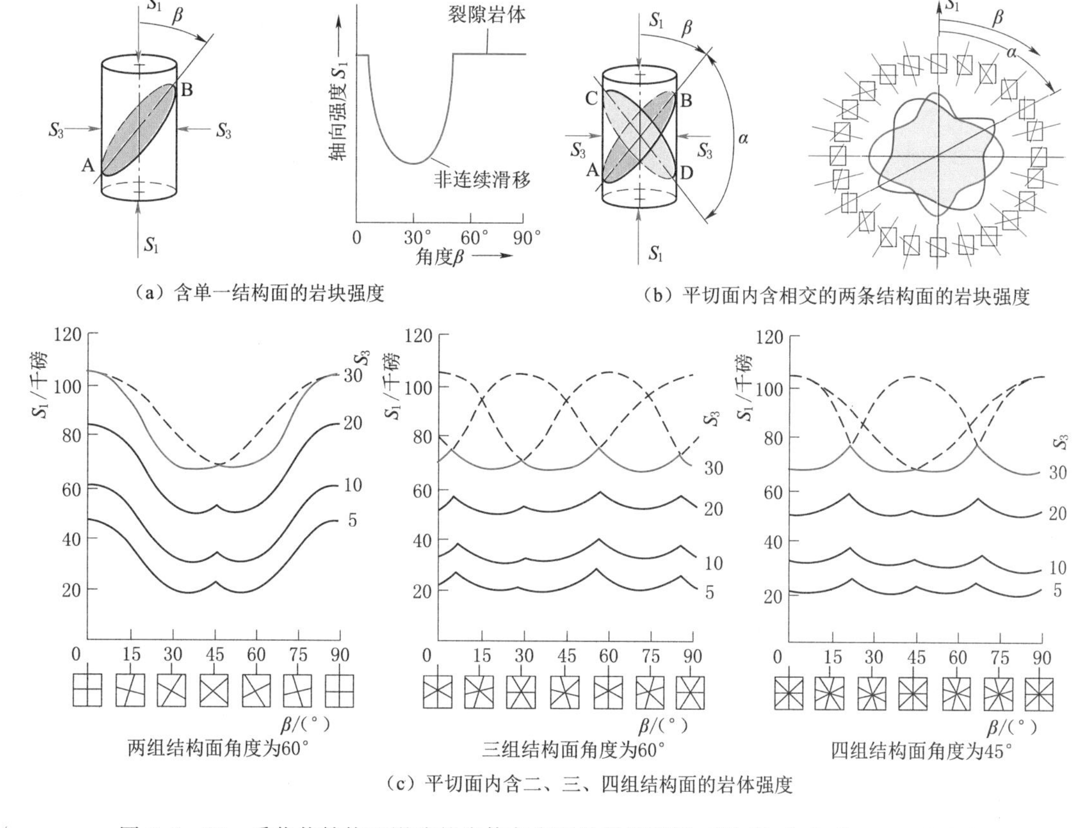

(a) 含单一结构面的岩块强度

(b) 平切面内含相交的两条结构面的岩块强度

(c) 平切面内含二、三、四组结构面的岩体强度

图 3.3-24 受优势结构面影响的岩体各向异性强度特征（据 Hoek 和 Brown，1980）（1 千磅=4.45kN）

的本构，只能应用于各向同性的岩体。所以，针对强烈各向异性问题，对于中小尺度柱状节理岩体，离散元方法可以直接模拟特殊岩体结构并反映其各向异性特征；而要将大尺度工程岩体各向异性特性加以反映，发展新的本构模型十分关键。

鉴于柱状节理岩体结构和岩体力学特性的特殊性，传统的数值模拟方法和本构模型并不能直接采用，需要开展针对性的研究工作。

针对柱状节理岩体的各向异性力学特性，孟国涛（2007）等提出了柱状节理岩体等效连续弹性本构模型，进行了柱状节理岩体各向异性变形特征的系统分析。此后，金长宇等（2010）应用神经网络对柱状节理面参数进行了反演，可以为大尺度等效连续模型确定合理参数。钟世英（2010）基于微结构张量理论，将岩体等效强度参数空间变化规律引入M-C强度准则，采用极限面方法建立了柱状节理各向异性屈服准则，并且将所推导的本构模型进行了数值实现。这些研究工作，为大尺度工程柱状节理岩体的弹塑性分析奠定了良好基础，但仍然不能完全满足工程计算分析的迫切需要。

鉴于柱状节理岩体力学性质的复杂性远超一般层状结构或者碎裂结构岩体，具备三、四组节理的控制作用，而现有的岩体各向异性本构（如 UBI、SUBI 模型）只能考虑一、二组结构面的影响。Detournayg（2016）研发了适用于柱状节理岩体的 Comba 本构模型，其能够最多模拟 4 组随机节理面对大尺度柱状节理工程岩体变形和强度的影响，能够考虑柱状节理岩体各向异性的剪胀特性，能够模拟足够密集的海量柱状节理面的影响，并且在大型岩土通用软件 FLAC 3D 和 3DEC 中进行了程序实现，成为了大尺度柱状节理工程岩体最为高效和适用的数值模拟方法。

以下从各向异性弹性矩阵和屈服准则两方面对柱状节理岩体本构模型进行简要说明，进而，基于数值试验成果与解析法、非连续方法模拟结果的对比分析，验证柱状节理本构模型的正确性，从而为地下洞室柱状节理岩体变形和破坏特征分析奠定基础。

3.3.5.1 各向异性弹性矩阵

通常地，针对岩体本构模型而言，首要地是建立应力—应变关系。对于柱状节理岩体而言，可以基于柱状节理岩体的基本特征建立概化模型，进而，运用解析法对柱状节理岩体的三维等效连续各向异性弹性矩阵进行分析。如针对图 3.3-25 所示的规则四棱柱、规则六棱柱和非规则六棱柱共 3 种概化模型，从而可以分别基于已知的岩块参数和结构面刚度 k_n、k_s 导出各向异性弹性常数的（近似）解析计算公式。

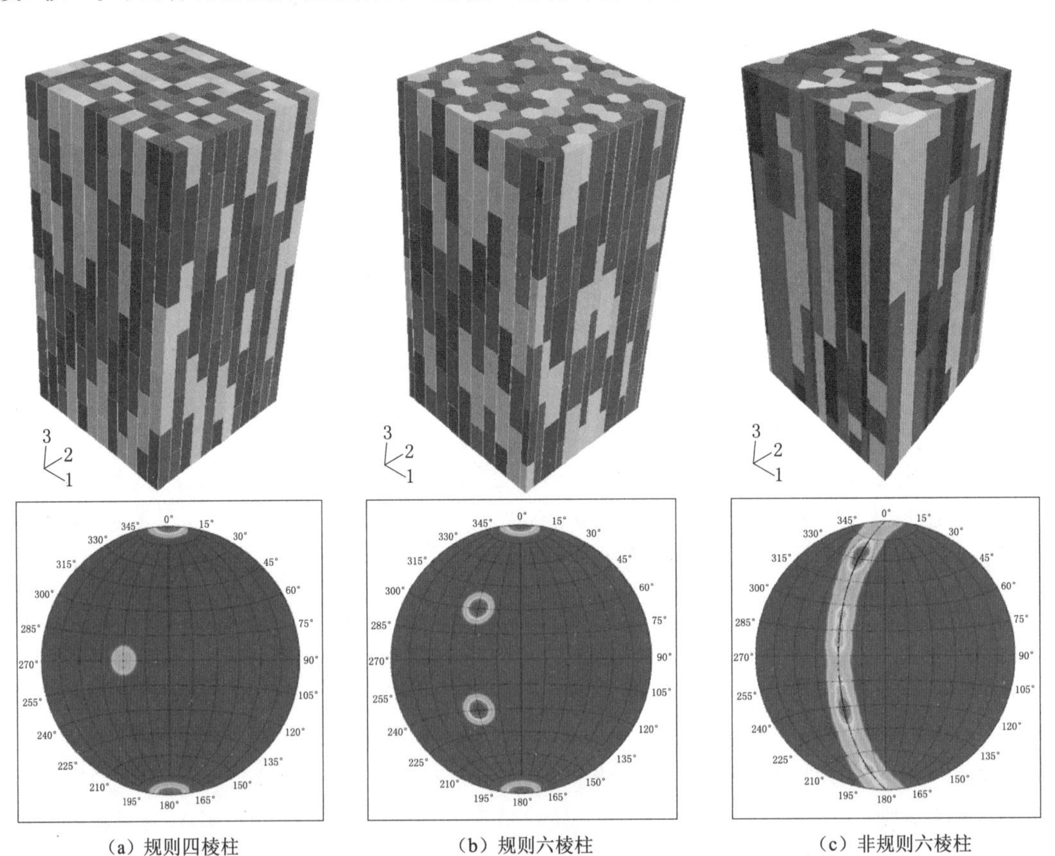

（a）规则四棱柱　（b）规则六棱柱　（c）非规则六棱柱

图 3.3-25　柱状节理岩体的 3 种概化模型

考虑到柱状节理岩体结构的特殊性，可以基于复合材料力学理论的均匀化方法推导三维周期性结构体的等效变形参数。均匀化方法视岩体为完整岩石和结构面组成的二元结构体，并由完整岩石和结构面的性质通过复合法则来推求节理岩体的等效各向异性应力—应变关系。这种方法的优越性在于能够较完善地从材料参数、变形方面考虑节理存在对岩体性质的影响，能较好地描述受多组规则节理切割的岩体的各向异性变形特征，且该方法所采用的岩块和结构面的细观本构模型、参数物理意义明确。此外，参数取值方法与工程实际的试验方法也有良好的对应关系，具备工程应用价值。

运用解析法对规则四棱柱形、六棱柱形柱状节理岩体的等效本构模型进行研究时，首先根据岩体结构特征提取单元体，求取基本单元的弹性常数和正轴情况的本构关系，进而通过坐标变换和叠加原理得出整体的等效弹性系数矩阵和等效弹性常数。

对于四棱柱形柱状节理岩体而言，其应力—应变关系为

$$\varepsilon_i = S_{ij}\sigma_j \quad (i, j=1, 2, \cdots, 6) \tag{3.3-9}$$

其中，在三组正交节理基础上，考虑节理交错引起的应力集中，得出四棱柱柱状节理岩体的柔度系数矩阵为

$$[S]=\begin{bmatrix} \frac{1}{E_i}+\frac{1}{K_{n1}S_1} & -\frac{v_i}{E_i} & -\frac{v_i}{E_i} & 0 & 0 & 0 \\ -\frac{v_i}{E_i} & \frac{1}{E_i}+\frac{1}{K_{n2}S_2} & -\frac{v_i}{E_i} & 0 & 0 & 0 \\ -\frac{v_i}{E_i} & -\frac{v_i}{E_i} & \frac{1}{E_i}+\frac{(b_{33}^1+b_{33}^2)}{2K_{n3}S_3} & 0 & 0 & 0 \\ 0 & 0 & 0 & \frac{1}{G_i}+\frac{1}{K_{s2}S_2}+\frac{b_{23}}{K_{s3}S_3} & 0 & 0 \\ 0 & 0 & 0 & 0 & \frac{1}{G_i}+\frac{b_{13}}{K_{s3}S_3}+\frac{1}{K_{s1}S_1} & 0 \\ 0 & 0 & 0 & 0 & 0 & \frac{1}{G_i}+\frac{1}{K_{s1}S_1}+\frac{1}{K_{s2}S_2} \end{bmatrix} \tag{3.3-10}$$

由［S］的分项对称性可知四棱柱形柱状节理岩体为正交各向异性，且其弹性模量在空间的变化特征如图 3.3-26 所示，具有 3 个对称面。

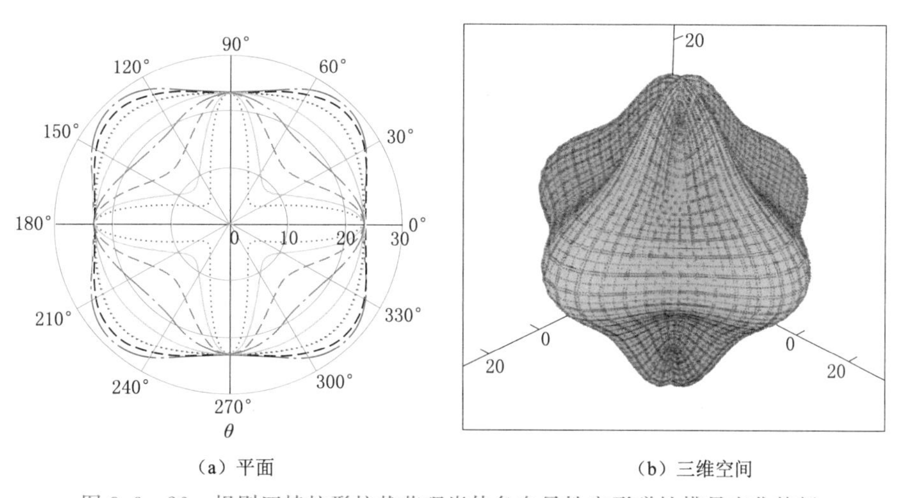

(a) 平面　　(b) 三维空间

图 3.3-26　规则四棱柱形柱状节理岩体各向异性变形弹性模量变化特征

相比于四棱柱形柱状节理岩体而言，六棱柱形柱状节理岩体的应力—应变关系较为复杂，需要从垂直于柱轴的12坐标面和顺柱轴的13坐标面分别加以描述。

由于仅考虑岩体的弹性模量，因此在弹性假设条件下，各组节理具有叠加性。在12坐标面内，正六边形可以分解为3组断续节理，而岩体在平面内的等效柔度矩阵为

$$[\overline{S}]=[S]+\left[T\left(\frac{\pi}{3}\right)\right]^{-1}[S]\left[T\left(\frac{\pi}{3}\right)\right]^{\mathrm{T}}+\left[T\left(-\frac{\pi}{3}\right)\right]^{-1}[S]\left[T\left(-\frac{\pi}{3}\right)\right]^{\mathrm{T}} \tag{3.3-11}$$

此时的复合工程常数为

$$E_1=1/\overline{S}_{11},\ E_2=1/\overline{S}_{22},\ \nu_{21}=-\overline{S}_{12}/\overline{S}_{11},\ G_{21}=1/\overline{S}_{33} \tag{3.3-12}$$

所以：

$$\left.\begin{aligned}
E_1=E_2&=\frac{1}{\dfrac{9[E_i-\eta(1-L_j)(E_i-K_n t_j)]}{8[E_i-\eta(E_i-K_n t_j)]E_i}+\dfrac{3[G_iA_j+K_s t_j(1-\eta)]}{8G_iK_s t_j}+\dfrac{9}{8E_i(1-L_j)}-\dfrac{3\nu_i+8}{4E_i}}\\
\nu_{21}&=-\frac{\dfrac{3[E_i-\eta(1-L_j)(E_i-K_n t_j)]}{8[E_i-\eta(E_i-K_n t_j)]E_i}-\dfrac{3[G_iA_j+K_s t_j(1-\eta)]}{8G_iK_s t_j}+\dfrac{3}{8E_i(1-L_j)}-\dfrac{\nu_i}{4E_i}}{\dfrac{9[E_i-\eta(1-L_j)(E_i-K_n t_j)]}{8[E_i-\eta(E_i-K_n t_j)]E_i}+\dfrac{3[G_iA_j+K_s t_j(1-\eta)]}{8G_iK_s t_j}+\dfrac{9}{8E_i(1-L_j)}-\dfrac{3\nu_i+8}{4E_i}}\\
G_{21}&=\frac{1}{\dfrac{3[E_i-\eta(1-L_j)(E_i-K_n t_j)]}{2[E_i-\eta(E_i-K_n t_j)]E_i}+\dfrac{3[G_iA_j+K_s t_j(1-\eta)]}{2G_iK_s t_j}+\dfrac{3}{2E_i(1-L_j)}-\dfrac{3\nu_i}{E_i}-\dfrac{2}{G_i}}
\end{aligned}\right\} \tag{3.3-13}$$

若将结构面采用无厚度单元表示，单组断续节理的连通率η为1/3，单组节理间距为柱体单元六边形的内切圆半径r，所以，工程常数简化为

$$\left.\begin{aligned}
E_1=E_2&=\frac{1}{\dfrac{1-\nu_i}{4E_i}+\dfrac{5}{8Kr}+\dfrac{1}{4G_i}}\\
\nu_{21}&=-\frac{\dfrac{3-\nu_i}{4E_i}-\dfrac{5}{8Kr}-\dfrac{1}{4G_i}}{\dfrac{1-\nu_i}{4E_i}+\dfrac{5}{8Kr}+\dfrac{1}{4G_i}}\\
G_{21}&=\frac{1}{\dfrac{3+3\nu_i}{E_i}+\dfrac{5}{2Kr}-\dfrac{1}{G_i}}
\end{aligned}\right\} \tag{3.3-14}$$

式中：K为3组断续节理叠加的等效刚度。

考虑六边形的结构特征：在12坐标面内六边形的周期排列，[0°±60°] 性质相同，为六方同性，具有三轴对称特性。如图3.3-27所示，因此在单向加载作用下，[0°±60°] 和 [90°±60°] 时节理的法向等效刚度K分别为

$$\left.\begin{aligned} K\big|_{[0^\circ\pm60^\circ]} &= \sqrt{3}\sin\frac{\pi}{6}\left[K_{\mathrm{n}}\cos\frac{\pi}{6}+K_{\mathrm{s}}\sin\frac{\pi}{6}\right]r \\ K\big|_{[90^\circ\pm60^\circ]} &= \left[\frac{1}{3}K_{\mathrm{n}}+\frac{2}{3}\cos\frac{\pi}{6}\left(K_{\mathrm{n}}\sin\frac{\pi}{6}+K_{\mathrm{s}}\cos\frac{\pi}{6}\right)\right]r \end{aligned}\right\} \tag{3.3-15}$$

因此，[0°±60°] 和 [90°±60°] 时弹性模量分别为

$$\left.\begin{aligned} E\big|_{[0^\circ\pm60^\circ]} &= \frac{1}{\dfrac{1-\nu_i}{4E_i}+\dfrac{5}{2(3K_{\mathrm{n}}+\sqrt{3}K_{\mathrm{n}})r}+\dfrac{1}{4G_i}} \\ E\big|_{[90^\circ\pm60^\circ]} &= \frac{1}{\dfrac{1-\nu_i}{4E_i}+\dfrac{15}{4[(2+\sqrt{3})K_{\mathrm{n}}+3K_{\mathrm{s}})]r}+\dfrac{1}{4G_i}} \end{aligned}\right\} \tag{3.3-16}$$

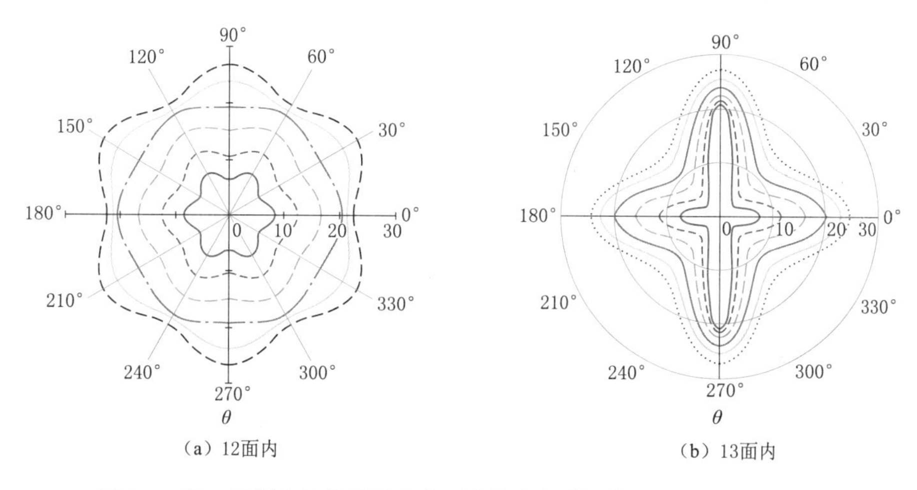

(a) 12面内　　(b) 13面内

图 3.3-27　规则六棱柱形柱状节理岩体法向弹性模量随 $K_{\mathrm{s}}/K_{\mathrm{n}}$ 变化图

进一步考虑 13 平面节理的叠加效应，得出六棱柱形柱状节理的柔度矩阵 [S] 为

$$\begin{bmatrix} \dfrac{1-\nu_i}{4E_i}+\dfrac{5}{8Kr}+\dfrac{1}{4G_i} & \dfrac{3-\nu_i}{4E_i}-\dfrac{5}{8Kr}+\dfrac{1}{4G_i} & -\dfrac{\nu_i}{E_i} & 0 & 0 & 0 \\ \dfrac{3-\nu_i}{4E_i}-\dfrac{5}{8Kr}-\dfrac{1}{4G_i} & \dfrac{1-\nu_i}{4E_i}+\dfrac{5}{8Kr}+\dfrac{1}{4G_i} & -\dfrac{\nu_i}{E_i} & 0 & 0 & 0 \\ -\dfrac{\nu_i}{E_i} & -\dfrac{\nu_i}{E_i} & \dfrac{1}{E_i}+\dfrac{b_{33}}{K_{\mathrm{n3}}S_3} & 0 & 0 & 0 \\ 0 & 0 & 0 & \dfrac{1}{G_i}+\dfrac{1}{\sqrt{3}K_{\mathrm{s}}r}+\dfrac{b_{13}}{K_{\mathrm{s3}}S_3} & 0 & 0 \\ 0 & 0 & 0 & 0 & \dfrac{1}{G_i}+\dfrac{1}{\sqrt{3}K_{\mathrm{s}}r}+\dfrac{b_{13}}{K_{\mathrm{s3}}S_3} & 0 \\ 0 & 0 & 0 & 0 & 0 & \dfrac{3+3\nu_i}{E_i}+\dfrac{5}{2Kr}-\dfrac{1}{G_i} \end{bmatrix} \tag{3.3-17}$$

由规则六棱柱形柱状节理岩体柔度系数矩阵得出弹性模量的空间特征如图 3.3-28 所

示，可见规则六棱柱形柱状节理岩体为三轴（六方）对称性的复合弹性模型，同时，如图3.3－28所示，弹性模量在0°～60°的区间内，最大、最小弹性模量与平均弹性模量相差仅3.4％，因此，规则六棱柱形柱状节理岩体在垂直于柱轴平面内，仅为弱各向异性，可以视为准横观各向同性。

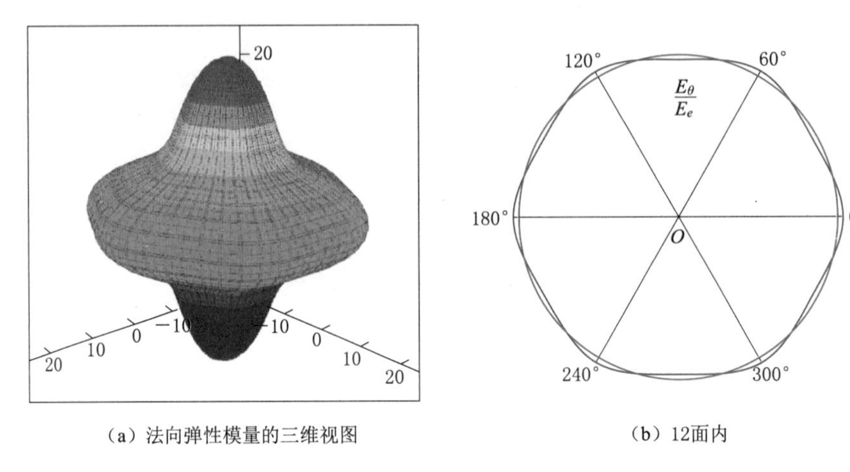

（a）法向弹性模量的三维视图　　（b）12面内

图3.3－28　规则六棱柱形柱状节理岩体各向异性变形参数

在实际中，当柱状节理的赋存环境稳定时，的确可能形成定向排列的规则六棱柱形柱状节理。不过，非规则柱状节理岩体的分布显然更为普遍，白鹤滩非规则柱状节理岩体显然不会严格按照六边形形状周期性定向排列。

对于非规则的柱状节理岩体而言，由于不是周期性结构体，显然不能采用解析法直接推导准确的应力—应变关系。不过，由于非规则柱状节理在垂直于柱轴各个方向上的平均线密度一般比较接近（图3.3－7的赤平投影图），因此，由叠加原理的基本假设可以近似采用横观各向同性的本构关系。

考虑到非规则六棱柱形柱状节理岩体结构的复杂性和与规则六棱柱形柱状节理岩体的相似性，没有必要在张量表示理论基础上提出更为复杂的理论模型，而只需将规则六棱柱形柱状节理岩体做拟横观各向同性处理，获得其弹性矩阵。

如图3.3－29所示，可将规则六棱柱形柱状节理近似为横观各向同性。拟横观各向同性处理时，将［0°±60°］和［90°±60°］方向的结构面的法向等效刚度K取算术平均。

$$\left.\begin{aligned} K\big|_{[0^\circ\pm60^\circ]} &= \sqrt{3}\sin\frac{\pi}{6}\left[K_n\cos\frac{\pi}{6}+K_s\sin\frac{\pi}{6}\right]r \\ K\big|_{[90^\circ\pm60^\circ]} &= \left[\frac{1}{3}K_n+\frac{2}{3}\cos\frac{\pi}{6}\left(K_n\sin\frac{\pi}{6}+K'_s\cos\frac{\pi}{6}\right)\right]r \\ K &= \frac{1}{2}\left(K\big|_{[0^\circ\pm60^\circ]}+K\big|_{[90^\circ\pm60^\circ]}\right) \end{aligned}\right\} \tag{3.3-18}$$

此时，不仅1、2轴为材料主向，任一方向都是主向，换言之，通过横观同性材料的弹性对称轴在任一平面都是弹性对称面。拟横观各向同性后的弹性模量的空间特征如图3.3－29所示。

实际工程中，对于规则柱状节理岩体可以方便预测其工程常数，对于非规则柱状节理

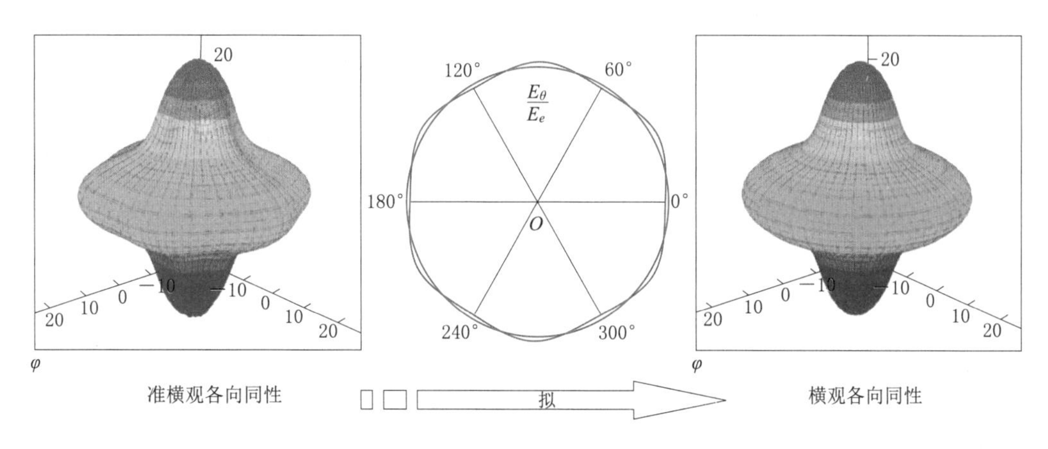

图 3.3-29　非规则柱状节理岩体的各向异性变形参数

岩体也可近似预测。如图 3.3-29 描述的白鹤滩坝区柱状节理岩体断面主要为五边形、四边形（即使全为四边形，它也是随机排列的），且横向节理错距也是大小不一，可见实际的柱状节理岩体一般都不是周期性结构体。但是由于柱状节理在垂直于柱轴各个方向上的平均线密度一般比较接近，因此，由叠加原理的基本假设同样可以近似采用横观各向同性的本构关系。具体而言，基于柱体单元的平均直径、平均的纵横比和横节理的平均错距，采用六棱柱形柱状节理岩体横观各向同性表达式进行弹性常数预测，进而求得各向异性的弹性系数张量，为各向异性的数值分析提供参数条件。

3.3.5.2　强度准则

在柱状节理岩体本构模型中，各个节理面 $i(i=1,2,3)$ 的屈服准则由 Coulomb 滑移准则 $f_i^s=0$ 和抗拉准则 $f_i^t=0$ 组成，其中：

$$\left.\begin{aligned}f_1^s&=\sqrt{\sigma_{12}^2+\sigma_{13}^2}+\sigma_{11}\tan\varphi_1-C_1\\f_2^s&=\sqrt{\sigma_{12}^2+\sigma_{23}^2}+\sigma_{22}\tan\varphi_2-C_2\\f_3^s&=\sqrt{\sigma_{13}^2+\sigma_{33}^2}+\sigma_{33}\tan\varphi_3-C_3\end{aligned}\right\}\tag{3.3-19}$$

并且：

$$\left.\begin{aligned}f_1^t&=\sigma_{11}-\sigma_1^t\\f_2^t&=\sigma_{22}-\sigma_2^t\\f_3^t&=\sigma_{33}-\sigma_3^t\end{aligned}\right\}\tag{3.3-20}$$

式中：φ_i 为节理面摩擦角；C_i 为节理面的黏结力；σ_i^t 为节理面的抗拉强度。对于摩擦角不为零的节理面，抗拉强度的最大值为

$$\sigma_{i\max}^t=\frac{C_i}{\tan\varphi_i}\tag{3.3-21}$$

节理面上对应于不相关联法则的剪切屈服势函数为

$$\left.\begin{aligned}g_1^s&=\sqrt{\sigma_{12}^2+\sigma_{13}^2}+\sigma_{11}\tan\psi_1\\g_2^s&=\sqrt{\sigma_{12}^2+\sigma_{23}^2}+\sigma_{22}\tan\psi_2\\g_3^s&=\sqrt{\sigma_{13}^2+\sigma_{23}^2}+\sigma_{33}\tan\psi_3\end{aligned}\right\}\tag{3.3-22}$$

式中：ψ_i 为节理的膨胀角，$i=1$，2，3。

节理面上对应于相关联流动法则的拉伸屈服势函数为

$$\left.\begin{aligned} g_1^t &= \sigma_{11} \\ g_2^t &= \sigma_{22} \\ g_3^t &= \sigma_{33} \end{aligned}\right\} \tag{3.3-23}$$

为了简化等式，可以采用以下的表达式：

$$\left.\begin{aligned} \tau_1 &= \sqrt{\sigma_{12}^2 + \sigma_{13}^2} \\ \tau_2 &= \sqrt{\sigma_{12}^2 + \sigma_{23}^2} \\ \tau_3 &= \sqrt{\sigma_{13}^2 + \sigma_{23}^2} \end{aligned}\right\} \tag{3.3-24}$$

由于 FLAC 3D 采用时步的增量方式。在每一个时步中，本构模型以上一个时步的应力作为输入计算产生的应变，然后获得当前时步的应力条件。在求解过程中，首先按照弹性理论求解应力张量的新估计值，然后进行塑性侦查。如果产生屈服，则按照塑性理论进行应力的修正。通常地，总应变增量表示为弹性和塑性组件的总和。根据叠加原理，局部应力应变方程可以表达为

$$\begin{Bmatrix} \dot{\sigma}_{11} \\ \dot{\sigma}_{22} \\ \dot{\sigma}_{33} \\ \dot{\sigma}_{12} \\ \dot{\sigma}_{13} \\ \dot{\sigma}_{23} \end{Bmatrix} = \begin{bmatrix} C_{11} & C_{12} & C_{13} & 0 & 0 & 0 \\ C_{12} & C_{22} & C_{23} & 0 & 0 & 0 \\ C_{13} & C_{23} & C_{33} & 0 & 0 & 0 \\ 0 & 0 & 0 & 2G_1 & 0 & 0 \\ 0 & 0 & 0 & 0 & 2G_2 & 0 \\ 0 & 0 & 0 & 0 & 0 & 2G_3 \end{bmatrix} \begin{Bmatrix} \dot{\varepsilon}_{11} \\ \dot{\varepsilon}_{22} \\ \dot{\varepsilon}_{33} \\ \dot{\varepsilon}_{12} \\ \dot{\varepsilon}_{13} \\ \dot{\varepsilon}_{23} \end{Bmatrix} - \begin{bmatrix} C_{11} & C_{12} & C_{13} & 0 & 0 & 0 \\ C_{12} & C_{22} & C_{23} & 0 & 0 & 0 \\ C_{13} & C_{23} & C_{33} & 0 & 0 & 0 \\ 0 & 0 & 0 & 2G_1 & 0 & 0 \\ 0 & 0 & 0 & 0 & 2G_2 & 0 \\ 0 & 0 & 0 & 0 & 0 & 2G_3 \end{bmatrix} \begin{Bmatrix} \dot{\varepsilon}_{11}^p \\ \dot{\varepsilon}_{22}^p \\ \dot{\varepsilon}_{33}^p \\ \dot{\varepsilon}_{12}^p \\ \dot{\varepsilon}_{13}^p \\ \dot{\varepsilon}_{23}^p \end{Bmatrix} \tag{3.3-25}$$

应力增量为每个时步的新旧应力状态之差：

$$\begin{Bmatrix} \dot{\sigma}_{11} \\ \dot{\sigma}_{22} \\ \dot{\sigma}_{33} \\ \dot{\sigma}_{12} \\ \dot{\sigma}_{13} \\ \dot{\sigma}_{23} \end{Bmatrix} = \begin{Bmatrix} \sigma_{11}^N \\ \sigma_{22}^N \\ \sigma_{33}^N \\ \sigma_{12}^N \\ \sigma_{13}^N \\ \sigma_{23}^N \end{Bmatrix} - \begin{Bmatrix} \sigma_{11}^O \\ \sigma_{22}^O \\ \sigma_{33}^O \\ \sigma_{12}^O \\ \sigma_{13}^O \\ \sigma_{23}^O \end{Bmatrix} \tag{3.3-26}$$

其中，每个时步的弹性应力分量 G 为

$$\begin{Bmatrix} \sigma_{11}^G \\ \sigma_{22}^G \\ \sigma_{33}^G \\ \sigma_{12}^G \\ \sigma_{13}^G \\ \sigma_{23}^G \end{Bmatrix} = \begin{Bmatrix} \sigma_{11}^O \\ \sigma_{22}^O \\ \sigma_{33}^O \\ \sigma_{12}^O \\ \sigma_{13}^O \\ \sigma_{23}^O \end{Bmatrix} + \begin{bmatrix} C_{11} & C_{12} & C_{13} & 0 & 0 & 0 \\ C_{12} & C_{22} & C_{23} & 0 & 0 & 0 \\ C_{13} & C_{23} & C_{33} & 0 & 0 & 0 \\ 0 & 0 & 0 & 2G_1 & 0 & 0 \\ 0 & 0 & 0 & 0 & 2G_2 & 0 \\ 0 & 0 & 0 & 0 & 0 & 2G_3 \end{bmatrix} \begin{Bmatrix} \dot{\varepsilon}_{11} \\ \dot{\varepsilon}_{22} \\ \dot{\varepsilon}_{33} \\ \dot{\varepsilon}_{12} \\ \dot{\varepsilon}_{13} \\ \dot{\varepsilon}_{23} \end{Bmatrix} \tag{3.3-27}$$

而塑性应力修正分项为

$$
\begin{Bmatrix} \sigma_{11}^{C} \\ \sigma_{22}^{C} \\ \sigma_{33}^{C} \\ \sigma_{12}^{C} \\ \sigma_{13}^{C} \\ \sigma_{23}^{C} \end{Bmatrix} = \begin{bmatrix} C_{11} & C_{12} & C_{13} & 0 & 0 & 0 \\ C_{12} & C_{22} & C_{23} & 0 & 0 & 0 \\ C_{13} & C_{23} & C_{33} & 0 & 0 & 0 \\ 0 & 0 & 0 & 2G_1 & 0 & 0 \\ 0 & 0 & 0 & 0 & 2G_2 & 0 \\ 0 & 0 & 0 & 0 & 0 & 2G_3 \end{bmatrix} \begin{Bmatrix} \dot{\varepsilon}_{11}^{p} \\ \dot{\varepsilon}_{22}^{p} \\ \dot{\varepsilon}_{33}^{p} \\ \dot{\varepsilon}_{12}^{p} \\ \dot{\varepsilon}_{13}^{p} \\ \dot{\varepsilon}_{23}^{p} \end{Bmatrix} \tag{3.3-28}
$$

显然，在每个计算步可能产生不同的屈服类型。实际上，有 63 种不同的屈服形式可以被考虑，包括单一节理面（1、2、3）上的剪切屈服；单一节理面（1、2、3）上的拉伸屈服；以及在单一或者更多面上的剪切与拉伸屈服的组合。为了简化程序，在每个时步主要考虑单元屈服类型，即单一节理面产生剪切屈服，而相同或者其他节理面的剪切屈服和拉伸屈服时，需要进行合理的应力修正。而当前时步没有屈服将在后继的时步考虑。

鉴于以上的考虑，屈服类型可以简化为 3 种类型共 15 种形式：①单一节理面的剪切屈服（3 种形式）；②单一节理面的拉伸屈服（3 种形式）；③单一节理面的剪切屈服与相同节理面或者其他 2 个节理面上的拉伸屈服的组合（9 种形式）。

3.3.5.3 模型验证

针对特殊柱状节理岩体研发专用本构模型的根本目的是提高计算效率而服务于实际工程。要保证研发本构模型的准确性，必须进行广泛的验证工作。针对柱状节理本构模型的计算结果应当与解析法或者离散模型的结果相吻合。

对于规则四棱柱形和六棱柱形柱状节理而言，采用 Comba 计算出的变形特征如图 3.3-30 和图 3.3-31 所示，可见，规则四棱柱形柱状节理岩体的变形特征受正交各向异性弹性模量的影响，变形规律也具有 3 个对称面；而规则六棱柱形柱状节理岩体在 12 平面内表现出准横观各向同性的变形特征，并且具有 3 个对称面，而在 13 平面内表现出显著的各向异性特征。

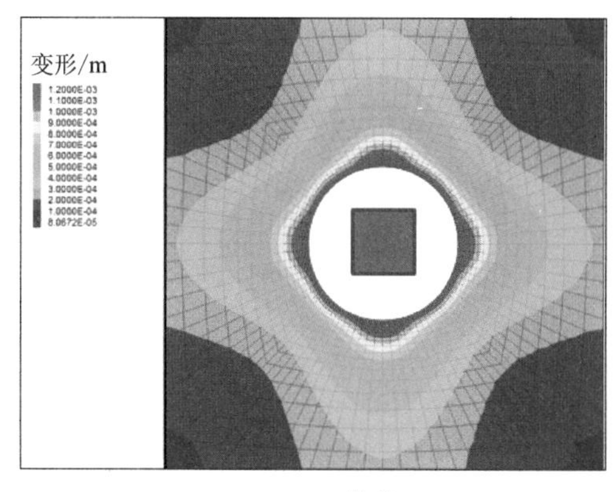

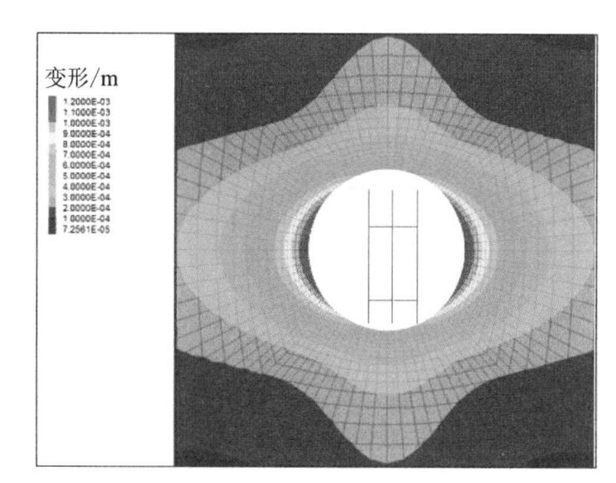

（a）Comba模型　　（b）解析法

图 3.3-30　基于 Comba 模型的四棱柱岩体各向异性变形特征与解析法结果的比较

总体上，采用 Comba 计算出的规则柱状节理岩体的变形特征，以及由变形量反算的工程常数与解析法的结果完全吻合，印证了研发本构模型对规则柱状节理岩体变形特征计

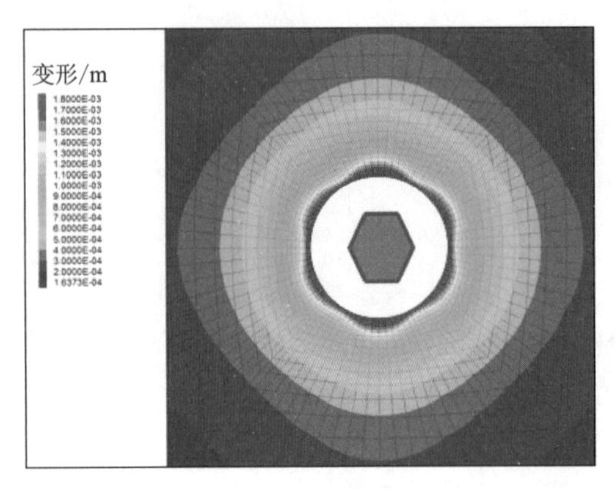

(a) Comba模型

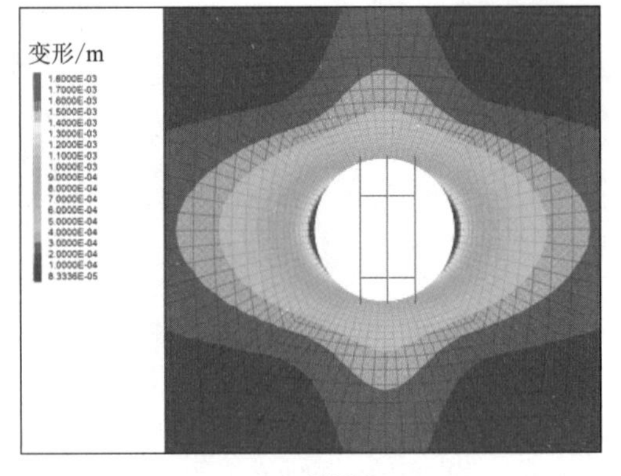

(b) 解析法

图 3.3-31 基于 Comba 模型的六棱柱岩体各向异性变形特征与解析法结果的比较

算的准确性。

鉴于本构模型的功能设计不仅仅是适用于规则柱状节理，而且能够描述非规则柱状节理岩体，因此，适用于非规则柱状节理岩体的各向异性变形特征分析。同时，研发的本构模型为各向异性弹塑性本构模型，因此有必要同时针对其各向异性强度特征进行验证。

考虑到非规则柱状节理岩体的应力—应变关系和剪胀特性的复杂性，针对非规则柱状节理岩体的各向异性变形和强度特性，主要采取基于离散元的非连续计算（图 3.3-32）与连续本构模型计算（图 3.3-33）进行比较。

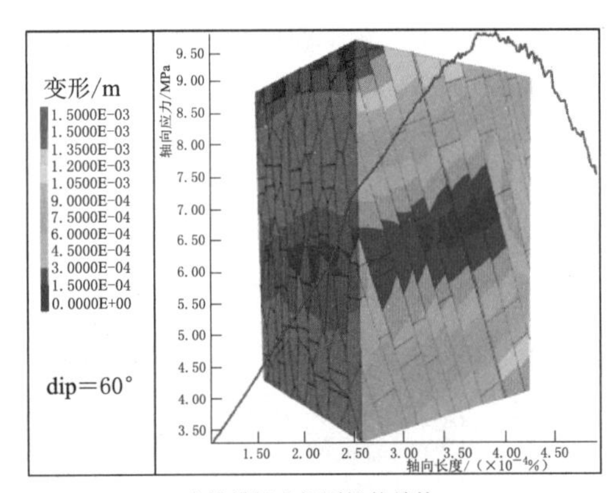

直接模拟非规则柱体结构

图 3.3-32 规则六棱柱岩体各个方向的单轴压缩试验——3DEC 直接法

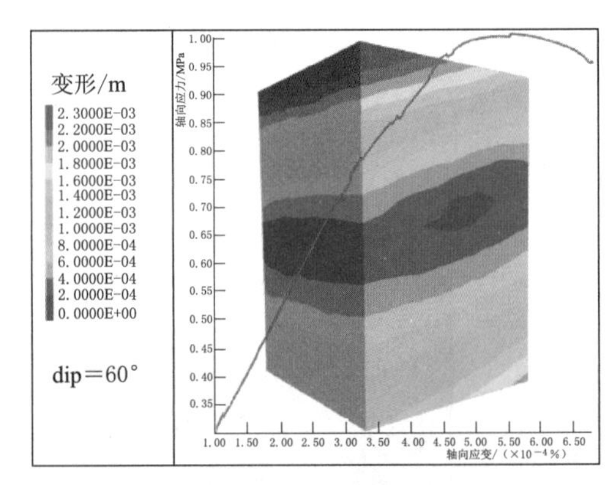

采用Comba本构模型

图 3.3-33 规则六棱柱岩体各个方向的单轴压缩试验——Comba 本构

由基于连续和非连续方法的单轴压缩试验变形分布特征可见，连续本构模型所计算得出各个方向的变形分布和解体破坏特征与直接模拟柱状节理岩体结构的计算成果相一致，同时，二者的应力—应变关系曲线在斜率、峰值强度、峰后强度衰减方面也表现出了相似规律，并且，由考虑柱状节理各向异性剪胀特性反算的弹性模量和峰值强度与离散元计算成果（图 3.3-34）的误差一般都在 5%以内，最大误差在 10%以内，已经充分说明了本构模型的正确性。

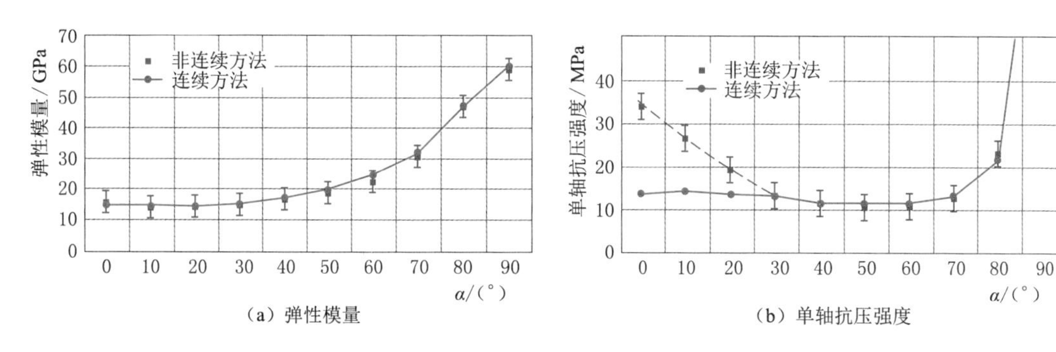

图 3.3-34 基于非连续和连续方法获得的变形与强度参数比较

考虑到非规则柱状节理岩体所固有的不均匀性和各向异性，实际数值模拟中连续方法和非连续方法［图 3.3-34 (b) 并不是完全的横观各向同性］对随机结构面的模拟很难完全等同，这是造成两种方法计算误差的本质原因。尽管如此，本构模型计算成果已经体现了相当的准确性，也使得连续方法能够成为替代非连续方法的重要技术手段。而实际工程应用中，只需要更为合理地统计非规则柱状节理岩体结构特征，就能采用专用本构模型提高计算效率，服务于工程计算与设计工作。

综上所述，岩体结构力学问题一直是柱状节理岩体工程领域的核心问题。对于中小尺度柱状节理岩体破坏机理采用非连续介质力学方法更容易深入探讨，其根本在于结构面的模拟与结构面力学性质的数学描述。而针对大尺度岩体工程问题的研究，则需要更多地采用连续介质力学方法，针对柱状节理专门研发的专用本构模型为柱状节理岩体各向异性变形和破坏特性的定量分析提供了较为完善的数值模拟方法，其关键环节是保证等效连续本构模型和参数取值的正确性。这两类方法都可以被应用于柱状节理岩体力学性质研究中。

3.3.6 柱状节理岩体参数反演分析

随着计算机科学的飞速发展，非连续和连续数值分析方法在岩体工程建设中的应用越来越广泛，目前已成为岩体工程稳定性评价的重要手段。然而，与日益成熟的数值分析方法相比，人们对岩体结构与力学特性的掌握仍显不足，直接表现为不能准确选取岩体介质类型和力学参数值，造成了数值分析结果往往难以与工程实际相吻合。因此，不能因为数值计算的兴起而忽略试验研究工作，而应将二者充分结合。

由于柱状节理岩体的最小 REV 尺度都大于 2m，即使在现场开展的承压板试验和真三轴试验都不太可能大于岩体的 REV 尺度，并且，针对柱状节理各个方向都开展原位试验也更是不现实的，所以，在现阶段柱状节理岩体的各向异性力学性质只能通过数值试验方式获得，而其中的关键在于岩石、结构面参数的合理选取。

3.3.6.1 节理面变形参数的估算分析

白鹤滩现场针对柱状节理岩体进行了大量的刚性承压板试验，试验结果表现出显著的各向异性特征，并且表现出水平向模量小于铅直向的另类特征。在具备岩体几何结构、岩石和结构面参数条件下，可以采用三维离散单元法进行承压板试验。由图 3.3-35 的数值模拟结果可以看出，不同方向加载产生的变形规律存在迥然差异，并且与弹性、连续、均质材料形成显著差别。

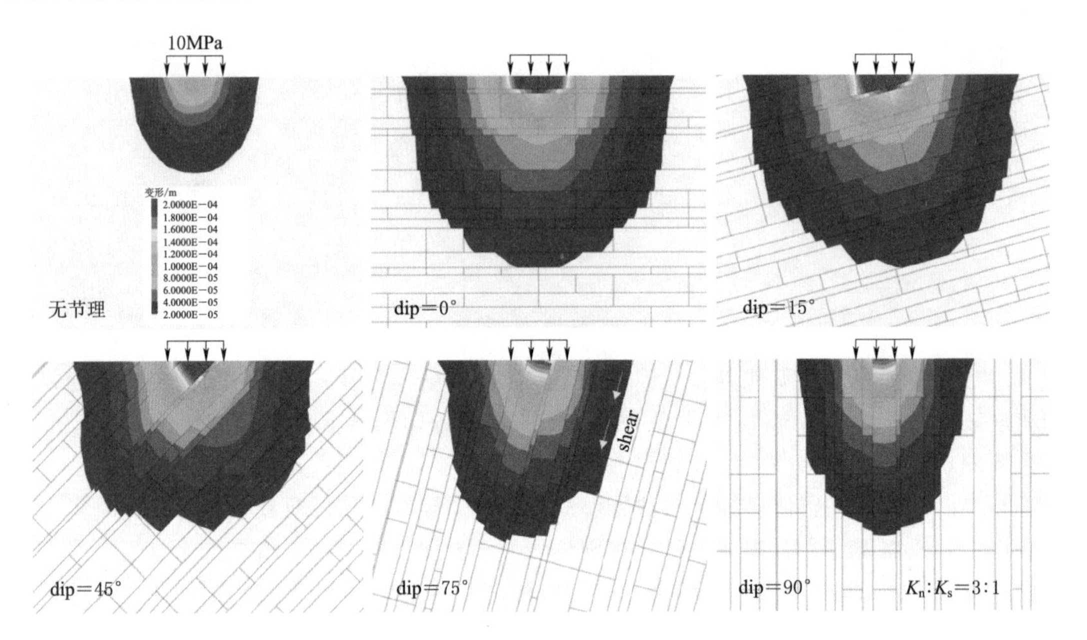

图 3.3-35　承压板试验的各向异性特征

可见，各向异性是柱状节理岩体的固有特性，而造成现场试验成果与（大于 REV 尺度）柱状节理岩体真实力学参数采用的主要原因为包括地应力、层内错动带和尺寸效应 3 方面。其中，尺寸效应的影响最为突出，即在进行铅直向承压板试验时，受压柱体与其周围柱体间发生了较大的切向相对位移，使其位移分布与各向同性情况有较大差异，此时利用连续、各向同性的 Boussinesq 计算得出的变形模量自然较小。相比而言，针对柱状节理岩体进行水平向加载时，通常不会低估岩体的变形模量。图 3.3-36 为中等尺度柱状节理岩体的尺寸效应特征。

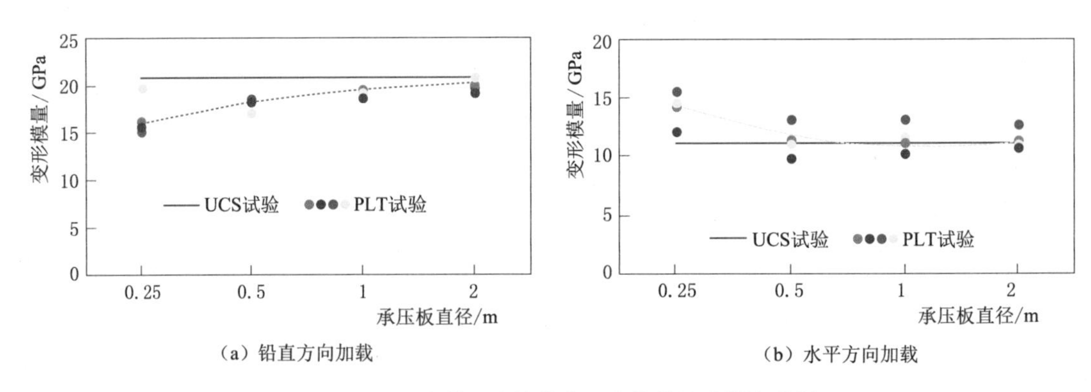

图 3.3-36　中等尺度柱状节理岩体的尺寸效应特征

尺寸效应使得铅直向的变形模量被明显低估，而层内带（图 3.3-37）的客观存在将进一步造成对柱状节理岩体铅直向变形模量的低估。

以上，证明了以各向同性的思维来探讨各向异性问题的局限性。因此，对于柱状节

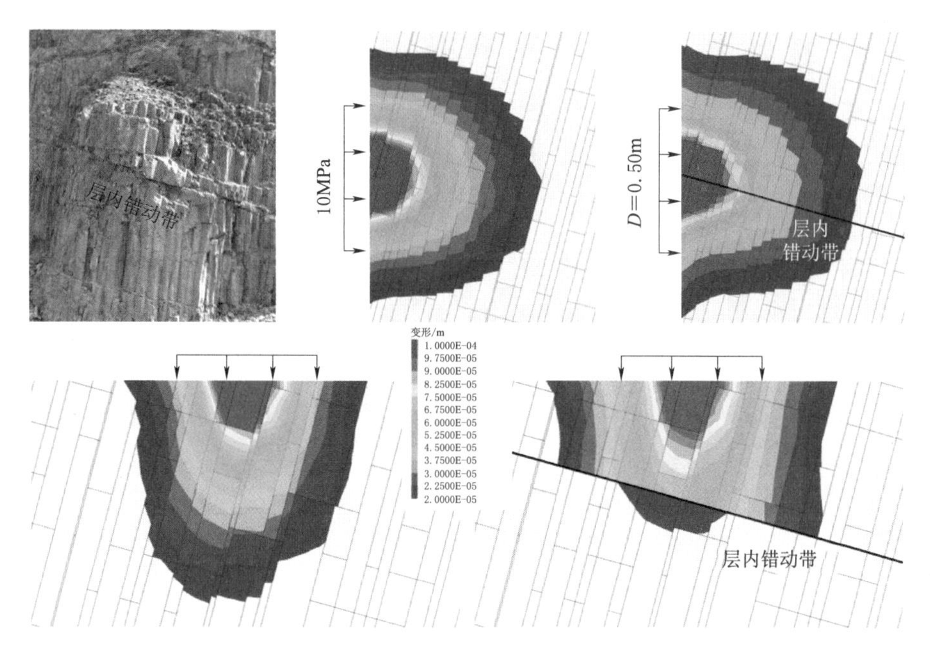

图 3.3-37 层内带对原位试验结果的影响

理，不能试图通过现场试验直接获取岩体的各向异性参数，而应当对实际的原位试验进行数值模拟，在考虑是否存在层内带等影响因素的前提下反演出柱状节理面的细观力学参数，再通过大于 REV 尺度的柱状节理岩体的数值试验，准确描述柱状节理岩体的各向异性力学特征。

图 3.3-38 示例了如何通过原位中心孔试验法结合概化的柱状节理模型来进行柱状节理面参数估算。中心孔试验装置示意图如图 3.3-38（a）所示，试验时在平洞水平向、铅直向打中心孔，并在孔内安装多点位移计。采用逐级循环加载并纪录不同深度位移计在不同应力水平下的位移 W，绘制得多点位移计现场测定 $\sigma-W$ 曲线如图 3.3-38（b）所示。

在岩体力学理论中，岩体可以假定为岩块和结构面的二元结构。考虑到结构面是岩体变形和强度的控制性因素，可以进一步假定结构面变形是非线性且不可恢复的，而岩石的弹性变形是可恢复的，因此，利用某级循环荷载下的应力差和相应的变形差可估算结构面变形的等效综合刚度。如图 3.3-38 所示，S_1 为柱节理的平均间距，可以用柱体直径代替；S_2 为横节理的平均间距，可以用柱体乘以纵横比得出。

利用中心孔试验成果，当法向应力从 σ_n 到 $\sigma_{n\,i+1}$ 时，有如下关系式：

对于水平孔：

$$\frac{1}{(K_{n_1}\cos\alpha+K_{s_1}\sin\alpha)S_1}+\frac{1}{(K_{n_2}\sin\alpha+K_{s_2}\cos\alpha)S_2}=\frac{\Delta W_{i+1}-\Delta W}{\sigma_{i+1}-\sigma_i} \quad (3.3-29)$$

对于铅直孔：

$$\frac{1}{(K_{n_1}\sin\alpha+K_{s_1}\cos\alpha)S_1}+\frac{1}{(K_{n_2}\cos\alpha+K_{s_2}\sin\alpha)S_2}=\frac{\Delta W_{i+1}-\Delta W}{\sigma_{i+1}-\sigma_i} \quad (3.3-30)$$

式中：σ'_{i+1}、σ'_i 为不同深度段的平均应力；$\Delta W_{i+1}-\Delta W$ 为每段岩体整体变形量减去岩石

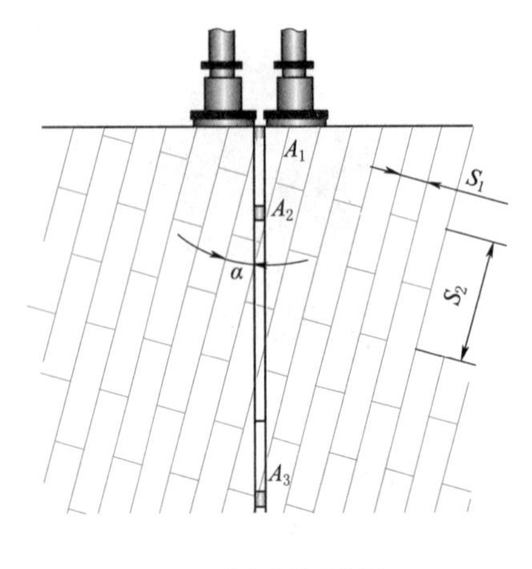

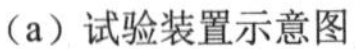
(a) 试验装置示意图

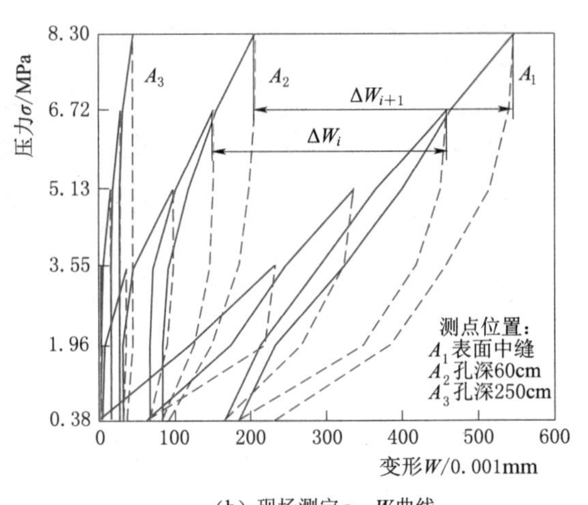

(b) 现场测定σ—W曲线

图3.3-38 原位中心孔试验成果

受压而产生的压缩量，即结构面的变形量；σ'_{i+1}、σ'_i 根据 Boussinesq 弹性理论近似求得，即承压面积中心以下深为 z_i 处的铅直应力为

$$d\sigma_i=\frac{3dQ\cos^3\psi}{2\pi z_i^2}=\frac{3qr}{2\pi z_i^2}\cos^5\psi d\theta dr \tag{3.3-31}$$

$$\sigma_i=\frac{3qr}{2\pi z_i^2}\int_0^{2n}\int_0^R V\cos^5\psi d\theta dr=q\{1-[1+(a/z_i)^2]^{-1.5}\} \tag{3.3-32}$$

式中：q 为受荷表面的均布压力；α 为中心孔试验板的半径；z_i 是深度。

对于 PD36 中心孔的试验曲线可见，A1 曲线初始变形呈线性增加，此后随荷载增加，表现出变形速率减小特征，其包络线呈曲线上凹。反映岩体表面附近较松弛或较破碎，随着压力增加，表面逐渐被压密，岩体变形模量有逐渐增大的趋势。同时，计算结果显示 A1～A2 和 A2～A3 的结构面压缩量也有较大差异，因此将中心孔试验板下方岩体概化为双层结构，即松弛岩体和未松弛岩体。假定 1、2 组结构面有相同的刚度，估算出单一节理面的刚度系数为

对于松弛岩体（A1～A2 点）：

$$\left.\begin{aligned}K_nS_1&=19.4\text{GPa/m}\\K_sS_1&=7.8\text{GPa/m}\end{aligned}\right\} \tag{3.3-33}$$

对于未松弛岩体（A2～A3 点）：

$$\left.\begin{aligned}K_nS_1&=28.8\text{GPa/m}\\K_sS_1&=12.4\text{GPa/m}\end{aligned}\right\} \tag{3.3-34}$$

需补充说明，实际岩体中的微裂隙也是影响岩体完整性的因素之一，并且在加载过程中，模型结构面发生的是弹塑性变形，即 K_n、K_s 是非线性的。因此，式（3.3-33）和式（3.3-34）给出的是单位尺寸内岩体中所有结构面的综合变形参数值。本质上是将非线性、不可恢复的结构面变形线性化，如同变形模量与弹性模量的取值差别。由此以来，对于不同的计算模型，根据概化模型和数值计算模型中节理的线密度，可以换算出单组节理的法向、切向刚度值。

3.3.6.2 节理面变形与强度参数的数值反演分析

以上基于原位试验估算柱状节理面变形参数的方法相对比较理想化，只适用于进行一些简化模型的分析。而白鹤滩隧洞工程实践提供了开挖位移监测和松动圈测试成果，则为更为准确地反演柱状节理面的细观参数提供了条件。

白鹤滩导流洞开挖尺寸为 19.7m×24.2m，围岩为 $P_2\beta_3^2$ 层第Ⅰ类柱状节理，柱元直径 0.2～0.3m，长度一般 2～3m。柱体为陡倾角，轴线产状为倾向 315°，倾角 75°。柱状节理岩体中长大裂隙发育，间距 4m 左右。按照柱状节理岩体结构特征建立数值分析模拟（图 3.3-39），对于洞室周边采用 3DEC 直径模拟复杂的岩体结构，而对于远离开挖面的柱状节理岩体采用 Comba 模型。鉴于基于 3DEC 的非连续方法和采用 Comba 模型的连续方法具有等效性，采用的计算参数也相同（表 3.3-4），因此，耦合计算方法不但可以对柱状节理各向异性岩体力学特性进行仿真模拟，同时，可以大大提升数值计算的效率，从而为多次重复计算反演合理参数提供了有利条件。

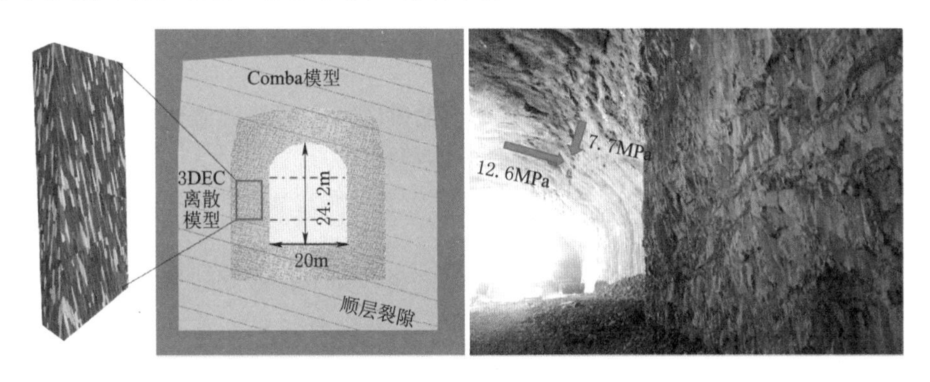

图 3.3-39 柱状节理岩体模型

表 3.3-4 导流洞柱状节理岩体力学参数取值

岩 块	UCS/MPa	GSI	m_i	s	a
	200	70	20	0.01	1.0
柱状节理面	K_n/(GPa/m)	K_s/(GPa/m)	C/MPa	φ/(°)	T/MPa
	120～140	40～45	0.4～0.43	50～52	0.45

图 3.3-40（a）为 4 号 1＋075m 断面的多点位移计监测成果。由图 3.3-40 可见，顶拱变形量级较大，0m 处位移达 40.1mm；2m 处位移达 21.1mm；9m 处位移达 29.3mm。顶拱位移监测成果说明顶拱松弛变形较大，局部产生了明显松弛。由地质编录资料可知，浅层 0m、2m 监测位移增大的主要因素是层内带 RS 的影响。而顶拱深度 9m 处的变形量级大于 2m 处，不符合以深度 20m 为不动点的多点位移计应变累加的特征，因此，由地质信息提及“7.9m 附近，钻进速度较快，回水稍浑浊，可能与层内错动带（RS_{334} 有起伏）”加以解释。

实际上，要使得深度 2m 处的位移达 20mm，需要在层内带 RS 上方出现伴生的平行裂隙，才能加大顶拱的松弛变形深度。而对于深度 9m 处的位移达 30mm，需要存在局部的地质缺陷，如层内带起伏形成的空腔等。

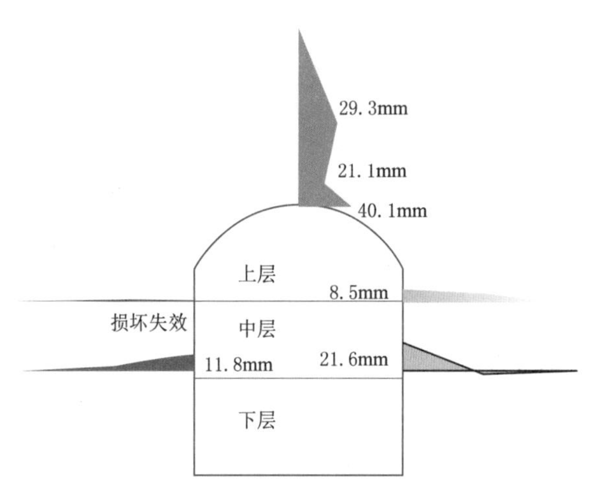

(a) 监测位移特征

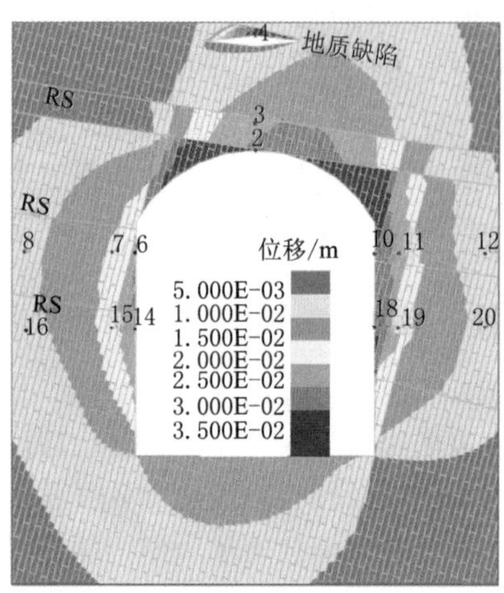

(b) 计算位移分布特征

图 3.3-40 4号1+075m断面监测位移与计算位移比较

总体上，图3.3-40（a）表示了采用断面地质资料开展的数值计算成果，可见，计算位移的总体分布特征可以吻合监测位移的基本特征。

除了数值模拟的变形分布与实际相符外，隧洞顶拱和边墙的松弛破坏特征也可以依据数值模拟成果予以揭示。

图3.3-41表示了顶拱部位层内带 RS_{334} 与柱状节理组合形成局部坍塌的典型破坏模式。由于右岸导流洞断面内最大主应力倾角较大，左拱肩和右边墙拐角均为应力集中区域。数值模拟上层开挖后，左拱肩应力集中近30MPa，进而，在中层开挖后，左拱肩部位应力集中程度明显增大，达30～35MPa水平，超过了柱状节理岩体的启裂强度（3.3.3小节），因此，局部由于地质条件差异，应力集中程度可能更大，从而能够形成环向的张性破裂，并导致浅层岩体坍塌和混凝土喷层的脱落。可见，数值计算成果揭示了这种结构

图 3.3-41 隧洞顶拱柱状节理岩体坍塌破坏

面控制型的松弛破坏机制。

图 3.3-42 给出了隧洞右边墙位移—时间变化曲线，可见，多点位移计获取的上层开挖位移不大，而位移的增量主要由下层开挖导致，位移增量一般为 15mm 左右，大位移主要集中于浅层范围。

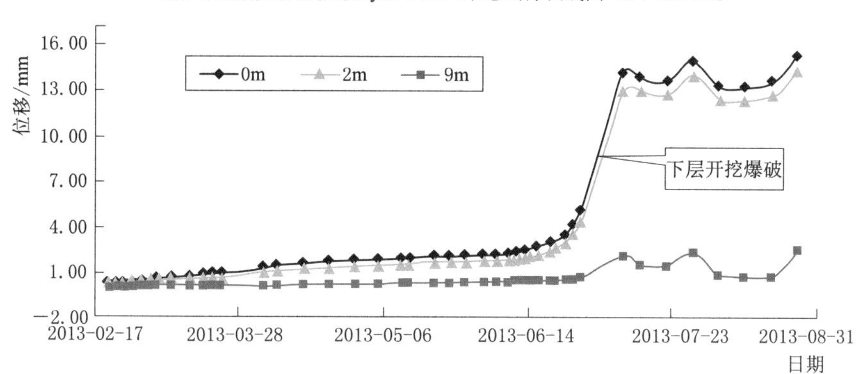

图 3.3-42 隧洞右边墙围岩位移一时间变化曲线

图 3.3-43 给出了下层开挖导致的围岩变形增量特征，可见，数值模拟的变形增量与监测成果一致，且以右边墙的变形增量普遍较大，其主要成因是中等倾角的断面大主应力使得右侧边墙松弛变形本身大于左侧，而柱状节理岩体固有的各向异性特性加剧了这种松弛特征，并且使得左右侧边墙松弛范围具有显著的差异，表现为右侧边墙柱状节理面的局部开裂现象明显。

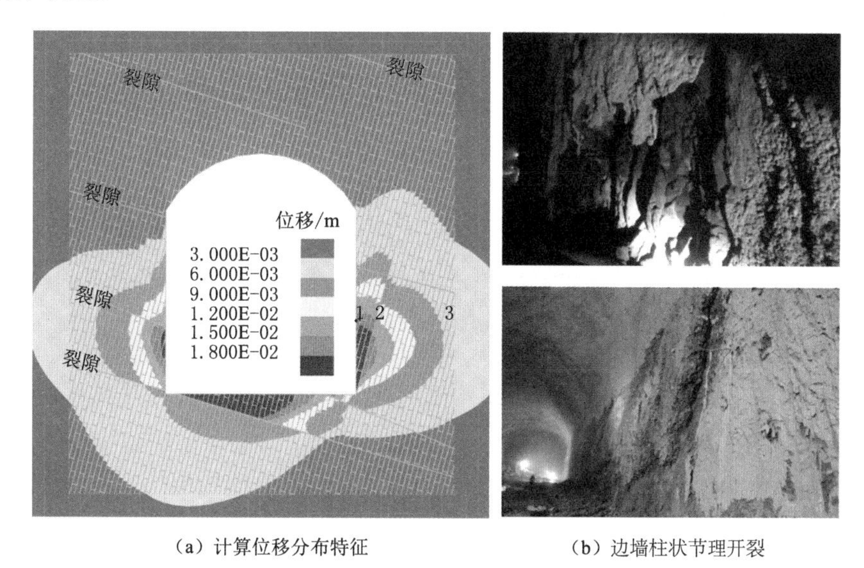

（a）计算位移分布特征　　（b）边墙柱状节理开裂

图 3.3-43 隧洞边墙柱状节理岩体的松弛开裂

柱状节理围岩产生的破裂松弛深度可以采用声波检测成果予以说明，声波孔断面检测成果说明，导流洞顶拱和底板的松弛深度小，而边墙柱状节理围岩具有松弛深度大的特点，最大松弛深度可达 6～8m，如图 3.3-44 所示。

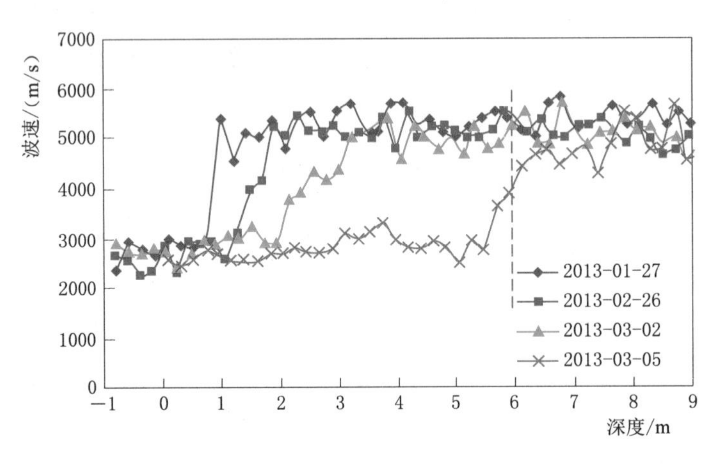

图 3.3-44 柱状节理围岩松弛的声波检测成果

数值模拟成果反映了柱状节理围岩松弛的形成机制（图 3.3-45），边墙的柱状节理岩体的非连续变形明显，使得边墙柱状节理面形成张性和剪切破坏。同时，计算的柱状节理面破坏范围与声波检测的松弛深度吻合，为预测和分析柱状节理的开挖响应特征和制定相应的支护处理措施提供了支撑。

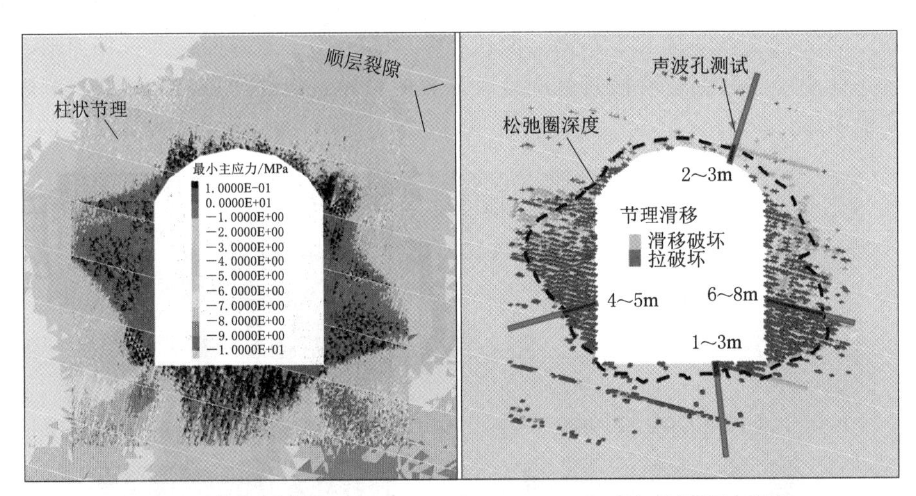

(a) 计算的应力松弛区　　(b) 节理面破坏深度

图 3.3-45 数值模拟的松弛圈与声波测试成果比较

总之，基于导流洞典型断面地质资料和地应力条件开展的数值模拟与参数反演分析，能够使得计算位移分布和监测变形达到一致，证明了表 3.3-5 所示计算参数的合理性，为后续柱状节理围岩稳定性分析奠定了基础。不过，鉴于不同部位柱状节理岩体结构的差异性较大，且柱体的微裂隙发育程度也不尽相同，因此，针对具体部位的柱状节理岩体开展数值模拟时，需要首先依据现场监测成果开展计算参数反演分析，才能更为准确地开展特殊结构岩体的围岩稳定分析。

3.4 本章小结

白鹤滩水电站具备开挖大型地下洞室群的地质条件，但复杂的工程地质条件决定了白鹤滩巨型地下洞室群面临的岩石力学问题也呈现多样性特征。本章采用岩石力学试验、现场地质勘查、数值模拟分析相结合，对玄武岩脆性特征、层间带宏观力学参数、柱状节理各向异性进行了深入研究。

分析结果表明：脆性玄武岩本构模型能够更为准确地描述玄武岩的峰后强度特征，从而准确预测应力集中区和高应力风险区；基于三维数码摄影技术确定层间带的宏观粗糙度系数并结合颗粒流 PFC 的研究方法是一种先进而有效的方法，可以较为准确地获得各种影响因素下层间错动带的力学参数特征；基于针对柱状节理岩体研发的专门本构模型，能够对开挖导致的柱状节理围岩各向异性松弛特性进行分析。研究工作将为后续地下洞室群围岩稳定与控制方面的研究奠定必要基础。

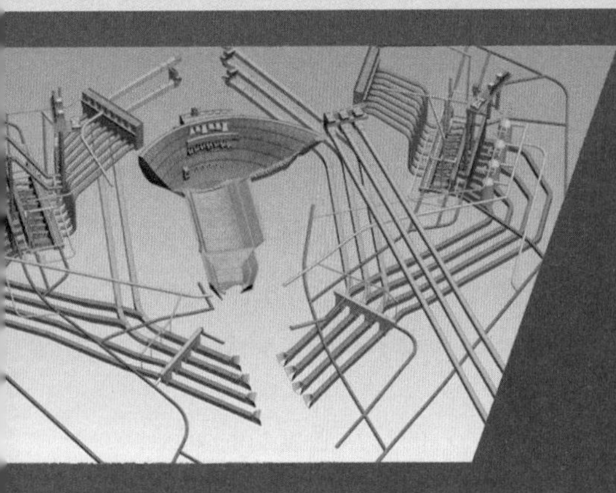

第 4 章 巨型地下洞室群布置研究

4.1 概述

白鹤滩水电站地下洞室群规模宏大、围岩地质条件复杂且地应力水平较高，普遍存在脆性岩体高应力破坏、软弱层间错动带非连续变形与破坏、柱状节理岩体破裂松弛三类典型岩石力学问题（图 4.1－1）。

本章在概括白鹤滩左右岸地下厂房洞室群地质条件和岩石力学问题基础上，采用经验类比和数值模拟分析方法，对地下厂房洞室群布置和体型优化进行研究，以期从战略层面降低围岩的潜在变形破坏的总体风险，为后续章节针对性的支护设计和监测设计等提供依据，实现从根本上提升工程安全性与经济合理性。

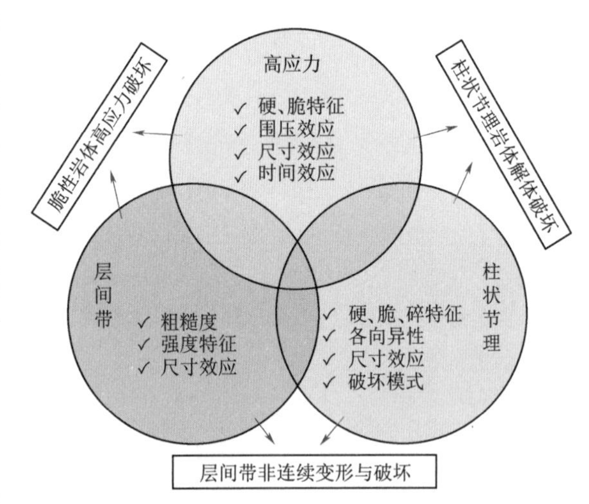

图 4.1－1 白鹤滩地质条件决定的主要岩石力学问题

4.1.1 地质条件概况

左岸地下厂房区地层为单斜构造，岩层总体产状为 N40°E，SE∠15°，岩性主要为 $P_2\beta_2^3$～$P_2\beta_3^1$ 层角砾熔岩、杏仁状玄武岩、斜斑玄武岩、隐晶质玄武岩、柱状节理玄武岩，夹薄层凝灰岩，其中 $P_2\beta_2^4$ 层凝灰岩厚 60～80cm，而层间错动带 C_2 沿 $P_2\beta_2^4$ 层凝灰岩中部发育，产状为 N42°～45°E，SE∠14°～17°，错动带厚度 10～60cm，平均厚约 20cm，泥夹岩屑型，遇水易软化。此外，主要地质构造还包括层内错动带LS_{3152}、LS_{3253}和断层f_{717}、f_{718}、f_{719}、f_{720}、f_{721}、f_{722}、f_{723}等。岩体以次块状结构为主，局部块状结构，围岩类别以Ⅲ$_1$类为主，占比90%左右，见图4.1-2。

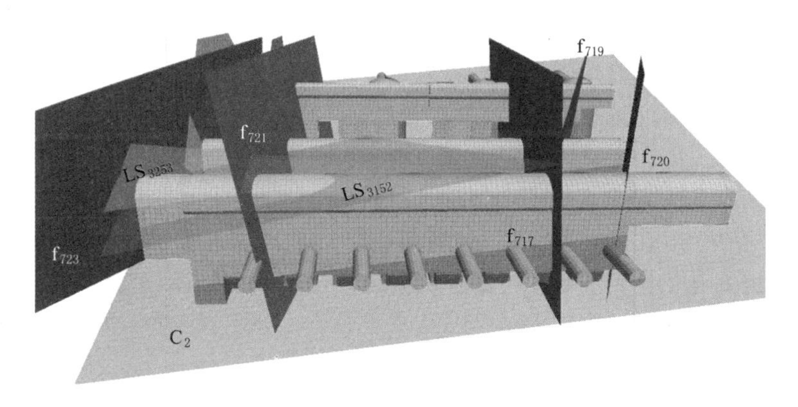

图4.1-2 白鹤滩左岸厂房洞室群主要构造分布

右岸主副厂房为单斜岩层，岩层总体产状为N40°E，SE∠15°，岩性主要为$P_2\beta_3^3$～$P_2\beta_5^1$层隐晶质玄武岩、柱状节理玄武岩、斜斑玄武岩含、杏仁状玄武岩、角砾熔岩及薄层凝灰岩。主要构造为层间错动带C_3（分上、下段）、C_{3-1}、C_4、C_5和断层F_{20}、f_{814}、f_{823}、f_{816}等。围岩类别主要为Ⅲ$_1$类，占比70%左右，局部Ⅲ$_2$类围岩，占比20%左右，见图4.1-3。

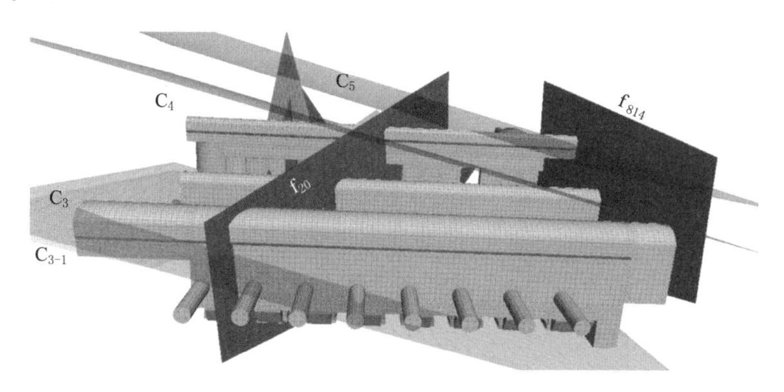

图4.1-3 白鹤滩右岸厂房洞室群主要构造分布

第2章工程区地应力研究表明，白鹤滩水电站地下洞室群围岩以构造应力为主，左岸地下厂房区原岩地应力为NW向，而右岸地下厂房区原岩初始应力受河谷下切和断块错动作用影响，最大主应力方向偏转至近NS（NNE）向，地下厂房区地应力场的总体分布特征概述如下：

（1）左岸地下厂房洞室群水平埋深达950～1050m；垂直埋深达260～330m。左岸地下厂房区高程624m处的最大主应力约为21MPa，岩体初始应力比2.16∶1.69∶1，受到河谷下切以及地表剥蚀对地应力的影响，最大主应力倾向河谷侧，倾角8°～12°。

（2）右岸地下厂房洞室群水平埋深达630～800m；垂直埋深达420～540m。右岸地下厂房区高程624m处最大主应力约为27MPa，岩体初始应力比1.75∶1.44∶1，中间主应力也倾向河谷侧，倾角0°～8°。

4.1.2 主要岩石力学问题

4.1.2.1 脆性岩体高应力破坏

我国的相关隧洞工程著作以及相关隧道设计规范在计算围岩压力时，通常根据埋深将隧洞分为浅埋隧洞和深埋隧洞（图4.1-4）。

（1）浅埋隧洞。围岩一般为地表以下一定深度范围内由原岩风化形成的坡积层或强风化壳。初始地应力场为典型的自重应力场，铅直向主应力σ_v，水平向两个主应力$\sigma_{H_{max}}$、$\sigma_{H_{min}}$满足下面的关系：$\sigma_v \geqslant \sigma_{H_{max}} \approx \sigma_{H_{min}}$，见图4.1-5。围岩对开挖过程的响应方式为大变形、坍塌、冒顶等，并且表现为结构面控制为主。围岩压力计算与结构设计可以采用应力传递原则或太沙基理论，结构主要承受上覆围岩自重，而围岩自身的承载能力较差或无自承能力。

（2）深埋隧洞。围岩基本属于山体卸荷范围外的弱风化岩体或者新鲜岩体，初始地应力场由自重应力场和构造应力场叠加而成。铅直向主应力σ_v，水平向两个主应力$\sigma_{H_{max}}$、$\sigma_{H_{min}}$满足下面的关系：$\sigma_{H_{max}} > \sigma_v > \sigma_{H_{min}}$，随着埋深的增大，$\sigma_v / \sigma_{H_{min}}$减小，并趋于1；实际上，在构造应力水平较高时，也可能出现$\sigma_{H_{max}} > \sigma_{H_{min}} > \sigma_v$的情形，如诸多西部水电工程的地下洞室。围岩对开挖卸荷过程的反应：硬岩主要表现为片帮和岩爆；软岩则表现为塑性收敛。如果支护不及时或者不合理，可能会出现围岩的渐进屈服或多序次屈服，引起所谓的“软岩大变形”；当开挖断面比较大，节理比较发育时，可能存在较大岩块的塌落。

图4.1-4、图4.1-5分别给出了一般情况下浅埋隧洞和深埋隧洞开挖后围岩的变形特征和应力特征：

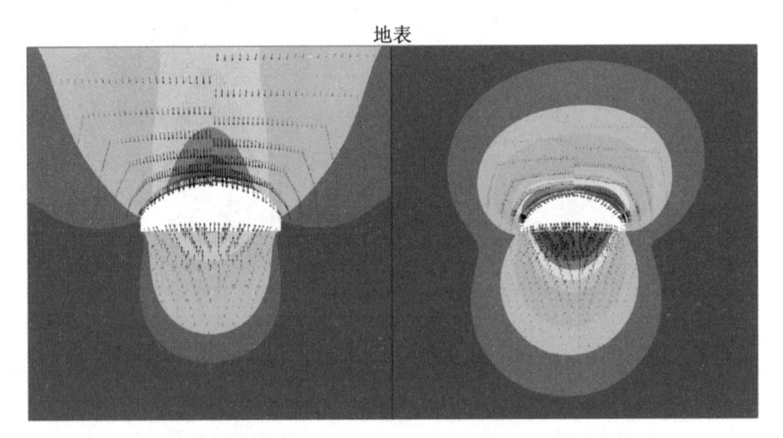

（a）浅埋隧洞变形特征　（b）深埋隧洞变形特征

图4.1-4　浅埋与深埋隧洞开挖围岩一般变形特征

（1）浅埋隧洞。在自重应力作用下，隧洞开挖后主要以顶拱的铅直向下变形为主，同时对地表的沉降有一定的影响；在隧洞开挖后顶拱和底板均主要表现为应力松弛特征。

（2）深埋隧洞。在构造应力和自重应力作用下，隧洞开挖后主要以指向临空面的变形为主要特征，在平底板的隧洞开挖断面条件下底板的变形要明显大于顶拱；深埋隧洞在开挖后在顶拱和拱脚位置形成明显的应力集中区。对于深埋隧洞，潜在的围岩稳定问题主要包括软岩大变形、高应力破坏（如片帮和岩爆）等。

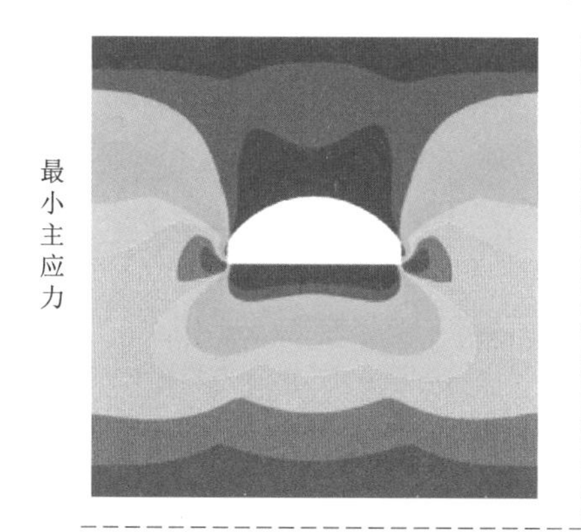

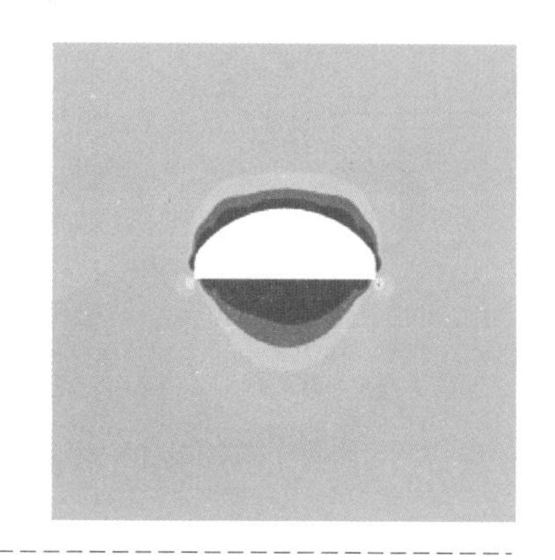

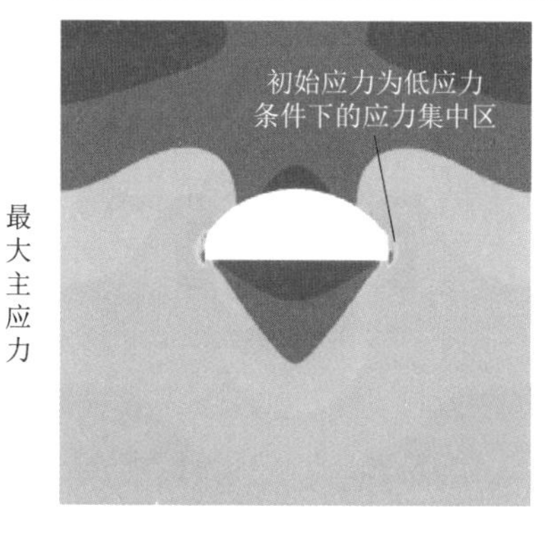

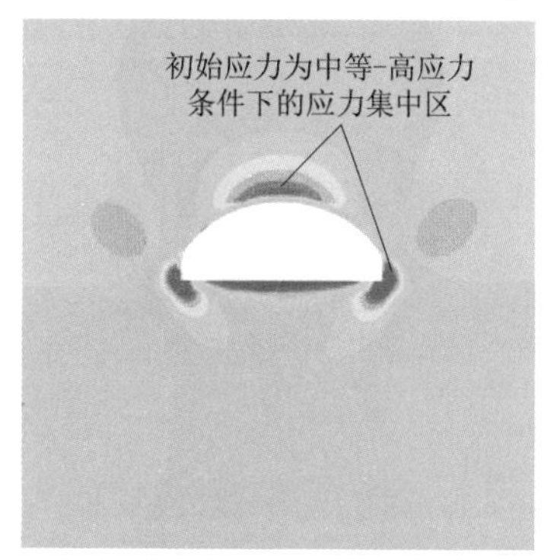

（a）浅埋隧洞最小、最大主应力特征　　（b）深埋隧洞最小、最大主应力特征

图 4.1-5　浅埋与深埋隧洞开挖围岩一般应力特征

由白鹤滩基本地质条件可知，左右岸地下厂房围岩完整性较好，岩体强度指标 GSI 一般为 50～70。除层间带等构造影响部位局部为Ⅳ类围岩外，其他洞段都为Ⅱ类、Ⅲ$_1$类和Ⅲ$_2$类围岩，且以Ⅲ$_1$类围岩比例最高。同时，玄武岩脆性特征显著且初始应力水平较高，围岩的应力强度比为 0.19～0.29，大于 0.15、小于 0.4，具备应力型破坏的发生条件（图 4.1-6），并且以中等程度的应力型破坏为主。在地下洞室群开挖过程中，广泛出现了片帮、破裂、弱岩爆等应力型破坏。

在无特殊地质条件（如结构面）因素影响下，隧洞开挖断面上最大主应力的方向决定了产生高应力破坏的位置，通常与最大主应力平行的开挖轮廓边界容易产生应力集中，从而容易产生应力型破坏。如图 4.1-7 所示，当浅埋隧洞最大主应力为铅直向时，在两侧边墙位置形成应力集中区，而当深埋隧洞开挖断面上的最大主应力为水平向时，在顶拱和底板位置容易形成应力集中区。

由于白鹤滩地下洞室群初始应力水平相对较高，存在应力型破坏的先决条件。而水平向占主导（$\sigma_{H_{max}}>\sigma_{H_{min}}>\sigma_v$）的应力分布特征，使得地下洞室的应力集中与高应力破坏风险区主要位于顶拱和直立边墙的墙角部位，加之左右岸地下洞室群初始应力都具备倾向河谷的特征，使得临江侧拱肩和非临江侧墙角围岩的应力型破坏更为突出。

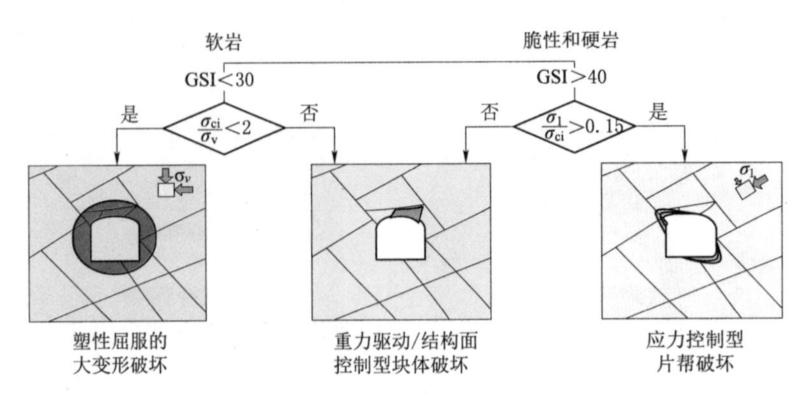

图 4.1-6 基于岩体质量和地应力条件的围岩破坏模式

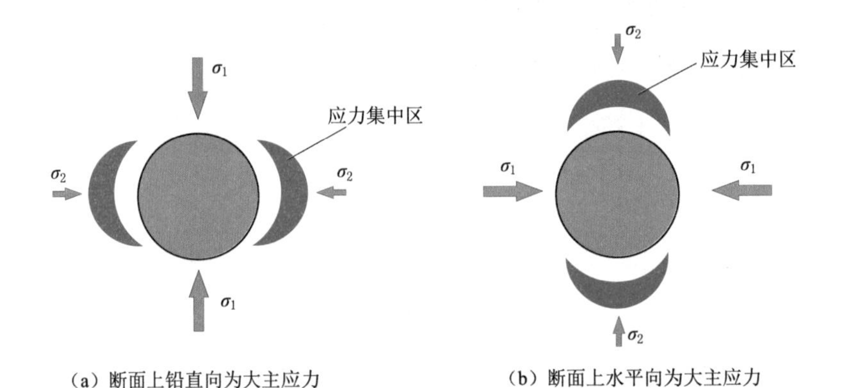

图 4.1-7 最大主应力方向与应力集中区位置示意图

总体上，白鹤滩左岸地下厂房洞室群初始应水平相对较低但应力比较大，在垂直于NW向最大主应力方向上如NE向展布的洞室易形成高应力集中并产生应力型破坏；而右岸地下厂房洞室群应力水平总体较高，不同方位洞室围岩的应力型破坏问题都较为明显，且以与NS向最大主应力近垂直的EW向展布的洞室（如PD62）更为突出。此外，考虑到层间带可能导致围岩局部应力升高与应力状态变差（主应力比升高），从而使得层间带附近的围岩应力型破坏现象更为明显。

4.1.2.2 层间带非连续变形与破坏

白鹤滩层间错动带是横贯地下洞室群的大型软弱构造，在高应力条件下，其对大型地下洞室围岩的变形稳定影响突出，且围岩的变形和破坏模式主要取决于错动带与洞室的交切关系。

当层间带切割顶拱时，层间带下盘岩体产生松弛变形，在次级结构面的辅助切割下，容易形成不稳定块体，产生坍塌破坏。如图 4.1-8 所示，导流洞顶拱受 C_2 切割，C_2 下盘岩体形成坍塌破坏。

当层间带切割高边墙时，层间带上下盘岩体产生明显的错动变形，并导致边墙松弛深度的加剧。譬如，层间错动带 C_2 是左岸厂区规模较大、贯穿性的Ⅱ级结构面，对地下厂房围岩变形有明显的控制作用（图 4.1-9）。

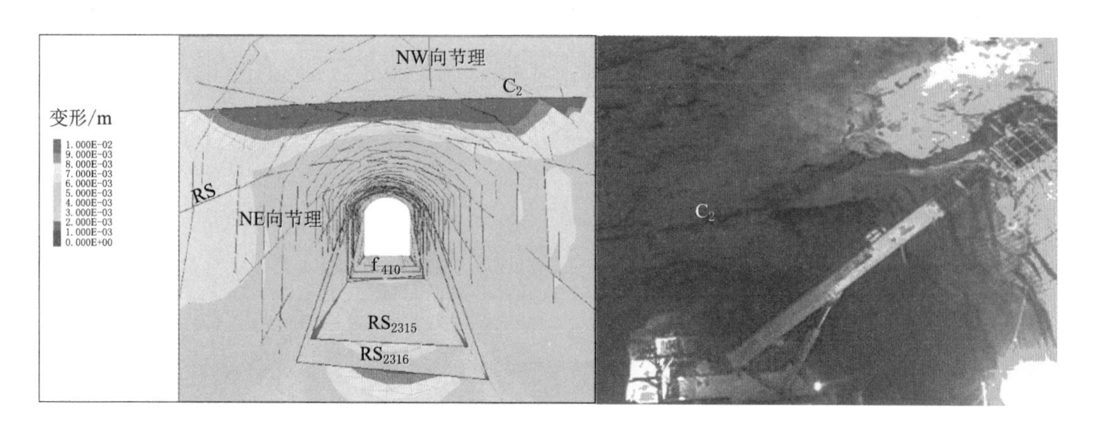

图 4.1-8 层间带切割顶拱造成的坍塌破坏

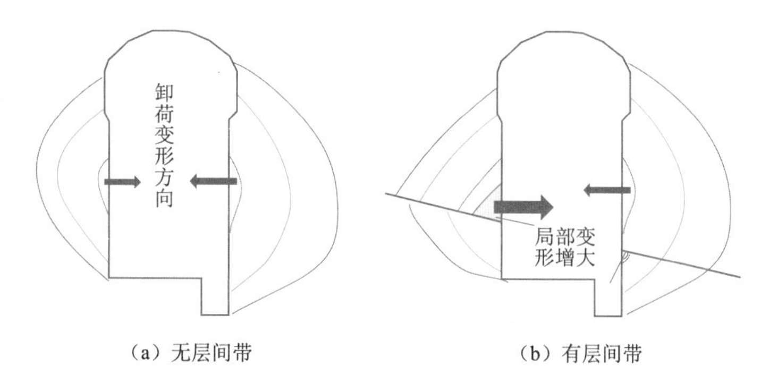

图 4.1-9 层间带切割高边墙造成的错动变形特征

C_2 对地下厂房高边墙非连续变形的影响程度主要取决于三个条件：水平向应力水平（条件 1）、边墙高度（条件 2）、层间带性质（条件 3）。下面从数值分析的角度来分析这三个主控性条件造成边墙围岩变形量和层间带错动变形量的差异，具体考虑以下几种计算工况（图 4.1-10）：

（1）地应力大小分别按照白鹤滩左岸地应力取 1.0 倍、0.8 倍、0.6 倍三种初始条件。

（2）边墙高度分别假定为 80m、60m、40m 三种情形。

（3）软弱层间带切向刚度分别取为 C_2 的 1.0 倍、1.5 倍、2.0 倍。

为了清晰的比较地应力水平、洞室边墙高度以及层间带刚度取值 3 个条件对洞室边墙围岩变形以及层间带错动影响程度的差别，表 4.1-1 汇总了不同数值模型的计算结果。图 4.1-11、图 4.1-12 给出了不同计算模型围岩变形和层间带错动变形大小的柱状图。

从层间带影响的围岩变形和自身的错动变形差别来看，对地应力最为明显，对洞室边墙高度次之，而对于层间带变形参数（在没有发生根本变化如厚度减小一半以上）相对最小。

总体上，根据白鹤滩左岸地下厂房地应力以及边墙高度的影响权重可以初步估算左岸厂房在错动带影响下的局部变形将达到 100～110mm 水平，而层间带的错动变形将达到 50～60mm。

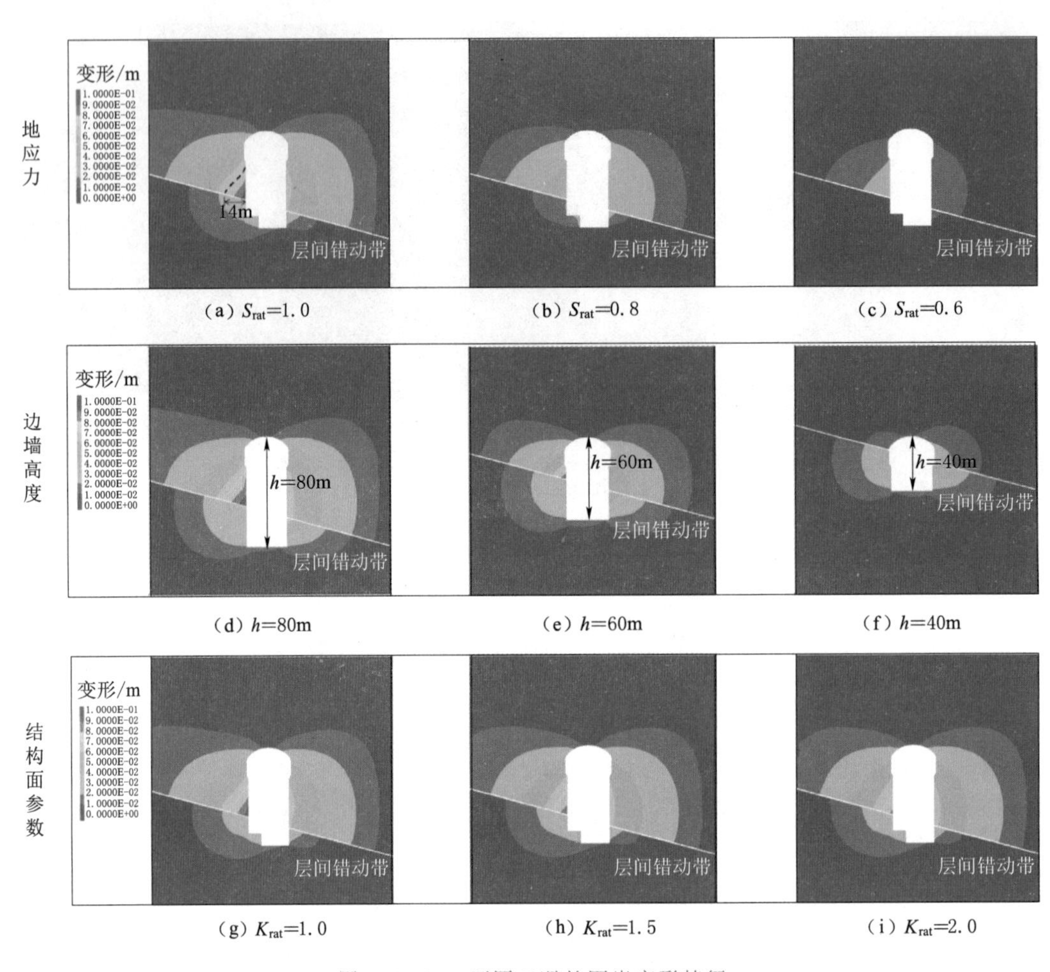

(a) S_{rat}=1.0　(b) S_{rat}=0.8　(c) S_{rat}=0.6

(d) h=80m　(e) h=60m　(f) h=40m

(g) K_{rat}=1.0　(h) K_{rat}=1.5　(i) K_{rat}=2.0

图 4.1-10　不同工况的围岩变形特征

表 4.1-1　　层间错动带变形影响因素数值计算结果汇总表

影响因素	方案编号	计算方案	最大围岩变形/mm	边墙变形大于70mm 深度/m	最大错动变形/mm	错动变形大于30mm 深度/m
地应力	1	S_{rat}=1.0	105	15	58	42
	2	S_{rat}=0.8	57/−45.7%	0/−100%	37/−36.2%	13/−69.0%
	3	S_{rat}=0.6	29/−72.4%	0/−100%	18/−69.0%	0/−100.0%
边墙高度	4	h=80m	105/−0.0%	15/−0.0%	58/−0.0%	29/−31.0%
	5	h=60m	90/−14.3%	7.2/−52.0%	48/−17.2%	15/−64.3%
	6	h=40m	53/−49.5%	0/−100.0%	28/−51.7%	0/−100.0%
结构面刚度	7	K_{rat}=1.0	105/−0.0%	15/−0.0%	58/−0.0%	42/−0.0%
	8	K_{rat}=1.5	87/−17.1%	10/−33.3%	51/−12.1%	27/−35.7%
	9	K_{rat}=2.0	83/−21.0%	8/−46.7%	48/−17.2%	21/−50.0%

注　表中“A/B”形式的数值含义：A 为绝对值，B 为计算方案 2～9 相对于方案 1 计算结果变化的百分比。

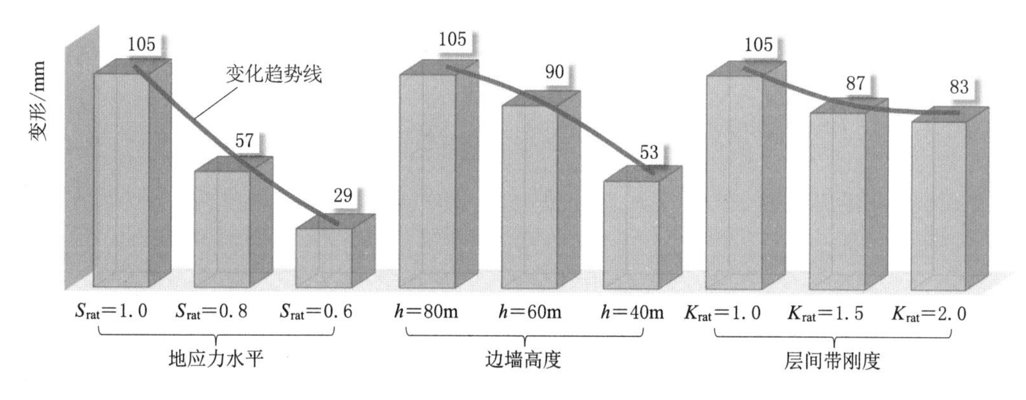

图 4.1-11　不同因素影响下围岩变形大小柱状图

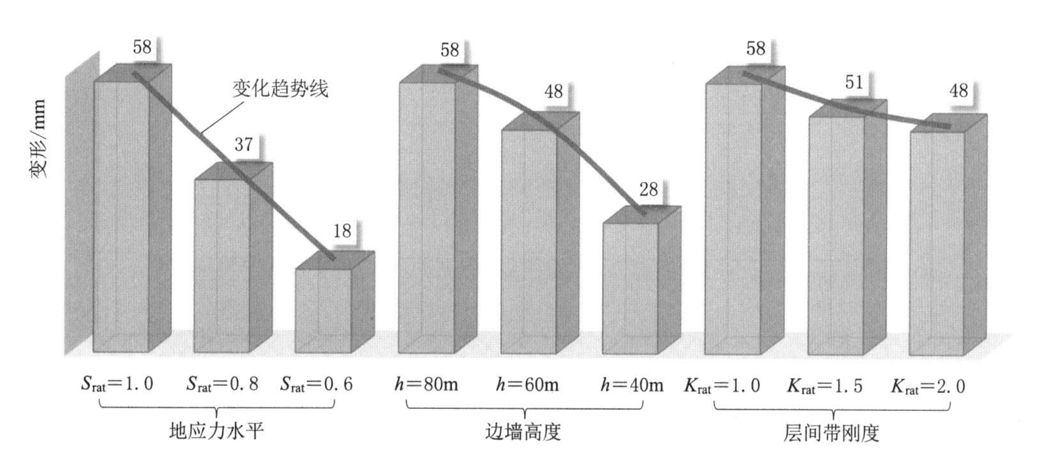

图 4.1-12　不同因素影响下层间带错动变形大小柱状图

4.1.2.3　柱状节理岩体卸荷松弛和解体破坏

结构面是控制岩体力学特性和破坏特征的基本因素，长期以来，也是阻碍岩石力学向前发展的关键性因素。柱状节理玄武岩广泛分布于白鹤滩工程岩体中，结构面对岩体力学特性不均匀性、尺寸效应、各向异性的影响普遍存在于柱状节理岩体中，致使柱状节理岩体的力学性质和破坏模式尤为复杂。

采用基于 3DEC 的综合岩体 SRM 方法直接模拟复杂的岩体结构，能够定量描述节理组对中小尺度岩体力学特性的影响，并且能够对岩体破坏机理进行直观分析。如图 4.1-13 所示，当加载方向垂直于柱轴时，岩体主要以侧向的张拉破坏为主；当加载方向斜交于柱轴时，柱体间的剪切破坏将占主导，与原位三轴试验揭示的破坏模式一致。此外，一旦柱状节理面产生破坏及贯通，柱状节理岩体将解体破坏。

柱状节理岩体作为特殊结构岩体，其岩体完整性较差，且各向异性变形和强度特征尤为突出，在高应力与层间带的组合影响下，易于产生强烈卸荷松弛（图 4.1-14），左侧边墙浅层柱体为倾倒变形，而右侧边墙浅层柱体为沿柱轴的滑动变形。

由于岩体的特性以及所处的应力状态实际上是岩体内在结构的反映，是受岩体结构所制约的，即岩体受力后变形、破坏的可能性、方式和规模是受岩体自身结构所制约的。具

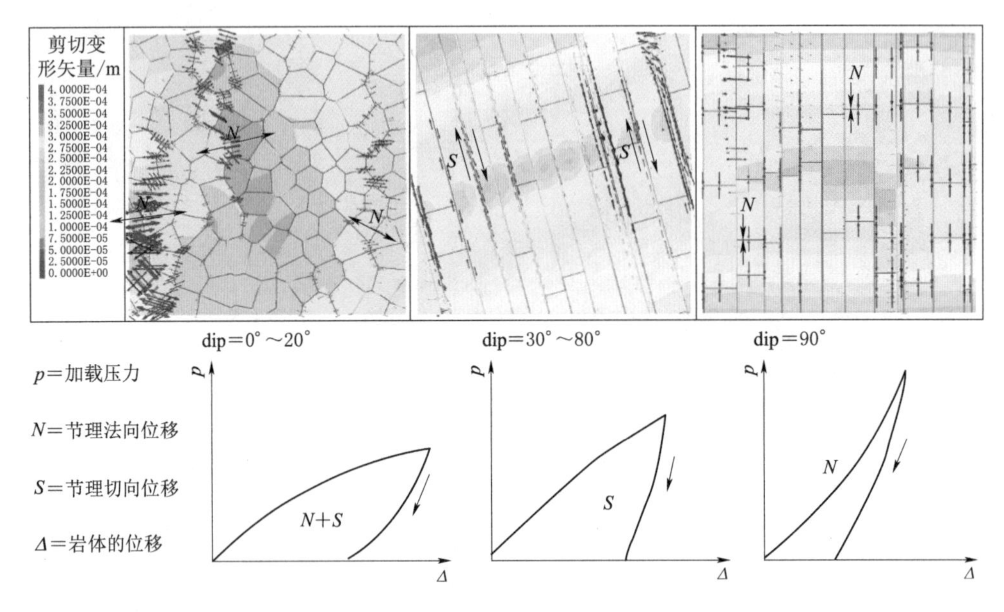

图 4.1-13　柱状节理岩体的各向异性变形破坏特征

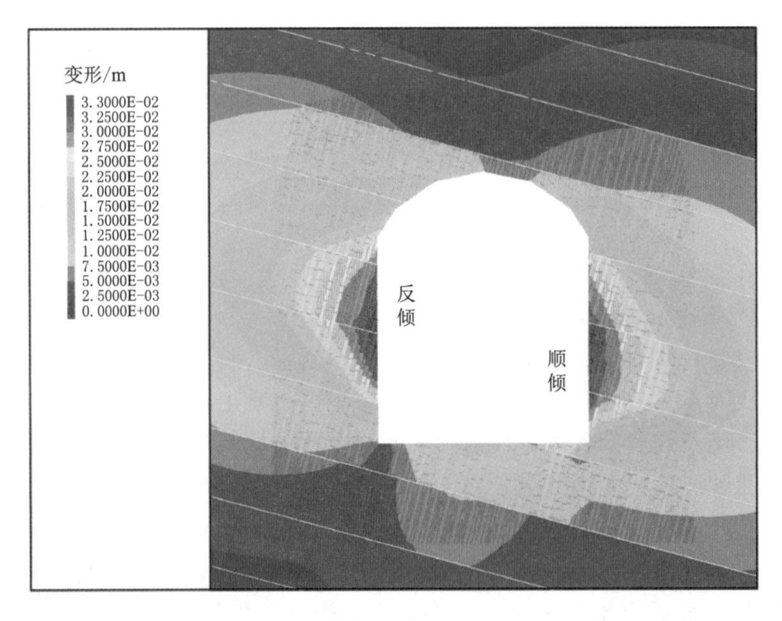

图 4.1-14　柱状节理岩体的开挖响应特征

体到白鹤滩地下厂房，直接模拟不同级别结构面，如层间带、优势节理、柱状节理等的数值模型能够表现出结构面在方向上的“优势性”引起宏观工程岩体的各向异性特征，从而能够直观地揭示结构面组合条件下围岩潜在破坏范围与方式，并且模拟所得出的破坏形式都可以在坝址区陡倾角边坡中找到相对应的现象（图 4.1-15）。

白鹤滩柱状节理岩体的另一个显著特征是柱体内部微裂隙发育，柱状节理岩体通常呈柱状镶嵌结构。因此，在高地应力条件的应力集中与卸荷过程，将使得岩体内部的微裂隙

图 4.1-15 柱状节理岩体的变形破坏模式示例

产生张剪性破坏，造成岩体的松弛，甚至解体破坏成散砾体（图 4.1-16）。

图 4.1-16 柱状节理岩体的解体破坏特征

综上可见，地下洞室群潜在的高应力、层间带和柱状节理三类岩石力学问题表现较为突出，并且也不是孤立存在的。例如，层间带影响部位的脆性玄武岩高应力集中和应力型破坏风险都会显著增强，而层间带与长大裂隙、柱状节理组合则会加剧柱状节理岩体的破裂松弛，甚至造成局部的破裂解体破坏。因此，在地下洞室群布置方案设计时，应当着重考虑决定围岩破坏方式的基本因素，主要包括岩石、结构面、地应力的综合作用“综合”是需要从系统的角度看待问题，特别是右岸应力因素对岩石和结构面特性及工程行为的影响。

4.1.3 布置优化论证过程

白鹤滩水电站可行性研究阶段综合考虑地形地质条件、枢纽布置及坝肩稳定性、边坡稳定条件、工程难度等因素，推荐中坝址为选定坝址，混凝土双曲拱坝为选定坝型。

在选定中坝址、上坝线、混凝土双曲拱坝的基础上，设计工作对泄洪、导流等建筑物布置进行了深入研究，尤其针对地下厂房拟定了首部开发、中部开发和尾部开发三种开发方式，并且通过地质条件、枢纽布置、施工条件和工程造价综合分析后，推荐地下厂房采用首部式开发方式；进而，在选定的首部式地下厂房基础上，对左右岸地下厂房的地质条件、布置条件及围岩稳定等方面进行了多方案比较。

地下洞室群布置方案是决定“整体”工程施工难度和经济投资的重要因素，布置优化的最终目标是在满足水力学要求条件下，尽量规避突出的围岩稳定问题，并且使得地下洞室群总体的岩石力学问题相对最低且在工程措施可控状态。

白鹤滩地下洞室群的推荐布置并不是一蹴而就的，而是经历了大量的优选论证过程。具体而言，在白鹤滩水电站可研前期，布置为总装机容量14004MW、左右岸各安装9台778MW水轮发电机组（即18×778MW）的三大洞室方案。该阶段的研究工作主要确定了左右岸地下洞室群的轴线和主洞室间距。随着工作的深入，结合我国能源发展战略、远景电力市场需求，单机容量扩大为1000MW，布置为总装机容量14000MW、左右岸各安装7台（并预留一台）1000MW水轮发电机组方案，分别开展了（14+2）×1000MW方案的三大洞室和四大洞室布置方案研究。该阶段重点进行了尾水调压室体型选择和优化工作，并且从围岩稳定方面进一步论证了装机容量16000MW的合理性。整个布置研究过程分别针对以下3个布置方案进行了全面研究。

4.1.3.1 18×778MW机组三大洞室方案

地下厂房采用首部开发方案布置，左右岸各布置9台机组。厂区三大洞室主副厂房洞、主变洞、尾水调压室平行布置，主变洞布置在主副厂房洞下游侧，引水隧洞采用单机单管供水，尾水系统3台机组合用一尾水洞，左、右岸各布置3条尾水隧洞，其中每岸各2条结合导流洞布置。

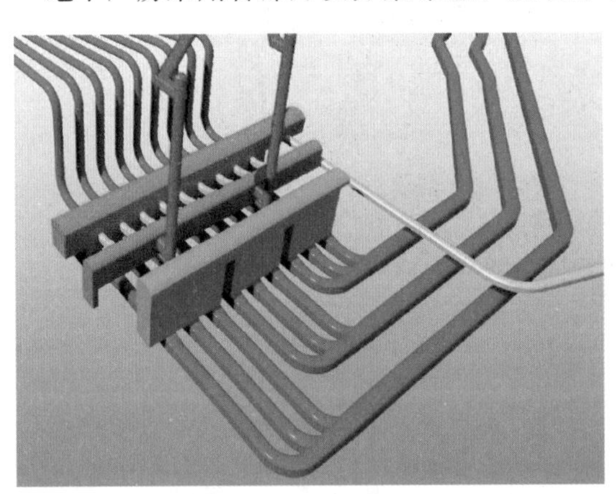

图4.1-17 18×778MW机组三大洞室方案布置图（以右岸为例）

18×778MW机组三大洞室方案布置图见图4.1-17，主副厂房洞室长439m、高78m，吊车梁以上宽度为32.2m、以下为29m。机组安装高程579.2m，厂房顶拱高程628.8m，发电机层高程598.1m，尾水管底板高程550.8m；主变洞洞长366m、宽20.5m、高33.2m。主变洞顶拱高程630.8m，底板高程597.6m。尾水调压室采用长廊型，长311m，顶拱开挖跨度28.5m，下部开挖跨度26.5m，开挖高度为88.42m。尾调室高88.42m，顶拱高程655.42m，底板高程567m。

4.1.3.2 （14+2）×1000MW机组三大洞室方案

（14+2）×1000MW机组三大洞室方案地下洞室群布置格局与18×778MW机组方案

基本相同，主厂房和主变洞的型式不变，尾水调压室采用圆筒型。

左、右岸引水发电系统的布置格局相同。地下厂房采用首部开发方案布置，左、右岸各布置7台（并预留一台）1000MW立式水轮发电机。引水隧洞采用单机单洞竖井式布置；尾水系统采用2机或3机对应一条尾水隧洞的布置，洞机组合方式为2+3+3（从河道上游至下游），左、右岸各布置3条尾水隧洞，其中靠河侧的2条尾水隧洞可利用导流洞改建而成。左、右岸在主变洞下游对应各布置3个尾水调压室。

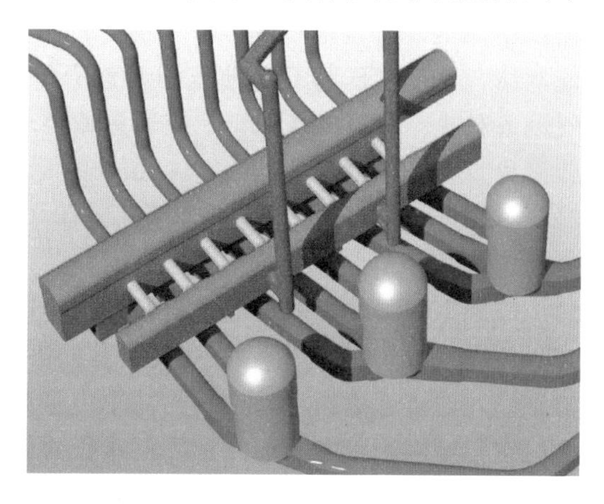

图4.1-18 （14+2）×1000MW机组三大洞室方案布置图（以右岸为例）

（14+2）×1000MW机组三大洞室方案布置见图4.1-18，主副厂房洞长434m、高86.7m，岩梁以下宽31.0m，岩梁以上宽34.0m。主变洞布置在主厂房的下游侧，主变洞总长378.4m、宽21m、高39.5m。尾水调压室采用圆筒型，1号～6号尾水调压室尺寸分别为54（57）m、59（62）m、56（59）m、54（57）m、57（60）m、53（56）m［大井直径（上室直径）］，调压室直墙开挖高度93m。

4.1.3.3 （14+2）×1000MW机组四大洞室方案

与三大洞室方案一致，电站总装机容量16000MW，左、右岸地下厂房各布置8台1000MW立式水轮发电机。厂区主要洞室主副厂房洞、主变洞、尾水管检修闸门室、尾水调压室平行布置。引水系统采用单机单管供水，尾水系统采用两机合用一条尾水隧洞，左、右岸各布置4条尾水隧洞，其中左岸3条尾水隧洞结合导流洞布置，右岸2条尾水隧洞结合导流洞布置。（14+2）×1000MW机组四大洞室方案布置见图4.1-19。

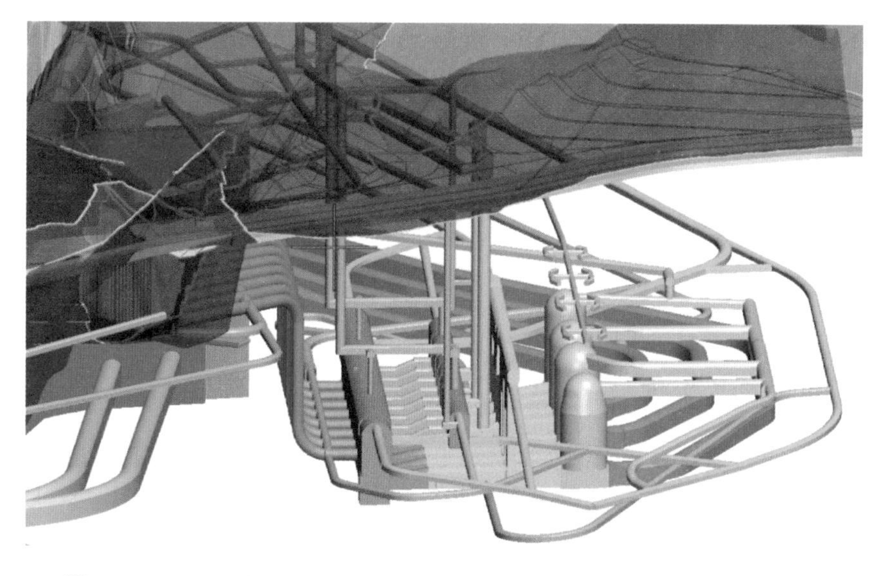

图4.1-19 （14+2）×1000MW机组四大洞室方案布置图（以右岸为例）

（1）主副厂房洞。考虑运行、维护和管理等因素，根据工程经验，主副厂房洞按“一”字形布置，从南至北依次布置副厂房、辅助安装场、机组段和安装场。左、右两岸厂房内部布置基本相同。机组段从南至北安装8台1000MW水轮发电机组及其他机电设备，第一台发电机组（1号机组）布置在副厂房侧，对应靠山体侧尾水隧洞不与导流洞结合，发电日期不受导流洞改建影响。参考已建工程经验，综合机组特征参数、电气设备布置、起吊设备选型、交通运输要求和洞室衬砌结构型式等因素，确定主副厂房洞断面尺寸为：主副厂房洞长438m（左岸）、434m（右岸），高86.7m，岩梁以下宽为31m，以上宽为34m，机组安装高程570.00m，厂房顶拱高程624.60m，尾水管底板开挖高程537.90m。

（2）主变洞。根据机电设备布置、交通运输等需要，确定主变洞断面尺寸：主变洞长368m、宽21m、高39.5m，主变洞顶拱高程628.90m，底板高程589.40m。

（3）尾水管检修闸门室。为减小尾水调压室尺寸，借鉴类似工程经验，将尾水管检修闸门室与尾水调压室分离布置。尾水管检修闸门室布置在主变洞与尾水调压室之间，其断面尺寸为：长374.5m，直墙高30.5～31.5m，吊车梁以上宽15m和12.1m，以下宽12.1m和9.1m，闸门室顶拱高程667.50m，检修平台高程为633.00m，高程633.00m以下为闸门井，闸门井高75m。

（4）尾水调压室。尾水调压室布置在尾水管检修闸门室下游侧，二机共用一室，经比选，采用圆筒型阻抗式。为满足机组稳定运行及调压室内的水力条件，通过调压室稳定面积计算和各种工况的涌浪分析，确定尾水调压室断面尺寸。左岸1号～4号尾水调压室直径分别为49m、47.5m、45.5m、43m，高度分别为103.65m、103.07m、102.3m、105.33m；右岸5号～8号尾水调压室直径分别为48m、47m、45m、42m，高度分别为103.65m、95.88m、91.10m、96.45m，右岸6号和7号尾水调压室在其下游侧结合通气洞设置上室，6号尾水调压室上室过水断面尺寸12m×17.5m（宽×高），长196.5m；7号尾水调压室上室过水断面尺寸12m×16.5m（宽×高），长314.0m。

总体上，由于白鹤滩左、右岸地下厂房洞室群围岩地质条件较为复杂，且高应力、层间带和柱状节理等因素影响突出，因此，最终的推荐布置方案（图4.1-20）体现了个性设计特点，比如，圆筒型尾水调压室的穹顶即采用了圆弧形、半圆形和流线形三种体型，且穹顶高程和上室尺寸与轴线也不尽相同，这也是布置优化的成果。

以下将以不同的布置方案为例，介绍整个地下厂房洞室群布置选择、间距论证、体型优化等方面的代表性工作。

4.2 左岸轴线布置选择

左岸进水口下游布置有泄洪洞，上游河道边坡较陡，地形凸向河道，可移动的范围有限。左岸厂房区岩流层倾向右岸偏上游，从山体到岸边的岩层依次为$P_2\beta_2^3$、$P_2\beta_3^1$、$P_2\beta_3^2$及$P_2\beta_3^3$，其中靠山体一侧的$P_2\beta_2^3$层为二类柱状节理玄武岩，厚20～25m，$P_2\beta_2^3$顶部的$P_2\beta_2^4$为厚约1m的凝灰岩，层间错动带C_2沿$P_2\beta_2^4$凝灰岩中部发育，遇水易软化，性状较差。靠岸边一侧的 $P_2\beta_3^{2-2}$ 为第二类柱状节理玄武岩，其上部 $P_2\beta_3^3$ 为柱状节理最为发育的一类柱状节理玄武岩。

层间错动带 C_2 倾角缓，性状较差，对大型地下洞室顶拱的稳定影响较大，柱状节理对大型地下洞室高边墙的稳定影响较大，因此，三大洞室的顶拱应尽量避开层间错动带 C_2，同时应尽量减少柱状节理玄武岩在地下洞室高边墙部位的出露范围。由于地下厂房洞室群规模较大，厂区主要洞室不可能完全避开厂区不利地质构造，综合考虑地形地质条件、枢纽布置等因素，初拟三大洞室的顶拱布置在层间错动带 C_2 上盘，厂房和进水口距离 260～600m，垂直埋深 250～400m。

在枢纽布置格局基本确定后，左岸进水口布置在泄洪洞与上游 NW 向陡崖之间，位置调整的范围有限，方位角宜为 N23°E～N32°E。

左岸厂区最大水平地应力的方向为 NW 向，厂房轴线方向选择为 NW 向与地应力的夹角较小，有利于减小地应力释放对围岩稳定的影响。但由于进水口轴线方向为 NE 向，厂房轴线选为 NW 向，与进水口轴线近似垂直，引水、尾水洞布置十分不顺。同时厂区 N55°W 方向陡倾角节理最为发育，与 NW 厂房轴线夹角较小，对围岩稳定不利。考虑到左岸厂房埋深相对较浅，地应力量级相对较小，厂房区探洞的片帮强度明显弱于右岸，总体不严重，故左岸厂房轴线选择应重点考虑枢纽布置和地质构造（尤其是层间带 C_2）的影响。

厂房纵轴线选为 NE 向，引水道与尾水系统布置较顺畅。依据输水建筑物布置，左岸厂房轴线初拟 N5°E、N20°E、N35°E、N50°E、N65°E、N80°E 共 6 个方案，各方案厂房洞室的相对位置及与探洞的关系见图 4.2-1。其中 N5°E 引水管道需要偏转一定的角度进入厂房，且尾水洞的转弯角度也较大，引水发电系统布置不顺畅。N35°E 和 N50°E 方案水流顺畅，但厂房轴线与岩流层产状（N42°～45°E）近乎平行，层间、层内错动带尤其是 LS_{3152} 对厂房顶拱围岩稳定不利，且 N35°E 向的 PD61-5 片帮相对强烈，表明这两个方案厂房洞室围岩稳定性较差，所以，N5°E、N35°E 和 N50°E 三个方案均存在明显缺陷，不参加进一步方案比较。

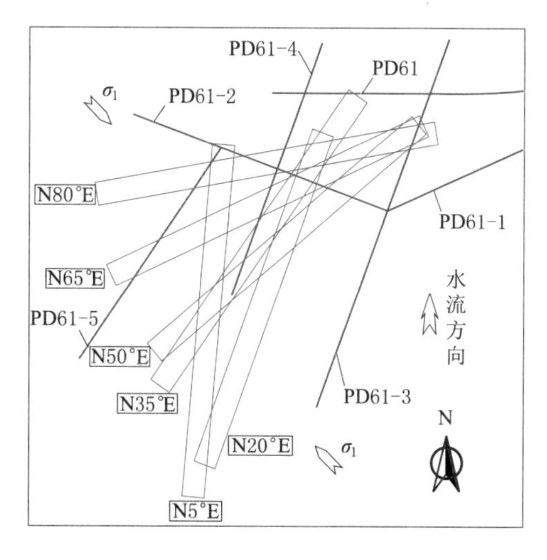

图 4.2-1　左岸厂房轴线主要比较方案布置示意图

以下综合考虑引水发电建筑物布置和地质构造情况，对厂房轴线方案 1（N20°E）、方案 2（N65°E）和方案 3（N80°E）进行深入比选研究。

4.2.1　枢纽布置条件比较

方案 1（N20°E）。厂房距进水口约 320m，厂房轴线与进水口近似平行，与河道夹角较小。压力管道上平段长 196～212m，引水系统布置对称顺畅；尾水洞长 1371～1789m，洞线较长，尾水主洞转弯角度较大，尾水调压室开挖跨度28.5m。

方案2（N65°E）。厂房距进水口320～520m，厂房轴线与进水口夹角较大，与河道夹角也较大。压力管道上平段长199～347m，洞线较长，同时引水系统布置对称性较差；尾水洞长1096～1405m，洞线缩短，尾水主洞转弯角度减小，布置顺畅；尾水调压室开挖跨度27m。

方案3（N80°E）。厂房距进水口265～585m，厂房轴线与进水口夹角很大，与河道夹角几乎垂直。压力管道上平段长219～448m，洞线长，机组调节性能变差，同时引水系统布置对称性差；尾水洞长1023～1280m，洞线较短，同时转弯角度较小，布置顺畅；尾水调压室开挖跨度27m。

综上所述，方案1的引水系统最短，布置对称顺畅，但尾水系统较长，转弯角度较大；方案2的尾水系统转弯角度比方案1有所改善；方案3的尾水系统转弯角度较小，布置顺畅，但厂房轴线与进水口夹角较大，引水洞线长，布置对称性差，降低了机组调节性能。因此，从枢纽布置条件方面综合考虑，方案1和方案2较优。左岸厂房位置及轴线选择比较方案主要工程特性见表4.2-1。

表4.2-1　　左岸厂房位置及轴线选择比较方案主要工程特性

比较方案		方案1	方案2	方案3
枢纽布置条件	厂房轴线方向	N20°E	N65°E	N80°E
	厂房垂直埋深/m	285～345	270～325	310～360
	进水口轴线方向	N23°E	N32°E	N27°E
	厂房到进水口距离/m	320	320～520	265～585
	厂房轴线与进水口轴线夹角/(°)	3	33	53
	引水洞长度/m	434～449	456～604	477～706
	尾水调压室跨度/m	28.5	27	27
	尾水洞长/m	1371～1789	1096～1405	1223～1280
	尾水主洞转弯角/(°)	26	0	0

4.2.2 地质条件比较

三个方案主要洞室均避开了第一类柱状节理。$P_2\beta_3^{2-2}$第二类柱状在各方案洞室中出露的部位和范围有所不同。方案1（N20°E）在主厂房上游侧局部顶拱和尾水调压室下部边墙出露；方案2（N65°E）在主厂房底部和尾水调压室中下部边墙出露；方案3（N80°E）在主厂房中下部和尾水调压室中部边墙。比较而言，方案1中柱状节理的出露范围相对较小。左岸厂房位置及轴线选择比较方案主要工程地质条件见表4.2-2。

总之，三个方案与厂区主要陡倾角结构面及优势裂隙发育方向的交角均较大，对围岩稳定较为有利。三个方案与厂区最大主应力方向的交角也均较大，不利于围岩稳定，但左岸地应力量级相对较小，厂房区探洞的片帮强度明显弱于右岸，总体不严重。但左岸厂区层间错动带C_2倾角缓、性状较差，对大型地下洞室的围岩稳定有一定的影响，各方案出露的部位不同（图4.2-2），其影响的程度随之不同。

表 4.2-2　　左岸厂房位置及轴线选择比较方案主要工程地质条件

比较方案		方案1	方案2	方案3
地质条件	围岩概况	Ⅱ类为主		
	主洞室与层间错动带 C_2 的交切关系	C_2 斜切主厂房下部边墙和尾水调压室中部边墙	C_2 斜切厂房和尾水调压室中上部边墙，影响岩梁部位	C_2 斜切主厂房及尾水调压室顶拱
	厂房与Ⅱ类 $P_2\beta_2^{2-2}$ 柱状节理密集带关系	主厂房上游侧顶拱局部范围和尾水调压室下部边墙出露柱状节理密集带	主厂房底部和尾水调压室中下部边墙出露柱状节理密集带	主厂房中下部和尾水调压室中部边墙出露柱状节理密集带
	与小断层夹角/(°)	80	55	40
	与优势裂隙组夹角/(°)	75	60	45
	厂房轴线与初始最大主应力方向的夹角/(°)	较大（50～70）	较大（65～85）	较大（50～70）

方案1（N20°E）C_2 层间错动带斜切主厂房北端5个机组段（安装场侧）下部边墙，斜切尾水调压室中部边墙。方案2（N65°E）C_2 层间错动带斜切主厂房中上部边墙、尾水调压室中上部边墙，贯穿整个主厂房及尾水调压室边墙，C_2 层间错动带在主厂房洞室出露的范围大，且斜穿主厂房洞室岩梁部位，对主厂房洞室的围岩稳定和岩梁结构均有较大的影响。方案3（N80°E）C_2 层间错动带斜切斜穿主厂房及尾水调压室顶拱及中上部边墙，对主厂房及尾水调压室顶拱、边墙围岩稳定及岩梁结构均有较大的影响。总体上，方案1（N20°E）中 C_2 层间错动带位于主厂房洞室局部机组的下部，对围岩稳定的影响较小，明显优于方案2（N65°E）及方案3（N80°E）。

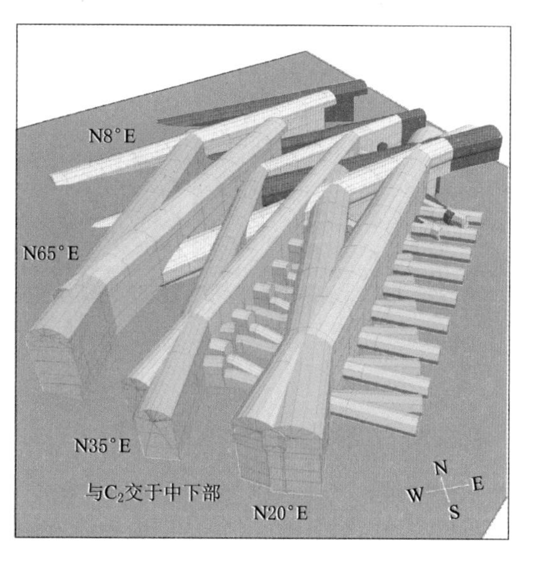

图 4.2-2　不同方案中主洞室与 C_2 的交切关系

4.2.3　各比较方案三大洞室围岩变形分析

以上从枢纽布置条件和地质条件方面进行了定性分析，而数值模拟将有助于开展定量比较。图 4.2-3 给出了左岸3个轴线布置方案主洞室的变形分布特征。

方案1（N20°E）。C_2 在厂房局部机组边墙的下部和尾水调压室的中下部出露，主厂房顶拱、边墙受 C_2 影响较小，仅在南端下游边墙部位的浅层围岩和洞室底部的4个隔墩产生较大变形（大于60mm的深度约为8m）；尾水调压室的 C_2 出露于变形量级本身较大的高边墙中部，因此在下游边墙的 C_2 上方和上游边墙的 C_2 下方加大了局部大变形量级和范围，但隔墙对限制高边墙的变形仍起到了较为显著的效果。

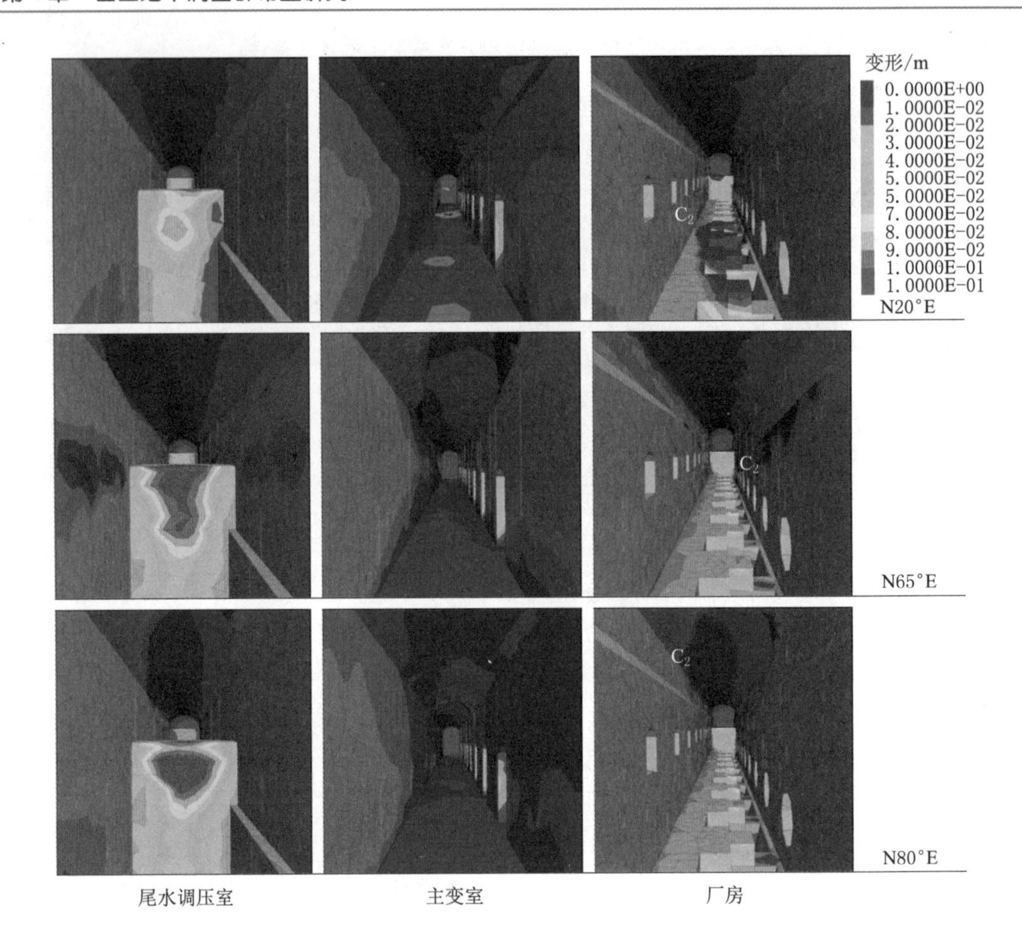

图 4.2-3 左岸 3 个轴线布置方案主洞室的变形分布特征

方案 2（N65°E）。层间错动带 C_2 在厂房和尾水调压室的中上部及局部顶拱出现，厂房上游边墙本身为变形较大的区域，在受 C_2 影响后，变形增大值一般在 25mm 左右，使得变形量最大达 140mm；该方案存在的另一个重要问题是大变形区域接近岩壁吊车梁位置，对岩梁成型及稳定安全度不利；主变室顶拱受 C_2 切割底面产生了较为严重的大变形；尾水调压室的 C_2 切割边墙的较高部位及近顶拱部位，C_2 除了引起南端顶拱的局部变形量增大外，其作用仍然是加剧了边墙的大变形。

方案 3（N80°E）。C_2 斜切主厂房中上部边墙并斜穿主厂房顶拱，斜切尾水调压室上部边墙及顶拱，致使 C_2 附近顶拱位移较大，厂房及尾水调压室均存在顶拱失稳风险。

比较而言，方案 3（N80°E）导致的围岩稳定问题相对最严重。

总体上，左岸地下厂房的一个重要特点是大变形（接近 100mm 的量级）都位于 C_2 附近，C_2 引起的变形增大量值一般为 20～35mm，其他部位的变形量多在 60mm 的量级水平内。

为了揭示 C_2 对围岩变形稳定的整体影响，数值模拟工作考虑 C_2 与不考虑 C_2 的对比计算，结果见图 4.2-4：不考虑 C_2 影响条件下，若轴线与最大主应力交角越大，大于 60mm 的量级的变形体积量则越大，体现出了地应力制约的一般特征，即以 N65°E 略大。

整体上，在不考虑 C_2 的情况下，围岩的绝对变形量一般不足以导致围岩整体失稳，可以说围岩局部变形稳定问题主要是受 C_2 的影响，因此，需要重点关注 C_2 引起的局部变形量级的增量及体积增量等特征。

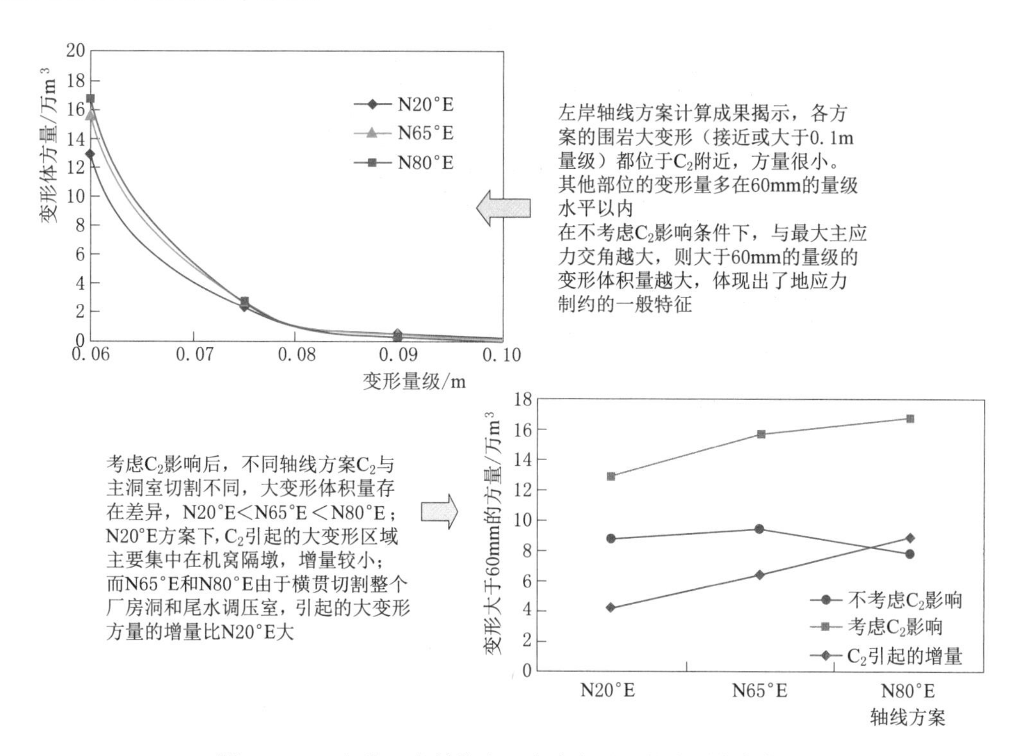

图 4.2-4　左岸 3 个轴线布置方案主洞室的变形分布特征

如图 4.2-4 右下图所示，考虑 C_2 影响后，由于 C_2 与不同轴线方案切割不同，造成的大变形体积的增量也不相同。其中 N20°E 方案下，C_2 引起的大变形区域主要集中在机窝隔墩，大变形体积增量相对较小；而 N65°E 和 N80°E 方案由于 C_2 横贯切割整个厂房洞和尾水调压室，C_2 后引起的大变形体积方量增量较大。整体而言，N20°E 方案更有利于控制主要层间带 C_2 造成的围岩变形稳定问题。

4.2.4　各比较方案三大洞室围岩块体分布特征

由于左岸厂房洞室埋深较小，地应力量值相对较小，地下厂房洞室围岩主要破坏形式为结构面控制型破坏。为适应左岸岩体结构面型破坏特征，分析采用 3DEC 软件，根据目前随机结构面的勘探与统计结果，建立能够反映含优势随机节理裂隙的工程岩体非连续性各向异性特征的模型，如图 4.2-5 所示，对方案 1（N20°E）、方案 2（N65°E）及方案 3（N80°E）进行块体分析。

图 4.2-6、图 4.2-7 分别给出了 3 个不同轴线方案厂房和尾水调压室潜在的不稳定块体分布，方案 1（N20°E）厂房上下游的潜在不稳定块体相对较少，分布也比较随机，而当轴线偏向方案 2（N65°E）及方案 3（N80°E）时，潜在的不稳定块体有较显著的增加。

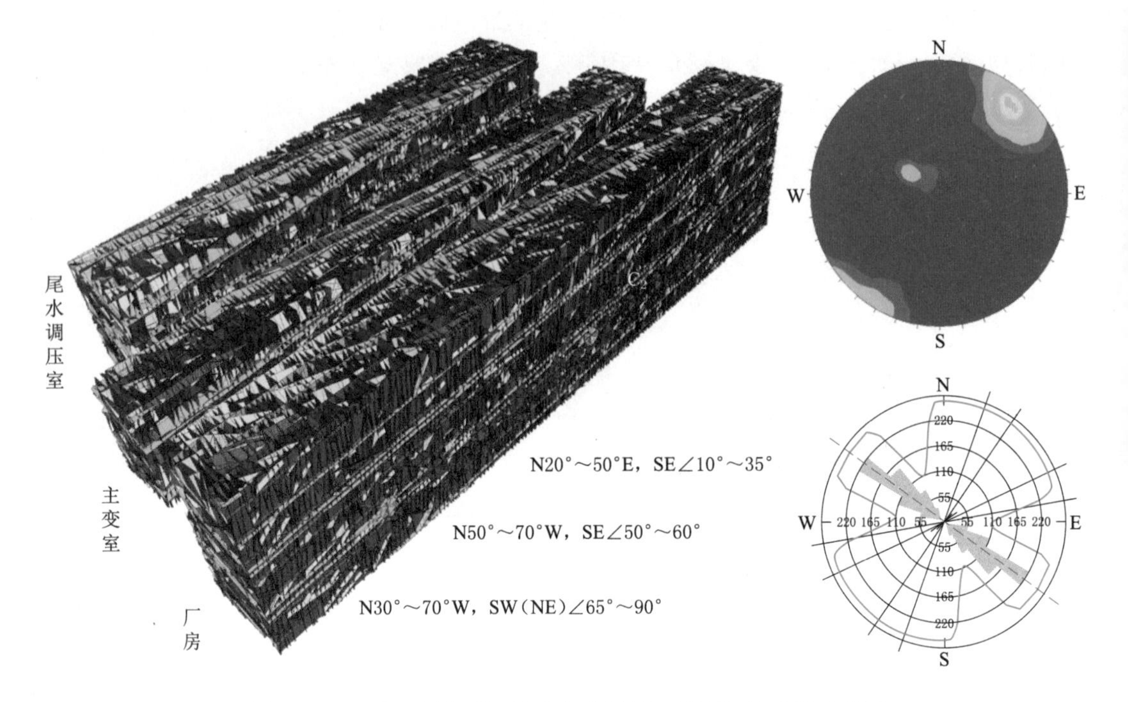

图 4.2-5　地下厂房不同轴线方案下块体模型计算成果示意图

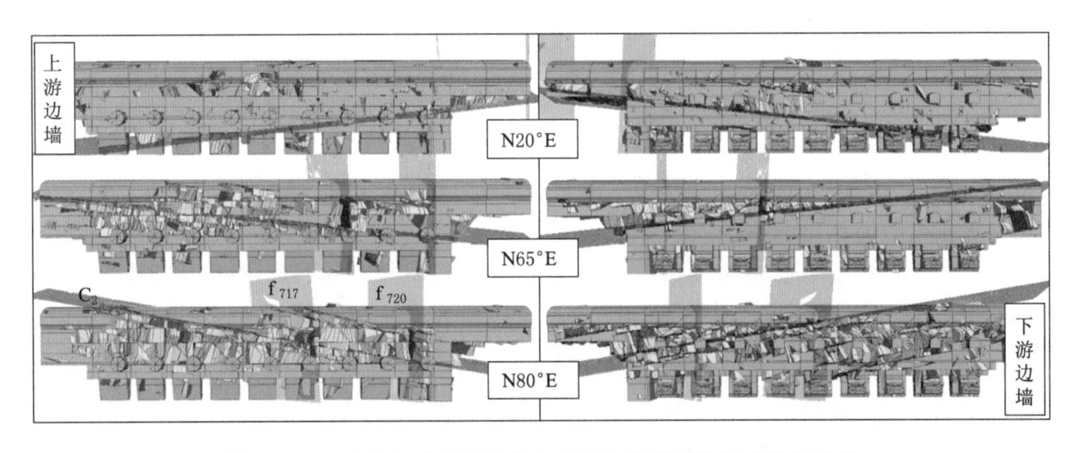

图 4.2-6　地下厂房不同轴线方案下块体模型计算成果示意图

总体上，当厂房轴线方位偏向 NEE 方向时，随机节理切割的块体稳定性降低，受到其他结构面如 C_2 和断层组合影响以后，更容易导致失稳。如图 4.2-8 所示，方案 1（N20°E）厂房上下游的潜在不稳定块体相对较少，当轴线偏向方案 2（N65°E）及方案 3（N80°E）时，潜在的不稳定块体有较显著的增加，受到其他结构面如 C_2 和断层影响以后，更容易导致失稳，C_2 性状弱化后的敏感性分析也表明方案 1（N20°E）更具优势。此外，尽管 N35°E 的潜在不稳定块体相对较少，但由于轴线与岩层分析平行，层内带 LS_{3152} 等导致顶拱范围潜在的大变形和不稳定块体相对较多，这是不重点比选与推荐 N35°E 轴线方案的根本原因。

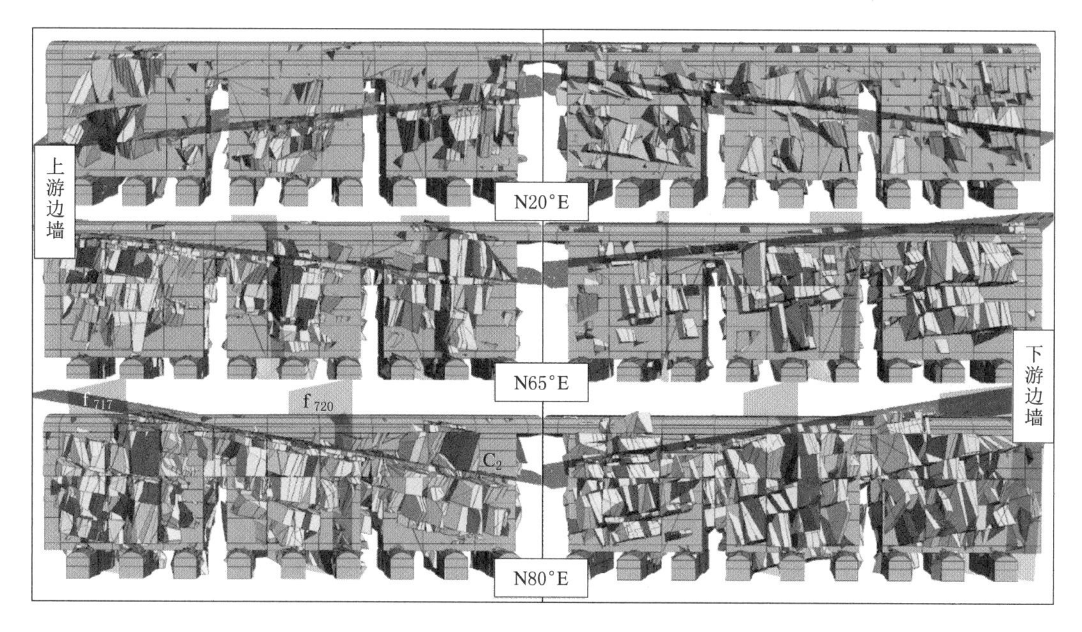

图 4.2-7 尾水调压室不同轴线方案下块体模型计算成果示意图

此外，从分析计算结果可以看出，浅层岩体尤其是近开挖面部位围岩变形受 C_2 与随机节理裂隙组合的影响较大，深层岩体在 C_2 性状弱化后仍有较高的安全系数，说明即使在 C_2 性状合理弱化的情况下，洞室围岩也不存在大面积整体失稳的可能。选择合适的洞室间距，并且对浅层岩体采取适当的加固措施后，可以保证左岸厂房洞室群的围岩稳定。

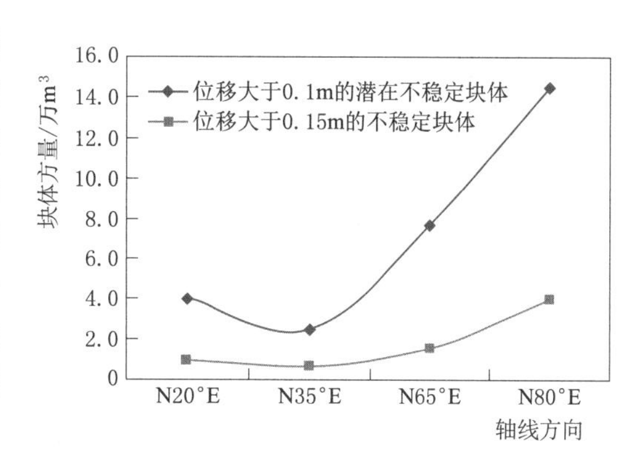

图 4.2-8 左岸不同轴线主洞室的块体分布特征

4.2.5 左岸厂房位置及轴线方案比较结论

方案 2（N65°E）中层间错动带 C_2 斜切主厂房中上部边墙、尾水调压室中上部，且影响主厂房岩梁部位与其他构造组合，对厂房围岩稳定性不利，数值分析成果表明，受 C_2 的影响，主厂房洞室边墙中部围岩变形较大，最大达 140mm。

方案 3（N80°E）中层间错动带 C_2 斜切斜穿主厂房及尾水调压室顶拱及中上部边墙，对主厂房及尾水调压室顶拱、边墙围岩稳定及岩梁结构均有较大的影响，数值分析成果表明，顶拱受 C_2 切割部位的位移较大，存在顶拱失稳风险。

总体上，方案 1（N20°E）由于层间错动带 C_2 在厂房下部局部机组范围出露，对厂房洞室围岩稳定的影响相对较小，枢纽布置条件也较为顺畅，综合比较分析，推荐方案 1（N20°E）为左岸地下厂房轴线方向。

4.3 右岸轴线布置选择

与左岸类似地，在右岸地下厂房位置基本确定的前提下，综合考虑枢纽布置、厂区地质条件等因素，拟订可行的厂房轴线比选方案。枢纽布置方面主要考虑进水口、压力管道、尾水洞布置，注重缩短引水隧洞长度、优化输水系统布置角度，使输水系统布置尽量顺畅，避免与泄洪洞、导流洞等建筑物布置产生干扰。由于右岸地应力水平相对较高且同时发育层间错动带 C_3、C_{3-1}、C_4、C_5 和 F_{20} 等构造，因此，在枢纽布置可行的条件下，尽量使厂房轴线与主要构造大角度相交，与最大主应力小角度相交，以降低厂区主要不利地质构造及初始地应力场对地下厂房洞室群围岩稳定的影响。

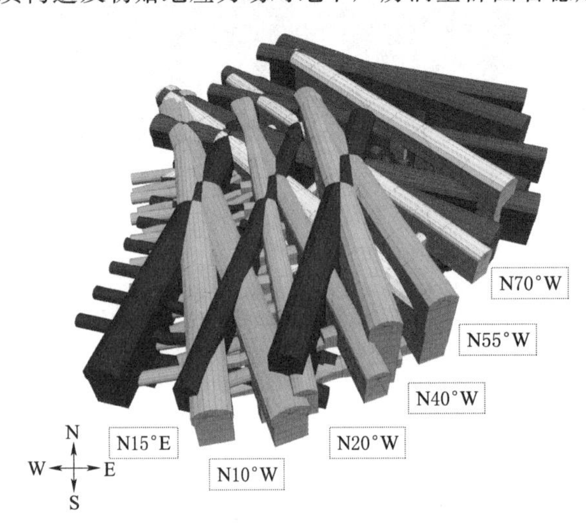

图 4.3-1　右岸 6 个不同轴线的布置方案示意图

依据输水建筑物布置，右岸厂房轴线可选的范围为 N5°E～N70°W，初拟 N5° E、N10° W、N20° W、N40° W、N55°W、N70°W 共 6 个方案。各方案厂房洞室的相对位置以及与探洞的关系见图 4.3-1。

由于右岸最大主应力一般为 25～27MPa，地应力量值较高，呈现 NS 至 N20°E 向，N55°W 和 N70°W 方案厂房洞室轴线与主应力方向夹角大，对高边墙围岩稳定不利。右岸厂区勘探平洞片帮现象也表明，平洞轴线方向从南北向向东西向偏转时，平洞片帮现象逐渐增强，N80°E 向的 PD62-2 和近 EW 向的 PD62 主洞中片帮最强烈，N65°W 向的 PD62-1 探洞片帮现象明显强于 N10°W 向的 PD62-3 及 PD62-4 支洞。同时，右岸进水口受地形条件的制约，其轴线不可能随厂房轴线方向同步调整，N55°W 和 N70°W 方案厂房轴线与进水口轴线夹角较大，导致引水管道较长，且内外两侧的引水管道长度差异较大，引水发电建筑物布置不理想，因此，N55°W 和 N70°W 方案不参与进一步的方案比较。

综合考虑枢纽布置、地应力方向，拟订右岸厂房位置及轴线选择的重点比较方案为方案 1（N5°E）、方案 2（N10°W）、方案 3（N20°W）、方案 4（N40°W）。

4.3.1 枢纽布置条件比较

在枢纽布置格局基本确定后，右岸进水口布置在拱坝与马脖子山之间，布置上受大寨沟制约，进水口位置选择的范围不大，方位角宜为 N33.5°W～N40.5°W。

方案 1（N5°E）。厂房距进水口 210～385m，厂房轴线与进水口夹角较大，与河道夹角较小，输水线路布置欠顺畅。压力管道上平段长 150～305m，引水系统布置对称性较差；尾水洞长1400～1970m，洞线较长，尾水主洞转弯角度较大，尾水调压室开挖跨度29m。

方案2（N10°W）。厂房距进水口240～440m，厂房轴线与进水口夹角稍大，与河道夹角较小。压力管道上平段长122～260m，洞线较短，引水系统布置对称性稍差；尾水洞长1287～1818m，洞线稍长，尾水主洞转弯角度稍大，尾水调压室开挖跨度29m。引水发电系统总体布置稍欠顺畅。

方案3（N20°W）。厂房距进水口320～400m，厂房轴线与进水口夹角减小，与河道夹角增大。压力管道上平段长173～234m，引水系统布置较为对称；尾水洞长1249～1757m，洞线缩短，尾水主洞转弯角度减小，尾水调压室开挖跨度28.5m。引水发电系统总体布置较为顺畅。

方案4（N40°W）。厂房距进水口420～460m，厂房轴线与进水口基本平行，与河道夹角较大。压力管道上平段长270～304m，洞线较长；尾水洞长1137～1601m，洞线转弯角度较小，尾水调压室开挖跨度27.5m。引水发电系统总体布置较为顺畅。

经计算，各方案输水系统工程量基本相当，见表4.3-1。各方案输水系统水头损失主要与引水、尾水系统洞线长度，转弯角度等有关，4个方案水头损失分别为4.42m、4.29m、4.27m和4.31m，其中方案1水头损失最大，方案2、方案3、方案4基本相当，差值较小，按机组额定水头为202m计，水头损失差值占额定水头比例很小。

表4.3-1　　右岸厂房位置及轴线选择比较方案主要工程特性

比较方案		方案1	方案2	方案3	方案4
枢纽布置条件	厂房轴线方向	N5°E	N10°W	N20°W	N40°W
	厂房垂直埋深/m	420～520	420～520	445～500	470～525
	进水口轴线方向	N40.5°W	N40.5°W	N33.5°W	N33.5°W
	厂房到进水口水平距离/m	230～520	240～440	320～400	420～460
	厂房轴线与进水口轴线夹角/(°)	45.5	30.5	13.5	6.5
	引水洞长度/m	400～612	380～518	410～472	528～562
	尾水调压室跨度/m	29	29	28.5	27.5
	尾水洞长度/m	1400～1970	1287～1818	1249～1757	1137～1601
	尾水主洞转弯角/(°)	44	44	34	20
	输水系统水头损失*/m	4.42	4.29	4.27	4.31

* 表中输水系统水头损失为右岸输水系统三个水力单元水头损失的平均值。

综上所述，从枢纽布置条件分析，方案1引水系统布置对称性较差，尾水系统转弯角度较大，布置不顺畅，输水系统水头损失最大；其他三个方案中，方案4尾水系统转弯角度最小，布置最顺畅，但从水力学角度分析，方案2、方案3、方案4基本相当，水头损失差别很小。

4.3.2 地质条件比较

从厂区地质条件分析，4个方案厂房洞室群的地层岩性相同，层间错动带及柱状节理玄武岩在厂房洞室群出露的部位基本类似，见表4.3-2。

表4.3-2　　　　右岸厂房位置及轴线选择比较方案主要工程地质条件

比较方案		方案1	方案2	方案3	方案4
地质条件	围岩概况	Ⅱ类为主			
	厂房与C_{3-1}、C_3、C_4、C_5及柱状节理的关系	厂区岩流层及层（内）间错动带倾角较缓，故各比较方案主要不利地质构造和厂房的相对关系基本相似			
	与厂区小规模断层夹角（多沿N50°～70°W方向发育）	较大（55°～75°）	较大（40°～60°）	较大（30°～50°）	较小（10°～30°）
	与厂区主要陡倾角结构面的夹角N30°～70°W（优势产状N53°W，SW∠85°）	35°～75° 与优势产状夹角58°	20°～60° 与优势产状夹角43°	10°～50° 与优势产状夹角33°	0°～30° 与优势产状夹角13°
	与最大主地应力方向SN～N20°E夹角	最小（5°～15°）	较小（10°～30°）	稍大（20°～40°）	较大（40°～60°）

4个方案均是层间错动带C_4斜切主副厂房洞顶拱和边墙上部，方案1（N5°E）和方案2（N10°W）相对方案3（N20°W）和方案4（N40°W）层间错动带C_4在主厂房顶拱及边墙出露的范围较少。C_3、C_{3-1}斜切主副厂房洞的下部，厂房上部基本避开了$P_2\beta_6^1$下层第二类柱状节理玄武岩，下部避开了$P_2\beta_3^3$一类柱状节理玄武岩，$P_2\beta_4^1$下层第三类柱状节理玄武岩在北端墙（安装场一端）和边墙下部出露；尾水调压室层间错动带C_5、C_4斜切南端顶拱、端墙及边墙，C_3、C_{3-1}斜切北端墙及边墙；$P_2\beta_6^1$下层第二类柱状节理玄武岩基在南端顶拱及边墙上部出露，$P_2\beta_4^1$下层第三类柱状节理玄武岩在北端墙和边墙下部出露。

方案1（N5°E）与最大主地应力（SN～N20°E方向）夹角最小，为5°～15°，与厂区陡倾角裂隙优势发育方向N53°W的夹角较大，为58°。方案2（N10°W）与最大主地应力（SN～N20°E方向）夹角较小，为10°～30°，与厂区陡倾角裂隙优势发育方向N53°W的夹角较大，为43°。方案3（N20°W）与最大主地应力夹角稍大，为20°～40°，与陡倾角裂隙优势发育方向夹角较小，为33°。方案4（N40°W）与最大主地应力夹角较大，为40°～60°，与厂区陡倾角裂隙优势发育方向夹角为13°，近乎平行，对围岩稳定较为不利。

厂区小规模陡倾角断层多沿N50°～70°W方向发育，方案1（N5°E）轴线方向与之夹角最大，为55°～75°；方案2（N10°W）与之夹角较大，为40°～60°；方案3（N20°W）与之夹角稍小，为30°～50°；方案4（N40°W）轴线方向与之夹角最小，为10°～30°。

综合考虑厂区主要地质构造、地应力方向等因素，方案1（N5°E）及方案2（N10°W）的轴线方向对主要洞室的围岩稳定较为有利；方案3（N20°W）的轴线与陡倾角裂隙及厂区小规模陡倾角断层夹角较小，层间错动带C_4在主厂房顶拱及边墙出露的范围较大，对主要洞室的围岩稳定较为不利；方案4（N40°W）与最大主地应力夹角较大，与厂区陡倾角裂隙优势发育方向近乎平行，与厂区小规模陡倾角断层夹角较小，对围岩稳定最为不利。

4.3.3 各比较方案三大洞室高应力破坏风险分析

地下工程实践表明，硬质岩石为主的洞室围岩潜在破坏类型可以概括地分为两大类：

一类是结构面控制型破坏，另一类是应力控制型破坏（如片帮、岩爆等）。根据白鹤滩层间（内）错动带及其他结构面、裂隙与厂房洞室的相互关系分析，右岸厂房具有发生大型构造控制型变形破坏的可能性；同时，右岸厂房区属于中高地应力区具备产生高应力破坏的条件。

数值分析成果表明，地下洞室在软弱构造（如 C_4 凝灰岩夹层）剪出口，地应力有所释放，易产生松弛坍塌；而在距离剪出口一定距离，缓倾角的层间（内）错动带与洞室开挖面间岩柱将形成应力集中增强区，应力型问题相应凸显。

总体上，右岸厂区地应力较高，除了大型构造控制型破坏对围岩稳定起作用外，右岸一些刚性特征明显的结构面、优势裂隙组和高地应力组合，也将诱发或加剧围岩的应力型破坏。所以白鹤滩地下洞室潜在的破坏形式主要表现为，在高地应力作用及优势裂隙组诱发下围岩的连续破裂导致的大变形破坏现象，这种破坏是影响右岸厂房围岩稳定的主要因素，因此右岸厂房洞室轴线选择应重点关注地应力的方向和大型构造切割对主要洞室应力集中和变形的影响。

在厂房轴线方向对围岩稳定的影响数值分析中，选择右岸厂房 4 个轴线方向（N15°E、N10°W、N20°W、N40°W）进行分析，其中用 N15°E 替代了枢纽布置比选中的 N5°E 方案，目的是使各方案之间的差别更为显著，便于成果分析。

图 4.3-2 和图 4.3-3 分别给出了右岸厂房和尾水调压室的最大主应力分布特征，由

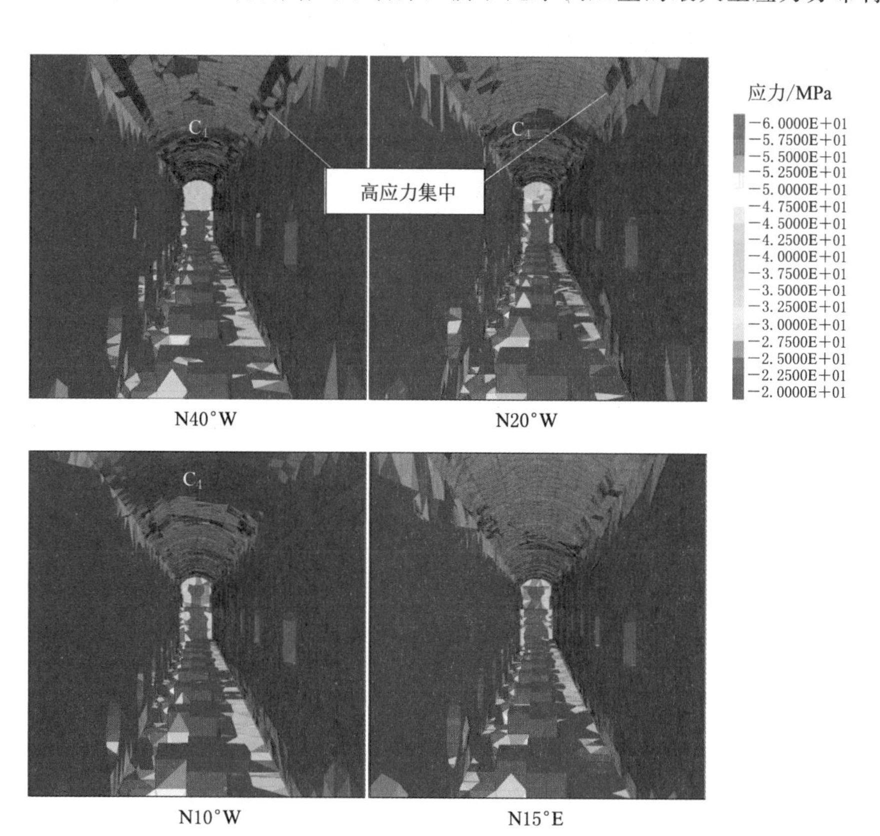

图 4.3-2　右岸地下厂房不同轴线方案情况下应力分布特征

图可见，其应力分布特征具备某些共同特征，即顶拱为应力集中区，局部受层间错动带、断层的影响为应力松弛区；而高边墙部位整体为大范围的应力松弛区域。可以看出，洞室群轴线方向与最大主应力方向交角越大，主洞室顶（底）拱高应力集中越明显，面临的高应力破坏风险也就越大。

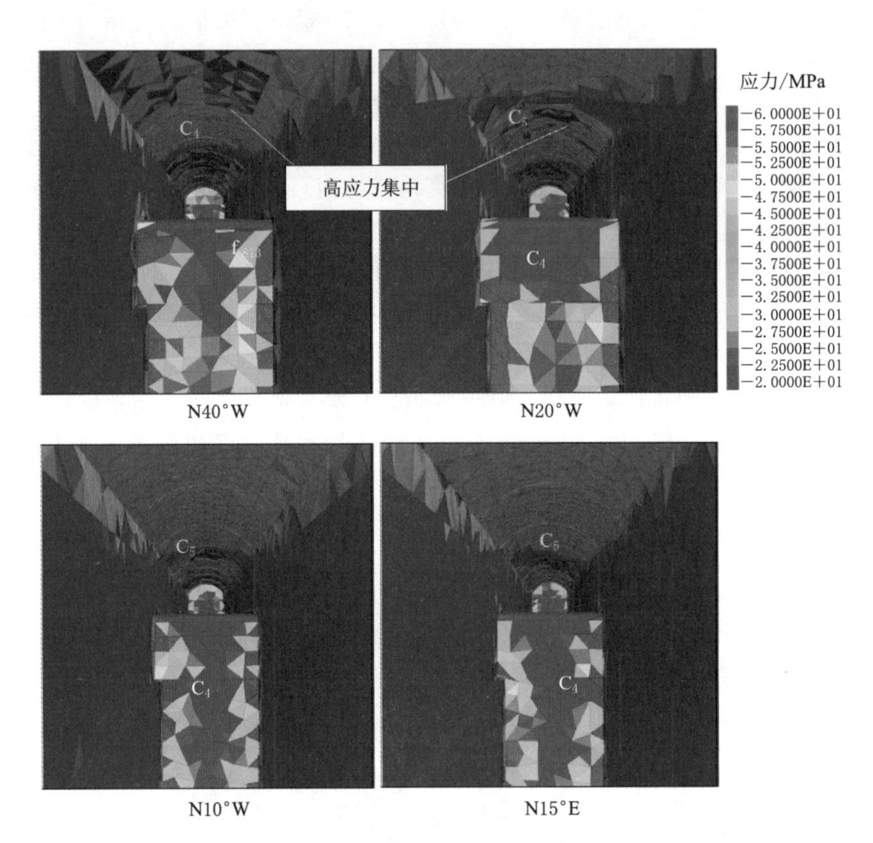

图 4.3-3 右岸尾水调压室不同轴线方案情况下应力分布特征

能量释放率是由 Salanon 于 1984 年提出的定量衡量地下工程围岩高应力破坏风险的指标。鉴于不同轴线方案模型的开挖体积是相同的，并且，围岩应力集中水平和应力型破坏类型也是接近的，因此，对于整体的高应力破坏风险可以直接比较开挖导致的总体能量释放，其结果与比较能量释放率指标是等效的。

如图 4.3-4 所示，洞室轴线与最大主应力方向交角越大，围岩破坏程度越大，N15°E～N20°W 能量释放率变化较小，厂房轴线继续向 EW 方向偏转能量释放率增幅急剧加大。此外，由于辅助洞室多与主要洞室呈垂直相交关系，其开挖能量释放与 σ_1^0 的相关性表现出了相反的规律。

总体上，从保证主要建筑物安全的角度看，N20°W 至 N15°E 之间的方案明显占优，即尽可能使主要洞室轴线与近 NS 向的初始最大主应力小角度相交能够总体上降低洞室群围岩面临的高应力破坏风险。数值模拟分析成果与勘探平洞揭示平洞轴线方向从南北向向东西向偏转时，平洞片帮现象逐渐增强的现象是一致的，具有可靠性。

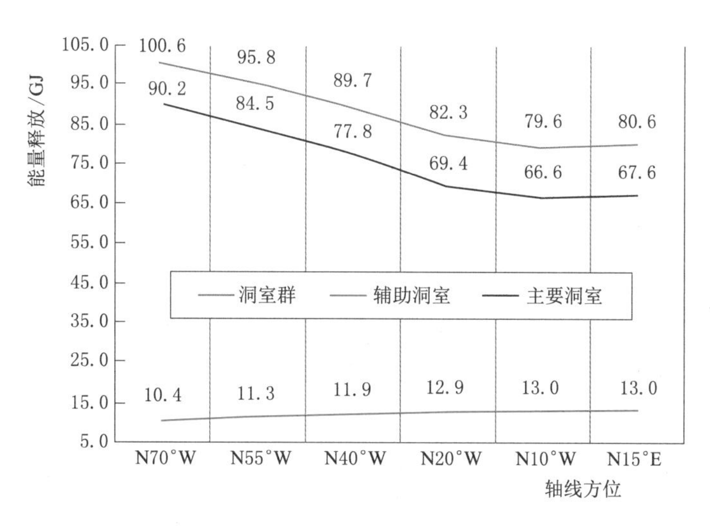

图 4.3-4　地下厂房轴线布置方案与能量释放率关系曲线

4.3.4 各比较方案三大洞室围岩变形分析

图 4.3-5、图 4.3-6 分别给出了右岸地下厂房和尾水调压室不同轴线方案情况下位移分布特征，由图可见，除了受定位结构面影响外，顶拱变形量一般较小，而高边墙整体

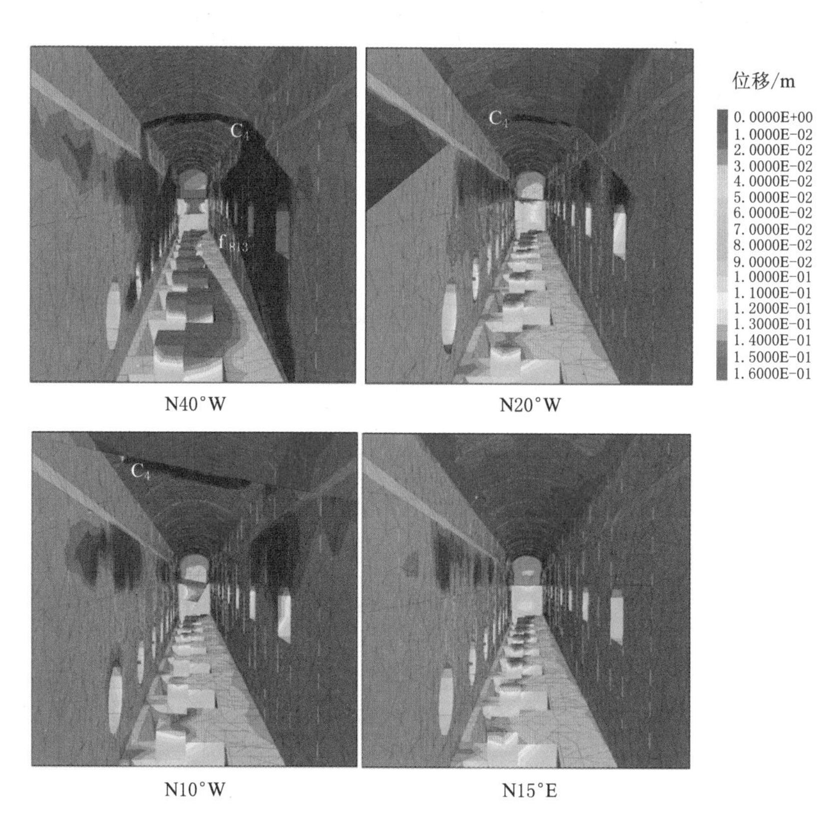

图 4.3-5　右岸地下厂房不同轴线方案情况下位移分布特征

则表现出较大的变形量，这一特点说明主洞室的变形主要是应力松弛型机制，若地下厂房与地应力方向夹角较大，并与厂区刚性结构面及NW向裂隙结构面组合后，可能产生应力破裂性破坏，加大洞室高边墙产生的变形。

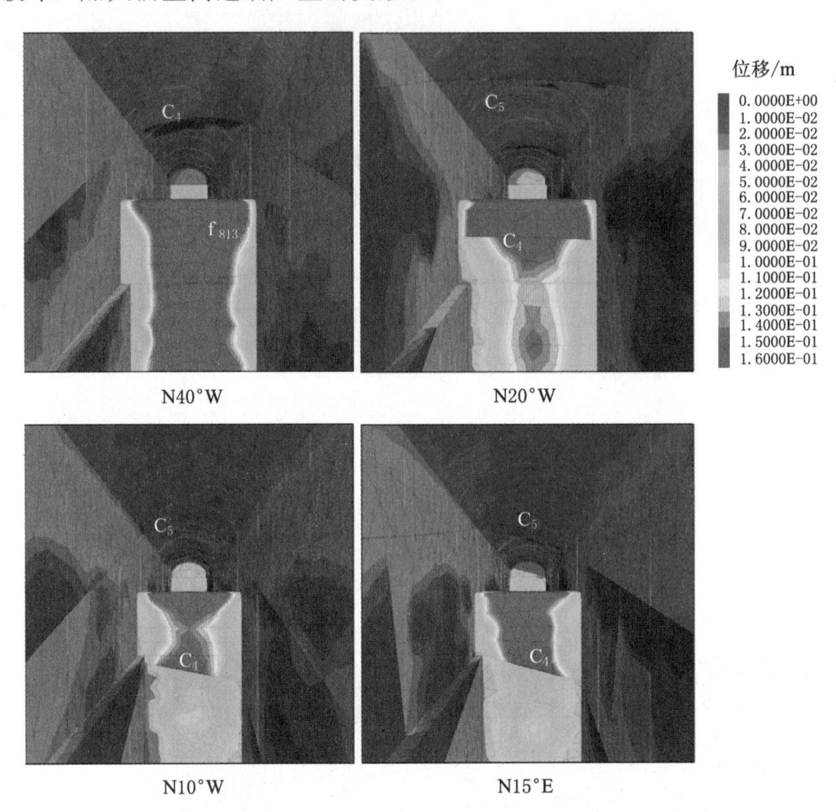

图4.3-6 右岸尾水调压室不同轴线方案情况下位移分布特征

图4.3-7以统计的方式概括了围岩变形体积与轴线方位之间的关系，即围岩开挖变形量达到100mm和150mm以上的围岩变形体积与轴线方位之间的关系。

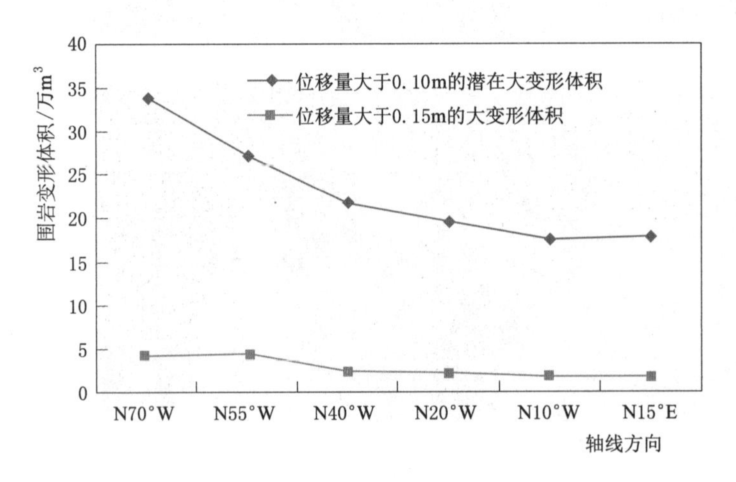

图4.3-7 右岸不同轴线方案情况下洞室群围岩变形特征统计

总体而言，轴向方向越偏 EW 向，变形范围越大，在右岸轴线主要比较方案中，N40°W 方案围岩位移大于 100mm 的变形体积方量最大，N15°E、N10°W 两方案基本相当，变形体积方量最小。厂房洞室轴线近 NS 方向布置对控制地下洞室群围岩变形明显有利。

4.3.5 右岸地下厂房位置及轴线比较结论

右岸地下厂房洞室群各方案输水系统工程量基本相当，从枢纽布置条件分析，方案 1 引水系统布置对称性较差，尾水系统转弯角度较大，布置不顺畅，输水系统水头损失也最大；方案 2～4 中，方案 4 尾水系统转弯角度最小，布置最顺畅，但从水力学角度分析，方案 2、方案 3、方案 4 基本相当，输水系统水头损失差别很小。

4 个布置方案层间（内）错动带及柱状节理玄武岩在厂房洞室群出露的部位基本类似。由于各个方案厂房轴线与陡倾角结构面及厂区地应力方向的夹角大小不同，洞室围岩的稳定性有所不同，数值分析成果和右岸厂区勘探平洞的片帮现象表明，厂房轴线与河道的夹角越大，即与地应力夹角越大，与地质构造面夹角越小，围岩开挖能量释放率和破坏程度越大。N5°E、N10°W 轴线与主要陡倾角结构面及优势裂隙发育方向夹角较大，与厂区的最大主应力夹角较小，有利于洞室的围岩稳定，围岩破坏程度最小，方案 3（N20°W）围岩破坏程度相对较小，方案 4（N40°W）围岩破坏程度明显加剧。

总的来说，方案 1（N5°E）地下厂房轴线与主要陡倾角结构面及优势裂隙发育方向夹角较大，与厂区地最大主应力夹角较小，围岩稳定条件较好，但输水发电系统布置不顺畅，尾水洞的转弯角度较大，输水系统水头损失最大；方案 3（N20°W）、方案 4（N40°W）枢纽布置较为顺畅，但地下厂房轴线与主要陡倾角结构面及优势裂隙发育方向夹角较小，与厂区的最大主应力夹角较大，围岩稳定条件较差，尤其是白鹤滩洞室规模巨大，右岸厂区地应力水平高，方案 3、方案 4 工程风险较大。方案 2（N10°W）水流条件不如方案 3、方案 4 顺畅，但是水头损失与方案 3、方案 4 相差很小，围岩稳定条件相对较好。故综合考虑右岸地下厂房枢纽布置、水流条件及围岩稳定条件，推荐厂房轴线方向为方案 2（N10°W）。

4.4 主要洞室间距论证

影响地下厂房洞室间距的主要因素是洞室规模、地质条件、机电设备布置、电站运行及水流条件。洞间距不足往往导致相邻洞室干扰，对各洞室围岩稳定不利；主副厂房洞与主变洞间距过大，母线洞和母线加长、电能损耗加大，白鹤滩电站单机容量大，机组台数多，造价增幅较大，因此需在洞室间距方案比较的基础上确定合理的洞室间距布置方案。

在可研阶段枢纽布置研究过程中，针对 778MW 机组方案分别对左右岸三大洞室的间距进行了多方案围岩稳定分析比较。在 778MW 机组方案三大洞室间距研究成果的基础上，结合大型电站洞室间距的统计资料，拟定了 1000MW 机组方案的洞室间距，并分别对左右岸拟订的洞室间距方案进行围岩稳定分析，验证洞室间距的合理性，确定了1000MW机组洞室间距推荐方案。

4.4.1 国内大型地下厂房洞室规模及洞室间距

表4.4-1列出了部分开挖跨度大于25m的大型水电站地下洞室尺寸、间距数据。由表4.4-1可见，规模较大的地下厂房洞室主厂房与主变洞净距（岩柱L）在39.8m以上，岩柱（L）与厂房最大跨度（B）之比L/B为1.39～1.70，其中，多数电站L/B在1.5以上，岩柱（L）与厂房洞室高度（H）之比L/H为0.47～0.66，大多数电站在0.65左右。顶拱跨度大于30m位于脆性岩体中的大型地下厂房，如拉西瓦、小湾、溪洛渡、官地，洞室间距一般在50m左右。

4.4.2 18×778MW机组三大洞室间距比较分析

基于778MW机组三大洞室方案，分别对左右岸三大洞室的间距进行多方案围岩稳定分析比较。拟定左右岸主厂房与主变洞岩柱净距为35m、45m、50m、55m、65m，见表4.4-2。其中，主厂房和主变洞岩柱厚度指主厂房岩梁以下下游边墙与主变洞上游边墙间距离；而主变洞与尾水调压室岩柱厚度指主变洞下游边墙与尾水调压室岩壁吊车梁以下上游边墙间距离。图4.4-1给出了右岸地下厂房洞室群5个间距方案的数值模型。

右岸厂房地应力高于左岸厂房，通过厂区的层间错动带的数量较多，对主要洞室围岩的受力状态影响较大，其对洞室间距的要求总体大于左岸，因此，以右岸厂房为代表，分析洞室间距对围岩稳定的影响。

图4.4-2以剖面图形式给出了5种不同间距条件下各洞室开挖完成以后的应力分布，计算结果显示各方案应力分布规律基本相同，可见，应力集中区无叠加现象，即应力集中不是决定洞室间距的主要因素。

数值计算成果表明，洞室间距对各洞室的变形有一定的影响，但影响程度较小。主厂房上游墙、尾水调压室下游墙及尾水调压室顶拱变形基本不受洞室间距的影响。表4.4-3给出了右岸地下厂房13号机组部位不同洞室间距变形情况，可以看出，随洞室间距增加，主厂房下游侧顶拱和边墙的变形有所加大，如主厂房下游侧621m高程拱脚部位，方案1水平位移为14.8mm，方案5增至20.6mm，下游边墙592m高程，方案1水平位移为63.2mm，方案5增至79.7mm，下游边墙580m高程，方案1水平位移为45.4mm，方案5增至66.1mm，说明洞室间距加大后，主变洞开挖对主厂房下游侧的干扰程度减低，主厂房下游侧顶拱和边墙变形逐渐与上游侧接近。同样，尾水调压室上游边墙的变形也是随洞室间距增加有所增大，逐渐与尾水调压室下游侧边墙变形接近。

从图4.4-3可以看出，洞室间距较小时，洞室之间岩柱的变形受相邻洞室的干扰明显，但加大到一定洞室间距后，洞室间距变化对洞室围岩位移场影响较小。

洞室间距对各洞室边墙的塑性区影响较大，图4.4-4展示了13号机组5种洞室间距开挖后塑性区分布特征，图4.4-5展示了间距45m和间距50m条件下洞室开挖以后603m高程塑性区分布。

表 4.4-1　已建、在建部分大型水电站地下洞室尺寸、间距统计表

电站	装机容量/MW	洞室围岩		主厂房洞室开挖尺寸/m				主变洞开挖尺寸/m			主厂房与主变洞间岩柱净距 D/m	岩柱与厂房跨度比 D/B	岩柱与厂房高度比 D/H
		岩性	类别	长度 L	宽度 B		高度 H	长度	宽度	高度			
					岩梁上	岩梁下							
龙滩	6×700	砂岩泥板岩	Ⅱ、Ⅲ	388.9	30.7	28.9	77.4	408.8	19.8	20.75	42.65	1.48	0.55
拉西瓦	6×700	花岗岩	Ⅰ、Ⅱ	309.75	30	27.8	76.84	233.6	29	51.5	50.95	1.83	0.66
小湾	6×700	黑云花岗片麻岩	Ⅱ	298.4	30.6	28	79.38	230.6	19	23.05	50	1.79	0.63
溪洛渡	18×770	斑状玄武岩	Ⅰ、Ⅱ	443.34（左） 439.74（右）	31.9	28.4	75.6	339.62（左） 336.02（右）	19.8	33.82	49.4	1.74	0.64
向家坝	4×800（地下部分）	砂岩、粉砂质泥岩	Ⅱ、Ⅲ	255	33.4	31	85.5	190.5	26.3	25.11	39.8	1.28	0.47
锦屏一级	6×600	大理岩	$Ⅲ_1$	293.14	29.3	25.6	68.8	227.6	19.3	32.5	44.9	1.75	0.65
锦屏二级	8×600	大理岩	Ⅲ	352.4	28.3	25.8	72.2	374.6	19.8	34	45	1.74	0.63
官地	4×600	玄武岩	Ⅱ、Ⅲ	243.44	31.1	29	76.3	197.3	18.8	25.2	49.2	1.70	0.64
瀑布沟	6×550	玄武岩	Ⅱ、Ⅲ	294.1	30.7	26.8	70.175	249.1	18.3	26.575	43.9	1.64	0.63
白鹤滩	18×1000	玄武岩	Ⅲ	438	34	31	88.7	368	21	39.5	60.65	1.96	0.68

注　岩柱净距 D 指岩梁以下净距，跨度比 D/B 指岩梁以下净距 D 与最大跨度 B 之比。

表 4.4-2　　洞室间距方案

方案	主厂房—主变洞			主变洞—尾水调压室		
	轴线间距/m	岩柱净距 D/m	D/B	D/H	轴线间距/m	岩柱厚度/m
方案 1	60	35	1.09	0.45	57.75	35.5
方案 2	70	45	1.40	0.58	67.75	45.5
方案 3	75	50	1.55	0.64	72.75	50.5
方案 4	80	55	1.71	0.71	77.75	55.5
方案 5	90	65	2.02	0.83	87.75	65.5

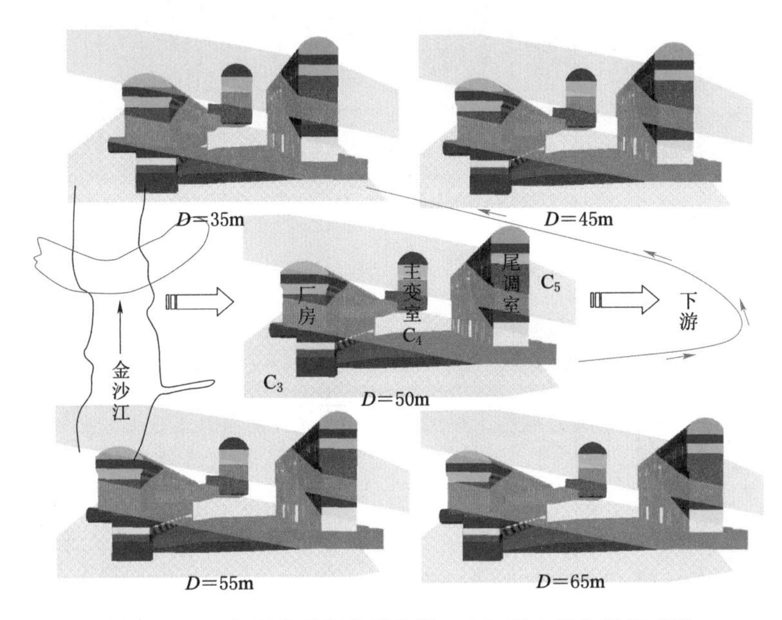

图 4.4-1　右岸地下厂房洞室群 5 个间距方案的数值模型

表 4.4-3　　右岸不同间距条件下岩柱特征部位变形量统计

位置		总变形量大小/mm				
部位	高程/m	D=35m	D=45m	D=50m	D=55m	D=65m
厂房下游	621	14.8	17.2	17.3	17.9	20.6
	592	63.2	63.7	68.5	74.1	79.7
	580	45.4	47.9	51.6	56.7	66.1
主变上游	628	54.5	48.1	47.4	46.2	43.1
	612	57.7	53.5	48.3	45.2	43.1
	603	27.9	27.7	27.6	27.4	27.1
主变下游	628	27.4	30.1	33.3	35.2	36.4
	612	31.5	33.6	36.4	38.2	40.2
	603	27.2	30.4	32.8	35.9	36.4

续表

位　置		总变形量大小/mm				
部位	高程/m	D=35m	D=45m	D=50m	D=55m	D=65m
尾水调压室上游	620	50.1	56.8	64.3	68.5	72.4
	600	57.4	64.5	71.3	75.5	81.9
	575	48.5	55.5	63.2	67.5	71.6

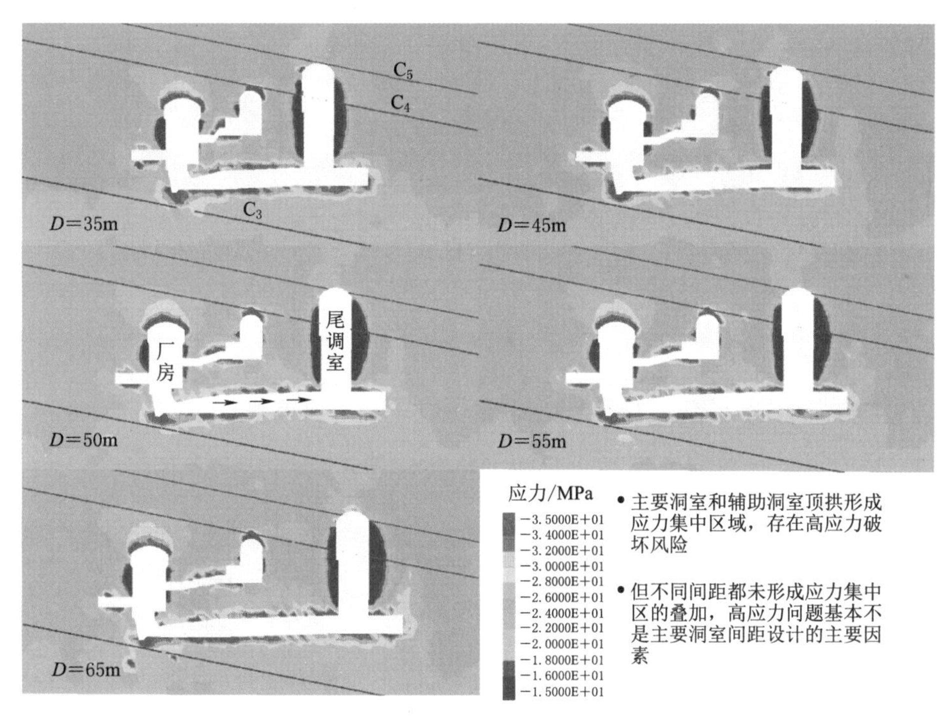

图 4.4-2　右岸不同间距模型的计算应力分布特征

方案 1（洞室间距 35m）。塑性变形区范围最大，主厂房下游边墙与主变洞上游边墙间塑性变形区全部贯通，主厂房和主变洞之间、母线洞以上岩柱全部处于屈服状态；主变洞与尾水调压室之间岩柱塑性区基本贯通；由于洞室间距偏小，塑性变形区范围过大，严重影响洞室的围岩稳定。

方案 2（洞室间距 45m）和方案 3（洞室间距 50m）。主厂房与主变之间塑性变形区范围有一定程度缩小，但两端的机组受层间错动带和陡倾角断层的切割，主厂房和主变洞之间塑性区仍然贯通。主变洞与尾水调压室之间岩柱塑性区部分贯通。塑性变形区范围仍然较大，影响洞室的围岩稳定。

方案 4（洞室间距 55m）。塑性变形区范围明显缩小，厂房和主变洞间岩柱未出现贯穿性塑性变形区。仅靠近层间错动带部位主变洞与尾水调压室之间岩柱局部出现塑性区贯通。

方案 5（洞室间距 65m）。塑性变形区进一步缩小，主厂房和主变洞间岩柱及主变洞与尾水调压室之间岩柱未出现贯穿性塑性变形区，洞室之间岩柱中心位置基本处于弹性状态。

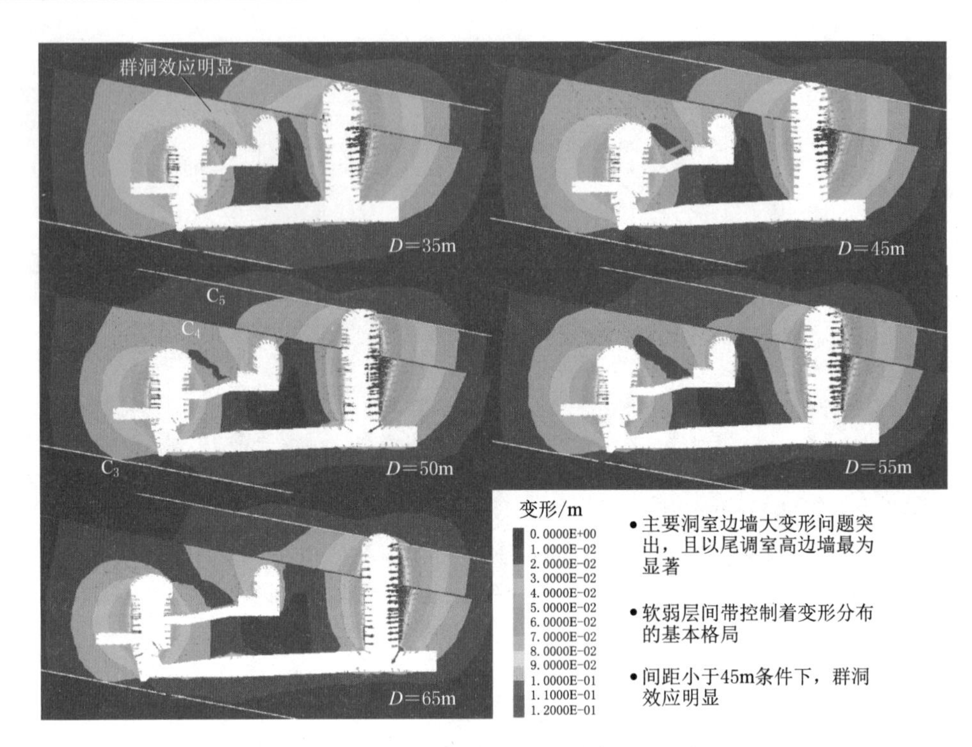

图 4.4-3　右岸不同间距模型的计算位移分布特征

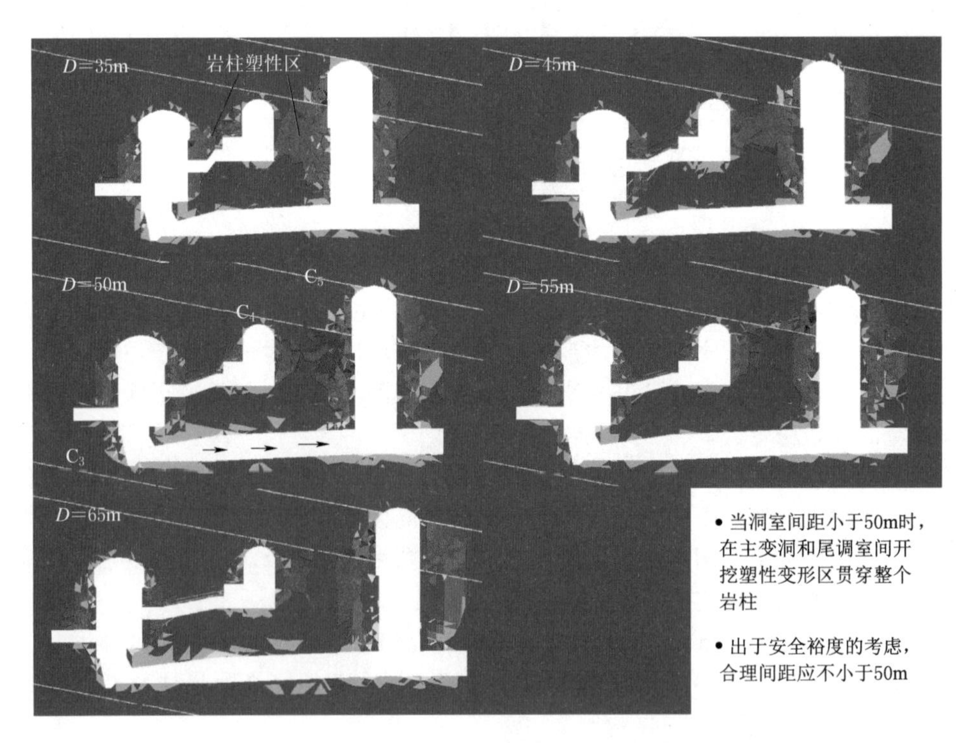

图 4.4-4　右岸不同间距开挖后塑性区分布特征

以上数值分析成果表明，右岸洞室间距对洞室之间岩柱的变形有一定的影响，方案1洞室之间岩柱的变形受相邻洞室的干扰明显；洞室间距对各洞室边墙的塑性区影响较大。方案1～方案3主厂房和主变洞之间塑性区贯通范围较大，影响洞室的围岩稳定。方案5（洞室间距65m）塑性变形区范围明显缩小，各洞室间岩柱未出现贯穿性塑性变形区，有利于围岩稳定，但主厂房和主变洞之间净距达65m，大于一般大型水电站的洞室间距。方案4塑性变形区的范围较小，主厂房和主变洞间岩柱未出现贯穿性塑性变形区，仅靠近层间错动带部位局部出现塑性区贯通，采取适当处理措施，可以满足围岩稳定要求。综合考虑围岩稳定和布置因素，右岸合理洞室间距为方案4，即主厂房和主变洞之间轴线距离为80m，岩柱净距为55m。

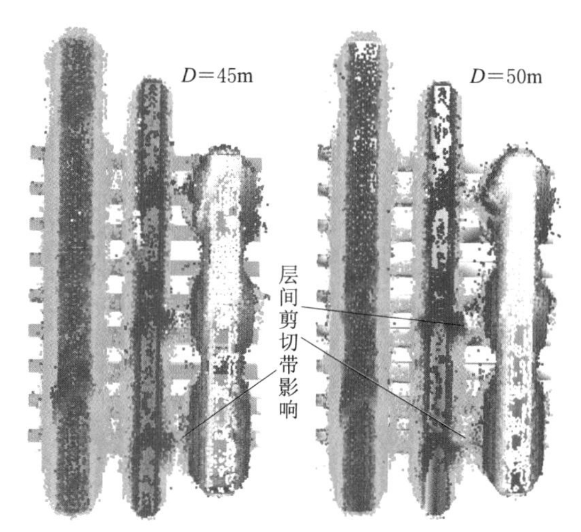

图4.4-5 右岸不同间距条件下塑性区分布603m高程平切图

此外，主变洞和尾水调压室之间的岩柱受层间带影响，局部有贯通现象，需要对尾水调压室体型进行优化，详见4.5节。

4.4.3 （14＋2）×1000MW机组四大洞室间距论证

4.4.3.1 间距布置

根据778MW机组方案左右岸三大洞室间距围岩稳定数值计算成果，洞室间距较小时，相邻洞室的变形有一定的相互干扰，洞室之间岩柱塑性区贯通范围较大。对于778MW机组方案，主厂房和主变洞之间岩柱净距推荐为55m，其岩柱净距D与开挖跨度B的关系为$D/B=1.71$，岩柱净距D与最大洞高的关系为$D/H=0.71$。

根据表4.4-1统计资料，国内单机规模600～770MW、顶拱跨度30m左右、位于脆性岩体中的大型地下厂房，如拉西瓦、小湾、溪洛渡、官地，主副厂房洞与主变洞岩柱厚度一般在50m左右，岩柱净距D与厂房最大跨度B之比为1.55～1.70，岩柱净距D与厂房洞室高度H之比为0.65左右。白鹤滩电站地质条件复杂，厂房单机规模1000MW，主副厂房洞室的开挖跨度和高度分别为34m和86.7m，均超过778MW机组方案主副厂房洞室尺寸10%以上，为国内最大。

考虑到白鹤滩地质条件复杂，1000MW机组方案主副厂房洞室规模巨大，主厂房与主变洞之间的最小岩柱厚度初拟为60m（图4.4-6）。主变洞和尾水调压室之间依次布置有500kV出线竖井（D＝13m）、排水廊道（宽×高＝2.5m×3m）、尾水管检修闸门室（宽×直墙高＝15m×30.5m）。为了满足上述洞室布置及围岩稳定要求，同时借鉴拉西瓦、小湾等同类型电站的洞室间距布置，初拟主变洞和尾水调压室轴线间距为130.5m。主变洞与尾水管检修闸门室闸门槽中心线间距为56.5m，尾水管检修闸门室闸门槽中心线与圆筒型尾水调压室中心线间距为74m。

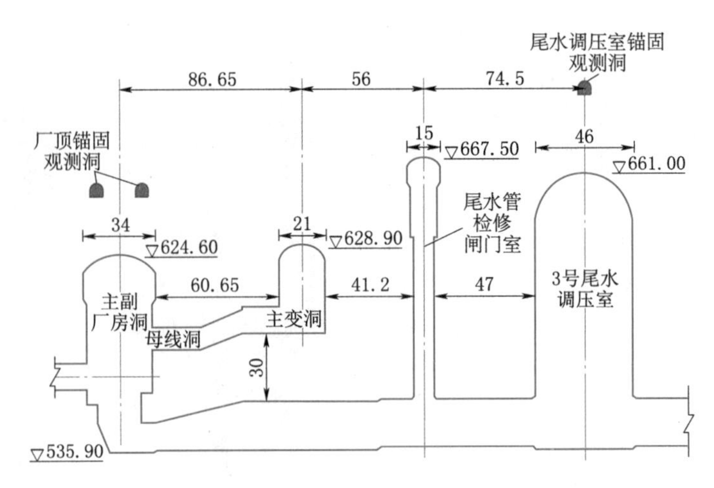

图 4.4-6 地下厂房洞室群布置图（单位：m）

4.4.3.2 围岩稳定分析

对于 1000MW 机组方案拟定的洞室间距，分别建立左右岸厂区主要洞室无支护情况下的三维计算模型，进行围岩稳定分析，结果表明：

(1) 左岸厂房厂区主要洞室无支护开挖情况下，洞室位移和应力没有出现明显的邻洞相互干扰现象，洞室围岩塑性区分布见图 4.4-7 左图，未受层间错动带 C_2 影响区域，各洞室之间岩柱没有出现塑性区贯穿现象。主副厂房上游边墙塑性区一般为 8～10m，C_2 影响部位塑性区为 12～13m；下游边墙塑性区一般为 6～12m，C_2 影响部位塑性区为 15～25m；主变洞边墙塑性区一般为 8～10m，北侧 7 号和 8 号机组段受层间错动带和断层影响，主副厂房洞与主变洞之间局部出现塑性区贯穿。尾水管检修闸门室顶拱塑性区一般小于 2m，边墙塑性区一般为 5～6m。圆筒型尾水调压室顶拱塑性区为 2～4m，边墙塑性区为 2～6m。

(2) 与左岸计算结果相似，右岸厂房厂区主要洞室无支护开挖情况下，洞室位移和应力没有出现明显的邻洞相互干扰现象。洞室围岩塑性区分布见图 4.4-7 右图，未受层间错动带 C_3、C_4、C_5 和断层影响区域，各洞室之间岩柱没有出现塑性区贯穿现象。主副厂房洞上下游侧高边墙中部最大塑性区约 15m，主变洞上下游边墙塑性区为 7～10m，主副厂房洞与主变洞之间没有出现岩柱贯穿现象。尾水管检修闸门室边墙塑性区为 5～8m，局部受层间错动带影响约 14m。圆筒型尾水调压室顶拱塑性区约 3m，受 C_4、C_5 切割的部分区域，最大塑性区可达 8m，边墙塑性区为 5～7m，局部受层间错动带及陡倾角断层影响，塑性区约 10m。

4.4.4 厂区主要洞室间距比较结论及推荐方案

(14+2) ×1000MW 机组四大洞室间距方案的主厂房和主变洞之间塑性区分布规律与 778MW 机组方案洞室间距方案 4（主厂房与主变洞之间净距为 55m）基本相同，根据 778MW 机组方案多个洞室间距围岩稳定分析成果可知，主厂房与主变洞之间的岩柱厚度小于 55m 时，洞室间出现较大范围的贯穿性塑性变形区，将影响围岩的整体稳定。考虑

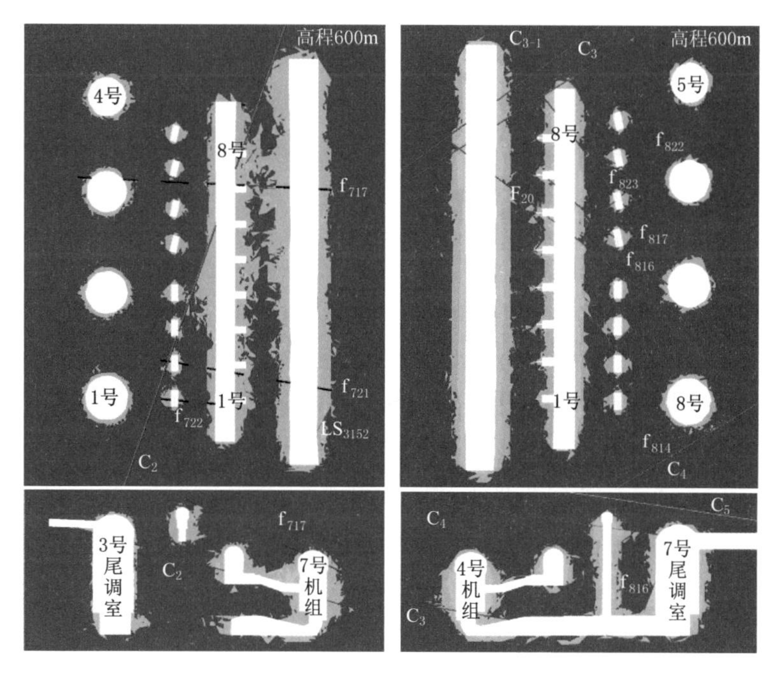

图 4.4-7 左右岸开挖无支护情况下塑性区分布特征

到 1000MW 机组方案洞室规模更大，主厂房与主变洞之间的岩柱厚度不宜小于 55m。

因此，结合布置情况，推荐 1000MW 机组方案洞室间距为：主厂房机组中心线与主变洞中心线间距为 89.5m，净距（岩梁以下岩柱厚度）为 60.65m；主变洞与尾水管检修闸门室闸门槽中心线间距为 56.5m；尾水管检修闸门室闸门槽中心线与圆筒型尾水调压室中心线间距为 74m，最小岩柱厚度为 45.45m（1 号尾水调压室位置）。主厂房与主变洞岩柱厚度 L 与开挖跨度 B 的关系为 $L/B=1.78$，岩柱厚度 L 与最大洞高 H 的关系为 $L/H=0.70$。

基于数值模拟的复核论证成果表明，在无支护条件下，左右岸厂房主要洞室位移和应力没有出现明显的邻洞相互干扰现象，洞室围岩塑性区未受层间错动带影响区域，各洞室之间岩柱没有出现塑性区贯穿现象，仅靠近层间错动带部位主厂房与主变洞之间局部出现塑性区贯通，针对层间错动带采取适当处理措施后，可以满足围岩稳定要求。因此，根据经验类比和数值分析，可认为推荐洞室间距是合理的。

4.5 尾水调压室体型选择

地下洞室群布置方案是决定“整体”工程施工难度和工程投资的重要因素，而洞室体型方案选择是决定“局部”洞室围岩稳定的重要因素，在工程可以接受的条件下，都是代价最低的工程风险控制措施。由于白鹤滩地下厂房潜在岩石力学问题多样化，以及百万机组方案洞室规模宏大的特征，使得洞室体型成为了需要深入研究的重要课题。

由 4.3 节右岸轴线布置选择和 4.4 节主要洞室间距论证可知，即使在考虑了地应力和大型构造因素充分利用总体轴线优化布置得出的推荐方案条件下，白鹤滩右岸 778MW 机组三大洞室方案中 24～26m 跨度、86.55m 高度的长廊型尾水调压室顶拱高应力问题、高边墙在层间带 C_4 和 C_5 影响下大变形问题（主变洞和尾水调压室间岩柱局部贯通）、高边墙块体问题、中隔墙稳定问题也十分突出。而考虑 1000MW 装机后，长廊型尾水调压室跨度将增大至 31～33m，高度也将增大至 103m，潜在的顶拱高应力、高边墙大变形、块体稳定、中隔墙稳定等问题势必更为严重。因此，需要着重对尾水调压室的体型进行比选，以合理规避长廊型尾水调压室具备的突出围岩稳定问题。

4.4.4 节中（14+2）×1000MW 机组四大洞室中，尾水调压室选用圆筒型方案，主变洞、尾闸室和尾水调压室间岩柱不存在塑性区贯通现象，满足间距要求。以下将进一步说明圆筒型方案对改善长廊型顶拱应力集中、高边墙大变形、块体稳定、中隔墙稳定问题的作用，从围岩稳定性角度充分论证推荐方案的体型优势。

4.5.1　国内外大型地下洞室开挖跨度与埋深

国内外代表性大型地下洞室工程的开挖跨度及埋深统计见图 4.5-1，其中大部分深埋高应力条件下的洞室基本都采用圆筒（穹顶）型，因此，从工程类比角度分析，在高应力条件下，圆筒型洞室比长廊型洞室具有更好的稳定性。

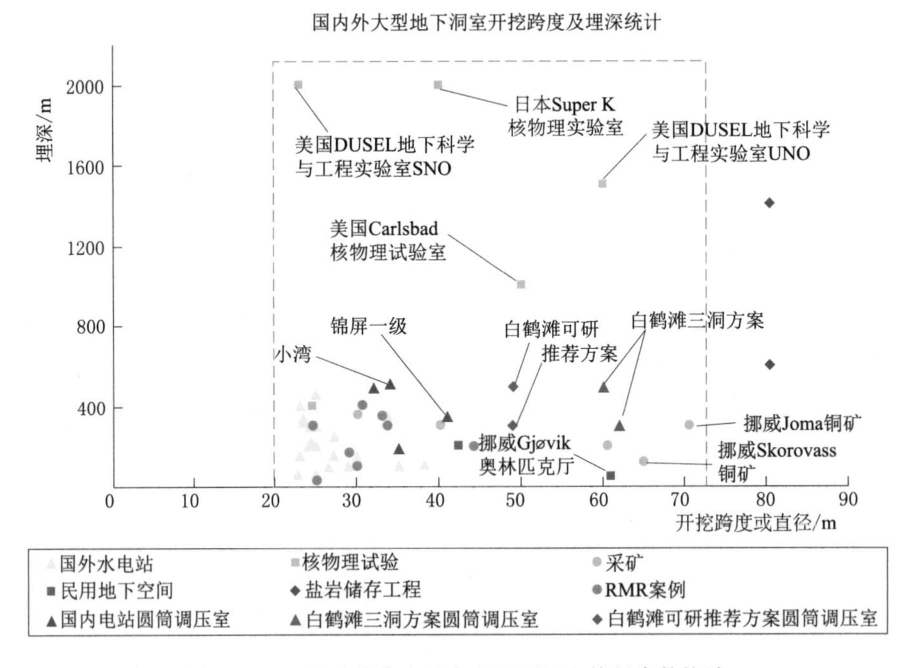

图 4.5-1　国内外代表性大型地下洞室特征参数统计

白鹤滩尾水调压室地质条件复杂，其穹顶开挖规模超过国内已建水电工程，但在工程措施合理、精心组织施工、支护及时的条件下，（14+2）×1000MW 机组三大洞室方案中直径 60m 级圆筒型洞室的开挖是实际可行的；而（14+2）×1000MW 机组四大洞室方案将尾水管检修闸门室独立布置，尾水调压室开挖尺寸减小至 50m 级，巨型穹顶工程风险显著降低。

4.5.2 长廊型与圆筒型尾水调压室模型

数值模拟分析是综合地质条件开展体型优选的最佳手段，针对白鹤滩右岸尾水调压室设计了如图 4.5-2 所示的长廊型、长廊型中隔墙加厚、2 机 1 室、3 机或 2 机 1 室（垂直出厂）、3 机或 2 机 1 室（圆筒间距 1.5 倍筒径）共 5 种不同体型与布置的模型，拟从尾水调压室主要面临的几类围岩稳定问题出发，进行系统的对比分析，得出优选推荐方案。

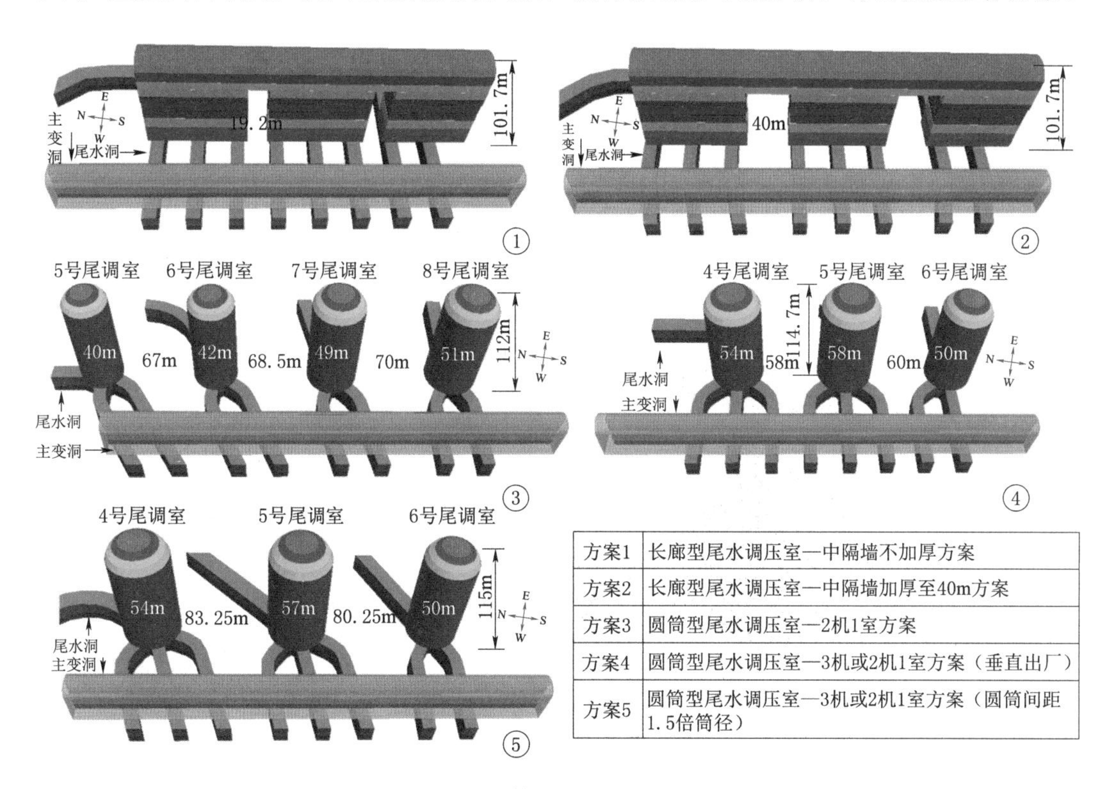

方案1	长廊型尾水调压室—中隔墙不加厚方案
方案2	长廊型尾水调压室—中隔墙加厚至40m方案
方案3	圆筒型尾水调压室—2机1室方案
方案4	圆筒型尾水调压室—3机或2机1室方案（垂直出厂）
方案5	圆筒型尾水调压室—3机或2机1室方案（圆筒间距1.5倍筒径）

图 4.5-2 5 种不同体型与布置的尾水调压室方案

为实现方案比较目标，针对图 4.5-2 所示 5 种尾水调压室方案在前期对地质条件与围岩稳定问题认识基础上，以给定的岩体基本地质条件、利用建立的相关高应力和大变形判据对不同布置方案下的尾水调压室围岩潜在问题进行综合评价，获得工程可以接受范围内尾水调压室的最佳形状与布置。主要内容包括：

（1）不同布置方案下尾水调压室高应力破坏程度和影响范围。通过能量释放率指标、应力集中范围与程度评价各种方案下各建筑物部位的高应力破坏风险程度。

（2）不同布置方案下尾水调压室高边墙变形差异。评价不同形状对变形的影响，特别是利用变形控制标准统计各种条件下超允许值变形岩体的体积。

（3）不同布置方案下中隔墙或岩柱部位岩体的稳定特征。评价（长廊型、圆筒型）尾水调压室形状差异和布置方案导致的中隔墙或者圆筒型洞室间岩柱的稳定特征。

综合来讲，也就是在非连续非线性模型中只模拟岩性层和主要结构面，获得群洞开挖后各建筑物潜在高应力破坏范围、围岩的能量释放率、潜在非线性不良变形特征，从而依据顶拱高应力破坏、高边墙变形、中隔墙（岩柱）稳定等方面的定量指标综合评估不同布置方案的优缺点，给出最优布置方案。同时，也说明不同方案中上述几种潜在问题出现的部位、影响区域范围特征。

4.5.3　不同方案条件下围岩高应力破坏程度和范围

在目前的建立的计算条件下，以主要反映不同体型与布置导致尾水调压室高应力集中区分布特征见图4.5-3～图4.5-4，由图可见长廊型与圆筒型尾水调压室计算结果构造了显著的差别。

方案1中长廊型尾水调压室的开挖应力分布特征见图4.5-3。可见长廊型尾水调压室顶拱为应力集中区，仅层间带 C_4、C_5 下部浅层岩体以大变形的应力松弛为主要特征；高边墙为应力松弛区域；中隔墙受高边墙变形挤压致使中心部位为高应力集中区，浅层为塑性变形后的松弛区域；EW向辅助洞室由于与NS向初始最大主应力方向近于垂直相交，为明显的应力集中区域。

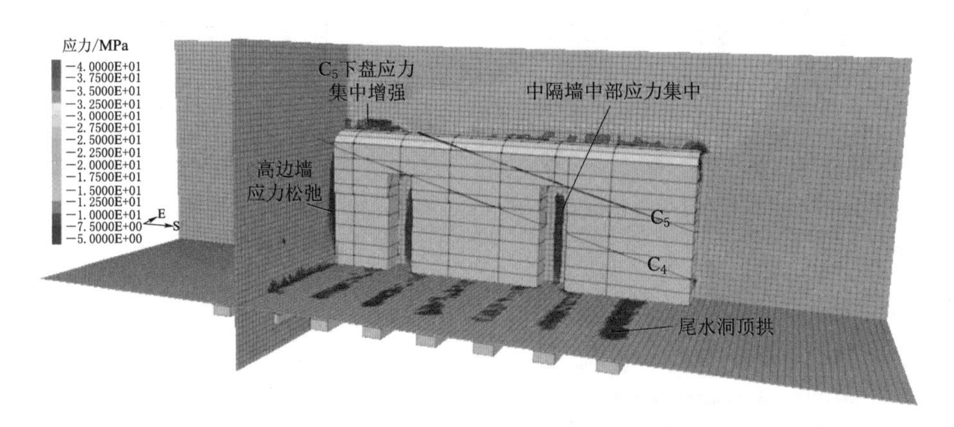

图4.5-3　长廊型方案1的应力分布特征

方案2中长廊型尾水调压室中隔墙加厚至40m后的开挖应力分布特征见图4.5-4。总体上，中隔墙加厚未能改变长廊型尾水调压室总体的应力分布特征，不过，中隔墙本身的应力集中得到缓解，从大于44MPa减小到40MPa以下，且主要分布在中隔墙上部局部范围。

方案3中4个圆筒型尾水调压室的开挖应力分布特征见图4.5-5。可见，圆筒型尾水调压室顶拱为应力集中区域；边墙基本不出现明显的应力松弛，并且只有E/W两侧边墙表现为明显的应力集中区域；而辅助洞室与长廊型方案的计算成果一致，同样是表现为应力集中。

方案4中3个圆筒型尾水调压室的开挖应力分布特征见图4.5-6。相对于方案3的4个圆筒直径分别为40m、42m、49m、51m，以及间距分别为67m、68.5m、70m而言，方案4的圆筒直径增大为54m、58m、50m，间距减小为58m和60m。但是计算结果显示，圆筒直径的增大和相邻圆筒间距的减小并没有改变上述圆筒型尾水调压室开挖应力分布的一般特征。

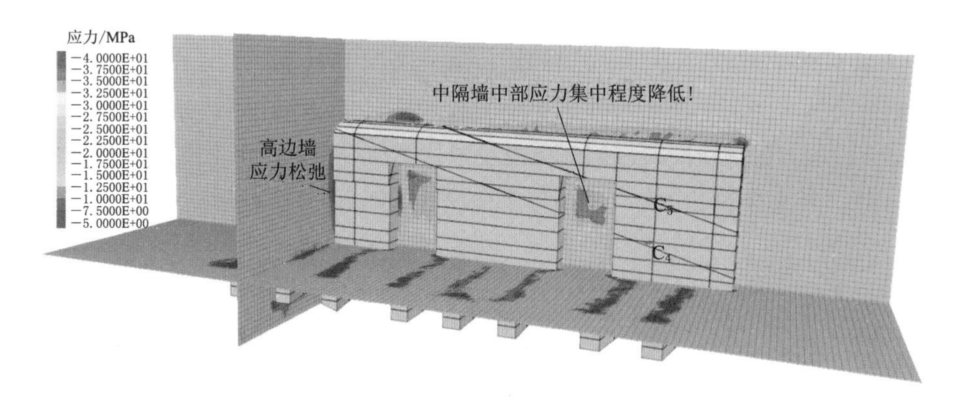

图 4.5-4 长廊型中隔墙加厚方案 2 的应力分布特征

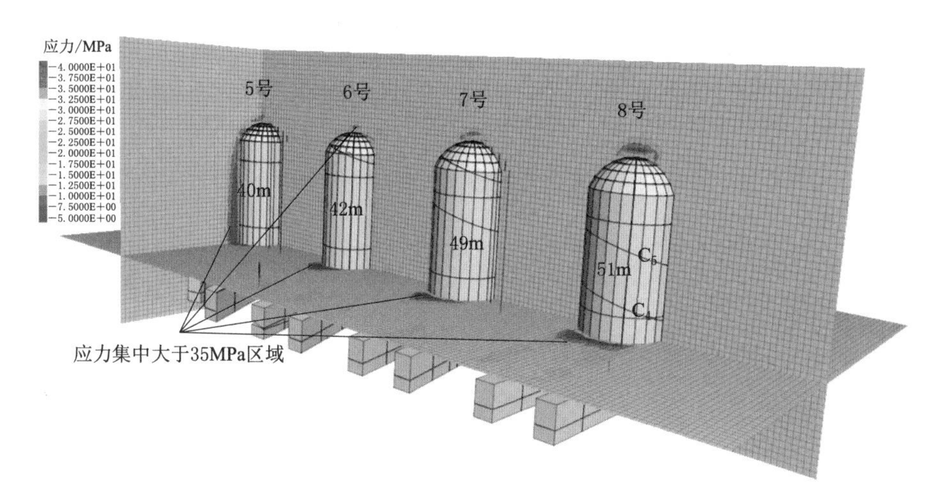

图 4.5-5 4 个圆筒型方案 3 的应力分布特征

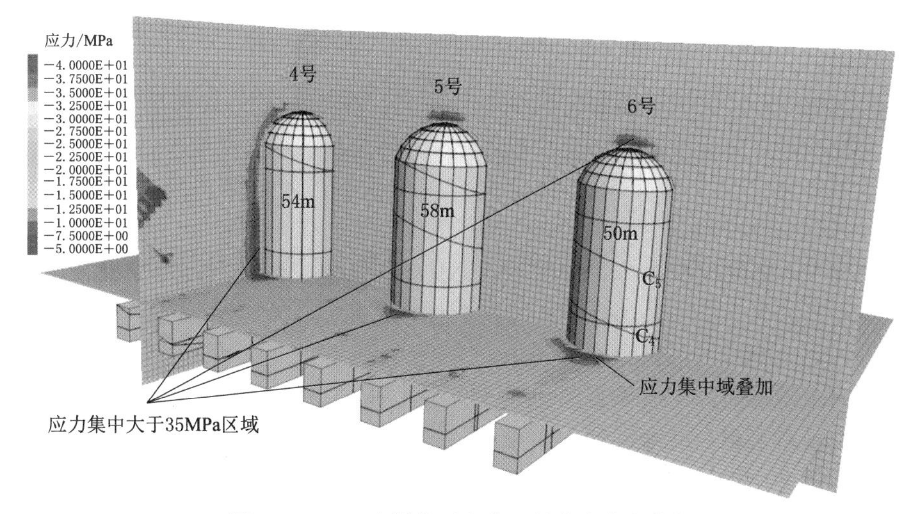

图 4.5-6 3 个圆筒型方案 4 的应力分布特征

方案5中3个圆筒型尾水调压室间距增大至1.5倍洞径的开挖应力分布特征见图4.5-7。此方案下，圆筒直径从由54m、58m、50m调整为54m、57m、50m，间距从58m、60m增大至83.25m、80.25m。事实上，由于应力集中区域主要在E/W两侧，因此洞径的改变不造成NS向展布的圆筒间岩柱的高应力集中的叠加问题。所以，以总体的分布规律来看，方案5和方案4的应力分布特征相差不明显，实际差别需要由随后的定量统计指标加以揭示。

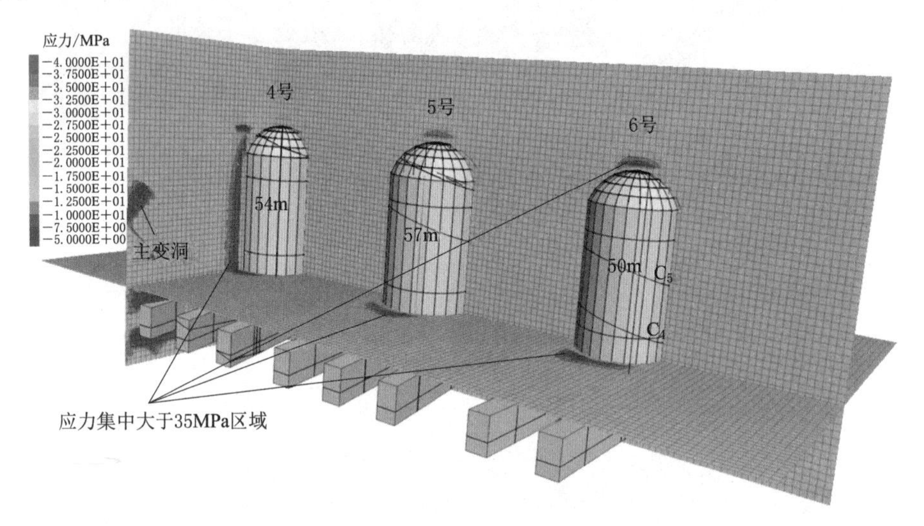

图4.5-7　3个圆筒型间距1.5倍方案5的应力分布特征

综上所述，图4.5-3～图4.5-7所示的5种尾水调压室的应力分布差别主要体现在长廊型与圆筒型的差别，而图4.5-8表示了长廊型方案与圆筒型方案主要应力集中部位应力集中水平的差异：

(1) 长廊型方案和圆筒型方案的应力集中程度由高到低依次为：长廊型方案端墙和隔墙拐角部位＞圆筒型方案E/W两侧边墙＞长廊型方案隔墙内中心部位＞长廊型方案顶拱＞圆筒型方案。

(2) 长廊型方案中隔墙应力集中贯穿岩柱中心，并且形成了X形剪切应力集中形态，可能导致中隔墙高应力破损贯通和长期稳定问题。

(3) 圆筒型方案的E/W两侧边墙的应力集中达到片帮下限，局部初始应力异常区域，可能存在开挖过程中浅层岩体的高应力破裂问题。

此外，除了主洞室的应力分布差异外，与NS向最大主应力方向近乎垂直的辅助洞室顶底拱都呈明显的应力集中。不过，同样的辅助洞室顶拱的高应力问题在长廊型和圆筒型方案中可以表现出不同的潜在影响。如在方案1、方案2中，顶拱开挖的应力集中区与长廊型高边墙的应力松弛区不构成高应力叠加问题；但是在方案3、方案4、方案5中，尾水洞形成的顶拱应力集中区则可能与圆筒开挖在E/W两侧边墙形成的应力集中区叠加，从而形成更高的潜在高应力破坏风险，是需要关注洞室交叉口的问题。

由4.3.3小节可知，能量释放率可以定量判断不同方案下围岩潜在高应力破坏的程度，为了能够更为准确地统计尾水调压室的不同体型方案的高应力集中的程度，需要

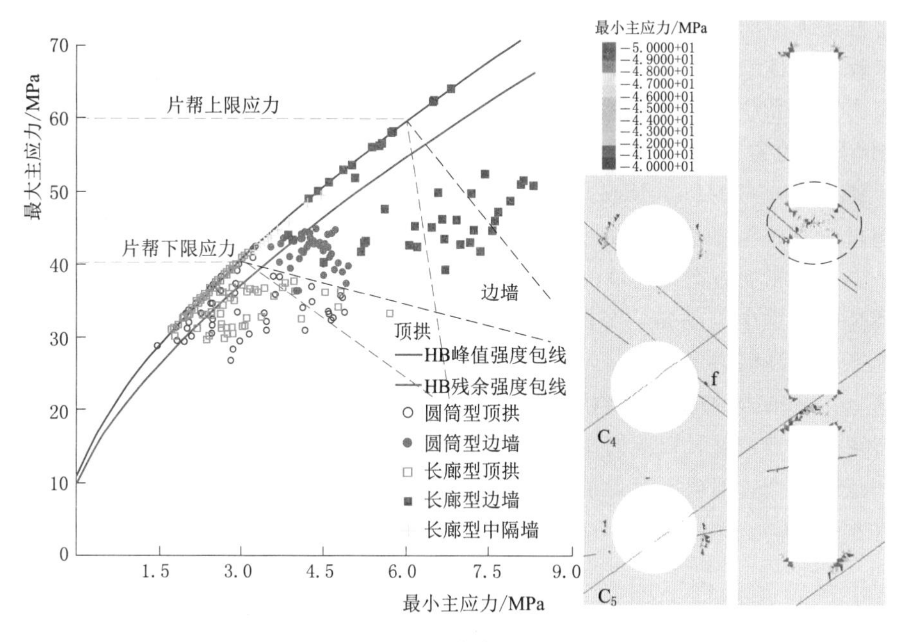

图 4.5-8 5 种不同方案高应力集中程度描述

将不同方案不同部位（顶拱、边墙、中隔墙）不同量级的方量进行统计。同时，为了排除主要洞室与辅助洞室开挖造成的相互影响，特别是辅助洞室如尾水洞顶拱应力集中区域不可避免地引起尾水调压室边墙高应力集中方量的统计差异，从而使得单位体积的能量释放等指标缺乏“单调”直观的比较意义，以下介绍只进行尾水调压室开挖的能量释放率比较。

5 种不同开挖方案条件下，仅仅开挖尾水调压室时，开挖方量为 891835m^3、926740m^3、664403m^3、710831m^3 和 700804m^3。图 4.5-9 为不同方案不同部位（顶拱、边墙、中隔墙）不同量级的应力集中方量比较。

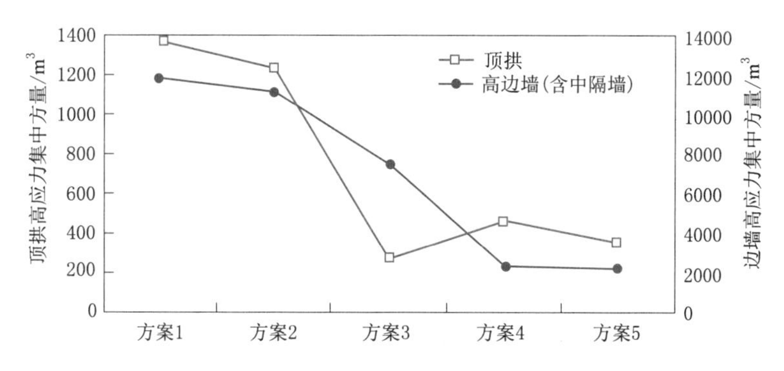

图 4.5-9 5 种不同方案仅开挖尾水调压室形成的顶拱与高边墙应力集中方量比较

从顶拱的高应力集中程度来看，长廊型方案与圆筒型方案下最大主应力超过片帮下限应力 40MPa 的方量都不大，并且较少超过 50MPa；从顶拱高应力集中区范围来看，长廊型方案和圆筒型方案应力集中超过片帮下限的方量分别为 1250～1350m^3 和 250～450m^3，即长廊型方案顶拱应力集中程度和范围（方量）明显大于圆筒型，因此，从控制顶拱高应力问题工程量和技术要求的角度看，圆筒型方案具有一定的优越性。

从高边墙的高应力集中程度来看，长廊型方案与圆筒型方案下最大主应力超过片帮下限应力40MPa的方量都明显大于顶拱，长廊型方案下有上千方围岩的应力集中超过50MPa，甚至达到60MPa。从高边墙高应力集中范围来看，长廊型方案和圆筒型方案应力集中超过片帮下限的方量分别为11100～11900m^3 和2200～7500m^3。因此，单纯从统计量上来讲，长廊型方案高边墙的高应力问题似乎更为突出，但是如前文所述，长廊型方案高边墙高应力集中与拐角，与圆筒型EW向高应力集中主要反映初始应力条件不同，即实际上二者的高应力形成机制与工程影响有明显本质不同，需要具体分析。

总体上，从围岩的应力分布状态、高应力集中程度与范围来看，长廊型方案与圆筒型方案具有明显差别，并且以圆筒型方案优势明显。就3个圆筒型方案而言，存在高应力集中程度和范围差别，但尚不足以造成潜在高应力问题本质的差异。因此，3个圆筒型方案都可以推荐采用。

4.5.4 不同方案条件下围岩大变形程度与范围

778MW装机方案的数值分析工作已经指示长廊型尾水调压室高边墙存在较为显著的大变形问题，而圆筒型结构属于“稳定结构”，更有利于控制高边墙围岩的变形。因此，5种尾水调压室的变形分布差别主要体现为长廊型与圆筒型的差别（图4.5-10）。长廊型尾水调压室高边墙变形量级普遍达100mm以上，局部受层间带影响甚至超过150mm，存在潜在的变形稳定问题；而圆筒型尾水调压室的变形量基本都小于100mm，不存在明显的整体变形稳定问题，圆筒型方案优势显著。

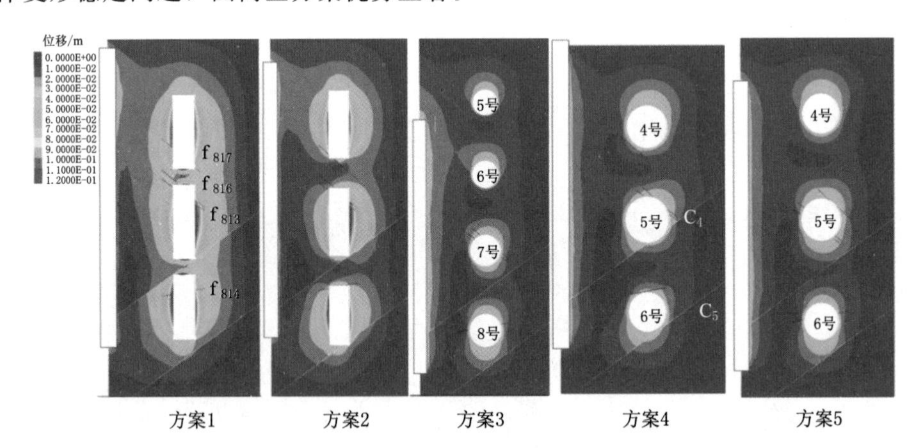

图4.5-10 5种不同方案开挖变形平切图

为了能够更为准确地统计和比较各方案的变形稳定，现将不同方案不同变形量级的方量进行了统计，结果见图4.5-11。3个圆筒型方案的潜在不稳定变形方量由小到大依次为方案3<方案5<方案4。但是由于小断层f_{813}、f_{816}、f_{817}恰好切割5号尾水调压室，使得该方案下大于150mm的变形方量略大于其他两者。

总的来说，忽略小断层在局部造成的影响外，圆筒型方案在控制变形稳定问题方面明

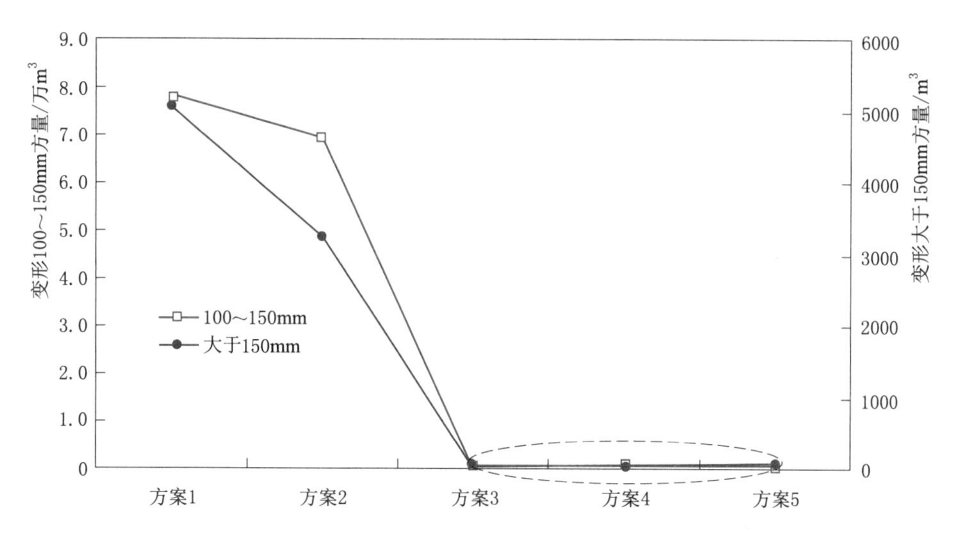

图 4.5-11　5 种不同方案顶拱与高边墙的变形方量比较

显优于长廊型方案，并且 3 个圆筒型方案差别不大，其中方案 3 优于方案 5 优于方案 4。因此，从变形稳定角度而言，3 个圆筒型方案都可以选择，以方案 3 略占优势，但不存在明显的相对优劣。

4.5.5　不同方案的中隔墙（岩柱）稳定特征

针对长廊型与圆筒型尾水调压室体型比较已经说明长廊型尾水调压室高边墙大变形会对中隔墙形成挤压，导致中隔墙中部产生屈服，安全裕度较低；当中隔墙加厚至 40m 后，中隔墩自身应力集中程度缓解，变形量级也减小，但中隔墩对边墙的变形约束作用仍然有限。圆筒型方案更利于尾水调压室间岩柱的安全，以下进一步由方案比较说明百万装机条件下长廊型、圆筒型 5 种不同方案中隔墙（岩柱）的稳定性。

图 4.5-12 为 5 种不同方案中隔墙（岩柱）岩体开挖应力分布特征。根据计算结果可见，方案 1 中长廊型尾水调压室中隔墙中心部位存在明显的应力集中现象，当中隔墙厚度增加到 40m（方案 2）时，应力集中程度得到缓解。

与长廊型方案不一致的是，圆筒型方案由于间距达 1 倍筒径以上，岩柱不存在应力集中以及应力集中区叠加的问题。

应力集中是否导致工程失稳，或者潜在的问题性质和形式如何，综合以上中隔墙的高应力、应力路径和变形特征以及图 4.5-13 所示的塑性区分布来看：

（1）长廊型方案中隔墙应力集中、变形问题突出，并且整体屈服，不宜采用。

（2）长廊型中隔墙加厚方案应力集中程度降低、变形量级减小、岩柱中心保持为弹性状态，基本满足安全裕度要求。不过，中隔墙岩体不同部位在开挖过程中的应力变化差异悬殊，开挖后从表面浅层到深度的受力状态也相对复杂，决定了潜在问题的多样性和复杂性，其中高应力特点对支护工作提出了新的要求。

（3）3 个圆筒型方案都不造成明显的岩柱安全问题，设计的间距也基本满足最小间距要求，可以推荐采用。

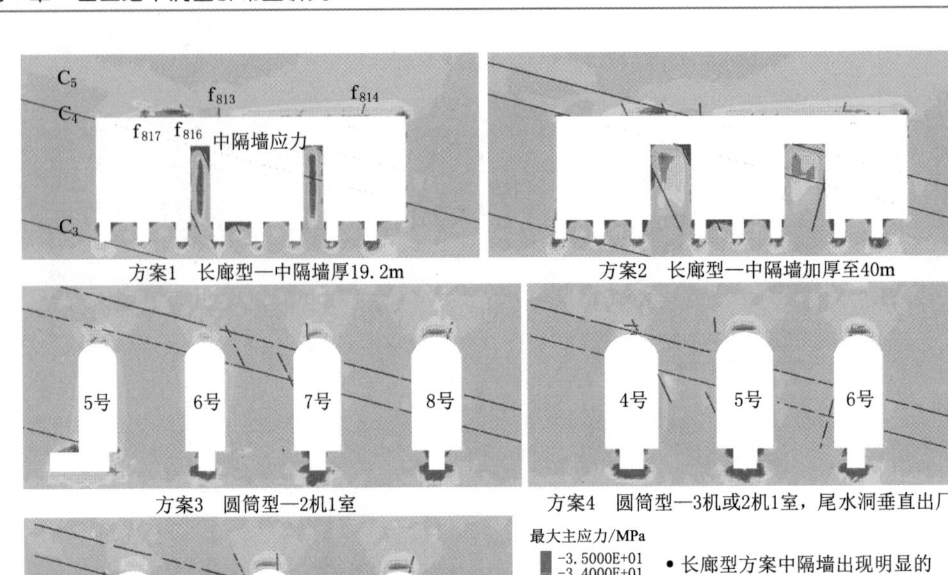

图4.5-12　5种不同方案中隔墙（岩柱）岩体开挖应力分布特征

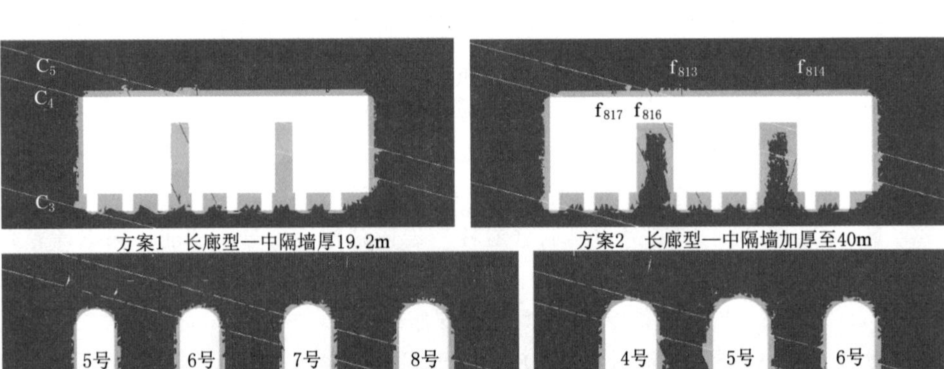

图4.5-13　5种不同方案中隔墙（岩柱）塑性区分布

4.5.6 尾水调压室体型方案建议

以上针对长廊型与圆筒型尾水调压室高应力、高边墙大变形、块体稳定、中隔墙（岩柱）稳定4类主要围岩稳定问题进行的综合比较成果。综合如下：

(1) 从控制应力集中问题来看，方案的优到劣顺序依次为方案4≈方案5>方案3>方案1>方案2。长廊型尾水调压室应力集中区主要位于顶拱、端墙拐角、中隔墙拐角，应力集中的程度较高，面临的高应力破坏风险较大。圆筒型尾水调压室的顶拱和E/W两侧边墙都是应力集中区域，应力集中范围较大但集中程度相对不高。就3个圆筒型尾水调压室而言，随着洞径增大和间距的减小，应力集中程度有所降低，即方案3的应力集中程度相对较高，方案4和方案5基本相当。

(2) 从控制高边墙的大变形来看，方案的优到劣顺序依次为方案3>方案5≈方案4>方案2>方案1。长廊型尾水调压室高边墙产生明显的应力松弛型变形，受层间带C_4、C_5影响部位最大变形量级可达150mm，中隔墙加厚至40m对远离隔墙部位的大变形也难以起到约束作用，因此，长廊型尾水调压室高边墙大变形问题整体突出。圆筒型尾水调压室高边墙变形量级较小，筒径最小的方案的最大变形量级一般小于70mm，方案4和方案5的最大变形量级一般也小于80mm。所以，圆筒型方案对控制高边墙的变形稳定问题优势明显。

(3) 从中隔墙（岩柱）稳定性来看，方案的优到劣顺序依次为方案5>方案3≈方案4>方案2>方案1。长廊型尾水调压室中隔墙高应力集中及塑性变形特征显著，安全裕度低。中隔墙增厚至40m后，中隔墙本身的应力集中得到缓解，稳定性有所提升。圆筒型尾水调压室洞室间距达1～1.5倍筒径，NS向展布的岩柱不会形成应力集中和应力集中区的叠加，同时，也形成应力松弛大变形，整体稳定性较好。因此，圆筒型方案基本不涉及岩柱的稳定性问题，具有明显优势。

综上，几类围岩稳定问题和统计指标主要体现在长廊型方案和圆筒型方案的差别。例如，长廊型方案同时面临顶拱的高应力集中和边墙的大范围松弛，而圆筒型尾水调压室顶拱和E/W两侧边墙也有明显的应力集中问题；长廊型方案面临较为严重的高边墙变形问题，而圆筒型方案稳定性良好；长廊型尾水调压室中隔墙的安全裕度低，加厚至40m后能满足自身的稳定要求，但圆筒型方案基本不存在岩柱稳定性问题。总体上，从几类围岩稳定问题来讲，圆筒型方案优势明显。

此外，从枢纽布置条件分析，圆筒型方案尾水调压室位置调整较灵活，尾水洞布置更顺畅；从运行条件分析，长廊型方案结合尾水管检修闸门室通长布置，安装、检修较为方便；从水力条件分析，长廊型方案尾水岔管水头损失较大，大井内横向水流现象较突出，低水位波动情况下阻抗孔口附近流态较差，圆筒型调压室较优；从施工条件分析，圆筒型调压室施工布置较复杂，但不存在制约条件，两个方案的尾水调压室施工均未在关键线路上，对机组发电不产生制约性影响；从工程规模与投资分析，圆筒型方案较长廊型方案节省投资约9%。

综上所述，从布置条件、水力条件、围岩稳定等多方面考虑，圆筒型方案总体优势明显，而（14+2）×1000MW四大洞室方案（方案3）相比三大洞室方案（方案4、方案

5)，将圆筒直径从60m级减小至50m级，巨型穹顶工程风险和工程难度都显著降低，宜作为推荐方案。

此外，由于存在大型软弱层间带、密集柱状节理等影响因素的影在，圆筒型尾水调压室顶拱稳定问题需要着重研究，即需开展尾水调压室穹顶体型的优化。

4.6 尾水调压室穹顶体型优化

尾水调压室穹顶开挖体型变化对枢纽布置、开挖工程量、水力条件等影响甚小，不同体型的尾水调压室穹顶施工方案无本质区别，因此围岩稳定条件是局部体型选择最为关键的控制性因素。

经4.5节的白鹤滩水电站尾水调压室体型方案比选后，推荐采用圆筒型方案，穹顶具备“双向”成拱的特征，可以显著改善长廊型尾水调压室顶拱受力条件和边墙变形状态；但在白鹤滩特定的地应力场和岩体结构条件下，圆筒型尾水调压穹顶围岩仍然受到高应力和不利构造（如层间带和柱状节理等）的作用，加之四大洞室方案尾水调压室本身规模宏大（开挖跨度达50m量级），所以，尾水调压室穹顶稳定仍然是白鹤滩地下工程建设面临的挑战之一。

4.6.1 主要因素和分析基础

影响白鹤滩圆筒型调压室穹顶围岩稳定的地质要素主要为层间（内）错动带、柱状节理、确定性结构面、长大裂隙、优势节理等，1～8号尾水调压室的地质条件有其各自的特点，可将左、右岸8个尾水调压室分为四大类，其特点统计见表4.6-1。

表4.6-1 尾水调压室地质条件分类表

调压室编号	地质条件	影响穹顶稳定的主要地质要素
1、2、3、5、6	C_2 在1号、2号、3号尾水调压室中上部出露；C_4 在5号尾水调压室穹顶上部35m通过；C_4 在6号尾水调压室穹顶上部15m左右通过	穹顶稳定主要受地应力、岩性、次级结构面影响，层间错动带影响较小
4	C_2 在拱肩附近出露	关注 C_2 与调压室的相交及对穹顶稳定的影响
7	C_5 在尾水调压室穹顶上方约15m处通过；C_4 斜穿穹顶下部	关注 C_4、C_5 对穹顶稳定的影响
8	穹顶发育 $P_2\beta_6^1$ 层第二类柱状节理；C_5 斜穿穹顶下部	关注柱状节理和 C_5 对穹顶稳定的影响

由分析可知，1号、2号、3号、5号、6号尾水调压室穹顶稳定性主要受初始地应力、岩性和确定性小断层等影响；4号尾水调压室穹顶稳定主要受层间错动带 C_2 影响；7号尾水调压室穹顶稳定主要受层间错动带 C_4 和 C_5 影响；8号尾水调压室穹顶同时受柱状节理和层间错动带 C_5 的影响。四类尾水调压室相应分四种情况关注主要地质因素进行围岩稳定分析与评价：

(1) 1号、2号、3号、5号、6号尾水调压室的穹顶稳定条件主要受初始地应力条件和岩性影响，构造的影响居次要地位；两岸初始地应力分布格局相似，方向略有差异，对于圆筒型调压室而言，地应力方向上的差异对穹顶稳定影响甚微。因此可以右岸为代表，忽略构造的影响，考虑岩体的基本开挖响应特征，比选圆弧形、半圆形、椭圆形三种体型。

（2）4号尾水调压室与1号、2号、3号、5号、6号尾水调压室围岩稳定条件最大的差别，在于层间错动带 C_2 在调压室拱肩附近出露，比选基于一般条件下的较优体型，同时考虑层间错动带 C_2 的影响。

（3）7号尾水调压室稳定主要受层间错动带 C_4 和 C_5 影响，进行穹顶体型优选时模拟层间错动带等主要结构面，进行专门的分析，体型为圆弧形、半圆形、椭圆形。

（4）8号尾水调压室稳定同时受柱状节理和层间错动带 C_5 的影响，分析时考虑柱状节理岩体的特殊性。直接对柱状节理岩体结构进行模拟，以反映其各向异性松弛变形特征，同时，采用强度折减法对各方案的整体安全性进行对比评价。主要针对一般条件下较优的体型和流线形进行比选。

在经典拱结构理论中，楔形块体被假定为具有无穷抗压强度的材料，即拱结构的稳定性主要由刚性块体的形状加以保证，而非组成材料的强度。因此，拱形设计成为了保证开挖成拱最基本的要求。

对于高应力条件下的地下工程围岩稳定性而言，具备一些区别于传统拱结构理论的基本特征。由于初始地应力场分布影响突出，以构造应力占主导的水平向大主应力有利于成拱，但当应力水平过高或者与结构面呈不利组合时，也可能导致应力型的围岩破坏；围岩具备强度特征并且影响明显，局部应力集中岩体强度可能形成高应力破坏；结构面的切割可能破坏体型完整性，需要控制应力松弛保证拱形轮廓完整性；等等。

总体上，不论大型地下穹顶涉及的"拱效应"有多复杂，穹顶稳定性始终明显受制于体型，即体型需要适应应力拱条件。例如，5号尾水洞与尾水洞检修闸门室交汇部位的渐变段，顶拱开挖后近矩形状，拐角局部有应力集中的片帮破坏特征（图4.6-1）。

图4.6-1　右岸5号尾水洞顶拱开挖特征

对比矩形和圆弧形顶拱的应力和塑性区分布特征（图4.6-2）可见，矩形顶拱的拐角为应力集中区，而正顶拱部位为应力松弛区，松弛的范围比圆弧形大，塑性区也较大。考虑到顶拱部位受大型结构面切割或局部岩体完整性较差情况下，正顶拱受拉应力影响部位存在潜在的坍塌破坏风险，因此，宜结合地质条件和设计因素考虑，优化体型为圆弧形。

总体上，对于高应力地下岩石工程中大型穹顶稳定性而言，其具备一些区别于传统拱结构理论的基本特征。但不论大型地下穹顶涉及的"拱效应"有多复杂，穹顶稳定性始终明显受制于体型，即体型仍然需要适应应力拱条件。

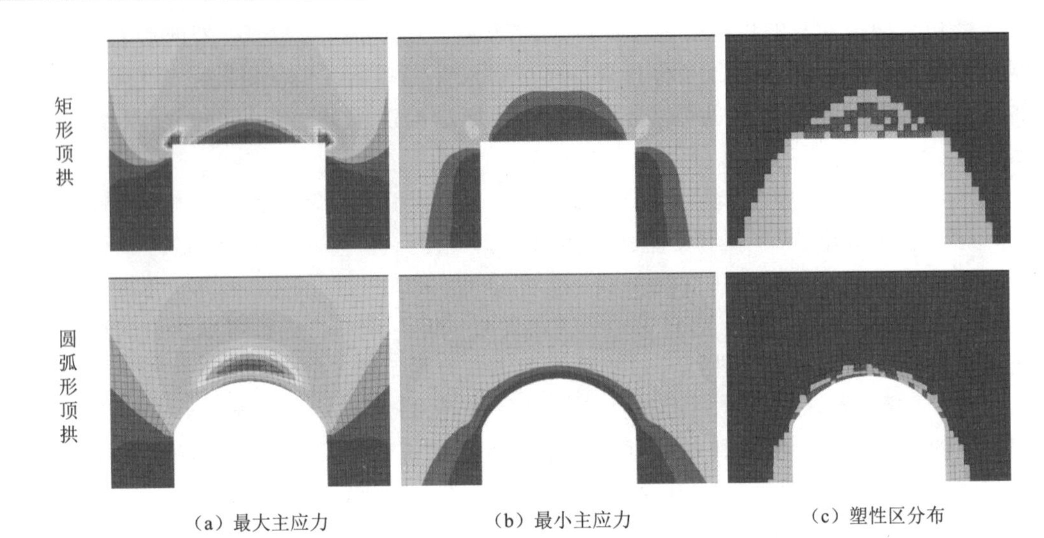

（a）最大主应力　（b）最小主应力　（c）塑性区分布

图 4.6-2　顶拱体型对应力和塑性区分布特征的影响

综合考虑右岸尾水调压室开挖响应特征以及各调压室地质条件的差异性，结合工程类比，拟定了四种穹顶体型，即圆弧形、半圆形、椭圆形和流线形。四种体型曲率逐渐增大，示意如图 4.6-3 所示。

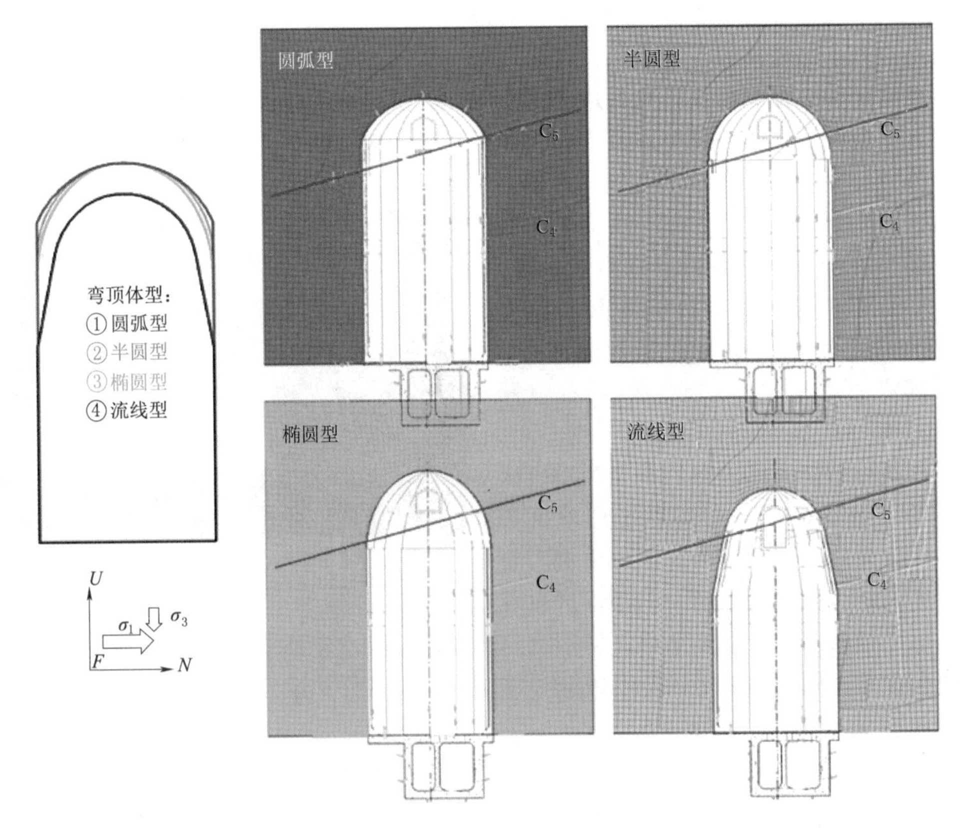

图 4.6-3　尾水调压室穹顶不同体型示意图

4.6.2 穹顶基本体型比选

合理的穹顶体型应对地质条件有良好的适应性。以下将针对圆弧型方案、半圆型方案、椭圆型方案、流线型方案进行开挖应力分布、开挖损伤区、变形分布、块体稳定等进行比较，在探讨应力型和结构面控制型两类问题的基础上，为尾水调压室穹顶体型优化提供支撑。

4.6.2.1 应力分布与开挖损伤区

图 4.6-4 表示了不同方案开挖后的最大主应力和最小主应力分布特征。对比不同曲率方案可见，曲率越大，则穹顶中心应力集中水平越高，圆弧形、半圆形、椭圆形方案的应力集中区最大主应力分别为 40.14MPa、41.91MPa、43.68MPa；同时，曲率越大，则 N/S 向两侧应力松弛越明显，圆弧形、半圆形、椭圆形方案在北向侧翼部位的最大主应力分别为 19.0MPa、17.3MPa、16.7MPa。

流线型方案由顶部小穹顶和下部斜边墙组合而成。由于小穹顶的曲率介于圆弧形和半圆形之间，因此，在穹顶中心应力集中为 41.5MPa，应力集中水平也介于圆弧形和半圆形穹顶之间；由于流线型穹顶跨度仅 39.5m，因此小穹顶 N/S 向两侧的最大应力为 27MPa，松弛明显不如 49m 跨度的洞室。

就二次应力分布特征而言，前三种相同跨度的穹顶具备直接的可比性。由以上计算结果可知，当椭圆形曲率过大时，会呈现拱结构与初始地应力的不协调，进而造成顶拱局部应力集中（椭圆形穹顶顶端）和松弛（侧翼）更强烈。

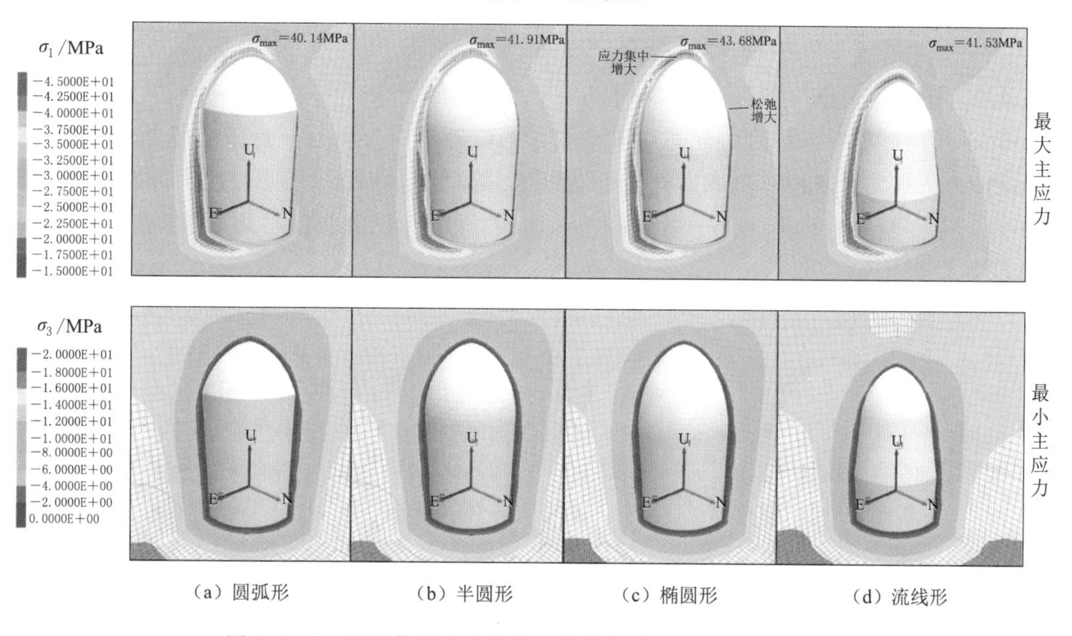

(a) 圆弧形　(b) 半圆形　(c) 椭圆形　(d) 流线形

图 4.6-4　四种体型方案开挖后最大和最小主应力分布特征

在白鹤滩初始最大主应力近水平向分布的前提下，围岩应力集中区位于穹顶顶端。图 4.6-5 (a) 表示了三种体型条件顶拱应力集中区典型部位的应力状态，可见，圆弧形体型的顶拱最大主应力最小，而椭圆形顶拱的最大主应力略大。由于径向最小主应力水平基

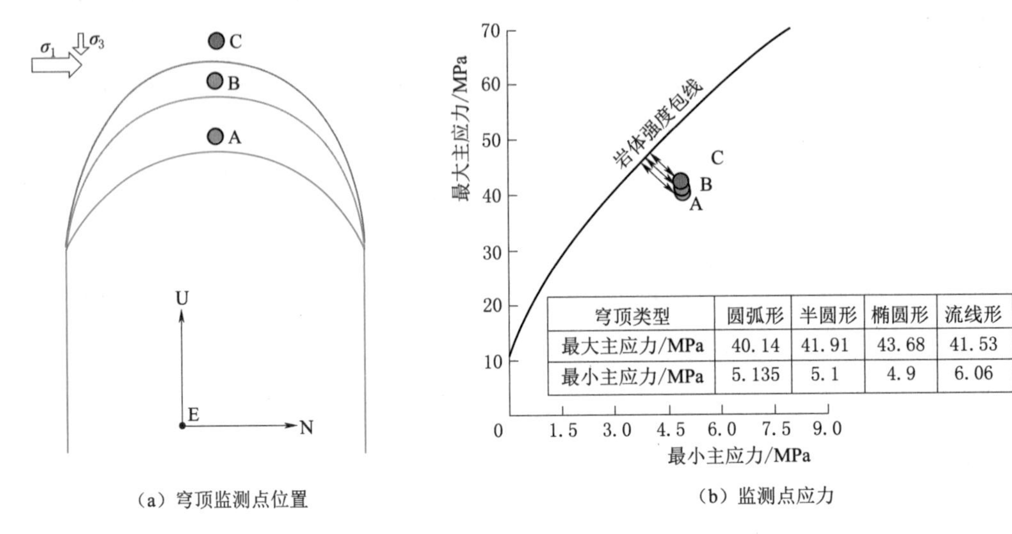

穹顶类型	圆弧形	半圆形	椭圆形	流线形
最大主应力/MPa	40.14	41.91	43.68	41.53
最小主应力/MPa	5.135	5.1	4.9	6.06

(a) 穹顶监测点位置　　(b) 监测点应力

图 4.6-5　体型对穹顶中心围岩应力集中的影响

本上在 5MPa 水平，按照应力状态，椭圆形应力集中程度相对较高，即储存能量水平较高，一旦出现应力型破坏时，其破坏程度也较强；此外，椭圆形应力集中状态距离强度包线相对最近，易于产生高应力型破坏，破坏程度也相对较大。

此外，圆弧形、半圆形、椭圆形的 $\sigma_1-\sigma_3$ 值分别为 42.1MPa、42.6MPa、44.3MPa。说明穹顶曲率越大，应力集中呈现小幅增大，意味着曲率越大则面临的开挖应力损伤越严重。

4.6.2.2　塑性区分布

岩石开挖过程中，过度（超过强度准则）的应力集中与应力松弛部位都会造成塑性屈服。图 4.6-6 表示四种体型方案开挖后塑性区总体分布特征，可见塑性区分布的总体规律相似，深度差异相对不大，一般都在 2～3m 的深度，仅流线形穹顶跨度较小，塑性区深度明显较小，为 1.5～2m。

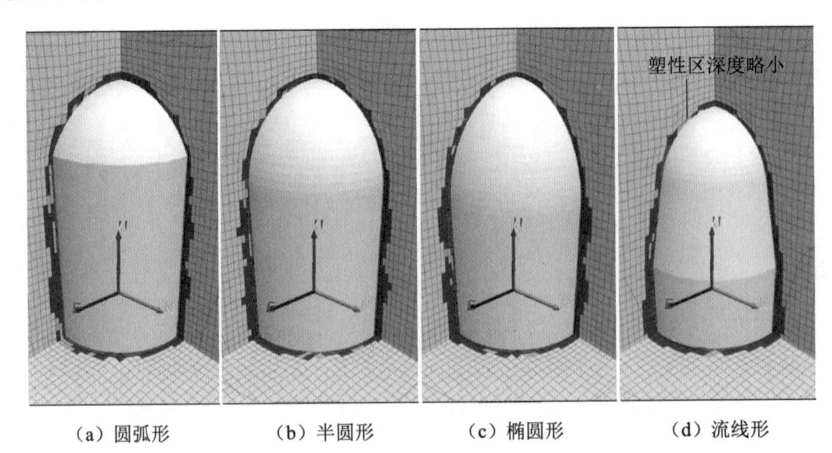

(a) 圆弧形　(b) 半圆形　(c) 椭圆形　(d) 流线形

图 4.6-6　四种体型方案开挖后塑性区总体分布特征比较

由于穹顶岩体屈服实际经历了不同应力路径，因此，对应的潜在破坏类型也通常有所不同。穹顶中心、E/W 侧翼和边墙浅层岩体经历高应力集中产生屈服，其围岩破坏类型主要是局部的应力型破坏；而 N/S 侧翼和边墙为应力松弛性屈服，主要面临着松弛区变形问题。

穹顶曲率小时，塑性区分布在顶拱中心；而曲率大时，塑性区分布在两翼。按照白鹤滩地应力分布条件和岩体参数，最为合理的曲率显然介于圆弧形和半圆形之间，而椭圆形两翼的塑性区有相对明显增大，不具备比较优势。流线形方案改善了顶拱柱状节理层的问题，而两翼尽管变形稳定问题加剧，若 C_5 下盘 $P_2\beta_5^1$ 层岩体完整性较好，则流线形方案具备一定的综合优势。

4.6.2.3 尾水调压室穹顶基本体型优化建议

由数值模拟结果可知，不同体型穹顶塑性区分布差异受制于曲率的影响，即穹顶曲率越大，则顶拱应力集中程度加大，应力型屈服范围越大；同时，穹顶侧翼趋向松弛，松弛型屈服范围也越大。所以，合理的穹顶体型应与地质条件相适应，即推荐的优选体型应确保穹顶应力分布状态可以在控制穹顶应力型破坏和侧翼松弛导致的变形稳定（块体失稳）中间实现平衡。

由图 4.6-7 可见，基于白鹤滩地应力分布条件和岩体参数，合理的穹顶曲率介于圆弧形和半圆形之间，而椭圆形两翼的塑性区有所增大，不具备优势。流线形方案由于将 49m 跨度减小至 39.2m，同时曲率介于圆弧形和半圆形之间，所以，穹顶塑性区范围总体最小，顶拱稳定性良好。不过，流线型方案使得两翼倒悬段塑性区范围和深度有一定增大，成为了变形稳定和块体稳定需要关注的部位。

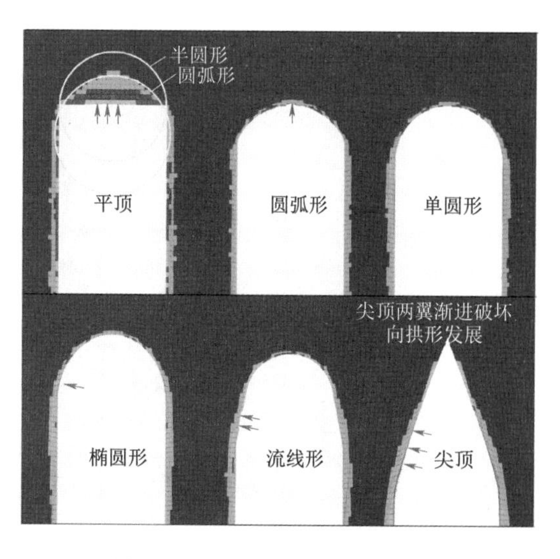

图 4.6-7 不同体型方案开挖后塑性区分布特征比较

综合以上体型方案中穹顶区域应力分布、塑性区分布及变形特征的比较，椭圆形体型不利于平衡穹顶的应力集中与两翼松弛变形问题，半圆形和圆弧形体型差别不大，但从适当提高穹顶围压和拱肩部位应力平顺过渡等方面考虑，不受层间带和柱状节理直接影响的 1 号、2 号、3 号、5 号、6 号尾水调压室穹顶体型推荐半圆形。

4.6.3 层间带对穹顶体型选择的影响

4.6.3.1 层间带位于穹顶上方的影响

毋庸置疑，层间错动带对穹顶稳定的影响较大。6 号尾水调压室和 7 号尾水调压室穹顶上方分别出露层间错动带 C_4 和 C_5，尽量加大穹顶和层间错动带之间的间距是改善围岩稳定性的主动措施。以 6 号尾水调压室为代表，采用敏感性分析方法研究了层间错动带对调压室穹顶的影响。其应力、位移和塑性区分布见图4.6-8～图4.6-10。

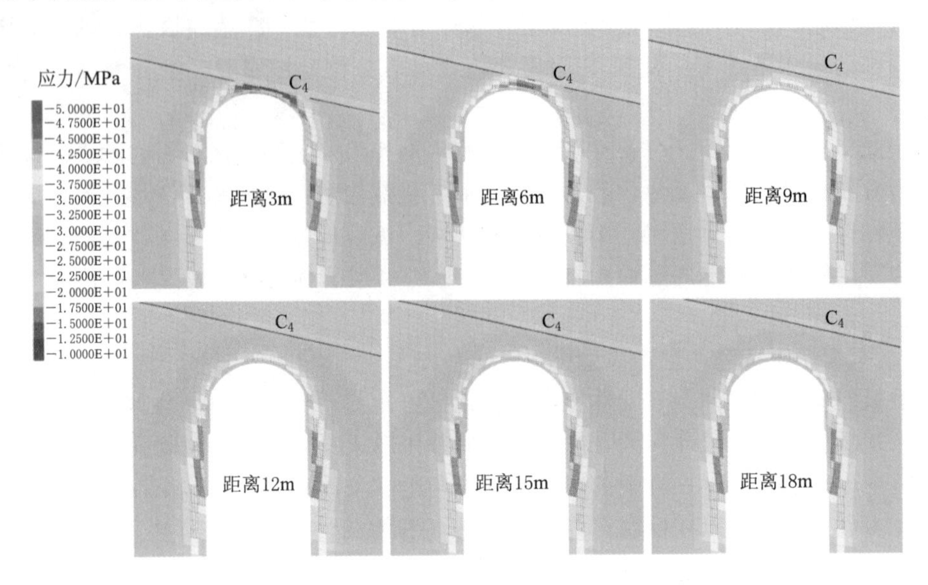

图4.6-8 受层间错动带 C_4 影响时6号尾水调压室穹顶应力分布图

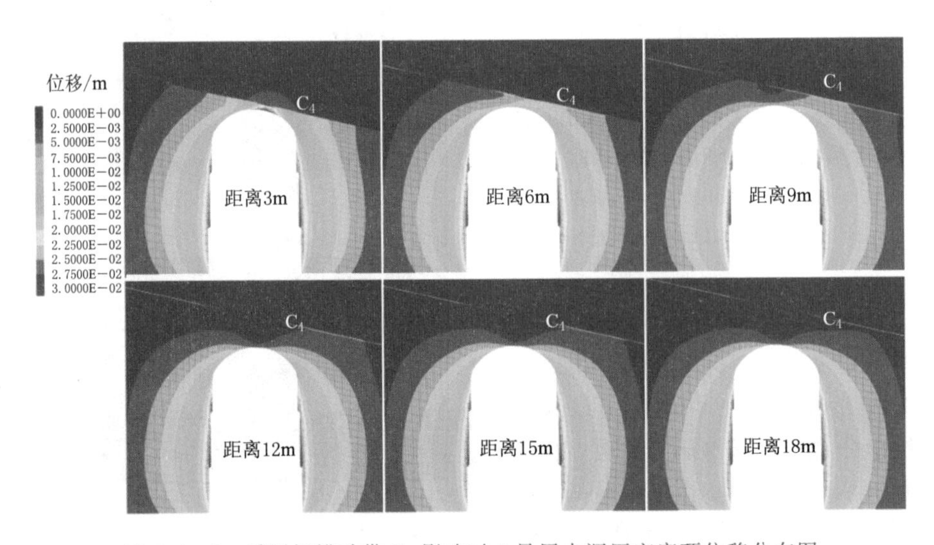

图4.6-9 受层间错动带 C_4 影响时6号尾水调压室穹顶位移分布图

分析表明，层间错动带距尾水调压室距离小于9m时，层间错动带对尾水调压室开挖后的变形、应力、塑性区等分布影响较为明显。距离大于9m后，尾水调压室开挖后穹顶的屈服与应力松弛受层间错动带影响较小，穹顶上方层间错动带未出现张性破坏或剪切塑性屈服。因此，穹顶开挖面高程至少应距离层间带10m。鉴于前期依据勘探资料开展的数值模拟分析难以全面考虑影响穹顶稳定的各种不确定的地质因素，建议穹顶与层间错动带间距不宜小于15m。

4.6.3.2 4号尾水调压室穹顶受 C_2 切割的影响

基于白鹤滩地应力分布条件和岩体参数，半圆形穹顶可作为基本体型。然而，若4号

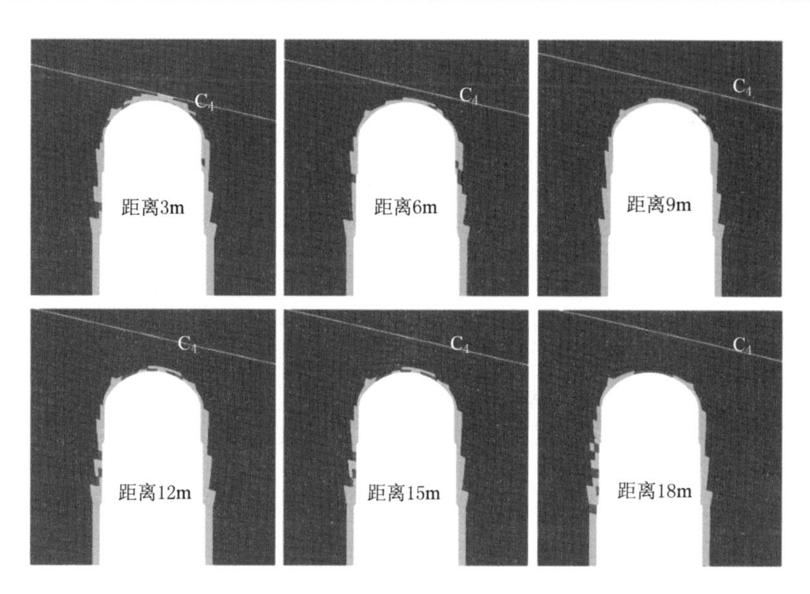

图 4.6-10 受层间错动带 C_4 影响时 6 号尾水调压室穹顶塑性区分布图

尾水调压室选择一般条件下较优的半圆形体型，层间错动带 C_2 将斜切整个调压室拱肩部位，C_2 下盘岩体松弛、倒悬，稳定条件较差，不利于拱效应的形成和穹顶围岩局部稳定（图 4.6-11）。相对而言，圆弧形体型的拱肩位置较高，层间错动带 C_2 主要在调压室边墙出露，穹顶围岩稳定条件相对较优。

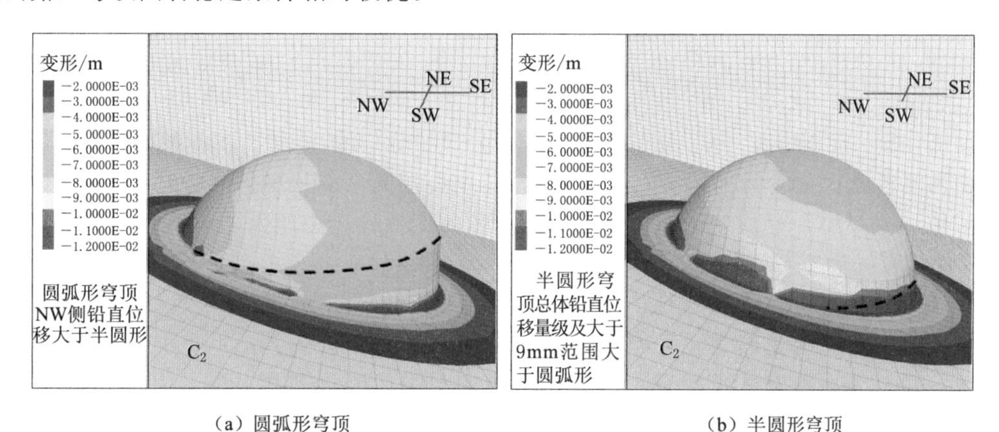

（a）圆弧形穹顶　　　　（b）半圆形穹顶

图 4.6-11 4 号尾水调压室圆弧形和半圆形穹顶受 C_2 影响的变形分布

因此，对于 4 号尾水调压室，结合穹顶与层间错动带 C_2 的空间关系条件，为改善穹顶的围岩局部稳定条件，推荐圆弧形体型。

4.6.3.3 7 号尾水调压室受层间带 C_4、C_5 联合影响

层间错动带 C_5 从 7 号尾水调压室穹顶上方通过，层间错动带 C_4 斜切穹顶侧翼部位，其穹顶稳定性同时受层间错动带 C_4 和 C_5 影响。

7 号尾水调压室开挖完成后，二次应力分布的总体特征（图 4.6-12）为：穹顶中心、E/W 侧翼和边墙为应力集中区域，而 N/S 两侧翼和边墙为应力松弛区域。层间错动带 C_4

导致穹顶的整体应力集中程度降低，穹顶两翼部位的应力松弛加剧，椭圆形体型在层间错动带 C_4 下方的松弛（塑性区）深度相对较大。

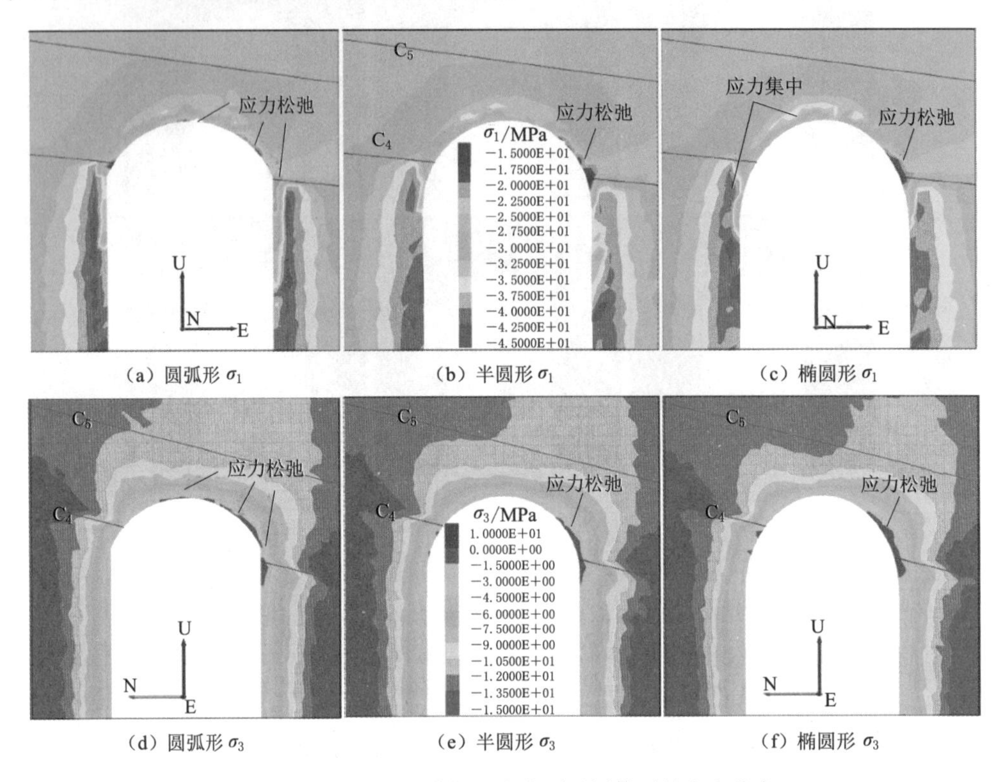

图 4.6-12 7号尾水调压室穹顶不同体型的应力分布

如图 4.6-13 所示，变形分布特征与应力分布特征较为一致。穹顶曲率越大，变形越小，而两翼松弛区的变形越大。层间错动带 C_4 主要切割两翼松弛区，使得松弛变形增加。圆弧形体型曲率小，穹顶变形相对较大，对穹顶的变形稳定和成拱相对不利。椭圆形体型的 NS 向侧翼松弛变形相对较大，而半圆形体型在应力集中和松弛两方面相对平衡。此外，椭圆形体型在层间错动带 C_4 下方的塑性区深度相对较大（图 4.6-14）。

不同穹顶体型的变形、应力和塑性区深度等计算结果汇总于表 4.6-2。由表 4.6-2 可见，从应力分布来看，半圆形、椭圆形穹顶应力集中程度基本相当，相比圆弧形增大 2～3MPa。从变形来看，三种体型穹顶变形量值和差异均不大，两翼变形较大，相比圆弧形和半圆形体型，椭圆形穹顶南侧侧翼 C_4 下盘岩体变形较大，增大 30%～110%。从塑性区深度看，圆弧形、半圆形和椭圆形体型的穹顶塑性区深度总体相差不大，但在层间错动带 C_4 切割 S 侧部位的塑性区深度有一定差异，分别为 5.6m、6.2m 和 9.2m。

综上所述，层间错动带 C_4 对 7 号尾水调压室穹顶围岩稳定影响较大，曲率较大的椭圆形体型不利于控制两翼的松弛问题，圆弧形、半圆形体型总体差异不大。综合穹顶围压及拱肩部位体型过渡考虑，推荐 7 号尾水调压室穹顶采用半圆形体型。

4.6.4 柱状节理对穹顶体型选择的影响

8 号尾水调压室地质条件较为复杂，穹顶出露 $P_2\beta_6^1$ 层第二类柱状节理玄武岩，层间错

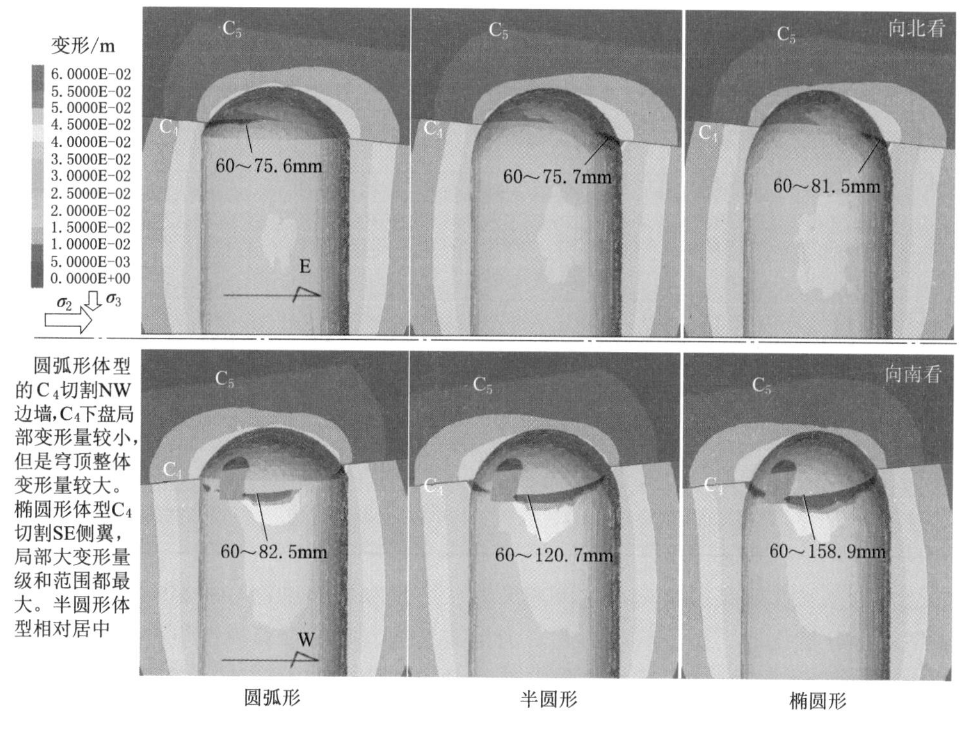

图 4.6-13 7 号尾水调压室穹顶不同体型变形分布

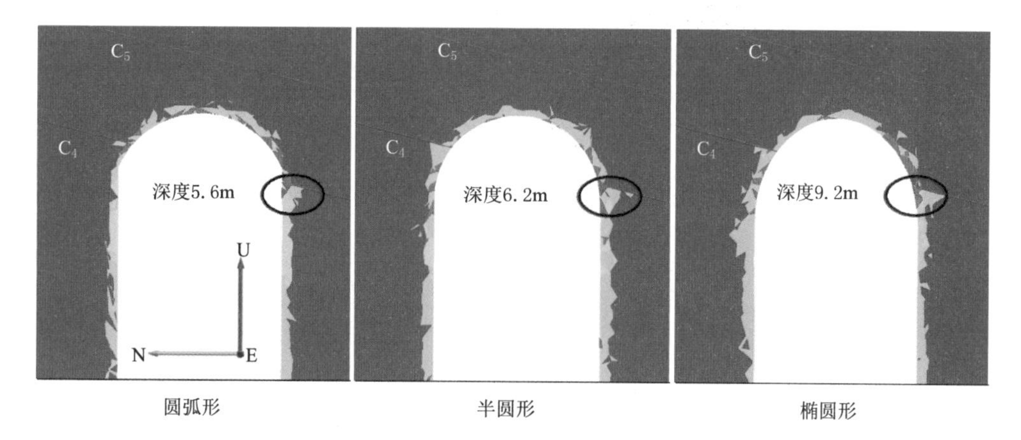

图 4.6-14 7 号尾水调压室穹顶不同体型塑性区分布

动带 C_5 斜切穹顶下部，一定程度上削弱了穹顶拱效应。$P_2\beta_6^1$ 层柱状节理玄武岩一般柱体长 0.5～2.0m，柱体直径 0.25～0.5m，呈次块状结构，同时，该层岩体层内错动带发育，完整性较差。

柱状节理玄武岩潜在的破坏形态有两种：松弛导致的块体失稳、高应力条件下的应力崩解。对于本工程尾水调压室大型穹顶而言，柱状节理玄武岩内节理发育，岩体完整性较一般隐晶质玄武岩差，不利于能量储存，岩体脆性减弱，而塑性增强，应力集中程度有所缓和，因此相对于应力型破坏，应更关注如何加强穹顶拱效应、降低由于柱体松弛导致的块体失稳风险。

表 4.6-2 7号尾水调压室不同体型开挖响应特征汇总表

定量指标	部位		圆弧形	半圆形	椭圆形
最大变形量级/mm	穹顶位移		16~18	13~15	11~14
	C_4 上盘	E/W两侧翼	14~21	13~22	13~21
		N/S两侧翼	25~30	16~28	15~28
	C_4 下盘	E/W两侧翼	40~83	40~75	41~81
		N/S两侧翼	33~76	34~121	39~159
应力分布 σ_1/MPa	穹顶应力集中		34.1	36.4	36.8
	C_4 下盘	E/W两侧翼松弛	18.7	15.7	15.5
		N/S两侧翼松弛	15.8	12.6	10.3
σ_3/MPa	C_4 下盘拉应力		0.17	0.19	0.26
塑性区深度/m		C_4 下盘	5.6	6.2	9.2

结合8号尾水调压室的特点，主要考虑柱状节理和层间错动带的影响，对半圆形和流线形体型进行分析比选。柱状节理玄武岩为镶嵌结构，数值计算模型中按不连续结构面考虑，可相对合理地模拟柱状节理的力学特性和开挖响应。考虑到计算容量方面的限制，对柱体尺寸进行了适当放大。数值计算模型见图4.6-15。

(a) 半圆形　　(b) 流线形

图 4.6-15 8号尾水调压室半圆形和流线形穹顶数值计算模型

4.6.4.1 开挖响应特征及围岩稳定条件

考虑层间错动带 C_5、柱状节理玄武岩等不利地质条件，围绕开挖后柱状节理玄武岩松弛变形特征与稳定性两方面展开计算分析。图4.6-16为8号尾水调压室半圆形和流线形穹顶开挖后变形分布对比，具体指标见表4.6-3。

对于8号尾水调压室穹顶，相比半圆形体型，流线形体型的穹顶高程和直径减少了近10m，减小了柱状节理玄武岩的出露范围，使得穹顶中心、两翼的变形量级都减小15%~30%，松弛变形区深度也有一定程度减小，E/W和N/S两侧翼的松弛变形区深度分别减小45%和17%。流线形体型对控制 C_5 上盘 $P_2\beta_6^1$ 层柱状节理层开挖松弛变形和拱效应的形成有利。

变形/m

≥5.0000E-02
4.5000E-02
4.0000E-02
3.5000E-02
3.0000E-02
2.5000E-02
2.0000E-02
1.5000E-02
1.0000E-02
5.0000E-03
0.0000E+00

半圆形

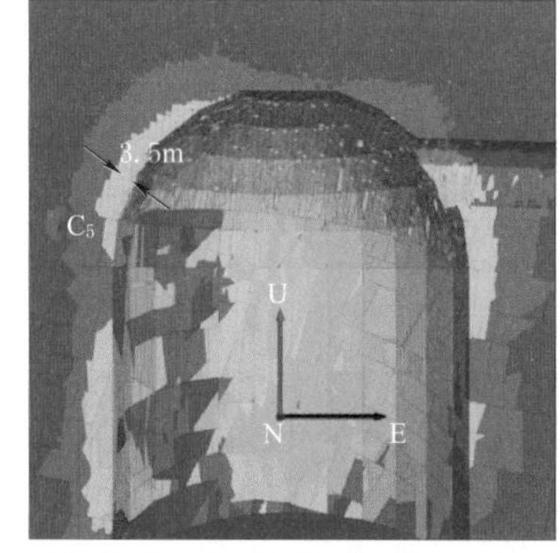

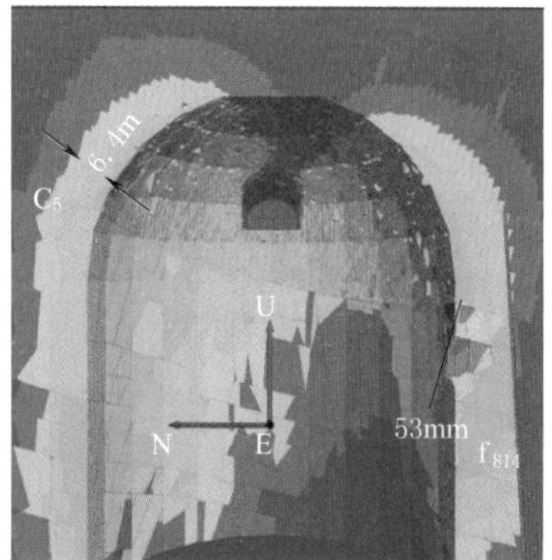

流线形

流线形体型穹顶柱状节理岩体开挖变形量级明显减小。不过，上室边墙、穹顶侧翼C5下方倒悬岩体变形较大

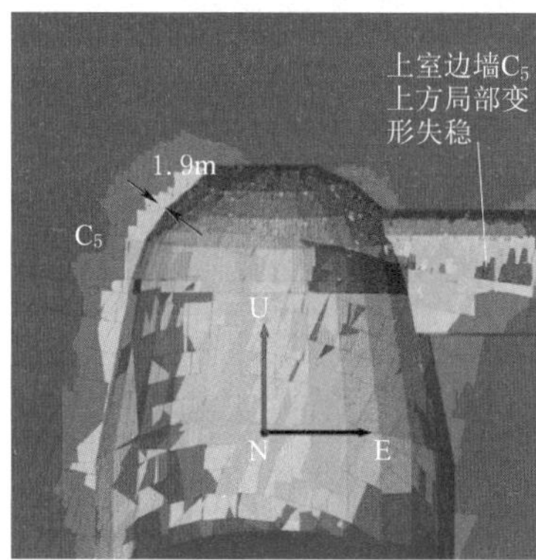

(a) 向北看　　(b) 向东看

图4.6-16　8号尾水调压室半圆形和流线形穹顶开挖后变形分布对比

表4.6-3　8号尾水调压室半圆形和流线形穹顶岩体变形特征表

部位＼定量指标		变形大于10mm深度和百分比			最大变形量级和百分比		
		半圆形	流线形	百分比	半圆形	流线形	百分比
穹顶中心		<1mm	<1mm		6～7mm	4～5mm	69%
C_5 上盘	E/W两侧翼	3.0～3.5	1.5～2.1	55%	16～18	13～16	85%
	N/S两侧翼	6.5～7.2	3.3～8.1	83%	26～28	16～20	67%
C_5 下盘	E/W两侧翼	4.2～6.8	4～5.7	88%	14～26	27～35	155%
	N/S两侧翼	7.6～12	10～14.5	125%	28～65	52～104	167%

对于 C_5 下盘岩体，与半圆形体型相比，流线形体型倒悬边墙的松弛变形有所加大，NS向侧翼松弛变形区深度增加了25%。从控制 C_5 下盘岩体松弛变形的角度分析半圆形体型较有利。

从工程风险的角度分析，柱状节理岩体中原生节理和层内错动带组合，将导致开挖响应特征趋于复杂，其岩体力学性能尚难以用数值分析的方法进行准确预测。特别是在穹顶开挖尺寸较大的情况下，尺寸效应的影响加大了分析的不确定性。层间错动带 C_5 下盘的

$P_2\beta_5$ 层岩体完整性较好，对于局部松弛变形，在工程处理措施方面积累了较丰富的经验，可通过加强施工组织和优化支护设计较好地加以解决。而柱状节理玄武岩穹顶能否稳定的工程风险是在穹顶体型比较优先考虑的因素。

4.6.4.2　整体安全性

进一步采用强度折减法对 C_5 上盘柱状节理岩体的整体安全性进行评价。该方法同步折减岩块和结构面的 C 与 f 值，折减系数作为洞室整体安全系数，可对两种体型的整体稳定性及安全度进行定性评价。图 4.6-17 为 8 号尾水调压室穹顶半圆形和流线形体型不同安全系数下的围岩稳定性对比。

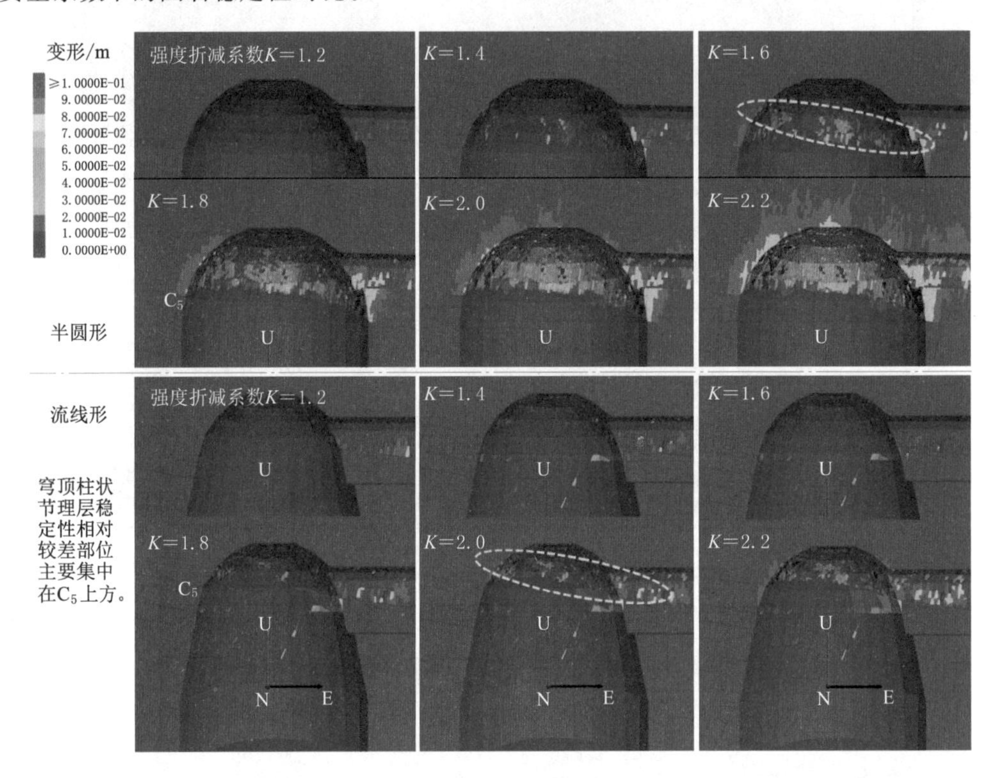

图 4.6-17　8 号尾水调压室穹顶半圆形和流线形体型不同安全系数下围岩稳定性对比

计算结果表明，穹顶稳定性较差的部位为沿层间错动带 C_5 附近的柱状节理层，半圆形体型柱状节理层的围岩稳定安全系数一般大于 1.4，潜在不稳定区域主要集中于 NS 向层间错动带 C_5 上方；流线形体型柱状节理层围岩稳定安全系数一般大于 1.8，潜在不稳定区域范围减小，整体稳定性增强。

4.6.4.3　综合分析

8 号尾水调压室穹顶稳定主要受层间错动带 C_5 和 $P_2\beta_6^1$ 层柱状节理影响。虽然半圆形体型中层间错动带 C_5 下盘岩体的稳定条件较优，但流线形体型针对柱状节理容易松弛破坏的特性，通过“降高、减跨”的措施，柱状节理在穹顶的出露范围有较明显减小，是改善穹顶围岩稳定条件、控制工程风险的主动措施。同时，地质勘探资料表明，$P_2\beta_5$ 层岩体完整性较好，通过系统支护和局部加强支护进行重点加固，可保证层间错动带 C_5 下盘倒悬岩体的稳定性。

综合分析，柱状节理玄武岩的卸荷松弛特性是8号尾水调压室穹顶体型比较时优先考虑的因素，从改善柱状节理穹顶的围岩稳定条件出发，推荐8号尾水调压室穹顶采用流线形体型。

4.6.5 上室布置与体型优化

可研阶段为兼顾围岩稳定和水力条件，对6号、7号尾水调压室设置了上室。招标设计阶段，8号尾水调压室增设上室以优化穹顶体型；为改善上室与穹顶相交区域的围岩稳定性，根据上室布置特点，对6号、7号尾水调压室上室布置进行了优化，具体措施主要包括上室尺寸与高程优化和上室洞线优化两方面。

4.6.5.1 上室尺寸和高程优化

减小上室靠近穹顶段的洞室尺寸和高程是减小岔洞规模、改善围岩稳定条件的有效措施。上室优化的范围初定为距调压室穹顶40m范围的洞段，与调压室穹顶开挖直径基本相当。上室底板高程抬高的幅度根据水力学敏感性分析成果确定，6号、7号和8号尾水调压室上室底板高程与最高涌浪水位的关系见图4.6-18。

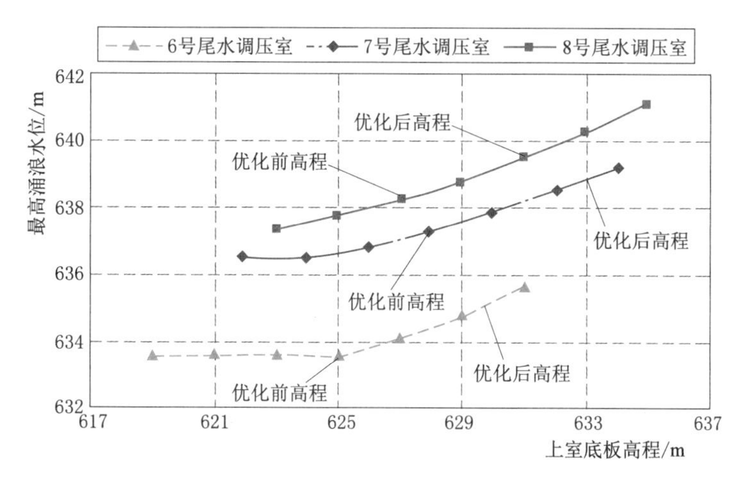

图4.6-18 6号、7号和8号尾水调压室上室底板高程与最高涌浪水位关系分析成果

招标设计阶段，在满足水力条件的基础上，适当抬高上室底板高程、减小上室开挖跨度，以达到改善上室和调压室穹顶洞室交叉部位围岩稳定条件的目的。具体优化措施如下：

(1) 将6号尾水调压室上室底板高程抬高至630m，上室断面高度由16.5m缩小至11.5m，同时将靠近尾水调压室40m段跨度由12m减小至9m，相应调压室最高涌波水位为631.69m。

(2) 将7号尾水调压室上室底板高程抬高至633m，上室断面高度由17.5m缩小至12.5m，同时将靠近尾水调压室40m段跨度由12m减小至9m，相应调压室最高涌波水位为634.72m。

(3) 8号尾水调压室上室底板高程拟定为631m，8号尾水调压室上室断面尺寸为9m×15m（宽×高），相应的调压室最高涌波水位为633.81m。

4.6.5.2 上室洞线优化

根据可研阶段引水发电系统布置，7号尾水调压室上室洞线走向为近WE向，与厂区最大初始主应力近垂直，且交叉段穹顶部位出露层间错动带C_4，上室与地应力和主要构造的空间关系对交叉部位围岩稳定不利（图4.6-19）。

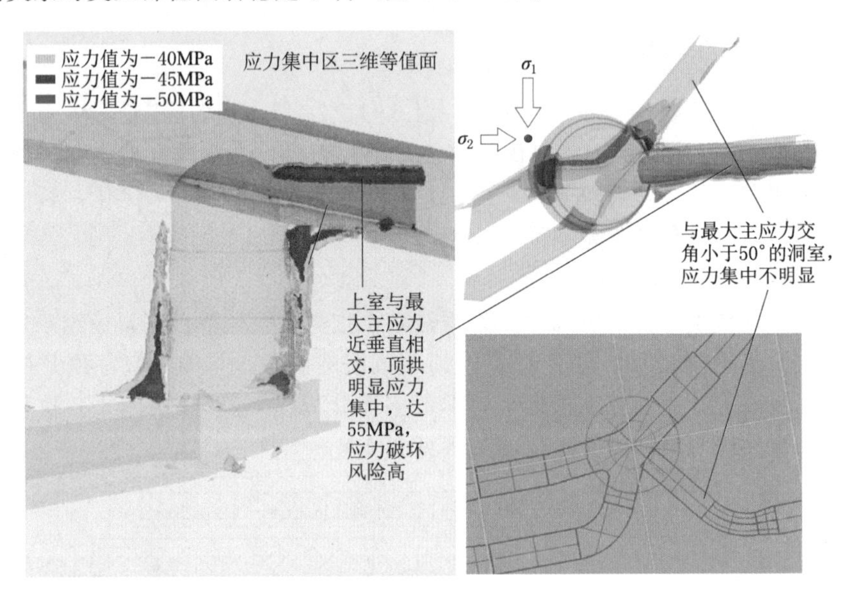

图4.6-19 7号尾水调压室上室应力集中与最大主应力关系示意图

招标设计阶段将上室近穹顶段洞线调整为SE向，可减小上室与最大主应力的夹角、同时层间错动带C_4的出露高程下移，可改善交叉部位的围岩稳定条件。优化前后上室布置见图4.6-20。

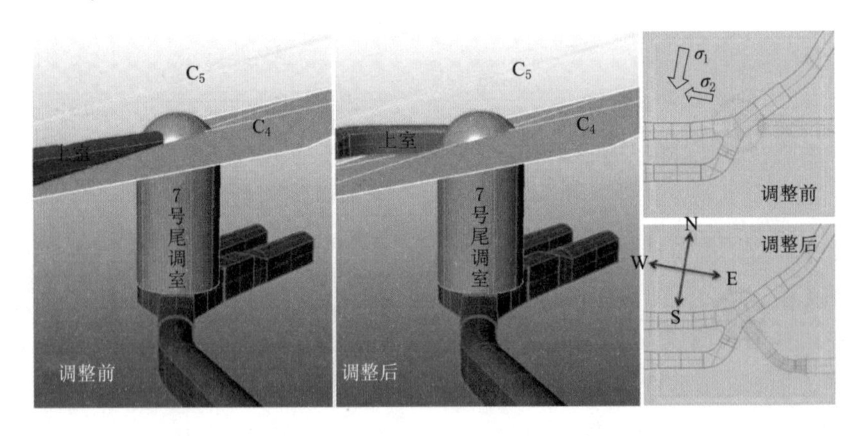

图4.6-20 7号尾水调压室上室优化示意图

图4.6-21表示7号尾水调压室上室优化前后变形分布特征，可以看出：调整前，与最大主应力平行的上室边墙变形较大，特别是南侧层间错动带C_4下盘岩体非连续变形较大，加之小断层f_{816}、f_{817}的组合影响，交叉口的局部稳定性（图4.6-22）较差；上室调整后，交叉口C_4下盘岩体的非连续变形有所改善，同时有利于降低上室顶拱应力集中程

度和改善交叉口上室边墙的变形稳定条件。

变形/m
6.0000E-02
5.5000E-02
5.0000E-02
4.5000E-02
4.0000E-02
3.5000E-02
3.0000E-02
2.5000E-02
2.0000E-02
1.5000E-02
1.0000E-02
5.0000E-03
0.0000E+00

调整前

C5
C4
F20
上室边墙
f816
f817
向北看

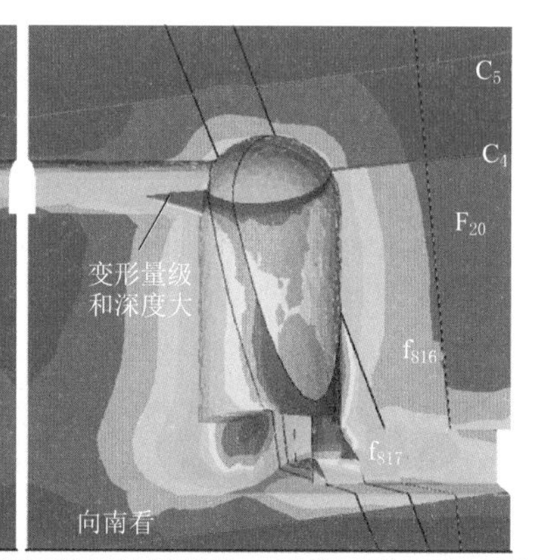

调整后

洞线调整对控制交叉口C_4下盘岩体非连续变形影响显著。同时有利于减小上室顶拱应力和上室边墙的变形稳定问题

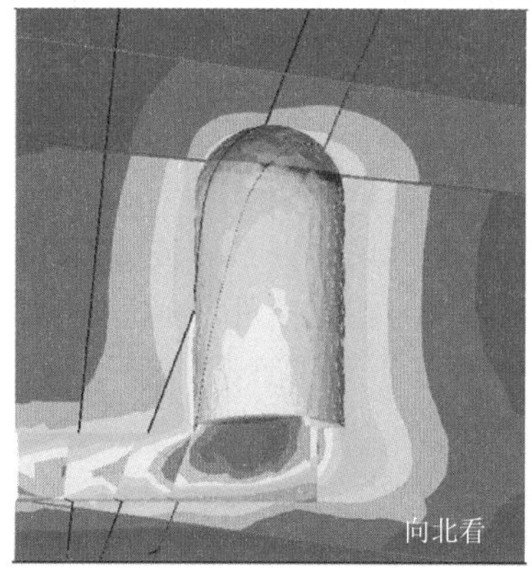

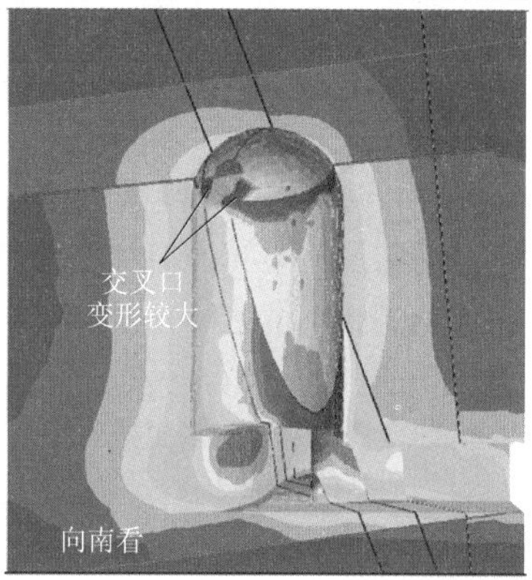

图 4.6-21　7号尾水调压室上室优化前后变形分布特征

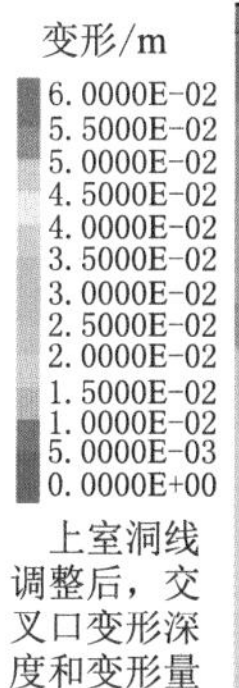

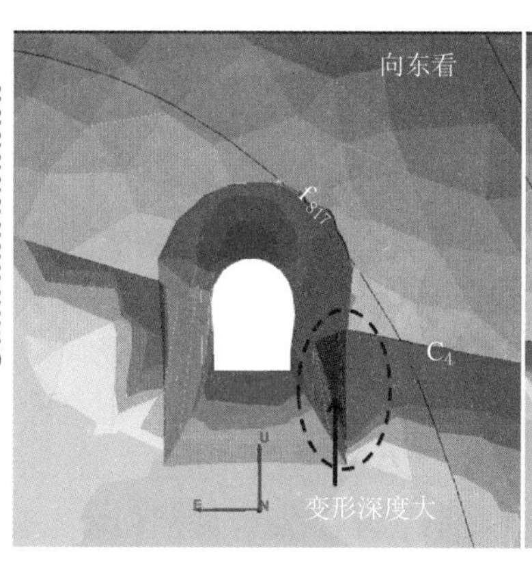

(a) 调整前

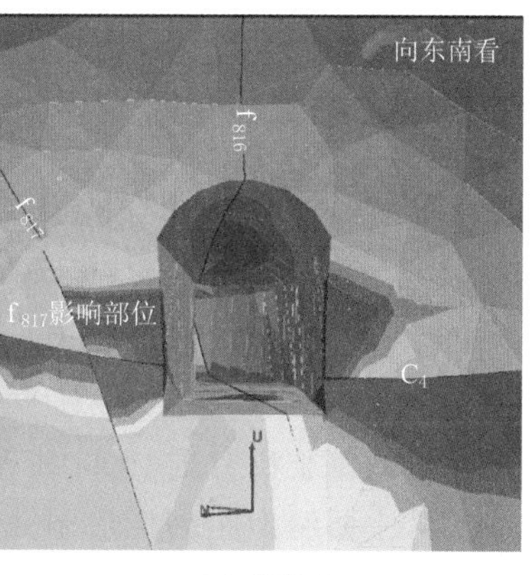

(b) 调整后

图 4.6-22　7号尾水调压室上室优化前后变形分布特征

总体上，上室洞线调整后，对控制交叉口开挖松弛变形有一定效果，同时也有利于控制上室顶拱本身的应力集中程度和边墙受 C_4 切割产生的松弛变形，调整后围岩稳定条件有所改善。

4.6.6 尾水调压室穹顶体型方案建议

针对不同地质条件的尾水调压室穹顶，重点从围岩稳定方面分析了圆弧形、半圆形、椭圆形及流线形等体型之间的差异，通过对比分析得到以下结论：

（1）1号、2号、3号、5号、6号尾水调压室穹顶稳定不受层间错动带、柱状节理玄武岩等不利地质因素影响。椭圆形体型不利于平衡穹顶的应力集中与两翼的应力松弛问题，半圆形和圆弧形体型差别不大，从适当提高穹顶围压、有利于形成拱效应和拱肩部位应力平顺过渡等方面考虑，1号、2号、3号、5号、6号尾水调压室穹顶推荐选用半圆形体型。

（2）对4号尾水调压室穹顶，圆弧形体型可避免层间错动带 C_2 切拱肩，有利于减小其对穹顶拱肩围岩稳定的影响，因此4号尾水调压室穹顶推荐采用圆弧形。

（3）层间错动带 C_4 对7号尾水调压室穹顶围岩稳定影响较大，主要体现在其下盘岩体松弛加剧。曲率大的椭圆形体型不利于控制两翼的松弛问题，圆弧形、半圆形体型总体差异不大。综合穹顶围压及拱肩部位体型过渡考虑，推荐7号尾水调压室穹顶采用半圆形体型。

（4）8号尾水调压室穹顶稳定主要受层间错动带 C_5 和 $P_2\beta_6^1$ 层柱状节理影响，柱状节理对穹顶稳定的影响是穹顶体型比较时需优先考虑的因素。流线形体型可减小穹顶跨度和柱状节理在穹顶的出露范围，改善了穹顶的围岩稳定条件。通过局部加强支护措施可提高 C_5 下盘岩体的稳定性。综合分析，从改善柱状节理玄武岩穹顶稳定条件出发，推荐8号尾水调压室穹顶采用流线形体型。

4.7 推荐布置方案的围岩稳定分析

4.7.1 推荐布置方案

经过布置方案优选、间距论证、体型选择与优化后，确定的白鹤滩水电站引水发电系统布置见图4.7-1，左、右岸基本对称布置，地下厂房采用首部开发方案布置，输水系统由进水口、压力管道、主副厂房洞、主变室、尾水调压室及尾水管检修闸门室、尾水隧洞、尾水隧洞检修闸门室、尾水出口等建筑物组成。引水建筑物和尾水建筑物分别采用单机单洞和2机1洞的布置型式，左岸3条尾水隧洞结合导流洞布置，右岸2条尾水隧洞结合导流洞布置。

白鹤滩水电站总装机容量16000MW，左、右岸地下厂房各布置8台1000MW立式水轮发电机。厂区主要洞室主副厂房洞、主变洞、尾水管检修闸门室、尾水调压室平行布置，如图4.7-1所示，左右岸尾水调压室穹顶高程、体型和上室布置具有个性化设计以适应局部特殊地质条件。

4.7.2 左岸地下厂房洞室群围岩稳定分析

4.7.2.1 变形

图4.7-2和图4.7-3表示了左岸主副厂房洞、主变洞、尾水管检修闸门室及尾水调

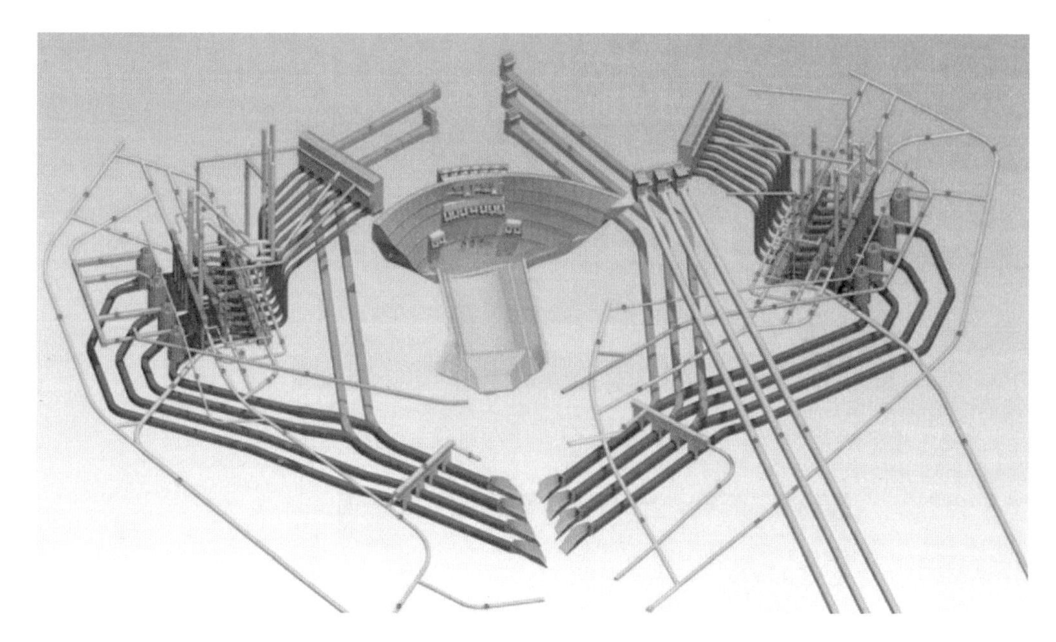

图 4.7-1 白鹤滩水电站引水发电系统布置

压室的围岩变形分布特征：

(1) 厂房顶拱变形量值一般为 10～30mm，层内错动带 LS_{3152} 出露位置变形约 40mm。厂房上游边墙变形量一般为 60～80mm，下游边墙变形量一般为 70～100mm，下游边墙

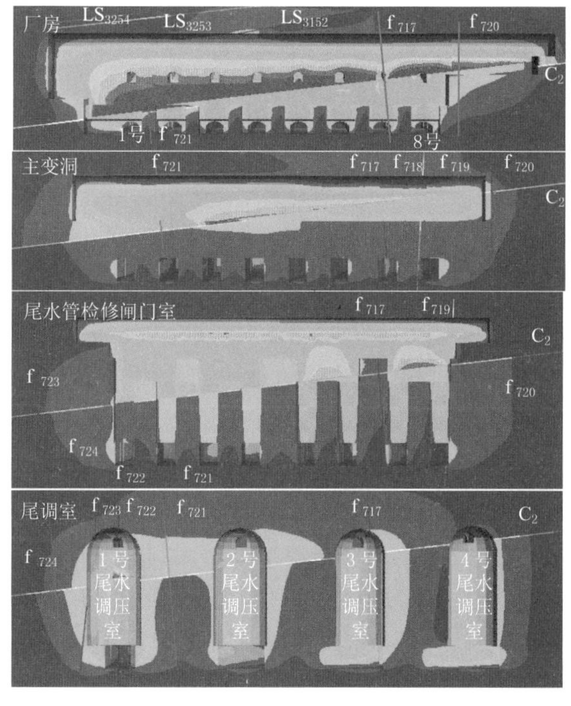

图 4.7-2 左岸地下厂房洞室群下游边墙变形分布

变形较上游边墙大。主副厂房洞及主变洞边墙变形受边墙高度及层间错动带 C_2 影响，边墙局部变形量值超过 100mm，层间错动带 C_2 部位错动变形约 50mm（图 4.7-4）。

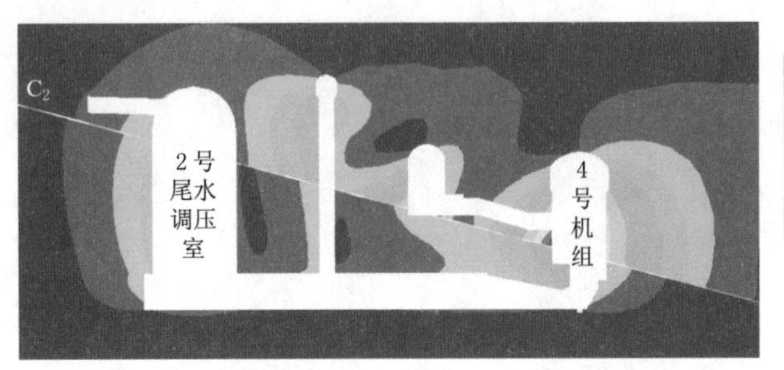

图 4.7-3 左岸地下厂房洞室群围岩的变形分布

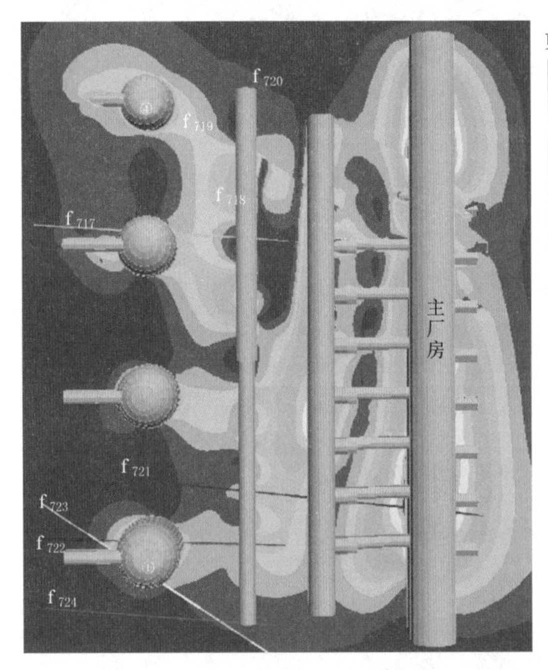

图 4.7-4 开挖后 C_2 层间错动带剪切变形分布

(2) 主变洞顶拱变形量为 10～20mm，受陡倾角结构面影响局部变形在 30mm 左右。上游边墙变形量一般为 20～30mm，下游边墙变形大于上游边墙，为 40～60mm，边墙受 C_2 影响变形不连续，局部变形较大，在层间错动带 C_2 位置最大变形量为 70～90mm。

(3) 尾水管检修闸门室顶拱变形量为 10～15mm，上游边墙变形量一般为 30～60mm，下游边墙变形一般大于上游边墙，为 50～80mm。闸门井受层间错动带 C_2 影响，局部变形量为 80～90mm。

(4) 尾水调压室顶拱变形量为 10～25mm。其边墙同时受 NW 向地应力影响及尾水管检修闸门室开挖影响，其下游侧边墙变形相对较大，变形一般为 30～40mm，上游边墙变形一般为 10～35mm，其中 1 号调压室上游边墙受层间错动带与 f_{222} 组合切割局部变形相对较大。总体上，陡倾角结构面的切割仅引起调压室边墙变形不连续，并未造成过大变形；层间错动带 C_2 通过圆筒型尾水调压室边墙中部一般引起围岩变形不连续，并未造成过大变形。

4.7.2.2 应力

图 4.7-5 表示了左岸厂区主要洞室的应力分布特征：

(1) 厂房应力集中区主要分布在洞室顶拱，厂房顶拱最大应力为 30～40MPa，主变洞顶拱应力集中程度小于主副厂房洞，最大主应力量值为 25～35MPa。主副厂房洞高边墙应力松弛明显，主变洞边墙应力松弛相对较弱，层间错动带 C_2 在洞室边墙出露会加剧边墙应力松弛，加上母线洞开挖影响，厂房与主变洞间岩体应力松弛范围较大。

(2) 尾水管检修闸门室顶拱应力集中程度略高于主副厂房洞，闸门井隔墙表层也有一定应力集中，最大应力为 40～50MPa；尾水管检修闸门室边墙应力松弛相对较弱，闸门井受层间错动带 C_2 影响应力松弛现象有所加剧。

(3) 圆筒型尾水调压室应力集中和应力松弛现象均不明显，仅 1 号尾水调压室 SW 侧边墙受陡倾角构造 f_{222}、f_{723} 及 C_2 组合切割影响边墙局部应力松弛相对较大。圆筒型尾水调压室顶拱部位最大应力值为一般小于 35MPa，由于初始最大主应力方向为 NW 向，使得尾水调压室边墙的应力集中主要在 NE/SW 两侧，最大值小于 40MPa，与最大主应力方向一致的 NW/SE 侧边墙主应力值为 20～30MPa。

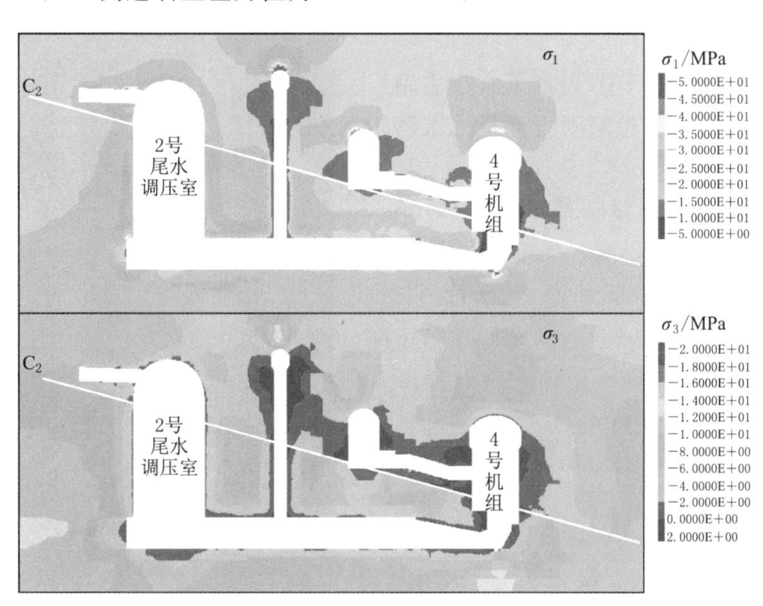

图 4.7-5 左岸地下厂房洞室群应力分布特征

4.7.2.3 塑性区

图 4.7-6 和图 4.7-7 表示了左岸地下厂房洞室群塑性区分布特征：

(1) 洞室顶拱围岩塑性区较小，主副厂房洞顶拱塑性区一般小于 4m，主变洞顶拱塑性区一般小于 3m。各洞室边墙未受层间错动带 C_2 影响区域塑性区较小，主副厂房边墙塑性区一般为 8～12m，主变洞边墙塑性区一般为 8～10m。各洞室边墙受层间错动带 C_2

影响区域塑性区较大，主副厂房洞、主变洞之间岩柱局部出现塑性区贯穿现象。

（2）尾水管检修闸门室顶拱塑性区一般小于2m，边墙塑性区较大，为10～15m。

（3）圆筒型尾水调压室体型较好，顶拱塑性区为2～4m，顶拱受层间错动带C_2影响较小，边墙塑性区深度为2～6m。1号、3号尾水调压室边墙分别受陡倾角构造及错动带C_2影响，局部塑性区较大，约10m。

图4.7-6 左岸地下厂房洞室群4号机组剖面塑性区分布特征

4.7.3 右岸地下厂房洞室群围岩稳定分析

4.7.3.1 变形

图4.7-8～图4.7-10表示了右岸主副厂房洞、主变洞、尾水管检修闸门室及尾水调压室的围岩变形分布特征：

（1）厂房顶拱变形量一般为20～40mm，南侧副厂房顶拱受C_4影响，局部变形量达到100mm。厂房边墙中部变形一般为70～100mm。层间错动带C_3、C_{3-1}及陡倾角结构面（如F_{20}、T_{816}）造成边墙不连续变形及局部大变形，量值为110～120mm。

（2）主变洞陡倾角构造多于厂房，顶拱变形量一般为30～40mm，受C_4及T_{806}组合切割影响，局部变形量较大，量值为70～100mm；主变洞边墙变形量一般为40～60mm，受陡倾角构造影响一般较小，仅F_{20}、T_{813}组合切割在边墙形成局部大变形，量值为70～90mm。

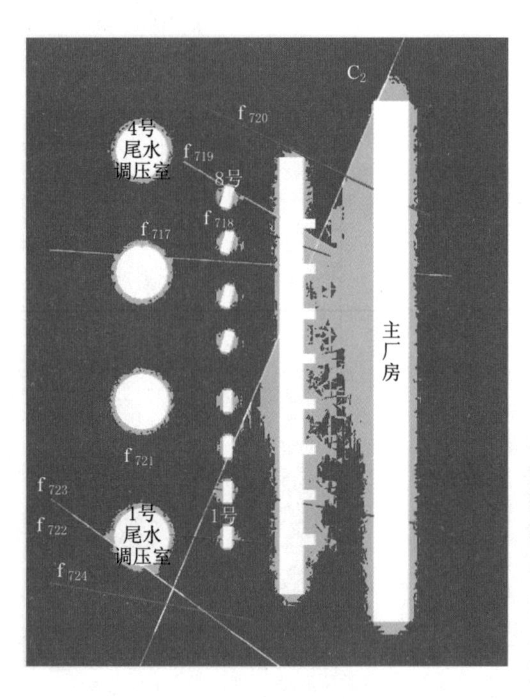

图4.7-7 左岸地下厂房洞室群水平剖面塑性区分布特征

（3）尾水管检修闸门室出露陡倾角构造较多，影响范围较大，且同时受C_4、C_5切割，变形规律复杂，造成边墙变形不连续及局部大变形。尾水管检修闸门室顶拱变形一般在10～20mm，受C_4、C_5及陡倾角构造组合切割局部变形较大，为60～90mm，C_4切割顶拱部位可能形成局部掉块。尾水管检修闸门室边墙未受错动带影响区域变形量一般为

40～60mm。边墙陡倾角结构面 f_{817}、f_{822} 及 f_{816}，及 C_4、C_5 造成变形不连续，局部变形相对较大。

（4）右岸4个尾水调压室与 C_3（C_{3-1}）、C_4 及 C_5 的空间几何关系各不相同，因此围岩受层间错动带的影响而呈现出不同的变形规律，相比之下，7号和8号尾水调压室变形受层间错动带的影响较大，5号和6号尾水调压室影响较小。8号尾水调压室穹顶出露 $P_2\beta_6^1$ 层发育第二类柱状节理，对围岩稳定影响较大。

（5）5号尾水调压室：顶拱没有大的地质构造出露，变形量为10～30mm。边墙变形一般为30～50mm，受南北向主地应力及洞群开挖影响，SW侧边墙变形相对较小，为10～30mm。

（6）6号尾水调压室：C_3 切割尾水调压室下部尾水管，C_4 位于顶拱上方，对顶拱变形影响不大。顶拱变形量一般为30～40mm，边墙变形一般为40～60mm，同样受南北向主地应力及洞群影响，W侧边墙变形较小，其量值为10～40mm。

（7）7号尾水调压室：调压室拱肩受 C_4 切割，边墙受陡倾角断层 f_{816}、f_{817} 切割，C_5 位于顶拱上方，对顶拱变形影响不大。顶拱变形量一般为30～40mm，沿层间错动带 C_4 影响带围岩变形较大，一般为50mm。边墙变形一般为40～60mm。

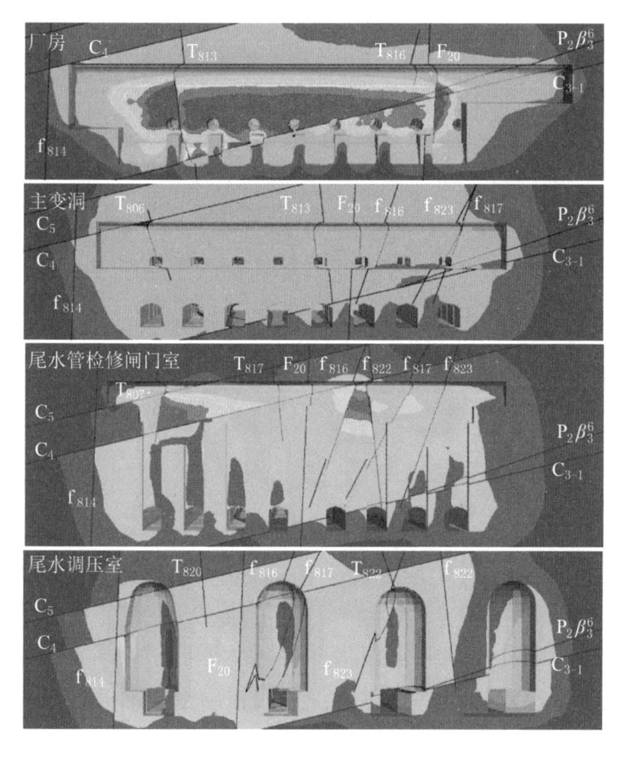

图4.7-8 右岸地下厂房洞室群下游边墙变形分布

（8）8号尾水调压室：调压室拱肩受 C_5 切割，边墙中部受 C_4 切割，S侧边墙受陡倾角断层 f_{814} 影响，C_5 以上分布第二类柱状节理玄武岩。顶拱变形量一般为20～30mm，拱肩受 C_5 影响局部变形相对较大，围岩局部变形量约60mm。边墙变形一般为40～60mm，受南北向主地应力及洞群影响，W侧边墙变形相对较小，为10～40mm。8号尾水调压室

S侧边墙受陡倾角断层 f_{814} 及层间错动带 C_4 影响，变形量一般为40～70mm。

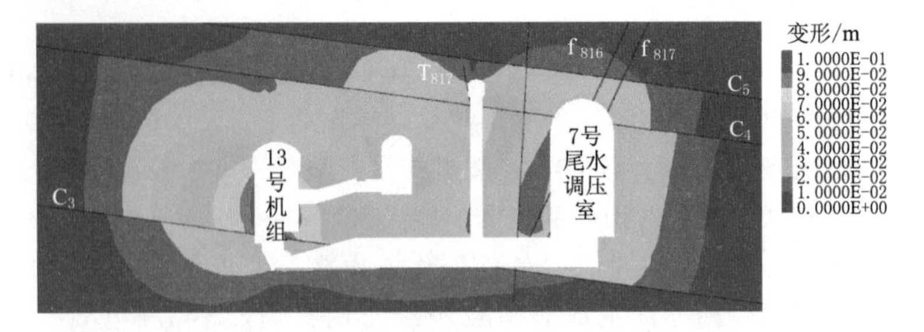

图4.7-9　右岸地下厂房洞室群围岩的变形分布特征

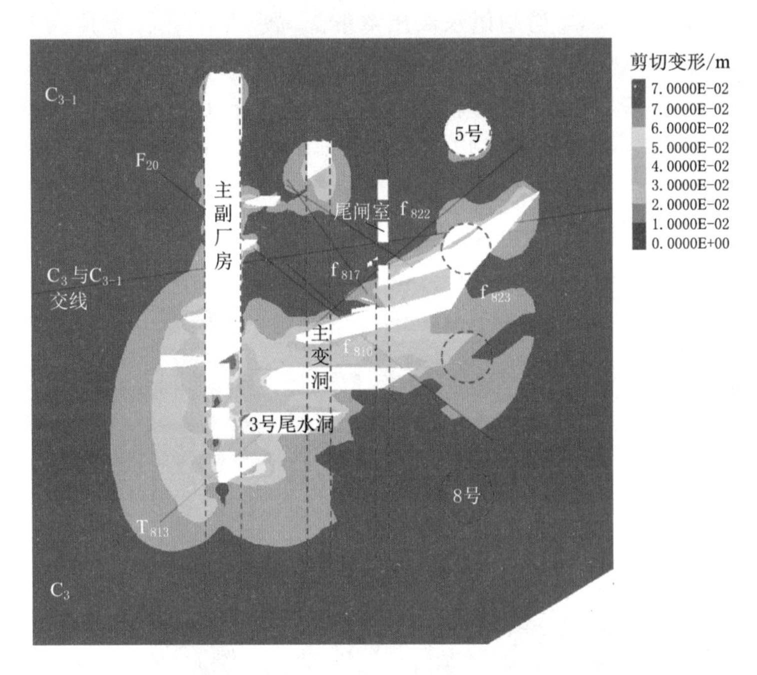

图4.7-10　开挖后 C_3 层间错动带剪切变形分布

4.7.3.2　应力

图4.7-11表示了右岸地下厂房洞室群应力分布特征：

（1）右岸厂房轴线为N10°W，与初始地应力场第一主应力方向小角度相交，可有效降低主副厂房洞及主变洞应力集中程度，但由于与洞室轴线大角度相交的第二主应力仍较高，故主厂房、主变洞及尾水管检修闸门室顶拱和底板一带仍出现一定程度的应力集中现象。主厂房、主变洞及尾水管检修闸门室顶拱不受层间错动带影响区域最大主应力一般为30～45MPa，层间错动带下盘围岩应力集中现象明显，最大主应力为45～50MPa。长廊型洞室边墙应力松弛程度与边墙高度及构造切割情况相关，厂房高边墙应力松弛明显，主变洞相对较弱，层间错动带及陡倾角断层在洞室边墙出露，会加剧边墙应力松弛。

（2）尾水管检修闸门室顶拱层间错动带 C_4、C_5 下盘应力集中明显，最大主应力为40～50MPa，局部围岩可能出现片帮等高应力破坏现象。

（3）由于初始最大主应力方向为NS向，且近水平，使得尾水调压室边墙E/W两侧及顶拱出现应力集中现象。尾水调压室顶拱最大主应力为30～40MPa，尾水调压室边墙E/W两侧出现应力集中现象，边墙最大应力一般为40～50MPa，5号和6号尾水调压室边墙最大应力一般为35～45MPa，7号尾水调压室边墙最大应力一般为40～45MPa，8号尾水调压室边墙应力集中程度相对较高，最大应力一般为45～50MPa。

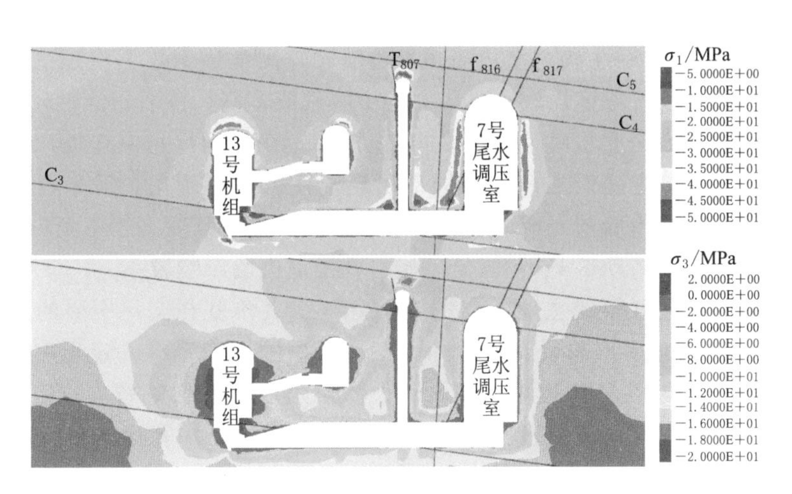

图4.7-11 右岸地下厂房洞室群应力分布特征

4.7.3.3 塑性区

图4.7-12表示了右岸地下厂房洞室群塑性区分布特征：

（1）洞室顶拱围岩塑性区相对较小，厂房顶拱塑性区为2～6m，主变洞顶拱一般在3m以下。厂房洞室顶拱局部受陡倾角断层构造及层间错动带及$P_2\beta_3^6$影响而塑性区较大，局部塑性区约8m。厂房高边墙中部最大塑性区为8～15m，主变洞边墙塑性区为8～10m。

（2）尾水管检修闸门室顶拱塑性区一般在3m以下，边墙塑性区为5～10m，边墙局部受层间错动带影响可达14m。

（3）尾水调压室顶拱塑性区为3～4m，边墙塑性区为5～7m。

（4）尾水调压室边墙局部受层间错动带及陡倾角断层影响，局部塑性区可达10m。

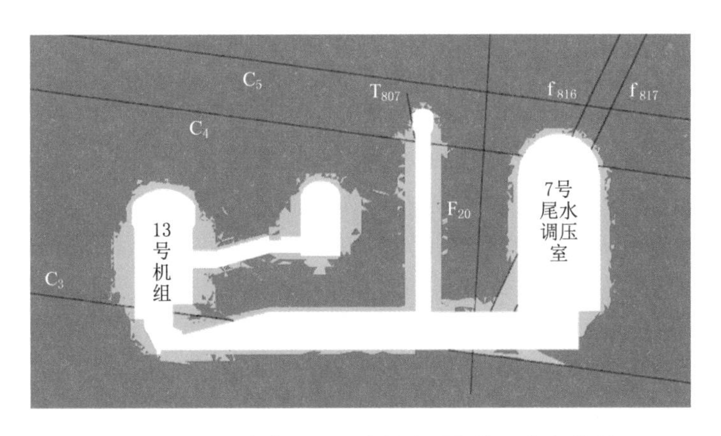

图4.7-12 右岸地下厂房洞室群塑性区分布特征

4.7.4 推荐方案围岩稳定特征预判

数值分析计算结果表明，左、右岸地下厂房洞群围岩整体稳定性较好，开挖后总体力学指标符合类似工程的一般规律，具备修建大型地下洞室的条件。

左岸地下厂房洞室群由于最大主应力方向近于水平，与主要洞室轴线大角度相交，层间错动带 C_2 贯穿地下厂房主要洞室边墙，且边墙开挖高度远大于洞室顶拱跨度，因此各洞室顶拱变形量、塑性区深度均较小，应力集中区量值不高，围岩稳定性较好。长廊型洞室边墙变形量、塑性区深度相对较大，层间错动带 C_2 在主副厂房洞边墙产生较大错动变形，且使主副厂房洞、主变洞之间岩柱局部出现塑性区贯穿现象，需采取对应的加固措施。圆筒型尾水调压室边墙围岩应力状态较好，虽然其开挖高度大于主副厂房，但并没有出现较大的变形，层间错动带 C_2 对圆筒型尾水调压室边墙影响较小。

右岸地下厂房洞室群第二主应力与主要洞室轴线大角度相交，主要的不利地质构造 C_4 在右岸主副厂房洞顶拱出露，对右岸地下厂房顶拱围岩稳定有一定影响，需采取有效支护措施进行加固。C_3 在厂房边墙出露，对上游侧边墙稳定影响较大；C_3 及 C_4 在主变洞出露范围较小，仅影响局部围岩稳定。C_4、C_5 同时切割尾水管检修闸门室，C_4 出露范围较大，对边墙围岩稳定不利，且影响主变下游边墙。右岸 4 个尾水调压室与层间错动带的相互关系各不相同，其中受层间错动带影响较大的是 7 号和 8 号尾水调压室，层间错动带切割尾水调压室顶拱，在一定程度上削弱了受力拱圈的承载能力，施工期需采取有效工程措施。

4.8 本章小结

本章在概括白鹤滩地下洞室群脆性岩体高应力破坏、软弱层间错动带非连续变形与破坏、柱状节理岩体破裂松弛三类典型岩石力学问题基础上，采用经验类比和大量的数值模拟分析，对左、右岸地下厂房三个布置方案的轴线、间距、体型等进行了全面研究。

洞室群轴线布置研究成果表明，左岸厂房洞室群轴线选择应重点考虑枢纽布置和层间带 C_2 的影响，推荐采用 N20°E 轴线方案；右岸洞室群轴线选择应重点考虑初始应力条件和层间带 C_3、C_4、C_5 等影响，推荐采用与近 NS 向初始最大主应力夹角较小的 N10°W 轴线方案。

主洞室间距论证成果表明，778MW 机组三大洞室方案中主厂房与主变洞之间的岩柱厚度不宜小于 55m；而推荐的 1000MW 机组四大洞室方案中厂房与主变净距为 60.65m，岩柱厚度 L 与开挖跨度 B 的关系为 $L/B=1.78$。主洞室位移和应力没有出现明显的邻洞相互干扰现象，洞室围岩塑性区未受层间错动带影响而出现大范围贯穿现象，满足合理间距要求。

尾水调压室体型比选研究表明，圆筒型方案穹顶具备“双向”成拱的特征，可以显著改善长廊型尾水调压室顶拱受力条件和边墙松弛大变形问题，使围岩的应力状态更加均匀。因此，圆筒型尾水调压室相比于长廊型厂房具有明显的体型优势，适应于白鹤滩高应力环境，其围岩具有更好的稳定性。

尾水调压室穹顶体型优化表明，半圆形穹顶体型适应于开挖应力拱穹顶，且有利于侧翼应力平顺过渡，可作为优选的基本体型。考虑到4号尾水调压室穹顶受C_2切割，推荐采用圆弧形，以控制穹顶侧翼松弛；考虑到8号尾水调压室穹顶受层间带C_5和柱状节理的联合影响，推荐采用流线形，可减小穹顶跨度和柱状节理在穹顶的出露范围。此外，考虑上室的布置，半圆形穹顶能够兼顾围岩稳定和水力条件，改善穹顶的围岩稳定条件。

总体上，经过布置方案优选、间距论证、体型选择与优化后，推荐的1000MW机组四大洞室方案中地下厂房洞群围岩整体稳定性较好。左岸地下厂房洞室群受层间错动带C_2切割影响，厂房洞边墙产生较大错动变形，且使主副厂房洞、主变洞之间岩柱局部出现塑性区贯穿现象，需采取加强加固措施。右岸地下厂房洞室群的高应力问题相对突出，并且层间错动带C_4在副厂房顶拱出露，对南端小桩号洞室围岩稳定有一定影响，需采取有效支护措施进行加固。此外，7号和8号尾水调压室穹顶受层间带或柱状节理影响，需要采取针对性的工程支护措施。

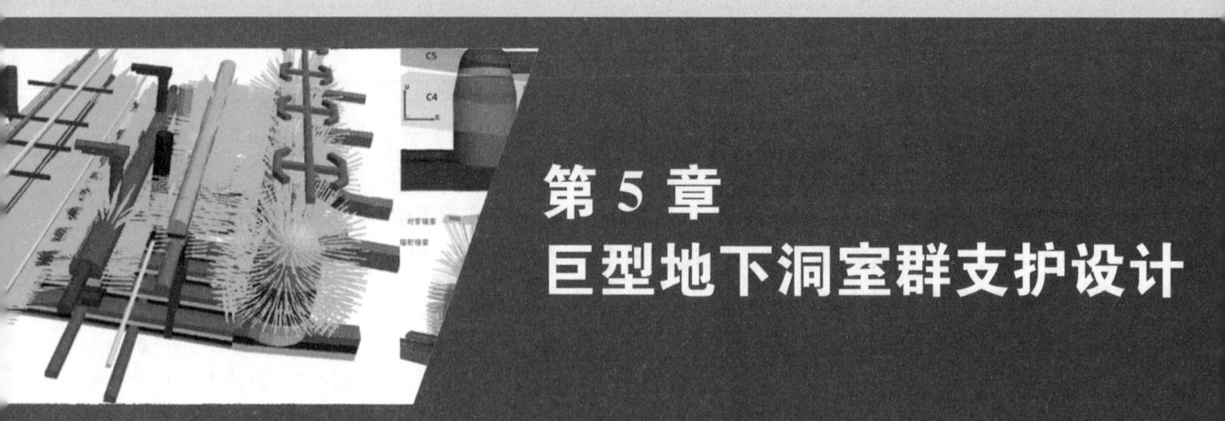

第5章 巨型地下洞室群支护设计

5.1 概述

5.1.1 地下工程支护理论

地下工程支护理论发展至今已有百余年的历史，地下工程支护理论的一个重要问题就是如何确定作用在支护结构上的荷载。从这方面看，支护理论的发展可以分为三个阶段：

(1) 19世纪20年代以前主要是古典的压力理论阶段。这一理论是基于一些简单的假设。

(2) 19世纪20—60年代的松散体理论。这一理论将岩体作为松散体，认为作用在支护结构上的荷载是围岩塌落拱内的松动岩体质量。

(3) 19世纪60年代前后发展起来的支护与围岩共同作用的现代支护理论。这种支护理论一方面是由于喷锚支护等现代支护形式的出现，保证了围岩不发生坍塌；另一方面是由于岩体力学的发展，由此逐渐形成了以岩体力学原理为基础、以喷锚支护为代表、考虑支护与围岩共同作用的现代支护理论。

基于上述原理，喷锚支护的具体设计方法有工程类比法、理论分析法和现场监控法。工程类比法是当前主要采用的方法，目前正朝着定量化、精确化和科学化的方向发展。理论分析法最早是新奥法创始人之一拉布希维兹在20世纪60年代提出的。近年来，有限元、离散元、边界元等数值模拟方法已在喷锚支护计算中广泛应用，能模拟围岩弹塑性、黏弹塑性及岩体节理裂隙等力学特征与施工开挖程序等，成为计算的主要手段；但限于岩体力学参数及初始地应力难以准确确定，对围岩的本构关系及破坏准则也认识不足，因而计算结果只作为设计的参考依据。现场监控法（信息化设计法）是20世纪70年代后期发展起来的一种新兴的工程设计法，它依据现场量测获得的信息，反馈设计并指导施工；由于监控设计法能较好地适应复杂多变的围岩特性和反映地下工程的受力特点，因而它与理论计算法结合，进一步发展成为监控反馈设计法（反分析法）。

20 世纪 90 年代以来，我国迎来了水电发展的新时期，一大批规模宏大的地下厂房洞室群的开挖建成，在吸收借鉴原有支护设计理论的基础上，进一步推动了现代支护设计理论的发展。

白鹤滩水电站地下洞室群规模宏大，围岩地质条件复杂且地应力水平较高，根据本工程实际特点，采用现代支护设计理论，确定地下洞室群支护设计方案。

5.1.2 支护设计原则

巨型地下厂房洞室群在高地应力的基本条件下，脆性岩体受不利地质结构面主导控制的岩体力学问题突出，结合研究成果反映的地下厂房洞室群围岩的开挖响应特点，确定了工程最基本的支护设计原则：

（1）选择适合高地应力环境下脆性岩体破坏特征的系统支护方案，与针对特定不利地质构造的局部加强支护相结合的支护原则。

（2）遵循“根据本工程特点，广泛征求专家意见，以已建工程经验和工程类比为主、岩体力学数值分析为辅”的设计原则。

（3）遵循充分发挥围岩本身的自承能力，围岩支护遵循以“喷锚支护为主，钢筋拱肋支护为辅”的设计原则。

（4）采取分层开挖，及时支护，力求体现喷锚支护灵活性的特点及围岩局部破坏局部加固、整体加固与局部加强的等强度支护的原则。

（5）遵循动态支护设计原则，采用“设计、施工、监测、修正设计”的原则进行支护设计。在施工过程中，根据现场揭示的地质情况和围岩变形、锚杆应力等监测资料，及时修正设计支护参数。

（6）地下厂房防渗排水设计方案应根据厂区地形、工程地质、水文地质条件、工程规模和特点，经技术经济比较分析确定。地下厂房的防渗排水设计应遵循“防排结合，以厂外排水为主、厂内排水为辅”的设计原则。

5.2 系统支护设计

系统支护是根据洞室群围岩整体稳定要求，所做出的系统性和总体性的支护设计方案。地下厂房主体洞室和重要的附属洞室应进行系统支护设计。支护设计应因地制宜、正确有效、适时加固围岩，充分发挥围岩的自承能力。

5.2.1 支护类型

支护类型一般有柔性支护和组合式支护等。

柔性支护由喷混凝土（包括与钢纤维或合成纤维、钢筋网、钢筋肋拱、钢架等的组合）、锚杆（包括预应力锚杆、锚杆束）、锚索等中的一种或几种组合而成，适用于Ⅲ类及以上的围岩；对于Ⅳ～Ⅴ类围岩，只宜作为初期支护使用。当遇有下列情况时，不宜采用柔性支护作为永久性支护：①渗水严重洞段；②有严重腐蚀及膨胀性岩体的洞段；③有特殊要求的洞段。

组合式支护一般由内、外两层组成，其设计宜遵守下列规定：

（1）外层为初期支护，宜采用柔性支护。初期支护的布置、支护强度除满足施工期围岩稳定要求外，尚应与二次支护相结合，按永久支护的一部分考虑。

（2）内层为二次支护，宜采用钢筋混凝土衬砌。可根据初期支护和围岩条件选择顶拱钢筋混凝土肋拱衬砌、顶拱钢筋混凝土全衬砌和洞室全断面钢筋混凝土衬砌。

钢筋混凝土衬砌厚度，应根据计算和构造要求，并结合施工方法确定。配置单层钢筋的混凝土厚度不宜小于0.30m，配置双层钢筋的混凝土厚度不宜小于0.40m，混凝土强度等级不宜低于C25。

顶拱衬砌顶部应进行回填灌浆，回填灌浆的范围宜在顶拱中心角90°～120°以内，灌浆压力应根据灌浆孔布置、施灌程序及作用范围来确定，一般采用0.15～0.30MPa，灌浆孔应深入围岩0.10m。

当围岩完整性较差、裂隙较发育时，可考虑对衬砌后岩体进行固结灌浆。固结灌浆的参数可通过工程类比或现场试验确定。固结灌浆孔间距宜采用2～4m，孔深应根据岩石裂隙情况确定，一般为3～8m，固结灌浆压力不得超过支护所能承受的限度。

5.2.2 工程类比

工程类比是确定洞室支护参数的重要手段之一，国内部分已建水电工程地下工程支护参数见表5.2-1。

5.2.3 初拟支护参数

白鹤滩水电站地下厂区洞群围岩以Ⅲ类围岩为主，根据围岩支护设计原则，结合规程、规范，类比已建工程经验，提出地下洞室系统支护参数设计方案。

1. 地下厂房

锚杆：顶拱预应力锚杆ϕ32、$L=9$m、$T=100$kN，普通砂浆锚杆ϕ32、$L=6$m、@1.2m×1.2m，相间布置；边墙中上部普通砂浆锚杆ϕ32、$L=9$m/12m、@1.2m×1.2m，相间布置；边墙中下部普通砂浆锚杆ϕ32、$L=6$m/9m、@1.2m×1.2m，相间布置。

锚索：顶拱8排预应力锚索$T=2000$kN、$L=25$～30m，间距3.6m；上游边墙13排预应力锚索$T=2000$kN/2500kN、$L=25$m/30m，间距3.6m；下游边墙12排预应力锚索$T=2000$kN/2500kN、$L=25$m/30m/61m，间距3.6m。

喷层：顶拱与边墙初喷钢纤维混凝土5cm，挂网ϕ8@20m×20cm，复喷素混凝土15cm。

2. 主变洞

锚杆：顶拱预应力锚杆ϕ32、$L=9$m、$T=100$kN，普通砂浆锚杆ϕ32、$L=6$m、@1.2m×1.2m，相间布置；边墙普通砂浆锚杆ϕ32、$L=6$m/9m、@1.2m×1.2m，相间布置。

表 5.2-1 国内部分已建水电工程地下工程支护参数表

工程名称	地质条件及围岩类别	主要洞室规模	主要支护参数
溪洛渡	地下厂房主要为 $P_2\beta_4$ 层角砾集块熔岩和 $P_2\beta_5$ 层致密状玄武岩及角砾集块熔岩，$P_2\beta_6$ 层的斑状玄武岩；围岩类别以Ⅰ～Ⅱ类为主，整体稳定性好；最大主应力为15～20MPa	左岸主厂房：443.34m×31.9（28.4）m×77.6m； 左岸主变洞：399.62m×19.8m×33.82m； 左岸调压室：296m×26.5（25）m×95m； 右岸主厂房：439.74m×31.9（28.4）m×77.6m； 右岸主变洞：336.02m×19.8m×33.82m； 右岸调压室：296m×26.5（25）m×95m	主厂房顶拱：喷素混凝土20cm，挂钢筋网 ϕ8、200mm×200mm，局部喷钢纤维混凝土，锚杆 ϕ32、$L=9$m，预应力锚杆 ϕ32、$L=9$m、$T=120$kN、@1.5m×1.5m，交错布置； 主厂房边墙：喷素混凝土15～20cm，挂钢筋网 ϕ8、200mm×200mm，锚杆 ϕ32、$L=6$m/9m、@1.5m×1.5m，交错布置；3排预应力锚索1750kN、$L=20$m，4排预应力锚索1500kN、$L=15$m； 主变洞顶拱：喷素混凝土15cm，挂钢筋网 ϕ8、200mm×200mm，锚杆 ϕ32、$L=9$m，预应力锚杆 ϕ32、$L=9$m、$T=120$kN、@1.7m×1.7m，交错布置； 主变洞边墙：喷素混凝土15cm，挂钢筋网 ϕ8、200mm×200mm，锚杆 ϕ32、$L=6$m/9m、@1.5m×1.5m，交错布置； 调压室顶拱：喷素混凝土20cm，挂钢筋网 ϕ8、200mm×200mm，锚杆 ϕ32、$L=9$m，预应力锚杆 ϕ32、$L=9$m、$T=120$kN、@1.5m×1.5m，交错布置； 调压室边墙：喷素混凝土15cm，挂钢筋网 ϕ8、200mm×200mm，锚杆 ϕ32、$L=6$m/9m、@1.5m×1.5m，交错布置；4排预应力锚索1750kN、$L=20$m，5排预应力锚索1500kN、$L=15$m； 调压室隔墙：喷素混凝土15cm，挂钢筋网 ϕ8、200mm×200mm，锚杆 ϕ28、$L=6$m、@1.5m×1.5m，交错布置；8排预应力锚索1500kN、$L=16$m
向家坝	地下厂房区分布有须家河组 T_3^2、T_3^3、T_3^4 岩组和J1～2z，T_3^2、T_3^4 以厚至巨厚层状砂岩为主，夹少量透镜体状泥质岩石；引水发电系统；围岩以Ⅱ类为主；最大主应力为8.2～12.2MPa	主厂房：255m×33.4（31）m×85.5m； 主变洞：190.5m×26.3m×25.11m； 调压室：296m×26.5（25）m×95m	主厂房顶拱：喷素混凝土20cm，挂钢筋网 ϕ8、200mm×200mm，锚杆 ϕ32、$L=6$m/8m、@1.5m×1.5m，交错布置，局部预应力锚杆 ϕ36、$L=10$m；4排预应力对穿锚索2000kN、$L=30$m； 主厂房边墙：喷素混凝土15cm，挂钢筋网 ϕ8、200mm×200mm，锚杆 ϕ32、$L=6$m/9m、@1.5m×1.5m，交错布置；8排预应力锚索2000kN、$L=27$m； 主变洞顶拱：喷素混凝土15cm，挂钢筋网 ϕ8、200mm×200mm，锚杆 ϕ32、$L=5$m/7m、@1.5m×1.5m，交错布置；2排预应力对穿锚索1000kN、$L=19.5$m/21.5m；1排预应力锚索1000kN、$L=20$m； 主变洞边墙：喷素混凝土15cm，挂钢筋网 ϕ8、200mm×200mm，锚杆 ϕ32、$L=5$m/7m、@1.5m×1.5m，交错布置

续表

工程名称	地质条件及围岩类别	主要洞室规模	主要支护参数
锦屏一级	地下厂房区岩性为杂谷脑组第二段第二、三、四层大理岩夹绿片岩（$T_{2-3}Z^{2-4}$），洞室围岩以Ⅲ₁类为主；最大主应力为20～35.7MPa	主厂房：293.14m×29.3(25.6)m×68.8m； 主变洞：227.6m×19.3m×32.5m； 圆筒型调压室：D38（41）m×80.5m	主厂房顶拱：喷素混凝土20cm，挂钢筋网ϕ8、200mm×200mm，局部喷钢纤维混凝土，钢筋混凝土拱肋，锚杆ϕ32、L=7m，预应力锚杆ϕ32、L=9m、T=120kN、@1.2m×1.5m，交错布置； 主厂房边墙：喷素混凝土15cm，挂钢筋网ϕ8、200mm×200mm，锚杆ϕ28/32、L=6m/9m、@1.5m×1.5m，交错布置；第1、第3排预应力对穿锚索2000kN、L=32m，第4、第2排预应力锚索2000kN、L=25m，2（2）排预应力锚索1750kN、L=20m（括号内为下游边墙）； 主变洞顶拱：喷素混凝土20cm，挂钢筋网ϕ8、200mm×200mm，局部喷钢纤维混凝土，锚杆ϕ32、L=7m，预应力锚杆ϕ32、L=9m、T=120kN、@1.2m×1.5m，交错布置； 主变洞边墙：喷素混凝土15cm，挂钢筋网ϕ8、200mm×200mm，锚杆ϕ28/32、L=6m/9m、@1.5m×1.5m，交错布置； 尾调室顶拱：喷素混凝土20cm，挂钢筋网ϕ8、200mm×200mm，局部喷钢纤维混凝土，锚杆ϕ32、L=7m，预应力锚杆ϕ32、L=9m、T=120kN、@1.2m×1.5m，交错布置； 尾调室边墙：喷素混凝土15cm，挂钢筋网ϕ8、200mm×200mm，锚杆ϕ28/32、L=6m/9m、@1.5m×1.5m，交错布置；3排预应力锚索2000kN、L=25m，3排预应力锚索1750kN、L=20m
拉西瓦	岩体为花岗岩，灰～灰白色，中粗粒结构，块状构造，矿物成分以长石、石英、黑云母为主。岩石强度高，岩体致密坚硬，地应力中等偏高，多属Ⅰ～Ⅱ类围岩；最大主应力为20～21MPa	主厂房：309.75m×30(27.8)m×76.84m； 主变洞：233.6m×29m×51.5m； 尾水管检修闸门室：188.5m×9m/8m，直墙高29.8m； 调压室：D30（32）m×80.5m	主厂房顶拱：喷钢纤维混凝土15cm，锚杆ϕ28、L=4.6m，预应力锚杆ϕ32、L=9m、T=100kN、@3m×3m，梅花型布置；局部预应力锚索1500kN； 主厂房边墙：喷钢纤维混凝土15cm，锚杆ϕ28/32、L=4.5m/9m、@1.5m×1.5m，交错布置；预应力锚索2000kN、L=25m，预应力锚索1750kN、L=20m； 主变洞顶拱：喷钢纤维混凝土15cm，锚杆ϕ28、L=4.8m，预应力锚杆ϕ32、L=9m、T=100kN、@3m×3m，梅花型布置；局部预应力锚索1500kN； 主变洞边墙：喷钢纤维混凝土15cm，锚杆ϕ28/32、L=4.5m/9m、@1.5m×1.5m，交错布置； 尾水管检修闸门室：喷钢纤维混凝土10cm，锚杆ϕ25、L=3m、@3.0m×3.0m，梅花型布置； 尾调室顶拱：喷钢纤维混凝土15cm，锚杆ϕ28、L=4.8m、ϕ32、L=9m、@1.5m×1.5m，相间布置；4排预应力锚索1500kN，间距4.5m； 尾调室边墙：喷钢纤维混凝土15cm，锚杆ϕ32、L=6m/8m、@1.5m×1.5m，梅花型布置

续表

工程名称	地质条件及围岩类别	主要洞室规模	主要支护参数
龙滩	地下厂区主要地层为 $T_{2b}^{19\sim39}$ 层砂岩、粉砂岩、泥板岩夹少量灰岩，岩石强度高，新鲜砂岩饱和抗压强度 130MPa，泥板岩 40～80MPa；主洞室布置区岩石新鲜，完整～较完整，围岩主要为Ⅱ～Ⅲ类，成洞条件较好；最大主应力为12～13MPa	主厂房：388.9m×30.7（28.9）m×65m； 主变洞：408.8m×19.8m×20.75m； 调压室：345.3m×24.85（22.425）m×84.21m	主厂房顶拱：喷钢纤维混凝土 20cm，锚杆 ϕ28、L=6.5m，预应力锚杆 ϕ32、L=8m、T=150kN、@1.5m×1.5m，交错布置；局部预应力锚索 1500kN； 主厂房边墙：喷钢纤维混凝土 20cm，低高程喷聚丙烯微纤维混凝土，锚杆 ϕ28、L=6m，预应力锚杆 ϕ32、L=9.5m、T=150kN、@1.5m×1.5m，交错布置；预应力锚索 2000kN、L=20m； 主变洞顶拱：喷聚丙烯微纤维混凝土 15cm，锚杆 ϕ25/28、L=5m/7m； 主变洞边墙：喷聚丙烯微纤维混凝土 15cm，锚杆 ϕ25/28、L=4.5m/8m，4 排预应力对穿锚索 1200kN； 尾调室顶拱：喷聚丙烯微纤维混凝土 15cm，锚杆 ϕ28/32、L=6m/8m； 尾调室边墙：喷聚丙烯微纤维混凝土 15cm，锚杆 ϕ28、L=6m，预应力锚杆 ϕ32、L=9.5m、T=150kN、@1.5m×1.5m，交错布置，4 排预应力对穿锚索 1200kN
小湾	地下厂区岩层岩性主要有黑云母花岗片麻岩和角闪斜长片麻岩，二者均夹有薄层透镜状云母角闪片岩，属坚硬岩石，具有抗压强度高的特点；围岩主要为Ⅰ～Ⅱ类；最大主应力为 16.4～25.4MPa	主厂房：298.4m×30.6（28）m×79.38m； 主变洞：230.6m×19m×23.05m； 尾水管检修闸门室：206.8m×11m，直墙高 32.5m； 调压室：D32.3（33.3）m×90.5m	主厂房顶拱：喷钢纤维混凝土 20cm，锚杆 ϕ28/32、L=4.5m/9m，局部预应力锚杆 ϕ32、L=9m、T=125kN、@2m×2m，交错布置；局部钢筋拱肋； 主厂房边墙：喷聚丙烯微纤维混凝土 20cm，锚杆 ϕ28/32、L=4.5m/9m、@2.5m×2.5m，交错布置；4 排预应力锚索 1000kN，5 排预应力锚索 1800kN； 主变洞顶拱：喷钢纤维混凝土 15cm，锚杆 ϕ28/32、L=4.5m/9m； 主变洞边墙：喷聚丙烯微纤维混凝土 15cm，锚杆 ϕ28、L=4.5m/6m，4 排预应力对穿锚索 1000kN； 尾水管检修闸门室顶拱：喷钢纤维混凝土 15cm，锚杆 ϕ28、L=6m/4.5m、@2m×2m，梅花型交错布置； 尾水管检修闸门室边墙：喷混凝土 15cm，锚杆 ϕ28、L=6m/4.5m、@2m×2m，梅花型交错布置； 尾闸室中隔墙边墙：喷混凝土 15cm，锚杆 ϕ28、L=6m，预应力锚杆 ϕ28、L=9m、T=125kN、@2m×2m，梅花型交错布置； 尾水管检修闸门室顶拱：喷钢纤维混凝土 20cm，挂钢筋网 ϕ6.5、@200mm×200mm，锚杆 ϕ28/36、L=4.5m/9m； 尾水管检修闸门室边墙：喷聚丙烯微纤维混凝土 15cm，锚杆 ϕ28/32、L=4.5m/9m、@2m×2m，交错布置

锚索：顶拱随机预应力锚索 $T=2000\text{kN}$、$L=20\text{m}$，间距3.6m；上游边墙4（8）排预应力对穿锚索 $T=2500\text{kN}$、$L=61\text{m}$，间距3.6m；下游边墙6排预应力锚索 $T=2000\text{kN}$、$L=20\text{m}$，间距3.6m。

喷层：顶拱与边墙初喷钢纤维混凝土5cm，挂网 $\phi8@20\text{cm}\times20\text{cm}$，复喷素混凝土10cm。

3. 尾水管检修闸门室

锚杆：顶拱普通砂浆锚杆 $\phi25/28$、$L=4.5\text{m}/6\text{m}$、$@1.5\text{m}\times1.5\text{m}$，交错布置；边墙普通砂浆锚杆 $\phi28$、$L=6\text{m}$、$@1.5\text{m}\times1.5\text{m}$，矩形布置。

锚索：边墙4排预应力锚索 $T=2000\text{kN}$、$L=20\text{m}$，间距4.5m。

喷层：顶拱与边墙挂网 $\phi8@20\text{cm}\times20\text{cm}$，喷混凝土15cm。

4. 尾水调压室

锚杆：顶拱普通砂浆锚杆 $\phi28$、$L=6\text{m}$，普通预应力锚杆 $\phi32$、$L=9\text{m}$、$T=150\text{kN}$、$@1.5\text{m}\times1.5\text{m}$（1号～5号调压室）、$@1.2\text{m}\times1.2\text{m}$（6号～7号调压室）；涨壳式预应力中空注浆锚杆 $\phi28$、$L=6\text{m}$，普通预应力锚杆 $\phi32$、$L=9\text{m}$、$T=150\text{kN}$、$@1.0\text{m}\times1.0\text{m}$（8号调压室）。边墙普通砂浆锚杆 $\phi28$、$L=6$，普通砂浆锚杆 $\phi32$、$L=9\text{m}$、$@1.5\text{m}\times1.5\text{m}$（一般洞段）；涨壳式预应力中空注浆锚杆 $\phi28$、$L=6\text{m}$、$T=120\text{kN}$，普通砂浆锚杆 $\phi32$、$L=9\text{m}$、$@1.2\text{m}\times1.2\text{m}$ 交错布置（柱状节理影响洞段）；普通砂浆锚杆 $\phi28$、$L=6\text{m}$，普通预应力锚杆 $\phi32$、$L=9\text{m}$、$T=150\text{kN}$、$@1.5\text{m}\times1.5\text{m}$ 交错布置（层间错动带影响段）。

锚索：顶拱预应力锚索 $T=2000\text{kN}$、$L=25\sim45\text{m}$、$@6.0\text{m}\times4.5\text{m}$（$4.5\text{m}\times4.5\text{m}$），对穿锚索25根；边墙预应力锚索2000kN、$L=25\text{m}$、$@6.0\text{m}\times4.5\text{m}$（一般洞段）、$@3.6\text{m}\times3.6\text{m}$（柱状节理影响洞段）、$@4.5\text{m}\times4.5\text{m}$（层间错动带影响段）。

喷层：顶拱初喷钢纤维混凝土10cm，挂网 $\phi8@20\text{cm}\times20\text{cm}$，龙骨筋 $\phi16@100\text{cm}\times100\text{cm}$，复喷素混凝土10cm；边墙挂网 $\phi8@20\text{cm}\times20\text{cm}$，龙骨筋 $\phi16@100\text{cm}\times100\text{cm}$，喷混凝土15cm。

5.3　特殊地质问题的处理与加强支护

局部支护是指在地下厂房洞室中局部不稳定岩体或不良地质部位进行的加强支护，局部支护的锚杆（索）应锚固在稳定岩体内。

鉴于白鹤滩地下工程区地质条件特殊，表现为玄武岩脆性特征显著、层间带和柱状节理发育、地应力水平总体较高，导致脆性岩体高应力破坏、软弱层间错动带非连续变形与破坏、柱状节理岩体破裂松弛三类典型岩石力学问题突出，需要分别拟定针对性的处理措施和加强支护方案。

5.3.1　玄武岩时效破裂

5.3.1.1　脆性岩体时效破裂特征

20世纪70年代初岩体破裂随时间扩展的效应首次被认识，但因为问题的复杂性，直到

90 年代，以加拿大 URL 的花岗岩试验洞为例，才开始比较系统地研究这一问题。如图 5.3-1 所示，在试验洞开挖后，仅可以观察到洞壁产生薄纸一样的片帮，1 个月后片帮不断发展，形成深度为 0.3m 的 V 形凹坑，5 个月后片帮深度最终稳定至 0.5m，最终稳定后的破裂深度（出现宏观裂缝）为 0.5m，但损伤深度（低波速带）可以达到 1m。需要注意的是，该洞室的开挖洞径仅 3.5m，局部产生 1m 的损伤深度并不算浅。

破裂随时间扩展的另一个可以测量到的现象，是松弛圈深度随围岩变形持续增长，这种现象理解起来也比较直观，因为破裂时间效应必然是由洞壁浅层向深层发展，最终趋于稳定。但描述脆性岩石破裂特性的启裂强度和损伤强度都明显低于峰值强度，因此也不满足传统的强度准则。此外，破裂发生和发展可以出现在弹性阶段，使得传统的力学概念、理论和描述方法难以描述破裂行为。

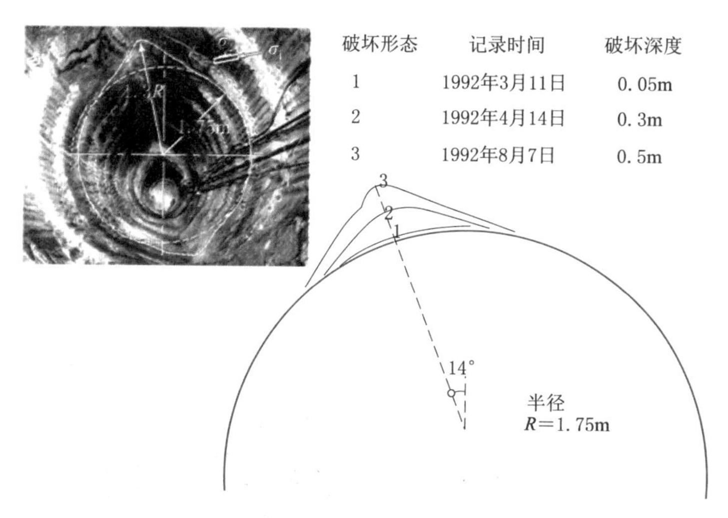

图 5.3-1 加拿大 URL 的 V 形破坏（片帮）随时间发展的规律

众多学者开始着手采用新的理论体系研究岩体在高应力条件下的破裂行为。Martin 等以洞壁围岩应力水平和岩石单轴抗压强度之比为指标，总结出：当该比值达到 0.3 时，可以出现声发射现象，即应力水平超过岩体的启裂强度；达到 0.4 时，围岩变形可以被监测仪器测试到；达到 0.5 时，出现宏观破裂，可以肉眼观察到。脆性岩体启裂强度特征见图 5.3-2。

总体上，硬岩隧洞的高应力破坏往往具有随时间不断发展的特点。以片帮破坏为例，完整性较好的洞段开挖后一般数小时至数天内即可以出现浅层片帮，在随后的数周甚至数月内片帮深度不断发展，最终趋于稳定，但洞壁内部的损伤仍可能持续发展，并形成鼓胀变形，所以，围岩破裂发展的深度取决于地应力特征和岩体强度。

就白鹤滩地下工程而言，隐晶质玄武岩的单轴抗压强度离散性较大，分布为 70～140MPa，平均为 90～100MPa。同时，在单轴压缩试验过程中的声发射监测成果表明，不论是否存在初始损伤的岩样，在应力达到 40MPa 左右时，岩石试件内部微破裂导致的声发射次数就明显增多，说明玄武岩岩块的 σ_{ci} 约为 40MPa。此外，由岩样破坏形态可见，在无围压条件下，破裂面主要与加载方向平行，其张性破坏特征与片帮形成机制相似。

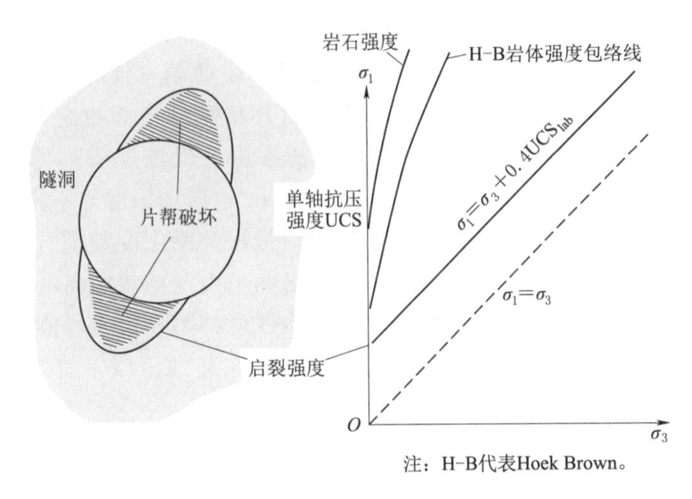

图 5.3-2 脆性岩体启裂强度特征（据 Martin）

由隐晶质玄武岩三轴压缩试验的岩样破坏特征（图 5.3-3）可见，在低应力条件下的岩样破坏主要由张性微破裂形成，而随着围压水平的增高，岩体的破坏由劈裂破坏向剪切破坏转化。其中，低围压条件下张性破坏的结果是使得破裂贯通后的岩体呈板状或者簿片状，与工程实际的片帮破坏机制相近。相反，片帮和破裂破坏也是有条件的，即需要满足低围压的前提条件。因此，在地下工程中，片帮和破裂破坏通常只可能发生在浅层部位，并呈现由浅层往深层破裂扩展的规律，从而表现出破裂与变形的时间效应特征。

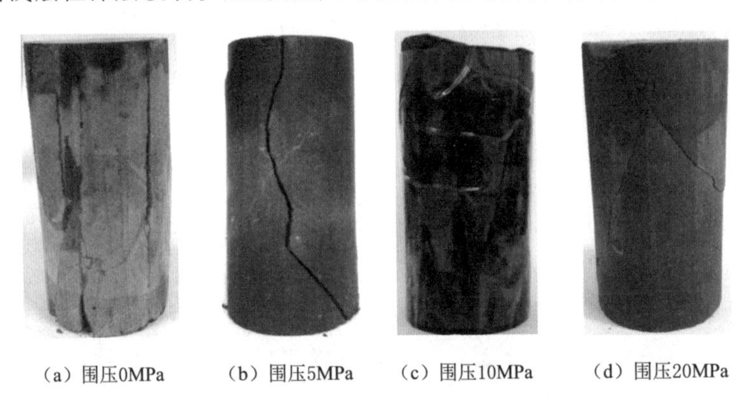

(a) 围压0MPa　(b) 围压5MPa　(c) 围压10MPa　(d) 围压20MPa

图 5.3-3 不同围压条件的岩样破坏特征

与浅埋低应力条件的地下工程不同，当研究围岩的高应力破坏（片帮、破裂）时，必须对岩石的峰后力学特性开展深入的试验研究，因为岩体屈服后，在峰值强度向残余强度过渡过程中，峰值力学特征对高应力导致的围岩损伤破坏深度起控制作用。

由隐晶质玄武岩三轴压缩试验成果拟合得出了玄武岩的峰值和残余强度曲线（图 5.3-4）可见，在 30MPa 以内的围压范围内，隐晶质玄武岩的峰值强度和残余强度之差随围压水平增大而增大，残余强度包线的斜率低于峰值强度包线，表现出非常突出的脆性特征。因此，在中低围压条件下，玄武岩的残余强度特征与花岗岩类似，但显著区别于锦屏大理岩的脆-延-塑特征，即白鹤滩玄武岩在隐微裂隙的影响下，具有更为显著的脆性特征。

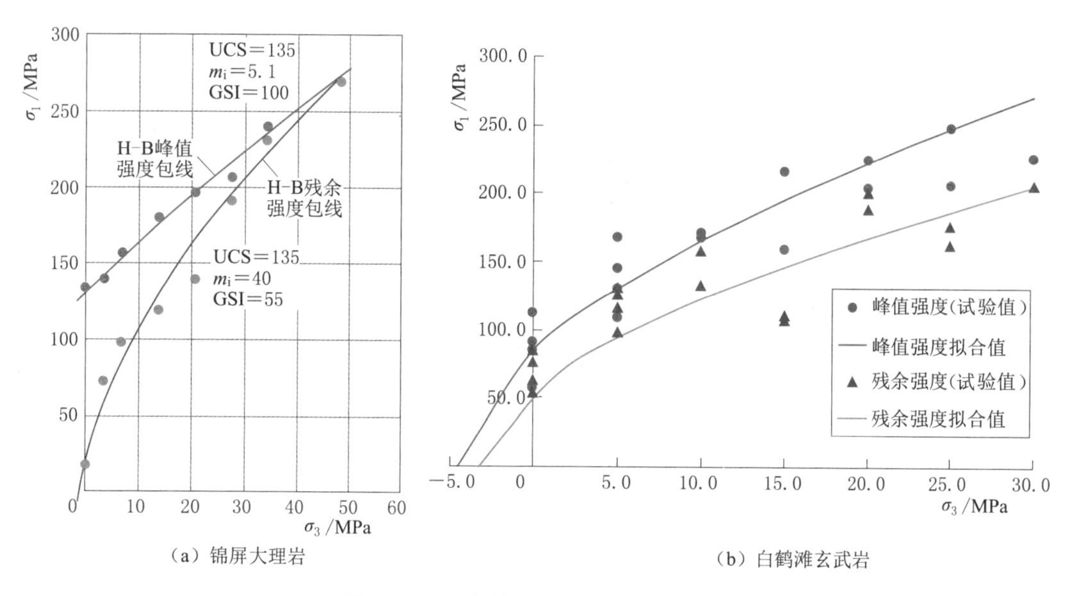

(a) 锦屏大理岩

(b) 白鹤滩玄武岩

图 5.3-4 白鹤滩玄武岩的脆性特征

在具有理想脆性材料和具有脆-延转换特征的材料中开挖洞室（图 5.3-5），假设这两种材料的峰值强度相同，那么开挖后，理想脆性材料洞室的围岩高应力破坏深度要明显高于后者，其原因在于前者出现宏观破裂后几乎不能承载，因此破裂继续向内扩展，直到最大二次应力小于围岩峰值应力（围岩峰值应力随围压的增高而增大）后，才达到稳定状态。而具有脆-延特性的围岩，出现破裂损伤，在围压条件下仍有一定的承载能力，并且围压越高，承载能力越强，该性质客观上限制了破裂向深部扩展。因此，高应力条件下脆性岩体的破裂深度相对更大。

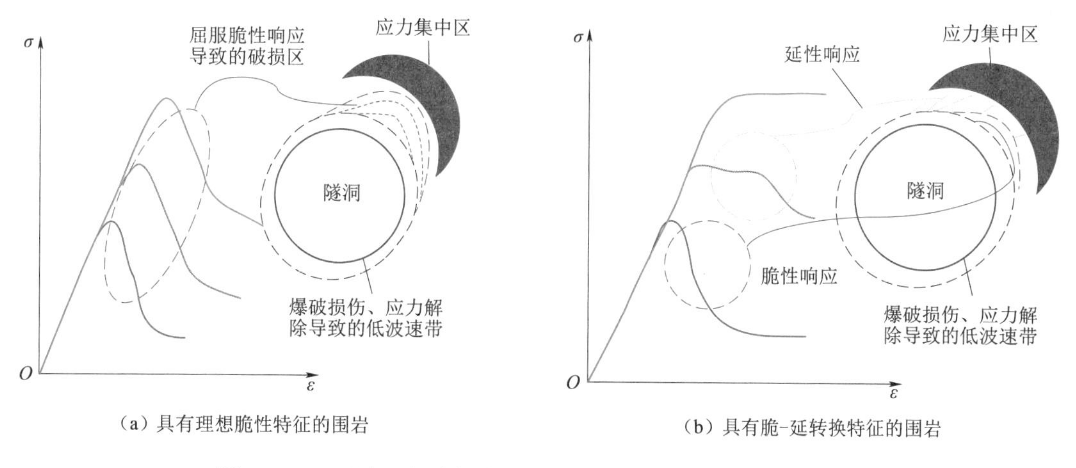

(a) 具有理想脆性特征的围岩

(b) 具有脆-延转换特征的围岩

图 5.3-5 具有理想脆性特征围岩与具有脆-延转换特征的围岩

由于玄武岩中初始裂纹（隐微裂隙）发育，导致其残余强度低，并且岩块到达峰值强度后都是快速发生解体破坏，甚至可以归结为理想脆性材料。相应的，洞室开挖后围岩开裂区域（松弛圈外侧，或称为外损伤区域），承载力也相应较低，而时效破裂则较为明显。图 5.3-6 为地下洞室不同时间围岩破裂特征，该破裂特征也进一步佐证了岩体的时效破裂特性。

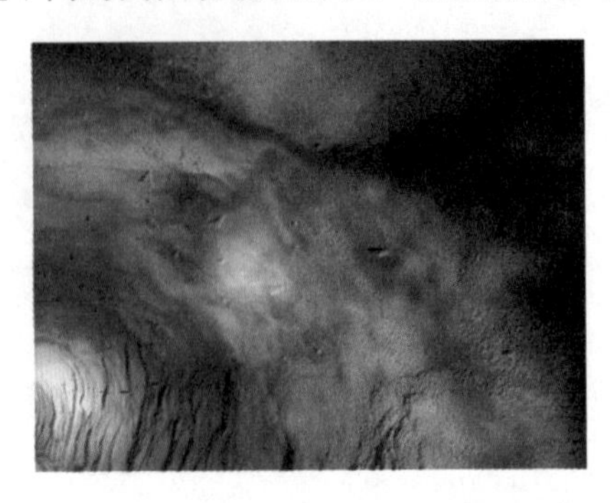

图5.3-6　地下洞室不同时间围岩破裂特征

总体上，白鹤滩地下厂房围岩完整性较好。但是，玄武岩受隐微裂隙影响，启裂强度较低，易于在地下洞室浅层应力集中（低围压）区形成破裂和片帮破坏，甚至受微裂隙影响的解体破碎。同时，由于玄武岩的峰后强度低，脆性特征显著，在高应力条件下损伤破裂深度相对较大，且通常具有明显的时间效应特征。

5.3.1.2　防治脆性岩体破裂的主动措施

围岩破裂损伤是脆性岩体受高应力作用后的结果，工程开挖前岩体内存在的微破裂，如白鹤滩玄武岩中的微裂隙，实际上是构造应力作用下脆性特征突出的玄武岩破裂损伤的结果。工程开挖围岩是否出现损伤破裂现象和严重程度主要取决于两个方面的因素：一是围岩脆性程度；二是应力水平。从理论上讲，当应力超过围岩的启裂强度时即可以出现破裂损伤现象，但真正意义上对工程可以造成明显影响的破裂损伤是围岩屈服的表现形式之一，此时的破裂数量足够多，而且破裂也能扩展到宏观可以观察到的尺寸，并对围岩宏观力学特性造成影响。

在地下工程开挖过程中，只要在岩石脆性特征和应力水平两个方面满足要求，围岩破裂损伤就不可避免。破裂损伤出现以后可以显著地恶化岩体的力学特性，降低承载能力和产生量值较大的鼓胀变形。这部分围岩最容易产生破坏，是支护的重要对象，并且需要依据围岩破裂损伤监测和检测成果揭示的破裂破坏特征，强调支护形式的合理性。同时，鉴于破裂损伤还具有随时间不断扩展的特点，会直接对已经施工的支护系统安全性造成影响，即可以影响到围岩和支护的长期安全性。因此，需要探讨高应力条件下岩体的支护形式和支护时机。

目前深埋地下工程界采用的岩体破裂防治与控制的工作思路、原则和方法可以追溯到20世纪30年代南非的深埋矿山工程实践中，80年代南非政府为控制深埋矿山事故投入了大量的力量开展科研，90年代加拿大也开展了类似的工作。这些研究成果为深埋工程实践起到了显著的作用，一个突出的事实是，20世纪80年代以后的矿山开采深度越来越深，而岩爆导致的事故却大幅度减少。这一方面归功于微震监测技术的普遍应用，另一方面直接得益于岩爆防治和控制能力的提高，即采用工程可以接受的措施达到降低岩爆风险的目的。

显然，国际深埋矿山界取得的成就可以有效地帮助解决西部水电工程脆性岩体高应力破裂问题，这些经验和成就在白鹤滩发挥的实际效果主要取决于两个方面，即对这些技术和经验的掌握程度和对白鹤滩现实条件的把握程度。

概括地讲，脆性岩体高应力破裂防治与控制只能从两个方面着手：一是降低围岩中能量集中水平；二是提高围岩在高应力条件下的自稳能力。把上述的思路转化为工程措施，就是脆性岩体防治与控制方法，总体而言，包括两大类：

（1）战略性方法。战略性方法就是通过采取一些措施避免脆性岩体破裂问题出现的可能性或强度。典型的战略性方法主要是第 4 章述及的洞室群布置研究，这些实际上大部分需要在设计阶段完成。在工程进入施工阶段以后，可以使用的战略性方法往往受到很大的限制。战略性方法的效果往往是全局性的，且基本上全部是通过主动降低整体应力集中和应力型破坏风险的方式实现脆性岩体破裂控制，工程性价比很高。因此，即便是在施工阶段，也需要认真挖掘可行的战略性方法的潜力，发挥其事半功倍的效果。

（2）战术性方法。战术性方法则认为高应力条件下脆性岩体破裂不可避免，对于由地质条件差异等造成的局部岩体破裂问题如何限制其危害程度或控制其不利影响。脆性岩体控制的战术性方法是通过具体的方法对存在高应力集中和应力型破坏的局部部位进行处理，如开挖程序优化、施工方法改进等，从而改善局部岩体的应力集中状态，或者加强围压条件和承载力。

在地质条件、洞室布置和体形方案确定的基础上，不同的开挖程序将导致围岩卸荷应力路径的不同，其对围岩的应力型破坏也有一定影响，以下列举 3 个施工程序对围岩应力集中与高应力破坏风险的影响实例。

事实上，大多数的洞室（如长隧洞）并不具备选择优先开挖方向的条件，但诸如尾水调压室的圆形穹顶可以作为论证开挖方向影响的典型示例，如图 5.3-7 所示 FLAC 3D 中 $\sigma_1>40$MPa 三维等值面计算结果，在初始最大主应力 σ_1^0 呈 N-S 向条件下，沿 E-W 向抽

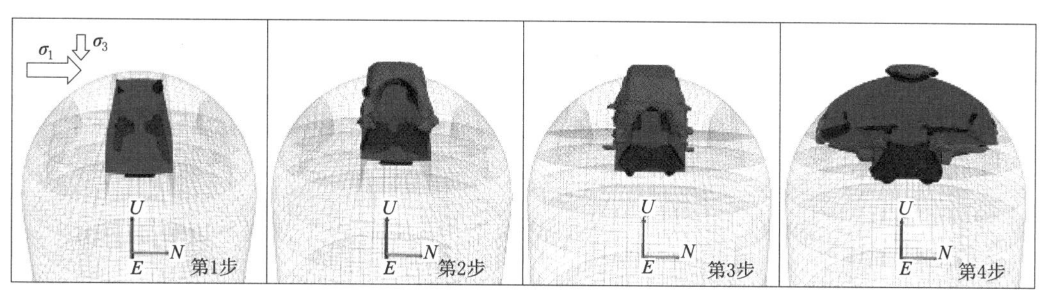

（a）E-W向抽槽、再扩挖

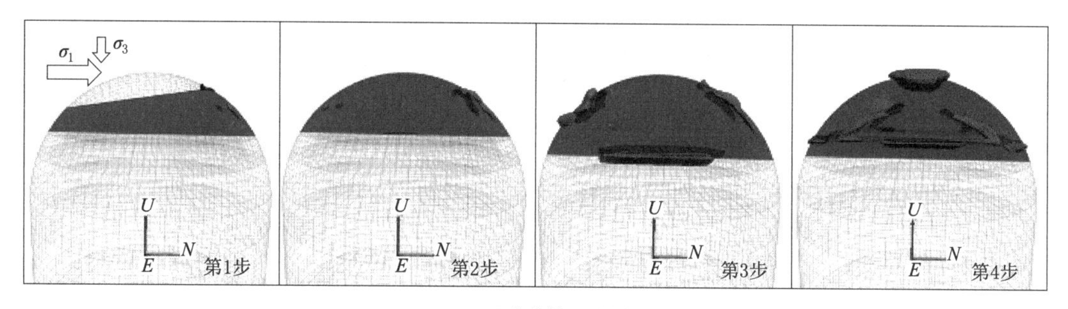

（b）N-S向抽槽、再扩挖

图 5.3-7 不同开挖方向导致围岩的应力集中差异

槽并扩挖会对顶拱岩体造成不可避免的开挖损伤。然而，沿 N－S 方向抽槽扩挖在前3个开挖步，顶拱基本上不呈现明显的高应力集中区，所以，沿 σ_1^0 方向优先开挖对控制局部围岩破裂破坏效果明显。

按照浅埋自重应力场的地下洞室开挖支护理念，小幅开挖是有利于围岩稳定的。然而，对于近水平向构造应力占主导的中至深埋洞室，过多的分幅有时候可能带来适得其反的作用。

如图5.3－8所示，由于地下厂区的初始最大、中间主应力近水平向，顶拱围岩本身为应力集中区，而分幅开挖拐角将造成应力集中叠加，第1和第3步开挖拐角都是明显的应力集中区，开挖过程的应力集中区域迁移致使大范围的浅层围岩产生了破裂破坏。

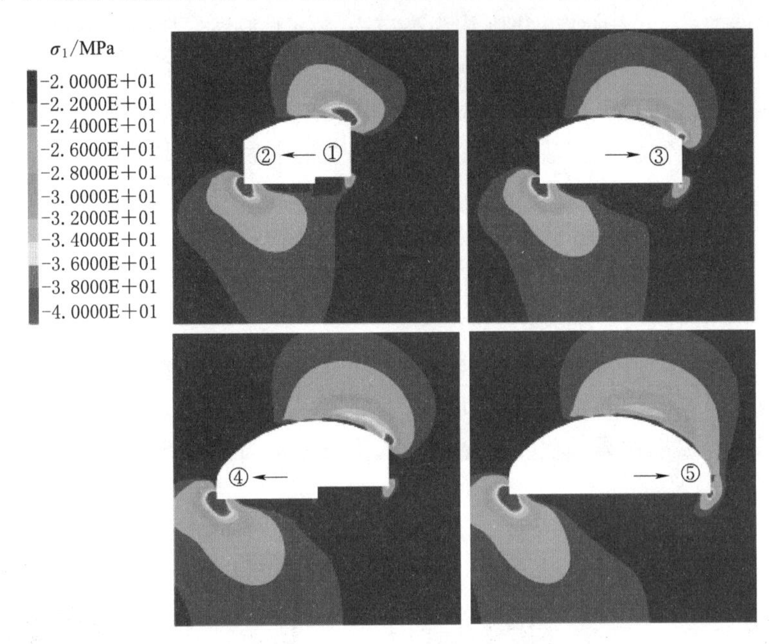

图5.3－8　顶拱第Ⅰ层5幅开挖的应力集中区

相比而言，如图5.3－9所示，减少开挖分幅可以避免开挖过程的拐角应力集中，从而在一定程度上缓解局部围岩破裂问题。因此，与浅埋工程理念不同，对于高应力条件下的顶拱开挖不宜设置过多分幅，以避免造成顶拱应力集中的叠加。

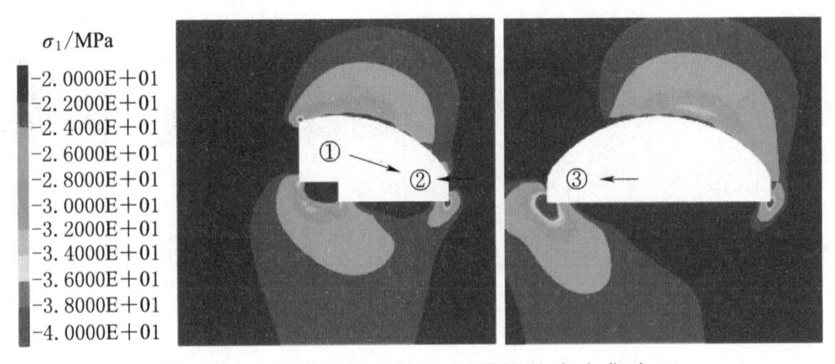

图5.3－9　顶拱第Ⅰ层3幅开挖的应力集中区

工程实际开挖过程中，除了开挖分幅分块会对围岩二次应力分布、高应力集中和应力型破坏形成影响外，既定开挖分幅的实施顺序也对围岩的破裂破坏特征有一定的影响。

白鹤滩左右岸地下洞室群初始应力都具备缓倾河谷的特征，从而使得临江侧拱肩和山体侧墙脚围岩的应力型破坏更为突出。如图 5.3-10 所示，左岸 4 号尾水洞 K0＋310～K0＋320m 段围岩破裂破坏较为明显，并主要分布于左半幅开挖的顶拱拐角部位和左边墙墙脚，其与数值模拟的应力集中区（红色为 $\sigma_1>40$MPa 等值面）有良好的对应关系。

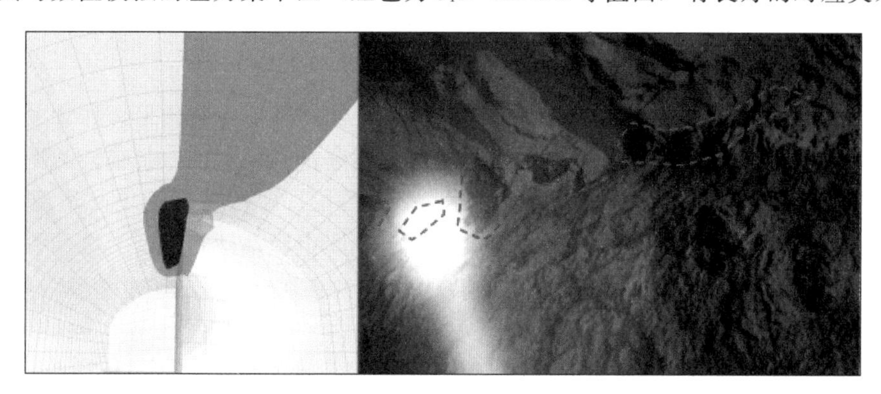

图 5.3-10 优先开挖山体侧造成的应力集中与破坏现象

分幅开挖顺序对顶拱应力集中存在影响，如图 5.3-11 所示，如果以顺着断面大主应力方向优先开挖临江侧，那么在分幅开挖过程中的顶拱局部应力集中可以减小约 5MPa，应力集中大于岩体启裂强度（40MPa）的范围也明显减小。同时，左侧墙脚的应力集中区位于后续开挖体中，具有明显的优势。可见，在河流下切地表地质作用下，深切河谷两侧浅～中等埋深的地下洞室初始应力一般都具有倾向河谷的特点，因此，分幅开挖应以顺断面大主应力方向为原则，即一般应优先开挖临江侧。

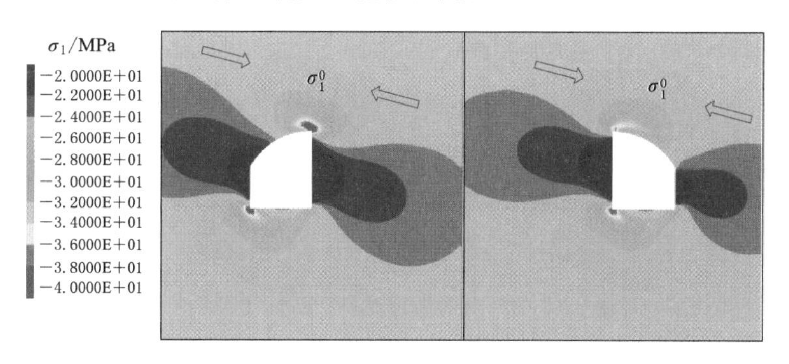

图 5.3-11 开挖顺序对顶拱应力集中的影响

总之，针对开挖总体能量释放相同的特定地下洞室而言，开挖程序（包括分幅分块、开挖顺序等）的优化能够降低局部围岩破坏的风险。施工期应尽可能沿 σ_1^0 方向优先开挖，对应力集中的顶拱开挖不宜过多分幅，以避免顶拱应力集中区与分幅拐角应力集中的叠加，此外，河谷应力条件下应优先开挖临江侧。这些具体措施都统属于战术性方法的主动性措施，其工程性价比相对较高，但技术难度较大，效果取决于对地质条件和施工程序的合理把握程度。

5.3.1.3　防治脆性岩体破裂的支护设计

针对脆性岩体破裂的被动性措施主要指支护，其作用是提高围岩对应力型破坏风险的抵抗能力，在高应力集中不可避免的情况下，围岩依然能保持稳定或者尽可能降低破坏程度和范围。这一思路决定了支护的方式和要求，是支护设计和优化的基础。

1. 支护方式的力学特性

加拿大安大略省在20世纪90年代中期完成与支护方式相关的力学特性研究，尽管这些科研工作并不是着眼于系统性和方法性的考虑，但是这些成果仍然对认识支护单元的力学特性和工程适用性有着很大的帮助。

图5.3-12列出了工程中常用支护类型的力学特性，需要说明的是，加拿大安大略省矿山工程界在20世纪90年代即形成了支护的工业化和标准化生产，各锚杆类型的材质和力学性质基本固定。图5.3-12的横坐标代表了变形量，即各种支护单元适应变形的能力；纵坐标为荷载，峰值代表了支护单元的承载力。图中以锥杆和喷层为例，给出了曲线下的面积大小，该面积表示了最大吸能能力。

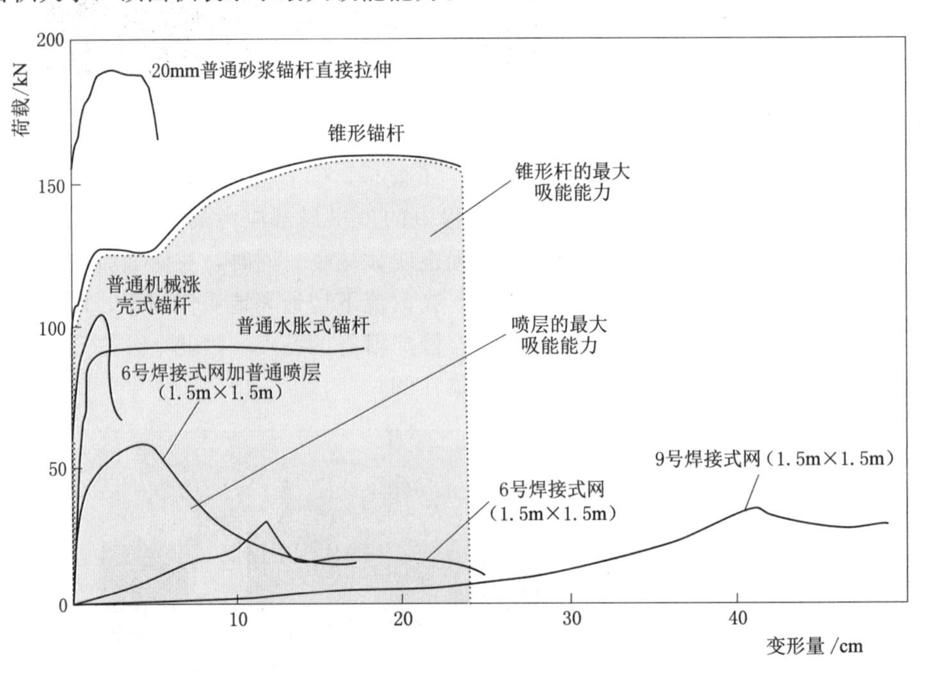

图5.3-12　几种典型支护手段的力学特性

根据图5.3-12给出的结果，常见的支护单元的力学性质可以描述如下：

(1) 与喷层或网等表面支护单元相比，锚杆的承载力都相对要高得多，即支护的承载力需要靠锚杆提供。因此，需要控制围岩破坏、保持围岩稳定时，锚杆是绝对不可缺少的支护单元。

(2) 相比较而言，表面支护单元的最大特点是适应变形能力强，因此，当潜在变形量大、即出现强烈的冲击变形时，加强表面支护是必然的选择。

(3) 在所考察的四种锚杆中，仅试验条件下的力学性质而言，普通螺纹钢锚杆的承载力最高，其次是锥形锚杆、普通机械涨壳式锚杆和普通水胀式锚杆。

(4) 四种锚杆中以锥形锚杆和普通水胀式锚杆具备良好的适应变形能力，普通螺纹钢锚杆相对要差很多，普通机械涨壳式锚杆最差。但是，实践表明，现实中普通螺纹钢锚杆的抗冲击力明显强于试验结果，因此在实践中大量应用。改变材质和增加灌浆以后的机械涨壳式锚杆也大大改善了适应变形的能力，同时，增加锚杆尺寸也将提高其承载力。

总体上，在高应力条件下地下工程发展历程中，累计使用过的锚杆类型有上百种，即便是在目前，尽管从形式上讲，上述四种锚杆很具代表性，但如果考虑到材质、尺寸和施工工艺（是否黏结）等方面的差异，锚杆的力学性质也存在很大的变化性。因此，同样名称的锚杆性能可以相差悬殊，就白鹤滩脆性岩体工程实践而言，需要从图 5.3-12 中掌握支护设计时如何考察其力学性质，即承载力、适应变形能力和吸收能量的能力是岩爆条件下从力学角度进行支护设计和优化时需要考察的关键性内容。

2. 支护方式的工程作用

以上关于支护单元力学特性的概述仅仅是试验室成果，把试验室成果转化为现实工程中的设计方案，还有很多工作要做，其中的基础性工作是了解各支护单元的工程特性和作用，即把对力学特性的理解转化为对工程特性的理解。

高应力条件下的围岩支护系统需要起三个方面的作用，简单地说分别为加固、支撑和“兜网”，大体上分别针对破裂、变形和坍塌。其中的加固和支撑主要通过锚固措施实现，而“兜网”的作用则主要通过表面支护完成，即网或喷层，如图 5.3-13 所示。

当然，当支护系统特别是锚杆越接近掌子面时，其受力也就越大，需要注意作为永久锚杆使用时的安全性问题。

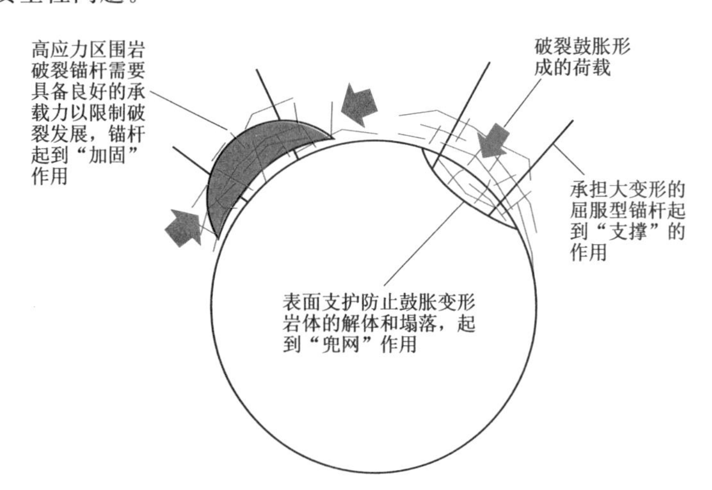

图 5.3-13 高应力条件下围岩破裂和鼓胀破坏及支护的作用

支撑是指围岩的强度已经降低，即破裂已经发展到一定程度、围压水平也相应下降的情形，此时的支护几乎不可能显著提高围岩的强度和承载能力，支护的作用主要体现在限制其发展和脱离围岩导致破坏的情形。因此，支撑的作用主要是维护施工期围岩安全，从围岩长期安全的角度而言，围岩已经破坏。由于高应力条件下的围岩破坏不可避免，因此，围岩长期安全始终是需要注意的问题。

“兜网”显然更侧重于维护施工期的安全，高应力下的围岩破裂在开挖面的浅表层往往形成20～30cm或更小的块体，这在白鹤滩地下洞室群顶拱破裂区很普遍。显然，应对这种破坏不是锚杆的加固和支撑所能解决的问题，需要网和喷层等表面支护系统。图5.3-13显示，表面支护系统的承载力一般都很低。因此，当鼓胀破裂程度加强、对支护系统的“兜网”作用增加时，一方面需要增加表面支护系统的承载力（如掺钢纤维）；另一方面需要加强与锚杆的连接，发挥锚杆（垫板）的承载作用。

表5.3-1汇总了各支护单元的工程作用，其中第一列是支护单元力学特性的描述，其中的刚/柔、强/弱、脆/延相当于日常岩体力学弹性中的线性段（弹模的高/低）、峰值（强/弱）和峰后非线性段（脆/延），大体上分别对应了变形特性、承载能力和吸能能力。以图5.3-12中的普通螺纹钢锚杆为例，这三个方面的力学特性分别可以描述为刚、强和脆。

表5.3-1　　各典型支护单元的工程作用

力学特性	加固	支撑	兜网
刚性	全长黏结锚杆	全长黏结锚杆	混凝土拱、环
柔性	—	机械涨壳锚杆	钢丝链
承载力强	锚索	锚索	挂网+喷层
承载力弱	小锚杆	摩擦锚杆	网
脆性	全长黏结锚杆	全长黏结锚杆	素喷
延性	锥杆	水胀式锚杆	钢丝链

表5.3-1以代表性支护单元为例给出了它们的工程作用。对于新的支护单元，需要了解的是其力学特性，从而获得刚/柔、强/弱、脆/延等三个方面的表现程度，即可以判断其在加固、支撑和“兜网”三个方面的工程特性，帮助工程设计中的合理选择。

3. 高应力条件下的支护设计与优化方法

在了解具体工程的围岩潜在破坏特征（支护需求）和支护单元的力学特性与工程作用以后，原则上即可以开展具体工程的支护设计和优化。之所以说原则上，是因为支护设计、特别是优化还需要对具体工程的特定条件有更深入和具体的了解，甚至需要在开挖过程中，依据监测成果进行动态调整。

根据前期勘探揭示的地下洞室围岩破坏特征和前述讨论的支护单元作用，在考虑到支护的安全要求以后，表5.3-2给出了与白鹤滩地下工程代表性破坏类型所需要满足的支护参数指标，即支护所需要具备的承载力大小、变形适应能力和吸能能力，可以为围岩支护设计提供依据。

表5.3-2　　典型高应力破坏的支护设计要求和建议的支护方式

破坏机制	破坏程度	承载力/(kN/m²)	变形/mm	吸能/(kJ/m²)	支护方式建议
应力损伤	轻度	50	30	可忽略	网+机械锚杆或螺纹钢锚杆
	中度	50	75	可忽略	网（喷+网）+机械锚杆或螺纹钢锚杆
	严重	100	150	可忽略	网喷+屈服锚杆与螺纹钢锚杆

续表

破坏机制	破坏程度	承载力/(kN/m²)	变形/mm	吸能/(kJ/m²)	支护方式建议
片帮或破裂破坏	轻度	50	50	可忽略	网＋机械锚杆＋摩擦锚杆
	中度	100	100	20	网喷＋螺纹钢锚杆＋屈服锚杆＋钢丝网（可选）
	严重	150	>300	50	网喷＋加强屈服锚杆＋螺纹钢锚杆
松弛坍塌	轻度	100			螺纹钢锚杆＋素喷
	中度	150			螺纹钢锚杆＋锚索＋素喷＋网或钢筋肋
	严重	200			以上基础上加密锚索

注 假设支护系统的最大承载极限为 $200kN/m^2$。

表 5.3-2 中的松弛坍塌在内在机制上有别于其余应力损伤、片帮和破裂破坏，即完整块状和次块状岩体破裂性质的破坏方式，因此，针对具有微裂隙而承载力相对较低的岩体，在支护环节上主要强调了承载力。表中并没有推荐拱架支护方式，在白鹤滩地下工程实际中，拱架也是可以采用的手段，因为拱架也能有效地提高支护力，但主要适用于大型构造控制和浅埋条件（如隧洞洞脸部位）下岩体的变形问题。

在除了应力型坍塌以外的三种破坏方式中，表 5.3-2 中所列从上到下反映了破裂在程度上有所增强，所建议的参数指标和支护方式的变化，实际上给出了针对脆性岩体高应力破裂风险变化时支护系统的优化方法。

鉴于白鹤滩地下洞室群规模和围岩条件差异较大，就不同部位脆性岩体高应力破裂支护优化工作而言，显然不应该照搬表 5.3-2 中建议的支护方式，但需要理解支护的原则和方法，并直接应用到具体工程实践中。依据地下工程主体开挖以前的工程实践，可以总结针对白鹤滩脆性玄武岩高应力破裂控制的支护优化原则。当岩体高应力破裂风险增强时，表面支护需要从挂网、素喷＋网、掺钢纤喷层的方式优化，在高风险条件下不推荐使用“掺钢纤喷层＋网”的方式是考虑到消除挂网作业时间消耗与支护及时性之间的矛盾。当岩体高应力破裂风险增强时，原则上需要同时增强锚杆的支护力和柔性特征，前者可以通过增加普通螺纹钢锚杆实现，后者可以是有条件地使用喷纳米钢筋网混凝土，但不论是哪种方式，都需要解决支护的及时性问题。

5.3.1.4 防治脆性岩体破裂的支护时机

众所周知，除强烈的破裂损伤现象以外，现实中很多情况下围岩破裂损伤都会存在一定的滞后现象，即新开挖的掌子面上很难观察到破裂损伤现象，常常给人围岩安全性好、无需支护的错觉。在经历一段时间或者掌子面向前推进一定距离以后，破裂损伤开始出现，呈现出滞后的特点。即便破裂损伤可以出现在新开挖的掌子面一带，仍然可以显示出明显的滞后特征，表现为随着时间推移或掌子面向前推进，围岩的破裂损伤程度不断加剧，因此，需要强调支护的及时性。

高应力条件下加固作用的效果是维持围岩强度，其准确的作用原理还不是很清楚，但一般认为是通过约束围岩变形提高约束能力，即通过维持围压来实现。由于隧洞开挖以后的围压分布与掌子面的拱效应密切相关，即越接近掌子面，距离洞壁同等深度部位的围压水平越高。因此，支护特别是锚杆安装越接近掌子面时，越有利于维持围岩中的围压，即加固作用越明显。

由基于弹性力学理论的掌子面效应可知，若假定圆形洞室为均匀的初始地应力场，开挖使得掌子面周边的变形达到最终变形的1/3，而在滞后掌子面1～1.5倍洞径的部位，围岩变形达到最终变形量。同样，由弹塑性数值计算成果可知，在滞后掌子面1倍洞径的围岩变形达最终变形的80%以上，滞后掌子面1.5倍洞径达最终变形量。因此，为了有效限制围岩变形，需要在掌子面后方1.5倍洞径范围及时完成系统支护。对于局部由于层内带引起坍塌的部位更应该紧随掌子面进行支护。

同时，由图5.3-14可见，在掌子面后方2倍洞径范围内的围岩破裂损伤的程度和深度不断增加，掌子面后方2倍洞径范围外，围岩的破损程度和深度增加幅度相对不大，并且主要受时间效应控制。

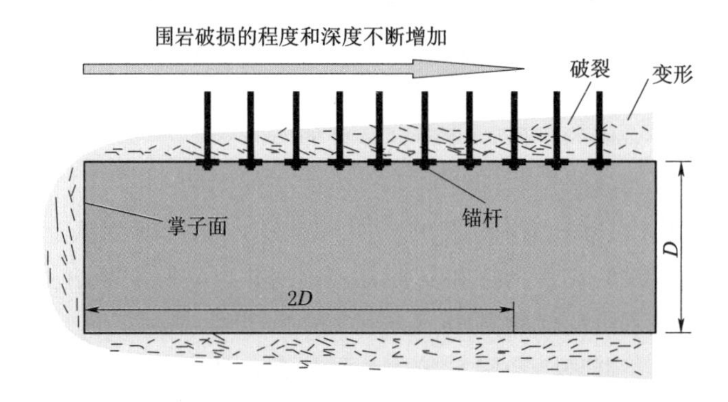

图5.3-14　隧洞围岩变形和破裂受掌子面影响示意图

高应力问题突出的部位，及时支护（支护时机二相比于支护时机一）有利于控制顶拱的变形增量，同时也有利于提高顶拱的围压水平和降低应力集中区最大主应力的量级水平，使得围岩应力状态更加远离强度包络线，如图5.3-15所示，及时支护有利于降低围岩破裂、发生鼓胀变形从而导致喷层开裂的风险。数值分析成果：支护及时实施使得变形增量减小，对围岩应力状态的改善相对明显。

因此，针对脆性岩体高应力破裂问题进行加固时，必须特别强调支护跟进的及时性。从

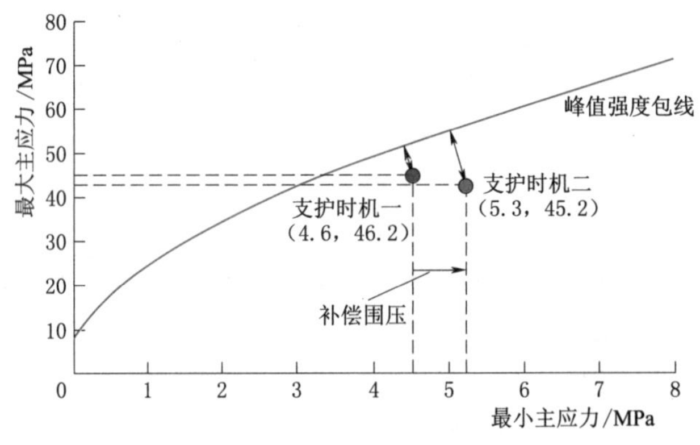

图5.3-15　及时支护提供补偿围压的作用

图 5.3-16 采用数值模拟揭示的支护时机对围岩松弛的影响可见，紧跟掌子面的及时支护（支护时机二）能够使得岩体破裂损伤得到有效抑制，从而使得围岩的松弛圈相对更小。

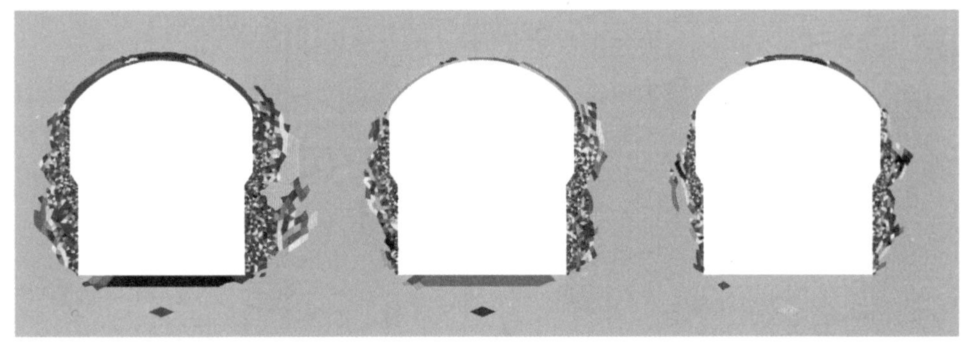

（a）无支护　　（b）支护时机一　　（c）支护时机二

图 5.3-16　白鹤滩右岸地下厂房松弛圈深度

总之，考虑到高应力条件下，洞室围岩破裂扩展和变形通常具有明显的时间效应特征，而脆性围岩破裂发展到一定程度将导致明显的岩体扩容、体积膨胀，意味着这部分岩体将丧失很大一部分的承载力。因此，针对破裂甚至破碎岩体的“兜网”，支护力的要求显然会更高。所以，针对高应力条件下脆性围岩破裂问题，支护越及时，需要付出的代价越小，而且其支护效果越好。工程实际中必须强调初期支护的系统性和及时性。

5.3.2 层间带切割顶拱的影响

白鹤滩层间错动带是横贯地下洞室群的大型软弱构造，在高应力条件下，其对巨型洞室围岩的变形稳定影响突出，且主要取决于层间错动带与洞室的交切关系。当层间错动带切割大型洞室顶拱时，将导致层间错动带的法向松弛及其下盘岩体产生松弛变形，甚至在剪出口部位形成塌落破坏；当层间带切割大型洞室高边墙时，将导致层间带的错动变形及上下盘岩体松弛深度的加剧，并主要取决于地应力水平、边墙高度和层间带力学参数三方面（4.1.2 小节）。总体上，鉴于层间错动带对大型洞室围岩变形与稳定的影响方式存在明显差异，局部加强措施也需要体现差异性和针对性。

5.3.2.1 右岸厂房层间带 C_4 特征

右岸厂房围岩为单斜岩层，岩层产状为 N50°～60°E，SE∠15°～20°，走向与厂房轴线大角度相交，交角 60°～70°。岩性主要为 $P_2\beta_4^3$ 层～$P_2\beta_3^5$ 层角砾熔岩、杏仁状玄武岩、隐晶质玄武岩等。层间错动带 C_4 沿凝灰岩层发育，交切于地下厂房南端顶拱，见图 5.3-17 和图5.3-18。

5.3.2.2 层间带对顶拱变形的影响

右岸地下厂房小桩号洞段顶拱受层间错动带 C_4 切割，剪出口附近由于 C_4 下盘岩桥厚度较薄，高应力集中致使岩体产生屈服和应力松弛，表现为图 5.3-19 所示的局部围岩大变形。实际上，顶拱 C_4 会产生明显的法向松弛，其下盘浅层岩体在开挖过程中通常不能自稳，需要依靠外在支护力来保持顶拱稳定。如图 5.3-20 所示，厂房中导洞开挖后，层间错动带 C_4 下盘岩体因支护力不足产生局部塌落，并影响顶拱拱圈拱效应的形成。

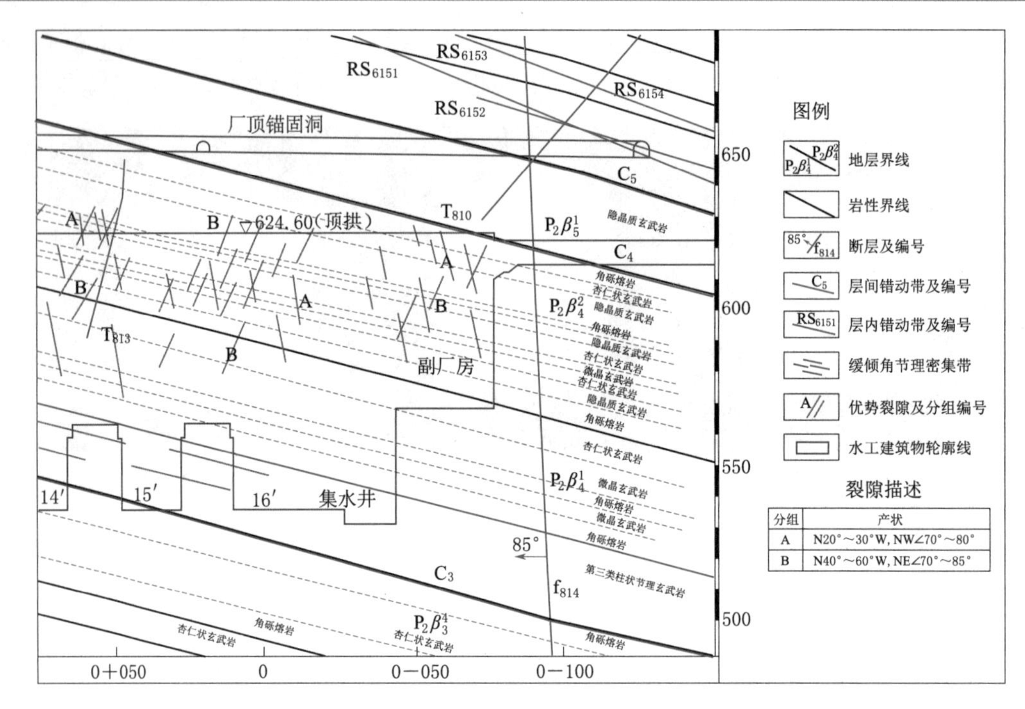

图 5.3-17 右岸主副厂房洞小桩号段地质纵剖面图（单位：m）

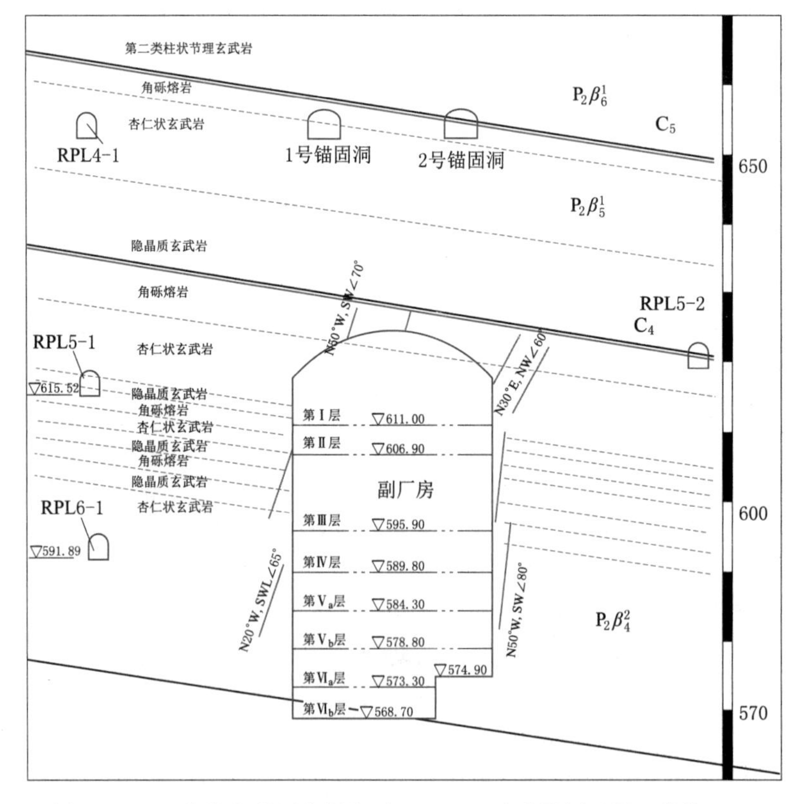

图 5.3-18 右岸主副厂房洞右厂 0-040m 地质横剖面图（单位：m）

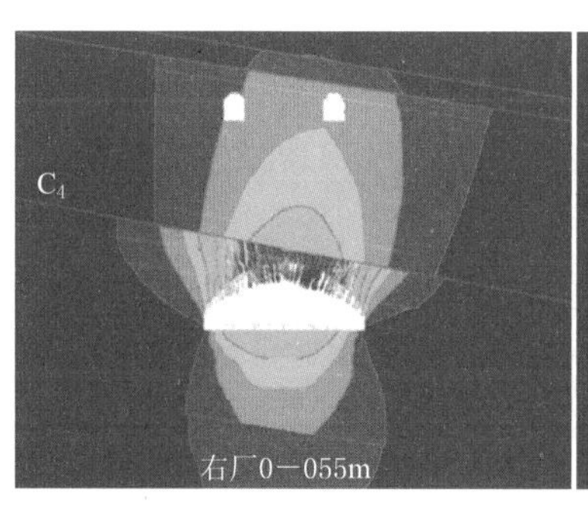

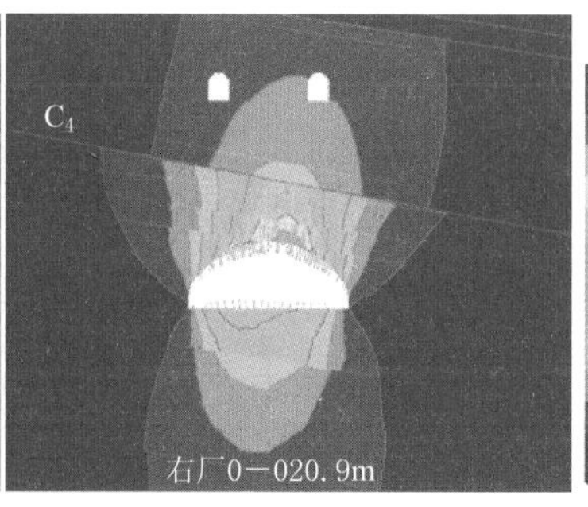

图 5.3-19 右岸主副厂房洞小桩号段围岩变形分布横剖面图

地下厂房顶拱受层间错动带 C_4 切割，除了会在剪出口形成应力松弛与塌落破坏外，在距离层间带一定范围还会形成如图 5.3-21 所示的局部应力集中区。局部应力集中的形成机制主要由于软弱层间带阻断了应力向上盘调整，松弛岩体的荷载只能向 C_4 下盘岩桥厚度较大部位（即向北侧）岩体转嫁，使得 C_4 下盘距离切割部位一定范围形成应力集中增强区域，即所谓的“承载拱”。如图 5.3-21（a）剖面图可见，高应力集中区影响范围主要在距离剪出口 20～75m 范围，而应力集中区影响范围相对更大，甚至影响到了右岸整个小桩号洞段。

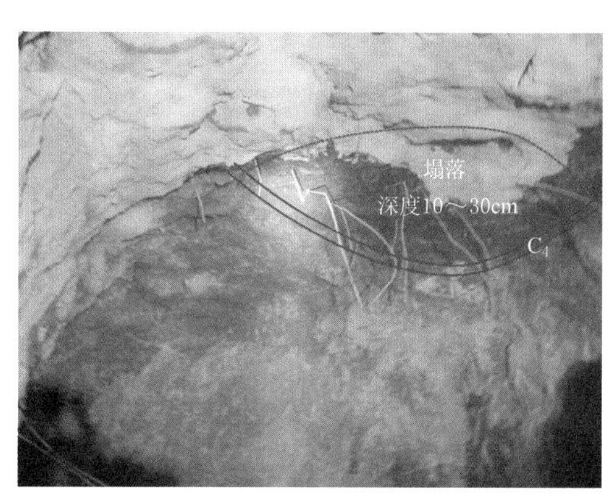

图 5.3-20 右岸地下厂房中导洞顶拱沿 C_4 塌落

由于硬脆性玄武岩具有隐节理发育、启裂强度低的特征，在应力集中区，岩体易出现破裂损伤和时效变形。加之，随厂房分层下挖，边墙高度的增加及顶拱应力集中的持续增强，应力集中叠加会使得层间带下盘岩

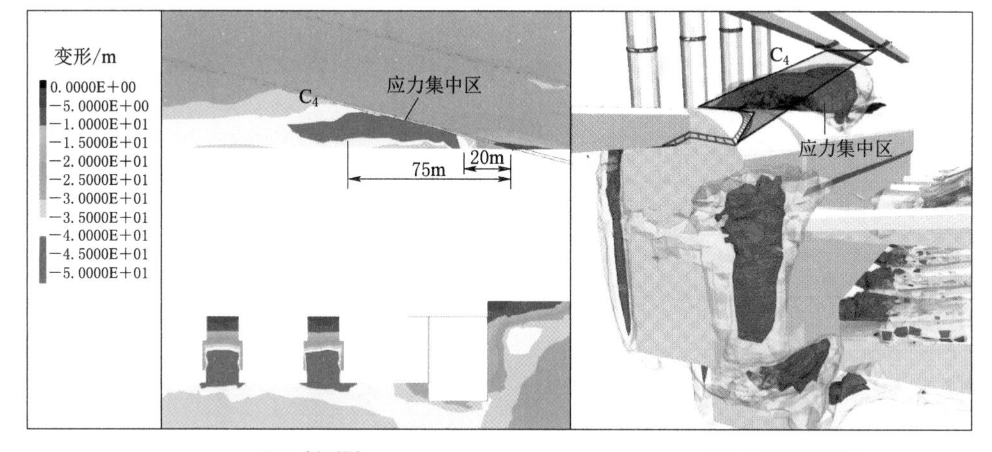

（a）剖面图　　（b）三维等值面图

图 5.3-21 右岸地下厂房 C_4 下盘岩体的应力集中特征

体的破裂扩展和时效变形更为明显，支护体系的受力也大幅增长。当已实施支护体系平衡状态被打破，围岩就会表现出剧烈的变形响应，围岩适应平衡后又将趋于相对稳定的周期性平缓增长过程。总体上，为保证受层间带影响的应力集中区围岩稳定，应保证支护体系在围岩应力调整与收敛过程中不发生破坏。

5.3.2.3 加强支护措施

以上对右岸地下厂房顶拱受层间错动带 C_4 的局部应力应变特征进行了分析，错动带在顶拱出露部位局部变形量值较大，错动带下盘围岩应力集中现象明显，局部应力集中将导致围岩应力型破坏，因此需要采取相应加强支护措施。由于层间错动带在顶拱揭露后难以自稳，因此，开挖方案和爆破控制对其稳定影响同样重要。

（1）开挖方案。应根据层间错动带出露范围进行综合确定，具体措施包括开挖方向（如沿着错动带出露方向开挖）、短进尺（如控制掘进循环进尺）、多分幅开挖（减小单次出露范围）。

（2）爆破控制。由于层间错动带的物理力学性状差，开挖爆破对其卸荷松弛影响同样较为明显，因此爆破控制也是层间错动带稳定的重要方面。

层间错动带 C_4 顶拱出露一定范围内的支护措施如下：喷混凝土C25，厚20cm；挂钢筋网 $\phi8@15cm\times15cm$；钢筋拱肋 $3\phi32@1.2m$；系统预应力锚杆 $\phi32@1.2m\times1.2m$，$L=9m$，$T=100kN$；系统预应力锚索 $T=2000kN$，$L=25m$，$@3.6m\times3.6m$。

除了上述系统支护措施外，对于层间带剪出口附近应力松弛区岩体需要提升支护力，如在小桩号洞段顶拱增加系统锚索（图5.3-22）和加密锚杆；而对于距离层间带一定范围的应力集中增强区而言，需要保证初期支护的强度以提升补偿围压抑制应力型破坏。同时，需要充分考虑随下卧导致顶拱应力集中增强而存在的破裂扩展与时效变形因素，需要预留变形和支护力增长空间，即降低初始张拉水平保证支护系统安全。此外，可以考虑采用低压注浆来提高错动带和破裂岩体的力学参数，改善顶拱拱圈的成拱效应，以满足洞室长期稳定性要求。

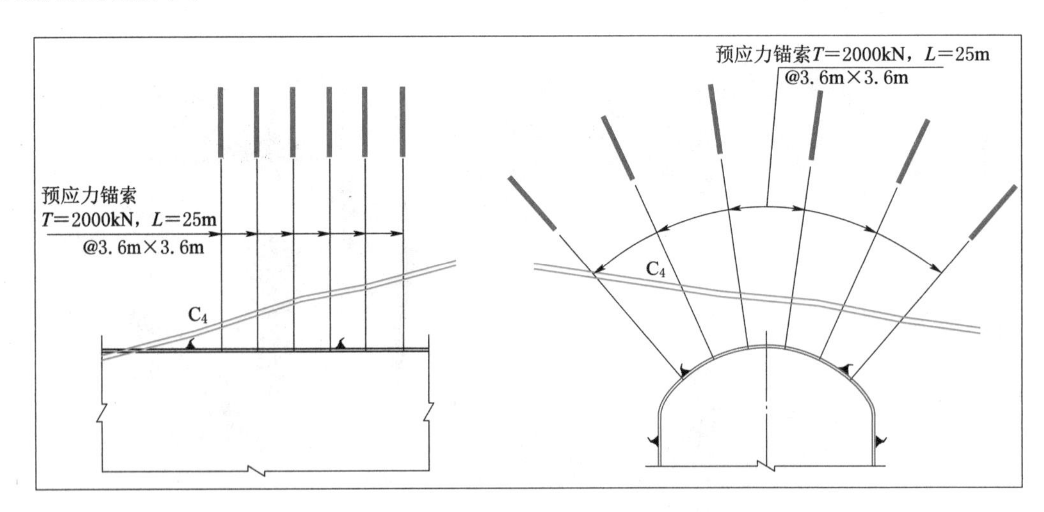

图5.3-22 层间错动带在洞室顶拱出露的局部加强支护措施

5.3.3 层间带切割边墙的错动变形

与层间带切割顶拱不同，层间带切割高边墙带来的主要是变形与松弛问题；并且，围岩松弛的范围会大幅增大，甚至超过常规系统支护的能力。

5.3.3.1 左岸厂房层间带 C_2 特征

层间错动带 C_2 是白鹤滩左岸地下厂区规模较大、贯穿性的Ⅱ级结构面，如图 5.3-23 所示，C_2 沿 $P_2\beta_2^4$ 凝灰岩中部发育，产状为 N42°～45°E，SE∠14°～17°，与长廊形主洞室轴线与最大主应力大角度（50°～70°）相交。因此，层间带 C_2 对长廊形厂房边墙的影响尤为显著，成为了左岸地下工程最为关注的岩石力学问题。

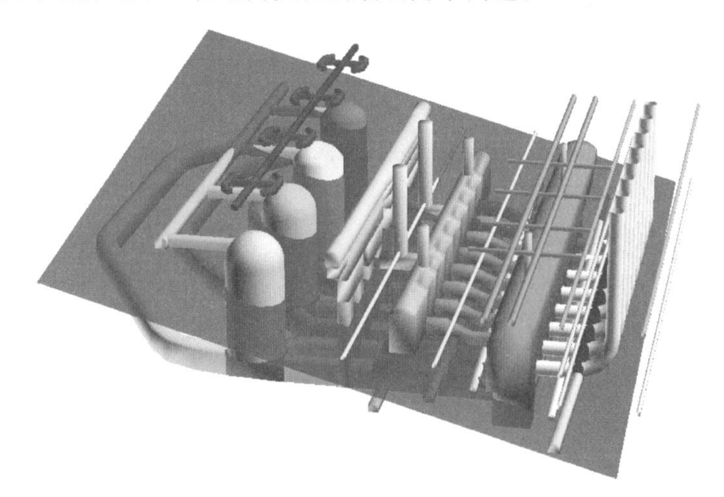

图 5.3-23 层间错动带在左岸地下洞室群出露

$P_2\beta_2^4$ 凝灰岩厚度一般为 30～80cm，局部可达 180cm，错动带主要在凝灰岩中部发育，厚度一般为 10～60cm，平均为 20cm，见图 5.3-24。错动带物质组成为泥夹岩屑型，遇水易软化，其性状差、强度低。

5.3.3.2 层间带对边墙变形的影响

预可研阶段（2011 年）的数值计算成果表明，在近水平向初始最大主应力条件下，地下厂房上游边墙的变形量级大于下游边墙，这是开挖直立边墙高度差所决定的。层间错动带的存在显著改变了高边墙变形模式，但由于层间带倾向上游，下游边墙 C_2 在分层开挖过程为张剪性变形，更易产生错动。因此，在 C_2 切割部位较低时，其上盘岩体变形量级可达 100～120mm。相反，上游边墙 C_2 在分层开挖过程为压剪性变形，

图 5.3-24 层间错动带结构特征

错动变形量相对较小，只有当层间带被揭露后，才转变为下盘岩体以 C_2 为顶面的倾倒变形。因此，上游边墙围岩的大变形集中于 C_2 下盘浅层范围，在 C_2 切割部位相对较高时，

局部变形量可达70～90mm。总体上，C_2导致地下厂房上下游高边墙的非连续变形存在显著差异，且其对下游边墙的影响大于上游边墙，见图5.3-25。

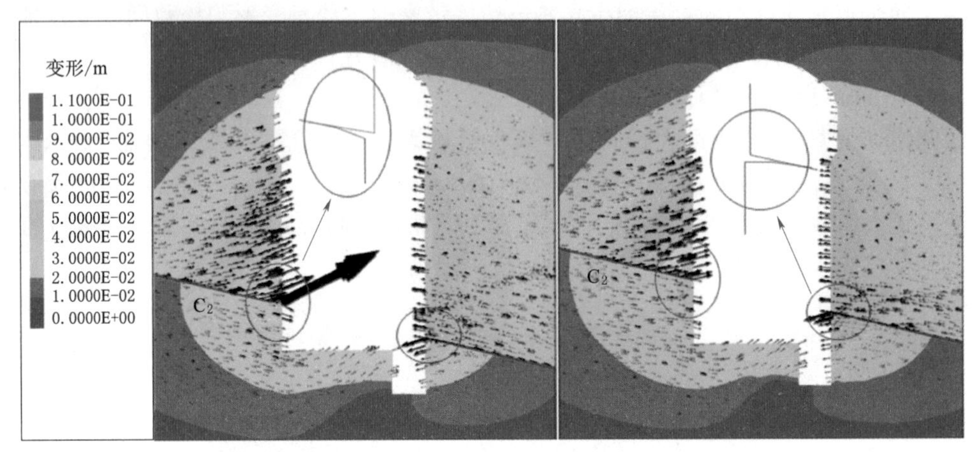

(a) 下游边墙C_2上盘张剪　　(b) 上游边墙C_2下盘倾倒

图5.3-25　层间带C_2对厂房上下游边墙变形模式的影响

5.3.3.3　层间带错动变形分析特征

左岸地下厂房高边墙由于受层间带C_2切割位置不同，边墙围岩的非连续变形存在明显差别。相应的，层间带自身的错动变形分布也存在明显差异，表现为上、下游边墙的不同，以及各机组段的不同。

如图5.3-26所示，由于层间带倾向上游侧，C_2在下游边墙的错动整体大于上游边墙；同时，由于层间带出露高程的差异，使得C_2在南端机组段的错动变形整体大于北端。特别是厂房下游边墙2号～4号机组段的错动变形最大，量级可达50～70mm，一般向外围逐渐减小，大于1倍开挖跨度后无明显影响。

层间错动带C_2斜切7号、8号母线洞，层间错动带C_2在7号、8号母线洞部位也出现了一定的错动变形，上下盘围岩出现不连续变形，会加剧母线洞受厂房和主变开挖两向卸荷出现的环向裂缝或喷层开裂现象。

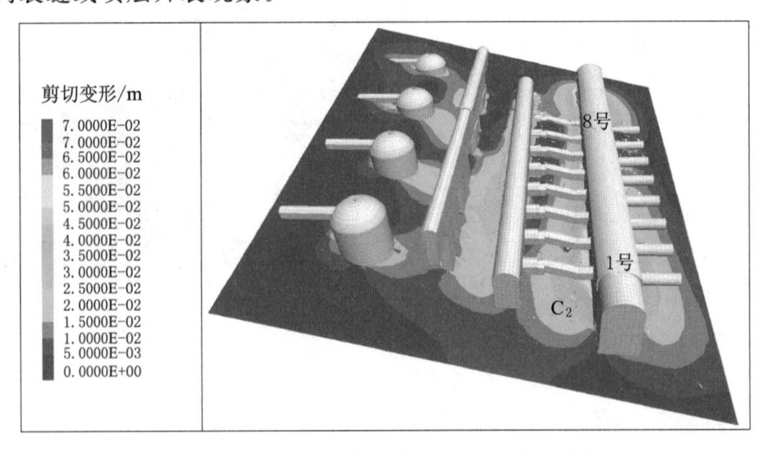

图5.3-26　层间带C_2的剪切变形分布特征

5.3.3.4 层间带导致的潜在岩石力学问题

高应力条件下，地下厂房高边墙是强卸荷区，由于层间带 C_2 性质软弱，成为了围岩变形的控制边界。当层间带上下盘岩体完整性较好时，上下盘岩体将产生整体错动变形形成台阶，围岩整体稳定性较好；但当上下盘围岩完整性较差时，即次级结构面与层间带组合，则可能形成局部块体稳定问题。

前期地质勘测资料表明，左岸地下厂房围岩裂隙较为发育，尽管最为发育的 NWW 优势节理组与 N20°E 的厂房轴线呈大角度相交，不至于形成大量的块体组合问题；但少量的 NE 向优势裂隙仍然有可能与 C_2 和 NWW 裂隙形成组合，形成潜在不稳定块体，见图 5.3-27。

(a) 优势裂隙组

(b) 边墙大变形分布

图 5.3-27 高边墙潜在的块体失稳模式

此外，从层间错动带 C_2 的性状分析，其含泥夹层的蠕变特性也会对厂房长期稳定带来不利影响。

5.3.3.5 加强支护措施

鉴于层间带 C_2 的错动变形及其上下盘岩体的卸荷松弛问题突出，而常规的锚索、锚杆支护措施，特别是层间带附近部分预应力锚索的锚固端可能置于错动带影响范围之内，对充分发挥其支护效果不利。因此，设计工作针对层间带 C_2 拟定采用混凝土预置换进行加固处理。

可研阶段（2012 年）针对层间带 C_2 拟定了 3 种置换洞方案，采用数值模拟比较了不同方案对层间带 C_2 错动变形的控制效果，见图 5.3-28。

方案 1：深层置换洞能够系统、有效地截断深部错动变形，对维持与 C_2 有关的围岩整体稳定安全、控制 C_2 潜在时效变形及其可能导致的长期隐患起到很好的控制作用，但浅层 C_2 错动变形仍然较大，开挖过程的局部错动变形仍然达 55～65mm。

方案 2：系列置换洞对控制浅部围岩内沿 C_2 的剪切变形有一定效果，但洞间的 C_2 错动变形仍然较大，开挖过程的局部错动变形可达 45～55mm。

方案 3：采用“深层置换洞＋系列置换洞＋贴边混凝土塞”组合，综合了深部置换和系列置换的优点，表现为加固效果稳定和对深、浅部围岩能同时实现有效加固，且这种稳定的加固效果能在沿厂房轴线范围内基本保持不变，有效控制了系列置换洞对洞间围岩加固存在的不确定性因素，开挖过程的 C_2 错动变形一般仅为 20～30mm。

因此，就置换方案对层间带错动变形的控制效果而言，方案 3 具有明显优势，可作为可研阶段的推荐方案，而在施工期宜结合地质条件予以进一步优化。

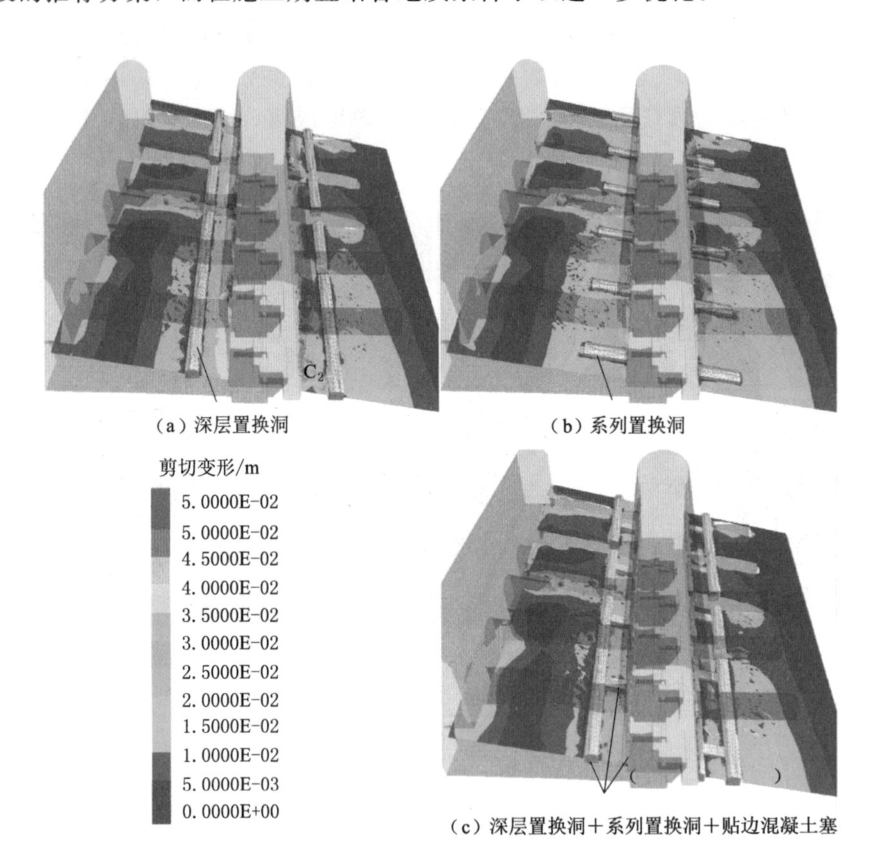

图 5.3-28　不同置换洞方案对 C_2 错动变形的控制作用

5.3.4　柱状节理岩体松弛破坏

随着我国水利水电建设的快速发展，我国西南地区已建、在建的水利水电工程中，多个工程揭露柱状节理玄武岩，少部分大型水电站工程区域较大范围发育柱状节理，并开展了一些较为系统的研究。

5.3.4.1　柱状节理岩体松弛特性

柱状节理玄武岩的力学特性总体上是“柱体+柱面节理”的组合，其中的柱体具有5.3.1小节所述的玄武岩脆性特征。正是由于“柱体+柱面节理”效应的存在，柱状节理玄武岩力学特性具有典型的非连续性和各向异性。

地下洞室柱状节理玄武岩发育洞段开挖过程中，揭示了各种不同开挖响应特征及破坏模式，主要表现为卸荷松弛、应力型解体两种较为典型的破坏模式。

1. 卸荷松弛破坏特征

在未受到扰动影响情况下，柱状节理玄武岩体坚硬，柱体镶嵌紧密，岩体强度较高。但开挖后卸荷易松弛，给地下洞室围压稳定带来不利影响。卸荷松弛是柱状节理岩体最为显著的特征（图 5.3-29），原始自然边坡柱状节理玄武岩长期暴露，在长期卸荷风化作用下，松散掉块，松弛特征明显。如图 5.3-29 所示，地下洞室开挖后，洞周应力调整，柱状节理出现浅层松弛，若支护不及时或支护力不足，松弛向深部进一步扩展，则可能发生局部坍塌破坏。

(a) 自然边坡

(b) 隧洞边墙部位

图 5.3-29 柱状节理岩体卸荷松弛

根据现场开挖揭示情况及监测、监测数据分析，地下洞室中柱状节理岩体卸荷松弛发展演化过程见图 5.3-30。由于开挖过程的爆破扰动及应力卸荷，开挖后洞周表层节理面微破裂、隐节理张开在很短时间（数小时）内发生，此时表现为微、细观破坏特征，随着洞周卸荷应力调整及微破裂的不断累积，在较短时间内即发展为浅层节理面张开和洞周变形（约 1 周以内，前 3 天内发展最快），表现出浅层变形松弛宏观特征，若支护不及时或支护力不足，宏观现象不断累积最终演变成表层宏观破裂、深层松弛扩展。因此对于柱状节理玄武岩，支护及时性十分关键，需在浅层发生变形松弛前即完成系统支护，防止出现宏观破裂和深层松弛扩展。

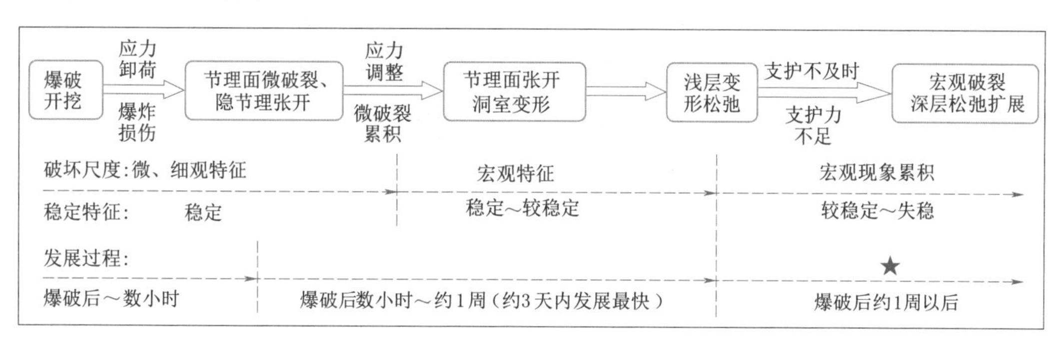

图 5.3-30 柱状节理岩体卸荷松弛发展演化过程

2. 应力型解体破坏特征

柱状节理岩体由于其内部原生节理、隐节理、微裂隙及层内错动带较为发育，相比一般完整岩体，完整性略差，能量不易聚集，利于应力释放。因此，同等埋深和构造应力条件下，相比一般完整岩体的应力水平略低，实际地下洞室开挖过程中也表明应力型片帮破坏程度要弱得多。然而当埋深较大、应力水平达到一定程度时，与一般完整岩体类似，柱状节理岩体同样会发生应力型破坏。

图5.3-31为地下洞室柱状节理发育洞段的顶拱应力型破坏，隧洞跨度、高度均为20m级，埋深为300～500m。由于隧洞应力水平属中偏高等，前期应力型解体破坏并不十分普遍，仅在局部应力较高洞段有所表现。应力型破坏主要表现为局部片帮剥落、柱体解体，片帮深度为0.2～0.5m。

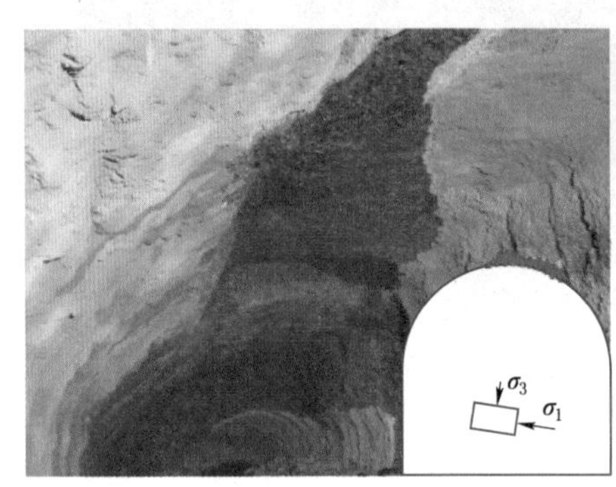

(a) 洞室顶拱

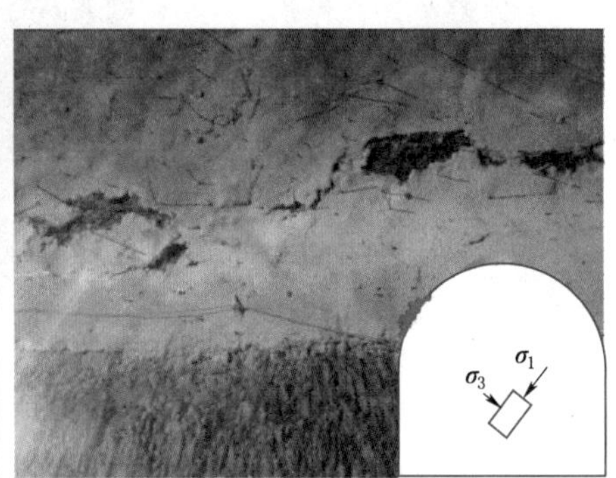

(b) 洞室左侧拱肩

图5.3-31　柱状节理岩体片帮破坏

柱状节理玄武岩卸荷松弛还具有一个十分显著的特征，即与不连续结构面组合，卸荷松弛显著加剧，围岩稳定性明显恶化。主要原因是经不连续结构面切割，原本镶嵌致密的结构被破坏，其自稳能力明显降低，局部稳定性较差，更易松弛坍塌，见图5.3-32。因此，对于图5.3-31中卸荷松弛发展演化过程，有层内错动带、断层、长大裂隙等不利地质构造组合影响时，柱状节理岩体的卸荷松弛更快，从微、细观特征转变到宏观特征的时间也会更短，围岩自稳时间缩短，因此更应保证支护及时性和有效性。

图5.3-32　柱状节理岩体与结构面组合型松弛坍塌破坏

5.3.4.2　防治柱状节理岩体松弛的施工措施

由于柱状节理玄武岩卸荷松弛的时间效应明显，开挖方案和爆破控制对其稳定影响同样重要。

前期辅助洞室开挖阶段实施的变形、应力、声波等观测或检测结果表明，不同的开挖分层应力调整幅度有明显差异，开挖分层的单层厚度、单层进尺、单层断面面积对柱状节理卸荷松弛有较大影响。单层开挖厚度越大、开挖进尺越大、断面面积越大，均会导致卸荷松弛深度变大，尤其是边墙下卧过程中，下层开挖对上层边墙卸荷松弛影响明显。因此，开挖方案设计时，需充分考虑这些特点，具体措施包括多分层（如控制单层开挖高度）、短进尺（如控制掘进循环进尺）、多分幅开挖（如先中导洞后左右半幅扩挖或分两半幅开挖）。

由于柱状节理玄武岩内部节理、微裂隙、隐节理发育的特点，传统意义上的岩体完整性相对较差，开挖爆破对其卸荷松弛影响同样较为明显，因此爆破控制也是控制柱状节理岩体卸荷松弛的重要方面。爆破控制主要体现在以下几个方面：

（1）弱爆破。高能炸药的爆炸波和高压膨胀气体可使柱面节理和隐节理张开，对离开挖面一定范围内的柱状节理岩体带来损伤。因此需控制爆破总装药量和最大单响药量，多分层、短进尺、多分幅的开挖方式也是控制爆破的部分体现。

（2）预裂爆破或光面爆破。预裂爆破的贯穿裂缝，可以缓冲、反射开挖爆破的震动波，可有效降低爆炸震动波和爆炸气体对保留岩体的扰动影响。但预裂时间不宜太长，否则超前预裂后约束解除，若较长时间无法支护，同样会发生明显的卸荷松弛。光面爆破能有效控制周边孔炸药的爆破作用，减少对保留围岩的扰动，保护开挖面岩体的稳定性和有利于施工安全，是柱状节理玄武岩内优先推荐采用的开挖爆破方式。

（3）预留保护层。通过使保留岩体远离爆破区，预留保护层可有效降低爆破对保留岩体的扰动影响，从而减小因爆破扰动引起的柱状节理岩体卸荷松弛程度，即有效控制爆破损伤或松弛。但值得注意的是，预留保护层厚度有限，对保留岩体的围压作用有限，其开挖不宜太晚，否则松弛仍然向保留岩体内扩展，影响后期保留岩体的稳定性。

5.3.4.3 防治柱状节理岩体松弛的支护设计

由柱状节理岩体卸荷松弛时间效应可知，不同于一般完整岩体，洞室开挖后应力调整，柱状节理岩体初期卸荷松弛发展较快，采取针对性支护措施较为关键。

洞室开挖后系统支护需要一定时间，为尽可能保证支护及时性，有效控制柱状节理岩体的初期松弛变形，开挖后首先进行混凝土初期喷护封闭，并保证一定喷护厚度，防止表层松弛掉块，及时提供围压，抑制卸荷松弛进一步扩展。鉴于素混凝土＋钢纤维的一次性喷射厚度较薄，要达到 8cm 厚度往往需要多次喷射，实际操作较为繁琐。因此，为提高初喷的强度和韧性，初期喷护可采用纳米纤维或钢纤维混凝土。

从控制围岩应力型破坏和柱状节理岩体松弛角度，要求初喷混凝土具有“起强快”和“一次性喷射厚度大”两个特点。中高应力条件下，片帮等围岩应力型脆性破坏往往在开挖后数小时开始出现，并在数天的时间内快速发展，时间再向后推移，则片帮和围岩破裂松弛发展的速度明显减缓。因此，喷射混凝土能否在数天内快速发展初期强度，对限制脆性岩体破裂松弛发展至关重要。另外，一次性喷射厚度大，可以确保初喷混凝土的施工快速完成，并确保喷层具有较大的整体刚度。

同样存在高应力问题的锦屏二级水电站深埋隧洞建设过程中，喷射混凝土的现场试验成果可以作为白鹤滩地下洞室群开挖过程控制脆性岩体高应力破裂和柱状节理岩体松弛的参考。

已建的锦屏二级水电站引水隧洞是国内比较典型的深埋地下工程，工程施工中为控制片帮、围岩破裂及岩爆，系统地研究了不同掺合料对喷射混凝土性能的影响。其中，无机纳米全称“超细粉磨无机纳米材料”，是一种经过充分研磨、材料颗粒达到纳米级的混凝土外加剂。无机纳米材料的主要成分是二氧化硅（无毒、无味），喷射混凝土中掺入该纳米材料后，可增加一次喷射厚度，且回弹率明显降低，并具有初期起强快、后期强度和黏结强度都比较高的特点。硅粉掺合料在水工隧洞中应用较多，硅粉与无机纳米材料一样，其主要成分都是二氧化硅，差别主要在于颗粒直径较无机纳米要大一些。

表5.3-3是不同掺合料组合的现场喷射混凝土试验成果，为了把握初期强度的增长特征，特别测试了2d、3d、7d、28d抗压强度。按照掺合料的不同，试验总体分成4类：①素混凝土喷层，作为对比的基础标准；②仅掺无机纳米材料；③双掺硅粉与钢纤维；④双掺无机纳米与钢纤维。

表5.3-3　　　　不同掺合料组合的现场喷射混凝土试验成果

掺合料组合		抗压强度/MPa				28d劈拉强度/MPa	28d弹性模量/(10^4MPa)	28d抗折强度/MPa
编号	名　称	2d	3d	7d	28d			
1	不掺掺合料	11.8	27.9	38.9	44.2	3.31	2.36	
2	无机纳米（6%）*			32.9	36.6			5.12
3	无机纳米（8%）*	24.4	28.1	33.1	45.5	4.03	2.46	
4	无机纳米（10%）*			32.2	37.2		2.43	6.94
5	硅粉+钢纤维	22.4	25.9	34.6	45.8			6.82
6	无机纳米（6%）+钢纤维			36.6	45.6		2.46	6.43
7	无机纳米（8%）+钢纤维	18.1	22.3	36.7	42.1	3.56	2.39	
8	无机纳米（10%）+钢纤维			31.4	43.3		2.62	7.40

*　括号中百分数表示每立方米混凝土中掺入纳米材料的百分比。

从试验结果来看，素混凝土2d强度只有28d强度的27%，但掺入无机纳米材料后（以8%的掺量为标准），2d强度普遍可以达到28d强度的53%，显然初期强度增长速度远高于素混凝土喷层，并且28d强度也有保证，满足《水电水利工程锚喷支护施工规范》（DL/T 5181—2003）中大于30MPa的要求。实际上，掺入无机纳米材料后，对初期强度的提升在喷射后的数小时尤为明显。

双掺硅粉+钢纤维的初期强度增长速率以及28d强度，与单掺纳米混凝土相当，2d强度可以增长至28d强度的49%。双掺纳米+钢纤维的试验成果离散型较大，总体上与双掺硅粉+钢纤维的试验成果相差不大。

另外，现场喷射试验成果显示，掺无机纳米材料喷射混凝土回弹率为8.9%～10.6%，优于《水电水利工程锚喷支护施工规范》（DL/T 5181—2003）中"边墙不宜大于15%，顶拱不宜大于25%"的要求，且其余类型喷射混凝土的回弹率相比而言更大一些。

从锦屏二级水电站工程建设实践来看，无机纳米材料作为喷射混凝土外加剂，能够很好地适用于轻微岩爆乃至强岩爆洞段（片帮和围岩破裂严重洞段，效果更加明显）。总体上，由于掺无机纳米材料提高了混凝土一次喷射厚度，为初期防岩爆锚杆施工提供安全保障；并且由于喷混凝土强度增长迅速，在数小时后即可与水胀式等防岩爆锚杆一起形成联合作用，抵挡岩爆破坏。

图 5.3-33 (a) 是锦屏二级水电站工程辅助洞施工中，桩号 AK9+696～706m 掌子面附近发生的一次极强岩爆（一次性破坏坑深超过 3m），从图中可以看到强烈的围岩震动使得整个洞型发生倾斜。现场抵御岩爆的手段主要依赖于纳米混凝土喷层+随机布置的水胀式锚杆，纳米混凝土一次性喷射厚度可以达到 15cm 以上，从而具备较好的整体性和刚度，在极强岩爆条件下，即便遭受到强烈的冲击震动，有时仍可以保持整体性。该案例很好地体现了掺无机纳米混凝土喷层的两个主要优点：起强快和一次性喷射厚度大。针对白鹤滩工程地下厂房的初喷厚度偏薄的问题，现场开展掺入无机纳米材料后，混凝土的一次性喷射厚度也得到了明显的提升，见图 5.3-33 (b)。混凝土初期强度增长明显，对控制浅层岩体的高应力破裂松弛具有明显的效果。

(a) 锦屏二级水电站工程辅助洞

(b) 白鹤滩工程地下厂房

图 5.3-33 纳米混凝土喷层实施效果

除了考虑初喷设计外，采用预应力锚杆快速系统支护；同时，考虑采用大垫板和钢筋网形成有效支护面力，挂网二次喷护，锚杆与喷层共同作用发挥“群锚”效应，可有效提高洞周围压，有效抑制松弛范围的扩张与加深，改善洞室开挖后洞周围岩应力环境和稳定性。对于柱状节理玄武岩的围岩稳定控制，最为关键的是及时主动支护措施。对于规模较大分层开挖的洞室，下一层开挖前，上一层底部两侧进行预应力锁腰支护加强，以利于下一层爆破开挖扰动及较高边墙形成的过程中对边墙部位卸荷松弛的有效控制。

此外，针对地下洞室局部受大型构造与柱状节理组合的不利影响而言，如图 5.3-32 所示，局部可能产生明显的塌落或解体破坏。在这种不利情况下，加强表面支护和深部支护的结合是可以选择的途径，即在系统支护基础上，加强的表面支护可以是混凝土板、混凝土框架、钢筋拱肋等结构形式，并且可以通过适当增加的锚杆和锚索与深部围岩及系统支护连成整体。

5.3.4.4 防治柱状节理岩体松弛的支护时机要求

由于柱状节理卸荷松弛具有明显的时间效应，其松弛破坏是渐进性的，松弛和变形也是不可逆的，因此支护时机对控制卸荷松弛和围岩稳定至关重要，开挖后及时支护是关键。采用先初喷封闭，再系统锚杆支护，最后挂网二次喷护的支护手段，即为支护及时性的合理体现。及时初喷封闭虽可一定程度上降低柱状节理岩体的卸荷松弛，但提供围压比较有限，必须通过及时的系统支护来提供有效支护力，采用预应力锚杆等主动支护措施，并通过挂网和二次喷护发挥喷层与锚杆联合支护的“群锚”作用，有效提高洞周围压，减小卸荷松弛深度并抑制卸荷松弛向深部扩展。

针对围岩支护参数的评价，需要认识无支护条件下围岩的开挖响应特征与主要的围岩稳定问题，有利于确定支护措施的针对性。进而，以不同支护方案对比计算，可以说明支护的效果与支护方案的合理性。

图 5.3-34 为针对右岸导流洞柱状节理围岩的 3 种支护方案，数值计算中，采用 3 种支护方案与 3 种支护时机的 9 种工况进行了对比计算。由于 3 种支护方案的差别不大，能够提供的支护力也总体相当，所以对支护效果的影响不明显。但是，由于掌子面效应对支护时机影响突出，不同支护时间的支护效果存在显著差别。

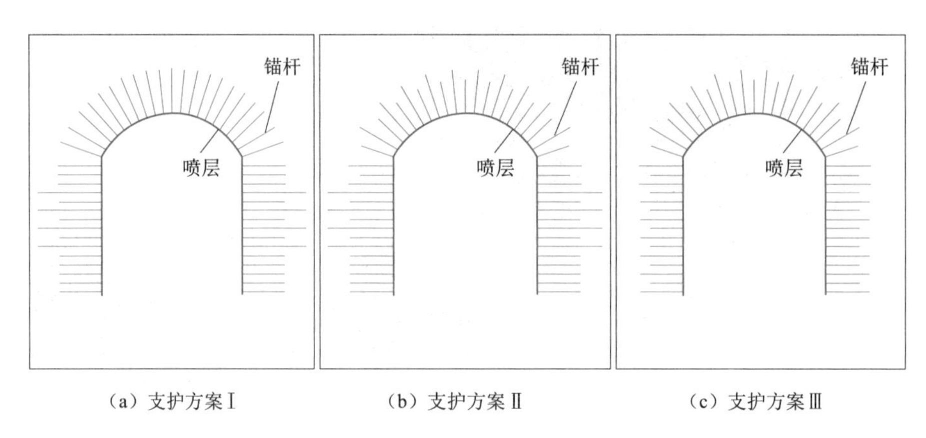

(a) 支护方案Ⅰ　(b) 支护方案Ⅱ　(c) 支护方案Ⅲ

图 5.3-34　针对右岸导流洞柱状节理围岩的 3 种支护方案

1. 位移特征

以下采用支护方案Ⅱ比较 3 种不同支护时机的围岩应力重分布、变形特征、塑性区分布、节理面破裂数量与贯通性、支护结构的受力特征等定量指标的差别，说明不同支护时机的支护效果差异。

由图 5.3-35 可见，3 种不同条件下围岩变形特征存在如下差异：在顶拱部位，及时支护能够控制顶拱带下方岩体的松弛变形，使松弛变形基本控制在 15mm 以内；而滞后 2

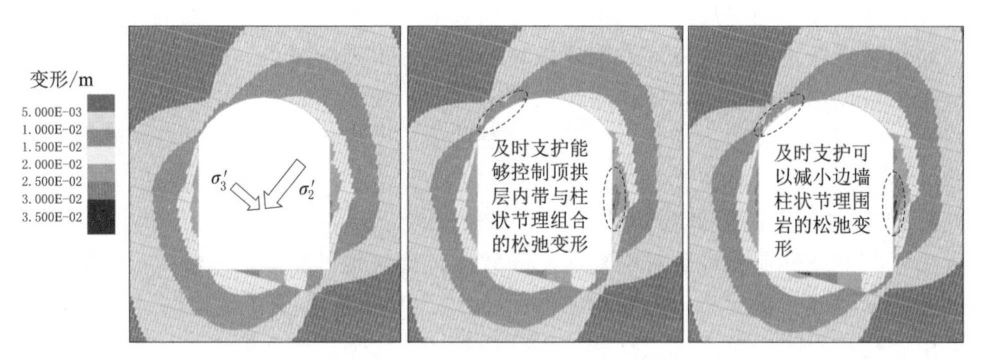

(a) 支护时机1：紧随掌子面　(b) 支护时机2：滞后1.5倍洞径　(c) 支护时机3：滞后2倍洞径

图 5.3-35　不同支护时机的变形分布特征比较

倍洞径支护的松弛变形大于 20mm，与无支护条件接近。

在边墙部位，及时支护对减小边墙变形也有明显作用，使得大变形的范围和量级都明显减小。及时支护使得左边墙无支护条件下 30mm 变形减小至 23mm；使得右侧边墙无支护条件下 35mm 以上的变形减小至 26mm。

总体上，支护越及时，对控制变形的作用越充分。

2. 二次应力重分布特征

由图 5.3-36 可见，3 种不同支护时机条件下围岩应力重分布特征存在一定差异，顶拱部位的及时支护使得左拱肩层内带下方基本不产生明显的松弛；而滞后 2 倍洞径支护，层内带下方浅层局部形成了小于 4MPa 的松弛区域。同样，边墙部位的及时支护也使得最大主应力小于 4MPa 的范围明显减小。及时支护能够使得最小主应力产生显著松弛（小于 1MPa）的深度从 7～8m 减小至 4～6m。

总体上，支护越及时，应力松弛范围和程度也越小。及时支护可以有效地控制顶拱结构面引起的应力松弛，使边墙的松弛深度减小 2～3m。

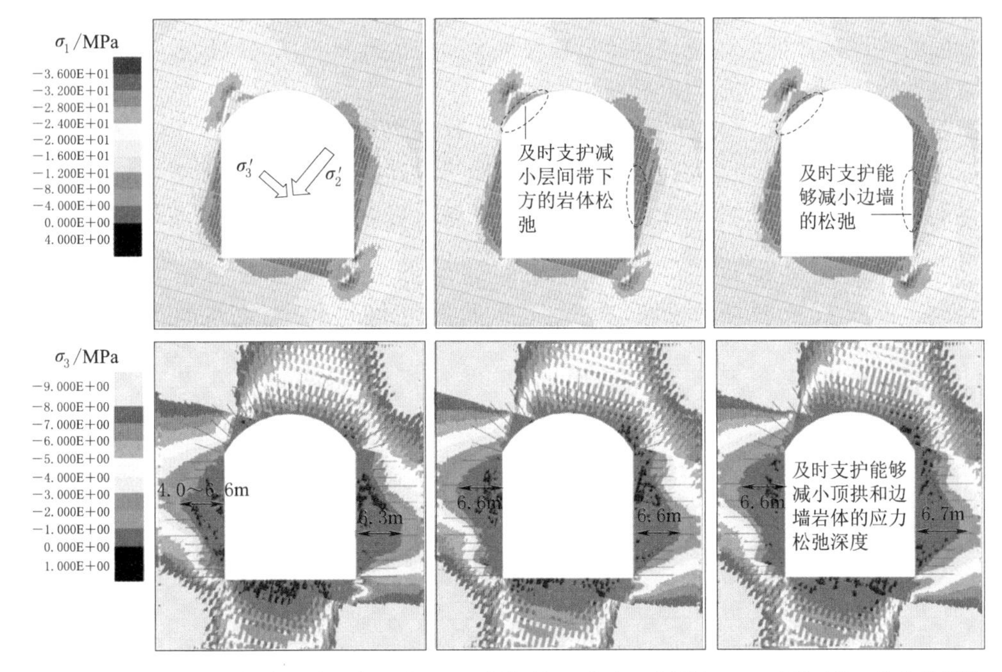

（a）支护时机1：紧随掌子面　（b）支护时机2：滞后1.5倍洞径　（c）支护时机3：滞后2倍洞径

图 5.3-36　不同支护时机的应力分布特征比较

3. 塑性区分布特征

由图 5.3-37 的塑性区分布图可见，及时支护能够使得左侧边墙的塑性区由 6.5m 减小至 3.0m，仅层内带引起的塑性区深度较大；顶拱的塑性区由 4m 减小至 2～3m；右侧边墙的塑性区由 7.7m 减小至 4.6m。所以，及时支护能够控制完整柱体微裂隙的形成与扩展，减小边墙的松弛。

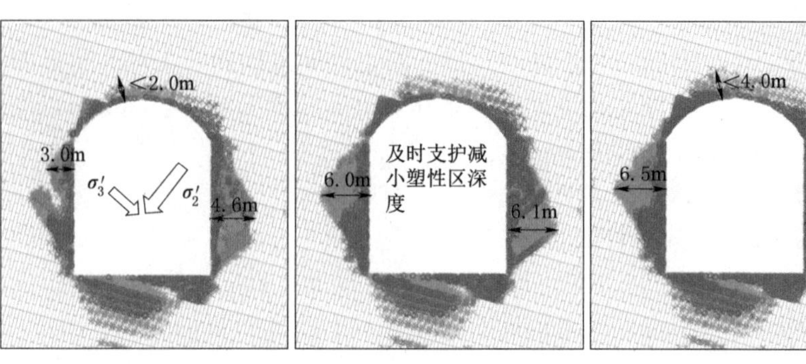

图 5.3-37 不同支护时机的塑性区分布特征比较

4. 柱状节理岩体破裂特征

由于白鹤滩柱状节理呈镶嵌结构，柱状节理面具有一定的黏结力，柱状节理岩体的破坏受控于柱状节理面的破坏，并且可以区分为张性破裂和剪切破坏的不同类型。数值计算基于相同的假设条件，可以统计柱状节理面发生破裂的数量，从而间接说明柱状节理围岩的破裂松弛特性，以及贯通程度与稳定性。

由图 5.3-38 可见，及时支护可以使得张性破裂数量减少 40%（由 1360 减少至 792），说明及时支护可以减少柱状节理破裂的范围和程度，减小结构面贯通的范围，对破裂扩展的时间效应有明显控制作用，从而使得松弛区岩体不具备贯通的破坏边界条件，难以发展成为宏观的松弛与坍塌破坏。

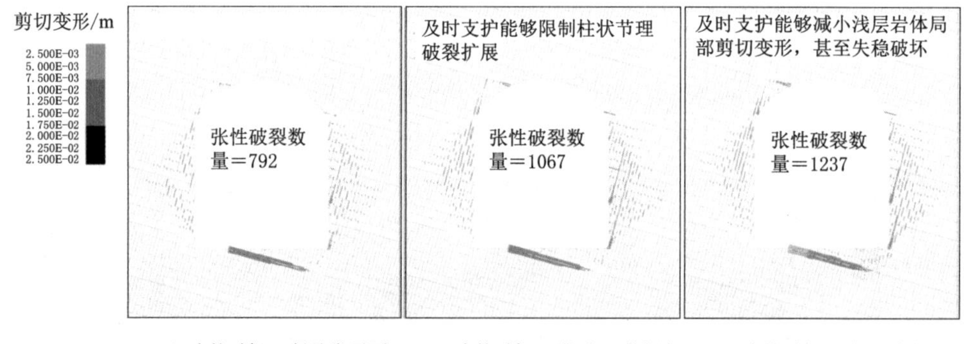

图 5.3-38 不同支护时机的结构面破裂与剪切变形特征比较

5. 锚杆单元受力特征

毋庸置疑，越及时的支护越能够起到限制松弛变形的作用，相应的，锚杆的受力也越大。由图 5.3-39 可见，顶拱部位及时支护，层内带下方锚杆受力较大，对维持局部稳定起到了明显作用。

边墙部位由于围岩变形量级较大，因此锚杆应力总体较大，甚至存在少量锚杆超限。但由于导流洞柱状节理玄武岩总体变形量不大，因此不存在因为支护过于及时而导致大量锚杆应力超设计值的问题。

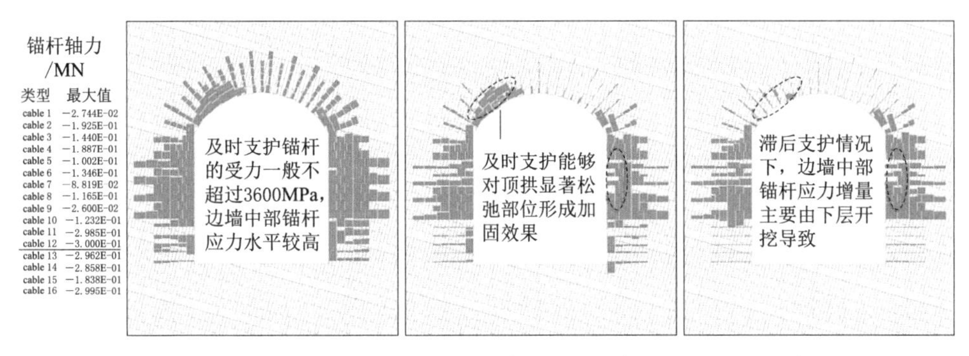

（a）支护时机1：紧随掌子面　（b）支护时机2：滞后1.5倍洞径　（c）支护时机3：滞后2倍洞径

图 5.3-39 不同支护时机的锚杆应力特征比较

总体上，3 种支护方案的差别不大，能够提供的支护力也总体相当，所以对支护效果的影响不是十分明显。但是，由于掌子面效应和分层开挖对支护时机影响突出，使得不同支护时机造成的支护效果存在显著差别。

由于柱状节理围岩存在的局部稳定问题决定了相应的支护要求，而支护时机与支护参数决定了支护的效果。针对柱状节理围岩力学特性，一般要求爆破出渣后立即初喷封闭，系统预应力锚杆尽可能保证 3 天内实施，不应滞后于 7 天，挂网复喷应控制在 7 天内实施完毕。洞室规模、应力环境不同，时间略有差异，根据地下洞室现场实际监测、检测成果确定。若遇到不连续结构面切割时，更要求保证系统支护的及时性，紧跟掌子面，做到一炮一支护。

针对卸荷松弛空间效应，规模较大的洞室通常采用分层开挖，下一层爆破开挖前，必须实施完成上一层的所有系统支护措施，从而降低爆破扰动对洞室卸荷松弛的影响。

实践证明，通过上述施工措施和支护手段，同时结合各种合理有效的监测、检测手段对柱状节理玄武岩卸荷松弛控制、加强监控、警戒，在白鹤滩地下洞室开挖过程中，柱状节理玄武岩的卸荷松弛得以有效控制，很好地保证了复杂地质条件下地下洞室的围岩稳定性。

5.4 支护参数的数值分析复核

地下厂房洞室群的支护设计，是根据厂区地质条件、洞室布置格局，依据规程、规范，类比已建工程，初拟洞室围岩的支护参数。数值分析方法是通过数值计算的方法来评价支护效应，并根据计算结果对初拟支护参数进行选择及优化调整。

目前，数值分析方法主要有：有限元法、神经网络法、模糊数学方法等。有限元方法是当前连续介质力学最广泛的一种数值计算方法，它可以处理各类岩土介质，不同的地质构造，考虑开挖施工，安全运行与加固处理等不同时段的环境及荷载条件。岩土工程中用于确定性分析的有限元计算方法主要有：自适应有限元、DDA（Digital Differential

Analyzer，数值微分法）方法、DEM（Discrete Element Method，离散单元法）方法、界面元方法、FLAC（Fast Lagrangian Analysis of Continua，有限差分程序）方法等，它们都是岩土工程稳定分析的得力工具。

5.4.1 左岸地下厂房洞室群支护评价

图5.4-1为左岸地下厂房洞室群整体支护的FLAC 3D模型，所有锚固单元都严格按照设计的间距进行模拟，支护结构在数值模型中分别采用了cable杆单元和liner衬砌单元加以模拟，并且对预应力锚杆、预应力锚索施加了相应的初始张拉值。采用复杂的洞室群模型有利于实现过程仿真模拟，并且合理反映洞群效应的影响，而锚索（杆）等采用支护单元直接模拟，相比于等效模拟方法精度更高，并且可以评价支护效果和支护体系的安全性。

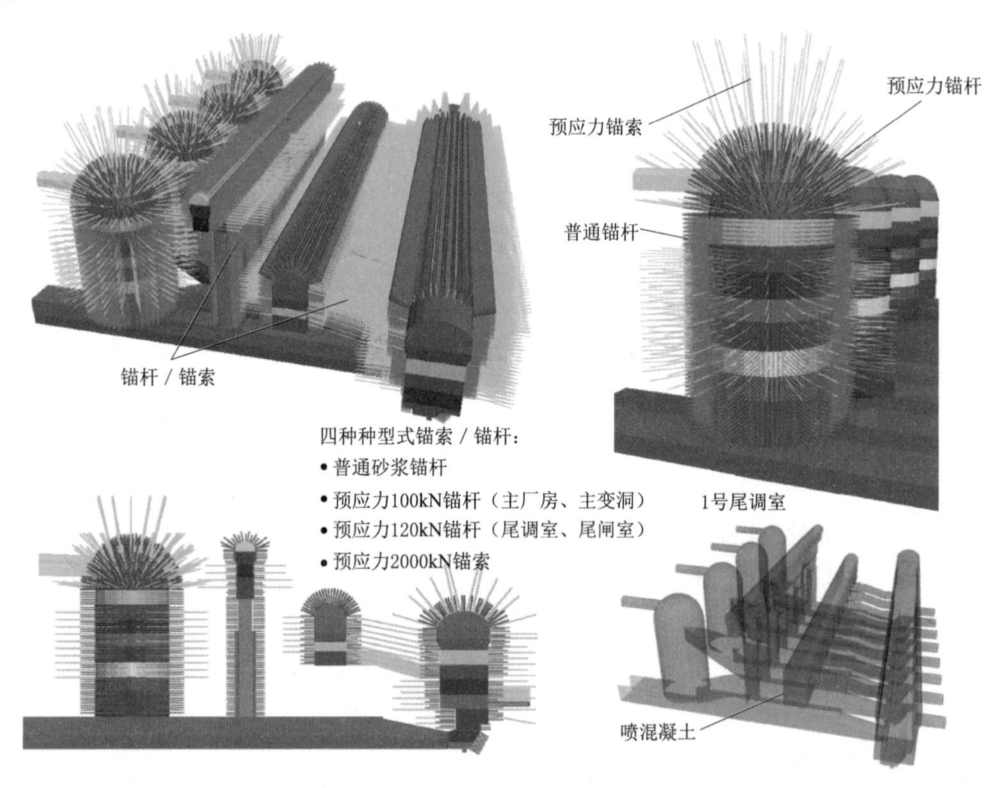

图5.4-1 左岸地下厂房洞室群整体支护FLAC 3D模型

5.4.1.1 围岩变形

左岸地下厂房洞室群支护后各主要洞室围岩变形值见表5.4-1，各主要洞室围岩变形分布见图5.4-2，4号机组横剖面变形分布见图5.4-3。

系统支护后，主副厂房洞顶拱围压有所增大，变形有所减小，变形量值为10～20mm。主副厂房洞高边墙松弛情况明显改善，表现为支护后洞周围压有一定程度增加，边墙变形明显减小，支护后边墙变形一般减少20%～30%，上游边墙变形量值范围为50～70mm，下游边墙变形量值范围为60～80mm，下游边墙大于上游边墙。

表 5.4-1　　左岸地下厂房洞室群支护后各主要洞室围岩变形值　　单位：mm

洞周围岩	主副厂房洞	主变洞	尾水管检修闸门室	尾水调压室
顶　拱	10～20	10～15	5～10	10～20
上游边墙中部	50～70	15～25	20～45	10～35
下游边墙中部	60～80	30～50	40～70	
上游边墙 C_2 出露部位	<80	50～60	50～60	50～70
下游边墙 C_2 出露部位	<90	60～80	60～80	

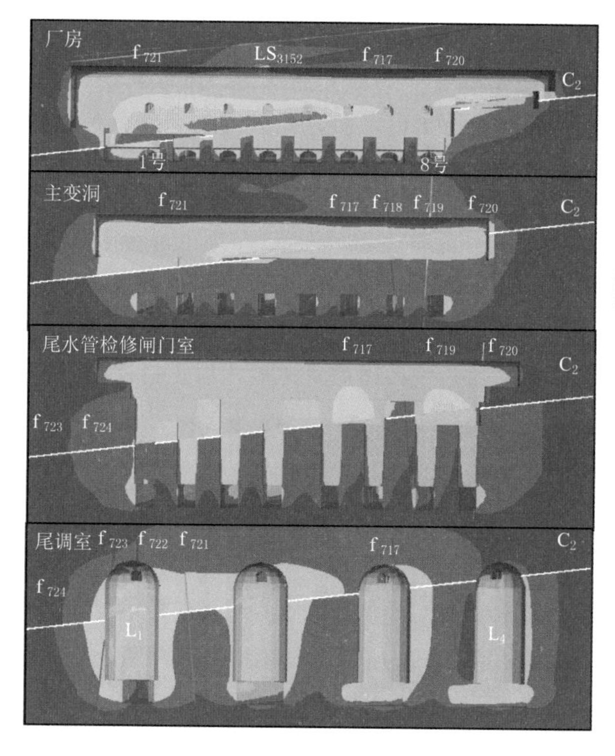

图 5.4-2　左岸地下厂房洞室群各主要洞室围岩变形分布

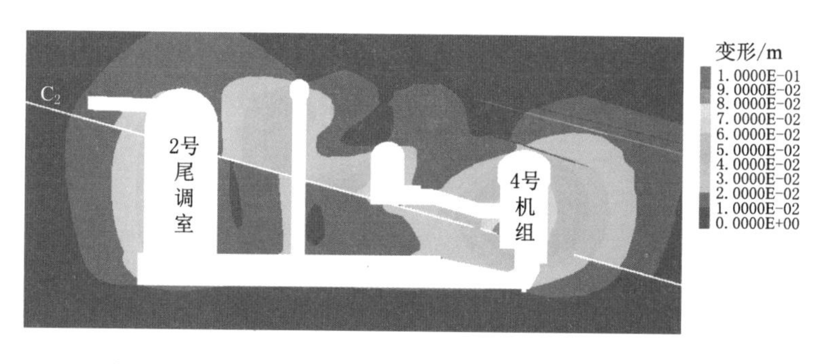

图 5.4-3　左岸地下厂房洞室群 4 号机组横剖面变形分布

主变洞支护后顶拱变形量值范围为10～15mm，支护前后顶拱变形变化较小；支护后边墙应力松弛情况明显改善，上游边墙变形量由支护前的20～30mm减少到支护后的15～25mm，下游边墙变形量由支护前的40～60mm减少到支护后的30～50mm。

尾水管检修闸门室顶拱变形量值范围为5～10mm，支护前后顶拱变形变化较小；支护后边墙应力松弛明显改善，上游边墙变形量由支护前的30～60mm减少到支护后的20～45mm，下游边墙变形量由支护前的50～80mm减少到支护后的40～70mm。

圆筒型尾水调压室的结构形态的优势有利于抑制开挖变形的发生，变形量较主副厂房洞要小很多，支护后调压室顶拱围岩变形量值与无支护相比变化不大，变形量值范围为10～20mm；调压室边墙受力较好，NE侧边墙变形量由支护前的10～35mm减少到支护后的10～25mm，NW侧边墙变形量由支护前的30～40mm减少到支护后的20～35mm。

各洞室层间错动带C_2切割部位是洞室变形最大的部位，采取系统支护与混凝土置换洞预置换等措施后，有效阻断了深部错动变形，而且浅表部的错动变形也得到有效抑制，边墙的错动变形范围和量级均大幅度减小。左岸地下厂房洞室群层间错动带C_2错动变形分布见图5.4-4。主副厂房洞除1号～3号机组段与安装场段出现相对较大的错动变形外，其余位置的错动变形基本控制在20mm以下。1号～3号机组段层间错动带C_2在边墙低高程出露，主要切割在隔墩部位，置换后深部错动已得到有效控制，浅层错动变形可在错动带开挖揭露后进行槽挖置换加固；安装场部位边墙高度不大，主要为浅层错动变形，未采用置换洞预置换，同样可在错动带开挖揭露后对边墙浅层进行槽挖置换加固。

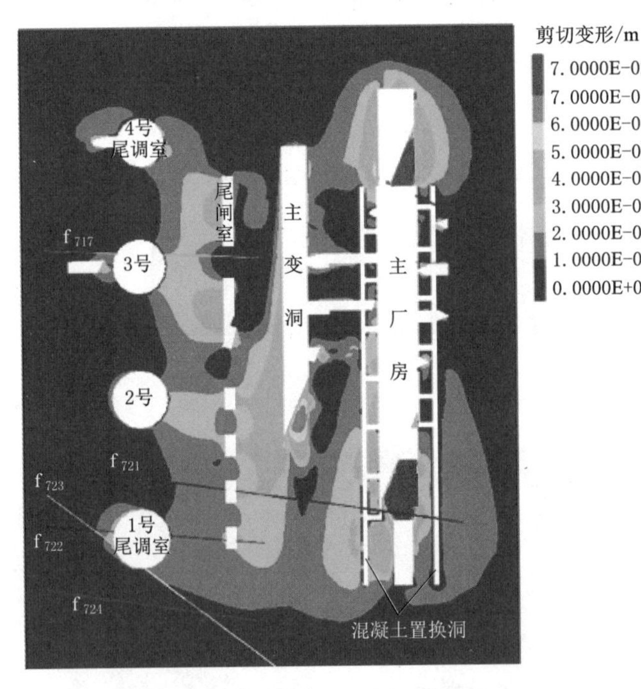

图5.4-4 左岸地下厂房洞室群层间错动带C_2错动变形分布

总体上，支护后主副厂房洞、主变洞、尾水管检修闸门室、尾水调压室各洞室层间错动带切割部位变形最大值分别为80～90mm、50～80mm、50～80mm、50～70mm，分布范围较小，洞室高边墙整体稳定可以满足要求。

5.4.1.2 围岩应力

支护后各主要洞室洞周围岩应力大小与塑性区深度见表 5.4-2，左岸地下厂房洞室群 4 号机组横剖面应力分布见图 5.4-5。

表 5.4-2 支护后各主要洞室洞周围岩应力大小与塑性区深度

部位	项目	主副厂房洞	主变洞	尾水管检修闸门室	尾水调压室
顶拱	应力集中区 σ_1 值/MPa	32～41	25～45	25～45	27～36
	塑性区深度/m	2～3	1.5～2.5	1～2	2～3
上游侧边墙	应力 σ_1 值/MPa	11～16	11～16	11～16	22～32
	塑性区深度/m	5～8	3～5	5～6	2～4
下游侧边墙	应力 σ_1 值/MPa	11～16	11～16	11～16	27～36
	塑性区深度/m	5～8	3～5	5～6	2～4

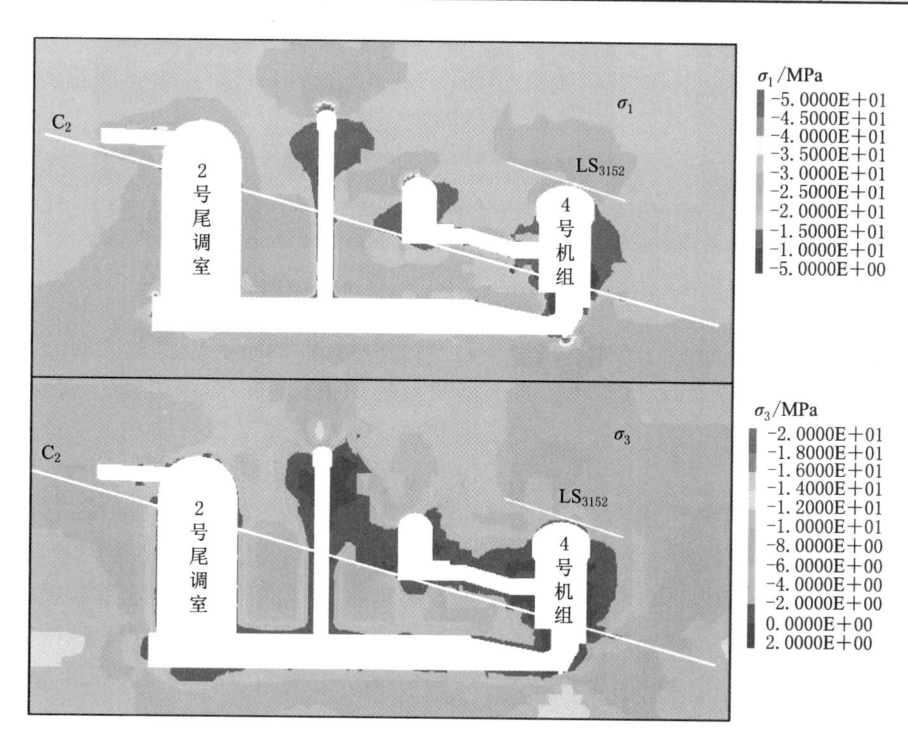

图 5.4-5 左岸地下厂房洞室群 4 号机组横剖面应力分布

系统支护后，围岩应力集中区分布位置与无支护条件下基本相同，主要集中在洞室顶拱部位，最大主应力水平变化程度较小，支护不能起到明显降低围岩应力集中区的应力水平的作用，但能有效保证洞室围岩的完整性，充分发挥围岩自身的自承能力，提高围岩的安全储备。对于边墙等主要的应力松弛区，无支护条件下围岩的应力水平接近于零，支护后支护压力与围岩的应力水平基本相当，可以明显的改善应力松弛区的围岩应力状态，实现对围岩变形和稳定的控制。

支护后主副厂房洞顶拱最大主应力为32～41MPa，主变洞与尾水管检修闸门室顶拱最大主应力为25～45MPa，尾水调压室顶拱最大主应力为27～36MPa，主要洞室顶拱围岩应力水平与岩体单轴抗压强度之比在40%以内，左岸地下厂房洞室群在开挖过程中不会出现岩爆形式的剧烈破坏，洞室顶拱局部可能出现片帮形式的高应力破坏。

支护作用在改善最小主应力在地下厂房洞室群高边墙的分布效果显著，支护后高边墙最小主应力的量值有所提高，有利于维持浅层岩体的围压，体现在支护体系对围岩变形的控制。

5.4.1.3　塑性区分布

支护后各主要洞室洞周围岩应力大小与塑性区深度见表5.4-2，洞室群洞周塑性区分布见图5.4-6和图5.4-7。

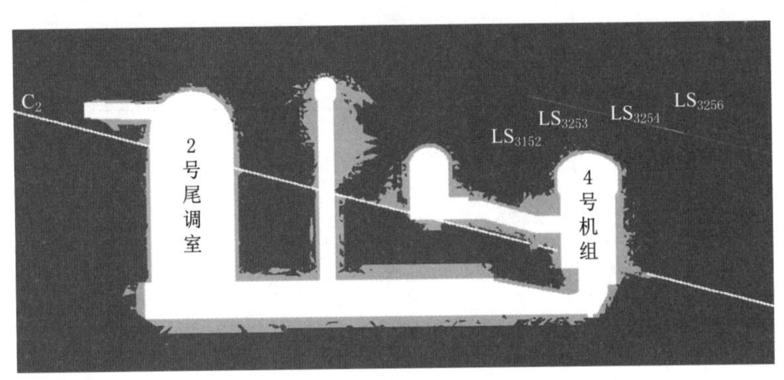

图5.4-6　左岸地下厂房洞室群4号机组横剖面塑性区分布

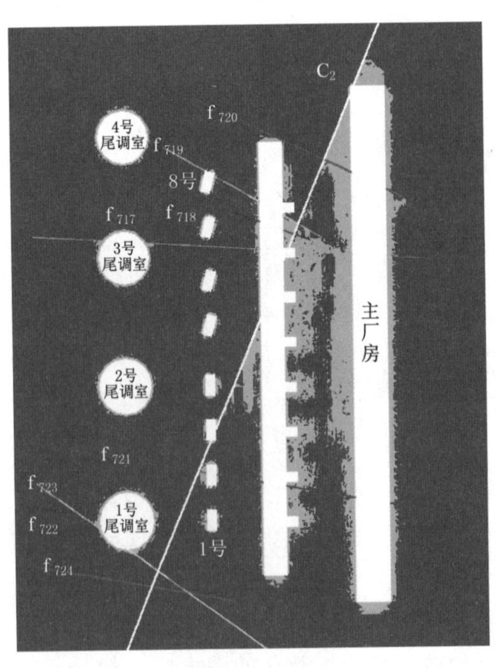

图5.4-7　左岸地下厂房洞室群各主要洞室塑性区分布

支护对控制洞室围岩塑性区的分布可以起到明显的约束作用，对围岩稳定和安全有利。洞室顶拱塑性区深度相对较小，支护后主副厂房洞与尾水调压室顶拱塑性区深度为2～3m，主变洞与尾水管检修闸门室顶拱塑性区相对更小。支护对控制高边墙塑性区具有明显的效果，高边墙部位属于应力松弛型屈服，影响深度大，支护后主副厂房洞边墙塑性区深度范围为5～8m；主变洞边墙塑性区深度范围为3～5m；尾水管检修闸门室边墙受洞室群效应及层间错动带影响，下游边墙塑性区范围较大，为5～12m；尾水调压室边墙塑性区深度范围为2～4m。

总体来看，施加支护后，洞周围岩受力条件得到明显改善，各主要洞室之间不存在塑性贯通现象，表明支护对洞周围岩塑性区深度影响显著，支护抑制了围岩卸荷松弛区向深部扩展。

5.4.1.4 支护结构受力

支护后洞室围岩与支护体系相互协调，最终达到洞室变形稳定与支护结构受力的一种相对平衡状态。支护结构自身的安全性和可靠性也是需要关注的重点。

由计算结果可知，支护结构受力与围岩变形规律有很好的一致性，除洞室交叉部位外，大部分喷层受力状态较好，主副厂房洞、主变洞喷层最大拉应力一般小于1.5MPa，尾水调压室边墙体型较好，喷层拉应力区很少，应力一般小于0.5MPa。表5.4-3为左岸厂区地下洞室群普通砂浆锚杆应力统计表，表5.4-4为左岸厂区地下洞室群预应力锚索应力统计表。从表中可以看出，绝大多数锚杆应力小于300MPa，仅在层间错动带C_2附近少量锚杆应力大于300MPa，此类锚杆不超过锚杆总数的10%。各洞室顶拱预应力锚杆受力状态良好，不存在预应力锚杆应力超设计值的情况。主副厂房洞与主变洞边墙有不到6%的锚索超设计值，主要为受层间错动带C_2影响的锚索，尾水管检修闸门室与尾水调压室锚索超限比例较小，超限数量不超过锚索总数的2%。

表5.4-3　　左岸厂区地下洞室群普通砂浆锚杆应力统计表

洞室名称	应力大于300MPa比例	洞室名称	应力大于300MPa比例
主副厂房洞	<3%	尾水管检修闸门室	<1%
主变洞	<4%	尾水调压室	<2%

表5.4-4　　左岸厂区地下洞室群预应力锚索应力统计表

部位		设计荷载/kN	锁定比率	锁定荷载/kN	超设计值比例
主副厂房洞	顶拱	2000	80%	1600	0
		2000	65%	1300	<5%
	边墙	2500	65%	1625	<1%
主变洞	边墙	2000	65%	1300	<6%
尾水管检修闸门室	边墙	2000	80%	1600	<2%
尾水调压室	顶拱	2000	80%	1600	<0
	边墙	2000	80%	1600	<2%

综合各洞室支护结构的受力统计结果，支护结构的安全性是有保证的，仅有少量超设计值的情况出现，总体比例不高，超限部位主要为高边墙不利结构面出露部位，可以通过优化支护时机、分序施工等措施保证支护结构的安全性。

总之，以招标阶段系统支护参数及层间错动带混凝土置换方案为基础进行围岩稳定数值计算。结果表明，采取系统支护及C_2混凝土置换后，洞室围岩高边墙大变形范围、围岩应力状态、塑性区深度及应力松弛现象明显改善，洞群围岩受层间错动带影响区域，围岩变形及错动带剪切错动变形得到有效控制，围岩混凝土喷层、锚杆等支护结构受力情况良好，围岩整体及局部稳定性较好。

5.4.1.5 支护参数确定

通过工程类比并结合数值分析成果，确定了左岸地下厂房洞室群系统支护设计参数，包括以下内容：

1. 主厂房

(1) 顶拱中导洞。

喷层：初喷钢纤维混凝土 5cm，挂网 ϕ8@15cm×15cm，钢筋拱肋＋复喷混凝土 15cm。

锚杆：Ⅱ类围岩采用普通砂浆锚杆 ϕ32、L=6m，预应力锚杆 ϕ32、L=9m、T=100kN，间距 1.5m×1.5m 间隔布置；Ⅲ类围岩采用普通砂浆锚杆 ϕ32、L=6m，预应力锚杆 ϕ32、L=9m、T=100kN，间距 1.2m×1.2m 间隔布置。

锚索：层内错动带 LS_{3152} 在顶拱上方高度 15m 范围内出露部位采用 4 排对穿预应力锚索；顶拱缓倾角节理密集带布置 2 排对穿锚索，其余部位不布置锚索；纵向间距 3.6～4.8m。

(2) 顶拱两侧拱肩。

喷层：初喷钢纤维混凝土 5cm，挂网 ϕ8@15cm×15cm，双向龙骨筋 ϕ16＋复喷混凝土 15cm。

锚杆：Ⅱ类围岩采用普通砂浆锚杆 ϕ32、L=6m，预应力锚杆 ϕ32、L=9m、T=100kN、间距 1.5m×1.5m 间隔布置；Ⅲ类围岩采用普通砂浆锚杆 ϕ32、L=9m，预应力锚杆 ϕ32、L=9m、T=100kN，间距 1.2m×1.2m/1.5m 间隔布置。

锚索：上下游拱脚各布置 2 排系统预应力锚索，纵向间距 3.6～4.8m。

(3) 边墙。

喷层：初喷纳米钢纤维混凝土 12cm，挂网 ϕ8@15cm×15cm，双向龙骨筋 ϕ16＋复喷纳米混凝土 8cm。

锚杆：Ⅱ类围岩采用普通砂浆锚杆 ϕ32、L=6m，普通砂浆锚杆 ϕ32、L=9m，间距 1.2m×1.2m 间隔布置；$Ⅲ_1$ 类围岩采用普通砂浆锚杆 ϕ32、L=9m，间距 1.2m×1.2m；$Ⅲ_2$ 类围岩采用普通砂浆锚杆 ϕ32、L=9m，预应力锚杆 ϕ32、L=9m、T=100kN，间距 1.2m×1.2m 间隔布置。

锚索：上游边墙预应力锚索 T=2500kN、L=25m/30m，间距 3.6～6.0m；下游边墙预应力锚索 T=2500kN、L=25m/30m，间距 3.6～6.0m。

2. 主变洞

(1) 顶拱。

喷层：初喷钢纤维混凝土 5cm，挂网 ϕ8@20cm×20cm，复喷混凝土 10cm。

锚杆：Ⅱ类围岩采用普通砂浆锚杆 ϕ32、L=6m，预应力锚杆 ϕ32、L=9m、T=100kN，间距 1.5m×1.5m 间隔布置；Ⅲ类围岩采用普通砂浆锚杆 ϕ32、L=6m，预应力锚杆 ϕ32、L=9m、T=100kN，间距 1.2m×1.2m 间隔布置。

(2) 边墙。

喷层：初喷钢纤维混凝土 5cm，挂网 ϕ8@20cm×20cm，复喷混凝土 10cm。

锚杆：Ⅱ类围岩采用普通砂浆锚杆 ϕ32、L=6m/9m，间距 1.2m×1.5m 间隔布置；Ⅲ类围岩采用普通砂浆锚杆 ϕ32、L=6m/9m，间距 1.2m×1.2m。

锚索：上游边墙预应力锚索 T=2000kN、L=20m，间距 4.5m×4.8m；下游边墙预应力锚索 T=2000kN、L=20m，间距 4.5m×4.8m。

3. 母线洞

喷层：初喷钢纤维混凝土 5cm，挂网 ϕ8@20cm×20cm，复喷混凝土 10cm，靠近厂房侧 12m 支护型钢拱架洞段复喷混凝土 25cm。

锚杆：采用普通砂浆锚杆 ϕ28、L=6m，间排距 1m×1m 或 1.2m×1.2m（中间段）。

钢拱架：靠近主厂房侧 12m 洞段设置型钢拱架 I_{22a}，间距 1m。

锚筋束：母线洞底板以下出露层间错动带 C_2 洞段，底板布置锚筋束 3ϕ32、L=6m/9m 进行加强支护。

对穿锚索：左岸主厂房母线洞与尾水扩散段之间岩柱出露层间错动带 C_2 的 1 号～3 号母线洞与尾水扩散洞之间各布置 2 排 2000kN 有黏结型预应力对穿锚索。

衬砌：边顶拱全长进行混凝土衬砌，厚 65cm。

固结灌浆：边顶拱全长进行固结灌浆，入岩 4m，排距 3m。

4. 尾水管检修闸门室

喷层：初喷钢纤维混凝土 8cm，挂网 ϕ8@20cm×20cm，复喷混凝土 7cm。

锚杆：顶拱普通砂浆锚杆 ϕ25/28、L=4.5m/6m、@1.5m×1.5m，交错布置；边墙普通砂浆锚杆 ϕ28、L=6m、@1.5m×1.5m，矩形布置。闸门井 $Ⅲ_1$ 类柱状节理，层间错动带，边墙普通砂浆锚杆 ϕ28 或普通预应力锚杆 ϕ32、L=6m、@1.2m×1.2m。

锚索：边墙 4 排预应力锚索 T=1500kN、L=20m，间距 4.5m。针对错动带布置 1 排预应力锚索 T=1000kN、L=15～25m，间距 4.5m。

5. 尾水连接管

喷层：初喷 C25 素混凝土 10cm（柱状节理初喷 CF30 钢纤维混凝土 10cm），挂网 ϕ6.5@15cm×15cm，复喷混凝土 7cm。

锚杆：顶拱普通砂浆锚杆 ϕ28、L=6m 或普通预应力锚杆 ϕ32、L=6m、@1.5m×1.5m（柱状节理间排距 1.2m），梅花型布置；边墙普通砂浆锚杆 ϕ28、L=6m 或普通砂浆锚杆 ϕ32、L=9m、@1.5m×1.5m，梅花型布置；柱状节理边墙顶拱普通砂浆锚杆 ϕ32、L=9m 或普通预应力锚杆 ϕ32、L=6m、@1.2m×1.2m。

6. 尾水调压室

（1）穹顶。

喷层：初喷 CF30 钢纤维混凝土 10cm，系统挂网 ϕ8@20cm×20cm，龙骨筋 ϕ16@100cm×100cm，复喷 C25 混凝土 10cm。

锚杆：普通砂浆锚杆 ϕ28、L=6m 或普通预应力锚杆 ϕ32、L=9m、T=150kN、@1.5m×1.5m。

锚索：无黏结预应力对穿锚索 2000kN、L=35～45m、@6.0m×4.5m；压力分散型预应力锚索 2000kN、L=25m、@6.0m×6.0m；层间错动带及拱座间排距加密@4.5m×4.5m。

（2）井身。

喷层：非柱状节理玄武岩洞段，喷 C25 混凝土 15cm，ϕ8@20cm×20cm，龙骨筋 ϕ16@100cm×100cm；柱状节理影响洞段及层间错动带影响范围内，初喷 CF30 纳米钢纤维混凝土 8cm，系统挂网 ϕ8@20cm×20cm，龙骨筋 ϕ16@100cm×100cm，复喷素混凝土 7cm。

锚杆：一般围岩洞段普通砂浆锚杆 ϕ28、L=6 或普通砂浆锚杆 ϕ32、L=9m、@1.5m×1.5m；柱状节理影响段普通砂浆锚杆 ϕ28、L=6m 或普通预应力锚杆 ϕ32、L=9m、T=120kN、@1.2m×1.2m；层间错动带影响段普通砂浆锚杆 ϕ28、L=6m 或普通预应力锚杆 ϕ32、L=9m、T=150kN，3 排骑缝锚筋束为 3ϕ32、L=9m、间距 1.0m，穿过层间错动带。

锚索：预应力锚索 1500kN、L=25m，拱座以下及井身中部洞段@4.5m×4.5m，层间错动带影响洞段@4.0m×4.0m，柱状节理影响洞段@3.6m×4.8m，针对断层等结构面随机布置锚索锚固。

5.4.2　右岸地下厂房洞室群支护评价

与左岸开展的数值模拟分析类似，图 5.4-8 显示了右岸地下厂房洞室群整体支护的 FLAC 3D 模型，用以评价支护效果和支护体系的安全性。

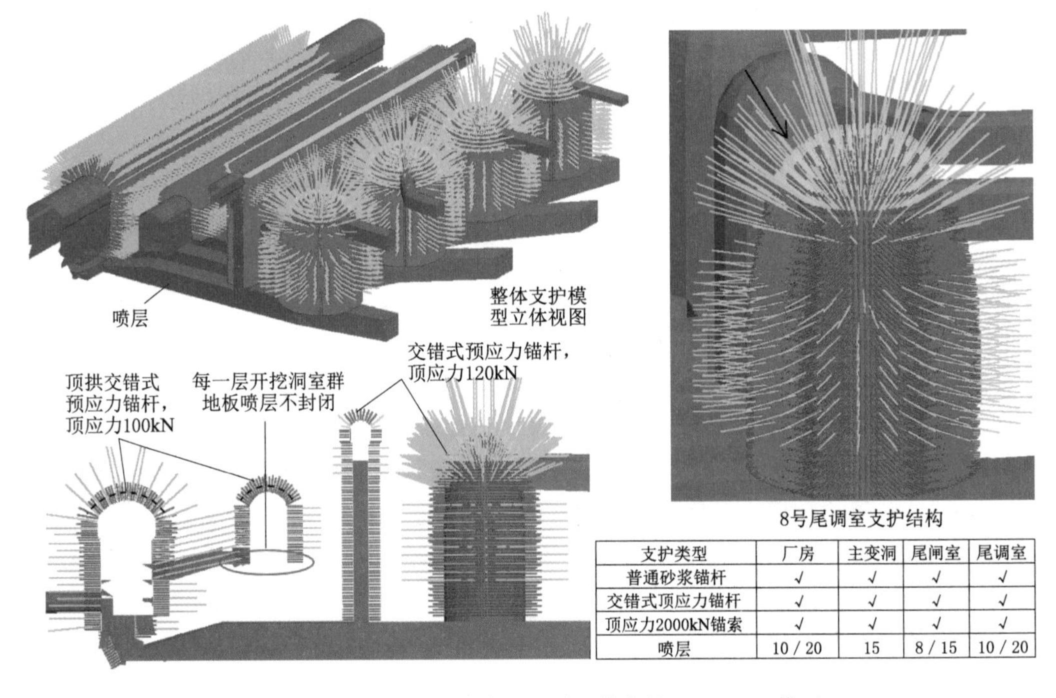

支护类型	厂房	主变洞	尾闸室	尾调室
普通砂浆锚杆	√	√	√	√
交错式顶应力锚杆	√	√	√	√
顶应力2000kN锚索	√	√	√	√
喷层	10 / 20	15	8 / 15	10 / 20

图 5.4-8　右岸地下厂房洞室群整体支护 FLAC 3D 模型

5.4.2.1　围岩变形

右岸地下厂房洞室群支护后各主要洞室洞周围岩变形量见表 5.4-5，各主要洞室围岩变形分布见图 5.4-9，13 号机组横剖面变形分布见图 5.4-10。

系统支护后，厂房顶拱围压有所增大，变形有所减小，变形量值为 20～25mm。厂房高边墙松弛情况明显改善，表现为支护后洞周围压有一定程度增加，边墙变形明显减小，支护后边墙变形一般减少 20%～30%，上游边墙变形量由 80～100mm 减少至 70～90mm，下游边墙变形量由 70～90mm 减少至 60～75mm，上游边墙变形大于下游边墙。边墙中部 T_{813} 切割部位变形较大，局部变形量最大值达 90mm，需要局部加强支护。

表 5.4-5　右岸地下厂房洞室群支护后各主要洞室洞周围岩变形量　单位：mm

部　　位	主副厂房洞	主变洞	尾水管检修闸门室	尾水调压室
顶拱	20～25	20～30	5～15	10～35
顶拱 C_4 出露部位	40～50	40～50	40～50	55～70
上游拱座	40～50	25～40	5～10	25～45
下游拱座	30～40	25～40	15～25	10～45
上游边墙中部	70～90	25～45	40～55	25～45
下游边墙中部	60～75	35～50	40～55	10～45
上游边墙 C_3 出露部位	<70		60～80	60～80
下游边墙 C_3 出露部位	<60		60～90	10～35

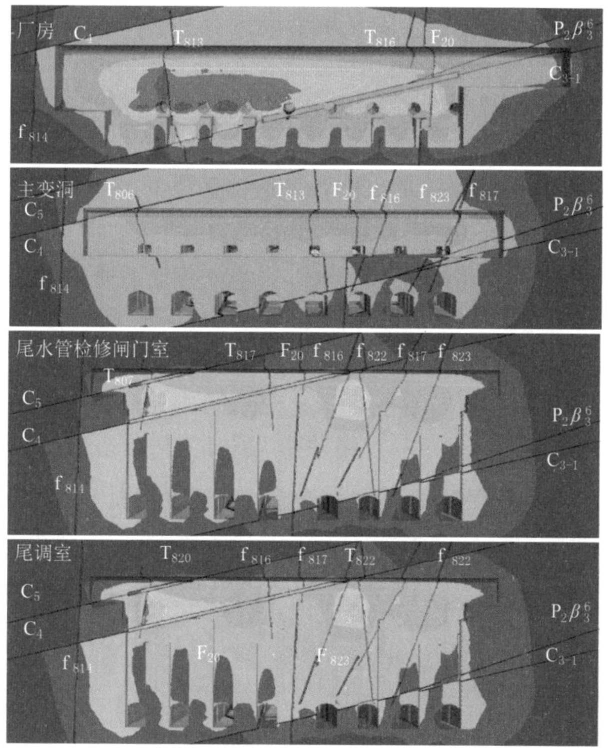

图 5.4-9　右岸地下厂房洞室群各主要洞室围岩变形分布

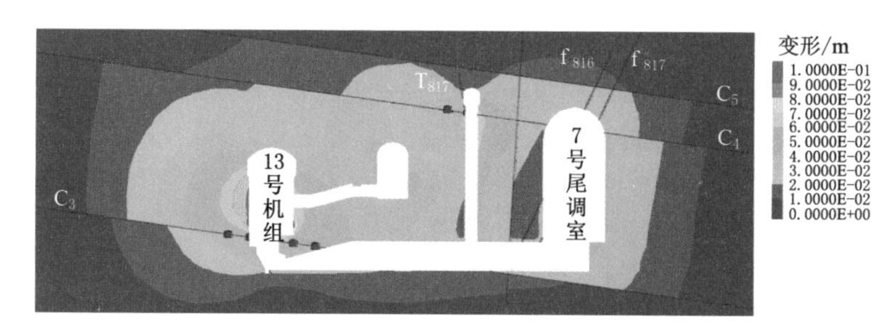

图 5.4-10　右岸地下厂房洞室群 13 号机组横剖面变形分布

主变洞顶拱出露的陡倾角结构面较多，使得主变洞顶拱变形稍大，支护后主变洞顶拱变形量为20～30mm，陡倾角结构面 T_{806} 与层间错动带 C_4 组合切割部位最大变形量为50～60mm；边墙应力松弛明显改善，上游边墙变形量由支护前30～50mm减少到支护后的25～45mm，下游边墙变形量由支护前的40～60mm减少到支护后的35～50mm，下游边墙 F_{20}、T_{813} 组合部位边墙变形不连续，局部变形较大，变形量由支护前的70～100mm减少到支护后的50～70mm。

尾水管检修闸门室顶拱变形量为5～15mm，变化较小，顶拱 C_4、C_5 出露部位，变形量由支护前的60～90mm减少到支护后的40～50mm；边墙应力松弛明显改善，边墙变形量由支护前的40～60mm减少到支护后的40～55mm。

圆筒型尾水调压室的结构形态的优势有利于抑制开挖变形的发生，变形量较主副厂房洞要小很多，系统支护后，调压室顶拱围岩变形量值与无支护相比变化不大，变形量为10～35mm；调压室边墙受力较好，N/S两侧边墙变形量由支护前的30～60mm减少到支护后的25～45mm，E/W两侧边墙变形量由支护前的10～60mm减少到支护后的10～45mm。

层间错动带 C_4 在主副厂房洞南侧端部出露，采用钢筋拱肋与对穿锚索支护后，其在顶拱出露部位变形不大，围岩变形最大值为40～50mm；层间错动带 C_3、$C_{3\text{-}1}$ 斜切主副厂房洞，在采取置换洞与置换后错动变形基本控制在30mm以下，错动带切割部位边墙最大变形量为60～70mm（图5.4-11）。层间错动带 C_3、C_4 分别与主变洞切割在底部与端部，对主变洞变形影响较小。尾水管检修闸门室主要受层间错动带 C_4、C_5 影响，其错动变形主要发生在边墙，在采取置换洞与置换后错动变形基本控制在40mm以下，错动带 C_4 切割部位边墙最大变形量为70～80mm，错动带 C_5 切割部位边墙最大变形量为60～

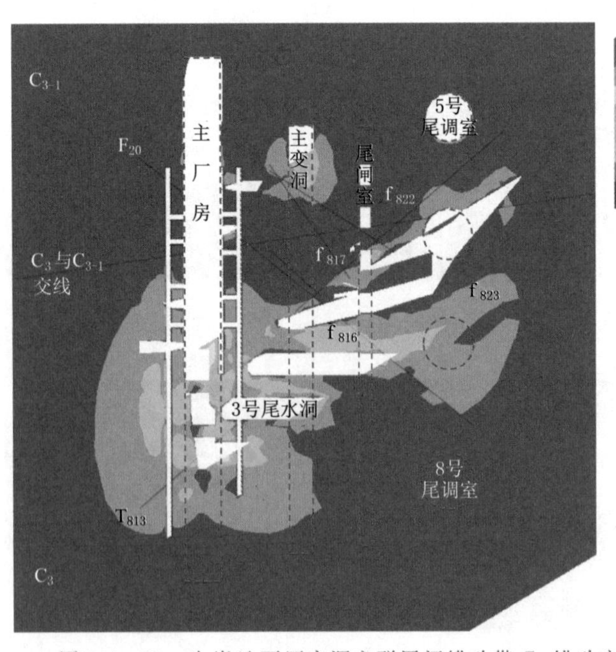

图5.4-11 右岸地下厂房洞室群层间错动带 C_3 错动变形分布

70mm，可在错动带开挖揭露后对浅层岩体进行槽挖置换加固。层间错动带 C_3、C_{3-1} 斜切5号尾水调压室中下部，边墙切割部位最大变形量为30～40mm，对5号尾水调压室稳定影响不大；层间错动带 C_4 斜切7号尾水调压室拱肩与8号尾水调压室中上部，最大变形发生在8号尾水调压室边墙切割部位，变形量为60～80mm；层间错动带 C_5 斜切8号尾水调压室拱肩，局部变形较大，最大变形量为60～70mm。对于层间错动带切割调压室顶拱或边墙时局部变形较大的部位，可在错动带开挖揭露后对浅层岩体采用人工清撬、挂网喷混凝土及时封闭和局部加强支护处理。

总体上，支护后各主要洞室层间错动带切割部位在采取系统支护与混凝土置换洞预置换等措施后错动变形得到了有效控制，洞室高边墙整体稳定满足要求。

5.4.2.2 围岩应力

右岸地下厂房洞室群支护后各主要洞室洞周围岩应力大小见表5.4-6，13号机组横剖面应力分布见图5.4-12。

表5.4-6 右岸地下厂房洞室群支护后各主要洞室洞周围岩应力大小与塑性区深度

部位	项目	主副厂房洞	主变洞	尾水管检修闸门室	尾水调压室
顶拱	应力集中区 σ_1 值/MPa	37～46	32～42	32～42	30～42
	塑性区深度/m	2～6	1.5～2.5	1～2	2～3
上游侧边墙	应力 σ_1 值/MPa	12～17	12～22	11～17	31～39
	塑性区深度/m	6～9	5～8	5～10	3～5
下游侧边墙	应力 σ_1 值/MPa	12～17	12～22	10～15	36～53
	塑性区深度/m	6～9	5～9	5～10	3～5

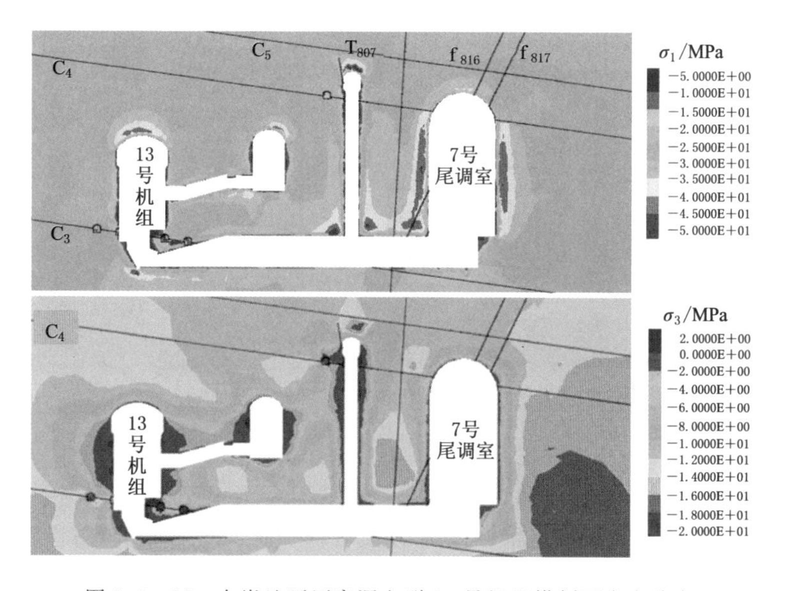

图5.4-12 右岸地下厂房洞室群13号机组横剖面应力分布

系统支护后，围岩应力集中区分布位置与无支护条件下基本相同，最大主应力水平变化程度较小，支护不能起到明显降低围岩应力集中区的应力水平的作用，但能有效保证洞室围岩的完整性，充分发挥围岩自身的自承能力，提高围岩的安全储备。对于边墙等主要的应力松弛区，无支护条件下围岩的应力水平接近于零，支护后支护压力与围岩的应力水平基本相当，可以明显地改善应力松弛区的围岩应力状态，实现对围岩变形和稳定的控制。

洞室顶拱应力集中区支护前后最大主应力变化不大，主副厂房洞顶拱最大主应力为30～45MPa；南端副厂房顶拱 C_4 下盘围岩应力集中程度相对较高，最大主应力为45～50MPa，围岩局部可能出现片帮等高应力破坏现象。主变洞与尾水管检修闸门室顶拱最大主应力为30～45MPa，主变洞顶拱 C_4 下盘，尾水管检修闸门室顶拱 C_4、C_5 下盘围岩应力集中程度相对较高，最大主应力为45～50MPa，局部可能出现片帮等高应力破坏现象。尾水调压室顶拱最大主应力为30～40MPa，应力型破坏风险较低。主要洞室顶拱围岩应力水平与岩体单轴抗压强度之比基本在40%以内，右岸地下厂房洞室在开挖过程中也不会出现岩爆形式的剧烈破坏，有利于工程安全控制。

支护作用在改善最小主应力在地下厂房洞室群高边墙的分布效果显著，支护后围岩最小主应力的量值有所提高，支护结构有利于维持浅层岩体的围压，体现在支护体系对围岩变形的控制。

5.4.2.3　塑性区分布

右岸地下厂房洞室群支护后各主要洞室塑性区深度见表5.4-6，13号机组横剖面塑性区分布见图5.4-13，各主要洞室塑性区分布见图5.4-14。

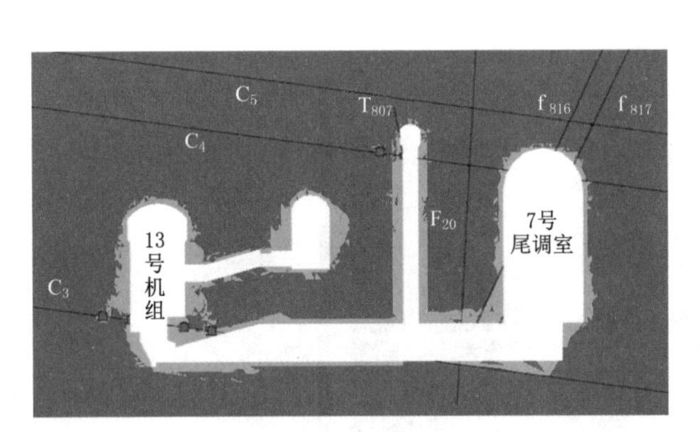

图5.4-13　右岸地下厂房洞室群13号机组横剖面塑性区分布

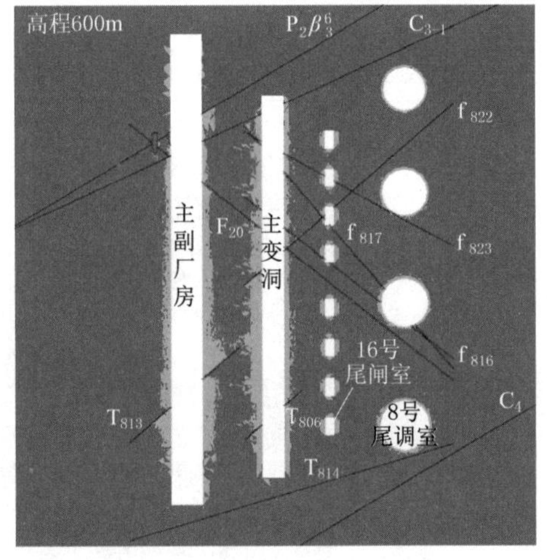

图5.4-14　右岸地下厂房洞室群各主要洞室塑性区分布

支护对控制洞室围岩塑性区的分布可以起到明显的约束作用，对围岩稳定和安全有利。由表5.4-6可见，洞室顶拱塑性区深度相对较小，支护前后塑性区变化不明显，支护后主副厂房洞与尾水调压室顶拱塑性区深度为2～3m，主变洞与尾水管检修闸门室顶拱塑性区相对更小。支护对控制高边墙塑性区具有明显的效果，高边墙部位属于应力松弛型屈服，影响深度大，支护后主副厂房洞边墙塑性区深度由8～12m减小到6～9m，主变洞边墙塑性区深度由8～10m减小到5～8m，尾水管检修闸门室边墙塑性区深度由5～

16m 减小到 5～10m，尾水调压室边墙塑性区深度由 5～7m 减小到 3～5m。

总之，施加支护后，洞周围岩受力条件得到明显改善，各主要洞室之间不存在塑性贯通现象，表明支护对洞周围岩塑性区深度的改善作用显著，支护抑制了围岩卸荷松弛区向深部扩展。

5.4.2.4 支护结构受力

支护后各主要洞室锚杆（索）受力统计情况见表 5.4－7 和表 5.4－8。

表 5.4－7 右岸各主要洞室普通砂浆锚杆应力统计表

洞室名称	应力大于 300MPa 比例	洞室名称	应力大于 300MPa 比例
主副厂房洞	<1%	尾水管检修闸门室	<4%
主变洞	<3%	尾水调压室	<2%

表 5.4－8 右岸各主要洞室预应力锚杆应力统计表

部位		设计荷载/kN	锁定比率	锁定荷载/kN	超设计值比例
主副厂房洞	顶拱	2000	80%	1600	0
	边墙	2000	65%	1300	0
		2500	65%	1625	0
主变洞	边墙	2000	65%	1300	0
尾水管检修闸门室	边墙	2000	80%	1600	<13%
尾水调压室	顶拱	2000	80%	1600	<0
	边墙	2000	80%	1600	<6%

支护后洞室围岩与支护体系相互协调，最终达到洞室变形稳定与支护结构受力的一种相对平衡状态。此时，支护结构自身的安全性和可靠性是需要关注的重点。

由计算结果可知，支护结构受力与围岩变形规律有很好的一致性，除洞室交叉部位外，大部分喷层受力状态较好，主副厂房洞、主变洞喷层最大拉应力一般小于 1.5MPa，尾水调压室边墙体型较好，喷层拉应力区很少，拉应力一般小于 0.2MPa。从表 5.4－7 和表 5.4－8 中可以看出，绝大多数锚杆应力都小于 300MPa，仅在结构面附近少量锚杆应力大于 300MPa，此类锚杆不超过锚杆总数的 10%。各洞室顶拱预应力锚杆受力状态良好，预应力锚杆的受力区间主要集中在 0～250MPa，主副厂房洞与主变洞不存在预应力锚杆应力大于 300MPa 的情况，尾闸室与尾水调压室顶拱预应力锚杆大于 300MPa 的数量不超过预应力锚杆总数的 12%，主要发生在拱座与结构面相交部位。

各主要洞室预应力锚索受力状态良好，主副厂房洞与主变洞基本不存在锚索轴力超设计值的情况，尾水管检修闸门边墙受层间错动带 C_4、C_5 及其他结构面影响有不到 13%的锚索超设计值，建议将右岸尾水管检修闸门室边墙锚索锁定荷载调整至设计荷载的 65%。尾水调压室 90%以上的锚索受力为 1600～2000kN，具有较好的安全储备，受结构面影响约 6%的锚索轴力为 2000～2500kN，最大值为 2333kN。

综合各洞室支护结构的受力统计结果，支护结构的安全性是有保证的，仅有少量超设计值的情况出现，总体比例不高，超限部位主要为高边墙不利结构面出露部位，可以通过优化支护时机、分序施工、调整锁定荷载数值等措施保证支护结构的安全性。

总之，以招标阶段系统支护参数及层间错动带混凝土置换方案为基础进行围岩稳定数值计算，结果表明，采取系统支护及混凝土置换后，洞室围岩高边墙大变形范围，围岩应力状态，塑性区深度及应力松弛现象明显改善，洞群围岩受层间错动带影响区域，围岩变形及错动带剪切错动变形得到有效控制，围岩混凝土喷层、锚杆等支护结构受力情况良好，围岩整体及局部稳定性较好。

5.4.2.5 支护参数确定

通过工程类比并结合数值分析成果，确定了右岸地下厂房洞室群系统支护设计参数，如下：

1. 主厂房

（1）顶拱中导洞。

喷层：初喷钢纤维混凝土5cm，挂网ϕ8@15cm×15cm，钢筋拱肋+复喷混凝土15cm。

锚杆：Ⅲ类围岩采用普通砂浆锚杆ϕ32、$L=6$m，预应力锚杆ϕ32、$L=9$m、$T=100$kN，间距1.2m×1.2m，间隔布置；层（内）间错动带C_3、C_4、RS_{411}及其影响带在顶拱上方高度0～6m范围内出露部位采用普通砂浆锚杆ϕ32、$L=9$m，预应力锚杆ϕ32、$L=9$m、$T=100$kN，间距1.2m×1.2m，间隔布置。

锚索：层（内）间错动带C_3、C_4、RS_{411}及其影响带、缓倾角节理密集带出露部位布置4排对穿预应力锚索支护，其余部位不布置锚索；纵向间距3.6～4.8m。

（2）顶拱两侧拱肩。

喷层：初喷钢纤维混凝土5cm，挂网ϕ8@15cm×15cm，双向龙骨筋ϕ16+复喷混凝土15cm。

锚杆：Ⅲ类围岩采用普通砂浆锚杆ϕ32、$L=9$m，预应力锚杆ϕ32、$L=9$m、$T=100$kN，间距1.2m×1.5m，间隔布置；层（内）间错动带C_3、C_4、RS_{411}及其影响带在顶拱上方高度0～6m范围内出露部位采用普通砂浆锚杆ϕ32、$L=9$m，预应力锚杆ϕ32、$L=9$m、$T=100$kN，间距1.2m×1.2m，间隔布置。

锚索：上下游拱脚各布置2排系统预应力锚索，纵向间距3.6～4.8m。

（3）边墙。

喷层：初喷纳米钢纤维混凝土12cm，挂网ϕ8@15cm×15cm，双向龙骨筋ϕ16+复喷纳米混凝土8cm。

锚杆：$Ⅲ_1$类围岩采用普通砂浆锚杆ϕ32、$L=9$m，间距1.2m×1.2m；$Ⅲ_2$类围岩采用普通砂浆锚杆ϕ32、$L=9$m，预应力锚杆ϕ32、$L=9$m、$T=100$kN，间距1.2m×1.2m，间隔布置。

锚索：上游边墙预应力锚索$T=2500$kN、$L=25$m/30m，间距3.6～6.0m；下游边墙预应力锚索$T=2500$kN、$L=25$m/30m，间距3.6～6.0m。

2. 主变洞

（1）顶拱。

喷层：初喷钢纤维混凝土5cm，挂网ϕ8@20cm×20cm，复喷混凝土10cm。

锚杆：Ⅱ类围岩采用普通砂浆锚杆ϕ32、$L=6$m，预应力锚杆ϕ32、$L=9$m、$T=$

100kN，间距 1.5m×1.5m 间隔布置；Ⅲ类围岩采用普通砂浆锚杆 ϕ32、L=6m，预应力锚杆 ϕ32、L=9m、T=100kN，间距 1.2m×1.2m 间隔布置；Ⅳ类围岩采用预应力锚杆 ϕ32、L=9m、T=100kN，间距 1.2m×1.2m。

锚索：层间错动带 C_4 出露部位采用预应力锚索 T = 2000kN、L = 25m，间距 3.6m×3.6m。

（2）边墙。

喷层：初喷钢纤维混凝土 5cm，挂网 ϕ8@20cm×20cm，复喷混凝土 10cm。

锚杆：Ⅱ类围岩采用普通砂浆锚杆 ϕ32、L=6m/9m，间距 1.2m×1.5m 间隔布置；Ⅲ类围岩采用普通砂浆锚杆 ϕ32、L=6m/9m，间距 1.2m×1.2m。

锚索：上游边墙预应力锚索 T=2000kN、L=20m，间距 4.5m×4.8m；下游边墙预应力锚索 T=2000kN、L=20m，间距 4.5m×4.8m。

3. 母线洞

喷层：初喷钢纤维混凝土 5cm，挂网 ϕ8@20cm×20cm，复喷混凝土 10cm，靠近厂房侧 12m 支护型钢拱架洞段复喷混凝土 25cm。

锚杆：采用普通砂浆锚杆 ϕ28、L=6m，间距 1m×1m 或 1.2m×1.2m（中间段）。

钢拱架：靠近主厂房侧 12m 洞段设置型钢拱架 I_{22a}，间距 1m。

锚筋束：母线洞底板以下出露层间错动带 C_3 洞段，底板布置锚筋束 3ϕ32、L=6m 加强支护。

对穿锚索：母线洞与尾水扩散段之间岩柱出露层内错动带 RS_{411} 和层间错动带 C_3 的 11 号～13 号母线洞与尾水扩散洞之间各布置 2 排 2000kN 有黏结型预应力对穿锚索。

衬砌：边顶拱全长进行混凝土衬砌，厚 65cm。

固结灌浆：边顶拱全长进行固结灌浆，入岩 4m，排距 3m。

4. 尾水管检修闸门室

喷层：初喷钢纤维混凝土 7cm，挂网 ϕ8@20cm×20cm，复喷混凝土 8cm。

锚杆：$Ⅲ_1$ 类非柱状节理：顶拱普通砂浆锚杆 ϕ25/28、L = 4.5m/6m、@1.5m×1.5m，交错布置；边墙普通砂浆锚杆 ϕ28、L=6m、@1.5m×1.5m，矩形布置。$Ⅲ_1$ 类柱状节理：顶拱普通砂浆锚杆 ϕ25/普通预应力锚杆 ϕ32、L=6m、@1.2m×1.2m，矩形布置；边墙普通砂浆锚杆 ϕ28/普通预应力锚杆 ϕ32、L=6m、@1.2m×1.2m，矩形布置；层间错动带 C_4、C_5 及其影响带在顶拱上方高度 0～6m 范围内出露部位采用预应力锚杆 ϕ32、L=9m、T=150kN，间距 1.2m×1.2m，矩形布置。

锚索：针对层间错动带、柱状节理洞段局部加强，层间错动带 C_4、C_5 及其影响带在顶拱上方高度 15m 范围内出露部位，错动带下盘采用 4 排预应力锚索支护，每排 2～3 束，间排距 4.8m；边墙系统布置 4 排预应力锚索 T=2000kN、L=20m，间距 4.5m×4.5m，层间错动带及其影响带范围间排距 3.6m×3.6m。

5. 尾水调压室

（1）穹顶。

喷层：初喷 CF30 钢纤维混凝土 10cm，系统挂网 ϕ8@20cm×20cm，龙骨筋ϕ16@100cm×100cm，复喷 C25 混凝土 10cm。

锚杆：普通砂浆锚杆$\phi28$、$L=6\mathrm{m}$，普通预应力锚杆$\phi32$、$L=9\mathrm{m}$、$T=150\mathrm{kN}$、间距1.5～1m。

锚索：无黏结预应力对穿锚索2000kN、$L=35\sim49\mathrm{m}$，5号尾水调压室@6.0m×4.5m，6号、7号尾水调压室@4.8m×4.8m，8号尾水调压室@4.0m×4.0m。压力分散型预应力锚索$T=2000\mathrm{kN}$、$L=25\sim30\mathrm{m}$，5号尾水调压室@6.0m×6.0m，6号～8号尾水调压室@4.8m×4.8m，8号尾水调压室穹顶弧形@4.0m×4.0m；拱座@4.5m×4.5m。

（2）井身。

喷层：非柱状节理玄武岩洞段，喷C25混凝土15cm，$\phi8$@20cm×20cm，龙骨筋$\phi16$@100cm×100cm；柱状节理影响洞段及层间错动带影响范围内，初喷CF30纳米钢纤维混凝土8cm，系统挂网$\phi8$@20cm×20cm，龙骨筋$\phi16$@100cm×100cm，复喷素混凝土7cm。

锚杆：一般围岩洞段普通砂浆锚杆$\phi28$、$L=6\mathrm{m}$，普通砂浆锚杆$\phi32$、$L=9\mathrm{m}$、@1.5m×1.5m；柱状节理影响段普通砂浆锚杆$\phi28$、$L=6\mathrm{m}$，普通预应力锚杆$\phi32$、$L=9\mathrm{m}$、$T=120\mathrm{kN}$、@1.2m×1.2m；层间错动带影响段普通砂浆锚杆$\phi28$、$L=6\mathrm{m}$，普通预应力锚杆$\phi32$、$L=9\mathrm{m}$、$T=150\mathrm{kN}$，3排骑缝锚筋束为$3\phi32$、$L=9\mathrm{m}$，间距1.0m，穿过层间错动带

锚索：预应力锚索1500kN、$L=25\mathrm{m}$，拱座以下及井身中部洞段@4.5m×4.5m，层间错动带影响洞段@4.0m×4.0m，柱状节理影响洞段@3.6m×4.8m，针对断层等构造随机布置锚索锚固。

5.5　渗控设计

渗控设计对保证地下电站运行安全、提高地下洞室围岩长期稳定至关重要，特别是采用首部开发方式的电站，地下厂房区离水库近、水头高，需要重视渗流场对地下洞室长期稳定的影响。

白鹤滩水电站左右岸地下厂房均采用首部开发方式，厂区地下洞室群位于库区正常蓄水位（高程825m）以下的玄武岩山体中，尽管厚层状玄武岩的总体渗透性较小，但由于断层、层间（层内）错动带、挤压破碎带及节理裂隙发育；同时，厂房洞室附近还布置有3条泄洪洞和5条导流洞，使整个厂区地下洞室群的渗流条件较为复杂。因此，需采取合理的防渗排水措施，降低洞室围岩水压力，提高围岩长期稳定性，为电站提供干燥良好的运行环境。

5.5.1　排水系统设计

5.5.1.1　排水线路设计

排水系统采用“高水自排、低水抽排”的设计原则，第1～4层排水廊道高于尾水调压室最高涌浪水位，渗水统一汇聚到第4层排水廊道，通过环绕主副厂房洞、主变洞上方

布置的厂顶锚固观测洞南、北侧交通洞自流排入尾水管检修闸门室；第5～7层排水廊道渗水排入厂内和厂外集水井。

厂内集水井和厂外集水井均采用抽排方式排除。具体的布置路线如下：厂内集水井（包括渗漏集水井与检修集水井）通过渗漏排水管与检修排水总管，厂外集水井通过渗漏排水总管向上引至第5层排水廊道，并沿排水廊道埋管至北端临江侧角点，继续上升至高程638～639m，接自流排水洞自流出厂。

5.5.1.2 排水系统布置

左、右岸均布置了7层排水廊道。其中第1层排水廊道结合灌浆廊道布置，排水孔幕从灌浆廊道下游侧拱肩处斜向上施工；第2层及以下排水廊道独立布置，其中厂前段排水廊道距离厂房上游墙32m，与同高程灌浆廊道平行布置，排水孔幕从排水廊道上游侧拱肩斜向上施工。

第4层排水廊道布置在厂房顶拱以上，其中厂前段的布置与第2、第3层排水廊道相同，同时与厂顶锚固观测洞及其南北侧交通洞、尾水管检修闸门室及其南北侧交通洞相连，围绕主副厂房洞、主变洞成环形布置。

第5层排水廊道布置在主副厂房洞拱肩高程，其中厂前段的布置与第4层排水廊道相同，同时还围绕主副厂房洞、主变洞布置了环形排水廊道，与厂顶南侧交通洞、厂顶北侧交通洞、主变顶层南侧交通洞、主变顶层北侧交通洞、出线竖井均有相交。

第6层排水廊道布置在发电机层高程，环绕主副厂房洞、主变洞布置，与进厂交通洞、出线竖井相交。第6层排水廊道与布置在厂房北端的厂外集水井相连，厂区附属洞室群汇聚至进厂交通洞的渗水及第5、第6层排水廊道的部分渗水可排至厂外集水井。

第7层排水廊道布置在引水压力管道下平段下部，高程约555.00m，与厂内集水井连通，并从主副厂房洞两端通至尾水调压室附近，作为尾水调压室检修时衬砌外压水的排水通道。

除了第1～7层排水廊道上游侧拱肩布置的排水孔幕外，从第5层排水廊道设计了主副厂房洞、主变洞顶部的人字顶交叉排水幕，加上第5、第6层间设计的垂直排水幕，从而形成了全包主副厂房洞、主变洞的封闭排水幕。

排水廊道断面尺寸为3.0m×3.5m，局部洞段因兼顾施工、交通、埋管敷设等需要扩大断面。排水孔孔径为ϕ90mm，孔距3.0m；落水孔设计孔径ϕ250mm。

为满足施工期及运行期的交通需求，排水廊道与同高程灌浆廊道均相互连通。且第1～3层、第5～6层排水廊道均布置有交通廊道与出线竖井相连通。

5.5.2 防渗系统设计

5.5.2.1 防渗线路设计

左右岸引水竖井及下平段均采用钢衬方案。为降低钢衬的外水压力，厂区防渗帷幕平面上布置在引水竖井上游距离厂房上游墙86.5m的位置，北端与坝体帷幕连接成一体，南端兼顾厂顶交通洞、尾调交通洞等辅助洞室的运行要求，将帷幕转向山体内并延至与进厂交通洞延伸洞堵头帷幕灌浆环连接。立面上自高程820m到590.6m，布置6层灌浆廊道，通过灌浆廊道布置帷幕灌浆孔进行帷幕灌浆，形成上游库水防渗体系，将厂区与库区隔离。防渗帷幕线路布置示意图见图 5.5-1。

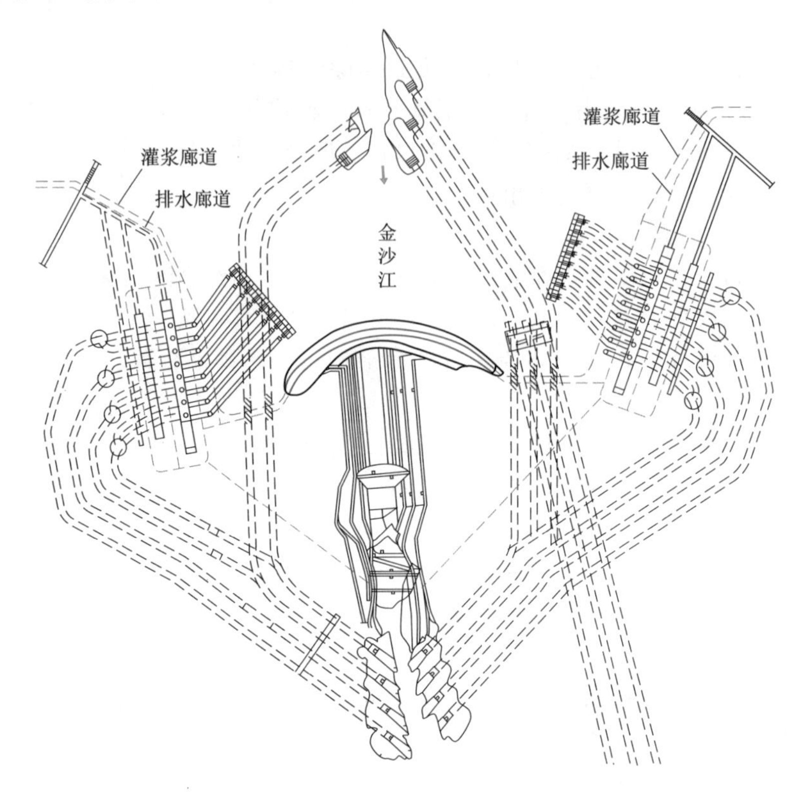

图 5.5-1　防渗帷幕线路布置示意图

5.5.2.2　防渗布置设计

左、右岸地下厂区厂前防渗帷幕均布置在压力管道竖井钢衬上游以降低钢衬外水压力，北端与坝肩防渗帷幕相连接，南端沿厂顶交通洞折向山体内与进厂交通洞延伸洞堵头相连，形成左右岸厂区、坝区防渗帷幕的整体式布置。

根据帷幕施工需要，左右岸均从高程 820m 至高程 590.60m，布置 6 层灌浆廊道，廊道断面 3.0m×3.5m，6 层灌浆廊道均与坝肩灌浆廊道互通。防渗帷幕底高程至 550m，总深度约为 270m。

防渗帷幕沿灌浆廊道上游侧底板向下施工，布置 2 排，排距 1.5m，间距 2.0m，梅花型布置。帷幕灌浆孔与铅直面成 5°～10°夹角，至下层灌浆廊道底板以下 5m，并与下层灌浆廊道上游墙布置的帷幕浅孔连接。防渗排水布置示意图见图 5.5-2。

5.5.3　特殊部位防渗设计

白鹤滩枢纽区分布峨眉山玄武岩，各岩流层顶部为凝灰岩，沿凝灰岩发育层间错动带，左岸地下厂房分布 C_2层间错动带，右岸厂房附近分布 C_3、C_4、C_5 等层间错动带，错动带主要以夹泥岩屑型、岩块岩屑型、岩屑夹泥型为主。层间错动带沿层渗透系数较垂直向大很多，地下水位具有典型的分带性。凝灰岩部位地下水水力坡度变陡。

由于层间错动带性状较差，允许渗透坡降小，必须采取可靠措施防止错动带内填充物

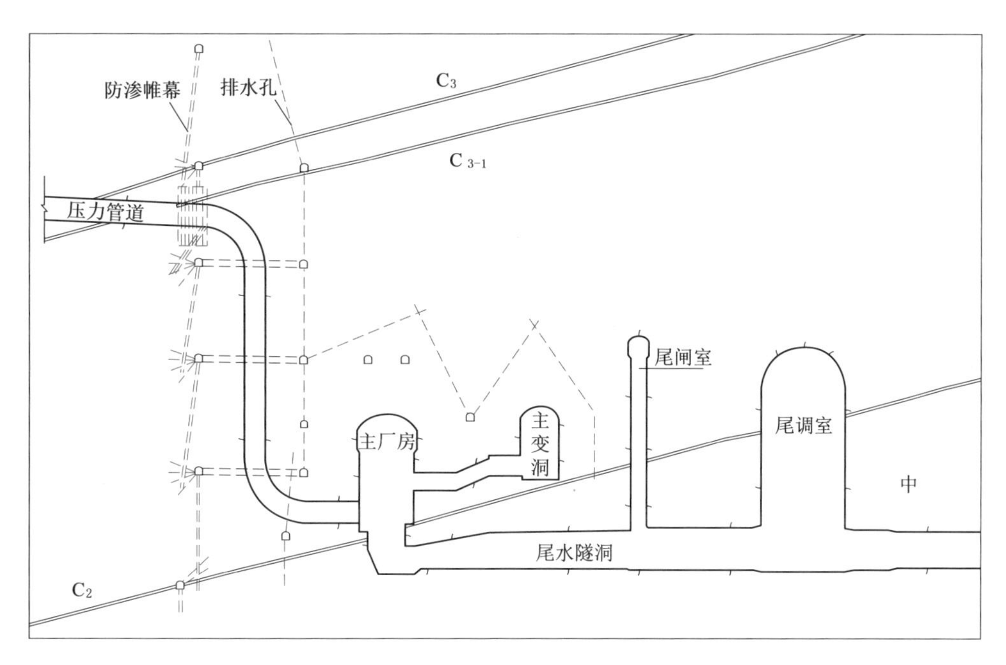

图 5.5-2 防渗排水布置示意图

析出，保证围岩稳定。结合水文地质调查及渗流场研究成果，对层间错动带与帷幕交叉部位采用混凝土置换，以阻断渗漏通道。

层间错动带截渗洞布置方案：在厂房防渗帷幕的主帷幕带上，贴灌浆廊道上游侧沿层间错动带方向布置截渗洞，并在完成衔接和加强帷幕施工后将截渗洞用混凝土置换回填密实。混凝土截渗洞与主防渗帷幕间施工浅孔帷幕宜对接。截渗洞布置示意图见图 5.5-3。

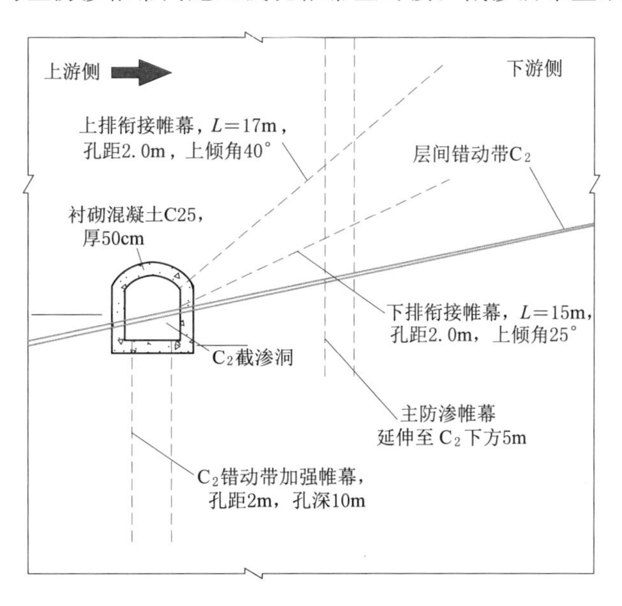

图 5.5-3 截渗洞布置示意图

5.6 本章小结

本章基于工程类比法确定了白鹤滩地下洞室群“柔性支护为主，刚性支护为辅；系统支护为主，局部支护为辅”的支护原则，初拟了系统支护形式和支护参数。进而针对脆性岩体高应力破坏、软弱层间错动带非连续变形与破坏、柱状节理岩体破裂松弛三类典型岩石力学问题突出的特点，拟定针对性的处理措施或者加强支护方案。然后，采用数值模拟分析对初拟的支护参数进行了复核，并确定了支护参数。最后，对渗控设计进行了简要介绍。

数值模拟分析进行方案比选和支护设计的有效手段，但限于岩体力学参数及初始地应力难以准确确定，对围岩的本构关系及破坏准则也认识不足，因而计算结果一般只作为设计参考复核，即前期设计阶段确定的支护方案和参数都需要在施工期根据工程实际开挖现象和监测成果进行反馈分析与动态调整。

施工期应遵循“设计、施工、监测、修正设计”的原则进行动态支护设计，即在施工过程中，根据实际揭示的地质条件及现场量测到的反映系统力学行为的某些输出物理量（如位移、应力、应变或荷载等），进行模型辨识与参数辨识分析，它们的最终目的是建立一个更接近现场量测结果的理论计算模型，以便能正确反映或预测岩土介质的某些力学行为，及时反馈到支护设计、施工和管理上，从而指导和完善设计、优化施工，最终形成地下厂房洞群的合理支护设计。

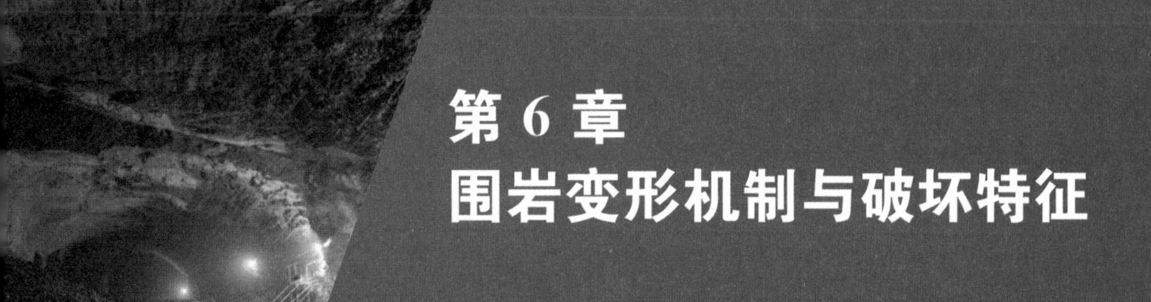

第6章 围岩变形机制与破坏特征

6.1 概述

地下工程围岩的破坏，受岩性、岩体结构、地质条件、地应力、洞群结构及开挖等因素的影响，表现为多种复杂破坏模式。白鹤滩水电工程巨型地下洞室群位于中国西部地区深切河谷山体内，受青藏高原近百万年来的持续隆升影响，岩石圈动力环境特殊，具备断裂活动强、地震烈度大、地壳应力高等特征；工程区域地质条件十分复杂，发育大型软弱层间错动带、密集柱状节理等不利构造，地下洞室开挖导致的卸荷松弛变形问题、高应力破坏问题和结构控制围岩破坏问题等特征突出。这就使得地下洞室群的围岩变形机制与破坏特征研究成为工程建设过程中最为重视的问题，也是工程动态反馈分析和长期稳定研究的基础。

6.1.1 围岩破坏影响因素

地下洞室工程开挖前，地下岩层处于天然的平衡状态。地下工程的开挖破坏了原有的应力平衡状态，引起了围岩应力重新分布，出现了围岩不确定稳定性，从而引起围岩的破坏。地下厂房洞室群围岩变形破坏原因复杂，主要可概括为力源因素、自然地质环境因素、施工因素等。

6.1.1.1 力源因素

（1）自重应力。由上覆岩体自重构成，随着地下工程深度的增大，自重应力会呈线性增加。

（2）构造应力。由于地质构造运动所产生的积蓄在岩体内的能量应力，地下洞室开挖后岩体构造应力会重新分布，并且会在洞室围岩上出现应力集中的现象，会加剧洞室的破坏。

（3）松散岩石压力。地下工程由于开挖而松动或塌落的岩体重力作用在洞室支护上的压力，包括洞室所承受的上部松散岩石自重产生的竖向压力和两侧或一侧松散岩石克服内摩擦产生的侧压力。

（4）膨胀应力。岩体中含有的膨胀性黏土矿物，由于风化吸水产生的膨胀、崩解、体积增大而产生的压力；岩体的膨胀压力，既决定于软弱充填或者膨胀性岩石（如含蒙脱石、伊利矿和高岭土）的含量，也取决于外界水的渗入和地下水的活动特征。

（5）支承压力。由于开挖扰动影响而造成的附加的、随时间变化的暂时支架作用力，其峰值压力比静压可高出数倍，会使地下洞室产生较大的压力和变形。

6.1.1.2 地质环境因素

地质环境因素主要包括岩性、地质构造、岩体风化与卸荷、地下水等不良地质现象发育情况等。

（1）岩性。地下工程洞室围岩本身就是一种天然承载结构，承载能力的大小与其强度有关；岩石划分一般为硬质岩和软质岩两大类，其中硬质岩又分为坚硬岩和中硬岩两类，软质岩又分为较软岩和软岩；一般说来，围岩强度越高，围岩变形破坏的程度就越小，洞室就越容易支护维持；围岩强度低、吸水率高、层理节理发育、含有膨胀性黏土矿物，其本身稳定性和承载能力就比较低，自身稳定性较差。白鹤滩地下厂房洞室群区出露岩性主要有斜斑玄武岩、隐晶质玄武岩、杏仁状玄武岩、柱状节理玄武岩、角砾熔岩、凝灰岩等六种，其中凝灰岩属较软岩，角砾熔岩属中硬岩，其他四种属坚硬岩。因此，对地下厂房区洞室围岩稳定影响较大的岩性是凝灰岩、角砾熔岩和柱状节理玄武岩。凝灰岩岩性软，单轴强度低，遇水易软化，厚度较小，一般小于1m，且发育层间错动带；凝灰岩对围岩稳定性的影响主要是强度低，变形大，如果在洞顶出露，则容易塌方。角砾熔岩对围岩稳定的影响主要是应力释放，围岩可能产生较大的变形，尤其是高边墙部位，或在高应力作用下，岩体屈服最终导致破坏。柱状节理玄武岩对围岩稳定性的影响主要是由于发育柱状节理，其完整性相对较差，可能会使围岩的变形相对增大，另外，第一类柱状节理玄武岩在开挖后易产生卸荷松弛。

（2）地质构造。构造断裂破坏了岩体的完整性，降低了岩体的结构强度；结构面的不利组合形成不稳定结构体；岩层产状的不对称和构造残余应力的存在影响围岩的应力条件；构造断裂和节理裂隙的存在影响岩体内的地下水活动和外水压力条件。因此，在地下洞室选址或者洞轴线选线时，就应考虑避开大的断层破碎带；无法绕避时，应尽量使洞线或地下洞室的长轴方向与断层或区域构造线方向呈较大的交角，以减轻地质构造对地下洞室围岩稳定的不利影响。白鹤滩地下洞室群地质构造也较为发育，包括层间错动带C_2、C_3、C_{3-1}、C_4；层内错动带LS_{3152}、RS_{411}；小断层F_{20}、f_{717}、f_{720}、f_{721}；长大裂隙T_{720}、T_{721}、T_{813}；NW、NNE、NE优势节理组。

（3）岩体风化与卸荷。岩体风化与卸荷是指由于河谷侵蚀下切或人工开挖形成新的临空面形成的风化卸荷影响带现象，一般情况下，越靠近地表的岩体，风化卸荷程度越深，而向地下深部的风化卸荷程度会逐渐减弱，直至过渡到未受风化的新鲜岩体。白鹤滩地下洞室群工程埋深相对较大，主要表现为以岩体卸荷作用为主，开挖后如果支护不及时或封闭不严的情况下，围岩会与空气接触产生风化崩解、碎胀，加大围岩的松散压力，破坏了岩体原有应力状态的平衡，岩体应力发生重分布，使浅表部岩体因应力释放而向临空面方向发生回弹、松弛的现象。卸荷带的工程地质特征主要表现在卸荷裂隙的产生、岩体结构的松弛以及由此而产生的物理力学性质的变化。岩体卸荷是岩体应力差异性释放的结果，表现为谷坡应力降低、岩体松弛、裂隙张开，其中裂隙张开是卸荷的重要标志。

（4）地下水。地下水包括岩层中的静压水、裂隙水以及施工用水等。岩体吸水后易软化，会出现膨胀、崩解及泥化，从而使围岩强度大为降低并产生较大的塑性变形。对于节理发育的岩体，水会使受节理剪切的破坏岩层间的摩擦力减小，从而导致围岩岩体强度降低。

6.1.1.3 施工因素

地下洞室施工因素主要包括洞室的形状与规模、开挖施工顺序、爆破控制与施工质量、支护方式和支护时间等。

（1）洞室的形状与规模。洞室的体型不同，开挖响应也不同，长廊型洞室和圆筒型洞室开挖形成的应力集中程度和范围都有差异，长廊型洞室往往应力集中范围和程度较圆筒型更大，围岩应力破坏风险的区域更大。洞室的尺寸规模和洞室群规模越大，洞室围岩破坏范围程度越大。

（2）开挖施工顺序。大型地下工程洞室开挖往往都要采取分层分序开挖方式，洞室分层分序若不合理的话，会出现明显应力集中点，洞室开挖卸荷破坏深度和成型会较差，会加大围岩的破坏性。

（3）爆破控制与施工质量。爆破方式、炮眼布置、装药量、装药结构、爆破震动速度等控制不好，施工质量控制不好，易造成围岩松动范围扩大，降低围岩自承载能力。

（4）支护方式。洞室支护方式及支护参数的选择是否合理，将直接关系到支护与围岩的稳定程度；洞室支护性能要与围岩的变形特征相适应。在不稳定围岩中，不宜采用刚性支护或可缩性支架支护。

（5）支护时间。对于松散岩体中的洞室，应及时封闭支护，这样有利于限制围岩变形，避免松动圈扩大。

由于洞室围岩周围的地质情况复杂多样，围岩的八种破坏类型（即岩爆，劈裂剥落，卸荷开裂，塌方，块体失稳，外鼓，结构面滑移和结构面张开）都有可能发生，但其发生的条件不同，其发生条件主要与洞室围岩的岩体强度、应力场分布、岩体工程地质特性、洞室群规模和形状、开挖方式、支护时机和强度等多种因素有关。但在实际工程中，围岩高应力破坏、层间错动带控制的围岩破坏、柱状节理岩体松弛与解体破坏是工程中普遍遇到的典型围岩破坏类型，下面就这三类围岩破坏形式进行重点阐述。

6.1.2 围岩破坏机理

我国地下工程数量不断增加，工程规模不断扩大，特别是近几年来，地下工程埋藏深度不断增加，围岩的失稳和破坏问题日益严重，制约着地下工程的设计、施工和正常的使用，所以，非常有必要研究地下工程围岩的破坏机理，保证地下工程的正常施工和安全运营。地下工程开挖以后，如何保证围岩的稳定，是所有从事地下工程设计、施工和理论研究人员永远探索的主题。大量的工程实践表明围岩变形破坏的形式与特点，除与岩体内的初始应力状态和洞形等因素有关外，主要取决于围岩的岩性和结构。从以上方面展开研究，揭示地下工程围岩的破坏机理，在此基础上达到控制围岩稳定的目的，为地下工程的建设提供一定的理论依据和科学指导。

为研究地下洞室群围岩破坏机理，阐释破坏机理可以概化为剪切破坏、脆性破坏和结构面破坏。

6.1.2.1　剪切破坏

根据 M－C 准则，岩体的破坏是一种压剪破坏。地下洞室开挖后，洞室周边某点的切向应力、径向应力分布见图 6.1－1，而且符合下式：

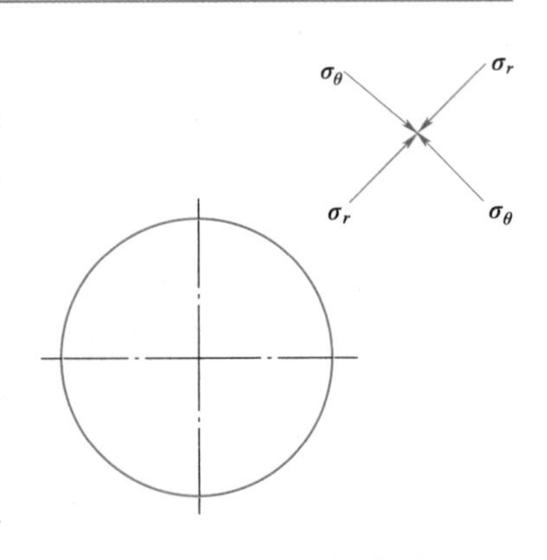

图 6.1－1　洞室周边切向应力、径向应力分布

$$\sigma_\theta = \frac{1+\sin\varphi}{1-\sin\varphi}\sigma_r + \frac{2C\cos\varphi}{1-\sin\varphi} \tag{6.1-1}$$

式中：σ_θ 为切向应力，MPa；σ_r 为径向应力，MPa；C 为黏聚力，MPa；φ 为摩擦角，(°)。

当岩石承受的应力超过岩石的抗压强度时，则岩石破坏。

如果地下洞室在水平等压条件下，最大主平面就是径向平面。剪切破坏面发展趋势见图 6.1－2，破裂面的方向随 θ 变化，所以破裂面是一个曲面，当角度由 β 增大到 θ，则破断半径相应从洞室半径 a 增到 r；当角度再增加 dθ，相应半径增加 dr。可得方程：

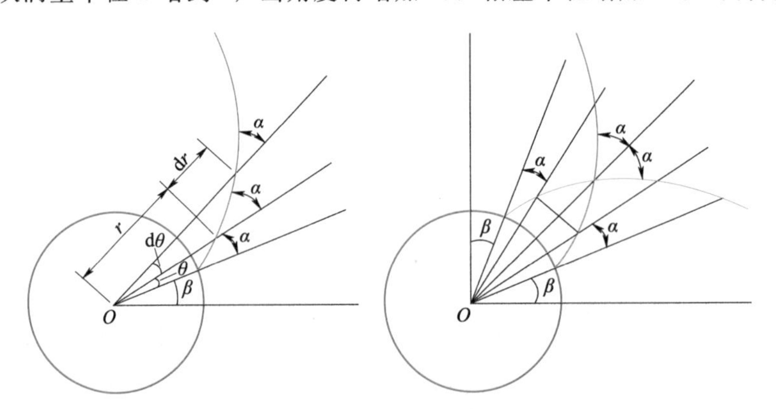

图 6.1－2　围岩剪切破坏面发展示意图

$$\frac{dr}{r} = \cot\left(\frac{\pi}{4} + \frac{\varphi}{2}\right) d\theta \tag{6.1-2}$$

对式两边进行积分：

$$\int_a^r \frac{dr}{r} = \cot\frac{\pi}{4} + \frac{\varphi}{2}\int_\beta^\theta d\theta \tag{6.1-3}$$

得

$$r = a e^{(\theta-\beta)\cot\frac{\pi}{4}+\frac{\varphi}{2}} \tag{6.1-4}$$

式中：θ、β 为极角，(°)；r、a 为极半径，m。

式（6.1-4）就是剪切破坏面迹线方程，如图6.1-2所示，这是两组成对交叉的螺旋线，围岩被这种破裂面切割成碎块，且靠近地下洞室周边的块度最小，所以最容易冒落。

6.1.2.2 脆性破坏

根据Griffith的脆性断裂理论，岩体的破坏是由于脆性岩体（如砂岩等）内部存在着许多杂乱无章的微小裂隙，地下洞室开挖后，围岩由三维应力状态变为二维应力状态，在压缩应力 σ_1、σ_3 作用下，裂隙尖端产生很大的拉应力集中（σ_x、σ_y）（图6.1-3），导致裂纹扩展、贯通，从而使岩体产生宏观破坏。

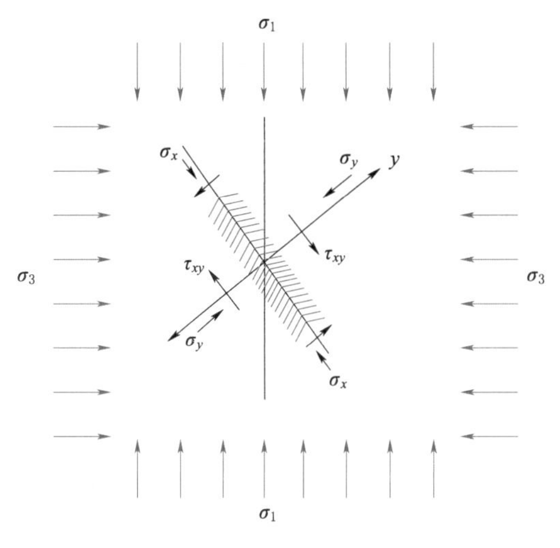

图6.1-3　岩石裂隙边应力

根据椭圆孔应力状态的弹性解析解：

当 $\sigma_1+3\sigma_3>0$ 时，满足 $(\sigma_1-\sigma_3)^2+8\sigma_t(\sigma_1+\sigma_3)=0$ 岩石发生破坏；

当 $\sigma_1+3\sigma_3<0$ 时，满足 $\sigma_c=-8\sigma_t$，岩石发生破坏。

式中：σ_c 为单向抗压强度，MPa，$\sigma_c=2C\cos\varphi/(1-\sin\varphi)$；$\sigma_t$ 为单向抗拉强度，MPa，$\sigma_t=2C\cos\varphi/(1+\sin\varphi)$；$C$ 为岩石黏聚力，MPa；φ 为岩石内摩擦角，(°)。

洞室周边的主应力分布和大小不符合上式，则岩石不会发生破坏，围岩处于稳定状态。

6.1.2.3 结构面破坏

地下工程围岩是由岩石单元体（或称岩块）和结构面组成，具有一定的结构并赋存于一定的地应力状态和地下水等地质环境中的复合地质体。岩体的力学性质不仅受岩石强度控制，而且还受岩体中结构面所控制，其中结构面的强度、密度、连续性及其组合关系对岩体的力学性质以及稳定性具有重要的影响。它们是岩体破坏的又一潜在因素，由于结构面的强度远小于岩石抗拉强度，在地应力等外界因素的影响下，在岩石本身没有发生破裂之前，这些结构面，如节理、层理、片理、裂隙等弱面可能已经发展破裂，虽然破裂长度很短，没有贯通，但当很多服从统计规律的裂纹发生扩展而形成一种新的岩体环境并具有区域性特征时，岩体性质将发生明显改变，形成围岩破坏损伤区，从而影响地下围岩的稳定性。岩体结构面破坏特性与结构面的变形性质、结构面的强度性质有关。

结构面变形特性受结构面及其充填物的变形影响，是岩体变形的主要组分，控制着工程岩体的变形特性。结构面是岩体渗透水流的主要通道，在工程荷载作用下，结构面的变形将极大地改变岩体的渗透性、应力分布及其强度，预测工程荷载作用下岩体渗透性的变化，必须研究结构面的变形性质及其本构关系。结构面变形特性和法向刚度与剪切刚度的确定见图6.1-4。

结构面强度分为抗拉强度和抗剪强度，结构面的抗拉强度非常小，常可忽略不计，所以一般认为结构面是不能抗拉的。在工程荷载作用下，工程岩体的失稳破坏有相当一部分

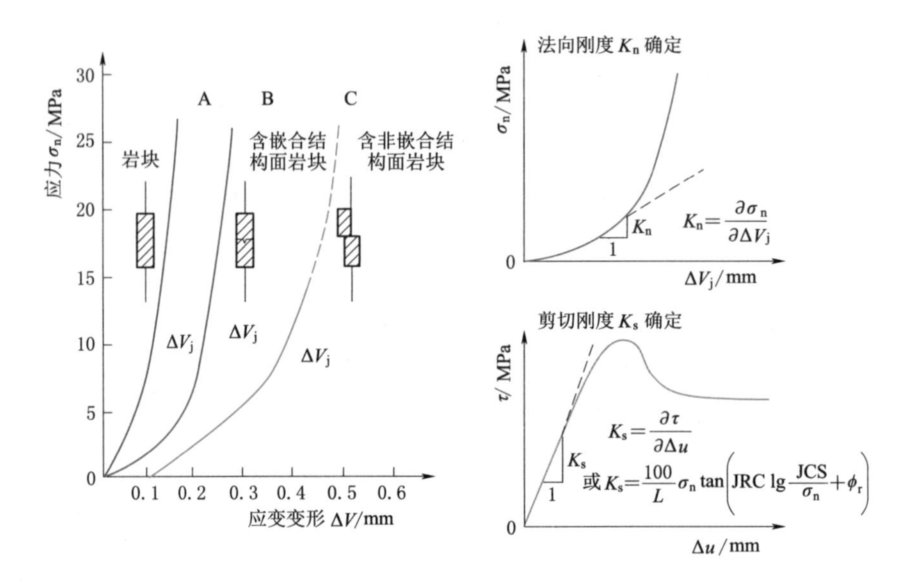

图 6.1-4　结构面变形特性和法向刚度与剪切刚度的确定

是沿软弱结构面发生破坏的，这时，结构面的强度性质是评价岩体稳定性的关键。岩体破坏常沿某些软弱结构面的滑动破坏，岩体中应力分布受结构面及其力学性质的影响。在岩体力学中，重点研究结构面的抗剪强度。

平直无充填的结构面包括剪应力作用下形成的剪性破裂面，如剪节理、剪裂隙、发育较好的层理面与片理面等，这类结构面的抗剪强度大致与人工磨制面的摩擦强度接近，即

$$\tau=\sigma\tan\varphi_j+C_j \tag{6.1-5}$$

粗糙起伏无充填的结构面（图 6.1-5）在自然界岩体中绝大多数的粗糙起伏形态是不规则的，起伏角也不是常数，其强度包络线不是折线，而是曲线形式。巴顿（Barton，1973）对8种不同粗糙起伏的结构面进行了试验研究，提出了剪胀角的概念并用以代替起伏角，剪胀角 α_d（angle of dilatancy）的定义为剪切时剪切位移的轨迹线与水平线的夹角。大量的试验资料表明，一般结构面的基本摩擦角 $\varphi_u=25°\sim35°$。因此，公式的第二项应当就是结构面的基本摩擦角 φ_u，而第一项的系数取整数2。

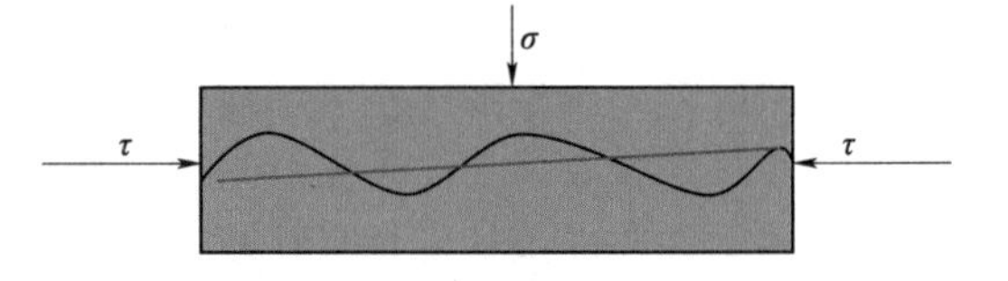

图 6.1-5　结构面的粗糙起伏无充填形态

$$\tau=\sigma\tan(2\alpha_d+\varphi_u)=\sigma\tan\left(\mathrm{JRC}\lg\frac{\mathrm{JCS}}{\sigma}+\varphi_u\right) \tag{6.1-6}$$

$$\alpha_d=\frac{\mathrm{JRC}}{2}\lg\frac{\mathrm{JCS}}{\sigma} \tag{6.1-7}$$

具有充填物的软弱结构面包括泥化夹层和各种类型的夹泥层，其形成多与水的作用和各类滑错作用有关，这类结构面的力学性质常与充填物的物质成分、结构及充填程度和厚度等因素密切相关。图 6.1-6 为具有充填物起伏软弱结构面的力学效应（据孙广忠）。

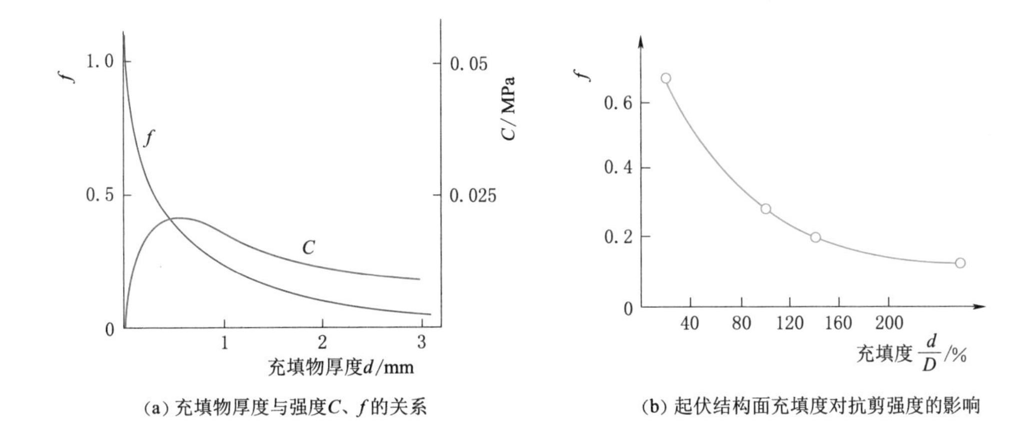

图 6.1-6 具有充填物起伏软弱结构面的力学效应（据孙广忠）

6.1.3 围岩破坏模式分类

地下工程围岩的破坏受岩性、岩体结构、地应力、环境条件、洞群结构及开挖等因素的影响，表现为复杂的多种破坏模式，国内外学者或工程师针对围岩的破坏模式分类方面展开了大量研究。例如，Hoek 等将地下工程围岩破坏模式总结为块体失稳、破裂、断层滑动、弯曲破坏等类型；王思敬等将岩体的结构特征和变形破坏机制将变形破坏模式划分为脆性破裂、块体运动、弯曲折断、松动解脱和塑性变形五种基本模式，再细分为岩爆开裂、块体滑落、块体滑动、块体转动、弯曲挤入、折断塌落、边墙垮塌、石流、塑性挤入、剪切破坏、底鼓收缩等 12 种表现形式。张倬元等根据岩性特征将围岩划分为脆性围岩破坏和塑性围岩破坏，再根据各自不同的结构和受力特征，细分为张裂塌落、劈裂剥落、剪切滑移和剪切破裂、岩爆、弯折内鼓、碎裂松动、塑性挤出、膨胀内鼓、重力坍塌等破坏形式。Martin 等根据地应力水平、岩体强度和结构面发育程度将脆性岩体地下工程围岩的力学响应和潜在破坏模式划分为 9 种类型；Hudson 等根据失稳的控制因素将围岩破坏分为结构控制型破坏和应力控制型破坏两大类；于学馥等研究了岩体的破坏模式及其分类和控制方法；李宁等针对地下厂房母线洞环向裂缝的成因进行了分析；李仲奎、魏进兵、卢波、黄润秋、侯哲生等针对锦屏一级、二级水电站从不同角度分析了围岩开裂变形机制、破坏模式、处理措施等；向天兵、吴文平等针对深埋硬岩隧洞围岩的破坏模式进行了分类，并针对每类破坏模式都提出了相应调控策略。地下工程围岩开挖响应和破坏模式分类见表 6.1-1。

Martin 等按照应力强度比 σ_1/σ_c 和围岩 RMR 分级将岩体地下工程的硬质岩潜在破坏模式划分为 9 种类型，见表 6.1-1。该方法准确而定量地给出了地应力和结构特征两大控制因素的表达方法，即强度应力比和围岩 RMR 分类，在实际工程中应用起来十分方便，目前仍能够被广泛接受；但该方法偏重于围岩不同条件下的力学行为，不是真正意义上的具体破坏模式（如开裂、岩爆等）。

表 6.1-1　　地下工程围岩开挖响应和破坏模式分类（Martin 等）

初始应力	完整岩体（$\mathrm{RMR}>75$）	块状岩体（$50<\mathrm{RMR}<75$）	破碎岩体（$\mathrm{RMR}<50$）	围岩破坏特征描述
低初始应力条件（$\sigma_1/\sigma_c<0.15$）	线弹性响应	块体滑动破坏	块体在开挖面呈散体破坏	一般不出现应力型破坏特征
中等初始应力条件（$0.15<\sigma_1/\sigma_c<0.40$）	临近开挖面的脆性破坏	咬合部位局部脆性破坏和块体滑动	咬合部位局部脆性破坏和沿结构面散体破坏	较普遍中等程度应力型破坏特征
高初始应力条件（$\sigma_1/\sigma_c>0.40$）	绕开挖面环状脆性破坏	完整岩石的脆性破坏和块体滑移	岩石的挤压与鼓胀和弹塑性连续特性	较严重且普遍的应力型破坏特征

大型地下洞室群岩性多样，工程地质条件复杂，地应力高，地下洞室破坏模式的分类采用层次分类方法：依据围岩响应特征控制的内在因素确定破坏模式的主类，根据具体的表现形式确定破坏模式的亚类，再根据具体的发生条件确定破坏模式的命名。第一个层次的划分依据是“控制因素”，也即岩性、岩体结构特征和地应力特征。第二个层次按照对围岩破坏影响大小，分为“变形问题”“结构面控制型破坏问题”“应力控制型破坏问题”“应力-结构面组合型问题”等类型。第三个层次的划分依据是“破坏机理和发生条件”，即在特定的岩体结构和受力作用下，围岩破坏的发生过程和机制。分类结果是对各种具体破坏形态的归类总结，既考虑岩体结构特征和地应力特征，又考虑两者的组合关系，并结合特定的岩性特征、工程部位、洞群空间关系和开挖支护过程等具体条件，对围岩破坏的各种具体的、典型的表现形式进行分类。考虑大型地下洞室群的特殊性，吸收现有文献中关于洞室群围岩失稳破坏问题的研究和工程应用成果，对大型洞室群围岩的破坏模式从3个层次上进行分类，归纳总结出大型地下洞室群围岩典型破坏模式分类（图6.1-7）。

本章以下内容将重点针对最具白鹤滩特色的典型围岩破坏类型展开分析，包括围岩高应力破坏、层间错动带控制的围岩破坏和柱状节理岩体松弛与解体破坏的发生条件、破坏模式和破坏特征。

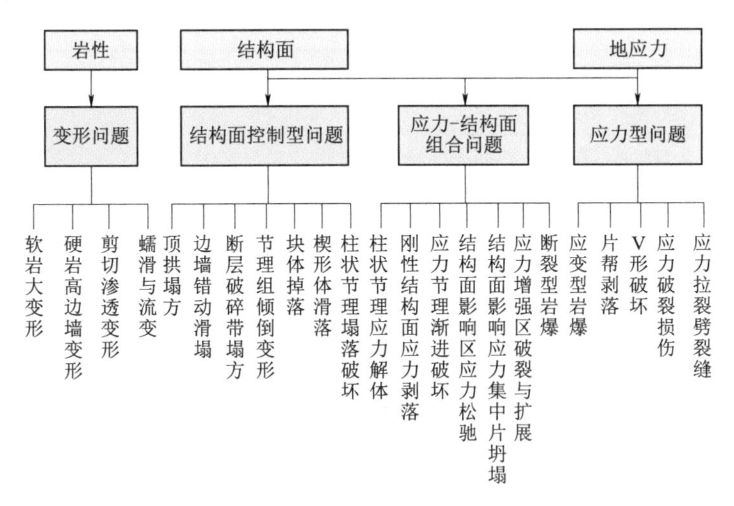

图 6.1-7 大型地下洞室群围岩典型破坏模式分类

6.2 左岸洞室群围岩破坏特征

6.2.1 应力控制型脆性岩体破坏

6.2.1.1 片帮破坏

左岸地下厂房岩体以脆性岩石为主，地应力一般为 19～23MPa，最大水平应力实测值达 33.39MPa，属高地应力量级，最小围岩强度应力比仅为 3.22，施工过程中常发生片帮现象，并可听到岩石爆裂声。片帮位置及特征与地应力大小、方向密切相关，见表 6.2-1，左岸地下厂房片帮大多数发生在上游侧顶拱偏拱肩部位，这与左岸厂房区第一主应力方向与厂房轴线大角度相交、缓倾上游边墙相关。洞室开挖后，在厂房上游侧拱肩产生应力集中，从而在上游侧拱肩产生片帮。刚开挖时片帮发育深度一般为 10～30cm，局部达 50～70cm，后期深度增加，最大深度可达 200cm，片帮垂直洞轴线宽度一般 3～5m，最宽 8m，典型破坏见图 6.2-1。

图 6.2-1 厂房上游侧拱肩第一序扩挖左厂 0+330～0+340m 片帮

在勘探平洞内片帮主要发生在斜斑玄武岩、隐晶质玄武岩内，部分发生在杏仁状玄武内，很少发生在角砾熔岩内。施工阶段片帮在左岸厂房各岩性层内均有发育，但仍存在一定的关系：隐晶质玄武岩最为发育，其次为斜斑玄武岩，再次为角砾熔岩，因杏仁状玄武岩在厂房顶拱出露很少，没有统计意义。造成差异的原因可能与尺寸效应有关。

表 6.2-1　　左岸地下厂房片帮统计表

开挖阶段	部　位	开挖洞长/m	片帮段洞长/m	片帮段百分比
第Ⅰ层（顶拱）	上游侧第一序扩挖	453	214	47%
	上游侧第二序扩挖	453	181	40%
	中导洞	453	258	60%
	下游侧第一序扩挖	453	0	0
	下游侧第二序扩挖	453	0	0
第Ⅱ、Ⅲ层	上游边墙	453	0	0
	下游边墙	453	0	0

与厂房类似地，主变洞轴线方向与NW第一主应力大角度相交，在上游拱肩（临江侧）部位形成应力集中，从而易发生应力型破坏，主要表现为片帮剥落且持续发展。片帮主要发生在第Ⅰ层上游侧顶拱（表6.2-2），其余部位基本不发生。第Ⅰ层上游侧顶拱片帮主要发生在桩号左厂0+085～0+200m段，桩号左厂0+228～0+241m、左厂0+270～0+320.45m局部洞段也有片帮现象。片帮深一般10～30cm，局部达30～50cm。片帮主要发育在斜斑玄武岩中，少量发育在杏仁状玄武岩、隐晶质玄武岩、角砾熔岩中。

表 6.2-2　　左岸主变洞片帮统计表

开挖阶段	部　位	开挖洞长/m	片帮段洞长/m	片帮段百分比
顶拱	上游侧顶拱	368	105	29%
	中导洞	368	116	32%
	下游侧顶拱	368	0	0
边墙	上游侧边墙	368	8	2%
	下游侧边墙	368	0	0

图 6.2-2　左岸尾水管检修闸门室中导洞桩号K0+025～K0+035m上游侧顶拱片帮

左岸尾水管检修闸门室顶拱受高地应力影响产生片帮，主要分布在中导洞及上游侧顶拱，片帮洞段长度百分比分别为20%、26%，下游侧顶拱未见（表6.2-3）。片帮主要发生的洞段在桩号K0+015～K0+120m段上游侧顶拱，岩性为隐晶质玄武岩，深度一般0.2～0.5m，宽度一般3～6m（图6.2-2），表现为片状剥落，支护完成后便无发展。

此外，左岸尾水管检修闸门室层间错动带C_2以下局部存在应力集中现象，应力型破坏明显，主要分布在隐晶质玄武岩中，岩质坚硬性脆，隐微裂隙发育，故多以破裂破坏为主。少数应力集中但裂隙不发育部位则表现为片帮，片帮主要分布在6号闸门井高程601～580m上、下游侧边墙，表现为片状剥落，分布长度一般3～8m，局部分布长度18m，宽度3～6m，深度20～50cm。

表6.2-3 左岸尾水管检修闸门室片帮统计表

部 位	开挖洞长/m	片帮段洞长/m	片帮段百分比
上游侧顶拱	374.5	75	20%
中导洞	374.5	97	26%
下游侧顶拱	374.5	0	0

1号、2号尾水调压室穹顶片帮零星发育，主要分布于穹顶与边墙交界附近，方位上无规律性，多发生在隐晶质玄武岩内，刚开挖时片帮发育深度一般为10～30cm，单块范围环向长度8～14m，宽度2～3m，支护后便无发展。3号尾水调压室穹顶片帮范围主要分布于高程654～658m，方位上集中于NE及SW，与第一主应力方向大角度相交，多发生在隐晶质玄武岩内，开挖时片帮发育深度一般为10～30cm，局部40cm，单块范围环向长度15～20m，高度为2～4m，支护后便无发展，见图6.2-3。

1号尾水调压室井身开挖至高程558m时，层间错动带C_2在高程609～624m间揭露，片帮主要分布于穹顶与边墙交界高程631～637.6m部位，层间错动带C_2下盘片帮零星分布，方位上集中于NE及SW向，多发生在隐晶质玄武岩内，开挖时片帮发育深度一般为10～30cm，单块范围环向长度12～14m，高度为4～6m，支护后便无发展。

2号尾水调压室井身开挖至高程565m时，层间错动带C_2在高程620～634m间揭露，片帮主要分布于井身层间错动带C_2以下高程600～630m，方位上集中于N45°W～N之间，SE侧可见局部发育，多发生在隐晶质玄武岩内，开挖时片帮发育深度一般为10～30cm，单块范围环向长度10～12m，高度3～5m，支护后便无发展。

3号尾水调压室井身开挖至高程558m时，层间错动带C_2在高程629～644m间揭露，片帮范围位于C_2以下5～35m，区间高程604～635m，集中分布在方位角N45°W～N及S55°E～S（顺时针）两处，上窄下宽，展布形状似直角梯形，单处顺井环长度10～18m，分布位置见图6.2-4。

图6.2-3 3号尾水调压室穹顶片帮

图6.2-4 3号尾水调压室高程635～630m方位角N45°W～N10°W片帮现象

2号～4号尾水调压室井身片帮范围内岩性为隐晶质玄武岩、杏仁状玄武岩，岩体以块状结构为主，局部呈次块状结构，发育一组N30°～60°W陡倾角裂隙，片帮深度大部分为20～30cm，局部50～80cm，均属浅表层破坏，主要表现形式为岩体的片状剥落。

总体上，由表6.2-4统计可见，尾水调压室片帮破坏范围较小，且与层间带C_2有一定的相关性。

表6.2-4　　左岸尾水调压室片帮百分比统计表

部位		片帮面积/m²	洞室面积/m²	片帮段百分比
1号尾水调压室	穹顶	67.3	3617.3	1.9%
	井身	233.0	12004.8	1.9%
2号尾水调压室	穹顶	13.0	3542.3	0.4%
	井身	532.5	10776.1	4.9%
3号尾水调压室	穹顶	262.5	2386.4	11.0%
	井身	692.1	12681.5	5.5%
4号尾水调压室	穹顶	41.1	2162.0	1.9%
	井身	1008	11737.3	8.6%

左岸尾水连接管及扩散段为高地应力区，轴线方向与最大主应力方向近于平行，施工支洞与最大主应力近于垂直，洞室主要位于层间错动带C_2下盘，局部存在地应力增高区。

尾水连接管及扩散段片帮主要分布于顶拱及拱肩附近，边墙少量分布，方位上无规律，多发生在隐晶质玄武岩内，刚开挖时片帮发育深度一般为10～30cm，局部30～50cm，少量50～80cm，单块范围长度2～10m，宽度3～8m，片帮分布及面貌分别见图6.2-5和图6.2-6。开挖面产生片帮破坏的面积一般小于10%～20%，统计见表6.2-5。

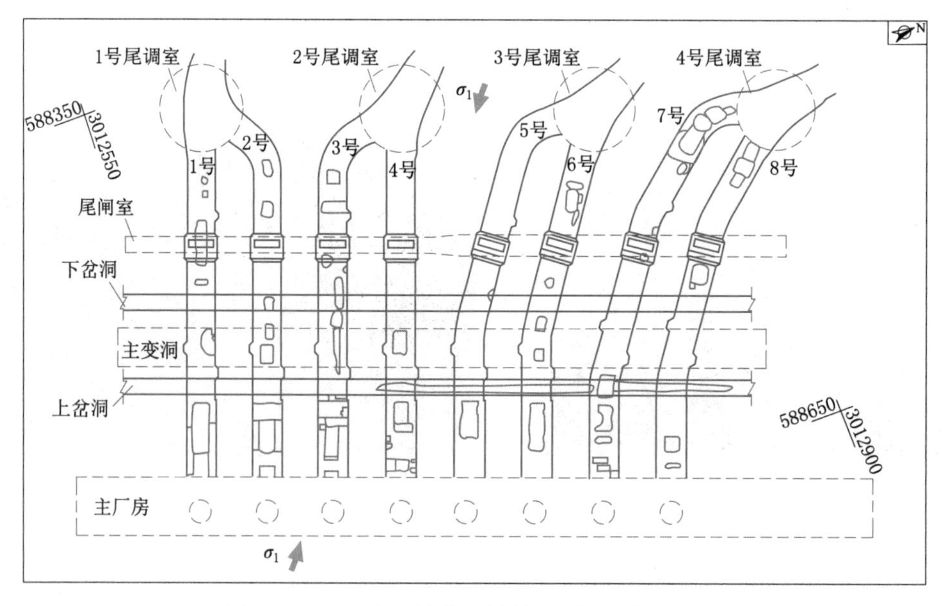

图6.2-5　尾水连接管及扩散段顶拱片帮分布图

表 6.2-5　　左岸尾水连接管及扩散段顶拱岩爆（片帮）面积统计表

尾水连接管及扩散段编号	开挖面积/m^2	片帮面积/m^2	片帮百分比	尾水连接管及扩散段编号	开挖面积/m^2	片帮面积/m^2	片帮百分比
1号	5106.42	1127.4	22.1%	5号	6039.42	283.9	4.7%
2号	5641.62	886.12	15.7%	6号	4695.62	527.34	11.2%
3号	5648.52	926.41	16.4%	7号	6397.12	967.25	15.1%
4号	5108.02	447.32	8.8%	8号	5921.02	453.5	7.7%

6.2.1.2　破裂破坏

地下厂房开挖过程中，上游侧拱肩及下游边墙分层墙角产生应力集中，当应力集中水平大于启裂强度且围压水平相对较高时，可能致使脆性岩体产生破裂破坏。在勘察阶段，因勘探平洞规模小，应力集中程度相对较低，尚未出现明显破裂破坏现象。白鹤滩地下厂房规模巨大，跨度达 34m，洞室采用分层分部分块开挖，洞室围岩应力随着洞室开挖形状变化不断调整，局部产生了明显的破裂破坏现象。

第Ⅰ层开挖过程中，中导洞上游侧顶拱及上游侧第一序扩挖部位顶拱因片帮破坏形成凹坑，凹坑一般在垂直厂房轴线方向形成错台、台坎，台坎周边岩体在已（部分）支护的情况下受高应力影响发生破裂破坏现象，破裂面与开挖临空面近于平行，见图 6.2-7。

图 6.2-6　3号尾水扩散段桩号 K0+055～K0+058m 段顶拱片帮

图 6.2-7　左厂 0+320m 上游侧顶拱与中导洞交界部位岩体破裂

表 6.2-6 的统计表明，下游边坡的片帮破坏范围大于上游。上、下游两侧边墙破裂破坏现象一般发生在开挖界面处及分层底脚部位，破裂面与开挖临空面近于平行，中等倾角为主，倾向临空面，深度一般 10～30cm，最深 50～150cm，见图 6.2-8。下游侧边墙破裂破坏现象较上游侧边墙更明显，主要与第一主应力倾向上游侧及层间错动带 C_2 下盘存在应力集中区相关。

高程 562.9m 以上边墙破裂破坏主要在层间错动带 C_2 下盘岩体内最发育，尤以与 C_2 相距大于 5m 以上的范围最为明显，特别是 $P_2\beta_2^3$ 隐晶质玄武岩内，呈现出高频发、影响深度大、条带状、分布范围广等特征；层间错动带 C_2 上盘岩体破裂破坏现象在角砾熔岩中最发育，斜斑玄武岩次之，在隐晶质玄武岩中仅少量发育。

表 6.2-6　　左岸地下厂房破裂破坏长度统计表

开挖阶段	部　位	开挖洞长/m	破裂破坏段洞长/m	破裂破坏段百分比
第Ⅰ层	上游侧拱肩	453	199	44%
	中导洞顶拱	453	355	78%
	下游侧拱肩	453	0	0
第Ⅱ层	上游侧边墙	438	10	2%
	下游侧边墙	438	71	16%
第Ⅲ层	上游侧边墙	438	0	0
	下游侧边墙	438	74	17%
第Ⅳ层	上游侧边墙	438	0	0
	下游侧边墙	438	51	12%
第$Ⅴ_1$层	上游侧边墙	359	8	2%
	下游侧边墙	359	32	9%
第$Ⅴ_2$层	上游侧边墙	359	15	4%
	下游侧边墙	359	50	14%
第$Ⅵ_1$层	上游侧边墙	359	20.5	6%
	下游侧边墙	359	44	12%
第$Ⅵ_2$层	上游侧边墙	359	14	4%
	下游侧边墙	359	69	19%
第$Ⅶ_1$层	上游侧边墙	359	5	1%
	下游侧边墙	338	57	17%
第$Ⅶ_2$层	上游侧边墙	326.5	0	0
	下游侧边墙	326.5	104	32%

高程 562.9m 底板及机坑层边墙都出现了沿岩流层层面卸荷回弹形成的破裂破坏，下游侧破坏程度大于上游侧，尤以 $P_2\beta_2^3$ 隐晶质玄武岩内表现最为强烈，多形成间距 5～40cm 平行断续发育的破裂面，表层微张～张开状，底板沿面呈台坎状，见图 6.2-9。

图 6.2-8　左岸地下厂房第Ⅶ层下游侧边墙 0+253m 处破裂破坏

图 6.2-9　厂房高程 562.9m 底板隐晶质玄武岩内卸荷回弹引起的破裂破坏

左岸主变洞上游侧顶拱因片帮破坏形成凹坑，凹坑一般在垂直主变洞轴线方向形成错台、台坎，台坎周边岩体在已（部分）支护的情况下受高应力影响发生破裂破坏现象，破裂面与开挖临空面近于平行。中导洞顶拱桩号左厂 0+120～0+160m 段岩性为 $P_2\beta_3^1$ 层斜斑玄武岩，次块状结构为主，上方 30～50cm 范围产生破裂破坏，局部脱空 5～15cm（图 6.2-10）。

下游侧边墙第Ⅳ层桩号左厂 0+170～0+176m、左厂 0+214～0+226m 及第Ⅴ层桩号左厂 0+170～0+190m 段揭露岩性为 $P_2\beta_2^3$ 层角砾熔岩、隐晶质玄武岩，岩体以次块状结构为主，受高地应力影响有破裂破坏现象，深度 20～50cm。

主变洞底板，特别是下游侧边墙底角部位卸荷回弹现象明显，多形成间距 5～40cm、平行发育的破裂面，表部呈微张～张开状。破裂面在边墙处表现为走向与开挖面近平行，倾向临空面，下游侧破坏程度大于上游侧，尤以 $P_2\beta_2^3$ 隐晶质玄武岩内表现更为强烈，底板多呈台坎状（图 6.2-11）。底板在受应力集中、爆破震动等综合因素影响，整体超挖较大，一般在 40～70cm，局部达 1.5～2.0m，破坏占比约为 31%，见表 6.2-7。

图 6.2-10 左岸主变洞桩号左厂 0+130m 处顶拱岩体破裂破坏

图 6.2-11 主变洞底板围岩卸荷回弹引起的破裂破坏

表 6.2-7 左岸主变洞破裂破坏面积统计表

部 位	开挖面积/m²	破裂破坏面积/m²	破裂破坏面积百分比
下游侧边墙	12407	85	0.7%
南端墙	794	14	1.8%
底板	7728	2392	31%

左岸尾水管检修闸门室围岩破裂破坏主要分布在岩壁梁及其下部边墙。岩壁梁由于其体型原因，局部存在应力集中，且岩壁梁存在两面临空，在开挖过程中受卸荷回弹影响，沿原有结构面产生破裂，走向与边墙近于平行，倾向洞内，局部掉块形成凹坑。

岩壁梁下部围岩破裂破坏主要分布在下游边墙，少数上游边墙及南北边墙。破裂破坏部位岩性主要为隐晶质玄武岩、斜斑玄武岩及角砾熔岩（局部凝灰质含量较高）。隐晶质玄武岩及斜斑玄武岩均属于脆性岩体，隐微裂隙较发育，启裂强度低，角砾熔岩成分混杂，局部凝灰质胶结，岩体胶结较差，应力集中的情况下，岩体产生破裂，局部掉块形成凹坑（图 6.2-12）。

破裂破坏平面上主要分布在南侧1号～4号闸门井，立面上主要分布在C_2下盘（岩梁以下27m出露），推测与尾闸室C_2下部围岩应力集中及尾闸室南侧洞室变形较强相关。

左岸尾水调压室穹顶自上而下采用先中间后两边的开挖程序，每层先开挖内环，再开挖外环，围岩应力随着洞室开挖形状变化不断调整。受层间错动带C_2影响，破裂破坏现象主要集中于C_2下盘5m范围以外，方位上N75°W～N20°E及S50°E～S（顺时针），与片帮现象同时存在，开挖后便发生了破裂破坏，出现岩体开裂及局部掉块，形成凹坑，及时支护后便无发展。

3号、4号尾水调压室井身破裂破坏范围内岩性为隐晶质玄武岩，岩体以次块状结构为主，局部呈镶嵌结构，微裂隙发育，破坏深度以20～30cm为主，局部50～100cm，均属浅表层破坏，主要表现形式为岩体的薄层状开裂、掉块（图6.2-13）。

图6.2-12　尾水管检修闸门室2号闸门井高程577～574m北侧边墙破裂破坏

图6.2-13　3号尾水调压室高程630～633m段方位角NN15°E破裂破坏现象

破裂破坏现象主要出现在3号、4号尾水调压室井身边墙层间错动带C_2下部。各尾水调压室破裂破坏统计见表6.2-8。

表6.2-8　　左岸尾水调压室破裂破坏统计表

部　位		破裂破坏面积/m²	洞室面积/m²	破裂破坏面积百分比
1号尾水调压室	穹顶	—	3617.3	
	井身	540.5	12004.8	4.5%
2号尾水调压室	穹顶	—	3542.3	
	井身	452	10776.1	4.2%
3号尾水调压室	穹顶	—	2386.4	
	井身	299.5	12681.5	2.4%
4号尾水调压室	穹顶	—	2162.0	
	井身	314.4	11737.3	2.7%

6.2.1.3　松弛垮塌

左岸地下厂房局部洞段岩体完整性差，在开挖后未能及时支护的情况下，随着松弛不断发展，会发生岩体松弛垮塌现象。如左岸厂房第Ⅳ～Ⅶ层边墙与母线洞、运输通道、压力管道下平段形成的边口部位，受爆破震动、地应力调整及开挖卸荷影响，多出现岩体松弛现象，松弛开裂面多呈弧形，松弛深度一般1～3m，局部岩体松弛塌落（图6.2-14）。

2017年3月9日下午18时左右5号尾水连接管桩号K0+000～K0+016m段进行第二层开挖爆破，左岸尾水连接管1号施工支洞上岔洞（尾水连接管4号～8号之间）顶拱及临江侧拱肩岩体发生开裂、坍塌，深度1～3m，局部3～4m（图6.2-15）。经分析坍塌原因主要有：①洞室位于C_2下盘应力集中区，与第一主应力方向N30°～50°W夹角较大，不利围岩稳定；②周边洞室较多，距离较近，采空率较高；③陡、缓倾角裂隙发育，面附钙膜，相互切割；④柱状节理发育，岩质较脆，且柱体内隐微裂隙发育，岩体破碎；⑤上岔洞系统支护相对较弱；⑥开挖爆破引起地应力急剧调整。

图6.2-14　厂房第Ⅴ层下游侧边墙与1号母线洞交叉口岩体松弛垮塌

图6.2-15　上岔洞（4号～5号尾水连接管之间）顶拱坍塌

6.2.2　结构面控制型块体破坏

白鹤滩左岸地下厂房洞室群开挖过程中块体破坏规模不大，主要分为以断层为确定性结构面的半定位块体，优势裂隙组合形成的随机块体，以及柱状节理控制的块体塌落、掉块。

6.2.2.1　大型构造控制

左岸地下厂房发育层内错动带LS_{3152}等缓倾角结构面，斜切顶拱，切出部位的下盘岩体在开挖过程中产生了不同程度的塌落，见图6.2-16。

层间错动带C_2斜切两侧边墙，下游边墙与安装间端墙拐角处最高，高程600m，在主厂房北侧端墙处位于边墙中部（高程591m），延伸至左厂0+025m处时降到高程562.9m，视倾角约6°；上游侧边墙相应桩号揭露位置较下游侧低约9m。$P_2\beta_2^1$层凝灰岩及层间错动带C_2岩质软弱，边墙开挖后，层间错动带C_2上下盘岩体变形不协调，产生剪切变形。

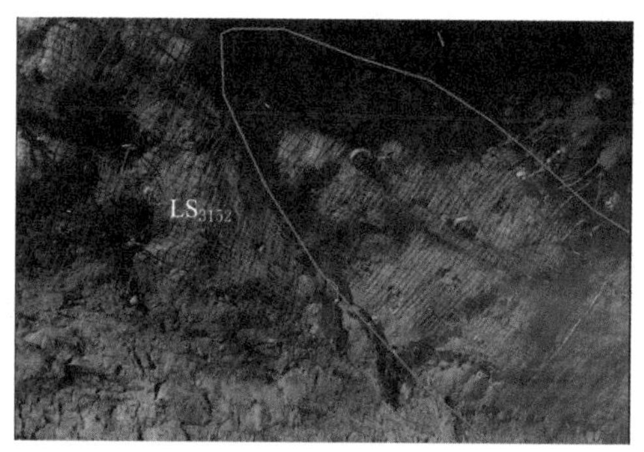

图6.2-16　厂房中导洞顶拱左厂0-060～0-038m沿层内错动带LS_{3152}塌落

置换洞对控制C_2剪切变形的作用明显，阻断了沿C_2的错动变形向围岩深部扩展，错动变形主要发生在厂房边墙至置换洞间的围岩内。2016年1月厂房安装间段（桩号左厂0+285～0+330m）第Ⅳ层下游侧边墙完成预裂爆破，2016年7月开挖完成后，C_2上盘岩体没有明显破坏现象，但局部向厂内变形2～4cm，见图6.2-17。同时，置换洞回填混凝土局部出现的裂缝且发生在厂房边墙层间错动带揭露时期，后续8.4节将进一步结合7.3.1小节的测斜仪监测成果开展反馈分析。除了整体的错动变形外，局部岩体完整性较差部位产生了塌落破坏，见图6.2-18。

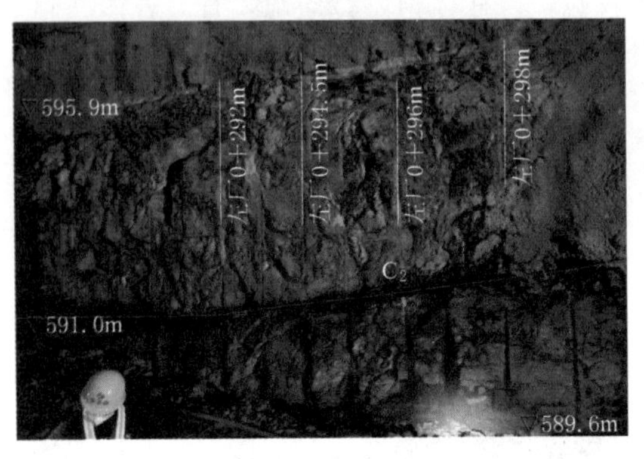

图6.2-17　厂房第Ⅳ层下游侧边墙桩号左厂0+290～0+300m开挖面貌

图6.2-18　左岸地下厂房第Ⅵ₂层下游侧边墙桩号左厂0+156～0+145m段塌落

左岸尾水管检修闸门室边墙缓倾结构面较发育，主要揭露层间错动带C_2及顺层向缓倾裂隙。层间错动带C_2斜切尾闸室边墙，由于层间错动带C_2揭露部位凝灰岩及下部角砾熔岩强度较低，沿层间错动带C_2产生塌落现象较为普遍，塌落深度30～50cm，长度一般3～5m，少数达10m，宽度2～5m，见图6.2-19。

3号尾水调压室井身C_2以下发育断层$f_{(01)}$、$f_{(02)}$，两条断层均与井身相切，相切部位的薄层岩体开挖后便发生了塌落，深度20～40cm，见图6.2-20。

图6.2-19　尾水管检修闸门室3号闸门井上游侧边墙高程600～597m沿层间错动带C_2塌落面貌

图6.2-20　3号尾水调压室井身（方位NE向）沿断层$f_{(01)}$塌落成光面

6.2.2.2 随机裂隙控制

3号尾水调压室井身 C_2 以下发育优势裂隙①、②，相切部位的薄层岩体开挖后便发生了塌落，见图6.2-21。

4号尾水调压室与4号尾水隧洞交岔部位岩体同样发生塌落。塌落部位位于4号尾水隧洞进口顶拱，高程561～571m，高8～10m，宽13～15m（垂直于尾水隧洞轴线方向），长为12～15m（顺尾水隧洞轴线方向，对应尾水隧洞桩号为LW④0+022.25～LW④0+037m），塌落边界左侧为裂隙 T_1，后缘为裂隙 T_2，顶部为断续破裂面和拉断面，塌落方量约600m³，见图6.2-22。导致左岸4号尾水隧洞与4号尾水调压室交岔部位岩体塌落的因素有多种且较复杂，主要为高地应力与不利结构面共同作用导致的围岩破裂扩展，加之4号尾水调压室井壁高程572m处锚索未张拉，锚固力不足，受周边爆破震动所致。

图6.2-21 3号尾水调压室井身（方位SW向）沿优势裂隙②塌落成光面

图6.2-22 4号尾水调压室与4号尾水隧洞交岔口塌落部位结构面分布特征

6.2.2.3 柱状节理控制

左岸厂房揭露的 $P_2\beta_3^1$ 层隐晶质玄武岩发育第三类柱状节理，柱体大，柱面与缓倾裂隙相互切割，在边墙形成的块体产生失稳破坏，超挖深度一般0.5～0.8m，少量1.0～2.0m。在与厂房边墙相交的洞室边口部位，更易形成块体，边口部位的最大超挖深度可达3.0～4.0m，见图6.2-23。

左岸主变洞揭露 $P_2\beta_3^1$ 层底部发育第三类柱状节理玄武岩，柱体大，当柱面切割完整或与缓倾裂隙相互切割时，易在边墙形成块体失稳破坏，该破坏是主变洞边墙破坏的主要破坏形式（图6.2-24），开挖面发生块体破坏的比例一般为3%～9%。

左岸尾水调压室 $P_2\beta_3^1$ 层发育第三类柱状节理玄武岩，柱体大，局部柱面完整，与陡缓裂隙相互切割，在边墙形成块体，造成边墙垮塌。如1号尾水调压室井身边墙高程616～619m，方位角N65°E～N75°E发生块体破坏，垮塌长度约4m，高度约3m，深度约0.5m，方量约6m³，见图6.2-25。

层间错动带 C_2 上盘13～20m范围内发育 $P_2\beta_3^1$ 层第三类柱状节理玄武岩，柱体大，面光滑且扭曲，不规则发育，受开挖卸荷影响，沿柱面多处产生塌落，破坏较为普遍，边墙开挖形态较差，如3号闸门井北侧边墙高程610～607m沿陡倾柱面塌落，深度20～50cm，见图6.2-26。

图 6.2-23　左岸厂房下游边墙（6号母线洞上部）普遍沿柱面塌落

图 6.2-24　左岸主变洞第Ⅳ层下游侧边墙左厂 0+100～0+124m 块体破坏

图 6.2-25　1号尾水调压室井身高程 616～619m 方位角 N65°E～N75°E 范围块体破坏

图 6.2-26　3号闸门井北侧边墙高程 610～607m 沿陡倾柱面塌落

6.3　右岸洞室群围岩破坏特征

6.3.1　应力控制型脆性岩体破坏

6.3.1.1　片帮破坏

右岸地下厂房岩体以脆性岩石为主，由于埋深相对较大，地应力一般在 26MPa 左右，最大水平应力实测值达 30.99MPa，属高地应力量级，最小围岩强度应力比多仅为 2.85，施工过程中常发生片帮现象，并可听到岩石爆裂声。片帮位置及特征与地应力大小、方向密切相关，右岸地下厂房片帮大多数发生在上游侧拱肩偏拱顶部位（表 6.3-1），与右岸厂房区第二主应力方向与厂房轴线大角度相交，缓倾上游边墙有关。洞室开挖后，在厂房上游侧拱肩产生应力集中，从而在上游侧拱肩产生片帮。片帮发育一般深度为 10～30cm，局部达 50～70cm，片帮垂直洞轴线宽度一般 3～8m，最宽 12m，见图 6.3-1。在勘探平洞内片帮主要发生在斜斑玄武岩、隐晶质玄武岩内，部分发生在杏仁状玄武岩内，很少发生在角砾熔岩内。施工阶段片帮在右岸厂房各岩性层内均有发育，并存在一定的关系：斜斑玄武岩最为发育，其次为隐晶质玄武岩、杏仁状玄武岩，再次为角砾熔岩。

表 6.3-1　　右岸地下厂房片帮长度统计表

部　位	开挖洞长/m	片帮段洞长/m	片帮段百分比
上游侧拱肩	453	97	21.4%
拱顶（中导洞）	453	83	18.3%
下游侧拱肩	453	11	2.4%

右岸主变洞顶拱施工过程中常发生片帮现象，并可听到岩石撕裂声。片帮大多数发生在上游侧顶拱偏拱肩部位（图 6.3-2），片帮长度比例约占主变洞总长的 40%左右。下游侧顶拱也有少量片帮现象，主要发生在南侧层间错动带 C_4 上盘。片帮长度比例约占主变洞总长的 8%左右（表 6.3-2）。右岸主变洞边墙在开挖过程中未见片帮现象。

图 6.3-1　右岸地下厂房上游侧拱肩右厂 0+160～0+167m 片帮

图 6.3-2　右岸主变洞上游侧顶拱右厂 0+008～0+015m 片帮形成的光面

表 6.3-2　　右岸主变洞片帮长度统计表

部　位	开挖洞长/m	片帮段洞长/m	片帮段百分比
上游侧顶拱	368	155	42%
中导洞	368	147	40%
下游侧顶拱	368	29	8%

右岸尾水管检修闸门室片帮大多数发生在顶拱（中导洞）部位，以片帮为主，有少量岩爆（图 6.3-3）。片帮洞段长度约占 30%，少量发生在上游侧拱肩部位，见表 6.3-3。右岸尾水管检修闸门边墙施工过程中偶见片帮现象。

表 6.3-3　　右岸尾水管检修闸门室片帮长度统计表

部　位	开挖洞长/m	片帮段洞长/m	片帮段百分比
上游侧顶拱	374.5	10	3%
中导洞	374.5	112	30%
下游侧顶拱	374.5	0	0

图 6.3-3　右岸尾水管检修闸门室顶拱 K0+100～K0+107m 岩爆

右岸尾水调压室片帮主要分布在岩体较完整的杏仁状玄武岩、隐晶质玄武岩中，受层间错动带 C_4、C_5、断层 F_{54} 影响的局部应力集中区片帮也较为发育，少量中等岩爆并伴有轻微弹射。

5号尾水调压室穹顶片帮主要发生在方位 E～S70°E，高程 639m 以上，环向长度 3～7m，深度一般 10～30cm。5号尾水调压室竖井段发生片帮的洞段较少，主要集中在方位 N10°E～N45°E 及 E～S70°E，高程 630～634m，环向长度 7～13m，深度一般在 10～30cm。

6号、7号、8号尾水调压室受层间错动带 C_4、C_5 及断层 F_{54} 影响局部应力集中，片帮发育面积明显多于5号尾水调压室，破坏范围与一次性开挖长度相关，开挖后偶尔听到岩石劈裂声。

6号尾水调压室受断层 F_{54} 影响，应力集中现象尤为明显，穹顶和竖井段片帮都主要发生在断层 F_{54} 附近（方位 N80°E～S50°E 及 S80°W～N50°W），深度一般 10～30cm，局部 30～70cm，环向长度 5～24m，穹顶发生片帮的面积大约占穹顶面积的 11.7%，竖井段发生片帮的面积大约占已开挖竖井段的 4.5%。右岸尾水调压室片帮面积统计见表 6.3-4。

表 6.3-4　　右岸尾水调压室片帮面积统计表

部　　位		片帮（含岩爆）面积/m²	开挖面积/m²	片帮段百分比
5号尾水调压室	穹顶	93	2904	3.2%
	竖井段	85	6077	1.4%
6号尾水调压室	穹顶	367	3150	11.7%
	竖井段	307	6861	4.5%
7号尾水调压室	穹顶	328	3282	10.0%
	竖井段	289	4576	6.3%
8号尾水调压室	穹顶	335	3935	8.5%
	竖井段	217	5277	4.1%

7号尾水调压室穹顶片帮主要发生在 C_4 下部 5～12m 范围，方位 WN20°E，环向长度 4～32m，C_4 上部发育位置较分散，环向长度 3～7m，片帮破坏深度一般在 10～30cm，局部达 50～80cm，面积大约占穹顶面积的 10%。竖井段片帮主要发生在方位 S70°W～N60°W 范围内，环向长度 6～8m，片帮破坏深度一般 10～30cm，面积大约占已开挖竖井段面积的 6.3%。

8号尾水调压室片帮主要发生在 C_4～C_5 中间及两侧附近，方位 E～S 及 S75°W～N40°W，环向长度 5～20m，深度一般 10～30cm，局部达 50～65cm，穹顶片帮、岩爆破坏面积大约占穹顶面积的8.5%，竖井段片帮面积大约占已开挖竖井段的4.1%。其中2016年12月28日在完成高程626～630m的方位S67°W～N11°E范围开挖后，方位N88°W～N47°W范围发生中等岩爆，并伴有轻微弹射，影响深度10～65cm，见图6.3-4。

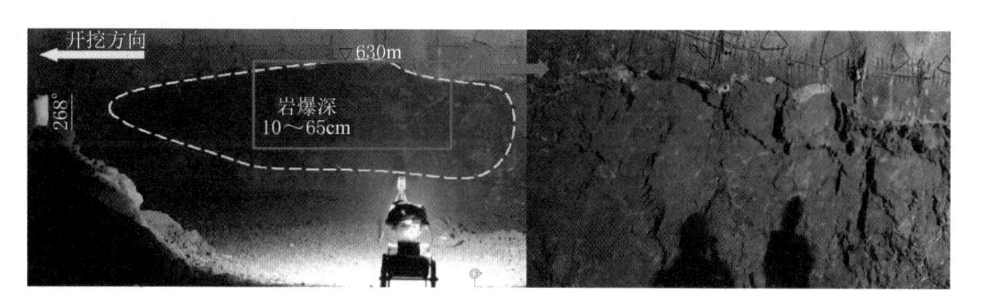

图6.3-4 8号尾水调压室高程626～630m、N88°W～N47°W范围中等岩爆

根据开挖揭示的现象分析，右岸尾水调压室片帮破坏主要特点有：片帮破坏主要发生在隐晶质玄武岩、杏仁状玄武岩和受层间错动带C_4、C_5、断层F_{54}影响的局部应力集中岩体中；片帮破坏破坏范围与一次性开挖长度相关性较大；与最大主应力方向交角较大；竖井段片帮破坏的占比要比穹顶片帮的占比小。

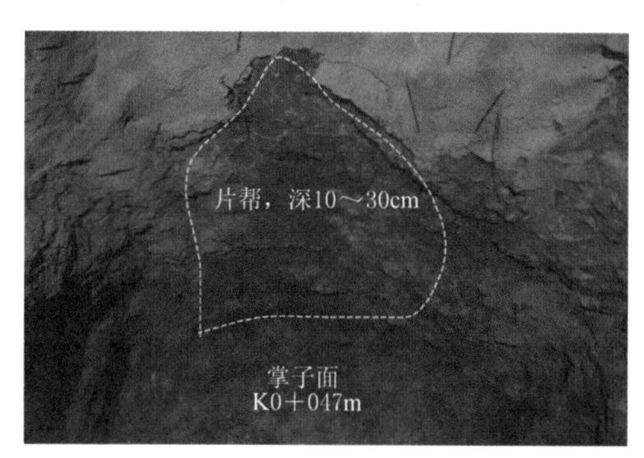

图6.3-5 右岸10号尾水连接管中导洞桩号K0+038～K0+047m段片帮面貌

右岸尾水连接管及扩散段属高地应力区，最大主应力方向与轴线大角度相交，施工过程中常发生片帮现象，并可听到岩石劈裂声。统计表明，右岸尾水连接管及扩散段片帮基本发生在顶拱的位置，发育深度一般10～50cm，局部达80cm。片帮主要发生在杏仁状玄武岩、隐晶质玄武岩内，角砾熔岩内发育较少。其中，10号尾水连接管及扩散段整体位于C_3下盘4～12m处，局部在其下盘15～18m处，应力较为集中，片帮最为严重（图6.3-5）片帮洞段占其总长的50%（表6.3-5）。

表6.3-5　　右岸尾水连接管及扩散段顶拱岩爆（片帮）面积统计表

尾水连接管及扩散段	开挖洞长/m	片帮段洞长/m	片帮段百分比
9号	198.0	69	35%
10号	234.0	116	50%
11号	188.7	60	32%
12号	217.1	12	6%
13号	183.7	23	13%
14号	207.5	25	12%
15号	202.3	77	38%
16号	183.0	37	20%

6.3.1.2 破裂破坏

地下厂房开挖后会在其上游侧拱肩、下游侧底脚及开挖不平顺部位产生局部应力集中，当应力超过岩体强度且临空时，可能以岩体破裂破坏的形式出现。白鹤滩地下厂房跨度达34m，洞室采用分层分部分块开挖，洞室围岩应力随着洞室开挖形状变化不断调整。

图 6.3-6 右岸地下厂房第Ⅳ层下游侧桩号右厂 0－049～0－056m 破裂破坏

右岸地下厂房上游侧拱肩应力集中程度要高于下游侧拱肩。上游侧拱肩初期支护以后多处发生了岩体破裂破坏现象；中导洞顶拱上游侧边界附近在上游侧拱肩扩挖后也发生了破裂破坏，出现岩体开裂，局部掉块形成凹坑；下游边墙底脚处因应力集中岩体也产生明显的破裂破坏。如桩号右厂 0＋260～0＋280m 下游侧边墙岩体破裂发生垮塌，长约 20m，高约 1m，深度一般 0.4～0.5m，北端最深 1m，见图 6.3-6。右岸地下厂房破裂破坏长度统计见表 6.3-6。

表 6.3-6 右岸地下厂房破裂破坏长度统计表

开挖阶段	部　　位	开挖洞长/m	破裂破坏段洞长/m	破裂破坏段百分比
顶拱（第Ⅰ层）	上游侧拱肩	453	150	33%
	拱顶		10	2%
	下游侧拱肩		20	4%
第Ⅱ层	上游侧边墙	453	15	3%
	下游侧边墙	453	140	31%
第Ⅲ层	上游侧边墙	438	30	7%
	下游侧边墙	438	223	51%
第Ⅳ层	上游侧边墙	358.5	0	0
	下游侧边墙	358.5	102	29%
第 $Ⅴ_a$ 层	上游侧边墙	358.5	0	0
	下游侧边墙	358.5	81	23%
第 $Ⅴ_b$ 层	上游侧边墙	358.5	0	0
	下游侧边墙	358.5	52	15%
第 $Ⅵ_a$ 层	上游侧边墙	358.5	0	0
	下游侧边墙	358.5	77	20%
第 $Ⅵ_b$ 层	上游侧边墙	358.5	0	0
	下游侧边墙	358.5	56	16%
第Ⅶ层	上游侧边墙	358.5	0	0
	下游侧边墙	358.5	55	15%

破裂破坏主要发生上游侧拱肩、下游侧各分层底脚等部位，少量发生在上游侧边墙分层底脚部位和中导洞顶拱。破裂破坏发育程度与岩性有一定的关系：隐晶质玄武岩、杏仁状玄武岩内最为发育，其次为斜斑玄武岩，再次为角砾熔岩，其他岩性层内发育较少。

主变洞上游侧中偶见破裂破坏现象，分布范围较小，主要发生在分层开挖界面，其中第Ⅱ层破裂破坏段长度百分比约13%，其余较少。下游侧第Ⅱ～Ⅵ层开挖过程在分层开挖界面附近产生明显破裂破坏现象，破裂破坏深度一般30～50cm，局部80～100cm，分布范围较大。其中第Ⅱ层破裂破坏段长度百分比约61%，第Ⅲ层破裂破坏段长度百分比约39%，第Ⅳ～Ⅵ层破裂破坏段长度百分比6%～19%，局部形成裂缝，张开1～3cm。

图6.3-7　主变洞底板围岩卸荷回弹引起的破裂破坏

主变洞底板，主要是靠上游侧半幅卸荷回弹现象明显，多形成间距5～30cm、平行发育的破裂面，表部呈微张～张开状，走向与洞轴线近平行，倾向临空面，下游侧破坏程度小于上游侧，见图6.3-7。底板在受应力集中、爆破震动等综合因素影响，整体超挖较大，一般50～80cm，局部达1m，破裂破坏段长度百分比约21%。右岸主变洞围岩破裂破坏统计见表6.3-7。

表6.3-7　右岸主变洞围岩破裂破坏统计表

部位		开挖洞长/m	破裂破坏段洞长/m	破裂破坏段百分比
第Ⅱ层	上游侧边墙	368	48	13%
	下游侧边墙	368	223	61%
第Ⅲ层	上游侧边墙	368	6	2%
	下游侧边墙	368	144	39%
第Ⅳ层	上游侧边墙	368	0	0
	下游侧边墙	368	22	6%
第Ⅴ层	上游侧边墙	368	0	0
	下游侧边墙	368	52	14%
第Ⅵ层	上游侧边墙	368	0	0
	下游侧边墙	368	70	19%
底板		368	77	21%

右岸尾水调压室自上而下采用先中环后外环的分层开挖程序，每层厚度约3.5m，破裂破坏主要发生在分层开挖底角拐角应力集中部位的保护层，或与片帮现象同时存在，开挖后便发生了破裂破坏，出现岩体开裂，局部掉块形成凹坑，深度一般10～30cm，局部30～50cm，及时支护后便无发展。竖井段下挖过程中，产生破裂破坏的洞段多于穹顶。

尾水管检修闸门室上游边墙仅第Ⅱ、Ⅵ层见破裂破坏现象，分布范围较小，破裂破坏段长度百分比为7%～9%。下游侧在分层开挖界面附近多产生明显破裂破坏现象，破裂破坏深度一般30～50cm，局部100～200cm，典型破裂如图6.3-8所示的右岸尾水管检修闸门室第Ⅳ层下游侧破坏。尾水管检修闸门室边墙围岩破裂破坏分布范围较大，第Ⅱ层破裂破坏段长度百分比约56%，导致岩梁成型极差，大部分岩梁未开挖成型，第Ⅲ～Ⅶ层破裂破坏段长度百分比为24%～52%。右岸尾水管检修闸门室边墙围岩破裂破坏统计见表6.3-8。

图6.3-8 右岸尾水管检修闸门室第Ⅳ层下游侧边墙K0+290～K0+300m破裂破坏

表6.3-8 右岸尾水管检修闸门室边墙围岩破裂破坏统计表

部位		开挖洞长/m	破裂破坏段洞长/m	破裂破坏段百分比
第Ⅱ层	上游侧边墙	374.5	27	7%
	下游侧边墙	374.5	210.5	56%
第Ⅲ层	上游侧边墙	374.5	0	0
	下游侧边墙	374.5	140	37%
第Ⅳ层	上游侧边墙	290.2	10	3%
	下游侧边墙	290.2	103	35%
第Ⅴ层	上游侧边墙	290.2	13	4%
	下游侧边墙	290.2	137	47%
第Ⅵ层	上游侧边墙	290.2	0	0
	下游侧边墙	290.2	107	37%
第Ⅶ层	上游侧边墙	169.2	10	6%
	下游侧边墙	169.2	66	39%

图6.3-9 9号尾水连接管第Ⅱ层右侧边墙桩号K0+080～K0+100m段破裂破坏

右岸尾水连接管右侧边墙破裂破坏长度明显高于左侧边墙，影响深度一般为20～50cm，其中9号局部影响深度为100cm。因层间错动带C_3下盘存在局部应力增高区，故9号～11号尾水连接管边墙破裂破坏较为严重，其中10号尾水连接管第Ⅱ层边墙发生破裂破坏的洞段最长，最大占比达49%。典型破裂如图6.3-9所示的9号尾水连接管第Ⅱ层右侧边墙处破坏。右岸尾水连接管及扩散段破裂破坏长度占比统计见表6.3-9。

表 6.3-9　　右岸尾水连接管及扩散段破裂破坏长度占比统计表

部位	右岸尾水连接管及扩散段编号							
	9号	10号	11号	12号	13号	14号	15号	16号
顶拱	0	0	0	0	0	0	0	0
第Ⅰ层左侧边墙	0	0	0	0	0	0	0	0
第Ⅰ层右侧边墙	12%	4%	0	0	0	0	0	0
第Ⅱ层左侧边墙	0	35%	0	9	0	7	0	3
第Ⅱ层右侧边墙	27%	49%	37%	16%	0	0	0	0
第Ⅲ层左侧边墙	0	0	10%	0	0	8%	0	0
第Ⅲ层右侧边墙	24%	50%	9%	41%	0	0	16%	0

6.3.1.3　松弛垮塌

右岸地下厂房局部洞段岩体完整性差，裂隙较为发育，在开挖后未能及时支护的情况下，随着松弛不断发展，会发生岩体松弛垮塌现象（图 6.3-10），上游侧拱肩右厂 0+145～0+150m 底板以上 2～3m、右厂 0+155～0+159m 底板以上 1.5～5m 范围内发育一组 N40°W、SW∠85°裂隙，间距 20～40cm，仅进行了初喷混凝土支护，后期发生松弛垮塌，发育深度一般 20～40cm。

图 6.3-10　右岸地下厂房上游侧拱肩右厂 0+145～0+150m 松弛垮塌

此外，右岸厂房边墙与母线洞、运输通道、压力管道下平段形成的边口部位，受爆破震动、地应力调整及开挖卸荷影响，多出现岩体松弛现象，松弛开裂面多呈弧形，松弛深度一般 1～3m，局部岩体松弛塌落。

6.3.2　结构面控制型块体破坏

6.3.2.1　大型构造控制

右岸地下厂房发育层间错动带 C_4、缓倾角裂隙密集带 RS_{411} 等缓倾角结构面，当其顶拱发育时下盘岩体均产生了不同程度的塌落。

厂房顶拱桩号右厂 0－075～0－062m 发育层间错动带 C_4，下盘岩体发生掉块，范围长约 6m，宽约 11m，深 0.6～1.0m，最大岩块直径约 1.5m，见图 6.3-11。

类似的，主变洞南侧发育层间错动带 C_4，在中导洞顶拱沿缓倾角结构面 C_4 存在塌落现象，见图 6.3-12。

尾水管检修闸门室发育层间错动带 C_4、C_5，顶拱易产生沿缓倾角裂隙塌落现象，如桩号 K0+214～K0+220m 顶拱沿 C_4 发生塌落现象，见图 6.3-13。

11 号～14 号尾水连接管及扩散段顶拱发育层间错动带 C_3、层内错动带 RS_{411} 等缓倾角结构面，对顶拱稳定性不利，加之洞段为高地应力集中区，下盘岩体均产生了不同程度的塌落。11 号～14 号尾水连接管及扩散段发生塌落的洞段长度占比分别为 25%、43%、54%、31%，塌落深度一般为 20～50cm，其中 13 号尾水连接管桩号 K0+055～K0+

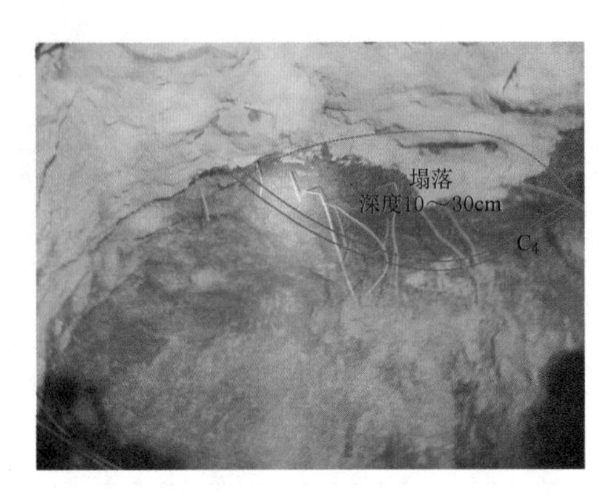

图 6.3-11 右岸地下厂房中导洞顶拱
右厂 0-063m 沿 C_4 塌落

图 6.3-12 右岸主变洞下游侧顶拱
右厂 0-005~0-010m 沿 C_4 下盘塌落

073m 段顶拱在初期支护完成后发生二次坍塌，深达 2~4m，见图 6.3-14。

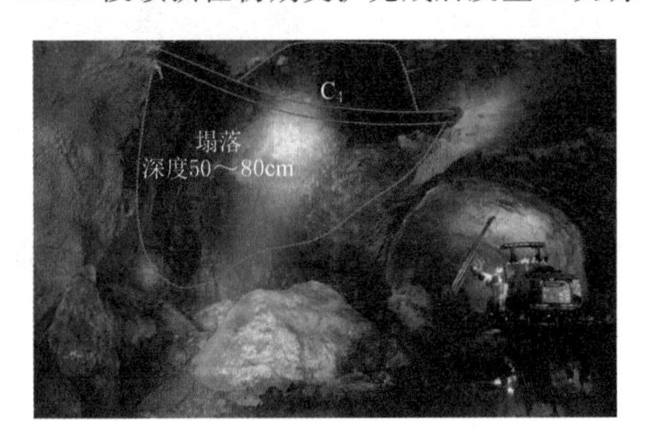

图 6.3-13 右岸尾水管检修闸门室上游侧顶拱
K0+214~K0+220m 沿 C_4 塌落

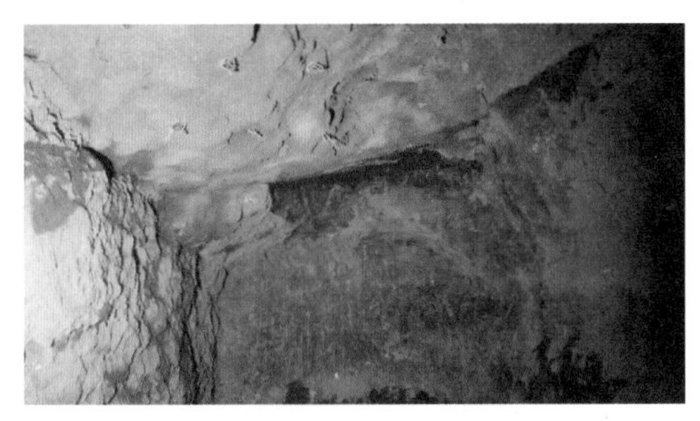

图 6.3-14 13 号尾水扩散段顶拱
桩号 K0+055~K0+073m 段塌落面貌

6.3.2.2 随机裂隙控制

厂房中导洞顶拱右厂 0+282~0+298m 发育一组缓倾角裂隙，右厂 0+314~0+327m 发育缓倾角裂隙密集带 RS_{411}，受其影响多处塌落，长度 3~8m 不等，宽度 5~10m 不等，塌落深度 0.5~1m。

厂房下游侧拱肩右厂 0+280~0+304m，开挖后搁置了近 10 天而未做任何支护，受爆破振动影响沿缓倾角裂隙密集带 RS_{411} 大面积塌落，范围长约 24m，宽 5~7m，一般深 2m 左右，最大深度达 3.1m，方量 120~150m^3，见图 6.3-15。

右岸尾水管检修闸门室边墙北侧下部发育倾角裂隙密集带 RS_{411}，当缓倾角裂隙与陡倾角裂隙切割完整时，易在边墙形成块体，造成边墙垮塌，见图 6.3-16。

8 号尾水调压室穹顶高程 626~630m、方位 N11°~55°E 范围揭露 3 条 N50°W、SW∠80°~85°裂隙斜切洞壁，裂隙与上部 C_5 及洞壁形成块体，水平厚度约 5m，垂直高度约 15m，因分层开挖且支护［采用喷（纳米）钢纤维混凝土、系统锚索、锚杆的联合支护形式］及时，未发生大规模的块体塌落，仅在高程 630m 以下开挖时沿裂隙面局部塌落，深度 20~50cm，见图 6.3-17。

图 6.3-15 右岸地下厂房顶拱下游侧右厂 0+280～0+304m 沿缓倾角裂隙密集带 RS_{411} 塌落

图 6.3-16 右岸尾水管检修闸门室第Ⅶ层下游边墙右厂 0+316～0+338m 块体破坏

6.3.2.3 柱状节理控制

右岸地下厂房 $P_2\beta_4^1$ 层发育第三类柱状节理玄武岩，柱体大，当柱面切割完整时，易在边墙形成块体，造成边墙垮塌。如第Ⅰ层下游边墙右厂 0+290～0+295m 发生块体破坏，缓倾角裂隙构成上、下方边界，第三类柱状节理玄武岩柱面构成南、北侧及里边界，垮塌长度约 4m，高度约 4m，深度约 0.6m，方量约 $10m^3$，见图 6.3-18。

图 6.3-17 8 号尾水调压室高程 626～630m、N11°～55°E 范围结构面控制型塌落

图 6.3-18 右岸地下厂房下游边墙右厂 0+290～0+295m 块体破坏

右岸主变洞 $P_2\beta_4^1$ 层发育第三类柱状节理玄武岩，柱体大，当缓倾角裂隙与柱面切割完整时，易在边墙形成块体，造成边墙垮塌，主要分布于主变室北侧边墙位置，见图 6.3-19。

尾水管检修闸门室南侧发育 $P_2\beta_6^1$ 层第一类柱状节理玄武岩，少量为第二类柱状节理玄武岩，边墙开挖后未及时做系统支护的情况下，局部边墙发生松弛垮塌，见图 6.3-20。

5 号尾水调压室竖井段已开挖洞段中高程 612～600m 揭露岩性为第三类柱状节理玄武岩，柱面易与陡、缓倾角裂隙相互组合产生块体破坏。其中 5 号尾水调压室段高程 601～605m 桩号 K0+094～K0+106m（方位角 S70°W～N77°W）段揭露 $P_2\beta_4^1$ 层第三类柱状节理玄武岩，主要发育一组 NW 向陡倾角裂隙①和一组顺层向缓倾角裂隙②，受柱

图 6.3-19　右岸地下厂房下游边墙右厂 0+290～0+295m 块体破坏

图 6.3-20　右岸尾水管检修闸门室上游侧边墙 K0+042m 第一类柱状节理松弛垮塌

状节理与裂隙切割影响，出现塌落现象，深 20～50cm，见图 6.3-21。

12 号～15 号尾水连接管及扩散段边墙发育 $P_2\beta_4^1$ 层第三类柱状节理玄武岩，柱体大，柱面切割岩体，多处边墙形成块体破坏，造成边墙垮塌掉块。如图 6.3-22 所示 14 号尾水连接管第Ⅱ层右侧边墙桩号 K0+045～K0+050m 段第三类柱状节理玄武岩柱面构成边界，造成塌落，形成长约 5m、高约 4m、深度 1～1.5m 的凹坑。

图 6.3-21　5 号尾水调压室竖井段高程 601～605m（方位角 S70°W～N77°W）段塌落面貌

图 6.3-22　14 号尾水连接管第Ⅱ层右侧边墙桩号 K0+045～K0+050m 段块体破坏

6.4　左右岸洞室群喷层（衬砌）破坏

6.4.1　左岸地下洞室群

6.4.1.1　厂房顶拱混凝土喷层开裂

2015 年 8 月底，左岸地下厂房在进行第Ⅲ层抽槽及保护层开挖，受应力调整影响，桩号左厂 0+300～0+350m 段上游侧顶拱局部有混凝土喷层开裂、脱落情况，裂缝宽度最大 2cm，不规则断续延伸，长度约 30m。之后随着地下厂房的下挖，顶拱陆续有不同程度的混凝土喷层开裂、脱落情况（图 6.4-1）。至 2017 年 2 月 28 日，喷混凝土层破坏已发展为上游侧顶拱多处分布、下游侧顶拱少量分布，期间地下厂房进行第Ⅲ～$Ⅵ_2$ 层的开挖，开挖进尺快，顶拱喷混凝土层破坏变化明显。之后，随着厂房的继续下挖，顶拱喷混凝土层破坏零星增长，且逐渐向下游侧顶拱扩展。

图 6.4-1 左岸地下厂房顶拱混凝土喷层破坏面貌

至开挖完成阶段，厂房上游侧顶拱普遍有混凝土喷层破坏情况，喷混凝土层破坏洞段约占 86%，下游侧顶拱少量分布，混凝土喷层开裂宽度一般 3～6cm，局部最大达 16cm，主要表现为混凝土喷层开裂、脱落，出露挂网钢筋，多分布在中导洞与一序扩挖、一二序扩挖交界部位（图 6.4-2），从现场统计的顶拱和拱肩位置出现了喷层开裂洞段和位置看，与第Ⅰ层开挖期间发生过应力型破坏的洞段和位置要非常好的吻合度，说明在地下厂房下卧过程中，此前拱肩浅表层已发生破裂的岩体破裂程度有所加剧，或者向深部扩展，浅表层围岩破裂产生鼓胀变形，导致围岩变形和喷层变形不协调，出现喷层开裂特征。

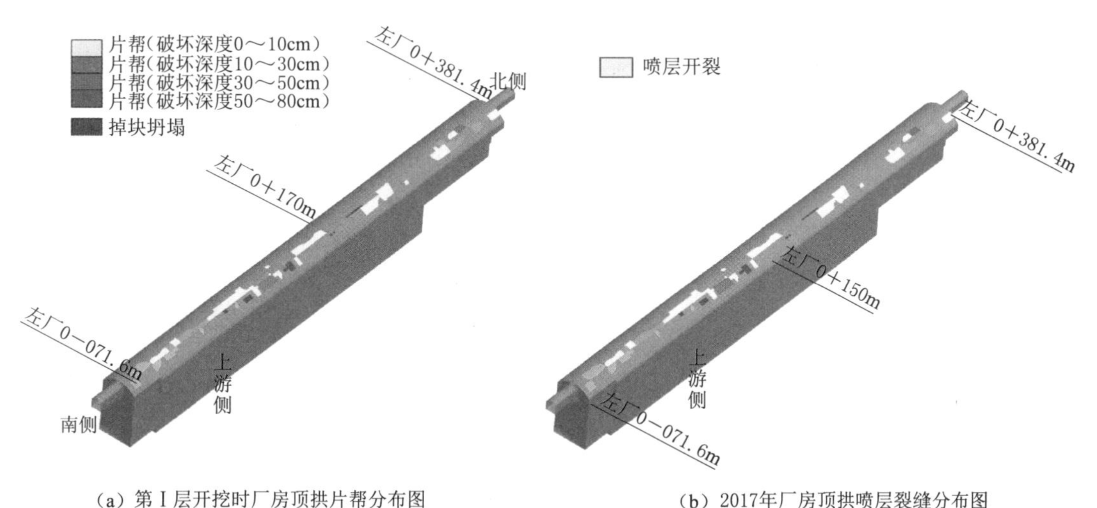

(a) 第Ⅰ层开挖时厂房顶拱片帮分布图　　(b) 2017年厂房顶拱喷层裂缝分布图

图 6.4-2 左岸地下厂房顶拱混凝土喷层破坏分布图（2017-06-07）

6.4.1.2 厂房下游边墙混凝土破裂

随着地下厂房的持续下挖，下游侧边墙变形持续缓慢增长，于 2018 年 1 月左岸地下厂房南北侧端墙与下游侧边墙拐角部位发现喷护混凝土破裂，破裂类型主要为喷护混凝土鼓胀、开裂、掉块，南端墙处破裂由顶拱拱肩向下延伸至约高程 578m 处（图 6.4-3）；北端墙处破裂由安装厂底板向下延伸至厂房高程 563.4m 底板，喷护混凝土开裂宽 1～5cm，局部掉块，出露挂网钢筋，钢筋有明显受压弯曲的迹象。2018 年 5 月 22 日再次排查未见明显变化。

2017 年 8 月 2—9 日，左岸地下厂房下游侧边墙桩号左厂 0+077～0+181m 段变形产

图 6.4-3　左岸地下厂房南北侧端墙与下游侧边墙拐角部位喷护混凝土破裂面貌

生突变，多点变位计周变形增量为 2.8～37.53mm，变形变化较大部位均在层间错动带 C_2 上盘 2m 范围内。2017 年 8 月 10 日进行排查，左岸地下厂房桩号左厂 0+134～0+163m 段发现喷护混凝土破裂。

随着厂房机坑的陆续开挖完成，下游侧边墙变形持续发展，2018 年 5 月 22 日进行排查，新发现下游侧边墙桩号左厂 0+057～0+076m（图 6.4-4）、左厂 0+107～0+127.5m 及左厂 0+308～0+316m 段混凝土破裂。

破裂主要类型为喷护混凝土开裂、鼓胀，桩号左厂 0+316m 处为伏壁墙端头部位衬砌混凝土开裂。开裂宽度一般为 0.3～2cm，均为沿着层间错动带 C_2 延伸，延伸长度总计 78m（较 2018 年 1 月 17 日排查时增加约 50m），占主副厂房长度比例为 17.8%，桩号左厂 0+316m 处伏壁墙端头部位开裂由喷护混凝土向衬砌混凝土发展，并由里向外尖灭，衬砌混凝土开裂宽度 0～1cm。

左岸地下厂房开挖完成后，下游侧边墙变形受开挖扰动关系变小，变形整体趋于稳定，混凝土破裂无明显加剧现象。

6.4.1.3　厂房高程 563.4m 盖重混凝土破裂

2018 年 3 月对左岸地下厂房高程 563.4m 底板盖重混凝土破裂进行排查，发现多处破裂，破裂类型主要有盖重混凝土裂缝、鼓胀、开裂及错台，破裂部位主要集中在 4 号～7 号机坑，分布在隔墩左厂下 0+013m 附近及厂房下游侧边墙附近底板，以平行于厂房轴线方向延伸为主，少量垂直于厂房轴线分布。其中，隔墩左厂下 0+013m 附近混凝土有向上轻微鼓胀现象，在 4 号～5 号、7 号～8 号机坑下游边墙附近局部底板，锤击有脱空现象。

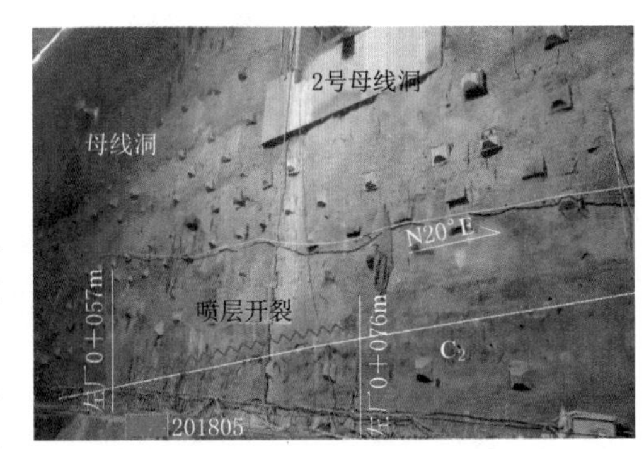

图 6.4-4　地下厂房下游侧边墙桩号左厂 0+057～0+076m 段喷护混凝土开裂面貌

2018 年 4 月，8 号机坑下游侧边墙附近的底板盖重混凝土可见明显错台，共 2 处，整体走向为 N60°E，其中一条呈 J 形展布（P8 观察点），长度 1.5～3.0m，错距为 1.0～3.0cm，上盘位于 N 侧；另一条呈 W 形展布（P9、P10 观察点），长度 3.0～4.0m，错距

0.5～4.0cm，迹线扭曲，见图 6.4-5。

从上述盖重混凝土破裂特征分析，其破裂原因主要是由于厂房下游侧边墙及北侧边墙向厂房内部变形引起，机坑部位有变形空间，而隔墩对厂房边墙变形起到限制作用，同时底板围岩也向上卸荷变形，从而产生上述盖重混凝土破裂特征。

6.4.1.4 主变洞喷层开裂

左岸主变洞第Ⅰ层桩号左厂 0+073～0+194m 段的岩性为杏仁状玄武岩、斜斑玄武岩、含集块角砾熔岩等，NW 向陡倾角结构面中等发育，岩体较完整。

第Ⅱ层开挖开挖过程中该部位顶拱混凝土喷层发生开裂，裂缝基本上沿层内错动带 $LS_{(01)}$ 的出露迹线分布，开裂部位特征见图 6.4-6，裂缝张开 2～3cm，局部 5～7cm，延伸长一般 3～8m，少量达 26m，脱落的喷层厚度 2～8cm，均为钢筋网外侧喷层。

图 6.4-5 左岸地下厂房 8 号机坑拐角附近盖重混凝土错台面貌

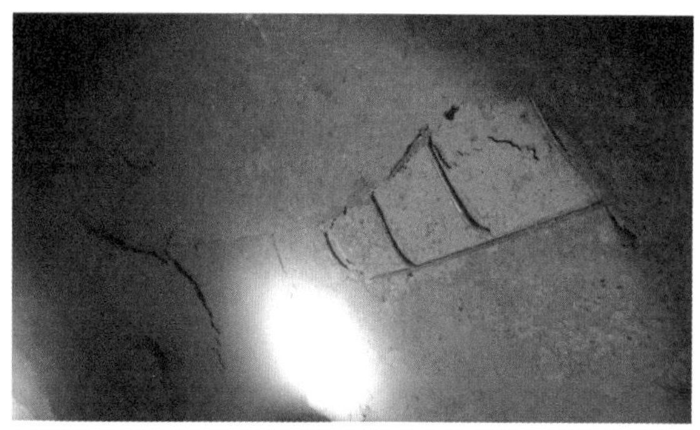

图 6.4-6 左岸主变洞上游侧拱肩 0+180～0+189m 喷层开裂掉块

产生裂缝原因：斜斑玄武岩性脆，岩体较为完整，应力集中时易产生片帮、破裂破坏等高地应力破坏现象，第Ⅰ层开挖过程中，该部位围岩即为高应力破坏相对突出洞段；随着第Ⅱ层开挖，岩体应力集中程度加剧，岩体破裂持续发展，原高应力破坏部位范围扩展，且沿层内错动带 $LS_{(01)}$ 两侧产生不协调变形，局部支护强度不够，从而导致混凝土喷层鼓胀开裂、脱落掉块。

6.4.1.5 尾水管检修闸门室喷层开裂

左岸尾水管检修闸门室于 2014 年 6 月开始开挖，顶拱于 2014 年 12 月中旬开挖完成。2016 年 12 月左岸尾水管检修闸门室开挖至第Ⅳ层（高程 637m），随着开挖的加深，受应力调整影响，桩号 K0+055～K0+070m、K0+081～K0+085m、K0+090～K0+095m 及 K0+110～K0+115m 段顶拱出现多处混凝土喷层开裂、脱落。开裂、脱落主要分布在顶拱靠上游侧，断续延伸，单个脱落面积为 0.5～1m²，脱落的混凝土多掉落在主动防护网内，见图 6.4-7。

图 6.4-7 左岸尾水管检修闸门室桩号 K0+055～K0+070m 段顶拱喷层脱落面貌

该部位后期多次巡查，破裂未见明显扩展。

此外，2017 年 10 月，3 号闸门井开挖至高程 610m，3 号闸门井南侧边墙井口以下 9m 范围内（高程 632～623m 段）出现混凝土喷层开裂，2018 年 1 月 8 日开挖至高程 580～577m 后，高程 602～580m 段出现混凝土喷层开裂，高程 632～623m 段开裂向下扩展至高程 619m；主要表现为开裂、鼓胀，主要分布在南侧边墙靠近下游侧拐角部位，开裂宽度 0.5～2cm，竖直向下延伸，单条延伸长度 3～15m，高程 622m、583m 两处钢筋网片搭接部位（搭接质量差）见明显开裂、鼓胀，一般鼓起 0.5～5cm，局部 10cm，鼓起部位锚杆垫板发生弯曲变形。该部位经清除开裂喷层、复喷、补打锚杆、增加锚索支护等措施后便无发展。

6.4.1.6　尾水调压室

左岸尾水调压室穹顶于 2016 年 5 月整体开挖完成，1 号、2 号尾水调压室井身于 2016 年 3 月动工下挖，4 号尾水调压室井身于 2016 年 4 月动工下挖，3 号尾水调压室于 2016 年 5 月开始下挖。随着开挖的加深，受应力调整影响，尾水调压室井身陆续出现了不同程度的混凝土喷层破坏的情况，喷层破坏明显时段主要集中于 2017 年 4 月至 2018 年 4 月，其中 1 号、4 号尾水调压室井身喷层破坏范围较广、破坏程度较严重，典型破坏特征见图 6.4-8。

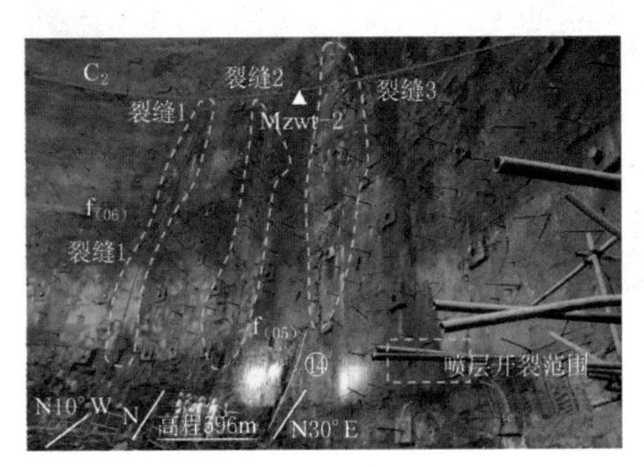

图 6.4-8　1 号尾水调压室高程 596～621m 段方位角 N10°W～N30°E 范围内喷层破坏情况

喷层破坏形式主要以开裂、掉块为主，局部有鼓胀，主要分布于尾水调压室井身层间错动带 C_2 以下应力集中区，即高程 568～622m、方位角 N30°W～N60°E 与 S10°E～S20°W 之间，相同的方位角范围内层间错动带 C_2 以上至穹顶拱座部位喷层零星破坏。混凝土喷层开裂宽度一般 3～6cm，局部最大达 10～15cm，单条裂缝最长为 15～26m，最短 1～5m，一般出露钢筋网，其中部分网筋受挤压变形。喷层掉块的面积 0.01～1.5m^2 不等，主要为钢筋网外侧喷层，钢筋网与井壁围岩未贴合的部位产生鼓胀，锤击声闷。较为长大的喷层裂缝经清撬、挂网复喷、补打锚杆、增加主动网等措施后便无发展。随着井身下挖加深，通过水泥砂浆条、测量打点等监测手段表明，上部穹顶拱座附近的喷层裂缝已无变形迹象。

6.4.1.7　尾水连接管喷层开裂

2017 年 3 月，受岩性、地质构造、高地应力、洞室群效应、支护较弱及开挖爆破影响，尾水连接管上层施工支洞发生坍塌，尾水连接管变形破坏明显；6 月，上层施工支洞封堵、加强支护完成后，尾水连接管喷层破坏得到有效控制，未见明显发展。

左岸尾水扩散段受厂房机坑下挖影响，靠近厂房洞段混凝土喷层有新增开裂、掉块，开裂以顺洞向的为主，少量横向、斜向，主要分布在顶拱，其次在岔口附近的拱肩部位，其中 2 号～5 号尾水扩散段增加较多，2 号开裂情况图 6.4-9；6 号、7 号尾水扩散段增加较少。目前，尾水扩散段靠近厂房附近洞段混凝土喷层破裂以1号～5号尾水扩散段居多，6号～7号尾水扩展段相对较少。

图6.4-9 2号尾水扩散段顶拱混凝土喷层受厂房基坑下挖影响开裂情况

6.4.2 右岸地下洞室群

6.4.2.1 厂房顶拱混凝土开裂

右岸主副厂房混凝土喷层开裂部位主要分布在上游侧（临江侧，拱顶偏拱肩部位），2015年9月27日至2016年1月21日期间3次系统普查时开裂范围及裂缝宽度变化最为明显。

第一次普查开裂部位主要集中在桩号右厂0+076～0+131m上游侧拱肩（图6.4-10），总分布长度为39m，占主副厂房长度的百分比约为9%。

第二次普查开裂部位向厂房南北侧、拱顶方向发展，扩展至桩号右厂0-075～0+161m上游侧拱顶及拱肩部位。开裂累积分布长度（含第一次普查开裂长度）为59m，比第一次普查开裂长度增加20m，占主副厂房长度的百分比约为13%。

第三次普查时间为2016年1月21日，开裂部位主要集中在上游侧拱顶及拱肩部位，如桩号右厂0-050～0-043m（图6.4-11）。开裂累计分布长度（含前两次普查开裂长度）为118m，比前两次普查时开裂长度增加59m，占主副厂房长度的百分比约为26%。

截至2017年10月24日，后续又进行了13次系统普查，仍有部分混凝土裂缝宽度缓慢增加，个别出现掉块现象，但混凝土开裂、脱落范围主要集中在桩号右厂0-075～0+161m，右厂0+161m以北（向大桩号方向）零星分布，喷混凝土开裂累积长度约207m，占厂房长度的百分比约为46%。

图6.4-10 右岸主厂房桩号右厂0+100～0+125m段上游侧拱肩喷层开裂

图6.4-11 右岸主厂房顶拱右厂0-050～0-043m喷层掉块

6.4.2.2 厂房边墙混凝土开裂

2017年10—12月，副厂房南侧端墙靠近下游边墙部位高程610～580m范围出现喷混凝土开裂、外鼓脱开，喷混凝土开裂沿两边墙交界位置自下而上延伸，在高程580m转向水平，延伸至厂顶南侧交通洞底脚。2017年11月2日排查发现裂缝向下游边墙扩展，在高程590m出现一条水平裂缝，延伸至电缆廊道下部，见图6.4-12。

厂房北侧端墙与上游边墙交界位置高程575～590m发现了喷混凝土开裂现象。喷混凝土开裂沿两边墙交界位置竖向展布，在高程580m上游边墙斜向9号压力管道下平段。

6.4.2.3 主变洞喷层开裂

主变洞混凝土喷层开裂原因同右岸地下厂房。2015年11月（厂房第Ⅲ层开挖期间）排查时，在洞室南侧小桩号附近的上游顶拱及拱肩发现零星开裂掉块现象（图6.4-13）。

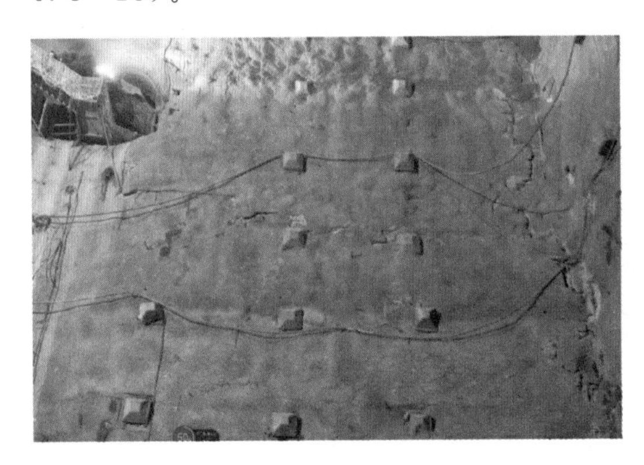

图6.4-12 副厂房下游边墙喷混凝土开裂向电缆廊道扩展

图6.4-13 右岸主变洞顶拱上游侧右厂0+018m喷混凝土开裂

2018年1月（厂房第Ⅶ层开挖结束，尚未进行第Ⅷ层开挖）进行第三次排查，喷混凝土开裂鼓胀、掉块位置主要分布于右厂0+002～0－025m段顶拱（图6.4-14），下游侧拱肩沿层间错动带C_4出露部位，以及4号通风竖井井口周边。

6.4.2.4 尾水管检修闸门室喷层开裂

尾水管检修闸门室在第Ⅴ、Ⅵ层开挖期间出现了喷层开裂现象，顶拱混凝土喷层普遍有开裂、脱落现象，岩梁以上边墙混凝土局部产生鼓胀、开裂。桩号K0＋212～K0＋295m段喷层开裂最为严重，部分段出现了喷层脱落、掉块；K0＋045～K0＋120m段次之，主要表现为开裂，其余部位零星开裂、掉块，其中K0＋096～K0＋112m段喷层开裂主要沿层间错动带展布。尾水管检修闸门室顶拱混凝土喷层开裂典型特征见图6.4-15。喷层开裂累积长度约113m，约占洞室总长30%，喷层开裂部位与下部开挖位置基本重合，主要受地应力调整影响，局部受层间错动带影响。

6.4.2.5 尾水调压室喷层开裂

右岸7号、8号尾水调压室在竖井段开挖期间同样出现了混凝土喷层开裂现象，一般延伸长度3～5m，大者10～22m，以竖向开裂为主，少量横向开裂及零星掉块，主

图 6.4-14 右岸主变洞桩号右厂 0＋002～0－025m 段顶拱～下游侧拱肩喷混凝土开裂

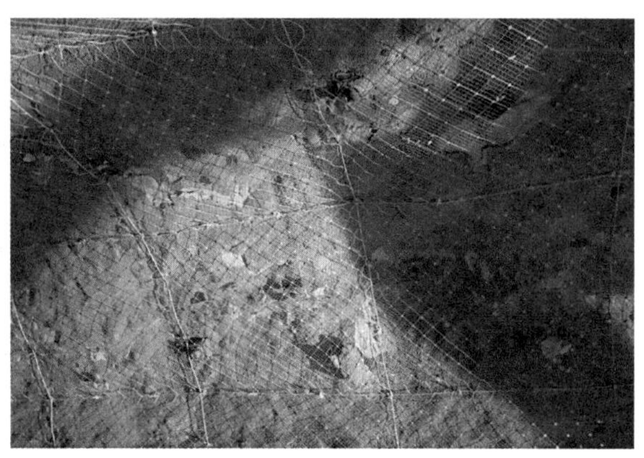

图 6.4-15 尾水管检修闸门室顶拱混凝土喷层开裂面貌

要发生在方位 N80°E～S60°E 及 S80°W～N60°W 范围内。其中，8 号尾水调压室穹顶高程 623～634m、方位 N60°W 段，2017 年 4 月开挖至高程 619m 时出现了喷层开裂，延伸长度约 11m，见图 6.4-16；另有 2 条平行发育，发育长度基本一致，一条与前述开裂相距约 11m，另一条位于对面井壁。7 号尾水调压室竖井段高程 605～627.5m、方位 W～N60°W 段，2017 年 11 月 14 日开挖至高程 597m 时出现了喷层开裂，断续延伸约 23m。此外，右岸尾水调压室开裂方位与最大主应力方向基本垂直，前期开挖过程中也出现了一定程度的片帮掉块现象，开裂原因主要是受下部开挖围岩地应力调整影响，部分出现于层间错动带或小断层发育位置，主要是受构造两侧岩体不均匀变形影响所致。

6.4.2.6 尾水连接管喷层开裂

右岸尾水连接管及扩散段在第Ⅱ层开挖后，受应力调整影响，尾水连接管及尾水连接管 1 号施工支洞（上岔洞、下岔洞）均出现混凝土喷层开裂。

尾水连接管 1 号施工支洞上岔洞共有 14 处混凝土喷层开裂，喷混凝土无脱落现象，有 3 处喷混凝土开裂沿拱肩发育；下岔洞共有 59 处喷混凝土开裂，1 处喷混凝土脱落，混凝土喷层开裂以环向裂缝为主。裂缝一般宽 3～10mm，部分达 2cm；迹长 3～6m，少数可达 7～9m。

右岸尾水连接管洞身段共有 15 处混凝土喷层开裂，2 处混凝土喷层脱落现象，扩散段共有 21 处混凝土喷层开裂，14 处混凝土喷层脱落现象，大部分混凝土喷层开裂沿拱肩和顶拱发育，主要发生在右侧拱肩及顶拱（图 6.4-17），裂缝一般宽 2～3cm，部分达 5～8cm；迹长 5～10m，少数可达 60m。尾水连接管洞身段混凝土喷层开裂部位在上岔洞与下岔洞之间洞段分布较多，这与该段范围内洞室挖空率较大有关；扩散段混凝土喷层开裂与脱落主要是受厂房开挖影响，其混凝土喷层破坏基本是在厂房第Ⅶ层开挖之后才开始陆续产生。

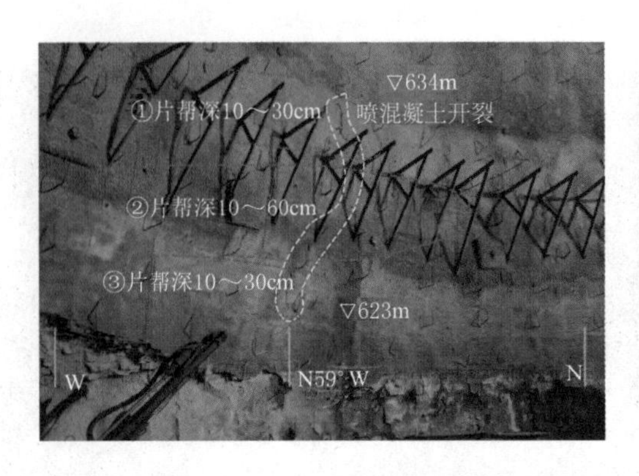

图 6.4-16 8号尾水调压室穹顶高程 623～634m、方位 N60°W 段喷层开裂面貌

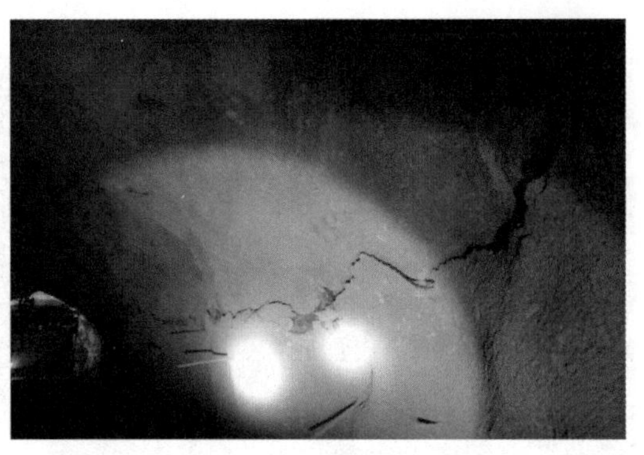

图 6.4-17 11号尾水连接管右侧拱肩 K0+030～K0+090m 段混凝土喷层开裂面貌

6.5 左右岸地下厂房围岩松弛特征

6.5.1 左岸地下洞室群

6.5.1.1 主副厂房

采用离散元对左岸地下厂房围岩开挖松弛的数值模拟预测见图 6.5-1，顶拱的松弛深度一般在 1.8～3.0m，边墙松弛深度 3.8～6.8m 且在不同高程差异明显。

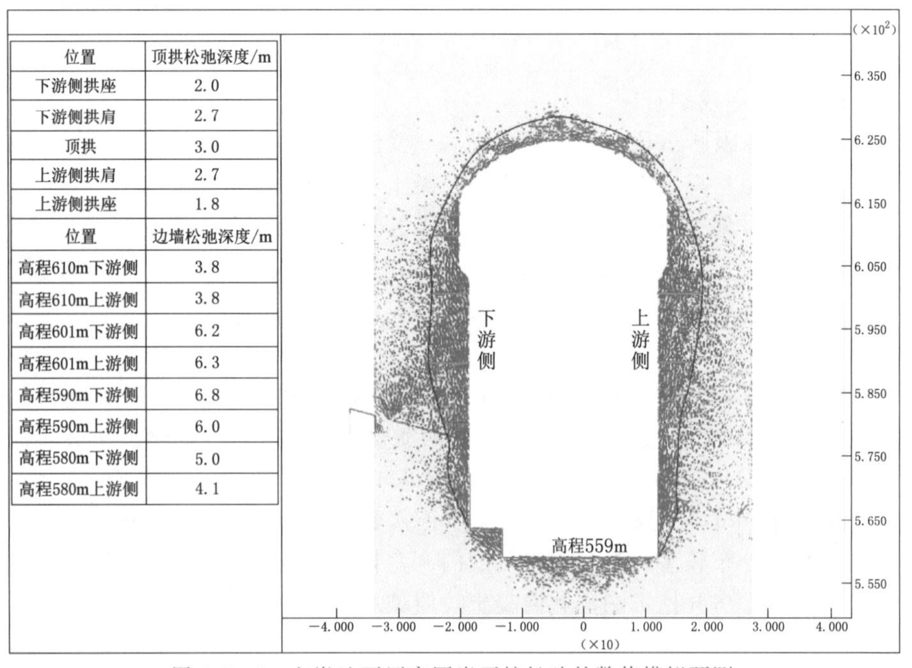

位置	顶拱松弛深度/m
下游侧拱座	2.0
下游侧拱肩	2.7
顶拱	3.0
上游侧拱肩	2.7
上游侧拱座	1.8
位置	边墙松弛深度/m
高程610m下游侧	3.8
高程610m上游侧	3.8
高程601m下游侧	6.2
高程601m上游侧	6.3
高程590m下游侧	6.8
高程590m上游侧	6.0
高程580m下游侧	5.0
高程580m上游侧	4.1

图 6.5-1 左岸地下厂房围岩开挖松弛的数值模拟预测

左岸地下厂房共布置了6个声波测试断面，分别位于左厂0－028m、左厂0＋052m、左厂0＋128m、左厂0＋204m、左厂0＋284m、左厂0＋320m，每个断面均布置有声波测试孔6～14个，声波检测典型断面图见图6.5－2。岩梁附近2个孔为声波检测长观孔，其余为一次性声波检测孔。

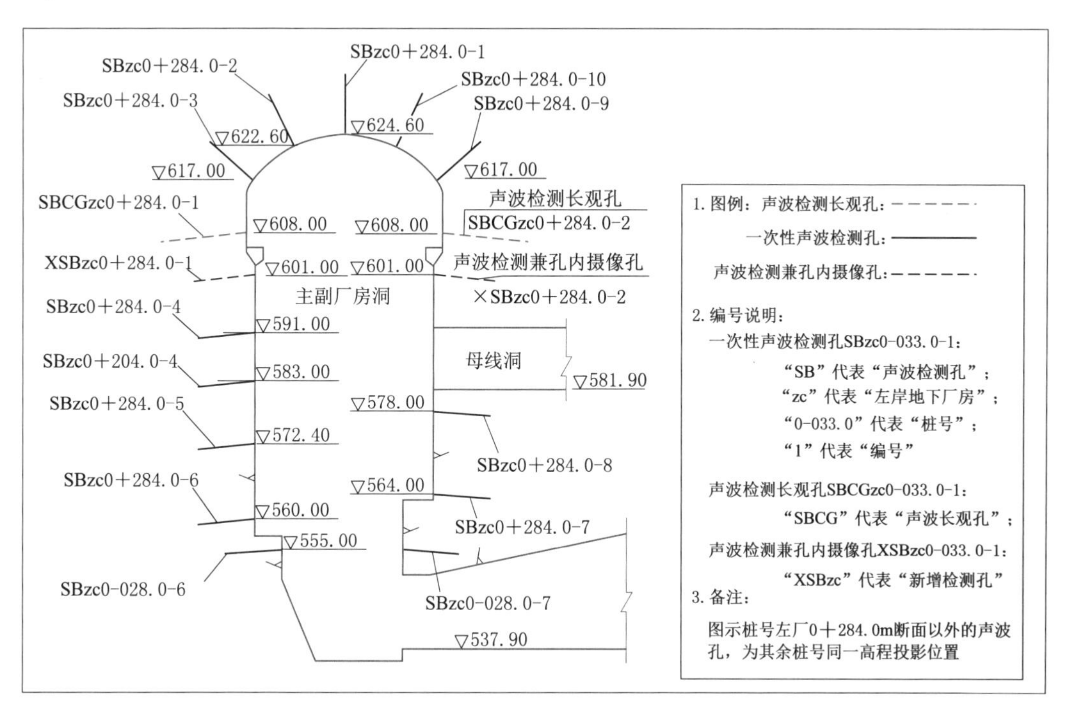

图6.5－2 左岸主副厂房声波检测典型断面图（单位：m）

一般一次性声波检测孔在主洞室开挖到测试高程时进行测试，长观孔声波检测频次为主洞室每开挖一层测试一次。钻孔声波测试成果见表6.5－1，具体如下：

表6.5－1　　左岸厂房钻孔声波测试成果统计表

测试孔高程/m	部位	测试时间	开挖层位	测试孔数	松弛深度范围/m	平均松弛深度/m	平均波速	
							松弛区/(m/s)	非松弛区/(m/s)
624.4～617	顶拱	2015年2—3月	第Ⅰ层	24	0.6～3.3	1.56	4260	4980
		2017年2月	第Ⅶ层	5	1.65～2.33			
	拱肩	2017年11月	第Ⅷ层	2	4.8～5.0	4.9	3576	4851
608	上游边墙	2015年6—8月	第Ⅱ层	6	1～2.2	1.47	3732	4743
		2015年8月	第Ⅲ层	1	1.6	1.60	4024	4934
		2016年1月	第Ⅲ层	2	1.2～2.2	1.70	3613	4893
		2016年3月	第Ⅲ层	3	1.2～1.8	1.53	3733	4717
		2016年6月	第Ⅲ层	1	1.6	1.60	3711	4681
		2016年8—9月	第Ⅳ层	4	1.2～2.6	1.90	3735	4733

续表

测试孔高程/m	部位	测试时间	开挖层位	测试孔数	松弛深度范围/m	平均松弛深度/m	平均波速	
							松弛区/(m/s)	非松弛区/(m/s)
608	上游边墙	2016年11月	第Ⅴ层	6	1.2～2.8	2.13	3851	4809
		2017年3月	第Ⅶ层	6	1.4～3.2	2.37	3822	4710
		2017年5月	第Ⅶ$_{1}$层	6	1.4～3.8	2.47	3782	4664
		2017年10月	第Ⅶ$_{2}$层	6	1.4～3.8	2.47	3862	4714
		2018年3月	第Ⅷ～Ⅹ层	5	1.4～4.2	2.48	3822	4525
	下游边墙	2015年6—9月	第Ⅱ层	6	0.2～1.4	0.92	3939	4704
		2015年8月	第Ⅲ层	2	0.7～1.5	1.10	3844	4679
		2016年1月	第Ⅲ层	2	0.6～0.8	0.70	3745	4863
		2016年3月	第Ⅲ层	3	0.8～1.5	1.03	3790	4685
		2016年6月	第Ⅲ层	1	1.8	1.80	3665	4450
		2016年8—9月	第Ⅳ层	5	1～2	1.52	3741	4619
		2016年11月	第Ⅴ层	6	1.2～3	2.13	3782	4601
		2017年3月	第Ⅶ层	6	2～4	2.90	3806	4540
		2017年5月	第Ⅶ$_{1}$层	6	2.4～4.4	3.1	3824	4535
		2017年10月	第Ⅶ$_{2}$层	6	2.4～4.6	3.1	3864	4628
		2018年3月	第Ⅷ～Ⅹ层	6	2.4～4.8	3.2	3834	4558
601	上游边墙	2016年4月	第Ⅲ层	4	1～3	1.85	3700	4392
		2016年6—8月	第Ⅲ层	5	1.4～2.8	2.08	3704	4366
		2016年7—10月	第Ⅳ层	7	1.6～3.2	2.57	3674	4404
	下游边墙	2016年4月	第Ⅲ层	3	1.2～2	1.53	3665	4611
		2016年6—8月	第Ⅲ层	5	1.4～3	2.00	3773	4477
		2016年7—10月	第Ⅳ层	6	1.4～3	2.30	3785	4486
591	上游边墙	2016年12月	第Ⅴ层	3	1.4～2.2	1.87	3869	4722
		2017年4月	第Ⅵ$_{2}$层	3	2.0～2.8	2.47	3922	4730
		2017年5月	第Ⅶ$_{1}$层	2	2～2.2	2.1	3746	4672
		2017年12月	第Ⅶ$_{2}$层	2	2.8～3.8	3.3	3638	4632
		2018年4月	第Ⅷ层	2	2.8～3.8	3.3	3530	4559
583		2017年4月	第Ⅵ$_{2}$层	3	1.8～2.4	2.2	3875	4692
578～572.4	上游边墙	2017年6月	第Ⅶ$_{1}$层	5	1.8～3.8	2.48	3693	4804
	下游边墙	2017年6月	第Ⅶ$_{1}$层	2	2.0～3.0	2.50	3725	4849
564	下游边墙	2017年9月	第Ⅶ$_{2}$层	4	2.0～3.6	2.75	3727	5137
560	上游边墙	2018年1月	第Ⅷ$_{1}$层	4	1.2～3.2	2.1	3761	5147
555	上游边墙	2018年1月	第Ⅷ$_{3}$层	1	2.2		3740	4764
	下游边墙	2018年1月	第Ⅷ$_{3}$层	1	3.0		3709	4585

（1）顶拱。2015 年 3 月（第Ⅰ层开挖完成后）对顶拱及拱肩一次性声波测试孔进行了松动圈测试。声波测试结果显示，上游侧拱肩围岩松弛深度范围为 0.7～2.8m，平均松弛深度为 1.71m；顶拱围岩松弛深度范围为 0.6～2.3m，平均松弛深度 1.37m；下游侧拱肩围岩松弛深度范围为 0.7～3.3m，平均松弛深度为 1.53m。上游拱肩平均松弛深度最大，下游拱肩次之，顶拱最小。针对左岸厂房在开挖高峰期上游侧拱肩累积位移变形量较大及变形速率较快的情况，为查清其围岩松弛深度，在左岸主厂房高程 621.8m 上游侧拱肩共增设了 6 个围岩松弛深度检测孔，2017 年 11 月底完成其中左厂 0+152m 和左厂 0+228m 断面各 1 个孔的声波测试，结果显示，上游侧拱肩松弛深度 4.8～5.0m，平均松弛深度为 4.90m，上游拱肩平均松弛深度较刚开挖完成时增加了 3.19m。

（2）高程 608m。高程 608m 开挖完成后（2015 年 6—9 月）的声波测试结果显示，上游边墙松弛深度 1.0～2.2m，平均松弛深度为 1.49m，下游边墙松弛深度 0.2～1.5m，平均松弛深度为 0.96m。厂房每层开挖完成后均对其进行了复测，2018 年 3 月（厂房整体开挖至 550.4m）测试结果显示，上游边墙松弛深度 1.4～4.2m，平均松弛深度为 2.48m，增加了 0.99m；下游边墙松弛深度 2.4～4.8m，平均松弛深度为 3.20m，下游侧增加了 2.24m；下游侧边墙比上游侧边墙松弛深度略大。

（3）高程 601m。高程 601m 开挖完成后（2016 年 4—9 月）的声波测试结果显示，上游边墙松弛深度 1.0～3.0m，平均松弛深度为 1.85m，下游边墙松弛深度 1.2～2.0m，平均松弛深度为 1.53m，上游侧边墙松弛深度略大；2016 年 7—10 月（开挖至高程 591m）复测结果显示，上游边墙松弛深度 1.6～3.2m，平均松弛深度为 2.57m；下游边墙松弛深度 1.4～3m，平均松弛深度为 2.30m；上游侧边墙松弛深度略大。与刚开挖时相比，上下游边墙分别增加了 0.7m 左右。

（4）高程 591m。高程 591m 开挖完成后（2015 年 12 月）的声波测试成果显示，上游边墙 3 个孔松弛深度为 1.4～2.2m，平均松弛深度 1.87m。2017 年 4 月（开挖至高程 573.4m）复测，上游侧边墙松弛深度范围为 2.0～2.8m，均值 2.47m，松弛深度增加明显。2017 年 5 月（开挖至高程 567.9m）上游侧边墙高程 591m 桩号左厂 0－028m、左厂 0+284m 各增设 1 个孔进行声波测试，松弛深度分别为 2.0m、2.2m。2017 年 12 月（开挖至高程 562.9m）对上游侧边墙高程 591m 桩号左厂 0+052m、左厂 0+128m 原有 2 个声波孔复测，上游侧边墙松弛深度范围分别为 2.8m、3.8m，平均松弛深度 3.3m。2018 年 4 月测试时二孔松弛深度未变化。

（5）高程 583m。高程 583m 开挖完成后（2017 年 4 月）的声波测试成果显示，上游侧边墙松弛深度范围为 1.8～2.4m，均值 2.2m。

（6）高程 572.4～578m。高程 572.4m 开挖完成后（2017 年 6 月）的声波测试成果显示，上游边墙松弛深度为 1.8～3.8m，平均 2.48m；下游边墙松弛深度为 2.0～3.0m，平均 2.5m。

（7）高程 564m。高程 564m 开挖完成后（2017 年 9 月）的 4 个声波孔测试成果显示，下游侧边墙松弛深度为 2.0～3.6m，均值 2.75m，其中 0+052m 断面松弛深度较大，为 3.6m。

(8) 高程560m。高程560m开挖完成后（2018年1月）的4个声波孔测试成果显示，上游侧边墙松弛深度为1.2～3.2m，均值2.10m，其中0＋284m断面松弛深度较大，为3.2m。

(9) 高程555m。高程555m开挖完成后（2018年1月）的2个声波孔测试成果显示，上游侧边墙松弛深度为2.2m，下游侧边墙松弛深度为3.0m。

6.5.1.2　主变洞

左岸主变洞共布置了3个声波测试断面，桩号分别为左厂0＋052m、左厂0＋128m、左厂＋204m，每个断面布置5个声波测试孔，均做一次性观测。

2015年3月（第Ⅰ层开挖完成）对顶拱进行了声波测试，结果显示，顶拱松弛深度0.7～2.0m，平均松弛深度1.41m，上游拱肩平均松弛深度最大，顶拱次之，下游拱肩最小；松弛区平均波速4125m/s，非松弛区岩体平均波速5003m/s。

2016年2月对第Ⅲ层两侧边墙（高程609m）进行了声波测试，结果显示，左岸主变洞边墙松弛深度范围0.2～1.8m，平均松弛深度1.17m，上游侧边墙略大于下游侧边墙；松弛区平均波速3805m/s，非松弛区岩体平均波速4920m/s。

6.5.1.3　尾水管检修闸门室

左岸尾水管检修闸门室共布置4个松弛圈声波检测断面，桩号分别为K0＋081.7m、K0＋157.7m、K0＋246.5m及K0＋291.7m，每个断面布置2～11个声波孔，其中桩号K0＋246.5m处高程659m处声波孔做长期观测，观测周期为每月一次，其余仅做一次性观测。2015年4月（第Ⅰ层开挖完成后）进行了顶拱松动圈测试，结果显示，左岸尾水管检修闸门室松弛深度0.3～1.7m，平均松弛深度0.76m，顶拱中心平均松弛深度最大，下游拱肩次之，上游拱肩最小；松弛区平均波速4110m/s，非松弛区岩体平均波速4998m/s。

2016年1月、2017年3月、2017年9月及2017年11月，分别对高程647m、659m、633m、621m及616m处上下游侧边墙进行声波测试，结果表明，上游侧边墙松弛深度0.6～4.4m，平均松弛深度2.42m，下游侧边墙松弛深度0.6～2.8m，平均松弛深度1.97m；松弛区平均波速3941m/s，非松弛区岩体平均波速4875m/s。

2017年3月至2018年5月，长观孔进行了第15次观测，结果显示，上游岩梁部位松弛深度3.4m，下游岩梁部位松弛深度3.8m，松弛区平均波速3699m/s，非松弛区岩体平均波速4482m/s。

6.5.1.4　尾水调压室

左岸2号尾水调压室布置了一个长期观测孔，4号尾水调压室共布置13个一次性声波孔、2组对穿声波孔及1个长期观测孔、2号尾水调压室穹顶在第Ⅱ层开挖完成后（2016年5—7月）进行了穹顶松动圈测试，声波测试结果显示，松弛深度为1.4m。4号尾水调压室穹顶长观孔孔底距穹顶稍远，未测到围岩松弛。4号尾水调压室第Ⅲ层开挖后（2016年6—11月）进行了拱肩及井身边墙钻孔声波测试，测试结果显示，岩体松弛深度1.0～2.4m，平均松弛厚度1.4m，松弛区平均波速3759m/s，非松弛区平均波速4893m/s。

6.5.2 右岸地下洞室群

6.5.2.1 主副厂房

采用离散元对右岸地下厂房围岩开挖松弛的数值模拟预测见图 6.5-3，顶拱的松弛深度一般 2.1～3.6m，边墙松弛深度 3.7～6.9m 且在不同高程差异明显。

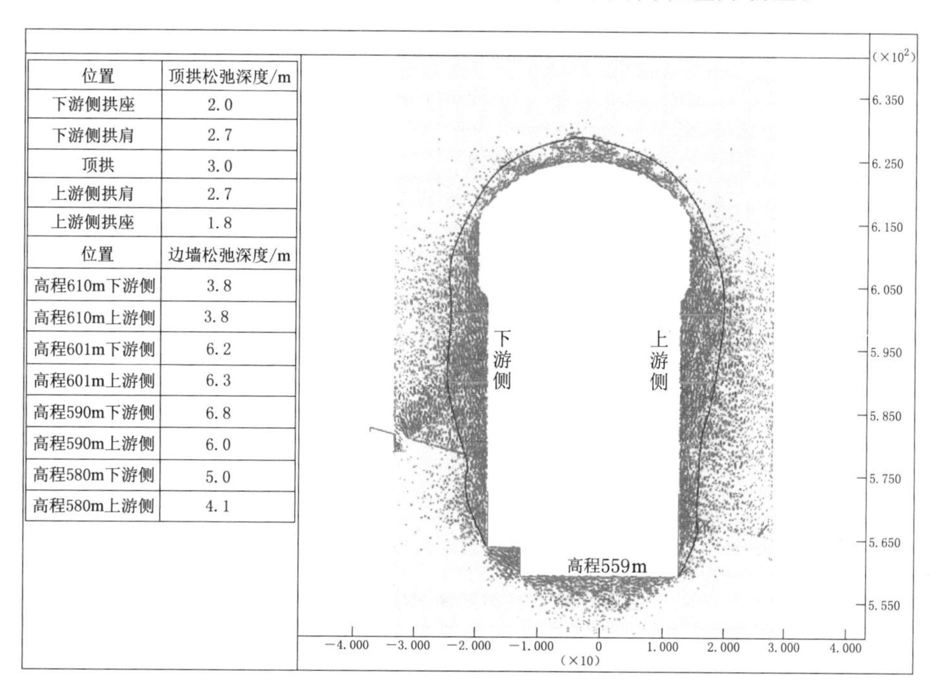

位置	顶拱松弛深度/m
下游侧拱座	2.0
下游侧拱肩	2.7
顶拱	3.0
上游侧拱肩	2.7
上游侧拱座	1.8
位置	边墙松弛深度/m
高程610m下游侧	3.8
高程610m上游侧	3.8
高程601m下游侧	6.2
高程601m上游侧	6.3
高程590m下游侧	6.8
高程590m上游侧	6.0
高程580m下游侧	5.0
高程580m上游侧	4.1

图 6.5-3 右岸地下厂房围岩开挖松弛的数值模拟预测

右岸地下厂房共布置了 6 个声波测试断面，分别位于右厂 0－033m、右厂 0＋062m、右厂 0＋138m、右厂 0＋214m、右厂 0＋266m、右厂 0＋310m。每断面拱顶、拱肩、边墙均布置有声波测试孔 12～14 个。岩梁附近 2 个孔为声波检测长期观测孔，其余为一次性声波检测孔。声波检测典型断面见图 6.5-4。针对南侧小桩号变形明显较大现象，为了解顶拱及边墙最新松弛深度，2018 年 3 月新增 2 个声波测试断面，分别位于桩号右厂 0－020m、右厂 0－054m（右厂 0－059.5m）。

一般一次性声波检测孔在主洞室开挖到测试高程时进行测试，长观孔声波检测频次为主洞室每开挖一层测试一次。钻孔声波测试成果见表 6.5-2，具体如下：

(1) 顶拱。2015 年 3 月（第Ⅰ层开挖完成后）对顶拱及拱肩一次性声波测试孔进行了松动圈测试。声波测试结果显示，上游侧拱肩围岩松弛深度范围为 0.6～2.5m，平均松弛深度为 1.59m；顶拱围岩松弛深度范围为 1.1～2.3m，平均松弛深度为 1.63m；下游侧拱肩围岩松弛深度范围为 0.9～2.5m，平均松弛深度为 1.42m。2018 年 5 月 8 日、10 日对新增声波测试断面右厂 0－054m（右厂 0－059.5m）共计 4 个钻孔进行了松动圈测试，其中上游侧拱肩 2 个、顶拱 1 个、下游侧拱肩 1 个。声波测试结果显示，上游侧拱肩松弛深度为3.0～4.4m，平均松弛深度为 3.7m，较首次（2015 年 3 月）测试增加 2.1m；

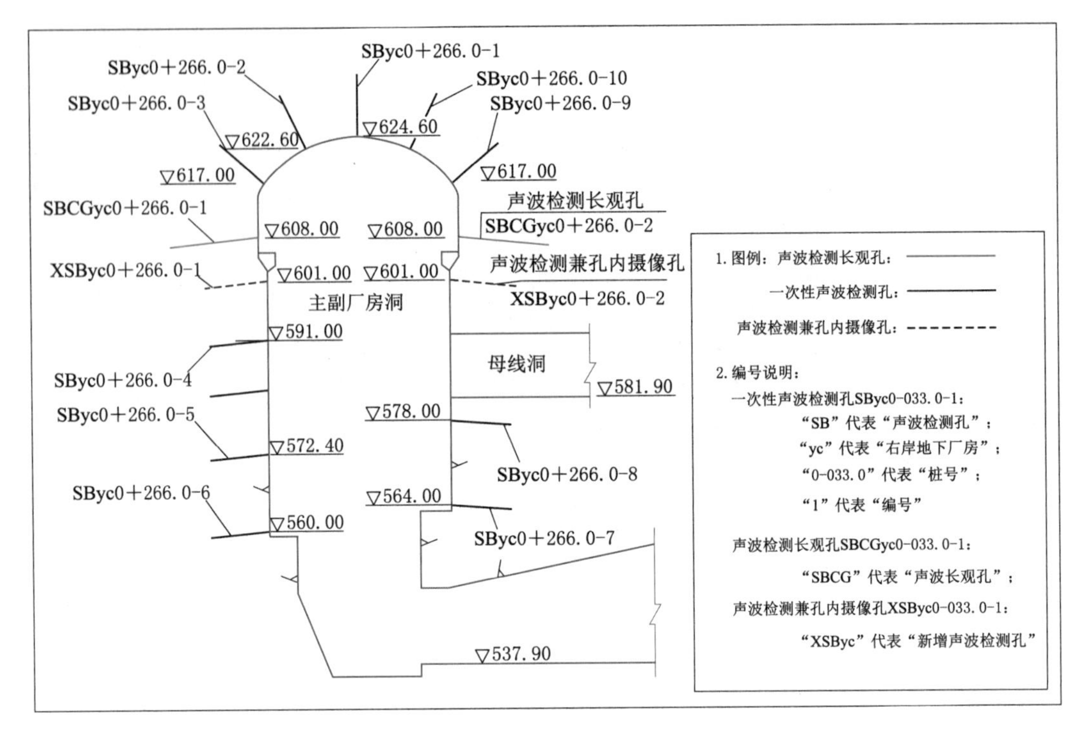

图6.5-4 右岸主副厂房声波检测典型断面图（单位：m）

表6.5-2　　右岸厂房钻孔声波测试成果统计表

测试孔高程/m	部位	测试时间	开挖层位	测试孔数	松弛深度范围/m	平均松弛深度/m	平均波速	
							松弛区/(m/s)	非松弛区/(m/s)
624.6	顶拱	2015年2—3月	第Ⅰ层	6	1.1～2.3	1.63	4071	4920
	顶拱	2018年5月10日	第Ⅷ层	1	5.6	5.6	3671	4329
622.6～617	上游侧拱肩	2015年2—3月	第Ⅰ层	12	0.6～2.5	1.59	4071	4920
		2018年5月10日	第Ⅷ层	2	3.0～4.4	3.7	3657	4284
	下游侧拱肩	2015年2—3月	第Ⅰ层	9	0.9～2.5	1.42	4071	4920
		2018年5月8日	第Ⅷ层	1	7.2	7.2	3739	4715
608	上游侧边墙	2015年5—6月	第Ⅱ层	6	0.3～1.4	0.8	4071	4920
		2016年10—11月	第Ⅲ层	5	1.6～4	2.4	3773	4714
		2017年5月	第$Ⅴ_a$层	5	1.8～4.2	3.0	3802	4787
		2017年6月	第$Ⅴ_b$层	5	1，8～4.2	3.12	3811	4814
		2017年10月	第$Ⅴ_b$层	5	1.8～4.2	3.16	3808	4756
		2017年12月	第Ⅶ层	5	1.8～4.2	3.16	3809	4796
	下游侧边墙	2015年5—8月	第Ⅱ层	6	0.8～2.4	1.33	3712	5000
		2016年11月	第Ⅲ层	2	2.4～3.2	2.5	3785	4464
		2017年1月	第Ⅳ层	3	2.6～3.8	3.3	3788	4941

续表

测试孔高程/m	部位	测试时间	开挖层位	测试孔数	松弛深度范围/m	平均松弛深度/m	平均波速	
							松弛区/(m/s)	非松弛区/(m/s)
608	下游侧边墙	2017年5月	第V_a层	5	3.2～4.2	3.8	3821	4763
		2017年6月	第V_b层	5	3.2～4.2	3.8	3811	4751
		2017年10月	第V_b层	5	3.2～4.2	3.84	3834	4745
		2017年12月	第Ⅶ层	5	3.2～4.2	3.84	3820	4747
601	上游侧边墙	2016年3—4月	第Ⅲ层	5	2.6～3.8	3.3	3736	4892
		2016年9月	第Ⅲ层	2	2.6～3.4	3.0	3659	4620
		2016年12月至2017年2月	第Ⅳ层	7	2.4～4.8	3.7	3946	4538
	下游侧边墙	2016年3—4月	第Ⅲ层	5	3.0～4.4	3.5	3527	4708
		2016年9月	第Ⅲ层	2	2.4～3.4	2.9	3646	4515
		2016年12月至2017年2月	第Ⅳ层	8	2.5～5.6	4.0	4056	4580
591	上游侧边墙	2017年5月	第V_a层	5	1.0～2.6	2.2	3840	4574
		2017年7月	第VI_a层	3	2.6～3.0	2.8	3754	4525
593～594	下游侧边墙	2018年3月	第Ⅶ层	2	5.4～9.8	7.6	3432	4119
583		2017年7月	第VI_a层	3	2.0～2.6	2.3	3816	4721
		2018年3月	第Ⅶ层	1	5.0	5.0	3417	4024
578		2017年11月	第VI_b层	2	2.2～3.2	2.7	3816	4546
572.4	上游侧边墙	2017年11月	第VI_b层	5	1.4～3.2	2.2	3799	4544
564	下游边墙	2018年3月	第Ⅶ层	4	1.6～2.6	2.0	3736	4615

顶拱围岩松弛深度为5.6m，较首次（2015年3月）测试增加3.97m；下游侧拱肩松弛深度为7.2m，较首次（2015年3月）测试增加5.8m。

（2）高程608m。厂房边墙高程608m开挖完成后（2015年5—8月）的声波测试结果显示，上游边墙松弛深度0.3～1.4m，平均松弛深度0.8m；下游边墙松弛深度0.8～2.4m，平均松弛深度1.33m；下游侧边墙松弛深度大于上游侧边墙。2016年11月至2017年12月期间又进行了6次声波测试，随着厂房的向下开挖和时间推移，围岩的松弛深度逐渐增加，最近一次（2017年12月7日）声波测试结果显示上游侧边墙松弛深度范围为1.8～4.2m，平均松弛深度为3.16m，较首次（2015年5月）测试增加2.36m；下游侧边墙松弛深度范围为3.2～4.2m，平均松弛深度为3.84m，较首次（2015年8月）测试增加约2.51m；下游侧边墙比上游侧边墙松弛深度略大。

（3）高程601m。厂房边墙高程601m开挖完成后（2016年3—4月）的声波测试结果显示，上游边墙松弛深度2.6～3.8m，平均松弛深度3.3m；下游边墙松弛深度3.0～

4.4m，平均松弛深度3.5m；下游侧边墙松弛深度略大于上游侧边墙。2016年12月至2017年2月（开挖至高程589.6m）的声波测试结果显示，上游边墙松弛深度2.4～4.8m，平均松弛深度3.7m；下游边墙松弛深度2.5～5.6m，平均松弛深度4.0m；下游侧边墙松弛深度略大于上游侧边墙。与刚开挖时相比，上游侧边墙平均松弛深度增加了0.4m左右，下游侧增加了0.5m左右。

（4）高程591m。厂房边墙高程591m开挖完成后（2017年4月）的声波测试结果显示，上游边墙松弛深度为1.0～2.6m，平均松弛深度为2.1m；2017年7月进行了第2次测试，松弛深度2.6～3.0m，平均松弛深度2.8m，增加0.7m。

2018年3月，完成右厂0－020m、右厂0－054m新增测试断面下游边墙高程593m声波测试，松弛深度5.4～9.8m，平均松弛深度7.6m。

（5）高程583m。厂房边墙高程583m开挖完成后（2017年7月）的声波测试结果显示，下游边墙松弛深度为2.0～2.6m，平均松弛深度为2.3m。2018年3月，完成0－020m新增测试断面下游边墙高程583m声波测试，松弛深度为5.0m。

（6）高程572.4m（上游）和578m（下游）。厂房边墙高程572.4m开挖完成后（2017年10—11月）的声波测试结果显示，上游边墙松弛深度为1.4～3.2m，平均松弛深度为2.2m；下游边墙松弛深度为2.2～3.2m，平均松弛深度为2.7m。

（7）高程564m。2017年1—3月，对下游侧边墙一次性声波测试孔进行松弛圈深度测试，测试结果显示，下游边墙松弛深度为1.4～2.6m，平均松弛深度为2.0m。

6.5.2.2 主变洞

右岸主变洞共布置了3个钻孔声波测试断面，桩号分别为右厂0＋062m、右厂0＋138m及右厂0＋214m，每个断面布置5个声波测试孔，均做一次性观测。

2015年3月（第Ⅰ层开挖完成）进行了顶拱及上、下游侧拱肩钻孔声波测试。测试成果显示，上游侧拱肩松弛深度0.5～0.9m，平均松弛深度0.7m；顶拱围岩松弛深度1～1.4m，平均松弛深度1.1m；下游侧拱肩松弛深度0.6～2.4m，平均松弛深度1.3m。下游拱肩平均松弛深度最大，顶拱次之，上游拱肩最小；松弛区平均波速3832m/s，非松弛区平均波速4764m/s。

2015年11月进行了第Ⅲ层两侧边墙（高程609m）钻孔声波测试。测试成果显示，边墙围岩松弛深度1.0～2.1m，平均松弛深度1.8m，下游侧边墙松弛深度略大于上游侧边墙；边墙松弛深度较顶拱大，松弛区平均波速3792m/s，非松弛区平均波速4616m/s。

6.5.2.3 尾水管检修闸门室

右岸尾水管检修闸门室共布置了5个松弛圈声波检测断面，分别位于桩号K0＋081.7m、K0＋157.7m、K0＋248.5m、K0＋291.7m及K0＋329.7m，其中一次性声波孔31个，长观孔2个（K0＋081.7m断面上、下游侧边墙高程659m处）。

2015年3月进行了第Ⅰ层钻孔声波测试。测试成果显示，围岩松弛深度0.4～3.3m，平均松弛深度1.23m，下游侧壁平均松弛深度最大，上游侧壁及顶拱次之，上下游侧肩最小；松弛区平均波速4028m/s，非松弛区平均波速4805m/s。

2016年1月、5月、8月进行了第Ⅲ层（高程647m）钻孔声波测试。测试成果显示，上游侧边墙围岩松弛深度0.8～1.8m，平均松弛深度1.2m；下游侧边墙围岩松弛深度

1.6～2.4m，平均松弛深度 1.85m；松弛区平均波速 3648m/s，非松弛区平均波速 4749m/s。

2016 年 1 月至 2018 年 4 月，长观孔（高程 659m）进行 12 次声波测试，成果显示上游侧岩梁部位松弛深度 3.0m，下游侧岩梁部位松弛深度 3.2m，松弛区平均波速 3321m/s，非松弛区平均波速 4469m/s。

6.5.2.4 尾水调压室

右岸尾水调压室布置声波检测长观孔共 3 个，分别位于 5 号、7 号、8 号尾水调压室穹顶正中心；布置控制性一次性声波检测孔共 6 个，其中沿 7 号、8 号尾水调压室上室轴线，在穹顶 45°与上室顶拱衔接部位各布置 1 个，在穹顶拱座部位各布置 2 个；布置一次性声波检测孔共 22 个，其中 19 个分别位于 7 号、8 号尾水调压室上室轴线及 N10°W 方向的井身上、中、下三个部位，2 个孔位于 7 号尾水调压室穹顶拱座部位，1 个孔位于 8 号尾水调压室穹顶拱座部位。

（1）穹顶至开挖高程 571m，尾水调压室已进行 5～8 次长观孔声波测试。其中 5 号尾水调压室穹顶松弛深度小于 2.4m；7 号尾水调压室穹顶首次（2016 年 6 月 29 日）测试松弛深度 0.9m，最近一次（2018 年 4 月 23 日）测试松弛深度 3.1m；8 号尾水调压室穹顶首次（2016 年 5 月 28 日）测试松弛深度 1.9m，最近一次（2018 年 4 月 23 日）测试松弛深度 2.3m。

（2）7 号、8 号尾水调压室与上室岔口部位松弛深度为 0.8～1.6m，平均松弛深度为 1.3m，其中 SBKZywt8－1 孔位于 8 号尾水调压室穹顶的第一类、第二类柱状节理玄武岩中，松弛深度为 1.6m。

（3）7 号、8 号尾水调压室拱座部位的松弛深度为 1.2～2.6m，平均松弛深度为 2.0m。

6.6 本章小结

白鹤滩左岸地下厂房洞室群围岩类别以 Ⅲ_1 类为主，少量Ⅱ类、Ⅲ_2 类，局部层间错动带及其影响带部位为Ⅳ类。地下洞室开挖过程中，主要出现了应力控制型片帮、破裂破坏、松弛垮塌和结构面控制型块体破坏、沿层间错动带 C_2 的剪切变形和塌落等破坏。地下厂房在下挖过程中，受应力调整影响，上游侧顶拱出现混凝土喷层开裂、脱落现象。左岸厂房顶拱平均松弛深度为 1.71m，上游侧拱肩松弛深度为 4.8～5.0m。主变洞顶拱平均松弛深度为 1.4m；边墙平均松弛深度为 1.2m，上游侧边墙略大于下游侧边墙。尾水管检修闸门室顶拱平均松弛深度为 0.76m，上游边墙松弛深度为 3.4m，下游边墙松弛深度为 3.8m。尾水调压室岩体松弛深度范围为 1～2.4m。

白鹤滩右岸地下厂房洞室群围岩类别以 Ⅲ_1 类为主，占 73%，Ⅲ_2 类占 21%，Ⅳ类围岩占 6%；边墙 Ⅲ_1 类围岩均占 68%，Ⅲ_2 类占 32%。地下洞室开挖过程中，主要出现了应力控制型片帮、破裂破坏、松弛垮塌和结构面控制型块体破坏、沿缓倾角层间带 C_3、C_4 等的剪切变形和塌落等破坏。地下厂房在下挖过程中，受应力调整影响，上游侧顶拱出现混凝土喷层开裂、脱落现象。右岸地下厂房小桩号部位顶拱松弛深度为5.6m，上游拱肩松弛深度为3.7m，下游侧拱肩松弛深度为7.2m，下游边墙松弛深度为5.0～9.8m，平均值为6.7m。主变洞顶拱松弛深度小于2.4m，边墙围岩松弛深度范围为1.0～2.1m，上游侧边墙松弛深度略大于下游侧边墙。尾水管检修闸门室顶拱平均松弛深度为1.23m，上游边墙松弛深度为3.0m，下游侧边墙松弛深度为3.2m。尾水调压室岩体松弛深度为1.2～2.6m，平均松弛深度为2.0m。

总体上，白鹤滩地下洞室围岩整体稳定性较好，围岩破坏主要以浅层片帮和破裂破坏为主。鉴于高应力导致围岩破坏特征的特殊性，对动态支护设计提出了更高的要求。

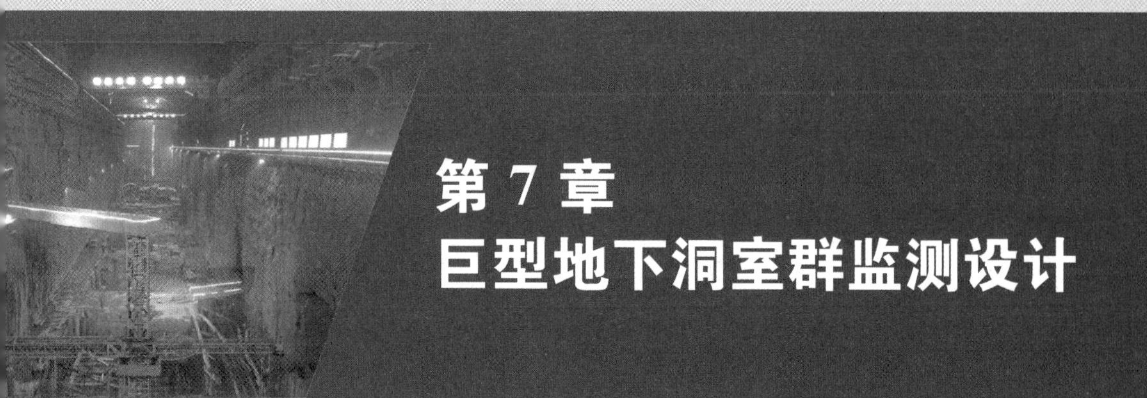

第7章 巨型地下洞室群监测设计

7.1 监测设计的目的和原则

7.1.1 监测设计的目的

白鹤滩水电站地下工程安全监测设计的目的主要体现在以下几个方面：

（1）监控工程安全。工程安全包括施工安全和运行安全。在施工期，监控地下洞室建设过程中可能发生的安全问题，如开挖爆破、开挖分序等施工过程对工程安全可能造成的不利影响；在运行期，监控地下洞室长期运行中因性态变异，如水库蓄水后围岩力学参数变化而发生的异常迹象，以便及时采取措施、防止或避免重大事故发生，保证地下洞室的正常运行。

（2）指导施工。施工期间的监测主要用于反馈指导施工，据此评价所采用的施工技术的适用性、优越性，并提出改进的措施。如：地下洞室开挖需要监测围岩变形和支护结构的受力等，以改进施工工艺，调整爆破参数，优化支护设计。

（3）检验设计和指导科学研究。通过对长期积累的监测资料分析和反馈计算研究，检验设计边界条件、参数选择、计算方法、计算模型的合理性，检验新的施工技术、工艺，为工程设计积累经验，为科研工作提供依据，并将这些工程经验和科研成果应用到新建工程的设计、施工中，从而降低工程造价、缩短工期，使工程发挥更大的经济和社会效益。

7.1.2 监测设计的原则

监测设计应根据地下洞室的地质条件、洞室布置及规模、开挖支护等基本资料，了解其潜在的风险，找出其薄弱环节和制约地下洞室安全状态的控制因素与部位，然后综合考虑，统筹安排。其指导思想是以安全监测为主，同时兼顾设计、施工、科研和运行的需要。

监测项目布置的总原则是：目的明确、突出重点；控制关键、兼顾全局；统一规划、分项实施。用较少的测点、合适的仪器，获得关键的地下洞室开挖响应和运行信息。

（1）全局性原则。监测系统的设计要有总体方案，从全局出发，既要控制关键，又要兼顾全局。应根据地下洞室的地质条件、开挖支护等基本资料，了解其隐含的风险，找出其薄弱环节和制约地下洞室安全状态的控制因素和部位，并按其对安全控制的重要性，分为关键监测部位、重要监测部位和一般监测部位三个层次。对关键和重要部位适当地重复和平行布置，对一般部位应顾及地下洞室的整体，一般采用围岩变形测点和支护锚杆及锚索受力测点控制地下洞室的围岩稳定。此外，有相关因素的监测仪器布置要相互配合，以便综合分析。

（2）针对性原则。根据工程特点，有针对性地对断层、层间错动带等出露部位进行监测，设置相应的监测仪器。根据施工先后顺序，选择监测重点，比如在厂房的顶拱锚固观测洞及排水廊道内、尾水调压室穹顶锚固观测洞内钻孔预埋监测仪器。

根据地下洞室的地质特点、计算分析成果，在影响地下洞室围岩稳定或能灵敏反映地下洞室支护效果或稳定状态的部位布置测点，比如在厂房顶拱、尾水调压室穹顶及穹顶受通气洞或上室切割后部位，除了进行常规监测外，还可针对围岩的松动范围及围岩破裂过程设置专项新型监测内容。

对运行后已稳定的部位可适当减少监测频次和监测项目。

（3）统一性原则。对各部位不同时期监测项目的选定应从施工到运行全过程考虑，监测项目相互兼顾，做到一个项目多种用途，统一规划，分步实施。

（4）并重原则。现场巡视检查是仪器设备监测的重要补充。一些异常现象难以通过仪器单点监测的方法发现，需要通过巡视检查才可及时发现，如新增裂缝和渗漏点监测等，因此应遵循巡视检查和仪器监测并重的原则。

（5）动态设计原则。在施工期间，根据地下洞室实际揭露的地质条件和围岩开挖响应，对监测布置可做适当调整，针对超出预判或新出现的局部围岩稳定问题新增合适的监测手段；针对地下洞室施工期间进行的补强加固措施，也应布置相应的监测，监控加强支护受力和围岩稳定状况。监测布置和设计，应适应施工期地下洞室动态支护过程，以及开挖揭示的实际地质条件和实际围岩开挖响应特征；也应坚持动态设计原则，与施工期的实际支护和围岩状态相匹配。

7.2　监测设计方案

监测设计应根据地下洞室的地质条件、洞室布置及规模、开挖支护等基本资料，了解制约地下洞室安全状态的控制因素和部位，然后综合考虑，统筹安排，并在地下洞室群开挖过程中，根据围岩稳定和管控需要，对监测设计方案的内容和布置进行动态调整与动态设计。

7.2.1　工程安全性态监测内容

根据白鹤滩工程特性、地质条件、结构计算成果及支护设计情况，地下厂房洞室群安全监测工程各部位对应的重点监测部位、监测项目、敏感因子及设计计算值分述如下。

7.2.1.1 左岸地下厂房洞室群

1. 主副厂房洞

重点监测部位：主副厂房顶拱及边端墙顶部分布的第二类柱状节理玄武岩部位、斜切边墙底部的 $P_2\beta_2^4$ 层凝灰岩及其中的层间错动带 C_2、层内错动带在厂房顶拱附近出露的部位、岩壁吊车梁、蜗壳、尾水肘管、母线洞与主厂房下游边墙交叉洞口部位。

监测项目：变形、应力、应变和支护结构受力。

敏感因子：C_2 部位的围岩变形、锚杆应力、锚索受力；尾水肘管及蜗壳混凝土钢筋应力、C_2 错动变形、岩梁与围岩之间的张开变形、顶拱围岩应变、岩梁与围岩接触部位的压应力、母线洞与主厂房交叉部位的围岩变形、顶拱围岩破裂及松弛。

设计计算值：最大变形约 80mm；锚杆应力 300～400MPa；锚索拉力 2500kN；围岩最大应力 40MPa；最大错动变形约 35mm；岩梁与围岩接触部位的压应力 5MPa；岩梁与围岩之间缝隙开度 0.1mm；钢筋应力 400MPa；C25 混凝土拉应力 1.27MPa。

2. 主变洞

重点监测部位：主变洞顶拱和边墙，出露在主变洞边墙部位的 C_2 错动带、母线洞与主变洞下游边墙交叉洞口部位。

监测项目：围岩变形、支护结构受力。

敏感因子：C_2 的错动变形、C_2 部位的围岩变形、C_2 部位的锚杆应力、C_2 部位的锚索受力、母线洞与主变洞交叉部位的围岩变形。

设计计算值：最大变形约 60mm；围岩最大应力 35MPa；锚杆应力 400MPa；锚索荷载 2500kN。

3. 母线洞

重点监测部位：顶拱和边墙。

监测项目：围岩变形、支护结构受力。

敏感因子：顶拱及边墙围岩变形、顶拱及边墙的锚杆应力。

设计计算值：最大变形为 40mm；锚杆应力 400MPa。

4. 尾水管检修闸门室

重点监测部位：顶拱和边墙围岩稳定性较差部位、岩壁吊车梁。

监测项目：变形、应力。

敏感因子：顶拱及边墙的深部变形、支护锚杆应力、支护锚索受力、岩壁吊车梁与围岩接缝开度、衬砌钢筋应力。

设计计算值：顶拱最大变形约 20mm；边墙最大变形约 60mm；锚杆应力 400MPa；衬砌钢筋应力 400MPa；锚索荷载 2000kN。

5. 尾水调压室

重点监测部位：调压室穹顶和边墙、层间错动带 C_2 出露部位。

监测项目：变形、渗流、应力应变、围岩破裂松弛监测。

敏感因子：调压室穹顶及层间错动带 C_2 出露部位围岩深部变形、顶拱及 C_2 错动带部位锚杆应力、顶拱及 C_2 错动带部位锚索受力、衬砌钢筋应力、波涌水位、渗透压力、C_2

错动变形、C_2 张开变形、穹顶的围岩应变、围岩破裂、围岩松动圈。

设计计算值：穹顶最大变形约15mm；边墙最大变形约50mm；衬砌外表面渗透压力68m；锚杆应力400MPa；钢筋应力400MPa；锚索荷载2000kN。

7.2.1.2　右岸地下厂房洞室群

1. 主副厂房

重点监测部位：主副厂房受层间错动带 C_3 及 C_{3-1} 影响的区域，母线洞与主厂房下游边墙交叉洞口部位。

监测项目：围岩变形、应力、应变和支护结构受力。

敏感因子：边墙层间错动带 C_3、C_{3-1} 出露部位的压缩及剪切变形、围岩深部变形、支护锚杆锚索受力监测；顶拱层间错动带 C_4、C_5 影响的围岩深部岩体变形、支护锚杆应力、支护锚索受力、顶拱围岩应变、顶拱围岩破裂及松弛；岩壁吊车梁与围岩接触部位的应力、岩壁吊车梁内部钢筋应力、岩壁吊车梁与围岩之间可能出现的缝隙开度。

设计计算值：最大变形约100mm；锚杆应力300～400MPa；锚索拉力2500kN；围岩最大应力50MPa；最大错动变形约30mm；岩梁与围岩接触部位的应力5MPa；岩梁与围岩之间缝隙开度0.1mm；岩壁吊车梁钢筋应力400MPa；C25混凝土拉应力1.27MPa。

2. 主变洞

重点监测部位：受 $P_2\beta_4^3$ 层凝灰岩及层间错动带 C_4 的影响部位、受层间错动带 C_4 和陡倾角的长大裂隙 T_{806} 组合影响的顶拱上游侧处、受陡倾角小断层 f_{814} 与缓倾角的 C_4 组合影响的上游侧端墙外侧附近，母线洞与主变洞下游边墙交叉洞口部位。

监测项目：围岩变形、支护结构受力。

敏感因子：顶拱上方的层间错动带 C_4 影响范围的深部岩体变形、支护锚杆应力、支护锚索受力、围岩应变、围岩破裂、围岩松动圈；边墙部位按常规布置的监测因子。

设计计算值：最大变形约70mm；围岩最大应力40MPa；锚杆应力400MPa；锚索拉力2500kN。

3. 母线洞

重点监测部位：顶拱和边墙。

监测项目：围岩变形、支护结构受力。

敏感因子：顶拱及边墙围岩变形、顶拱及边墙的锚杆应力。

设计计算值：最大变形约50mm；锚杆应力400MPa。

4. 尾水管检修闸门室

重点监测部位：顶拱和边墙围岩稳定性较差部位、岩壁吊车梁。

监测项目：变形、应力。

敏感因子：顶拱及边墙的深部变形、支护锚杆应力、支护锚索受力、岩壁吊车梁与围岩接缝、衬砌钢筋应力。

设计计算值：顶拱最大变形约20mm；边墙最大变形约60mm；锚杆应力400MPa；钢筋应力400MPa；锚索荷载2000kN。

5. 尾水调压室

重点监测部位：发育 F_{20}、f_{816} 等6条规模较小的断层和 C_3、C_{3-1}、C_4、C_5 四条层间错

动带影响部位。

监测项目：围岩变形、渗流、应力应变、围岩破裂松弛监测。

敏感因子：层间错动带出露部位的围岩深部岩体变形、支护锚杆应力及锚索受力、钢筋应力；岩壁吊车梁与围岩之间可能出现的缝隙开度监测。

设计计算值：顶拱最大变形约 20mm；边墙最大变形约 60mm；锚杆应力 300～400MPa；钢筋应力 400MPa；锚索荷载 2000kN。

7.2.2 监测布置和项目

7.2.2.1 左岸地下厂房洞室群围岩监测

图 7.2-1 给出了左岸地下洞室群安全监测断面布置情况，左岸主副厂房有 8 个断面，主变洞有 4 个断面，尾水管检修闸门室有 3 个断面，尾水调压室有 4 个主要监测断面。

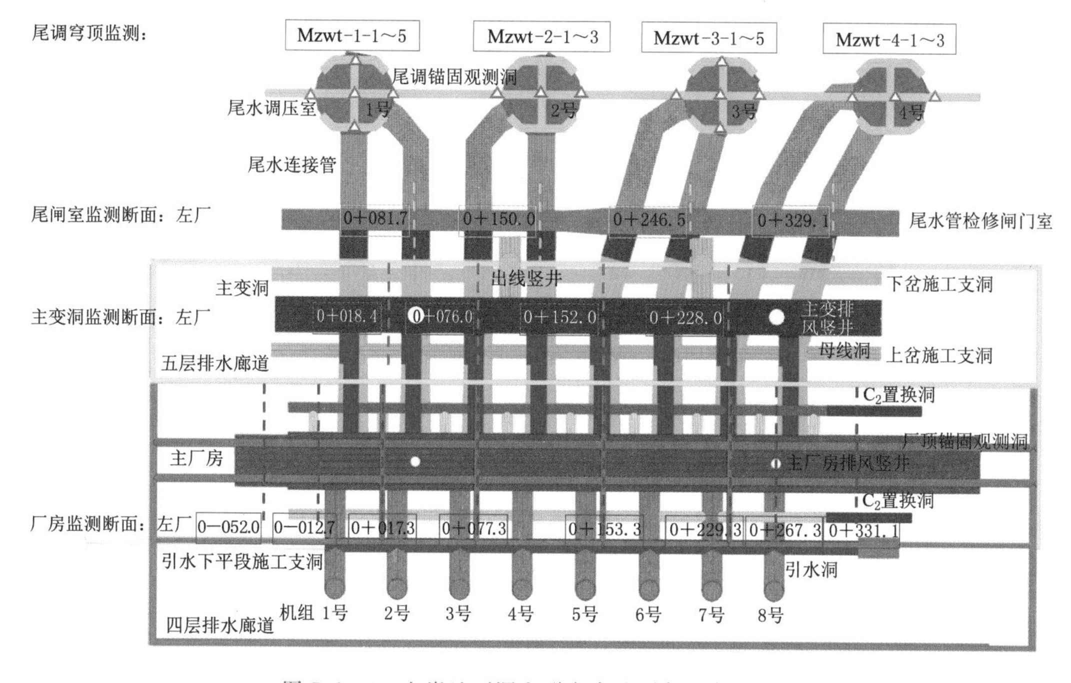

图 7.2-1 左岸地下洞室群安全监测断面布置情况

图 7.2-2 给出了左岸地下厂房监测断面布置与地质构造的相对关系，其中特殊洞段主要是指受层间（内）错动带、断层以及结构面影响洞段，如左岸厂房主要为顶拱受层内错动带 LS_{3152} 及同组顺层裂隙影响洞段，以及边墙受层间错动带 C_2 影响洞段。

1. 主副厂房洞

主副厂房的重点监测部位有主副厂房洞顶拱及边端墙顶部分布的第二类柱状节理玄武岩、斜切边墙底部的 $P_2\beta_2^4$ 层凝灰岩及其中的层间错动带 C_2、出露在厂房顶拱附近的层内错动带 LS_{3152} 等。

监测断面的选择：根据围岩地质条件及数值分析成果，在主副厂房洞机组段共布置有 4 个监测断面，布置在 1 号机组中心线和 2 号机组中心线之间、3 号机组中心线、5 号机

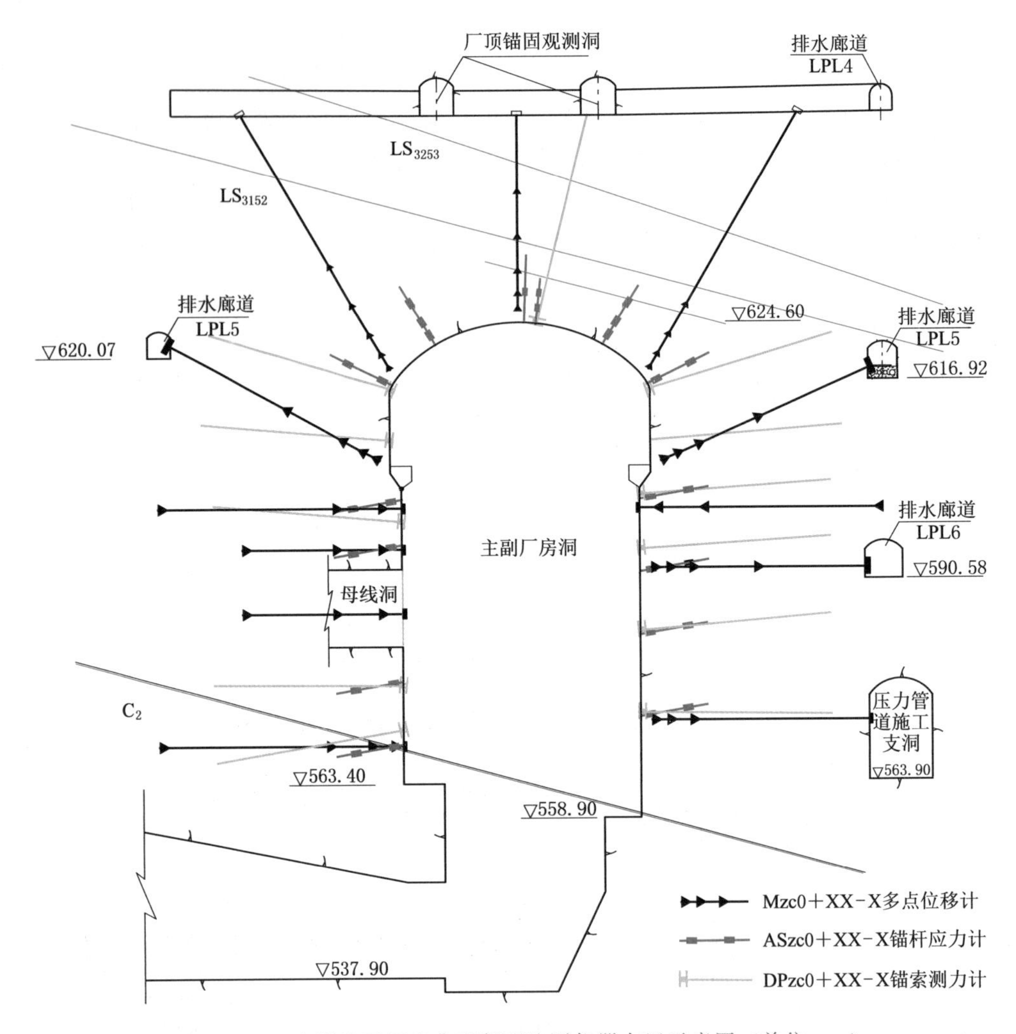

图7.2-2 左岸地下厂房典型断面监测仪器布置示意图（单位：m）

组中心线、7号机组中心线；此外，在副厂房及安装场各布置有1个监测断面。

主要监测项目：主副厂房洞围岩深部变位、支护结构受力、岩壁吊车梁结构受力监测、蜗壳及尾水肘管钢筋混凝土应力应变监测等。

(1) 主副厂房洞围岩深部变形监测。围岩深部变形采用多点变位计（四点式）进行监测，每个断面各布置9个测点，测点分布在顶拱、两侧拱脚、上下游边墙（上部、中部、底部）。多点变位计安装时有条件从各锚固观测洞和排水廊道往各洞室方向钻孔埋设的，应在洞室开挖前预先埋设，以了解洞室开挖全过程变形。厂房边墙测点布置结合考虑有层间错动带C_2穿过的部位，以监测层间错动带C_2对边墙稳定性的影响；同时在主副厂房两侧端墙布置4套多点变位计。

为了监测母线洞对主副厂房洞围岩的稳定影响，在3号和7号母线洞与主副厂房洞下游壁交叉部位各布置一个监测断面，在其顶拱和左右边墙中上部分别布置一套多点变位计（在对应主副厂房洞相同高程内钻孔埋设）。

（2）对左岸主副厂房洞边墙层间错动带 C_2 加强支护的监测。左岸地下厂区洞室主要受层间错动带 C_2 的影响，该错动带在厂区主要洞室边墙出露，可改变错动带附近围岩的应力、应变分布情况，增加局部围岩的松弛程度，对厂区洞室围岩稳定影响显著。因此，对左岸厂区层间错动带 C_2 需加强观测。

针对层间错动带 C_2 在主副厂房洞边墙出露情况，在出露部位布置位错计和单向测缝计，以监测层间错动带的压缩和剪切变形；在层间错动带 C_2 出露处的混凝土塞部位设置一套锚杆应力计，以监测锚杆的受力情况。

选择1号和2号置换洞及置换支洞内层间错动带 C_2 出露部位各布置1～2个监测断面，各断面布置1套多点变位计、1套三向应变计、1支无应力计、2～4支钢筋计，以监测置换洞内层间错动带 C_2 出露部位的错动变形和衬砌结构受力情况。

此外，在3号和5号机组中心线监测断面，因层间错动带 C_2 斜切母线洞下方，在母线洞靠近主副厂房洞上游边墙部位各布置一只测斜孔，以监测层间错动带的剪切变形并与位错计相互对比验证。

（3）支护结构受力监测。为了检验支护锚杆的受力情况，布置锚杆应力计监测断面，断面布置基本与多点变位计相对应，相距0.5～1.0m。各监测断面布置11个测点，测点分布在各多点变位计旁，以便相互对比验证。

主副厂房洞顶拱布置了4排预应力对穿锚索和6排预应力锚索；主副厂房洞上游边墙布置了14排预应力锚索；主副厂房下游边墙在高程581.90m以上布置了6排预应力对穿锚索，在高程581.90m以下布置了7排预应力锚索；端墙布置了若干预应力锚索。因此，每个监测断面在顶拱选择2～3台支护锚索、在上游边墙选择4～6台支护锚索、在下游边墙选择3～5台支护锚索布置锚索测力计。每排对穿锚索选择2～3台锚索布置锚索测力计。

此外，在层间错动带 C_2 出露的部位布置1～2套锚杆应力计和锚索测力计。

（4）顶拱围岩应变监测。选择位于左岸3号机组中心线和5号机组中心线的2个监测断面，各布置3个光纤光栅测孔和3个围岩应变监测孔；选择左岸主厂房除3号和5号机组中心线部位的两个监测断面之外的其他2个监测断面，各布置2个光纤光栅测孔和2个围岩应变监测孔；同时在左岸副厂房监测断面上布置1个光纤光栅测孔和1个围岩应变监测孔。

测孔布置在顶拱的中心、上下游拱肩，与多点变位计的位置相对应，以监测主厂房顶拱的围岩应变情况。其中，每个光纤光栅测孔内布置20个光纤光栅应变测点和1个温度测点，测点间距0.5m；每个围岩应变监测孔内布置5支弦式应变计，测点位置与顶拱地质结构相结合。应变计测孔从顶拱上方的锚固观测洞和锚固观测支洞钻孔，即在顶拱开挖前预先埋设，孔深25～30m，监测范围为顶拱以上17m深度范围，各测点间距同多点变位计测点间距。

（5）钻孔声波及钻孔电视观察。选择位于左岸3号机组中心线和5号机组中心线的2个监测断面，各布置3个声波测孔，以检测顶拱及洞室交叉部位围岩破裂松弛范围，测孔的布置与顶拱及洞室交叉部位多点变位计位置相对应，以便监测资料的相互对比分析。

声波测孔采用从锚固观测洞和锚固观测支洞内预先钻孔，孔深25～30m，钻孔完成后即进行声波测试和钻孔电视观察，以取得初始值。

(6) 岩壁吊车梁监测。根据吊车梁内部混凝土应力及锚杆应力的分布情况，沿岩壁吊车梁布置8个监测断面，监测项目：围岩的变形、锚杆的应力、岩壁吊车梁与围岩接触部位的应力、岩壁吊车梁内部钢筋应力、岩壁吊车梁与围岩之间可能出现的缝隙。

围岩变形采用多点变位计进行监测，可与主副厂房围岩变形监测结合起来设置，这里不单独设置，即在岩壁吊车梁中部高程布置测点。

在吊车梁上的2排锚杆上布置锚杆应力计，锚杆应力计沿锚杆长度方向布置；在吊车梁与岩壁的接触面上布置2支测缝计和压应力计；根据计算应力分布情况，在吊车梁混凝土内布置3～5支钢筋计。

2. 主变洞

主变洞以常规的围岩变形监测和支护受力监测为主，重点监测出露在主变洞边墙部位的 C_2 错动带、母线洞与主变洞上游边墙交叉洞口部位。

监测断面的选择：根据围岩地质条件及围岩稳定分析成果，共布置4个主要监测断面，位置与主厂房监测断面相对应。

主要监测项目：围岩深部变位、支护结构受力等。

(1) 围岩变形监测。围岩深部变形采用多点变位计（四点式）进行监测，每个断面各布置7个测点，测点分布在顶拱、两侧拱脚、上下游边墙中部。对于多点变位计的布置还须结合考虑层间错动带 C_2 出露的位置，多点变位计安装时，有条件从各排水廊道往各洞室方向钻孔埋设的，应提前预埋。

为了监测母线洞对主变洞围岩稳定的影响，在3号和7号母线洞与主变洞上游边墙交叉部位各布置一个监测断面，在其顶拱和左右边墙中上部分别布置一套多点变位计（在对应主变洞边墙相同高程内钻孔埋设）。

(2) 层间错动带 C_2 监测。在层间错动带 C_2 斜切主变洞边墙的部位布置测缝计和位错计，分别监测层间错动带 C_2 在主变洞出露部位的剪切变形和压缩变形；在层间错动带 C_2 出露处的混凝土塞部位设置一套锚杆应力计，以监测锚杆的受力情况。

(3) 支护受力监测。为了检验支护锚杆的受力情况，布置锚杆应力计监测断面，断面布置基本与多点变位计相对应，相距0.5～1.0m。各监测断面布置5～6个测点，测点分布在各多点变位计旁，以便监测资料相互对比验证。

主变洞在顶拱布置若干随机锚索；在上游边墙布置了5排预应力对穿锚索；在下游边墙布置了7排预应力锚索；端墙布置若干随机锚索。因上游边墙的预应力对穿锚索已在主副厂房中考虑，故此处不考虑布置；在下游边墙选择4～6台支护锚索布置锚索测力计。

3. 母线洞

母线洞连接主副厂房洞及主变洞，总长60.65m，各断面均为圆拱直墙型。

监测断面的选择：选择两条母线洞作为监测对象，考虑到与主副厂房洞及主变洞监测布置情况相结合，故左岸选择3号和7号母线洞为重点监测对象。各条母线洞布置三个监测断面，分布在母线洞与主副厂房洞及主变洞的交叉部位、母线洞洞身。

主要监测项目：围岩变形、支护结构受力监测等。

（1）围岩变形。母线洞与主副厂房洞及主变洞的交叉部位的监测断面的布置情况已在前面的主副厂房洞和主变洞章节中进行介绍。对于母线洞洞身监测断面，则在顶拱和左右边墙分别布置一套多点变位计，以监测母线洞的围岩深部变形。

（2）支护结构受力。为了检验支护锚杆的受力情况，布置锚杆应力监测断面，断面布置基本与多点变位计相对应，相距0.5～1.0m。各监测断面布置5个测点，测点分布在顶拱及左右边墙中上部。

4. 左岸尾水管检修闸门室

尾水管检修闸门室以常规的围岩变形监测和支护受力监测为主，重点监测检修平台（高程633.0m）以上部位的边墙和顶拱，以及岩壁吊车梁。

监测断面的选择：分别沿1号、3号、5号、8号尾水连接管轴线布置4个主要监测断面。

主要监测项目：围岩变形、支护结构受力、钢筋应力、岩壁吊车梁结构受力监测等。

（1）围岩变形监测。围岩深部变形采用多点变位计进行监测，选择1号和8号闸门井，在高程650.50m部位闸门井两侧各布置1套三点式位移计。

（2）围岩支护受力监测。为了检验支护锚杆的受力情况，分别在顶拱、拱脚以及边墙部位布置单点式的锚杆应力计进行监测；锚杆应力计的布置还应考虑层间错动带C_2斜切部位，以监测错动带对围岩的稳定性影响情况。此外，闸门井与尾水洞交叉部位在锁口锚杆上布置两点式锚杆应力计，以监测该部位的支护受力情况。

每个监测断面选择在高程652.5m部位的系统锚索上布置锚索测力计，以监测系统锚索的受力情况，且该部位的测点靠近多点变位计埋设部位，可以相互对比验证。

（3）岩壁吊车梁与围岩接缝监测。在吊车梁与岩壁的接触面上布置2支测缝计，以监测岩壁吊车梁与围岩之间可能出现的缝隙。

（4）岩壁吊车梁锚杆受力监测。在吊车梁上的2排锚杆上设置锚杆应力计，应力计沿锚杆长度方向布置，其中12m长的采用四点式，9m长的采用三点式。

（5）衬砌钢筋应力监测。根据结构计算成果，在各主要监测断面中下部钢筋受力较大部位的外圈主筋上布置钢筋计，以监测衬砌钢筋的应力状态。

5. 左岸尾水调压室

左岸布置4个圆筒型阻抗式尾水调压室。1号尾水调压室陡倾角小断层f_{722}和f_{721}分别从上下游边墙附近斜穿而过，陡倾角长大裂隙T_{734}、T_{733}在洞室临近上游侧圆形边墙，C_2层间错动带穿洞室中上部；由于洞室采用了圆筒型，除了C_2与随机裂隙组合的随机块体的外，边墙不存在定位半定位的块体。2号尾水调压室部位构造不甚发育，仅C_2层间错动带发育于调压室上部，陡倾角长大裂隙T_{732}发育于顶拱部位。3号尾水调压室部位岩体与2号调压室类似，构造不发育，仅C_2层间错动带穿过洞室拱肩部位，f_{717}斜穿洞室中部，围岩质量较好。4号尾水调压室部位岩体中、陡倾角构造不发育，仅C_2层间错动带穿过洞室拱肩及顶拱以下部位，f_{717}斜穿洞室中部，围岩质量较好。左岸尾水调压室以常规的围岩变形监测和支护受力监测为主，重点监测部位：调压室穹顶、边墙和层间错动带C_2出露部位。

监测断面的选择：左岸尾水调压室共布置有4个主要监测断面，即：1号、2号、3

号、4号尾水调压室分别布置1个监测断面，各监测断面均沿尾调通气洞方向，其中1号和3号尾水调压室为监测重点。

主要监测项目：围岩变形、支护结构受力、衬砌钢筋应力、涌波水位及水压力监测等。1号和3号尾水调压室监测设施结合科研、施工期、运行期观测需要设置（设置围岩变形、围岩支护结构受力监测、穹顶围岩破裂松弛监测等），2号和4号尾水调压室仅布置围岩变形、支护结构受力等常规监测仪器。

（1）围岩变形监测。围岩深部变形采用多点变位计进行监测，每个断面各布置9个测点，测点分布在顶拱、两侧拱脚、上下游边墙（上、中、下部），测点布置时结合不利断层（f_{722}、f_{721}、f_{717}）、陡倾角长大裂隙（T_{734}、T_{735}、T_{736}）以及层间错动带C_2穿过或出露部位来考虑。顶拱多点变位计安装时有条件从顶拱上方的锚固洞往各洞室方向钻孔埋设的，即在洞室开挖前预先埋设，以了解洞室开挖全过程变形。此外，为了监测洞室开挖过程以及层间错动带C_2对调压室间岩柱的影响，在1号尾水调压室和2号尾水调压室之间、2号尾水调压室和3号尾水调压室之间C_2穿过部位各布置一套五点式多点变位计。

为监测尾水调压室穹顶受通气洞切割后的稳定性，选择在1号和3号尾水调压室穹顶受通气洞切割部位各布置一套滑动测微计观测孔；同时在1号尾水调压室穹顶中心部位布置一套滑动测微计观测孔。为了解穹顶开挖全过程的围岩变形情况，布置在穹顶部位的滑动测微计测孔应从穹顶上方的锚固观测洞和锚固观测支洞钻孔埋设，即在穹顶开挖前预先埋设，孔深35～45m，滑动测微计测孔全孔深范围监测。

（2）层间错动带C_2变形监测。在层间错动带C_2斜切尾水调压室边墙的部位布置测缝计和位错计，分别监测C_2在尾水调压室出露部位的剪切变形和压缩变形；在错动带C_2出露处的混凝土塞部位设置一套锚杆应力计，以监测锚杆的受力情况。

此外，在1号、2号和3号尾水调压室通气洞靠近边墙部位分别布置1个测斜孔，钻孔穿过C_2层间错动带以下5m，以观测错动带的剪切变形，与位错计观测成果相互验证。

（3）支护受力监测。为了检验支护锚杆的受力情况，布置锚杆应力计监测断面，断面布置与多点变位计相对应，相距0.5～1.0m。各断面均布置9个测点，测点尽量位于多点变位计附近，以便资料相互对比验证。

对于局部布置有系统锚索或随机锚索的，选择若干锚索布置锚索测力计，测点位置应尽量靠近多点变位计埋设部位，以便资料相互对比验证。

在每个尾水调压室衬砌结构内沿环向和纵向的受力主筋上布置8只钢筋计，测点的布置位置主要结合C_2错动带的出露部位。

（4）涌波水位及外水压力监测。为了解尾水调压室运行状况，在各个尾水调压室内下游侧设置涌波水位观测管，采用渗压计进行观测；同时在上游侧设置水尺，采用摄像头进行观测，可与下游侧渗压计监测成果相互校测。

在各监测断面的一侧上部边墙衬砌外部表面0.5m处布置一支渗压计，观测由内水渗入围岩产生的渗透压力。

（5）围岩应变监测。在1号尾水调压室穹顶布置2个光纤光栅测孔和1个围岩应变监测孔，同时在3号尾水调压室穹顶各布置2个光纤光栅测孔和2个围岩应变监测孔。

测孔布置在穹顶的中心、上游拱肩及穹顶与通气洞（上室）交叉部位，与多点变位计的位置相对应，以监测调压室穹顶的围岩应变情况。其中，每个光纤光栅测孔内布置20个光纤光栅应变测点和1个温度测点，测点间距0.5m；每个围岩应变监测孔内布置4～5支弦式应变计，测点位置与穹顶地质结构相结合。应变计测孔从穹顶上方的锚固观测洞和锚固观测支洞钻孔埋设，即在穹顶开挖前预先埋设，孔深35～45m，监测范围为穹顶以上10m或37m深度范围，各测点间距同多点变位计测点间距。

（6）钻孔声波及钻孔电视观察。选择在1号和3号尾水调压室穹顶中心及穹顶与上室交叉部位各布置均布置一组（5个）声波测孔，以检测穹顶及洞室交叉部位围岩破裂松弛范围，测孔的布置与穹顶及洞室交叉部位多点变位计位置相对应，以便监测资料的相互对比分析。

声波测孔采用从锚固观测洞和锚固观测支洞内预先钻孔，孔深45～60m，钻孔完成后即进行声波测试和钻孔电视观察，以取得初始值。

（7）尾水调压室外排水观测。尾水调压室最大开挖直径达48m，调压室井身部位发育层间错动带、柱状节理等不利地质构造。为了降低水位骤降工况以及放空检修期尾水调压室衬砌外部水压力，确保衬砌结构安全，在尾水调压室井身段中下部衬砌与围岩之间设置纵向、横向交错的排水管网，渗水通过周边的排水廊道排至厂房渗漏集水井。为了解尾水调压室外排水情况，在排水管网与排水廊道之间布置量水堰，对排水量进行监测。

7.2.2.2 右岸地下厂房洞室群围岩监测

图7.2-3给出了右岸地下洞室群安全监测断面布置情况，右岸主副厂房有9个监测断面，主变洞有4个监测断面，尾水管检修闸门室有7个监测断面（其中顶拱有3个变形监测断面）。

图7.2-4给出了右岸地下厂房监测断面布置与地质构造的相对关系。右岸洞群主要为受层间错动带C_4、层内（间）错动带C_3及RS_{411}和断层F_{20}等地质因素影响洞段。

1. 主副厂房

根据围岩地质条件及围岩稳定分析成果，确定主副厂房的重点监测部位为受层间错动带尤其是C_3及C_{3-1}影响的区域。

监测断面的选择：共布置4个主要监测断面，结合围岩稳定计算成果，监测断面分布在9号和10号机组中心线之间、11号机组中心线、13号和14号机组中心线之间、15号和16号机组中心之间。

主要监测项目有主副厂房围岩变形、支护结构受力、岩壁吊车梁结构受力监测、蜗壳及尾水肘管受力监测等。

（1）围岩变形监测。因C_4层间错动带在厂房顶拱经过，C_3及C_{3-1}层间错动带在厂房边墙中部及下部穿过，故各测点布置时结合其出露或影响区域进行布置。

围岩深部变形采用多点变位计进行监测，各主要断面各布置9～12个测点，测点分布在顶拱、上下游边墙（上部、中部、底部）。多点变位计安装时有条件从顶部锚固观测洞、排水廊道往各洞室方向钻孔预埋设的，即在洞室开挖前预先埋设，以了解洞室开挖全过程变形。

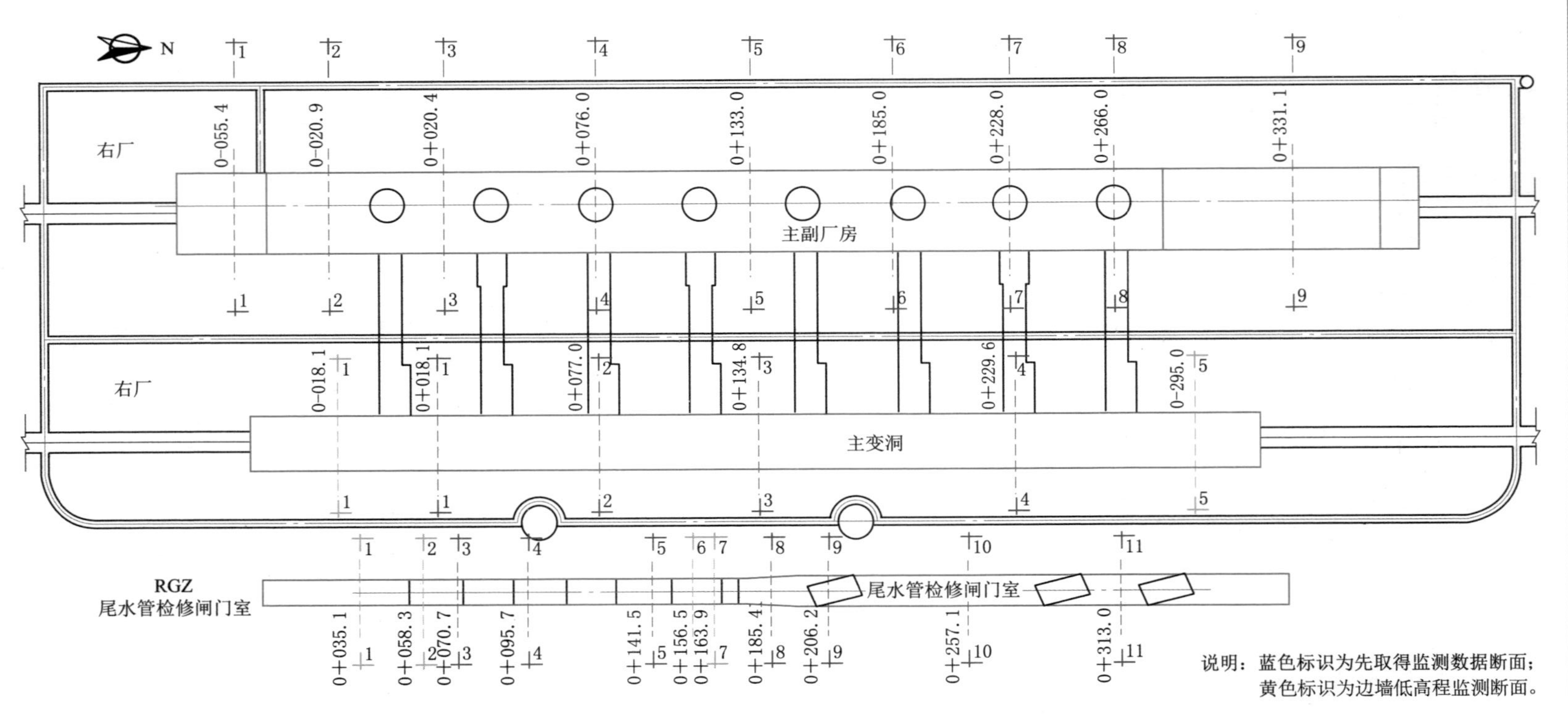

图 7.2-3 右岸地下洞室群安全监测断面布置情况（单位：m）

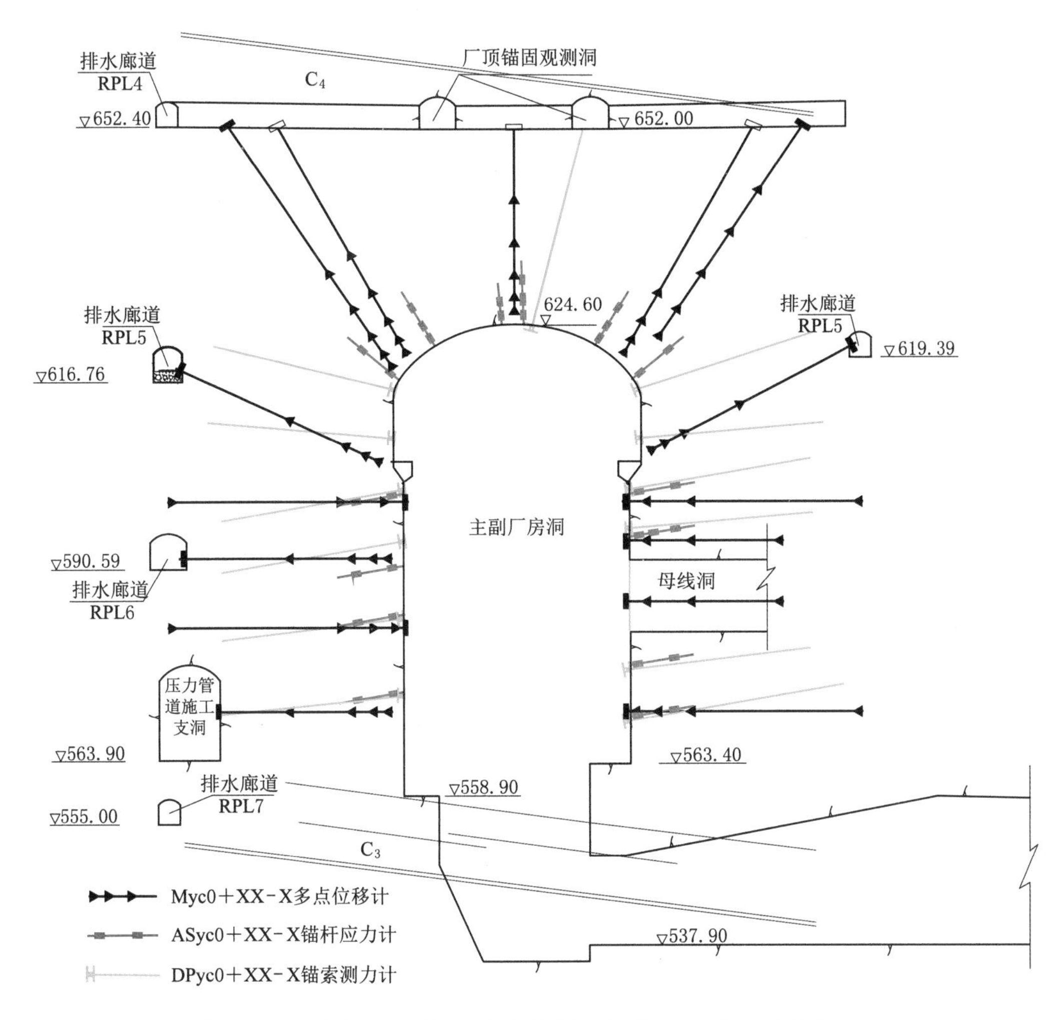

图 7.2-4　右岸地下厂房典型断面监测仪器布置示意图（单位：m）

此外，为了解母线洞的开挖对主厂房边墙变形的影响程度，在主厂房与母线洞交叉处的边墙上部及左右侧各布置一套多点变位计；同时在主副厂房两侧端墙布置 4 套多点变位计。

（2）边墙层间错动带出露部位监测。右岸地下厂区洞室主要受 C_3、C_{3-1}、C_4、C_5 层间错动带的影响，这些错动带贯穿整个厂区，力学性质较差，在厂区主要洞室边墙或顶拱上出露，可改变错动带附近应力、应变分布情况，增加局部围岩的松弛程度，对厂区洞室围岩稳定影响显著。层间错动带 C_3、C_{3-1} 错动变形基本控制在 30mm 以下，主副厂房洞与主变洞层间错动带 C_3、C_{3-1} 切割部位围岩变形最大值为 60～70mm，故对层间错动带需加强观测。

针对右岸主厂房层间错动带 C_3 和 C_{3-1}，目前在右岸主副厂房右厂 0＋185～0＋332m 桩号间的上、下游边墙和顶拱布置了多点变位计、位错计、锚索测力计；在右岸主变洞北端墙布置了多点变位计；在 11 号母线洞布置了测斜孔。

层间错动带 C_4、C_5 分布在主厂房顶拱，故主副厂房各主要监测断面的围岩变形、支护结构受力监测点布置时优先考虑该影响因素。

（3）支护结构受力监测。为了检验支护锚杆的受力情况，布置锚杆应力计监测断面，断面布置基本与多点变位计相对应，相距 0.5～1.0m。各监测断面布置 11 个测点，测点分布在各多点变位计旁，以便资料相互对比验证。

主副厂房顶拱布置了 6 排预应力对穿锚索和 10 排预应力锚索；主副厂房上游边墙在高程 581.10m 以上布置了 10 排预应力锚索，在高程 553.50～581.10m 布置了 8 排预应力锚索；主副厂房下游边墙在高程 581.90m 以上布置了 6 排预应力对穿锚索，在高程 581.90m 以下布置了 8 排预应力锚索；端墙布置了若干预应力锚索。故在顶拱选择 2～3 台支护锚索、在上游边墙选择 4～6 台支护锚索、在下游边墙选择 3～5 台支护锚索，在其上布置锚索测力计。每排对穿锚索选择 2～3 台布置锚索测力计。

此外，在受层间错动带影响区域如副厂房端墙角部位、安装间底部各布置 2～3 套锚杆应力计和锚索测力计。

（4）围岩应变监测。选择分布在右岸 9 号机组中心线～16 号机组中心线之间的 4 个监测断面，各布置 3 个光纤光栅测孔和 3 个围岩应变监测孔；选择分布在右岸 3 号机组中心线～5 号机组中心线之外的 4 个监测断面，各布置 2 个光纤光栅测孔和 2 个围岩应变监测孔；同时在副厂房监测断面各布置 1 个光纤光栅测孔和 1 个围岩应变监测孔。

测孔布置在顶拱的中心、上下游拱肩，与多点变位计的位置相对应，以监测主厂房顶拱的围岩应变情况。其中，每个光纤光栅测孔内布置 20 个光纤光栅应变测点和 1 个温度测点，测点间距 0.5m；每个围岩应变监测孔内布置 5 支弦式应变计，测点位置与顶拱地质结构相结合。应变计测孔从顶拱上方的锚固观测洞和锚固观测支洞钻孔埋设，即在顶拱开挖前预先埋设，孔深 25～30m，监测范围为顶拱以上 17m 深度范围，各测点间距同多点变位计测点间距。

（5）钻孔声波及钻孔电视观察。选择布置在右岸 9 号机组中心线至 16 号机组中心线之间的 4 个监测断面，各布置 3 个声波测孔，以检测顶拱及洞室交叉部位围岩破裂松弛范围，测孔的布置与顶拱及洞室交叉部位多点变位计位置相对应，以便监测资料的相互对比分析。

声波测孔采用从锚固观测洞和锚固观测支洞内预先钻孔，钻孔完成后即进行声波测试和钻孔电视观察，以取得初始值。

（6）岩壁吊车梁监测。根据吊车梁内部混凝土应力及锚杆应力的分布情况，沿岩壁吊车梁布置 8 个监测断面，断面位置同主副厂房的主要监测断面，监测项目包括围岩的变形、锚杆的应力、岩壁吊车梁与围岩接触部位的应力、岩壁吊车梁内部钢筋应力、岩壁吊车梁与围岩之间可能出现的缝隙。

围岩变形采用多点变位计进行监测，可与主副厂房围岩变形监测结合起来设置，这里不单独设置，即在岩壁吊车梁上下游侧排水廊道内布置预埋测点。

在岩壁吊车梁上的 2 排锚杆上设置锚杆应力计，应力计沿锚杆长度方向布置；在岩壁吊车梁与岩壁的接触面上布置 2 支测缝计和压应力计；根据计算应力分布情况，在岩壁吊车梁混凝土内布置 4 支钢筋计。

2. 主变洞

主变洞布置在主副厂房洞下游侧，主变洞总长 368m，宽 21m，高 39.5m。主变洞与主副厂房洞净间距 60.65m。根据围岩地质条件及围岩稳定分析成果，确定受斜切上游段顶拱及端墙 $P_2\beta_4^3$ 层凝灰岩及层间错动带 C_4 的影响部位、受缓倾角层间错动带 C_4 和陡倾角的长大裂隙 T_{806} 组合影响的顶拱上游侧处、受陡倾角小断层 f_{814} 与缓倾角的 C_4 组合影响的上游侧端墙外侧附近为主变洞的重点监测部位。

监测断面的选择：共布置 4 个主要监测断面，监测断面的位置与主厂房同桩号，基本涵盖了主变洞的重点监测部位。

主要监测项目有围岩深部变形、支护结构受力等。

（1）围岩变形监测。因层间错动带 C_4 分布在主变洞的顶拱上方，故各测点布置时优先考虑主变洞顶拱上方。

围岩深部变形采用多点变位计进行监测，每个断面各布置 4 个测点，测点分布在顶拱、上下游边墙上部及中部。多点变位计安装时，有条件从各排水廊道往洞室方向钻孔预埋设。

此外，为了解母线洞的开挖对主变洞边墙变形的影响程度，在主变洞与母线洞交叉处的边墙上部及左右侧各布置一套多点变位计。

（2）支护结构受力监测。为了检验支护锚杆的受力情况，布置锚杆应力计监测断面，断面布置基本与多点变位计相对应，相距 0.5～1.0m。各断面各布置 6 个测点，测点分布在各多点变位计旁，以便监测资料相互对比验证。

主变洞在顶拱布置若干随机锚索；在上游边墙高程 617.90m 以下布置了 6（10）排预应力对穿锚索；在下游边墙高程 620.60～596.60m 以上布置了 9 排预应力锚索；端墙布置若干随机锚索。因上游边墙的预应力对穿锚索已在主副厂房中考虑，故此处不考虑布置；在下游边墙选择 4～6 台支护锚索，在其上布置锚索测力计。

此外，在受陡倾角小断层 f_{814} 与缓倾角 C_4 组合影响的上游侧端墙外侧布置 2～3 套锚杆应力计及锚索测力计。

3. 母线洞

母线洞连接主副厂房洞及主变洞，总长 60.65m，各断面均为圆拱直墙型。

监测断面的选择：右岸选择两条母线洞作为监测对象，考虑到与主厂房及主变洞监测布置情况相结合，故右岸选择 11 号和 15 号母线洞。各条母线洞布置三个监测断面，分布在母线与主厂房及主变洞的交叉部位、母线洞洞身。

主要监测项目有围岩变形、支护结构受力等。

（1）围岩变形。对于母线与主厂房及主变洞的交叉部位的监测断面的布置情况已在主厂房和主变洞章节中进行介绍。对于母线洞洞身监测断面，则在顶拱和左右边墙分别布置一套多点变位计，来监测母线洞的围岩深部变形。

（2）支护结构受力。为了检验支护锚杆的受力情况，布置锚杆应力计监测断面，断面布置基本与多点变位计相对应，相距 0.5～1.0m。各断面各布置 3 个测点，测点分布在顶拱及左右侧边墙中上部。

4. 尾水管检修闸门室

右岸尾水管检修闸门室发育 F_{20}、f_{816} 等6条规模较小的断层和 C_3、C_{3-1}、C_4、C_5 四条层间错动带，而且层间错动带影响部位的局部变形都较大；$P_2\beta_5^1$ 层发育第二类柱状节理容易产生松弛变形；故这些部位为尾水管检修闸门室重点监测部位。

监测断面的选择：考虑到15号尾水管检修闸门室受层间错动带 C_5 影响较大且局部发育一类、二类柱状节理岩体，故沿其中心线各布置一个主要监测断面，同时在层间错动带影响范围外（9号和10号尾水管检修闸门室之间）也布置一个主要监测断面，结合15号尾水管检修闸门室的监测成果，以便了解层间错动带对围岩稳定的影响程度。此外，根据层间错动带 C_4、C_5 在尾水管检修闸门室出露情况，布置9个辅助监测断面。

主要监测项目：围岩变形、支护结构受力、钢筋应力、岩壁吊车梁结构受力监测等。

（1）围岩变形。围岩深部变形采用多点变位计进行监测，考虑到层间错动带 C_4 在11号和12号尾水管检修闸门室之间顶拱及13号尾水管检修闸门室岩梁附近出露，层间错动带 C_5 在14号尾水管检修闸门室顶拱和15号尾水管检修闸门室岩梁附近出露，故各断面测点布置时优先考虑这些部位。每个主要监测断面布置3个测点。

（2）支护结构受力。为了检验支护锚杆的受力情况，布置锚杆应力计监测断面，断面布置基本与多点变位计相对应，相距0.5～1.0m。各主要监测断面各布置11个测点，顶拱及左右拱座布置两点式锚杆应力计，岩壁吊车梁附近布置两排单点式锚杆应力计，左右侧边墙中部布置一排两点式锚杆应力计；此外在两侧边墙下部锁口锚杆上各布置1套两点式锚杆应力计。

尾水管检修闸门室在岩壁吊车梁附近层间错动带出露区域布置了预应力锚索；在上游边墙布置了10排预应力锚索；在下游边墙布置了10排预应力锚索；端墙布置若干随机锚索。故在岩壁吊车梁附近层间错动带出露区域及上下游边墙布置8～10套锚索测力计。

此外，在 F_{20}、f_{816} 等6条规模较小的断层和 C_3、C_{3-1}、C_4、C_5 四条层间错动带在岩壁吊车梁出露部位布置若干套锚杆应力计。

（3）钢筋应力监测。根据结构计算成果，在各主要监测断面中下部钢筋受力较大部位的外圈主筋和箍筋上布置钢筋计。

（4）岩壁吊车梁监测。根据吊车梁内部混凝土应力及锚杆应力的分布情况，沿岩壁吊车梁布置4个监测断面，断面位置与变形监测断面位置一致，监测项目包括围岩的变形、锚杆的应力、岩壁吊车梁与围岩之间可能出现的缝隙。

围岩变形采用多点变位计进行监测，可与尾水检修闸门室的围岩变形监测结合起来设置（这里不单独设置），即在岩壁吊车梁中部高程布置测点。

在上下游侧的吊车梁2排锚杆上设置锚杆应力计，应力计沿锚杆长度方向布置；在吊车梁与岩壁的接触面上部及中部各布置1支测缝计。

5. 尾水调压室

右岸尾水调压室部位发育7条规模较小的断层，其中 f_{813} 规模相对较大，四条层间错动带 C_3、C_{3-1}、C_4、C_5 沿凝灰岩层发育，交切四个调压室顶拱及边墙，右岸层间错动带 C_4 和 C_5 在尾水调压室穹顶区域通过；此外 $P_2\beta_4^1$ 层底部发育厚15～28m的第三类柱状节理玄武岩，容易产生松弛变形。因此，穹顶受通气洞或上室切割部位以及层间（层内）错动带出露部位为重点监测部位。

监测断面的选择：共布置4个主要监测断面，即各断面沿5号～8号尾水调压室上室或通气洞轴线方向各布置一个断面，其中7号和8号尾水调压室为监测重点。

主要监测项目：层间错动带部位的围岩变形、支护结构受力、涌波水位及水压力监测等；7号、8号尾水调压室监测设施结合科研、施工期、运行期观测需要设置（设置围岩变形、围岩支护结构受力监测、穹顶围岩破裂松弛监测等），5号、6号尾水调压室仅布置围岩变形、支护结构受力监测。

（1）层间错动带监测。设计针对层间错动带出露处采用了预应力锚杆及锚索、排水孔及混凝土塞等加强措施，故考虑在出露部位各布置1支单向测缝计和1支位错计，以监测层间错动带的压缩和剪切变形；在层间错动带上盘的预应力锚杆及锚索上布置锚杆应力计及锚索测力计；在各出露部位衬砌结构钢筋上布置钢筋计，以监测钢筋受力。尾调室主要监测断面的围岩变形和支护结构受力监测点结合层间错动带出露位置优先布置。

此外，8号尾水调压室上室在层间错动带 C_4 穿过处地质条件较差，故在该处设置一个监测断面，布置围岩变形及支护锚杆受力监测项目。监测点分布在顶拱及两侧墙中上部。

（2）围岩变形。围岩深部变形采用多点变位计进行监测，每个断面各布置7个测点，测点分布在顶拱、两侧拱脚、上下游边墙（上部、中部）。测点布置结合不利断层、层内及层间错动带出露部位考虑，如8号尾水调压室穹顶和边墙中部分别出露层间错动带 C_4、C_5；7号尾水调压室穹顶出露层间错动带 C_4，上方分布层间错动带 C_5；6号尾水调压室穹顶上方分布层间错动带 C_4；5号尾水调压室边墙下部分布层间错动带 C_4。多点变位计安装时，有条件从顶拱上方的锚固洞往各洞室方向钻孔埋设的，即在洞室开挖前预先埋设，以了解洞室开挖全过程的变形。对于6号、7号尾水调压室，因其相邻的尾水管检修闸门室边墙646.00m高程先于其开挖，故可考虑将其边墙上部的多点变位计从尾水管检修闸门室侧实行预埋。

此外，在6号尾水调压室两侧边墙中上部向相邻洞室（7号、5号）各布置一个测点，同时相邻洞室（7号、5号）也在该处向6号尾水调压室侧各布置一个测点，则可掌握尾水调压室的开挖对相邻洞室间围岩的影响。

为监测尾水调压室穹顶受通气洞或上室切割后的稳定性，选择在7号尾水调压室穹顶受上室切割部位布置一套滑动测微计观测孔；同时在7号和8号尾水调压室穹顶中心部位各布置一套滑动测微计观测孔。为了解穹顶开挖全过程的围岩变形情况，布置在穹顶部位的滑动测微计观测孔应从穹顶上方的锚固观测洞和锚固观测支洞钻孔埋设，即在穹顶开挖前预先埋设，孔深35～45m，滑动测微计观测孔全孔深范围监测。

（3）支护结构受力。为了检验支护锚杆的受力情况，布置锚杆应力计监测断面，断面布置基本与多点变位计相对应，相距0.5～1.0m。各断面各布置7个测点，测点布置原则同多点变位计，且测点应尽量分布在各多点变位计旁，以便监测资料相互对比验证。

尾水调压室在顶拱和边墙布置若干系统锚索，故在各断面上下游边墙布置6～8套锚索测力计。

尾水调压室在结构计算应力较大部位及层间错动带出露部位布置若干环向及轴向的钢

筋计，以便了解衬砌结构钢筋的受力情况。

（4）涌波水位及外水压力监测。为了解尾水调压室运行状况，在各个尾水调压室内下游侧设置涌波水位观测管，采用渗压计进行观测；同时在上游侧设置水尺，采用摄像头进行观测，可与下游侧渗压计监测成果相互检验。

在各监测断面的一侧上部边墙衬砌外部表面0.5m处布置一支渗压计，观测由内水渗入围岩产生的渗透压力。

（5）围岩应变监测。在8号尾水调压室穹顶布置2个光纤光栅测孔和2个围岩应变监测孔，同时在7号尾水调压室穹顶布置2个光纤光栅测孔和1个围岩应变监测孔。

测孔布置在穹顶的中心、上游拱肩及穹顶与通气洞（上室）交叉部位，与多点变位计的位置相对应，以监测调压室穹顶的围岩应变情况。其中，每个光纤光栅测孔内布置20个光纤光栅应变测点和1个温度测点，测点间距0.5m；每个围岩应变监测孔内布置4～5支弦式应变计，测点位置与穹顶地质结构相结合。应变计测孔从穹顶上方的锚固观测洞和锚固观测支洞钻孔埋设，即在穹顶开挖前预先埋设，孔深35～45m，监测范围为穹顶以上10m或37m深度范围，各测点间距同多点变位计测点间距。

（6）钻孔声波及钻孔电视观察。选择在7号和8号尾水调压室穹顶中心及穹顶与上室交叉部位各布置一组（5个）声波测孔，以检测穹顶及洞室交叉部位围岩破裂松弛范围，测孔的布置与穹顶及洞室交叉部位多点变位计位置相对应，以便监测资料的相互对比分析。

声波测孔采用从锚固观测洞和锚固观测支洞内预先钻孔埋设，孔深45～60m，钻孔完成后即进行声波测试和钻孔电视观察，以取得初始值。

（7）尾水调压室外排水观测。尾水调压室最大开挖直径达48m，调压室井身部位发育层间错动带、柱状节理等不利地质构造，为了降低水位骤降工况以及放空检修期尾水调压室衬砌外部水压力，确保衬砌结构安全，在尾水调压室井身段中下部衬砌与围岩之间设置纵向、横向交错的排水管网，渗水通过周边的排水廊道排至厂房渗漏集水井，为了解尾水调压室外排水情况，在厂房渗漏集水井前布置量水堰，对排水量进行监测。

7.3 监测成果分析

7.3.1 左岸地下厂房洞室群监测成果分析

左岸地下厂房分10层开挖，如图7.3-1所示，厂顶中导洞于2012年12月开始施工，第Ⅰ层两侧扩挖于2014年5月开始，截至2018年9月，地下厂房洞室全部开挖完成。

7.3.1.1 左岸地下厂房

左岸地下厂房共设置了8个监测断面，主要布置了多点位移计、锚杆应力计和锚索测力计。主厂房顶拱多点位移计均为中导洞开挖前从厂顶锚固观测洞预埋，锚杆应力计为开挖后即埋，锚索测力计为开挖后即埋。主厂房上、下游侧岩梁部位多点位移计由第5层排水廊道预埋，并在厂房第Ⅲ层开挖前预埋设完成。

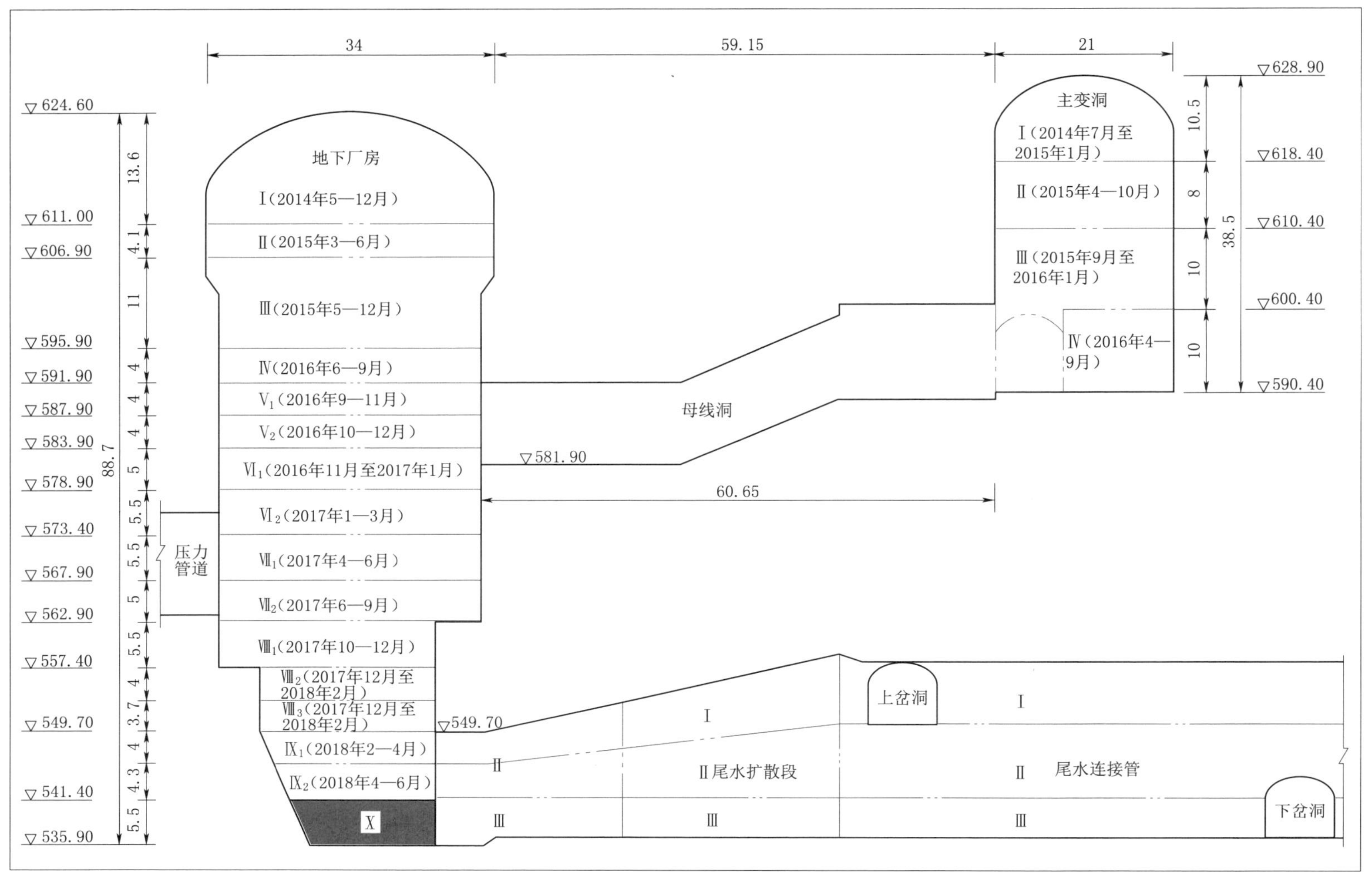

图 7.3-1 左岸地下厂房洞室群开挖形象图（单位：m）

1. 围岩变形

a. 厂房顶拱

厂房顶拱多数多点位移计为厂房顶拱中导洞开挖前由厂顶锚固观测洞预埋，捕捉到了厂房开挖以来顶拱的围岩总体变形情况。

左岸主厂房顶拱围岩浅层变形大于围岩深部变形，由表及里变形量值逐渐减小，围岩0～2.5m深处变形在30mm以内的测点占78%，围岩3.0～4.5m深处变形在30mm以内的测点占84%，围岩6.5～9.0m深处变形在30mm以内的测点占92%，围岩11.0～15.0m深处变形在10mm以内的测点占80%，围岩17.0～20.0m深处变形小于10mm的测点占83%，详见表7.3-1。

表7.3-1 左岸地下厂房顶拱围岩变形量级分布比例统计

位移/mm	测点距开挖面距离/测点数				
	0～2.5m/28	3.0～4.5m/24	6.5～9.0m/25	11.0～15.0m/25	17.0～20.0m/6
0～10	32%	38%	64%	80%	83%
10～30	46%	46%	28%	20%	17%
30～50	15%	12%	4%	0	0
>50	7%	4%	4%	0	0

从图7.3-2所示的顶拱变形监测成果来看，厂房顶拱围岩变形基本符合一般规律。表层1.5m处围岩变形最大，由表及里逐渐减小，变形一般在3.5m范围内。受缓倾角层内错动带LS_{3152}及同组缓倾角裂隙影响，左厂0－012.9m、左厂0＋018.4m和左厂0＋076m断面变形较其他部位偏大，其中正顶拱左厂0－012m断面1.5m处变形为30.07mm，左厂0＋018m断面1.5m处变形28.85mm，3.5m处变形为25.01mm，左厂0＋076m断面1.5m处变形为41.78mm，3.5m处变形为32.90mm，左厂0＋152m断面1.5m处变形为28.52mm；其余测点的变形小于20mm。

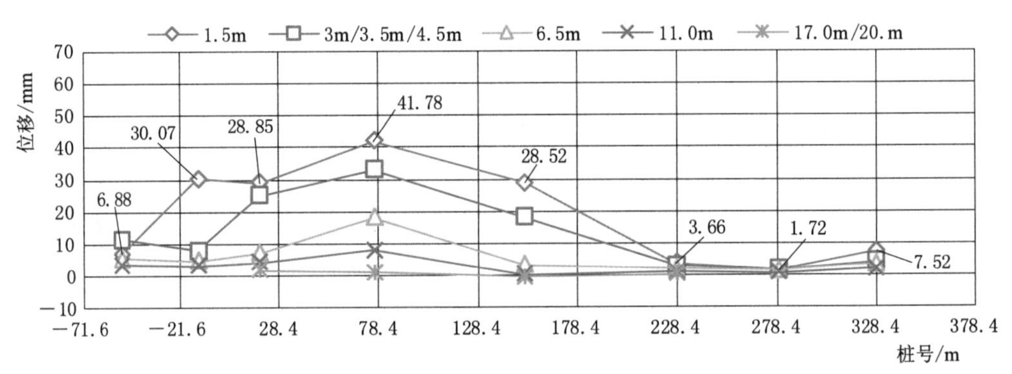

图7.3-2 左岸地下厂房正顶拱变形分布

上游侧拱肩左厂0＋018.4m断面1.5m处变形为56.85mm，3.5m处变形为37.91mm，6.5m处变形为62.25mm；左厂0＋076m断面1.5m处变形为58.31mm，3.5m处变形为62.13mm，6.5m处变形为49.83mm；左厂0＋328m断面3.5m处变形为20.20mm；其余测点的变形小于20mm，见图7.3-3。

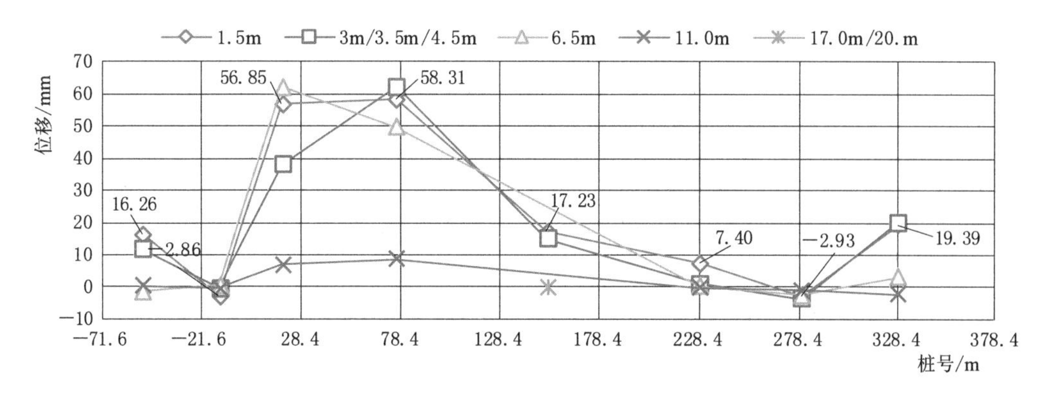

图 7.3-3 左岸地下厂房上游侧拱肩变形分布

下游侧拱肩左厂 0－012.9m 断面 1.5m 处变形为 23.75mm，3.5m 处变形为 24.45mm，6.5m 处变形为 20.46mm；左厂 0＋018.4m 断面 1.5m 处变形为 34.85mm，3.5m 处变形为 31.86mm；左厂 0＋076m 断面 1.5m 处变形为 25.39mm，3.5m 处变形为 24.28mm，6.5m 处为 22.47mm；左厂 0＋152m 断面 1.5m 处变形为 30.89mm，3.5m 处变形为 28.63mm，6.5m 处变形为 27.77mm；其余测点变形均小于 20mm，见图 7.3-4。

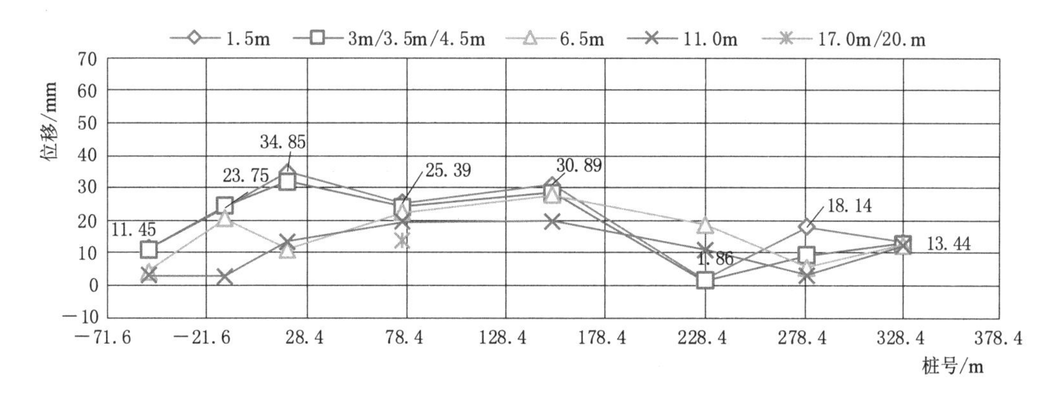

图 7.3-4 左岸地下厂房下游侧拱肩变形分布

总体上，主厂房轴线上中部洞段，即左厂 0＋076m 和左厂 0＋152m 断面顶拱受开挖影响相对较大，并且位于应力集中区的上游拱肩相比正顶拱和下游拱肩受开挖影响相对明显。在第Ⅵ层和第Ⅶ层开挖期间（图 7.3-5），受 LS_{3152} 影响的左岸地下厂房南侧左厂0－050～0＋150m 桩号段上游拱肩围岩变形增大，是监测反馈分析研究中需重点关注的部位之一。

b. 厂房上游边墙

厂房上游边墙围岩浅层变形大于围岩深部变形，由表及里变形量值逐渐减小，围岩 0～2.5m 处变形在 50mm 以内的测点占 74%，围岩 3.0～4.5m 处变形在 50mm 以内的测点占 80%，围岩 6.5～9.0m 处变形在 50mm 以内的测点占 83%；围岩 11.0～15.0m 处变形在 30mm 以内的测点占 95%，在围岩 17.0～20.0m 处围岩变形小于 50mm 的为 100%，详见表 7.3-2。

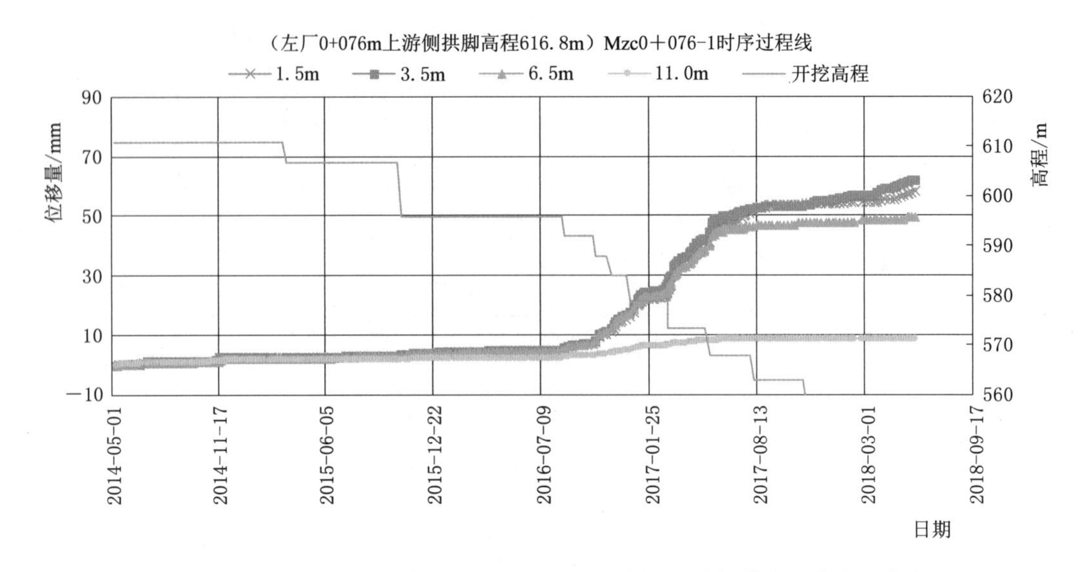

图 7.3-5　左岸地下厂房桩号左厂 0＋076m 断面上游侧拱肩围岩变形曲线

表 7.3-2　　　　　　左岸地下厂房上游边墙围岩变形量级分布比例统计

位移/mm	测点距开挖面距离/测点数				
	0～2.5m/34	3.0～4.5m/29	6.5～9.0m/30	11.0～15.0m/17	17.0～20.0m/7
0～10	0	0	0	24%	43%
10～30	24%	28%	43%	59%	43%
30～50	50%	52%	40%	12%	14%
＞50	26%	21%	17%	5%	0

左岸地下厂房上游边墙岩梁层多点位移计从上游侧排水廊道预埋，记录了岩壁吊车梁层开挖以来围岩的变形，见图 7.3-6。上游边墙岩梁层围岩变形以左厂 0－012.7m、左厂 0＋017.3m 和左厂 0＋328m 断面相对较大，围岩 15.0m 处的变形超过 20mm，最大变形发生在左厂 0－012.7m 断面，围岩 1.5m 处变形为 103.12mm，围岩 15.0m 处变形为 80.31mm。

左岸地下厂房上游边墙高程 590～600m 多点位移计一部分由第 6 层排水廊道向厂房预埋，一部分在开挖期间即埋。预埋多点位移计测得的围岩变形以左厂 0－012.7m、左厂 0＋017m、左厂 0＋076m 和左厂 0＋229m 断面相对较大，其中左厂 0＋076m 断面围岩 1.5m 处变形为 73.81mm，3.5m 处围岩变形为 66.83mm，6.5m 处为 54.20mm，15.0m 处为 34.15mm；其他断面 15.0m 处围岩变形均小于 20mm，见图 7.3-7。

左岸地下厂房上游边墙高程 570～580m 多点位移计由压力管道下平段施工支洞向厂房预埋，桩号左厂 0＋017m、左厂 0＋076m 和左厂 0＋152m 变形相对较大，浅层变形超过 50mm，围岩 0.0m 处变形测值分别为 66.70mm、74.83mm 和 69.11mm，左厂 0＋076m 和左厂 0＋228m 断面围岩 15.0m 深处变形分别为 28.28mm 和 21.19mm，见图 7.3-8。

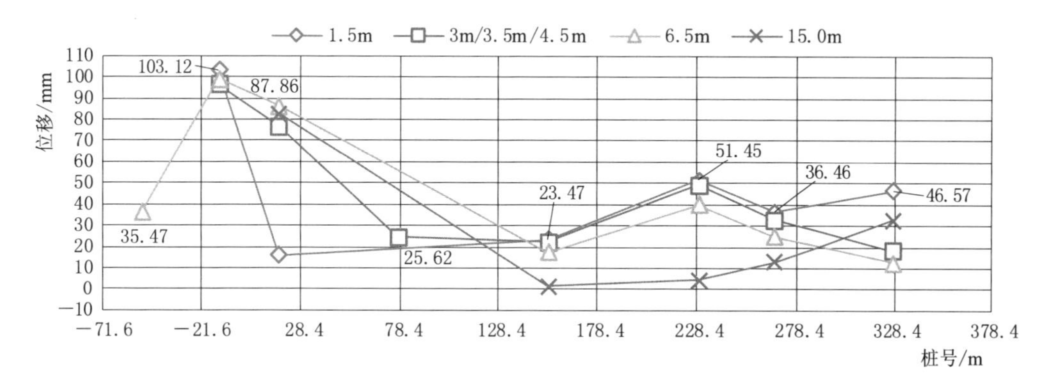

图 7.3-6 左岸地下厂房上游侧岩梁层围岩变形分布

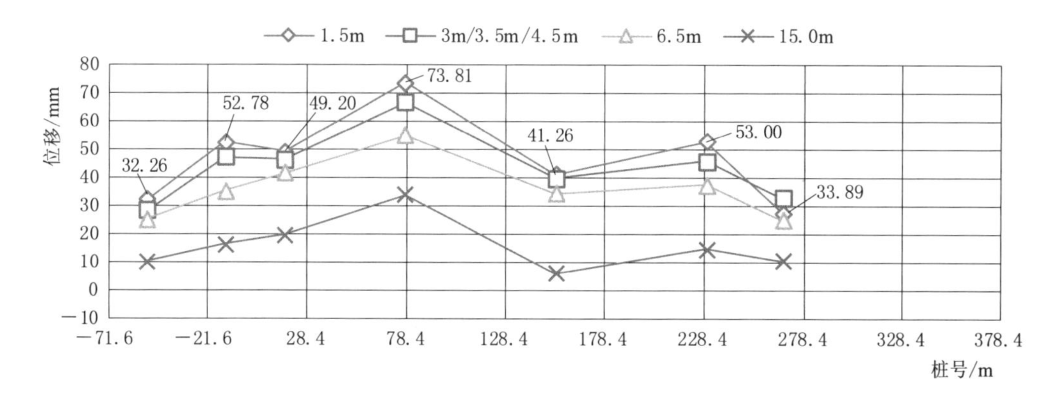

图 7.3-7 左岸地下厂房上游边墙高程 590～600m 围岩变形分布

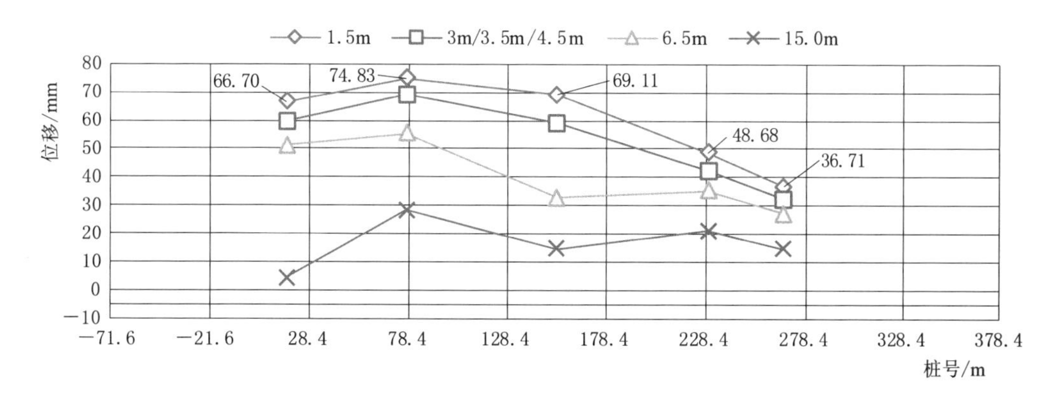

图 7.3-8 左岸地下厂房上游边墙高程 570～580m 围岩变形分布

c. 厂房下游边墙

厂房下游边墙围岩浅层变形大于围岩深部变形，由表及里变形量值逐渐减小，围岩 0～2.5m 处变形在 50mm 以内的测点占 75%，围岩 3.0～4.5m 处变形在 50mm 以内的测点占 82%，围岩 6.5～9.0m 处变形在 50mm 以内的测点占 83%；围岩 11.0～15.0m 处变形在 30mm 以内的测点占 89%，在围岩 17.0～20.0m 处围岩变形小于 50mm 的占 95%，见表 7.3-3。

表 7.3-3 左岸地下厂房下游边墙围岩变形量级分布比例统计

位移/mm	测点距开挖面距离/测点数				
	0～2.5m/59	3.0～4.5m/37	6.5～9.0m/30	11.0～15.0m/18	17.0～20.0m/19
0～10	0	3%	10%	6%	53%
10～30	39%	38%	33%	83%	42%
30～50	36%	41%	40%	0	5%
>50	25%	18%	17%	11%	0

左岸地下厂房下游边墙岩壁吊车梁层多点位移计从下游侧排水廊道预埋，记录了岩壁吊车梁层开挖以来围岩的变形，见图 7.3-9。下游侧岩壁吊车梁层围岩最大变形发生在左厂 0+229.3m 断面，围岩 6.5m 处变形为 54.87mm，围岩 15.0m 处为 22.87mm。

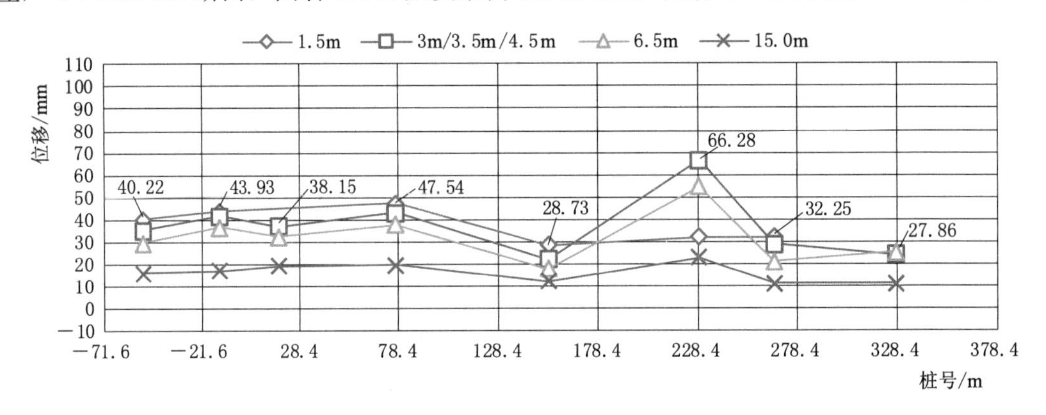

图 7.3-9 左岸地下厂房下游侧岩壁吊车梁层（高程 602m）围岩变形分布

左岸地下厂房下游边墙高程 590～600m 围岩变形以左厂 0－052m，左厂 0－012.7m 和左厂 0+017m 断面相对较大。围岩 0m 处变形最大的发生在左厂 0－012.7m 断面，测值为 62.18mm，9.0m 处围岩变形多数超过 30mm，见图 7.3-10。

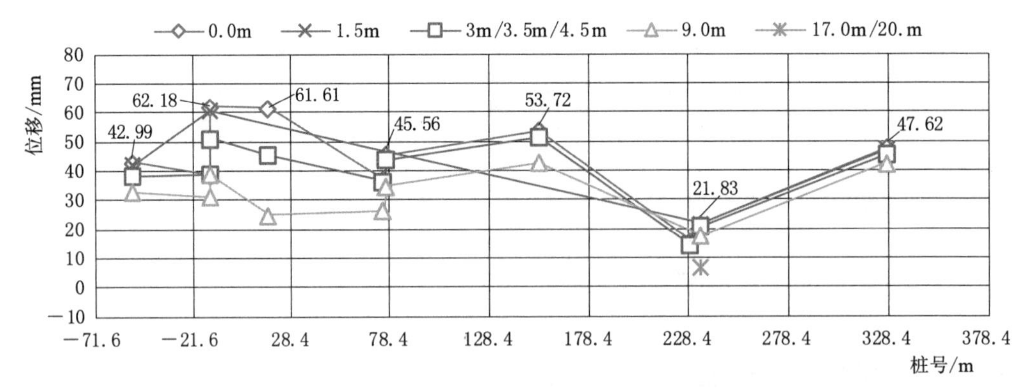

图 7.3-10 左岸地下厂房下游边墙高程 590～600m 围岩变形分布

左岸地下厂房下游边墙高程 580～590m 围岩变形以左厂 0+017m 断面和左厂 0+076m 断面相对较大。围岩 0m 处变形最大的发生在左厂 0+067m 断面，测值为 73.23mm，9.0～10.0m 处围岩变形为 52.72mm，见图 7.3-11。

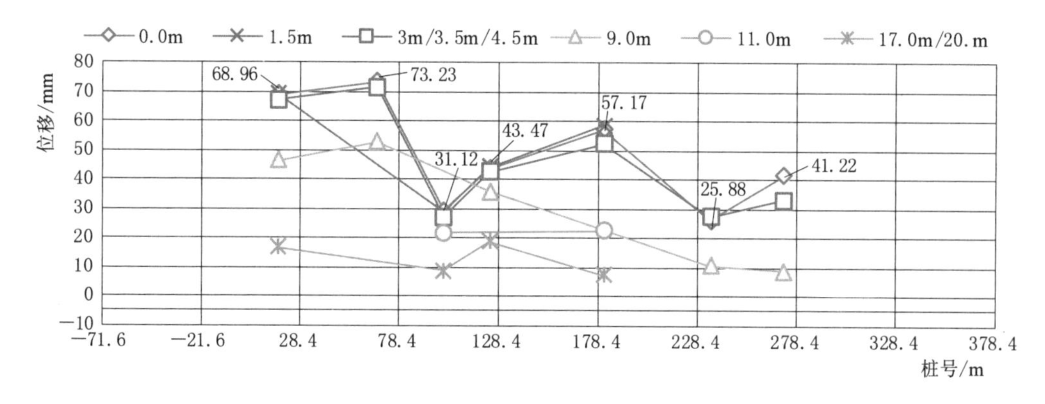

图 7.3-11 左岸地下厂房下游边墙高程 580～590m 围岩变形分布

左岸地下厂房下游边墙高程 570～580m 围岩变形最大值发生在左厂 0+042m 断面，浅层变形达到 101.93mm，围岩 9.0～12.0m 深处变形为 65.47mm。下游边墙围岩 17.0～20.0m 深处变形，左厂 0−012m、左厂 0+042m 和左厂 0+124m 断面较大，分别为 23.19mm、21.95mm 和 41.19mm，其他断面在 15mm 以内，见图 7.3-12。总体上，下游边墙受层间错动带 C_2 影响变形相对较大，是监测反馈分析研究的重点关注部位之一。

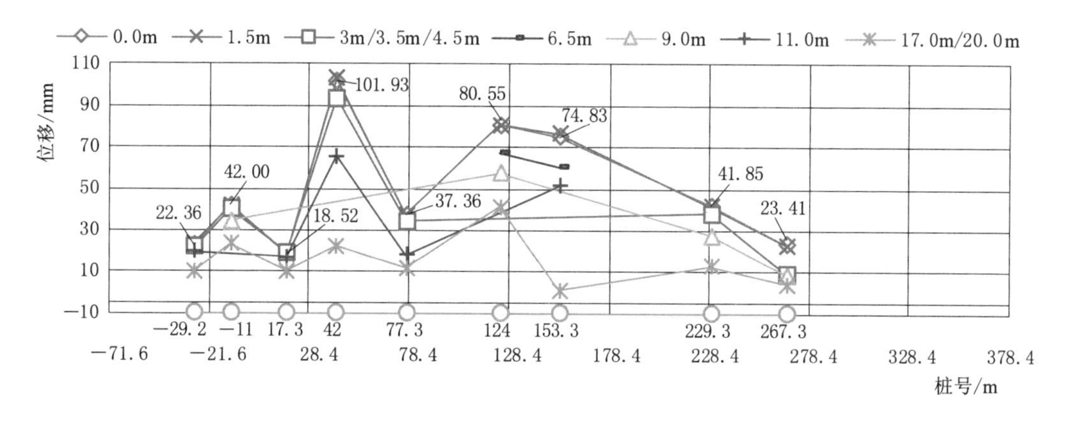

图 7.3-12 左岸地下厂房下游边墙高程 570～580m 围岩变形分布

下游边墙高程 560～570m 围岩变形最大值发生在左厂 0+153m 断面，浅层变形为 25.16mm，围岩 9.0～11.0m 深处变形为 21.41mm，围岩 17.0～20.0m 深处变形为 16.32mm，其他断面，围岩 17.0～20.0m 深处变形在 10mm 以内，见图 7.3-13。

2. 锚杆应力

对于二点式或三点式锚杆应力计，取最大值单点进行统计。左岸厂房顶拱监测锚杆共 42 支，应力小于 100MPa 的占 59%，锚杆应力 100～200MPa 的占 17%，锚杆应力 200～360MPa 的占 17%，锚杆应力大于 360MPa 的有 3 支，占 7%，分别位于左厂 0−051m 断面上游拱肩、左厂 0+266m 断面上游拱肩和左厂 0+279m 断面下游拱肩，见图 7.3-14 和表 7.3-4。

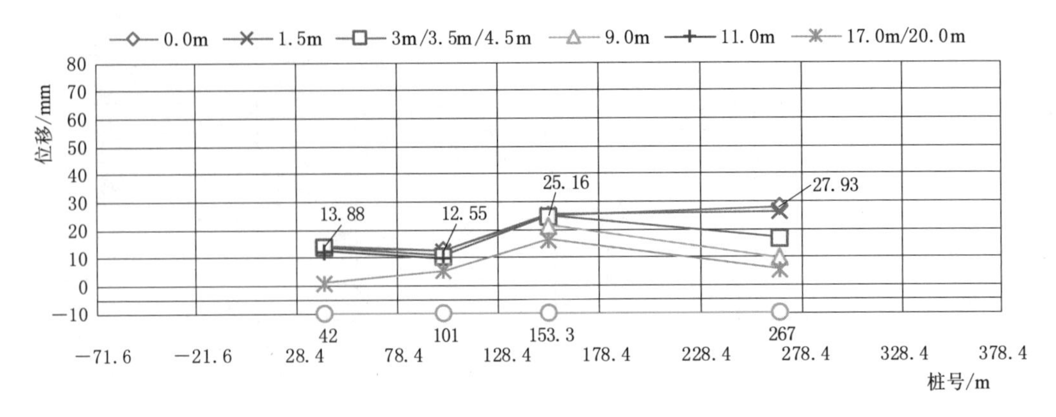

图 7.3-13 左岸地下厂房下游边墙高程 560～570m 围岩变形分布

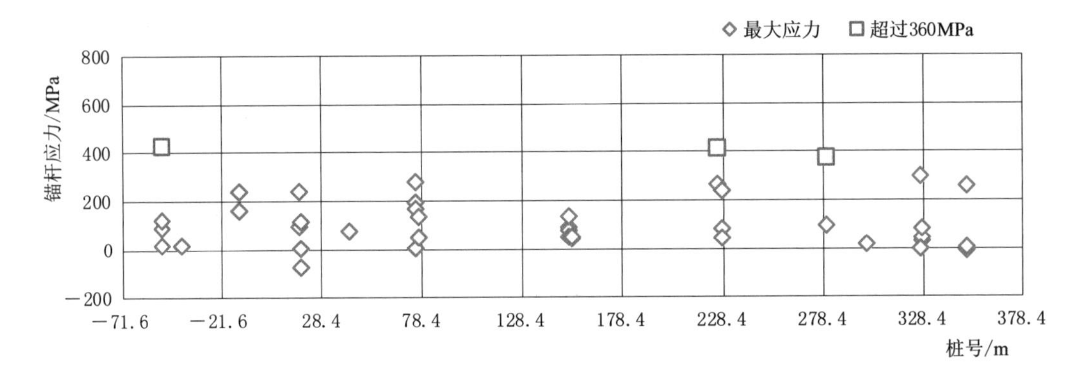

图 7.3-14 左岸地下厂房顶拱锚杆应力分布

表 7.3-4　　左岸地下厂房顶拱锚杆应力量级分布比例统计

锚杆应力/MPa	0～100	100～200	200～360	>360
比例/%	59	17	17	7

注 统计监测锚杆 42 支。

左岸厂房上游边墙监测锚杆共 34 支，应力小于 100MPa 的占 26%，锚杆应力在 100～200MPa 的占 27%，锚杆应力 200～360MPa 的占 32%，锚杆应力大于 360MPa 的有 5 支，占 15%，分别位于左厂 0－052m 断面上游边墙高程 608m 处（431MPa）、左厂 0－029m 断面上游边墙高程 549m 处（404MPa）、左厂 0＋017m 断面上游边墙高程 583m 处（405MPa）、左厂 0＋077m 断面上游边墙高程 591m 处（427MPa）、左厂 0＋229m 断面上游边墙高程 575m 处（406MPa），多数位于厂房高边墙中部，见图 7.3-15 和表 7.3-5。

表 7.3-5　　左岸地下厂房上游边墙锚杆应力量级分布比例统计

锚杆应力/MPa	0～100	100～200	200～360	>360
比例/%	27	26	32	15

注 统计监测锚杆 34 支。

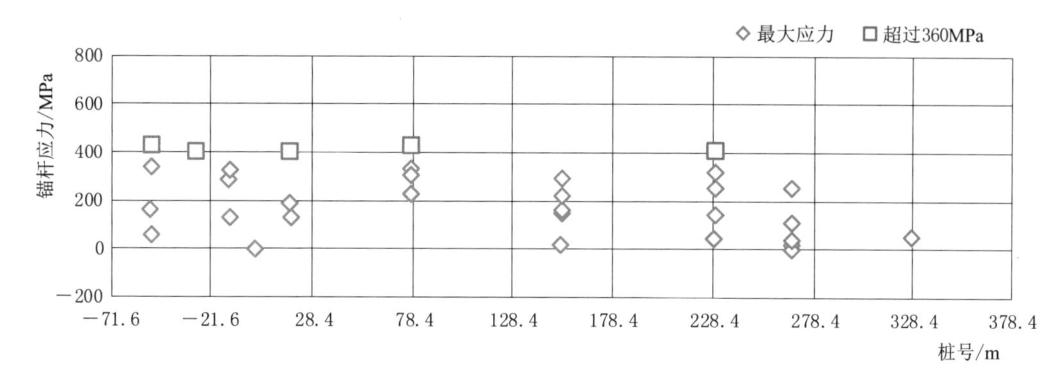

图 7.3-15 左岸地下厂房上游边墙锚杆应力分布

左岸厂房下游边墙监测锚杆共 36 支，应力小于 100MPa 的占 31%，锚杆应力 100～200MPa 的占 22%，锚杆应力 200～360MPa 的占 33%，锚杆应力大于 360MPa 的有 5 支，占 14%，分别位于左厂 0+017m 断面下游边墙高程 583m 处（384MPa）、左厂 0+153m 断面下游边墙高程 558m 处（396MPa）、左厂 0+229m 断面下游边墙高程 595m 处（394MPa）、左厂 0+267m 断面下游边墙高程 568m 处（426MPa）、左厂 0−071m 断面南端端墙高程 596m 处（652MPa），多数位于厂房高边墙中部，见图 7.3-16 和表 7.3-6。

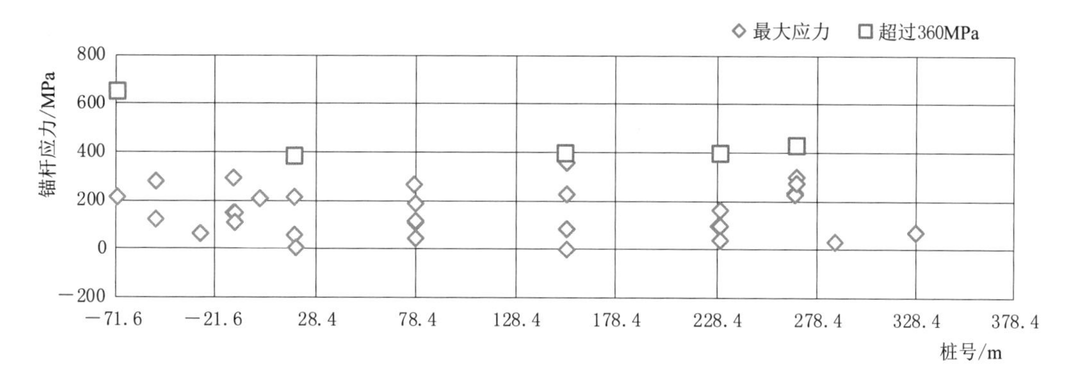

图 7.3-16 左岸地下厂房下游边墙+端墙锚杆应力分布

表 7.3-6 左岸地下厂房上游边墙+端墙锚杆应力量级分布比例统计

锚杆应力/MPa	0～100	100～200	200～360	>360
比例/%	31	22	33	14

注 统计监测锚杆 36 支。

3. 锚索荷载

厂房顶拱锚索测力计为在厂房第Ⅰ层开挖期间以及后期加强支护过程中安装埋设，共有 29 台锚索测力计，其中有 2 台近半年未获得测值、予以剔除。厂房顶拱锚索设计荷载均为 2000kN，左厂 0−013-1 为 2500kN，锁定荷载 2100kN，其中顶拱对穿锚索锁定值为 1800kN，上下游侧顶拱端头锚索锁定值为 1600kN。

锚索荷载小于2000kN的占66%，共8台超设计荷载（2000kN），均为厂房第Ⅰ层及第Ⅱ层开挖期间实施的锚索，荷载最大的为2638kN，位于左厂0+077m断面上游侧拱肩。在岩梁浇筑期间和第Ⅶ层开挖期间实施的监测锚索均未超设计荷载，见图7.3-17和表7.3-7。

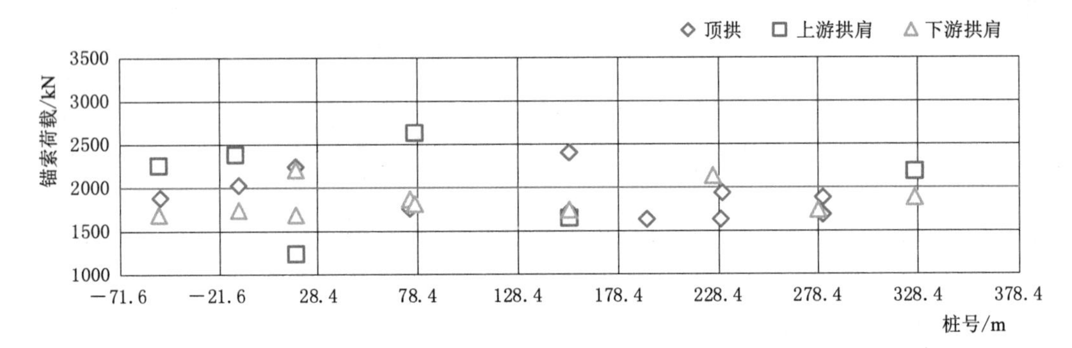

图7.3-17 左岸地下厂房顶拱锚索荷载分布

表7.3-7 **左岸地下厂房顶拱锚索荷载量级分布比例统计**

锚索荷载/kN	<1800	1800～2000	2000～2400	>2400
比例/%	44	22	26	7

注 统计锚索测力计27台。

左岸主厂房上游边墙布置监测锚索共46台（剔除2台无测值锚索），厂房边墙锚索设计荷载均为2500kN，锚索荷载锁定值为1500kN，当前锚索荷载测值均小于设计荷载（2500kN），小于2000kN的占82%，见图7.3-18和表7.3-8。

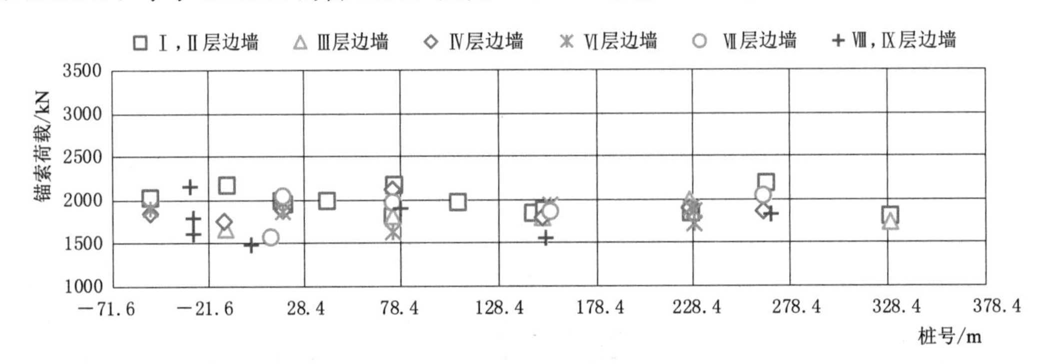

图7.3-18 左岸地下厂房上游边墙锚索荷载分布

表7.3-8 **左岸地下厂房锚索荷载量级分布比例统计**

锚索荷载/kN	<1500	1500～2000	2000～2500	>2500
比例/%	2	80	18	0

注 统计锚索测力计44台。

左岸主厂房下游边墙布置监测锚索共41台，厂房边墙锚索设计荷载均为2500kN，锚索荷载锁定值为1500kN，当前锚索荷载测值大部分小于设计荷载（2500kN），小于2000kN的占59%，小于设计荷载（2500kN）的占98%，超过设计荷载的锚索测力计有1台，位于左

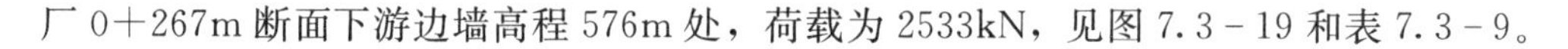
厂 0+267m 断面下游边墙高程 576m 处，荷载为 2533kN，见图 7.3-19 和表 7.3-9。

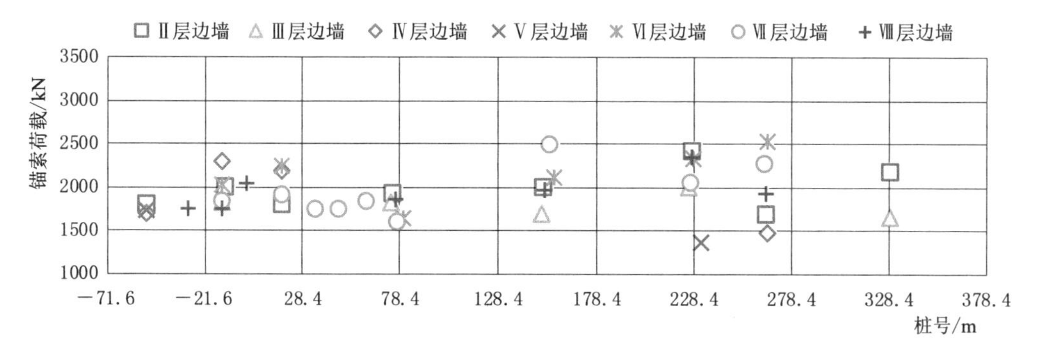

图 7.3-19 左岸地下厂房下游边墙锚索荷载分布

表 7.3-9 **左岸地下厂房下游边墙锚索荷载量级分布比例统计**

锚索荷载/kN	<1500	1500～2000	2000～2500	>2500
比例/%	5	54	39	2

注 统计锚索测力计 41 台。

7.3.1.2 左厂 0−050～0+150m 段上游拱肩重点监测

受地下厂房开挖影响，自 2016 年 11 月，与厂房平行、布置在厂房拱肩上游侧 30m 左右的排水廊道 LPL5-1，开始出现顶拱、边墙混凝土喷层、底板路面混凝土（布置有集水井排水管）开裂脱空现象。在 2017 年 3—5 月，期间正值厂房第Ⅵ$_1$、Ⅵ$_2$、Ⅶ$_1$ 层开挖，LPL5-1 排水廊道底板路面混凝土及顶拱喷混凝土层较集中地出现持续破坏现象。在 LPL5-1 内，向厂房上游岩梁部位预埋的多点位移计，与厂房上游拱肩部位预埋的监测仪器测值均有不同响应。以下就左岸地下厂房南左厂 0−050～0+230m 桩号段上游拱肩和岩梁层围岩监测资料进行简要分析。

1. 围岩变形

左岸地下厂房南左厂 0−050～0+230m 桩号段上游拱肩多点位移计在 2014 年 4—8 月陆续安装完成并获得初始值，完整地记录了厂房第Ⅰ层上下游侧扩挖以来顶拱围岩变形的变化过程，其典型多点位移计测值时序过程线见图 7.3-20 和图 7.3-21。

左岸地下厂房南左厂 0−050～0+230m 桩号段上游岩梁部位多点位移计在 2015 年 4—6 月安装完成并取得初始值，记录了厂房第Ⅱ层开挖后，上游边墙岩梁层围岩变形的变化过程，其典型多点位移计测值时序过程线见图 7.3-22 和图 7.3-23。

从监测数据的过程线来看，上游侧顶拱和上游边墙岩梁层围岩变形与开挖有较强的相关性，围岩变形曲线呈明显的台阶状。

测值变化情况见表 7.3-10～表 7.3-11，在厂房第Ⅰ层至第Ⅲ层开挖期间，厂房上游侧顶拱围岩变形受开挖影响增长明显，变形相对较大的为左厂 0+018m 断面，在第Ⅲ层开挖期间，变形增长 15.41mm。在第Ⅲ层开挖期间，即厂房岩梁层开挖，上游边墙岩梁层围岩变形变化明显，变形增量相对较大的在左厂 0−012m 和左厂 0+328m 断面，分别为 23.28mm 和 26.68mm。

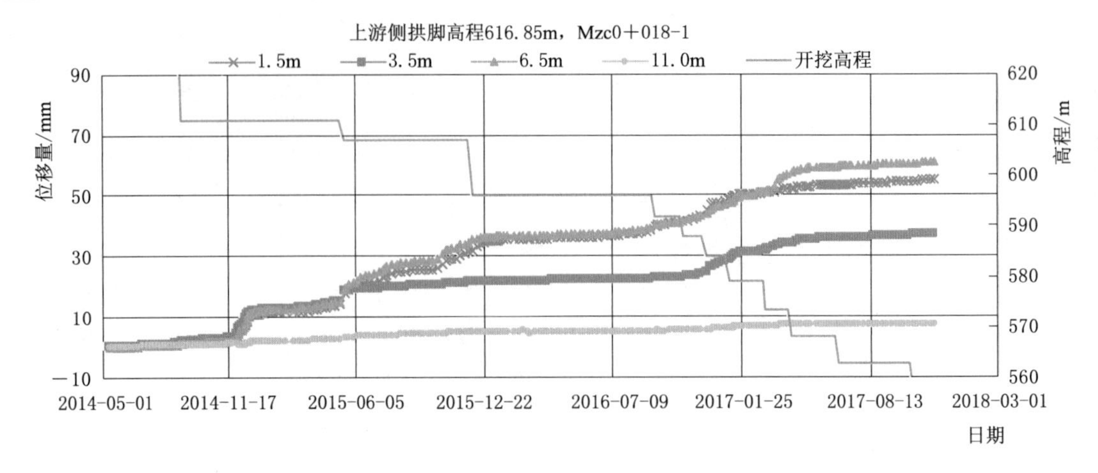

图 7.3-20 左岸地下厂房左厂 0+018m 部位上游侧顶拱多点位移计时序过程线

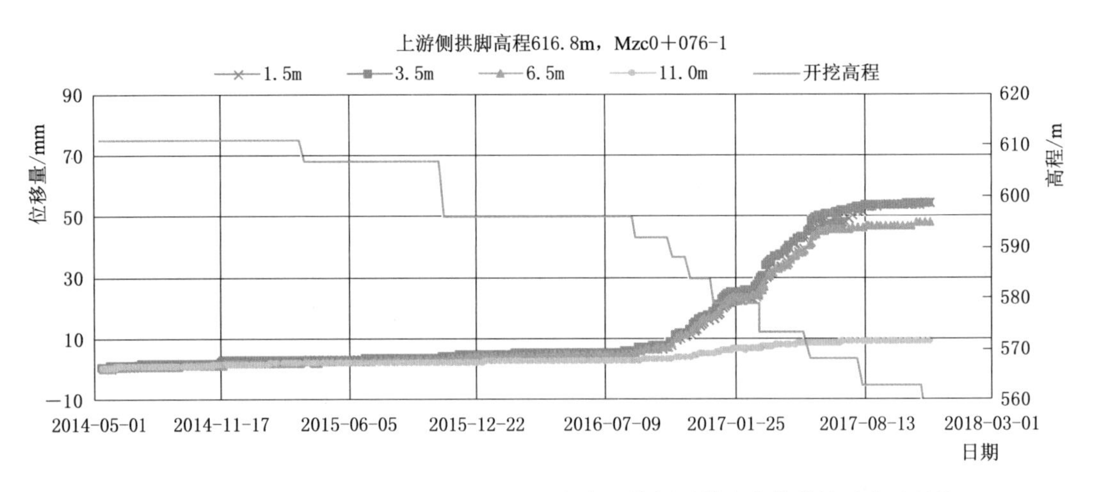

图 7.3-21 左岸地下厂房左厂 0+076m 部位上游侧顶拱多点位移计时序过程线

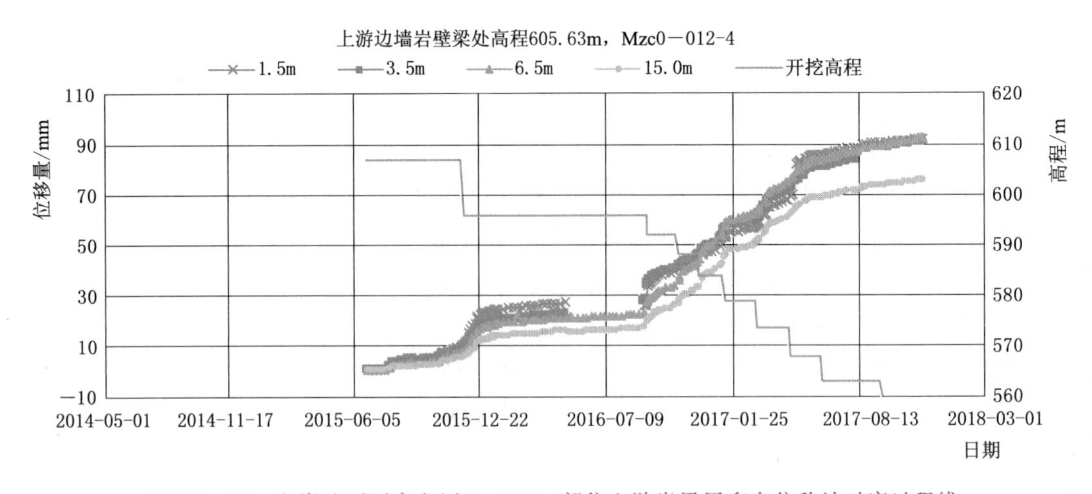

图 7.3-22 左岸地下厂房左厂 0-012m 部位上游岩梁层多点位移计时序过程线

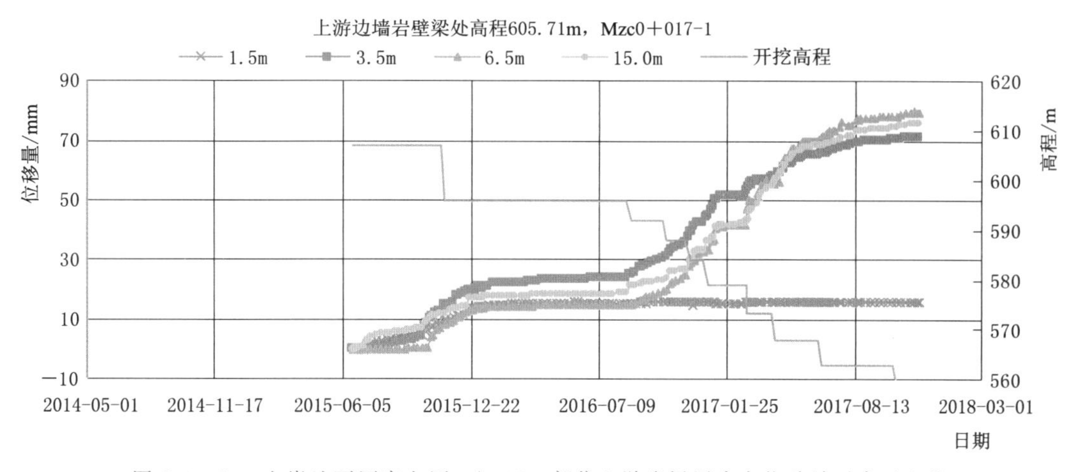

图 7.3-23 左岸地下厂房左厂 0+017m 部位上游岩梁层多点位移计时序过程线

表 7.3-10 左岸地下厂房上游侧顶拱围岩浅层变形增量汇总表 单位：mm

分层编号	左厂 0−051.6m (Mzc0−051-3)	左厂 0−012.9m (Mzc0−012-3)	左厂 0+018.4m (Mzc0+018-1)	左厂 0+076m (Mzc0+076-1)	左厂 0+152m (Mzc0+152-1)	左厂 0+228m (Mzc0+228-1)	左厂 0+279.9m (Mzc0+279-3)	左厂 0+328m (Mzc0+328-3)
第Ⅰ层	−1.02	−1.97	10.98	2.66	3.44	−0.21	−1.02	−1.42
第Ⅱ层	0.04	−0.93	8.45	0.09	0.31	0.12	0.02	2.52
第Ⅲ层	2.31	0.01	15.41	1.39	0.62	−0.65	−1.64	4.19
岩梁浇筑	0.17	0.01	1.65	0.63	0.22	0.06	−0.04	1.19
第Ⅳ层	2.41	0.02	4.21	2.04	0.87	0.05	−0.30	1.68
第$Ⅴ_1$层	1.47	0.02	1.39	3.71	0.63	0.07	0.00	0.54
第$Ⅴ_2$层	1.95	0.02	5.04	4.49	0.70	2.45	0.02	0.58
第$Ⅵ_1$层	2.58	0.02	3.42	7.62	0.85	2.29	0.04	1.05
第$Ⅵ_2$层	1.33	0.00	1.39	16.59	0.71	1.15	−0.02	1.83
第$Ⅶ_1$层	1.49	−0.01	1.24	11.92	6.14	0.72	−0.03	1.27
第$Ⅶ_2$层	1.36	−0.02	0.87	2.53	0.97	0.41	−0.02	2.24
第Ⅷ层	0.66	−0.01	1.19	0.38	0.05	0.16	0.02	0.73
总量	14.75	−2.84	55.24	54.05	15.51	6.62	−2.97	16.40

表 7.3-11 左岸地下厂房上游边墙岩梁层围岩浅层变形增量汇总表 单位：mm

分层编号	左厂 0−051m (Mzc0−052-1)	左厂 0−012m (Mzc0−012-4)	左厂 0+018m (Mzc0+017-1)	左厂 0+076m (Mzc0+077-1)	左厂 0+152m (Mzc0+153-1)	左厂 0+228m (Mzc0+229-1)	左厂 0+267m (Mzc0+267-1)	左厂 0+328m (Mzc0+328-4)
第Ⅰ层	—							
第Ⅱ层	—					2.59	0.66	2.37
第Ⅲ层	—	23.28	13.81	2.37	8.37	16.93	6.21	26.68
岩梁浇筑	—	—	1.79	0.85	0.99	−0.64	0.45	1.77

续表

分层编号	左厂 0－051m (Mzc0－052－1)	左厂 0－012m (Mzc0－012－4)	左厂 0＋018m (Mzc0＋017－1)	左厂 0＋076m (Mzc0＋077－1)	左厂 0＋152m (Mzc0＋153－1)	左厂 0＋228m (Mzc0＋229－1)	左厂 0＋267m (Mzc0＋267－1)	左厂 0＋328m (Mzc0＋328－4)
第Ⅳ层	—	—	0.27	2.49	2.52	4.74	3.26	2.19
第V_1层	—	3.39	0.08	3.20	2.04	2.21	1.37	0.98
第V_2层	—	4.78	－0.15	3.92	1.14	4.11	1.69	0.86
第VI_1层	—	8.83	－0.26	3.90	1.89	6.39	4.07	1.17
第VI_2层	—	9.64	0.26	5.73	0.68	4.91	4.91	2.38
第VII_1层	—	19.49	0.01	1.95	3.47	2.02	2.19	1.05
第VII_2层	—	4.88	0.01	1.42	0.92	3.43	3.40	2.44
第Ⅷ层	—	1.39	0.07	0.93	0.34	1.55	0.83	1.19
总量	—	91.71	15.91	26.77	22.36	48.24	29.04	43.08

注 表中“—”表示无监测数据，下同。

在岩梁浇筑期间，无开挖爆破影响，厂房上游侧顶拱和上游边墙岩梁层围岩变形变化较小，均在2mm以下。

在第Ⅳ层至第VI_2层开挖期间，左厂0＋076m断面上游侧顶拱围岩变形增量基本呈逐步增加趋势，在第VI_2层开挖期间增长最为明显，为16.59mm，在第VII_1层开挖期间，变形增量略有减小，为11.92mm。另外7个监测断面中，仅左厂0－012m和左厂0＋279m断面上游侧顶拱围岩变形未监测到明显变化，其他断面上游侧顶拱围岩变形增量均表现为先增大后减小的趋势，变形增量最大值基本集中出现在第V_2层至第VII_1层开挖期间，如：左厂0－051m断面在第VI_1层开挖期间，围岩增量达到最大，为2.58mm；左厂0＋018m断面在第V_2层层开挖期间达到最大，为5.04mm；左厂0＋152m断面在第VII_1层开挖期间达到最大，为6.14mm；左厂0＋228m断面也在第V_2层开挖期间达到最大，为2.45mm；左厂0＋328m断面在第VII_2层开挖期间达到最大，为2.24mm。

上游边墙岩梁层围岩变形增量也表现出与上游侧顶拱相同的变化趋势。在第Ⅳ层至第VII_1层开挖期间，左厂0－012m断面上游边墙岩梁层围岩变形每层变形增量呈逐步增加趋势，在第VII_1层开挖期间增长最为明显，为19.49mm；左厂0＋076m断面，上游边墙岩梁层围岩变形每层变形增量呈逐步增加趋势，但在第VII_1层开挖期间未获得有效数据。除左厂0＋017m断面，上游边墙岩梁层围岩变形未监测到明显变化外，其他断面上游边墙岩梁层围岩变形增量均基本表现为先增大后减小的趋势，变形增量最大值基本集中出现在第VI_1层至第VII_1层开挖期间，如：左厂0＋153m断面，在第VII_1层开挖期间达到最大，为3.47mm；左厂0＋229m断面也在第VI_1层开挖期间达到最大，为6.39mm；左厂0＋267m断面在第VI_2层开挖期间达到最大，为6.39mm；左厂0＋328m断面在第VII_2层开挖期间达到最大，为2.44mm。

总体上，在厂房第VI_1、VI_2、VII_1层开挖期间，LPL5－1排水廊道底板路面混凝土及顶拱喷混凝土层较集中地出现持续破坏现象，范围集中在左厂0－050～0＋150m，可见左厂上游侧顶拱和上游边墙岩梁层围岩变形出现明显变化的时间，与LPL5－1排水廊道出现喷层、底板路面混凝土出现开裂现象在时间上是基本吻合的，在厂房轴线范围上也有较好的对应关系，成为了阶段性（2017 年）反馈分析与动态支护设计重点关注的部位之一。

2. 锚索荷载

厂房上游侧顶拱锚索测力计在厂房第Ⅱ层开挖期间埋设，完整记录了自厂房第Ⅱ层开挖以来锚索荷载的变化过程。上游边墙岩梁层锚索测力计在厂房第Ⅱ层开挖期间和第Ⅲ层开挖前埋设，记录了厂房第Ⅱ层和第Ⅲ层开挖以来锚索荷载的变化过程。左岸地下厂房左厂 0－050～0＋230m 桩号段上游拱肩和上游边墙岩梁层锚索测力计代表性时序过程线见图 7.3－24 和图 7.3－25。

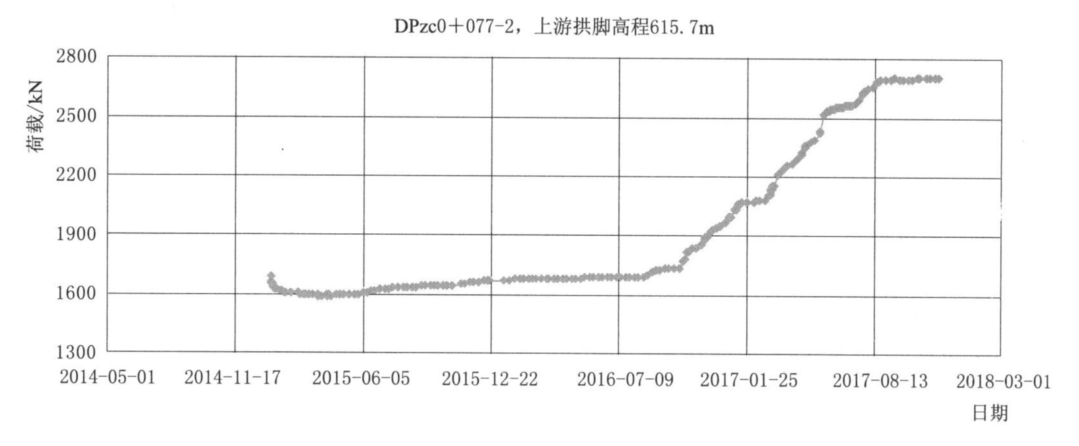

图 7.3－24　左岸地下厂房左厂 0＋077m 部位上游侧顶拱锚索测力计时序过程线

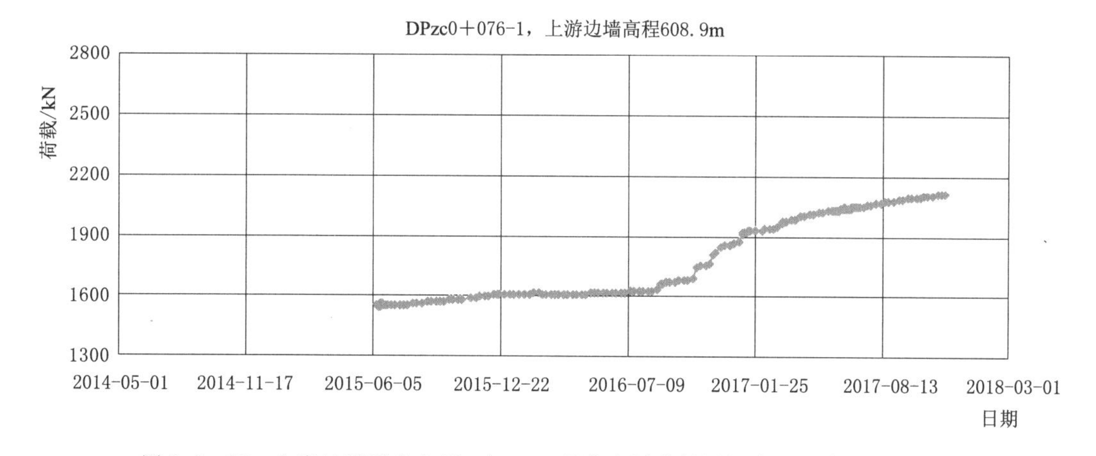

图 7.3－25　左岸地下厂房左厂 0＋076m 部位上游岩梁层锚索测力计时序过程线

总体上，左岸地下厂房上游侧顶拱和上游边墙岩梁层锚索测力计测值变化与同部位围岩变形规律基本一致。在第Ⅱ层及第Ⅲ层开挖期间，每层开挖锚索荷载增量相对较大，多数在 150kN 以上，变化较大的集中在左厂 0－051～0＋152m 段。在岩梁浇筑期间，锚索荷载增量基本小于 50kN。在第Ⅳ层至第Ⅵ$_2$层开挖期间，左厂 0＋076m 断面上游侧顶拱锚索荷载呈逐渐增加的趋势，在第Ⅵ$_2$层开挖期间增量最为明显，为 310kN，第Ⅶ$_1$层开挖期间，略有减小，为 245kN；左厂 0＋076m 断面上游边墙岩壁吊车梁层锚索荷载也呈逐渐增加的趋势，在第Ⅴ$_2$层开挖期间增量最为明显，为 95kN，在第Ⅵ$_1$层和第Ⅵ$_2$层开挖期间，增量略有减小，分别为 82kN 和 84kN。其他断面，除左厂 0＋327m 和左厂 0＋330m 断面锚索荷载变化较小外，厂房上游侧顶拱和上游边墙岩梁层锚索荷载随开挖普遍呈先减小后增大的趋势，并且荷载增量较大的主要集中在第 V_1 层至第 VI_2 层开挖期间，与 LPL5－1 排水廊道出现喷层、底板路面混凝土出现开裂现象在时间上是基本吻合的，在厂房轴线范围上也有较好的对应关系。开展反馈分析并实施动态支护后，厂房上游侧顶拱和上游边墙岩梁层锚索荷载变化较小，围岩处于稳定状态。

7.3.1.3　左岸厂房层间错动带 C_2 重点监测

由 4.1.2 节和 5.3.3 节的研究可知，层间错动带 C_2 对长廊形厂房边墙的影响尤为显著，是左岸地下工程最为关注的岩石力学问题，因此，针对左岸厂房层间错动带 C_2 主要布置了多点位移计、锚索测力计、位错计和测斜仪，典型的布置示意图见图 7.3－26。此外，在 3 号母线洞和 4 号母线洞内埋设了穿过层间错动带 C_2 的测斜仪，3 号母线洞内的布置示意图见图 7.3－27。

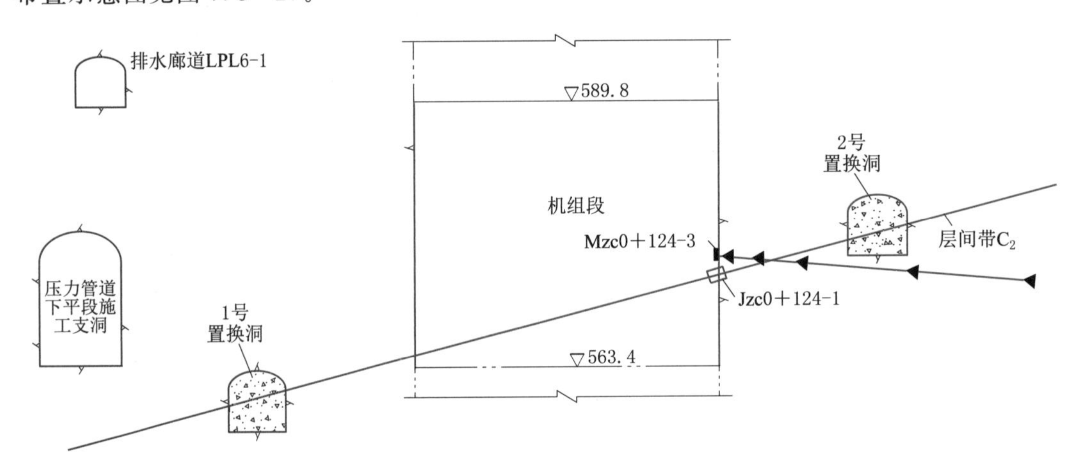

图 7.3－26　左岸地下厂房针对层间错动带 C_2 的多点位移计和位错计布置示意图（单位：m）

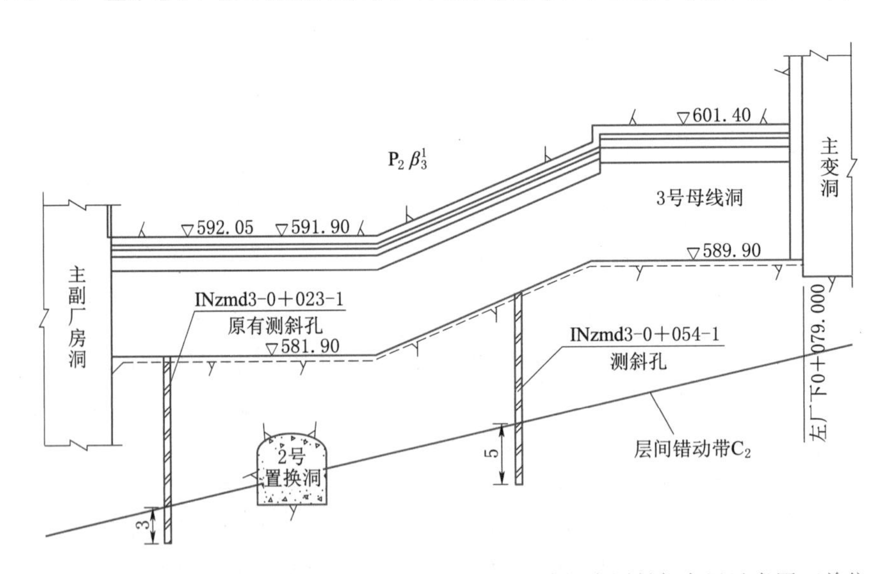

图 7.3－27　左岸地下厂房针对层间错动带 C_2 的 3 号母线洞内测斜仪布置示意图（单位：m）

1. 层间错动带 C_2 错动变形监测

对层间错动带 C_2 错动变形进行直接监测的设备有 3 号和 4 号母线洞内埋设的测斜仪与厂房边墙层间错动带 C_2 出露部位埋设的位错计，错动变形曲线见图 7.3-28 和图 7.3-29。

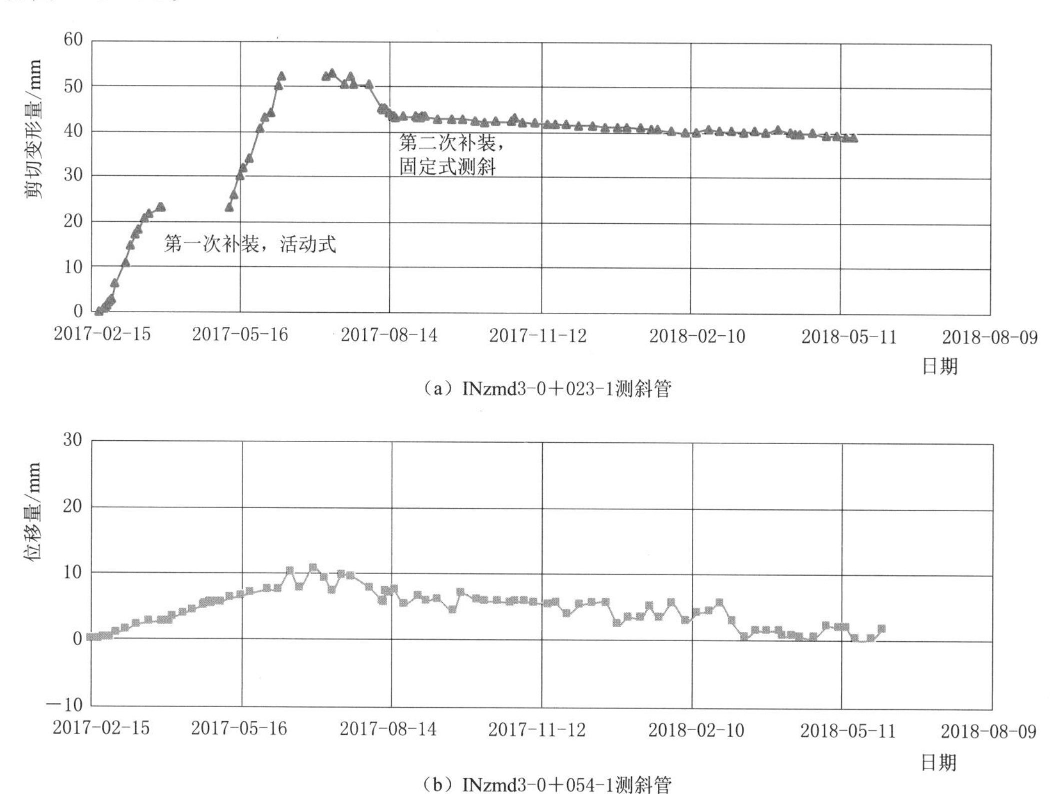

(a) INzmd3-0+023-1测斜管

(b) INzmd3-0+054-1测斜管

图 7.3-28　左厂 0+076m 断面 3 号母线洞内测斜管内 C_2 上下盘剪切变形曲线

3 号母线洞和 4 号母线洞内测斜仪获得了自 2017 年 2 月（第 $Ⅵ_2$ 层）开挖以来，层间错动带 C_2 上下盘围岩错动变形。在厂房第 $Ⅵ_2$ 层至第 $Ⅶ_2$ 层开挖期间，3 号母线洞靠近厂房边墙侧的测斜仪（位于 2 号置换洞与厂房边墙之间）显示 C_2 上下盘围岩已发生垂直于边墙方向约 52mm 的相对变形（2017-06-10 测值，该设备已不能继续测量）。通过补装固定式测斜仪，于 2017 年 7 月 7 日重新获取数据，厂房边墙 3 号母线洞洞口下方层间错动带 C_2 已完全揭露，监测数据显示 C_2 上下盘围岩垂直于边墙方向的相对变形曲线收敛，处于相对稳定状态。

在厂房第 $Ⅵ_2$ 层至第 $Ⅶ_1$ 层开挖期间，4 号母线洞靠近厂房边墙侧的测斜仪测值显示 C_2 上下盘围岩发生垂直于边墙方向的相对变形约 30mm（2017-04-25 测值，该设备已不能继续测量）。通过补装测斜仪，于 2017 年 5 月 18 日重新获取数据，监测数据显示 C_2 上下盘围岩垂直于边墙方向的相对变形曲线收敛，说明该处层间错动带 C_2 上下盘围岩处于相对稳定状态，错动未进一步发展。

3 号母线洞和 4 号母线洞内靠近主变洞侧（位于 2 号置换洞以外）的测斜仪监测显示，C_2 上下盘围岩发生垂直于边墙方向的相对变形较小，最大测值分别为约 1.81mm 和

0.52mm。说明2号置换洞限制 C_2 上下盘围岩相对变形的作用明显，阻断了沿 C_2 的错动变形向围岩深部扩展，错动变形主要发生在厂房边墙至置换洞间的围岩。

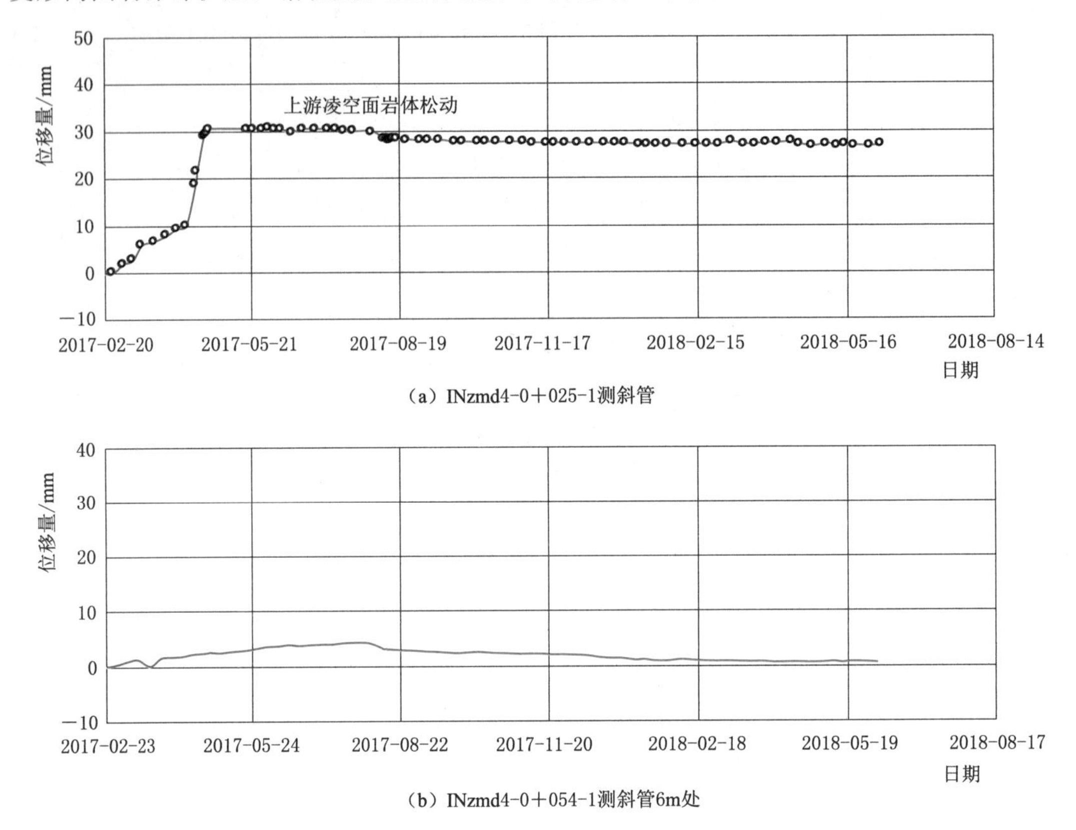

(a) INzmd4-0+025-1测斜管

(b) INzmd4-0+054-1测斜管6m处

图7.3-29 左厂0+114m断面4号母线洞内测斜管内 C_2 上下盘剪切变形曲线

2. 层间错动带 C_2 出露部位围岩变形

左岸地下厂房边墙围岩变形以下游边墙相对较大，且下游边墙洞室多，围岩挖空率较高，层间错动带 C_2 对下游边墙稳定不利，因此下游边墙沿 C_2 出露部位布置了穿过 C_2 的多点位移计。对于每套多点位移计，位于层间错动带 C_2 上盘的测点变形基本一致，C_2 下盘围岩的测点变形，往岩体内逐渐减小。下游边墙沿层间错动带 C_2 部位围岩变形量值较大的位于左厂0+124m、左厂0+153m和左厂0+181m断面，在3号～5号机组段，表层围岩变形量分别为80.55mm、74.83mm和57.17mm。

3. 层间错动带 C_2 出露部位锚索荷载

左岸厂房上下游边墙沿 C_2 出露部位布置了穿过 C_2 的锚索测力计，包含端墙，共10支锚索测力计，荷载均未超过设计荷载（2500kN），相对较大的荷载位于左厂0+157m断面下游边墙高程578m处，为2116kN。

总体上，白鹤滩水电站左岸地下厂房高边墙受大型软弱层间错动带 C_2 切割，是影响洞室围岩稳定最为关键的地质因素，也是监测反馈分析研究的重点部位。施工期实测 C_2 在开挖过程的最大错动变形为52.91mm，与预测变形量相符，后续8.4节进一步针对围岩稳定性和置换洞的安全性进行深入分析与评价。

7.3.1.4 左岸尾水调压室

左岸尾水调压室穹顶开挖采用“中导洞先行，两侧按扇形条块扩挖推进、开挖区域逐步扩大、应力分期释放、喷锚支护有序跟进”的施工方法。单个调压室穹顶开挖采用先中间后两边的开挖程序，每个穹顶自上而下以通气支洞底板为界分为2大层9区，按顺序进行开挖支护施工，其中①、③、⑥区为中间抽槽，②、④、⑦区为扇形条块扩挖，⑤、⑧区为环形周圈扩挖，见图7.3-30。

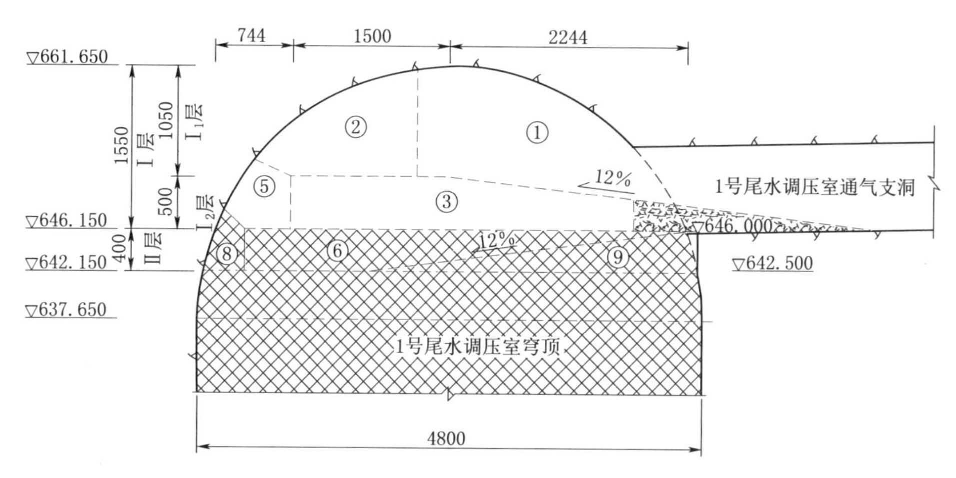

图7.3-30 尾水调压室穹顶施工分层分区方案
（以左岸1号尾水调压室为例）（单位：高程m，尺寸cm）

调压室井身段从上至下分层井挖，层高3.5m，每层分3环开挖，每环逆时针方向分4区块开挖支护，先内环开挖，再外环开挖，见图7.3-31。

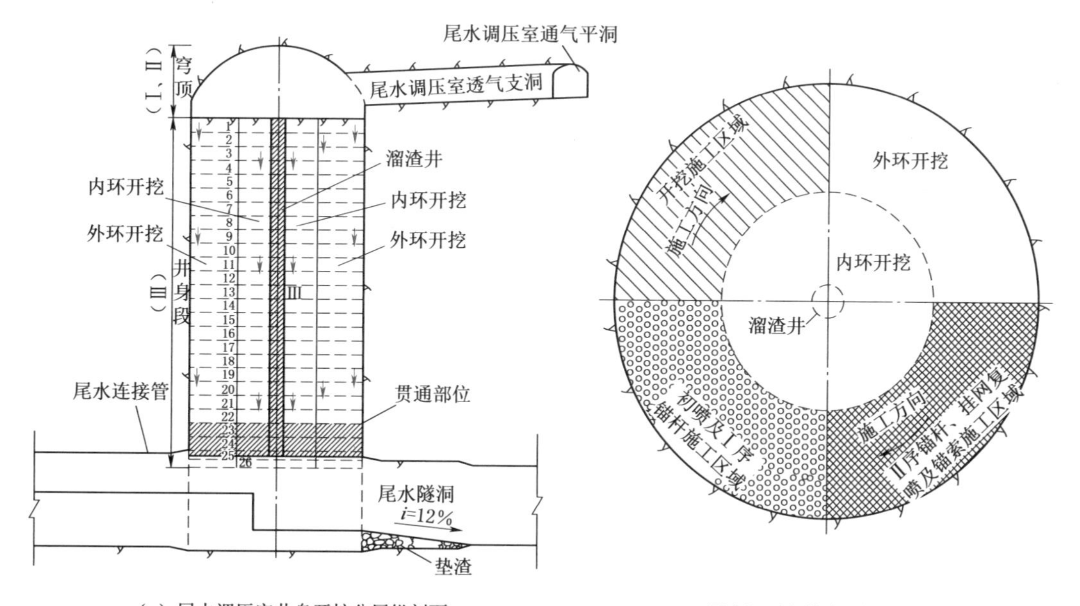

（a）尾水调压室井身开挖分层纵剖面

（b）尾水调压室井身开挖分区分块平面图

图7.3-31 1号尾水调压室井身施工分层分区分块方案

左岸尾水调压室监测数据包括多点位移计变形、锚杆应力计及锚索测力计。多点位移计采用四点式，锚杆应力计采用单点式和两点式。

左岸尾水调压室穹顶和井身各监测断面的变形量值较小，围岩稳定性整体较好（表7.3-12、表7.3-13和图7.3-32）。左岸1号尾水调压室穹顶最大变形为15.97mm，2号尾水调压室为16.60mm，3号尾水调压室为3.87mm，左岸4号尾水调压室为21.33mm；左岸1号尾水调压室井身最大变形52.92mm，2号尾水调压室为25.23mm，3号尾水调压室为16.44mm，4号尾水调压室为14.71mm，各测点在穹顶开挖后均快速趋于稳定。

表7.3-12　　左岸尾水调压室穹顶围岩变形量级分布比例统计

位移/mm	距开挖面距离/测点数			
	1.5m/16	3.5m/16	6.5m/16	>11.0m/18
0～5	50%	44%	69%	83%
5～10	25%	38%	19%	17%
10～15	6%	19%	6%	0
>15	19%	0	13%	0

表7.3-13　　左岸尾水调压室井身围岩变形量级分布比例统计

位移/mm	距开挖面距离/测点数			
	0m/33	1.5～3.0m/33	5.0～9.0m/33	>11.0m/38
0～5	18%	36%	58%	84%
5～10	24%	27%	27%	8%
10～15	33%	24%	15%	8%
>15	24%	12%	0	0

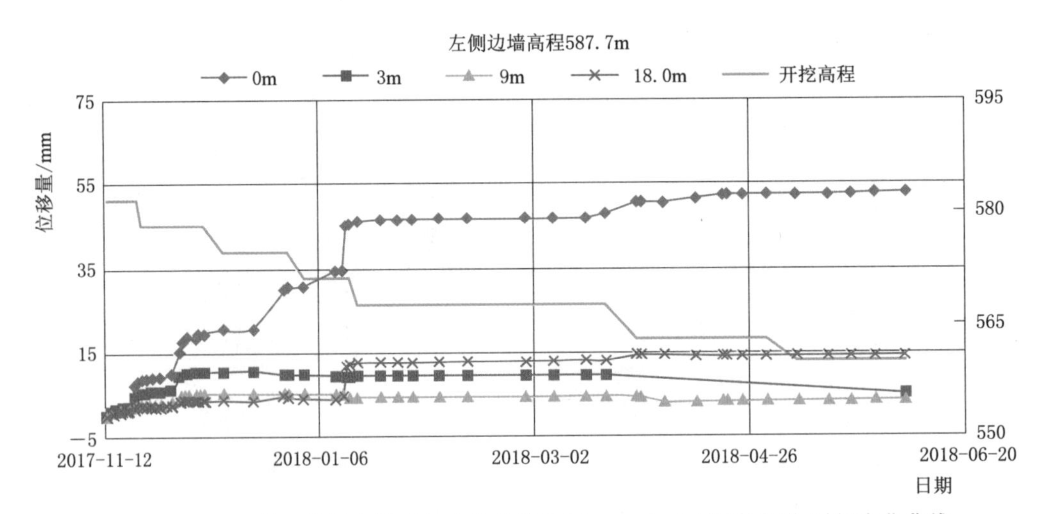

图7.3-32　左岸1号尾水调压室多点变位计Mzwt-1-14围岩变形-时间变化曲线

左岸尾水调压室锚杆应力为－60.0～540.63MPa（位于 ASzwt－3－11，高程574.00m，下游边墙），锚杆应力小于 30MPa 的占 38.82%，锚杆应力 30～100MPa 的占27.06%，锚杆应力100～200MPa 的占 16.47%，锚杆应力 200～310MPa 的仅占 8.24%，大于 310MPa 的仅占 9.41%，见表 7.3－14。

表 7.3－14 左岸尾水调压室锚杆应力统计表

锚杆应力/MPa	0～30	30～100	100～200	200～310	>310
锚杆数量	33	23	14	7	8
比例/%	38.82	27.06	16.47	8.24	9.41

注 有效测点为 85 个。

尾水调压室安装 1500kN 锚索测力计 15 台、2000kN 锚索测力计 29 台。量程为1500kN 的锚索测力计，锁定荷载为 1333.97～1407.51kN，锚索荷载为 1327.49～2003.63kN（已超量程），损失率为－42.35%～6.9%。量程为 2000kN 的锚索测力计，锁定荷载为 1343.45～1675.32kN，锚索荷载为 1351.89～1975.22kN，损失率为－20.94%～9.79%，各测点锚索荷载变化量较小。

7.3.2 右岸地下厂房洞室群监测成果分析

右岸地下厂房分十层开挖，厂顶中导洞于 2013 年 1 月开始施工，第Ⅰ层两侧扩挖于2014 年 5 月开始，截至 2018 年 12 月，全部开挖完成。右岸主变洞分六层开挖，第Ⅰ层开挖于 2014 年 7 月开始，截至 2017 年 8 月，全部开挖完成，见图 7.3－33。本节以Ⅶ层开挖后的监测数据为例，对地下厂房洞室群的总体变形分布特征进行说明。

7.3.2.1 右岸地下厂房

右岸地下厂房共设置了 9 个监测断面，主要布置了多点位移计、锚杆应力计和锚索测力计。主厂房顶拱多点位移计均为中导洞开挖完成后从厂顶锚固观测洞预埋，锚杆应力计为开挖后即埋，锚索测力计为开挖即埋。主厂房上、下游侧岩梁部位多点位移计由第 5 层排水廊道预埋，并在厂房第Ⅲ层开挖前埋设完成。

1. 围岩变形

a. 厂房顶拱

厂房顶拱多数多点位移计为在厂房顶拱中导洞开挖前由厂顶锚固观测洞预埋，捕捉到了厂房开挖以来围岩顶拱的变形情况。

第Ⅶ层开挖后，厂房顶拱围岩浅层变形大于围岩深部变形，由表及里变形量值逐渐减小，围岩 0～2.5m 处变形在 30mm 以内的测点占总数的 48%，围岩 3.0～4.5m 处变形在30mm 以内的测点占 46%，围岩 6.5～9.0m 处变形在 30mm 以内的测点占 75%，围岩11.0～15.0m 处变形在 10mm 以内的测点占 58%，围岩 17.0～20.0m 处围岩变形在10mm 以内的测点占 89%，见表 7.3－15。

从顶拱的变形监测来看，表层 1.5m 处位移测值最大，由表及里逐渐减小。顶拱围岩在分别受层间错动带 C_4 影响的厂房南侧、厂房中部以及受层内错动带 RS_{411} 影响的厂房北侧变形较大，且下游侧顶拱围岩变形普遍大于上游侧顶拱变形。

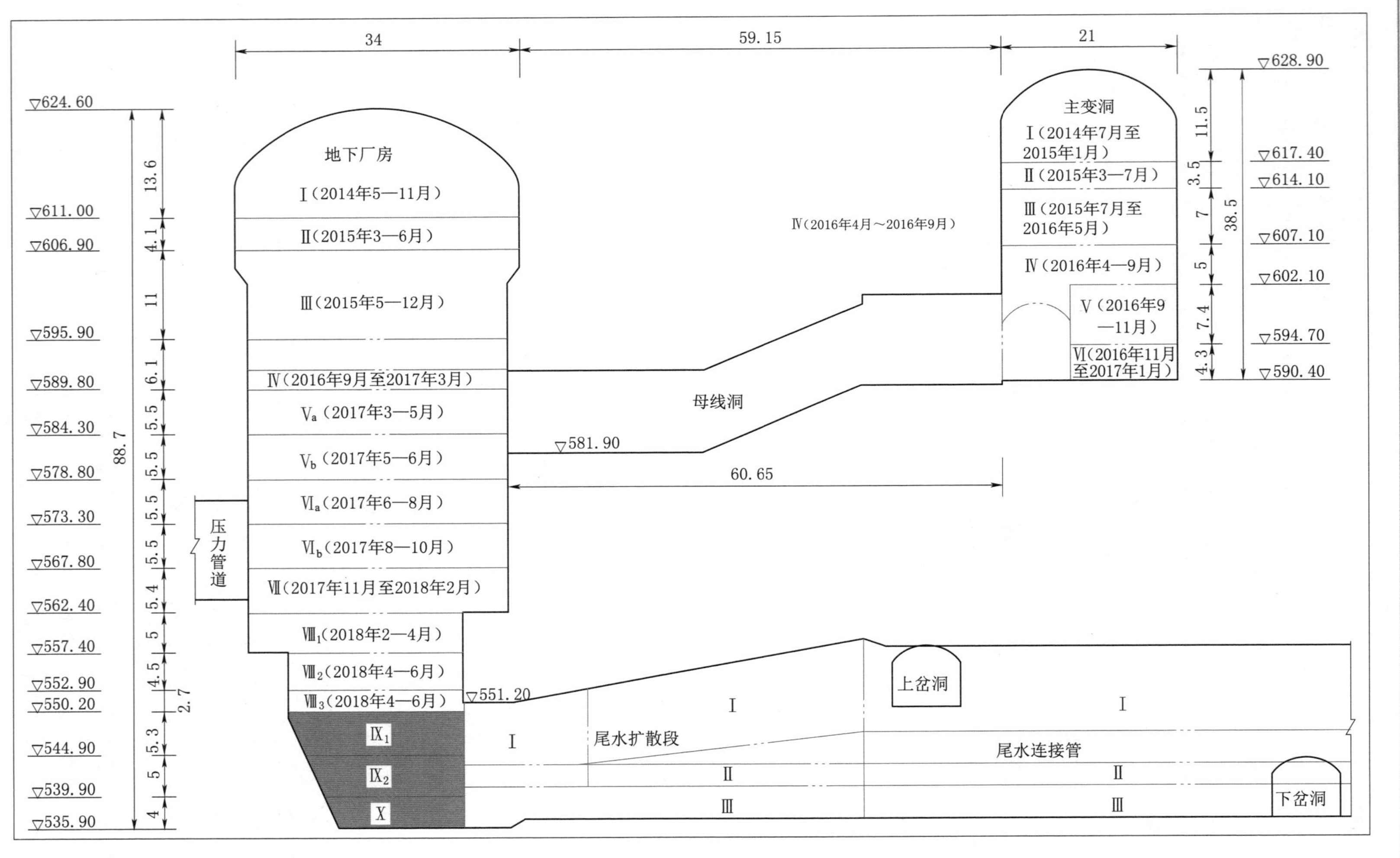

图 7.3-33 右岸地下厂房洞室群开挖形象图（单位：m）

表 7.3-15　　右岸地下厂房顶拱围岩变形量级分布比例统计

位移/mm	测点距开挖面距离/测点数				
	0～2.5m/35	3.0～4.5m/26	6.5～9.0m/33	11.0～15.0m/33	17.0～20.0m/9
0～10	31%	19%	42%	58%	89%
10～30	17%	27%	33%	24%	0
30～50	21%	35%	18%	15%	11%
>50	31%	19%	7%	3%	0

如图 7.3-34 所示，第Ⅶ层开挖后，右厂 0－020.9m 断面正顶拱 1.5m 处的变形为 91.04mm，11.0m 处变形为 53.93mm；右厂 0＋076m 断面 1.5m 处的变形为 52.95mm，17.0m 处变形为 37.80mm；右厂 0＋133m 断面 1.5m 处变形为 55.35mm，11.0m 处变形为 65.42mm。

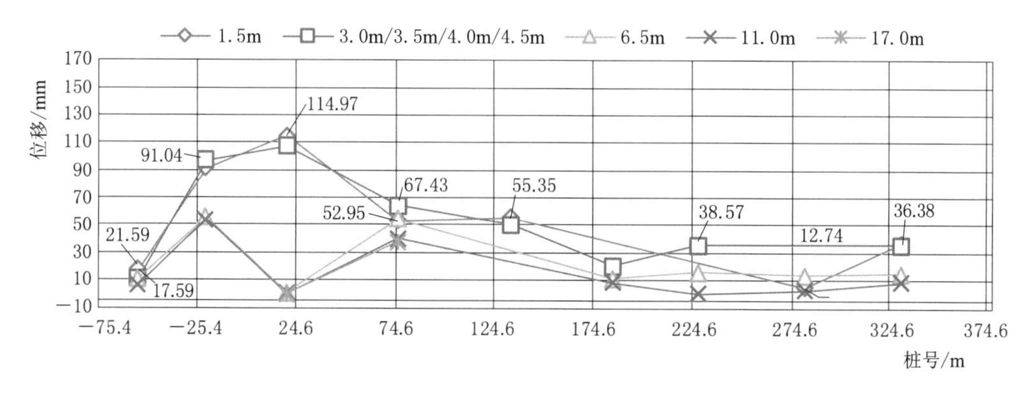

图 7.3-34　右岸地下厂房正顶拱变形分布

右岸厂房上游侧顶拱围岩表层最大变形位于右厂 0－020.9m 断面（变形为 90.88mm），围岩 11.0m 深处变形为 26.46mm，见图 7.3-35。

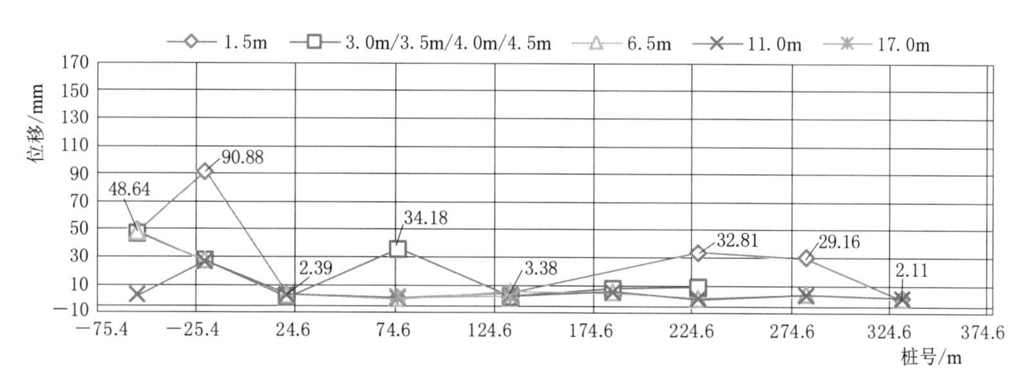

图 7.3-35　右岸地下厂房上游侧顶拱变形分布

右岸厂房下游侧顶拱围岩变形较大的位于右厂 0－020.9m 和右厂 0＋076m 断面，1.5m 处的变形分别为 79.54mm 和 52.62mm，11.0m 处变形分别为 49.36mm 和 48.91mm，下游侧顶拱围岩 11.0m 处变形均大于 10mm，见图 7.3-36。

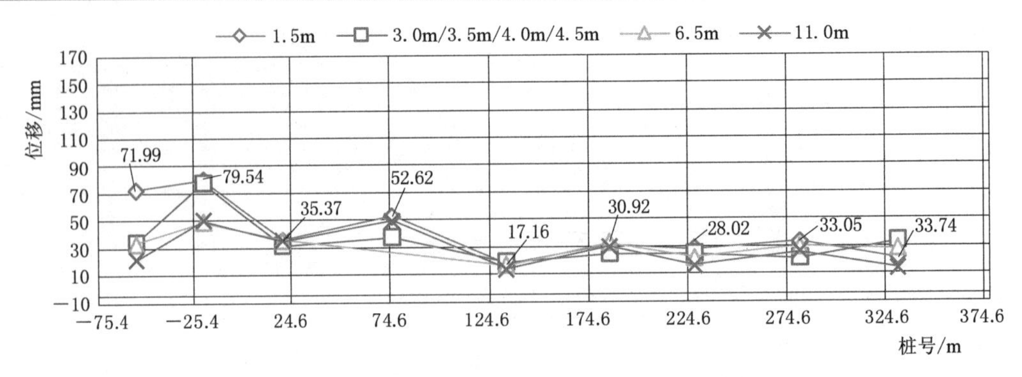

图 7.3-36　右岸地下厂房下游侧顶拱变形分布

b. 厂房上游边墙

右岸地下厂房上游边墙围岩浅层变形大于围岩深部变形，由表及里变形量值逐渐减小，围岩 0～2.5m 处变形在 50mm 以内的测点占 49%，围岩 3.0～4.5m 处变形在 50mm 以内的测点占 44%，围岩 6.5～9.0m 处变形在 50mm 以内的测点占 70%，围岩 11.0～15.0m 处变形在 30mm 以内的测点占 75%，围岩 17.0～20.0m 处变形在 30mm 以内的测点占 100%，见表 7.3-16。

表 7.3-16　　　右岸地下厂房上游边墙围岩变形量级分布比例统计

位移/mm	测点距开挖面距离/测点数				
	0～2.5m/35	3.0～4.5m/32	6.5～9.0m/33	11.0～15.0m/24	17.0～20.0m/7
0～10	9%	16%	24%	46%	43%
10～30	29%	22%	22%	29%	57%
30～50	11%	6%	24%	17%	0
>50	51%	56%	30%	8%	0

岩壁吊车梁高程多点位移计在厂房第Ⅱ层开挖前至第Ⅲ层开挖前，由第 5 层排水廊道陆续预埋，其包含了厂房部分第Ⅱ层开挖及第Ⅲ层开挖引起的围岩变形。

岩梁高程围岩变形与开挖有较好的一致性，且在受层间错动带 C_4，C_3、C_{3-1} 和 RS_{411} 及 F_{20} 影响的洞段变形相对较大。上游边墙岩梁高程围岩变形，以右厂 0＋132～0＋332.7m 断面相对较大，围岩 6.5m 深处变形超过 20mm，15～20m 深处变形为 5～20mm，围岩浅层变形以右厂 0＋132m 断面较大（83.60mm），见图 7.3-37。

右岸地下厂房上游边墙高程 590～595m 多点位移计由排水廊道向厂房预埋，围岩 1.5m 深处变形最大值位于右厂 0＋076m 断面（123.16mm），围岩 15.0m 深处变形最大值位于右厂 0＋228m 断面（57.84mm），右厂 0＋020～0＋266m 断面围岩 15m 深处变形均大于 10mm，见图 7.3-38。

右岸地下厂房上游边墙高程 570～580m 多点位移计由压力管道上平段施工支洞向厂房预埋。上游边墙高程 570～580m 围岩变形较大的分别为右厂 0＋076m 和右厂 0＋265m 断面。右厂 0＋076m 断面浅层变形为 134.06mm，围岩 15.0m 深处变形为 42.39，右厂 0＋265m 断面浅层变形为 165.43mm，围岩 15.0m 深处变形为 89.20，见图 7.3-39。

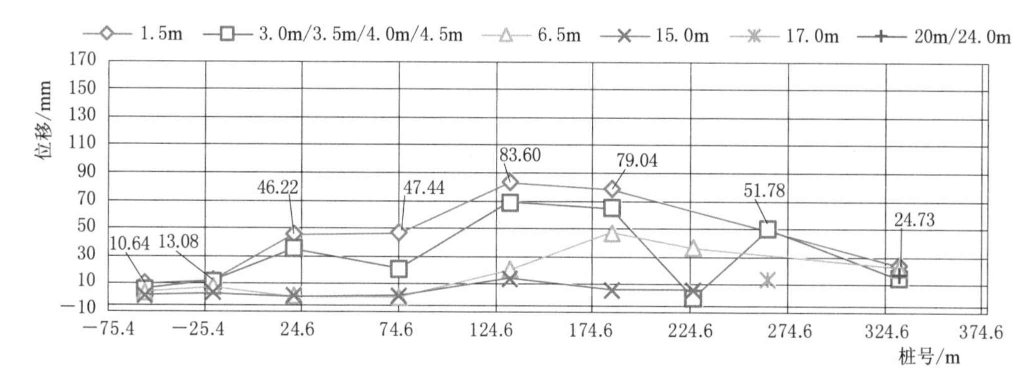

图 7.3-37 右岸地下厂房上游侧岩梁层围岩变形分布

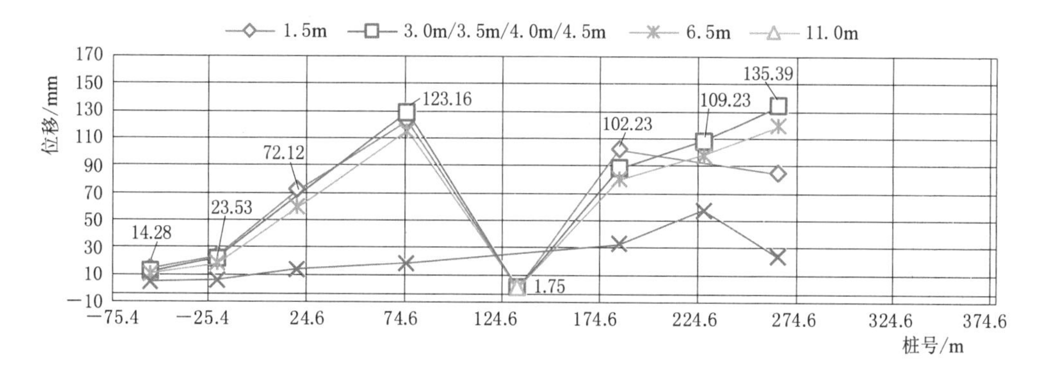

图 7.3-38 右岸地下厂房上游边墙高程 590～595m 围岩变形分布

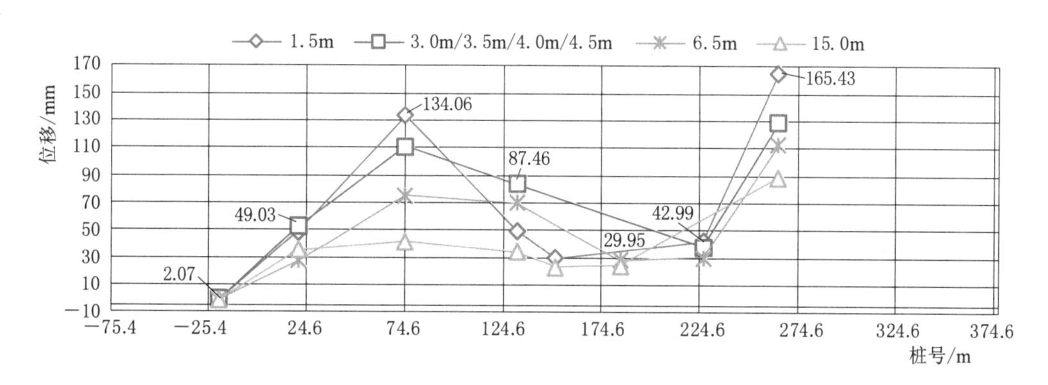

图 7.3-39 右岸地下厂房上游边墙高程 570～580m 围岩变形分布

c. 厂房下游边墙

厂房下游边墙围岩浅层变形大于围岩深部变形，由表及里变形量值逐渐减小，围岩 0～2.5m 深处变形在 50mm 以内的测点占 67%，围岩 3.0～4.5m 深处变形在 50mm 以内的测点占 72%，围岩 6.5～9.0m 深处变形在 50mm 以内的测点占 91%，围岩 11.0～15.0m 深处变形在 30mm 以内的测点占 100%，围岩 17.0～20.0m 深处变形在 30mm 以内的测点占 100%，见表 7.3-17。

表 7.3-17　　右岸地下厂房下游边墙围岩变形量级分布比例统计

位移/mm	测点距开挖面距离/测点数				
	0～2.5m/49	3.0～4.5m/32	6.5～9.0m/33	11.0～15.0m/17	17.0～20.0m/19
0～10	22%	31%	42%	76%	78%
10～30	27%	22%	36%	24%	22%
30～50	18%	19%	13%	0	0
>50	33%	28%	9%	0	0

下游边墙岩壁吊车梁高程多点位移计在厂房第Ⅱ层开挖前，由第5层排水廊道陆续预埋，其包含了厂房部分第Ⅱ层开挖引起的围岩变形。

岩梁高程围岩变形与开挖有较好的一致性，下游侧变形明显大于上游侧，与开挖过程中的围岩破裂现象一致。下游侧岩梁层围岩变形以右厂0－056.6m断面、右厂0＋227.0m断面和右厂0＋332.7m断面相对较大，该段受层间错动带C_4、C_3、C_{3-1}和RS_{411}及F_{20}影响，下游侧岩梁层围岩1.5m深处围岩变形分别为179.11mm、86.76mm和72.20mm，右厂0＋332.7m断面6.5m深处围岩变形最大，为45.24mm，见图7.3-40。

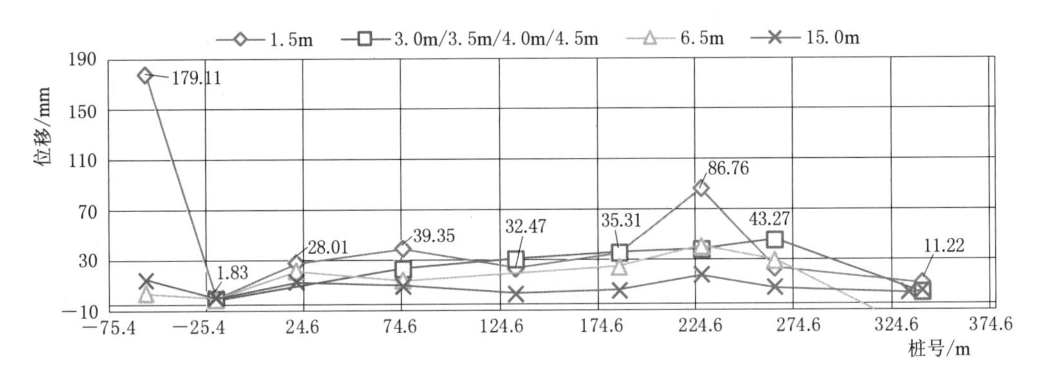

图7.3-40　右岸地下厂房下游侧岩梁层围岩变形分布

下游侧岩梁层围岩右厂0－056.6m处多点位移计测值在厂房第Ⅶ层开挖期间增长明显，超过围岩变形预警值，同时也是整个地下厂房洞室群监测到的最大变形，是右岸地下厂房监测反馈分析研究的重点部位之一。

右岸地下厂房下游边墙高程600m埋设5套多点位移计，其中右厂0－067m断面和右厂0－058m断面为右岸小桩号段应急加固期间埋设，上游边墙布置于右厂0＋075m、右厂0＋132m和右厂0＋227m断面为第Ⅲ层开挖期间埋设，从三个断面围岩变形监测来看，最大变形位于右厂0＋132m断面（浅层变形为64.55mm，9.0m深处围岩变形为27.44mm），三个断面9.0m深处围岩变形均超过25mm，见图7.3-41。

右岸地下厂房下游边墙高程590～600m围岩变形（图7.3-42），以右厂0－055m断面和右厂0－020m断面相对较大，其在厂房第Ⅶ层开挖期间增长明显，浅层变形分别为94.97mm和91.89mm，围岩9.0m深处变形为67.12mm和57.57mm；位于右厂0＋132m断面变形也相对较大，浅层变形为57.26mm，围岩9.0m深处变形为39.30mm，其他断面围岩9.0m处变形基本小于25mm。

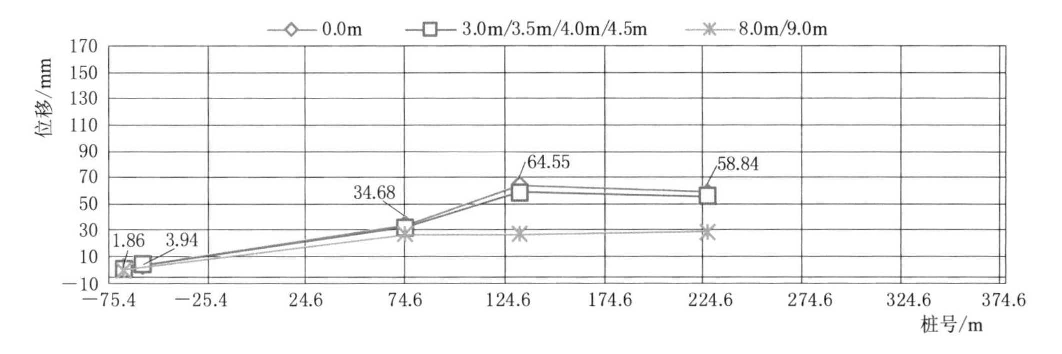

图 7.3-41 右岸地下厂房下游边墙高程 600m 围岩变形分布

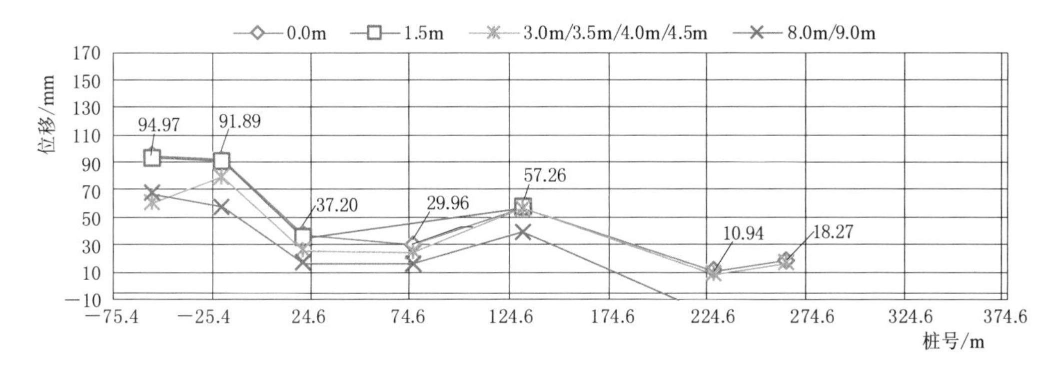

图 7.3-42 右岸地下厂房下游边墙高程 590～600m 围岩变形分布

右岸地下厂房下游边墙高程 580～590m 围岩变形（图 7.3-43），以右厂 0+088m、右厂 0+132m 和右厂 0+181m 断面相对较大，最大值位于右厂 0+088m 断面，浅层变形为 74.72mm，围岩 15.0～21.0m 深处变形为 16.15mm；除右厂 0+088m、右厂 0+132m 和右厂 0+181m 断面外，围岩 15.0～21.0m 深处变形小于 10mm。

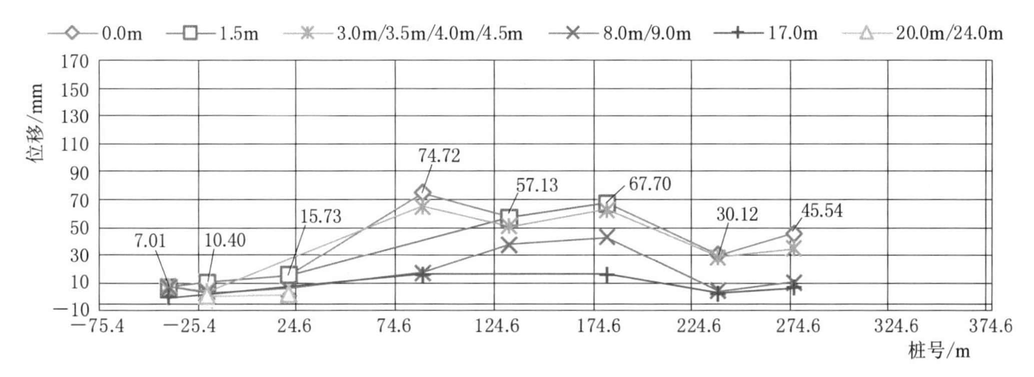

图 7.3-43 右岸地下厂房下游边墙高程 580～590m 围岩变形分布

2. 锚杆应力

对于二点式或三点式锚杆应力计，取最大值单点进行统计。由图 7.3-44 及表 7.3-18 可见，右岸厂房锚杆应力小于 100MPa 的占 57%，锚杆应力 100～200MPa 的占 21%，锚杆应力 200～360MPa 的占 13%，锚杆应力大于 360MPa 的有 4 支，占 9%，分别位于右厂 0－020m 断面上游拱肩、右厂 0＋076m 断面上游拱肩、右厂 0＋316m 断面顶拱和右厂 0＋331m 断面下游拱肩。

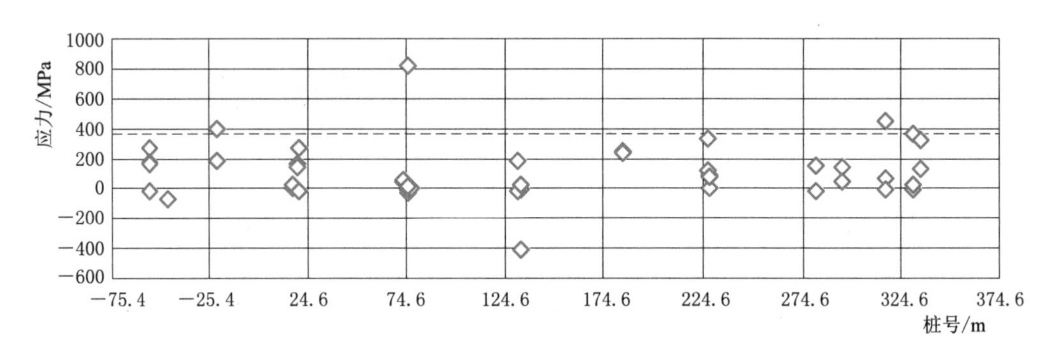

图 7.3－44　右岸地下厂房顶拱锚杆应力分布

表 7.3－18　　右岸地下厂房锚杆应力量级分布比例统计

锚杆应力/MPa	＜100	100～200	200～360	＞360
比例/%	57	21	13	9

注　统计监测锚杆 47 支。

右岸地下厂房上游边墙监测锚杆共 34 支，应力小于 100MPa 的占 32%，锚杆应力 100～200MPa 的占 32%，锚杆应力 200～360MPa 的占 24%，锚杆应力大于 360MPa 的有 4 支，占 12%，分别位于右厂 0＋075m 断面上游边墙高程 591m 处（453MPa）、右厂 0＋132m 断面上游边墙高程 584m 处（438MPa）、右厂 0＋132m 断面上游边墙高程 601m 处（434MPa）、右厂 0＋265m 断面上游边墙高程 608m 处（417MPa），见图 7.3－45 和表 7.3－19。

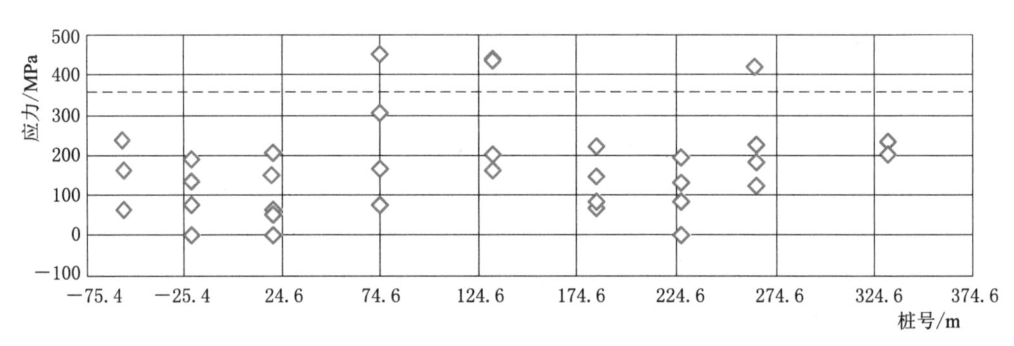

图 7.3－45　右岸地下厂房上游边墙锚杆应力分布

表 7.3－19　　右岸地下厂房上游边墙锚杆应力量级分布比例统计

锚杆应力/MPa	0～100	100～200	200～360	＞360
比例/%	32	32	24	12

注　统计监测锚杆 34 支。

右岸地下厂房下游边墙监测锚杆共37支，应力小于100MPa的占42%，锚杆应力100～200MPa的占25%，锚杆应力200～360MPa的占25%，锚杆应力大于360MPa的有3支，占8%，分别位于右厂0+075m断面上游边墙高程601m处（423MPa）、右厂0+265m断面上游边墙高程569m处（422MPa）、右厂0－075m断面南端墙高程605m处（384MPa），见图7.3-46和表7.3-20。

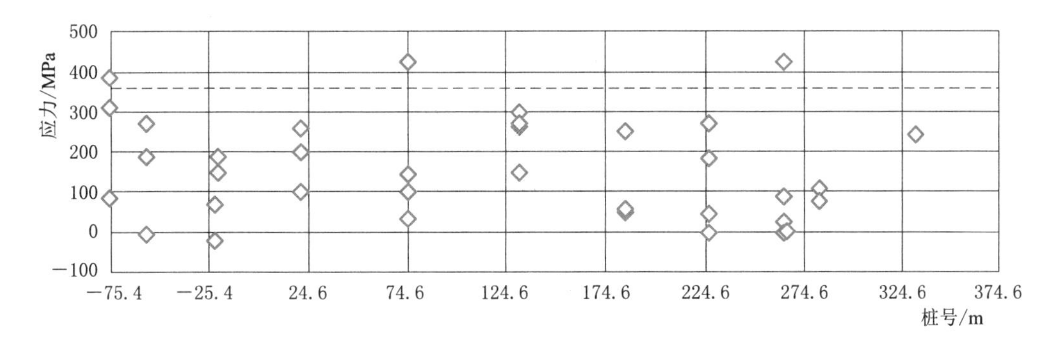

图7.3-46 右岸地下厂房下游边墙+端墙锚杆应力分布

表7.3-20 右岸地下厂房下游边墙+端墙锚杆应力量级分布比例统计

锚杆应力/MPa	<100	100～200	200～360	>360
比例/%	42	25	25	8

注 统计监测锚杆36支。

3. 锚索荷载

右岸地下厂房顶拱锚索测力计为在厂房第Ⅰ层开挖期间以及后期加强支护过程中埋设，共有38支锚索测力计，厂房顶拱锚索设计荷载均为2000kN（第Ⅶ层开挖期间，小桩号洞段顶拱加强锚索设计荷载为2500kN），其中顶拱对穿锚索锁定值为1800kN，上下游侧顶拱端头锚索锁定值为1600kN。

锚索荷载小于2000kN的占71%，共11支超设计荷载2000kN，其中超设计荷载20%（2400kN）的1支，超设计荷载的锚索基本是在第Ⅰ层～第Ⅱ层开挖期间埋设、在后期开挖过程中对顶拱加强支护的锚索，除DPyc0+23-xz1外均未超过2000kN，见图7.3-47和表7.3-21。

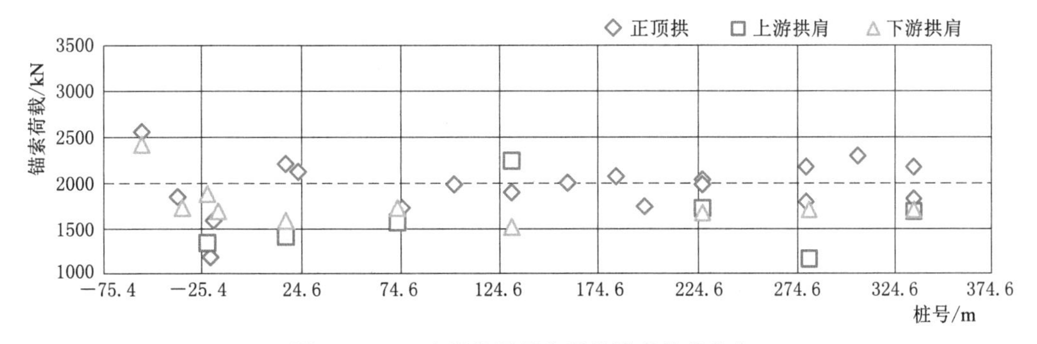

图7.3-47 右岸地下厂房顶拱锚索荷载分布

表7.3-21 右岸地下厂房顶拱锚索荷载量级分布比例统计

锚索荷载/kN	<1800	1800～2000	2000～2400	>2400
比例/%	53	18	24	5

注 统计监测锚索38台。

右岸主厂房上游边墙布置监测锚索共58台，荷载分布见图7.3-48和表7.3-22。厂房边墙锚索设计荷载均为2500kN，锚索荷载锁定值为1500kN，当前锚索荷载测值小于设计荷载的占77%，超过设计荷载的有13台，其中超过设计荷载20%（3000kN）的有4台，占7%。超过设计荷载但未超过3000kN的锚索测力计基本上位于第Ⅱ层及第Ⅲ层边墙；锚索荷载超过设计荷载的部位，经过加强支护后，目前锚索荷载曲线平稳，新增锚索测力计测值未超过设计荷载。

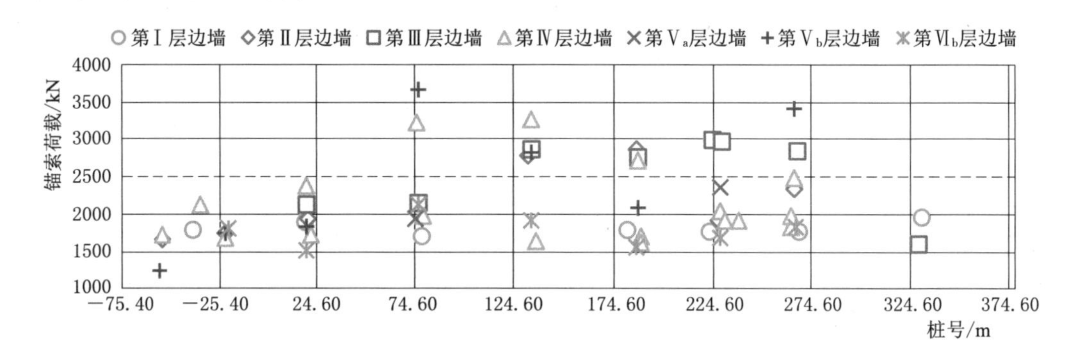

图7.3-48 右岸地下厂房上游边墙锚索荷载分布

表7.3-22 右岸地下厂房上游边墙锚索荷载量级分布比例统计

锚索荷载/kN	<1500	1500～2500	2500～3000	>3000
比例/%	3	74	14	9

注 统计监测锚索58台。

右岸主厂房下游边墙布置监测锚索共58支，荷载分布见图7.3-49和表7.3-23。厂房边墙锚索设计荷载均为2500kN，锚索荷载锁定值为1500kN，当前锚索荷载测值小于设计荷载的占83%，超过设计荷载的有10支，其中超过设计荷载20%（3000kN）的有5支，占9%。

超过设计荷载的锚索测力计基本上位于第Ⅱ层及第Ⅲ层边墙，其中5支位于小桩号段，5支位于右厂0+114～0+208m段；小桩号洞段下游边墙应急加固措施实施后，以及下游边墙锚索荷载超过设计荷载的部位经过加强支护后，目前锚索荷载曲线平稳，新增锚索测力计测值未超过设计荷载。

表7.3-23 右岸地下厂房下游边墙锚索荷载量级分布比例统计

锚索荷载/kN	<1500	1500～2500	2500～3000	>3000
比例/%	9	74	9	9

注 统计监测锚索58台。

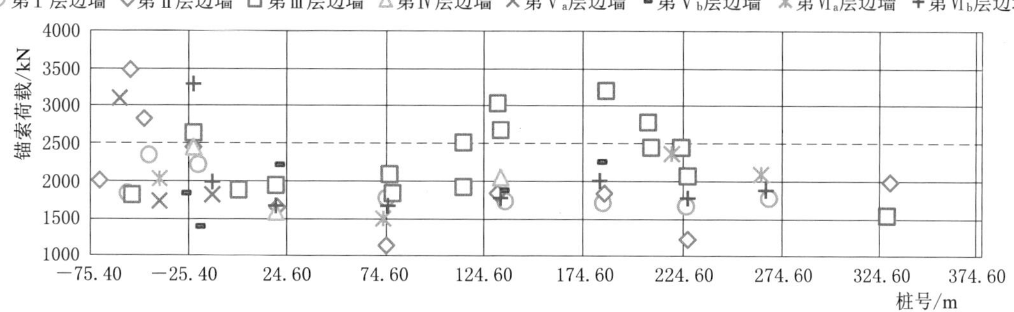

图 7.3-49 右岸地下厂房下游边墙锚索荷载分布

7.3.2.2 右岸厂房 0+076～0+133m 段顶拱变形重点监测

如图 7.3-50 和图 7.3-51 所示，右厂 0+076m、右厂 0+133m 断面顶拱的多点位移计是从厂顶锚固洞在厂房第Ⅰ层扩挖前预埋的，从 2014 年 4—5 月开始测值，记录了厂房开挖过程中的顶拱围岩变形过程。如图 7.3-52 所示，右厂 0+104m 断面顶拱多点位移计在厂房第Ⅲ层开挖完成后从厂房顶拱预埋，记录了厂房第Ⅲ层开挖完成后，顶拱围岩变形的变化过程。如图 7.3-53 所示，右厂 0+045～0+135m 段第Ⅳ层开挖前，右厂 0+083m 和右厂 0+107m 断面顶拱埋设了 2 套多点位移计，用以监测该段顶拱围岩深部变形。

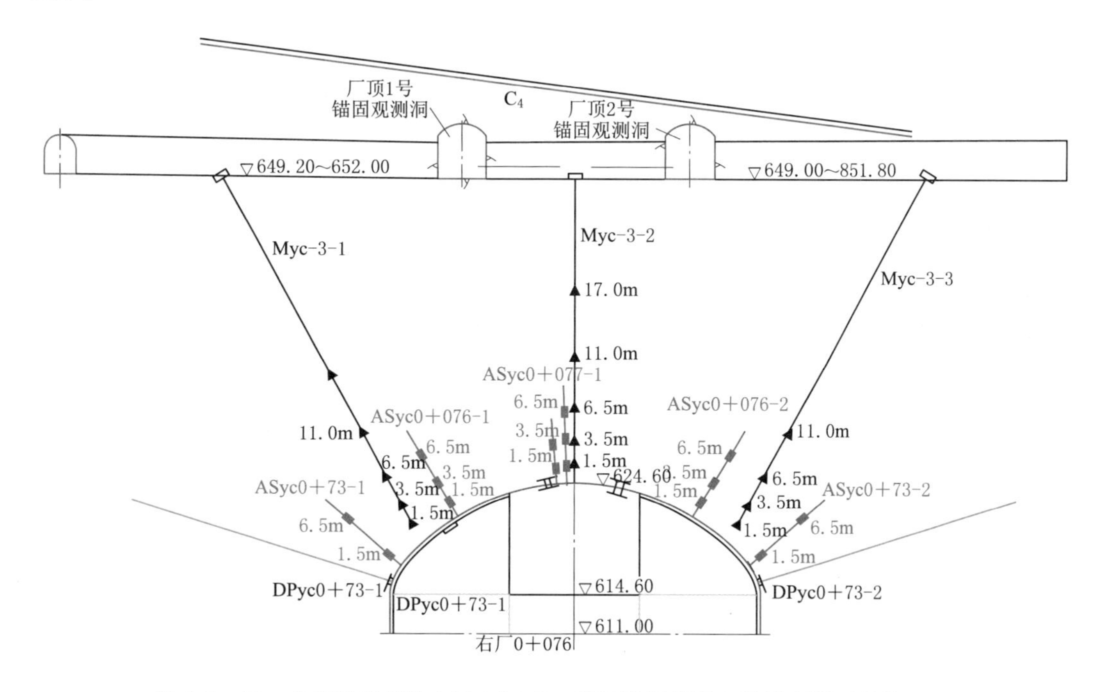

图 7.3-50 右岸地下厂房右厂 0+076m 部位监测仪器布置示意图（单位：m）

右厂 0+076～0+133m 断面顶拱围岩位移变化过程线见图 7.3-54～图 7.3-58，厂房开挖过程中顶拱围岩变形数值见表 7.3-24～表 7.3-28。

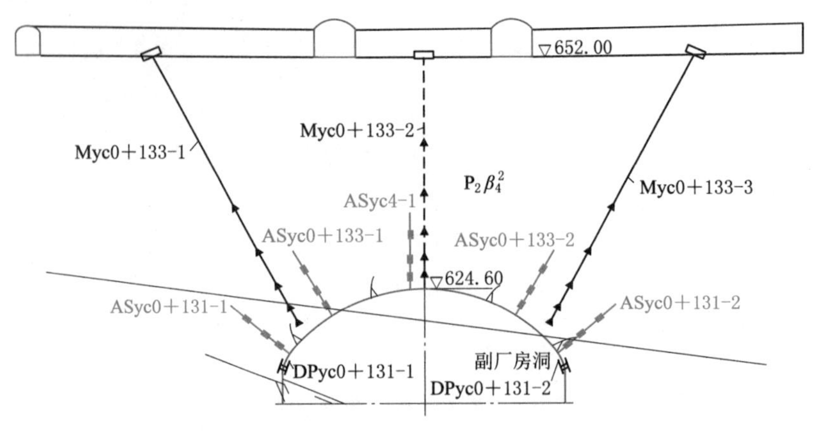

图 7.3-51　右岸地下厂房右厂 0+133m 部位监测仪器布置示意图（单位：m）

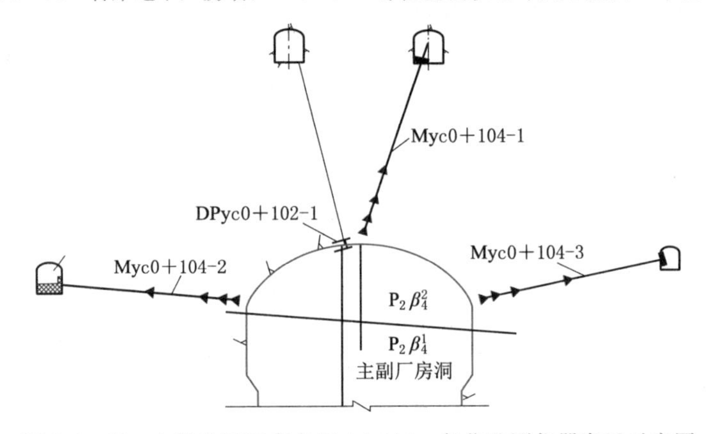

图 7.3-52　右岸地下厂房右厂 0+104m 部位监测仪器布置示意图

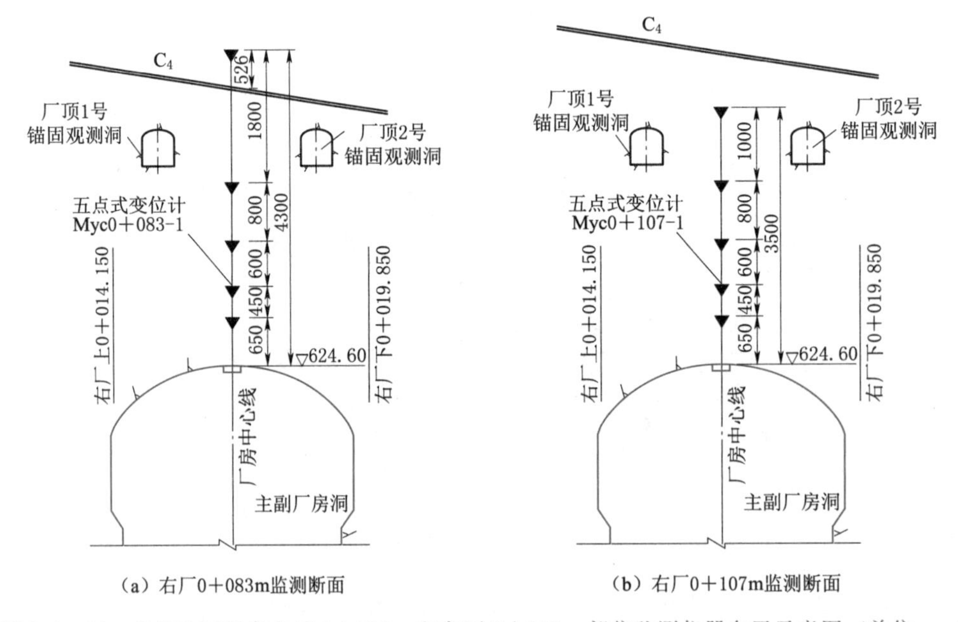

图 7.3-53　右岸地下厂房右厂 0+083m 和右厂 0+107m 部位监测仪器布置示意图（单位：m）

厂房第Ⅰ层开挖期间，受 C_4、C_3 和 RS_{411} 影响的南北两侧顶拱变形较大，如右厂 0－020.9m 断面第Ⅰ层开挖期间顶拱变形为 45.34mm，而中间地质条件相对较好洞段的变形较小，如右厂 0＋133m 断面第Ⅰ层开挖期间顶拱变形为 7mm。

厂房第Ⅲ层开挖期间，2015 年 9 月 26 日晚上，右厂 0－020～0＋140m 段上游拱肩陆续发生喷层开裂、脱落，同时伴有强烈响声，表现出较为强烈的应力型破坏现象。此次喷层开裂、脱落范围和规模相对集中，右厂 0＋085～0＋135m 段可见连续性的裂纹并伴随喷层脱落；右厂 0＋133m 拱顶多点位移计 Myc0＋133－2 变形测值急剧增加，距临空面 1.5m、3.5m、6.5m、11m 的测点变形测值同时增长，17m 测点没有明显增长，右厂 0＋076m 拱顶多点变位计 Myc0＋076－2 变形测值增加较快，观测数据表明该部位顶拱围岩较深部位产生较大变形。在厂房第Ⅲ层开挖期间，右厂 0－040～0＋140m 段顶拱围岩变形均有不同程度的增长，右厂 0－040m、右厂 0＋020m 和右厂 0＋133m 断面变形增长相对较多，增幅超过 25mm。

在厂房第Ⅲ层开挖完成、岩梁浇筑期间，右厂 0－040～0＋140m 段顶拱围岩变形仍呈缓慢增长趋势，但变形增量较第Ⅲ层开挖期间有所降低。

在厂房第Ⅳ层开挖期间，暂停了右厂 0＋047～0＋131m 段第Ⅳ层的开挖。为提高该段顶拱围岩稳定，限制围岩变形向深部扩展，对右厂 0－040～0＋140m 段顶拱进行锚索加强支护。2016 年 12 月底，第 $Ⅳ_b$ 层开挖启动，右厂 0＋035～0＋131m 段顶拱变形周变化量增大，保持每周 0.5～0.8mm 的量值直至第Ⅳ层暂停开挖，在该段顶拱加强锚索张拉逐步完成后，顶拱围岩变形周变化量逐渐减小。

在恢复右厂 0＋047～0＋131m 段第Ⅳ层开挖前，在右厂 0＋083m 断面和右厂 0＋107m 各埋设了 1 套多点位移计，探明围岩变形深度。由第 $Ⅳ_a$ 层及第 $Ⅳ_b$ 层开挖期间的变形增量来看，右厂 0＋083m 断面顶拱围岩 0～17.0m 深处变形增量基本一致，第 $Ⅳ_a$ 层开挖引起的变形增量为 0.5～0.7mm，第 $Ⅳ_b$ 层开挖引起的变形增量为 1.6～1.7mm；右厂 0＋107m 断面顶拱围岩 0～11.0m 深处变形增量基本一致，第 $Ⅳ_a$ 层开挖引起的变形增量为 0.4～0.5mm，第 $Ⅳ_b$ 层开挖引起的变形增量为 1.2～1.4mm。

表 7.3－24　右岸地下厂房多点位移计 Mzc0＋076－2 测值

断面	右厂 0＋076m											
设备	Myc0＋076－2											
部位	右厂 0＋076.0m，右厂下 0＋002.85m；顶拱，高程 624.080m											
测点	变形/mm											
	第Ⅰ层	第Ⅱ层	第Ⅲ层	岩梁浇筑	第 $Ⅳ_a$ 层	第 $Ⅳ_b$ 层	第 $Ⅴ_a$ 层	第 $Ⅴ_b$ 层	第 $Ⅵ_a$ 层	第 $Ⅵ_b$ 层	第Ⅶ层	总量
1.5m	10.65	1.41	12.71	9.42	7.82	1.48	2.06	1.66	0.77	0.79	0.19	48.97
3.5m	11.76	1.82	15.21	10.21	10.03	1.92	2.85	2.37	1.18	1.10	0.30	58.75
6.5m	4.21	1.40	12.90	10.46	8.87	2.94	2.99	2.54	1.30	1.39	0.33	49.32
11.0m	－0.15	0.04	7.60	11.33	8.56	1.69	2.75	1.92	1.00	0.81	0.20	35.75
17.0m	0.57	0.12	3.57	12.87	11.45	2.30	3.34	2.88	0.85	－0.05	0.01	37.90

表 7.3-25 右岸地下厂房多点位移计 Mzc0+083-1 测值

断面	右厂 0+083m											
设备	Myc0+083-1											
部位	右厂 0+083.20m，顶拱，高程 624.600m											
测点	变形/mm											
	第Ⅰ层	第Ⅱ层	第Ⅲ层	岩梁浇筑	第$Ⅳ_a$层	第$Ⅳ_b$层	第$Ⅴ_a$层	第$Ⅴ_b$层	第$Ⅵ_a$层	第$Ⅵ_b$层	第Ⅶ层	总量
0m	—	—	—	—	0.73	1.63	2.24	1.48	0.21	0.41	0.15	6.85
7.0m	—	—	—	—	0.65	1.70	2.29	1.49	0.25	0.39	0.16	6.93
11.5m	—	—	—	—	0.60	1.67	2.31	1.56	0.37	0.48	0.15	7.14
17.0m	—	—	—	—	0.52	1.59	2.23	1.45	0.28	0.40	0.11	6.58
25.0m	—	—	—	—	−0.04	−0.24	−0.22	−0.97	−0.86	−0.80	−0.23	−3.35

注 表中“—”表示无监测数据，下同。

表 7.3-26 右岸地下厂房多点位移计 Mzc0+104-1 测值

断面	右厂 0+104m											
设备	Myc0+104-1											
部位	右厂 0+104.50m，右厂下 0+012.223m；厂顶锚固洞，顶拱，高程 622.780m											
测点	变形/mm											
	第Ⅰ层	第Ⅱ层	第Ⅲ层	岩梁浇筑	第$Ⅳ_a$层	第$Ⅳ_b$层	第$Ⅴ_a$层	第$Ⅴ_b$层	第$Ⅵ_a$层	第$Ⅵ_b$层	第Ⅶ层	总量
1.5m	—	—	4.28	8.23	6.96	2.53	3.98	3.95	2.25	2.61	0.80	35.59
3.5m	—	—	4.31	9.01	6.99	2.39	3.95	3.88	2.13	2.43	0.70	35.78
6.5m	—	—	3.94	9.91	7.29	2.47	4.05	4.02	2.18	2.58	0.80	37.23
15.0m	—	—	4.39	9.14	7.45	2.54	4.27	4.00	2.28	2.59	0.76	37.42

表 7.3-27 右岸地下厂房多点位移计 Mzc0+107-1 测值

断面	右厂 0+107m											
设备	Myc0+107-1											
部位	顶拱，高程 624.600m											
测点	变形/mm											
	第Ⅰ层	第Ⅱ层	第Ⅲ层	岩梁浇筑	第$Ⅳ_a$层	第$Ⅳ_b$层	第$Ⅴ_a$层	第$Ⅴ_b$层	第$Ⅵ_a$层	第$Ⅵ_b$层	第Ⅶ层	总量
0m	—	—	—	—	0.52	1.27	1.62	1.76	0.99	1.19	0.48	7.82
6.5m	—	—	—	—	0.44	1.32	1.68	1.84	1.08	1.17	0.42	7.95
11.0m	—	—	—	—	0.44	1.34	1.74	2.12	1.18	1.26	0.38	8.44
17.0m	—	—	—	—	0.10	0.77	−0.15	−0.65	−0.06	0.36	0.40	0.77

表 7.3-28　　右岸地下厂房多点位移计 Mzc0+133-2 测值

断面	右厂 0+133m											
设备	Myc0+133-2											
部位	右厂 0+133.00m，右厂下 0+002.85m；锚固洞，正顶拱，高程 624.140m											
测点	变形/mm											
	第Ⅰ层	第Ⅱ层	第Ⅲ层	岩梁浇筑	第Ⅳ$_a$层	第Ⅳ$_b$层	第Ⅴ$_a$层	第Ⅴ$_b$层	第Ⅵ$_a$层	第Ⅵ$_b$层	第Ⅶ层	总量
1.5m	7.00	1.79	26.68	10.70	8.49	0.01	0.86	−0.05	−0.05	−0.03	0.01	55.41
3.5m	6.03	1.96	27.68	11.37	3.65	0.00	−0.02	−0.02	−0.05	−0.04	−0.01	50.54
6.5m	5.13	1.90	27.51	10.80	8.27	0.56	5.51	2.53	2.62	2.05	0.32	67.21
11.0m	−0.27	—	29.75	10.15	7.62	0.74	5.43	1.89	2.65	0.83	0.79	59.84
17.0m	1.06	0.28	−0.51	0.06	−0.03	0.00	−0.19	1.12	0.55	−0.89	−1.03	0.43

在第Ⅴ$_a$层至Ⅵ$_b$层开挖期间，右厂 0−040～0+140m 段顶拱围岩变形特征如下：

(1) 如图 7.3-54 所示，右厂 0+076m 断面，顶拱围岩每层开挖增量随厂房下挖呈减小趋势，围岩浅层每层开挖变形增量由 2.06mm（Ⅴ$_a$）至 0.19mm（Ⅶ）；围岩 6.5m 深处每层开挖变形增量由 2.99mm（Ⅴ$_a$）至 0.33mm（Ⅶ）；围岩 17.0m 深处每层开挖变形增量由 3.34mm（Ⅴ$_a$）至−0.01mm（Ⅵ$_b$）。2017 年 8 月后，月变化量呈明显减小趋势。

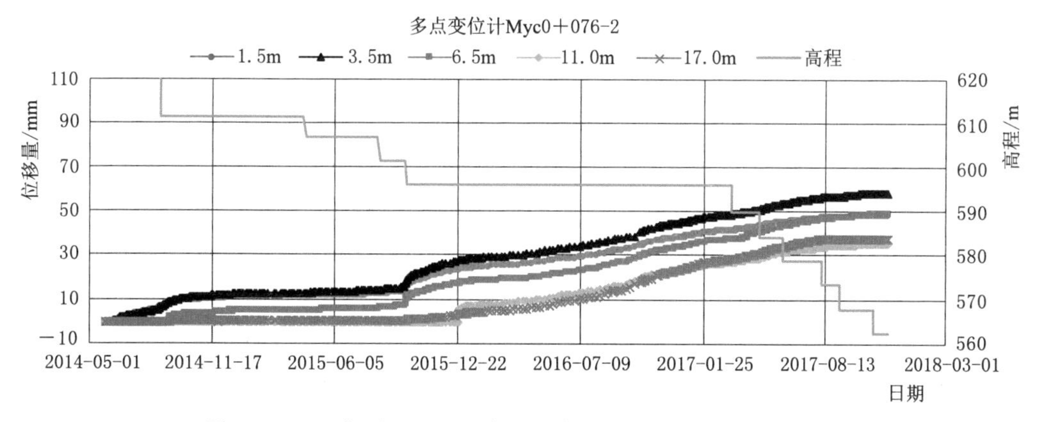

图 7.3-54　右厂 0+076m 断面厂房正顶拱多点位移计过程线

(2) 如图 7.3-55 所示，右厂 0+083m 断面，顶拱围岩 0～17.0m 深处变形增量基本一致，每层开挖引起的变形增量随厂房下挖呈减小趋势，由 2.23～2.31mm（Ⅴ$_a$）至 0.11～0.16mm（Ⅵ$_b$），月变化量在 0～0.5mm。围岩 25.0m 深处，每层开挖变形增量为−1.0～0mm，月变化量−0.6～−0.2mm。围岩 0m 深处变形为 6.85mm，围岩 17.0m 深处变形为 6.58mm，围岩 25.0m 深处变形为−3.35mm。

(3) 如图 7.3-56 所示，右厂 0+104m 断面顶拱围岩最深变形监测点为 15.0m 处，数据显示围岩 0～15.0m 深范围内各测点随每层开挖其变形增量基本一致，随厂房下挖变形增量有减小趋势，由 3.98～4.27mm（Ⅴ$_a$）至 0.70～0.80mm（Ⅶ），月变化量 0.5～2.3mm。围岩 1.5m 深处变形为 35.59mm，围岩 15.0m 深处变形为 37.42mm。

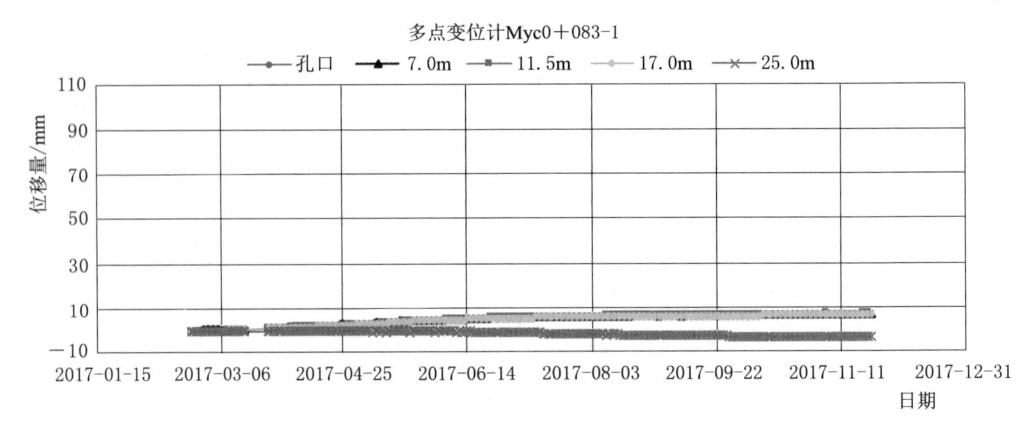

图 7.3-55　右厂 0+083m 断面厂房正顶拱多点位移计过程线

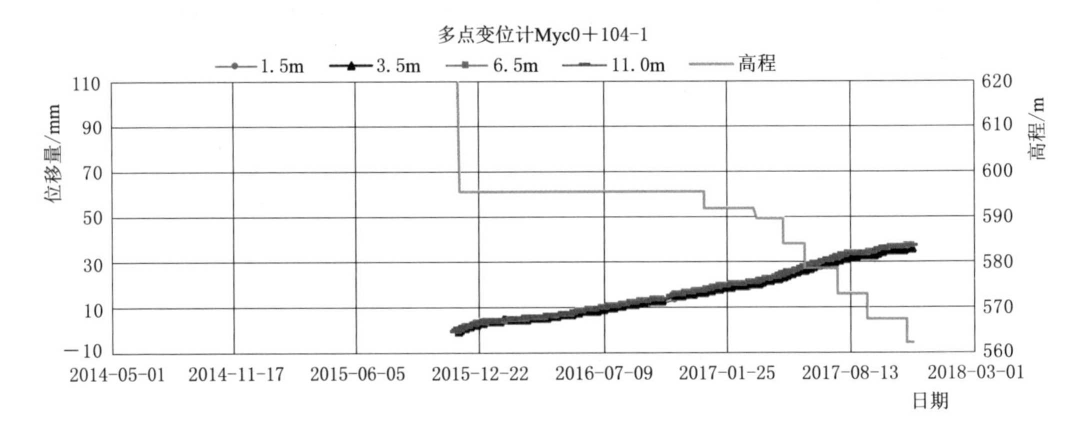

图 7.3-56　右厂 0+104m 断面厂房正顶拱多点位移计（即埋）过程线

(4) 如图 7.3-57 所示，右厂 0+107m 断面，顶拱围岩 0～11.0m 深处变形增量基本一致，随厂房下挖有减小趋势，由 1.62～1.74mm（V_a）至 0.3～0.5mm（Ⅶ）；月变化量 0.2～1.0mm。围岩 17.0m 深处测点，随每层开挖变形增量−0.7～0.4mm。围岩 0m 深处变形为 7.82mm，围岩 17.0m 深处变形为 0.77mm。

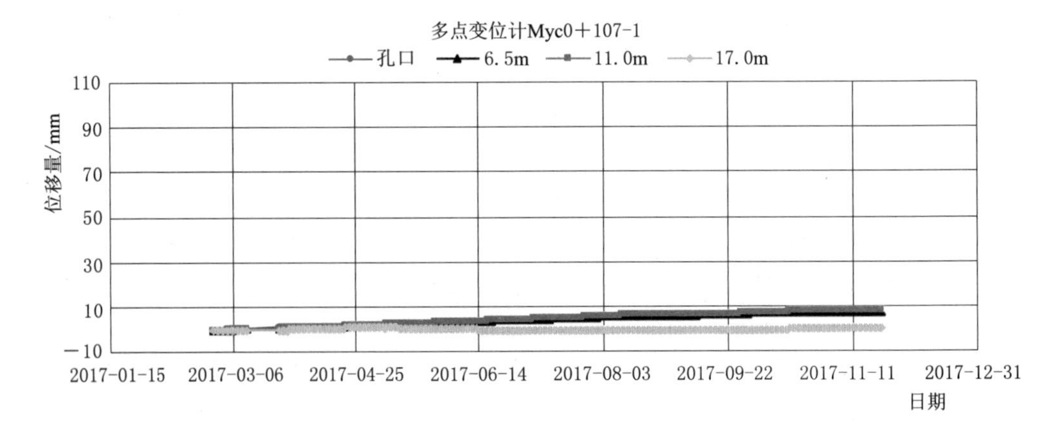

图 7.3-57　右厂 0+107m 断面厂房正顶拱多点位移计过程线

（5）如图7.3-58所示，右厂0+133m断面顶拱围岩变形变化集中在围岩6.5m和11.0m深的测点处，随厂房下挖呈减小趋势，由5.43～5.51mm（V_a）至0.32～0.79mm（Ⅶ）；月变化量呈减小趋势，月变化量0.2～0.8mm。围岩1.5～3.5m深范围内，每层围岩变形增量-0.05～0.9mm；围岩17.0m深处，每层围岩变形增量-1.0～1.1mm。围岩1.5m深处变形为55.41mm，围岩11.0m深处变形为59.84mm，围岩17.0m深处变形为0.43mm。

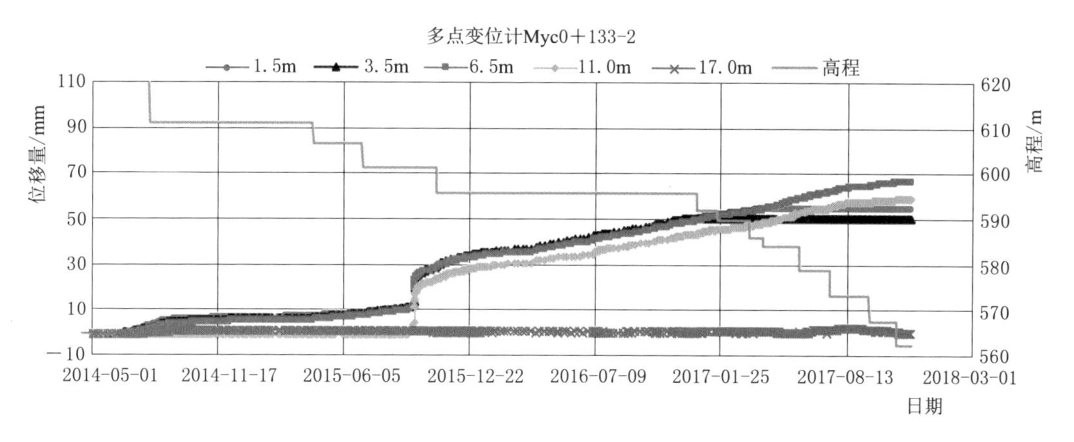

图7.3-58　右厂0+133m断面厂房正顶拱多点位移计过程线

总体上，自2015年9月，厂房第Ⅲ层开挖完成后、岩梁浇筑时期，岩体完整性最好的一段（右厂0+076～0+133m段）正顶拱距开挖面17～26m范围以内的围岩在没有开挖扰动的情况下开始表现出持续、缓慢的“深层变形”现象，至2017年3月第Ⅳ层开挖前，监测位移量级整体达35～55mm，且不同深度测点出现同步等速位移，成为了施工期反馈分析最为关注的岩石力学问题，后续8.5节将进一步叙述反馈分析研究。

7.3.2.3　右岸厂房层间错动带 C_3 重点监测

针对右岸地下厂房边墙出露的层间错动带 C_3，主要布置了位错计和测斜仪、多点位移计、锚索测力计，典型布置示意图见图7.3-59和图7.3-60。11号母线洞内埋设了穿过层间错动带 C_3 的测斜仪，布置示意图见图7.3-61。

已安装的监测设备主要分布在右厂0+152m、右厂0+185m、右厂0+228m、右厂0+304m和右厂0+331m断面。

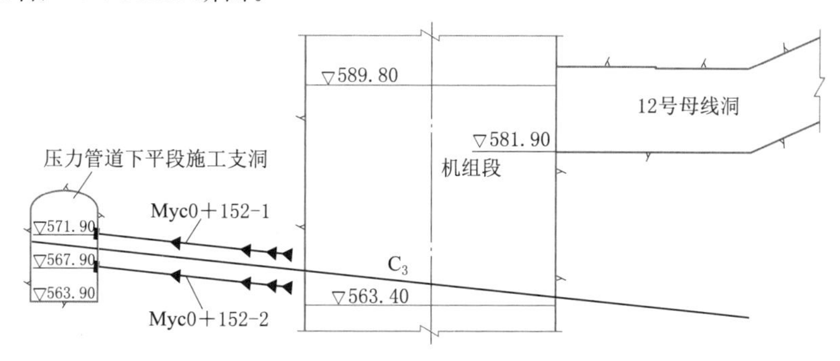

图7.3-59　右岸地下厂房针对层间错动带 C_3 的位错计典型布置示意图（单位：m）

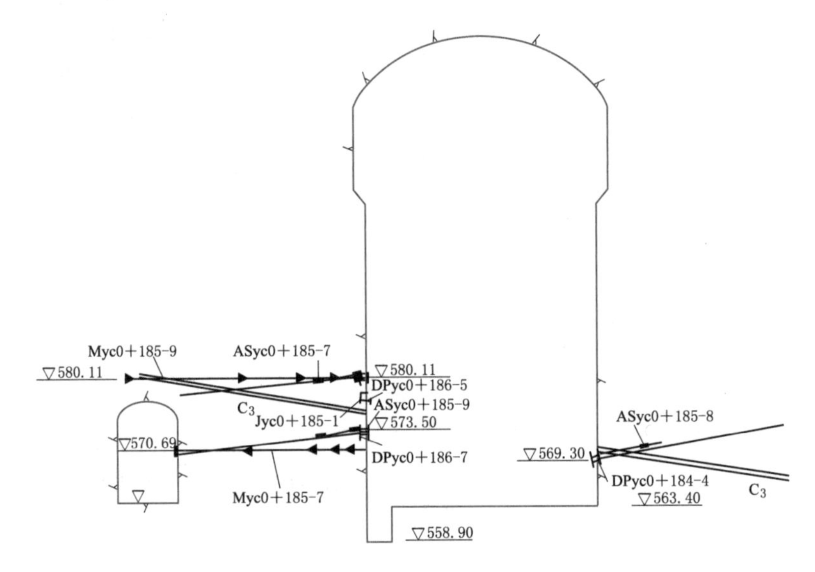

图 7.3-60 右岸地下厂房针对层间错动带 C_3 的多点位移计和锚索测力计典型布置示意图（单位：m）

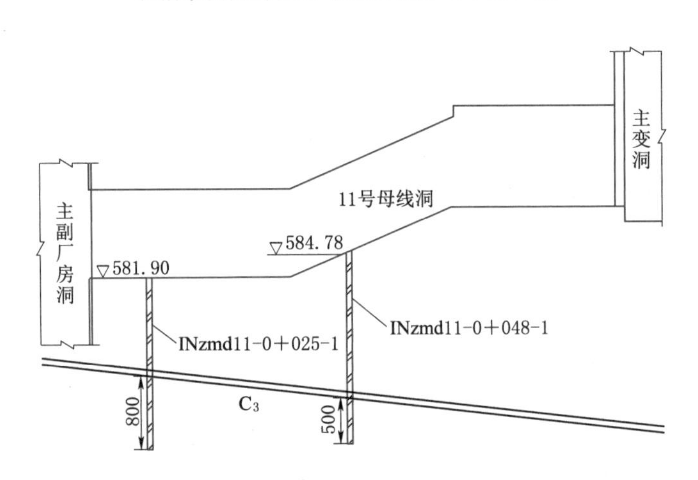

图 7.3-61 右岸地下厂房针对层间错动带 C_3 错动监测的测斜仪典型布置示意图（单位：m）

1. 层间错动带 C_3 错动变形监测

图 7.3-62 和图 7.3-63 给出了 11 号母线洞内测斜仪得到的错动位移时序过程曲线。由图可见，11 号母线洞内测斜仪均自 2017 年 7 月底取得初值，记录了自第Ⅵ$_a$层开挖以来，层间错动带 C_3 上下盘围岩变形情况，由此反映 C_3 层间错动带的错动变形发展。2017 年 9 月靠厂房一侧的测斜仪损坏，截至 2017 年 9 月，靠主变洞一侧的测斜仪测值显示层间错动带 C_3 错动变形为 0.13mm，曲线收敛。

在厂房上游边墙层间错动带揭露后，于围岩表面布置位错计，以监测开挖后层间错动带 C_3 的错动发展情况。

图 7.3-64～图 7.3-66 为右厂 0+152m、右厂 0+185m 和右厂 0+227m 断面位错

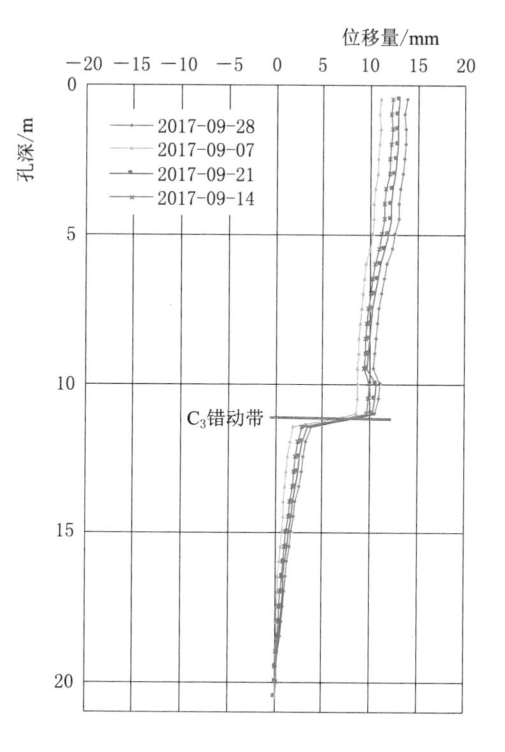

(a) INzmd11-0+025-1测斜孔（A方向）位移量—深度曲线

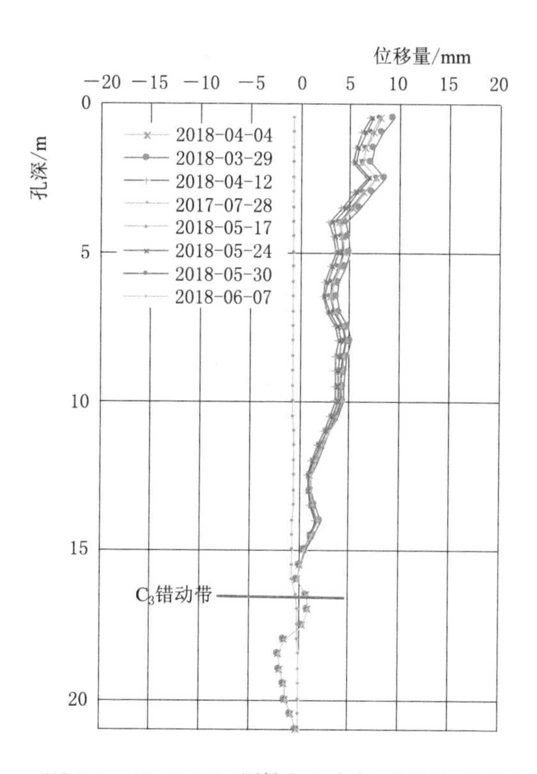

(b) INzmd11-0+048-1测斜孔（A方向）位移量—深度曲线

图 7.3-62 右岸 11 号母线洞内测斜孔 C_3 错动位移沿深度分布曲线

图 7.3-63 右岸 11 号母线洞内 INzmd0+048-1 测斜孔 C_3 错动位移时序过程线

计测值时序过程线。2017 年 12 月底，右岸厂房第Ⅶ层开挖期间，上游边墙 C_3 出露段（右厂 0+170～0+233m）围岩变形和位错计测值出现明显增长，现场立即暂停了开挖施工，对上游边墙 C_3 出露段进行加强锚索支护，随着锚索支护的实施，围岩变形及 C_3 上下盘错动变形趋缓，加强支护锚索于 2018 年 3 月底实施完成，围岩变形和错动变形曲线平稳。位错计测值以右岸 0+185m 处最大，测值为 40.88mm。

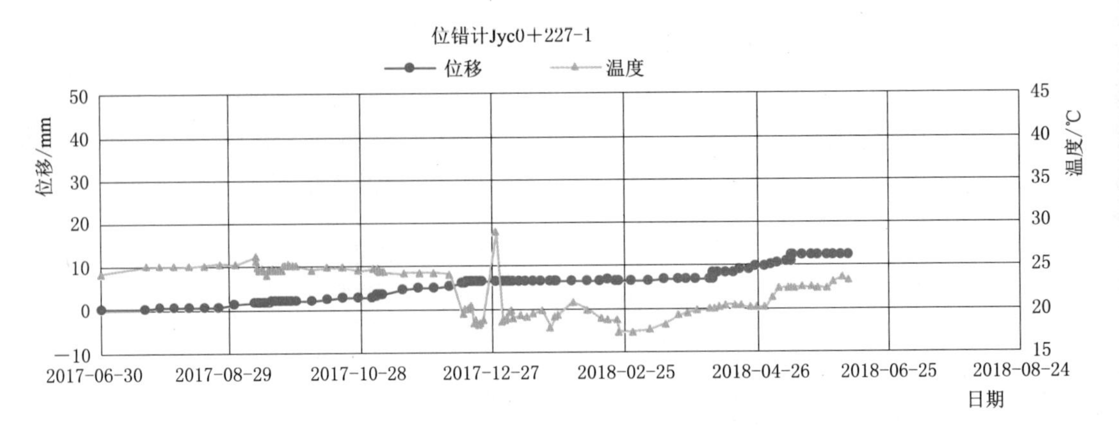

图 7.3-64 右厂 0+227m 断面上游边墙高程 584m 处位错计测值时序过程线

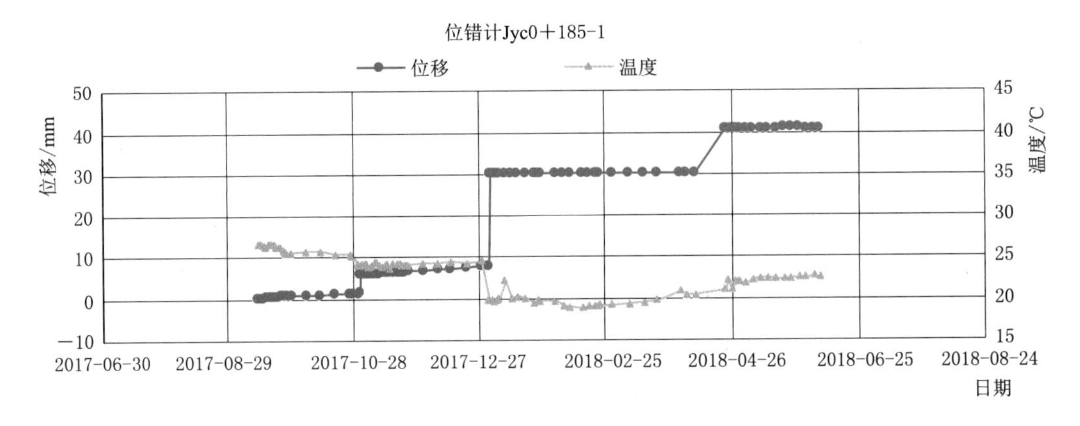

图 7.3-65 右厂 0+185m 断面上游边墙高程 575m 处位错计测值时序过程线

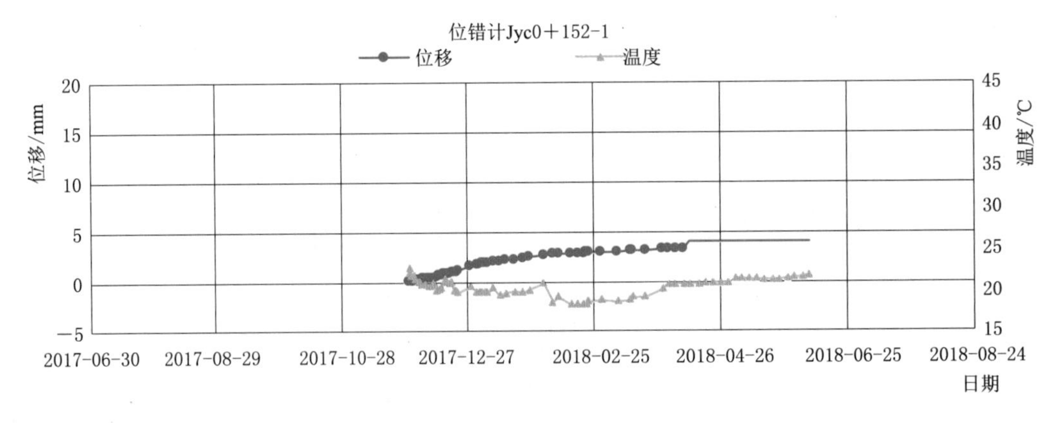

图 7.3-66 右厂 0+152m 断面上游边墙高程 568m 处位错计测值时序过程线

2. 层间错动带 C_3 出露部位围岩变形

穿过层间错动带 C_3 的多点位移计，测值较大的位于右厂 0+185m 和右厂 0+332m，围岩浅层测值分别为 70.08mm 和 72.20mm。

3. 层间错动带 C_3 出露部位锚索荷载

右岸厂房上下游边墙沿 C_3 出露部位布置了穿过 C_3 的锚索测力计，包含端墙，共 9 支锚索测力计，荷载均未超过设计荷载 2500kN，荷载损失率 -51%～9%。荷载相对较大的位于右厂 0+220m 断面下游边墙高程 576.5m 处，为 2356kN。

总体上，白鹤滩右岸地下厂房高边墙受层间带 C_3、C_{3-1} 切割，对边墙的变形有一定影响。由于层间带 C_3 性状相对较好且切割的部位较低，因此，测斜仪监测成果证实沿 C_3 的错动变形并不明显，这也是针对 C_3、C_{3-1} 不采用混凝土置换的合理性所在。不过，由于层间带 C_3、C_{3-1} 和节理密集带 RS_{411} 的共同影响，右岸厂房上游边墙的变形量整体较大，这也是现场监测反馈分析研究与动态支护设计的重点部位之一，后续 8.6 节进一步针对围岩稳定性分析和动态予以深入分析与评价。

7.3.2.4 右厂小桩号洞段（右厂 0-075.4～0+020m）重点监测

右岸地下厂房小桩号洞段第Ⅶ层开挖启动后，右厂 0-056～0+020m 段，顶拱及下游边墙围岩变形和锚索荷载快速增长，右厂 0-056m 断面下游边墙高程 604m 处围岩变形单日（2018-01-01）增长 4.41mm，右厂 0-055m 断面下游拱肩围岩变形单日增长 1.53mm，右厂 0-040m 断面顶拱围压变形单日增长 2.24mm，右厂 0-020m 断面下游边墙高程 592m 处围岩变形单日增长 1.79mm；同时间段，下游边墙洞室衬砌开裂，厂房下游边墙、南端端墙喷层开裂进一步加剧。

1. 围岩变形

图 7.3-67 为右岸厂房顶拱和下游边墙的围岩变形分布示意，截至 2018 年 1 月，下游边墙围岩最大变形位于右厂 0-056m 断面高程 604m 处，量值为 179.11mm（图 7.3-68），顶拱围岩最大变形位于右厂 0-040m 断面，量值为 145.25mm（图 7.3-69）。加强支护实施后，顶拱和下游边墙围岩变形曲线明显趋缓、平稳，新增多点位移计测值汇总见表 7.3-29。

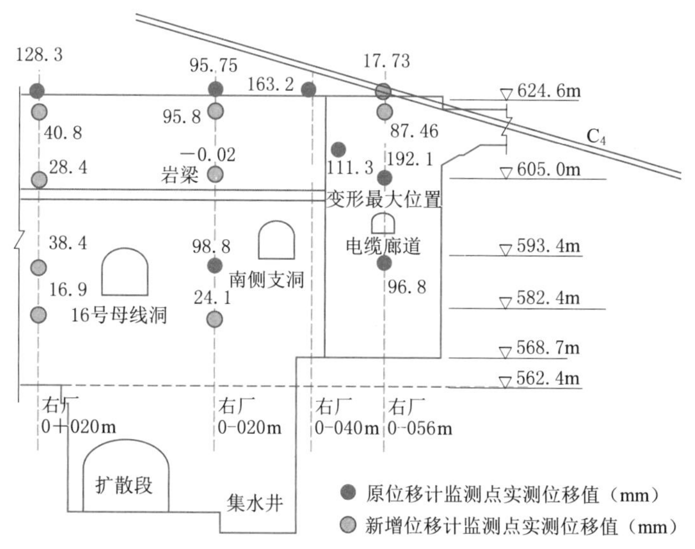

图 7.3-67 右岸地下厂房小桩号段顶拱和下游边墙围岩变形分布示意图

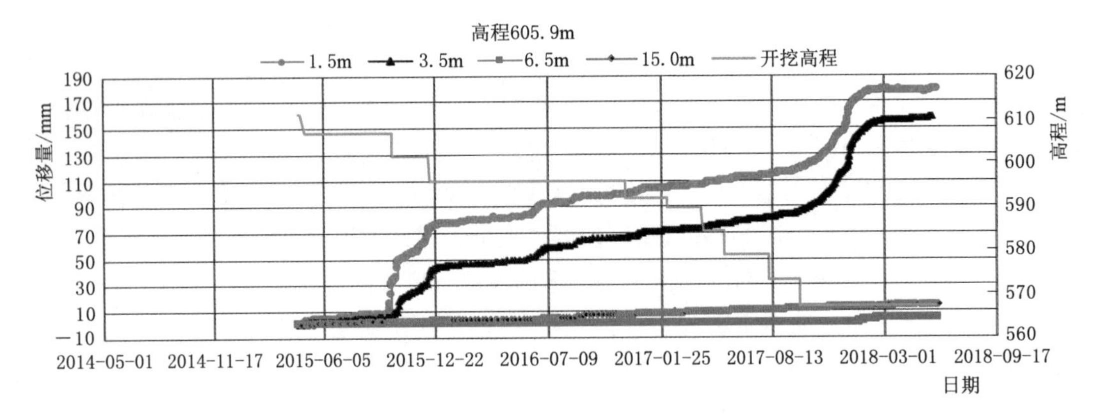

图7.3-68　右厂0—056m断面厂房下游边墙Myc0—056-6多点位移计过程线

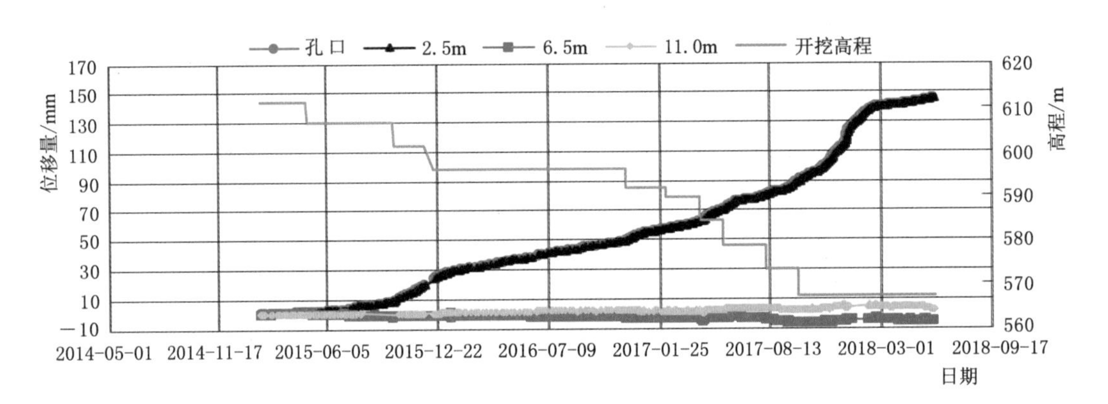

图7.3-69　右厂0—040m断面厂房顶拱Myc0—040-1多点位移计过程线

表7.3-29　右岸地下厂房小桩号洞段顶拱及下游边墙新增多点位移计测值汇总

新增加监测		右厂0—068m	右厂0—068m	右厂0—058m	右厂0—040m	右厂0—040m	右厂0—036.2m
部位		下游边墙	下游边墙	下游边墙	下游边墙	下游边墙	顶拱
高程		608.3	597.5	604.8	589.1	580	624.3
测点深度	设备编号	Myc0—067.6-1	Myc0—067.6-2	Myc0—058.3-1	Myc0—040-2	Myc0—040-3	Myc0—036-1
	0m	5.69	1.86	3.94	4.95	7.01	0.56
	1.5～3.5m	5.66	1.97	4.24	5.16	7.13	0.54
	4.0～7.0m	5.70	0.60	4.38	5.12	7.38	0.04
	8.0～12.0m	0.70	0.33	—	0.93	6.82	−0.07
	15.0～17.0m	−0.07	0.14	—	−0.23	−0.84	—

2. 锚索荷载

表7.3-29汇总了右岸厂房小桩号洞段顶拱和下游边墙锚索荷载在加强支护实施后的测值，可见，新增锚索荷载均未超设计荷载。此外，多数监测锚索荷载每周变化量小于10kN，锚索轴力在第Ⅶ层开挖且加强支护后趋于平稳。

表 7.3-30 右岸厂房小桩号洞段顶拱和下游边墙锚索荷载测值和变化量列表

设备编号	桩号（右厂 0+）/m	高程 /m	部位	当期荷载 /kN	超设计荷载率
DPyc0－054-1	－54.80	649.90	顶拱	2562.58	28%
DPyc0－022-1	－22.40	650.30	顶拱	153.00	－92%
DPyc0－020-xz1	－20.60	624.60	顶拱	1183.62	－41%
DPyc0＋017-2	17.20	650.70	顶拱	2206.56	10%
DPyc0＋023-xz1	23.20	624.60	顶拱	2122.18	6%
DPyc0－059.7-2	－59.70	587.00	下游边墙	3099.38	24%
DPyc0－054-4	－54.80	608.90	下游边墙	3485.72	39%
DPyc0－047-1	－47.70	610.71	下游边墙	2835.17	13%
DPyc0－045-1	－45.30	617.00	下游边墙	2336.33	－7%
DPycx0－022-1	－22.50	601.70	下游边墙	2638.48	6%
DPyc0－022-7	－22.50	594.50	下游边墙	2451.93	－2%
DPyc0－022.5-8	－22.50	569.30	下游边墙	3283.86	31%
DPyc0－022-5	－22.40	608.90	下游边墙	2449.09	－2%
DPyc0－018.3-1	－20.90	583.70	下游边墙	1389.75	－44%
DPyc0－020-1	－19.80	611.40	下游边墙	2222.21	－11%
DPycx0＋000-1	0.70	601.70	下游边墙	1877.75	－25%
DPyc0＋019-4	19.70	601.70	下游边墙	1955.17	－22%
DPyc0＋019-6	19.70	594.50	下游边墙	1583.65	－37%
DPyc0＋019.7-8	19.70	583.70	下游边墙	2212.22	－12%
DPyc0＋019.7-10	19.70	572.90	下游边墙	1666.92	－33%
DPyc0＋019-2	20.00	608.90	下游边墙	1654.30	－34%
DPycs0－036.8-1	－36.80	624.80	顶拱	1852.65	－26%
DPycs0－018.8-1	－18.80	624.28	顶拱	1596.59	－20%
DPyc0－070.5-1	－70.50	610.70	下游边墙	2015.56	－19%
DPyc0－056-1	－56.00	616.40	下游边墙	1835.96	－27%
DPyc0－053.7-1	－53.70	605.90	下游边墙	1824.19	－27%
DPyc0－039.6-2	－39.60	578.30	下游边墙	2024.53	－19%
DPyc0－039.6-1	－39.60	589.10	下游边墙	1740.86	－30%
DPyc0－027.6-1	－27.60	581.90	下游边墙	1839.47	－26%
DPyc0－013.2-1	－13.20	589.10	下游边墙	1816.28	－27%
DPyc0－013.2-2	－13.20	571.10	下游边墙	1983.53	－21%

总体上，厂房小桩号洞段（右厂 0＋020～0－075m 段）顶拱和下游边墙围岩变形增长，超过围岩变形预警值，现场立即停止开挖爆破施工，在反馈分析研究基础上，对小桩号洞段下游边墙及厂房顶拱采用了一系列的应急加固措施，包括加强锚索施工和顶拱低压

注浆等。加强支护措施实施后，下游边墙及顶拱围岩变形及锚索荷载增长趋缓，变形曲线及锚索荷载曲线趋于平稳，后续8.7节将进一步针对小桩号洞段第Ⅷ～Ⅹ层开挖的监测成果开展反馈分析与围岩稳定性评价。

7.3.2.5 尾水调压室

右岸施工方案与图7.3-62和图7.3-63所示的左岸施工方案基本相似，仅分层高度和分区大小略有差别。右岸尾水调压室有效监测数据包括多点位移计变形、锚杆应力计及锚索测力计。多点位移计采用四点式，锚杆应力计采用单点式和两点式。

右岸尾水调压室围岩变形基本符合一般规律，表层变形最大，由表及里逐渐减小，除个别测点外，尾水调压室穹顶及井身各监测断面的变形量值总体较小，见表7.3-31和表7.3-32。

表7.3-31 右岸尾水调压室穹顶围岩变形量级分布比例统计

位移/mm	距开挖面距离				
	0/1.5m	3.0m/3.5m	6.5m/9.0m	11.0m	>17.0m
0～5	50.0%	50.0%	70.0%	77.8%	90.9%
5～10	10.0%	30.0%	25.0%	11.1%	9.1%
10～15	10.0%	10.0%	5.0%	11.1%	0.0
>15	30.0%	10.0%	0.0	0.0	0.0
测点数	20	20	20	18	11

表7.3-32 右岸尾水调压室井身围岩变形量级分布比例统计

位移/mm	距开挖面距离			
	0/1.5m	3.0m/3.5m	6.5m/9.0m	>11.0m
0～5	30.8%	38.5%	53.8%	79.2%
5～10	30.8%	38.5%	30.8%	16.7%
10～15	23.1%	15.4%	19.2%	4.2%
>15	15.4%	11.5%	0.0%	0.0%
测点数	26	26	26	24

右岸尾水调压室穹顶最大变形为50.44mm（Mywt-6-2，孔口，6号尾水调压室穹顶），Mywt-6-2时序过程线见图7.3-70，主要受前期穹顶第Ⅰ层开挖爆破影响，在井身段开挖阶段该点监测数据基本平稳。其余5号尾水调压室穹顶最大变形为8.65mm、7号尾水调压室穹顶最大变形为38.89mm、8号尾水调压室穹顶最大变形为31.03mm，各测点均趋于稳定。

右岸尾水调压室井身最大变形为41.30mm（Mywt-8-12，高程607.74m，孔口，8号尾调边墙），时序过程线见图7.3-71，主要受尾水调压室井身段开挖影响，监测数据已开始收敛，其余尾水调压室井身各监测点的围岩变形总量及增量均较小。

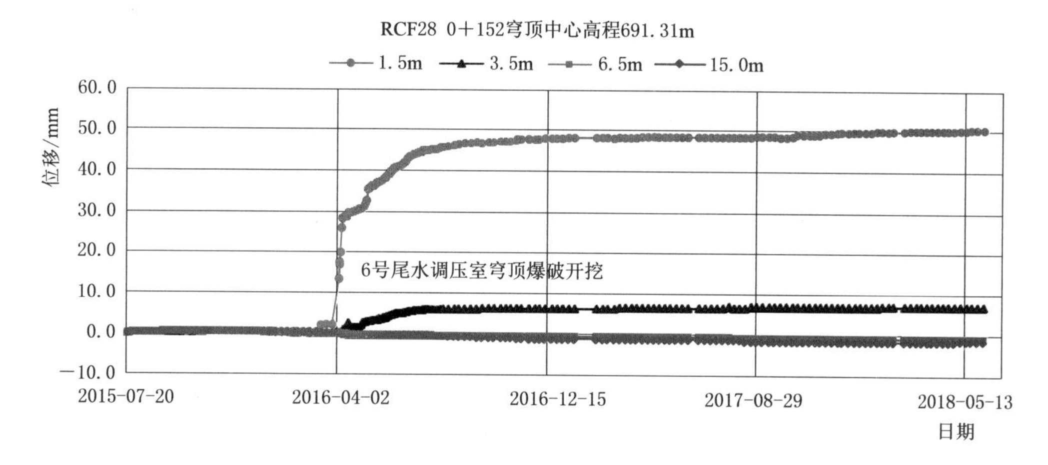

图 7.3-70 6 号尾水调压室穹顶多点位移计 Mywt-6-2 变形历时曲线

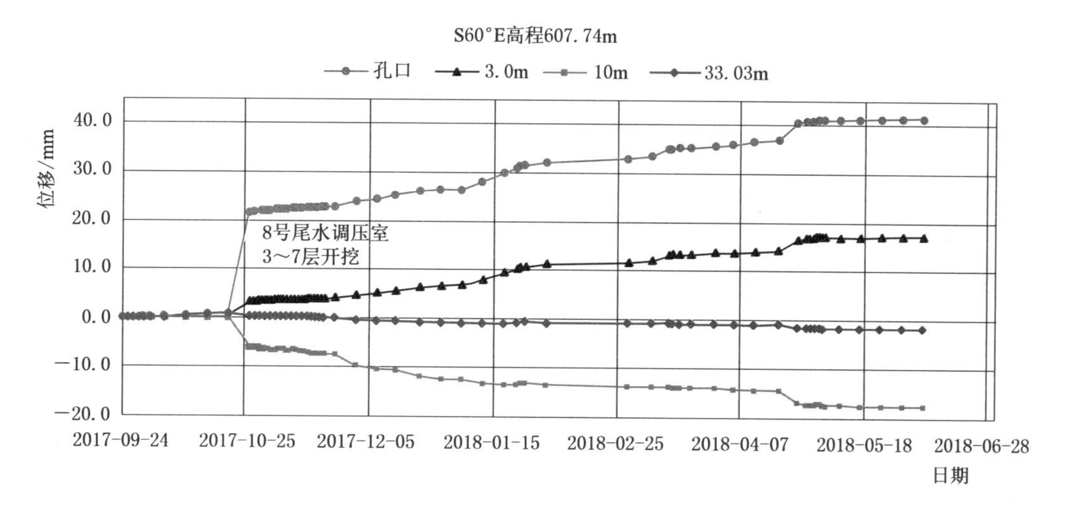

图 7.3-71 8 号尾水调压室穹顶多点位移计 Mywt-8-12 变形历时曲线

右岸尾水调压室锚杆应力计当前监测应力为−69.43～428.72MPa（ASywt-7-5a，穹顶），7 号尾水调压室穹顶锚杆测力计 ASywt-7-5a 受开挖应力调整影响，前期变化较大，已趋于稳定，锚杆应力大于 310MPa 的仅占 6.8%，总体锚杆应力测值较小，近期各测点锚杆应力变化量也较小（表 7.3-33）。

表 7.3-33　　右岸尾水调压室锚杆应力监测统计

锚杆应力/MPa	0～30	30～100	100～200	200～310	>310
锚杆数量	48	10	7	3	5
比例/%	65.8	13.7	9.6	4.1	6.8

注　有效测点为 73 个。

右岸尾水调压室锚索测力计 60 台，截至 2018 年 6 月，1500kN 锚索当前最大荷载 1959.26kN（DPywt-5-12′，高程 599.5m，图 7.3-72），该测点变化主要受 5 号尾水调

压室井身错动带 C_3、C_{3-1} 开挖后应力调整的影响，已趋于稳定。2000kN 锚索共有 4 束超过设计荷载，最大荷载 3143.01kN（DPywt－7－8，高程 624.5m，图 7.3－73），位于 7 号尾水调压室穹顶层间错动带 C_4 下盘，受开挖扰动后测值增大。

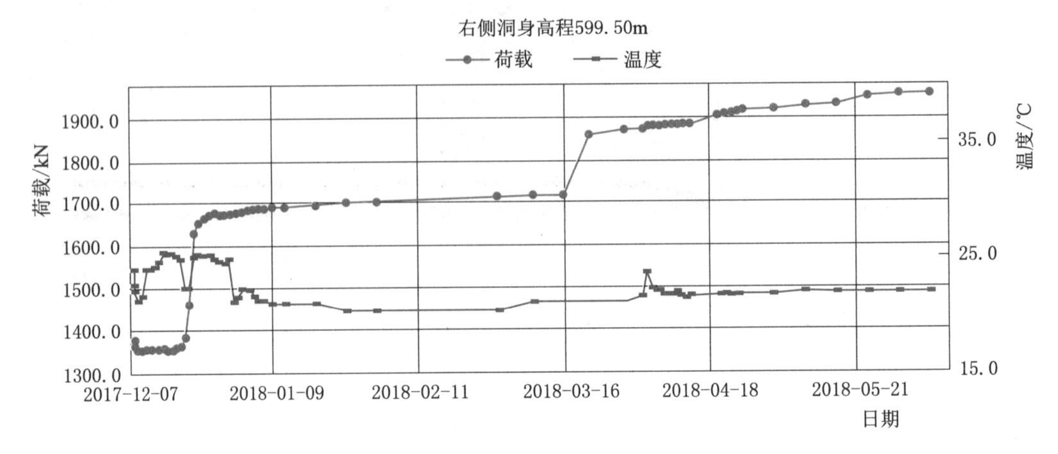

图 7.3－72　5 号尾水调压室锚索测力计 DPywt－5－12′荷载变化过程线

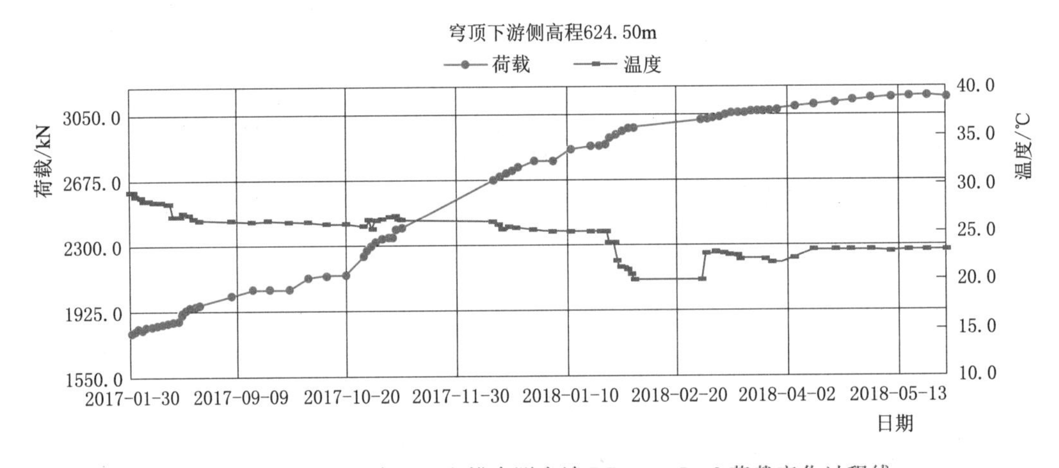

图 7.3－73　7 号尾水调压室锚索测力计 DPywt－7－8 荷载变化过程线

总体上，右岸尾水调压室穹顶预埋多点位移计监测变形普遍较小，最大位移为 6.09mm，主要由于 4.5 节“体形优化”和 5.3.4 小节“加强支护措施”抑制了穹顶围岩（柱状节理岩体）卸荷松弛变形；而井身段即埋的多点位移计由于损失了围岩初段变形，实测变形量也普遍偏小。但是，位于 7 号和 8 号尾水调压室层间错动带 C_4 下盘拱肩和井身段锚索荷载存在超限现象，后续 8.8.2 小节将进一步开展监测反馈分析与动态支护设计研究。

7.4 新型监测技术及应用

从基本机理上讲，白鹤滩地下洞室围岩松弛问题属于“高应力条件下围岩脆性破坏”，与传统的软弱岩体连续变形和坚硬岩体结构面非连续变形有着性质上的差别。工程建设过程中除在开挖方式、支护措施等环节需要有针对性以外，监测工作也需要能实现对这类问题的早期侦查、预警和发展过程的实时监测。

7.4.1 光纤光栅应用现状综述

光纤（Bragg）光栅是近年来发展非常迅速的光纤无源器件，已在多个领域中得到应用，如复合材料、航空航天、混凝土结构等。通常岩土工程都具有体积大、分布面积广、跨度长和服役期长的特点。采用光纤光栅对地下洞室工程、边坡和基坑监测是一项新型的监测技术。比如：锦屏电站地下隧洞工程采用分布式光纤光栅监测围岩变形；京联强国际大厦的深基坑运用了光纤的测试技术，基坑的周边设置一系列的光纤监测点进行监测土体的深层位移，并且利用传统的测斜管做对比试验。

在国外，美国、日本和加拿大等国家已将光纤光栅传感技术应用到地质灾害监测领域。德国的 GFZPotsdam 曾研制了一种光纤光栅传感器，它可以测量挖掘地下岩石产生的应变，即 FBX 地脚螺栓。该新型传感器是把光纤光栅埋入到玻璃纤维增强基聚合物的岩石地脚螺栓里，此装置可以用来测试岩石工程结构（如隧道、洞穴、坑道、深层地基）和岩石构成中的静态应变与动态应变。该传感器有很大的可能性用于监测较复杂的地质场，比如恶劣环境下的温度、位移、应力、应变、压力等。

在国内，关于光纤光栅的传感技术及其在一些地下工程中应用的相关研究，相对来说起步比较晚，然而其发展速度却比较快，当前主要有边坡安全监测、大型结构体的健康监测以及围岩的稳定性监测等方面。丁勇（2005 年）、隋海波（2008 年）、李焕强（2010 年）、裴华富（2012 年）等人研究了分布式光纤光栅的监测技术和系统，该系统可以用于边坡的稳定性监测与预报，并起到了良好的效果。另外，欧进萍等、李宏男等研发了光纤光栅传感器用于结构健康监测，研究了在光纤传感器中应变的传递关系，而且将其成功应用到高层建筑、大型桥梁、石油平台等一些大型结构体，对其服役期的状态进行了监测。近些年，施斌（2005 年）、赵星光（2007 年）、柴敬（2009 年）、陈朋超（2012 年）、魏广庆（2014 年）等在地下工程的施工期进行了围岩安全监测，开展了深入的研究，研制了用于监测围岩安全的光纤光栅温度、应变传感器，为矿井、隧道等一些地下工程在施工过程中对围岩进行变形测量和稳定性评价提供有效的方法，最终揭示了光纤光栅的应变传递机制及传递规律。

目前来说，关于光纤光栅技术的特点与性能、制作技术及应用，人们已进行了较深入的探索研究，并且取得了可观的进展，如布里渊光时域反射技术（Brillouin Optical Time Domain Reflectometer，BOTDR）、布拉格光纤光栅传感技术（Fiber Bragg Grating，FBG）、布里渊光时/频域分析技术（BOT/FDA，Frequency Domain Analysis）和测量技术等新型分布式光电传感技术，在光纤光栅的制作技术方面已到达成熟阶段，他们能够通过在几乎所有不同种类的光纤上写入光纤光栅，然后得到不同种类的光谱特性，此制作技术已可进行小批量的生产，并且预计其使用寿命可以达到十年以上。在光纤通信系统中也已经出现了大量的基于光纤光栅的光纤器件，并且它们的技术指标都能够达到比较高的水准，其中反射带宽宽的可高于 40nm，窄的已经可以做到低于 0.01nm，并且中心波长的反射率可以达到 99.99%，还能实现取样光栅、Moire 光栅等综合许多复合结构的光纤光栅。白鹤滩工程的密集准分布式光纤光栅技术即采用最新技术，其中心波长的反射率可以达到99.99%。

7.4.2 光纤光栅监测技术原理

光纤光栅监测技术是一种以光为载体、以光纤为媒介，感知和传输外界信号（被测量）的新型感测技术，感测光纤也称为“感知神经”。图7.4-1给出了光纤光栅技术应用布置形式，分布式监测是指利用相关的监测技术获得被测量在空间和时间上的连续分布信息。图7.4-2给出了光在光纤光栅上的传输和波分复用技术原理，图7.4-3给出了准分布式光纤光栅传感技术基本原理，采用波分复用技术，实现一根光纤上串联传感器；通过对不同波长光栅进行特定封装，在一根光纤上可实现温度、应变等多参数实时测量。

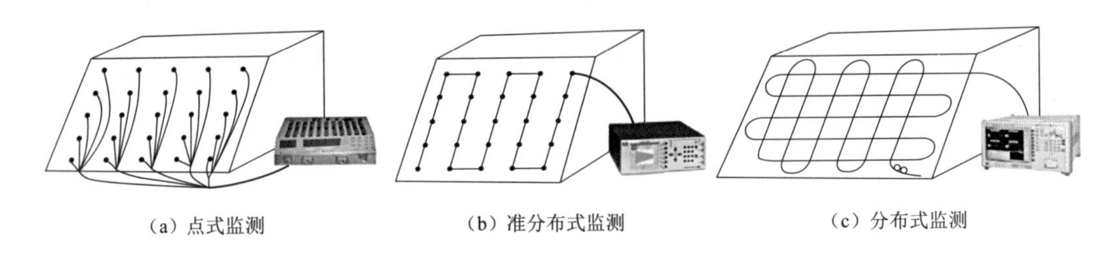

图7.4-1 光纤光栅技术应用布置形式

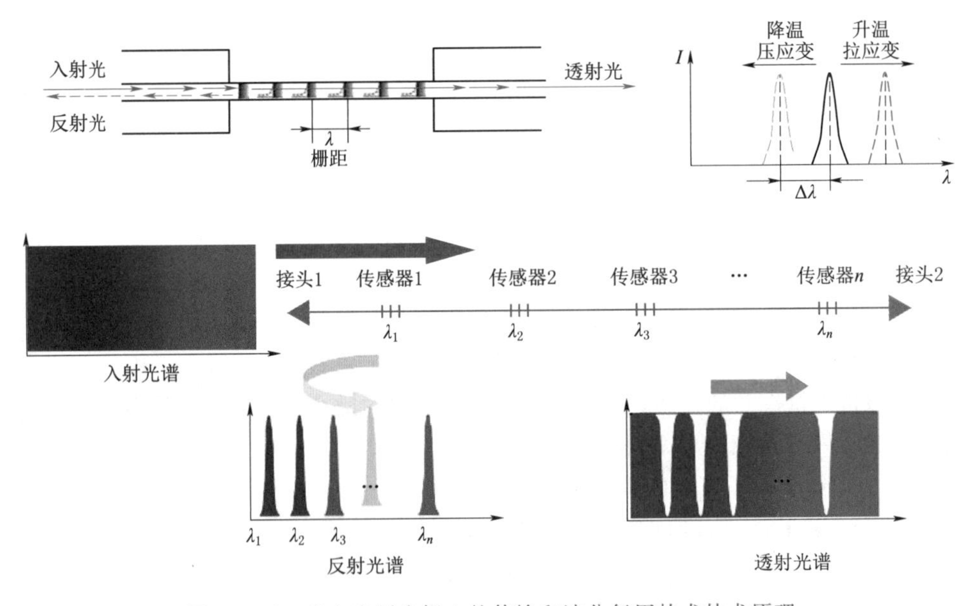

图7.4-2 光在光纤光栅上的传输和波分复用技术技术原理

光纤光栅传感技术应变计算相关公式如下：

$$\frac{\Delta\lambda}{\lambda_B}=\left(1-\frac{n_{\mathrm{eff}}^2}{2}p_{12}\right)\varepsilon_1-\frac{n_{\mathrm{eff}}^2}{2}(p_{11}\varepsilon_2+p_{12}\varepsilon_3)+\beta_0\Delta T \tag{7.4-1}$$

式中：$\Delta\lambda$为布拉格中心波长的变化；ε_1为光栅的轴向应变；ε_2、ε_3为光栅的其余两个主应变；p_{11}、p_{12}为光弹性系数；β_0为热膨胀系数和热光系数的和；ΔT为温度变化。

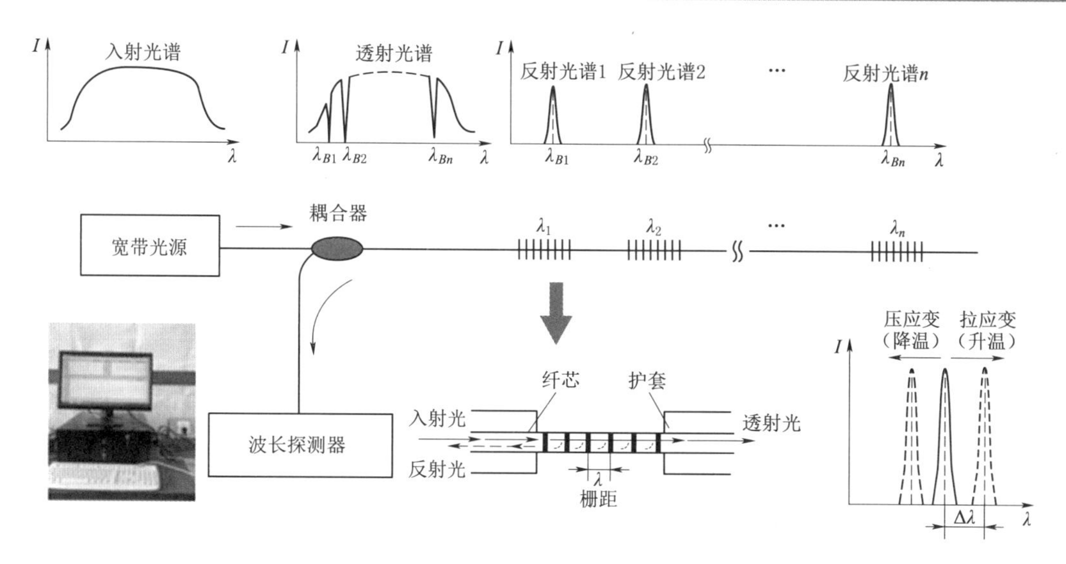

图 7.4-3 准分布式光纤光栅传感技术基本原理

白鹤滩工程应用光纤光栅技术选择应用密集准分布式光纤光栅，测试采用密集型光纤光栅测试设备，可同时采集上千个光栅点，系统集成度高，见图 7.4-4。

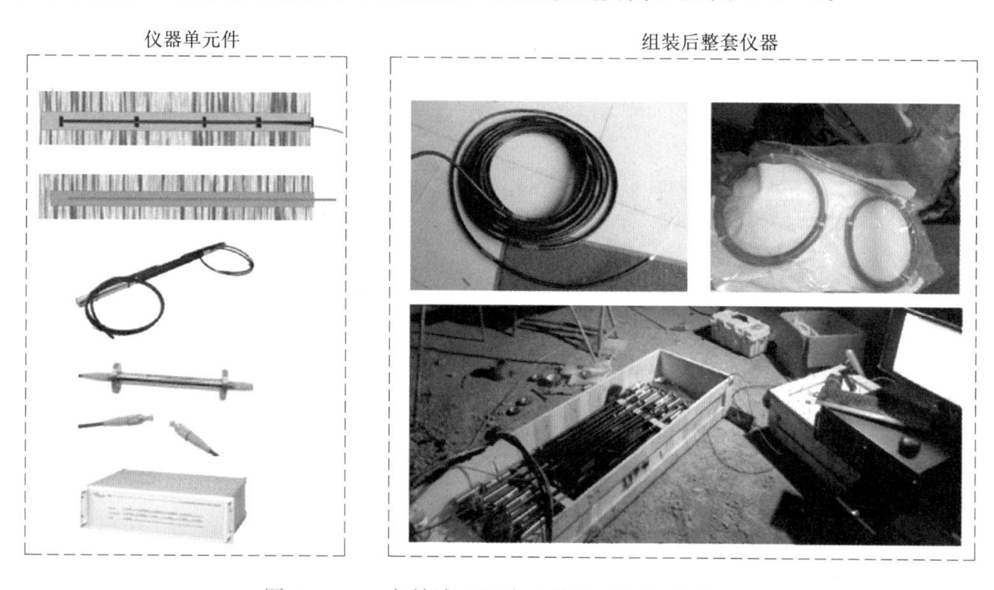

图 7.4-4 白鹤滩工程应用的光纤光栅传感器

7.4.3 密集准分布式光纤光栅应用布置

白鹤滩地下厂房应用了密集准分布式光纤光栅技术主要布置在顶拱部位典型断面，每个钻孔安装布设了光纤光栅应变计、位移计、全孔分布式光纤、温度计等，厂房顶拱共安装埋设了 7 套，其中 5 套为竖直孔布置，2 套为斜孔布置。密集准分布式光纤光栅现场安装埋设布置情况见图 7.4-5。

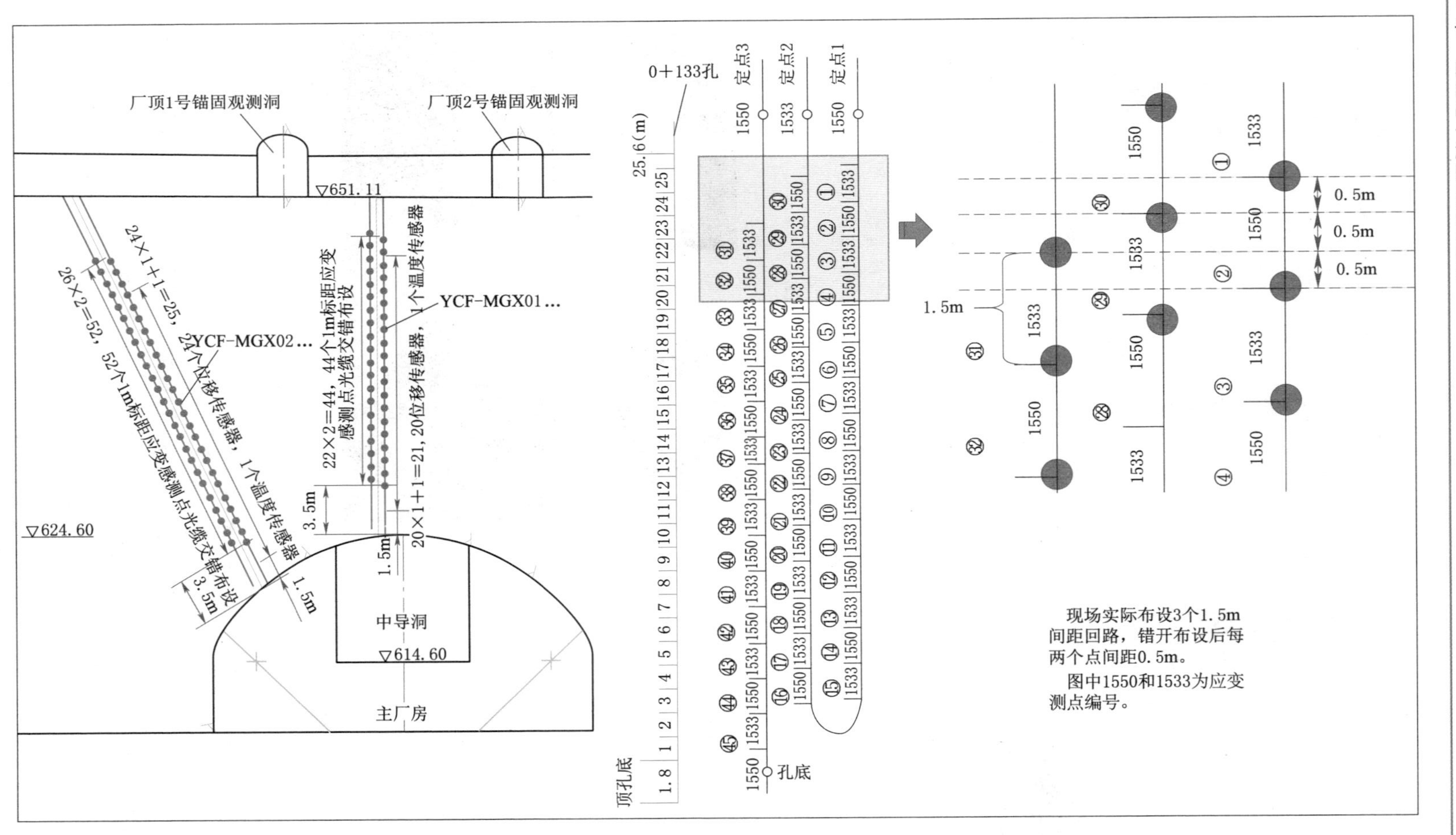

图 7.4-5　密集准分布式光纤光栅现场安装埋设布置图（单位：m）

7.4.4 光纤光栅监测成果分析

每个钻孔安装布设了光纤光栅应变计、位移计、全孔分布式光纤、温度计等，由于部分成果光纤光栅光损过大，无法解调有效数据，成果较离散，其中全孔分布式光纤差异，取得初始值较其他测值晚2个月以上，因此监测的量值水平整体较其他光纤光栅应变计测值小，针对监测测试成果开展分析时重点给出光纤光栅监测的应变成果。光纤光栅实测成果显示的围岩应变变化沿孔深分布见图7.4-6～图7.4-8。

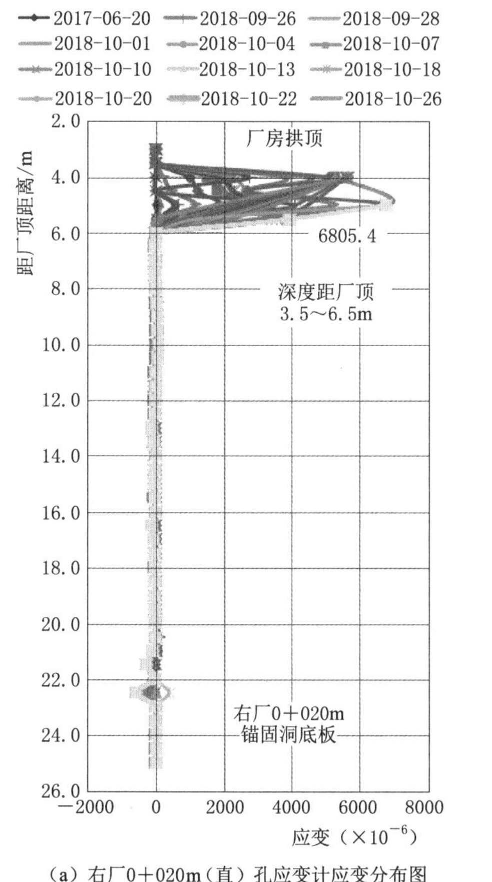

(a) 右厂0+020m（直）孔应变计应变分布图

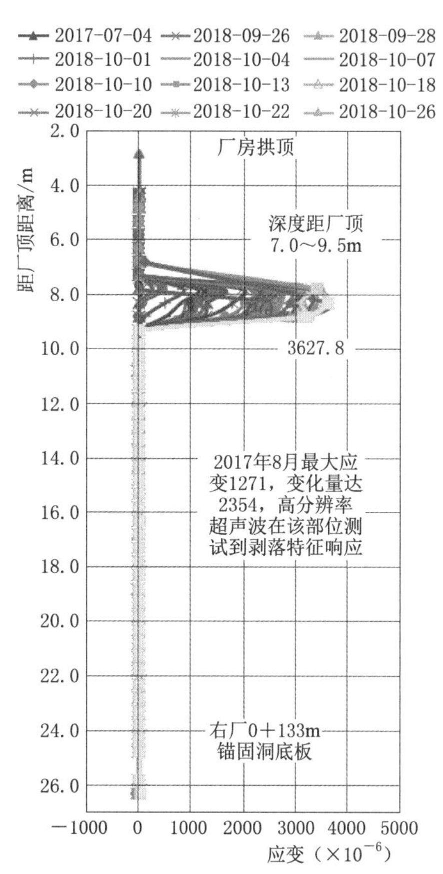

(b) 锚固洞右厂0+133m（直）孔应变计应变分布图

图7.4-6 右厂0+020m和右厂0+133m（垂直孔）实测围岩应变变化沿孔深分布图

地下厂房顶拱布置的密集准分布式光纤光栅监测成果规律和常规的多点位移计监测成果较好并一致地反映了围岩响应规律。总体上，厂房顶拱布置的5个垂直孔密集准分布式光纤光栅监测成果规律性更好，光纤光栅监测获得变形量级和范围精度更高。右厂0+020m、右厂0+133m、右厂0+190m和右厂0+228m的4个垂直孔监测成果反映了在靠厂房侧顶拱监测到应变较大孔段区域的应变量为$(1283.2\sim6805.4)\times10^{-6}$，其他孔段实

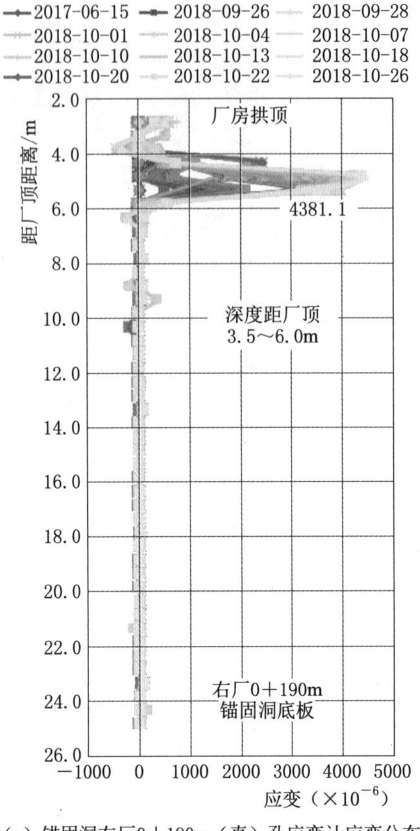

（a）锚固洞右厂0+190m（直）孔应变计应变分布图

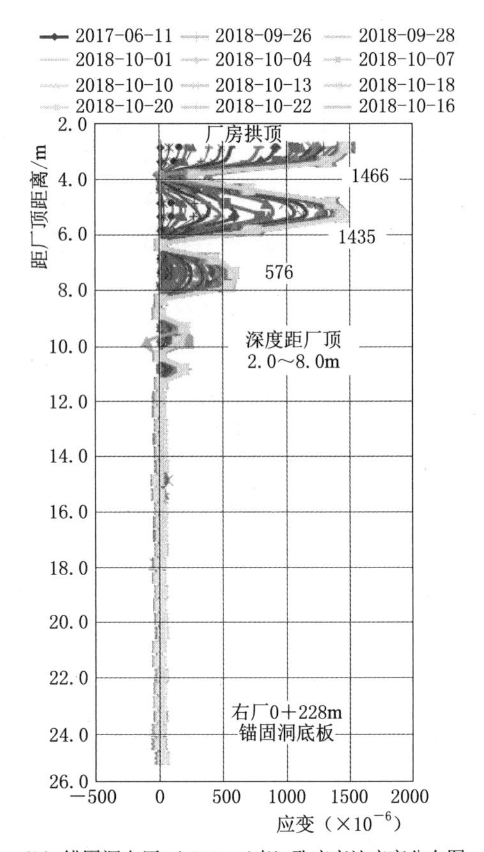

（b）锚固洞右厂0+228m（直）孔应变计应变分布图

图7.4-7　右厂0+190m和右厂0+228m（垂直孔）实测围岩应变变化沿孔深分布图

测的应变量较小，应变量基本小于100×10^{-6}。从沿孔深分布特征看，实测应变量最大区域深度2.0～6.5m，局部深度可达到7.0～9.5m，反映了地下厂房开挖过程围岩的一般响应是靠近厂房侧顶拱围岩的变形响应明显。其中，右厂0+090m（垂直孔）在距离地下厂房顶拱23.0～23.5m区域，即距离厂顶锚固洞底板2.5～4.5m区域也实测到了最大应变4544.7×10^{-6}，对应的分布式光纤距厂顶距离3.7～18.9m孔段测到（691.2～3446.5）$\times10^{-6}$（2018年4月后无读数）的不连续应变变化量。

总体上，厂房开挖过程中绝大部分洞段以靠近厂房侧顶拱围岩的变形响应为主，但由于存在局部应力场影响和厂顶锚固观测洞的存在，使得局部洞段锚固观测洞底板浅层围岩仍可能发生应力破裂及扩展，可能发生一定量的垂直于底板的变形，从而导致多点位移计监测到所有监测点呈现几乎一致量值水平的变化增量。

结合密集准分布式光纤光栅监测成果时程变化特征分析，由于密集准分布式光纤光栅成果初始观测时间为2017年5月地下厂房第Ⅴ层开始时，与多点位移计成果初始观测时间有差异，主要对比同时段两者之间变形增量的变化规律及特征。

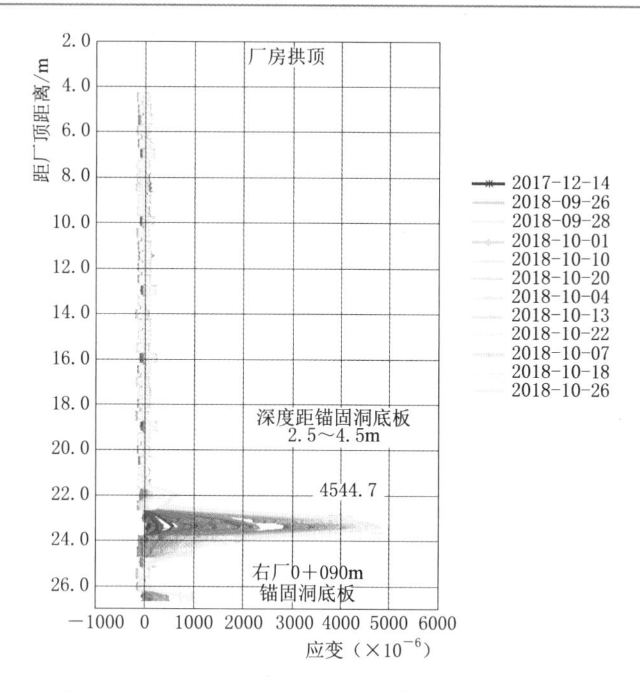

图 7.4-8 右厂 0＋090m（垂直孔）实测围岩应变变化沿孔深分布图

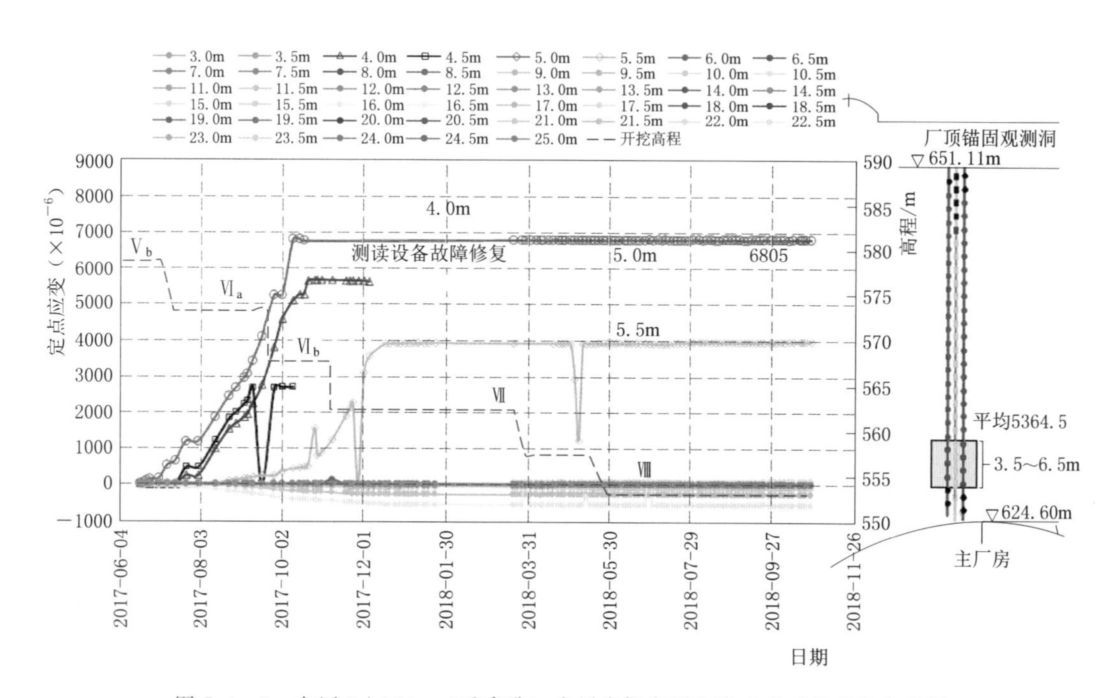

图 7.4-9 右厂 0＋020m（垂直孔）光纤光栅实测围岩应变时程变化曲线图

从图 7.4-9～图 7.4-12 地下厂房右厂 0＋020m、0＋133m 的密集准分布式光纤光栅成果和多点位移计监测成果时程曲线对比看，两者均一致地反映了厂房第Ⅴ层至第Ⅶ层开挖过程期间顶拱围岩有相对较为明显的响应，地下厂房第Ⅷ层及机窝开挖过程变形响应

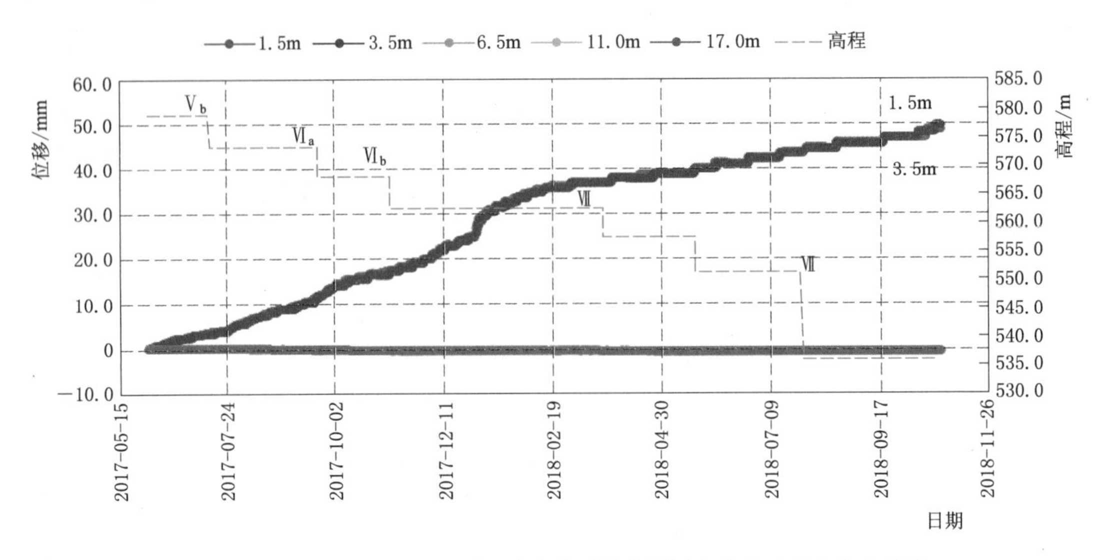

图 7.4-10　右厂 0+020m 拱顶多点位移计实测围岩位移时程变化曲线图

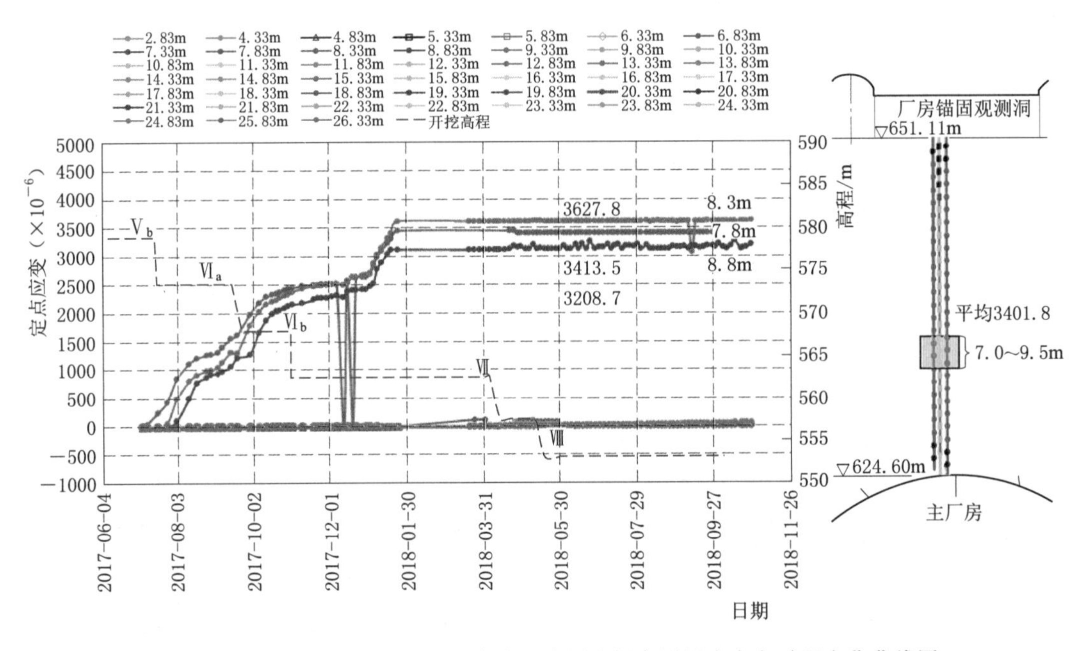

图 7.4-11　右厂 0+133m（垂直孔）光纤光栅实测围岩应变时程变化曲线图

趋缓并渐趋稳定。两者时程曲线也较一致地反映了变形增量变化明显的测点深度：右厂 0+020m 顶拱光纤光栅实测最大应变 6805×10^{-6}，变形深度分布 3.5～6.5m，对应的多点位移计反映的变形测点深度也为 3.5～6.5m，深度一致；右厂 0+133m 顶拱光纤光栅实测最大应变 3627.8×10^{-6}，变形深度分布 7.0～9.5m，对应的多点位移计反映的变形测点深度为 6.5～11.0m，二者接近。总体上，光纤光栅监测成果与常规的多点位移计监测成果所反映的变形规律一致。

前面分析的光纤光栅成果反映的右厂 0+090m（垂直孔）实测围岩应变变化沿孔深

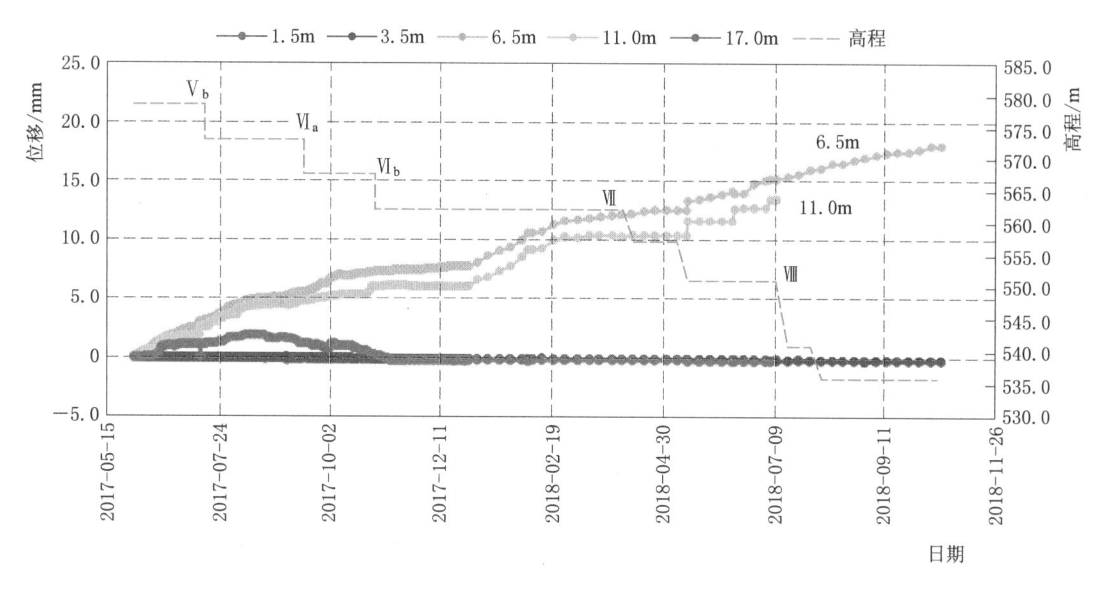

图 7.4-12 右厂 0+133m 拱顶多点位移计实测围岩位移时程变化曲线图

分布规律较其他 4 个垂直孔有差异，在距离厂顶锚固洞底板 2.5～4.5m 区域实测到了最大应变 4544.7×10^{-6}，2017 年 7 月至今变形缓慢增长（图 7.4-13）；该断面没有对应多点位移计，从临近的右厂 0+104m 顶拱多点位移计对应时段的变形变化时程曲线（图 7.4-14）可以看出，该套多点位移计不同深度（1.5m、3.5m、6.5m、15m）监测点均呈现同步增长，变形增量量值水平基本一致，这也进一步说明地下厂房存在局部应力场影响，使得局部洞段锚固观测洞底板浅层围岩发生一定量的垂直于底板的变形。

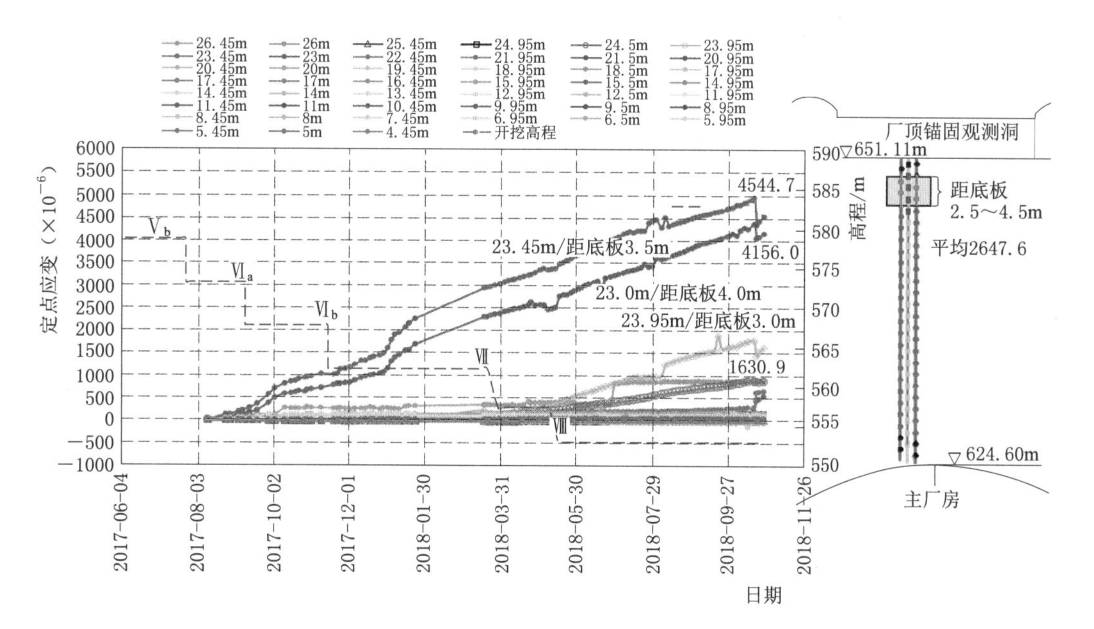

图 7.4-13 右厂 0+090m（垂直孔）光纤光栅实测围岩应变时程变化曲线图

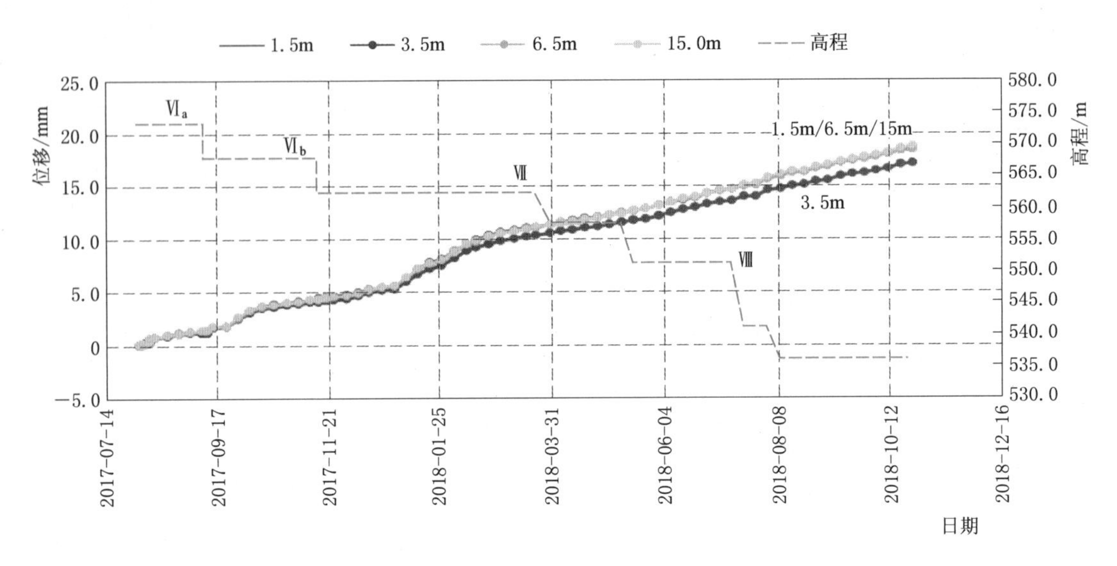

图7.4-14 右厂0+090m附近（右厂0+104m）顶拱多点位移计实测围岩位移时程变化曲线图

总之，光栅光纤揭示的围岩浅层破裂变形规律与白鹤滩玄武岩的“硬、脆”性特征有关，地下厂房洞室群施工期间围岩长时间会处于动态平衡调整过程中，厂房应力处于不断调整过程中，当局部二次应力达到启裂强度时，围岩发生破裂或者破裂进一步扩展，使得围岩一定深度范围岩体微破裂发展不断累积，使得浅层围岩破裂扩展表现出明显的迟滞持续变形特征。

7.5 本章小结

本章针对白鹤滩水电站巨型地下洞室群的监测设计，从监测目的、原则、方案以及监测数据分析、新型监测技术与应用等做了系统的介绍。

监测设计应根据地下洞室的地质条件、洞室布置及规模、开挖支护等基本资料，了解其隐含的风险，找出其薄弱环节和制约地下洞室安全状态的控制因素和部位后综合考虑并统筹安排。其指导思想是以安全监测为主，同时兼顾设计、施工、科研和运行的需要。监测项目布置的总原则是：目的明确、突出重点；控制关键、兼顾全局；统一规划、分项实施。在传统的全局性原则、针对性原则、统一性原则和并重原则的基础上，提出了动态原则，以适应施工期洞室开挖支护设计的动态设计原则，即可根据地下洞室实际揭露的地质条件和围岩开挖响应，对监测布置做适当调整，针对超出预判或新出现的局部围岩稳定问题新增合适的监测手段；针对地下洞室施工期间进行的补强加固措施也应相应布置监测，监控加强支护受力和围岩稳定情况。监测布置和设计坚持动态设计原则，就是要适应施工期地下洞室动态支护过程以及开挖所揭示的实际地质条件和实际围岩开挖响应特征，与施工期的实际支护和围岩状态相匹配。

总之，监测是为工程服务的，监测设计的目的首要是监控工程安全和指导施工，包括施工期的动态设计，另一个重要目的是检验设计和科学研究，为工程设计积累经验，为后续的反馈分析研究工作（第 8 章）提供依据，并将验证为正确合适的工程经验和科研成果应用到新建工程的设计、施工中，从而降低工程造价、缩短工期，使工程发挥更大的经济和社会效益。

第8章 巨型地下洞室群动态反馈分析

西部高山峡谷地区地下厂房埋深相对较大，地应力水平总体较高且围岩地质条件也非常复杂，致使施工中经常遇到各种凭经验很难预测的问题，比如高应力导致的岩体破裂以及破裂随时间的扩展问题、大型结构面控制的边墙稳定问题等，地质条件的不确定和变化性使得其对工程影响程度难以准确预判。

白鹤滩水电站首次采用百万千瓦装机，地下洞室群的规模开创了水电建设的新纪录。同时，地下厂房围岩地质条件较为复杂，围岩的应力破裂、高边墙松弛、层间错动带影响、柱状节理问题都十分典型。事实上，任何复杂条件下的巨型地下工程建设都有自身的特殊岩石力学问题，都几乎不可能事先设计一套完全现实可行的工程对策系统，这些复杂问题使得工程建设期间的反馈分析和动态支护设计工作显得尤为重要。

本章在介绍白鹤滩地下洞室群反馈分析研究方法的基础上，对施工期监测成果和超预警测值的分布特征进行说明，进而对整个地下厂房洞室群开挖过程中的几个典型和重点岩石力学问题进行监测反馈分析与动态优化设计，最后，基于开挖完成的监测成果，对左右岸厂房洞室群围岩稳定性进行整体评价。

8.1 动态反馈分析方法

到目前为止，安全监测仍然是了解地下工程围岩潜在问题与工程危害程度最直接、通常也是最可靠的手段，有利于潜在问题的早期发现和潜在问题程度的判断。针对复杂地质条件下的围岩开挖响应方式，传统的监测方法如多点位移计、收敛观测、锚杆应力计、松动圈测试等监测检测手段，结合新型监测手段如光栅光纤、微震等，总体上可以及时反映围岩稳定状态的信息，为制定工程加固和相关处理措施提供最直接的参考依据。但是，仅仅依赖于监测的工作模式存在局限性，往往需要与数值方法联合，作为地下洞室施工期围岩稳定反馈分析的主要手段。

数值模型的优点是可以对监测数据背后揭示的力学机理进行深入分析，根据监测以及现场围岩开挖响应特征进行判断和分析，实时跟踪和了解围岩可能面临的稳定问题，通过动态调整岩体和结构面相关参数以及针对不同的支护方案分析其加固效果，可以保证在地下厂房施工期及时发现潜在围岩稳定问题并予以解决。尤其是针对巨型地下洞室群多种复杂岩体工程问题，数值模型不但能够考虑岩体的非线性、非连续性和各向异性特征，而且可以动态模拟岩体的破坏过程，所以，借助数值模拟方法能够准确揭示复杂岩体变形特征，预报围岩潜在破坏部位及其风险，说明监测异常的发生机理，论证不同支护方案的效果等。

总体上，白鹤滩地下洞室群规模巨大，复杂地应力环境和岩体结构条件，以及层间错动带、柱状节理等超常规的岩石力学问题，使得工程建设具有相当大的难度，这也使得反馈分析研究工作的必要性尤为显著。

借助监测措施与数值模拟相结合的综合研究方法，有利于施工期地下厂房洞室群围岩稳定问题的动态跟踪与优化设计，保障工程的安全性。具体而言，通过反馈分析研究可望达到如下目标：

(1) 以反馈分析为核心，实现白鹤滩地下洞室群建设的信息化施工，将设计、施工与监测三个环节密切整合成有机整体，以反馈分析成果为支撑，实现开挖方案优化、支护设计优化决策的科学性。

(2) 建立白鹤滩地下洞室群施工“围岩稳定判断标准”与“围岩稳定分级预警系统”，帮助业主与监理准确地预报围岩稳定状态，实现安全生产。

(3) 在前期研究成果的基础上，结合新增试验和施工期监测数据，深入认识脆性玄武岩力学特征、层间错动带力学特征和柱状节理岩体力学特征等白鹤滩地下洞室围岩稳定的关键技术问题，并论证工程建设中所采用的开挖方案、支护参数的合理性。

(4) 实现地下洞室群的围岩整体稳定和局部稳定的评价。通过整体三维模型（包含四大洞室）开展整体稳定评价；对于局部围岩稳定问题和特殊的围岩破坏形式（尾水调压室柱状节理穹顶、厂房层间错动带），采用精细化、有针对性的局部模型，通过采用合理的分析方法，实现对潜在问题的分析评价。

总之，根据施工信息和监测数据实现施工期反馈分析工作，开展开挖全过程中洞室围岩的整体与局部稳定性分析、开挖方案优化、支护参数的调整优化、分级预警指标的建立与动态修正等工作，对洞室群的围岩稳定性进行合理评价，实现地下洞室群建设的信息化、动态化设计与施工，从而确保工程建设的安全顺利进行。

8.1.1 洞室群监测反馈分析工作机制

鉴于白鹤滩左右岸厂房区穿越不同的岩层，同时还有层间错动带、断层、柱状节理等结构面因素影响，所涉及的各类岩体和各种结构面力学参数共计数十组，且施工过程复杂，开挖边界以及洞周围岩的力学参数均在不断变化，因此，对处于复杂岩体结构条件下的白鹤滩地下厂房而言，采用传统的反分析方法通常很难获得令人满意的结果。

结合白鹤滩工程的具体特点，必须从基础的地质资料分析、监测数据的综合评估和三维模型的数值验证等多个方面入手，全面把握地下厂房开挖过程中的围岩稳定问题和控制性影响因素，并为设计制定相应处理措施提供技术支持。

此外，构建图 8.1－1 所示的“联合工作小组”也是大有裨益的，即业主负责项目组织与协调；稳定的科研队伍常驻现场进行监测反馈分析；设计院、监测单位、施工单位等共同参与，并负责提出需求，从而有利于研究成果的运用和落实，保障工程建设的安全性和经济性。

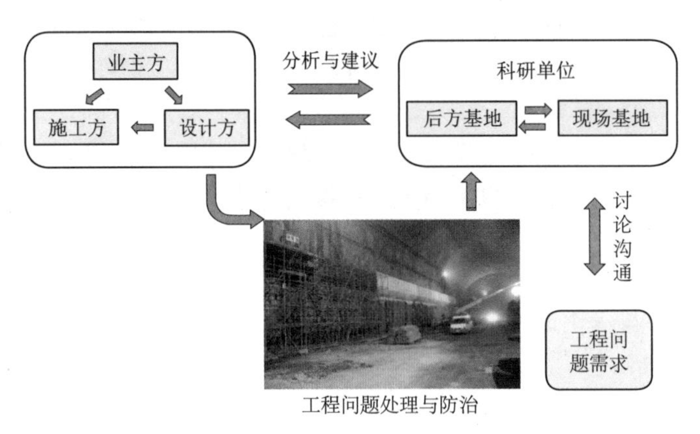

图 8.1－1 反馈分析组织模式

由于白鹤滩地下厂房洞室群监测反馈分析工作涉及施工方案、监测数据、设计支护方案、地质信息以及数值分析等多个环节，因此需要业主、设计、监理、施工承包商、监测单位、科研等多个参建单位共同协作，建立一个有效的工作机制（图 8.1－2），及时发现和解决工程实践过程中遇到的问题，确保工程安全顺利推进。

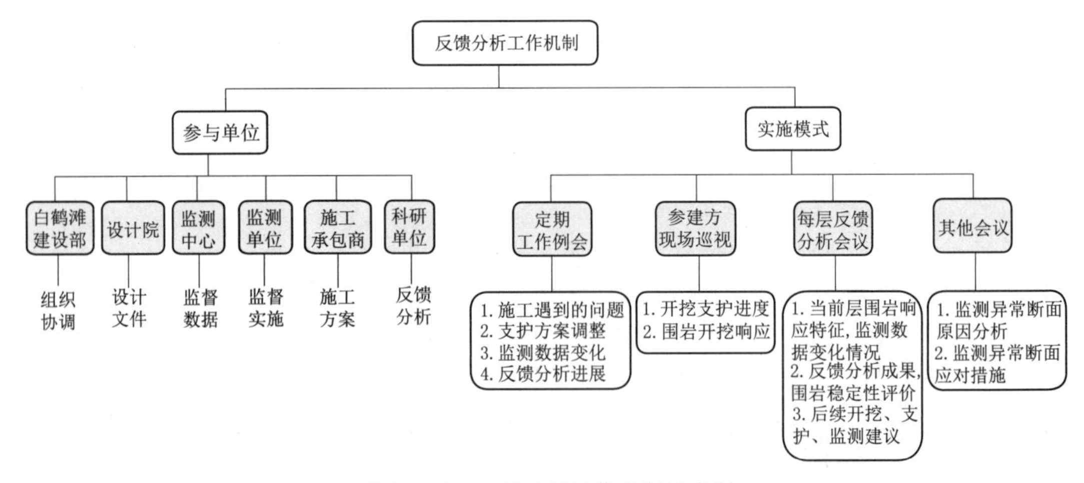

图 8.1－2 反馈分析工作机制示意图

建立一个以业主为领导的反馈分析小组，明确业主、施工承包商、监测单位、设计院以及科研单位反馈分析小组的具体负责人，各个参建方的负责人需要全过程负责和跟踪整个反馈分析项目的实施过程。

通过定期召开工作例会的形式对现场围岩开挖响应、监测成果、支护进度、揭露的地质条件等进行及时交流和沟通，及时了解和掌握现场各方面信息，针对重点问题进行及时的综合分析和数值模拟，了解围岩稳定状态，决定是否需要调整施工方案、支护方案，并对具体的施工、支护以及监测布置等提出建议。

除常规的工作例会制度外，当工程现场遇到特殊问题、现场围岩开挖响应剧烈、监测数据达到（超过）预警等级时，反馈分析小组应及时进行讨论，综合各方面的信息及时开展相关反馈分析工作，为制定相关工程处理措施及时提出建议。

反馈分析小组中各方职责概述如下：

（1）业主方：提出工程稳定和安全需要解决的具体研究问题，项目组织、管理及协调，组织反馈分析成果的鉴定。

（2）设计院：提出工程稳定和安全需要解决的具体研究问题，向科研方提供反馈分析所需的结构设计、地质条件及支护参数信息，提出监测检测优化建议、支护优化建议和围岩稳定管理标准的建议，采纳合理监测检测优化及支护优化建议。

（3）施工方：提出工程开挖施工需要解决的具体研究问题，向设计院、科研方提供实际开挖信息，咨询调整的开挖方案合理性，吸收合理开挖施工建议。

（4）监理方：提出工程安全施工组织与管理需要解决的具体研究问题，吸收并监督实施合理的监测、开挖与支护新方案。

（5）监测方：提供反馈分析所需监测检测成果，及时向设计院及科研方提供完整的监测检测数据，执行设计院和科研方提出的监测和检测需求，执行围岩稳定管理标准，按照标准及时做出各级预警。

（6）科研方：负责反馈分析研究工作，向业主及设计院提供技术支持，提出开挖支护优化、各开挖次序围岩稳定管理标准建议及预测下一步序开挖的围岩响应特征，进行围岩稳定及支护系统安全评价等。

白鹤滩地下厂房洞室群整个开挖过程，总共召开了两次专家咨询会和十次反馈分析咨询会（表 8.1-1），做到了“开挖一层，分析一层”。反馈分析小组根据现场开挖过程中出现的围岩破坏现象及监测成果，针对高地应力复杂地质条件下大跨度巨型地下厂房顶拱围岩稳定问题、高边墙不协调变形问题及洞室群效应问题等进行全过程反馈分析，根据分析成果及时提出动态支护方案，并根据咨询专家意见指导施工。

表 8.1-1　　地下厂房洞室群围岩稳定咨询会统计表

序号	会议名称	会议时间	厂房开挖阶段	备注
1	地下厂房第一次支护设计专题会	2014 年 3 月	中导洞开挖完成	院士咨询会
2	地下洞室群围岩第一次安全监测反馈分析专家咨询会	2014 年 12 月	第Ⅰ层开挖完成	第一次反馈分析咨询会
3	地下洞室群围岩第二次安全监测反馈分析专家咨询会	2015 年 7 月	第Ⅱ层开挖完成	第二次反馈分析咨询会
4	地下洞室群围岩第三次安全监测反馈分析专家咨询会	2015 年 12 月	第Ⅲ层开挖完成	第三次反馈分析咨询会

续表

序号	会议名称	会议时间	厂房开挖阶段	备注
5	地下洞室群围岩稳定及水工建筑物结构混凝土强度等级调整专题技术咨询会	2016年6月	第Ⅲ层开挖完成 岩梁浇筑	第四次反馈分析咨询会
6	右岸地下厂房第五次安全监测反馈分析专家咨询会	2016年10月	第Ⅲ层开挖完成 岩梁浇筑完	第五次反馈分析咨询会
7	地下洞室群围岩第六次安全监测反馈分析专家咨询会	2017年3月	左岸第VI_2层 右岸第V_1层	第六次反馈分析咨询会
8	地下洞室群围岩第七次安全监测反馈分析专家咨询会	2017年5月	左岸第VII_1层 右岸第Ⅴ2层	第七次反馈分析 院士咨询会
9	地下洞室群围岩稳定专题咨询会	2017年7月	左岸第VII_2层 右岸第VI_a层	总院咨询
10	地下洞室群围岩第八次安全监测反馈分析专家咨询会	2017年12月	左岸第Ⅷ层 右岸第Ⅶ层	第八次反馈分析咨询会
11	地下洞室群围岩第九次安全监测反馈分析专家咨询会	2018年6月	左岸第Ⅹ层 右岸第Ⅷ层	第九次反馈分析咨询会
12	地下洞室群围岩第十次安全监测反馈分析专家咨询会	2019年3月	左岸第Ⅹ层 右岸第Ⅹ层	第十次反馈分析咨询会

8.1.2　地下洞室群反馈分析研究内容

白鹤滩地下洞室群反馈分析工作的研究内容包括监测、测试成果综合分析、地下洞室群分层开挖支护和监测方案的优化设计，以及地下洞室群安全监控管理指标的建立。

8.1.2.1　监测检测成果综合分析

白鹤滩特大型地下洞室群围岩稳定监控内容复杂繁多，具体表现有以下几点。

（1）监控对象广泛。包括左、右岸地下厂房、主变洞、母线洞、尾水调压室、尾水管检修闸门室、尾水洞检修闸门室等。

（2）监控项目全面。包括围岩变形、围岩应力、应变、各种支护结构监测，松弛检测、岩体综合质量测试等。

（3）监测仪器设备繁多。包括多点位移计、收敛计（或观测棱镜）、滑动测微计、光纤光栅传感器、测缝计、应变计、锚索测力计、锚杆应力计，声波、地震波、钻孔摄像等。

（4）监测设备埋设时机。分为预埋、即埋等。

传统的监测数据往往都是通过定期的周报和月报将不同部位的监测数据成果以文字、图表的形式进行记录和分析判断，针对白鹤滩特大型地下洞室群复杂繁多的监控内容和庞大的监测数据，需要对监测数据进行系统梳理分析，对不同洞室、不同类型的监测数据进行有机整合，比较分析不同监测手段所反映出的围岩状态的准确性和适合程度，从而调整监测方式以及布置的位置，是实现监测与支护动态调整的最基本依据。针对不同监控项目类型所揭示的信息简要叙述如下：

(1) 围岩变形监测。及时捕获开挖过程中地下洞室围岩变形，特别是在层间错动带影响下边墙的变形大小，掌握洞室围岩的表层及深层变形分布特征。

(2) 围岩应力监测。获得开挖过程中围岩应力变化调整情况，结合初始地应力可以了解地下洞室围岩开挖后围岩的当前应力状态，综合分析判断围岩的稳定状态。

(3) 围岩松弛与破裂过程监测。通过声波、地震波测试掌握围岩在开挖过程松弛深度和围岩质量情况；为支护优化综合分析判断提供依据。

(4) 支护系统受力状态监测。主要包括锚索测力计、锚杆应力和钢筋计等监测，分析支护结构受力状态，综合分析判断支护措施的合理性，评估洞室围岩的稳定性。

监测、检测数据分析就是整合前面各种监测手段所获得的数据，在地质三维模型基础上将上述信息整合到相应监测仪器布置位置，并可以根据开挖过程实时更新相应监测数据，实现在地质三维模型基础上的监测成果表征，并据此从宏观上分析下一步开挖过程中监测数据可能的变化以及其控制性影响因素（如岩性、断层、层间错动带等）。根据上述不同类型的监测、检测手段，全面掌握在地下洞室群开挖过程中的围岩响应方式和特征，及时发现和掌握各监测断面尤其异常部位的围岩变形特征，并结合前述实现的地质三维信息成果，分析其特征值和变化规律，宏观判断和分析其控制性影响因素和围岩稳定性实时状况，为岩体力学相关参数的反演提供基本依据，也可以对后续开挖过程中监测布置的调整提供技术支撑。

8.1.2.2 围岩破坏特征现场调查与分析

在白鹤滩地下洞室群以硬脆结晶玄武岩为主，同时还有部分相对软弱的角砾熔岩（脆性特征低于结晶玄武岩）。中高应力环境和复杂的结构面组合使得地下厂房开挖后的围岩破坏类型比较复杂，预计应力型破坏（如片帮、破裂、轻微岩爆）、结构面控制型问题（块体破坏）、结构面—高应力组合型破坏、部分洞段角砾熔岩变形问题、层间（内）错动带的剪切变形等一系列的围岩破坏类型都会在地下洞室群的各开挖阶段得到体现。科研方通过每周例行的数次现场巡视，对地下洞室群各部位的围岩破坏类型、表现形式和破坏所揭示的潜在岩石力学问题进行评估，并根据现场巡视的认识，建议相关的工程处理方案。而且，比较特殊的围岩破坏形式的数值分析需要建立在对岩体结构的精细调查基础之上，包含四大洞室的三维模型往往难以反映这种局部的、特殊的围岩破坏形式，此时需要建立精细的局部模型以反映特定的围岩破坏模式，并在此基础上提出处理方案，而这种分析工作需要建立在对现场围岩破坏现象准确认识的基础之上。

需要指出的是，围岩破坏特征的现场调查与分析，需要丰富的工程经验和扎实的岩石力学理论功底，才可能确保正确“读懂”现场的围岩破坏形式，并把握住潜在问题的主要影响因素，并在此基础上开展针对性的数值分析。

8.1.2.3 地下洞室群地应力场复核分析

第2章所述的工程区地应力研究工作比较准确地把握了白鹤滩厂区的宏观地应力特征。随着左、右岸地下厂房洞群中导洞、第Ⅰ层扩挖和第Ⅱ层开挖，跟踪工程现场发现洞室的上下游侧部位发生了不同程度的应力破坏，经过统计，了解到下游侧应力破坏程度较上游侧强烈

(见第6章)，综合考虑第Ⅰ层和第Ⅱ层工程现场围岩破坏特征，对地下厂区宏观地应力场做进一步复核，对左右岸地下厂区初始地应力场的大主应力倾角进行修正。

左、右岸地下厂房开挖后，注意到层间错动带附近的局部地应力场对围岩破坏特征具有显著的影响，比如右岸厂房右厂0－020m断面顶拱位置多点位移计、锚索测力计测值的持续增长可能与C_4下盘局部应力场导致的围岩破裂有关，这些实际开挖揭露的现象，客观要求施工期间对地下洞室群的应力场进行进一步的补充测试和复核分析（见2.6.2小节），在前期工作的基础上，侧重于局部地应力场变化性的研究。

8.1.2.4 地下洞室群分层开挖岩体力学参数反演

白鹤滩地下厂房洞室群开挖过程中可能揭示的围岩稳定问题，在前期阶段已经有了宏观的基本了解，由于岩体材料的非均质、非线性、不连续性以及工程特点和施工等因素的影响，想要在地下洞室开挖之前准确地把握围岩的基本参数往往是非常困难的，因而一般的初步设计可能存在不经济性与安全隐患，这就需要工程施工期在工程实测的监测、检测数据基础上对岩体和结构面参数进行反演，不断修正各类结晶玄武岩岩体、角砾熔岩的力学参数以及各类结构面参数，作为地下洞室群下一层开挖预测的基础。岩体参数的反演分析与岩体和结构面的本构模型密切相关，反演分析工作中采用以下几种本构模型（见第3章）开展工作：

（1）各类结晶玄武岩，采用脆性本构模型，更适用于结晶玄武岩脆性特征和复杂峰后特征的描述。

（2）角砾熔岩，采用应变软化摩尔-库伦模型。

（3）柱状节理岩体，采用专门研发的Comba本构模型。

（4）层间错动带和层内错动带等长大结构面，采用带残余强度的摩尔-库伦结构面模型。

（5）其他结构面，采用理想弹塑性的摩尔-库伦结构面模型。

8.1.2.5 洞室群当前层开挖围岩稳定性评价与下层开挖响应预测

当前层开挖围岩稳定性评价与下一层开挖响应预测是反馈分析工作的重要环节，对于地下洞室群的每一层开挖，上述两个方面的工作都将重复进行，形成闭环的“反馈分析→评价当前层→预测下一层→复核预测成果”的工作流程。

当前层开挖稳定性评级包括对地下洞室群整体稳定性和局部稳定性的评价，对于潜在风险部位，提出处理的建议方案；下一层开挖预测，既包含围岩变形、松弛深度等常规预测项目，还包括洞室群各部位可能出现的围岩破坏形式、规模和对支护的要求等方面的内容。预测下一层的围岩开挖响应成果在后续施工中会得到直接的验证，进而形成了闭环的反馈分析工作流程。

8.1.2.6 开挖、支护和监测方案优化设计

该项工作把分散在地质条件、设计支护方案、监测布置、施工开挖方式等相关工作统一到以认识和解决工程问题为目标的工作平台，根据现场具体条件、结构设计了解潜在问题，制定正确合理的安全监测、开挖和处理方案。

地质相关的问题之一就是地下厂房区局部地应力场及其导致的围岩稳定问题及工程控制措施，目的是针对具体部位的具体问题进行针对性措施设计。由于局部地应力场与构造

密切相关，在白鹤滩地下洞室开挖过程中“应力+结构面”组合型破坏是典型的围岩破坏方式之一，右岸地下厂房因为初始地应力状态相对不利、可能使得洞群开挖顺序对围岩稳定造成明显影响，加上玄武岩破裂特性，可能波及支护安全，需要结合现场监测数据和围岩开挖响应进行调整。

从地质条件的角度看，左岸厂房 C_2 和右岸厂房 C_4 对围岩稳定的影响可能比预计要复杂，而柱状节理玄武岩对 8 号尾水调压室穹顶围岩稳定的影响和具体的防治措施，也需要结合监测数据、数值反馈分析，在给定结构布置的框架下，分析围岩潜在问题的性质和表现方式的差别，从而对支护方案、监测布置和施工方案等的优化提供技术支撑。对开挖方案、支护设计和监测布置方面的建议，具体的工作主要为：

（1）通过数值反馈分析和预测，确定后续开挖方案可能对围岩稳定以及支护受力的影响，从而根据相关分析成果，提出合理的施工开挖方案和分层分序开挖的具体建议。

（2）根据给定的施工开挖方案和设计支护参数，分析后续开挖支护系统的受力特征，以及后续开挖施工过程中可能存在的支护系统超限位置，为提前考虑相应的加强支护措施提出建议。

（3）根据后续开挖围岩的响应预测，对后续开挖过程中的监测布置提出具体的建议，如重点监测断面位置、已经监测仪器的埋设时机等。

8.1.2.7 大型地下洞室群安全监测管理标准的建立

针对百万机组大型洞室顶拱和边墙的潜在问题与防治措施、高应力环境下主洞室和辅助性洞室连接段的潜在问题和对开挖顺序及支护、处于不利地应力和岩性层中的辅助洞室围岩稳定与防治措施等关键问题，通过监测数据所反映的围岩变形稳定特征以及现场开挖过程中实际的围岩响应方式，结合监测反馈分析的相关数值计算成果，以及同类工程的类比，综合确定包含变形量和变形速率的厂房等地下洞室安全监测变形管理标准，指导大型地下洞室群的安全施工。

8.1.2.8 地下洞室群围岩稳定性评价

针对地下厂房洞室群整体监测成果分析，以及动态加强支护实施后监测变形的收敛情况，对洞室整体和局部稳定性进行评价。

8.1.3 洞室群监测反馈分析技术路线

白鹤滩左右岸厂房区穿越不同的岩层，同时还有层间错动带、断层等结构面因素影响，所涉及的各类岩体和各种结构面力学参数共计数十组，且施工过程复杂，开挖边界以及洞周围岩的力学参数均在不断变化，对处于复杂岩体结构条件下的白鹤滩地下厂房而言，采用传统的反分析方法通常很难获得令人满意的结果。因此本项目需要结合白鹤滩工程的具体特点，从基础地质资料分析、监测数据的综合评估和数值验证等多个方面入手，全面把握地下厂房开挖过程中的围岩稳定问题和控制性影响因素，并为设计制定相应处理措施提供技术支持。

白鹤滩地下厂房开挖问题反馈分析研究工作的流程见图 8.1-3，这一流程的制定是以白鹤滩的专题研究工作为基础，以服务地下洞室群建设为核心，注重监测反馈分析的及时性和全面性，并随着洞室开挖进展揭示的关键问题予以调整。

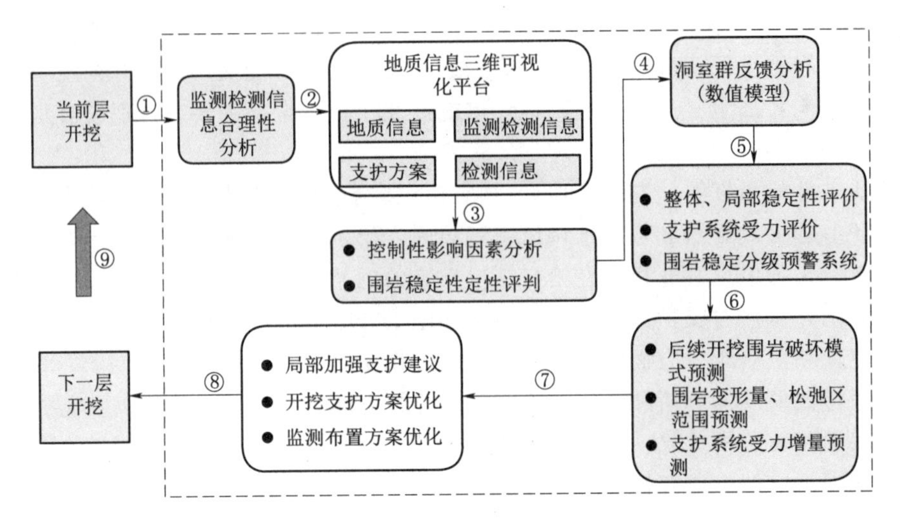

图8.1-3　白鹤滩地下厂房开挖问题反馈分析研究工作流程

该技术方案整合了岩石力学的最新研究成果、采用三维数值分析技术、三维信息可视化等手段，以现场监测、检测数据为根本，结合地质条件、施工信息、支护设计等形成了②→③→④→⑤→⑥→⑦→⑧→⑨→①→②的白鹤滩地下洞室群快速监测反馈分析流程。具体流程详述如下：

（1）根据开挖施工进度，分别建立平面、典型机组段、三大洞室、四大洞室和单个尾水调压室数值计算模型，在模型中考虑开挖过程中揭露的地质信息，包括层间错动带、层内错动带、断层、长大结构面等，同时考虑岩性和岩体完整性的差异，根据围岩破坏类型、范围和深度等，在前期对岩体特性和地应力的认识基础上，对围岩的相关参数和地应力进行微调。

（2）收集最新地质资料、监测检测信息，对监测检数据的合理性进行宏观分析，找出施工和其他条件变化导致的监测检测数据异常所在断面，整体把握监测数据所解释的围岩变形和稳定特征。

（3）地质、监测等基础信息三维展示，反映实际的开挖施工过程和最终的支护方案，以及监测布置和经过合理性分析后的监测检测数据。

（4）分析监测仪器所在断面位置处的复杂地质条件可能对监测成果的影响程度和范围，分析当前开挖步导致的围岩响应特征（变形大小、应力状态、松弛区深度、支护系统受力等），在此基础上对厂房开挖过程中的潜在围岩稳定问题进行宏观评价并分析控制性影响因素。

（5）在建立的数值分析模型中考虑实际的支护手段和施工方案等，分析该层开挖过程中数值模型所揭示的围岩稳定特征以及支护系统的受力特征，并与现场实际的围岩开挖响应特征进行对比，在此过程中可能需要对地应力以及岩体和结构面力学参数进行多次调整，最终目标是使数值分析所获得的相关成果与现场实际围岩破坏特征以及监测检测数据所揭示的规律一致。

（6）根据确定的地应力以及岩体和结构面力学参数，分析该开挖步下的围岩整体稳定性以及结构面和岩性等条件差异导致的局部稳定问题，并对锚杆、锚索等支护系统的受力状态进行全面的评价和分析。根据典型围岩破坏特征，建立相应的局部分析模型，分析其破坏机理和控制性影响因素。同时结合围岩监测成果、现场围岩变形破坏程度、数值分析、工程类比等，研究并动态调整围岩安全监测管理标准。

（7）在分析当前开挖步洞室群围岩稳定性基础上，采用数值分析方法预测洞室后续1～2个开挖步的围岩响应特征（围岩变形量、变形规律、应力状态等）、支护系统受力（锚索、锚杆受力水平）以及围岩可能的破坏模式和破坏影响深度等。

（8）根据开挖预测所揭示的围岩开挖影响特征，对开挖支护方案、监测方案布置以及局部需要加强支护的深度和范围进行评价：①结合现场施工条件，提出有利于围岩稳定的开挖施工顺序，并对相关开挖顺序进行优化；②针对优化后的开挖施工顺序，对锚杆、锚索间距等围岩支护参数进行优化；③通过不同开挖和支护方案的比较，对存在局部围岩稳定问题的洞段进行加强支护设计，提出具体的加强支护深度和需要加强支护的范围。

（9）将优化的结果和局部支护方案建议、监测布置优化、开挖施工顺序等反馈给设计、监测和现场施工方，为下一步开挖与支护改进提供参考和依据。

（10）当下一层开挖完成后，继续从②开始，重新循环至⑧。

（11）在多次反馈分析的过程中，对岩体力学参数和地应力场进行复核修正。

图8.1-4为地下洞室群每一层开挖反馈分析技术路线。充分结合现场实际的地质信息、实际支护方案、监测方案建立反馈分析模型，同时在模型中考虑布置与实际监测方案一致的监测点、支护方案以及岩性和结构面信息。进行开挖支护分析，通过后处理模块对比数值模型所获得的信息与现场监测检测信息和围岩破坏特征。根据对比情况，调整地应力与岩体力学参数，最终标定相关参数，预测下一层的开挖；同时根据数值分析以及现场监测成果和围岩实际的开挖响应，建立并更新围岩稳定分级预警系统。

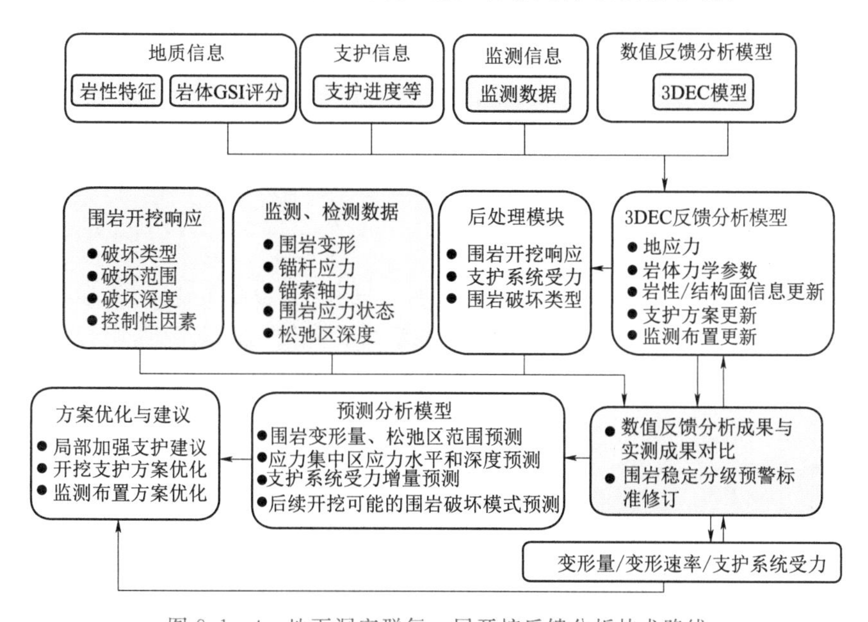

图8.1-4　地下洞室群每一层开挖反馈分析技术路线

8.2 监测成果分析

8.2.1 左岸地下厂房

左岸厂房开挖过程开展了反馈分析，表8.2-1给出了左岸地下厂房第Ⅰ层～开挖完成过程中每层开挖围岩变形增量反馈分析预测成果与现场实际监测成果的对比，总体上反馈分析成果与监测成果基本一致。图8.2-1～图8.2-3给出了左岸厂房顶拱和边墙部位累计变形逼近或者超预警值的范围，是现场开展跟踪反馈分析，并实施针对性的加强支护的重点区域。

表8.2-1　　左岸厂房围岩变形增量预测值与实测值对比　　单位：mm

开挖分层及开挖高程范围 \ 变形增量		一般洞段			特殊洞段		
		上游侧边墙	下游侧边墙	顶拱	上游侧边墙	下游侧边墙	顶拱
第Ⅰ层	实测			5～15			10～37
	预测			10～20			20～40
第Ⅱ层	实测	1～8	1～7	0～4	10～24	13～27	2～12
	预测	5～15	5～15	3～5	10～25	10～25	5～10
第Ⅲ层	实测	2～12	2～10	1～4	11～28	15～35	2～13
	预测	5～18	5～15	1～4	16～25	14～20	4～8
第Ⅳ层	实测	2～10	2～11	0～3	10～16	12～19	4～6
	预测	5～12	5～16	1～3	10～20	15～25	2～4
第Ⅴ层	实测	3～15	4～13	0～5	14～23	25～28	5～10
	预测	5～15	5～20	2～5	10～25	15～30	4～8
第Ⅵ层	实测	4～20	3～12	0～4	15～26	10～18	5～24
	预测	5～15	10～20	1～4	10～25	15～30	2～6
第Ⅶ层	实测	4～18	5～21	0～4	8～26	9～33	2～7
	预测	5～20	10～25	1～4	5～30	10～35	1～4
第Ⅷ～Ⅹ层	实测	3～11	4～14	0～3	7～18	8～19	1～4
	预测	5～20	10～25	1～4	5～30	15～35	1～5
变形总量	预测	30～65	35～75	15～40	50～95	65～100	30～60

注　1. 表中统计的变形增量为本层开挖导致的变形增量。
2. 特殊洞段主要是受层间带C_2交切影响洞段，在每一层开挖C_2出露的桩号不同；第Ⅷ、Ⅸ、Ⅹ层实际监测断面部位与开挖高程段有一定差异。
3. 表格中最后一行为厂房开挖完成后的边墙、顶拱累积变形。

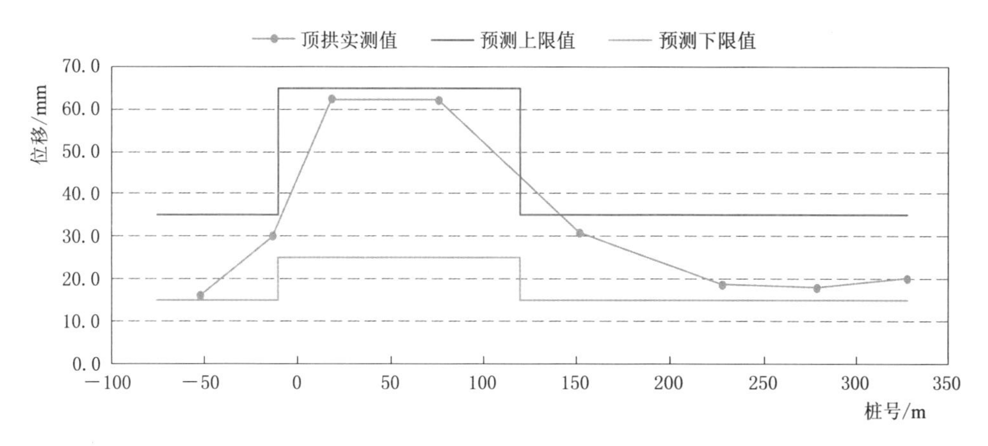

图 8.2-1 左岸厂房顶拱围岩实测变形与预测比较

由图 8.2-1 可见，左岸厂房开挖过程引起顶拱围岩响应较明显洞段主要分布在层内带 LS_{3152} 影响洞段（左厂 0－050～0＋150m），该洞段发育一组与 LS_{3152} 相同产状的缓倾裂隙 N45°E，SE∠15°～20°。该组裂隙延伸范围较长，与顶拱夹角较小，这也是 4.2 节轴线比选时首先排除 N35°E 的主要原因。

表 8.2-1 为左岸厂房顶拱随厂房下挖，每层开挖期间的变形增量一览表。由表 8.2-1 可见，左厂 0－012.9～0＋152m 层内错动带 LS_{3152} 影响洞段顶拱围岩变形量值较大，变形主要发生在第Ⅰ层开挖期间。在厂房第Ⅱ层和第Ⅲ层开挖期间，围岩变形增长也较为明显。通过数值分析显示，在隐微裂隙发育洞段，地下厂房区地应力场格局和地质构造特征，会使得 LS_{3152} 下盘的局部地应力异常，对顶拱的应力集中范围和程度均产生影响，出现浅层围岩破裂、喷层开裂等现象。从反馈分析成果看，在第Ⅲ层开挖过程中，破裂影响的深度主要在 5m 深度范围内，尽管相应洞段变形和锚杆受力均有一定程度的增加，但基本都能趋于稳定，也说明动态加强支护起到了作用和效果。

随着厂房下挖，顶拱应力集中范围和量级会逐渐增强，在第Ⅳ层至第$Ⅵ_2$层开挖期间，左厂 0＋076m 断面上游侧顶拱围岩变形每层变化量基本呈逐步增加趋势，在第$Ⅵ_2$层增长最为明显。另外 7 个监测断面中，仅左厂 0－012m 和左厂 0＋279m 断面的上游侧顶拱围岩变形未监测到明显变化；其他断面，上游侧顶拱围岩变形增量均表现为先增大后减小的趋势，变形增量最大值基本集中出现在第$Ⅴ_2$层至第$Ⅶ_1$层开挖期间。在 2017 年 3—5 月，期间正值厂房第$Ⅵ_1$、$Ⅵ_2$、$Ⅶ_1$层开挖，LPL5-1 排水廊道底板路面混凝土及顶拱喷混凝土层较为集中出现持续破坏现象，LPL5-1 内向厂房上游岩梁部位预埋的多点位移计，和厂房上游拱肩部位预埋的监测仪器测值均有不同响应，并且出现了局部超预警值的情况，后续 8.3 节将进行详细的反馈分析。

通过对厂房上游侧顶拱、拱肩，以及 LPL5-1 排水廊道进行加强支护，随着加强支护措施逐步实施，在厂房第Ⅶ、Ⅷ层开挖过程中，厂房上游侧顶拱和上游边墙岩梁层围岩变形每层变化量逐渐减小，可见，加强支护措施有效实施后，厂房上游侧顶拱和上游边墙岩梁层围岩变形变化较小，处于稳定状态（图 8.2-1 和图 8.2-2）。

由图 8.2-3 可见，左岸厂房下游边墙桩号左厂 0－020～0＋160m 段监测位移总体偏

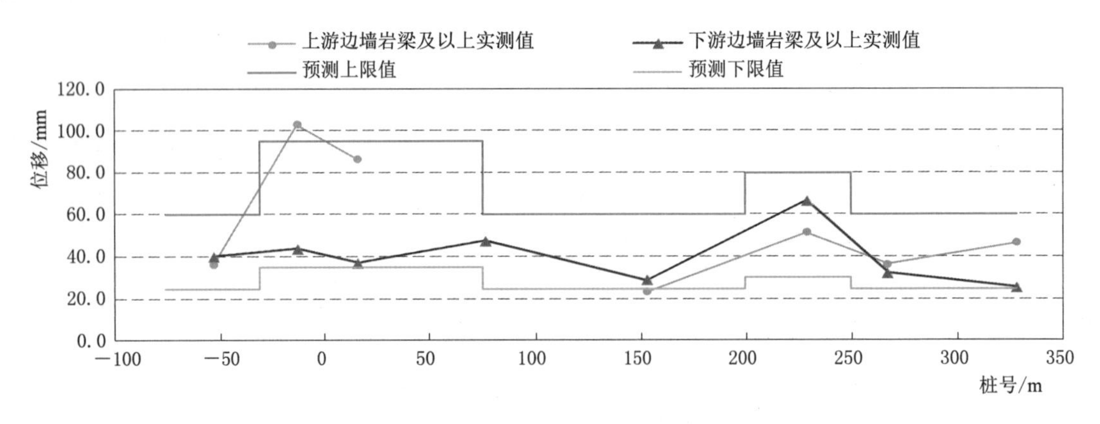

图 8.2-2　左岸厂房上部边墙围岩实测变形与预测比较

大，其主要原因是受到了层间错动带 C_2 的影响，这也是预警值上限设置较大的根本原因。从监测值与预警值的比较来看，实际监测反映出了 C_2 的影响，但没有超预警值，体现了前期对局部围岩变形模式和变形量级预测的准确性。鉴于层间带 C_2 对左岸厂房的重要性，以及仅按照多点位移计监测难以直接反映层间带错动变形的局限性，后续 8.4 节将结合测斜仪成果进一步分析 C_2 的错动变形特征和稳定性。

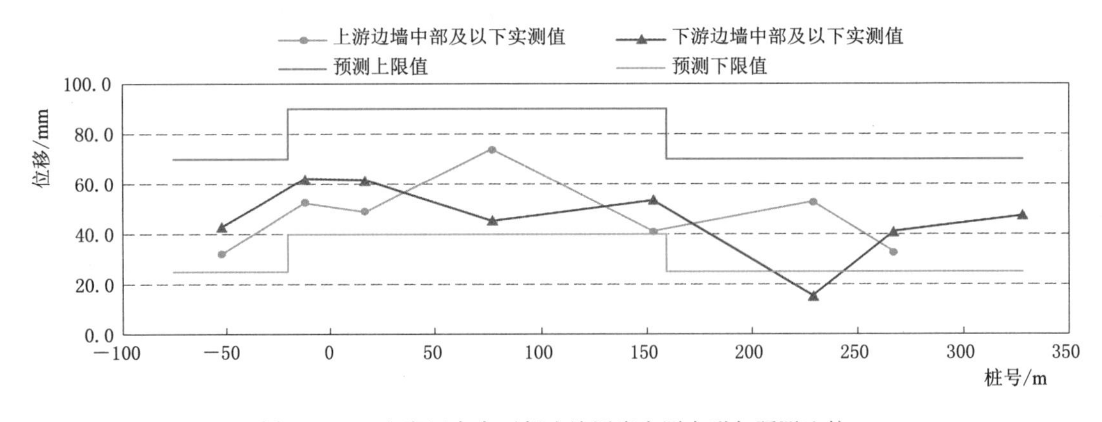

图 8.2-3　左岸厂房中下部边墙围岩实测变形与预测比较

8.2.2　右岸地下厂房

表 8.2-2 给出了右岸厂房开挖至第Ⅶ层时，各开挖层反馈分析预测的变形增量和实际监测数据对比统计情况，由表可知：

（1）顶拱。累积变形一般在 75mm 以内，C_4 影响洞段顶变形为 60～115mm，局部浅层围岩 3.5m 以内达到 145.5mm，其中右厂 0+020～0−055m 断面厂房下挖过程中上游侧拱肩应力持续调整，使得浅表层围岩发生进一步的破裂松弛。

（2）上游侧边墙。累积变形一般为 50～105mm，受层间带和岩层走向影响，右厂上游边墙变形总体较大，其中右厂 0+076m 断面、右厂 0+266m 断面实测变形最大分别为 129.1mm（3.5m 深处测点）和 165.4mm（1.5m 深处测点），变形主要发生浅层 6.5m 范围以内，局部达到 9.0m 深。

(3) 下游侧边墙。下游边墙目前累计变形一般在45～85mm，其中小桩号洞段围岩变形相对较大，实测最大变形94.97mm（孔口），大桩号洞段局部变形较大，右厂0+228m断面实测变形最大为86.8mm（1.5m深处测点）；变形也是主要发生在第Ⅳ～Ⅷ层开挖过程，下游侧边墙变形总体较上游侧小，但受层间带C_3和RS_{411}节理密集带影响，洞段在后续开挖过程中，下游侧边墙变形增量仍有10～20mm，局部可能大于25mm，需重点关注厂房与扩散段贯通区域的相互影响。

表8.2-2　右岸厂房围岩变形增量预测值与实测值对比　单位：mm

开挖步		一般洞段			特殊洞段		
		上游边墙	下游边墙	顶拱	上游边墙	下游边墙	顶拱
第Ⅰ层	实测	—	—	5～18	—	—	16～38
	预测	—	—	5～20	—	—	20～40
第Ⅱ层	实测	—	—	0～2	—	—	2～4
	预测	5～18	5～15	1～3	15～30	20～35	2～4
第Ⅲ层	实测	8～21	10～25	1～14	21～37	24～53	20～43
	预测	10～30	10～25	1～4	20～40	20～45	2～9
第Ⅳ层	实测	9～20	11～22	1～8	10～23	15～36	1～5
	预测	8～18	10～20	1～3	12～26	18～34	1～5
第Ⅴ层	实测	11	18	0～3	—	25	2～8
	预测	6～18	14～22	1～2	14～25	18～30	1～4
第Ⅵ层	实测	6～18	8～20	0～4	18～48	15～30	5～24
	预测	6～22	6～26	1～4	16～40	18～46	2～6
第Ⅶ层	实测	6～12	8～10	0～4	14～31	6～33	1～6
	预测	10～20	5～15	2～5	10～35	5～25	5～10
第Ⅷ层及机坑开挖增量	实测	6～17	5～9	0～4	8～27	9～17	5～11
	预测	8～20	5～10	0～4	10～30	10～20	5～10
开挖完成累积变形总量	实测	45～91	40～82	18～61	72～132/176	70～109/191	45～102/163
	预测	50～95	40～85	20～65	80～135/180	75～115/198	50～110/160

注　表中特殊洞段为层间带影响洞段，累积变形为开挖完成累积变形量，顶拱未考虑时效变形；边墙统计数据主要考虑机组段；特殊洞段"/"后数据为边墙右厂0+266m和右厂0-055m预测值。

图8.2-4～图8.2-6给出了右岸厂房顶拱和边墙部位累积变形逼近或者超预警值的范围，是现场紧密跟踪并实施动态加强支护的重点区域。

由图8.2-4可见，顶拱围岩变形总体较大，在右岸厂房第Ⅲ层开挖期间，右厂0-020～0+140m段上游拱肩陆续发生喷层开裂、脱落，同时伴有强烈响声，表现出较为强烈的应力型破坏现象。右厂0+133m拱顶多点位移计Myc0+133-2变形测值急剧增加，距临空面1.5m、3.5m、6.5m、11.0m的测点变形测值同时增长，17.0m测点没有明显增长，右厂0+076m拱顶多点变位计Myc0+076-2变形测值增加较快，呈现了"深部变形"特征，是第五～七次反馈分析会议重点关注的岩石力学问题，后续8.5节将进行详细

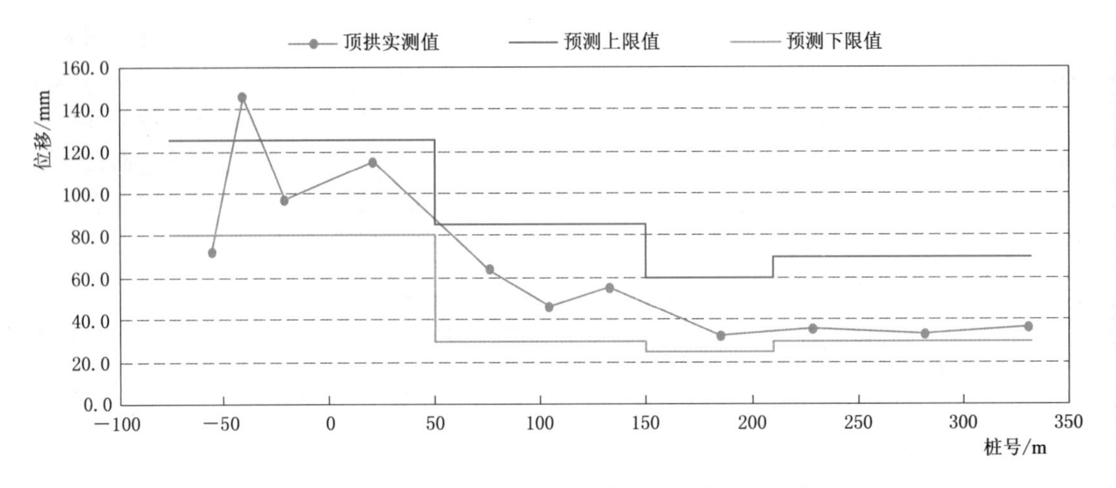

图 8.2-4　右岸厂房顶拱围岩实测变形与预测比较

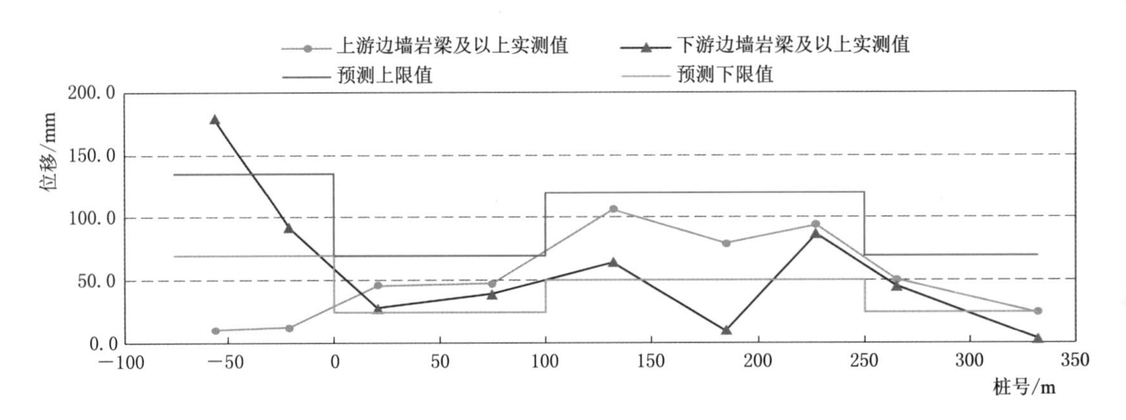

图 8.2-5　右岸厂房上部边墙围岩实测变形与预测比较

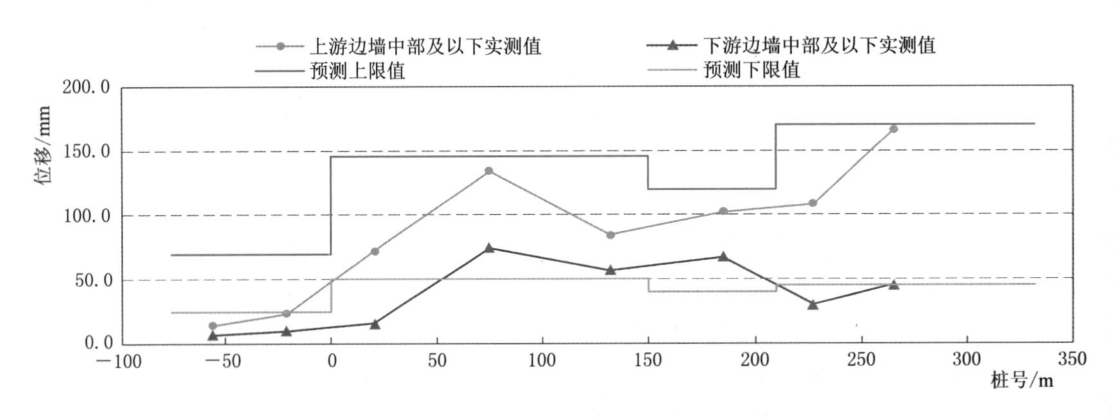

图 8.2-6　右岸厂房中下部边墙围岩实测变形与预测比较

的交代和分析。

由图 8.2-4 和图 8.2-5 可见，右岸厂房上游边墙受层间带 C_3、C_{3-1} 和 RS_{411} 节理密集带影响，右厂 0+100～0+280m 段的围岩变形整体较大，逼近了预警值。后续 8.6 节将

对 C_3、C_{3-1} 导致的非连续变形与局部加强支护进行说明。

右岸地下厂房小桩号（特指右厂 0+020～0－075m）洞段，由于右岸地下厂房边墙高、跨度大，边墙开挖卸荷松弛问题突出，在厂房第Ⅵ～Ⅶ层开挖期间，厂房的高边墙效应突显，地下厂房小桩号洞段及周边洞室围岩应力持续调整，现场混凝土喷层、衬砌混凝土出现开裂破坏并有加剧趋势，小桩号洞段下游边墙围岩变形和锚索荷载出现明显增长，出现了如图 8.2－4 和图 8.2－5 所示的变形超预警值的情况，后续 8.7 节将进行详细分析。

8.3 左岸厂房上游拱肩监测反馈分析

如前所述，左岸地下厂房上游侧拱肩受层内错动带 LS_{3152} 影响，围岩变形量值较大。在第Ⅳ层至第 $Ⅵ_2$ 层开挖期间，左厂 0+076m 断面上游侧顶拱围岩变形每层变化量基本呈逐步增加趋势，出现了局部超预警值的情况（图 8.2－2）。以下通过监测数据与变形模式分析，确定加强支护措施，并说明其实施效果。

8.3.1 监测成果分析

在工程现场实测变形的监测点数量有限，采用插值的方式可以获得整个监测断面洞室周边的整体变形规律特征，这样可以更加直观地把握厂房开挖围岩响应的一般变形模式。

图 8.3－1 给出了左岸地下厂房 8 个典型监测断面截至 2017 年 6 月底的实测变形云图，其中顶拱以及岩梁高程位置多点位移计基本为从锚固洞以及 5 层排水廊道向厂房预埋，厂房顶拱多点位移计捕捉的为厂房整个开挖过程的全部变形；边墙位置多点位移计一般为开挖后即埋，再加上安装时机的差别，边墙监测的变形为边墙围岩实际变形的部分增量。从图 8.3－1 这 8 个断面实测围岩变形的一般规律看，大致可以分成以下两类：

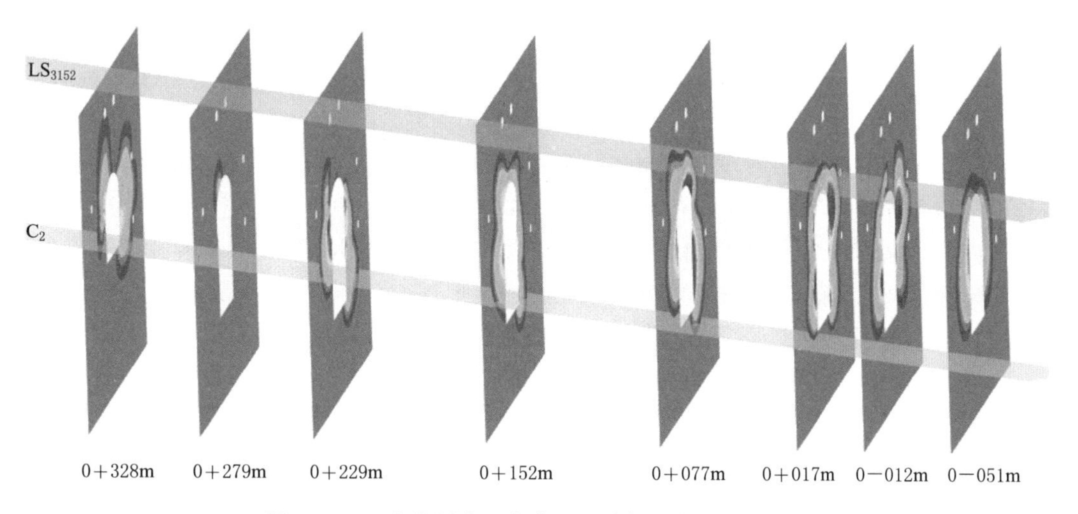

图 8.3－1 左岸厂房 8 个典型监测断面实测变形云图

（1）第Ⅰ类：以左厂0－051m、左厂0＋152m、左厂0＋229m和左厂0＋328m这四个监测断面为代表。

（2）第Ⅱ类：以左厂0－012m、左厂0＋017m和左厂0＋077m这三个监测断面为代表。

图8.3－2给出了根据左厂0－051m和左厂0＋152m两个断面实测变形插值后的变形云图。可以看到，断面上在倾向上游侧的初始地应力场特征条件下，实测变形总体特征如下：

（1）边顶拱变形总体呈现由表及里梯度递减的规律。

（2）正顶拱和上游侧拱肩变形量为10～30mm；下游侧拱肩变形量为15～40mm；下游侧拱肩变形深度要大于上游侧。

（3）厂房边墙中部变形较大，变形影响深度明显要大于顶拱；下游侧边墙变形略大于上游侧边墙。

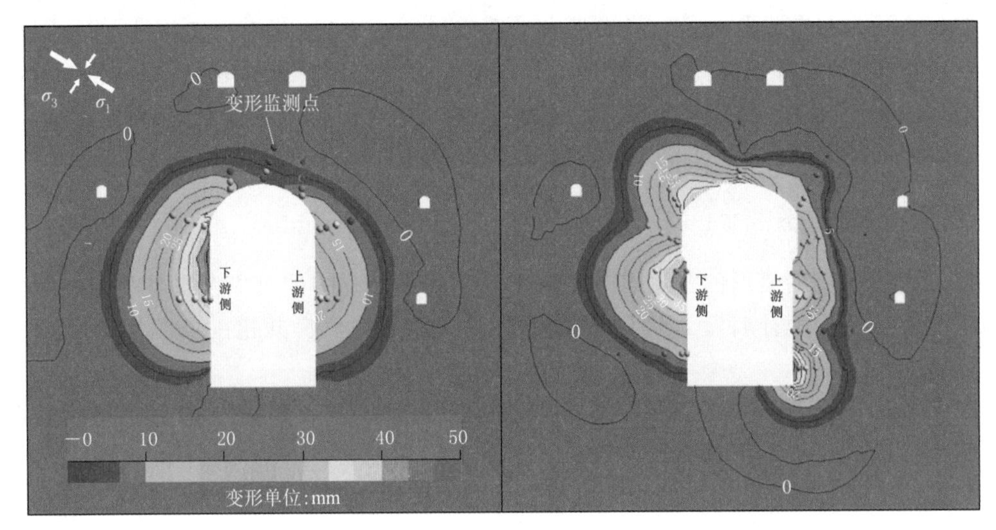

（a）左厂0－051m　　（b）左厂0＋152m

图8.3－2　左岸地下厂房变形监测成果图（第Ⅰ类）

地下厂房开挖至第Ⅶ层时反馈分析预测的变形特征与实际监测成果的对比见图8.3－3，变形模式、规律都具有较好的吻合程度，只是由于边墙位置实际监测成果为变形增量，实测变形量小于反馈分析成果。

下面具体来分析第Ⅱ类变形监测断面，具体以左厂0－012m断面为例。图8.3－4左图给出了该断面边顶拱所有多点位移计的实际监测成果，右图为插值后的变形云图特征。整个断面，除从LPL5－1向厂房侧预埋的一支多点位移计Mzc0－012－4实际监测累积变形和变形深度较大外，其他仪器监测成果获得的变形规律总体符合左岸地下厂房的一般变形规律，即：浅表围岩变形较大，向深部逐渐递减，下游侧边墙变形要大于上游侧。

具体到Mzc0－012－4这个断面的变形变化的历时曲线特征看，在地下厂房第Ⅲ层即岩梁开挖结束后，四个测点变形量和变形梯度总体与厂房围岩开挖一般变形响应一致。

在第Ⅲ～Ⅶ层开挖期间的1.5～15m深度四个测点的累积变形增量均在50～60mm，除去在第Ⅳ层开挖时的陡增，四个测点后续变形同步增加30～40mm（图8.3－5）。按照地下洞室围岩开挖响应的一般特征，没有结构面组合形成潜在块体时，在三向初始地应力作用下，距离开挖面 1.5～15m 深度范围岩体在洞室开挖卸荷后围岩变形量级应该是由表及里逐渐递减，而该套仪器监测成果显然有悖于这一常规认识。

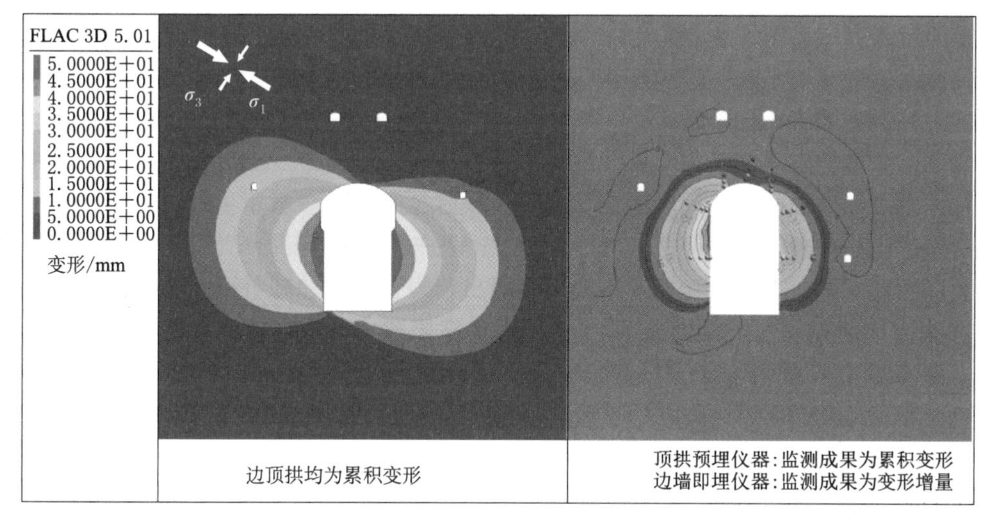

（a）反馈分析预测　　（b）现场实际监测

图 8.3-3　左岸地下厂房反馈分析预测变形特征与实际变形监测成果对比

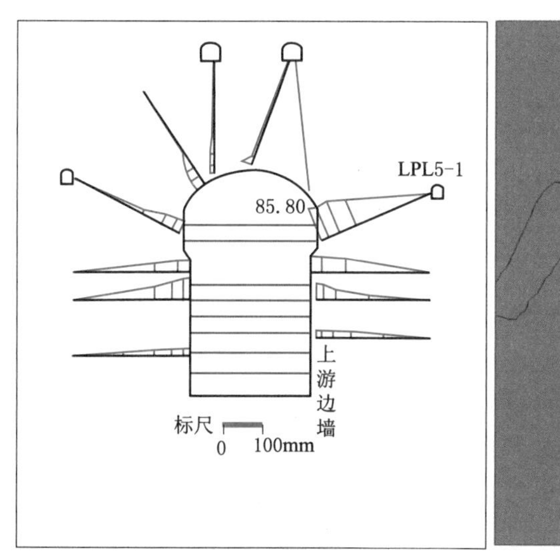

（a）监测断面实测变形　　（b）监测断面测值插值云图

图 8.3-4　左厂 0—012m 监测断面实测变形特征

8.3.2　变形模式分析

在左厂 0—013m 断面由 LPL5-1 排水廊道向厂房上游边墙进行了补充勘探，钻孔 CZK49-1 的钻孔电视和声波测试成果如图 8.3-6 所示。在距离厂房边墙 12～22m 深度范围未见明显的破裂以及大的原生结构面，钻孔内没有发现可能形成块体的内部边界，因此块体变形模式以及深部破裂的可能性从现有成果看几乎是可以否定的。

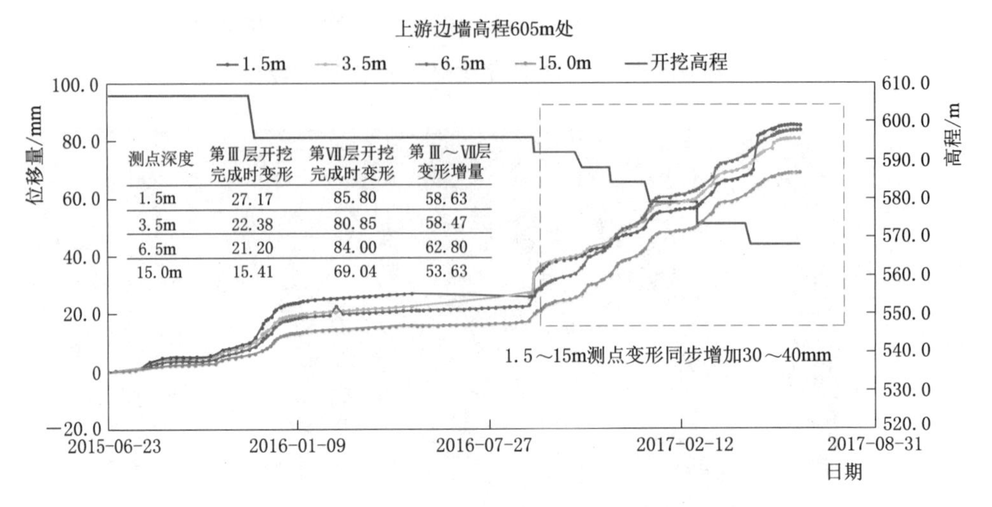

图 8.3-5　左厂 0－012m 监测断面 Mzc0－012－4 实测变形时序过程线

钻孔声波尽管没有获得洞室开挖前的原始围岩波速特征，但从波速沿钻孔深度方向的变化特征看，在 LPL5-1 排水廊道边墙位置浅表存在 1.6m 深度左右的低波速带（平均波速 3889.9m/s），与深部岩体平均波速 5220.9m/s 相比，波速降低明显，可以认为 LPL5-1 自身的边墙松弛深度在 1.6m 左右。LPL5-1 排水廊道内其他 7 个钻孔的声波测试也基本显示了 LPL5-1 边顶拱的松弛一般在 2.0m 范围内，从现场巡视看 LPL5-1 边墙还可以看到较为明显的破裂和松弛（图 8.3-7）。

LPL5-1 排水廊道在桩号左厂 0－040～0＋120m 洞段范围内（图 8.3-8），在一些洞段的上游侧拱肩和墙角位置出现喷层开裂，这与脆性玄武岩破裂存在一定的时间效应是相关的。LPL5-1 排水廊道自身在开挖后由于时效变形导致浅表一定深度范围（1～2m）围岩破裂深度及破裂程度发生变化，这也将使得预埋在 LPL5-1 排水廊道内的厂房多点位移计不动点向 LPL5-1 开挖临空面方向产生一定的变形量，从而导致该位置多点位移计不同深度测点的变形增量同步增大一定量级。

当假定从 LPL5-1 排水廊道向厂房预埋的多点位移计不动点（距离 LPL5-1 边墙 0～0.5m）向 LPL5-1 产生 30～40mm 的累积变形，该断面的变形模式与白鹤滩左岸地下厂房一般变形响应完全一致（图 8.3-9）。

如果我们只考虑第Ⅲ～Ⅶ层开挖的变形增量特征，如果认为不动点没有任何变形，那么实际监测的变形增量在高程 605m 位置存在明显的异常（图 8.3-10）。当考虑不动点向 LPL5-1 产生 30～40mm 的变形增量后，修正后该断面的变形增量与反馈分析成果以及第Ⅰ类监测断面的变形规律基本一致（图 8.3-11、图 8.3-12）。

LPL5-1 排水廊道在地下厂房第Ⅲ～Ⅶ层开挖期间是否能够产生 20～40mm 的时效变形，可以通过数值分析进行预判。具体的，通过折减 LPL5-1 廊道浅表松弛范围内岩体 GSI 的变化，假定原岩状态下的 GSI＝65，在发生破裂松弛后的 GSI＝35，那么排水廊道自身的变形增量如图 8.3-13 所示，可以看到在靠近厂房这一侧的边墙变形增量为15～35mm，变形方向指向 LPL5-1 临空一侧。当考虑 LS_{3152} 附近可能存在的局部应力场等因素影响时，这一变形增量也相应增加，如图 8.3-14 所示。

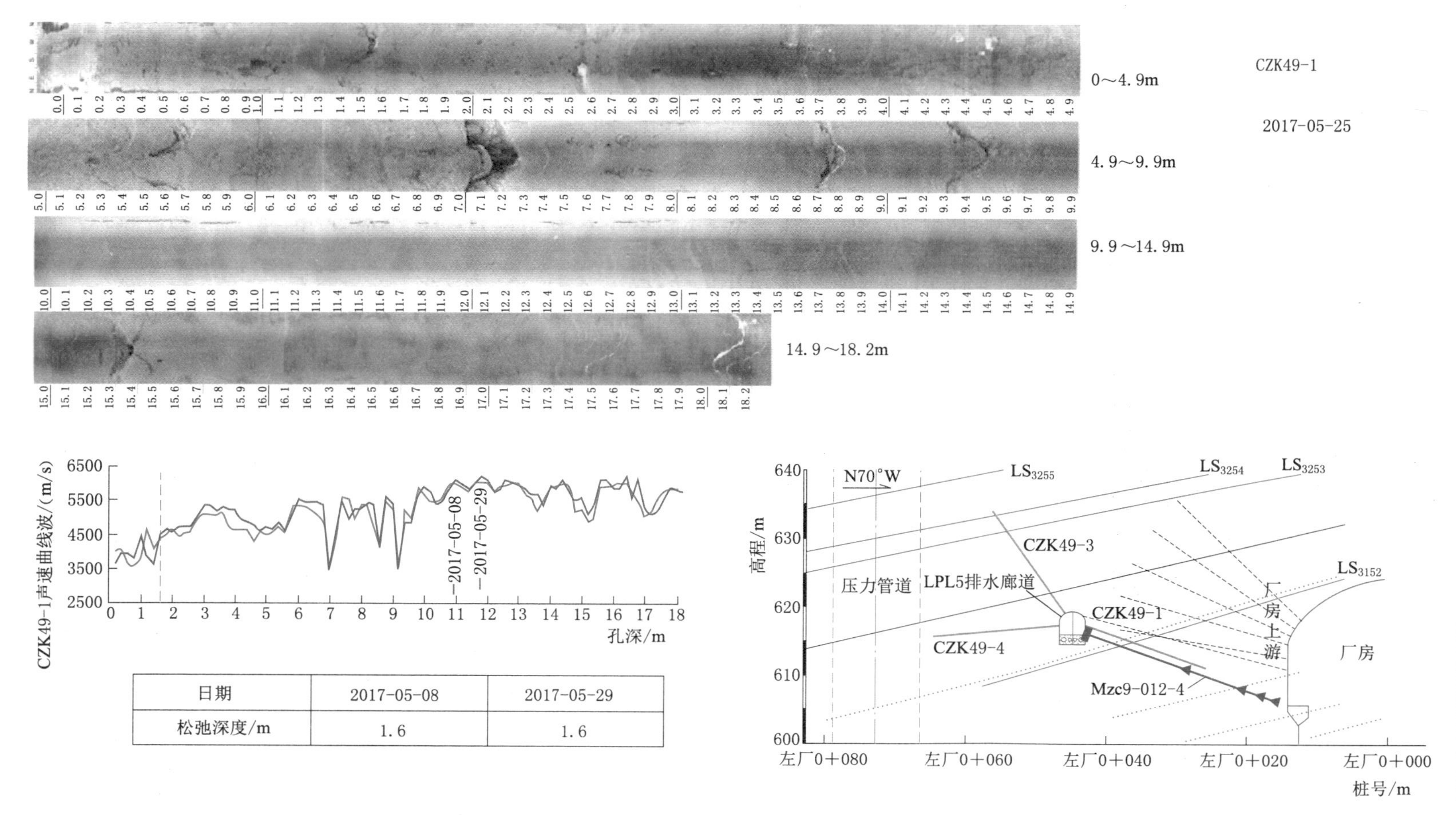

日期	2017-05-08	2017-05-29
松弛深度/m	1.6	1.6

图 8.3-6 左厂 0－013m 断面 CZK49－1 钻孔孔内电视和声波测试成果

图 8.3-7　左厂 0－012m 断面附近 LPL5-1 内边墙围岩破裂松弛

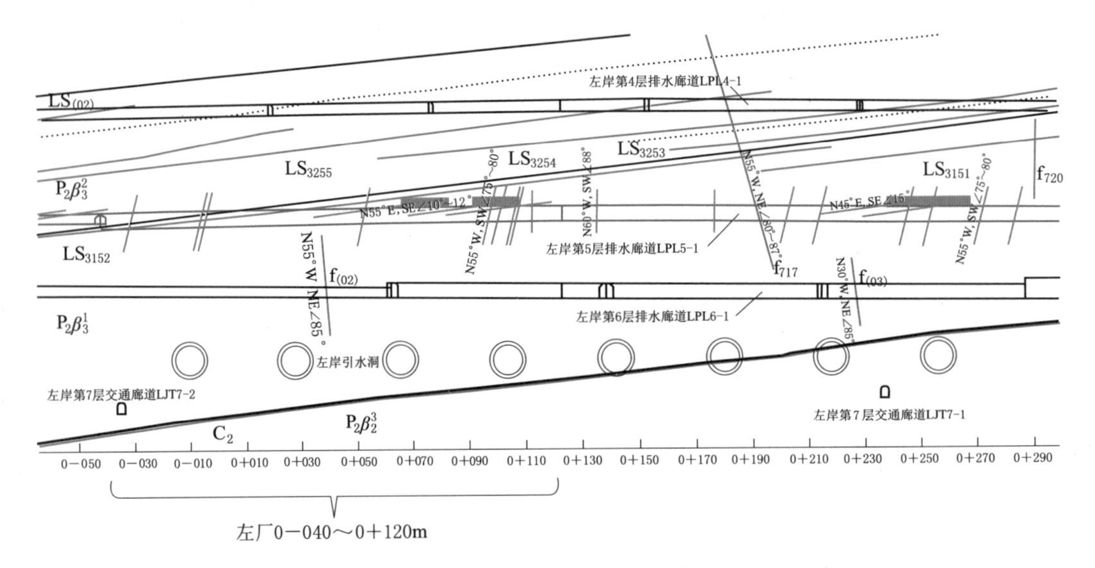

图 8.3-8　左岸地下厂房 LPL5-1 排水廊道地质剖面图

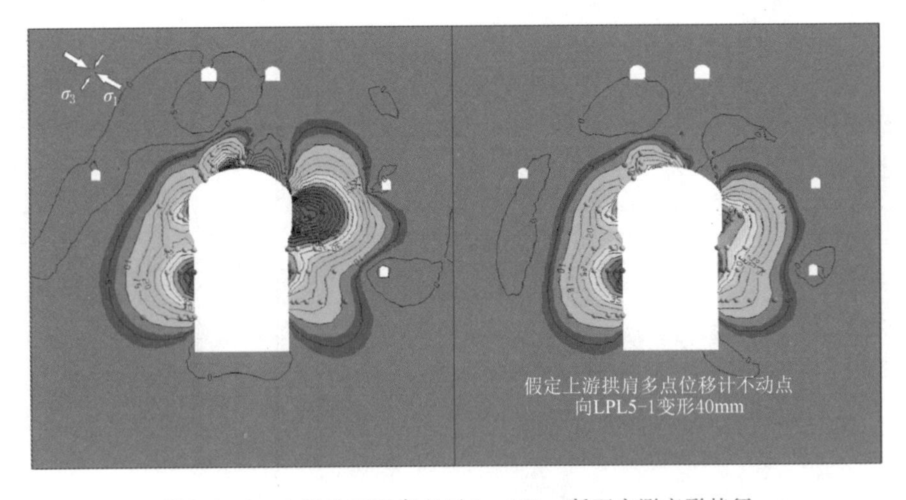

图 8.3-9　左岸地下厂房左厂 0－012m 断面实测变形特征

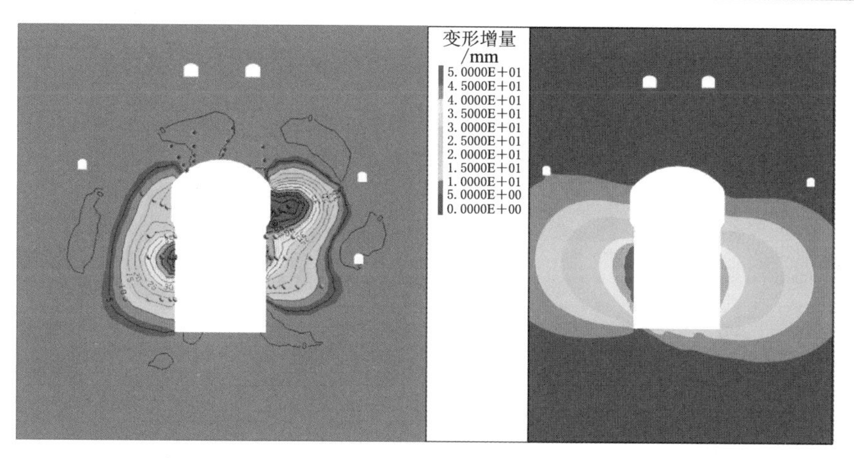

(a) 第Ⅲ～Ⅶ层实测增量　　(b) 第Ⅲ～Ⅶ层反馈分析预测增量

图 8.3-10　左岸地下厂房左厂 0－012m 断面实测变形增量与反馈分析预测成果对比

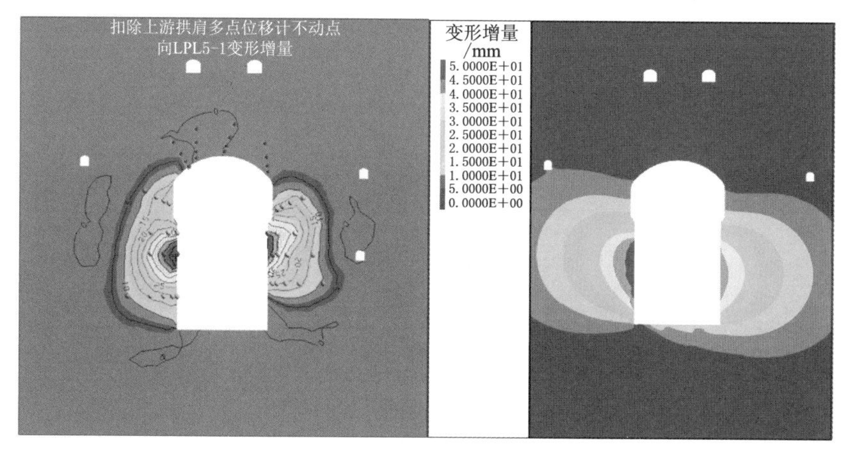

(a) 第Ⅲ～Ⅶ层实测增量（修正）　　(b) 第Ⅲ～Ⅶ层反馈分析预测增量

图 8.3-11　左岸地下厂房左厂 0－012m 断面实测变形增量修正后与反馈分析预测成果对比

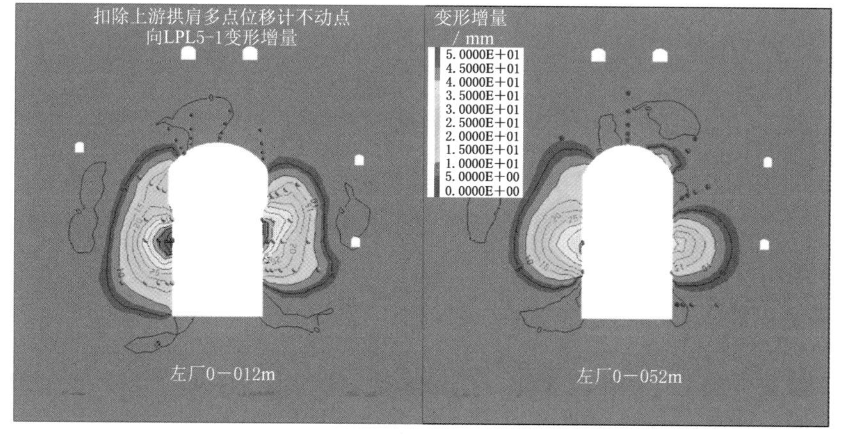

(a) 第Ⅲ～Ⅶ层实测增量（修正）　　(b) 第Ⅲ～Ⅶ层实测增量

图 8.3-12　左岸地下厂房左厂 0－012m 断面实测变形增量修正后与其他断面实测成果对比

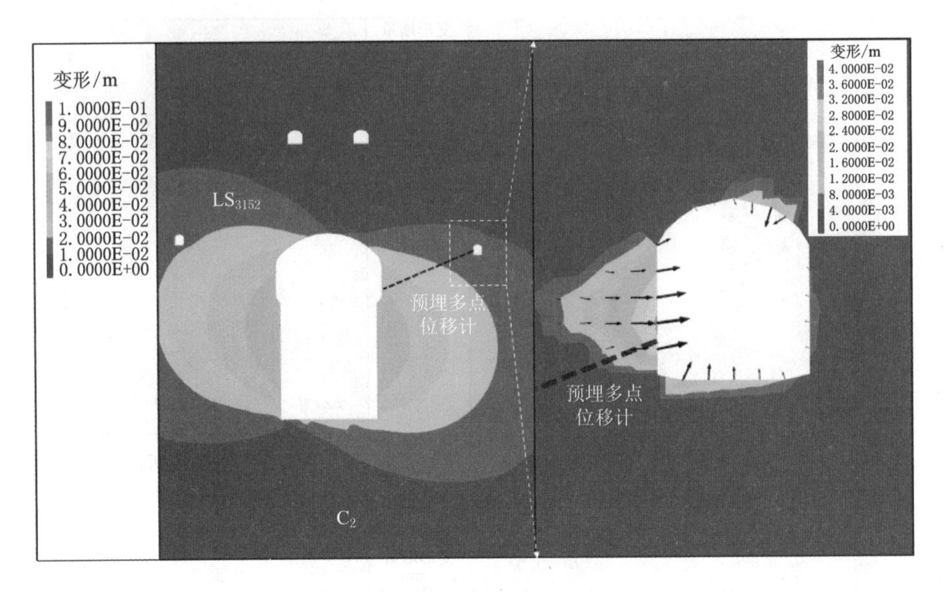

图 8.3-13 考虑 LPL5-1 排水廊道破裂时效产生的变形增量

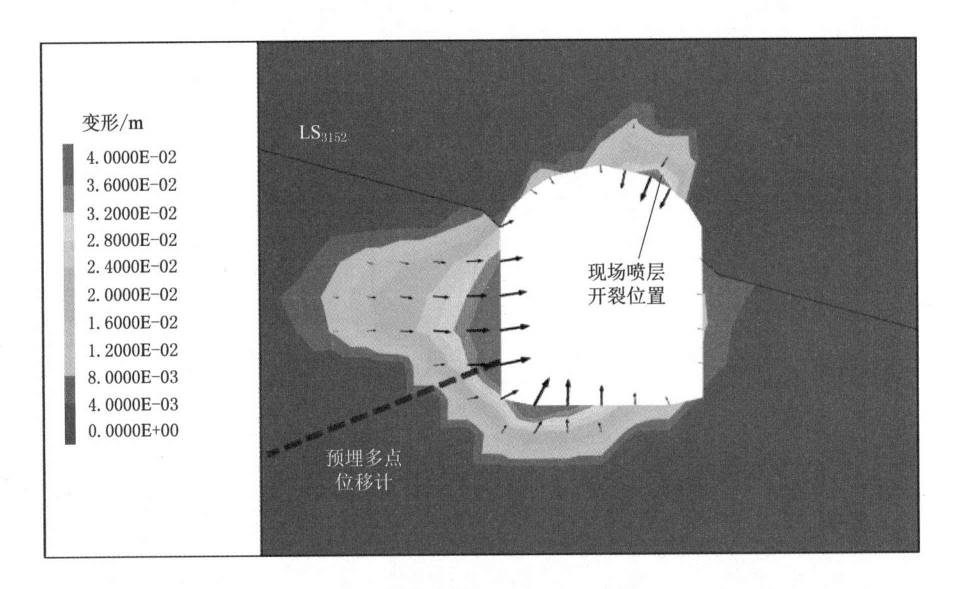

图 8.3-14 考虑 LS_{3152} 局部应力场等因素影响时 LPL5-1 排水廊道破裂时效产生的变形增量

8.3.3 加强支护及实施效果

根据反馈分析成果，随厂房下挖，厂房上游侧顶拱应力集中程度逐渐增高，应力集中范围也逐渐向围岩深部逐渐偏移，受厂房顶拱围岩应力调整的影响，厂房顶拱喷层开裂破坏的范围和程度也不断加剧，厂房周边辅助洞室第5层排水廊道顶拱围岩应力集中程度也出现增高趋势，当应力集中程度达到围岩破裂扩展应力阈值，辅助洞室顶拱围岩则出现高应力破坏现象，表现出明显的洞群效应影响。为保证 LPL5－1 排水廊道自身围岩稳定，对第 5 层排水廊道 LPL5－1 左厂 0－090～0＋200m 段进行增加锚杆补喷混凝土加强支护。

根据左岸厂房顶拱喷层开裂掉块普查结果，左岸主厂房上游侧顶拱左厂 0－037.80～0＋249.00m 段存在不同程度的喷层开裂掉块现象，为改善该段浅表层围岩的应力状态，防止围岩破裂进一步向深部扩展，提高围岩稳定性，2017 年 3 月底，对左岸主厂房上游侧顶拱喷层开裂部位增加预应力锚杆，利用吊顶台车实施加强支护。2017 年 6 月，根据现场生产性试验和施工平台搭设情况，受施工台车空间限制，9m 预应力锚杆施工难度大、耗时长、功效低、锚杆施工质量难以保证，调整采用 T＝500kN、L＝15m 的预应力小锚索进行替换支护。

左岸厂房开挖至第Ⅵ$_2$层期间，左厂 0－012～0＋076m 洞段上游拱肩和岩梁部位围岩变形增长明显，且岩梁部位深部变形较大。顶拱锚索荷载普遍增长，特别是小桩号洞段上游拱肩锚索荷载增长较大；上游 608m 高程小桩号洞段锚索荷载增长也明显，上游边墙及拱肩部位围岩开挖响应明显。反馈分析成果也表明，随着厂房下挖，厂房顶拱及上游拱肩部位应力集中的范围及程度有增加的趋势。综合以上因素，为限制厂房高边墙围岩变形，适应厂房进一步下挖引起的应力调整，保证地下厂房及周边洞室的围岩稳定安全，对左岸主副厂房洞左厂 0－039.60～0＋160.00m 段上游拱肩及边墙增加 3 排预应力锚索（T＝2500kN）进行加强支护（图 8.3－15）。至 2017 年 12 月，全部新增锚索施工完成，该部位围岩变形已趋于稳定（图 8.3－16）。

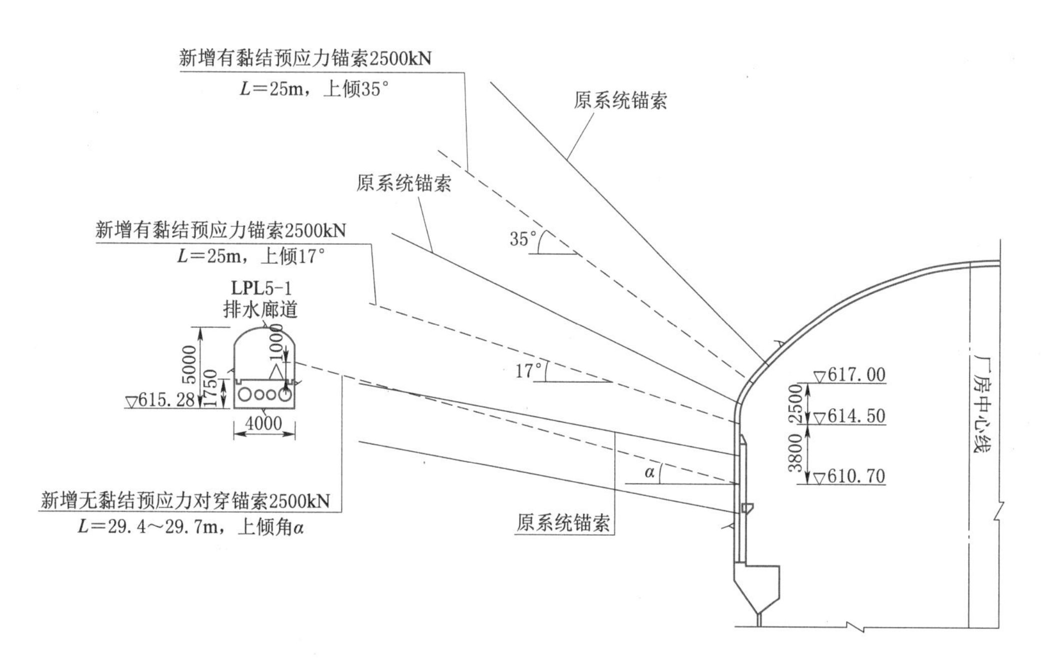

图 8.3－15 左岸厂房上游边墙及拱肩新增锚索布置图（单位：高程 m，尺寸 mm）

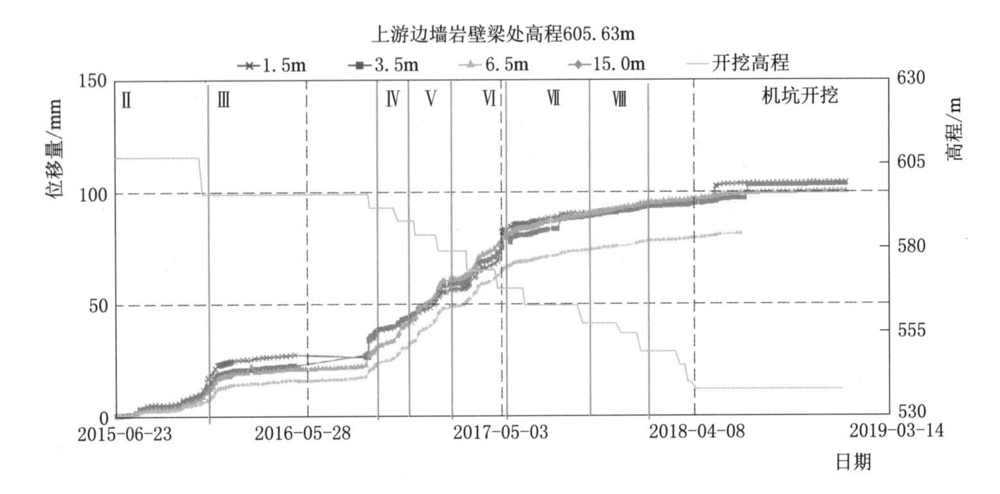

图 8.3-16 左厂 0—012m 监测断面 Mzc0—012-4 实测围岩变形曲线收敛特征

8.4 左岸厂房高边墙 C_2 错动变形监测反馈分析

白鹤滩水电站左岸地下厂房高边墙受大型软弱层间错动带 C_2 切割，是影响洞室围岩稳定最为关键的地质因素。可研阶段根据地质勘察、原位和数值试验，确定了层间带的变形和强度参数；采用 3DEC 的 Coulomb-slip 模型预测了 C_2 在高地应力条件下的错动变形特征，并且进行了置换洞方案比选（见 5.3.3 小节）。

左岸地下厂房受层间带 C_2 影响部位尽管没有出现监测位移超预警的情况（图 8.2-2），但一直是反馈分析研究重点关注部位之一。施工期依据围岩开挖响应对工程处理方案进行了动态优化，并采用测斜仪等的监测成果对前期预测的变形量级与规律进行了验证，最后，基于反馈分析模型采用强度折减法评价了置换洞开裂对边墙围岩稳定的影响。

8.4.1 工程实施方案

针对层间带的置换洞方案，显然不仅需要考虑对错动变形的控制效果，还需要考虑置换洞自身的安全性。对于置换洞方案来讲，其位置无疑是十分关键的。置换洞与边墙开挖面间距过大，起不到控制错动变形的效果；反之，置换洞与边墙开挖面间距过小，则可能因为承受过大的剪切荷载，产生屈服甚至被完全剪断。

图 5.3-28 中方案 3 对层间带错动变形的控制效果最好，但混凝土结构的受力条件最差，尤其是预置换的贴边混凝土塞不仅施工难度大，而且基本都会剪切屈服，加强配筋等常规手段都难以保证其安全性，因此取消了贴边混凝土塞，改为系统性的喷锚支护并结合锁口支护（图 8.4-1），以限制浅层的不协调变形。

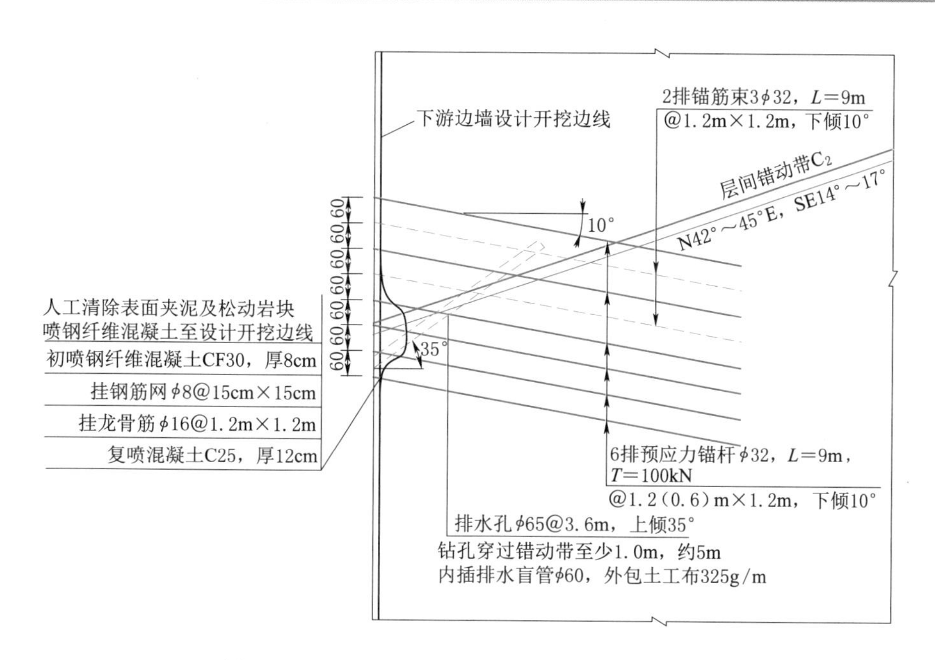

图 8.4-1　层间错动带在边墙出露部位锁口支护

鉴于 C_2 导致地下厂房上、下游高边墙的非连续变形存在显著差异，其对下游边墙的影响大于上游边墙，下游边墙的错动变形量级、置换必要性和置换效果都更为显著。因此，针对厂房上、下游边墙的预置换也是有差异的（图 8.4-2），上游边墙优化取消了纵向置换洞，即仅保留深层置换洞。

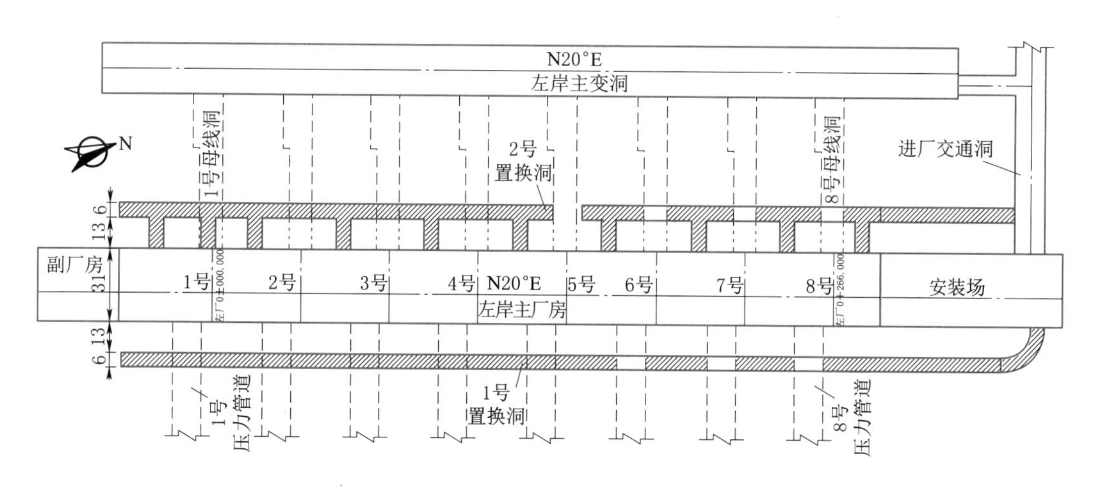

图 8.4-2　层间错动带置换洞平面布置图（单位：m）

由图 8.4-3 和图 8.4-4 可见，在距离厂房边墙 13m 处设置置换洞，置换洞开挖断面为 6m×6m，先进行一期混凝土衬砌，然后进行固结灌浆，再进行中间混凝土回填。此外，层间错动带出露于母线洞、主变洞与尾水扩散段、尾水连接管之间的岩柱，二者之间布置有黏结型预应力对穿锚索进行加固。

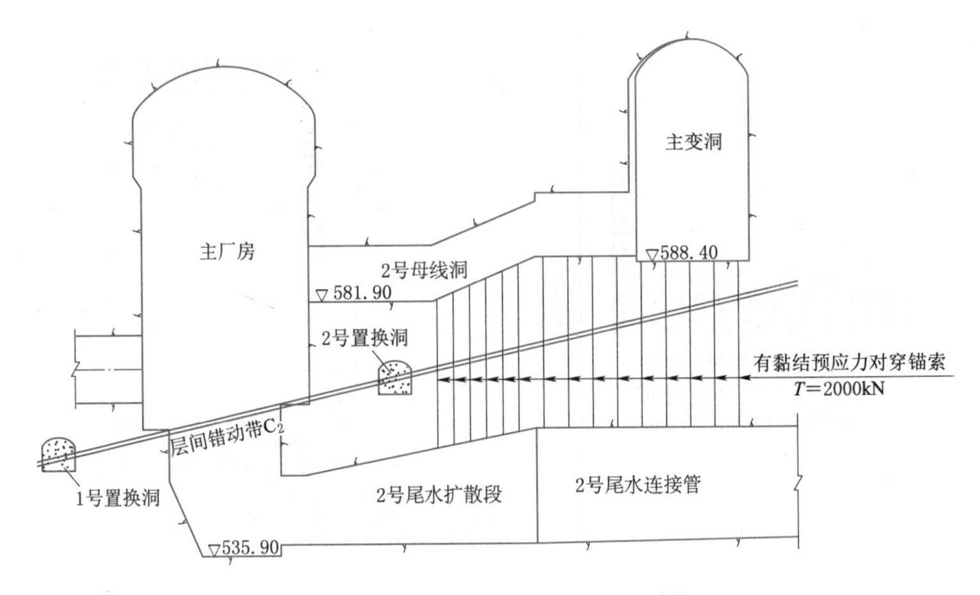

图 8.4-3　层间错动带对穿锚索布置（单位：m）

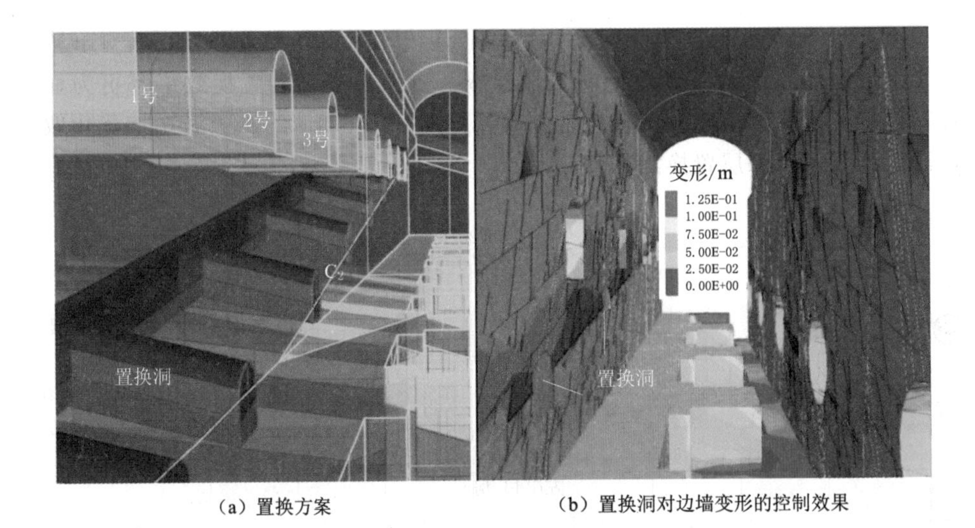

(a) 置换方案　　(b) 置换洞对边墙变形的控制效果

图 8.4-4　工程实施的预置换方案及其效果

现场实施的“深层置换洞＋系列置换洞”方案能够有效截断 C_2 的深部剪切变形，同时，也能够控制浅部围岩内沿 C_2 的剪切变形。如图 8.4-4 和图 8.4-5 所示，系列置换洞间 C_2 局部（如 3 号机组）错动变形较大，可通过系统锚索措施加以控制。

以发生最大错动变形的 3 号机组剖面为例（图 8.4-6），置换方案使得下游边墙的 C_2 错动变形减小 10～20mm，而上游边墙的错动变形减小不是十分明显。可见，下游边墙的错动变形量级、置换必要性和置换效果都更为显著，因此工程实际在上下游边墙的预置换是有差异的（图 8.4-4），上游边墙优化取消了纵向置换洞。

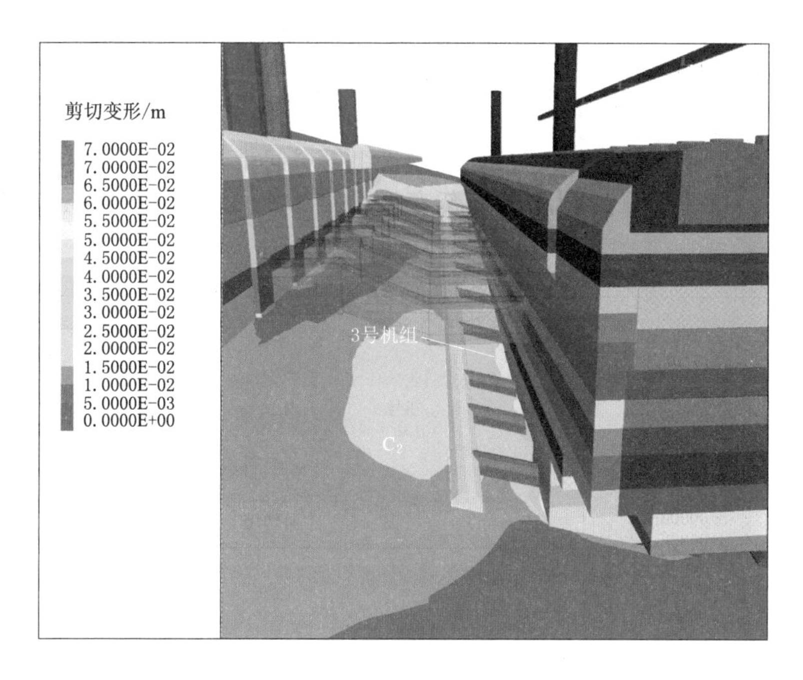

图 8.4-5 置换洞对层间带 C_2 错动变形的作用

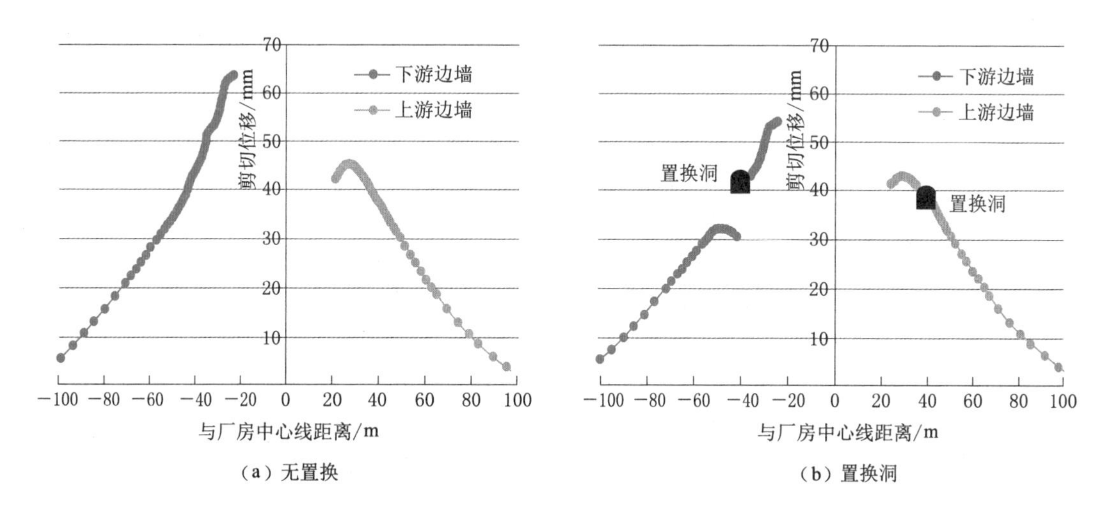

图 8.4-6 置换洞对控制层间带剪切变形的效果（以 3 号机组为例）

总体上，置换洞方案能够起到系统性加固效果，是有效可靠的措施，同时也能更好地控制不利地质条件（如泥化层间带的流变特性）带来的潜在风险，是重大工程在复杂地质条件下规避不确定性风险的必要选择。

8.4.2 错动变形的监测成果分析

8.4.2.1 施工期反馈分析模型

由可研阶段的数值分析预测可知，层间带 C_2 对地下厂房下游边墙的影响总体大于上游边墙，下游边墙 C_2 上盘岩体在南端的剪切变形大于北端，而上游边墙 C_2 下盘岩体在南端的倾倒变形小于北端。

施工期（2017 年）的位移监测验证了前期预测的围岩变形分布规律，如图 8.4-7 的反馈分析成果所示，下游边墙 1 号～5 号机组段层间带 C_2 上盘岩体的卸荷松弛变形量级相对较大，在系列置换洞间的局部变形可达 100～110mm，是重点加强支护的区域。

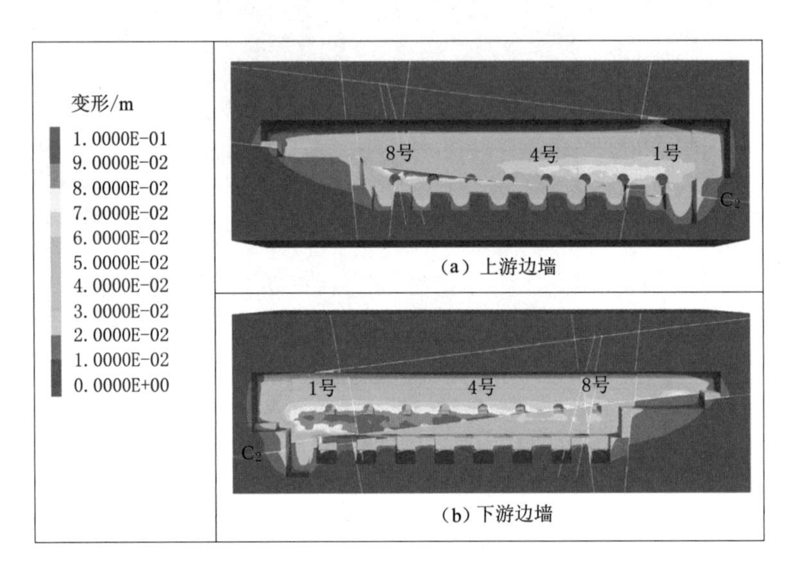

图 8.4-7　厂房上下游边墙围岩变形分布特征

8.4.2.2　错动变形监测成果复核

可研阶段数值模拟分析成果表明，层间带 C_2 在厂房下游边墙 2 号～4 号机组段的错动变形最大，量级可达 50～70mm。采取图 8.4-4 所示的“深部置换＋纵向置换”控制措施后，最大错动变形减小 10～20mm。因此，预测 2 号～4 号机组段的错动变形可达 50～55mm，见图 5.3-26～图 5.3-28。

为了有效监测层间带的错动变形量，工程现场于 2017 年 2 月从 3 号、4 号母线洞内布置了针对 C_2 的测斜孔（图 8.4-8）。其中，3 号母线洞内布置的 INzmd3－0＋023－1 号测斜仪在分层开挖过程中监测到了最大值为 52.91mm 的剪切变形（图 8.4-9 和图 8.4-10），与前期预测的变形量基本一致。

总体上，地下厂房围岩变形分布特征和量级符合预期，并且，层间带 C_2 错动变形分布特征和变化过程也在预测范围内。

8.4.3　置换洞局部开裂机制及其影响

8.4.3.1　置换洞裂缝成因分析

如前所述，置换洞抑制层间带错动变形和岩体松弛的效果取决于合理的位置——距开挖面过远起不到作用、过近则容易被剪断。经反复论证后，工程实施的置换洞（6m×6m）

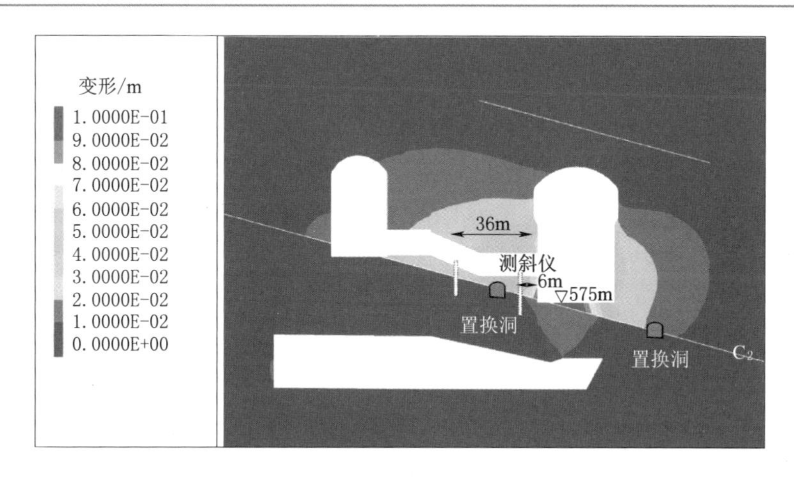

图 8.4-8 3号机组的测斜仪布置位置

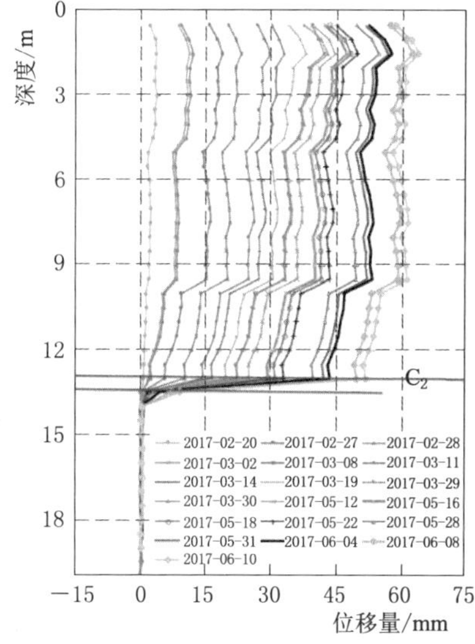

图 8.4-9 开挖面错动现象和距开挖面 6m 处测斜仪监测成果

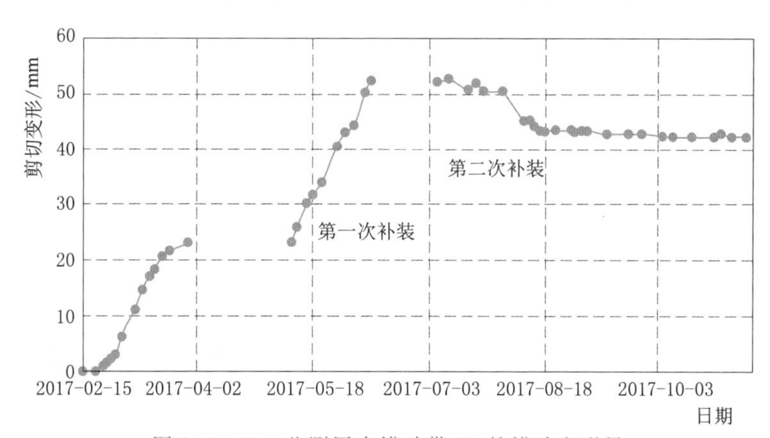

图 8.4-10 监测层内错动带 C_2 的错动变形量

距厂房边墙开挖面13m，既要保证整体上起到控制层间带错动变形的效果，也要保证置换洞本身即便在错动变形较大的洞段（如2号～4号机组）也不会因受力过大而被完全剪断。

深部置换洞的受力机制是在开挖过程中将层间带上盘岩体沿 C_2 形成的剪切荷载通过置换洞传递至下盘岩体中，如图8.4-11所示，使得沿 C_2 的剪切变形得到抑制，并且为快速锚固提供更好的支护时机。在层间带被揭露后，下盘岩体卸荷松弛变形致使上下盘相对变形量差略有减小，如测斜仪监测错动变形量小幅减小（图8.4-10），因此置换洞承受的剪切荷载也明显降低［图8.4-11（c）］。

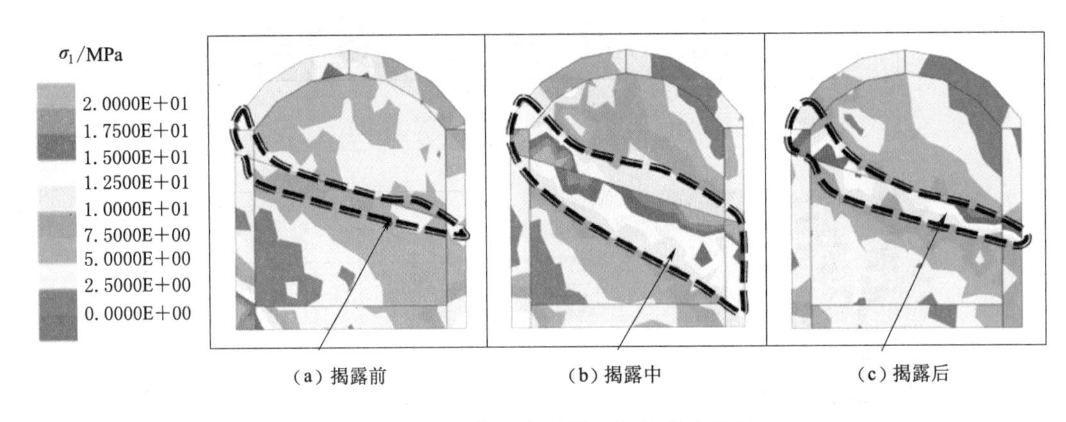

图8.4-11　置换洞在不同时期的受力特征

在分层开挖过程中，置换洞本身由于传递了较大的围岩荷载，局部洞段的置换洞在传力过程中可能形成屈服。工程实际勘察到了置换洞开裂现象，如图8.4-12所示，非贯通性裂缝分布总体与层间带 C_2 剪切变形、置换洞传力带分布保持一致。

图8.4-12　置换洞的裂缝展布特征

总体上，置换洞的受力机理是在开挖过程中将层间错动带上盘岩体沿 C_2 形成的剪切荷载通过置换洞传递至下盘岩体中，在这一受力过程中，置换洞由于传递了较大的围岩荷载可能形成屈服，对应于混凝土的非贯通性开裂；在这一屈服过程中，已经将大部分的剪切荷载传递至层间带下部岩体，起到了应有的抗剪作用。当厂房进一步下卧后，C_2 下盘岩体解除约束，变形增大，致使错动变形量有所减小，从而使得置换洞受力状态得到改善。

8.4.3.2　围岩长期稳定性评价

为了对置换洞开裂影响和围岩长期稳定性进行分析，采用强度折减方法考察了置换洞开裂恶化情况下 C_2 导致的计算指标的增量情况，见表8.4-1。

表 8.4-1　　C_2 置换洞混凝土不同强度折减系数下围岩相关指标汇总表

相关指标	C_2 置换洞强度折减系数 FOS			
	1.5	2.0	2.5	3.0
围岩变形增量/mm	0.35～0.43	0.75～0.75	1.25～1.42	1.58～1.91
C_2 剪切变形增量/mm	0.02～0.81	0.04～1.76	0.05～2.66	0.09～3.42
洞群塑性区体积增量/m^3	1525 (0.14%)	3892.7 (0.36%)	6766 (0.63%)	9189 (0.85%)
洞段拉应力区体积增量/m^3	726 (0.07%)	1329 (0.12%)	3111 (0.29%)	3891 (0.36%)

注　表格中带（　）的数值为相对于折减前数值的增量百分比。

结果表明，置换洞混凝土强度折减过程中，仍然以 2 号～4 号机组下游边墙的层间带错动变形最为明显，这是体形结构所控制的。如图 8.4-13 和图 8.4-14 所示（图中 A—A′为监测线），强度折减至 FOS=3.0 时，C_2 剪切变形增量小于 4mm，围岩变形增量小于 5mm，锚索轴力增量小于 50kN，围岩塑性区和拉应力区体积增量均小于 1%。

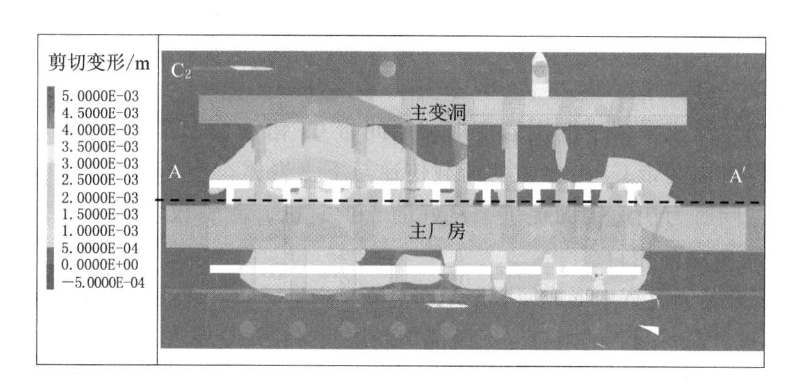

图 8.4-13　强度折减（FOS=3.0）导致的层间带剪切变形分布

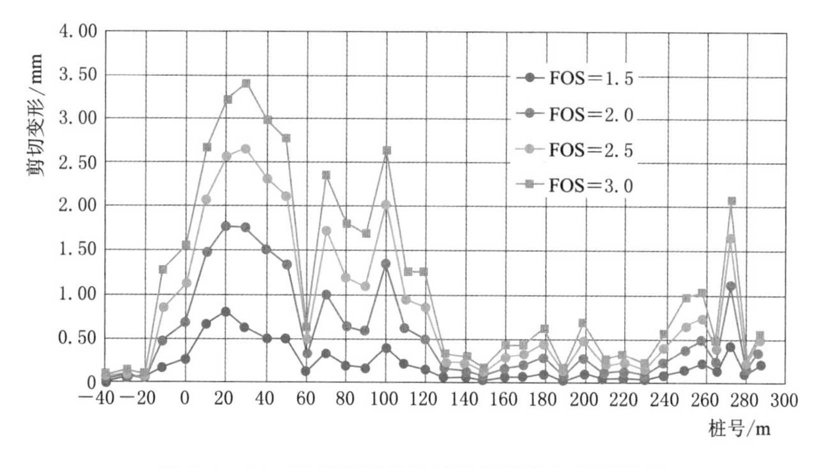

图 8.4-14　强度折减导致的层间带剪切变形增量

数值模拟成果表明，C_2 置换洞在开挖过程中已将上盘岩体的剪切荷载传递到下盘岩体，并且为快速锚固提供了更好的支护时机；随着 C_2 下盘岩体揭露，置换洞受力显著降低，因此，置换洞不具备裂缝持续扩展的受力条件。即便假定置换洞力学指标大幅降低，也不会导致边墙围岩变形、塑性区、锚固系统受力产生明显改变。

因此，可以判断在 C_2 置换洞局部开裂情况下，左岸地下厂房边墙在系统（含加强）支护条件下能够保持长期稳定。

8.4.4 反馈分析结论

本节通过地质勘察、现场监测、数值模拟与白鹤滩工程实践相结合，针对左岸地下厂房最为关注的层间错动带 C_2 的错动变形及其控制措施进行了监测反馈分析研究，结论如下：

（1）层间错动带 C_2 是白鹤滩左岸地下厂房最为关键的岩石力学问题。层间带改变了地下厂房围岩的整体变形模式，使得地下厂房下游侧边墙 C_2 上盘岩体变形超过 100mm，而错动变形普遍达 50～70mm。

（2）工程实施的“深层置换洞＋系列置换洞”方案能够使岩体松弛程度减小，且层间带最大错动变形减小 10～20mm，是有效可靠的措施。同时，置换方案能更好地控制不利地质条件（如泥化层间带的流变特性）带来的潜在风险，是重大工程在复杂地质条件下规避不确定性风险的必要选择。

（3）施工期监测成果揭示的围岩变形和层间带 C_2 错动变形分布和量级符合预期。置换洞在开挖过程将层间带 C_2 上盘剪切荷载传递至下盘岩体，使得沿 C_2 的剪切变形得到一定程度的限制，同时为快速锚固提供了良好的支护时机。测斜仪实测 C_2 最大错动变形为 52.91mm，与前期预测相符。

（4）置换洞在传力过程中形成屈服，局部混凝土产生了非贯通性开裂，不会造成围岩和结构失稳。“置换洞＋锚固圈”的组合方案既能抑制层间带错动变形和岩体松弛，又能保证结构安全并提高围岩安全度，有效解决了地下厂房高边墙受层间带影响的潜在岩石力学问题。

8.5 右岸厂房上游边墙 C_3 影响部位监测反馈分析

至 2019 年 2 月上旬，白鹤滩右岸地下厂房开挖至第Ⅶ层（9 号～10 号机组正在开挖机坑Ⅷ层），右厂 0＋076～0＋200m 桩号的上游侧边墙浅表层监测位移大于 100mm 的测点较多（约占 1/3）。在动态优化取消 C_3 置换洞前提下，上游边墙受 C_3、C_{3-1} 和 RS_{411} 影响洞段变形整体较大且逼近了预警值，是反馈分析重点关注部位之一。

本节在概括上游侧边墙施工期揭露地质条件的基础上，反馈分析上游侧边墙变形分布特征，预测后续开挖影响，并且对 C_3/C_{3-1} 加强支护条件下的上游边墙围岩稳定性进行评价。

8.5.1 右岸厂房上游边墙围岩变形分布特征

8.5.1.1 右岸厂房上游边墙地质条件

白鹤滩右岸地下厂房发育层间带 C_3、C_{3-1} 和 C_4，断层 F_{20}，节理密集带 RS_{411}（图

8.5-1)。已开挖边墙(至高程 578.8m)揭露岩性主要为块状玄武岩夹角砾熔岩,岩质坚硬,微新、无卸荷状,岩体结构以次块状为主,围岩类别为Ⅲ$_1$类与Ⅲ$_2$类,其比例分别为 68%和 32%。北侧及中部边墙 C_3 斜穿地下厂房,受节理密集带 RS_{411} 影响部位多为Ⅲ$_2$类围岩。

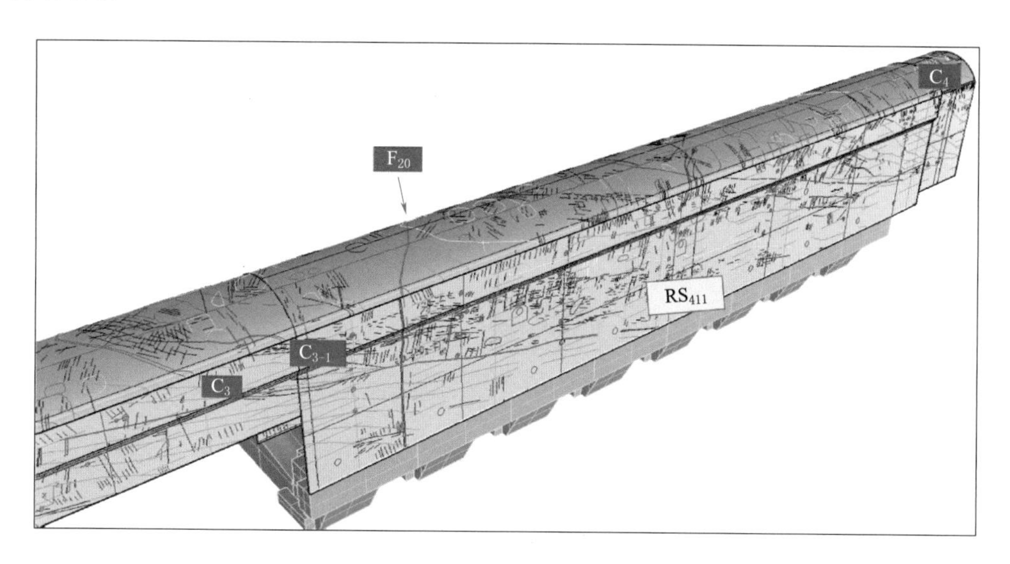

图 8.5-1 右岸厂房施工期地质素描三维图

与 8.4 节左岸地下厂房下游边墙受 C_2 影响类似,右岸地下厂房上游边墙受 C_3、C_{3-1} 影响,层间带上盘将产生较大变形,而 RS_{411} 的岩体质量相对较差,因此将使得节理破裂带围岩整体变形量级明显增大。

8.5.1.2 右岸厂房上游边墙围岩变形分布总体特征

大型软弱构造将改变地下洞室围岩的整体变形模式(图 8.5-2),右岸地下厂房围岩变形较大的区域主要有两个部位,其一,小桩号洞段 C_4 下盘顶拱和下游边墙(见 8.6 节);其二,大桩号洞段 C_3/C_{3-1} 上盘 RS_{411} 出露洞段。由图 8.5-3 所示的大变形区域的三

图 8.5-2 右岸地下厂房洞室群围岩变形分布图

维等值面可见，围岩位移大于100mm的区域主要集中在这两个部位。

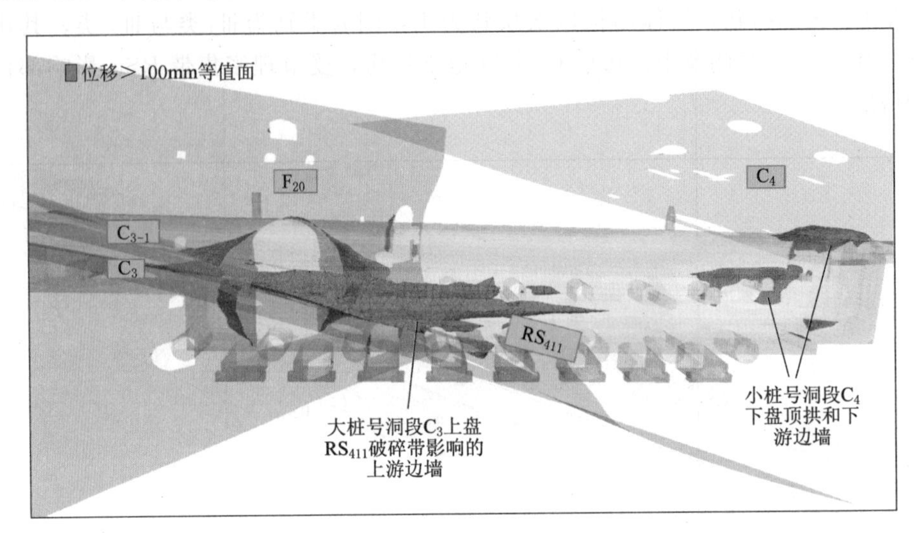

图8.5-3 右岸厂房围岩大变形（＞100mm）区域分布特征

8.5.1.3 开挖过程的围岩变形分布特征

右岸地下厂房大桩号洞段上游边墙 $C_3/C_{3\text{-}1}$ 上盘 RS_{411} 节理密集带在第Ⅳ层开挖揭露时，节理密集带局部变形即达到80～100mm，随着下卧开挖的进行与边墙高度的增大，边墙围岩大变形的范围逐步扩大，变形量级达100～120mm水平（图8.5-4）。

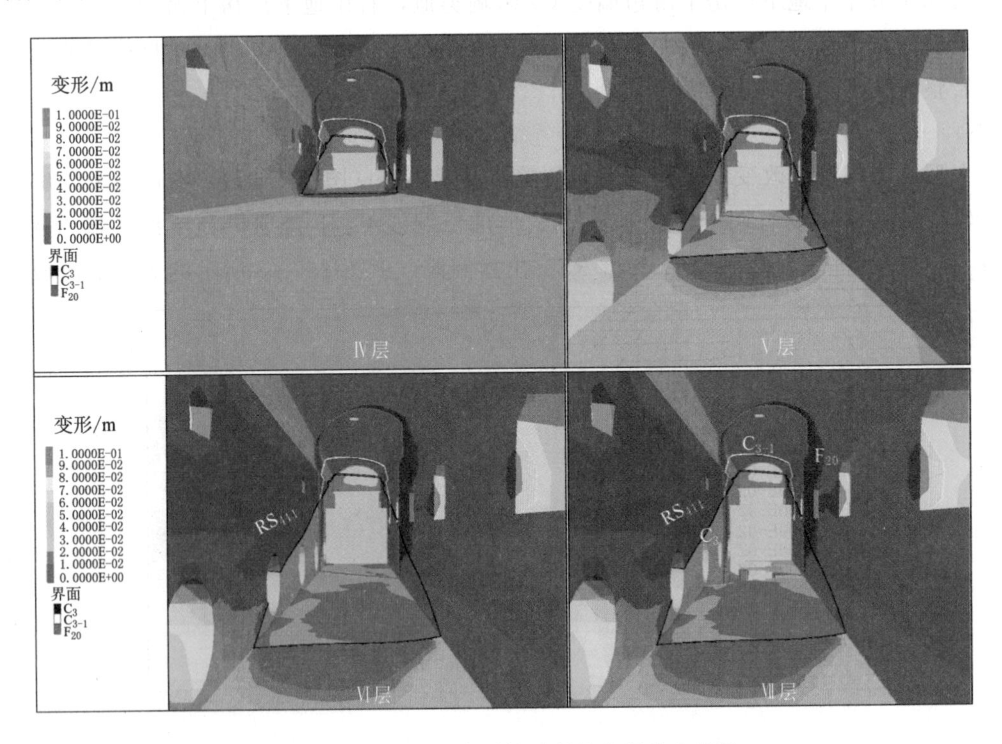

图8.5-4 右岸厂房开挖过程的变形分布特征

如图8.5-5所示，右厂0+265m上游边墙Myc0+265-3实测（1.5m深处）位移达138mm，是上游边墙监测到的最大位移。该部位产生相对最大位移的主要原因是该部位受断层F_{20}影响，同时，9号引水洞存在交叉洞室影响，使得局部变形量级较大。

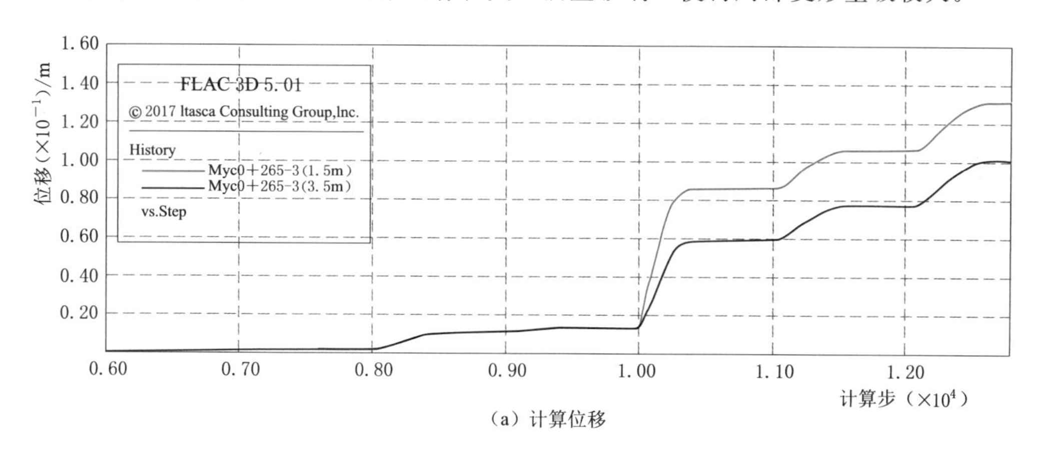

（a）计算位移

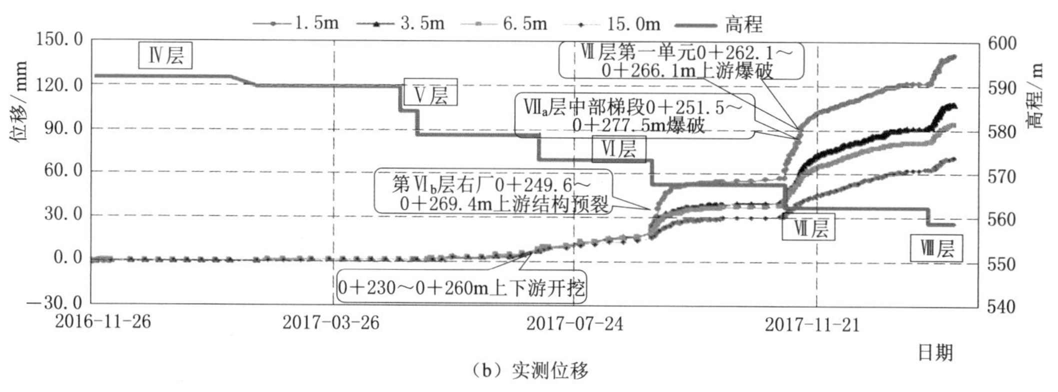

（b）实测位移

图8.5-5 右厂0+265m上游边墙高程570.69mMyc0+265-3位移时程曲线

总体上，从围岩变形分布和过程两方面来看，数值模拟的大变形区域与实际监测成果相符，同时，数值模拟揭示第Ⅵ层、第Ⅶ层开挖导致的浅层围岩的变形增量较为明显，也与实测位移时程特征较为吻合，因此依据施工期地质条件进行细微修正的数值模型能够“复制”边墙变形演化规律，也可以对后续开挖响应进行预测。

8.5.2 现阶段围岩变形分布特征复核

8.5.2.1 开挖至第Ⅶ层的围岩累积变形复核

在上述大型结构面影响下的围岩整体变形模式基础上，以下将着重依据监测成果对上游边墙的计算成果进行复核，为准确预测后续开挖影响奠定基础。

由右岸地下厂房开挖至第Ⅶ层（9号～10号机组段开挖机坑第Ⅷ层）的监测位移成果（图8.5-6）可见，大桩号洞段下游边墙的位移一般为60～80mm；上游边墙位移一般为70～100mm，且以边墙中部变形较大，一般达100mm左右。由于取消了C_3置换洞，受层间带C_3/C_{3-1}和断层F_{20}切割部位较大，一般可达100～120mm。

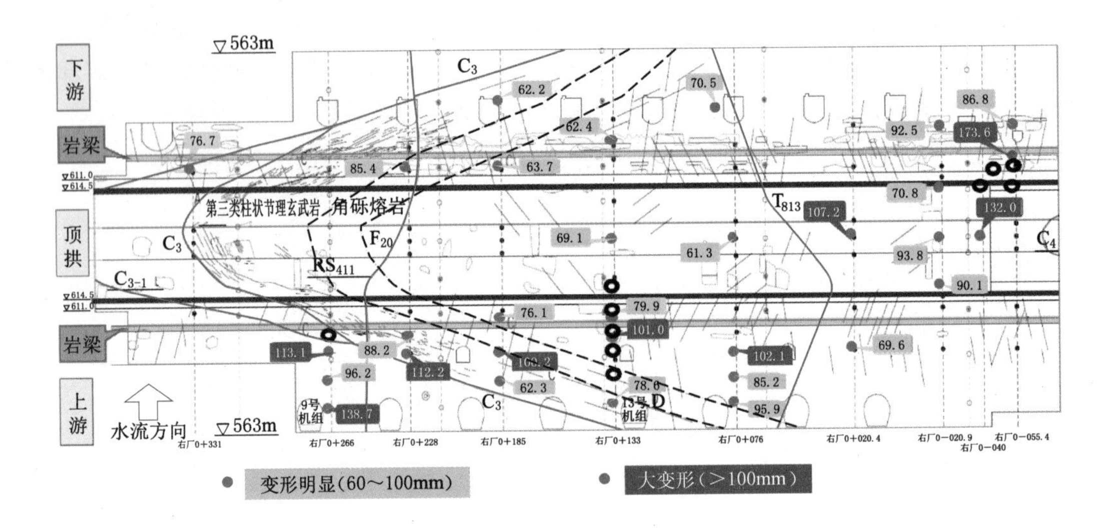

图 8.5-6　右岸厂房围岩监测位移分布特征

右厂 0+265m 的 Myc0+265-3 部位受断层 F_{20} 和引水洞的影响，同时，9 号～10 号机组段开挖领先于其他机组段（已开挖至机坑第Ⅷ层），因此监测位移为上游边墙实测位移最大值，达 138mm。

由图 8.5-7 所示监测位移和计算位移的比较可见，监测位移与计算位移在总体上有良好的一致性，直接证明了数值模型的可靠性（图中标注的数值为实测位移）。

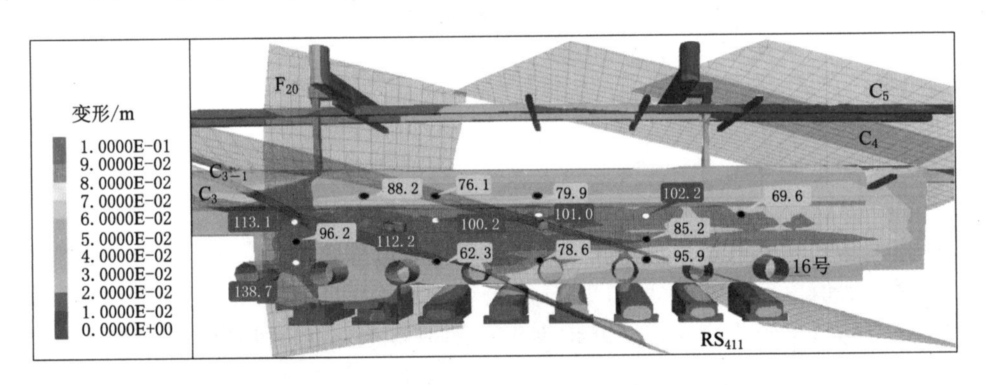

图 8.5-7　右岸厂房上游边墙计算围岩变形与实测位移比较

此外，开挖至第Ⅶ层的锚索轴力监测成果（图 8.5-8）表明，上游边墙 2500kN 的锚索测力计 48 台，荷载超过设计值的主要分布在右厂 0+076～0+265m 洞段（图 8.5-9），可见，锚索荷载超设计值的部位与计算的较大位移分布区域有良好的一致性，从而间接证实了数值模型的可靠性。

8.5.2.2　开挖 9 号～10 号机坑第Ⅷ层的变形增量复核

数值模型的可靠性除了可以通过整体变形规律比较分析、监测与计算累积变形量对比复核分析予以验证外，显然还可以根据现阶段开挖导致的变形增量特征进行复核分析。

如图 8.5-10 所示，大桩号洞段 9 号和 10 号机坑第Ⅷ层开挖导致大桩号右厂 0+

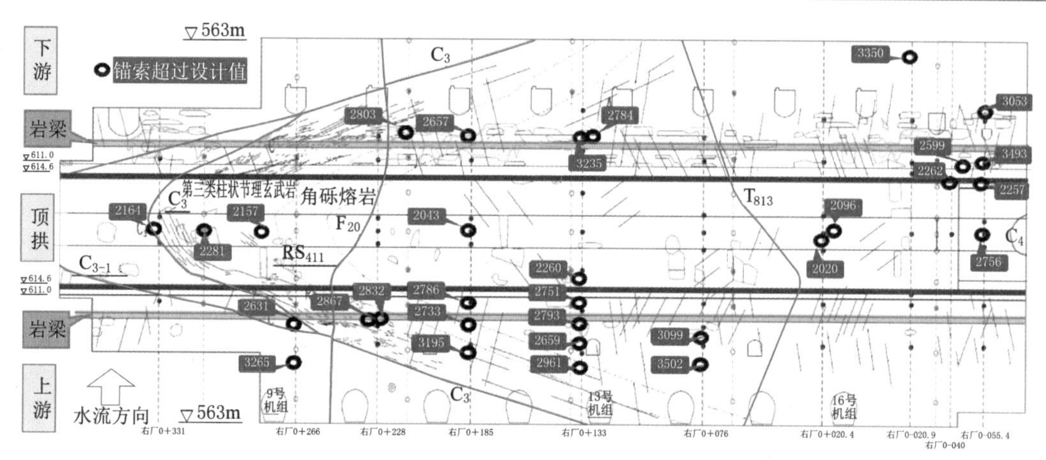

图 8.5-8 右岸厂房荷载超设计值的锚索分布特征

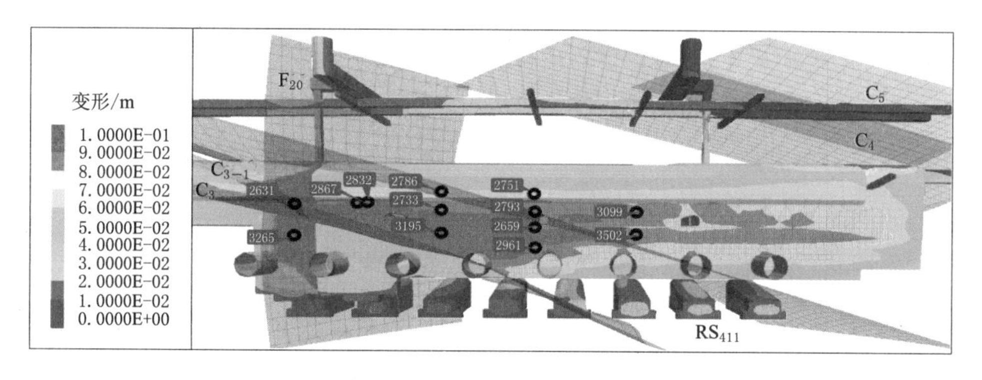

图 8.5-9 右岸厂房荷载超设计值的锚索荷载分布与围岩位移分布相关性

228m 断面和右厂 0+265m 断面上游边墙岩梁以上监测位移增量不明显，而上游边墙中下部变形增量可达 7.44～21.22mm。

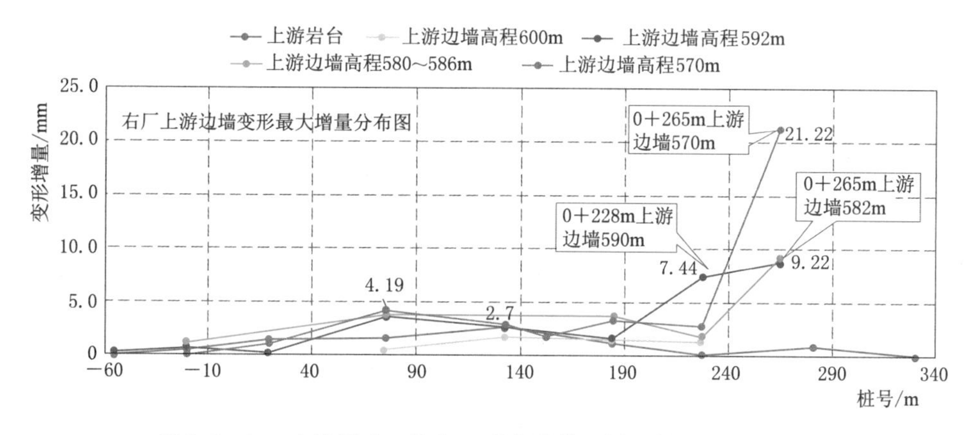

图 8.5-10 右岸厂房 9 号和 10 号机坑第Ⅷ层开挖监测变形增量

由数值模拟的开挖变形增量分布（图 8.5-11）可见，9 号和 10 号机坑第Ⅷ层开挖导致的变形增量主要集中于机坑和下部边墙部位，但由于 9 号机组洞段受断层 F_{20} 切割，导致局部变形量级和范围的模型增大。

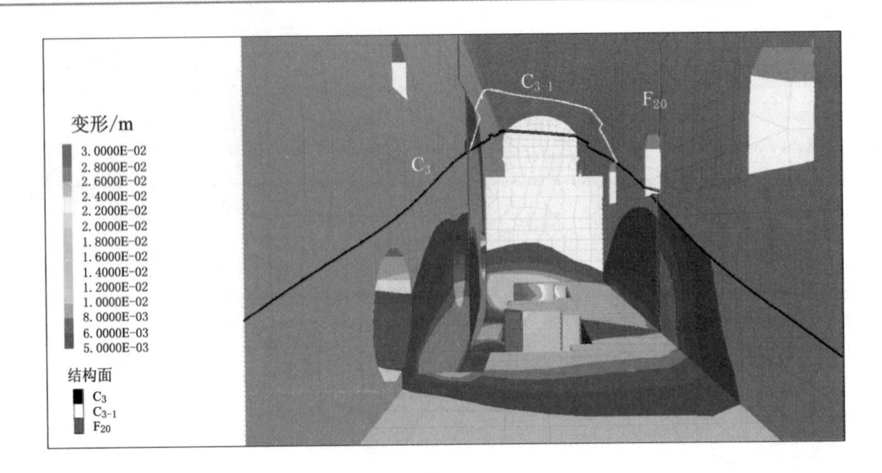

图 8.5-11 右岸厂房9号和10号机坑第Ⅷ层开挖变形增量分布特征

总体上，由图 8.5-12 可见，监测位移增量与数值计算的变形增量分布范围和量级基本吻合，进一步证明了数值模型的可靠性（图中标注的数值为实测位移）。

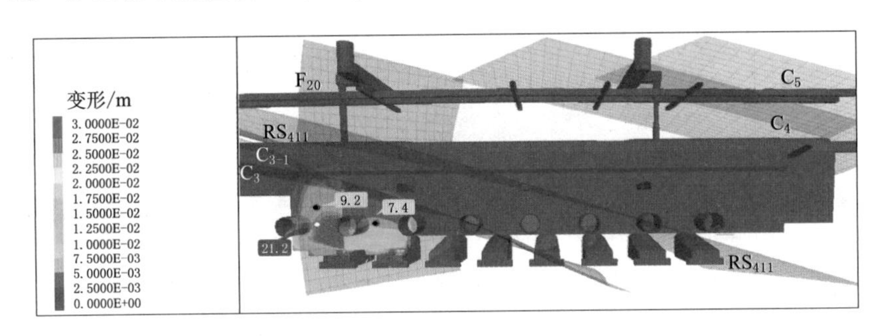

图 8.5-12 右岸厂房9号和10号机坑第Ⅷ层上游边墙开挖计算围岩变形与实测位移增量比较

8.5.3 后续开挖的围岩变形和锚索轴力增量预测

如前所述，依据施工期地质条件进行修正，并且按照监测成果进行反馈的数值模型能够“复制”边墙变形分布和演化规律，与监测所得的累积变形和变形增量吻合，具有较好的可靠性，因此也可以用以对后续开挖响应进行预测。

8.5.3.1 后续开挖的围岩变形分布预测

如图 8.5-13 和图 8.5-14 所示，后续机坑开挖集中在 11 号～16 号机组洞段，将导致上下游边墙产生 10～50mm 的变形增量，其中，岩梁以上的变形增量一般小于 10mm，而变形增量大于 30mm 的部位主要集中于高程 565m 以下，仅 13 号～14 号机组段受 RS_{411} 影响，变形增量大于 30mm 的范围可达高程 575m。

8.5.3.2 后续开挖的锚索轴力增量特征

右岸厂房开挖至第Ⅶ层，上游边墙 C_3/C_{3-1} 出露部位围岩变形持续增长，且 C_3 出露部位有明显的喷层开裂现象，相应部位锚索测值亦呈增长趋势，有 27%的锚索轴力已超设计值，

图 8.5-13 右岸厂房后续机坑开挖的变形增量分布特征

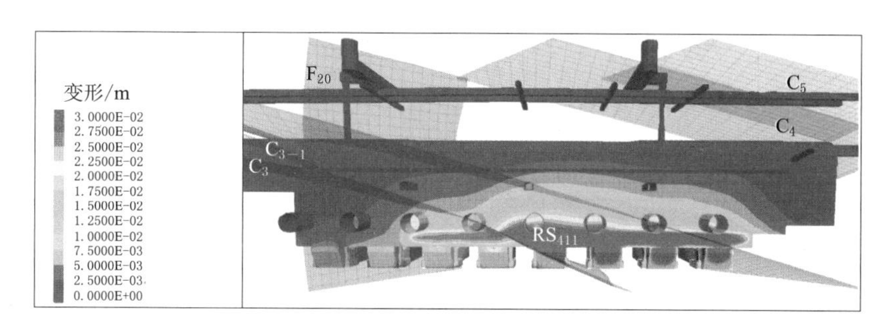

图 8.5-14 右岸厂房后续机坑开挖的上游边墙变形增量分布特征

因此，设计针对右厂 0+170.75～0+233.45m 段上游边墙新增 83 束锚索进行加强支护。

具体的加强支护方案见图 8.5-15 和图 8.5-16，在右岸主厂房上游边墙高程 592.70m 和 585.50m 与第 6 层排水廊道 RPL6-1 之间布置两排无黏结型对穿预应力锚索 T=3000kN 进行加强支护，在右厂 0+170.75～0+233.45m 段上游边墙 C_3 出露部位增加 5 排 83 束有黏结型预应力锚索 T=2000kN 进行加强支护。

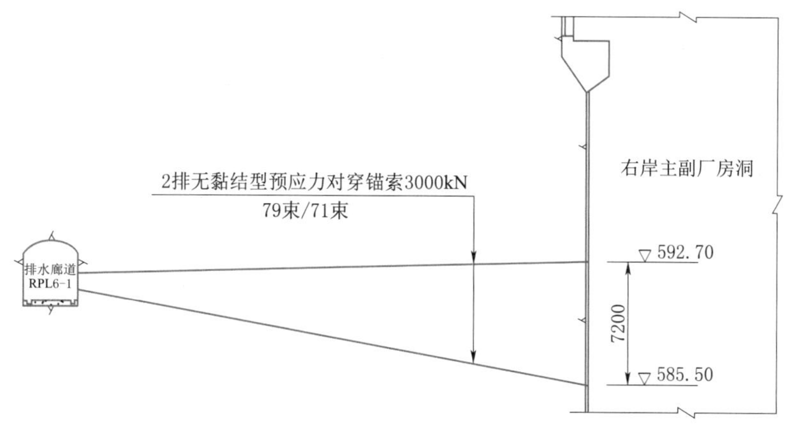

图 8.5-15 右岸主厂房上游边墙新增对穿锚索布置方案剖面图（单位：高程 m，尺寸 mm）

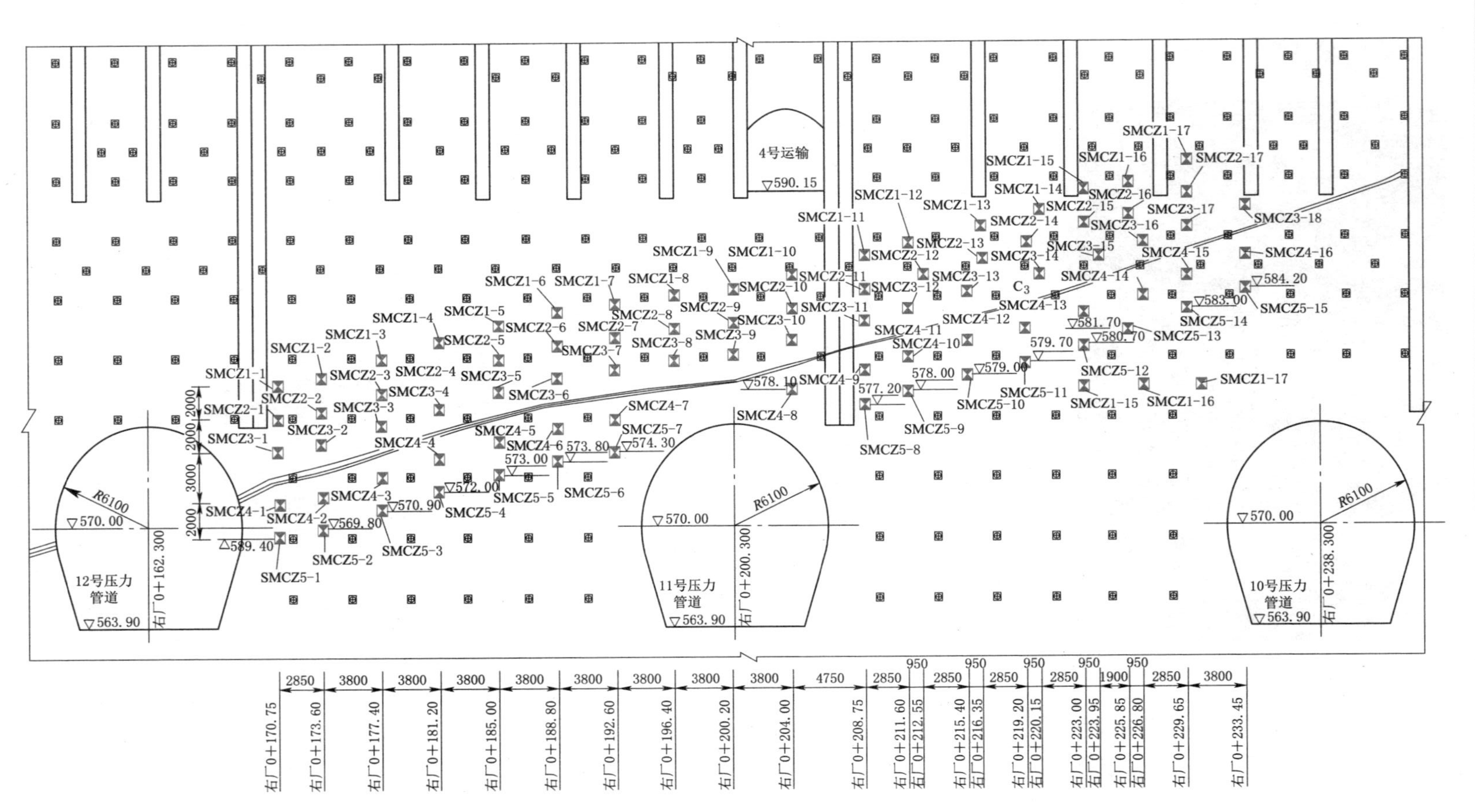

图 8.5-16　右岸主厂房上游边墙 C_3 出露部位新增锚索布置图（单位：高程 m，尺寸 mm）

图 8.5-17 给出了后续开挖导致的围岩变形增量和新增锚索的轴力分布特征，由图可见，锚索的轴力一般在 1500～1600kN，靠近 12 号机组段锚索轴力相对较大，个别锚索轴力可达 1700～1800kN。

总体上，新增锚索的轴力基本都在设计值范围内，满足围岩稳定要求。

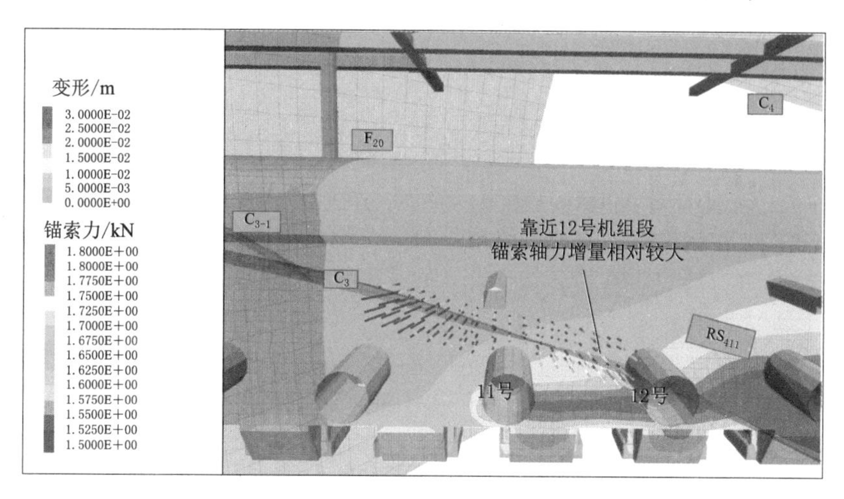

图 8.5-17 右岸厂房上游边墙新增锚索轴力分布特征

8.5.4 右岸厂房上游边墙稳定性评价

右岸地下厂房上游边墙围岩变形较大的主要原因是受层间带 C_3 和 C_{3-1} 的影响。为了针对局部围岩稳定性进行评价，以下针对结构面强度参数进行折减，依据变形增量差异评价围岩稳定性分区特征。

图 8.5-18 给出了层间带 C_3 和 C_{3-1} 强度折减系数 $F=2.0$ 导致的变形增量，由图可见，变形增量一般小于 20mm，并且新增锚索洞段变形一般不大于 10mm，稳定性相对较好。总体上，上游边墙围岩安全系数都在 2.0 以上。

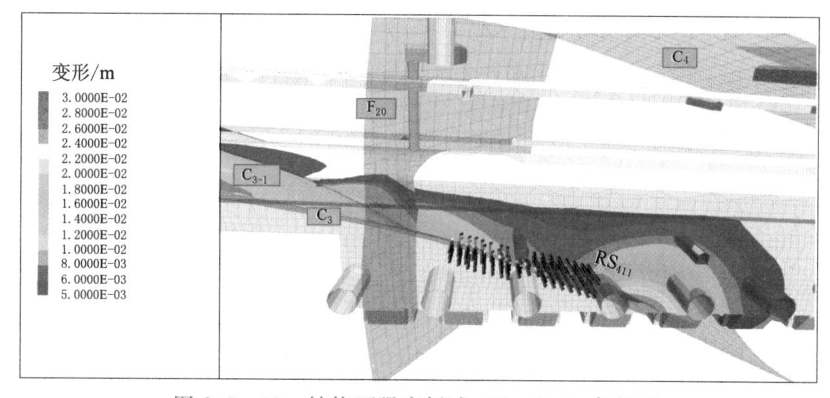

图 8.5-18 结构面强度折减（$F=2.0$）条件下上游边墙围岩变形增量特征

8.6　右岸厂房小桩号洞段大变形监测反馈分析

右岸厂房小桩号洞段顶拱和下游边墙围岩变形整体较大，包含了整个地下厂房洞室群监测的最大变形值 192mm。在厂房第Ⅶ层开挖期间曾出现过加速增长，其中右厂 0－055m 下游边墙 605m 围岩变形日增长达 4.4mm（2018 年 1 月 1 日累积 159mm），出现了变形超预警值的情况（图 8.2－2 和图 8.2－4），右厂 0－020m 下游边墙锚索荷载日变化量达到 60～80kN，锚索荷载超设计值占比较大。因此，本节着重对右岸地下厂房小桩号洞段围岩在第Ⅶ层开挖期间产生的变形增量特征及原因进行分析，进而对动态设计和加强支护措施进行说明，最后，对动态支护设计的实施效果和围岩稳定性进行评价。

8.6.1　监测成果分析

截至 2017 年 12 月 31 日，右岸地下厂房小桩号洞段代表性的右厂 0－055m 断面上边顶拱 7 套多点位移计的累积监测变形见图 8.6－1 和图 8.6－2。由图可知：

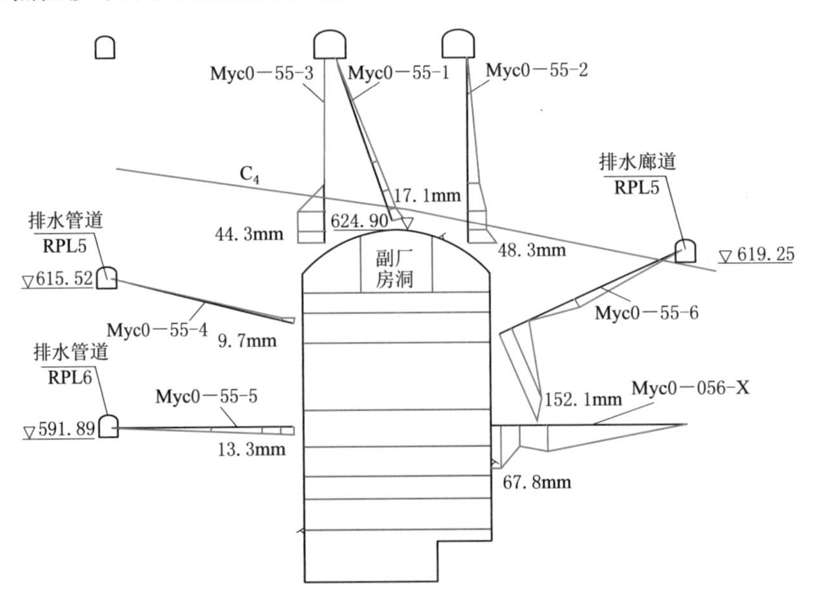

图 8.6－1　右岸地下厂房 0－055m 断面监测变形统计（单位：m）
（截至 2017 年 12 月 31 日）

（1）顶拱：正顶拱浅表最大累积变形 17.1mm，下游侧拱肩浅表层最大累积变形 48.3mm，上游侧拱肩浅表层最大累积变形 44.3mm，较大变形区域主要在浅表层，位于 C_4 下盘，C_4 上盘测点的变形相对较小。

（2）上游边墙：多点位移计为开挖阶段即埋，监测成果为变形增量，目前两个高程 608.0m 和 594.0m 的最大累积变形增量分别为 9.7mm 和 13.3mm。

（3）下游侧边墙：目前两个高程 605.0m 和 593.0m 的最大累积变形增量分别为

152.1mm 和 67.8mm，其中 608m 高程位置的多点位移计 1.5m 和 3.5m 两个测点变形在厂房第Ⅲ层开挖期间变形增量约 70mm，该套仪器后续监测到的变形增长基本与厂房后续开挖影响密切相关，但在地下厂房开挖至最终高程 567.2m 后，变形持续增长，并且变形速率与此前相比明显出现加速特征（图 8.6－3）。

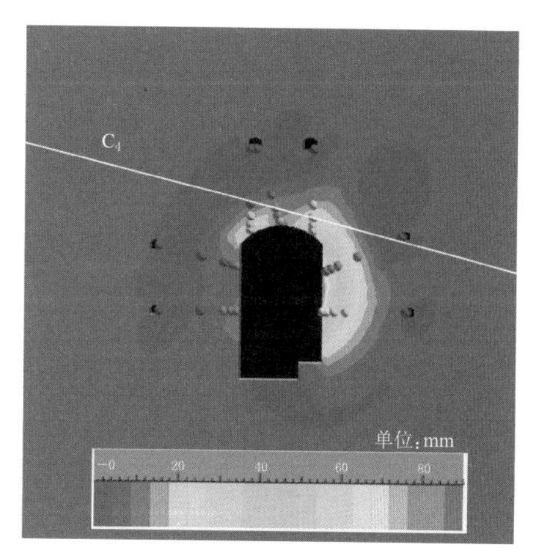

图 8.6－2 右岸地下厂房 0－055m 断面监测变形云图（根据实测成果插值）

截至 2017 年 12 月 31 日，锚索测力计与多点位移计变形监测成果规律基本相一致，顶拱和下游侧边墙的锚索荷载增量明显要大于上游侧边墙（图 8.6－4），具体分析如下：

（1）正顶拱：锚索测力计 DPyc0－054－1，锚索荷载增长 959kN，达 2741kN；锚索测力计 DPyc0－55－1，锚索荷载增长 489kN，达 2106kN。

（2）上游边墙：两束监测锚索的荷载增量分别为 167kN 和 139kN，荷载分别为 1693kN 和 1705kN。

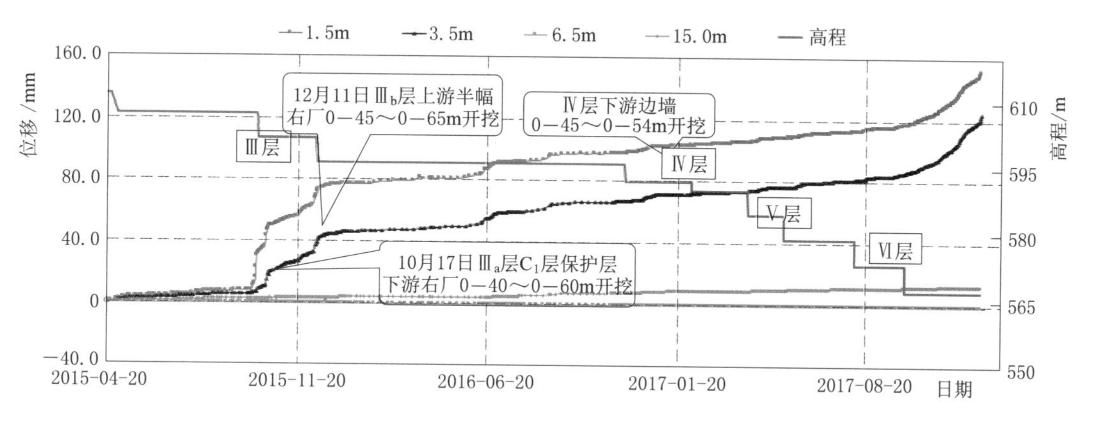

图 8.6－3 右厂 0－055m 断面下游边墙 605m 高程多点位移计监测时序过程线

（3）下游侧边墙：605m 高程位置的监测锚索 DPyc0－54－4，锁定吨位为 1555kN，荷载增至 3367kN，荷载增量为 1812kN；DPyc0－59.7－2 荷载增量为 1212kN，达 2717kN。从锚索荷载的变化时程曲线看，DPyc0－54－4 在第Ⅲ层开挖期间有一次突增，然后在第Ⅳ～Ⅵ层开挖过程中持续缓慢增加，在厂房开挖至高程 567.2m 后，锚索荷载持续增长，并且荷载增长速率与此前相比明显出现加速特征（图 8.6－5）。

8.6.2 大变形的成因机理

8.6.2.1 小桩号洞段围岩应力调整过程

白鹤滩右岸地下厂房断面上大主应力近于水平，因此，厂房顶拱为应力集中区，加之大主应力缓倾上游（河谷）侧，致使厂房下游侧拱肩和边墙上部变形总体大于上游（图 8.6－6）。

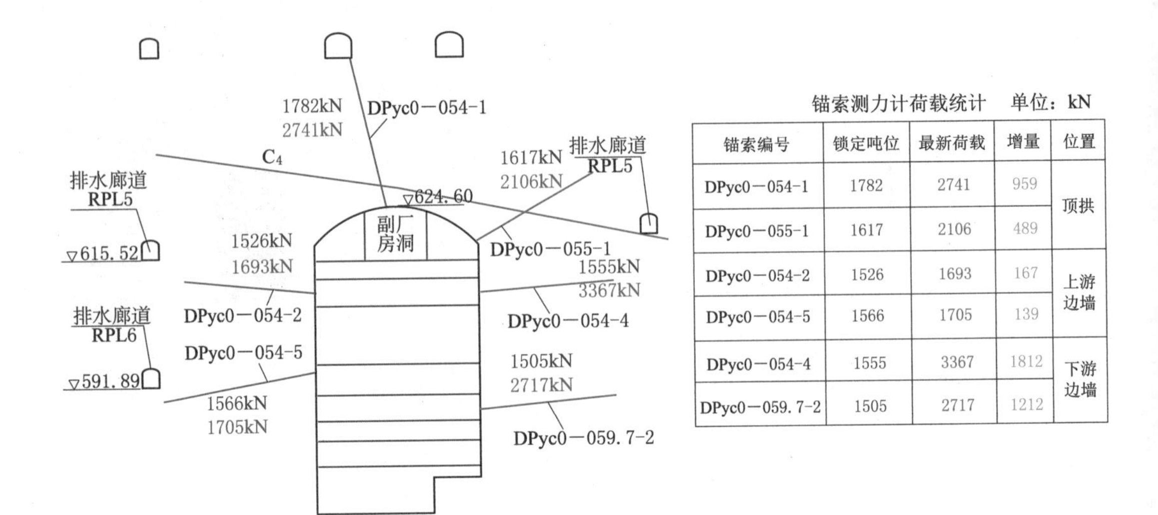

锚索编号	锁定吨位	最新荷载	增量	位置
DPyc0－054-1	1782	2741	959	顶拱
DPyc0－055-1	1617	2106	489	
DPyc0－054-2	1526	1693	167	上游边墙
DPyc0－054-5	1566	1705	139	
DPyc0－054-4	1555	3367	1812	下游边墙
DPyc0－059.7-2	1505	2717	1212	

图 8.6－4　右厂 0－055m 断面锚索测力计监测成果汇总

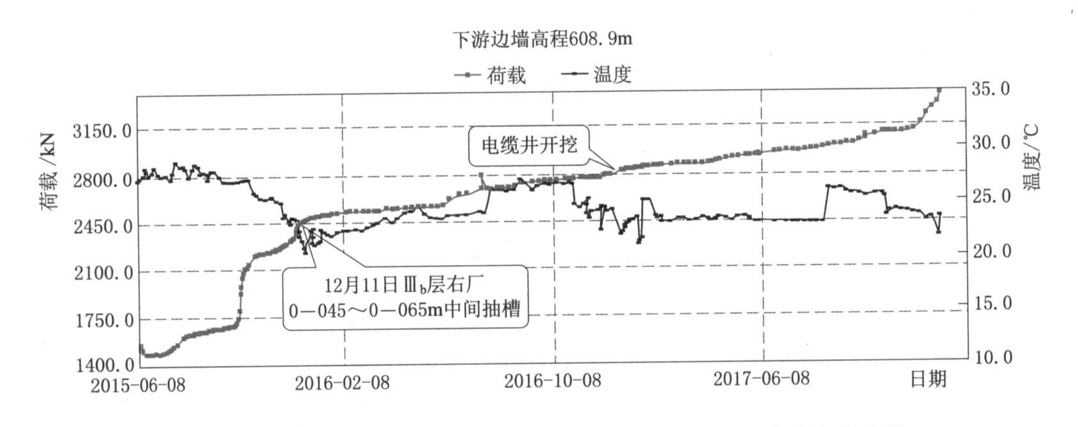

图 8.6－5　右厂 0－055m 断面锚索测力计 DPyc0－54－4 荷载变化曲线

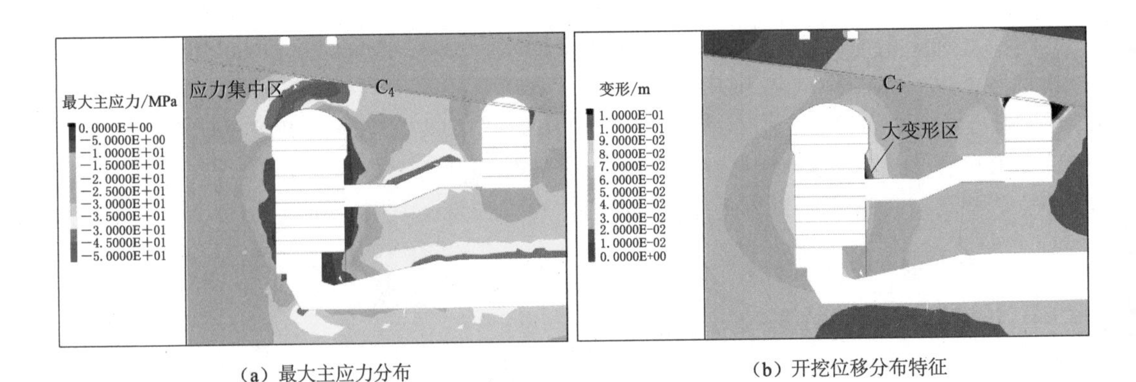

（a）最大主应力分布　　（b）开挖位移分布特征

图 8.6－6　16 号机组断面应力和变形分布特征

小桩号洞段顶拱受层间错动带 C_4 切割，剪出口附近由于 C_4 下盘岩桥厚度较薄，高应力集中，致使岩体产生屈服，表现为脆性岩体的破裂破坏，而破坏后的松弛岩体（厚度约3m）有赖于支护系统维持稳定。

由于软弱层间带阻断了应力向上盘调整，松弛岩体的荷载只能向 C_4 下盘岩桥厚度较大部位（即向北侧）岩体转移，使得 C_4 下盘距离切割部位一定范围形成应力集中增强区域，即所谓的“承载拱”（图 8.6-7）。

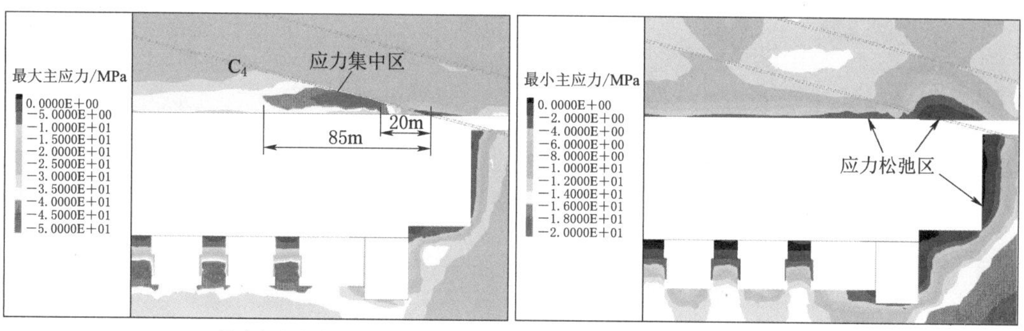

(a) 最大主应力分布　　(b) 最小主应力分布

图 8.6-7　厂房轴线断面最大和最小主应力分布特征

由图 8.6-8 和图 8.6-9 可见，随着地下厂房下卧开挖，高边墙表现为明显的松弛，而顶拱应力集中有所增强。

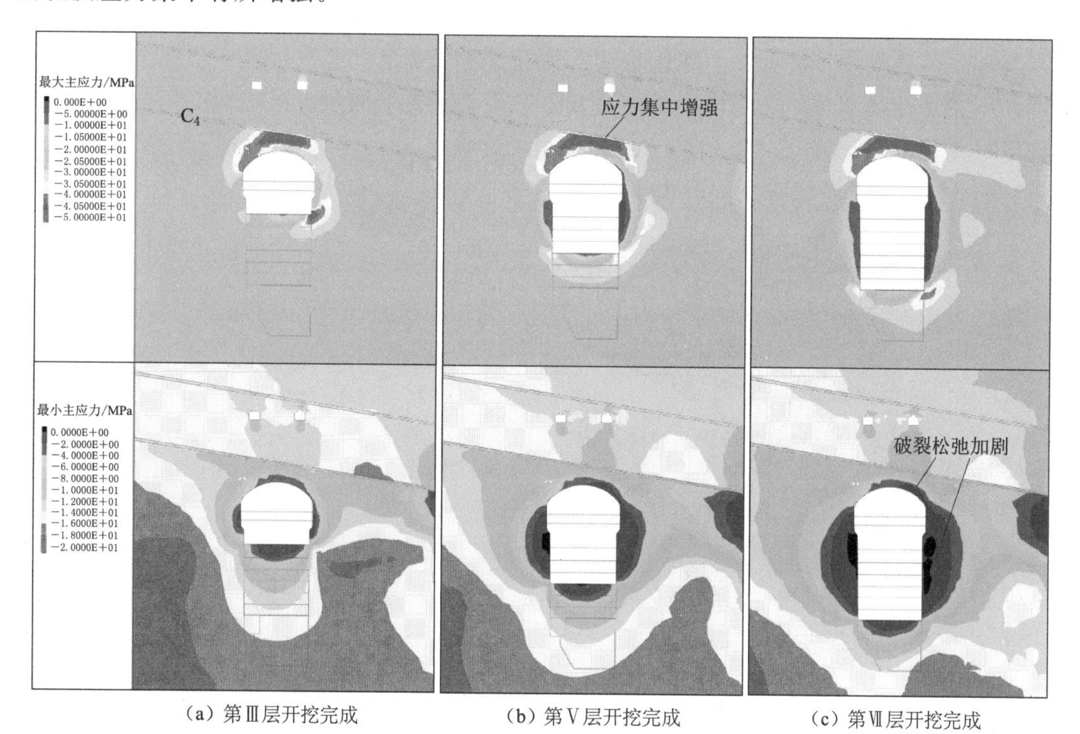

(a) 第Ⅲ层开挖完成　　(b) 第Ⅴ层开挖完成　　(c) 第Ⅶ层开挖完成

图 8.6-8　厂房边墙围岩应力集中区和松弛区随开挖过程的变化特征（以 0-015m 断面为例）

在顶拱应力集中总体增强过程中，将导致 C_4 下盘局部岩体新生屈服和应力调整，因此，顶拱 C_4 下盘的应力集中范围和程度在分层开挖过程中总体呈现扩张趋势，并且应力集中区距离 C_4 剪出口的距离也略有增大（图 8.6－9），厂房开挖完成后，“承载拱”位于距 C_4 剪出口水平距离 20～85m 范围。

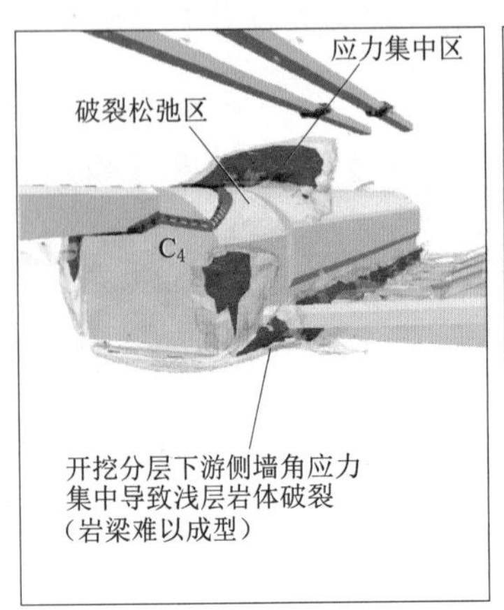

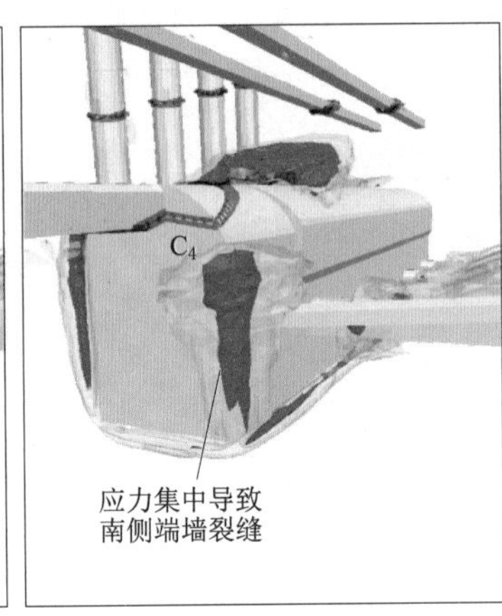

图 8.6－9 厂房围岩应力集中区随开挖过程的变化特征

围岩应力集中特征也可以通过一些工程现象加以印证，譬如，随着分层开挖的持续进行，整个地下厂房顶拱应力集中都会有所增强，使得顶拱破损岩体产生破裂扩展，从而导致了喷层开裂发展现象。

与顶拱应力集中不同的是，尽管边墙部位在开挖完成后是强松弛区，但在分层开挖过程中，下游侧边墙墙角经历了应力集中过程，表现为小桩号洞段下游边墙扩挖过程墙角的破裂破坏最为显著（图 8.6－10），这是下游侧边墙浅层岩体破裂松弛、岩梁难以成型（图 8.6－11）、局部产生大变形的根本原因。

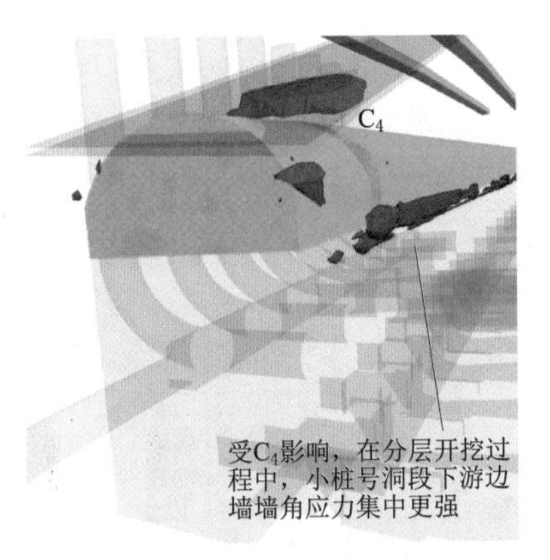

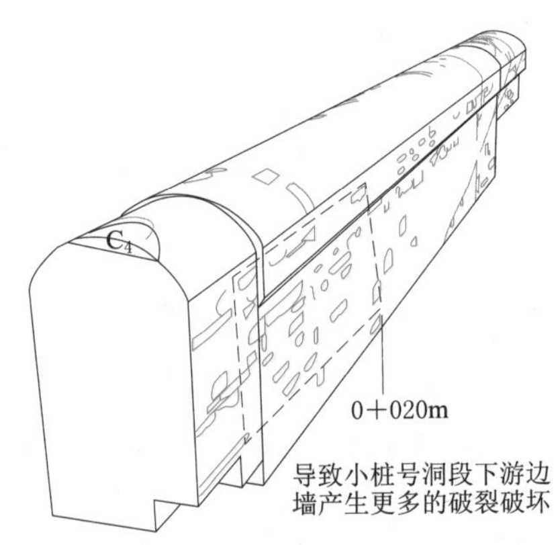

图 8.6－10 右岸厂房岩梁部位下游边墙围岩应力型破坏机理

同时，由图 8.6－12 可见，随着厂房中下层开挖，南侧端墙拐角形成了明显的应力集中区，致使局部产生了喷层开裂现象。此外，下游边墙墙角应力集中区与尾水连接管顶拱应力集中区叠加还导致了尾水连接管顶拱的喷层开裂现象。

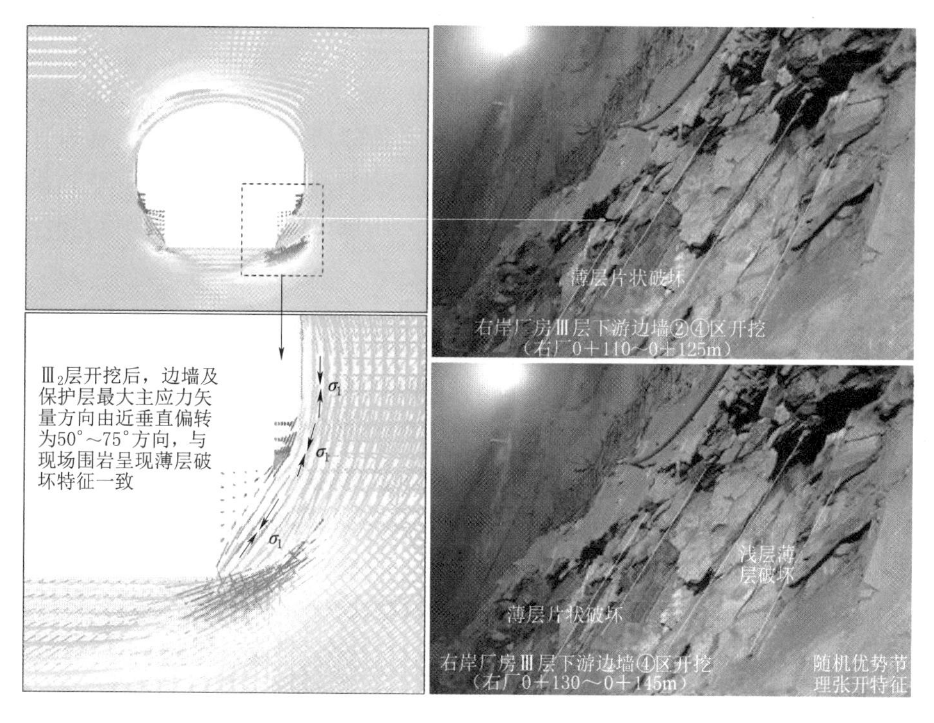

图 8.6－11　右岸厂房岩梁部位下游边墙围岩应力型破坏机理

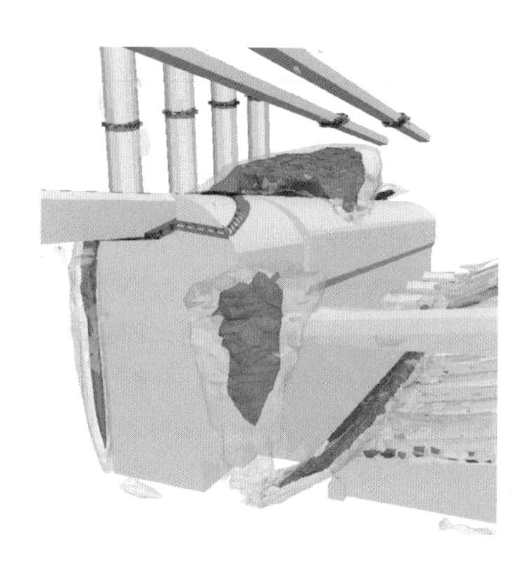

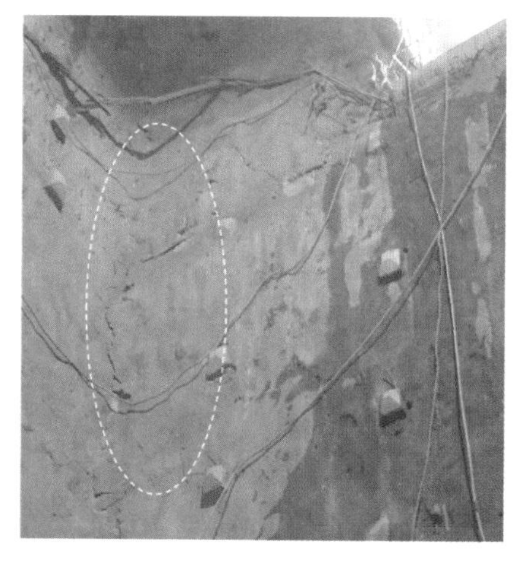

图 8.6－12　右岸厂房岩梁部位下游边墙围岩应力型破坏机理

总体上，数值分析揭示的应力集中区与现场的高应力破坏部位总体吻合，当然，由于应力调整通常有一定的滞后效应，因此开挖导致岩体破裂响应的时间效应表现得较为突出。

8.6.2.2　下游边墙大变形区域分布特征

在高边墙形成过程中，小桩号洞段围岩变形响应较为突出，表现为第Ⅶ层开挖后Myc0－55－6实测最大位移达160mm，而右厂交通洞南支洞、电缆廊道、南侧交通洞等都产生了明显的开裂现象，同时，岩梁部位变形较大，致使轨道产生偏移。

图 8.6-13 给出了小桩号洞段围岩随开挖过程的变形分布特征，由图可见，由于受 C_4 切割，顶拱对两侧边墙的支撑效果减弱，从而导致分层开挖过程中下游侧边墙墙脚的应力集中和破裂破坏程度更为突出，随着下卧开挖，经历了高应力集中和破裂破坏的岩体产生明显的卸荷松弛变形，并且不断向深部发展。边墙的强烈松弛与挤压变形导致顶拱 C_4 下盘岩体应力集中程度不断加剧，从而使得局部岩桥新生破裂破坏，导致顶拱产生变形且带动边墙形成位移突增（图 8.6-14）。所以，小桩号洞段顶拱和下游边墙围岩变形相互影响，表现出了联动响应关系。

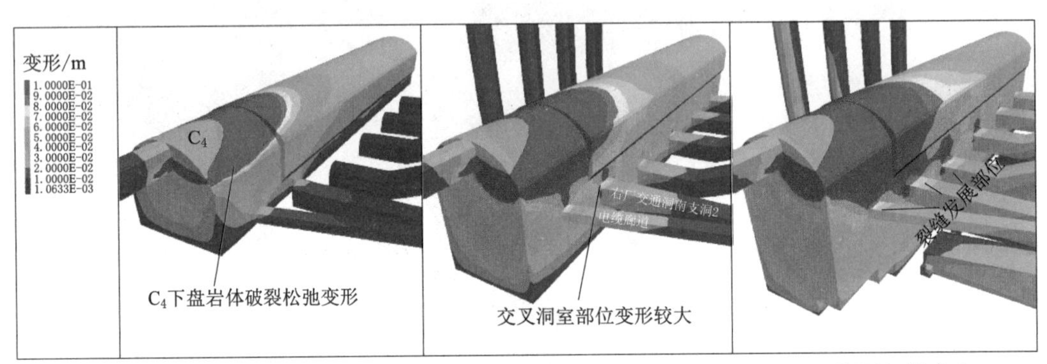

图 8.6-13 右岸厂房小桩号洞段围岩变形分布特征

总体上，数值计算揭示的总体开挖变形规律与监测成果基本一致，同时，由图 8.6-15 可见，在第Ⅴ～Ⅶ层开挖过程中，交叉洞室都出现了向厂房方向明显的变形增量，这也是右厂交通洞南侧支洞等辅助洞室裂缝形成和不断张开的直接原因。数值模拟的位移增量模式与实际监测成果吻合，也可以解释为支洞内混凝土开裂的根本原因，不过，局部计算变形量值（如 Myc0—55-6）要比监测成果小（图 8.6-14）。

实际监测到的最大值大于数值模拟的平均值，其根本原因在于围岩的局部破裂松弛。图 8.6-10 和图 8.6-11 已说明下游边墙在分层开挖过程就因为应力集中产生了明显的开裂，如 Myc0—55-6 的 1.5m 测点在第Ⅲ层开挖时，变形就已达 80mm。而最大位移的测点位于交叉洞口附近，图 8.6-16 所示开挖支洞与否的位移对比可见，开挖支洞会造成局部围岩变形量级的明显增大。所以，最大位移部位岩体已经受分层开挖和交叉洞室开挖的影响产生了显著破损，使得其变形规律进入了非线性阶段。

一般而言，脆性岩体超过 150mm 的大变形即表明宏观裂缝已经形成并可能贯通，岩体结构严重破坏，变形增量将呈现非线性特征。所以，具体量值通常难以通过数值模拟简单预测，这也是数值模拟难以或者不必完全吻合局部监测测值的主要原因。

8.6.2.3 大变形的原因

下游边墙 605.0m 高程的 Myc0—55-6 产生大变形的主要原因有以下几方面：

（1）由于受层间带 C_4 影响，小桩号洞段下游边墙上部围岩变形本身较大，这是围岩开挖响应的基本格局。

（2）下游侧边墙大范围经历了应力集中—应力松弛的应力路径，因此，破裂岩体在强松弛（甚至拉应力条件）下开挖响应本身较为突出。

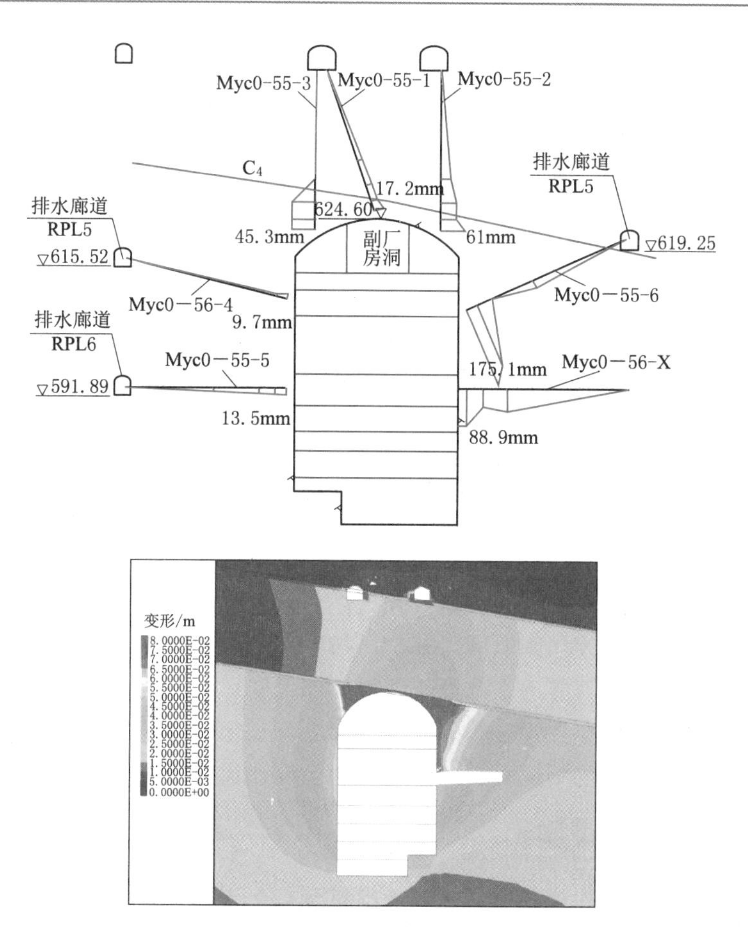

图 8.6-14　右厂 0-055m 断面监测变形与计算值的比较

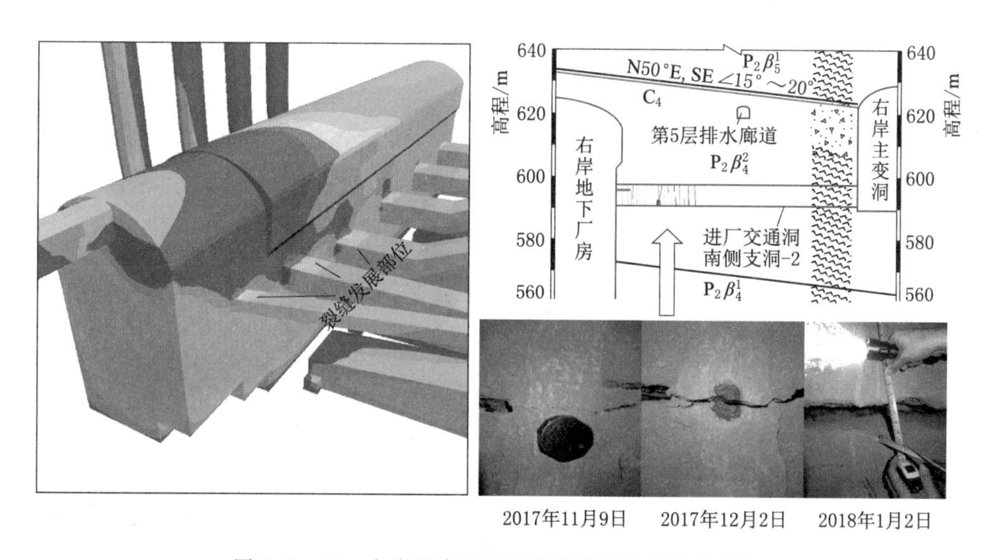

图 8.6-15　右岸厂房小桩号洞段围岩变形分布特征

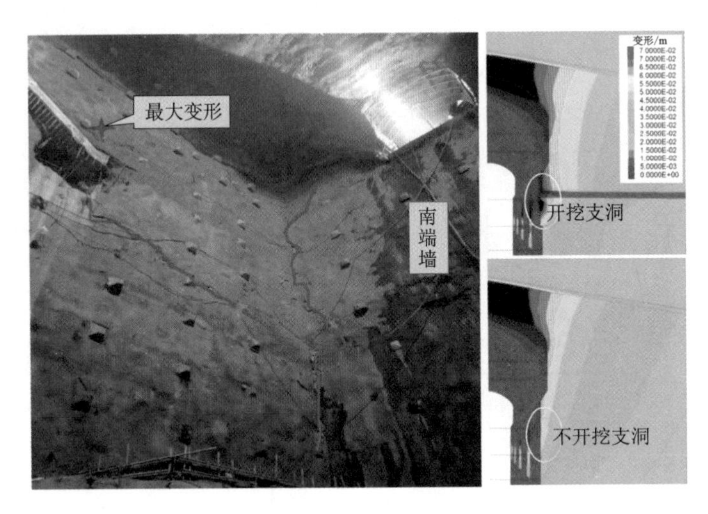

图 8.6-16 右岸厂房小桩号洞段围岩变形分布特征

(3) 交叉洞室附近围岩变形一般相对较大，如果电缆廊道开挖造成了比较强烈的交叉口局部围岩破损，也将大幅加剧监测点部位局部围岩的开挖响应。

(4) 此外，局部地应力等因素都可能促使局部大变形的产生。

总体上，尽管数值模拟在吻合个别测点位移上有一定偏差，但揭示了位移变化发展的总体规律，可以为后续开挖响应做出预测，为动态设计优化提供支撑。

8.6.3 后续开挖响应预测

右岸厂房小桩号较大变形洞段后续仍然受机坑和集水井开挖扰动影响，以下由数值计算对比分析揭示机坑和集水井开挖对围岩应力和变形的影响，从而对后续开挖潜在的不良影响进行预判，供开挖方案动态优化参考。

8.6.3.1 后续开挖对应力分布的影响

图 8.6-17～图 8.6-19 给出了后续机坑和集水井开挖对围岩应力集中和应力松弛的影响，由图可见：

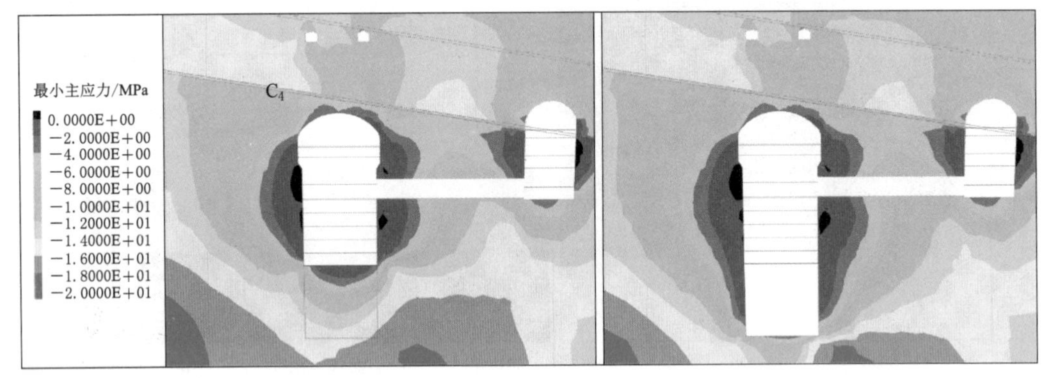

(a) 机坑开挖 (b) 机坑+集水井开挖

图 8.6-17 右厂 0-032.15m 剖面的应力松弛区特征

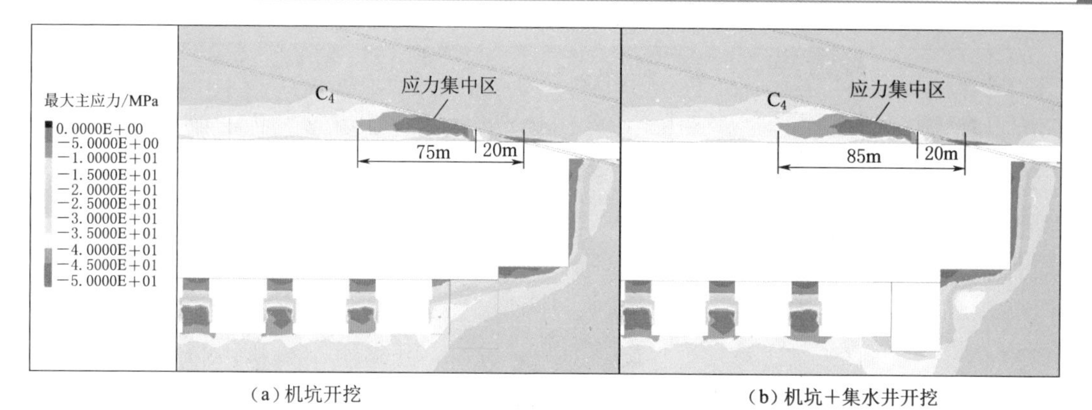

(a) 机坑开挖

(b) 机坑+集水井开挖

图 8.6-18 厂房轴线剖面的应力集中区特征

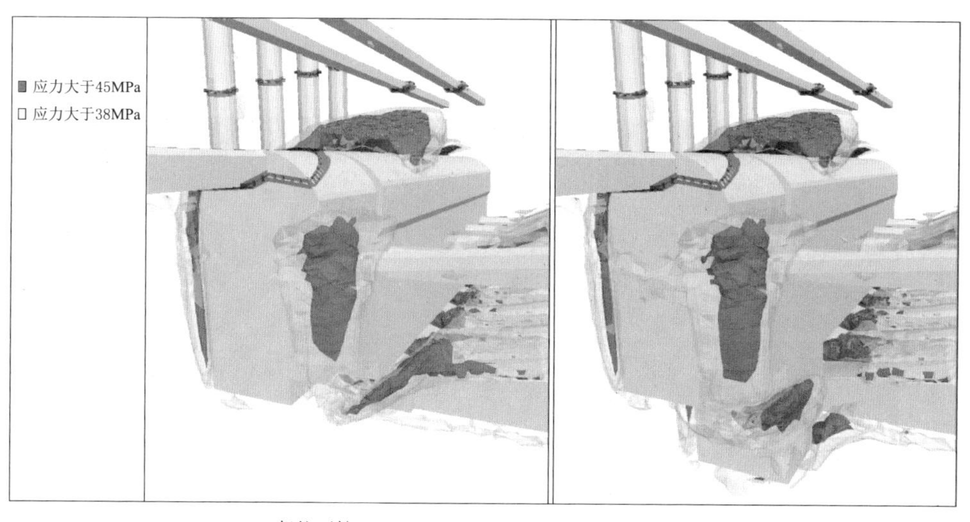

(a) 机坑开挖

(b) 机坑+集水井开挖

图 8.6-19 右岸厂房小桩号洞段应力集中区分布特征

(1) 机坑和集水井开挖都将进一步导致边墙松弛范围和程度的增强，尤其是集水井开挖使得局部边墙高度增加较大，对上部边墙松弛影响相对明显。

(2) 机坑和集水井开挖将导致顶拱应力集中的进一步增强（图 8.6-18），机坑开挖将导致顶拱应力集中区扩展至距 C_4 剪出 75m 处；而集水井开挖将导致应力集中区扩展至距 C_4 剪出 85m 处。因此，集水井开挖对顶拱应力集中的增强较为明显。

(3) 此外，在集水井周边交叉部位也产生了局部应力集中。

总体上，尽管后续开挖对顶拱应力集中的影响相对较小，但顶拱部位岩体受应力集中导致的浅层破裂扩展和时效变形已较为明显，应力集中范围的增大和应力集中程度的小幅增强都将明显增加围岩应力调整和变形收敛时间。

8.6.3.2 后续开挖对围岩变形分布的影响

图 8.6-20 和图 8.6-21 给出了后续机坑和集水井开挖对围岩应力集中和应力松弛的影响，由图可见：

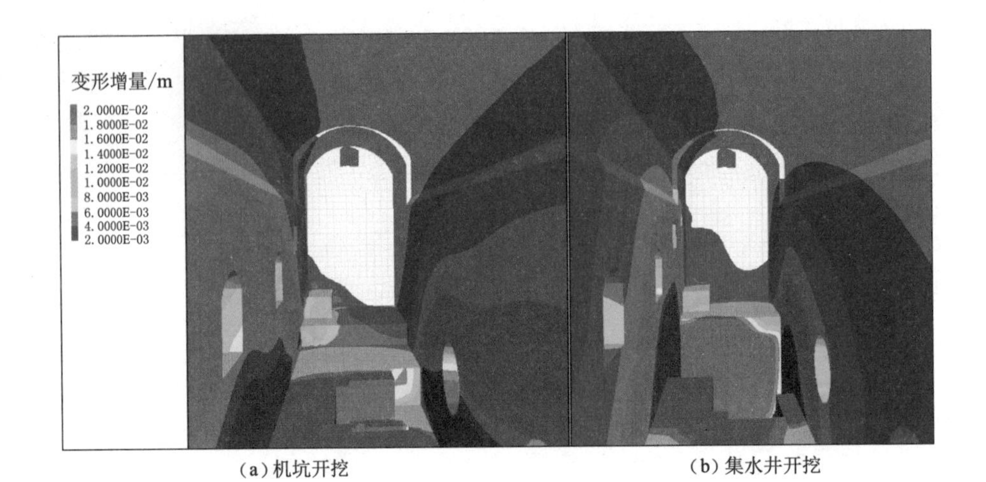

(a) 机坑开挖　　(b) 集水井开挖

图 8.6-20　后续机坑和集水井开挖导致的变形增量

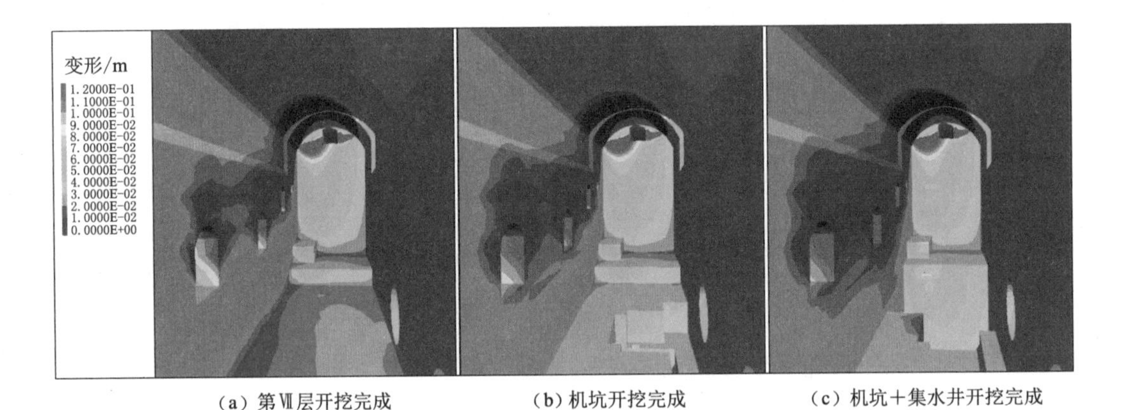

(a) 第Ⅶ层开挖完成　　(b) 机坑开挖完成　　(c) 机坑+集水井开挖完成

图 8.6-21　后续机坑和集水井开挖完成的围岩总变形分布

(1) 机坑开挖将导致下游拱肩 2～4mm 的变形增量、上部边墙 4～8mm 的变形增量、中部边墙 8～15mm 的变形增量、下部边墙 15～30mm 的变形增量。

(2) 集水井开挖将导致集水井洞段下游拱肩 2～5mm 的变形增量、上部边墙 4～10mm 的变形增量、中部边墙 10～20mm 的变形增量、下部边墙 20～50mm 的变形增量。

(3) 集水井开挖后，将使得边墙中上部变形超 120mm 的范围明显增加。

总体上，机坑和集水井开挖对边墙围岩变形的影响较为明显，并且，以集水井开挖对局部洞段的变形影响更为突出一些。考虑小桩号洞段已发生较大变形，因此在具备优化条件的基础上，将集水井外移无疑会减小开挖扰动，对小桩号洞段围岩稳定有利。

8.6.4　动态支护设计及实施效果

针对白鹤滩右岸地下厂房小桩号洞段围岩变形量级普遍较大的现实条件，设计工作将集水井移出了厂房，以期减小集水井开挖对厂房顶拱和边墙的扰动。同时，对小桩号洞段顶拱和下游边墙大变形区域实施了加强支护。

8.6.4.1 集水井移出

右岸主厂房厂内集水井外移到副厂房南侧山体内，距离副厂房南侧端墙 43m，同时布置相应的交通洞和附属洞室，具体布置方案见图 8.6-22。

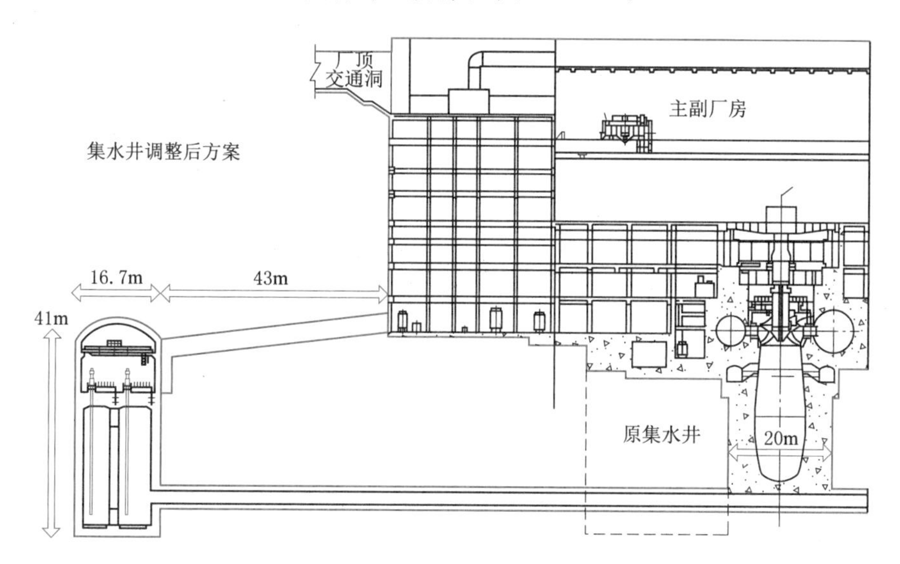

图 8.6-22 右岸地下厂房厂内集水井外移方案纵剖面布置图

图 8.6-23 给出了集水井外移后开挖完成集水井本身和厂房小桩号洞段变形增量特征，由图可见，集水井开挖完成后，集水井自身顶拱变形一般为 7～14mm，靠厂房侧边墙变形略大于另一侧边墙变形，一般为 12～28mm，变形增大部位主要发生在集水井高程中间部位以及交叉口部位。对厂房小桩号洞段总体引起的变形增量较小，其中右厂 0－075～0－020m 洞段边墙围岩变形最大增量为 3～8mm，顶拱变形增量为 0～3mm。

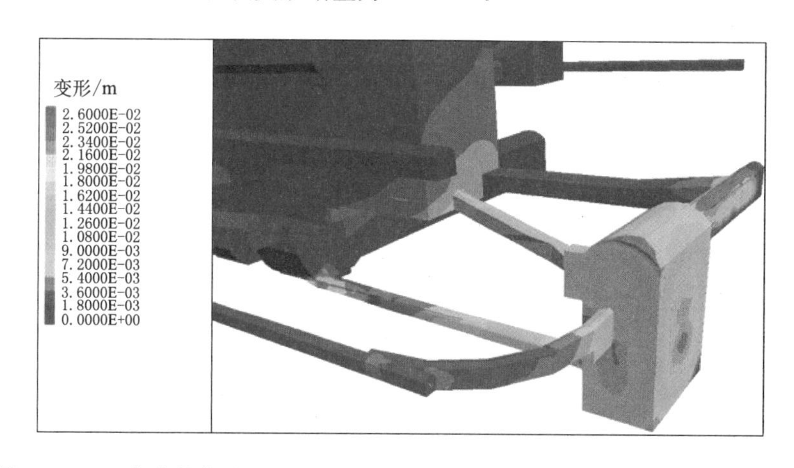

图 8.6-23 集水井外移后开挖完成集水井变形和厂房小桩号洞段变形增量特征

总体上，外移后的集水井开挖引起的右厂厂房小桩号洞段围岩变形增量较小，引起的支护单元受力增量也较小。外移集水井作为一个控制开挖扰动、提升小桩号洞段围岩稳定性的主动措施起到了良好作用。

8.6.4.2　加强支护设计

鉴于右岸地下厂房下游边墙中上部产生了明显的大变形，并且后续机坑仍然存在不利影响，需要及时实施加强支护措施。

针对右岸小桩号洞段主副厂房顶拱、下游边墙和副厂房南侧端墙大变形部位，根据混凝土开裂破坏情况、围岩变形及其变形增量增长情况、锚索测力计测值及增长情况，以及地质条件和附属洞室布置情况等综合考虑，在右厂 0－075.40～0＋014m 段原系统顶拱、下游边墙、南侧端墙原系统锚索中间分别内插布置有黏结型预应力锚索 252、195、41 束进行加强支护（图 8.6－24），加强支护完成后的面貌见图 8.6－25。

图 8.6－24　右岸小桩号洞段加强支护范围

图 8.6－25　加强支护实施面貌

8.6.4.3　动态支护的实施效果

右岸厂房小桩号洞段第Ⅶ～Ⅸ层开挖，实测围岩变形最大值达 192mm（1.5m 深处），但主要集中于浅层 3.5～6.5m 以内的破裂岩体。受岩体地应力环境、特有地质构造层间

带 C_4 及岩性硬脆性力学特性等的影响，施工期厂房应力处于不断调整过程中，使得浅层围岩破裂扩展表现出明显的迟滞和持续变形特征（图 8.6-26）。

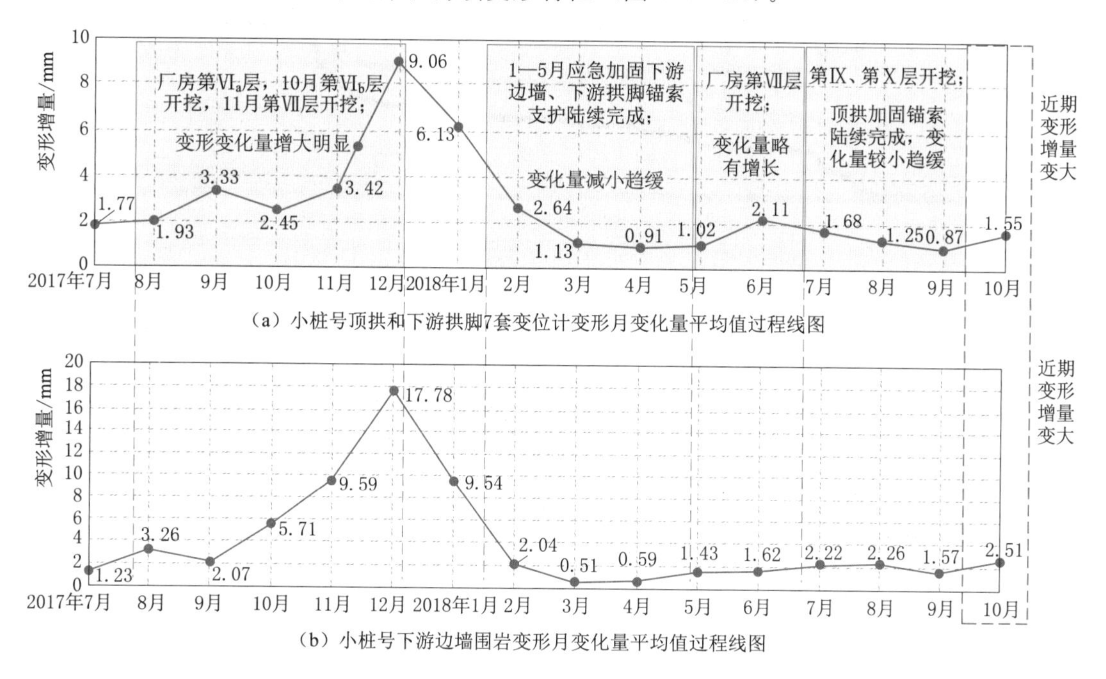

（a）小桩号顶拱和下游拱脚7套变位计变形月变化量平均值过程线图

（b）小桩号下游边墙围岩变形月变化量平均值过程线图

图 8.6-26　右岸厂房小桩号洞段围岩变形月平均变化增量特征

白鹤滩玄武岩总体变形收敛稳定时间一般为 8～16 个月，右岸厂房小桩号洞段支护受力监测数据显示总体呈缓慢增长且渐趋平稳的趋势，变形余量不会造成新增支护锚索超限，现有支护措施可以保证围岩整体稳定（图 8.6-27）。

图 8.6-28 给出了厂房开挖完成小桩号洞段支护受力特征，统计规律如下：

（1）原支护系统受力。开挖完成后顶拱 2000kN（80%～90%锁定）的锚索受力存在较普遍超设计荷载，超设计荷载 2000kN 占比约 51%。边墙 2500kN（锁定 1500～1750kN）锚索荷载受力主要分布在 1700～2500kN 之间，占比约 58.1%；也存在较多超设计荷载，超设计荷载（2500kN）的占比约 23%。

（2）新增支护受力。顶拱新增锚索 2500kN（锁定 1800kN）受力主要分布在 1800～2500kN 之间，占比约 87.1%，新增锚索受力基本在设计荷载以内，仅个别根锚索（层间带 C_4 切割部位）接近或刚刚达到设计荷载。边墙新增锚索 3000kN（锁定 2200kN）受力主要分布在 2200～2600kN 之间，占比约 85.2%；新增锚索受力基本在设计荷载以内，仅个别锚索（右厂 0－055m 部位变形较大部位）接近或者达到设计荷载。新增支护系统受力分布在设计荷载范围内，支护受力分布合理。

总体上，边墙新增锚索大于 2500kN 占比达 6.75%，剔除原已超标锚索，整体锚索大于 2500kN 的占比约 11.85%，超设计荷载（2500kN 或者 3000kN）的占比约 6.9%，新增支护锚索受力未出现超过设计荷载情况，受力状态良好，为小桩号洞段围岩稳定提供了合理的安全裕度（安全裕度大于 2.3）。所以，小桩号洞段新增支护系统能够与原支护系统可以很好地发挥联合承载，支护系统受力合理，支护结构安全。

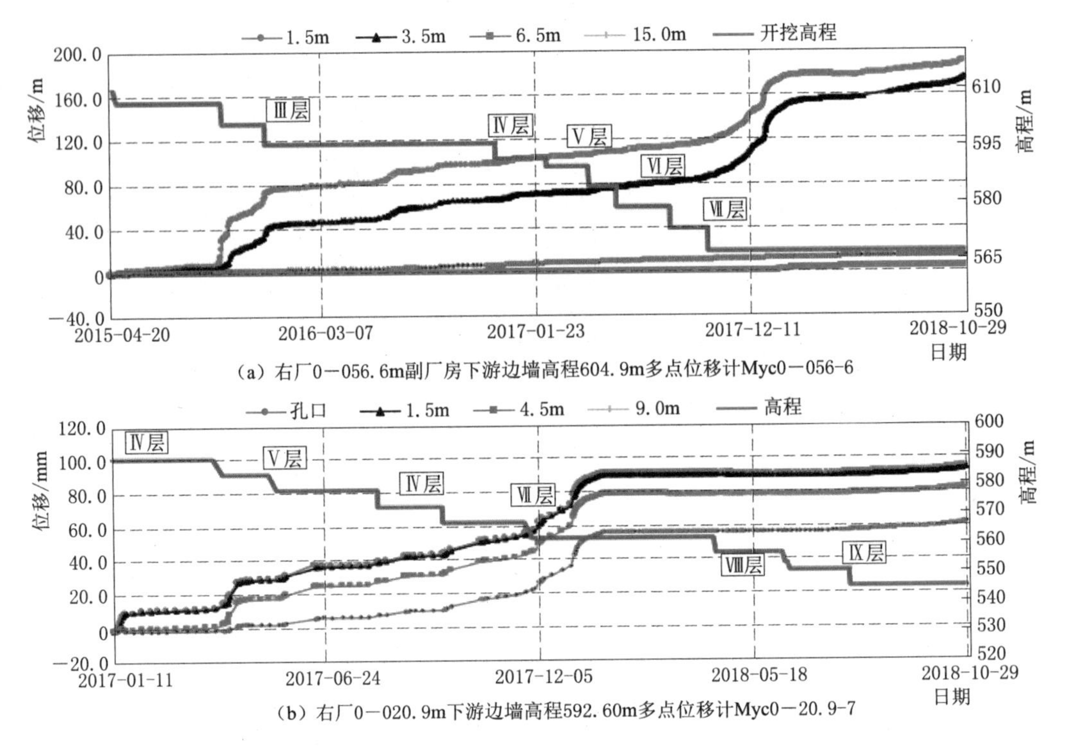

(a) 右厂0－056.6m副厂房下游边墙高程604.9m多点位移计Myc0－056-6

(b) 右厂0－020.9m下游边墙高程592.60m多点位移计Myc0－20.9-7

图 8.6-27 小桩号洞段下游侧边墙部位多点位移计实测变形过程线

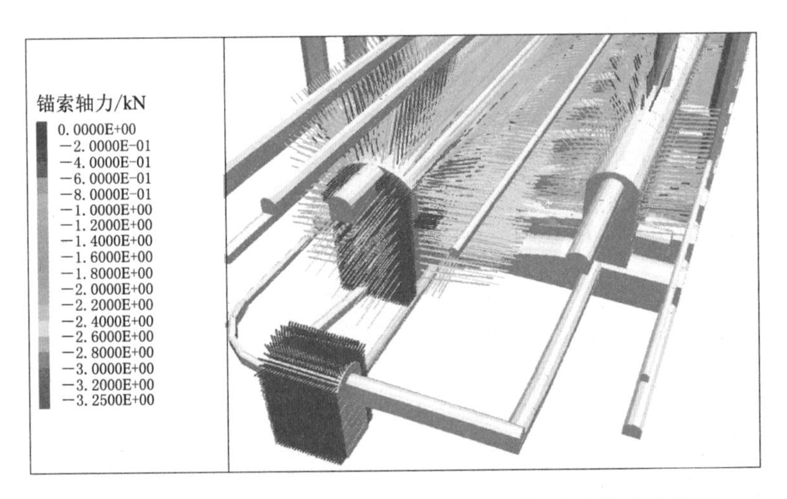

图 8.6-28 集水井开挖完成集水井和小桩号洞段支护受力特征

8.7 尾水调压室监测反馈分析

8.7.1 穹顶监测变形反馈分析

白鹤滩左右岸尾水调压室穹顶通过开挖方案论证，确定了“先中导洞后两侧、分扇形条块”的原则，以保证施工的安全性，同时满足工程施工进度要求。

图8.7-1为左岸1号尾水调压室的分区块开挖模型，可见，穹顶分Ⅰ、Ⅱ层共9区22个分块开挖，数值模型中建立了分区分块开挖步，若结合施工周报反映的实际开挖进程，可以有效实现开挖过程的仿真，吻合监测过程曲线，更好地开展开挖反馈分析研究。

图8.7-1　尾水调压室穹顶Ⅰ、Ⅱ层开挖方案

8.7.1.1　穹顶Ⅰ层开挖变形的前期预测

左岸1号尾水调压室穹顶（穹顶开挖跨度48m）自2015年3月率先实施开挖，在开挖初期，揭露的地质信息较少，并且未取得监测成果，并不具备开展严谨反馈分析的条件；但可以基于白鹤滩地下工程的长期研究积累进行穹顶围岩开挖响应的超前预测，即按照1号尾水调压室穹顶Ⅰ层实际拟定的“开挖分区”开展数值模拟分析，旨在对尾水调压室穹顶开挖过程的总体变形分布规律、应力集中区转移特征与围岩高应力破坏风险进行预测，以期实现对1号尾水调压室穹顶Ⅰ层开挖的潜在围岩稳定问题进行超前预估。

2015年3月，针对穹顶Ⅰ层五个区（①～⑤区）进行了数值模拟预测分析。在岩体完整性较好且无大型结构面影响条件下，在穹顶Ⅰ层五个区开挖后，穹顶围岩的变形较小。图8.7-2～图8.7-6为五个区顺序开挖后围岩的累积位移分布特征，主要有以下几点：

①区开挖后，穹顶位移1～7mm（交叉口达9mm）；侧翼位移4～8mm。

②区开挖后，穹顶位移2～8mm；NW和SE侧翼位移6～9mm。

③区开挖后，穹顶位移4～10mm；NW和SE侧翼位移3～6mm。

④区开挖后，穹顶位移4～12mm；NW和SE侧翼位移7～10mm。

⑤区开挖后，穹顶位移5～14mm；无边墙。

总体上，1号尾水调压室穹顶与（NW向）最大主应力平行的NW和SE向穹顶侧翼的位移较大，达7～12mm，而NE和SW向穹顶侧翼的位移为6～7mm；穹顶中心的位移在4.5～6mm。此外，通气洞的开挖对穹顶围岩变形影响较为明显，使得交叉口位移达12～14mm。

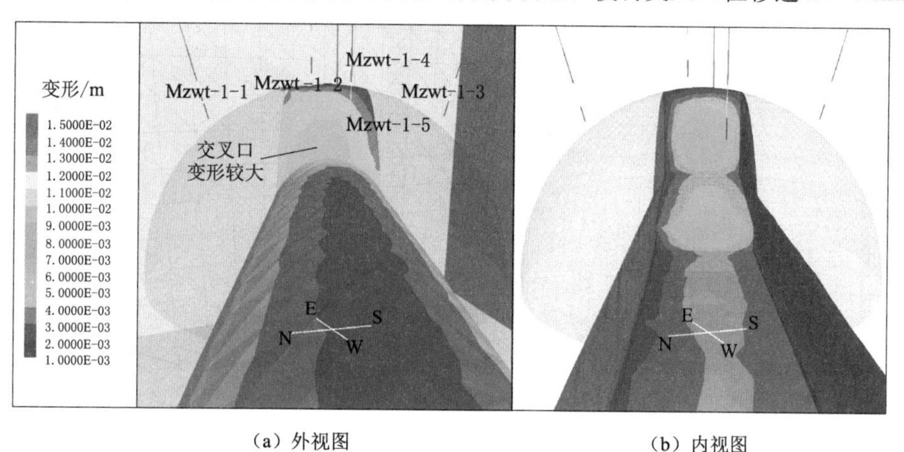

图8.7-2　1号尾水调压室穹顶Ⅰ层①区开挖后围岩变形分布

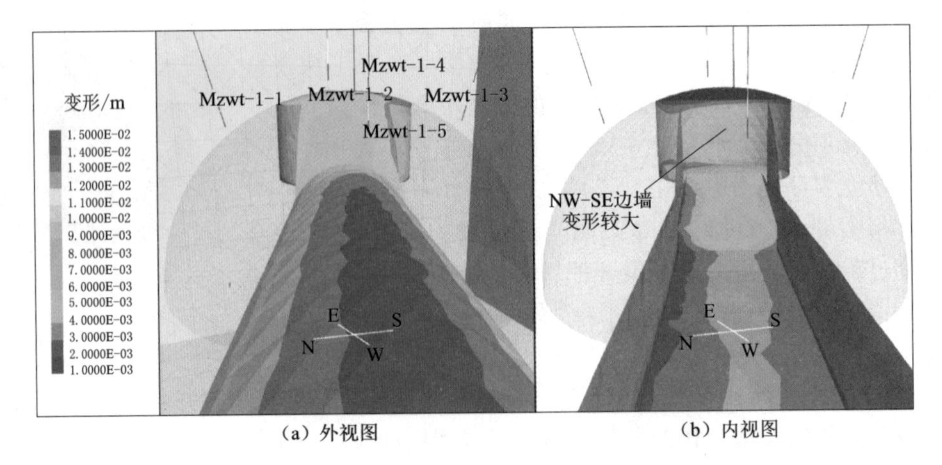

(a) 外视图 (b) 内视图

图 8.7-3 1号尾水调压室穹顶Ⅰ层②区开挖后围岩变形分布

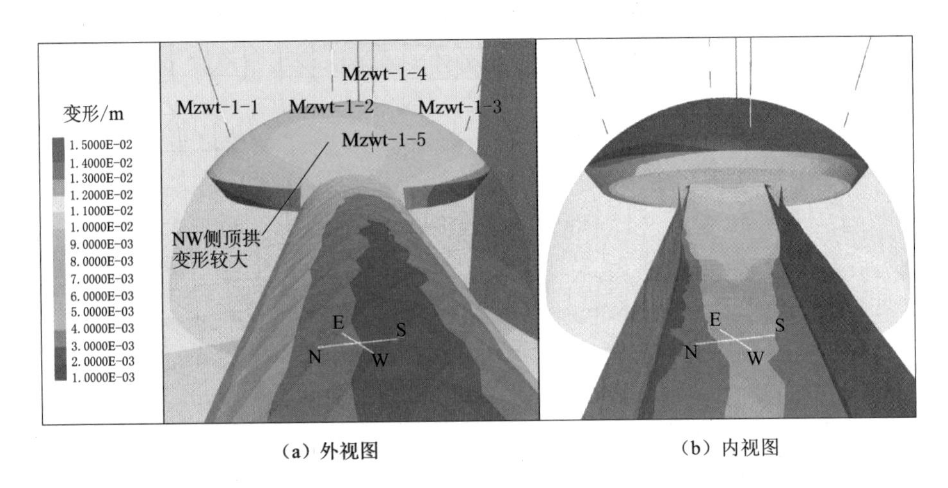

(a) 外视图 (b) 内视图

图 8.7-4 1号尾水调压室穹顶Ⅰ层③区开挖后围岩变形分布

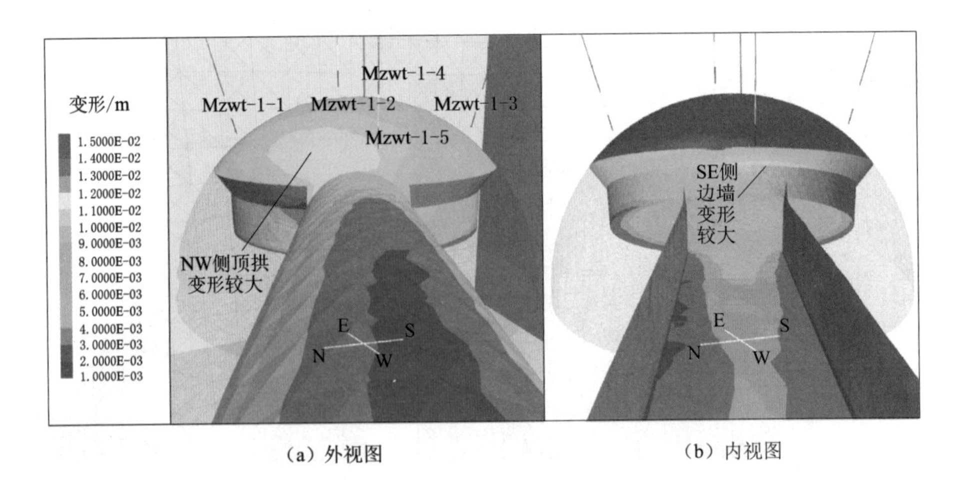

(a) 外视图 (b) 内视图

图 8.7-5 1号尾水调压室穹顶Ⅰ层④区开挖后围岩变形分布特征

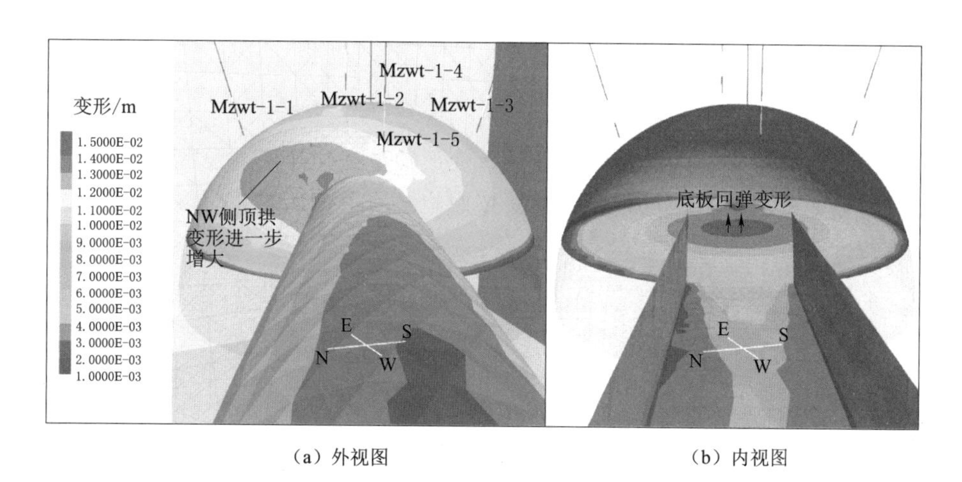

（a）外视图　　　　（b）内视图

图 8.7-6　1号尾水调压室穹顶Ⅰ层⑤区开挖后围岩变形分布特征

在尾水调压室实施开挖以前，已通过穹顶上方的锚固灌浆洞向穹顶开挖面上方预埋了5套多点位移计，由于多点位移计基本为铅直向，因此位移监测应与铅直向（z）的位移接近。

由于穹顶Ⅰ层开挖导致的顶拱变形主要为铅直向，因此多点位移计监测的位移值小于合位移值，但总体差异不大，即 Mzwt-1-1～Mzwt-1-5 共五套多点位移计 1.5m 深度测点在Ⅰ层开挖后的位移量与图 8.7-7 所示合位移量级相当。譬如，可以预测 Mzwt-1-5的 1.5m 测点在穹顶Ⅰ层开挖后的监测位移为 9～10mm，实际的合位移为12～14mm。

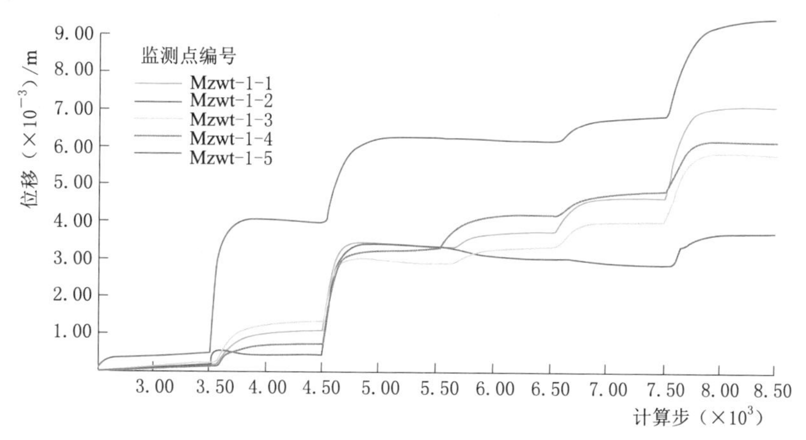

图 8.7-7　1号尾水调压室穹顶Ⅰ层⑤区开挖的监测点对应计算位移变化的预测

考虑到实际开挖过程存在各区的扇形分块开挖过程，因此，开挖过程仿真模拟需要结合实际的开挖顺序，才能吻合监测点的过程曲线。

8.7.1.2　穹顶Ⅰ层开挖完成的监测反馈分析

首先按照实际的分区分块时间进行过程仿真模拟，然后结合开挖位移监测数据变化等开展反馈分析，验证前期预测成果的准确性，并对岩体参数进行了反演调整。最后，可以根据反演参数进行后续Ⅱ层开挖的预测。

1. 穹顶Ⅰ层开挖过程仿真模拟

围岩的二次应力分布、应力集中区迁移、变形增量都与开挖过程密切相关。数值模拟过程中，对各分区分块的开挖过程模拟需要按照施工周报统计的开挖顺序执行，同时，针对各区块进行分步支护模拟（图8.7-8）。

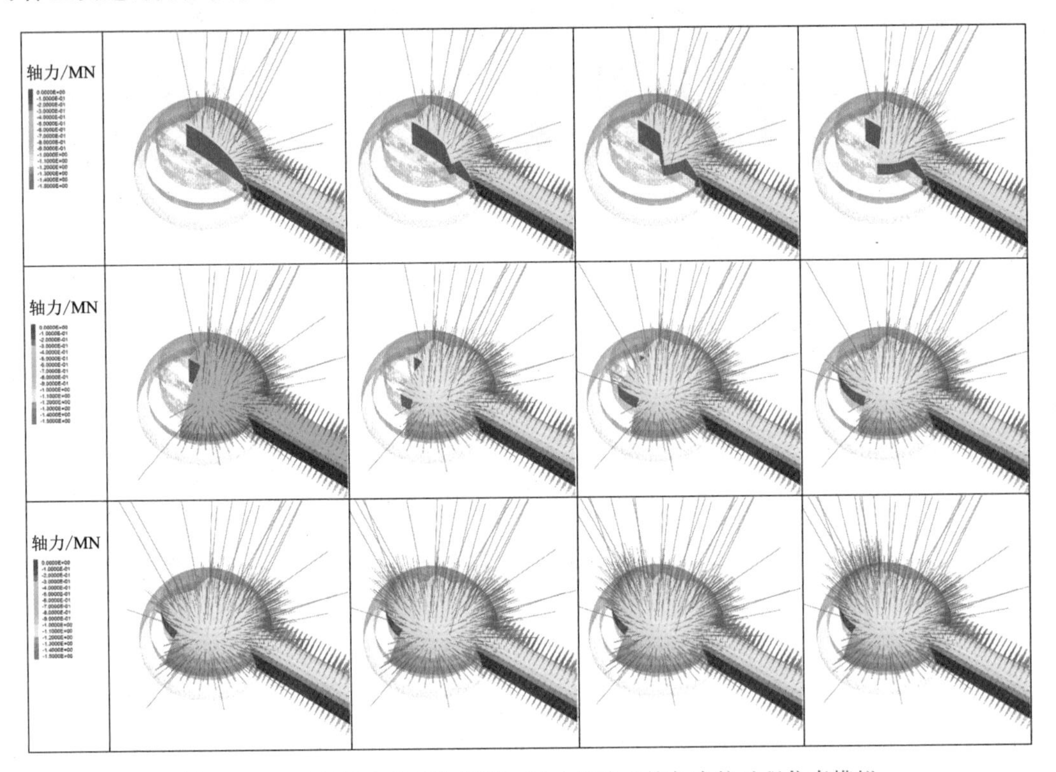

图8.7-8　1号尾水调压室穹顶Ⅰ层分区块开挖与支护过程仿真模拟

过程仿真模拟不仅能够准确模拟岩体的应力路径特征，而且能够直观吻合监测。譬如，3月1—19日，①区中导洞和②区第1、第22块实施开挖，会使得交叉口部位产生明显变形；4月16—23日，⑤区第1～3块、第19～22块进一步加大交叉口的跨度，必然使得交叉口的围岩变形出现又一次的突增。之后，9月17—24日，⑤区第4～13块共10块进行开挖，也将进一步加大交叉口的跨度，使得局部监测位移产生明显的增量。

总体上，与“分区分块”开挖同步产生的监测位移的变化过程和变化量级都将成为反馈分析的主要研究指标。

2. 基于监测成果对前期预测位移的验证

由于1号尾水调压室初始应力以水平向应力占主导，因此，开挖导致的顶拱合位移较小，并且主要为铅直向（z）位移量（图8.7-9）。多点位移计由于布孔方向的原因，主要捕获的也是z向位移分量。

由1号尾水调压室穹顶Ⅰ层开挖过程中（2015年7月）的计算位移与监测位移的统

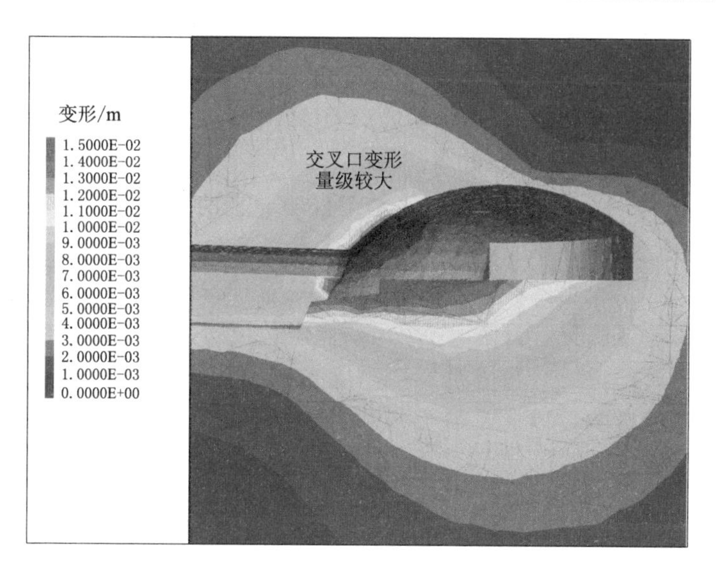

图 8.7-9 1号尾水调压室穹顶Ⅰ层开挖至2015年7月的围岩变形分布

计（图8.7-10）来看，开挖前期（2015年3月）预测顶拱Mzwt-1-2的孔向位移3.12mm，实际监测值为2.86mm，二者的差值较小，仅为0.26mm。前期预测侧翼Mzwt-1-1的孔向位移为2.44mm，实际监测位移为3.38mm，差值达0.94mm。而对于交叉口Mzwt-1-5而言，预测位移为7.04mm，实际监测位移达8.47mm，预测值小于监测值，差值达1.43mm（17%）。其余Mzwt-1-3和Mzwt-1-4受开挖影响小，预测和监测值均较小，没有必要进行误差分析。

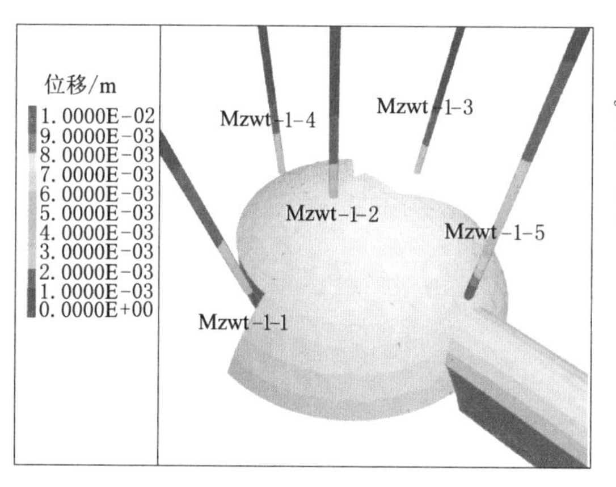

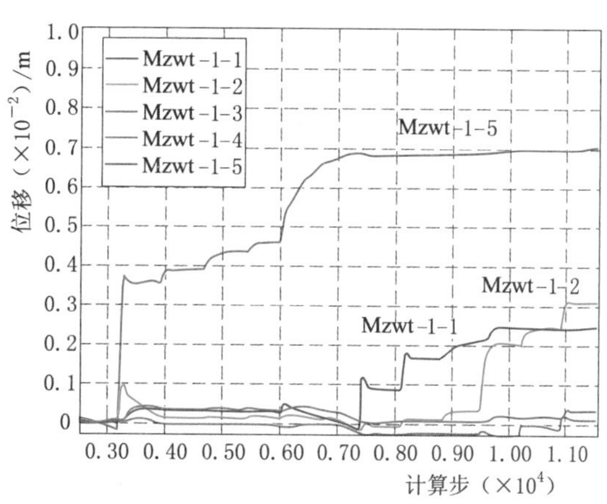

监测点	合位移/m	z位移/m	z位移与合位移之比	孔向位移/m	孔向位移与合位移之比	监测值/m	计算误差
Mzwt-1-1	3.97	1.51	38%	2.44	61%	3.38	−28%
Mzwt-1-2	3.67	3.07	84%	3.12	85%	2.86	9%
Mzwt-1-3	2.75	0.29	11%	0.35	13%	−0.21	−11%
Mzwt-1-4	4.59	0.26	6%	0.11	2%	0.17	−6%
Mzwt-1-5	10.33	6.36	62%	7.04	68%	8.47	−17%

图 8.7-10 1号尾水调压室穹顶Ⅰ层开挖至2015年7月的计算位移与监测位移比较

考虑到距离开挖面 1.5m 测点的位移受开挖爆破等因素影响较大，因此，深部测点的位移值能够更好地反映计算参数的合理性。以变形最大的 Mzwt-1-5 多点位移计为例，前期预测 11m、6.5m、3.5m、1.5m 测点（换算成钻孔方向）位移分别为 3.87mm、4.95mm、5.75mm、7.04mm，与监测值（3.94mm、4.68mm、5.91mm、8.47mm）的误差分别为−2%、6%、−3%、−17%，结果说明二者的最大差异在于交叉口浅层岩体的实际松弛变形较大。

如图 8.7-11 所示，由于开挖过程位移时序增量规律有一致性，同时，Mzwt-1-5 深部多点位移计的计算值与监测值误差在 6%以内，说明岩体参数的合理性。而造成浅层岩体松弛变形较大的原因，潜在的影响包括两方面，即结构面的非连续变形影响和浅层岩体屈服变形的影响。因此，需要判断开挖揭露的结构面分布特征及其对围岩变形的影响，同时，评价开挖对浅层岩体损伤程度，从而确定岩体的峰后变形和强度参数。

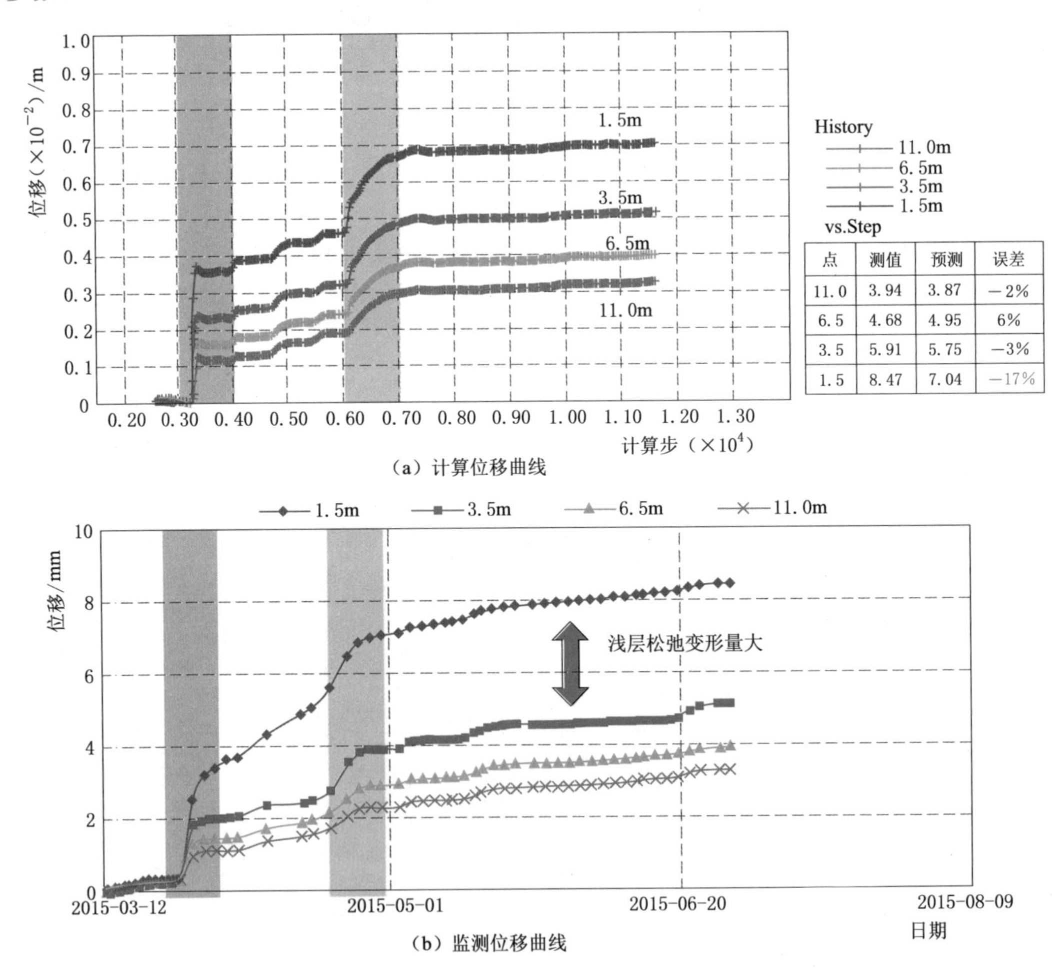

点	测值	预测	误差
11.0	3.94	3.87	−2%
6.5	4.68	4.95	6%
3.5	5.91	5.75	−3%
1.5	8.47	7.04	−17%

（a）计算位移曲线

（b）监测位移曲线

图 8.7-11　1 号尾水调压室穹顶下游侧 Mzwt-1-5 多点位移计的计算位移与监测时序过程线比较

图 8.7-12 1号尾水调压室穹顶陡倾结构面发育特征

3. 数值模型及参数的反演调整

由地质编录资料（图 8.7-12）可知，1号尾水调压室穹顶陡倾结构面较为发育，证明了地质专业对穹顶岩体结构的判断，但由于陡倾结构面在正顶拱部位受水平向应力的压密作用（图 8.7-13），其对围岩变形与破坏基本无影响。因此，陡倾结构面不是造成浅层岩体计算位移与监测位移产生误差的主要原因。

在排除结构面因素后，围岩的峰后强度特征成为了影响浅层岩体变形的主要因素。由于白鹤滩尾调室部位应力水平相对较高，而玄武岩的脆性特征明显，易于受爆破和开挖应力集中形成破裂损伤，从而降低岩体质量，形成较大的浅层松弛变形。

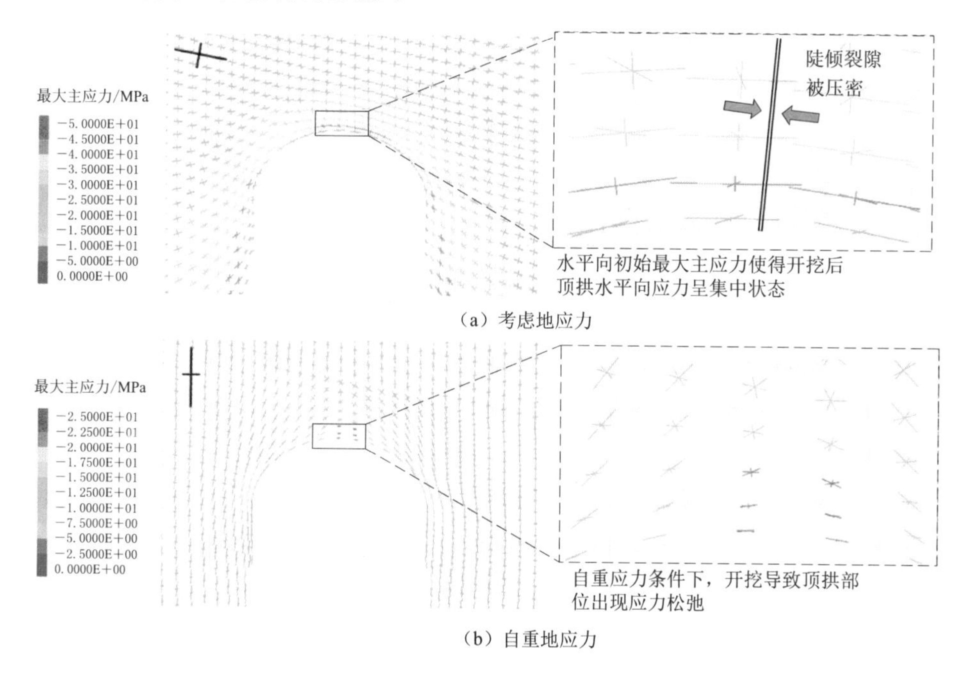

图 8.7-13 陡倾结构面受水平向应力的压密作用

对此，通过针对浅层屈服岩体引入开挖损伤因子（$D=0.3$）后，能够使得浅层岩体变形量（图 8.7-14）有所增大，实现计算值与监测值之间的误差（图 8.7-15）总体小于6%。反演调整后的岩体力学参数能够更好地模拟浅层岩体的松弛特性，从而能够为后续开挖预测研究提供更为可靠的基础。

4. 基于反演模型与参数的开挖变形验证

基于2015年7月反演参数开展穹顶Ⅰ层剩余分块的开挖，开挖完成后（至2015年12月）的位移分布特征见图 8.7-16，可见穹顶围岩变形相比于图 8.7-14 并没有明显的增长。

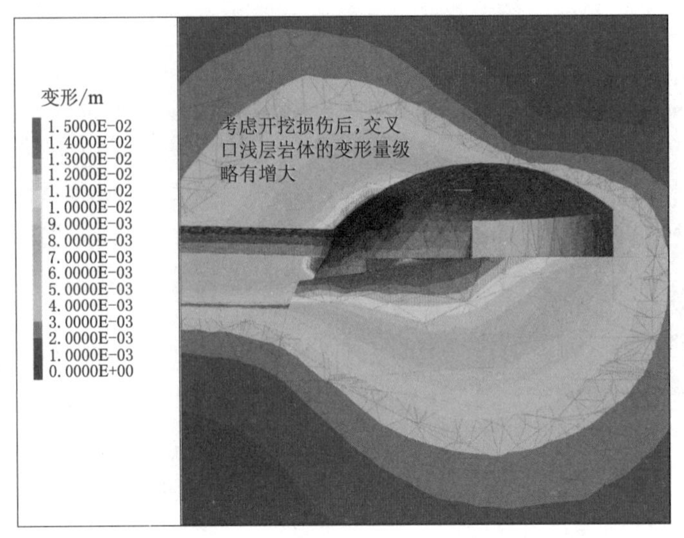

图 8.7-14　基于反演参数的围岩开挖（至 2015 年 7 月）变形

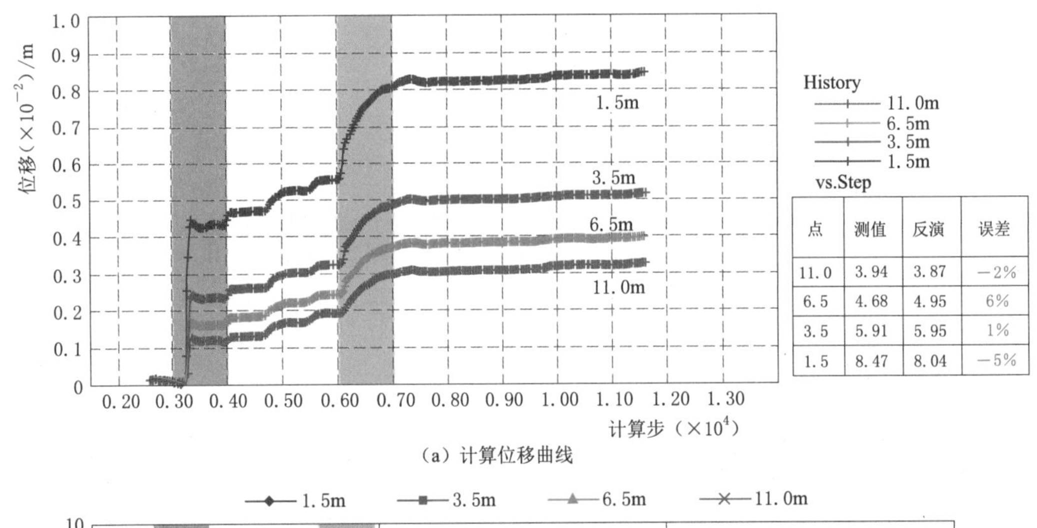

点	测值	反演	误差
11.0	3.94	3.87	−2%
6.5	4.68	4.95	6%
3.5	5.91	5.95	1%
1.5	8.47	8.04	−5%

（a）计算位移曲线

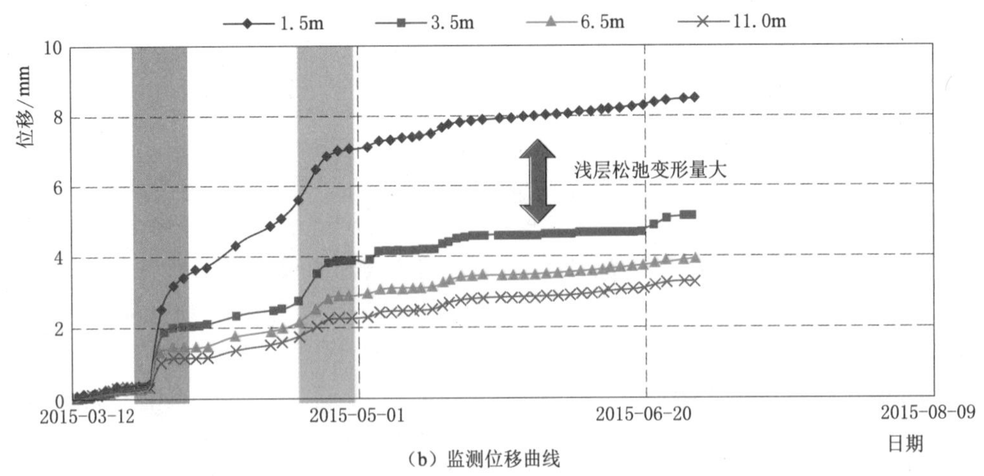

（b）监测位移曲线

图 8.7-15　基于反演参数的开挖（至 2015 年 7 月）计算位移与监测位移比较

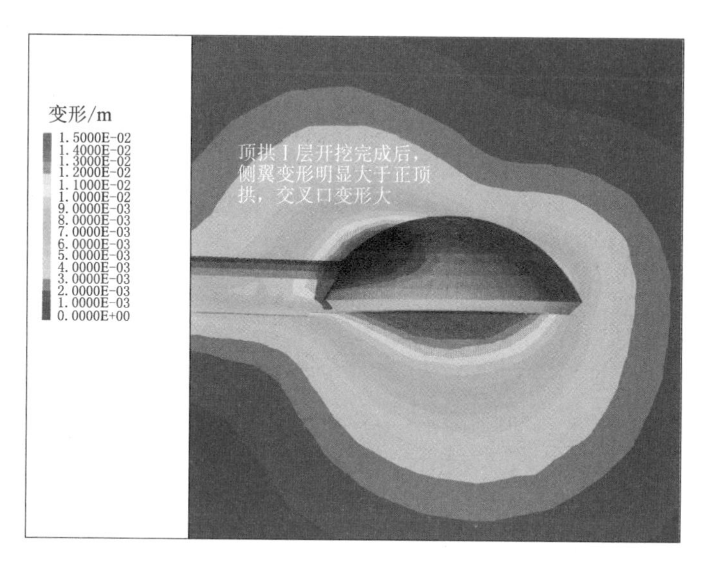

图 8.7-16　1 号尾水调压室穹顶Ⅰ层（至 2015 年 12 月）的变形分布特征

进一步由计算位移与监测位移（图 8.7-17）的比较可见，前期预测穹顶各个方位的孔向位移与实测位移的误差较小，Mzwt-1-1 的孔向位移 6.63mm，实际监测值为 4.02mm，二者的误差最大，达 2.6mm；而对于交叉口 Mzwt-1-5 而言，预测位移为 11.85mm，实际监测位移达 13.47mm，预测值小于监测值，误差为－1.62mm。其余的 Mzwt-1-2～Mzwt-1-4 预测和监测值均较小。

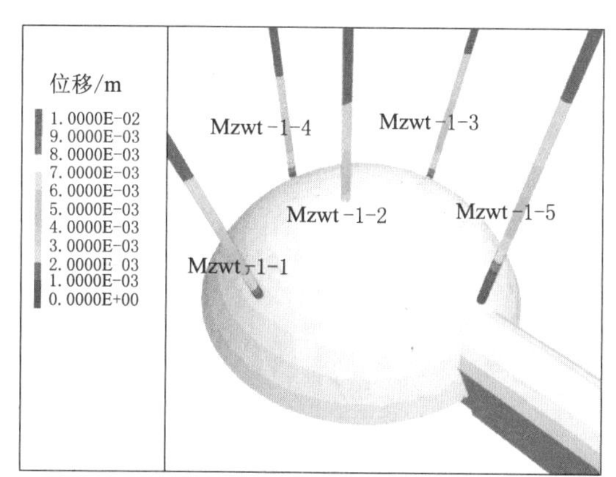

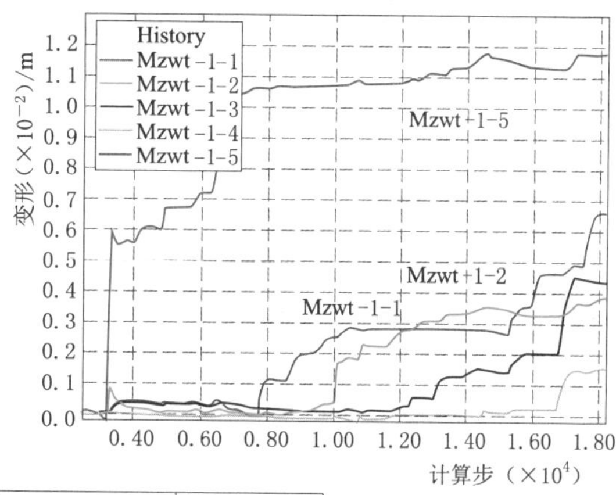

监测点	监测值/mm	孔向计算值/mm	误差/mm
Mzwt-1-1	4.02	6.63	2.61
Mzwt-1-2	3.52	3.85	0.33
Mzwt-1-3	4.51	4.34	−0.17
Mzwt-1-4	0.72	1.66	0.94
Mzwt-1-5	13.47	11.85	−1.62

图 8.7-17　1 号尾水调压室穹顶Ⅰ层（至 2015 年 12 月）的计算位移与监测值比较

考虑到距离开挖面 1.5m 测点的位移受开挖爆破等因素影响较大，深部测点的位移值能够较好地反映计算参数的合理性。以变形最大的 Mzwt-1-5 多点位移计为例，前期预测 11m、6.5m、3.5m、1.5m 测点（换算成钻孔方向）位移分别为 6.19mm、7.75mm、8.83mm、11.85mm，与监测值（6.11mm、7.62mm、9.95mm、11.85mm）的误差分别为 0.08mm、0.13mm、−1.12mm、−1.62mm，结果说明二者的最大差异在于交叉口浅层岩体的实际松弛变形较大（图 8.7-18）。

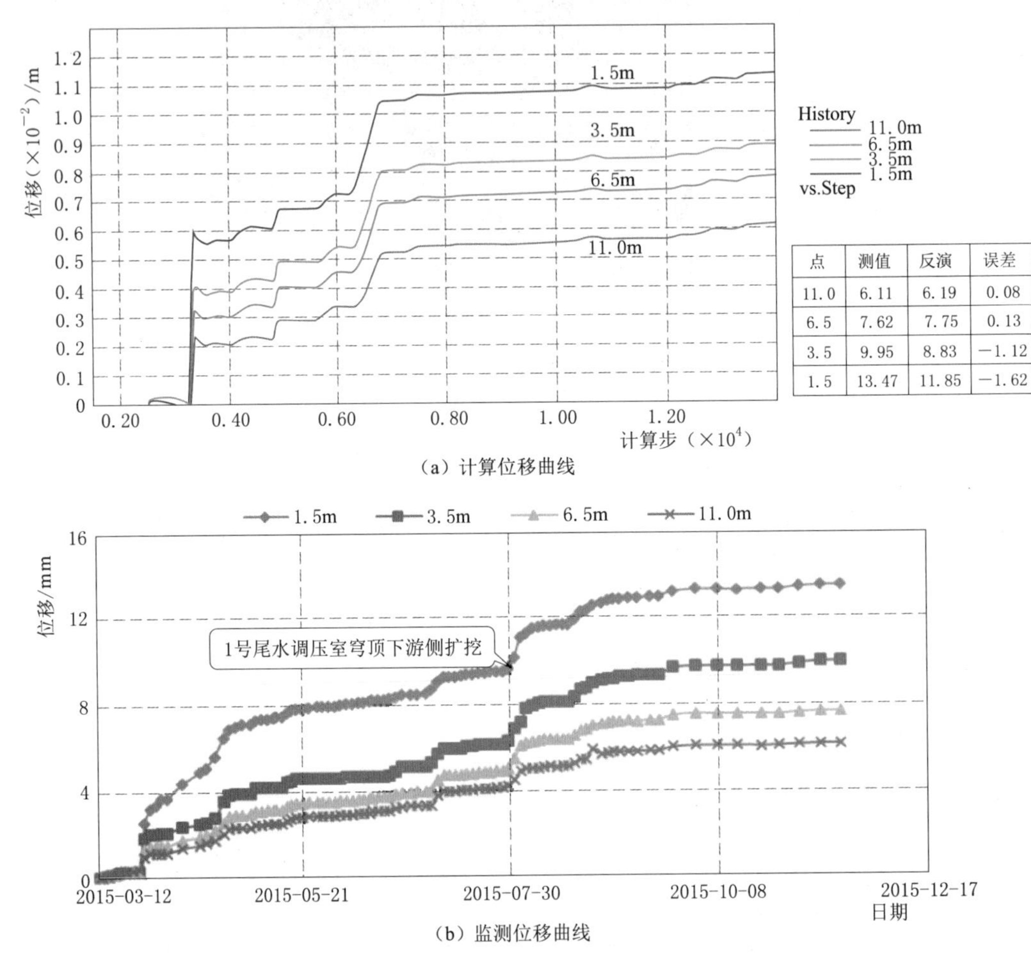

点	测值	反演	误差
11.0	6.11	6.19	0.08
6.5	7.62	7.75	0.13
3.5	9.95	8.83	−1.12
1.5	13.47	11.85	−1.62

（a）计算位移曲线

（b）监测位移曲线

图 8.7-18　1 号尾水调压室穹顶Ⅰ层（至 2015 年 12 月）的 Mzwt-1-5 位移过程曲线与监测成果比较

总体上，由于开挖过程位移时序增量规律有一致性，同时，Mzwt-1-5 深部多点位移计的计算值与监测值误差甚小，说明岩体参数是合理的。造成浅层岩体松弛变形较大的原因主要包括两方面，即浅层岩体开挖松弛的影响和围岩应力调整的时间效应，需要进一步结合长期监测成果进行分析。不过，鉴于目前的计算误差一般都小于 2mm，说明数值模型对于地应力水平和方向的把握已经较为准确，无调整参数的必要。

8.7.1.3　穹顶Ⅱ层开挖变形的前期预测

如图 8.7-19 所示，1 号尾水调压室穹顶Ⅱ层后续开挖过程中，穹顶侧翼的变形增量相对较大，并且以水平向位移增量为主。由计算位移统计结果（图 8.7-20）可知，穹顶Ⅱ层开挖完成后，侧翼的变形达 10mm 左右，尤其是交叉口变形较大，为 15～18mm。总体上，侧翼位移明显大于顶拱位移（变形量级一般为 5mm）。

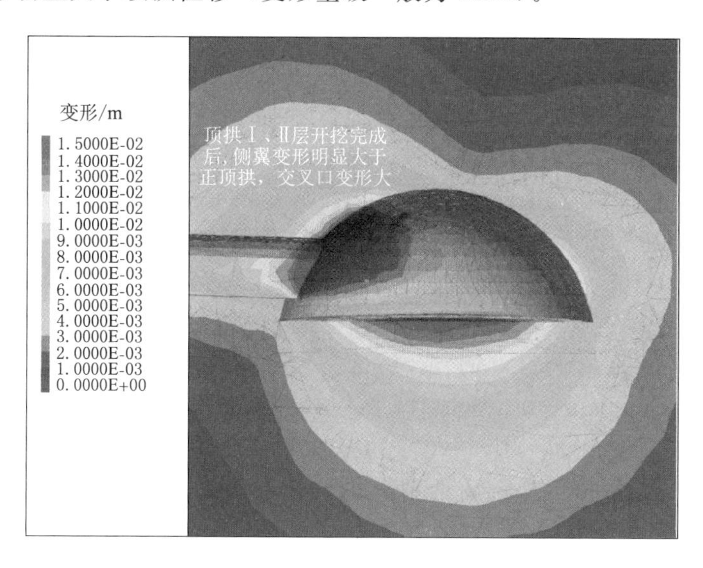

图 8.7-19　1 号尾水调压室穹顶Ⅱ层开挖完成后的围岩变形分布特征预测

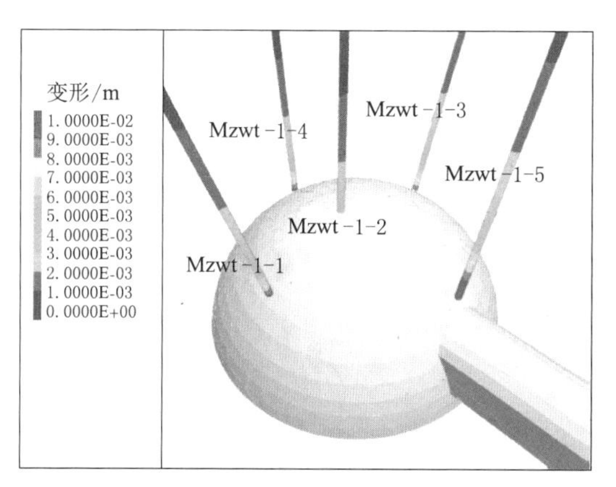

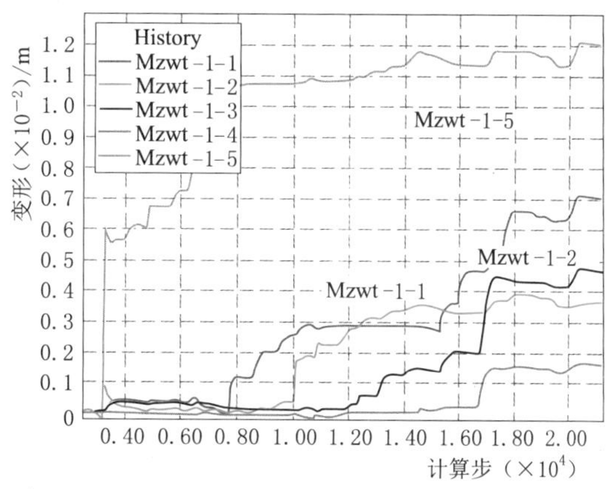

监测点	合位移	合位移增量	z位移	z位移增量	孔向位移	孔向位移增量	z位移与合位移之比	孔向位移与合位移之比
Mzwt-1-1	9.71	4.94	5.09	3.28	6.96	4.03	52%	72%
Mzwt-1-2	4.03	0.69	3.58	0.79	3.63	0.87	89%	90%
Mzwt-1-3	6.52	4.02	3.32	3.05	4.69	4.37	51%	72%
Mzwt-1-4	4.57	2.02	1.46	1.31	1.82	1.76	32%	40%
Mzwt-1-5	15.3	1.91	9.05	0.78	12.1	2.98	59%	79%

图 8.7-20　1 号尾水调压室穹顶Ⅱ层开挖后的计算位移预测

各预埋多点位移计的孔向位移增量有较大差异，Mzwt-1-2 的 1.5m 测点代表的正顶拱的位移增量仅为 0.87mm；而其余多点位移计的位移增量为 2～5mm，孔向位移为合位移的 40%～80%。

穹顶Ⅱ层开挖完成后，位移最大的 Mzwt-1-5 的 1.5m 测点的孔向位移预计将达 12.1mm。当然，围岩的最终变形还与开挖爆破等因素相关，譬如，按照尾水调压室玄武岩受爆破的影响规律，将开挖爆破损伤因子 $D=0.3$ 提高至 $D=0.4 \sim 0.5$，则监测到的最大位移可能达 13～15mm。

8.7.1.4　穹顶Ⅱ层开挖完成的监测反馈分析

基于前期（2015 年 12 月）反演参数开展穹顶Ⅱ层开挖模拟，其中，考虑脆性玄武岩受爆破影响，将开挖爆破损伤因子 $D=0.3$ 提高至 $D=0.4$，数值模拟开挖至 2016 年 5 月的穹顶位移分布特征见图 8.7-20，穹顶围岩变形相比于Ⅰ层开挖的位移（图 8.7-16）并没有明显的增长。

由计算位移与近铅直向的监测位移的比较可见，前期预测穹顶各个方位 Mzwt-1-1～Mzwt-1-5 的计算位移为 7.4mm、4.0mm、4.7mm、1.4mm、13.6mm，与实际监测值（4.48mm、3.56mm、5.2mm、0.89mm、14.55mm）的误差较小，相对大小规律也一致。

进一步，根据变形最大的 Mzwt-1-5 多点位移计成果（图 8.7-21），前期预测 11m、6.5m、3.5m、1.5m 测点（换算成钻孔方向）位移分别为 7.2mm、9.1mm、10.4mm、

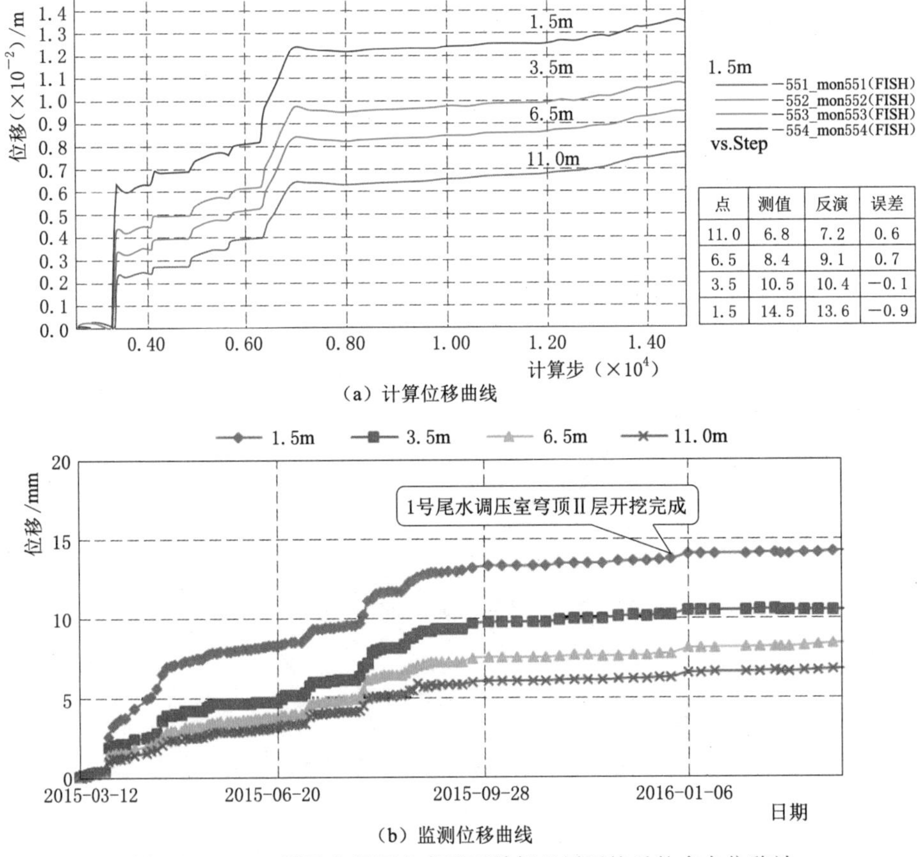

点	测值	反演	误差
11.0	6.8	7.2	0.6
6.5	8.4	9.1	0.7
3.5	10.5	10.4	−0.1
1.5	14.5	13.6	−0.9

（a）计算位移曲线

（b）监测位移曲线

图 8.7-21　1 号尾水调压室穹顶下游侧Ⅱ层开挖后的多点位移计 Mzwt-1-5 位移过程曲线与监测成果比较

13.6mm，与监测值（6.8mm、8.4mm、10.5mm、14.5mm）的误差分别为 0.6mm、0.7mm、−0.1mm、−0.9mm，误差小于 1mm，验证了超前预测成果的准确性。

总体上，由于开挖过程位移时序增量规律有一致性，同时，Mzwt-1-5 深部多点位移计的计算值与监测值误差甚小，说明岩体参数是合理的。

8.7.1.5 井身Ⅲ层开挖的前期预测

后续井身Ⅲ层开挖后（图 8.7-22），在水平应力占主导的初始应力作用下，穹顶侧翼的变形增量以水平向位移增量为主，而穹顶的铅直向累积位移有所降低（减小 1.5～2.5mm）。

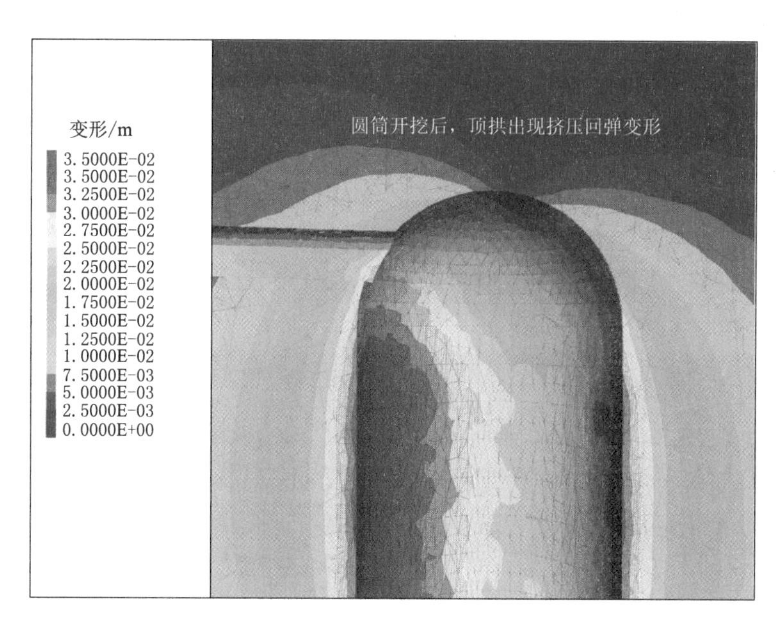

图 8.7-22　1 号尾水调压室井身Ⅲ层开挖完成后的围岩变形分布特征

由数值计算位移统计成果（图 8.7-23）可知，多点位移计的孔向位移增量负值，量级为−1.0～−3.0mm，孔向位移占合位移的比例降至 40%～77%。说明顶拱在顶拱岩体完整性较好的条件下，局部围岩可能出现挤压回弹变形。

8.7.1.6 井身Ⅲ层开挖完成的监测反馈分析

前期 2015 年 7 月的数值模拟预测，尾水调压室在井身段Ⅲ层开挖过程，在水平应力占主导的初始应力作用下，穹顶侧翼的变形增量以水平向位移增量为主，而穹顶的铅直向累积位移有所降低，即多点位移计的孔向位移增量为负值，量级为−1.0～−3.0mm，说明顶拱在顶拱岩体完整性较好的条件下，局部围岩可能出现挤压回弹变形。

至 2018 年 12 月的实际监测成果（图 8.7-24），1 号尾水调压室穹顶多点位移计已经指示穹顶出现了挤压回弹变形，回弹变形量为 0.5～1.2mm。此外，左岸尾水调压室穹顶位移相对较小，除 4 号尾水调压室变形达 20～30mm 量级外，1 号～3 号尾水调压室穹顶变形一般在 5～20mm，且穹顶变形已稳定。

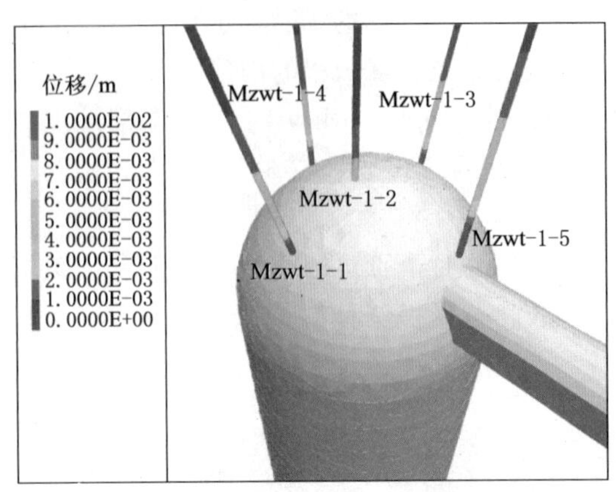

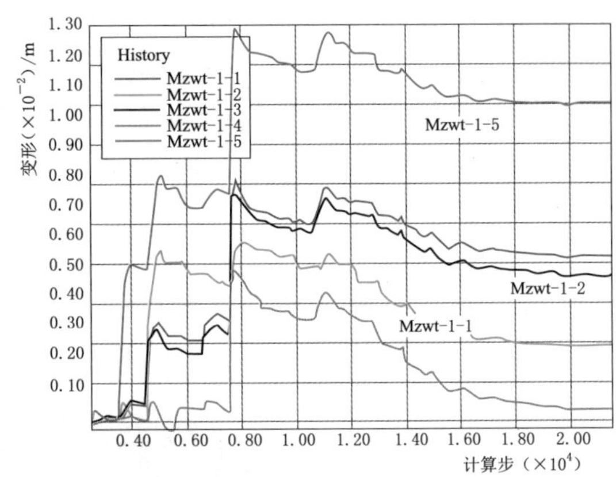

监测点	合位移	合位移增量	z位移	z位移增量	孔向位移	孔向位移增量	z位移与合位移之比	孔向位移与合位移之比
Mzwt-1-1	8.9	0.81	2.04	−2.20	5.15	−1.65	23%	47%
Mzwt-1-2	2.47	−1.96	1.87	−2.07	2.91	−2.08	76%	77%
Mzwt-1-3	9.08	1.91	1.47	−2.18	4.67	−1.49	16%	40%
Mzwt-1-4	13.4	5.18	0.13	−2.49	0.49	−2.99	1%	2%
Mzwt-1-5	15.2	2.38	6.05	−1.49	11.2	−2.11	40%	57%

图 8.7-23 1号尾水调压室井身Ⅲ层开挖完成后的计算位移统计

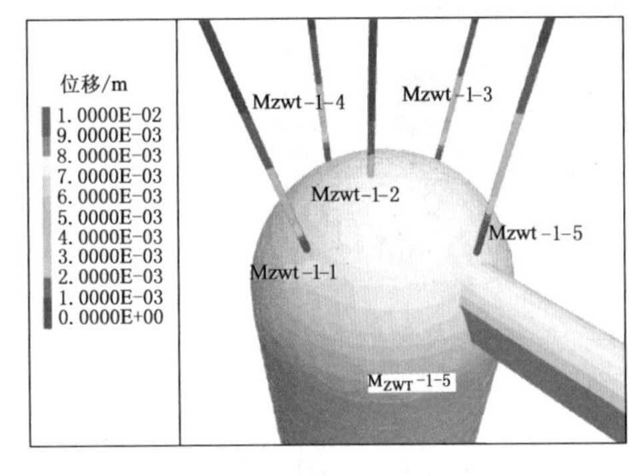

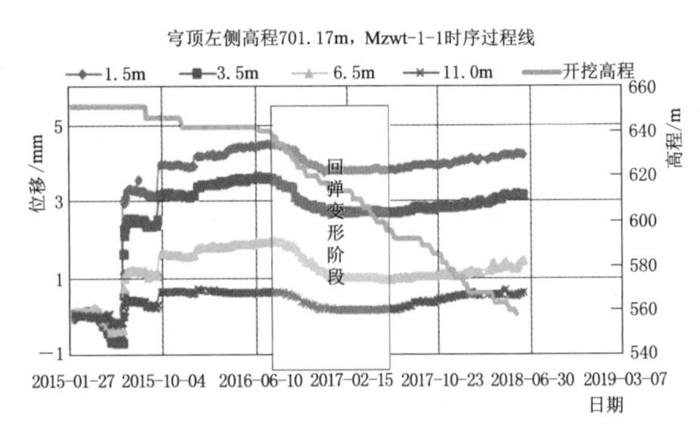

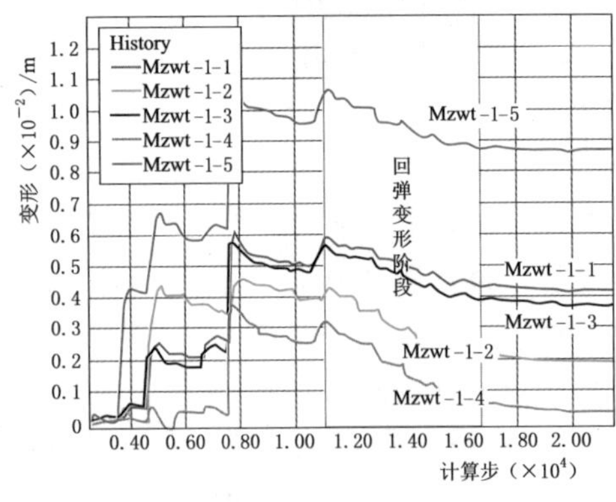

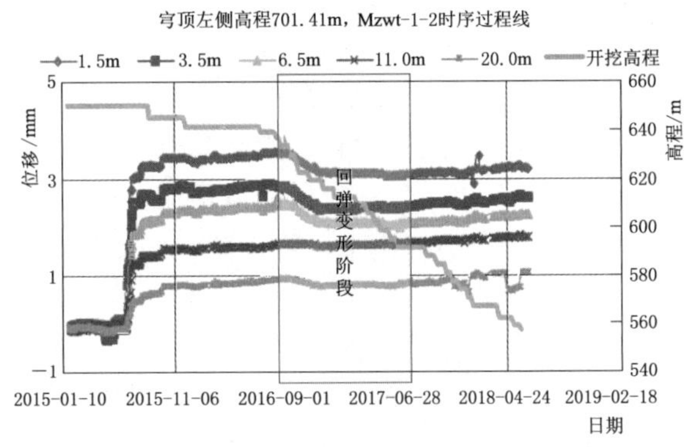

(a) 2015年数值分析预测的变形趋势

(b) 实际监测成果

图 8.7-24 左岸1号尾水调压室穹顶回弹变形特征

8.7.1.7 小结

1号尾水调压室开挖过程揭露较多的陡倾结构面，证明了地质专业人员对穹顶岩体结构的正确判断，但由于陡倾结构面在正顶拱部位受水平向应力的压密作用，其对围岩变形与破坏基本无影响。此外，除局部分区块拐角部位外，围岩无明显的应力型破坏。

2015年3月预测交叉口 Mzwt-1-5的位移与实际（2015年7月）开挖误差为1.43mm，验证了预测成果的准确性。二者的最大差异在于，监测结果说明交叉口浅层岩体的松弛变形较大，对此通过针对浅层屈服岩体考虑（基于 Hoek 理论）开挖损伤因子 $D=0.3$ 后，能实现计算值与监测值之间的误差总体小于0.43mm。基于2015年7月的反演参数完成穹顶Ⅰ层开挖（至2015年12月）导致的位移增量相对较小，而各个方位钻孔的计算位移与监测位移的误差一般都小于2mm，说明数值模型对于地应力水平和方向的把握较为准确。

2015年7月预测后续Ⅱ层开挖后，若无局部结构面影响，各预埋多点位移计的孔向位移增量为2～5mm，位移增量较小。至2016年5月的实际开挖监测位移与预测值非常接近，穹顶各个方位 Mzwt-1-1～Mzwt-1-5的计算位移相对大小规律一致，最大误差小于0.5～3mm。同时，监测位移最大的 Mzwt-1-5深部多点位移计的计算值与监测值误差小于1mm，说明前期反演参数是合理的。

2015年7月预测井身Ⅲ层开挖后，多点位移计的孔向位移增量负值，量级为－1.0～－3.0mm，孔向位移占合位移的比例降至40%～50%。预计井身开挖后，穹顶侧翼水平向位移明显增大，而铅直向位移减小。在顶拱岩体完整性较好的条件下，局部围岩可能出现挤压回弹变形。至2018年12月的实际监测穹顶回弹变形量为0.5～1.2mm，验证了前期预测的准确性。

总体上，由于白鹤滩尾水调压室穹顶体形优化（4.6节）合理，开挖导致的穹顶变形量普遍较小，而开挖阶段的监测反馈分析验证了前期的预测判断，设计专业人员对围岩稳定评价和支护系统安全性的把握较为准确。

8.7.2 井身段锚索轴力反馈分析

8.7.2.1 监测成果分析

截至2018年2月，白鹤滩右岸7号、8号尾水调压室已分别开挖至$Ⅲ_{10}$（高程590.50m）、$Ⅲ_{10}$（高程591.00m）层。由于7号、8号尾水调压室受层间错动带 C_4、C_5 影响明显（图8.7-25），因此局部围岩变形和支护受力相对较大。

7号尾水调压室开挖至井身高程590m左右，但拱肩630m高程锚索测力计 DPywt-7-7和上室下部624m高程锚索测力计 DPywt-7-8的测值呈持续增大趋势，月增量为130～200kN。如图8.7-26所示，DPywt-7-7当前荷载为2446.21kN（锁定荷载为1644.35kN）；如图8.7-27所示，DPywt-7-8的当前荷载为2868.04kN（锁定荷载为1597.95kN），已超设计量程。类似地，锚索测力计 DPywt-8-13锚索受力缓慢增大并已超设计值（图8.7-28）。

8.7.2.2 锚索轴力超限原因分析

7号和8号尾水调压室开挖至高程590m时，围岩开挖变形特征见图8.7-29，井身

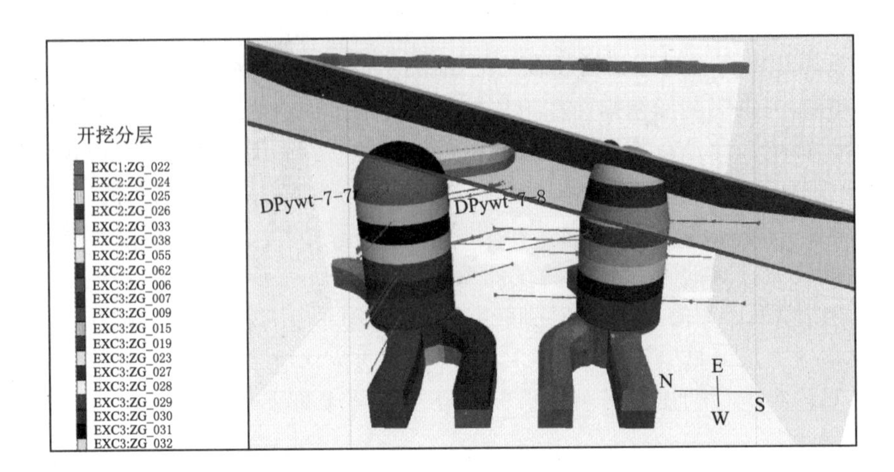

图 8.7-25　7 号、8 号尾水调压室数值计算模型和监测仪器

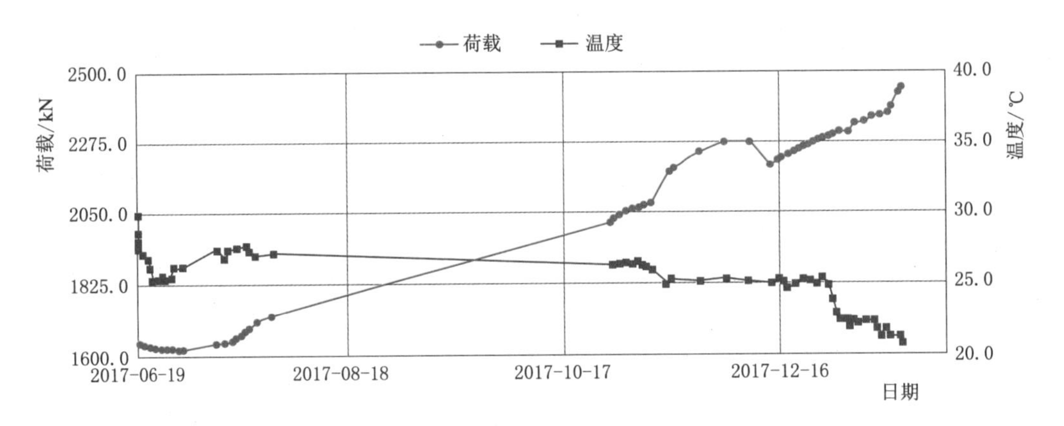

图 8.7-26　7 号尾水调压室穹顶高程 630.51m 锚索测力计 DPywt-7-7 荷载变化曲线

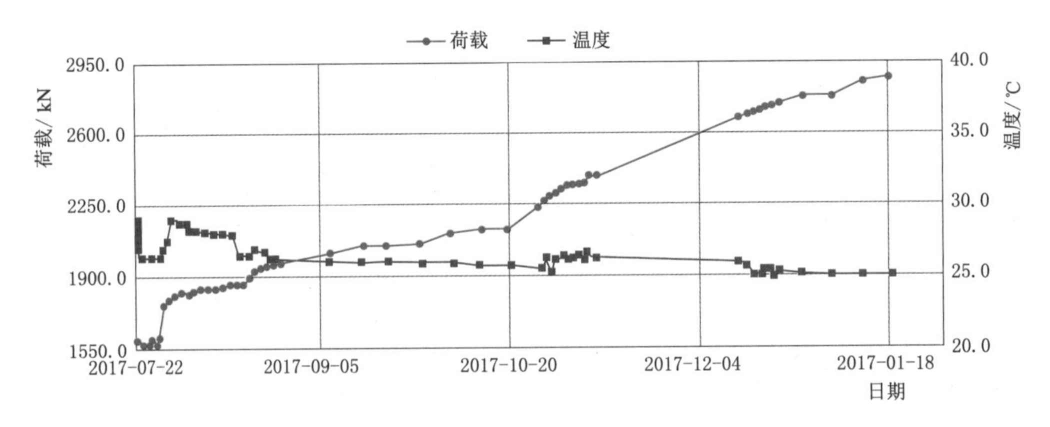

图 8.7-27　7 号尾水调压室穹顶高程 24.50m 锚索测力计 DPywt-7-8 荷载变化曲线

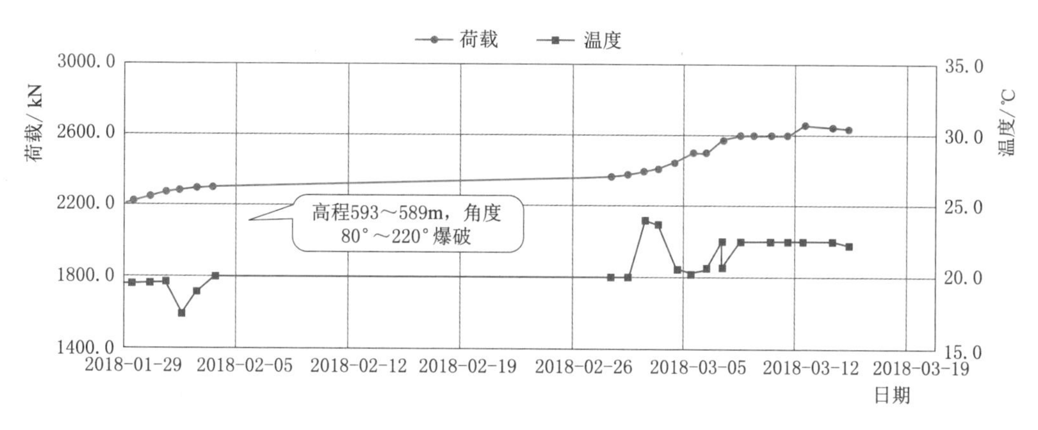

图 8.7-28　8号尾水调压室井身段锚索测力计 DPywt-8-13 荷载变化特征

段围岩变形一般在 30～45mm，而层间错动带 C_4、C_5 局部变形普遍增大至 50～80mm，尤其是出露部位的变形量级可达 100mm 以上。需要说明的是，即埋的多点位移计测值一般小于围岩的实际变形量，其原因是穹顶多点位移计主要是通过上部锚固观测洞向下埋设，尽管预埋的监测仪器不会导致开挖过程的监测位移损失，但由于布置方向的原因，其捕获的主要是铅直向的位移分量。白鹤滩尾水调压室在近水平向构造应力占主导的初始应力条件下，开挖导致拱肩部位的水平向位移是普遍大于铅直向位移的，从锚索测力计 DPywt-7-7 和 DPywt-7-8 轴力增量换算的变形在 53～85mm 水平，也可以印证这一判断；同时，也说明对于拱肩围岩变形和稳定评价不宜过多倚重穹顶多点位移计测值变化。

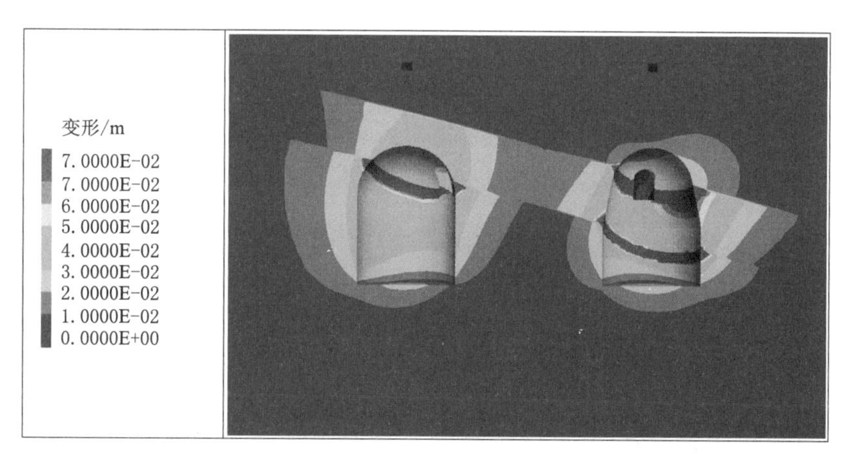

图 8.7-29　7号、8号尾水调压室变形分布特征

7号和8号尾水调压室开挖至高程 590m 时，围岩应力集中区分布特征见图 8.7-30。由图可见，在层间带 C_4 影响下，7号尾水调压室上室顶拱和交叉口部位的应力集中范围和集中明显，同时，与近 NS 向初始最大主应力方向近于垂直的 W 侧 C_4 下盘局部也存在应力集中（大于 40MPa）的现象，而这两个部位正好是锚索测力计 DPywt-7-7 和 DPywt-7-8 所在的位置，因此可以初步判断这些部位受到了应力集中的影响。

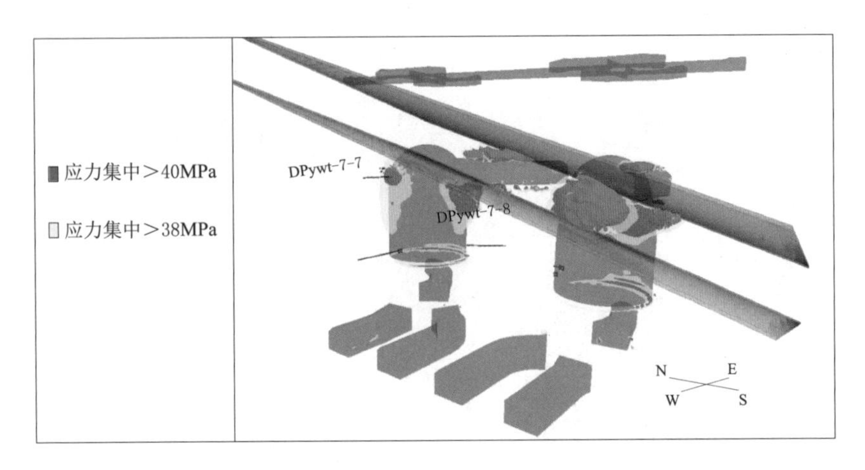

图 8.7-30 7号、8号尾水调压室围岩应力集中区分布特征

与7号尾水调压室拱肩—井身上部围岩应力集中相比，8号尾水调压室拱肩—井身上部（高程605～645m）围岩应力集中出现更早且更为明显（图8.7-30），8号尾水调压室上部同时受层间带 C_4 和 C_5 切割影响，除上室顶拱和交叉口为应力集中区外，错动带 C_4 和 C_5 间大范围都是应力集中（大于40MPa）区，应力集中程度强于7号尾水调压室。因此，8号尾水调压室拱肩—井身上部（高程605～645m）围岩在开挖过程中就出现了明显的片帮破坏和喷层开裂现象，并在2017年5—6月搭设排架进行了“复喷+锚杆”的补强支护（图8.7-31）。

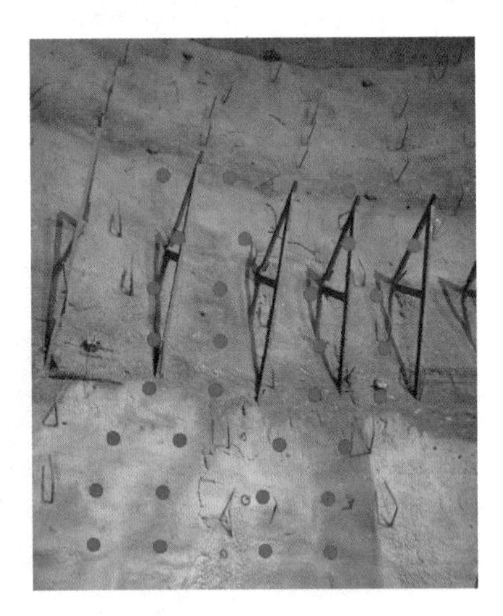

图 8.7-31 8号尾水调压室 C_5 下盘的补强支护措施

另外，对于8号尾水调压室 C_4 下盘的井身段下部（高程600～560m）围岩而言，由于井身段受近NS向最大主应力作用，E/W两侧边墙都是应力集中区，锚索测力计DPywt-8-13位于E侧边墙应力集中区（图8.7-32）。因此，随着开挖（开挖至高程582m）的进行，锚索测力计所在部位的应力集中持续增强，浅层岩体破裂导致锚索受力缓慢增大并已超设计值。

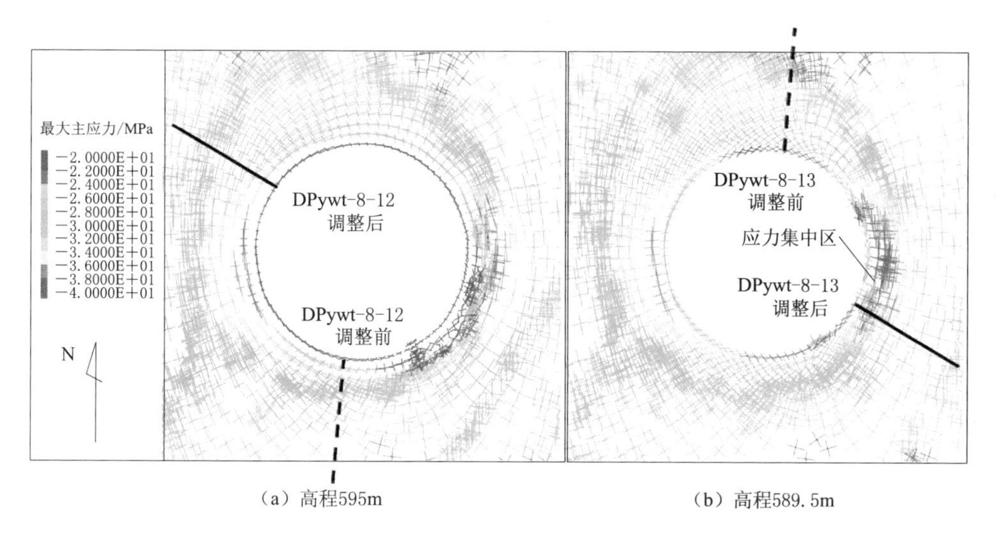

图 8.7-32　8 号尾水调压室井身段围岩应力集中区位置与锚索测力计布置的相关性

总体上，层间错动带造成的局部应力集中导致了脆性围岩破裂扩展和时效变形，是引起锚索受力持续增大并超设计量程的根本原因，而 7 号、8 号尾水调压室数值模拟的应力集中区与实际开挖过程出现的围岩片帮破坏、喷层开裂现象、乃至锚索受力监测成果都有良好的相关性，一定程度上证实了数值模型对地质条件、岩石力学特性、围岩稳定性评价的可靠性，因此，可以借助数值模型进行后续开挖的预测。

8.7.2.3 后续开挖的影响

后续井身开挖导致的 7 号、8 号尾水调压室井身围岩变形增量见图 8.7-33，下部井身段（高程 600～560m）围岩变形一般为 30～50mm；井身与下部尾水连接管、尾水隧洞的四岔口部位的围岩变形量相对较大，普遍达 60～80mm；穹顶及上部井身受下部开挖的变形增量一般都在 10mm 以下，仅 8 号尾水调压室 C_4 下部 600m 高程附近局部变形增量相对较大，可达 20～30mm。

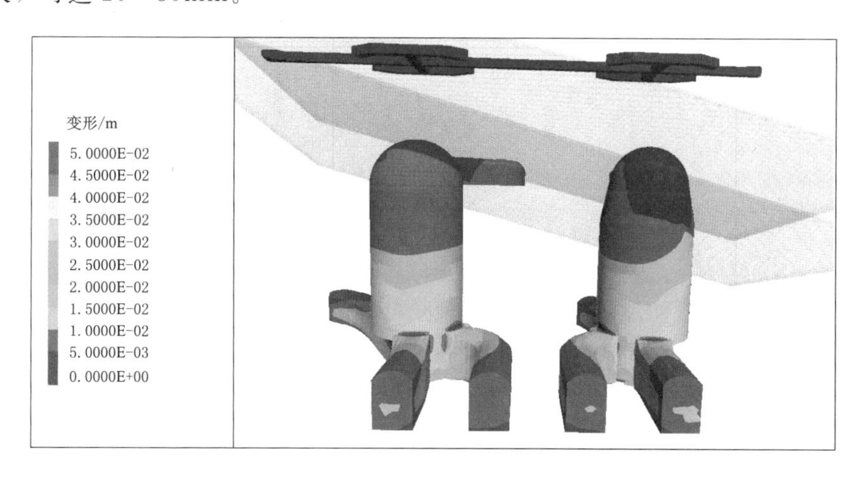

图 8.7-33　7 号、8 号尾水调压室后续开挖导致的围岩变形增量（不考虑时效变形）

后续开挖导致围岩应力集中区的变化情况见图8.7-30和图8.7-34，由于C_4作为软弱边界阻断了下部开挖扰动，因此，尾水调压室井身上部应力集中范围无明显变化，包括8号尾水调压室C_4、C_5间应力集中区也没有明显扩展和增强。

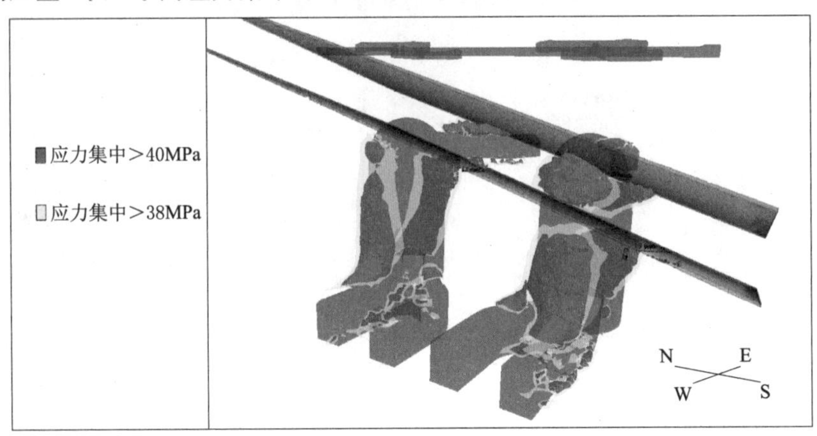

图8.7-34 7号、8号尾水调压室后续开挖导致的围岩应力集中区变化特征

另外，8号尾水调压室井身下部（高程600～560m）将出现明显的应力集中区，应力集中的范围和程度略大于7号尾水调压室井身下部。8号尾水调压室井身段下部应力集中区主要分布于与NS向最大主应力近于垂直的E/W两侧边墙，加之下部四岔口的影响，使得局部应力集中程度明显增大，局部应力集中大于45MPa（图8.7-35和图8.7-36）。

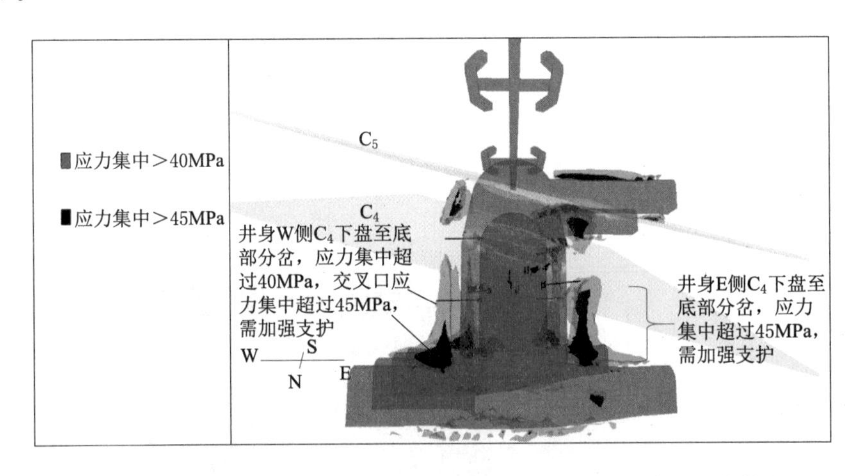

图8.7-35 8号尾水调压室后续开挖导致的围岩应力集中区变化特征

相应地，对比图8.7-32和图8.7-36右图可见，锚索测力计DPywt-8-13所处部位的应力集中程度会明显增强，因此，也非常有可能出现类似7号尾水调压室DPywt-7-7和DPywt-7-8受浅层岩体破裂导致的锚索轴力超限现象。

综上可见，7号、8号尾水调压室后续开挖对C_4下盘（高程600～560m）围岩应力调整影响相对突出，将导致井身段下部围岩产生明显的应力集中，显然有必要针对8号尾水调压室井身段应力集中区进行类似的加强支护。

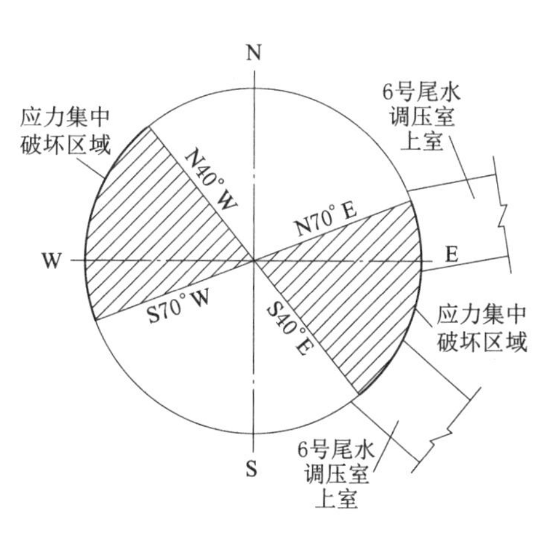

(a) 8号尾水调压室井身段应力型破坏范围

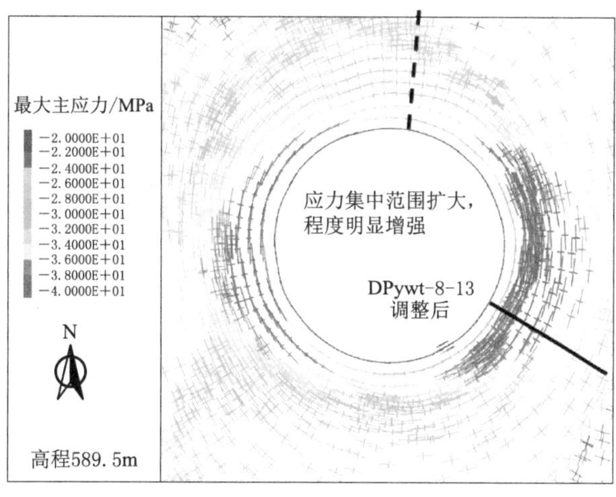

(b) 8号尾水调压室井身段应力区分布

图 8.7-36 8号尾水调压室后续开挖导致井身段锚索测力计 DPywt-8-13 部位应力集中增强

8.7.2.4 动态支护及时效效果

8号尾水调压室在层间带 C_4、C_5 间大范围都是应力集中（大于40MPa）区，这些部位在开挖过程就出现了明显的片帮破坏和喷层开裂，并已于2017年4—6月实施了补强支护。由于 C_4 会阻断后续下部开挖扰动，所以后续开挖不会明显加大该部位的应力集中程度，即便有高应力导致的时效变形，也已（或者，也会）呈减弱趋势，可以不实施（搭排架）加强支护。

图 8.7-37 7号尾水调压室井身段加强支护

7号、8号尾水调压室 C_4 下盘（高程600～560m）岩体目前的应力集中尚不明显，但随着下卧开挖，E/W两侧边墙大范围（方位角度见图8.7-36）都会出现应力集中，很可能导致应力集中区喷层开裂和锚索受力超限等问题。因此，针对 C_4 下盘至交叉口（高程600～560m）的E/W两侧（尤其是E侧，见图8.7-35）边墙整体进行加强支护。如图8.7-37所示，现场针对井身部分区域实施了全长有黏结与无黏结预应力锚索+预应力锚杆+主动防护网的加强支护措施。随着加强支护的实施，锚索轴力趋于收敛平稳（图8.7-38）。

总体上，针对白鹤滩地下洞室潜在的高应力集中区而言，实施加强支护的根本目的和意义在于，以"及时而有力的"初期支护削弱开挖阶段的围岩破裂破坏，同时留有较大的裕度，以降低后期因应力集中持续增强导致潜在的高应力破裂扩展、时效变形和锚索受力超限风险，从而避免出现需要反复加固的被动局面。

此外，鉴于右岸7号、8号尾水调压室井身段的E/W两侧边墙片帮破坏与NS向最

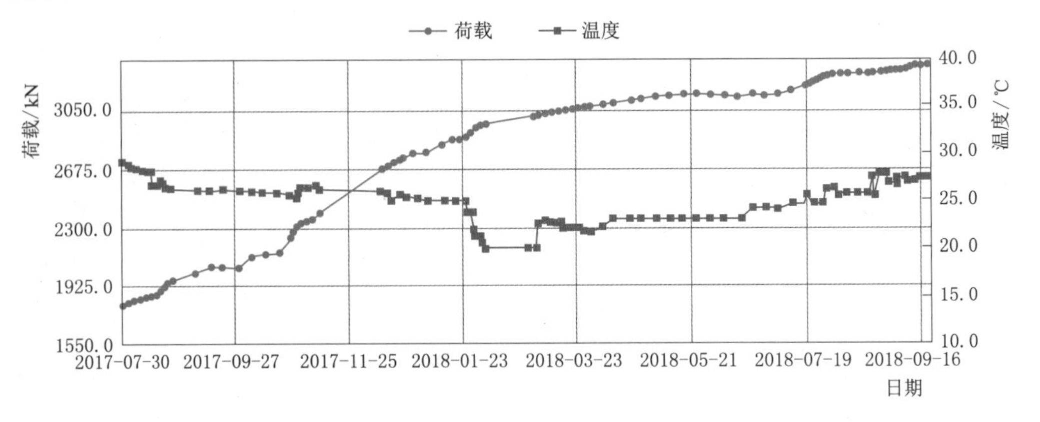

图 8.7-38　7 号尾水调压室穹顶高程 624.50 锚索测力计 DPywt-7-8 荷载变化曲线

大地应力关系明确（已被开挖现象证实），而后续开挖 C_4 下盘的应力集中逐步增强趋势也是必然。若仅依据开挖阶段（尚未形成明显应力集中阶段）的现场破坏现象确定支护参数，可能会错过针对高应力问题的“最佳支护时机”，从而给后续应力集中增强致岩体破裂扩展等问题留下隐患，因此，针对数值分析确定的 7 号、8 号尾水调压室 C_4 下盘至底部岔口的高应力集中区（图 8.7-35）在后续的开挖过程中也需要优先加强支护。

8.7.3　底部岔口衬砌开裂反馈分析

白鹤滩左右岸 8 个调压室开挖直径 43～48m，总开挖高度达百米量级，无论是单个调压室规模还是调压室总数量，均为国内同类工程之最。尾水连接管和尾水隧洞在调压室底部交汇，流道采用圆弧平顺过渡连接，形成最大跨度接近 40m 级的巨型“四岔口”分岔段。尾水调压室底部分岔结构复杂，分岔段规模在国内工程中也属首屈一指（图 8.7-39）。

白鹤滩水电站尾水调压室底部巨型分岔段，主要存在以下难题：

图 8.7-39　尾水调压室底部分岔开挖面貌

（1）分岔段规模巨大，在世界上已建、在建或拟建的工程中均位居前列，可供借鉴的工程经验有限。尾水调压室附近布置有尾水管检修闸门室、主变洞等洞室，分岔段前后为尾水管及尾水隧洞，洞群效应显著。

（2）地质条件复杂，尺寸效应显著。分岔段发育有长大层间、层内错动带、柱状节理，附近发育有断层。地应力水平为中等偏高，受层间错动带、断层等不连续结构面影响，应力分布不均匀，存在局部高地应力现象。加之分岔处洞室规模巨大，开挖响应相比小跨度洞室会有很大差别，洞室交叉口的多向卸荷，局部围岩稳定问题突出。

（3）施工顺序影响复杂，施工组织难度大。多岔口洞室开挖，二次应力调整分布复杂，岔口附近洞室的开挖时机、顺序、支护时机等均对围岩的稳定性会产生不同的影响，围岩稳定问题随开挖时机、顺序、支护时机不同，呈现多样性及复杂性。洞室规模大，开挖支护难度大，施工组织方案对施工工期、质量、安全影响较大。

鉴于此，本节主要结合白鹤滩水电站圆筒型尾水调压室底部复杂分岔结构，重点介绍底部分岔段的加强支护措施。

8.7.3.1 底部分岔衬砌受力特征

研究工作建立了数值仿真模型（图 8.7-40），在考虑了底部中导洞和贯通部分开挖的同时，连接管分 4 层开挖，底部流道分 6 层开挖。

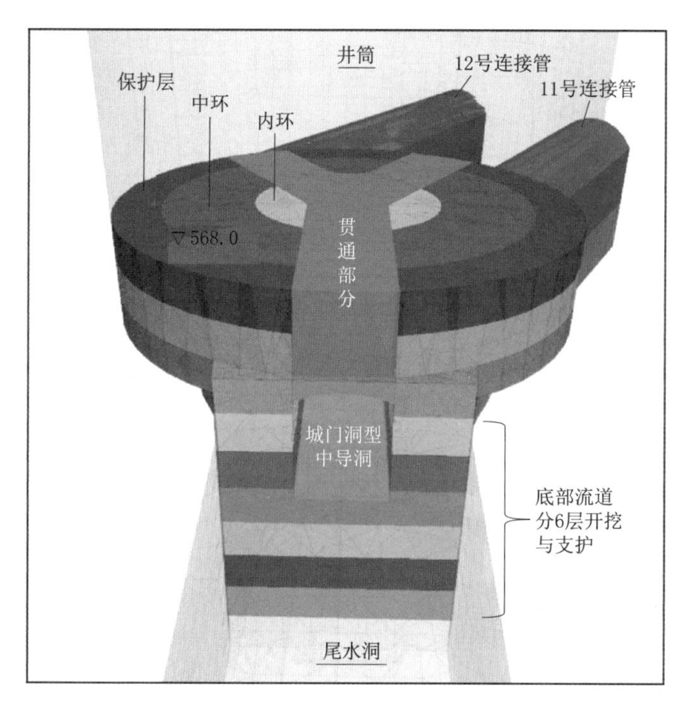

图 8.7-40 尾水调压室底部分岔数值模型（以 6 号尾水调压室为例）

以 6 号尾水调压室底部分岔为例的数值分析成果（图 8.7-41）表明，与近 NS 向最大主应力垂直的井身段 E/W 两侧边墙、与最大主应力大角度相交的尾水连接管（尤其是 EW 走向的 11 号尾水连接管）的顶拱和墙脚、各分岔洞室交叉口为应力集中区，应力集中水平达 45MPa 以上。按照地下工程开挖（尤其是厂房洞室群的开挖）的经验积累，可以判断尾水调压室底部分岔段局部存在片帮破坏风险，需要予以重视。

此外，由图 8.7-42 可见，底部流道边墙为应力松弛区，在层间带切割条件下，松弛深度和程度都明显加大，局部应力松弛导致的变形问题会相对突出。

由于尾水调压室底部埋深更大，地应力水平相对更高，并且巨型“四岔口”开挖造成了多向卸荷特征，从而使得底部岔管围岩位移普遍达 35～55mm，比穹顶（5～20mm）和井身（30～40mm）更大，见图 8.7-43。所以，底部分岔部位的岩体卸荷松弛变形问题相比穹顶和井身段更为突出，复杂的岩石力学问题对优化开挖方案和支护措施提出了更高的要求。

此外，6 号尾水调压室受层间带 C_3 切割影响，井身下部和底部分岔局部围岩位移明显增大，NW 侧层间带上盘和 SE 侧层间带下盘围岩位移分别大于 40mm 和 50mm 的范围

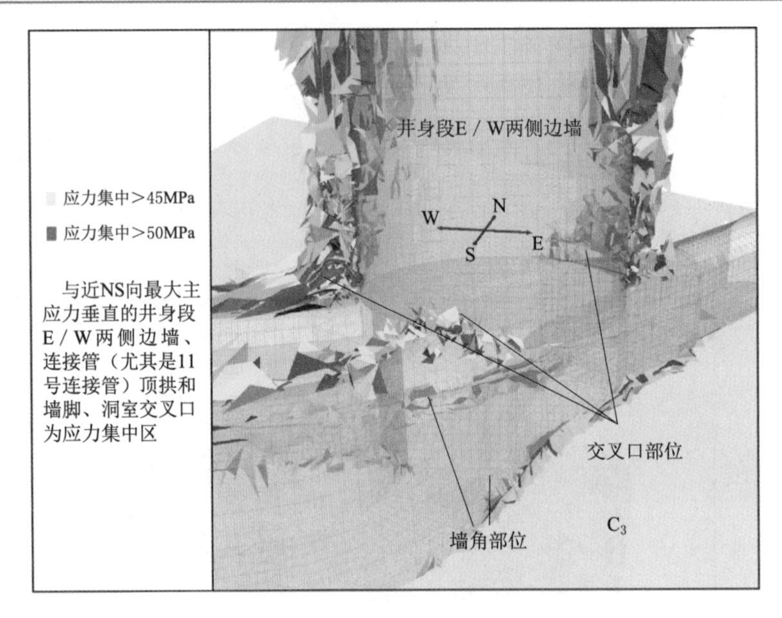

图 8.7-41 尾水调压室底部分岔的应力集中区分布特征

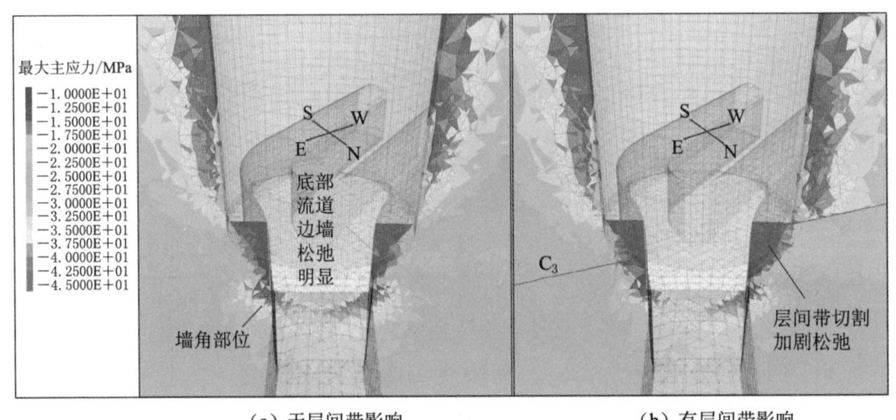

图 8.7-42 尾水调压室底部流道边墙应力松弛区分布特征

显著扩大。NW 侧井筒和底部流道岩台受层间带切割，松弛强烈；连接管间岩柱受层间带切割，非连续变形特征也较为明显［图 8.7-43 (b)］，局部变形稳定问题较为突出。

尾水连接管（23.8m×16m）间岩柱厚度一般为 8～20m，靠井筒部位的岩柱厚度不足 1 倍洞径，同时，存在向两侧连接管和尾调室底部流道方向的三向卸荷作用，因此卸荷松弛变形较为强烈。图 8.7-44 为底部岔管中部高程 546m 的横切面塑性区分布特征，由图可见，在没有大型结构面切割时，岩柱 5～6m 深度范围为屈服区，岩柱中心部位保持为弹性状态；但对于 6 号尾水调压室而言，受层间错动带的 C_3 影响，11 号和 12 号尾水连接管间岩柱的塑性屈服区接近贯通，岩柱稳定问题较为突出。因此，针对尾水调压室底部分岔的开挖支护方案优化，应有利于控制大变形和塑性区贯通部位的围岩稳定。

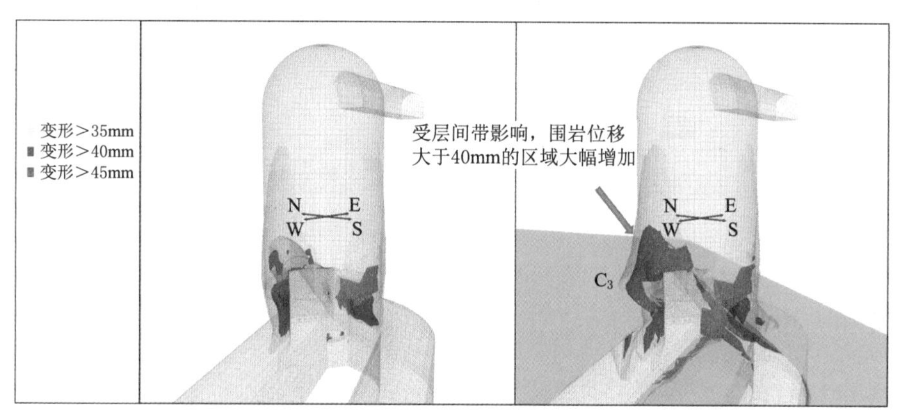

（a）无层间带影响　　（b）有层间带影响

图 8.7-43　尾水调压室井身和底部分岔的大变形分布特征

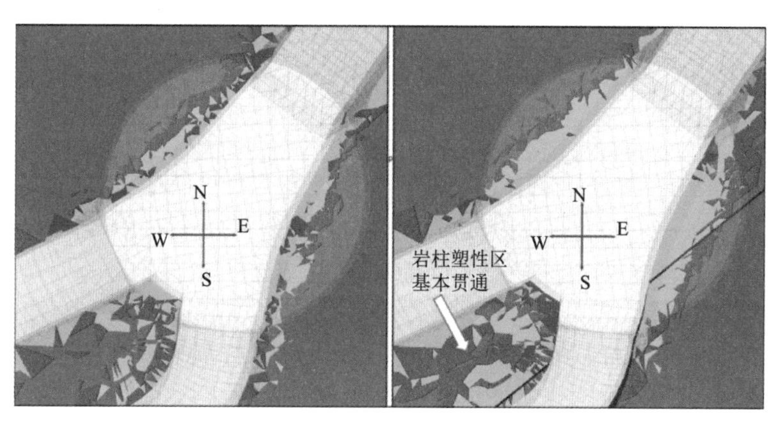

（a）无层间带影响　　（b）有层间带影响

图 8.7-44　高程 546m 横切面的塑性区特征

总体上，右岸尾水调压室底部分岔段埋深大、地应力水平高，巨型“四岔口”开挖存在普遍的局部应力集中（大于 45MPa）和潜在的片帮破坏风险；同时，分岔段围岩面临多向卸荷作用，局部围岩变形达 50mm 量级。特别是 6 号尾水调压室存在层间带 C_3 切割影响，层间带的错动变形最大达 30～50mm，底部分岔的围岩变形将明显增大（局部最大变形达 100mm 以上），并且尾水连接管间岩柱的塑性区也趋于贯通。

8.7.3.2　加强支护措施

鉴于尾水调压室底部分岔段围岩的应力集中、层间带切割导致的非连续大变形、岩柱的多向卸荷变形和塑性区贯通问题都超过穹顶段和井身段，因此，底部分岔段的合理开挖支护对施工工期、质量和安全影响较大，是白鹤滩巨型尾水调压室建设面临的重大挑战之一。

针对尾水调压室底部分岔的主要支护形式（图 8.7-45）有：初喷 CF30 钢纤维混凝土厚 8cm，系统挂网 ϕ8@20cm×20cm，龙骨筋 ϕ16@100cm×100cm，复喷 C25 混凝土厚 7cm；普通砂浆锚杆 ϕ28、L=6m，外露 1m，端部弯折 50cm；普通预应力锚杆 ϕ32、

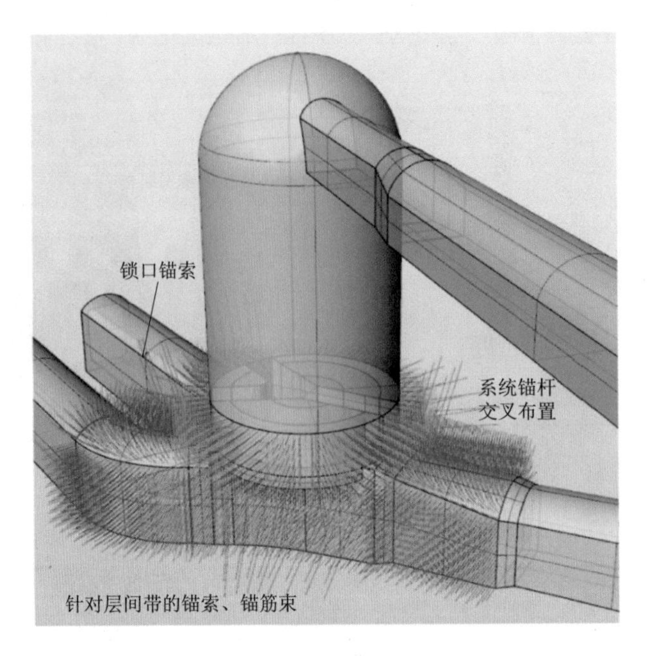

图 8.7-45　底部流道的加强支护措施

L=9m、T=150kN，@1.2m×1.2m，矩形交错布置。针对断层布置全长黏结型预应力锚索 T=1500kN、L=25m，间排距 4.5m，锁定吨位为设计荷载的 90%。

由于尾水调压室底部埋深更大，地应力水平相对更高，并且巨型“四岔口”开挖造成了多向卸荷特征，无支护条件下，底部岔管围岩位移比穹顶位移（5～20mm）和井身位移（30～40mm）明显更大；加之层间带 C_3 的不利影响，井筒北侧和南侧边墙的位移增加至 40～50mm，交叉口局部围岩变形达 50mm 以上，底部流道 NW 侧边墙层间带上部岩台整体变形超过 100～150mm，而连接管间岩柱局部最大变形也达 80～100mm，见图 8.7-46。

系统支护后，南北两侧井筒边墙围岩变形大于 35mm 的范围明显减小，交叉口局部围岩变形达 50mm 以上也有所减小，底部流道边墙变形大于 50mm 的范围也明显减小，但 NW 侧层间带上盘岩台的变形仍然达 80～100mm，稳定性差，需要考虑局部锚筋束支护，岩柱部位的变形一般从 50～80mm 减小至 15～40mm。

总体上，系统支护条件下：①尾水连接管的顶拱和墙脚、洞室交叉口等部位的应力集中区（大于 45MPa）范围和程度明显减小，且底部流道边墙的松弛（小于 10MPa）程度也有所降低，针对应力集中区需要强调支护的及时性和表面支护强度；②底部流道边墙卸荷松弛变形由 35～55mm 减小至 25～50mm，在层间带切割条件的局部大变形，如底部流道边墙层间带上部围岩整体变形由 140～150mm 减小至 75～95mm，局部变形稳定条件有所改善；③层间带在 NW 侧围岩部位和尾水连接管间岩柱部位的错动变形由 30～50mm 减小至 15～30mm，表明针对层间带的锚索和锚筋束支护作用明显。

但是，由于尾水连接管间岩柱厚度一般为 8～20m，靠井筒部位的岩柱厚度不足 1 倍洞径，同时存在向两侧连接管和尾调室底部流道方向的三向卸荷作用，因此，卸荷

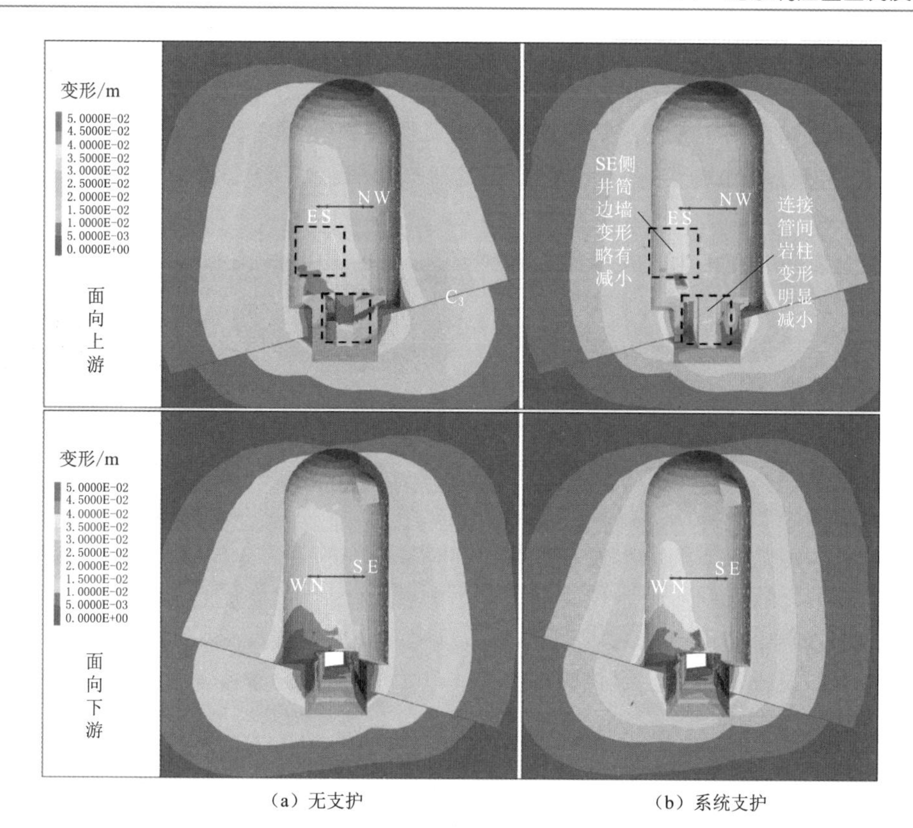

(a) 无支护　　(b) 系统支护

图 8.7-46　系统支护对井筒及分岔部位围岩变形特征的影响

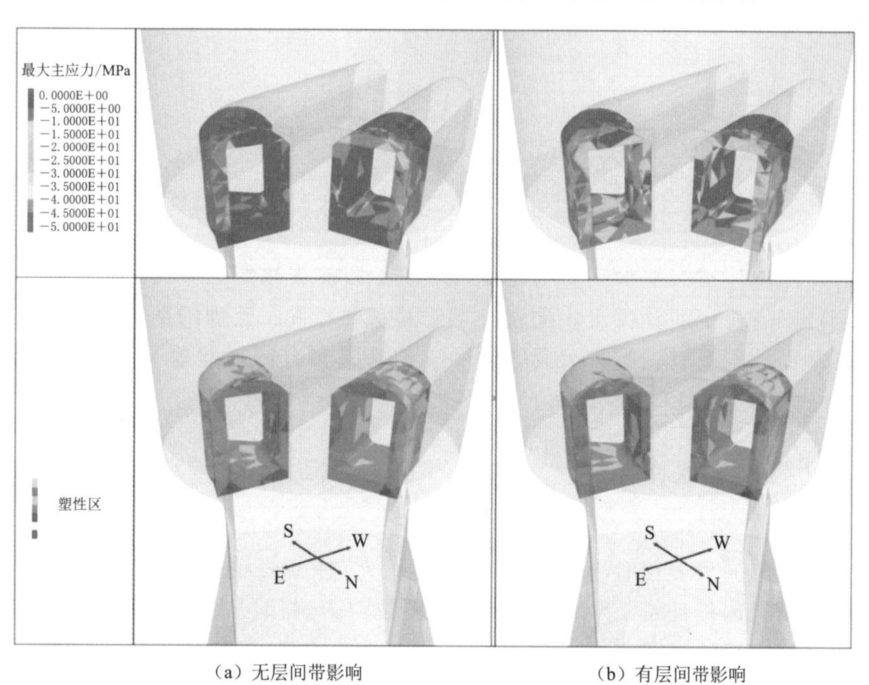

(a) 无层间带影响　　(b) 有层间带影响

图 8.7-47　连接管混凝土衬砌最小主应力（上图）和塑性区（下图）特征

松弛变形较为强烈，最大变形达50～60mm以上，在层间错动带C_3切割影响下，局部最大变形也达80～100mm。在没有大型结构面切割时，岩柱5～6m深度范围为屈服区，受层间错动带C_3的影响，尾水连接管间岩柱的塑性屈服区接近贯通，岩柱稳定问题较为突出，设计工作确定了“先洞后墙”和连接管间混凝土衬砌锁口的加强支护措施（图8.7－47）。

数值分析表明，在尾水连接管距尾水调压室1倍洞径范围进行混凝土衬砌锁口，岩柱部位的变形一般从20～40mm减小至5～15mm，层间带影响下的岩柱变形一般从30～60mm减小至10～25mm，受层间带影响的局部变形也不大于40mm。混凝土衬砌锁口尽管不能减小连接管间岩柱在开挖过程产生的塑性区，但是较强的混凝土衬砌能够维持屈服岩体的峰后强度，并且使得屈服岩体在后续开挖过程中的稳定性大幅提升，不至于因为过度卸荷松弛而产生解体破坏，有利于局部岩体松弛破坏。

图8.7－48　尾水连接管一期混凝土衬砌局部开裂现象

另外，由于尾水连接管间混凝土衬砌能够发挥良好的锁口作用，但混凝土衬砌本身在底部开挖完成后会产生明显的拉应力和塑性区（图8.7－47），因此，设计将混凝土衬砌分两期实施。实际工程中，混凝土衬砌受力屈服后产生了图8.7－48的衬砌开裂现象，证明混凝土衬砌发挥了良好的锁口作用，而二期衬砌的实施有利于维持围岩与结构的整体和长期稳定。

8.8　地下厂房洞室群稳定性评价

左、右岸地下厂房洞室群围岩稳定受成层状分布的缓倾角地质构造、高地应力影响明显，局部洞段围岩稳定问题突出，通过科学的洞室群布置、合理的系统支护参数、开挖过程中动态支护设计的及时调整，采用合适的支护措施和有针对性地加强支护，至2018年12月底，左、右岸地下厂房洞室群围岩稳定。

8.8.1　左岸地下厂房洞室群

8.8.1.1　左岸主厂房

左岸主厂房围岩变形符合一般规律，围岩浅层位移测值最大，由表及里逐渐减小，顶拱围岩受缓倾角层内错动带LS_{3152}及同组缓倾角裂隙影响部位围岩变形量值相对较大，边墙围岩变形在高边墙中部及受层间错动带C_2影响部位围岩变形量值相对较大。围岩变形以开挖引起的变形为主，当开挖结束后，围岩变形变化较小，主厂房各部位围岩变形收敛，围岩稳定。

左岸厂房开挖过程引起顶拱围岩响应较明显的洞段主要分布在层内带 LS_{3152} 影响洞段，变形增量最大值基本集中出现在第 V_2 层至第 VII_1 层开挖期间，通过对厂房上游侧顶拱、拱肩以及 LPL5－1 排水廊道进行加强支护，在厂房后续开挖过程中，厂房上游侧顶拱和上游边墙岩梁层围岩变形每层变化量逐渐减小，围岩变形变化较小，处于稳定状态。

层间错动带斜切厂房上下游边墙，使厂房高边墙围岩变形呈不对称分布，其对下游边墙的影响大于上游边墙，在厂房开挖过程中加强了厂房边墙层间错动带出露范围内的支护参数，并严格控制开挖爆破参数，优化开挖支护施工程序。3 号、4 号母线洞内测斜仪测值显示，C_2 上下盘围岩垂直于边墙方向的相对变形稳定，相对变形分别为 39.06mm 和 26.82mm。下游边墙层间错动带出露部位的位错计测值稳定，多数月变化量在 0.05mm 以内，层间错动带 C_2 上下盘围岩处于相对稳定状态。

左岸地下厂房岩壁吊车梁开合度，－0.7～0mm 的占 33％，0～0.2mm 的占 50％，0.2～0.6mm 的占 17％，周变化量小于 0.01mm。左岸厂房岩梁锚杆应力小于 100MPa 的占 50％，锚杆应力 100～300MPa 的占 40％，锚杆应力 300～420MPa 的占 8％，锚杆应力大于 420MPa 的占 2％（1 支），周变化量在 1MPa 以内的占 89％。左岸地下厂房岩壁吊车梁处于稳定状态。

8.8.1.2 左岸主变洞

左岸主变洞在开挖过程中，顶拱出现喷层开裂、脱落现象，边墙受层间错动带 C_2、缓倾角裂隙影响，出现局部掉块、坍塌，通过加强支护后，主变洞围岩稳定。左岸主变洞围岩 0～1.5m 处变形在 30mm 以内的测点占 89％，锚杆应力小于 360MPa 的占 76％，左岸主变洞锚索荷载均没有超过设计荷载（2000kN）。

8.8.1.3 左岸尾水管检修闸门室

左岸尾水管检修闸门室围岩变形符合一般规律，围岩浅层位移测值最大，由表及里逐渐减小，最大变形 30.37mm，围岩整体变形较小。锚杆应力及锚索荷载监测数据均较小，开挖过程中，喷层开裂、脱落现象较少，只有 3 号、5 号和 6 号闸门井剩余 10m 贯通段未开挖完成。左岸尾水管检修闸门室围岩稳定。

8.8.1.4 左岸尾水调压室

左岸尾水调压室顶拱围岩最大变形为 21.33mm，变形小于 15mm 的比例为 81％，变形较小。1 号尾水调压室井身围岩最大变形为 52.92mm，主要受 C_2 错动带开挖影响，围岩已经稳定，其余尾水调压室井身整体变形较小，锚杆应力和锚索荷载均较小。左岸尾水调压室已开挖至井身底部岔口部位，围岩稳定性整体较好。

8.8.2 右岸地下厂房洞室群

8.8.2.1 右岸主厂房

右岸主厂房围岩变形符合一般规律，围岩浅层位移测值最大，由表及里逐渐减小，顶拱围岩在分别受层间错动带 C_4 影响的厂房南侧、厂房中部以及受层内错动带 RS_{411} 影响的厂房北侧变形较大，边墙围岩变形在受层间错动带 C_4、C_3、C_{3-1} 和 RS_{411} 及 F_{20} 影响的洞段变形相对较大。围岩变形以开挖引起的变形为主，开挖结束后的围岩变形变化较小。前主厂房正在进行机坑开挖及小桩号洞段顶拱围岩加强支护施工，各部位围岩变形收敛或趋于收敛，围岩整体稳定。

右岸地下厂房小桩号洞段第Ⅶ层启动开挖后，右厂0－056～0＋020m段顶拱及下游边墙围岩变形和锚索荷载快速增长，超过围岩变形预警值，现场立即停止开挖爆破施工，对小桩号洞段下游边墙及厂房顶拱采用了一系列的应急加固措施，加强支护措施实施后，下游边墙及顶拱围岩变形及锚索荷载增长趋缓，变形曲线及锚索荷载曲线趋于平稳，围岩基本稳定。

右岸厂房第Ⅶ层开挖期间，上游边墙 C_3 出露段（右厂0＋170～0＋233m）围岩变形和位错计测值出现明显增长，现场立即暂停了开挖施工，对上游边墙 C_3 出露段进行加强锚索支护。随着锚索支护的实施，围岩变形及 C_3 上下盘错动变形趋缓，加强支护锚索于2018年3月底实施完成，靠主变洞一侧的测斜仪测值显示层间错动带 C_3 错动变形（0.13mm），围岩变形和错动变形曲线平稳，层间错动带 C_3 上下盘围岩处于稳定状态。

右岸地下厂房岩壁吊车梁开合度，在－3.0～0mm的占13%，0～0.2mm的占56%，0.2～0.5mm的占13%，0.5～1.0mm的占9%，1.0～7.0mm的占9%。右岸厂房岩梁锚杆应力小于100MPa的占48%，锚杆应力100～300MPa的占37%，锚杆应力在300～420MPa的占13%，锚杆应力大于420MPa的占2%。右岸地下厂房岩壁吊车梁处于稳定状态。

8.8.2.2 右岸主变洞

右岸主变洞在开挖过程中，顶拱出现喷层开裂、脱落现象，边墙层间错动带 C_3、C_{3-1}、层内错动带 RS_{411}、断层 F_{20} 及NW向和NNE向陡倾角优势裂隙影响，出现局部掉块、坍塌，加强支护后主变洞围岩稳定。右岸主变洞围岩0～1.5m处变形在30mm以内的测点占72%，锚杆应力大于360MPa的占4%。监测锚索荷载最大的为2801kN，超设计荷载40%，位于右厂0＋018m正顶拱，锚索荷载测值周变化量在5kN以内。

8.8.2.3 右岸尾水管检修闸门室

右岸尾水管检修闸门室围岩变形符合一般规律：围岩浅层位移测值最大，由表及里逐渐减小，最大变形69.06mm，受尾闸室开挖扰动影响；已趋于平稳，整体围岩变形较小。受层间错动带 C_5 和陡倾角优势裂隙影响，尾闸室开挖过程中顶拱局部存在喷层开裂、脱落现象，通过加强支护后，顶拱围岩稳定。目前正在进行闸门井段开挖，锚杆应力和锚索荷载近期变化较小，右岸尾水管检修闸门室围岩稳定。

8.8.2.4 右岸尾水调压室

右岸尾水调压室围岩变形符合一般规律：表层变形最大，由表及里逐渐减小，除个别测点外，尾水调压室穹顶及井身各监测断面的变形量值总体较小。锚杆应力大于310MPa的仅占6.8%，总体较小。7号尾水调压室穹顶开挖揭露 C_4，下盘受开挖扰动影响，个别锚索荷载测值超过设计荷载，进行了加强支护，围岩已趋于平稳。右岸尾水调压室开挖至井身底部，围岩稳定性整体较好。

8.9 本章小结

白鹤滩水电站左、右岸地下厂房洞室群地质条件复杂，表现为高地应力、局部地应力集中明显、地质构造发育、玄武岩岩性复杂且坚硬性脆的特点，加上地下洞室规模巨大，洞群效应和围岩时效变形特征明显。本章在概括监测位移逼近或者超预警指标的几类典型岩石力学问题进行了反馈分析与动态支护设计。

（1）左岸0－012.7m断面岩梁高程部位在第Ⅶ层开挖过程中变形增量较大，反馈分析研究认为LPL5－1廊道内破裂松弛时效变形使得左厂0－012m、左厂0＋017m两个断面预埋的多点位移计不动点发生了位移，直接导致岩梁高程位置变形深度和量级较大；此外洞群开挖效应及LS_{3152}对局部应力和变形的潜在影响，也可能会进一步放大这两个断面不动点向廊道内的变形，也成为一个间接影响因素。由LPL5－1至厂房的对穿锚索实施后，围岩变形迅速收敛。

（2）左岸地下厂房层间错动带C_2改变了地下厂房围岩的整体变形模式，使得地下厂房下游侧边墙C_2上盘岩体变形超过100mm，而C_2错动变形普遍达50～70mm，工程实施的层间带预置换能够使围岩松弛程度减小，且层间带最大错动变形减小10～20mm，与测斜仪实测C_2最大错动变形（52.91mm）相符。基于数值分析优选的“置换洞＋锚固圈”的组合方案，既能抑制层间带错动变形和围岩松弛，又能保证结构安全且提高围岩安全度，有效解决了地下厂房高边墙受层间带影响的潜在岩石力学问题。

（3）右岸地下厂房上游边墙受C_3、C_{3-1}和RS_{411}组合影响突出，在动态优化置换洞后实测边墙围岩变形大于可研阶段预测，达100～130mm量级，且已有约30%的锚索轴力超设计值。动态实施的锚索加强支护，有利于控制后续开挖的围岩变形增量和锚索轴力超限比例，起到提升局部围岩安全裕度的作用。

（4）右岸小桩号洞段在第Ⅶ层开挖过程中，位于层间错动带C_4下盘右厂0－040～0＋020m洞段，下游边墙及厂房顶拱围岩浅层变形和锚索荷载快速增长，最大变形达192mm且超预警值。其形成原因主要是层间带C_4影响，下游侧边墙围岩在分层和交叉洞开挖过程造成的破裂，以及局部地应力特征影响。通过对小桩号洞段下游边墙及厂房顶拱采用了锚索加强支护、灌浆等一系列的应急加固措施后，第Ⅷ～Ⅹ层开挖导致顶拱及下游边墙围岩变形及锚索荷载增长趋缓，变形曲线及锚索荷载曲线趋于平稳，围岩基本稳定。

（5）白鹤滩尾水调压室穹顶体形优化合理，开挖导致的穹顶变形量普遍较小，与前期预测相符。右岸7号、8号尾水调压室受层间错动带C_4、C_5影响形成了局部应力集中区，进而导致了脆性围岩破裂扩展和时效变形，是引起锚索受力持续增大并超设计量程的根本原因，动态实施的加强支护使得锚索受力迅速收敛。此外，针对尾水调压室底部分岔连接管的混凝土衬砌锁口措施起到了明显作用，保障了局部围岩稳定。

总体上，左、右岸地下厂房洞室群规模宏大，同时受复杂地质条件影响，局部洞段围岩稳定问题较为突出。通过科学的洞室群布置、合理的系统支护参数、开挖过程中动态支护设计的及时调整，采用合适的支护措施针对性地加强支护，开挖施工完成后的监测成果表明各部位围岩变形收敛或趋于收敛，围岩整体稳定。

参　考　文　献

[1] 王思敬，黄鼎成．中国工程地质世纪成就［M］．北京：地质出版社，2004．

[2] 王金安，谢和平，KWASNIEWSKI M A．剪切过程中岩石节理粗糙度分形演化及力学特征［J］．岩土工程学报，1997，19（4）：2-9．

[3] 王奖臻，黄润秋，许模．金沙江下游白鹤滩水电站岩体结构的建造特征［J］．地球科学进展，2004，19（增1）：66-69．

[4] 王兰生，李天斌，赵其华．浅生时效改造与人类工程［M］．北京：地质出版社，1994．

[5] 王兰生，李天斌．浅生时效变形结构［J］．地质灾害与环境保护，1991，1（1）：1-15．

[6] 王涛，周先前，田树斌，等．基于正交设计的河谷地应力场数值模拟方法及应用［J］．岩土力学，2003，24（5）：831-835．

[7] 王毅，杨建宏．玄武岩的岩体结构与力学性状研究［J］．岩体力学与工程学报，2002，21（9）：10-14．

[8] 国家能源局．水电站厂房设计规范：NB/T 35011—2013［S］．北京：中国电力出版社，2013．

[9] 《中国水力发电工程》编审委员会．中国水力发电工程［M］．北京：中国电力出版社，2000．

[10] 中华人民共和国建设部．水力发电工程地质勘察规范：GB 50287—2006［S］．北京：中国计划出版社，2006．

[11] 中国电建集团华东勘测设计研究院．金沙江白鹤滩水电站可行性研究阶段坝区地质构造研究报告［R］，2006．

[12] 中国电建集团华东勘测设计研究院．金沙江白鹤滩水电站可行性研究阶段坝线选择工程地质勘察报告（初步成果）［R］，2007．

[13] 中国电建集团华东勘测设计研究院．金沙江白鹤滩水电站可行性研究选坝阶段柱状节理玄武岩专题研究工程地质研究报告［R］，2006．

[14] 中国电建集团华东勘测设计研究院．金沙江白鹤滩水电站选坝报告［R］，2003．

[15] 中国电建集团华东勘测设计研究院．金沙江白鹤滩水电站坝址区勘测设计报告［R］，2002．

[16] 石安池，唐鸣发，周其健．金沙江白鹤滩水电站柱状节理玄武岩岩体变形特性研究［J］．岩石力学与工程学报，2008，27（10）：2079-2086．

[17] 卢波，丁秀丽，邬爱清，等．高应力硬岩地区岩体结构对地下洞室围岩稳定的控制效应研究［J］．岩石力学与工程学报，2012，31（增2）：3831-3846．

[18] 吉锋，石豫川．硬性结构面表面起伏形态测量及其尺寸效应研究［J］．水文地质工程地质，2011，38（4）：63-68．

[19] 朱焕春，李浩．论岩体构造应力［J］．水利学报，2001（9）：81-85．

[20] 朱焕春，余启华，赵海斌．河谷地应力测值的数值检验［J］．岩石力学与工程学报，1997，16（5）：471-477．

[21] 向天兵，冯夏庭，江权，等．大型洞室群围岩破坏模式的动态识别与调控［J］．岩石力学与工程学报，2011，30（5）：871-883．

[22] 刘宁，张春生，褚卫江．深埋大理岩破裂扩展时间效应的颗粒流模拟［J］．岩石力学与工程学报，2011，30（10）：1989-1996．

[23] 刘宁，张春生，褚卫江．深埋围岩破裂损伤深度分析与锚杆长度设计［J］．岩石力学与工程学报，2015，34（11）：2278-2284．

[24] 刘海宁，王俊梅，王思敬．白鹤滩柱状节理岩体真三轴模型试验研究［J］．岩土力学，2010，31（增1）：163-171.
[25] 孙广忠．论岩体结构控制论［J］．工程地质学报，1993，1（1）：14-18.
[26] 孙广忠．岩体结构力学［M］．北京：科学出版社，1988.
[27] 苏国韶，冯夏庭，江权，等．高地应力下地下工程稳定性分析与优化的局部能量释放率新指标研究［J］．岩石力学与工程学报，2006，25（12）：2453-2460.
[28] 杜时贵，黄曼，罗战友，等．岩石结构面力学原型试验相似材料研究［J］．岩石力学与工程学报，2010，29（11）：2263-2270.
[29] 李天斌，王兰生，徐进．一种垂向卸荷型浅生时效构造的地质力学模拟［J］．山地学报，2000，18（2）：171-176.
[30] 李虎．金沙江白鹤滩水电站高拱坝坝基柱状节理玄武岩变形特征研究［D］．成都：成都理工大学，2008.
[31] 余华中，阮怀宁，褚卫江．岩石节理剪切力学行为的颗粒流数值模拟［J］．岩石力学与工程学报，2013，32（7）：1482-1490.
[32] 谷兆祺，彭守拙，李仲奎．地下洞室工程［M］．北京：清华大学出版社，1994：72-79.
[33] 谷德振．岩体工程地质力学基础［M］．北京：科学出版社，1979.
[34] 沈军辉，王兰生，李天斌，等．川西南玄武岩的岩体结构特征［J］．成都理工大学学报（自然科学版），2002，29（6）：680-685.
[35] 宋英龙，夏才初，唐志成，等．不同接触状态下粗糙节理剪切强度性质的颗粒流数值模拟和试验验证［J］．岩石力学与工程学报，2013，32（10）：2028-2035.
[36] 张宜虎，石安池，周火明，等．中心孔变形试验资料的解释与应用［J］．岩石力学与工程学报，2008，27（3）：589-595.
[37] 张春生．以围岩为承载体的高压管道设计准则与工程应用［J］．水力发电学报，2009（3）：80-84.
[38] 陈平志，褚卫江．基于三维数码技术的结构面表面形态特征调查［J］．人民珠江，2015，36（5）：131-134.
[39] 金长宇，张春生，冯夏庭．错动带对超大型地下洞室群围岩稳定影响研究［J］．岩土力学，2010，31（4）：1283-1288.
[40] 周火明，孔祥辉．水利水电工程岩石力学参数取值问题与对策［J］．长江科学院院报，2006，23（4）：36-40.
[41] 周火明，盛谦，熊诗湖．复杂岩体力学参数取值研究［J］．岩石力学与工程学报，2002，21（增1）：2045-2048.
[42] 郑颖人，董飞云，徐振远．地下工程锚喷支护设计指南［M］．北京：中国铁道出版社，1988：4-7.
[43] 孟国涛，吕慷，陈益民，等．高应力条件下巨型地下洞室穹顶施工方案比较［J］．科技通报，2017，33（1）：205-211.
[44] 孟国涛，朱焕春，吴家耀，等．白鹤滩地下洞室群围岩稳定分析与支护方案论证［R］．杭州：浙江中科依泰斯卡岩石工程研发有限公司，2012.
[45] 孟国涛，朱焕春，褚卫江，等．白鹤滩水电站可行性研究阶段百万机组地下洞室群方案布置、破坏特征和工程对策研究［R］．杭州：浙江中科依泰斯卡岩石工程研发有限公司，2011.
[46] 孟国涛，陈平志，吴家耀，等．白鹤滩水电站左右岸地下厂房洞室群第Ⅰ～Ⅸ期监测反馈分析［R］．杭州：浙江中科依泰斯卡岩石工程研发有限公司，2014—2018.
[47] 孟国涛，侯靖，陈建林，等．巨型地下洞室脆性围岩高应力破裂防治措施研究［J］．地下空间与工程学报，2019，15（1）：250-258.

[48] 孟国涛，徐卫亚，石安池．白鹤滩水电站坝区岩体三维地应力场模拟［J］．岩土力学，2006，27（增2）：50-54．

[49] 孟国涛，樊义林，江亚丽，等．白鹤滩水电站巨型地下洞室群关键岩石力学问题与工程对策研究［J］．岩石力学与工程，2016，35（12）：2549-2560．

[50] 孟国涛．柱状节理岩体各向异性力学分析及其工程应用［D］．南京：河海大学，2007．

[51] 胡卸文．金沙江溪落渡水电站坝区软弱层带的工程地质系统研究［D］．成都：成都理工学院，1995．

[52] 钟世英，徐卫亚．基于微结构张量理论的柱状节理岩体各向异性强度分析［J］．岩土力学，2011，32（10）：3081-3084．

[53] 夏才初，宋英龙，唐志成，等．粗糙节理剪切性质的颗粒流数值模拟［J］．岩石力学与工程学报，2012，31（8）：1545-1552．

[54] 徐卫亚，赵立永，梁永平．工程岩体结构类型定量划分问题研究［J］．武汉水利电力大学学报，1999，32（2）：8-11．

[55] 徐松年．火山岩柱状节理构造研究［M］．杭州：杭州大学出版社，1995．

[56] 徐磊，任青文．分形节理抗剪强度尺寸效应的数值试验［J］．采矿与安全工程学报，2008，24（4）：405-408．

[57] 黄书岭，张勇，丁秀丽，等．大型地下厂房区域地应力场多源信息融合分析方法及工程应用［J］．岩土力学，2011，32（7）：2057-2065．

[58] 黄润秋，许模，陈剑平，等．复杂岩体结构精细描述及其工程应用［M］．北京：科学出版社，2004．

[59] 黄润秋，张倬元．论岩体结构的表生改造［J］．水文地质工程地质，1994（4）：1-6．

[60] 黄润秋，黄达，段绍辉，等．锦屏Ⅰ级水电站地下厂房施工期围岩变形开裂特征及地质力学机制研究［J］．岩石力学与工程学报，2011，30（1）：23-35．

[61] 崔臻，侯靖，褚卫江，等．脆性岩体破裂扩展时间效应对引水隧洞长期稳定性影响研究［J］．岩石力学与工程学报，2014，5：983-995．

[62] 董学晟，田野，邬爱清．水工岩石力学［M］．北京：中国水利水电出版社，2004：390-432．

[63] 覃礼貌．溪洛渡水电站坝区错动带构造特征及其工程意义［D］．成都：成都理工大学，2003．

[64] 潘家铮，何璟．中国大坝50年［M］．北京：中国水利水电出版社，2000．

[65] 魏云杰．中国西南水电工程区峨眉山玄武岩岩体结构特征及其工程应用研究［D］．成都：成都理工大学，2007．

[66] HOEKE，BROWN E T．岩石地下工程［M］．连志升，田良灿，王维德，等，译．北京：冶金工业出版社，1986：148-195．

[67] PATTON F D. Multiple Models of Shear Failure in Rock［C］//Proceedings of 1st Znternational Congress of Rock Mechanics，ISRM. Lisbon，1966：509-518．

[68] BARTON N R. The Shear Strength of Rock and Rock Joints［J］. International Journal of Rock Mechanics and Mining Sciences & Geomechanics Abstracts，1976，13：255-279．

[69] CUNDALL P A. A computer model for simulating progressive，large scale movements in blocky rock systems［C］// Proceedings of the Symposium of ISRM，Nancy，1971，2：2-8．

[70] CUNDALL P A，Strack O D L. A discrete numerical model for granular assembles［J］. Geotechnique，1979，29（1）：47-65．

[71] LIU N，CHU W J，CHEN P Z. Crack propagation of brittle rock under high geostress［J］. American Institute of Physics. Citation：AIP Conference Proceedings 1944，020061（2018）；doi：10. 1063/1. 5029779．

[72] BANDIS S，LUMSDEN A，BARTON N. Fundamentals of rock joint deformation［J］.

International Journal of Rock Mechanics and Mining Sciences & Geomechanics Abstracts, 1983, 20 (2): 249-268.

[73] BARTON C, ZOBACK M. Stress perturbations associated with active faults penetrated by boreholes: Possible evidence for near-complete stress drop and a new technique for stress magnitude measurement [J]. Journal of Geophysical Research, 1994, 99 (B5), 9373-9390.

[74] CORNET F H, BERARD Th. How close to failure is a natural granite rock mass at 5km depth [J]. International Journal of Rock Mechanics & Mining Research, 2003, 44 (1): 47-66.

[75] CORNET F H, DOAN M L, FONTBONNE F. Electrical imaging and hydraulic testing for a complete stress determination [J]. International Journal of Rock Mechanics & Mining Research, 2003, 40: 1225-1243.

[76] FAIRHURST C. Nuclear waste disposal and rock mechanics: contributions of the Underground Research Laboratory (URL), Pinawa, Manitoba [J]. International Journal of Rock Mechanics & Mining Research, 2004, 41: 1221-1227.

[77] MULLER G. Experimental simulation of basalt columns [J]. Journal of Volcanology and Geothermal Research, 1998, 86: 93-96.

[78] GOODMAN R E. Introduction to Rock Mechanics [M]. New York: John Wiley and Sons, 1989: 562.

[79] HAIMSON B C and CORNET F H. ISRM Suggested Methods for rock stress estimation; Part Ⅲ: Hydraulic fracturing methods [J]. International Journal of Rock Mechanics & Mining Research, 2003, 40: 1011-1020.

[80] HAIMSON B, and RUMMEL F. Hydrofracturing Stress Measurements In The Iceland Research Drilling Project Drill Hole At Reydarfjordur [J]. Journal of Geophysical Research, 1982, 87 (B8), 6631-6649.

[81] HUDSON J A. Engineering rock mechanics [M]. London: Redwood publishing company, 1997.

[82] IVARS D M. Inflow into Excavations—A Coupled Hydro-Mechanical Three-Dimensional Numerical Study [C]. Stockholm: KTH, 2004.

[83] DEGRAFF J M, ATILLA A. Surface morphology of columnar joints and its significance to mechanics and direction of joint growth [J]. Geological Society of America, 1987, 99: 605-617.

[84] KI-BOK M, RUTQVIST J, CHIN-FU T. Stress-dependent permeability of fracture rock masses: a numerical study [J]. International Journal of Rock Mechanics & Mining Research, 2004, 41 (10): 1191-1210.

[85] KURIYAGAWA M, KOBAYASHI H, MATSUNAGA I, et al. Application of Hydraulic Fracturing to Three-Dimensional In situ Stress Measurement [J]. International Journal of Rock Mechanics and Mining Sciences & Geomechanics Abstracts, 1989, 26 (6): 587-593.

[86] BEARD C N. Quantitative study of columnar jointing [J]. Bulletin of The Geological Society of A-merica, 1959, 70 (3): 379-381.

[87] ODA M. An equivalent continuum model for coupled stress and fluid flow analysis in jointed rock mass [J]. Water Resources Research, 1986, 23 (13): 1845-1856.

[88] ODA M. Method for evaluating the representative element volume based on joint survey of rockmass [J]. Canadian Geotechnical Journal, 1988, 25 (3): 281-287.

[89] WILEVEAU Y, CORNET F H, DESROCHES J, et al. Complete in situ stress determination in an argillite sedimentary formation [J]. Physics and Chemistry of the Earth, 2007, 132: 866-878.